붉은_인간의_최후

붉은＿＿인간의＿＿최후

Время second-hand
конец красного человека

Светлана Алексиевич

**세컨드핸드 타임,
돈이 세계를 지배했을 때**

스베틀라나 알렉시예비치 지음

김하은 옮김

이야기장수

> "
> 피해자나 가해자나 둘 다 똑같[...]
> 수용소가 일깨워준 교[...]
> 그 둘이 함께 밑바닥으로 추락[...]
> 형제와도 같다는 것이[...]
> "
>
> _다비드 루세, 『우리 죽음의 [...]

> "
> 악이 세상을 지배하게 된 것에 대[...]
> 악의 눈먼 수행자들에게 있는[...]
> 그 악을 정신적으로 방관한 선의 추[...]
> "
>
> _표도르 스테푼, 『일어난 일과 일어나[...]

2부 ── 허무의 마력

어느 가담자의 수기

우리는 소비에트 시절의 삶과 이별하는 중이다. 나는 사회주의 연극에 출연했던 모든 등장인물의 의견을 정직하게 듣기 위해 애쓰고 있다……

공산주의에는 '오래된 사람', 즉 태초부터 살아온 아담을 개조하겠다는 터무니없는 포부가 있었다. 그리고 그 포부는 실현된 듯하다. 어쩌면 이것이 공산주의가 유일하게 달성한 성과였으리라…… 지난 70여 년의 세월 동안 '마르크스-레닌주의 실험소'는 독특한 인간 유형인 '호모 소비에티쿠스Homo Sovieticus'를 창조했다. 혹자는 호모 소비에티쿠스를 가리켜 비극적인 인간상이라 하고, 또다른 이들은 '소보크'*라고 낮잡아 부르기도 한다. 나는 '호모 소비에티쿠스'를 잘 안다고 생각한다. 그들은 내게 익숙하다. 그들과 부대끼며 살았고, 나란히 이웃하며 수많은 세월을 보냈다. 내가 바로 그들 중 하나다. 그들이 곧 내 지인, 친구, 부모님이다. 난 지난 몇 년 동안 구소련 구석구석을 누비

---

* 소비에트 시대의 발상, 사고방식, 행동 등에 머물러 있는 사람들을 비하하는 속어_이하 각주는 모두 옮긴이 주.

고 다녔다. '호모 소비에티쿠스'가 러시아인뿐만 아니라, 벨라루스인, 투르크멘인, 우크라이나인, 카자흐인 등도 아우르는 까닭이다. 비록 지금은 우리가 서로 다른 국가에서 각기 다른 언어를 구사하며 살고 있지만, 그렇다고 해서 우리를 다른 사람들과 헷갈려할 사람은 없다. 우리는 한눈에 알아볼 만큼 눈에 띈다! 사회주의 출신인 우리가 서로 닮았기 때문이고, 외부인들과는 확연히 다르기 때문이다. 우리에겐 우리만의 언어가 있고, 우리만의 선과 악에 대한 가치관이 있고, 우리만의 영웅과 순교자들이 있다. 우리는 죽음과도 특별한 관계로 얽혀 있다. 내가 기록하는 인터뷰들을 접할 때면 귀에 거슬리는 표현들이 자주 등장한다. '총을 쏘다' '사살하다' '제거하다' '총살하여 처단하다' 같은 문장이거나 아니면 사실상 '실종'을 뜻하는 소비에트식 표현들, 예를 들어 '체포' '외부 연락이 일절 불가한 10년형'* '이주' 등이 있다. 불과 얼마 전까지 수백만의 목숨이 사라지는 것을 목도한 우리에게 과연 인간의 생명은 얼마나 가치 있는 것일까? 우리는 증오심과 편견에 사로잡혀 있다. 우리는 '굴라크'**와 끔찍한 전쟁이 낳은 사람들이고, 집단농장화, 탈쿨라크화***, 강제이주 정책 등을 지나온 사람들이다……

이 모든 것이 사회주의였고, 바로 우리네 일상이었다. 정작 당시의 우리는 소비에트의 일상에 대해 말하길 꺼렸다. 그런데 세상이 돌이킬 수 없을 만큼 변한 지금, 모두가 그때 그 시절 우리의 삶에 대해 관심을 보이고 있다. 그 삶이 어떠했든 간에 그건 우리의 삶이었다. 나는 가정 속에 나타난 사회주의 또

---

* 스탈린의 대숙청 시기, 총살형을 선고받은 숙청 대상자의 가족과 지인들이 정부에 문의해올 경우 대외적으로 전달되었던 형벌의 명칭. 당시는 총살 및 숙청에 대한 정보를 숨기고자 '외부 연락이 일절 불가한 10년형'이라는 표현을 썼지만, 사실 대부분의 수감자는 이미 총살형에 처해진 후였다.
** 스탈린 시대의 강제노동수용소.
*** 쿨라크, 즉 부농 계층을 소멸시키고자 스탈린이 추진했던 정책을 일컫는다. 부농들의 재산을 몰수하여 국유화했다.

는 내부적으로 나타난 사회주의의 역사적 파편과 부스러기를 모아 글을 쓰고 있다. 그것이 어떻게 인간의 마음속에서 살았는지에 대해 말이다. 나는 항상 인간…… 하나의 인간이라는 작은 공간에 매료되곤 한다. 사실 모든 역사가 그 작은 공간에서 이루어지기 마련이니까.

도대체 왜 자살자들의 이야기를 기록한 책은 흔한데, 평범한 소비에트의 이력을 가진 평범한 소비에트인들의 이야기는 없는 걸까? 결국 그들은 사랑 때문에, 또는 노쇠해서, 아니면 단지 호기심으로, 더러는 죽음의 비밀과 마주하고 싶다는 욕망 때문에 스스로 목숨을 끊지 않던가…… 내가 찾는 사람들은 사상에 유착되어서 그 사상을 뽑아버릴 수 없을 정도로 깊숙이 자기 안에 심어놓은 사람들, 즉 국가를 우주로 여긴 나머지 국가를 위해 모든 것, 심지어 자기 인생까지 갖다 바친 사람들이었다. 그 사람들은 위대한 역사에서 헤어날 수도, 그 역사와 이별할 수도 없어서 다른 방식의 행복을 추구할 수 없는 사람들이었다. 오늘날 사소한 것을 가장 위대하게 여기듯이 사적인 것에 빠져들지 못하는 사람들이었다…… 인간은 어떤 원대한 사상 때문이 아니라 '그냥' 살고 싶어한다. 하지만 러시아인들은 그냥 살아본 적이 없다. 그래서 러시아문학도 그냥 사는 사람에 대해 알지 못한다. 알고 보면 우리는 전쟁에 길들여진 사람들이다. 우리는 항상 전쟁중이거나 전쟁을 준비해왔다. 다른 방식으로 살아보지 못했다. 바로 여기에서 '전시戰時 심리'가 탄생한 것이다. 그래서 평화로운 시기에도 늘 전시체제였다. 큰북을 울리고 깃발을 높이 흔들면서…… 튀어나올 것처럼 쿵쾅대는 심장을 안은 채로 살았다…… 우리는 자신이 노예라는 것을 인식하지 못했고, 오히려 노예로 사는 것을 좋아했다. 학창 시절이 떠오른다. 방과후 반 전체가 모여 미개척지* 탐험을 나설 때마다 함께하지 않

---

* 미개척지 개간운동은 흐루쇼프 집권 시기, 대규모로 진행한 농지 개간운동이다.

는 친구들을 비난했던 기억, 우리가 없을 때 혁명이 일어났고 내전이 벌어졌다는 사실에 눈물이 날 정도로 억울해했던 기억들. 지난 시간을 되돌아보면 그때의 그 아이들이 우리였다는 것이, 바로 나였다는 것이 믿기지 않는다. 난 내 책의 주인공들과 함께 그 기억들을 떠올렸다. 내 주인공들 중 누군가가 "오로지 소련인만이 소련인을 이해할 수 있다"고 말했다. 우리는 모두 같은 공산주의의 기억을 갖고 있다. 고로 우리는 같은 기억으로 이웃한 사람들이다.

내 아버지는 유리 가가린의 우주비행 이후부터 공산주의를 믿게 되었다고 했다. "우리가 최초다! 우리는 뭐든 할 수 있다!" 우리는 그런 부모님 밑에서 자랐다. 나는 '옥탸브랴타'* 단원이었고 곱슬머리 소년이 그려진 배지를 자랑스럽게 달고 다녔다. 그 이후에는 '피오네르' '콤소몰' 단원으로 입단하는 수순을 밟았다. 그랬던 내게 뒤늦게 실망이 찾아왔다.

페레스트로이카**가 시행된 이후 우리 모두는 기록보관소의 개방을 애타게 기다렸다. 그리고 드디어 개방되었을 때, 우리는 그동안 감춰져 있던 비밀의 역사를 마주했다.

"소련에 거주하는 1억 명 중 9천만 명은 데려가야 한다. 나머지 1천만 명과는 대화할 필요가 없다. 모두 죽여야 한다." __**지노비예프(1918)**

"사로잡은 부농과 부자들 중 적어도 1천여 명은 교살해야 한다(반드시 인민

---

* 소련의 공산주의 체제하에서 만 7~9세 아이들을 대상으로 그룹을 만들어, 초등학교 고학년 대상의 '피오네르'에 입단하기 전까지 당 교육과 인성 교육 등을 지도하던 단체였다. 옥탸브랴타는 '10월의 아이들'이라는 뜻으로, 단원 배지에는 빨간 별 모양 안에 레닌의 어린 시절 모습이 그려져 있었다.
** 소련의 고르바초프(1931~2022) 정권이 추진한 사회주의 개혁정책의 기본 노선. 러시아어로 '다시'를 뜻하는 '페레'와 건축을 뜻하는 '스트로이카'의 합성어로, '개혁' '재건'을 의미한다. 대내적으로는 민주화와 자유화를, 대외적으로는 긴장 완화를 기조로 삼았다.

들이 지켜보는 데서 교살한다). 그들이 소유한 식량을 빼앗고 볼모도 잡아야 한다. 주변 수백여 킬로미터 내에 거주하는 인민들이 꼭 그 장면을 목격하게 해서 두려움에 몸서리치도록 해야 한다……" __**레닌**(1918)

"모스크바는 말 그대로 배가 고파 죽어가고 있습니다.' (쿠즈네초프 교수와 트로츠키의 대화) '그 정도로는 배가 고픈 것이라고 할 수 없소. 티투스 황제가 예루살렘을 함락했을 때는 유대인 어머니들이 자기 자식을 먹었다오. 내가 당신들의 어머니들로 하여금 자기 자식들을 먹게 하거든, 그때 내게 와 배고프다 하시오.'" __**트로츠키**(1919)

많은 사람들이 신문을 읽고 잡지를 접하며 입을 다물고 말았다. 무거운 공포가 사람들을 짓누른 것이다! 이러한 역사를 안고 앞으로 어떻게 살 수 있을까? 많은 이들이 적을 마주하듯 진실을 보게 되었다. 진실과 함께 찾아온 자유도 적대시했다. 우리집 식탁에 둘러앉아 자주 이야기를 나누었던 지인이 이런 말을 했다. "우리는 우리 조국에 대해 아는 것이 없어. 대부분의 사람들이 무슨 생각을 하는지도 몰라. 매일 보고 만나는 사람들이지만, 그들이 무슨 생각을 하고 무엇을 원하는지 모른다니까? 하지만 우리는 용기를 내서 그것을 알아봐야 해. 조만간 모든 걸 알게 되겠지. 아마도 경악을 금치 못할 거야." 나는 그와 논쟁을 벌였다. 그때가 1991년…… 행복한 시절이었다! 그때 우리는 내일이면, 내일의 태양이 떠오르면 자유가 시작되리라고 믿었다. 아무것도 없는 무에서, 오로지 우리의 희망을 바탕으로 자유가 시작될 것이라고.

샬라모프*가 쓴 『수첩』에 이런 글귀가 있다. "나는 삶의 진정한 쇄신이라는

---

* 바를람 샬라모프(1907~1982). 구소련의 작가, 언론인이자 '굴라크'의 생존자. 소련의 수용소에 대한 많은 글을 남겼다.

명목하에 치러진 위대한 패전에 참전했던 사람이다." 스탈린의 강제수용소에서 17년을 복역한 샬라모프의 이 말에는 이상에 대한 애수가 짙게 배어 있다…… 난 소비에트인을 네 세대로 분류하고 싶다. 스탈린 세대, 흐루쇼프 세대, 브레즈네프 세대, 고르바초프 세대. 나는 그중 마지막인 고르바초프 세대이다. 그랬기에 공산주의 사상의 실패를 쉽게 받아들일 수 있었다. 왜냐하면 나는 공산주의라는 신생 사상이 위용을 떨치며, 치명적인 낭만주의와 유토피아적 희망의 마력으로 모두를 사로잡았던 시기에 살지 않았으니까. 우리는 크렘린의 늙은이들 밑에서 자란 세대이자, 금식기이자 채식주의 시대*에 살았던 세대이다. 우리 때는 공산주의의 피가 이미 묽어진 지 오래였다. 아직 열정이 속에서 들끓고는 있었지만, 유토피아를 실현하려 하면 안 된다는 지식은 머릿속에 각인된 상태였다.

제1차 체첸전쟁이 벌어지던 그때, 나는 모스크바의 기차역에서 탐보프 인근으로부터 온 한 여성을 만났다. 그녀는 아들을 전쟁에서 빼내기 위해 체첸으로 향하던 참이었다. "난 아들이 죽게 내버려둘 수 없어요. 내 아들이 남을 죽이는 것도 싫어요." 국가는 이미 그녀의 마음을 지배하지 못하고 있었다. 그녀는 자유로운 인간이었다. 그런 자유로운 인간은 많지 않았다. 사실 주어진 자유 때문에 성을 내는 사람들이 훨씬 많았다. "오늘 세 종류의 신문을 샀는데 말이야, 각기 다른 사실을 쓰고 있더군. 도대체 뭐가 진실이라는 거야? 예전엔 아침에 〈프라우다〉** 신문 하나만 읽고 나오면 모든 걸 다 알 수 있었

---

* 소련의 모더니즘 시인 안나 아흐마토바는 스탈린이 반대파를 무참하게 숙청하는 '육식기'의 반대편에 서 있던 그의 작품이 철저하게 억압당하고, 당의 결의안에 의해 출판이 제재당한 시기를 묘사하기 위해 '채식주의 시대'라는 용어를 만들어냈다. 그의 동료 시인과 가족들은 수없이 투옥당하거나 살해당했다.
** 소련의 공산당 기관지.

는데. 모든 걸 다 이해할 수 있었는데 말이야." 사람들은 느릿느릿 더디게 옛 사상의 마취에서 풀려나고 있었다. 내가 참회에 대한 말을 꺼내면 "내가 뭘 잘 못했다고 죄를 뉘우쳐야 하는데?"라는 답이 돌아왔다. 모두가 자신을 희생자로 여겼지 가담자로 생각하진 않았다. 어떤 이는 "나도 수용소에서 복역했어"라 말했고, 다른 이들은 "나는 참전했어", 또다른 이들은 "나는 무너진 우리 마을을 일으키기 위해 밤낮없이 벽돌을 날랐어"라고 말했다. 이건 전혀 예상치 못한 반응이었다. 모두가 자유에 흠뻑 취해 있었지만, 정작 자유를 누릴 준비는 되어 있지 않은 상태였던 것이다. 도대체 자유는 어디에 있는 것인가? 식탁에 둘러앉아 습관적으로 정부를 욕할 때나 자유가 있었다. 사람들은 옐친도 욕하고 고르바초프도 욕했다. 옐친은 러시아를 변화시켰다는 이유로 욕을 먹었다. 고르바초프는? 고르바초프는 모든 것을, 20세기 전체를 송두리째 바꾼 대가로 욕을 먹어야 했다. 그때는 우리가 다른 사람들처럼 살게 되리라고 기대했다. 모두와 똑같아질 것이라고. 이번에야말로 정말 그렇게 될 수 있으리라 생각했다.

러시아는 변화하면서도 동시에 변화하는 자신을 증오했다. 그런 러시아를 가리켜 마르크스는 '움직이지 않는 몽골'이라고 썼다.

소비에트 문명…… 나는 소비에트 문명의 흔적을, 소비에트의 익숙한 얼굴을 서둘러 기록한다. 사람들에게 사회주의가 아닌 사랑, 질투, 유년기, 노년기에 대해, 그리고 음악, 춤, 헤어스타일에 대해, 사라진 삶의 수천 가지 소소한 일상에 대해 물어보았다. 이것이 재앙을 익숙한 틀 속에 집어넣고 무언가를 이야기해볼 수 있는 유일한 방법이기 때문이다. 무언가를 깨우칠 수 있는 유일한 방법 말이다. 나는 평범한 인간의 삶에 매번 지치지도 않고 깜짝 놀란다. 인간의 진실은 무한하다…… 역사는 사실에만 관심을 두고 감정은 제쳐두기 마련이다. 역사 속에 감정을 개입해서는 안 된다. 하지만 나는 역사학자가 아닌 인문주의자의 눈으로 세상을 바라본다. 그리고 인간에게 경이로움을 느낀다……

아버지가 세상을 떠났다. 그래서 난 아버지와 시작했던 한 가지 대화를 아직도 끝맺지 못하고 있다…… 아버지는 지금 체첸에서 죽어가는 전투 경험 없는 소년병들에 비하면, 당신 세대가 전쟁에서 죽는 게 훨씬 감당하기 쉬웠다고 말했다. 아버지 세대는 1940년대에 접어들면서 하나의 지옥을 빠져나와 또다른 지옥에 빠져들었다. 전쟁 전 아버지는 민스크 언론대학에서 수학했는데, 방학을 마치고 학교로 돌아가면 익숙했던 교강사들이 하나도 보이지 않았다고 했다. 모두 체포되었던 것이다. 당시 아버지는 무슨 일이 일어나고 있는지 이해하지 못했고, 그래서 두려웠다고 했다. 전장에 선 것처럼 무서웠다고.

사실 나는 아버지와 진솔한 대화를 자주 나누는 편은 아니었다. 아버지는 나를 가여워했다. 그런데 나는 아버지를 가여워했을까? 이 질문에 답하기가 곤혹스럽다. 우리 세대는 부모님들에게 가차없이 굴었다. 우리 세대는 자유를 단순하게 생각했다. 하지만 그로부터 세월이 얼마 흐르지 않은 지금, 우리는 자유라는 무거운 짐 때문에 등이 굽고 말았다. 왜냐하면 아무도 우리에게 자유가 무엇인지 가르쳐주지 않았기 때문이다. 우리가 배운 것이라고는 자유를 얻기 위해 죽는 방법밖에 없었다.

옜다, 자유를 받아라! 과연 우리는 이런 자유를 기다려왔던 것일까? 우리는 우리의 이상을 위해서 죽음도 불사할 수 있었다. 전장에 나가 싸울 수 있었다. 그런데 막상 시작된 건 체호프의 소설 같은 인생이었다. 아무 역사가 없는 인생. 생명이라는 가치, 생명 그 자체를 제외하고는 모든 가치가 무너져내렸다. 대신 새로운 꿈들이 우리 안에 뙈리를 틀었다. 집을 짓고, 좋은 차를 사고, 구스베리나무를 심는 등의 꿈이. 자유란 것은 알고 보니 러시아에선 줄곧 모욕당해왔던 속물근성이 회생한 것이었다. 자유란 '위대하신 소비 전하'의 등장이었고 '어둠의 왕'이 출현한 것이었다. 인간의 삶 속에 감춰져 있던, 우리가 그동안 대략적으로만 상상했던 욕구와 본능이라는 어둠의 왕. 우리는 무수한 역사 속에서 그저 살아남았던 것이지, 역사를 살아온 것이 아니었다. 그런데 이제는 그나마 있던 그 전쟁 경험마저도 무용지물이 되어버렸기 때문에 잊어야만 했다. 수천 가지의 새로운 감정, 상태, 반응 들이 밀려왔다. 주변의 모든 것—간판, 물건, 돈, 깃발 등이 모두 달라졌다. 물론 사람도 바뀌었다. 보다 더 다채롭고 개별적인 사람으로 바뀌었다. 공동체는 폭파되었고, 생명체는 수백만 개의 작은 조각, 세포, 원자로 쪼개졌다. 러시아 사전편찬자 블라디미르 달이 '자유'와 관련하여 모은 단어들처럼 이뤄지고 있다. '자유-의지…… 마음대로…… 구속받지 않는 드넓은 해방감……' 거대한 악은 전설이나 정치음모론으로 전락하고 말았다. 지금은 그 누구도 사상에 대해 말하지 않는다. 이제는 대출, 이율, 어음에 대해서 즐겨 말한다. 돈은 버는 것이 아니라 '만드는 것' '따내는 것'이 되었다. 이 상황이 얼마나 지속될까? 여성 시인 츠베타예바는 "돈은 거짓되었다는 인식을 러시아인의 마음속에서 소멸시키기란 불가능하다"고 했다. 그런데 왜 난 오스트롭스키와 살티코프-셰드린의 주인공*들이 부활해서 거리를 활보하고 있는 것만 같을까.

나는 만나는 사람들마다 자유가 무엇이라고 생각하는지에 대해 물었다. 아버지와 자녀들이 서로 다른 답을 내놓았다. 소련에서 태어난 사람과 소련에서 태어나지 않은 사람 간에는 공유할 수 있는 경험이 전무했다. 그들은 서로 다른 행성에서 온 사람들이었다.

---

* 오스트롭스키와 살티코프-셰드린 두 작가 모두 상인 계급의 생활을 그리며, 당시 귀족사회의 속물근성과 전제정치의 부패 등을 작품 속에서 통렬하게 비판했다. 이야기의 주인공들은 속물근성에 쩌든 상인이나 귀족이 대부분이었다.

아버지들은 자유란 공포가 부재할 때를 가리키며, '8월 쿠데타'* 세력을 제압했던 사흘이 그 자유에 해당한다고 대답했다. 또 식료품 가게에서 햄 백 가지 중 하나를 고르는 사람이 열 가지 중 하나를 고르는 사람보다 자유로운 인간이라고 했다. 얻어맞지 않고 사는 것이 자유지만, 맞지 않고 사는 세대는 죽을 때까지 보지 못할 것이라고도 했고, 러시아인은 자유를 이해하지 못하기 때문에 러시아인에게는 명령자와 채찍이 필요할 뿐이라고도 했다.

자녀들은 자유란 사랑이며, 내적 자유는 절대적 가치라고 했다. 자유란 스스로가 자신의 소원을 두려워하지 않는 상태라고도 말했다. 또한 자유란 돈을 많이 갖는 것이며, 돈만 있으면 모든 것을 쟁취할 수 있다고도 했다. 자유란 자유가 무엇인지 고민하지 않고 살아갈 때를 말하는 것이고, 자유란 정상적인 것이라고 했다.

난 언어를 찾고 있다. 인간은 많은 언어를 구사한다. 아이들과 대화할 때 사용하는 언어, 사랑을 속삭일 때 사용하는 언어, 내 안의 나와 대화를 나눌 때 사용하는 언어도 있다. 길거리에서 직장에서 여행지에서 우리는 서로 다른 언어를 사용한다. 말뿐 아니라 다른 것들도 바뀐다. 때론 아침과 저녁에 쓰는 언어가 다를 때도 있다. 그리고 밤이 되어 두 사람 사이에 일어나는 일들은 역사에 기록조차 되지 않는다. 우리는 낮의 인간에 대한 역사만을 다룬다. 자살은 밤에 속하는 주제다. 인간은 사느냐 죽느냐, 그 선택의 기로에 서 있다. 꿈과 현실의 기로에 서 있다. 나는 뼛속까지 낮의 인간인 한 사람으로서 밤의 역사

---

* 8월 쿠데타는 1991년 8월 19일부터 21일까지 소련공산당 보수파들 중심으로 조직된 국가비상사태위원회가 당시 소련 대통령이던 고르바초프에 반대해 일으킨 쿠데타이다. 이는 이틀 만에 실패했고 대통령이었던 고르바초프는 정부로 되돌아갔으나, 사실상 소련 체제를 붕괴시켜 결과적으로 소비에트연방의 붕괴로 이어졌다.

를 파헤쳐보고 싶었다. 그랬더니 누군가 이렇게 말했다. "그러다 그게 마음에 들면요? 두렵지 않으세요?"

스몰렌스크 지역을 지날 때였다. 한 시골 마을의 가게 근처에 차를 세웠다. 모두 친숙하고(나도 시골에서 자랐다) 예쁘고 보기 좋은 얼굴들이었는데, 반면 주변 환경은 비참하고 빈곤했다. 난 그곳 사람들과 인생에 대해서 대화를 나누었다. "자유가 뭐냐고요? 가게를 한번 둘러보세요. '스탄다르트' '고르바초프' '푸틴카'*까지 보드카가 종류별로 있고, 햄도 치즈도 생선도 차고 넘칠 지경이에요. 바나나도 있다고요. 그런데 무슨 자유가 더 필요요? 우린 이것만으로도 충분해요." "혹시 땅은 받으셨어요?" "에그, 그 땅 받아서 뼈빠지게 일하고 싶어하는 사람이 어디 있어요? 그걸 하겠다는 사람이나 땅을 가져가는 거지요. 우리 동네에선 바시카 크루토이라는 사람만 땅을 받아갔어요. 그 집 막내아들이 여덟 살인데, 항상 아버지 옆에 나란히 서서 쟁기를 끌고 다닌다니까요. 에이! 아, 그 집에 고용돼서 일하러 가면 아주 힘들어. 이건 뭐 슬쩍할 수가 있나, 잠깐 눈을 붙일 수가 있나! 아주 파시스트가 따로 없다니까요!"

도스토옙스키의 「대심문관」에는 자유에 대한 논쟁이 나온다. 자유로 향하는 길은 힘들고 괴롭고 비극적이라는 이야기…… "그렇게나 많은 대가를 지불해야 하는데 그 빌어먹을 선과 악을 깨우칠 필요가 있을까?" 인간은 항상 선택해야 한다. 자유냐 삶의 평안과 안녕이냐, 고통스러운 자유냐 자유 없는 행복이냐. 대부분의 사람들은 후자를 선택한다.

대심문관이 지상으로 다시 내려온 그리스도에게 이렇게 묻는다.

"당신은 뭣 때문에 우리를 방해하러 온 거요? 당신이 우리를 방해하러 왔다

---

* 블라디미르 푸틴 러시아 대통령의 성을 따서 만든 보드카 브랜드명.

는 것은 당신 자신이 누구보다 잘 알고 있지 않소."

"당신은 그(인간)를 너무도 존중한 나머지 오히려 인간을 동정하지 않는 것처럼 행동하고 말았소. 당신은 인간에게 너무나 많은 것을 요구했어. (…) 당신이 인간을 조금 덜 존중했다면 요구사항도 그만큼 적었을 테니, 오히려 그것이 사랑에 더 가까운 행동이었을 거요. 왜냐하면 인간이 지닌 짐의 무게가 훨씬 가벼워졌을 테니까. 인간은 나약하고 비열한 존재요. (…) 그토록 버거운 선물을 받을 힘이 없었던 나약한 영혼은 대체 무슨 죄란 말이오?"

"자유를 얻은 인간에게 복종할 대상을 서둘러 찾는 것보다 더 고통스럽고 끊임없는 고민은 없을 것이오…… 이 불행한 존재에겐 태어날 때부터 가지고 있던 자유라는 선물을 한시바삐 넘겨줄 수 있는 대상을 찾아내는 것이 가장 괴롭고 끈질긴 걱정거리란 말이오!"

* * *

그렇다, 1990년대에 우리는 행복했다. 허나 그때의 순진함을 되돌릴 수 있는 길은 없다. 우리는 그때 선택했다고 믿었고, 공산주의는 처참하게 패배했다고 생각했다. 그런데 그것은 시작일 뿐이었다……

그후 20년이 흘렀다. 이제 자녀들은 부모에게 말한다. "고작 사회주의로 우리를 겁줄 생각 마세요."

언젠가 알고 지내던 대학 강사와 이런 대화를 나눈 적이 있다. "1990년대 말에는 내가 강단에서 소련을 언급하면 학생들이 큰 소리로 비웃곤 했어요. 당시 학생들은 자신들 앞에 새로운 미래가 열릴 거라고 확신하는 듯했지요. 그런데 지금은 전혀 달라요. 요즘 학생들은 자본주의가 무엇인지, 불평등, 가난, 뻔뻔한 부라는 것이 무엇인지 속속들이 알고 있고 뼈저리게 느낀 아이들이에요. 학생들의 눈에 약탈당한 국가로부터 아무것도 받지 못한 부모들의 삶이 적나라하게 비친 거예요. 그래서 학생들은 극단적인 사상을 추구하게 되었어요. 자신들만의 혁명을 꿈꾸는 거죠. 레닌이나 체 게바라의 얼굴이 그려진 붉은 티를 입고 다니면서요."

대중 사이에서 소련에 대한 동경이 생겨났고, 스탈린 숭배자들도 나타났다. 19세에서 30세까지의 젊은이들 중 절반 이상이 스탈린을 '가장 위대한 정치가'로 꼽고 있다. 오히려 사람을 더 죽였으면 죽였지, 히틀러 못지않은 스탈린이 있던 나라에서 신新스탈린 숭배자들이라니! 소련의 모든 것이 유행하기 시작했다. 소련 음식을 파는 소련식 명칭의 식당이 생겨나고, 우리가 어렸을 때부터 알고 있는 그 향과 맛을 가진 소련 사탕과 소련 햄도 판매되고 있다. 물론 소련 보드카도 빼놓을 수 없다. 텔레비전에서 소련과 관련된 수십 편의 프로그램이 방영되고, 인터넷에는 소련에 대한 향수를 느낄 수 있는 수십 개의 사이트들이 개설되어 있다. 그뿐 아니라 솔로베츠키 제도나 마가단에 있는 스탈린 강제노동수용소가 관광상품으로까지 나와 있다. 여행사들은 수용소의 삶을 생생하게 체험해볼 수 있도록 관광객들에게 작업복과 곡괭이를 제공한다고 광고한다. 게다가 특별히 예전 모습 그대로 복구한 막사도 볼 수 있고, 관광 일정 말미에는 낚시 체험도 있단다……

구시대적 발상들, 다름 아닌 '위대한 제국' '철의 손' '러시아만의 고유한 노선' 등의 사상이 부활하고 있다. 소련 국가가 다시 호명되고, '나시'*라는 이름

---

* '우리들의 것'이라는 뜻의 청년 민주주의 반파시스트 운동단체. 나시의 목표는 '21세기 글로벌 시대를 이끌어갈 수 있는 러시아의 건설'이다. 나시는 정권의 세대 교체를 주장한다. 이들은 공산주의자들과 마찬가지로 친서구 자유주의 성향의 정치세력 또한 배격한다. 나시는 푸틴 정부의 후원을 받고 있어 푸틴의 홍위병이라고도 불리며, 나시가 지향하는 목표는 사실상 푸틴 정권의 목표와 다를 바 없다.

으로 불리는 콤소몰도 활동하고 있다. 공산당을 재현한 듯한 집권당도 버젓이 활동중이다. 대통령의 권한은 공산당 총서기장의 절대권력과 같다. 마르크스주의, 레닌주의를 정교회가 대체하고 있다.

1917년의 혁명 직전 알렉산드르 그린은 이렇게 썼다. "왠지 미래는 자기가 마땅히 있어야 할 자리에 있기를 그만둔 것 같다." 100년이 지난 오늘, 미래는 또다시 있어야 할 자리에 없다. 바야흐로 세컨드핸드second-hand*의 시대가 도래하고 있다.

바리케이드는 예술가들에게 가장 위험한 곳이다. 함정이다. 그곳에서는 시력이 나빠지고, 동공이 작아지고, 세상이 무채색으로 보이기 시작한다. 그곳은 흑과 백의 세계다. 그 세계에서는 사람과 사람을 구분할 수 없고 과녁의 점만 보일 뿐이다. 나는 평생을 바리케이드에서 살았다. 이제는 그곳을 벗어나고 싶다. 인생을 즐기는 법을 배우고 싶다. 정상적인 시력을 되찾으면 좋겠다. 하지만 오늘도 수만 명의 사람들이 손에 손을 잡고 거리로 나서고 있다. 재킷 위에는 하얀 리본**이 달려 있다. 부활의 상징. 빛의 상징. 그리고 나도 그들과 함께하고 있다.

거리에서 낫과 망치 그리고 레닌의 초상화가 그려진 티를 입은 젊은이들을 만났다. 저 젊은이들은 과연 공산주의가 무엇인지 알고 있는 것일까?

---

* '중고의' '고물의'라는 뜻.
** 2011년 12월 7일 하얀 리본을 단 시위자들이 '공정한 선거! 공정한 권력!'이라는 구호 아래 부정선거에 반대하는 시위를 벌였다. 2012년 푸틴이 당선되었다는 대선 결과가 발표된 이후에도, 많은 사람들이 부정선거 의혹을 제기하며 하얀 리본을 달고 시위를 벌였다.

1부

아포칼립스*의 위로

* 라틴어로 '세상의 종말' '대재앙'이라는 뜻.

길거리에서 나눈 잡담과 부엌에서 나눈 대화
(1991~2001)

바보 이반과 황금 물고기에 대하여

"제가 뭘 깨달았는지 아세요? 바보 이반이나 바보 예멜리*, 다시 말해 우리가 사랑하는 러시아의 옛날이야기에 등장하는 영웅들 빼고는 한 시대의 영웅이 다른 시대의 영웅이 되는 경우가 드물다는 사실이에요. 러시아 민담엔 주로 운수가 좋거나 행운이 따르는 순간에 대한 이야기가 많아요. 기적 같은 도움의 손길에 대한 기대, 감나무 아래에 가만히 누워서 저절로 감이 떨어지길 바라는 내용이 주를 이루죠. 따뜻한 페치카** 앞에 누워 빈둥거려도 원하는 걸 다 가질 수 있다는 이야기들. 그 이야기 속에서는 페치카가 알아서 척척 팬케

---

* 러시아 민담에는 '바보' 모티브가 자주 사용된다. 대표적인 인물이 '바보 이반'과 '바보 예멜리'이다. 바보 예멜리 이야기는 삼형제 중 막내인 바보 예멜리가 물고기를 잡았는데, 제발 살려달라는 청을 들어주자 물고기가 모든 소원을 이뤄준다는 내용이다. 바보지만 선한 행동으로 행운을 얻게 된다는 교훈을 담고 있다.
** 러시아의 전통 난방기구.

이크를 구워내고, 황금 물고기는 모든 소원을 이뤄줘요. '난 이걸 원해, 저걸 원해! 아름다운 왕비님과 결혼하고 싶어! 난 우유강이 흐르고 젤리가 강가를 이루는 그런 왕국에서 살고 싶어!' 등등…… 우리 러시아인은 두말할 것도 없이 몽상가예요! 정신은 열심히 일하고 괴로워하는 데 반해 실제 행동은 더디거든요. 정신에 온 힘을 쏟느라 행동으로 옮길 힘이 부족하기 때문이에요. 그러니 일은 항상 제자리를 맴돌죠. 또 러시아인은 수수께끼 같은 영혼을 가졌어요. 그래서 모두들 러시아인을 이해해보려고 부단히 노력해요. 도스토옙스키를 읽으면서 도대체 저 영혼에 무엇이 있을까 궁금해하죠. 그런데 말이죠, 우리 영혼 속에는 또다른 영혼이 있을 뿐이에요. 우리는 식탁에 둘러앉아 수다를 떨거나 책 읽기를 좋아해요. 그러니 러시아인에게 가장 중요한 직업은 독자, 그리고 관객인 셈이에요. 그런데도 우리 러시아인은 근거 없이 자기네 민족을 특별하고 유일하다고 인식하고 있어요. 사실 석유와 가스를 빼면 특별할 것도 없는데 말이에요. 이러한 점들이 한편으로는 인생을 변화시키는 데 장애물로 작용하지만, 다른 한편으로는 우리네 인생에 의미를 부여한다고나 할까요? 우리는 러시아가 뭔가를 창조해야 한다, 이 세상에 속한 것이 아닌 특별한 것을 세상에 보여줘야 한다는 강박관념에 사로잡혀 있어요. 신이 선택한 민족, 러시아의 고유한 노선을 주장하죠. 우리 주변에는 오블로모프*투성이예요. 모두가 소파에 드러누워 기적을 바라고 있죠. 반면 슈톨츠는 없어요. 민첩한 행동파 슈톨츠류는 보이지 않아요. 러시아인은 자기들이 아끼는 자작나무숲과 벚꽃 동산을 베어버렸다는 이유로 슈톨츠를 증오해요. 그곳을 밀어낸 뒤 공장을 짓고 돈을 번다는 이유로요. 우리들 사이에서 슈톨츠는 타인이에요……"

---

* 러시아 소설가 곤차로프의 대표작 『오블로모프』의 주인공. 주인공 오블로모프는 관대하지만 우유부단한 귀족 청년으로, 박력 있고 실리적인 친구 슈톨츠에게 애인을 빼앗기고 만다. 이 소설의 주인공 오블로모프처럼 허무감에 빠지고 무기력하며 시대에 뒤떨어진 19세기 러시아 사회의 사람들을 일컫는 대명사로 '오블로모프주의(오블로모프 기질)'라는 말이 크게 유행했다.

"러시아의 부엌이라…… 형편없고 초라하고 코딱지만한 '흐루숍카'* 같은 부엌이죠. 보통 9~12제곱미터 면석에 얇은 벽 하나를 두고 화장실과 연결되어 있어요(이 정도면 행복하죠!). 소련식 설계가 그래요. 부엌 창가에는 양파가 자라고 있는 마요네즈병이 놓여 있고, 코감기에 좋다는 아가베 화분도 있죠. 러시아인에게 부엌은 요리만 하는 곳이 아니라 때론 식당, 때론 응접실, 때론 사무실, 때론 연단, 때론 집단심리치료의 장소예요. 19세기 러시아 문화가 귀족들의 저택에 집약되어 있었다면, 20세기에는 부엌에 집약되어 있다고 해도 과언이 아니에요. 페레스트로이카 시대도 마찬가지고요. '1960년대 사람들'** 의 삶이 바로 '부엌에서의 삶'이었어요. 그런 의미에서 흐루쇼프에게 감사해요! 그 사람 덕분에 우리가 공동주택에서 벗어나 각 가정마다 개인 부엌을 갖게 됐으니까요. 그 부엌에서 우리는 정부를 욕할 수 있었어요. 가장 중요한 사실은 부엌에는 남이 없었기 때문에, 더이상 두려워하지 않고 욕할 수 있었단 거예요. 부엌에서 아이디어와 공상에 가까운 프로젝트들이 떠올랐죠. 우린 서로 질세라 유머를 만들어내곤 했어요. 그 시대가 유머의 전성기였어요! 예를 들면 '공산주의자들은 마르크스를 읽는 사람들이고, 반공주의자들은 마르크스를 이해한 사람들이다'라든가. 아무튼 우리 모두는 부엌에서 자랐고 우리 아이들노 그랬어요. 아이들도 함께 갈리치와 오쿠드자바의 노래를 들었어요.

---

* 흐루쇼프는 집권하자마자 주택 보급을 최우선 사업으로 정하고, 성냥갑같이 생긴 5층짜리 서민용 아파트를 대량으로 지었다. 러시아 전역에 제일 많이 보급된 5층짜리 서민 아파트는 나쁜 아파트의 대명사처럼 불렸다. 그래서 러시아 사람들은 형편없는 아파트를 보면 흐루쇼프의 이름을 따서 '흐루숍카'로 부른다.

** 주로 1925~1945년생 소비에트 인텔리겐치아를 가리킨다. 대부분 문학가, 음유시인, 학자 등의 지식인들이다. 그들의 부모님 세대는 주로 공산주의 이상향에 매료된 볼셰비키들로, 소련 건국에 헌신한 사람들이었다. 하지만 그들은 스탈린의 탄압, 제1차세계대전, 해빙기를 거치면서 차차 왜곡된 공산주의와 인권 탄압에 환멸을 느껴 소련 체제에 반대하고 페레스트로이카를 대환영하는 세력으로 변모했다.

비소츠키*의 노래도 줄기차게 틀었죠. BBC 주파수도 잡곤 했어요. 부엌에서는 못 하는 얘기가 없었어요. 왜 이렇게 모든 것이 엉망진창인지, 인생의 의미가 무엇인지, 만인의 행복이란 어떻게 얻는 것인지 등등. 언젠가 한번은 재미있는 일이 있었어요. 우린 여느 때와 마찬가지로 모두 부엌에서 자정이 넘도록 수다를 떨고 있었고, 열두 살짜리 우리 딸은 소파에서 웅크려 자고 있었어요. 그런데 우리가 시끄럽게 언쟁을 하고 있었나봐요. 우리 딸이 비몽사몽간에 빽 소리를 지르는 거예요! '정치 얘기 좀 그만해요! 또 그 지겨운 사하로프**, 솔제니친, 스탈린……' (웃음)

우리는 부엌에서 커피, 보드카를 끊임없이 마셨어요. 1970년대에는 쿠바산 럼주를 마시기도 했죠. 그때 우리 모두는 피델 카스트로와 쿠바 혁명, 그리고 베레모를 쓴 체 게바라에게 푹 빠져 있었어요. 그들의 인기는 할리우드 스타 못지않았어요! 당시에 우리는 늘 떨고 있었어요. 누군가 엿듣고 있을지 모른다는, 아마도 엿듣고 있을 거라는 공포를 느꼈기 때문이에요. 대화 중간중간 꼭 누군가는 전등이나 콘센트를 쳐다보면서 '소령 동무, 동무도 들었지요?'라고 농담처럼 말하곤 했어요. 일종의 모험 또는 게임 같은 거였어요. 이런 이중생활에서 만족감을 얻었던 것 같아요. 대놓고 반항하는 사람은 극소수였고, 대부분은 '부엌에서만 불순분자'들이었죠. 주머니 속에서 세번째 손가락을 치켜들고 있는……"

"지금은 가난한 것도 부끄럽고 취미로 운동 하나 안 하는 것도 부끄러운 시

---

* 갈리치, 오쿠드자바, 비소츠키는 모두 음유시인들이다. 직접 작사 작곡한 곡으로 시를 읊듯 노래하는 것은 러시아의 특징적인 음악 장르다. 이들 역시 '1960년대 사람들'에 속한 예술인들로 주로 반체제적인 노래를 불렀다.
** 안드레이 사하로프(1921~1989). 소련의 핵물리학자, 반체제 활동가, 인권운동가. 1975년 소련에서 인권운동을 전개한 공로로 노벨평화상을 수상했다.

1부 아포칼립스의 위로

대요. 한마디로 쫓아가기가 벅차지. 난 '청소부와 수위 세대' 사람이요. '내적 망명'이 있던 때지.* 난 창밖의 풍경이 어떤지, 주변에 무슨 일이 일어나는지 모르고 살았소. 나랑 내 아내는 상트페테르부르크(당시 레닌그라드) 대학교 철학과를 나왔지. 졸업 후 아내는 청소부로, 나는 보일러 불을 때는 사람으로 취직했소. 하루는 일하고 이틀은 쉬는 식이었지. 당시 엔지니어들이 130루블씩 받았고, 보일러실에서 일하던 나는 90루블을 받았다오. 40루블을 덜 받았지만 절대적 자유를 보장받을 수 있었지. 우리 부부는 늘 책을 읽었소. 그것도 아주 많이. 대화도 많이 했지. 우리는 우리가 사상을 생산한다고 생각했소. 혁명이 일어나길 꿈꾸기도 했지. 혁명이 올 때까지 살아 있지 못할까봐 노심초사하면서 말이오. 한마디로 폐쇄적인 삶을 살았던 게야. 세상에 무슨 일이 벌어지고 있는지 몰랐소. 우리는 온실 속 화초였던 거요. 그때 우리는 별의별 사상을 다 만들어냈지. 나중에 알고 보니 모든 사상이 우리의 상상에 불과했지만, 우리는 우리만의 서방세계, 자본주의, 러시아 민족을 머릿속에 그리곤 했소. 한마디로 환상 속에서 살았던 거요. 책에서 보거나 우리집 부엌에서 말했던 그런 러시아는 어디에도 없었소. 우리 머릿속에만 있었지.

페레스트로이카 이후엔 모든 것이 끝나버렸다오. 자본주의가 터진 봇물처럼 쏟아집디다. 90루블의 가치가 10달러 정도로 곤두박질했지. 그 돈으론 살아갈 방도가 없었기에 난 부엌에서 길거리로 나섰소. 나만의 세계를 벗어나보니 우리에게 사상이란 게 없었다는 것을, 그저 항상 둘러앉아 계속 떠벌떠벌 말만 늘어놓았다는 것을 깨달았지. 그리고 어디선가 전혀 다른 유의 사람들이

---

* 소련 사회에서는 가장 존경받는 직업이 노동자, 엔지니어, 기술자였다. 반면 청소부나 수위는 가장 밑바닥에 있던 직종이다. 그럼에도 불구하고 월급에는 별반 차이가 없었다. 공산주의 체제하에서는 더 많이 벌 수도 없었고, 번다 해도 살 수 있는 더 좋은 물건과 음식이 없었다. 소련의 현실을 깨닫고 해외 망명을 선택하는 사람들이 있었던 반면, 반기를 들지도 조국을 떠나지도 못하기에 순응하면서 사회 외곽에서 숨어 지내는 '내적 망명'자들이 많았다. '내적 망명'이란 야만적 현실로부터 자기 내부로 시선을 돌려 내적 도피처를 찾는 행위를 뜻한다.

출현했소. 산딸기색 재킷을 입고 굵직한 금반지를 낀 젊은이들*이었소. 그들은 우리에게 새로운 게임의 법칙을 말해주었소. 돈이 있으면 인간이고, 돈이 없으면 아무것도 아니라는 법칙을. 내가 헤겔 전집을 읽은 사람이라는 걸 대체 누가 알아준단 말이오? '인문학도'라는 말은 질병의 진단명같이 들렸지. 인문학도들이 할 수 있는 일이라고는 만델시탐** 작품집을 손에 들고 있는 것밖에 없다고 조롱하는 듯했소. 미지의 세계가 열린 뒤 인텔리겐치아는 상상을 초월할 정도로 빈곤해졌소. 우리 동네 공원에서 주말마다 크리슈나파 교도들이 노점을 차려서 수프와 간식을 배식했는데, 그럴 때마다 말쑥하게 차려입은 노인네들로 줄이 얼마나 길게 늘어섰는지. 그걸 볼 때면 목에서 뭔가 울컥하는 것 같았소. 그중 어떤 노인들은 얼굴을 가리기도 했다오. 그 당시 우리 부부 사이에는 두 명의 어린 자식이 있었소. 우리는 원초적으로 배를 곯았지. 결국 우리 부부는 공장에서 아이스크림 4~6박스를 떼어다가 시장이나 사람들이 많이 모이는 곳에서 장사를 시작했다오. 그때 냉장고가 어디 있기나 했겠소, 몇 시간 뒤면 아이스크림이 물이 되어서 뚝뚝 흘렀지. 그런 상태가 되면 우리집 꼬맹이들에게 아이스크림을 나눠주곤 했소. 얼마나들 좋아했는지! 아이스크림은 아내가 팔고, 나는 짐을 옮기거나 운전하는 일을 했소. 물건 파는 일만 아니면 무슨 짓이든 할 준비가 되어 있었소. 난 상당히 오랫동안 그런 일을 하는 것이 적잖이 불편했지.

예전에는 우리의 '부엌에서의 삶'을 자주 떠올렸지. 사랑이 많았던 그 시절을 말이오! 여성들은 얼마나 훌륭했는지! 그때 그 여성들은 부자들을 증오했소. 매수당할 사람들이 아니었지. 하지만 이제는 감정에 허비할 시간이 없는

---

* '신러시아인'을 묘사하는 전형적인 표현이다. 1990년대 소련 붕괴 이후 과도기를 겪는 과정에서 불법 또는 편법으로 막대한 돈을 벌어들인 부류를 일컫는다. 대부분 지식과 교양이 부족하여 막대한 부를 가진 사회계층에 걸맞은 행동을 하지 않았기 때문에, 풍자와 비판의 대상이 되곤 했다.
** 오시프 만델시탐(1891~1938). 스탈린 풍자시를 썼다가 대숙청으로 사망한 소련의 시인.

시대요. 모두 돈을 벌어야 하니까. 돈의 발견은 원자폭탄의 폭발과도 같은 결과를 가져왔다오……"

고르비*를 사랑했고 증오했던 우리에 대하여

"고르바초프의 시대라…… 수많은 사람들이 행복한 얼굴로 다녔어요. 자! 유! 다! 모두가 자유의 공기를 가득 들이마셨어요. 신문은 없어서 못 팔 정도였고요. 이제 조금, 조금만 더 기다리면 천국에 들어갈 수 있다는 큰 꿈에 부풀었던 시기였죠. 우리에게 민주주의는 미지의 동물과도 같았어요. 우린 정신 나간 사람들처럼 집회를 쫓아다녔어요. 이제 곧 스탈린과 굴라크에 대한 진실을 알게 되리라는, 금서였던 리바코프의 『아르바트의 아이들』뿐 아니라 다른 좋은 책들도 많이 볼 수 있게 되리라는, 그렇게 우리는 민주주의자들이 되리라는 희망에 젖어 집회를 다녔어요. 우리 모두가 정말 잘못 생각했던 거죠! 라디오 방송마다 그것이 진실이라고 떠들어댔어요. '어서! 어서요! 읽으십시오! 들으십시오!' 하지만 모두가 준비된 것은 아니었어요…… 대부분의 사람들은 반소비에트적인 정서를 갖고 있지 않았어요. 모두들 그저 잘살고 싶어했을 뿐이에요. 청바지와 비디오를 살 수 있길, 그리고 모든 꿈 중 최고라 할 수 있었던 자동차를 살 수 있길 바랐던 것뿐이었어요! 모두가 화려한 옷을 입고 맛있는 음식을 먹고 싶어했어요. 한번은 솔제니친의 『수용소군도』라는 책을 집으로 가져갔는데, 그걸 보고 엄마가 경악하며 외쳤어요. '지금 당장 이 책을 가지고 나가지 않으면, 이 집에서 쫓겨날 줄 알아!' 제 친할아버지께선 전쟁 직

---

* 고르바초프를 가리키는 속칭 중 하나다. 서방에서 인기가 많았던 것에 빗대어 '위대한 개츠비'와 비슷하게 '고르비'라고 부르게 된 것이라고 주장하는 사람들도 있다. '곱사등이'라는 뜻의 '고르바치'라고도 자주 불린다. 이 밖에도 다양한 별명과 속칭이 있다.

전에 총살을 당해 돌아가셨거든요. 그런데도 할머니께서는 '바샤크가 불쌍하진 않아. 체포될 만했거든. 말이 너무 많았어'라고 말씀하셨죠. '할머니, 왜 이제까지 그런 말씀을 한 번도 안 하셨어요?'라고 내가 묻자, 할머니께선 '내 인생은 나와 함께 묻히는 것이 나아, 너희에게 피해가 가지 않게 말이야'라고 대답하셨죠. 우리의 부모님, 부모님의 부모님은 이렇게 사셨던 거예요. 롤러로 고르게 밀어버린 흙 같은 삶을요. 페레스트로이카는 민족에 의한 것이 아니라 한 사람, 바로 고르바초프만의 작품이에요. 고르바초프와 인텔리겐치아 한 무리의 작품요……"

"고르바초프는 프리메이슨, 미국의 비밀요원이었어요. 공산주의를 배신했죠. 공산당원들을 쓰레기통으로, 콤소몰 단원들을 쓰레기장으로 보내버렸어요! 나는 내게서 조국을 앗아간 고르바초프를 증오해요. 난 지금도 소비에트 여권을 가장 소중한 보물처럼 간직하고 있어요. 맞아요, 우리는 줄을 서가며 시퍼런 병든 병아리와 썩은 감자를 배급받곤 했어요! 그래도 그건 내 조국이었어요! 나는 내 조국을 사랑했어요. 당신들은 '로켓을 만드는 오트볼타'*에서 살았을지 몰라도, 나는 위대한 내 나라에서 살았어요. 러시아는 항상 서방국들에는 적이었어요. 서방국들은 러시아를 두려워해요, 목에 걸린 가시처럼 생각하죠. 공산주의자들이 있건 없건 간에 서방국들 입장에선 강한 러시아가 필요치 않아요. 우리를 마치 석유, 가스, 목재, 비철금속 창고로 치부해버리죠. 우린 이제 석유를 팔아서 팬티를 사요. 하지만 이런 천조가리들이 필요 없던 문명 시대도 있었다고요. 바로 소비에트 시대요! 누군가는 그런 소련을 없애

---

* 오트볼타는 현재 서아프리카 국가인 부르키나파소의 전 이름이다. 오트볼타는 세계 최빈국 중 하나였으며 정치적 상황 또한 불안정했다. '로켓을 만드는 오트볼타'란 매우 가난하고 불안정한 상황인데도 로켓을 보유하고 있다는 뜻으로, 1960~1980년대 소련을 비꼬는 관용구다. 소련이 국민들의 민생은 돌보지 않으면서 무기 생산에 주력한 것을 비판하는 말이다.

1부 아포칼립스의 위로

고 싶어했어요. 누구겠어요? 모두 CIA의 공작이에요. 우리는 미국인들에게 조종당했어요. 그리고 고르바초프는 그 대가로 많은 것을 챙겼죠. 그는 언젠가 분명 심판대에 오를 거예요. 러시아의 가룟 유다가 민족에게 심판받는 그날까지 제발 내가 살아 있기를 바랄 뿐이에요. 그날이 온다면, 나는 기쁜 마음으로 부톱스키 사격장*에서 그놈 뒤통수에 총알을 박아줄 거예요! (테이블 위를 주먹으로 쾅쾅 내리친다.) 행복해졌다고요? 그런가요? 햄과 바나나가 판매되고는 있어요. 우리는 똥무더기에서 뒹굴거리며 외국 음식을 먹고 있다고요. 조국 대신 거대한 슈퍼마켓이 들어섰지요. 이런 게 자유라면, 난 이런 자유는 필요 없어요! 젠장! 그놈들이 민중을 바닥까지 끌어내렸어요. 우리는 노예, 노예예요! 레닌이 그랬어요, 공산주의자들이 있을 때는 식당 아주머니, 노동자, 소젖 짜는 사람, 방직공 들이 국가를 운영한다고요. 그런데 지금은 순 날강도들이 의회를 차지하고 있잖아요. 달러를 긁어모은 백만장자들이요! 그놈들은 의회가 아니라 감옥에 있어야 할 놈들이에요. 페레스트로이카는 우리 모두를 상대로 사기를 친 정책이라고요!

　나는 소련에서 태어났고, 내 나라가 좋았어요. 공산당원이었던 아버지는 내게 〈프라우다〉 읽는 법을 가르쳐주셨어요. 명절 때마다 아버지와 나는 행진에 참여했어요. 눈물을 흘리면서 말이죠. 나는 피오네르 단원이었고, 빨간색 넥타이를 매고 다녔어요. 그런데 고르바초프가 집권하는 바람에 콤소몰 단원은 미처 되지 못한 거예요. 얼마나 아까웠던지! 내가 소보크라고요? 맞아요! 내 부모님도 소보크였고 할아버지 할머니도 소보크였어요. 우리 소보크 할아버지는 모스크바 인근에서 1941년에 목숨을 잃었고요, 소보크 할머니는 빨치산 대원이었어요. 그런데 그 자유주의자 양반들은 자기 몫을 챙기느라 여념이 없었죠. 그들은 우리 모두가 과거의 블랙홀에 빠졌다고 생각하길 바라고 있어

---

* 스탈린의 탄압이 극심했던 시기에 수많은 총살이 이뤄졌던 사형장.

요. 나는 고르바초프, 셰바르드나제*, 야코블레프** 등등 그놈들 모두 꼴도 보기 싫어요. 아, 당신! 이놈들 이름은 꼭 소문자로 써요. 난 그들 모두를 증오해요! 나는 미국이 아닌 소련에 가고 싶어요……"

"순진하고 아름다웠던 시절이었어요…… 지금은 누군가를 쉽게 믿지 않지만, 그때는 고르바초프를 믿었어요. 개혁이 일어나던 당시, 이민을 갔던 수많은 러시아인이 조국으로 귀환했어요. 붐이 일었죠! 쓰러져가는 막사 따위 부서지고 뭔가 새로운 것이 지어지리라고 생각했어요. 그때 전 모스크바 국립대학교 어문학부를 졸업해서 박사과정에 들어갔어요. 학문의 길을 걸을 것이라고 믿었죠. 당시 저의 우상은 아베린체프***였어요. 모스크바 지성인들이 그의 강의를 들으려고 몰려들곤 했죠. 우리는 만날 때마다 조금만 있으면 러시아가 다른 나라로 바뀔 거라는 착각을 다지고 또 다졌어요. 그리고 이를 위해 싸울 거라고 했죠. 대학 동기가 이스라엘로 간다는 소식을 접했을 때, 제가 놀라서 '우리 나라는 이제 막 기지개를 펴고 있어. 그렇게 떠나버리면 아까울 것 같지 않아?'라고 말했을 정도였으니까요.

그런데 '자유! 자유다!'라고 말하면 말할수록, 쓰면 쓸수록 점점 더 빠른 속도로 상점 진열대에서 치즈와 고기뿐 아니라 소금과 설탕마저 찾아볼 수 없게 되는 거예요. 상점이 텅텅 비었죠. 무서웠어요. 전쟁 때처럼 모두 쿠폰으로 배급을 받았어요. 그때 우리를 구한 건 할머니였어요. 할머니는 하루종일 시내를 돌아다니면서 쿠폰으로 배급받을 물건을 물색했어요. 베란다에는 세탁세

---

* 예두아르트 셰바르드나제(1928~2014). 고르바초프에 의해 외무장관으로 발탁되어 개혁개방정책을 이끈 정치인. 1992년 조지아 공화국의 국가원수로 추대되었다.

** 알렉산드르 야코블레프(1923~2005). 소련의 경제학자이자 정치가. 고르바초프의 뒤에서 개혁개방정책의 이론적 배경을 제공했다.

*** 세르게이 아베린체프(1937~2004). 소련의 어문학자, 문화학자, 철학자, 고전학자, 시인. 다방면에서 뛰어난 학술 연구 업적과 작품을 남긴 학자이다.

1부 아포칼립스의 위로

제가 가득 쌓여 있었고, 침실에는 설탕자루와 곡물자루가 겹겹이 쌓여 있었어요. 양말마저 배급쿠폰으로 나오자, 아버지는 참았던 눈물을 흘렸어요. '이게 소련의 말로야'라면서요. 아버지는 끝이라는 걸 느낀 거예요. 우리 아버지는 군수공장 설계국에서 일했어요. 아버지는 미사일 연구 담당이었고, 그 일에 푹 빠져 있었어요. 아버지는 대학교 학위도 두 개나 가지고 있었죠. 그런데 언제부터인가 공장에서는 미사일 대신에 세탁기와 진공청소기를 찍어내기 시작했어요. 아버지는 구조조정으로 해고됐고요. 우리 부모님은 가장 열정적으로 페레스트로이카에 임했던 분들이었어요. 현수막을 만들고 선전물을 나눠주었죠. 그리고 그 결과로…… 갈 길을 잃었어요. 부모님은 자유가 그런 것이라는 사실을 믿지 못했어요. 현실을 받아들이지 못했죠. 당시 거리에 모인 사람들이 '고르바초프는 쓸모없다, 옐친을 보호하자!'라고 외쳐댔어요. 훈장에는 브레즈네프의 얼굴이 새겨졌고, 배급쿠폰에는 고르바초프의 얼굴이 그려졌어요. 그렇게 옐친의 왕정이 시작됐어요. 가이다르*의 경제개혁, 그리고 제가 그토록 싫어하는 '매매'가 시작된 거예요. 전 살아남기 위해서 전구와 어린이 장난감을 자루에 잔뜩 담고는 폴란드로 장사를 다녔어요. 폴란드로 향하는 기차간은 교사, 엔지니어, 의사 등 여러 사람들로 가득했어요. 모두들 보따리나 가방을 들고 있었죠. 우린 밤새도록 기차에 앉아 파스테르나크의 『닥터 지바고』, 샤트로프의 희곡 등에 대해 토론했어요. 마치 모스크바의 우리집 부엌에서처럼요.

대학교 친구들도 기억이 나네요. 모두 광고회사 최고경영진, 은행원, 보따리장수 등 각자 다른 직업을 가졌는데, 친구들 중 어문학자가 된 사람은 아무도 없어요. 전 지방 출신 중년 여성이 운영하는 부동산에서 일하고 있어요. 그녀는 전직 콤소몰이었어요. 지금 회사를 소유한 사람들이 누구죠? 누가 키프

---

* 예고르 가이다르(1956~2009). 소련과 러시아의 경제학자, 정치인, 저술가. 1992년 6월 15일부터 12월 14일까지 러시아의 총리로 일했다. 소련의 몰락 후 실시되었던 경제개혁정책, 일명 '충격요법'의 설계자로 알려져 있다.

로스나 마이애미에 별장을 갖고 있나요? 소위 '노멘클라투라'*라고 불렸던 고위 당간부들이죠. 당의 돈을 관리하던 사람들이요. 우리 지도자들은…… '1960년대 사람'들은…… 그분들은 전장에서 피냄새만 맡을 줄 알았지, 사실은 아이들처럼 순진했어요…… 우리가 그때 밤이고 낮이고 광장을 사수해야 했나봐요. 일을 마무리지었어야 했어요. 소련공산당을 뉘른베르크 심판대**에 회부해야 했어요. 그렇게 일찍 해산해서는 안 되었어요. 결국 암거래상, 환전상들이 권력을 장악하고 말았으니까요. 지금 우리는 마르크스주의와 반대되는 길을 걷고 있어요. 사회주의 이후에 연달아 자본주의를 건설하기 시작했어요. (침묵) 하지만 전 그 시기를 살았다는 것 자체로 행복해요. 공산주의는 무너졌어요! 끝이에요. 더이상 되돌릴 수 없죠. 이제는 다른 세상에 살면서 다른 눈으로 세상을 바라보고 있어요. 하지만 그때 그 시절의 자유로웠던 공기를 난 절대로 잊지 않을 거예요."

사랑은 찾아왔는데…… 창밖에선 탱크가 지나가네……

"그때는 제가 사랑에 빠져서 다른 건 아예 생각도 하지 않을 때였어요. 왜 있잖아요, 오로지 사랑만 먹고 사는 때요. 그러던 어느 날 아침 엄마가 절 흔들어 깨우더군요. '얘야! 창밖에 탱크가 지나가고 있어. 쿠데타가 일어나려나봐!' 전 비몽사몽간에 '엄마, 군사훈련이겠지!'라고 말했어요. 그런데 웬걸요! 창문 밑으로 진짜 탱크가 지나가고 있었어요. 그때까지 그토록 가까운 거리에서 탱크를 본 적이 없었어요. 그런데 텔레비전에서는 발레 〈백조의 호수〉가 방

---

* 공산당의 극소수였던 특권층 간부들을 통칭하는 표현이다. 혁명이 아닌 현상 유지와 개인의 출세를 지향하는 보수파이다.
** 제2차세계대전 이후 독일 나치군을 심판했던 뉘른베르크 국제군사재판소를 가리킨다.

1부 아포칼립스의 위로

영되더군요. 이내 엄마의 친구가 달려와서 몇 달 치 당비를 체납했다며 한걱정하셨어요. 또 학교에 있던 레닌 흉상을 창고에 두었는데, 이제 그 흉상을 어떻게 해야 하냐며 고민하셨죠. 모든 게 갑자기 예전으로 돌아간 듯했어요. 이것도 안 되고 저것도 안 되던 예전으로요. 얼마 뒤 방송에선 아나운서가 비상 사태 선포에 대한 뉴스를 전하고 있었어요. 아나운서가 단어를 내뱉을 때마다 엄마의 친구는 '오, 신이시여! 오, 맙소사!'라며 경악을 금치 못했고, 우리 아버지는 텔레비전에 침을 뱉었어요……

전 남자친구 올레크에게 전화했어요. '의사당으로 갈까?' '가자!' 전 고르바초프가 그려진 배지를 달고, 급히 만든 샌드위치를 집어들었어요. 지하철에 탄 사람들은 비극을 예상하고 있는 듯 모두 말을 아꼈어요. 사방에 탱크가 깔려 있었어요. 하지만 탱크에 탄 사람들은 살인자가 아니었어요. 순진무구한 얼굴을 한 채 새파랗게 겁에 질린 어린 청년들이었어요. 할머니들은 삶은 계란이나 팬케이크를 그들에게 나눠주었어요. 의사당 주위에 수만 명의 사람들이 운집해 있는 것을 보니 마음이 한결 가벼워졌어요. 모두들 기분이 상당히 좋아 보였어요. 우리가 못 할 건 없다는 확신이 모두에게 있었어요. 모두들 '옐친! 옐친! 옐친! 옐친!'을 거듭 외쳐댔어요. 한쪽에선 벌써 민병대 지원자들을 받고 있었어요. 주로 젊은 청년들만 받아줬고, 장년들은 받아주지 않았죠. 거부당한 어른들은 이것이 불만이었어요. 어떤 노인은 역정을 내기도 했어요. '공산당놈들이 내 인생을 송두리째 빼앗아갔어! 명예롭게 죽을 수라도 있게 해주시오!' '어르신, 그만 비키세요.' 지금 사람들은 우리가 그때 자본주의를 지키려 했다고들 하죠. 절대 아니에요! 전 사회주의를 옹호했어요. 하지만 소비에트 시절과는 무언가 좀 다른 사회주의였어요. 전 그 사회주의를 지키고자 했어요! 적어도 그렇게 생각했죠. 우리 모두는 그렇게 생각했어요. 그로부터 3일 뒤 모스크바를 장악했던 탱크들이 철수했어요. 철수하는 탱크들은 이미 적이 아니었어요. 우리의 승리였어요! 우리는 부둥켜안고 서로에게 기쁨의 입맞춤을 퍼부었어요……"

모스크바 지인의 집 부엌. 친구들, 시골에서 올라온 친척들로 꽤 많은 사람들이 붐빈다. 우리는 내일이 '8월 쿠데타' 기념일이라는 것을 기억해냈다.

—내일이 기념일이네……

—그런데 그게 축하할 일이긴 한가? 비극 아니었어? 민중이 패배한.

—차이콥스키의 음악에 맞춰 소비에트 나부랭이들을 땅속에 묻은 날이지……

—내가 제일 먼저 한 일이 뭔 줄 알아요? 있는 돈을 다 들고 가게로 뛰어갔어요. 결과가 어떻든 간에 물가가 오를 게 뻔했으니까요.

—난 드디어 고르비를 치워버리는구나 하고 좋아라 했지. 그 수다쟁이, 꼴도 보기 싫었어.

—보여주기식 혁명이었어요. 인민들에게 연극 한 편을 보여준 거죠. 그때는 누구랑 얘기해도 모두 무관심 일색이었어요. 다들 끝나기만을 기다리고 있었다고요.

—난 직장에 전화해서 조퇴하고, 내 손으로 혁명을 만들러 나갔지. 전쟁이 일어났으니 당연히 무기가 필요할 것 아니야? 그래서 부엌에 있던 칼이란 칼은 죄다 꺼내놓았어.

—나는 공산당 편이었어! 우리집 식구들은 모두 공산주의자들이었지. 어머니는 자장가 대신에 혁명가를 불러주곤 했어. 그리고 지금 손자들에게도 불러주신다니까. 내가 "엄마, 미쳤어요?"라고 말하니까, "아는 노래가 이것밖에 없는데 어쩌겠니?"라고 대답하더라고. 할아버지도 할머니도 모두 볼셰비키였어.

—어머, 듣다보니 공산주의가 아름다운 동화였다고 말하실 판이네요. 우리 친할아버지, 친할머니께선 몰도바 수용소에서 유명을 달리하셨다고요.

1부 아포칼립스의 위로

—난 의사당에 부모님과 같이 갔죠. 아버지가 그러더군요. "같이 가자. 안 그러면 햄도 좋은 책들도 더이상 구경 못 하게 될 거야." 우리는 보도블록을 뜯어내서 바리케이드를 쳤죠.

—지금은 사람들이 정신을 차렸지. 공산주의에 대한 태도도 달라졌고. 더이상 숨길 게 뭐 있겠어. 난 콤소몰 지역위원회에서 일했어. 봉기가 일어나던 첫날 나는 콤소몰 가입증, 사용 안 한 깨끗한 가입용지, 배지 등을 바리바리 싸들고 와서 집 지하실에 숨겨두었어. 그랬더니 막상 지하실에 감자를 둘 곳이 없더라고. 그걸 어디에 쓰려고 그랬는지는 나도 모르겠어. 하지만 그때는 그 혁명분자들이 와서 위원회를 폐쇄하고, 모든 것을 파괴해버릴지도 모른다는 생각밖에 안 들더군. 그들에게는 그 물건들이 파괴의 대상이었을지 몰라도 내겐 상징적인 물건들이었어.

—우리들은 서로가 서로를 죽일 수도 있었던 거야…… 신이 구하신 게지!

—그때 마침 우리 딸이 몸을 풀었어. 내가 딸애를 보러 갔더니 걔가 나한테 "엄마, 혁명이 일어난대? 내전이 시작되는 거야?"라고 물었지.

—난 군사학교를 졸업하고 모스크바에서 복무했어요. 만약 체포령이 떨어졌다면 우리는 주저하지 않고 그 명령을 따랐을 거예요. 아마도 대다수 군인들이 온 힘을 다해 명령을 수행했을 거예요. 엉망인 나라에 진저리가 났으니까요. 그전엔 모든 것이 명확했고 정확했고 계획된 대로 이뤄졌다고요. 질서가 있었어요. 군인들이 질서를 좋아하잖아요. 아니, 모든 사람들이 그렇게 사는 걸 좋아해요.

—난 자유가 무서워. 술 취한 놈이 와서 별안간 내 다차*를 불태우면 어떻게

---

* 통나무로 만든 집과 텃밭이 딸린 주말농장. 러시아 도시인의 70퍼센트가 다차를 소유하고 있으며, 이곳에서 가족들과 농사를 짓고 휴식을 취한다. 다차 문화는 19세기 러시아제국 시대부터 내려온 전통으로, 1970년대 말 러시아 정부가 다차를 갖고 싶어하는 직장인들에게 각각 600제곱미터의 땅을 무상 분배하면서 러시아인의 삶 깊숙이 자리잡았다.

해……

—여러분! 지금 뭔 사상 토론을 하는 거예요? 어차피 한순간인 인생, 자자, 술이나 드십시다들!

2001년 8월 19일. '8월 쿠데타' 10주년에 나는 시베리아의 수도라 불리는 이르쿠츠크에서 짤막한 길거리 인터뷰를 진행했다.

질문:

—소련 국가비상사태위원회가 승리했다면 어땠을까요?

답변:

—그랬다면 위대한 나라를 보존했겠지요……

—공산당이 아직 정권을 잡고 있는 중국을 한번 보세요. 지금 중국은 세계 2위의 경제대국이에요.

—조국을 배신한 대가로 고르바초프와 옐친을 심판했겠죠.

—온 나라가 피바다가 되었겠죠. 그리고 수용소마다 사람들이 가득했을 거예요.

—사회주의를 배신하지 않았겠죠. 부자와 가난한 사람으로 나뉘지도 않았을 거고요.

—체첸전쟁 같은 건 없었을 겁니다.

—적어도 미국이 히틀러를 제압했다고 감히 떠들고 다니지는 않았겠죠.

—전 그날 의사당에 모였던 사람들 중 하나예요. 지금 느끼는 기분은, '속았다'예요.

—쿠데타 세력이 이겼으면 어땠을 것 같냐고요? 그들은 승리했어요! 제르진스키* 동상은 철거됐지만, 루뱐카 광장**에 그 건물들은 그대로잖아요. 지금도 KGB의 지휘하에 자본주의 국가가 세워지고 있어요.

—그랬다면 내 인생이 바뀌지는 않았겠죠……

어떻게 물건이 사상과 말의 가치를 대체했는지에 대하여

"세상이 수십 개의 다채로운 조각으로 나뉘었어요. 회색빛 소비에트 일상이 할리우드 영화 속 달콤한 장면들로 하루속히 바뀌었으면 하고 얼마나 바랐는 지! 우리가 의사당 앞에서 했던 일들에 대해서 떠올리는 사람들은 이제 별로 없어요. 그 3일이 세상을 뒤흔들었을지는 몰라도, 우리를 흔들어놓지는 못했 죠. 2천 명의 사람들은 시위를 했고, 나머지 사람들은 옆을 스쳐지나가며 시위 대를 머저리 보듯 쳐다봤어요. 그곳에 모인 사람들이 술을 참 많이 마셨어요. 아, 러시아 사람들이야 워낙 많이 마시지만, 그때는 특히 더 심했던 것 같아 요. 사회가 쥐죽은듯이 잠잠했어요. '뭐가 어떻게 돌아가는 거야? 자본주의가 들어서는 거야, 순해진 사회주의가 들어서는 거야?' 우린 자본주의자들은 모 두 뚱뚱한 비만 환자에 무서운 인간들이라고 생각했어요. 어렸을 때부터 그렇 게 세뇌당해왔으니까요…… (웃음)

온 나라가 은행과 상점들로 뒤덮였어요. 전혀 다른 물건들이 시장에 나왔 죠. 투박한 고무장화와 촌스러운 원피스가 아닌, 우리가 항상 꿈꿔왔던 청바 지, 무스탕, 여성 속옷, 좋은 그릇 등 화려한 색을 가진 고운 물건들이었어요. 소비에트 물건들은 잿빛에 고리타분하기 짝이 없어서 군수용품에 가까웠거

---

* 펠릭스 제르진스키(1877~1926). 폴란드 태생의 러시아 혁명가이자 정치가. 소련의 공안, 정보기 관인 '체카'의 설립자이다. 체카는 러시아내전 기간 동안 적색테러를 자행했고, 이후에도 소련의 반 체제 인사들을 탄압하는 기관으로 자리매김했다. 체카는 물론 체카의 후속 기관인 KGB 역시 그의 이름과 이미지를 상징적으로 사용했다.

** KGB, 러시아연방보안국FSB과 같은 국가안보기관이 위치한 광장으로, 흔히 일반인들이 보안기 관을 속칭할 때 '루뱐카'라고 말한다.

든요. 도서관과 극장은 텅 비어갔고, 대신 시장과 상점들이 우후죽순 생겨났지요. 모두가 행복하고 싶었고, 지금 당장 그 행복을 얻고 싶어했어요. 아이들처럼 새로운 세계를 개척해나갔죠. 슈퍼마켓에 들어갈 때 더이상 기절하지 않도록 심호흡도 하고요. 아는 친구가 사업을 시작했어요. 한번은 커피 가루 천 통을 떼어왔는데, 이틀 만에 불티나게 팔렸다고 했어요. 그다음엔 진공청소기 100대를 들여왔는데 그것도 순식간에 사라졌다고 했지요. 그때는 점퍼, 스웨터 등등의 사소한 물건들도 가져오기만 하라는 식이었죠. 모두가 새 옷을 입고 새 신발로 갈아 신을 때였으니까요. 가전제품과 가구를 바꾸고 다차를 수리했어요. 모두가 그럴듯한 울타리와 지붕을 갖고 싶어했죠. 요즘엔 친구들과 그때 그 시절을 떠올리면서 배꼽을 잡고 웃곤 해요. 우린 야만인들이었어요. 극도로 가난한 사람들이었던 거예요. 모두들 새로운 것을 배워야만 했어요. 소련 시절엔 많은 책을 가질 수 있었지만, 비싼 자동차나 집은 가질 수 없었죠. 그래서 잘 입고 잘 먹는 방법을, 아침에 일어나 모닝주스와 요구르트를 먹는 방법을 배워야만 했던 거예요. 그전까지 저는 돈이 무엇인지 몰랐기 때문에 돈을 미워했어요. 우리집에서 돈에 대해 논하는 것은 금기였죠. 돈은 부끄러운 것이었으니까요. 우리는 돈이 부재한 나라에서 나고 자란 사람들이었다고 말할 수 있을 것 같아요. 저는 다른 사람들과 마찬가지로 120루블 정도의 월급을 받았고, 그 돈은 제게 충분했어요. 그런데 페레스트로이카 이후 가이다르의 출현과 함께 진짜 돈이 갑작스럽게 우리를 찾아온 거예요. '우리의 미래는 공산주의다!'라는 현수막 대신에 '사세요! 사세요!'라는 문구들이 여기저기 걸리기 시작했죠. 원한다면 여행을 해도 좋았고, 파리도 가볼 수 있었고, 스페인에서 축제와 투우도 볼 수 있었어요. 이런 것들은 헤밍웨이를 읽으면서 접했던 것들이죠. 책을 읽을 때만 해도 저는 이것들을 직접 볼 수 있으리라고는 감히 생각하지도 못했어요. 책은 인생을 대신하는 것이었어요. 어쨌든 그렇게 부엌에서 수다를 떨며 매일 밤을 하얗게 지새우던 나날이 막을 내렸고, 우리는 월급을 위한 일, 추가 수당을 받기 위한 노동을 시작했어요. 돈은 자유라는 단어의 유의어였어요. 이러한 사실에 모두들 불안해했죠. 가장 강하고 전투적인 사람들이 사업에 뛰어들었어요. 레닌도 스탈린도 우리 머릿속에서 지워진 지 오래였죠. 하지만 덕분에 우리는 내전을 피할 수 있었어요. 안 그랬으면 또다시 '백군' '적군'으로 갈라졌을 테지요. 우리 편, 남의 편 이러면서 편가르기나 했을 테지요. 우리는 피를 흘리는 대신 물건을 받았어요! 그리고 삶을! 우리는 아름다운 삶을 선택했어요. 모두들 아름다운 죽음이 아닌 아름다운 인생을 원했어요. 다만 달콤한 파이가 모두에게 돌아갈 만큼 여유 있진 않았다는 게 문제였죠. 그건 별개의 이야기고요……"

"소련 시절에나 '말'의 지위가 성스럽고 신비로운 것이었죠. 아, 물론 지금도 관성에 젖은 인텔리겐치아들이 부엌에서 파스테르나크에 대해서 토론하고, 한 손으로는 수프를 끓이면서 다른 손에는 아스타피예프와 비코프*의 책을 들고 있기는 하죠. 하지만 이미 우리의 삶은 그런 것들이 더는 중요하지 않다는 사실을 여실히 증명하고 있었어요. 말은 더이상 의미가 없었어요. 1991년에 어머니가 중증 결핵으로 병원에 입원한 적이 있어요. 그런데 퇴원할 때쯤 어머니는 영웅이 돼 있었어요. 어머니는 입원해 있는 내내 한시도 가만히 있지 않고 스탈린, 키로프의 암살사건**, 부하린*** 등에 대해서 이야기했어요.

---

* 빅토르 아스타피예프(1924~2001)와 바실 비코프(1924~2003)는 모두 사회 현실과 전쟁에 대해 쓴 소설가다.

** 1934년 12월 1일 공공연하게 스탈린의 후계자로 알려져온 세르게이 키로프가 암살당했다. 스탈린이 암살을 사주했다는 소문이 있었는데, 정황상 심증은 있었지만 결정적인 물증이 없었다. 이 사건을 계기로 스탈린의 두번째 숙청기가 시작된다.

*** 니콜라이 부하린(1888~1938). 소련의 철학자, 경제학자, 정치가. 1938년 정치적 음모에 휘말려 숙청당했다. 그는 소련공산당의 탁월한 이론가이자 저술가였으며, 한인 공산주의자들과 함께 조선의 독립운동에도 관여했다. 그러나 스탈린의 경제정책에 반대하다가 반혁명분자로 몰려 처형되었다.

같은 병실에 있던 환자들은 밤낮으로 어머니의 이야기를 듣고 싶어했어요. 그때는 사람들이 진실을 갈구하던 때였거든요. 그런데 얼마 전 어머니가 다시 입원했는데, 이상하게 그곳에선 내내 입을 꾹 다물고 있더라고요. 겨우 5년이 지났는데, 현실은 이미 전혀 다른 방식으로 사람들의 역할을 배정하고 있었던 거예요. 이번에는 큰 사업을 하고 있는 어떤 사장님의 사모님이 영웅으로 떠올랐어요. 그 여자가 하는 얘기에 모두들 입을 다물지 못했죠. 300제곱미터나 되는 으리으리한 집! 가사도우미, 베이비시터, 운전기사, 정원사 등 집안에 직원들이 얼마나 많은지에 대해, 남편과 유럽으로 휴가를 다녀온 이야기, 박물관을 다니는 건 기본이고 말로만 듣던 부티크에 다닌다는 얘기, 반지 한 개가 몇 캐럿이고, 다른 반지는 어쩌고, 펜던트가 어쩌고, 금귀걸이가 어쩌고 등등에 대한 이야기였지요. 그 여잔 없는 게 없었어요! 굴라크나 기타 다른 것들에 대해서는 한마디도 없었죠. 과거는 과거인 거예요. 이제 와서 어르신들과 언쟁할 필요는 없잖아요?

한번은 종종 다니던 헌책방에 들렀는데, 책장에 200권짜리 『세계문학전집』과 『공상모험소설전집』 등이 정갈하게 꽂혀 있더군요. 제가 한때 미쳐 있었던 오렌지색 표지의 바로 그 『공상모험소설전집』이었어요. 전 책등을 보면서 책냄새를 오랫동안 들이마셨어요. 헌책방엔 책이 산더미처럼 쌓여 있었어요! 지식인들이 서재에 있던 책들을 전부 내다팔고 있었던 거예요. 물론 책을 보던 독자들이 가난해졌다는 것이 가장 큰 이유였지만, 책을 내다파는 이유가 이것 때문만은, 다시 말해 돈 때문만은 아니었어요. 사람들이 책에 실망했기 때문이었어요. 더할 나위 없이 실망한 거예요. 지금은 '요새는 무슨 책을 읽고 있어?'라고 물어보는 일이 실례인 시대가 돼버렸어요. 삶은 너무나도 많이 바뀌었는데, 책은 제자리걸음을 하고 있어요. 러시아 소설들은 인생에서 성공하는 방법이나 부자가 되는 방법을 알려주지 않아요. 오블로모프는 소파에 누워 있기만 하고, 체호프의 주인공들이 하는 일이라고는 차를 마시면서 삶의 불만을 토로

하는 것뿐이에요…… (침묵) 중국 사람들이 그런다면서요, '신이시여, 제발 변혁기에는 살지 않도록 해주세요!'라고요. 우리 중 원래의 모습을 그대로 간직하고 있는 사람들은 거의 없어요. 그 점잖던 사람들이 어디론가 다 사라졌네요. 이젠 서로를 팔꿈치로 밀치며 사납게 이를 드러내는 사람들뿐이에요……"

"1990년대에 대해서라면…… 저 같으면 아름다운 시절이었다고는 말 못할 것 같습니다. 끔찍한 시절이었거든요. 머릿속이 180도 뒤집힌 시기였으니까요. 변화를 끝내 이겨내지 못하고 정신줄을 놓은 사람들도 허다했어요. 정신병원이 환자들로 북적거렸죠. 한번은 정신병원에 입원한 친구를 문병한 적이 있습니다. 어떤 사람은 '내가 스탈린이야! 내가 스탈린이야!', 또 어떤 사람은 '내가 베레좁스키*야! 내가 베레좁스키라고!' 소리치더군요. 그 병동 전체가 스탈린과 베레좁스키로 가득했어요. 거리에선 총소리가 줄곧 들렸어요. 수많은 사람들이 죽어나갔고, 매일 여기저기서 싸움이 일어났죠. 뭔가를 더 가져가려고, 다른 사람들이 채가기 전에 먼저 가져야 했기 때문에 싸움이 일어났던 거예요. 어떤 이는 파산했고, 어떤 이는 감옥에 갔어요. 왕좌에서 나락으로 떨어지는 일이 다반사였죠. 다른 한편으로 전 희열을 느꼈습니다. 이 모든 일이 내 눈앞에서 일어나고 있다는 것에 대해 말이에요.

은행마다 자기 사업을 하려는 사람들로 줄이 길게 늘어서 있었습니다. 어떤 사람들은 빵집을, 어떤 사람들은 가전제품 전문점을 열려고 했지요. 저도 그 줄에 서 있었고요. 비슷한 사람들이 이렇게나 많다는 사실에 깜짝 놀라곤 했습니다. 털실로 짠 베레모를 쓴 아주머니, 스포츠 점퍼를 입은 젊은 청년, 전

---

* 보리스 베레좁스키(1946~2013). 소련 해체 이후 주요 국영사업의 민영화 과정에서 막대한 부를 축적한 인물로, 미디어 재벌로 통했다. 옐친의 재정 후원자로 그의 재선에 큰 도움을 주며 막후 실세로 떠올랐으나, 푸틴 대통령 집권 이후 선포된 신흥 재벌과의 전쟁으로 압박을 받자 2003년 영국으로 망명했다. 2013년 3월 24일 의문의 죽음을 맞았다.

과자처럼 보이는 건장한 남자 등등. 우리는 70여 년 동안 행복은 돈에 있는 것이 아니라고, 인생의 모든 좋은 것은 공짜로 얻어지는 것이라고 배워왔습니다. 이를테면 사랑처럼 말이죠. 그런데 연단에서 어떤 인간이 '거래를 하십시오! 부자가 되십시오!'라고 말하자 모두가 그동안 배운 걸 새까맣게 잊어버린 거예요. 사람들은 소비에트 책들을 머릿속에서 다 지워버렸어요. 이미 사람들은 한때 새벽까지 기타를 치며 함께 어울렸던 이들이 아니었어요. 제가 그때 겨우겨우 기타 코드 세 개 정도를 외웠거든요. 유일하게 그 사람들과 '부엌' 사람들이 비슷했던 점은 붉은 깃발이라면 진저리를 친다는 것과 콤소몰 회의, 정치교육 회의 등 소련의 보여주기식 행정에 치를 떤다는 것뿐이었어요. 사회주의는 인간을 어리석은 존재로 취급했거든요.

저는 꿈이 무엇인지 아주 잘 알고 있습니다. 저는 어린 시절 내내 자전거를 사달라고 졸랐어요. 하지만 결국 부모님은 사주지 않으셨죠. 가난했거든요. 전 학교 다닐 때부터 청바지를 암시장에 내다팔았고, 대학생 때는 소비에트 군복과 다양한 소련의 상징물들을 팔았습니다. 외국인들이 제 고객이었어요. 전 가장 평범한 암거래상이었습니다. 소비에트 시절에는 암거래를 하면 3~5년형을 받았어요. 그래서 아버지는 매를 들고 저를 쫓아다녔죠. '이 투기꾼 같으니라고! 어떻게 모스크바에서 피 흘리며 싸운 나한테서 저런 쓰레기 같은 놈이 태어날 수 있어!'라고 소리치면서요. 과거엔 범죄였지만, 오늘날엔 사업이죠. 한 곳에서 못을 사고 다른 데서 굽을 산 뒤, 비닐봉지에 하나씩 포장해서 새 제품처럼 팔았어요. 그렇게 집에 돈을 가져갔습니다. 사고 싶은 것을 사고 냉장고를 가득 채웠어요. 그런데도 부모님은 이제 곧 저를 체포하러 올 거라며 기다리시더군요. (크게 웃음) 압력솥, 중탕기 등 가전제품을 팔기도 했어요. 독일에서 짐칸이 달린 차를 구해서 좋은 물건들을 떼어오곤 했어요. 모든 일이 술술 풀렸지요. 제 사무실에 있던 컴퓨터 포장박스에는 돈이 꽉꽉 차올랐어요. 저는 그렇게 손에 만져져야 돈인 것 같았거든요. 그 박스에서 돈을 꺼내고 또 꺼내도 바닥이 보이질 않는 거예요. 사야 할 것은 다 샀는데도 말이에요. 차, 아파트, '롤렉스' 시계 등등. 그때 돈독에 빠져 느꼈던 그 취기가 지금도 생생합니다. 돈만 있으면 그동안의 모든 꿈과 비밀스러운 상상 속 소원들을 모두 성취할 수 있었어요. 스스로에 대해 많은 것을 발견하기도 했어요. 우선 제 취향이 엉망이라는 것, 그리고 두번째로는 제가 열등감이 심하다는 사실을 알게 되었어요. 전 돈을 굴릴 줄 몰랐어요. 큰돈을 그렇게 한곳에 놔두어서는 안 되고, 돈은 굴려야 한다는 것을 몰랐죠. 돈은 인간에게 닥친 큰 시험이었어요, 마치 권력이나 사랑 같은 것이죠…… 전 또 꿈을 꾸기 시작했습니다. 그리고 모나코로 떠났죠. 몬테카를로 카지노에서 어마어마한 돈을, 엄청나게 잃었어요. 하지만 계속 끌려다녔어요…… 저는 제 돈 박스의 노예였습니다. 박스 안에 돈이 있나 없나? 얼마나 있지? 좀더 많이, 더 많은 돈이 상자 속에 들어 있어야만 했던 거죠. 예전에 관심을 가졌던 정치, 집회 등은 이제 제 관심 밖이었어요. 사하로프가 죽었을 때 그를 추모하기 위해 집회에 간 적이 있습니다. 수십만 명의 사람들이 그를 추모하고 있었어요. 모두 울었고 저도 울었어요. 그런데 얼마 전 신문에서 사하로프에 대한 글을 읽었어요. '러시아의 위대한 유로디비*, 세상을 떠나다.' 그 글을 접하자 사하로프가 제때 죽었다는 생각이 절로 들더군요. 미국에서 솔제니친이 돌아왔고, 모두가 그에게 관심을 집중했죠. 하지만 그는 우리를, 우리는 그를 이해하지 못했어요. 그는 외국인이었지요. 솔제니친은 러시아로 돌아왔지만, 그에겐 창밖이 아직도 시카고였던 거예요.

페레스트로이카가 없었다면 전 어떤 사람이 되었을까요? 쥐꼬리만한 월급을 받는 엔지니어였겠지요…… (웃음) 그런데 지금은 안과 병원의 주인이에

---

* 직역하면 '성스러운 바보' '바보 성자'라는 뜻이다. 원래는 '그리스도를 위해 미친 자'라는 의미를 지닌다. 러시아정교회에서는 바보나 광인처럼 행동하면서, 실제로는 진리를 내뱉는 고행자를 의미한다.

요. 몇백 명의 직원들과 그들의 식솔들이 제게 의지하고 있어요. 선생께선 스스로를 돌아보며 자기 성찰을 하시는 타입이죠? 저는 그렇지 않습니다. 저는 밤이고 낮이고 일을 합니다. 신식 의료기기를 들여오고, 의사들을 프랑스로 연수 보내죠. 그렇다고 제가 이타주의자라는 건 아닙니다. 전 돈을 잘 벌 뿐입니다. 전 자수성가했습니다. 제가 사업을 시작할 때 주머니엔 달랑 300달러가 있었어요. 초창기에 같이 사업을 했던 파트너들이 지금 이 방에 들어온다면 아마 선생께선 기절하실 겁니다! 사나운 눈을 가진 고릴라들이었죠! 지금은 물론 그들은 없어요. 그들은 공룡처럼 멸종해버렸어요. 한때 전 방탄복을 입고 다녔습니다. 총을 맞은 적도 있거든요. 전 말이죠, 제가 먹는 햄보다 싼 햄을 먹는 사람들에 대해서는 전혀 관심 없습니다. 모두가 자본주의가 오길 원하지 않았습니까? 꿈꿔왔잖아요! 그러니 속았다고 아우성치지 말란 말입니다!"

망나니와 희생자들에 둘러싸여 성장한 우리들에 대하여

"한번은 저녁 무렵 영화를 보러 가는 길이었어요. 어떤 남자가 쓰러져 있는 거예요. 주변에는 피웅덩이가 고여 있었고 트렌치코트 등 쪽에는 총알 구멍이 나 있었죠. 바로 옆에 경찰관이 서 있더군요. 그날이 제가 태어나서 처음으로 살해당한 사람을 본 날이었어요. 하지만 그마저도 곧 익숙해지더군요. 제가 살고 있는 아파트는 꽤 커요. 라인이 스무 개나 되죠. 매일 아침 집을 나설 때마다 마당에서 시체를 발견했지만, 우리는 더이상 움찔거리지도 않았지요. 그렇게 진정한 자본주의가 시작되었어요, 피와 함께. 전 제가 충격받을 거라고 생각했어요. 하지만 그렇지 않았죠. 스탈린을 겪은 우리는 피에 대해서 전혀 다른 태도를 갖게 되었어요. 우린 가족끼리 서로를 죽였던 그 일들을, 왜 살해 당하는지도 모른 채 학살당한 수많은 사람들의 죽음을 기억하고 있어요. 이 기억들은 남아 있고, 우리의 삶에 존재하고 있어요. 우리는 망나니들과 그들에게 당한 희생자들에게 둘러싸여 성장했습니다. 우리에겐 이러한 유형의 공존이 꽤 익숙한 일이잖아요. 우리는 평화로운 상태와 전시 상태를 구분하지 못해요. 우린 늘 전쟁중이었으니까요. 텔레비전을 켜면 정치가, 사업가, 대통령까지 너도나도 저급한 비속어들을 사용하며 제각기 떠들어대죠. 뒷돈을 대다, 뇌물을 먹이다, 삥땅 치다 등등. 인간의 존재는 발에 밟히는 가래침만 못하다고요. 마치 감옥에서처럼요……"

"왜 우리가 스탈린을 심판하지 않았는지 알고 싶으시다고요? 제가 알려드리죠, 간단합니다. 스탈린을 심판대에 올리려면 먼저 우리의 가족, 친지, 지인들을 심판해야 했기 때문이에요. 가장 가까운 사람들을요. 제 가족을 예로들어 이야기해드릴게요. 우리 아버지는 1937년에 감옥에 갇혔습니다. 다행히도 우리 곁으로 돌아오긴 했지만, 그래도 감옥에서 10년이나 계셨어요. 집으로 되돌아온 아버지는 살고자 하는 의욕이 남달랐어요. 그 많은 일을 겪은 후인데도 여전히 생에 대한 의욕이 있다는 사실에 아버지 스스로도 놀라곤했으니까요. 물론 모두가 우리 아버지 같지는 않았습니다. 전혀 그렇지 않았죠. 우리 세대는 수용소나 전쟁에서 되돌아온 아버지들과 함께 자란 세대입니다. 아버지들이 우리에게 해줄 수 있던 유일한 이야기는 폭력에 대한 것, 죽음에 대한 것뿐이었어요. 아버지들은 잘 웃지 않았고, 말이 없었어요. 그리고 계속 술을 마셨어요. 마시고 또 마시고…… 결국에는 그렇게 술주정뱅이로 전락하곤 했습니다. 반면 다른 그룹에 속하는 아버지들도 있었어요. 아직 수용소에 가지 않은 아버지들. 대신 이런 아버지들은 수용소로 끌려갈까봐 두려움에 시달려야 했습니다. 그 상태가 한두 달이 아니라 몇 해씩, 수년 동안 계속된 겁니다! 수용소에 가지 않은 사람들은 '왜 모두가 수용소로 끌려갔는데 나만 안 끌려간 거지? 내가 뭔가 잘못 행동하고 있나?'라고 자책할 정도였으니까요. 당시에는 사람들이 언제든 체포되어 끌려갈 수 있었고, 언제든 NKVD*에 파견되어 근무할 수도 있었어요. 당이 요청하고 당이 명령하던 시절이었으니까요. 당의 결정이 마뜩잖아도 사람들은 그 결정에 따라야만 했어요…… 그러면 이제 '망나니'들에 대해 얘기해볼까요? 평범하고 전혀 무섭지 않은 망나니들…… 우리 아버지를 밀고한 사람은 이웃에 사는 유라 아저씨였대요. 시답잖은 이유 때문이었다고 엄마가 말하더군요. 아버지가 끌려갔을 때 전 일곱 살이었어요. 유라 아저씨는 자기 아이들과 낚시를 갈 때면 저도 데려가주었고 말도 태워주곤 했어요. 우리집 울타리도 고쳐주었고요. 그러니까 이게 이상한 거예요. 망나니는 망나니처럼 생겨야 하는데, 이미지가 전혀 다르단 말이에요. 유라 아저씨는 평범한 사람이었고, 심지어 착하기까지 했어요. 아버지가 체포된 뒤 얼마 지나지 않아 큰아버지도 체포되고 말았어요. 옐친 정부 시절에 큰아버지 관련 사건 파일을 보게 되었는데, 큰아버지를 밀고한 사람들 중 올랴 누나가 포함되어 있었어요. 큰아버지의 조카딸…… 올랴 누나는 아름답고 명랑하고 노래도 잘 부르는 사람이었어요. 나중에 누나 나이가 지긋해졌을 때, 제가 물어봤죠. '누나, 1937년의 일에 대해 이야기해주세요.' 그랬더니 '그 시절은 내 인생에서 가장 행복한 시절이었단다. 내가 사랑에 빠졌을 때였거든'이라고 대답하는 거예요. 큰아버지는 체포된 뒤로 영영 돌아오지 못한 채 사라졌는데도 말이에요. 감옥에서 마지막 숨을 거두었는지 수용소에서였는지 아무도 모르는데도 말이에요. 전 많이 망설였지만, 결국 오랫동안 절 괴롭혀왔던 그 질문을 하고 말았지요. '누나, 그런데 그때는 왜 그랬어요?' '얘, 스탈린 시절에 정직한 사람이 있었겠니?' (침묵) 우리 가족 중에

---

* 소련의 정부기관이자 비밀경찰. 내무인민위원회라고도 불린다. 볼셰비키혁명 이후 반혁명 세력을 진압하고자 설립한 공안기관이었다. 특히 스탈린의 통치 기간 동안 실행된 숙청을 도맡았다. NKVD에 근무했다는 것은 숙청, 수용소 감금, 고문, 추방 등과 관련된 모든 일을 수행하는 집행인이었다는 뜻이다.

파벨 삼촌이란 분은 시베리아 NKVD군에서 복무했어요…… 그러니까 제 말은요, 화학적으로 순수한 절대악은 없다는 거예요…… 왜냐하면 그 악에는 스탈린과 베리야*만 속해 있었던 것이 아니라, 옆집 유라 아저씨, 예뻤던 올랴 누나도 속해 있었으니까요……"

5월 1일. 수천 명의 공산당원들이 모스크바 시가행진을 한다. 러시아의 수도가 다시금 '붉어졌다'. 붉은 깃발, 붉은 풍선, 낫과 망치가 그려진 붉은 티셔츠. 참가자들의 손에 레닌과 스탈린의 초상화가 들려 있었다. 아니, 스탈린의 초상화가 더 많은 것 같았다. "우리는 저승에서 너희들의 자본주의를 보았다!" "붉은 깃발을 크렘린으로!" 등의 문구가 쓰인 현수막도 보였다. 일반 모스크바 시민들은 보도 위에 서서 구경했고, '붉은 시민'들은 용암처럼 차도 위를 잠식했다. 이 두 집단의 시민들 사이에서는 계속해서 말다툼이 일어났고, 때로는 말다툼이 몸싸움으로까지 번지곤 했다. 경찰은 이 두 집단의 모스크바인들을 격리하기엔 턱없이 부족했다. 그리고 그 와중에 나는 들려오는 말소리들을 허겁지겁 기록하느라 정신이 없었다.

—이제 그만 레닌은 묻어버리시지! 장례식은 그 어떤 예우도 없이 치르고 말이야!

—이 미국의 하수인들아! 뭣 때문에 국가를 배신하는 게냐!

—이봐, 형씨들! 정말 머저리들이 따로 없군……

—옐친과 그 일당이 우리의 모든 것을 훔쳐갔소! "술을 마셔요! 부자 되세요!" 언제쯤 이 모든 것이 끝나려는지……

---

* 라브렌티 베리야(1899~1953). 스탈린 시대의 정치인. 동향인인 스탈린 집권하에서 NKVD의 수장을 맡았다. 스탈린의 심복으로 스탈린 사후 유력한 후계자로 떠올랐으나, 그에게 숙청당할 것을 두려워한 경쟁자인 흐루쇼프, 몰로토프 등에게 체포되어 처형당했다.

―국민들에게 자본주의 국가를 건설하겠다고 직접 말하기가 두려우냐? 우린 모두 무기를 들 준비가 되어 있다! 살림만 하는 내 어머니조차도!

―칼로 이룰 수 있는 일은 많지. 하지만 칼 위에 앉아 있을 수는 없는 법이야!

―나 같으면 저 빌어먹을 부르주아들을 탱크로 싹 밀어버릴 텐데!

―공산주의는 유대인 카를 마르크스가 만들어낸 거야……

―우리를 구원해줄 유일한 사람은 스탈린 동지뿐이야. 이틀만 스탈린이 되돌아와서 모두를 쏴 죽인다면…… 그런 뒤에 얼마든지 다시 흙으로 돌아가 누워도 될 텐데……

―주여, 주께 영광을 돌립니다! 이제 모든 성인들을 섬길 거예요!

―이 스탈린의 개들아! 너희 손에 묻은 피가 채 식지도 않았다, 이놈들아! 황제 일족은 왜 죽인 거냐, 이 나쁜 놈들아! 네놈들은 아이들마저 잔인하게 도륙했잖아!

―위대한 스탈린 없이 위대한 러시아를 만들 수는 없어.

―사람들의 머릿속을 똥으로 채워놨어……

―나는 평범한 사람이에요. 스탈린은 평범한 사람은 건들지 않았다고요. 우리 가족이나 친척들은 아무도 고통받지 않았어요. 우리는 모두 노동자였거든요. 항상 장들의 목이 날아갔지, 우리 같은 평범한 사람들은 평온하게 살았다고요.

―붉은 KGB놈들! 조금만 더 있으면 아주 수용소도 없었다고 할 판이야! 수용소는 없었고 피오네르 캠프만 있었다고 말할 것 같다고! 내 할아버지가 소련의 직업을 갖고 있었다, 이놈들아! 마당 청소부였다고!

―내 할아버지는 토지측량기사였어.

―내 할아버지는 장비 운전기사였어……

벨라루스키 역 광장에서 집회가 시작됐다. 운집한 군중은 때론 박수를 치면서, 때론 "만세! 만세! 영광을!"이라는 구호를 외치면서 격렬하게 호응하고 있었다. 집회 말미에는 러시아인들의 〈라 마르세예즈〉라고 할 수 있는 〈바르샤뱐키〉의 멜로디에 맞춰 개사한 노래를 광장 전체가 한목소리로 불렀다. "자유라는 쇠사슬을 벗어던지자/피비린내 나는 범죄 정권에서 벗어나자." 집회가 끝나자 들고 있던 붉은 깃발을 돌돌 말아넣은 뒤 어떤 사람들은 지하철로 서둘러 걸음을 재촉했고, 어떤 사람들은 크로켓과 맥주를 파는 노점상 앞에 줄을 섰다. 그후 대중의 축제가 시작되었다. 모두들 춤을 추면서 즐겼다. 붉은색 스카프를 머리에 두른 한 노파는 아코디언 연주자 주위를 빙글빙글 돌면서, 발을 구르며 춤을 추고 있었다. "우리는 신나게 춤을 춰요/크고 화려한 트리옆에서/조국에서 산다는 건/너무나 좋아요!/우리는 신나게 춤을 춰요/우리는 큰 소리로 노래를 불러요/우리가 부르는 이 노래를/스탈린에게 보냅니다……" 지하철 입구에 도착한 나를 술 취한 이들의 차스투시카*가 붙잡는다. "모든 불운은 떨어져나가고 행운만 달라붙어라."

위대한 역사냐, 평범한 삶이냐?
선택의 기로에 선 우리들에 대하여

선술집은 항상 시끄럽다. 이곳에는 다양한 사람들이 모인다. 교수, 노동자, 대학생, 노숙자 등을 모두 만날 수 있는 곳이다. 이들은 술을 마시고, 철학을 논한다. 이야기의 주제는 모두 같다. 러시아의 운명과 공산주의.

---

* 러시아 전통민요의 한 장르. 4행시의 짧은 선율을 되풀이하면서 이야기를 풀어가는 형식으로, 서민적 감성을 노래하며 사회를 풍자하는 내용도 다수 포함되어 있다.

─난 주정뱅이오. 왜 술을 마시냐고? 난 내 인생이 참 마음에 안 들어요. 그래서 알코올의 힘을 빌려서 불가능한 순간이동이라도 해보고 싶은 겁니다. 어떻게든 다른 곳으로 옮겨져 있으면 좋겠단 말이에요. 아름답고 좋은 일만 가득한 곳으로.

─제가 가진 고민거리는 매우 구체적이에요. '나는 어디에서 살고 싶은가? 위대한 나라에서, 아니면 정상적인 나라에서?'

─난 제국을 좋아합니다. 제국의 시대가 끝난 지금의 삶은 너무나 지루해. 재미가 없다고요.

─위대한 사상은 피를 부르기 마련입니다. 하지만 지금은 그 누구도 어디선가 죽고 싶어하지 않아요. 전쟁터에서 죽고 싶어하지 않는단 말입니다. 마치 그 노랫말처럼요. "세상이 다 돈, 돈, 돈이에요/여러분, 세상이 다 돈이에요……" 그런데 선생님께선 마치 우리에게 어떤 목적이 있다고 계속 주장하시는데, 그렇다면 도대체 그 목적이란 무엇인가요? 모두가 '벤츠'를 타고, 마이애미 여행을 하게 되는 것인가요?

─러시아인은 무언가 믿을 대상이 필요해요. 밝고 고귀한 대상이요. 우리의 대뇌피질에는 제국주의, 공산주의가 각인되어 있어요. 영웅적인 무언가가 우리에겐 차라리 맞다고요.

─사회주의는 사람으로 하여금 역사 속에서 살도록 강요했어요. 위대한 그 무언가에 참여하게 했다고요……

─제기랄! 우리는 너무 영적이고, 너무 특별하다니까.

─우리에겐 민주주의 따윈 없었어. 당신이랑 내가 무슨 민주주의자야?

─우리 시대의 마지막 위대한 사건은 페레스트로이카였어.

─러시아는 위대하거나 아예 없어지거나, 둘 중 하나만 할 수 있어. 우리는 강한 군대가 필요해.

—위대한 나라 따위 개나 줘버려! 나는 덴마크 같은 아담한 나라에서 살고 싶어. 핵무기도 석유도 가스도 없는 나라 말이야. 아무도 리볼버로 내 머리를 툭툭 치지 못하는 그런 나라에서 살고 싶다고. 그렇게 되면 우리도 어쩌면 도로를 샴푸로 청소하는 법을 마침내 터득하게 될지도 모르잖아⋯⋯

—공산주의는 인간이 감당할 수 있는 숙제가 아니야. 우리가 이렇게 생겨 먹은 걸 어떡해. 헌법도 원하고, 고추냉이를 곁들인 철갑상어도 원하니까 말이야. 우린 늘 그래왔어.

—난 사상을 가지고 살았던 옛사람들에게 질투가 나요. 우리는 아무런 사상 없이 살고 있으니까요. 나는 위대한 러시아를 원해요! 난 위대한 러시아를 기억하진 못하지만, 그런 나라가 존재했다는 건 알고 있어요.

—러시아가 세상을 구원할 것이다! 그리고 그렇게 스스로를 구원할 것이다!

—우리 아버지는 아흔 살까지 사셨어요. 아버지는 평생 좋은 일 하나 없이 줄곧 전쟁만 했다고 늘 말씀하셨어요. 그게 우리가 할 줄 아는 전부예요.

—하느님은 우리 안에 있는 무한한 존재예요⋯⋯ 우리는 신의 형상대로 지음받았어요⋯⋯

모든 것에 대하여⋯⋯

"제 안에는 소련이 한 90퍼센트 정도 들어 있었던 것 같아요. 저는 무슨 일이 벌어지고 있는지 이해하지 못했어요. 가이다르가 텔레비전에 나와 연설하던 모습이 기억나요. '여러분, 장사를 배우십시오⋯⋯ 시장이 우리를 구할 것입니다⋯⋯' 한 동네에서 탄산수 한 병을 사서 다른 동네에서 파는 것, 그것이 장사였어요. 사람들은 들으면서 당혹스러워했어요. 저는 집에 돌아가서 문을 걸어잠그고 엉엉 울었어요. 엄마는 뇌졸중이 왔어요. 그 일들에 그 정도로 놀라셨던 거예요. 있잖아요, 어쩌면 그들은 좋은 일을 도모하려고 했을지도 몰라요. 하지만 정작 자기 백성들을 긍휼히 여기는 마음은 없었던 것 같아요. 횡렬로 길가를 따라 쭉 늘어서서 동전 한 닢을 구걸하던 어르신들의 모습을 전 절대로 잊지 못할 거예요. 그분들의 해진 모자와 여기저기 터진 재킷을…… 출퇴근길에 제대로 눈을 들고 다니기가 무서웠어요. 저는 화장품 공장에서 일했는데, 월급 대신 향수나 화장품을 지급받곤 했어요……"

"우리 반에 가난한 여자아이가 있었어요. 그 친구의 부모님은 교통사고로 돌아가셨죠. 그래서 그 친구는 할머니와 살았어요. 친구는 1년 내내 똑같은 원피스를 입고 다녔는데도, 아무도 불쌍하게 생각하지 않았어요. 가난은 그토록 순식간에 창피한 일이 되어버렸던 거예요……"

"1990년대에 대해서는 후회하지 않아요…… 눈부시도록 찬란한 시절이었어요. 정치에는 관심도 없고 신문도 안 읽던 나란 사람이 대의원 선거에 입후보했죠. 누가 페레스트로이카의 선봉장이었을까요? 바로 작가, 예술가, 시인들이었어요. 제1회 소련인민대표대회 때 유명인의 사인은 모두 수집할 수 있을 정도였죠. 경제학자였던 남편은 그런 상황을 보면서 펄쩍 뛰었어요. '말로 사람들의 심장에 불을 지르는 건 시인들이 잘하는 일이지. 그래, 그렇게 모인 당신들이 혁명은 일으킨다 치자. 그런데 그다음엔? 그다음엔 어떻게 할 건데? 어떻게 당신들이 민주주의 국가를 건설한단 말이야? 누가? 당신들이 만들어낼 결과는 불 보듯 뻔하다고.' 남편은 그렇게 날 비웃곤 했어요. 그것 때문에 결국 우리는 이혼까지 했어요. 하지만 그때 그 사람의 말이 옳았어요……"

"두려움 때문에 사람들은 성당을 찾기 시작했어요. 제가 공산주의를 믿고 있었을 때는 성당 같은 건 필요 없었어요. 제 아내는 신부님이 '사랑하는 자여!'라고 불러준다는 이유로 저와 함께 성당을 다니고 있어요."

"아버지는 정직한 공산당원이었어요. 저는 공산주의를 비난하지, 공산주의자들을 비난하지 않아요. 전 아직도 어떻게 고르바초프를 대해야 하는지 모르겠어요. 옐친도 마찬가지고요…… 긴 줄과 텅텅 비어 있던 상점들이 독일 국회의사당에 휘날리던 붉은 깃발보다는 훨씬 더 빨리 잊히는 법이죠."

"우리는 승리했어요. 그런데 누구를 이긴 건가요? 왜 이긴 거죠? 텔레비전을 보면 한 채널에서는 '적군'이 '백군'을 공격하는 영화가 방영되고, 다른 채널에서는 용감한 '백군'이 '적군'을 패는 장면이 나와요. 정신분열증이 따로 없어요!"

"우리는 항상 고통에 대해서 말을 하죠…… 우리가 깨달음을 얻는 길이라면서요. 우리가 보기에 서양 사람들은 그래서 바보 같아요, 왜냐하면 우리처럼 직접 고통받지 않으니까요. 그들에게는 모든 종류의 종기 치료제가 있어요. 우리들은 수용소에서 복역했고, 전쟁을 치를 때는 시체로 천지를 덮었어요. 맨손으로 체르노빌에서 핵연료를 퍼냈지요. 그랬는데, 지금은 무너진 사회주의의 폐허 위에 앉아 있어요. 전쟁이 끝난 뒤의 모습처럼 우리는 얻어터지고 기진맥진한 상태예요. 우리에겐 우리만의 언어가 있어요. 고통의 언어요.

이런 주제로 제가 가르치는 학생들과 대화를 시도해본 적이 있어요. 학생들이 대놓고 비웃더군요. '우리는 고통받고 싶지 않아요. 우리가 생각하는 인생은 그런 것과는 뭔가 달라요.' 얼마 전까지 우리의 세계였던 그 세계조차 제대로 이해하지 못했는데, 우리는 벌써 새로운 세계에서 살고 있어요. 하나의 문명 전체가 쓰레기장에 버려졌어요……"

붉은색으로 장식된 열 편의 이야기

독재의 아름다움과 시멘트에 박힌 나비의 비밀에 대하여
옐레나 유리예브나 S.(공산당 지역위원회 3등 서기관, 49세)

두 명이 나를 기다리고 있었다. 원래 만나기로 약속했던 옐레나와 모스크바에서 잠시 놀러온 그녀의 친구 안나 일리니치나가 함께 기다리고 있었다. 안나는 곧바로 우리의 대화에 합류했다. "저는 오래전부터 우리에게 무슨 일이 벌어지고 있는지 설명해줄 사람이 있으면 했어요." 두 친구의 이야기에서 겹치는 부분은 없었다. 고르바초프, 옐친 등 상징적인 몇 단어를 빼고는. 두 사람에게는 자신만의 고르바초프, 자신만의 옐친, 그리고 자신만의 1990년대가 있었다.

옐레나 유리예브나:
　—아니, 벌써 사회주의에 대해서 이렇게 얘기할 필요가 있을까요? 누구에게 얘기하는 건가요? 아직은 모두가 다 증인인걸요. 솔직히 말씀드려서 선생

님이 절 찾아와서 굉장히 놀랐어요. 저는 공산당원이었고, 노멘클라투라였으니까요. 지금은 아무도 우리에게 발언권을 주지 않잖아요. 입을 막아버리죠. 레닌은 강도고, 스탈린은…… 제 손에 피 한 방울 묻히지 않았지만, 우리 모두는 범죄자라고 불리죠. 당원들 모두에게 그런 낙인이 찍혀 있어요……

어쩌면 한 50년이나 100년 후에는 사회주의라고 불렸던 그 시절 우리의 인생에 대해 누군가 객관적인 글을 쓸 수 있을 거예요. 눈물도 저주도 없이 객관적으로. 마치 고대 트로이에 대해 분석하듯이 그렇게 분석하게 되겠죠. 얼마 전까지만 해도 사회주의에 대해서 좋게 말하는 건 금물이었어요. 소련 붕괴 이후 서방 국가들은 마르크스주의가 아직 끝나지 않았다는 걸, 마르스크주의는 숭배의 대상이 아니라 더 발전시켜야 하는 사상이란 사실을 깨달았어요. 우리와 달리 서방에서 마르크스는 우상이 아니었어요. 거룩한 존재가 아니었다고요! 우리는 처음에는 마르크스를 신성시했고, 그 이후엔 저주를 퍼부었어요. 그리고 모든 걸 다 지워버렸어요! 그런데 생각해보면, 과학도 인류에게 셀 수 없이 많은 재앙을 가져다주지 않았나요? 그러면 과학자들을 전부 없애버렸어야죠! 원자폭탄의 아버지들을 저주했어야죠. 아니, 차라리 화약을 발명한 그 사람부터 시작하는 게 낫겠네요! 그들부터 저주해야 한다고요. 제 말이 틀렸나요? (내가 미처 그녀의 질문에 답하지 못했는데 말을 이어간다.) 물론 잘한 거예요. 모스크바에서 빠져나온 것은 잘한 거예요. 우린 모스크바에서 빠져나와 러시아로 왔다고 말할 수 있어요. 모스크바 시내를 거닐 때면 우리도 유럽이 된 것만 같은 생각이 들지요. 화려한 자동차들, 레스토랑…… 반짝이는 황금빛 돔! 선생님, 그런데 지방에서는 어떤 얘기들을 하는지 한번 들어보세요. 모스크바는 러시아가 아니다, 러시아는 사마라, 톨리야티, 첼랴빈스크…… 어쩌고스크…… 저쩌고스크 등등이라고 말들 하죠. 모스크바 부엌에서 러시아에 대해 알아낼 수 있는 게 뭐가 있을까요? 아니면 모스크바의 각종 모임에서는요? 어쩌고저쩌고 쓸모없는 이야기들뿐이죠…… 모스크바는 다른 나라의 수도이지 여기, 순환도로* 너머에 있는 러시아의 수도가 아니에요. 모스크바는 관광객들의 천국이에요. 모스크바를 믿으면 안 돼요……

이곳을 방문하는 사람들은 우리를 보고 주저 없이 "에이, 소보크잖아!"라고 말해요. 이곳 사람들은 러시아의 전체 기준으로 봐도 참 가난하게 살죠. 여기에서는 부자들을 욕하고 모두에게 화를 내요. 국가를 욕하기도 하고요. 모두 자기가 사기를 당했다고 생각해요. 자본주의가 도래하리라고 아무도 말해주지 않았다는 거죠. 그들은 사회주의를 수정한다고 생각했던 거예요. 모두가 알고 있는 그 소련의 삶을 수정하는 것뿐이라고. 시위에 참여해 목청이 터져라 "옐친! 옐친!"을 불러대는 동안, 사람들은 가진 것을 전부 도둑맞고 말았어요. 그들이 없는 자리에서 도둑놈들은 자기들끼리 공장과 회사를 나눠 가졌지요. 석유, 천연가스, 기타 등등 신이 주신 것이라고 불리는 모든 것을 말이에요. 그런데 사람들은 그걸 이제서야 깨달았어요. 정작 1991년에는 모두 혁명에 동참해 바리케이드 앞에 서 있었죠. 사람들은 자유를 원했지만, 결국 뭘 얻었나요? 옐친의 혁명, 약탈적 혁명을 얻었어요…… 제 친구의 아들은 사회주의적 사상 때문에 죽음의 문턱을 밟을 뻔했어요. 이제 '공산주의자'라는 단어는 모욕적인 말이 되었어요. 한 마당을 끼고 놀던 소년들이 무리 중 한 명을 거의 죽일 뻔했어요. 남자애들끼리 삼삼오오 모여서 기타 치며 수다를 떨고 있었다나봐요. 이제 곧 우리 모두 몰려가서 공산주의자들을 가로등에 매달 거라는 둥의 이야기를 한 거죠. 거기에 우리 지역위원회 동료의 아들인 미시카 슬루체르가 있었어요. 책을 많이 읽은 아이였어요. 그 아이는 영국 작가 체스터턴의 글을 인용해서 이렇게 대꾸했대요. "유토피아가 없는 사람이 코가 없는 사람보다 훨씬 더 무서운 법이다……" 이 말을 했단 이유로 그 아이는 구둣발에 차이고 장화에 짓밟혔어요. "이 유대인 자식아! 그래, 누가 1917년에

---

* 순환도로는 1980년대까지 모스크바의 행정 경계 역할을 했던, 모스크바를 둘러싼 고속도로다.

혁명을 일으켰더라?" 전 페레스트로이카가 시작됐을 무렵, 사람들의 눈빛을 똑똑히 기억해요. 절대 잊지 못하죠. 그들은 공산주의자들을 린치하고 추방할 준비가 되어 있었어요. 쓰레기통에는 마야콥스키*, 고리키의 책들이 나뒹굴었고, 폐지를 제출할 때 레닌의 저서들을 갖다 내기도 했어요. 제가 그 책들을 주워왔거든요…… 그래요! 전 아무것도 부인하지 않아요. 부끄럽지도 않아요! 저는 제 색깔을 바꾼 적이 없어요. 붉은색에서 회색으로 갈아타지 않았다고요. 왜냐하면 그런 사람들도 있거든요. '적군'이 오면 환호하면서 '적군'을 맞이하고, '백군'이 오면 환호하면서 '백군'을 맞이하는 사람들이요. 마치 손바닥을 뒤집듯이, 어제는 공산주의자였던 사람이 오늘은 극단적 민주주의자가 되는 거예요. 제가 보는 앞에서 '정직한' 공산주의자들이 신자들이 되고 자유주의자들로 바뀌었어요. 하지만 저는 '동지'라는 단어를 사랑해요. 절대로 이 단어를 싫어하는 일은 없을 거예요. 좋은 단어라고요! 소보크? 모두 입들 닥치라고 하세요! 소비에트인들은 아주 좋은 사람들이었어요. 그들은 달러가 아닌 사상을 위해서 우랄산맥도 넘어가고 사막도 건널 수 있는 사람들이었어요. 남의 나라의 초록색 돈을 위해서 움직이지는 않았다고요. 드네프르 수력발전소, 스탈린그라드전투, 첫 우주선 발사―이 모든 것을 이룬 사람들이 바로 소비에트인이에요! 위대한 소보크들이요! 전 아직도 USSR**라고 쓰는 게 좋아요. 왜냐하면 USSR가 내 나라였거든요. 그런데 지금 전 나의 나라가 아닌 타인들의 나라에서 살고 있어요.

전 소비에트인으로 태어났어요. 우리 할머니는 하느님은 믿지 않았지만, 공산주의를 믿었던 분이죠. 아버지는 죽기 바로 직전까지도 사회주의가 회귀할

---

* 블라디미르 마야콥스키(1893~1930). 소련과 러시아의 대표적인 미래주의 시인이자 극작가. 1917년의 혁명을 지지하며 대표적인 혁명문학가로 이름을 날렸지만, 스탈린이 이끄는 소련 정부에 점차 반감을 가지면서 스탈린 체제를 풍자했다.
** 'Union of Soviet Socialist Republics(소비에트사회주의공화국연방)'의 준말.

거라고 기대했어요. 베를린장벽이 무너지고, 소비에트연방이 붕괴했는데도 아버지는 계속해서 기다렸어요. 가장 친한 친구가 소련기를 빨간색 걸레라고 욕보였다는 이유로, 죽을 때까지 연을 끊었던 분이죠. 우리의 붉은 깃발! 크림슨색의 그 깃발! 아버지는 소련-핀란드전쟁에 참전했어요. 무엇을 위해 싸웠는지는 끝내 몰랐지만, 가야 한다기에 갔던 거예요. 소련-핀란드전쟁에 대해서는 모두 침묵했어요. 전쟁이 아니라 핀란드 작전이라고 불렀죠. 하지만 아버지는 집에서 은밀하게 우리에게만 얘기해주곤 했어요. 자주는 아니었지만, 술을 드실 때면 기억을 떠올리곤 했어요…… 그 전쟁의 배경은 겨울이었어요. 울창한 숲과 1미터 넘게 쌓인 눈. 흰색 위장복 차림의 핀란드군은 스키를 타고 이동하면서 불시에 이곳저곳에서 나타났다고 해요. 그 모습이 천사 같았대요. 천사 같았다는 말은 아버지가 사용한 표현이에요. 그렇게 나타난 핀란드군은 하룻밤 사이에 방어진을 무력화하고, 중대 전체를 초토화시킬 수 있었대요. 죽은 사람들…… 아버지의 기억 속에는 늘 무수한 시체들과 피웅덩이가 있었어요. 죽은 사람의 몸에서는 엄청난 양의 피가 나온대요. 그 피가 얼마나 많았는지, 두껍게 쌓인 눈을 집어삼키고도 남았대요. 전쟁 후에 아버지는 닭 한 마리, 토끼 한 마리도 잡지 못했어요. 종류를 막론하고 죽은 동물을 보거나 뜨끈한 피냄새를 맡으면 진심으로 슬퍼했어요. 또 아버지는 가지가 무성한 큰 나무를 두려워했어요. 그런 나무에는 어김없이 '뻐꾸기'라고 불리는 핀란드군 저격수들이 숨어 있었대요. (침묵) 아버지 말이 아닌 제 말을 좀 덧붙이고 싶네요. 전쟁에서 이긴 후 우리 마을은 꽃 천지였어요. 마을 전체가 알록달록했죠. 가장 중요한 꽃은 달리아였는데, 달리아 꽃씨는 겨울에 얼어죽을 수도 있기 때문에 잘 보존해야 했어요. 세상에, 꽃씨를 어린아이처럼 꽁꽁 싸서 이불을 덮어주기까지 했다니까요. 그렇게 심은 꽃들이 주택가, 뒤뜰, 우물가, 울타리 부근에서 자랐어요. 원래 공포를 겪은 뒤에는 오히려 더 살고 싶고, 더 기뻐하고 싶은 법이죠. 하지만 얼마 지나지 않아 그 많던 꽃들이 사라졌어요. 지금은 찾아볼 수도 없어요. 그래도 나는 기억해요. 이렇게 불현듯 지금 그 생각이 나네요…… (침묵) 아버지…… 아버지는 6개월 정도 전장에 있다가 포로로 잡히고 말았어요. 어떻게 포로가 됐냐고요? 소련군이 꽁꽁 언 호수 위로 진군하는데, 적군 포병들이 얼음을 깨뜨렸대요. 호숫가까지 헤엄쳐 간 사람은 몇 안 되었고, 겨우겨우 헤엄쳐 간 사람들도 힘이 다 빠진 상태였어요. 게다가 헐벗고 무기도 없었죠. 그런 그들에게 핀란드 군인들이 손을 뻗었대요. 어떤 사람은 그들이 내민 손을 잡았고, 어떤 사람은…… 적군의 도움을 거부한 사람들도 많았다고 해요. 우린 그렇게 배웠으니까요. 하지만 아버지는 누군가가 내민 손을 잡았고, 그는 아버지를 구해주었어요. 저는 이 이야기를 들려줄 때마다 의아해하던 아버지의 모습을 또렷이 기억해요. "글쎄, 그놈들이 몸을 좀 녹이라며 나한테 술 한잔을 건네더구나. 마른 옷도 내줬지. 그놈들이 웃으면서 어깨를 툭툭 쳤어. '이반! 살았네, 살았어!'라면서 말이야." 아버지는 그전까지 그토록 가까이에서 적을 본 적이 없었어요. 아버지는 그들이 왜 기뻐하는지 이해할 수 없었대요……

1940년에 핀란드 작전이 종료되었어요. 핀란드군이 붙잡고 있던 소련군 포로와 소련군이 붙잡고 있던 핀란드군 포로를 맞교환했죠. 두 행렬이 서로를 마주보며 걸어갔어요. 핀란드군은 포로들이 아군에게 가까워지자 서로를 껴안고 손을 잡아주었어요. 하지만 소련군 포로는 그런 환영을 받지 못했죠. 소련군은 돌아온 포로들을 적군처럼 대했어요. "동지들! 보고 싶었소, 내 형제들!"을 외치며 달려간 포로들에게 이런 말이 들려왔죠. "꼼짝 마! 한 발 물러나지 않으면 쏜다!" 돌아온 포로들 곁에 셰퍼드 군견을 세우고 군인들이 에워싼 뒤 특별막사로 데려갔어요. 막사 주변에는 가시철조망이 둘러쳐 있었어요. 심문이 시작됐지요. "당신은 어떻게 포로로 잡혔습니까?" 심문관이 아버지에게 물었대요. "핀란드군이 호수에서 나를 꺼내줬어요." "이 배신자! 파리 같은 네 한목숨 살리려고 조국을 배신했단 말이야!" 아버지 스스로도 그런 죄의식을 느꼈다고 해요. 그분들은 그렇게 배웠거든요. 아버지는 재판도 받지 않았어요. 훈련장으로 모두를 끌고 나와 집합시킨 뒤 전 군대 앞에서 그들에게 형을 선고했어요. "반역죄로 수용소 노동 6년형을 선고한다." 그런 뒤 보르쿠타로 보내졌어요. 그들은 영구동토 위에 철로를 깔았어요. 아아! 1941년…… 독일군이 모스크바 코앞까지 치고 올라왔는데도 그들에겐 전쟁이 시작됐다는 사실조차 말해주지 않았대요. 왜냐하면 그들은 적이었으니까요. 행여나 기뻐할까봐요. 독일군들이 벨라루스를 장악했고, 스몰렌스크까지 집어삼켰죠. 이 사실을 알게 되었을 때 아버지들은 모두 전장에 나가길 원했어요. 그래서 수용소 소장에게도 편지를 쓰고 스탈린에게도 편지를 썼어요. 그런데 돌아온 대답은 한마디로 "이 개자식들아! 승리를 바란다면 후방에서 열심히 일이나 해, 전장에 너희 같은 배신자들은 필요 없어"였어요. 답신을 받은 아버지와 그 동료들은 모두 엉엉 울었대요. (침묵) 선생님이 만나야 할 사람은 우리 아버지인데…… 하지만 아버지는 지금 안 계시죠. 수용소가 아버지의 수명을 단축시켰고, 페레스트로이카도 한몫했지요. 아버지는 매우 고통스러워했어요. 나라 안에, 당 내부에 무슨 일이 벌어진 건지 이해하지 못했어요. 수용소에서 6년을 지내는 동안 우리 아버지는 사과, 온전한 양배추 한 통, 홑이불, 베개가 무엇인지 잊어버렸어요. 그곳에서는 하루에 세 번 멀건 죽을 배식했고, 식빵 한 덩어리를 25명이 나눠 먹어야 했대요. 잠자리에서는 베개 대신 장작을, 매트리스 대신 나무판을 깔고 잤대요. 우리 아버지는 여느 아버지들과 다른 이상한 사람이었어요. 말이나 소를 때리지도 못했고, 똥개를 발로 차지도 못했죠. 전 항상 아버지가 가여웠어요. 그런데 다른 아저씨들은 우리 아버지를 비웃었죠. "고추가 달린 건 맞아? 완전히 계집애가 따로 없어!" 어머니는 아버지가 다른 사람과 다르다는 이유로 매번 눈물바람이었어요. 아버지는 양배추 한 통을 집어들고는 오랫동안 세세하게 살피곤 했어요…… 토마토도요…… 집으로 돌아온 후 얼마간은 우리와 대화도 하지 않고 늘 조용히 계셨어요. 10년 후에야

말문을 열었죠. 맞아요, 10년 후에나요. 그전까진 아니었어요…… 수용소에 있는 동안 시체들을 운반했대요. 하루에 10~15구의 시신이 나왔다고 해요. 산 사람들은 걸어서 막사로 돌아왔고, 죽은 사람들은 썰매에 실어서 왔다더군요. 죽은 사람이 입고 있던 옷은 벗겨냈기 때문에 시체들은 사막쥐처럼 벌거벗은 채로 썰매 위에 누워 있었대요. 아버지 표현들을 그대로 빌려 말씀드리는 거예요…… 제가 너무 두서없이 이야기하는 것 같네요. 감정이 북받쳐서…… 긴장해서 그런 것 같아요. 수용소에 들어간 첫 두 해 동안에는 살아서 나갈 수 있다는 생각을 누구도 하지 않았다고 해요. 5~6년형을 받은 사람들만이 집을 떠올리며 얘기했고, 10~15년형을 받은 사람들은 집 이야기는 입 밖으로 꺼내지도 않았대요. 부인이나 아이, 부모님에 대한 생각도 아예 하지 않았고요. "한번 생각하기 시작하면 살아갈 수가 없었으니까." 하지만 우리는 아버지를 기다렸어요. "이제 조금 있으면 돌아오실 거야…… 아마 나를 못 알아보시겠지." "우리 아빠……" 우리는 다시 한번 '아빠'라고 불러보고 싶었어요. 그리고 마침내 아버지가 돌아왔어요. 할머니는 군인 외투를 걸치고 문 앞에서 서성이는 남자를 발견했어요. "여보게, 군인 양반! 누굴 찾으시오?" "엄마, 날 몰라보는 거예요?" 할머니는 그 자리에서 그만 혼절하셨어요. 그렇게 아버지가 우리 곁으로 돌아왔어요. 아버지는 온몸이 얼음덩이처럼 차가웠어요. 손과 발은 그 이후로도 늘 차가웠고요. 어머니요? 어머니는 아버지가 수용소에서 착한 사람이 되어서 돌아왔다고 했어요. 사실 어머니는 무서워했거든요. 사람들이 잔뜩 겁을 준 거예요. 수용소에서 돌아오면 모두 악에 받쳐서 나온다고…… 하지만 우리 아버지는 삶을 즐기고 싶어했어요. 아버지는 매사에 "정신 바짝 차려라, 고난은 아직 시작되지도 않았어"라고 입버릇처럼 이야기했어요.

음, 그게 어디였더라, 어디였는지 기억이 안 나네요. 어떤 장소였더라? 수용소였나? 아무튼 사람들이 마당을 네발로 기어다니면서 풀을 뜯어먹었대요. 모두 영양실조 환자에 펠라그라* 환자였어요. 아버지 앞에서는 감히 불평을 늘어 놓을 수가 없었죠. 아버지는 "사람 사는 데 필요한 건 딱 세 가지야. 빵, 양파, 비누"라고 주장하던 분이었으니까요. 필요한 게 겨우 세 가지밖에 없다니…… 우리 부모님 세대는 더이상 우리 곁에 계시지 않아요. 만약 그 세대 중 누군가가 살아 있다면, 박물관 유리장 안에 고이 모셔놓고 건드리면 안 돼요. 그분들은 너무 많은 것을 감내했어요! 아버지의 명예가 복권되었을 때 그동안 의 고통에 대한 대가로 군인 월급 두 달 치에 해당되는 보상금을 지급하더군 요. 그럼에도 불구하고 우리집에는 오랫동안 아주 큰 스탈린의 초상화가 걸려 있었어요. 꽤 오랫동안이요. 전 똑똑히 기억하고 있어요. 아버지는 상처를 담 아두지 않았어요. 시기가 그랬으니 어쩔 수 없었을 거라고. 잔혹한 시기였어 요. 강한 나라를 건설하던 때였으니까요. "우리가 강한 나라를 세웠고, 히틀러 를 무찔렀어!" 아버지는 늘 이렇게 말했죠.

전 진지한 여자아이였어요. 진정한 피오네르 단원이었어요. 요새는 피오네 르단에 사람들을 억지로 밀어넣은 것처럼 말들 하는데, 사실은 전혀 그렇지 않았어요. 모든 아이들이 피오네르단에 들어가고 싶어했어요. 북을 들고 채를 잡고 같이 몰려다니고 싶어했죠. 같이 어울려 피오네르 노래도 부르고 싶어했 고요. "영원히 사랑하는 내 고향땅/어디에서 찾을 수 있으리오!" "독수리의 권세 아래 수백만 마리의 새끼 독수리들이 있네, 우리는 이 나라의 자랑이라 오!" 아버지가 수용소에서 복역한 전력은 우리 가족에게 오점이 될 수밖에 없 었죠. 이것 때문에 피오네르단에서 영영 받아주지 않거나 입단이 늦어질까봐 어머니가 마음을 졸였어요. 저도 또래들과 같이하고 싶었고요. 반드시 함께하 고 싶었어요. "넌 누구 편이야? 달 편이야? 태양 편이야?" 같은 반 남자아이

---

* '니코틴산결핍증후군'이라고도 한다. 채식을 하거나 알코올의존증이 있을 때 가장 많이 나타난다. 피부색이 갈색이 되고 피부가 벗겨지는 증상이 나타난다.

들은 가끔 이렇게 심문하곤 했어요. 그럴 때는 바짝 정신을 차려야 했죠. "달 편!" "맞았어! 소련 편!" 만약 태양의 편이라고 대답하면 비난이 쏟아졌죠. "저주받을 일본놈들 편이라고?!" 그럼 비웃음과 놀림의 대상이 되고 말죠. 우린 서로에게 맹세할 때면 "정직한 피오네르의 이름을 걸고!" "정직한 레닌의 이름을 걸고!"라고 했어요. 가장 강력한 맹세가 필요할 때면 '정직한 스탈린의 이름'을 걸었어요. 부모님은 제가 "정직한 스탈린의 이름으로"라고 말하면, 거짓이 아니라는 걸 믿었죠. 세상에, 믿기지가 않아요! 제가 지금 스탈린이 아니라 우리의 인생을 회고하다니…… 저는 아코디언 동아리에 들어가서 아코디언을 배웠어요. 엄마는 직장에서 큰 공을 인정받아 메달을 받았어요. 그러니까 끔찍한 일들…… 지겨운 막사 생활만 있었던 것은 아니라고요. 수용소에 있을 때 아버지는 교양 있고 많이 배운 사람들을 만났어요. 그토록 재미있는 사람들을 그 이후 다른 곳에서는 본 적이 없다고 하시더군요. 그들 중 몇몇은 시를 썼는데, 시를 쓴 사람들 대부분은 살아남을 수 있었대요. 또 그들은 성직자들처럼 기도하기도 했어요. 아버지는 자녀들 모두가 대학교육을 받았으면 했어요. 아버지의 꿈이었죠. 저희는 모두 사남매인데요, 덕분에 모두 대학교를 졸업할 수 있었어요. 하지만 아버지는 동시에 쟁기를 사용하고 낫으로 풀을 베는 방법도 가르치셨어요. 그래서 저는 풀을 베서 여물을 만들 줄도 알고, 짚단을 쌓을 줄도 알아요. "배워두면 다 쓸데가 있는 법이야." 이것이 아버지의 원칙이었죠. 그리고 아버지가 옳았어요.

이제 저는 모든 걸 기억해내고 싶어요. 그동안 지나온 세월을 이해하고 싶기 때문이죠. 제 인생뿐 아니라 우리 모두의…… 소비에트의 세월을 말이에요. 저는 우리 민족에 대해 마냥 찬양하는 부류가 아니에요. 공산주의자들이나 우리의 공산당 지도자들에 대해서도 마찬가지죠. 지금은 더더욱 그렇지 않죠. 모두가 속이 좁아졌고 부르주아가 되었어요. 모두들 잘살고 싶어하고 달콤한 인생을 추구하죠. 그래서 돈을 물쓰듯 쓰고, 모든 걸 손아귀에 넣으려고 하죠! 지금의 공산주의자들은 예전과 같지 않아요. 연봉을 수십만 달러나 벌어들이는 공산주의자들도 있는걸요. 백만장자들이요! 런던에 아파트가 있고 사이프러스에 궁전 같은 별장이 있고…… 그런 사람들이 어떻게 공산주의자들인가요? 대체 그들이 말하는 신념의 본질은 어디에 있는 건가요? 이렇게 질문하면 다들 절 덜떨어진 사람 보듯 해요. "소비에트 적 옛날이야기는 이제 좀 그만하세요. 더이상 그딴 건 필요 없어요." 위대한 나라를 파괴한 거예요! 헐값에 내 나라를 팔아버렸어요! 사람들이 마르크스를 욕하고 유럽 여행을 가게 하기 위해서요! 지금은 스탈린 시절과 마찬가지로 무서운 때예요. 제가 뱉은 말은 제가 책임지죠! 이걸 정말 글로 쓰신다고요? 안 믿어요…… (실제로 그녀는 믿지 않는 것 같았다.) 공산당 지역위원회도 주위원회도 사라진 지 오래예요. 우린 소비에트 정권과 이별했어요. 대신 뭘 받았죠? 링, 정글, 도둑놈들의 정권을 받았어요…… 약삭빠른 사람들이 서둘러 큰 파이를 먼저 손에 넣었어요. 오, 신이시여! 추바이스*를 가리켜 '페레스트로이카의 총감독'이라고 한다죠…… 그 사람이 지금 전 세계를 돌아다니면서 강의하고 자신의 업적을 자랑하고 다녀요. 다른 나라들이 100년에 걸쳐 구축한 자본주의를 우리는 3년 만에 이룩했다면서요…… 우린 외과적인 방법을 동원했죠. 만약 그 과정에서 누군가 도둑질에 성공했다면 그건 다행인 거죠. 왜냐하면 적어도 그 도둑놈의 손자들은 교양 있는 사람들로 자랄 수 있을 테니까요! 휴…… 그런 놈들이 민주주의자들이래요…… (침묵) 미국식 양복을 걸쳐 입고, '엉클 샘'**이 하라는 대로 했죠. 그런데 그 양복이 잘 맞지 않고 삐뚤빼뚤 남의 옷을 입은 것 같단 말이죠! 그렇다니까요! 사람들은 자유를 위해 달린 게 아니라 청바지와 슈퍼마켓을 위해 달렸던 거예요. 화려한 포장에 매수되었던 거죠. 이제는 러시아

---

* 아나톨리 추바이스(1955~). 소련 붕괴 후 러시아의 경제개혁을 이끌었던 정치인.
** 미국의 마스코트 캐릭터.

상점에도 없는 게 없어요. 넘쳐나죠. 하지만 산더미처럼 쌓인 햄이 행복과 영광의 길로 연결되는 건 아니에요. 예전에는 위대한 민족이 있었다고요! 그런데 그 민족을 장사치, 약탈자, 식료품 가게 주인, 매니저 등으로 전락시킨 거예요……

고르바초프가 왔죠. 레닌의 원칙들을 부활시킨다는 소문이 돌기 시작했어요. 사회 전체가 열정에 휩싸였고, 흥분의 도가니에 빠져들었죠. 민중은 이미 오래전부터 변화를 원했어요. 한때는 안드로포프*를 믿기도 했어요. 비록 그가 KGB이긴 했지만 말이죠. 어떻게 설명하면 좋을까요? 사람들은 더이상 소련공산당을 두려워하지 않게 되었어요. 선술집에 모인 남자들이 공산당을 욕할 순 있었어요. 하지만 KGB에 대해선 감히 말하지 못했죠. 그건 있을 수 없는 일이었어요! 그놈들이 철의 손, 달군 쇠, 가시장갑을 끼고 언제든 사회질서를 바로잡을 수 있다는 사실이 사람들의 머릿속에 각인되어 있었거든요. 진부한 말을 계속 반복하기는 싫지만, 칭기즈칸이 러시아인들의 유전자를 망쳐놓았어요. 그리고 농노제도도 남겼죠. 그래서 우리는 일단 사람들은 두들겨패야 말을 듣는다고 생각해요. 매 없이는 일이 안 된다고요. 안드로포프가 시작한 일이 바로 그거예요. 그는 풀려 있던 나사부터 조이기 시작했어요. 사람들이 많이 해이해졌거든요. 근무 시간에 극장이나 목욕탕을 다녔고, 쇼핑하고 티타임을 보냈어요. 그런데 갑자기 경찰들이 불심검문을 하고 집중단속을 실시했어요. 신분증을 검사하고 길거리, 카페, 상점에서 놀고 있는 사람들을 바로 잡아들인 후 직장에 연락을 취했어요. 벌금을 물리고, 직장에서 해고했죠. 그런데 안드로포프는 건강이 좋지 않았고, 그래서 단명했죠. 그뒤로 우리는 계속 그들을 묻고 또 묻었어요. 브레즈네프도 묻고 안드로포프와 체르

---

* 유리 안드로포프(1914~1984). 브레즈네프 사망 후 서기장으로 선출된 정치인. 최고회의 간부회 의장을 역임했다.

넨코*의 장례도 치렀어요. 고르바초프가 집권하기 전까지 가장 인기 있던 유머가 있어요. "소련 국영통신사에서 알려드립니다. 여러분께서는 배꼽을 잡고 웃으실 테지만, 소련공산당 중앙위원회 서기장이 또 한차례 정기적인 죽음을 맞이했습니다." 하하하! 일반인들은 각자의 부엌에서 배꼽을 잡고 웃었고, 우리 같은 당원들은 우리들의 부엌에서 웃었어요. 부엌이라는 자유의 발뒤꿈치에서요. 부엌에서의 수다들…… (웃음) 대화할 때면 텔레비전이나 라디오를 시끄럽게 틀어놓곤 했어요. 그건 하나의 과학이었어요. 우린 서로에게 자신만의 노하우를 전수했죠. 어떻게 하면 전화통화를 도청하는 KGB 요원들을 속일 수 있는지 등의 기술을요. 옛날 전화기는 숫자 구멍에 손가락을 넣어 돌려야 했잖아요? 그 숫자판을 돌린 뒤 구멍 하나에 연필을 끼워넣어 고정시키는 거예요. 손가락을 넣기도 했지만, 힘이 드니까 연필을 꽂았죠. 아마 선생님도 이런 걸 아실 텐데요, 기억하세요? 뭔가 '비밀스러운' 얘기를 하려면 수화기에서 2~3미터 떨어진 곳으로 이동했죠. 밀고, 도청 등은 그 당시 사회 내 아래부터 위까지 어디든 도사리고 있었으니까요. 지역위원회 내에서도 누가 밀고자일지 항상 궁금해했어요. 그런데 나중에 알고 보면 내가 의심했던 사람은 무고한 사람이었고, 고발자는 한 명이 아니라 여러 명이었어요. 전혀 의심하지 않았던 사람들이 결국 밀고자였어요. 그중 한 명은 청소해주는 아주머니였어요. 상냥하고 밝은 분이었지요. 하지만 매우 불행한 여자였어요! 남편도 술주정뱅이였고요. 아, 맞다! 고르바초프도 마찬가지였더라고요…… 소련공산당 중앙위원회 서기장이었던 그자도요…… 언젠가 그의 인터뷰 기사를 보다가 알게 되었는데요, 사무실에서 비밀대화를 할 때 그도 우리와 똑같이 했더라고요. 텔레비전이나 라디오를 시끄럽게 틀어놓았대요. 아무튼 당시에 그건 글자

---

* 콘스탄틴 체르넨코(1911~1985). 소련공산당 서기장으로 선출된 정치인. 병환으로 인해 1년 1개월 만에 정권에서 물러났다.

의 자음과 모음처럼 필수지식이었어요. 고르바초프는 진지한 대화를 나누기 위해서 시외 별장으로 사람들을 초대했다고 해요. 그리고 인근 숲을 산책하면서 대화를 나누었대요. 새들은 밀고하지 못하니까요…… 모두가 무언가를 두려워했고, 우리가 두려워했던 그 사람들도 누군가를 두려워했어요. 저도 두려웠어요.

소비에트의 말로…… 제가 뭘 기억하냐고요? 마냥 수치스러웠어요. 브레즈네프가 메달과 별 훈장을 주렁주렁 매단 것도, 크렘린이 인민들 사이에서 늙은이들의 요양원으로 불리는 것도 창피했어요. 횅한 상점 가판대도 부끄러웠어요. 우리는 생산 목표치를 달성하고 심지어 목표치를 초과 달성하기도 했지만, 상점들은 여전히 텅텅 비어 있었어요. 우유와 고기는 대체 어디로 사라졌던 걸까요? 전 지금도 먹을 것들이 다 어디로 사라진 건지 이해할 수가 없어요. 우유는 개점 후 한 시간 뒤면 동났어요. 점심 이후로는 판매원들이 물로 씻은 듯 깨끗한 진열대 앞에 서 있었어요. 진열된 상품이라고는 3리터짜리 자작나무 수액병과 왠지 모르지만 항상 젖어 있던 소금봉지들, 청어조림병뿐이었어요. 그게 끝이에요! 햄이 가게에 입고되면 날개 돋친 듯 사라졌어요. 소시지나 만두는 별미였어요. 지역위원회에서는 항상 뭔가를 배분해야만 했어요. 이 공장에는 냉장고 열 대와 털코트 다섯 벌, 저 집단농장에는 유고슬라비아산 가구 두 세트와 폴란드산 여성용 가방 열 개 등등. 그 밖에도 냄비, 여성 속옷, 스타킹까지 배분했어요. 그런 상태의 사회는 공포로만 다스릴 수 있었어요. 극단적으로 몰아가야만 했던 거예요. 그래서 더 많이 총살하고 더 많이 수용소에 수감시켰어요. 하지만 솔로베츠키 제도에 강제수용소가 등장하고 백해-발트해운하*가 건설됐을 때 이미 사회주의는 끝난 거예요. 뭔가 다른 식의

---

* 백해-발트해운하 프로젝트는 강제노동을 동원한 최초의 소련 건설 프로젝트였다. 1931~1933년 약 12만 명이 동원됐고 2만 500여 명이 공사중 사망했다.

사회주의가 필요한 때였어요.

페레스트로이카…… 사람들이 다시 공산당에 매료되었던 순간이죠. 너도 나도 공산당에 가입하기 시작했죠. 모두들 잔뜩 기대에 부풀어 있었어요. 그때는 좌파나 우파, 공산당원이나 반동 세력이나 다들 순진했던 시절이었어요. 모두가 낭만에 젖어 있었죠. 지금은 그때의 그 순진함이 창피해요. 모두들 솔제니친을 떠받들었죠. 버몬트에서 온 위대한 성인이라며! 하지만 솔제니친뿐 아니라 많은 사람들이 그때 우리가 살던 방식으로는 더이상 살 수 없다는 것을 인지하고 있었어요. 다만 거짓말을 하고 있었던 것뿐이죠. 공산당원들조차도요. 선생님이 믿으실지 안 믿으실지 모르겠지만, 당원들조차 그걸 알고 있었어요. 공산당원들 중에는 똑똑하고 정직한 사람들이 적잖이 있었어요. 진실한 사람들이요. 저도 그런 사람들을 알고 있어요. 특히 지방에서 자주 만나볼 수 있었지요. 우리 아버지도 그런 사람 중 하나였고요. 당은 우리 아버지를 받아주지 않았고, 아버지는 당 때문에 고통받았어요. 그럼에도 불구하고 아버지는 공산당을 믿었어요. 공산당을 믿었고 국가를 믿었어요. 아버지는 매일 아침을 〈프라우다〉와 함께 열었고, 처음부터 끝까지 한 글자도 빼놓지 않고 정독했어요. 당원증 없는 공산당원들이 당원증 있는 공산당원들보다 많았다고요. 당원증이 없어도 이미 마음으로는 공산당원들이었거든요. (침묵) 집회가 있을 때면 사람들은 "인민과 당은 하나다!"라고 쓰인 피켓을 들고 다녔어요. 이 구호는 억지로 꾸며낸 말이 아니라 진실한 마음에서 비롯된 것이었어요. 저는 누군가를 선동하려는 게 아니라 그냥 있었던 일 그대로를 말씀드리는 거예요. 이미 모두들 잊어버렸지만요…… 많은 사람들이 양심에 따라 입당했어요. 비단 사회적 경력이나 실리적 이익, 예를 들어 당원이 아닌 사람이 뭔가를 훔치면 복역하게 되지만, 당원이 된 뒤 도둑질을 하면 당에서는 제적되더라도 복역은 하지 않는다는 등의 계산 때문만은 아니었다는 거예요. 전 마르크스주의에 대해 경멸하듯 비웃으면서 말하는 걸 들으면 화가 솟구쳐요. '어서 빨리 마르크스를 쓰레기통에 내다버리자! 쓰레기장으로 보내자!' 위대한 가르침이 이런 핍박을 받고 있지만, 결국에는 모든 고난을 이겨내고 말 거예요. 소련의 실패까지도 다 이겨낼 거라고요. 그럴 만한 수많은 이유가 있으니까요…… 사회주의는 강제노동수용소, 밀고, 철의장막으로만 이뤄진 것이 아니에요. 그 안에는 자기 주머니만 채우는 데 여념이 없는 그런 세상이 아니라, 정의롭고 밝은 세상, 즉 모든 것을 함께 나누고 약자를 불쌍히 여기고 함께 고통을 이겨 나가는 세상이 들어 있단 말이에요. 어떤 사람이 제게 이런 말을 하더군요. "차도 살 수 없었잖아요!" 하지만 모두가 차를 갖고 있지 않았다고요. 아무도 베르사체 양복을 입지 않았고, 마이애미에 별장을 사지도 않았어요. 오, 신이 시여! 소련의 지도자들은 중소기업 사장님 수준에서 살았지, 올리가르히*만큼 은 절대 아니었어요! 그에는 훨씬 못 미치지요! 소련의 지도자들은 샴페인으 로 샤워할 수 있는 요트를 만들지 않았다고요. 아, 생각만으로도 끔찍해요! 텔 레비전에서는 연신 "구리욕조를 사세요!"라고 하는데, 그 욕조의 가격이 방 두 칸짜리 아파트값이라고요. 그건 대체 누구를 위한 것일까요, 네? 금칠한 문 고리도 있어요…… 이런 것이 자유인가요? 작고 평범한 일반인은 아무것도 아니에요. 무無존재라고요. 삶의 밑바닥에 있는. 예전에는 이런 아무것도 아 닌 사람이 신문에 글을 실을 수도 있었고, 지역위원회를 찾아가 부서장이나 식당의 부실한 서비스 또는 바람난 남편을 고발할 수도 있었어요. 물론 개중 에는 말도 안 되는 일들도 있긴 했어요. 전 그걸 부정하진 않아요. 하지만 오 늘날에도 그렇게 평범한 사람의 목소리를 들어주는 사람이 있긴 하냐고요? 평범한 사람들을 필요로 하는 데가 있나요? 혹시 소련식 도로명을 기억하세 요? '철강인의 거리' '열성가들의 거리' '공장 거리' '프롤레타리아 거리' 등

---

* 소련 붕괴 후 등장한 러시아 신흥 재벌. 이들은 소련이 붕괴되고 국영산업이 민영화되는 과정에서 정경유착을 통해 막대한 부를 축적해 공공사업, 언론, 석유 가스, 제조업 등의 경제 전반을 장악했으 며 엄청난 권력을 휘둘렀다.

등. 사회에서 '작은' 사람들…… 그들이 주인공이었어요. 선생님은 그런 걸 가리켜 허울뿐인 말들, 가림막이었다고 하시겠지요…… 그런데 지금은 그나마도 숨기질 않는다고요! 돈이 없으면 꺼지면 되는 거예요! 가판대에서 떨어져! 도로명도 바뀌고 있어요. 소시민의 거리, 상인의 거리, 귀족의 거리…… 어디선가 '공작 햄'이라는 브랜드도 봤고요, '장군 포도주'도 봤다니까요. 돈과 성공이 우상화되고 있어요. 강자만이, 철로 된 이두박근을 가진 자만이 살아남는 세상이에요. 하지만 모두가 남을 짓밟고 다른 사람의 몫을 뺏을 수 있는 건 아니에요. 천성적으로 그런 짓을 못 하는 사람도 있고 그런 걸 싫어하는 사람도 있거든요.

저 친구와는…… (친구가 있는 쪽을 고갯짓으로 가리킨다.) 당연히 티격태격하죠. 안나는 진정한 사회주의를 위해서는 이상적인 인간들이 필요한데, 그 이상적인 인간이 없다며 제게 그걸 증명하려고 해요. 이제 사상은 망상이고 옛날이야기일 뿐이라며, 러시아인들은 닳아빠진 수입 중고차와 셍겐 비자*가 찍힌 여권을 소련 사회주의와 절대로 바꾸지 않을 거라고 말해요. 하지만 저는 좀 다르게 생각해요. 제 생각에 인류는 사회주의를 향해 나아가고 있어요. 정의를 향해서 말이에요. 다른 길은 없다고 봐요. 독일, 프랑스를 한번 보세요. 스웨덴의 경우도 있지요. 그런데 러시아 자본주의가 추구하는 가치는 대체 뭔가요? '작은 사람들', 즉 수중에 몇백만 루블도 없고 벤츠도 타지 못하는 사람들에 대한 혐오가 그 가치인가요? 붉은 깃발 대신 "주 예수 부활하셨네!"를 말하고, 소비가 우상화되고 있어요. 이제 사람들은 뭔가 숭고한 것에 대한 생각이 아니라, 오늘 못 산 물건을 떠올리며 잠드는 판국이라고요. 선생님께선 사람들이 굴라크에 대해 모든 진실을 알았기 때문에 나라가 무너졌다고 생

---

* 유럽연합 회원국 간 별도 신청 없이 통행할 수 있도록 규정한 셍겐조약에 따라, 조약 가입국은 국가 간 제약 없이 이동할 수 있도록 한 비자.

각하시나요? 책을 쓰는 사람들은 그렇게 생각하기 일쑤죠. 그런데 사람은 말이죠, 보통 사람은 역사를 위해 살지 않아요. 그보다는 훨씬 단순하게 살아요. 사랑에 빠지고 결혼하고 아이를 낳고 집을 지으면서 산다고요. 소련이란 나라는 여성용 부츠와 휴지가 부족해서, 오렌지가 없었기 때문에 무너졌다고요. 망할 놈의 그 청바지 때문에요! 지금 러시아 상점들은 가히 박물관이나 극장을 연상케 하죠. 사람들은 베르사체와 아르마니가 만들어낸 그 헝겊조각들이 사람에게 필요한 모든 것이라며 저를 설득하려고 해요. 사람은 그것만 있으면 충분하다고요. 삶은 돈과 어음으로 쌓아올린 피라미드일 뿐이고, 자유가 곧 돈이고 돈이 곧 자유라는 말들을 하지요. 그리고 우리의 삶은 땡전 한푼짜리만한 값어치도 없다는 거예요. 그러니까, 이건, 이건 말이죠…… 그러니까…… 이 현상을 뭐라 부를지 적당한 단어조차 떠오르지 않네요…… 아무튼 전 제 어린 손주들이 불쌍해요. 가여워요. 왜냐하면 이 모든 것을 텔레비전을 통해 매일매일 세뇌당하고 있으니까요. 전 이 모든 것에 동의하지 않아요. 저는 공산주의자였고, 앞으로도 공산주의자로 남을 겁니다.

꽤 긴 시간 동안 침묵이 이어진다. 우린 안주인이 자신만의 비법으로 만든 사워체리잼을 곁들여서 언제나 변치 않는 맛의 홍차를 마신다.

1989년…… 그즈음 저는 공산당 지역위원회 3등 서기관이었어요. 저는 학교에서 러시아어와 문학을 가르쳤는데, 그런 저를 공산당이 차출한 거죠. 전 제가 사랑하는 톨스토이와 체호프를 가르쳤어요. 공산당에서 일해보지 않겠냐는 제안을 받았을 때 처음엔 놀랐죠. 책임이 막중하잖아요! 하지만 일 분도 주저하지 않았어요. 공산당을 위해 일하는 건 저의 가장 순수한 열망이었으니까요. 그해 여름 저는 휴가차 집에 내려갔어요. 보통은 장신구를 하지 않는데, 그때는 값싼 구슬목걸이를 하고 있었어요. 그런데도 어머니는 보자마자 "왕비님 같구나!"라고 했어요. 어머니는 저를 보고 감탄한 거예요…… 절대 그 싸구려 구슬목걸이 때문이 아니라요! 아버지는 "우리 중 누구라도 너에게 아쉬운 소리를 하거나 하진 않을 거다. 너는 사람들 앞에서 청렴한 사람이어야 해"라고 하셨어요. 부모님은 저를 자랑스러워하셨어요! 행복해하셨죠! 그런데 저는…… 저는…… 저는 무엇을 걱정했던 걸까요? 제가 당을 신뢰했냐고요? 솔직히 말씀드리자면 신뢰했어요. 그리고 지금도 믿어요. 당원증은 무슨 일이 있어도 내 품에서 떠나보내지 않을 거예요. 그러면 제가 공산주의를 믿었냐고요? 거짓 없이 솔직히 말씀드릴게요. 저는 정의로운 삶의 방식을 구축할 수 있다는 그 가능성을 믿었어요. 이미 말씀드렸지만, 지금도 그렇게 믿고 있어요. 사회주의 시절 우리가 얼마나 열악하게 살았는지에 대해 떠들어대는 걸 듣기도 이젠 지쳤어요. 그때는 분명 화려하진 않았지만 정상적인 삶이 있었어요. 그때도 사랑과 우정이 있었고, 원피스와 구두도 있었어요. 그때는 작가와 배우들의 목소리를 갈급한 마음으로 들었는데, 이제는 그렇지 않죠. 광장에 섰던 시인들의 자리를 이제는 주술사들과 심령술사들이 대체하고 있어요. 아프리카 사람들처럼 주술사들의 말을 믿고 있다고요. 하지만 우리의…… 소비에트 삶은…… 문명을 구축하고자 했던 최초의 시도였단 말이에요. 조금 더 시적으로 표현하자면 민족에게 권력을 주는 일이었다고요! 마음을 가라앉히기가 정말 힘드네요! 요즘 지하철을 타고 다니면서 소젖 짜는 사람들, 방적공들, 장비 운전기사들을 만나볼 수 있나요? 아니요, 못 봐요. 이제 신문이나 텔레비전에서 눈을 씻고 찾아봐도 그 사람들을 볼 수 없고, 크렘린에서 훈장과 메달을 수여할 때조차 그들은 찾아볼 수가 없어요. 어디에도 없어요. 사방에 새로운 영웅들인 금융업자, 사업가, 모델, 인터걸, 매니저 들뿐이에요. 젊은이들은 그나마 빨리 적응하지만, 노인네들은 굳게 닫힌 문 뒤에서 소리소문도 없이 죽어간다고요. 가난과 망각 속에서…… 제 연금은 50달러예요…… (웃음) 어디선가 읽었는데, 고르바초프도 50달러래요…… 우리에 대해서 사람들은 이렇게 말하죠. '공산당원들은 으리으리한 궁궐 같은 집에서 숟가락으로 캐비아를 퍼먹으며 살았다. 그렇게 그들만을 위한 공산주의 국가를 만들었다'고요. 세상에! 제가 선생님께 제 궁궐을 보여드렸잖아요. 총면적 57제곱미터의 평범한 두 칸짜리 아파트잖아요. 소련제 크리스털이나 소련제 금 등 전 아무것도 숨기지 않았어요.

　―그러면 공산당 전용 병원, 전용 배급품은요? 아파트나 정부 다차를 배급받을 때 '그들만'의 순서가 있었다는 건요? 공산당 요양원은 또 어떻고요?

　―진짜인가요? 그래요, 있었다지요…… 있었겠죠…… 하지만 저기에만 있었어요…… (손가락으로 위를 가리킨다.) 저는 항상 아래, 권력의 가장 낮은 단계에 있었어요. 밑에요, 사람들 주변에요. 사람들이 항상 볼 수 있는 곳에. 어디에선가 그런 방식이 존재했다면 언쟁은 하지 않겠어요. 반박하지도 않겠어요! 저도 선생님과 마찬가지로 페레스트로이카 시절 어느 신문에서 중앙위원회 서기관의 자제님들이 아프리카로 사냥을 다녔고, 다이아몬드를 사재기했다는 걸 읽은 적이 있어요. 그럼에도 불구하고 지금 '신러시아인'이라 불리는 족속들이 사는 수준과는 비교가 안 돼요. 그들은 궁전을 짓고 요트를 타죠. 모스크바 인근에 그들이 무엇을 지었는지 한번 보세요. 궁궐이 따로 없어요! 2미터짜리 돌담에 전류가 흐르는 철조망이 둘러쳐 있고 CCTV도 설치해놓았어요. 무장 경비병들도 서 있고요. 마치 교도소나 기밀군사기지를 방불케 하는 모습이에요. 그런 곳에 컴퓨터 천재 빌 게이츠가 살고 있나요, 아니면 세계 체스 챔피언 가리 카스파로프가 살고 있나요? 아니요, 거기엔 승리자들이 살고 있어요. 우린 내전 같은 건 치르지도 않았는데, 신기하게도 전쟁에서 이긴 승리자들이 있단 말이죠. 저기 저 높은 담벼락 안에 말이에요. 그들은 누구로부터 숨어 지내는 건가요? 민중으로부터? 민중은 공산주의자들을 밀어내면 아름다운 시기가 도래할 거라고 생각했어요. 낙원이 펼쳐질 거라고요. 그런데 자유시민 대신 저 수천만, 수십억을 가로챈 갱스터들이 들어섰어요.

대낮에도 총싸움을 벌이는 작자들이요. 얼마 전 우리 동네에서도 한 사업가의 집 베란다를 날려버렸다니까요. 그들은 아무도 두려워하지 않아요. 황금 변기를 장착한 전용 비행기를 타고 다니면서, 그걸 또 자랑질하고 있어요. 한 번은 텔레비전에서 어떤 부자가 폭격기 한 대 값이 나가는 시계를 보여주는 걸 제가 직접 봤다고요. 또다른 부자는 다이아몬드가 박힌 핸드폰을 자랑했죠. 그런데 아무도! 아무도 러시아에서 그건 부끄러운 것이라고 호통치지 않아요. 추악해요. 우스펜스키, 코롤렌코 같은 작가들*이 활동하던 때도 있었죠. 숄로호프**는 농민들을 보호하기 위해 스탈린에게 편지를 썼어요. 이젠 제가 묻고 싶군요. 선생님이 계속 저한테 질문했는데, 저도 선생님께 물을게요. 우리의 엘리트들은 다 어디로 갔나요? 매일 신문에서 여러 이슈를 논하는 베레좁스키나 포타닌***의 글은 접할 수 있는데, 오쿠드자바나 이스칸데르****의 글은 왜 볼 수 없나요? 도대체 어떻게 여러분의 자리를 그렇게 내주게 되었나요? 여러분들의 전공을 왜 내주었냐고요…… 그러고는 가장 먼저 달려가 올리가르히들의 식탁에서 떨어진 부스러기들을 주워먹고 있어요. 그들을 섬기기 위해서. 이전 러시아 인텔리겐치아는 누군가의 꽁무니를 쫓아다니면서 섬기지 않았어요. 그런데 지금은 아무도 남지 않았어요. 신부님들 빼고는 영혼에 대해 말해줄 사람이 아무도 없어요. 그 페레스트로이카맨들은 다 어디로 사라졌나요?

---

* 글레프 우스펜스키(1843~1902)는 인민주의에 기반한 작가였다. 블라디미르 코롤렌코(1853~1921)는 차르 체제에 반대하고, 억압받는 사람들을 옹호한 작가이자 언론인이다.

** 미하일 숄로호프(1905~1984). 러시아 작가로 대하소설 『고요한 돈강』이 대표작이다. 1965년 노벨문학상을 받았으며, 종군작가로도 활약했다.

*** 블라디미르 포타닌(1961~). 러시아의 사업가이자 은행가이며 1996~1997년 러시아 부총리를 지냈다. 2011년 〈포브스〉는 그의 재산을 178억 달러로 추정했다.

**** 파질 이스칸데르(1929~2016). 러시아와 조지아 사이의 미승인국 압하스 출신의 시인이자 작가.

우리 세대의 공산주의자들은 파벨 코르차긴*과 공통점이 거의 없어요. 서류가방과 리볼버를 들고 다니던 1세대 볼셰비키들과는 닮은 점이 없지요. 1세대들이 남긴 거라곤 '당의 군인' '노동전선' '수확을 위한 전투' 등 군사적 표현뿐이에요. 우리는 스스로를 더이상 당의 군인들로 생각하지 않았어요. 우리는 당에서 근무하는 하인이었어요, 사무원들이요. 다만 의식을 수행할 뿐이었어요, '밝은 미래'라는 이름의 의식. 대강당에 레닌의 초상화를 걸어두고 코너에는 붉은 깃발을 세워두는 거죠. 그런 관습, 의식 등은 있었어요. 하지만 군인들은 더이상 필요치 않았어요. 수행원들이 필요했죠. "자자, 시키는 대로 하십시오!", 만약 수행하지 않는다면 "당원증을 반납하십시오"였죠. 명령을 받으면 실행해야 했고 보고해야 했어요. 당은 사령부가 아니라 행정실이었어요. 일종의 기계였죠, 관료들로 만들어진 기계. 당을 위한 일에 저 같은 인문 계열 사람을 부르는 경우는 드물었어요. 당은 레닌 때부터 인문학도들을 신뢰하지 않았거든요. 레닌이 인텔리겐치아 계층에 대해 쓴 글만 봐도 알 수 있죠. "브레인이 아니라 인민의 배설물이다." 그래서 당에서는 저와 같은 어문학자들을 찾아보기 힘들었어요. 대부분의 인력은 엔지니어, 축산 전문가 등으로 충당했어요. 전공이 사람이 아닌 기계, 고기, 곡물 등인 사람들을요. 그래서 당의 인력 보급소는 농과대학교였어요. 노동자와 농부의 아이들, 민중에 속한 사람들을 필요로 했어요. 그러다보니 상황이 매우 우스운 지경까지 이르렀어요. 예를 들어 수의사는 당에 고용될 수 있었지만, 내과 의사는 그럴 수 없었던 거죠. 당에서는 서정시인도 물리학자들도 만나지 못했어요. 또 뭐가 있었을까요? 당은 군대처럼 서열이 정해져 있었어요. 승진은 매우 느렸고, 한 계단 한 계단 오르기가 어려웠어요. 당 지역위원회 강사, 당 사상 선전지원실 실장,

---

* 1918~1921년 내전에서 싸우는 젊은 볼셰비키에 관한 오스트롭스키의 사회주의 리얼리즘 소설 『강철은 어떻게 단련되었는가』의 주인공. 그의 이름은 이상화된 소비에트 영웅과 동일시된다.

지도관, 3등 서기관, 2등 서기관 등등…… 전 이 모든 과정을 10년 만에 통과했어요. 지금이니까 신진 연구원이나 연구소 소장들이 나라를 운영하고, 집단 농장 회장이나 전기기술자가 대통령이 되는 거죠. 집단농장을 운영하는 대신 곧바로 나라를 맡다니요! 그런 건 혁명기에만 일어날 수 있는 일이잖아요…… (내게 한 질문인지, 자기 자신한테 한 질문인지 모르겠다.) 1991년에 일어났던 일들을 어떤 말로 표현해야 할지 모르겠어요……

  혁명이었을까요, 아니면 반혁명이었을까요? 우리가 어떤 나라에 살고 있는지 설명하려고 시도하는 사람이 한 명도 없어요. 우리에게 햄을 제외하고 도대체 어떤 사상이 남아 있나요? 우린 무엇을 건설하고 있나요…… 우리는 자본주의의 승리를 향해 전진하고 있는 건가요? 그런 건가요? 우리는 100여 년 동안 자본주의를 괴물 또는 악마라고 욕했어요. 그런데 지금은 우리도 남들과 똑같아진다며 자랑스러워해요. 다른 사람들과 똑같아진다면 우리의 특징은 대체 뭔가요? 신이 선택한 민족, 인류 진보의 희망이라더니…… (냉소한다.) 사람들은 얼마 전까지 공산주의를 놓고 상상한 그대로를 자본주의에 결합하고 있어요. 꿈이라니! 마르크스를 비판하고 사상을 비난하죠. 사상은 살인자라고 말해요! 하지만 저는 그 사상의 수행원들을 비난하고 싶어요. 우리에게 있었던 건 스탈린주의였지 공산주의가 아니었어요. 그리고 지금은 사회주의도 자본주의도 아니에요. 동양의 모델도 아니고 서양의 모델도 아니에요. 제국도 아니고 공화국도 아니에요. 여기저기에서 갈팡질팡하고 있어요. 마치…… 아니, 이 말은 하지 않는 게 좋겠어요. 어쨌든…… 스탈린! 스탈린! 우리는 그의 장례를 치르고 또 치렀지만, 아무리 치러도 스탈린을 땅속에 묻을 수가 없어요. 모스크바는 어떨지 모르겠지만, 우리 동네에서는 자동차 앞 유리 밑에 스탈린의 초상화를 놓곤 해요. 버스에도 그렇게 하고요. 특히 화물 트럭 기사들이 스탈린을 좋아해요. 총사령관 제복을 입은 스탈린을요. 민중! 민중! 민중이 뭐라고요? 민중은 스스로에 대해 이미 알려줬어요. 민중 사이에

　　　　　　　　　　　　　　　　　　　　　　1부 아포칼립스의 위로

서 억압의 방망이가 나오기도 하고 이콘 성화^{聖畵}가 나오기도 해요. 마치 목재처럼, 무엇으로든 조각되고 만들어질 수 있는 게 민중이라고요…… 우리 인생은 막사와 무질서 사이에서 왔다갔다하고 있어요. 지금은 그 추가 중간쯤에 있어요…… 나라의 반 이상이 새로운 스탈린을 고대하고 있어요. 그가 곧 올 것이고 와서 모든 것을 정리해줄 거라면서요…… (또다시 말을 멈춘다.) 물론 지역위원회에서도 스탈린에 대해 많은 이야기를 했지요. 공산당 신화들이 한 세대에서 다른 세대로 전해졌어요. 모두들 '주인'이 있었을 때 어떻게 살았는지 얘기하기를 좋아했어요. 예를 들어 스탈린 시대의 관행에 대한 이야기가 있어요. '중앙위원회 각 부서의 부장에게는 샌드위치와 차를 함께 내가고, 일반 강사들에게는 차만 내갔다. 그러다가 부부장이라는 직책을 만들었는데, 어떻게 해야 할까 고민하다가 샌드위치를 빼고 차만 내가되 흰색 냅킨 위에 받쳐서 내갔다.' 그들은 이미 구별된 사람들이었어요. 올림퍼스산에 올라 신들에게, 영웅들에게 가까이 다가간 사람들이었어요. 그리고 우리는 어떻게든 구유에 비집고 들어가 빈자리를 차지해야만 했던 사람들이죠. 카이사르가 있었을 때도, 표트르대제가 있었을 때도 사람들은 언제나 그랬어요. 그리고 앞으로도 쭉 그럴 거예요. 당신들이 사랑하는 민주주의자들을 한번 보세요. 권력을 잡자마자 그들이 달려간 곳이 어딘가요? 제 밥그릇을 챙기러 갔지요. 풍요의 뿔, 코르누코피아로 돌진했어요. 그 '밥그릇' 때문에 끝난 혁명이 한둘이 아니에요. 우리가 목도했잖아요…… 옐친은 스스로를 민주주의자라 칭하며 특권층과의 전쟁을 치렀지만, 이제 그는 차르[*]라고 칭송받는 것을 좋아하죠. 모두의 대부가 되었어요……

이반 부닌의 『저주받은 날들』을 다시 읽어보았어요. (책장에서 책을 꺼낸다. 책갈피가 꽂힌 장을 펼쳐 읽는다.) "볼셰비키들이 집권한 첫날, 집 대문 옆에 있

---

* 러시아 등 슬라브계 국가의 군주 칭호. 절대적 권력을 가진 왕을 가리킨다.

던 늙은 노동자를 기억한다. 원래 그 자리엔 〈오데사뉴스〉가 놓여 있었다. 대문 근처에서 갑자기 한 무리의 소년들이 몰려나오더니 갓 찍어낸 따끈따끈한 〈이즈베스티야〉를 한 뭉치씩 들고는 속보를 외쳤다. '오데사 부르주아들의 배상금은 5억 루블!' 그 소리에 늙은 노동자는 분노와 증오가 목에 걸린 듯 갈라진 목소리로 '적어! 적다고!'라고 소리쳤다." 이 대목에서 떠오르는 게 없으세요? 저는 있어요. 고르바초프 시대요. 최초의 쿠데타가 일어난 순간이요! 사람들이 모두 광장에 몰려나와 빵을 달라, 자유를 달라, 보드카를 달라, 담배를 달라 외쳐대던 그때가 생각나요. 그건 공포였어요! 공산당 기관에서 일하던 수많은 사람들이 뇌졸중으로 쓰러지고 심장마비를 일으켰어요. 당이 우리를 교육했던 말을 인용하자면 "우리는 적진 한가운데서 함락당한 성" 안에서 살았어요. 우린 세계대전을 치를 각오를 하고 있었어요. 우리가 제일 두려워했던 것은 핵전쟁이었지, 소련의 붕괴가 절대 아니었어요. 붕괴되리라고는 전혀 예상치도 못했어요. 우리는 5월과 10월에 늘상 있었던 행진과 참가자들이 들고 있던 피켓 문구에 익숙해져 있었어요. "레닌의 숙원은 영원하리라!" "우리의 운전대를 당에 맡긴다!" 뭐, 이런 것들이요. 그런데 그때 그건 행진이 아니라 폭동이었어요. 소비에트 인민들이 아니라, 우리가 알지 못하는 전혀 다른 사람들이었어요. 피켓 문구도 완전히 달라졌어요. "공산당을 심판대로!" "공산당 흉물들을 밟아 죽이자!" 노보체르카스크 사태가 바로 떠오르더군요. 그 사건은 기밀이었지만 우리는 알고 있었어요. 흐루쇼프 시절에 배고픈 노동자들이 길거리로 나왔던 사건이요…… 그들은 모두 총살당했어요. 겨우 살아남은 자들은 모두 수용소로 뿔뿔이 흩어져, 지금까지도 그들의 가족조차 생사를 모르고 있어요. 그런데…… 그런데…… 그때는 페레스트로이카가 진행중이었잖아요. 그러니 총을 발포해서도 안 되고 수용소로 보내버릴 수도 없었어요. 대화로 풀어야만 했죠. 그런데 우리 중 누가 성난 군중 속으로 들어가 연설할 수 있었겠어요? 그들과 대화하고…… 설득하러, 누가 갈 수 있었겠어요? 우리는 행정 수행원들이었지 달변가들이 아니었어요. 예를 들어 저는 자본주의자들을 강력하게 비판하고, 미국에 사는 흑인들을 대변하는 내용의 강의만 했던 사람이에요. 제 연구실에는 레닌의 전집이 있었어요. 총 55권……하지만 진짜로 그 책들을 다 읽은 사람이 있을까요? 대학 시절 시험 전에 몇 장 훑어보는 게 고작이었어요. "종교는 인민의 아편이다." "신을 믿는 행위는 시체 성애다."

공포로 인해 모두가 패닉 상태였어요. 지역위원회와 주위원회의 강사들, 지도관들, 서기관들 모두가 공장 노동자를 만나러 가길 두려워했고, 기숙사에 사는 대학생들을 만나길 꺼렸어요. 전화벨 소리에도 화들짝 놀라곤 했어요. '만약 사하로프 또는 부콥스키*에 대해서 물어보면 뭐라고 대답하지? 그들이 소비에트의 적인지 아니면 이제는 적이 아닌지 묻는다면? 리바코프의 『아르바트의 아이들』이나 샤트로프의 희곡을 어떻게 평가해야 하는지 물으면? 상부로부터 그 어떤 지령도 내려오지 않았어요…… 예전에는 지시를 받으면 그대로 수행했고, 당 노선을 일상에 적용하면 그만이었어요. 그런데 그때는 교사들이 월급 인상을 요구하면서 파업하고, 젊은 감독은 어떤 공장의 동아리에서 금지된 연극을 연습했어요…… 세상에! 제지공장에서는 노동자들이 공장장을 리어카에 실어서 쫓아냈고, 괴성을 질러대며 창문을 깼어요. 밤에는 레닌 동상에 쇠줄을 걸어서 쓰러뜨리기도 했어요. 레닌에게 가운뎃손가락을 들어올리면서요. 당은 혼란에 빠졌어요. 어쩔 줄 몰라하던 당의 모습을 전 기억해요. 우리는 커튼을 꼼꼼히 친 뒤 사무실에 앉아 있었어요. 지역위원회 건물 입구에는 경찰기동대가 밤낮으로 보초를 섰어요. 우리는 민중을 두려워했고, 민중은 아직 남아 있는 관성 때문에 우리를 두려워했어요. 머지않아 전혀 두

---

* 블라디미르 부콥스키(1942~2019). 1976년 소련에서 석방되기 전까지 감옥, 강제노동수용소, 정신병원에서 여러 해를 복역한 반체제 인사이자 인권운동가이다.

려워하지 않게 되었지만요…… 수천 명의 사람들이 광장에 운집했어요. 그때 본 현수막 문구가 뇌리에 박혔어요. "1917년을 부활시키자! 혁명을 달성하자!" 전 충격을 받았어요. 무리 중엔 공업전문학교 학생들도 있었는데, 아주 어린 청년들이었어요, 병아리처럼! 한번은 지역위원회로 시위대 대표들이 들이닥쳤어요. "당신들만 다닌다는 전용 상점을 보여주시오! 거기에는 없는 게 없다지요? 우리 아이들은 배가 고파서 수업 시간에 기절한다고요!" 그들은 끝내 장 속에서 밍크코트나 블랙캐비아를 찾아내지 못했어요. 그럼에도 불구하고 그들은 우리를 계속 의심했죠. "인민을 속이려 들다니!" 모든 것이 움직이기 시작했어요. 모든 것이 흔들렸어요. 고르바초프는 나약했어요. 그는 양다리를 걸치고 있었어요. 언뜻 보기에는 사회주의 편인 듯했지만, 자본주의도 놓치기 싫어했죠. 어떻게 하면 유럽이나 미국에 더 잘 보일까 고민했던 사람이에요. 그곳에선 고르바초프에게 박수를 쳐줬거든요. "고르비! 고르비! 환영한다, 고르비!" 그는 페레스트로이카를 떠벌리고 다녔어요…… (침묵)

우리가 보는 앞에서 사회주의가 죽어갔어요. 그리고 그뒤를 이어 '철의 소년들'이 등장한 거예요.

안나 일리니치나:

─비록 얼마 전에 있었던 일이지만, 엄연히 다른 세기에 벌어졌던 일이에요. 다른 나라에서요…… 그 나라에는 우리의 순진함과 낭만이, 우리의 믿음이 남아 있어요. 어떤 사람들은 그 일들을 생각하기 싫어해요. 불쾌하기 때문이죠. 왜냐하면 우리는 너무나 많은 실망을 겪어야 했거든요. 대체 어떤 사람들이 아무것도 변한 게 없다고 하던가요? 예전에는 성경책을 들고 국경을 넘어갈 수 없었어요. 그걸 벌써 잊었나요? 모스크바에서 칼루가에 사는 친척들에게 밀가루와 마카로니를 선물로 가져다주었다고요. 그래도 그들은 행복해했죠. 그것도 잊었나요? 적어도 지금은 더이상 아무도 설탕이나 비누를 사려

고 줄을 서진 않잖아요. 코트를 살 수 있는 배급쿠폰도 없고요.

전 고르바초프가 처음부터 좋았어요! 하지만 사람들은 그를 저주하죠. "소련의 배신자"라면서, "피자 한 판에 나라를 팔아먹었다!"면서요. 하지만 전 고르바초프가 등장했을 때 우리가 얼마나 놀랐는지, 어떤 충격을 받았는지 똑똑히 기억해요! 드디어 우리 나라에도 정상적인 리더가 나타났구나! 더이상 부끄럽지 않은 지도자가! 우리는 그가 레닌그라드에서 자동차 행렬을 멈추고 인민들을 만났다더라, 어떤 공장에서 주는 비싼 선물을 사양했다더라는 등의 에피소드를 서로 전하기 바빴어요. 전통 만찬에서도 차 한 잔만 마신다더라, 미소를 짓는다더라, 연설문 없이도 연설을 잘한다더라, 젊다더라 등등이요. 우리 중 누구도 소련의 권력이 언젠가 끝날 것이고, 상점마다 햄이 진열될 것이고, 수입 코르셋을 사기 위한 기나긴 줄이 사라질 거라고는 생각지 않았어요. 우리는 이미 아는 사람을 통해 물건을 확보하는 데 익숙했어요. 아는 사람을 통해 세계문학전집을 구독하고, 초콜릿 캔디를 구입하고, 동독제 트레이닝복을 구하곤 했어요. 고기 한 덩이를 사기 위해 정육점 아저씨와 친분을 맺어야 했죠. 소련의 권력은 영원해 보였어요. 우리의 자식들과 손자 손녀들에게까지 넘겨줄 만큼 넉넉하다고 생각했어요! 그런데 예기치 않게 모든 것이 끝나버렸어요. 고르바초프 자신조차 그렇게 될 줄은 몰랐다는 것을 지금에서야 확실히 알게 되었지요. 그는 뭔가를 바꾸려고 했지만, 어떻게 해야 할지 몰랐던 거예요. 그것에 준비된 사람은 아무도 없었어요. 아무도요! 철의장막을 직접 부쉈던 그들조차도요! 전 일개 기술자였어요. 영웅도 아니었고요, 결코요. 공산당원도 아니었어요. 화가인 남편 덕분에 일찍이 보헤미안적 삶을 알게 되었어요. 시인, 화가 등 우리 중엔 영웅도 없었고, 반동분자가 될 만한 그릇이 되는 사람도 없었고요. 신념 때문에 감옥에 가거나 정신병원에 갈 수 있는 사람은 아무도 없었어요. 우린 그저 가운뎃손가락을 치켜세운 손을 주머니 속에 감추고 사는 사람들이었어요.

부엌에 둘러앉아 소련을 욕하고 서로 농담을 주고받으며 배꼽을 잡고 웃었
죠. 사미즈다트*도 읽었고요. 새로운 책을 구한 사람에겐 아무때나 불시에 친
구 집을 찾아갈 수 있는 자격이 주어졌죠. 그게 한밤중이건, 새벽 두세시건 그
는 항상 환영받는 손님이었어요. 전 그 시절 모스크바의 밤을, 그때 펼쳐졌던
그 특별한 삶을 생생하게 기억해요. 그 삶 속에는 우리들만의 영웅이 있었고,
우리들만의 겁쟁이와 배신자들이, 우리들만의 환희가 있었어요! 그 세계를 모
르는 사람들에게 이 감정을 설명하는 건 불가능한 일이에요. 특히 우리가 느
꼈던 환희에 대해서는 설명할 수가 없어요. 다른 모든 것들도 마찬가지로 설
명하기가 힘들어요. 우리가 누린 밤의 인생은 낮의 인생과는 완전히 달랐어
요. 조금도 비슷하지 않았어요! 우리는 아침이면 모두 각자의 직장에 출근했
고, 평범한 소련 사람으로 살았어요. 다른 사람들과 마찬가지로 체제를 위해
서 땀흘렸어요. 체제 순응자가 되든가 청소부나 수위로 취직하든가, 자신을
지켜내기 위해서는 그 방법밖에 없었어요. 퇴근 후 집으로 돌아오면 부엌에
둘러앉아 보드카를 마시고 금지된 비소츠키의 노래를 들었어요. 지지직 끊기
는 소리들 사이에서 〈보이스 오브 아메리카〉를 찾아 라디오 주파수를 맞추곤
했어요. 전 그 위대한 지지직 소리를 아직도 기억한답니다. 우리는 쉴 틈 없이
소설을 읽어댔어요. 사랑에 빠지고 이혼도 했어요. 그런 삶 속에서 우리는 스
스로 민족의 양심이라 느꼈고, 우리에게 민족을 계몽할 수 있는 자격이 있다
고 생각했어요. 그런데 정작 우리는 민중에 대해 뭘 알고 있었을까요? 투르게
네프의 『사냥꾼의 수기』에서 접한 모습들 아니면 라스푸틴이나 벨로프**처럼
'농촌문학 작가들'로부터 배운 것들? 전 막상 우리 아버지도 제대로 이해하지

---

* 소련의 지하출판. 소련의 영향 아래 있는 국가들에서 검열을 피해 금서 등을 불법적으로 출판한
행위 또는 그렇게 만들어진 출판물을 가리키는 말이다.
** 발렌틴 라스푸틴(1937~2015)과 바실리 벨로프(1932~2012)는 러시아 시골 마을의 이상향을
꿈꾸며, 민족주의에 기반한 농촌소설을 쓰던 작가였다.

못한걸요. 전 늘 아버지에게 소리치곤 했어요. "아빠, 그 사람들에게 당원증을 반환하지 않으면 이제부터 아빠와는 절교예요!" 그럴 때마다 아버지는 우셨어요.

고르바초프는 황제보다도 더 많은 권력을 가지고 있었어요. 무한한 권력이었죠. 그런데도 그는 어느 날 나타나서는 "더이상 이렇게 살아서는 안 됩니다"라고 선포했어요. 이건 그가 한 유명한 말 중 하나예요. 그의 한마디에 온 나라가 토론클럽으로 변모했어요. 사람들은 집과 직장, 하다못해 대중교통에 서조차 논쟁을 벌였어요. 서로 다른 시각 때문에 가정이 무너지고, 아이들은 부모님과 언쟁했어요. 제 지인은 아들 내외와 레닌 문제로 크게 싸운 뒤 그들을 길거리로 내쫓았어요. 그 아들 부부는 결국 추운 겨울을 얼음장 같은 시외 다차에서 보내야만 했어요. 극장으로 향하는 발걸음이 뜸해졌고 모두들 텔레비전 앞에 모여 있었어요. 제1차 소련 인민대표대회가 생중계됐죠. 그전에 우리가 처음으로 우리의 대리인들을 어떻게 뽑았는지, 그 얘기만 해도 책 한 권은 나올 거예요. 최초의 자유선거! 진짜 선거였어요! 우리 지역구에서는 두 명의 후보자가 나왔어요. 한 명은 당간부였던 것 같고, 다른 한 명은 젊은 민주주의자이자 대학 강사였어요. 그 사람의 이름이 아직도 기억나요. 말리셰프, 유라 말리셰프였어요. 제가 우연히 알게 되었는데요, 지금 그 사람이 농장을 운영한대요. 토마토, 오이 등을 판다고 해요. 하지만 그때는 혁명가가 따로 없었어요! 연설하면서 한 번도 들은 적 없는 금지된 이야기들을 늘어놓았어요. 마르크스나 레닌의 저서를 졸작이라는 둥, 나프탈렌 냄새에 찌든 구닥다리 글이라는 둥 낮잡아 부르고, 헌법 제6조를 바꿔야 한다고도 했어요. 제6조는 소련공산당의 지도적인 역할에 대한 것이었어요. 그건 마르크스와 레닌 사상의 주춧돌이었어요. 저는 그 연설을 들으면서도 믿을 수 없었어요. 헛소리라고 생각했어요! '도대체 누가 그렇게 하도록 내버려두겠어? 모든 것이 무너질 텐데…… 그건 체제를 지탱하는 버팀목이라고……' 우린 그렇게 생각할 만큼 최면에 걸려 있었던 거예요. 전 소련 사람을 제 안에서 짜내기 위해 수년 동안 부단히 노력했어요, 양동이로 퍼냈다고요. (침묵) 우리 팀은…… 우린 한 열두 명 정도 지원자를 모집해서 팀을 꾸렸어요. 퇴근 후 동네 아파트 단지들을 돌아다니면서 선거운동을 했어요. 현수막도 만들었고요. "말리셰프를 뽑아주세요!" 그런데 글쎄, 정말로 말리셰프가 당선되었지 뭐예요! 압도적인 표차로요! 우리의 첫 승리였어요! 그렇게 선출된 의원들의 첫 대회를 생중계로 보면서 우리는 놀라서 입을 다물지 못했어요. 우리가 부엌에서 또는 부엌 2미터 반경 내에서 대화할 때보다도 훨씬 더 솔직한 발언들을 했으니까요. 모두가 마약중독자들처럼 텔레비전 앞에 붙어 있었어요. 눈을 뗄 수가 없었어요. "이제 곧 트랍킨이 한 방 먹이겠지! 먹였네! 볼디레프는? 이제는 볼디레프 차례인데…… 그럼, 그렇지! 잘한다, 잘해!"

책보다는 신문, 잡지, 정기간행물에 대한 형언할 수 없는 열정이 우리를 사로잡았어요. 제대로 된 '두꺼운 잡지'의 인기는 하늘을 찌를 듯했고, 수백만 부까지 발행되기도 했어요. 아침에 전철을 타면 매일매일 똑같은 그림이 펼쳐졌어요. 기차간에 있는 모든 사람이 앉아서 뭔가를 읽고 있었어요. 서 있는 사람도 읽고 있었고요. 다 읽은 신문을 서로 교환하기도 했어요. 서로 모르는 사람들이었는데도요. 저와 남편은 20개의 신문을 구독했어요. 사실상 모든 월급을 신문에 쏟아부었다고 해도 과언이 아니었죠. 전 일이 끝나면 서둘러 집으로 달려가서 실내복으로 갈아입고는 바로 읽어대기 시작했어요. 얼마 전에 제 어머니가 돌아가셨는데, "음식물 쓰레기통에 빠진 생쥐 꼴로 죽는구나"라고 말씀하셨어요. 엄마는 단칸방에서 사셨는데, 그 방은 독서실을 방불케 했어요. 잡지와 신문지가 책꽂이와 책장에 가득차 있었죠. 그것도 모자라 바닥과 현관 앞에도 쌓여 있었으니까요. 〈노비 미르〉 〈즈나먀〉 〈다우가바〉 같은 귀하디 귀한 잡지들도 산더미처럼 쌓여 있었고요. 온 천지에 기사를 스크랩해놓은 박스들이 놓여 있었어요. 아주 큰 박스들이요. 전 그 박스들은 모두 다차에 갖다놓았어요. 버리긴 아까웠고 누굴 주자니, 누가 그걸 가져가겠어요? 지금은 다 폐지일 뿐인데요! 그런데 그 모든 종이를 여러 번 탐독했다니까요. 빨간색, 노란색 색연필로 밑줄을 쳐가면서요. 빨간색으로는 가장 중요한 부분에 밑줄 쳤어요. 그 종이들이 한 500킬로그램 정도 될 것 같아요. 다차가 그 종이들로 가득하니까요.

　우리의 믿음은 진실하고 순수한 것이었어요. 우리는 조금만 있으면 된다고 생각했어요. 우리를 민주주의역으로 데려다줄 버스가 벌써 대기중이라고 믿었어요. 잿빛 '흐루숍카'가 아닌 예쁜 집에서 살게 될 것이고, 망가진 도로 대신 아우토반을 건설하게 될 것이고, 우리 모두는 선해질 거라고 믿었어요. 그런데 아무도 그 믿음을 뒷받침할 만한 합리적인 근거를 찾으려고 하지 않았어요. 그런 것이 있을 리도 없거니와 그런 근거는 필요도 없었으니까요. 우리는 이성이 아닌 가슴으로 믿었거든요. 투표소에서도 가슴으로 한 표를 던졌어요. 누구도 구체적으로 무엇을 해야 하는지 말하지 않았어요. 자유라는 단어만 내뱉을 뿐이었죠. 사람이 엘리베이터 안에 갇혔을 때 바라는 건 딱 한 가지, 바로 엘리베이터가 열리는 것뿐이잖아요. 닫혔던 문이 열리면 그게 행복인 거죠. 더할 나위 없는 행복이요! 그 상태에서 사람은 앞으로 뭘 해야 하는지 생각하지 않아요. 그저 가슴이 터지도록 깊게 숨을 들이마실 뿐이죠! 그것만으로 이미 행복을 느끼는 거예요! 제 친구는 주 모스크바 프랑스 대사관에서 일하던 프랑스 남자와 결혼했어요. 그 프랑스인은 제 친구로부터 계속 같은 말을 들어야 했어요. "여보, 저것 좀 봐. 우리 러시아인들이 저런 에너지를 가지고 있다고!" 하루는 그가 제 친구에게 이렇게 물은 거예요. "도대체 그 에너지라는 것이 뭔지 설명 좀 해봐." 하지만 그 질문에 제 친구도, 그리고 저도 아무런 설명을 할 수가 없었어요. 저는 그에게 이렇게 대답했어요. "그냥 에너지가 솟아나는 게 느껴져요. 그뿐이에요." 제 주변에서 살아 있는 사람들, 생기 있는 얼굴을 볼 수 있었어요. 그 시절에는 정말 모든 사람들의 얼굴이 빛나고 아름다웠어요! 도대체 그동안 그 사람들이 어디에 있었나 싶을 정도로요. 어제까지만 해도 그들은 없었으니까요.

저희 집 텔레비전은 항상 켜져 있었어요. 매시간 뉴스를 시청했죠. 그때 제가 막 아들을 낳았는데, 마당에 바람 쐬러 갈 때도 항상 라디오를 들고 나갔어요. 사람들은 개를 산책시킬 때도 라디오를 들고 다녔죠. 지금이야 아들과 그때를 돌아보면서 "넌 어렸을 때부터 그렇게 정치 얘기를 많이 들었는데, 어떻게 조금도 정치에 관심이 없니?"라며 농담하지만요. 아들은 음악을 듣고 언어를 공부해요. 세상을 보고 싶어해요. 우리와는 사는 이유가 다른 거죠. 우리 아이들은 우리와는 달라요. 그럼 누굴 닮은 걸까요? 아이들은 자신들이 살아가는 시대를 닮고, 서로가 서로를 닮는 거죠. 그런데 우리는 그때…… 어휴! 솝차크*가 대회에서 연설한다는 얘기가 들리면 하던 일을 멈추고 모두 텔레비전을 주목했어요. 전 솝차크가 아주 예쁜 벨벳 재킷을 입고 '유럽식'으로 타이를 묶은 것이 참 마음에 들었어요. 사하로프도 연단에 섰죠. 이건 사회주의도 '인간적인 얼굴'을 가질 수 있다는 것인가? 저게 바로 그것인가……? 제게 사회주의의 인간적인 얼굴은 야루젤스키** 장군이 아닌 아카데미 회원 리하초프*** 박사의 얼굴이었어요. 제가 '고르바초프'라고 하면, 제 남편은 "고르바초프…… 그리고 라이사 막시모브나 고르바초프도"라고 꼭 덧붙였어요. 우리는 처음으로 부끄럽지 않은 서기장의 부인을 보았어요. 아름다운 몸매의 소유자에다 잘 차려입은 부인이었어요. 그들은 서로를 사랑했어요. 누군가 폴란드

---

* 아나톨리 솝차크(1937~2000). 정치인이자 '러시아연방 헌법'을 작성한 사람이다. 그는 민주적으로 선출된 제1대 상트페테르부르크 시장이며, 블라디미르 푸틴과 드미트리 메드베데프의 스승이다.
** 보이치에흐 야루젤스키(1923~2014). 폴란드의 군인이자 정치인. 노동운동가였던 레흐 바웬사의 자유노조를 무자비하게 탄압한 독재자이자, 민주화된 폴란드의 초대 대통령이라는 모순된 타이틀을 갖고 있다. 정적이었던 바웬사와 함께 격동의 폴란드 현대사를 상징하는 인물이다.
*** 드미트리 리하초프(1906~1999). 러시아의 지식인이자 문학가. 소련의 강제노동수용소에서 4년을 복역하고 살아남은 리하초프는 이후 민족문화와 도덕의 수호자로 존경받았다.

잡지를 가져왔는데 거기에 이렇게 써 있었어요. "라이사는 시크다!" 얼마나 자랑스럽던지! 집회가 끊임없이 열렸고, 길거리에는 전단지가 낙엽처럼 뒤덮여 있었어요. 한 집회가 끝나면 연달아 다른 집회가 열리곤 했어요. 사람들은 집회를 가고 또 갔어요. 집회에 가면서 그곳에서 새로운 깨달음을 얻게 될 것이라고 생각했어요. 저 올바른 사람들이 올바른 해답을 찾을 것이라고 믿었어요. 우리 앞에는 미지의 삶이 기다리고 있었고, 그랬기 때문에 사람들이 매력을 느꼈던 거예요. 문턱만 넘어서면 자유의 왕국이 펼쳐질 것 같았어요……

하지만 삶은 점점 더 열악해졌어요. 얼마 지나지 않아 책을 제외하고는 구매할 수 있는 것이 아무것도 없었어요. 가판대에는 책밖에 없었어요……

옐레나 유리예브나:

—1991년 8월 19일이었어요. 전 지역위원회에 도착했어요. 복도를 따라 걷는데, 전 층 사무실마다 라디오 소리가 울려퍼졌어요. 비서가 1등 서기관이 호출했다는 전갈을 전하더군요. 갔지요. 1등 서기관의 사무실에는 텔레비전이 켜져 있었어요. 그는 암울한 얼굴로 라디오 앞에 앉아 '자유방송' '도이체 벨레' 'BBC' 등에 주파수를 맞추고 있었어요. 잡을 수 있는 주파수는 다 잡고 있었어요. 책상 위에는 국가비상사태위원회, 나중에 'GKChP'라고 불린 비상위의 위원 명단이 놓여 있었어요. 1등 서기관이 입을 열었어요. "바렌니코프 한 사람만 믿을 만해. 그는 전투를 아는 장군이니까. 아프가니스탄전에도 참전했던 사람이야." 곧 2등 서기관과 실장 등이 사무실로 들어왔어요. 그렇게 우리의 대화가 시작되었어요. "끔찍해요! 피를 보게 될 거예요. 피바다가 될 거라고요." "모두의 피를 보는 건 아니죠. 응당 피를 흘려야 할 사람들의 피만 보게 될 겁니다." "진작에 소련을 구했어야 해요." "시체가 산더미처럼 쌓이겠어요." "망할 고르바초프 놈이 까불다가 큰코다치게 된 거지. 드디어 정상적인 사람들, 장군들이 권력을 잡게 되는군. 이 진창에서 벗어나는 거야." 1등

서기관은 조회는 하지 않겠다고 했어요. 공지할 게 없었거든요. 아무 지령도 없었어요. 1등 서기관은 우리가 있는 자리에서 경찰서에 전화했어요. "뭐, 좀 들리는 소식이라도 있습니까?" "없습니다." 우린 고르바초프에 대해서 조금 더 이야기를 나눴어요. 병에 걸린 것 같다, 아무래도 체포된 것 같다. 여러 이야기들 중에서도 고르바초프가 식구들과 함께 미국으로 꽁무니를 내뺐다는 설이 제일 유력하게 꼽히긴 했죠. 거기 아니면 그가 또 어딜 갔겠어요?

우리는 그렇게 하루종일 텔레비전과 전화기 앞을 지켰어요. 누가 저 위를 장악할지 불안해하면서 기다렸어요. 솔직히 말씀드릴게요. 우린 기다렸어요. 모든 정황이 흐루쇼프 정권이 실각할 때와 비슷했거든요. 우리가 그 사건에 대한 회고록을 좀 많이 읽었어야죠. 우리가 나누는 대화의 주제는 물론 한 가지였어요. '자유는 무슨 자유?' 러시아인들에게 자유는 원숭이에게 안경을 주는 것과 똑같아요. 아무도 자유를 가지고 뭘 어떻게 해야 하는지 몰라요. 상점들, 시장들…… 아, 글쎄 러시아인들의 영혼은 그것들에 끌리질 않는다니까요. 제가 이틀 전쯤에 예전 운전기사를 만났어요. 그 얘기를 들려드릴게요. 어느 날 지역위원회에 군복무를 마친 청년이 들어왔어요. 뒷배가 든든한 낙하산이었어요. 그 청년은 자기 자리에 매우 만족했지요. 하지만 변화가 시작되고 협동조합이 승인되자 그 청년은 우리를 떠났어요. 그리고 사업을 시작했죠. 전 다시 만난 그의 얼굴을 겨우 알아봤어요. 머리는 빡빡 밀어버렸고, 가죽재킷에 트레이닝복을 입고 있었어요. 보아하니 그 복장이 그들의 유니폼쯤 되나봐요. 제 앞에서 지역위원회 1등 서기관의 한 달 봉급보다 훨씬 많은 돈을 하루 만에 번다고 자랑하더군요. 그의 사업 아이템은 실패할 수가 없는 물건이었어요. 바로 청바지요. 일반 세탁실을 임대해서 청바지 염색을 한다고 했어요. 기술은 간단했어요(필요는 발명의 어머니랍니다). 일반적이고 평범한 청바지를 표백제나 염소 용액에 던져넣고 곱게 빻은 벽돌가루를 집어넣는대요. 그리고 한두 시간 정도 용액에 끓이면 바지에 줄이 생기고 탈색도 되고 무늬도 생긴다나요…… 추상주의라나 뭐라나! 그렇게 만든 청바지를 건조시킨 뒤 '몬타나'라는 라벨을 붙인다더군요. 문득 이런 생각이 뇌리를 스치고 지나갔어요. 만약 아무것도 바꾸지 못한다면, 청바지를 팔던 저들이 우리 위에 군림하게 될 거라는 생각이요. 장사치들이! 그들이 모두를 먹이고, 모두를 입히는 웃지 못할 상황이 벌어질지도 모르겠다는 생각이요. NEP맨*들! 그들이 지하에 공장도 지을 수 있겠다는 생각이 들었어요. 그런데 정말 그렇게 되었어요. 보세요! 이제 그 젊은이가 백만장자 또는 억만장자(사실 백만이나 억만이나 제게는 미친 액수인 건 마찬가지예요)이자 국가 하원의원이래요. 집 한 채는 카나리아 제도에 있고, 또다른 집은 런던에 있대요. 황제가 있던 시절에는 게르첸**과 오가료프***가 런던에서 살았는데, 이제는 그들이, '신러시아인'들이 살고 있어요. 청바지와 가구, 초콜릿과 석유의 황제들이요.

밤 9시쯤 1등 서기관이 다시 우리들을 불러들였어요. 지역 KGB 위원장이 대중의 분위기에 대해서 보고했어요. 그의 말에 따르면 사람들은 비상위원회를 지지하고 있었고, 별로 당황한 기색도 없었어요. 모두가 고르바초프에게 질렸던 거죠. 그때는 이미 소금을 제외한 모든 것을 배급쿠폰으로만 살 수 있었고, 보드카도 없었으니까요. KGB 요원들이 시내를 돌아다니면서 몇몇 대화를 녹음해왔어요. 줄 선 사람들의 크고 작은 말다툼이 담겨 있었어요. "쿠데타라니! 도대체 이 나라가 어떻게 되려고 이러는 건지?" "너네 집에서 일어난 것도 아닌데 무슨 걱정이야. 네 침대도 제자리에 있고, 보드카도 그대로잖아." "어휴, 이렇게 자유가 끝나나보다." "그러게! 햄까지 씨를 말렸던 그 자유가

---

* 소비에트연방 및 러시아에서 레닌의 신경제정책New Economic Policy, NEP이 실시되었을 때 사업을 했던 기업가들을 속되게 일컫는 말.

** 알렉산드르 게르첸(1812~1870). 제정러시아의 소설가이자 사상가로 혁명적 민주주의를 제창하고 농노해방운동에 힘썼다.

*** 니콜라이 오가료프(1813~1877). 제정러시아의 시인으로 1856년 런던으로 망명하여 러시아인들을 대상으로 하는 혁명적 잡지 〈종鐘〉을 창간, 편집했다.

이제 끝나나봐." "어떤 사람들은 껌을 씹고 싶어했고, 어떤 사람들은 '말보로' 를 피우고 싶어했지." "진작에 들고일어났어야 했어! 나라가 망하기 직전이라고!" "배신자 유다 같은 고르바초프! 달러를 받아먹고 조국을 팔아버리려 했어." "또 피를 흘리겠지……" "우리 나라에선 피 없이는 아무것도 되질 않아." "나라와 당을 구하기 위해서는 청바지와 예쁜 여성용 속옷 그리고 햄이 필요해. 탱크가 필요한 게 아니라고." "잘살고 싶다고? 에잇, 엿이나 먹어라! 그만들 잊으라고." (침묵)

한마디로 민중도 우리와 마찬가지로 기다리고 있었어요. 그날이 저물 무렵, 당 도서관에는 추리소설들이 단 한 권도 남아 있지 않았어요. 모두 다 빌려간 거죠. (웃음) 우리는 추리소설을 읽을 게 아니라 레닌을 읽었어야 해요. 레닌과 마르크스, 우리의 사도들을요.

전 비상위의 기자회견 장면을 기억하고 있어요. 야나예프의 손이 덜덜 떨렸어요. 그는 카메라 앞에 서서 변명을 하고 있었죠. "고르바초프는 모든 이의 존경을 받아 마땅합니다. 그는 나의 친구입니다……" 겁에 질린 듯한 눈동자를 이리저리 굴리고 있었어요. 그 순간 제 심장이 쿵 하고 떨어지는 것 같더군요. 그들은 그 일을 할 수 있는 사람들이 아니었어요. 우리가 기다렸던 사람들이 아니었다고요. 그들은 잔챙이들이었고 그저 당의 평범한 행정요원들이었어요. "나라를 구하라!" "공산주의를 구하라!" 하지만 아무도 구할 사람이 없었어요. 방송에선 모스크바 거리를 가득 메운 수많은 사람들이 보였어요. 인간의 바다 같았어요! 기차와 시외전차를 타고 사람들이 모스크바로 몰려들었어요. 옐친은 탱크 위에 올라섰고요. 선전물이 뿌려지고 군중은 "옐친! 옐친!"을 외쳤어요. 개선가가 울렸어요! (신경질적으로 식탁보 끝을 문지른다.) 이 식탁보는 중국제예요. 전 세계가 중국 물건으로 가득하죠. 중국은 비상사태위원회가 승리한 나라예요. 그런데 우리는 어떤가요? 우리는 제3세계 신세로 전락했어요. "옐친! 옐친!"을 외쳐대던 그 사람들은 모두 어디에 있나요? 그들은 자기들이 미국이나 독일에서처럼 살게 될 줄 알았겠죠. 하지만 결과적으로 콜롬비아에서처럼 살게 되었어요. 우리가 진 거예요. 나라를 빼앗겼어요. 그때 공산당원의 수가 1500만 명이나 되었다고요! 당은 충분히 이길 수 있었어요. 그런데 배신을 당하고 만 거예요. 1500만 명의 공산당원 중에 단 한 명의 리더도 없었어요. 단 한 명도요! 하지만 반대편에는 리더가 있었지요. 옐친이라는 리더가요! 우린 손도 못 써보고 지고 말았어요! 나라의 반이 우리의 승리를 기대하고 있었는데도요. 우리는 이미 오래전에 하나의 국가가 아니었어요. 둘로 쪼개진 나라였어요.

스스로를 공산주의자라 불렀던 사람들이 자신들은 기저귀를 찰 때부터 공산주의를 증오했다고 고백하기 시작했어요. 당원증도 반납했죠. 어떤 이들은 조용히 찾아와서 당원증을 놓고 갔고, 어떤 이들은 문을 쾅 닫고 나가기도 했어요. 한밤중에 지역위원회 건물로 찾아와 당원증을 던져놓고 가기도 했고요. 도둑처럼요. 명예롭게 공산주의와 이별하지 않고, 은밀하게 이별을 고했어요. 아침이 되면 청소부들이 마당을 돌아다니며 버려진 당원증, 콤소몰 가입증을 주워서 우리에게 가져다주곤 했어요. 비닐봉지에, 대형 비닐자루에 한가득 주워오곤 했어요. 그 당원증을 어떻게 해야 할지, 어디에 제출해야 할지, 아무런 지시가 없었어요. 위쪽에서는 아무런 신호도 주지 않았어요. 쥐죽은듯 고요했어요. (생각에 잠긴다.) 그때는 그런 시기였어요. 사람들은 모든 걸 바꾸기 시작했어요. 모든 것을, 완전히 다 바꿨어요. 어떤 사람들은 나라를 떠나면서 조국을 바꿨고요. 어떤 사람들은 신념과 원칙을 바꿨어요. 또다른 사람들은 집안에 있는 물건을 바꿨어요. 물건을 닥치는 대로 바꿨지요. 구식 소련제는 내다버리고 수입제를 사들였어요. '보따리장수'들은 즉각적으로 물건을 대기 시작했어요. 주전자, 전화기, 가구, 냉장고 등등. 어디선가 갑자기 물건이 홍수처럼 밀려들었어요. "우린 '보쉬' 세탁기를 들여놓았어." "난 '지멘스' 텔레비전을 샀어." 모든 대화에서 '파나소닉' '소니' '필립스'를 들을 수 있었어요. 이

옷집 여자를 만났는데, "독일제 커피밀에 기뻐하는 내가 부끄럽지만, 그래도 행복한 걸 어떡해요!"라고 하더군요. 그 여자도 바로 얼마 전까지 아흐마토바 전집을 사려고 밤새 줄을 섰던 사람인데, 이제는 그 커피밀에 정신이 나가버린 거예요. 그런 사소한 것에 말이에요. 당원증을 가장 쓸모없는 물건을 대하듯 내동댕이쳤어요. 그 현실을 받아들이기가 힘들었어요. 하지만 그렇게 불과 며칠 만에 모든 것이 바뀌었어요. 역사책에서 러시아 황실이 사흘 만에 무너졌다더니, 공산주의의 말로도 그와 다를 바 없었어요. 불과 이틀 만에 무너졌어요. 머릿속이 정리되질 않았어요. 물론 개중에는 만약에 대비해 붉은색 당원증을 고이 간직해둔 사람들도 있긴 했어요. 얼마 전 어떤 가족이 천장 수납장에서 찾아낸 레닌의 흉상을 제게 주었어요. 혹시 필요할지도 몰라서 보관하고 있었던 거예요. 만약 공산당이 다시 집권한다면 아마 그런 사람들이 제일 먼저 붉은색 리본을 묶고 환영하겠죠. (긴 침묵) 제 책상에는 공산당 탈당신청서가 수백 장씩 쌓여 있었어요. 머지않아 그 신청서들은 쓰레기처럼 모두 치워졌어요. 아마 쓰레기 매립지에 묻혀 썩었겠죠. (책상 위 서류철에서 무언가를 찾는다.) 그중 몇 장 정도 남겨두었어요. 언젠가는 박물관에 전시하기 위해 제게 요청할지도 모르죠. 분명 찾게 될 거예요. (읽어내려간다.)

"……전 충성스러운 콤소몰이었습니다. 진심 어린 마음으로 입당했습니다. 하지만 이제는 당이 더이상 제게 그 어떤 지배력도 갖지 못한다는 점을 밝히는 바입니다……"

"……시대가 저를 혼란스럽게 합니다…… 저는 위대한 10월혁명을 믿었습니다. 하지만 솔제니친을 읽은 뒤 '공산주의의 아름다운 이상'이 피투성이라는 것을 깨달았습니다. 이건 사기입니다……"

"……전 공포 때문에 당에 가입할 수밖에 없었습니다. 레닌의 볼셰비키들이 제 조부를 총살했고, 스탈린의 공산주의자들이 몰도바 수용소에서 제 부모님의 목숨을 앗아갔습니다……"

"……제 이름과 고인이 된 제 남편의 이름으로 당 탈퇴를 신청합니다……"

견뎌내야만 했어요…… 끔찍해서 죽지 않으려면요…… 가게에 늘어선 줄처럼 지역위원회에도 긴 줄이 있었어요. 당원증을 반환하려고 서 있는 사람들이었어요. 소젖 짜는 일을 하던 평범한 여성이 제게 다가와 울면서 말했어요. "이제 전 어떻게 해야 하나요? 뭘 해야 하나요? 신문에선 당원증을 버려야 한다네요." 그 여성은 아이가 셋이나 되기 때문에 아이들이 걱정되어서 어쩔 수 없다고 변명했어요. 어떤 사람들은 공산당원들을 심판할 것이라고, 추방할 거라고 소문냈어요. 벌써 시베리아의 낡은 막사를 수리하고 있고 경찰서에는 수갑이 다량 입고되었다는 등의 이야기들이 떠돌았어요…… 방수포가 덮인 수갑들을 트럭에서 내리고 있는 걸 누군가 보았다는 거예요…… 저급한 얘기들이었어요! 하지만 저는 진정한 공산주의자들도 보았어요. 사상에 헌신한 사람들을요. 어떤 젊은 교사가 있었어요. 그 사람은 비상위가 결성되기 얼마 전에 입당했는데 아직 당원증을 발급받지 못한 거예요. 그 사람이 부탁했어요. "아마 조금 있으면 위원회가 폐쇄될 거예요. 지금 당원증을 발급해주세요. 안 그러면 전 평생 당원증을 손에 쥐어보지도 못할 거예요." 그 시기에는 그런 사람들이 눈에 확 띄는 법이죠. 한번은 참전용사가 찾아왔어요. 전투 훈장을 어찌나 주렁주렁 매달았는지 이콘 성화가 저절로 연상되더군요! 그는 전장에서 받은 당원증을 반환하면서 말했어요. "배신자 고르바초프와 같은 당에 소속되어 있기 싫습니다!" 사람들은 분명하게…… 분명하게 자기 자신을 보여주고 있었어요. 낯선 사람들도 지인들도 심지어 친척들까지 명확하게 자신을 드러냈어요. 예전 같으면 만났을 때 "어머, 옐레나 서기관님!" "옐레나 서기관님, 건강은 좀 어떠세요?"라고 말했을 사람들이 이제는 멀리서 보고는 마주치기 싫다는 듯 길 건너편으로 가버리곤 했어요. 지역 내 가장 좋은 학교의 교장이 있었어요. 그 사건이 있기 얼마 전에 우리는 그의 학교에서 브레즈네프의『작은 땅』과『르네상스』를 가지고 당 학술회의를 개최했어요. 그때 그 교장은 '대조국전쟁'* 시절 공산당의 주도적인 역할과 브레즈네프의 눈부신 활약상에 대해서 멋진 발표를 했고, 저는 그에게 지역위원회 이름으로 감사장을 전달했어요. 그는 충직한 공산당원이었어요! 레닌의 추종자였다고요! 그런데 세상에, 그 이후로 한 달도 채 지나지 않았는데, 거리에서 마주친 그가 다짜고짜 저를 비난하기 시작했어요. "당신들의 시대는 끝났어! 이제는 모든 것에 대해 책임져야 할 거야! 가장 먼저 스탈린의 죄에 대해서 말이야!" 저는 그때 받은 모욕 때문에 숨이 멎는 줄 알았어요…… '저 사람이 지금 나한테 저런 말을 하는 거야? 나한테? 수용소에서 복역한 아버지를 둔 나한테?'(몇 분 정도 마음을 추스른다.) 전 스탈린을 좋아한 적이 없어요. 아버지는 그를 용서하셨지만, 저는 아니에요. 저는 용서하지 않았어요…… (침묵) 정치범들의 명예회복은 제20대 인민대표대회 이후 흐루쇼프가 연설하고 난 다음에야 시작되었어요. 고르바초프 때 전 '정치 탄압 희생자 명예회복 지역위원회' 위원장에 임명되었어요. 물론 지역 검사, 그리고 공산당 지역위원회 2등 서기관에게도 제안이 갔던 자리였단 것은 잘 알고 있었어요. 그분들은 그 일을 거절했죠. 왜일까요? 두려웠을 거예요. 우리 나라 사람들은 아직까지도 KGB와 관련된 것을 두려워하는 경향이 있어요. 하지만 저는 일 분도 주저하지 않고 그 자리를 수락했어요. 제 아버지가 희생자였는걸요. 제가 두려울 게 뭐 있었겠어요? 수만 개의 서류철이 쌓여 있던 어느 지하실로 저를 데려갔어요. 어떤 사건은 달랑 두 장짜리도 있었고, 어떤 사건은 웬만한 소설책 한 권 분량이었어요. 마치 1937년에 '인민의 적을 파악하고 근절하기 위한' 계획이나 할당량이 있었던 것처럼, 1980년대에는 각 지역이나 주별로 명예회복 대상자 수가 정해져서 내려왔어요. 정해

---

* 러시아 역사에서는 제2차세계대전을 '대조국전쟁'이라고 부른다.

진 계획은 수행해야 했고, 계획된 목표치 이상을 달성해야 했어요. 스탈린식으로 회의, 압박, 지적이 이어졌어요. '어서, 어서 빨리……' (고개를 젓는다.) 전 며칠씩 밤을 새우면서 그 많은 서류들을 읽었어요. 솔직히…… 솔직히 말씀드리자면…… 머리털이 곤두설 정도로 소름이 끼쳤어요. 형제들끼리, 이웃끼리 서로를 밀고했어요. 고작 텃밭 때문에, 공동주택의 방 한 칸 때문에 싸웠다는 이유로요. 결혼식에서 "그루지야인* 스탈린이여, 당신께 감사해요. 우리 모두에게 고무장화를 신겨주었으니까요"라는 차스투시카를 부른 것만으로도 충분한 사유가 되었어요. 한편으로 제도 자체가 사람을 못나게 만들었고, 다른 한편으로는 사람들도 서로에게 연민을 느끼지 않았던 것 같아요. 사람들은 무슨 짓이든 할 준비가 되어 있었던 것 같아요……

이런 사건도 있었어요. 다섯 가구, 총 27명이 함께 살고 있는 공동주택이었어요. 부엌도 하나고 화장실도 하나였어요. 그들 중 두 여자가 친하게 지냈어요. 한 여자에겐 다섯 살짜리 딸아이가 있었고, 다른 여자는 혼자 살았어요. 공동주택에서는 서로가 서로를 감시했고 그건 다분히 일상적인 일이었죠. 서로가 서로를 엿들었어요. 10제곱미터짜리 방에 사는 사람들은 25제곱미터짜리 방에 사는 사람들을 시기하기 일쑤였어요. 사람 사는 게 그렇잖아요. 그러던 어느 날 밤 '검은 까마귀'**가 찾아왔고, 어린 딸아이가 있는 그 여자를 끌고 갔어요. 여자는 끌려나가면서 만약 자기가 돌아오지 못한다면 자기 딸을 데려가달라고, 절대로 고아원에 보내지 말아달라고 가까스로 그 이웃 여자에게 말을 남겼어요. 이웃 여자는 그 말대로 딸을 데려갔지요. 그렇게 그녀는 두 번째 방을 배정받았어요. 꼬마아이는 그 여자를 엄마라고, '아냐 엄마'라고 불

---

* 러시아어로 '그루지야'라고 불렸으나, 구소련이 붕괴되면서 조지아 정부에서 영어식 명칭 '조지아Georgia'를 원하여 지금은 조지아로 불린다. 이 책에 등장하는 인물들이 대부분 일반적인 러시아인들이고, 소련 시절의 관점에서 말하는 것인 만큼 옛날 명칭대로 '그루지야'로 적었다.
** 보안 당국에서 온 비밀경찰을 일컫는 말.

렀어요. 그 이후로 17년의 세월이 흘렀어요. 17년 후 친엄마가 돌아왔어요. 그녀는 아이를 돌봐준 이웃의 손과 발에 키스를 퍼부었죠. 옛날이야기는 보통 이쯤에서 해피엔딩으로 마무리되지만, 실제 인생에서는 결말이 전혀 달라요. 해피엔딩이 없었어요. 고르바초프 때 기록보관소가 개방되었고, 수용소에 수감되었던 그녀에게 "사건일지를 열람하시겠습니까?"라고 묻자 그녀는 보고 싶다고 얘기했어요. 그녀는 자신의 사건일지를 받아서 열어보았어요. 제일 첫 장은 익숙한 글씨체의 고발장이었어요. 그 이웃 여자…… 그 '아냐 엄마'가 밀고한 거예요. 선생님은 혹시 이 상황이 이해가 되세요? 저는 전혀 이해할 수 없었어요. 그리고 그 당사자인 아이의 친엄마도 전혀 받아들일 수 없었어요. 그녀는 그길로 집에 돌아와 목을 매달았어요. (침묵) 저는 무신론자예요. 하지만 신에게 묻고 싶은 건 많아요…… 전 아버지가 하신 말씀을 기억해요. "수용소는 견뎌낼 수 있단다. 하지만 사람들을 견뎌내는 건 쉽지 않아" "'네가 먼저 뒈져라, 난 내일 따라가마.' 난 말이다. 이런 말을 수용소에서 처음 들은 것이 아니야. 내 이웃인 카르푸샤에게서 처음 들었단다……" 카르푸샤 아저씨는 자신의 텃밭에 들어오는 우리집 닭들 때문에 평생을 부모님과 다투곤 했어요. 사냥총을 들고 우리집 창가를 왔다갔다하곤 했죠…… (침묵)

8월 23일에 비상위원회 위원들이 체포되었어요. 푸고 내무부 장관은 총으로 자살했고, 자살 직전 먼저 부인을 쏘아 죽였어요. 사람들은 기뻐했어요. "푸고가 자살했다!" 크렘린에 있는 자신의 사무실에서 아흐로메예프 소련군 원수가 목을 매달았어요. 그리고 그뒤로도 몇 번의 의문스러운 죽음들이 이어졌어요. 중앙위원회 운영위원장이었던 니콜라이 크루치나는 5층 창문에서 뛰어내렸어요…… 사람들은 지금까지도 그 죽음들이 자살이었는지 타살이었는지에 대해 의혹을 제기하고 있어요…… (침묵) '어떻게 살지? 어떻게 밖에 나가지?' 밖에 나가서 그냥 누구든 마주하는 일이 쉽지 않았어요. 그때 전 이미 몇 년째 혼자 살고 있었어요. 딸은 장교와 결혼해서 블라디보스토크로 갔고,

남편은 암에 걸려 세상을 떠났거든요. 저녁이 되면 텅 빈 아파트로 혼자 돌아왔어요. 전 결코 약한 사람이 아니에요. 그런데도 별의별 무서운 생각이 다 들더군요. 솔직히 말씀드리면 나쁜 마음을 먹으려고도 했어요…… (침묵) 비상위가 체포되고 난 뒤에도 얼마간 더 지역위원회에서 일했어요. 출근한 뒤 각자 자기 사무실로 들어가 문을 꼭꼭 걸어잠그고 텔레비전으로 뉴스를 보면서 기다렸어요. 뭔가를 기대했어요. 우리 당은 어디에 있지? 우리의 천하무적 레닌의 공산당은 대체 뭘 하는 거야! 우리의 세상이 무너졌어요…… 집단농장에서 전화가 왔어요. 마을 남자들이 낫, 쟁기, 사냥총 등 무기가 될 만한 걸 손에 들고 소련을 지키기 위해서 집단농장 사무소 주위에 운집해 있다는 전화였어요. 1등 서기관이 지시했어요. "모두 집으로 돌려보내세요." 우리는 겁에 질려 있었어요. 하지만 그곳에 모인 사람들은 단호한 결의를 갖고 있었죠. 그 밖에도 비슷한 사건이 몇 건 더 있었어요. 하지만 정작 공산당 간부였던 우리는 겁에 질려 있었어요……

그리고…… 드디어 그날이 다가왔어요. 지역 집행위원회에서 전화가 왔어요. "여러분의 사무실을 폐쇄해야 합니다. 두 시간 드릴 테니 모든 짐을 챙기세요." (흥분해서 말을 잘 이어가지 못한다.) 두 시간…… 두 시간…… 특별위원회가 사무실을 폐쇄했어요. 민주주의자들이! 일개 용접공, 젊은 기자, 다섯 자녀를 둔 엄마까지…… 다섯 자녀를 둔 엄마는 집회에서 봤기 때문에 알아봤어요. 그 여자는 지역위원회에도 청원서를 내고, 당 신문에도 글을 쓰며 호소하곤 했거든요. 그녀는 막사에서 대식구와 함께 살았어요. 그래서 그녀는 온갖 행사에 다 참여하면서 기회만 있으면 아파트를 요구했어요. 공산주의자들을 저주하면서요. 그래서 그 여자의 얼굴을 기억하고 있었어요. 그녀는 그때 희열에 찬 표정이었어요. 그들이 1등 서기관의 집무실에 들어서자 1등 서기관은 그들에게 의자를 있는 힘껏 집어던졌어요. 제 사무실로 난입한 그들 중 한 명이 창가 쪽으로 다가가더니 보란듯이 커튼을 찢어버렸어요. 제가 집에 그 커튼을 가져갈까봐 그랬을까요? 세상에! 신이시여! 그들이 제 가방을 강제로 열게 했어요…… 그후 몇 년 뒤에 저는 그 다섯 자녀를 둔 엄마를 길거리에서 마주쳤어요. 그 이름이 아직도 생각나네요. 갈리나 아브제이였어요. 저는 그녀에게 물어봤어요. "그래서, 아파트는 받으셨어요?" 그러자 그 여자가 주 행정부 건물을 향해 주먹을 쥐어 보이면서 말하더군요. "저 사기꾼들이 나를 속였어요." 그다음엔, 그다음엔 무슨 일이 있었겠어요? 지역위원회 건물을 나서자 입구에 사람들이 몰려와 있었어요. "공산주의자들을 재판하라! 이제는 그들이 시베리아로 갈 차례다!" "기관총으로 저 창문들을 갈겨버릴 수만 있다면!" 뒤를 돌아보니 제 등뒤에서 기관총 운운하며 떠들던 술 취한 남자 둘이 서 있었어요. 저는 그들에게 으름장을 놓았어요. "어디 할 테면 해봐. 하지만 이것만은 알아둬. 난 당하지만은 않아. 나도 대응사격을 할 거야." 가까운 곳에 경찰관도 서 있었는데 못 들은 척하더군요. 제가 아는 경찰이었는데도요.

마치 누군가 등뒤에서 "우우우!" 야유하는 것 같은 느낌이 항상 들었어요. 저 혼자만 그렇게 산 게 아니에요. 지역위원회 지도관의 딸이 다니는 학교에서 여자애 둘이 그 아이에게 다가왔대요. "우리는 더이상 너랑 친구 안 해. 너희 아빠가 당 지역위원회에서 일했다며." 그러자 딸아이가 말했죠. "우리 아빠는 좋은 사람이야." "좋은 사람이라면 그런 데서 일하지 않았을 거야. 우린 어제 집회에도 다녀왔어……" 고작 5학년짜리 아이들이었어요. 그런데 그 아이들이 벌써 부랑아들처럼 총알을 나를 준비가 되어 있었어요. 1등 서기관은 심장마비로 응급차에서 세상을 떠났어요. 병원 문턱은 밟아보지도 못하고요. 저는 예전처럼 장례식에 화환도 많고 오케스트라도 올 줄 알았어요. 그런데 웬걸요, 아무것도 그리고 아무도 없었어요. 관을 따라가는 건 동지들 몇 명 정도였어요. 그의 부인은 묘비에 낫과 망치 문양을 그려넣고 소비에트 국가의 첫 줄 "자유로운 공화국들의 무너지지 않는 연방……"을 새겨달라고 요청하더군요. 사람들은 그녀를 비웃었어요. 저는 항상 귓전에 "우우우!" 하는 야유 소리가 맴돌았어요. 정말이지 이러다가 미쳐버리겠다는 생각까지 들더군요. 상점에 들어가면 잘 알지도 못하는 여자가 제 면전에 대고 "이 공산당 년아! 네놈들이 이 나라를 진창에 처넣었어!"라고 비난하기도 했어요.

제가 어떻게 살아남을 수 있었냐고요? 전화벨 소리가 살렸어요. 친구들의 전화가요. "혹시 시베리아에 보내져도 무서워하지 마. 거기도 아름다워." (웃음) 제 친구는 시베리아로 여행을 다녀왔거든요. 그곳이 무척이나 마음에 들었대요. 키예프에 사는 사촌언니도 전화했어요. "여기로 와. 내가 열쇠를 줄게. 우리집 다차에 숨어 있어도 돼. 거기 있으면 아무도 널 찾지 못할 거야." "난 범죄자가 아니야, 언니. 안 숨을 거야." 부모님은 매일 전화를 하셨어요. "뭐하고 있니?" "오이피클을 담그고 있어요." 하루종일 유리병을 삶고, 병조림을 만들었어요. 신문도 안 읽고 텔레비전도 보지 않았어요. 그리고 추리소설을 읽었어요. 책 한 권을 끝내면 연달아 다른 책을 펼쳤어요. 텔레비전은 공포감을 세뇌시켰어요. 신문도 마찬가지였고요.

오랫동안 직장을 구할 수가 없었어요. 모두들 우리들이 당의 돈을 나눠 가졌다고 믿었어요. 당원들은 송유관 한 구간 아니면 적어도 작은 주유소쯤은 가지고 있을 것이라고들 생각했어요. 전 주유소도, 상점도, 가판대조차 없어요. 이제는 그런 가게를 가리켜 '콤카'*라고 한다지요. '콤카' '보따리장수'들…… 위대한 러시아어는 온데간데없어요. 바우처, 외환 바스켓, IMF 트랑쉐 등등. 이제는 외국어로 대화해요. 전 학교로 돌아갔어요. 학생들과 함께 사랑하는 톨스토이와 체호프를 읽어요. 다른 사람들은 어떻게 되었냐고요? 제 동지들의 운명은 저마다 달랐어요. 지도관 중 한 명은 결국 자살로 생을 마감했고, 사상선전지원실 실장은 신경계에 이상이 생겨서 오랫동안 병원 신세를

---

* 커머셜 마켓.

졌어요. 어떤 사람은 사업가가 되었고 2등 서기관은 극장장이 되었어요. 또 한 명의 지역위원회 지도관은 성직자가 되었어요. 그분과는 만나서 대화도 했어요. 이제는 전혀 다른 삶을 살고 계시더라고요. 그분이 부럽기까지 했어요. 또 생각나는 게 있어요. 한번은 미술관에 갔는데…… 어떤 그림이 있었어요. 빛이 아주아주 많은 그림이었는데, 한 여자가 다리 위에 서 있었어요. 그 여자는 어딘가 먼 곳을 응시하고 있었어요. 빛이 정말 많은 그림이었어요. 전 그 그림 앞에서 발이 떨어지질 않았어요. 그 그림을 지나쳐 다른 데로 가도 다시 되돌아가곤 했어요. 마치 그 그림이 나를 잡아끄는 것 같았어요. 저도 어쩌면 다른 인생을 살 수 있었을 거예요. 다른 인생을 살았다면 어떤 인생을 살 수 있었을까요? 모르겠어요.

안나 일리니치나:

　―웅웅거리는 울림에 잠에서 깼어요. 창문을 열었죠. 모스크바에, 러시아의 수도에 탱크와 대전차가 있는 거예요! '라디오! 어서 빨리 라디오를 켜야 해!' 라디오를 켜자 대소련 인민 담화가 발표되고 있었어요. "우리의 조국 앞에 치명적인 위험이 닥쳤습니다. 우리 나라가 폭력과 무법으로 뒤덮였습니다…… 우리의 거리를 범죄자들로부터 정화하겠습니다…… 암울한 시기에 종지부를 찍겠습니다……" 이해가 잘 되지 않았어요. 고르바초프가 건강 때문에 퇴임했다는 건지, 그를 체포했다는 건지 알 수가 없었어요. 다차에 있던 남편에게 전화를 걸었어요. "여보, 쿠데타가 일어나려나봐. 이제 권력이 누구 손 안에……" "이 바보야! 빨리 전화 끊어. 당신 그러다가 체포될 수도 있어." 전 텔레비전을 틀었어요. 모든 채널마다 〈백조의 호수〉가 방영되고 있었어요. 하지만 제 눈앞에서는 전혀 다른 장면이 펼쳐지고 있었어요. 우리는 소련식 세뇌 교육을 받았잖아요. 곧바로 칠레 산티아고의 대통령궁이 불타는 모습, 살바도르 아옌데 대통령의 목소리 등이 떠올랐죠. 전화통에 불이 나기 시작했

어요. 시내에 군장비가 가득했고 푸시킨 광장에 탱크들이 서 있었어요. 그때 우리집에 시어머니가 잠시 와 계셨는데 무척이나 겁에 질리신 듯했어요. "절대로 밖에 나가지 마라. 나는 독재 시절을 겪은 사람이야. 그게 뭔지 누구보다 잘 알고 있어." 그런데 저는 독재자 밑에서 살고 싶진 않았어요!

오후에 남편이 다차에서 돌아왔고 우리는 부엌에 앉아 있었어요. 담배도 많이 피웠어요. 혹시 전화가 도청당할까봐 무서웠어요. 그래서 전화기 위에 베개를 얹어두곤 했죠…… (웃음) 반체제 문학을 너무 많이 읽고 그런 말을 너무 많이 들었던 거죠. 그런데 그 지식들이 그 시기에는 유용하더군요. 그런 생각이 들었어요. 숨통을 조금 틔워준 다음에 다시 모든 문을 닫아버리겠지. 다시 새장에 우리를 밀어넣고 아스팔트를 발라버리겠지. 결국 우리는 시멘트 속에 굳어버린 나비가 되겠지…… 얼마 전에 일어났던 천안문사건, 전투 공병들이 삽으로 트빌리시 시위대를 해산시킨 장면, 빌뉴스 방송국 사태 등이 떠올랐어요. "우리가 샬라모프와 플라토노프를 읽는 동안 내전이 일어났어. 예전에는 부엌에서 논쟁하고 시위에 참여하기만 했는데, 이제는 서로가 서로에게 총부리를 겨누게 되었다고." 그때의 분위기는 대재앙이 일어난 것 같은 분위기였어요. 한시도 라디오를 끄지 않았고, 계속 주파수를 조절해서 채널을 잡았어요. 하지만 모든 방송에서 음악만, 클래식음악만 틀고 있었어요. 그런데 갑자기 기적처럼 〈러시아라디오〉가 잡힌 거예요. "합법적으로 선출된 대통령을 쫓아냈습니다. 쿠데타를 일으키려는 파렴치한 시도가 있었습니다……" 덕분에 우리는 수천 명의 사람들이 이미 길거리로 쏟아져나갔다는 걸 알게 되었어요. 고르바초프가 위험했어요. 갈까 말까는 고민할 문제가 아니었어요. 우린 가야 했어요! 시어머니가 처음에는 저를 말렸어요. "애야, 아이를 생각해. 미쳤니? 도대체 어디를 간다는 거니?" 저는 아무 말도 하지 않았어요. 결국 묵묵히 나갈 준비를 하고 있는 우리를 보면서 시어머니가 말씀하셨어요. "어휴, 멍청이들아. 내 말을 안 듣고 나갈 생각이라면 소다용액이라도 가져가

거라. 거즈도 챙겨가. 가스 공격이라도 당하면 그걸 묻혀서 얼굴에 가져다대."
그래서 저는 3리터짜리 병에 소다용액을 따르고 침대시트를 조각조각 잘라서
챙겼어요. 그리고 집에 있던 음식이란 음식은 모두 챙겼고, 찬장에 있던 통조
림도 챙겼어요.

우리와 같은 많은 사람들이 지하철로 향하고 있었어요. 그런데 어떤 사람들
은 아이스크림을 사 먹으려고 줄을 서거나 꽃을 사기도 했어요. 우리를 스쳐
지나가면서 즐겁게 떠들고 있는 한 무리의 사람들도 있었어요. 그들이 하는
말이 들렸어요. "만약 내일 저놈의 탱크들 때문에 콘서트에 못 가게 되면 난
절대로 저들을 용서하지 않을 거야." 어떤 남자가 팬티 바람으로 빈병이 가득
담긴 장바구니를 들고는 맞은편에서 뛰어오기도 했어요. 그가 우리에게 다다
랐을 즈음 "혹시 스트로이첼나야 거리가 어딘지 아세요?"라고 물었어요. 저는
저쪽으로 가서 우회전한 뒤 직진하라고 가르쳐줬고, 그는 감사하다고 했죠.
그 상황에서도 그 남자는 오로지 빈병을 가져다주고 돈을 받는 것밖엔 관심이
없었어요. 1917년이라고 달랐겠어요? 한쪽에서 총격전이 벌어질 때 어떤 곳
에서는 파티가 열려 사람들이 춤을 추고 있었겠죠. 레닌은 장갑차를 타고 있
었을 테고요……

옐레나 유리예브나:

─그건 파스farce*였어요! 파스가 따로 없었다니까요! 비상위가 승리했다면
우리는 오늘 전혀 다른 나라에서 살고 있었겠죠. 만약에 고르바초프가 겁을
먹지만 않았다면요. 그랬다면 돈 대신 타이어나 인형, 샴푸 등으로 월급을 주
지는 않았을 거예요. 못을 생산하는 공장에서는 못으로, 비누공장에서는 비누
로 월급을 대체했다고요. 전 모두에게 중국인들을 한번 보라고 말해요. 중국

---

* 프랑스 중세 희극의 한 유형. 풍자극이나 오락극.

인들은 그들만의 노선을 걷고 있어요. 누구에게도 의존하지 않고, 그 누구도 모방하지 않아요. 그리고 오늘날 전 세계가 중국인들을 두려워하고 있죠……
(또다시 나를 향해 말한다.) 선생님께선 제 말들을 분명 지우실 거예요.

난 두 이야기가 실릴 것이라고 약속한다. 난 활활 타오르는 횃불을 든 역사학자가 아닌 냉철한 역사학자이고 싶다. 심판관은 시간이 맡는 것으로 하자. 시간은 공정할 것이다. 물론 가까운 시간이 아닌 먼 시간 말이다. 우리가 사라진 다음의 시간이. 우리의 편견에서 자유로운 그 시간이.

안나 일리니치나:

—그때 그 사건에 대해서 지금은 웃을 수 있어요. 오페라의 한 장면 같다고 비웃을 수도 있어요. 지금은 조롱하는 게 유행이니까요. 하지만 그때는 모든 것이 심각했어요. 정말이에요. 모든 것이 진지하게 벌어지는 일이었고, 우리 모두는 진심이었어요. 비무장 상태의 사람들이 죽을 각오로 탱크 앞에 서 있었어요. 저는 바리케이드에 있었고 그곳에 모인 사람들을 보았어요. 그들은 전국 곳곳에서 모여든 사람들이었어요. 어떤 모스크바 할머니들은 신이 보낸 천사들처럼 커틀릿이나 따끈따끈한 삶은 감자 등을 수건에 돌돌 말아 나눠주고 있었어요. 거기에 있는 모든 사람들에게 나눠주었고, 심지어 탱크에 탄 군인들에게도 주었어요. "얘들아, 어서 먹어. 쏘지만 마라. 너희들 정말로 쏠 생각은 아닌 거지?" 군인들은 아무것도 몰랐어요. 탱크 문을 열고 밖으로 나온 그들은 놀라 까무러치려고 했죠. 그곳에는 온 모스크바가 모여 있었거든요! 아가씨들은 탱크 위로 올라가 그들을 껴안고 입을 맞췄어요. 빵을 나눠주기도 했고요. 아프가니스탄에서 아들을 잃은 어머니들은 울었어요. "내 자식은 타지에서 목숨을 잃었는데, 너희들은 어째서 조국의 땅에서 죽으려고 온 거니?" 어떤 소령은…… 여자들이 그를 에워싸자 더이상 버티지 못하고 소리를 질렀

어요. "아, 글쎄, 나도 아버지요! 안 쏴요! 안 쏜다고요! 맹세해요! 민중의 뜻에 반하는 일은 하지 않을 거요!" 그날 그곳에서는 웃기는 일도 많았고 감동의 눈물을 흘리게 만드는 일도 많이 벌어졌어요. 갑자기 군중 속에서 "혹시 누구 진통제 가져온 사람 없어요? 여기 상태가 안 좋은 사람이 있어요"라는 소리가 들리자, 바로 어디선가 진통제가 전달됐어요. 유모차에 아이를 싣고 온 한 여성은(만약 그 모습을 시어머니가 보았다면!) 속싸개를 꺼내서 붉은 십자가를 그리려고 했어요. 그릴 도구가 없자 "누구 립스틱 가져온 사람 없어요?"라고 묻더군요. 그러자 값싼 립스틱부터 랑콤, 크리스챤 디올, 샤넬까지 전달됐어요. 그때 그 현장의 모습은 어디에도 찍히지 않았고, 상세히 기록되지도 않았어요. 매우 안타까워요. 사건의 질서정연함, 아름다움, 그 깃발들, 음악…… 그런 것은 차후에 알려지는 거예요. 그리고 동상으로 세워지는 거죠…… 하지만 실제 삶은 조각나 있고, 더럽고 초라했어요. 사람들은 밤새도록 맨바닥에 앉아 모닥불에 의지하고 있었어요. 신문지나 종이를 깔고 앉아 있었죠. 배고프고 화난 사람들이었어요. 욕을 하고 술을 마셨지만 취한 사람은 없었어요. 어떤 사람들이 햄, 치즈, 빵, 커피를 가져왔어요. 기업인, 사업가들이라고들 했어요. 주황색 연어알이 담긴 병도 몇 병이나 보았다니까요. 그 병들은 누군가의 주머니 속으로 쏙 들어가버리더군요. 담배도 공짜로 나눠주었어요. 제 옆에는 전과자처럼 호랑이 문신을 한 젊은 청년이 있었어요. 로커, 펑크족, 기타를 든 대학생들 그리고 교수들까지 모두가 함께였어요. 민중이 함께였어요. 우리 민족이었어요. 저는 그곳에서 15년 만에 대학교 동기들도 만났어요. 어떤 친구는 볼로그다, 어떤 친구는 야로슬라블에서 살고 있었는데 기차를 타고 모스크바까지 찾아온 거예요. 우리 모두에게 소중한 무언가를 지키기 위해서요. 아침이 되자 우리는 친구들을 집으로 데려갔어요. 씻고 아침을 먹은 뒤 바리케이드로 되돌아갔지요. 다시 갔을 때는 지하철 입구에서 쇠파이프나 돌을 쥐여주더군요. 돌멩이는 프롤레타리아의 무기라면서 우리끼리 낄낄거렸지요.

우리는 바리케이드를 쳤어요. 트롤리버스를 옆으로 뒤집고, 나무를 베었어요.

벌써 연단도 세웠더군요. 연단 위에 플래카드도 걸었어요. "쿠데타 정부는 용납할 수 없다!" "민중은 발밑에 붙은 먼지가 아니다!" 연단에서는 메가폰을 들고 연설했어요. 처음엔 일반적인 단어로 연설을 시작했어요. 평범한 사람들부터 유명한 정치인까지 연설했지요. 하지만 몇 분쯤 지나자 이제 정상적인 어휘력이 바닥났고, 모두들 심한 욕설을 내뱉기 시작했어요. "우리가 저 등신들을……" 등등 그렇게 계속 욕이 이어졌어요. 러시아의 욕은 정말 대단해요. "그들의 시간은 끝장났다……" 그뒤로는 위대하고 강력한 러시아 욕의 향연이었죠! 욕이 마치 전투를 부르는 함성처럼 들렸어요. 모두가 이해할 수 있었고 게다가 시의적절하기까지 했죠. 흥분이 고조되고 강력한 힘이 밀집된 그 순간에는 옛 단어들만으로 표현하기에는 역부족이었거든요. 그렇다고 새로운 단어들은 아직 탄생하지도 않았을 때였고요…… 모두들 태풍을 기다렸어요. 하지만 그 고요함, 특히 밤중에는 상상 밖의 고요함이 무겁게 내려앉아 있었어요. 모두들 바짝 긴장하고 있었어요. 수천 명의 사람들이 모여 있었는데 고요했어요. 병에 따르던 휘발유 냄새가 기억나요. 그건 전쟁의 냄새였어요……

그곳엔 좋은 사람들이 있었어요! 훌륭한 사람들이요! 요즘은 보드카나 마약을 들먹이더군요. 그게 무슨 혁명이었냐며, 주정뱅이와 마약중독자들이 바리케이드를 쳤다며 비하하더라고요. 새빨간 거짓말이에요! 모두들 정말로 목숨걸고 그곳에 모인 사람들이었어요. 우리는 그 탱크들이 70년 동안 사람들을 짓밟아 흙으로 갈아버렸다는 걸 잘 알고 있었어요. 아무도 그렇게 쉽게 그들이 무너지리라고는 생각하지 않았어요. 피 흘림 없이는 안 된다는 것도 알았어요…… 다리에는 폭탄을 심어놓았고 이제 조금 있으면 가스 공격이 시작될 것이라는 소문도 돌았어요. 의대생 중 누군가는 가스 공격 시 어떻게 해야 하는지 행동 지침을 설명해줬어요. 삼십 분마다 상황이 바뀌었어요. 청년 세 명이 탱크에 깔려 죽었다는 끔찍한 소식도 들렸어요. 하지만 사람들은 꼼짝도 않고 광장을 떠나지 않았어요. 나중에 어떻게 되든지 간에 지금 당장은 이것이 내 인생에서 가장 중요하다고 생각했어요. 그후에 얼마나 많은 실망이 우리를 기다릴지라도. 우리는 결국 이겼어요. 우리는 그런 사람들이었어요! (울음) 광장에 여명이 밝아올 때쯤 여기저기서 "만세! 만세!" 소리가 들려왔어요. 그곳에는 온갖 욕과 눈물과 고함소리가 뒤섞여 있었어요. 군이 민중의 편에 섰고, 알파 특수부대는 이번 쿠데타에 가담하지 않기로 했다는 이야기가 입에서 입으로 전해졌어요. 탱크가 수도를 빠져나가기 시작했어요. 쿠데타 세력의 체포 소식이 전해지자 우리는 서로 부둥켜안고 기뻐했어요! 상상할 수 없는 행복감이었어요! 우리가 이겼다! 우리가 우리의 자유를 사수했다! 우리가 함께 이뤄냈다! 우리도 할 수 있구나! 추적추적 내리는 비에 젖어 물에 빠진 생쥐 꼴이 되어서도 우리는 오랫동안 집으로 돌아가지 않았어요. 서로의 주소를 교환했어요. 서로를 기억하고 우정을 이어가기로 약속했어요. 지하철 주변 경찰들도 매우 친절했어요. 제가 처음이자 마지막으로 본 경찰들의 친절이었을 거예요.

우리의 승리였어요. 포로스에서 돌아온 고르바초프는 전혀 다른 나라를 마주했어요. 사람들은 시내를 다닐 때도 서로를 보며 미소 지었어요. 우리가 이겼다! 그후로도 오랫동안 그 승리감을 잊을 수 없었어요. 거리를 다니면서도 종종 그때의 장면들을 떠올려요. 누군가 "탱크다! 탱크가 온다!"라고 소리치자 우리 모두가 일어서서 손에 손을 잡고 인간장벽을 만들던 모습. 새벽 2~3시쯤 옆에 앉아 있던 어떤 남자가 "과자 좀 드시겠어요?"라며 건네자, 너도나도 모여들어 같이 나눠 먹던 모습. 뭐가 즐거웠는지 우린 하하호호 웃고 있었어요. 우리는 과자를 먹고 싶었어요. 살고 싶었다고요! 하지만 저는 아직까지도 제가 그 자리에 있었다는 사실이 행복해요. 남편과 친구들과 함께 있었다는 것이요. 그때까지만 해도 모두가 진실한 사람들이었어요. 그때 그 사람들이 이제는 그렇지 않다는 것이 안타까울 뿐이죠. 특히 예전에는 정말 안타까웠어요.

헤어질 때 문득 못다 한 질문이 생각나 두 사람에게 물었다. 어떻게 (나중에 알게 되었지만 대학교 때부터 시작된 우정이었다) 지금까지 우정을 지켜낼 수 있었느냐고.

—우리 사이엔 한 가지 불문율이 있어요. 이러한 주제로는 말을 꺼내지 않기. 서로에게 상처되는 말은 하지 않기. 예전에는 서로 말다툼하고 절교한 적도 있었죠. 몇 년 동안 말도 섞지 않고 살았어요. 이제는 다 지나간 일이지만요.
—이제는 자식들 얘기, 손주들 얘기밖에 안 해요. 그것도 아니면 다차에서 뭘 키우고 있다는 등의 얘기들이죠.
—친구들이 모이면 역시나 정치에 대해서는 입도 뻥끗하지 않아요. 우리 모두는 각자 자신만의 방법으로 이 지혜를 터득했죠. 이젠 '젠틀맨'들과 '동지'들이, '백군'과 '적군'이 함께 살아가죠. 하지만 이제는 아무도 서로 총을 겨누고 싶어하지 않아요. 피는 볼 만큼 봤어요.

형제와 자매, 망나니와 희생자…… 그리고 유권자에 대하여
알렉산드르(사샤) 포르피리예비치 샤르필로(연금수령 퇴직자, 63세)

이웃에 살았던 마리나 치호노프바 이사이치크의 이야기:
—타지 사람들이네…… 뭣 때문에 그러는 건가요? 요샌 계속들 온단 말이지…… 선생님, 핑계 없는 무덤은 없는 법이에요. 모든 죽음에는 저마다의 이유가 있어요. 죽음이 그 이유를 찾아내고 마니까.
오이를 키우던 자신의 텃밭에서 사람이 불타 죽었어요…… 머리에 아세톤을 들이붓고 성냥을 그은 거예요. 그때 나는 텔레비전 앞에 앉아 있었는데, 어디선가 비명소리가 들리는 거예요. 늙은이의 목소리, 익숙한 목소리였죠. 옆집 사는 사샤의 목소리 같기도 하고, 어떤 젊은 사람의 목소리도 들렸어요. 우리 동네 근처에 공업전문대가 있었는데 거기 학생인지 동네를 지나가던 길에 사람이 불타고 있는 걸 본 거예요. 그 상황에 무슨 말이 필요했겠어요! 그 젊은 학생이 곧장 달려가서 불을 끄기 시작했어요. 자신도 불에 그을려가면서…… 내가 갔을 때 사샤는 이미 바닥에 누워서 신음 소리를 내고 있었어요. 머리통이 누렇게 됐더라고요…… 그런데 타지 사람들이 왜 관심을 갖는 거예요? 어차피 남의 일이잖아요……?

모두들 죽음을 보고 싶어했어요. 에그! 어쨌든…… 어쨌든…… 결혼하기 전 내가 부모님과 살았던 동네에는 늙은 영감이 한 명 있었는데, 아, 글쎄, 그 영감은 그렇게 다른 사람들이 죽는 모습을 구경하는 걸 좋아했어요. 동네 할멈들이 "이 악마 같은 인간아! 꺼져!"라며 욕하고 소리지르며 쫓아내도 그 영감은 끝까지 않아서 지켜보곤 했다니까요. 게다가 그 영감은 정말 오래 살지 뭐예요. 어쩌면 진짜 '악마'였을지도 모르지요. 대체 뭐 볼 게 있다고들 그러는지……? 어느 쪽을 바라봐야 하는 건지…… 죽으면 어차피 아무것도 남지 않는 것을. 죽으면 그만인 것을. 땅에 묻어버리면 끝이라고요. 하지만 아무리 불행한 삶이더라도 살아만 있으면 바람도 쏘이고 정원도 거닐 수 있잖아요. 영혼이 빠져나간 육신은 더이상 인간이 아니라 흙덩이인 거예요. 영혼은 영이고 나머지는 흙, 흙일 뿐이니까. 어떤 사람은 요람에서 죽기도 하고 어떤 사람은 머리가 다 셀 때까지 살다가 죽기도 하지요. 행복한 사람들도 그렇고 사랑받는 사람들도 그렇고, 그런 사람들은 죽고 싶어하질 않아요. 어떻게든 모면하려고 하죠. 그런데 도대체 그 행복한 사람들은 어디에 있는 건가요? 언젠가 라디오에서 전쟁이 끝나면 모두들 행복해질 것이라고 했던 말이 기억나네요. 흐루쇼프도 곧 공산주의가 올 것이라고 약속했고, 심지어 고르바초프는 맹세까지 했어요. 그 사람, 정말 말솜씨가 일품이었지요…… 그리고 지금은 옐친이 맹세하고 있어요. 약속을 못 지키면 철로에 드러누울 것이라고도 했고……

난 말이에요, 이제나저제나 좋을 때가 오겠지 하면서 기다리고 또 기다렸어요. 아이였을 때도, 아가씨였을 때도 기다렸어요…… 이제 난 다 늙었어요…… 한마디로 말하자면 모두가 거짓말을 했고 사는 건 더 팍팍해졌어요. 조금만 기다려, 조금만 더 참아. 또 조금만 더 기다려, 조금만 더 참아. 그렇게 계속 조금만 더 기다리고 참으라고 뻔질나게 말들을 하더군요. 그러다가 남편도 죽었어요. 밖을 돌아다니다 넘어졌는데 그만 그대로 심장이 멈춰버렸어요…… 우리가 살면서 겪은 일들은 자로 잴 수 없고 저울에 달 수도 없어요. 그런데도 난 계속 살아요. 살고 있다고요. 내 아이들은 장성해서 아들은 노보시비르스크에서 살고 있고, 딸은 결혼해서 리가에 남았으니 이젠 해외에 사는 것과 다를 바가 없게 되었죠. 남의 나라에서 살고 있어요. 거긴 이제 러시아어를 사용하지 않는다더군요……

우리집에는 이콘 성화가 모셔져 있고, 입에 거미줄 칠까봐 말동무하려고 키우는 개도 한 마리 있어요. 장작개비 한 개로는 밤을 못 밝힌다고는 하지만, 나는 혼자 살아보려고 그래도 노력하고 있어요. 암, 그렇고말고…… 신이 인간에게 개도 보내주고, 고양이도 주고, 나무도 새도 주셔서 정말 좋아요…… 인간이 즐거워할 수 있도록…… 인생이 너무 길다고 느끼지 말라고…… 주셨을 테지요. 인생을 지루해하지 말라고. 단 하나 내가 아직까지 질리지 않고 좋아하는 건 바로 밀밭이 황금빛으로 변해가는 모습이에요. 평생토록 하도 배를 곯아서 곡식이 익어가고 이삭이 물결치는 모습이 난 그렇게 좋을 수가 없어요. 나한테 그 모습은 선생님이 박물관에서 마주하는 걸작만큼의 값어치가 있어요. 난 아직까지도 흰색 밀가루로 만든 빵보다는 소금을 살짝 뿌린 흑빵에 달달한 홍차 한잔 곁들이는 게 제일 맛이 좋답니다. 조금만 기다려, 조금만 더 참아, 정말 조금만 더 기다려, 조금만 더 참으라고. 마치 참는 것이 그 어떤 아픔도 다 치유할 수 있는 만병통치약이라도 되는 것처럼 말들을 했다고요. 내 인생은 그렇게 훌쩍 지나가버렸어요. 옆집 사샤도…… 그 양반도 결국 참고 또 참다가 더이상 버틸 수 없었던 거겠지요. 사는 게 너무나 우울했던 거예요. 육신은 흙속에 누우면 그만이라지만, 영혼은 심판대에 서야 할 텐데…… 후유…… (눈물을 훔친다.) 그렇지, 이럴 땐 눈물이 나와야 맞지…… 그리고 이 세상 떠날 때도 마찬가지로 울면서 가겠지.

희망이 사라지자 사람들은 다시 하느님을 믿기 시작했어요. 그런데 우린 한때 학교에서 레닌이, 카를 마르크스가 하느님이라고 배우곤 했잖아요. 성당이 곡식을 쌓고 비트를 보관하는 창고로 전락한 시절도 있었다고요…… 적어도 전쟁이 일어나기 전까진 그랬어요. 전쟁이 시작된 후에는 스탈린이 성당을 다시 개방했고 러시아군을 위해 기도하라고 했죠. 스탈린이 연설할 때 호칭이 달라지더군요. "형제자매 여러분…… 친구 여러분……" 그전까지 우리가 뭐라 불렸던가요? 인민의 적…… 부농과 부농의 추종자들. 우리 시골에서는 좀 산다 싶으면 바로 부농으로 간주했거든요. 말 두 필, 소 두 마리면 그 사람은 이미 부농인 거예요…… 사람들을 시베리아로 추방하고 아무것도 없는 타이가 숲에 내팽개쳤어요. 여자들은 아이들이 고통스러워하는 걸 보다못해 제 손으로 자식들의 목을 졸랐다고요. 어휴, 그 슬픔은 이루 다 말할 수 없어요…… 이 지구상의 모든 물을 끌어모아도 사람들이 흘린 눈물이 더 많을 거예요. 그런데 그랬던 스탈린이 "형제자매 여러분!"이라고 호소하지 뭐예요? 그래서 우린 그를 믿었고 용서했어요. 그리고 히틀러를 무찔렀어요! 히틀러는 장갑차를 타고 강철로 무장한 채 우리를 공격했지만…… 우리는 그래도 승리했어요! 그랬는데…… 그랬는데 이제 난 뭐가 됐죠? 우리가 누구냐고요? 이젠 우리를 가리켜 유권자라고들 하더군요. 난 텔레비전을 잘 봐요. 뉴스도 빼먹지 않고 보죠. 우리가 이제 유권자가 되었대요. 이제 우리가 할 일은 올바르게 투표권을 행사하는 것, 그뿐이라네요. 한번은 병이 나서 투표를 못 했더니 그 사람들이 차를 타고 직접 우리집으로 행차하셨더군요. 빨간 상자를 들고서. 그런 날에나 우리를 기억해내더라고요. 다 그런 거죠, 뭐……

　　　　　　　　　　　　　　　　1부 아포칼립스의 위로

사람은 살던 대로 죽음을 맞이하는 법이에요. 난 성당도 다니고 십자가도 지니고 다녔지만 옛날이나 지금이나 여전히 행복하지 않아요. 행복을 미처 못 모아두었어요. 그리고 이젠 행복을 더 구걸할 수도 없고 말이에요. 어서 빨리 죽어야 하는데. 어서 빨리 천국을 보고 싶어요. 이젠 기다리는 것도 지쳤어요. 사샤도 그랬을 거예요. 그 양반 이제는 땅속에 묻혀 푹 쉬고 있겠지. (성호를 긋는다.) 사샤를 보낼 때 음악도 있었고 눈물도 있었어요. 모두들 울었어요. 장례식에서는 원래 모두들 많이 울잖아요…… 불쌍하니까. 뒤늦게 용서를 구할 필요가 뭐 있겠어요? 죽은 뒤에 누가 듣는다고요? 사샤는 막사에서 사용했던 방 두 칸과 텃밭 하나, 여러 개의 붉은색 표창장들, '사회주의 경기 우승자' 메달만 남겨두고 갔어요. 나도 장롱에 똑같은 메달이 있어요. 난 '스타하노프 노동자'*도 해봤고 의원도 해봤어요. 먹을 건 부족할 때가 참 많았는데 그 붉은색 상장은 부족하지도 않았다니까요. 상장과 함께 꼭 기념촬영도 했어요. 우리 막사에는 세 가정이 살고 있는데, 모두 젊었을 때 들어와 살기 시작했어요. 그때는 1~2년만 살면 나갈 줄 알았는데…… 어느덧 평생을 이곳에서 보내고 말았네요. 이 막사에서 마지막 숨을 거두겠죠. 우리는 아파트를 받기 위해서 대기를 걸어놓고 기다렸어요. 그런데 느닷없이 가이다르가 등장하더니 웃으면서 "가서 직접 사세요!"라고 말하더군요. 뭘로 산단 말이에요? 우리 돈은 없어진 지 오래인데…… 개혁이 한차례 일어나더니 뒤이어 또다른 개혁이 일어나버리고. 그렇게 우리가 가진 걸 다 털어가버리고선! 어떻게 그 훌륭했던 나라를 변기에 처박고 물을 내려버릴 수가 있죠! 각 가정마다 방 두 칸, 작은 창고 그리고 텃밭이 있었어요. 우리 모두는 똑같이 살았다고요…… 개뿔! 벌긴

---

* 스타하노프라는 광부가 독자적으로 고안한 채탄 공정 혁신을 통해, 당시 작업 기준량이었던 1교대 시간당 6.5~7톤에 비해 열네 배가 넘는 102톤을 채굴한 신기록을 세웠다. 그 이후 생산 목표량을 초과 달성한 노동자들에게 '스타하노프 노동자'라는 칭호가 수여되었다. 노동생산성을 높이고 사회주의경제 시스템의 우수성을 홍보하고자 추진된 운동이다.

뭘 벌어요! 부자는 무슨 부자냐고요! 평생 동안 언젠가는 잘살게 될 거라며 믿고 기다렸어요. 거짓말! 참으로 위대한 거짓말이에요! 우리의 삶은…… 우리의 삶에 대해서는 차라리 떠올리지 않는 편이 나아요…… 우리는 참고 일하고 고통당하며 산 게 전부니까. 그리고 지금은 더이상 살지도 않아요. 그저 하루하루를 떠나보낼 뿐이에요.

난 사샤와 같은 마을에서 나고 자랐어요. 여기, 브레스트 인근에서. 가끔 저녁에 사샤와 난 벤치에 걸터앉아서 옛날이야기를 많이 하곤 했어요. 음…… 뭘 더 말씀드려야 하나요……? 사샤는 좋은 사람이었어요. 술도 마시지 않았고, 술주정뱅이도 아니었어요. 전혀요. 혼자 살았음에도 불구하고요. 보통 혼자 사는 사람들이 어떤가요? 술 마시고 자고, 또 술 마시고 그러잖아요…… 하루는 마당을 걸으면서 혼자 생각했어요. 이 땅에서의 삶이 모두에게 끝은 아니라는 생각, 죽음 이후에 영혼은 드넓은 자유를 얻게 된다는 생각을요…… 사샤는 어디에 있을까요? 사샤는 마지막 순간까지 이웃들을 생각했어요. 잊지 않고 말이에요. 막사는 전쟁 후에 지어진 터라 아주 낡았고, 나무도 바짝 말라 있었기 때문에 만약 불이 붙었다면 종이처럼 사르르 사라졌을 거예요. 눈 깜짝할 사이에! 1초 만에요! 잡초들도 하나 남기지 않고 흙까지 다 태워버렸을 거라고요…… 사샤는 자식들에게 메모도 남겼어요. "손주들을 잘 키워라. 잘들 있어라." 그리고 그 메모를 보이는 곳에 놓아두었대요. 그런 뒤 텃밭, 자기만의 작은 텃밭으로 들어가서……

어휴! 세상에! 어쨌든…… 어쨌든…… 응급차가 와서 들것에 사샤를 싣더군요. 그런데 사샤는 흥분한 듯 벌떡 일어나서 혼자 걸어간다며 고집을 부렸어요. "사샤, 도대체 무슨 짓을 한 거야?" 응급차까지 따라가며 제가 물었어요. "사는 게 지쳐서. 아들에게 전화 좀 넣어줘. 병원으로 오라고." 사샤는 그렇게 저랑 말도 몇 마디 나눴다니까요…… 재킷은 새까맣게 타버렸는데 드러난 어깨는 하얗고 깨끗했어요. 사샤는 5천 루블을 남겨두었더라고요. 그때는 그 돈이 상당한 액수였어요! 저축통장에서 돈을 찾아서 메모와 함께 잘 보이는 곳에 놔둔 거죠. 자신이 평생 모은 돈을요. 페레스트로이카 이전에는 그 정도 돈이면 '볼가'* 승용차를 살 수 있었어요. 가장 비싼 차를요! 그런데 지금은 어떤가요? 새 구두 한 켤레와 화환밖에 못 샀어요. 글쎄, 그렇더라고요! 들것에 누워 있던 사샤는 점점 검은색으로 바뀌어갔어요…… 제 눈앞에서 검게 물들어갔어요…… 의사들은 사샤를 구했던 그 청년도 데려갔어요. 그 청년이 빨랫줄에 걸려 있던 내 젖은 침대시트(내가 낮에 빨아 넌 것이었어요)를 움켜잡고 사샤에게 무조건 던졌던 거예요. 그 학생은 남이었잖아요, 전혀 모르는 대학생이요. 그런데 그곳을 지나다가 사람이 불타고 있는 모습을 보고 만 거죠. 텃밭에 몸을 웅크리고 앉아 불타고 있는 사람을 본 거예요. 불꽃처럼 너울거리면서 찍소리도 내지 않고 있는 사람을요! 나중에 그 청년이 우리에게 그렇게 말해줬거든요. "찍소리도 내지 않고 불타고 있었다"고요. 살아 있는 사람이었는데도요…… 아침이 되자 사샤네 아들이 찾아와 말했어요. "아버지가 돌아가셨어요." 사샤가 관에 누워 있었어요…… 머리와 손은 다 타버린 채로…… 새까만…… 온통 새까만 사샤가요…… 사샤는 잡기에 능한 사람이었어요! 두 손으로 못 하는 게 없었죠. 목공일도 하고, 석공일도 했지요. 이 마을 사람들은 사샤를 기억할 만한 물건을 모두 하나씩은 가지고 있어요. 어떤 집엔 식탁이 있고, 다른 집엔 책장이 있고, 또 어떤 집에는 책꽂이가 있고…… 어느 때는 밤늦게까지 마당에 서서 뭔가를 깎고 있었죠. 눈앞에 선하네요. 마당에 서서 뭔가를 깎는 그 모습이. 사샤는 나무를 좋아했어요. 나무 향이나 나뭇조각만으로도 어떤 나무인지 알아맞힐 정도였다니까요. 나무는 저마다 고유의 향이 있다고 하더군요. 그중에서도 가장 향이 강한 나무는 소나무래요. "소나무는 좋은 홍차 향이 나. 단풍나무 향은 즐거운 향이고." 그는 마지막까

---

* 소련제 대형 승용차.

지 일했어요. 왜 옛말에도 있잖아요. '목구멍이 포도청이다.' 지금은 연금만으로는 턱도 없이 부족해서 살 수가 없으니까요. 저도 지금 남의 집 애들을 봐주면서 베이비시터 노릇을 하고 있는걸요. 쥐꼬리만한 돈이지만 그거라도 받아서 설탕도 사고, '독토르스카야 햄'*도 사지요. 연금이 뭐 쓸 게 있나요? 빵과 우유를 사고 나면 여름에 신을 슬리퍼 한 짝도 살 수가 없어요. 부족하니까요. 예전에는 노인들이 마당에 있는 벤치에 앉아 근심 걱정 하나 없이 수다를 떨곤 했어요. 하지만 이제 그런 모습은 못 보죠. 어떤 노인은 시내를 돌아다니면서 빈병을 줍고, 어떤 노인은 성당 근처에서 서성거리며 구걸을 하죠…… 어떤 노인들은 버스정류장에서 해바라기씨나 담배를 팔았어요. 보드카 배급쿠폰도 팔았고요. 얼마 전에 포도주 매대 앞에서 사람들에게 밟혀 죽을 뻔한 사람도 있었어요. 이제는 술이, 보드카가 그것보다 더 귀해요…… 가만있자…… 그게 뭐더라…… 그러니까 그 미국 달러보다 더 귀하다고요. 여기에선 보드카만 있으면 못 사는 게 없어요. 배관수리공도 불러올 수 있고, 전기기사도 불러올 수 있어요. 보드카가 없으면 아무도 안 와요. 어쨌든…… 어쨌든…… 인생이 그렇게 지나갔어요…… 사실, 돈으로 살 수 없는 게 바로 시간이죠. 신에게 아무리 빌고 또 빌어도 살 수 없어요. 그렇게 세상이 만들어졌으니까요.

그런데 사샤는 스스로 사는 것을 그만두었어요. 거부했죠. 자의로 신에게 인생이란 티켓을 반환했다고요…… 오, 세상에! 신이시여! 이제는 경찰들이 여기저기 탐문하고 다녀요…… (어떤 소리에 귀를 기울인다.) 오오, 기차 경적 소리가 들리네…… 저건 모스크바 기차예요. '브레스트-모스크바' 기차. 내가 시계라니까요. 바르샤바행이 경적을 울리면 오전 6시고, 그때가 내 기상 시

---

* 구소련 국가에서 대중적으로 가장 인기가 좋았던 햄의 한 종류로, 크고 두꺼우며 지방 함량이 적은 것이 특징이다.

1부 아포칼립스의 위로

간이죠. 그런 다음에 민스크행, 그다음에는 모스크바행 첫 기차…… 아침과 저녁에 기차들이 서로 다른 목소리를 낸다니까요. 어떨 때는 밤새도록 그 소리를 듣고 있기도 해요. 늙어서 잠도 없거든요…… 이제 난 누구랑 말벗을 하나요? 이제는 마당 벤치에 나 혼자 덩그러니 앉아 있어요…… 난 늘 사샤를 위로했어요. "사샤, 이제 그만 좋은 여자를 만나야지. 결혼도 하고." "리자가 돌아올 거야. 기다려야지." 7년 전에 그 여자가 사샤를 떠난 이후로 난 한 번도 그 여자를 본 적이 없어요. 어떤 장교랑 바람이 났다는데…… 젊은 여자였거든요. 사샤보다 훨씬 어린 여자였죠. 그런데 사샤는 그 여자를 많이 좋아했어요. 나중에 그 여자가 사샤 관에 머리를 쿵쿵 찍으면서 "내가 당신 인생을 망쳐놓은 거야"라며 절규하더군요. 어휴! 어쨌든…… 어쨌든…… 사랑은 머리카락이 아니라서 휙 뽑아내버릴 수가 없는 법이죠. 결혼으로도 사랑은 묶어둘 수 없거든요. 다 끝난 뒤에 뭐하러 울까요? 지하에서 누가 자기 목소리를 들을 수 있다고…… (침묵) 오, 신이시여! 마흔 이전까지는 뭐든 해도 돼요, 죄도 지을 수 있어요. 그런데 마흔 이후에는 잘못을 뉘우쳐야 돼요. 그러면 하느님이 죄를 용서해주실 거예요.

(웃음) 정말 적고 있는 거예요? 그래요, 써요 써…… 내가 더 얘기해드릴게요…… 난 슬픈 이야기가 한두 자루 있는 게 아니거든요…… (고개를 치켜든다.) 어머나, 제비들이 찾아왔네…… 따뜻해지겠어요…… 사실 예전에 벌써 어떤 기자인가 하는 사람이 나를 한 번 찾아왔어요…… 전쟁에 대해서 이것저것 물어보더군요. 난 전쟁을 막기 위해서라면 내가 가진 마지막까지 다 내줄 수 있어요. 전쟁보다 무서운 건 없거든요! 독일군은 기관총을 쏴대고 우리 집들은 불타버렸어요. 정원들도 타버렸죠. 에그, 에그! 사샤랑 나는 매일 전쟁을 떠올리곤 했어요. 사샤 아버지는 실종됐고, 형은 빨치산이었는데 죽었다고 했어요. 브레스트에 포로들을 몰아넣었는데 개미떼만큼이나 많았어요. 포로들을 마치 말을 부리듯 길에서 몰았고 마구간 같은 데 가둬두곤 했어요.

죽은 포로들은 쓰레기처럼 땅바닥에 내팽개쳤고요. 여름 내내 사샤는 어머니와 함께 아버지를 찾으러 다녔어요. 사샤는 한번 그 이야기를 시작하면 멈출줄 몰랐지요. 사샤랑 어머니는 시체 더미도 뒤지고, 살아 있는 사람들도 이잡듯 찾아보았대요. 그때는 더이상 죽음을 두려워하는 사람이 없었어요. 죽는게 일상적인 일이 되어버렸을 때니까. 전쟁 전까지는 "타이가*부터 영국해까지/붉은 군대보다 강한 자는 없다네……"라는 노래를 불렀어요. 자랑스럽게 이 노래를 불렀죠! 봄이 되자 얼음이 녹았고, 강이 흐르기 시작했어요. 우리 마을의 강이란 강은 전부 시체로 뒤덮여 있었어요. 알몸으로 누운 시체들, 검게 타버린 시체들. 그들 허리춤에 있던 허리띠만 반짝거리고 있었죠. 붉은별이 달린 허리띠였어요. 물이 없는 바다가 없듯, 피 없는 전쟁도 없어요. 생명을 주신 건 하느님인데, 전쟁 때는 아무나 다 그 생명을 앗아가버려요……(울음) 마당을 뚜벅뚜벅 마냥 걸어다니다보면 사샤가 등뒤에 서 있는 것만 같아요. 목소리도 들리는 것 같고. 그래서 뒤돌아보면 아무도 없는 거예요. 어휴, 어쨌든…… 어쨌든…… 사샤, 이 양반아! 도대체 무슨 짓을 한 거야? 그런 고통을 선택하다니! 그래도 땅에서 불타 죽었으니, 하늘에서는 그럴 일이없을 테지. 충분히 고통당할 만큼 당했으니까. 어디엔가 우리의 눈물이 보관되어 있을 거야…… 그곳에서 사샤를 어떻게 맞이했을까요? 불구들은 땅 위를 기어다니고, 중풍 맞은 사람들은 누워 있고, 말 못 하는 장애인들은 그냥살아가죠. 그건 우리가 결정하는 게 아니에요. 우리의 의지가 아니에요……(성호를 긋는다.)

난 영원히 전쟁을 잊지 않을 거예요…… 독일군이 마을에 들어왔어요……모두 젊고 명랑한 이들이었어요. 엔진 소리가 얼마나 요란했던지! 독일군은아주아주 커다란 차를 타고 왔거든요. 게다가 바퀴가 세 개 달린 오토바이도

---

* 북반구의 냉대 기후 지역에 나타나는 침엽수림.

있었고요. 난 그전까지 한 번도 오토바이를 실제로 본 적이 없었어요. 시골에 있던 차라고는 짐칸이 나무판으로 둘러진 1.5톤짜리 트럭밖에 없었어요. 차체도 낮았고요. 그런데 독일군의 차들은 집 같았어요! 독일군들의 말은 평범한 말이 아니라 산만큼 컸어요. 독일군들이 학교에 빨간색 페인트로 "붉은 군대는 당신들을 버렸다!"라고 써놓았어요. 독일식 질서가 들어왔지요…… 우리 마을에는 유대인들이 많이 살고 있었어요. 아브람, 얀켈, 모르두흐…… 그들을 모두 모아서 어떤 곳으로 데려가더군요. 그들은 베개와 이불을 들고 있었는데 독일놈들이 다짜고짜 그들을 두드려 패기 시작했어요. 우리 지역의 모든 유대인들을 모으더니 한날에 모두 총살시켰어요. 구덩이를 파고는…… 수천명, 무려 수천 명의 사람들을 밀어넣기도 했어요…… 사람들 말로는 3일 동안 구덩이 위로 피가 배어나왔대요…… 땅이 숨을 쉬고 있었어요…… 살아 있는 땅이었어요…… 지금 그 자리에는 여가시설인 공원이 들어섰어요. 관에서는 아무 소리도 들리지 않아요. 아무도 소리칠 수 없어…… 그렇다고요…… 난 그렇게 생각해요…… (울음)

어떻게 된 건지는 아직도 잘 모르겠어요. 그 아이들이 직접 이웃집을 찾아왔는지 아니면 이웃 여자가 숲속에서 그 아이들을 찾아냈는지. 내막이 어찌됐든, 이웃집 여자가 창고에 유대인 꼬마 두 명을 숨겨주었어요. 귀엽디 귀여운 천사들이었죠! 모두들 총에 맞아 죽었는데 그 아이들은 숨어 있다가 도망을 친 거예요. 한 아이는 여덟 살, 또다른 꼬마는 열 살이었어요. 우리 엄마가 개네한테 우유도 가져다줬어요…… 이웃집 여자는 늘 입단속을 시켰어요. "아이들에 대해서는 절대로 절대로 아무에게도 한마디도 하지 말아요." 그런데 그 집에는 아주아주 늙은 영감이 있었어요. 먼 옛날 치렀던 독일놈들과의 그 전쟁을 기억하는 영감이었죠…… 그 영감이 아이들에게 밥을 주러 갔다가 울면서 "어휴, 이 불쌍한 것들, 너희들을 짓밟고 괴롭히려고…… 내가 할 수만 있다면 차라리 너희들을 내 손으로 죽였을 텐데"라는 말을 했대요. 그런데 악마는 모든 걸 듣고 있잖아요…… (성호를 긋는다.) 세 명의 독일군이 검은색 오토바이를 타고 검은색 큰 개를 데리고 찾아왔어요. 누군가 밀고한 거예요…… 언제 어디서든 그렇게 마음이 검은 사람들은 꼭 있는 법이거든요. 그런 사람들은 영혼이 없는 사람들처럼 살아요. 그 사람들 가슴속에 있는 심장은 의학적인 심장이지 인간적인 심장이 아니에요. 그런 인간들은 아무도 가여워하지 않아요. 그 어여쁜 꼬마들이 들판으로 밀밭으로 도망을 갔어요…… 독일놈들은 개를 풀어놓았어요…… 나중에 마을 사람들이 조각난 아이들과 옷조각들을 모았어요. 땅에 묻어줄 만한 온전한 것이 하나도 없었고 애들 성이 뭐였는지도 몰라서 장례를 어떻게 치러줘야 할지도 몰랐어요. 독일놈들이 아이들을 숨겨줬던 그 이웃집 여자를 오토바이에 묶었고, 그 여자는 심장이 터져 죽을 때까지 끌려다니며 뛰었어요…… (더이상 눈물을 닦아내지도 않는다.) 전쟁 때는 사람이 사람을 두려워했어요. 가까운 사람이고 외부인이고를 막론하고…… 모두를 두려워했어요. 낮말은 새가 듣고, 밤말은 쥐가 듣는다잖아요. 엄마는 우리에게 기도를 가르쳐주셨어요. 신의 가호가 없다면 지렁이에게도 먹힐 것이라면서요.

5월 9일, 우리의 축제가 열리면 나는 사샤와 함께 술 한잔씩 기울이며 울었어요…… 눈물을 삼키기가 어려울 정도로…… 어쨌든…… 어쨌든…… 사샤는 열 살에 이미 아버지 노릇, 형 노릇을 하며 살기 시작했어요. 나는 전쟁이 끝났을 즈음 열여섯 살이었지요. 난 엄마를 돕기 위해서 시멘트공장에 취직했어요. 50킬로그램짜리 시멘트 자루를 옮기거나 트럭에 모래, 자갈, 철근 등을 실었어요. 그런데 사실 난 공부를 하고 싶었어요…… 소에 쟁기를 걸고 밭을 갈았는데 소도 그 일을 하면서 구슬프게 울었지요…… 우리가 뭘 먹었는 줄 아세요? 도토리도 먹고 숲속에서 잣송이도 주웠죠. 그런데 그런 상황에서도 나는 꿈을 꿨어요…… 전쟁이 이어지는 내내 난 학교를 졸업하고 선생님이 되겠다는 꿈을 늘 가지고 있었어요. 전쟁 마지막날…… 그날은 아주 따뜻했어요…… 나는 엄마와 함께 들에 나갔죠. 군마를 타고 군인이 오더니 "승리했습니다! 독일군들이 항복문서에 사인했습니다!"라고 외쳐댔어요. 그 군인은 논과 밭을 활보하면서 "승리! 승리했다!"라고 알렸어요. 사람들은 모두 마을로 뛰어갔어요. 모두들 환희에 휩싸여 소리지르고 울고 욕을 퍼부었어요. 하지만 대부분은 많이 울었어요. 그리고 그다음날이 되자, '이제는 어떻게 살지?'를 고민하기 시작했죠. 집안은 텅 비어 있었고 창고에는 바람만 쌩쌩 불고 있었어요. 철캔으로 만든 컵과 독일군들이 남긴 병들, 그리고 탄피로 만든 초도 있었고요. 우린 전쟁을 치르는 동안 소금은 새까맣게 잊고 살았어요. 그래서 모두들 뼈가 휘어 있었죠. 퇴군하는 독일놈들이 돼지도 가져가고 마지막 닭 한 마리까지 다 잡아갔어요. 독일군들 전에는 빨치산들이 밤에 내려와 소를 끌고 갔죠…… 엄마가 그들에게 끝까지 소를 내주지 않자 빨치산 대원 중 한 명이 허공에 대고 총을 쐈어요. 지붕을 겨냥하면서요. 그놈들이 자루에 재봉틀도 담아가고 엄마 원피스도 집어넣었어요. 빨치산들은 민병대원이었을까요, 아니면 강도들이었을까요? 무기도 들고 있었거든요…… 어쨌든…… 어쨌든…… 사람은 항상 살고 싶어해요. 전쟁중이라도 마찬가지예요. 전쟁이 일어나면 많은 것을 알게 된답니다. 인간보다 못한 짐승은 없어요. 사람이 사람을 죽이는 거지 총이 아니에요. 사람이 사람을 죽이는 거라고요…… 젊은 선생님, 아시겠어요?!

한번은 엄마가 점쟁이를 불렀어요…… 점을 보더니 말하더군요. "만사형통이에요." 그런데 복채로 줄 게 있어야죠. 엄마가 창고에서 비트 뿌리 두 개를 찾아냈는데 그런 것에도 기뻐하더군요. 점쟁이도 그랬고요. 나는 꿈꿔왔던 대로 사범대학교에 입학했어요. 입학할 때 원서를 써야 했죠. 원서를 작성하다가 한 항목에서 멈췄어요. "당신이나 당신의 친척이 포로로 잡혀가거나 독일군에게 잡혔던 적이 있습니까?" 그 질문에 나는 "물론 있음"이라고 썼죠. 교장이 나를 교장실로 부르더니 그러더군요. "원서를 도로 가져가야겠어요. 학생." 그는 전장에서 싸웠던 군인이었어요. 팔도 하나 없었고요. 한쪽 소매가 덜렁거리며 비어 있었거든요. 난 그제야 우리가, 독일군이 장악했던 지역에 살았던 우리 모두가 믿을 수 없는 인간 취급을 받고 있다는 것을 깨달았어요. 의심의 대상이었던 거예요. 아무도 우리에게 "형제자매 여러분!"이라고 말하지 않았어요…… 그후로 40년이 지나서야 원서 양식이 바뀌더라고요. 자그마치 40년이요! 원서 양식이 바뀌는 동안 내 인생은 이미 끝나버렸어요. "우리를 독일군 밑에 둔 사람이 누군데 저한테 그러세요?!" "쉿! 학생, 조용히 해……" 교장은 아무도 못 듣게 문을 닫았죠. "쉿! 조용히 해……" 주어진 운명을 어떻게 거스를 수 있겠어요? 그건 칼로 물 베기나 다름없죠…… 사샤는 군사학교에 지원했고, 마찬가지로 원서 양식을 채우면서 가족이 독일군 점령지에서 살았고 아버지는 실종됐다고 썼대요…… 사샤는 바로 제적당했죠…… (침묵) 내가 선생님께 이렇게 내 얘기, 내 인생 얘기를 막 말해도 괜찮은 건가 모르겠네요? 우리는 모두 똑같이 살았어요. 이런 대화를 했다고 감옥에만 보내지 않으면 돼요. 아직도 소련 정부가 있는 거예요, 아니면 아예 없어진 거예요?

슬픔을 겪다보니 좋은 일들을 잊고 살았어요…… 우리도 젊었을 때는 사랑이란 걸 했는데 말이에요. 난 사샤 결혼 잔치에도 갔어요…… 사샤는 리자를 너무 좋아해서 오랫동안 쫓아다녔죠…… 리자 때문에 병이 날 지경이었지……! 사샤는 결혼할 때 민스크에서 순백의 면사포를 구해왔어요. 막사에 들어갈 때는 신부를 번쩍 안고 들어갔죠. 이건 러시아의 오래된 관습이잖아요…… 신랑이 신부를 아이처럼 안고 들어가야 집을 지키는 도모보이*가 눈치를 못 챈다고들 하잖아요…… 도모보이는 새사람을 싫어해서 집에서 쫓아낸대요. 도모보이가 집주인이니까 도모보이 마음에 들어야 한다는 거죠…… 에

---

* 집의 정령 또는 가택신.

이! 에이! (손을 내젓는다.) 이제 사람들은 아무도, 그리고 아무것도 믿지 않아요. 도모보이도 공산주의도. 지금 사람들은 아무런 신앙 없이 살고 있어요! 그래도 어쩌면 아직 사랑은 믿을지도 모르지…… "키스해! 키스해!" 사샤의 결혼 잔치에 모인 손님들이 모두 한목소리로 외쳤지요. 그때는 술을 어떻게 마셨는 줄 아세요? 한 상 위에 술병 하나 올려놓고 열 명이 나눠 마셨어요…… 그런데 지금은 일인당 한 병씩 놓으라고들 하죠. 아들이나 딸을 결혼시키려면 이제는 소 한 마리를 팔아야 해요. 사샤는 리자를 사랑했어요…… 하지만 마음은 억지로 얻을 수 없고, 그렇다고 귀를 잡아당겨 붙들어둘 수도 없는 법이죠. 어휴, 어쨌든…… 어쨌든…… 리자는 암고양이처럼 바람을 피웠어요. 아이들이 다 자란 뒤에는 아예 사샤 곁을 떠났죠. 뒤도 돌아보지 않았어요. 나는 사샤에게 늘 말했어요. "사샤, 이제 좋은 여자를 찾아. 안 그럼 술만 먹게 될 거야." "술은 한 잔만 따라놓고 피겨스케이팅을 본 다음에 바로 자는걸." 혼자 자면 이불도 차갑기 그지없고…… 천국에서도 혼자 있는 건 고역인 거예요. 사샤는 술을 마셨지만 술에 절어 살지는 않았어요. 암요, 절대로 다른 남자들처럼 술독에 빠지진 않았다고요. 아, 맞다! 우리 이웃 중에 어떤 남자가 있는데 그 남자는 '카네이션'이라는 이름의 오데코롱*도 마시고, 로션도 마시고, 탈취제도 마시고, 세제까지 마신다니까요…… 그런데도 아직 살아 있어요! 지금은 보드카 한 병 값이 옛날 웬만한 외투 한 벌 값이에요. 안주는 또 어떻고요? 햄 500그램이면 내 연금의 반이 사라진다고요! "자유를 마셔요! 자유를 먹어요!" 그토록 대단한 나라를, 그 강대국을! 단 한 번의 총성 없이 그렇게 내주다니……! 한 가지, 정말 이해할 수 없는 게 있어요. 왜 아무도 우리의 의사는 묻지 않았던 걸까요? 나는 평생을 위대한 나라를 세우기 위해 살았는데 말이에요. 우리에겐 그런 말을 했고, 그런 약속을 했었다고요.

---

* 방향성 화장품의 일종으로, 알코올 순도가 75~85퍼센트에 달한다.

난 벌목도 했고 침목도 직접 끌며 날랐어요. 남편과 함께 공산주의 건설현장에 참여하기 위해 시베리아에도 갔다고요. 예니세이강, 비류사강, 마나강 등이 기억나요. '아바칸-타이셰트' 철도 구간을 건설하기도 했어요. 시베리아로 갈 때 우리는 화물칸에 실려갔어요. 철스프링으로 된 이층침대에 매트리스도 없었고 침구도 없었어요. 머리 밑에 주먹을 말아 대고는 잠을 청했죠. 바닥에는 구멍이 뻥 뚫려 있었고요. 큰 볼일은 양동이 하나로 해결했지요(홑이불로 통을 가려서 만들었어요). 들판에서 기차가 잠시 정차할 때면 짚을 잔뜩 베어다가 이불 대신 사용하기도 했어요. 화물칸에는 전기도 없었어요. 그런 상황에서도 우리는 가는 내내 콤소몰 노래를 목청껏 불렀어요. 7일 동안 기차를 탔어요…… 그렇게 우린 황량한 타이가에 도착했어요. 눈은 사람 키만큼 쌓여 있었죠. 머지않아 괴혈병이 돌았고 사람들의 이란 이는 모조리 흔들렸지요. 머릿니도 생겼어요. 근데 하루 노동 할당량은 어마어마했어요! 사냥할 줄 알던 남자들이 곰을 잡아오면 그때만 고기를 구경할 수 있었어요. 그러지 않으면 매번 죽만 먹었으니까요. 그때 기억해두었는데, 곰은 눈을 쏴야 하더라고요. 우리는 막사에서 살았어요. 샤워실도 없었고 목욕탕도 없었죠. 여름이 되면 시내로 들어가서 분수에서 목욕을 했어요. (웃음) 내 이야기를 더 듣고 싶어요? 기꺼이 더 해드리죠……

아! 내가 결혼한 이야기를 깜빡했네. 내가 열여덟 살 때였어요. 그때 난 이미 벽돌공장에서 일하고 있었어요. 시멘트공장이 문을 닫는 바람에 벽돌공장에 취직했거든요. 처음에는 점토 담당이었어요. 그때는 삽으로 퍼서 점토를 모두 직접 채취했거든요…… 우리는 트럭에서 원료를 내린 뒤 마당에 진흙을 고르게 펴서 적당히 숙성될 때까지 두었어요. 6개월 뒤에는 압축기에서 나온 판을 가마에 집어넣는 일을 했어요. 젖은 벽돌이 가마로 들어가면 뜨겁게 구워진 벽돌이 나오는 거죠. 우리가 직접 가마에서 일일이 벽돌을 꺼냈어요. 말도 못 하게 뜨거웠어요! 1교대당 4천~6천 장의 벽돌을 꺼내야 했어요. 무게가 20톤가량 되었죠. 그런데 거의 여자들과 소녀들이 일했어요. 젊은 남자들도 있었지만 대부분은 운전대를 잡고 있었어요. 그중 한 명이 나를 쫓아다니기 시작했어요…… 다가와서는 웃기도 하고 어깨 위에 은근슬쩍 손을 올리기도 했어요. 하루는 "나랑 같이 갈래?"라고 묻더군요. 그래서 어디로 가는지 묻지도 않고 "갈래"라고 대답했지요. 우리는 그렇게 시베리아로 동원되었어요. 공산주의를 건설하기 위해서! (침묵) 그런데 지금은…… 어휴! 어쨌든…… 어쨌든…… 다 부질없는 짓이었어요. 괜한 고생을 한 거예요…… 이 사실을 인정하기가 힘들었어요. 이런 진실을 가지고 사는 것도 힘들고요. 우리가 얼마나 많이 일했는데! 모든 걸 이 두 손으로 건설했는데! 정말 잔인한 시기예요! 내가 벽돌공장에서 일할 때였어요. 하루는 그만 늦잠을 자고 말았지요. 전쟁 직후에는 지각했다 하면, 단 십 분만 지각해도 감옥행이었어요. 하지만 작업반장 덕분에 구사일생으로 살았지요. "내가 노천광에 보냈다고 말해요……" 누가 혹 밀고라도 했다면 작업반장도 살아남지 못했을 일이었어요. 1953년이 되어서야 지각을 사유로 감옥에 보내는 일이 폐지됐지요. 사람들은 스탈린이 죽은 후에나 웃기 시작했지, 그전까지는 모두 몸을 사렸다고요. 미소도 짓지 않았어요.

이제 와서 옛날 일들을 기억해내면 또 뭐하겠어요? 잿더미 속에서 못을 주워 담는 일밖에 안 될 텐데…… 모든 것이 불타버렸다고요! 우리의 인생이…… 우리의 모든 것이 사라졌어요…… 우린 계속 건설만 했어요…… 사샤는 황무지로 보내졌어요. 그곳에서 사샤는 공산주의를 건설했다고요! 밝은 미래를. 한겨울에 침낭도 없이 천막에서 잠을 잤다고 했어요. 입고 있던 옷을 그대로 입은 채로. 거기서 사샤는 손에 동상을 입었지요…… 그래도 사샤는 자랑스러워했어요! "기나긴 길이 뻗어나가네!/안녕하시오! 손길이 닿지 않은 새 땅이여!" 사샤는 레닌의 얼굴이 그려져 있는 빨간색 당원증을 가지고 있었어요. 그건 그에게 매우 소중했죠. 사샤도 나처럼 의원도 했고

'스타하노프 노동자'가 되기도 했죠. 삶이 그렇게 흘러가버렸어요. 화살처럼 빠르게, 흔적도 없이. 이젠 그 흔적을 찾기도 어려워요…… 어제 난 우유를 사려고 세 시간 동안이나 줄을 섰는데, 결국 우유가 모자라서 내 차례까지는 오지도 않았지 뭐예요. 한번은 독일에서 보낸 소포가 집에 배달되었어요. 빻은 곡물, 초콜릿, 비누 등등이 들어 있었어요…… 전쟁에서 패배한 자들이 승리한 자들에게 보낸 거였죠. 난 독일놈들 소포는 필요 없었어요. 전혀요. 난 그걸 받지 않았어요. (성호를 긋는다.) 독일놈들은 개를 끌고 다녔어요…… 그 개들은 털에 윤기가 좔좔 흘렀죠. 독일군이 숲으로 다니면 우리는 늪으로 다녔어요. 어떤 곳은 물이 목까지 차오르기도 했어요. 여자와 아이들, 그리고 소들도 사람들과 함께 숨어 있었어요. 찍소리도 내지 않고요. 소들도 사람들처럼 숨을 죽이고 있었다니까요. 소들도 상황을 판단했던 거라고요. 나는 독일 사탕도 싫고 독일 과자도 싫어요! 내 것은 다 어디에 있는 건가요? 내가 쏟은 노력은? 우리가 그렇게 믿었는데! 언젠가는 해 뜰 날이 올 거라고 굳게 믿었는데. 조금만 기다려, 조금만 참아…… 또 조금만 더 기다려, 조금만 더 참아…… 그렇게 병사, 기숙사, 막사를 전전긍긍하며 평생을 살아왔다고요.

하지만 이제 와 뭘 어쩌겠어요? 그냥 이렇게 살 수밖에…… 죽음만 빼고 모든 건 다 극복할 수 있는 법이죠. 하지만 죽음을 극복할 수는 없지요…… 사샤는 30년 동안 가구공장에서 뼈빠지게 일했어요. 등이 굽을 정도였죠. 사샤는 1년 전에 퇴직했는데, 시계를 선물로 받았다더군요. 하지만 퇴직 후에도 사샤는 일이 끊기지 않았어요. 사람들이 사샤에게 물건을 주문했거든요. 그런데도 사샤는 즐거워 보이지가 않았어요. 지루해 보였죠. 어느 순간 면도도 하지 않더라고요. 30년 동안 한 공장에서 일했다는 건 사실 반평생을 보낸 거나 다름없어요! 공장이 아마 집 같았을 거예요. 그 공장에서 사샤의 관도 보내줬어요. 비싸 보이는 고급관으로요. 전체가 번쩍거렸고 관 안에는 벨벳이 깔려 있었어요. 지금은 저 도둑놈들이나 장군들만이 그런 관에 눕는다니까요…… 사람들은 모두 관을 만져보았어요. 그때까지 본 적이 없었으니까요! 막사에서 관을 꺼내오자 사람들이 문턱에 곡식을 뿌렸어요. 살아 있는 사람들이 편하려면 그렇게 해야 하는 법이거든요. 우리의 오래된 풍습이지요…… 마당에 관을 놓았어요. 친척 중 누군가가 "선한 이들이여, 고인을 용서해주소서"라고 말했고, "하느님 죄를 사하여주소서"라고 모두들 응답했어요. 그런데 뭘 용서하라는 걸까요? 우리는 마치 한 가족처럼 가깝게 지냈는걸요. 다른 집에 없으면 내가 가져다주고 내가 없으면 다른 사람이 가져다주면서, 그렇게 살았어요. 우리는 명절도 좋아했어요. 그리고 같이 사회주의를 건설했지요. 그런데 라디오를 들어보니 이제는 사회주의가 끝나버렸다는군요. 하지만 우리는…… 우리는 아직도 남아 있잖아요……

기차 경적이 들리네요, 들려요…… 타지 사람들이잖아요, 뭐가 더 알고 싶은 건가요? 뭐가요? 똑같은 죽음은 없는 법이에요…… 난 시베리아에서 첫아들을 얻었지만, 그 아이는 디프테리아에 걸려서 금세 내 품을 떠났어요. 그런데도 보세요, 나는 살아 있어요. 어제는 사샤의 묘에 다녀왔어요. 같이 앉아 있었죠. 리자가 많이도 울었다는 얘기를 해줬어요. 관에 머리를 박으면서 울었다고. 사랑은 세월을 헤아리지 않아요……

죽어야지…… 그러면 모든 게 좋아지겠지……

속삭임, 고함소리…… 그리고 환희에 대하여
마르가리타 포그레비츠카야(의사, 57세)

―저에게 명절은 11월 7일*이었어요…… 가장 성대하고 화려했던 명절…… 붉은광장에서의 군대 행진은 어린 시절 기억 중 가장 선명하게 제 머

릿속에 각인되어 있어요.

전 손목에 빨간 풍선을 묶은 채로 아버지의 목말을 타고 있었어요. 행렬 위로 레닌, 스탈린, 마르크스의 대형 초상화가 둥둥 떠다니고 있었고, 장식용 전구와 빨강 파랑 노랑 풍선으로 엮은 풍선 다발도 보였어요. 빨간색. 제가 제일로 좋아하는 색이랍니다. 혁명의 색이자 혁명을 위해 흘린 피의 색……위대한 10월혁명! 지금이야 군사 쿠데타라느니 볼셰비키들의 음모였다느니 러시아에 닥친 재앙이었다는 수식어를 붙이거나, 레닌이 독일 첩보원이었고 혁명은 탈영병들과 술에 찌든 선원들이 일으킨 것이라고들 비하하죠. 전 그런 소리가 들리면 귀를 막아버려요. 듣고 싶지 않아요! 그건 제가 감당할 수 있는 능력 밖이거든요. 평생 동안 저는 우리가 가장 행복한 사람들이라고 믿었어요. 이제까지 사람들이 본 적도 들은 적도 없는 훌륭한 나라에서 살고 있다고 믿어왔다고요. 이런 나라는 전 세계 어디에도 없다고요! 우리에겐 붉은광장이 있었고, 그 광장에 있는 스파스카야 시계탑은 시간 맞춰 종을 울렸고, 그 종소리에 맞춰 전 세계가 시계를 맞춘다고 생각해왔어요. 아빠가 그렇게 가르쳐주었으니까요…… 엄마도, 할머니도 그러셨으니까요…… '11월 7일은 달력의 빨간 날……' 명절 전날이 되면 우리는 늦게까지 잠들지 않았어요. 온 가족이 모여서 종이를 구겨서 종이꽃을 만들고 도화지로 하트를 오린 후 색칠했어요. 아침이 되면 엄마와 할머니는 집에 남아서 명절 음식을 만들었지요. 그날은 꼭 손님들이 왔거든요. 손님들은 케이크와 와인을 담은 상자를 장바구니에 넣어 들고 왔죠. 그때는 비닐봉지가 아직 없을 때였거든요…… 할머니는 양배추와 버섯을 속에 넣은 그 이름도 유명한 할머니표 파이를 만드셨고, 엄마는

---

* 10월혁명으로 발전한 볼셰비키 봉기는 율리우스력 기준 1917년 10월 24~25일 밤에 일어났다. 이후 소련에서 채택된 그레고리력을 기준으로 하면 11월 6~7일에 해당한다. 10월혁명의 날로 알려진 이날에는 대규모 군중이 참석하는 군사 퍼레이드가 열린다.

1부 아포칼립스의 위로

'올리비에'* 샐러드에 마술을 부리는가 하면 어디에 내놔도 손색없을 '홀로제츠'**를 만들며 솜씨를 부렸죠. 그러는 사이 저는 아버지와 함께 있었고요!

거리마다 사람들이 가득했고, 사람들의 외투와 재킷에는 빨간 리본이 달려 있었어요. 붉은 깃발은 찬란하게 빛났고, 군 관악대의 연주가 울려퍼졌어요. 그리고 우리의 지도자들이 연단에 서 있었죠…… 노래도 들렸어요. "세계의 수도, 우리 조국의 수도/크렘린 별자리에서 영롱하게 빛나는구나/온 우주가 너를 자랑스러워하네/모스크바는 석영같이 빛나는 아름다움이라네……" 그곳에 있으면 나도 모르게 계속 "만세!"라고 소리치고 싶었지요. 스피커에서도 끊임없이 소리가 흘러나왔어요. "두 번의 레닌 훈장과 붉은 별 훈장을 받은 모스크바 리하초프 공장 노동자들에게 영광을! 동지들이여, 만세를 외치시오!" "만세! 만세!" "우리의 영웅적인 레닌의 콤소몰 단원 아무개에게 영광을…… 공산당 당원 아무개에게 영광을…… 우리의 참전용사들 등등……" "만세! 만세!" 아름다움! 환희! 사람들은 눈물을 흘렸고, 기쁨이 광장을 가득채웠어요. 관악대가 행진곡과 혁명가를 연주했어요. "그는 명령을 받고 서부로 향했고/그녀는 다른 방향으로 발걸음을 떼었네/콤소몰 단원들이 떠나고 있네/내전을 치르기 위하여" 전 그때 그 노래들의 가사를 아직도 외우고 있어요. 하나도 잊지 않았어요. 자주 부르기도 해요. 혼자서 저만을 위해 부르지요. (조용히 노래를 부른다.) "내 조국의 땅은 드넓기도 하지/숲도 많고, 들판도 많고, 강도 많은 내 조국/어디 이런 나라가 또 있나요?/사람들이 자유롭게 숨쉬는 이런 나라가……" 얼마 전에는 장롱에서 오래된 레코드판을 찾아냈어요. 천장 수납장에서 축음기를 꺼내서 저녁 내내 회상에 젖어 있었지요. 두나옙스키, 레베제프-쿠마치의 노래들. 우리가 얼마나 좋아했다고요!

---

* 러시아의 국민 샐러드. 삶은 감자, 당근, 계란, 햄, 오이피클 등을 잘게 썰어넣고 마요네즈에 무쳐서 먹는다.

** 고기나 생선을 끓여 우린 육수를 젤라틴과 혼합하여 투명하게 굳힌 요리.

(침묵) 얼마 뒤 아버지가 저를 안아 들었고, 저는 사람들보다 높이 있었지요. 아버지는 저를 높이 더 높이 들어올렸죠. 가장 중요한 순간이 다가오고 있었거든요. 이제 곧 도로 위로 웅장한 자태를 드러내며 그르렁거리는 거대한 트레일러가 나타납니다. 뚜껑 덮인 로켓이 올려진 트레일러. 뒤이어 탱크도 지나고 포대도 나타나죠. "딸아, 이 장면은 평생 동안 기억해야 해!" 아버지가 시끄러운 소리 너머로 제게 소리치며 말했어요. 그리고 저도 그 장면을 평생 동안 기억하리라는 걸 알았죠. 집으로 돌아가는 길에 우리는 상점에 들렀고, 저는 제가 그토록 사랑했던 '부라치노'표 레모네이드를 먹을 수 있었어요. 그날은 제게 모든 것이 허락되는 날이었어요. 피리, 수탉 모양의 막대사탕 등등이요.

저는 모스크바의 밤이 좋았어요. 그 불빛들이요. 제가 열여덟 살이 되었을 때, 전 드디어 사랑에 빠졌어요. 내가 사랑에 빠졌다는 것을 처음 자각했을 때 제가 어디를 갔는지 아세요? 아마 절대로 못 맞히실걸요. 전 붉은광장으로 갔어요. 그 순간 제가 제일 하고 싶었던 것이 바로 붉은광장에서 그 순간을 느끼는 것이었어요. 크렘린 벽, 눈으로 덮인 흑송, 눈이 소복이 쌓인 알렉산드롭스키 정원. 전 이 모든 걸 둘러보면서 저의 행복을 예감했어요. 반드시 행복하리라는 걸 알았어요!

얼마 전 남편과 함께 모스크바를 다녀왔어요. 그리고 처음으로…… 처음으로 붉은광장에 가지 않았어요. 처음으로 붉은광장에 경의를 표하지 않았어요. 처음으로…… (눈에 눈물이 맺힌다.) 제 남편은 아르메니아인이에요. 우리는 대학생일 때 결혼했어요. 남편에겐 이불이 있었고 저에겐 간이침대가 있었어요. 처음에 우린 그렇게 시작했어요. 모스크바 의대를 졸업한 뒤 민스크로 발령을 받았어요. 제 동기들도 각자 다른 곳으로 배정받았어요. 어떤 친구는 몰도바로, 어떤 친구는 우크라이나로, 어떤 친구는 이르쿠츠크로 배정되었지요. 이르쿠츠크로 발령받아 간 친구들을 우리끼리 '데카브리스

　　　　　　　　　　　　　　　　　1부 아포칼립스의 위로

트*라고 불렀어요. 모두 한 나라 한 땅이니 어디든 가고 싶은 곳으로 갈 수 있었죠! 그때는 국경도 없었고, 비자도 관세도 없었어요. 남편은 자신의 조국으로, 아르메니아로 돌아가고 싶어했어요. "우리 세반으로 가자. 아라라트산도 볼 수 있어. 아르메니아에서 원조 라바시**도 한번 맛보고." 그렇게 남편은 제게 약속했죠. 그런데 뜻밖에도 민스크로 발령이 난 거예요. 그래도 우린 주저하지 않았어요. "가지 뭐, 벨라루스로!" "그래, 가자!" 젊었잖아요. 아직도 살날이 더 많았던 시절이었고 모든 걸 다 할 수 있을 것이라고 생각했으니까요. 우린 그렇게 민스크에 도착했고 그곳이 참 마음에 들었어요. 계속 돌아다녔어요. 호수, 숲, 빨치산들의 무대였던 수풀들, 습지대, 나무가 밀생한 거대하고 깊은 숲들, 그리고 숲이 울창한 지역 사이로 드문드문 펼쳐진 들판들도 있었어요. 우리 아이들은 그곳에서 자랐어요. 그래서 아이들이 제일 좋아하는 음식이 벨라루스식 감자전인 '드라니키'와 벨라루스식 '모찬카'***였어요. "불바****를 볶고 불바를 삶자……" 두번째로 좋아하는 음식은 아르메니아의 '하시'*****였어요…… 그렇지만 우리 가족은 매년 모스크바에 갔어요. 가지 않을 수가 없었으니까요! 그러지 않으면 전 살 수가 없었는걸요. 전 모스크바 거리를 거닐어야만 했어요. 모스크바의 공기를 흠뻑 들이마셔야 했다고요. 전 기차가 벨라루스키 역에 근접하는 그 첫 순간만을 항상 조바심 내면서 기대하곤 했어요. 도착을 알리는 행진곡이 울리고 안내방송이 나오죠. "승객 동지 여러

---

* 1825년 12월 러시아 최초로 근대적 혁명을 꾀한 혁명가들로, '12월혁명당원'이라고도 한다. 데카브리스트의 혁명적 반란은 실패했고 가담자 모두 시베리아로 추방당했는데, 이때 한 무리의 부인들이 남편들을 따라 시베리아까지 갔고 이르쿠츠크에서 수공예품을 만들면서 남편들을 내조했다.

** 아르메니아에서 처음 만들어진 부드럽고 납작한 빵. 외양은 또띠아나 전병같이 생겼다.

*** 고기와 우유를 주재료로 사용하고 다양한 채소를 섞어 만드는 수프의 일종. 다만 소스에 가깝게 되직한 것이 특징적이다. 주로 러시아식 팬케이크인 '블리니'와 함께 발라서 먹거나 벨라루스의 드라니키를 곁들여 먹는다.

**** 벨라루스어로 '감자'를 뜻한다.

***** 아르메니아의 대표적인 국물요리로 소의 위와 우족을 오랫동안 고아서 만든다.

분! 이 열차는 우리 조국의 수도에 방금 도착했습니다. 영웅들의 도시 모스크바에 오신 걸 환영합니다!" 이 멘트를 듣기만 해도 심장이 두근거렸지요. "열정이 넘치는 위대한 도시! 누구도 정복할 수 없는 도시!/나의 모스크바여, 나의 사랑하는 조국이여……" 이 노래에 맞춰서 하차하곤 했어요.

그런데…… '이게 뭐지…… 우리가 어디로 온 거지?' 우리를 맞이하는 건 낯선 도시, 생경한 도시였어요…… 거리 위로 바람에 실려 나부끼는 꼬질꼬질한 포장지, 신문지 조각들, 빈 맥주병들이 발에 걸리곤 했어요. 역 광장에서도 지하철역에서도요. 어딜 봐도 사람들이 회색 줄을 만들고 있었고, 다들 무언가를 팔고 있었어요. 여성 속옷, 침대시트, 오래된 신발과 아동용 장난감 그리고 담배는 낱개로도 살 수 있었어요. 마치 전쟁영화 속 한 장면 같았어요. 전쟁영화에서나 그런 모습을 봤거든요. 차가운 땅바닥에 찢어진 종잇조각이나 박스가 깔려 있었고, 그 위에 햄, 고기, 생선 등이 진열되어 있었어요. 어떤 곳은 찢어진 비닐봉지로 덮어두었고 그마저도 다른 곳에는 없었어요. 그런데도 모스크바 사람들은 그걸 사더라고요. 흥정도 하고요. 손뜨개 양말과 냅킨도 있었고, 못을 파는 곳 바로 옆에서 음식과 옷도 팔았어요. 우크라이나어, 벨라루스어, 몰도바어가 모두 들렸어요. "우린 빈니차에서 왔어요……" "우리는 브레스트에서 왔어요……" 거지들도 정말 많았어요. 어디서 그 많은 거지들이 나타났을까요? 장애인들도 많았어요…… 정말이지, 영화 속 장면 같았어요…… 전 그 장면에 비교할 만한 대상이 소련 영화밖에 없어요. 그때 전 마치 그 영화를 보고 있는 것 같았어요……

구舊 아르바트 거리. 제가 제일 사랑하는 그 거리에도 가판대가 즐비했고 마트료시카, 사모바르*, 이콘 성화, 황제와 황실 가족의 사진 등이 팔리고 있

---

* 러시아의 가정에서 찻물을 끓이는 데 사용하는 주전자. 열효율이 매우 뛰어나서 오랫동안 물이 뜨겁게 유지된다.

　　　　　　　　　　　　　　　　1부 아포칼립스의 위로

었어요. 또 '백군' 장군들인 콜차크, 데니킨의 초상화도 있었고, 레닌의 흉상
도 있었어요…… 마트료시카는 종류가 참 다양하더군요. '고르바초프' 마트
료시카, '옐친' 마트료시카 등등. 전 모스크바를 알아볼 수가 없었어요. '도대
체 무슨 도시가 이래?' 아스팔트 길바닥에 벽돌 하나 깔고 앉아 어떤 노인이,
훈장을 주렁주렁 매단 노인이 아코디언을 연주하고 있었어요. 군가를 부르더
군요. 그리고 그 노인의 발치에는 동전이 든 모자가 놓여 있었어요. 우리가
사랑했던 그 노래들을 부르더군요. "작디작은 난로 속에 불이 타오르네/장
작에 묻은 나무진은 눈물인 것만 같소……" 그 노인에게 다가가고 싶었어
요…… 그런데 어디선가 나타난 한 무리의 외국인들이 그를 둘러싸더니 사
진을 찍어대기 시작하더군요. 이탈리아어로, 프랑스어로, 독일어로 그에게
뭔가를 말하고 있었어요. 어깨를 툭툭 치면서 "어서 해요! 어서 해봐요!"를
외치고 있었어요. 그들은 즐거워 보였고, 만족스러워 보였어요. 어떻게 그럴
수가 있나요? 우리를 그렇게나 두려워하던 그들이었는데…… 그런데 지금
은……! 잡동사니가 산더미처럼 쌓여 있었어요. 제국이 폭삭 무너졌어요! 마
트료시카와 사모바르 옆에는 붉은 깃발, 작은 삼각기, 당원증, 콤소몰 가입증
등이 수북이 쌓여 있었어요. 그리고 소련의 전투 훈장도요! 레닌 훈장, 붉은
별 훈장, 메달도요! '용맹 메달' '전투 공헌 메달' 등등. 전 그 물건들을 만지
고 쓰다듬었어요…… 믿을 수 없었어요! 믿기지가 않았어요! '세바스토폴 방
어전 메달' '캅카스 방어전 메달' 모두 진짜 메달, 친숙한 메달들이었어요. 소
련 군복도 있더군요. 정복, 외투, 별이 달린 군모까지…… 그리고 가격은 달
러로 표시되어 있었어요. 남편이 "얼마예요?"라고 물으면서 '용맹 메달'을 가
리켰어요. "20달러만 주쇼. 아, 그래요, 한 장에 해드릴게. 천 루블만 주쇼."
"레닌 훈장은요?" "100달러……" "그럼, 당신 양심은요?" 그대로 두었으면
남편은 싸울 태세였어요. "뭐야, 당신 미쳤어? 어느 구멍에 처박혀 있다가 기
어나왔어? 이건 전체주의 때의 물건들이라고." 계속 그런 식으로 말하더군

요…… 이건 '철조각'에 불과하다며, 하지만 외국인들은 좋아한다며, 외국인들 사이에서 소련 상징물들을 수집하는 게 유행이라며, 잘나가는 상품이라며. 전 소리를 빽 지르고, 경찰을 불렀어요. "여기요, 여기 좀 보세요! 아, 아, 아악!" 달려온 경찰은 그 장사치와 똑같은 말을 또박또박 확인해주더군요. "전체주의 시대의 물건들 맞습니다…… 마약이나 포르노그래피만 신고하실 수 있습니다……" 당원증을 10달러에 팔고 있었어요. 아니, 그게 포르노그래피가 아니고 뭔가요? '영광 훈장'이나 레닌 초상화가 그려진 붉은 깃발을 단돈 1달러에 팔다니요……? 마치 우리가 어떤 무대에 서 있는 것 같았어요. 사람들이 우리를 놀리고 있다는 생각이 들었죠. 아무래도 못 올 곳을 왔다는 생각도 들었고요. 저는 한동안 서서 울었어요. 옆에 있던 이탈리아 사람들은 군인 망토를 둘러보고 붉은 별이 달린 군모도 써보더군요. 연신 외쳐대면서. "카라쇼! 카라쇼!"* "알 랴 루스."**

전 레닌 묘에 엄마와 함께 처음으로 갔어요. 그날은 비가 내리는 날이었어요. 차가운 가을비요. 우리는 여섯 시간 동안이나 줄을 섰죠. 계단, 잿빛 어두움, 화환. 누군가 속삭였어요. "들어가세요. 뒤처지지 마세요." 전 눈물이 앞을 가려서 제대로 둘러보지도 못했어요. 하지만 레닌, 그에게서는 신성한 빛이 발하는 것 같았어요…… 어렸을 때 저는 엄마에게 늘 절대로 죽지 않을 거라고 호언장담했어요. 그러면 엄마는 "왜 그렇게 생각하니? 모두들 죽는단다. 레닌도 죽었잖니?"라고 했죠. 그래요, 레닌도 죽었어요…… 전 사실 이 모든 것에 대해 어떻게 얘기해야 할지 잘 모르겠어요. 하지만 이런 대화는 저에게 필요해요. 제가 원하는 거예요. 전 얘기를 하고 싶어요. 얘기하고 싶은데, 누구와 해야 할지 모르겠어요. 무엇에 대해 이야기하고 싶냐고요? 우리가 환상

---

* 이탈리아 사람들이 러시아로 '좋다'는 뜻의 '하라쇼'를 이탈리아식으로 발음한 것.
** 프랑스어의 'A la Russe'가 러시아어로 들어와 러시아식으로 발음된 것. 러시아인들은 '러시아식으로' 또는 '러시아 스타일'이라는 뜻으로 이 표현을 사용한다.

적으로 행복했다는 이야기를 하고 싶은 거예요. 지금 저는 절대적으로 확신해요. 비록 가난했고 순진하게 자랐지만, 우리는 그런지조차 몰랐고 누구도 부러워하지 않았어요. 값싼 필통과 40코페이카짜리 볼펜을 들고 학교를 다녔고, 여름이면 캔버스천으로 만든 슬리퍼를 치약으로 깨끗이 닦은 뒤에 신고 다녔어요. 그래도 예뻤어요! 겨울에는 고무장화를 신고 다녔기 때문에 혹한기에는 발바닥이 시리다못해 아렸죠. 그래도 즐겁기만 했다고요! 그때 우리들은 내일이 오늘보다 더 나을 것이고, 내일모레는 내일보다 더 좋을 거라고 믿었어요. 우리에겐 미래가, 그리고 과거가 있었어요. 우리에겐 모든 것이 있었어요!

우린 우리 나라를 무한히 사랑했어요. 제일, 제일로 좋은 나라를! '첫번째 소련제 자동차다! 만세! 많이 배우지도 못한 어떤 노동자가 소련식 스테인리스의 비밀을 발견했다! 승리다!' 그 비밀을 세계 모든 나라가 이미 오래전부터 알고 있었다는 건 나중에 알게 된 사실이었죠. 하지만 그때는 '우리가 최초로 북극으로 날아갈 겁니다, 북극광을 조정하는 법을 배울 겁니다, 거대한 강줄기를 거꾸로 되돌릴 겁니다, 끝이 없는 사막지대에 물이 흐르게 할 겁니다' 등등. 믿음이 있었어요! 믿음! 믿음이요! 그건 이성보다 한 차원 더 위에 있는 것이었어요. 아침에는 알람 대신 국가를 들으면서 일어났어요. "자유로운 공화국들의 무너지지 않는 연방!/위대한 루시*가 영원히 하나되었네……" 학교에서도 국가를 불렀어요. 전 우리의 노래들을 기억해요…… (노래를 흥얼거린다.) "우리 아버지들은 자유와 행복을 꿈꿔왔소/이를 위해 한두 번 피 흘리신 것이 아니라오/전투 속에서 레닌도 스탈린도 만들어냈소/조국은 우리를 위한 것이오." 식구들끼리 있을 때도 노래를 불렀어요…… 제가 피오네르에 입단한 그다음날 아침에 국가가 어김없이 들려왔고, 저는 침대에서 벌떡 일어나서 국가가 끝날 때까지 차렷 자세로 서 있었어요. 피오네르 선언도 읊었죠.

---

* 동슬라브인들의 고대 국가 명칭으로, 모든 러시아인을 가리키는 상징적인 의미로 사용된다.

"나는 피오네르 단원으로서 동지들 앞에서 열렬히 약속합니다. 나는 조국을 뜨겁게 사랑하겠습니다……" 피오네르 단원이 된 날 우리집은 축제가 따로 없었어요. 저를 위해서 어머니는 파이를 구우셨죠. 전 피오네르 단원의 빨간 넥타이를 항상 매고 다녔어요. 매일 빨고 구김이 없도록 아침마다 정성껏 다렸어요. 대학교 다닐 때도 피오네르 넥타이 매듭처럼 스카프를 묶고 다니곤 했어요. 전 지금까지도 콤소몰 가입증을 가지고 있어요. 콤소몰 단원이 빨리 되고 싶은 마음에 한 살 더 먹은 것처럼 부풀리기도 했죠. 전 항상 라디오 소리가 들려오던 옛 거리들을 사랑했어요. 라디오는 우리의 인생이었고, 우리의 모든 것이었어요. 창문을 열면 음악이 흘렀는데, 그 음악 소리에 절로 발들이 방안을 누비며 스텝을 밟곤 했어요. 마치 파티에 온 것처럼요…… 어쩌면 그 시절이 감옥이었을지는 몰라도 전 차라리 그 감옥 속에서 온기를 느꼈어요. 우리는 그런 삶에 익숙해져 있는 거예요. 지금까지도 줄을 설 때면 사람들이 어깨를 부딪칠 정도로 서로에게 달라붙어 있어요. 함께 있으려고 그러는 거예요. 선생님은 혹시 그걸 아셨어요? (또다시 조용히 노래를 부른다.) "스탈린— 우리 전투의 영광/스탈린— 우리 청춘의 비상/노래와 함께 싸우고 승리하며/우리 민족은 스탈린의 뒤를 따른다네……"

그리고 또 한 가지! 맞아요, 맞다고요! 우리의 가장 큰 소원은 죽는 것이었어요! 자신을 희생하는 것, 전부를 내주는 것이요. 콤소몰 선언에도 있었어요. "나는 내 민족이 내 목숨을 필요로 한다면 언제든지 바칠 각오가 되어 있습니다." 이건 단순히 말로만 하는 맹세가 아니었어요. 우리는 실제로 그렇게 교육받으며 커왔어요. 군대가 행군하는 걸 보면 모두들 제자리에 멈춰 서서 경의를 표하곤 했어요. '승전' 이후에 군인들은 더이상 평범한 존재들이 아니었거든요…… 전 입당할 때 신청서에 이렇게 적어넣었어요. "당 프로그램과 정관은 이미 숙지하고 있으며 모두 받아들입니다. 제 모든 힘을 바칠 각오가 되어 있으며, 필요하다면 조국에 제 목숨도 바치겠습니다." (나를 뚫어져라 쳐다본다.) 선생님, 지금 저에 대해 어떻게 생각하세요? 미쳤다고 생각하시죠? 유치의 극치라고…… 제 몇몇 지인들은 아예 대놓고 비웃는걸요. 감정적인 사회주의, 종이에만 있는 사상이라면서요…… 그들 눈에 비친 제 모습이 그렇다는 거겠죠. 멍청하고 덜떨어진 사람! 선생님은 사람의 영혼을 다루는 엔지니어죠. 저를 위로하고 싶으신가요? 러시아에서 작가는 '작가' 그 이상의 의미를 가지고 있었죠. 스승이자 고해신부였어요. 예전에 그랬다는 거예요, 지금은 아니죠. 많은 사람들이 성당에서 서서 예배를 드려요. 깊은 신앙을 가진 신도들은 얼마 되지 않고, 대부분은 고통받는 사람들이에요. 저처럼 상처 입은 자들. 저는 교리에 따라 믿는 것이 아니라 가슴으로 믿어요. 기도문도 모르지만 기도는 해요. 우리 신부님은 전직 장교이신데 설교 때마다 군대 얘기, 원자폭탄 얘기를 하세요. 러시아의 적들과 프리메이슨의 음모에 대해서도 말씀하시고…… 그런데 저는 다른 말씀을 듣고 싶어요. 그런 이야기가 아닌 전혀 다른 이야기들을요. 그런데 어디를 둘러봐도 온통 그런 얘기밖에 없어요. 사방에 미움이 가득해요. 영혼이 뿌리내릴 만한 그런 장소가 어디에도 없어요. 텔레비전을 켜도 마찬가지고요. 저주하는 내용 천지예요. 모두가 예전에 있었던 모든 것을 저주하며 부정하고 있어요. 제가 제일 좋아하는 감독이 마르크 자하로프인데요. 이제는 그렇게 좋아하거나 예전처럼 믿지는 않아요. 텔레비전에서 봤는데 그가 당원증을 불태워버리더라고요. 공개적으로요. 이건 연극이 아니잖아요! 이건 삶이잖아요! 나의 삶. 그런데 그게 진정 삶에 대한 태도인가요? 나의 삶에게 그럴 수는 없어요…… 그런 쇼는 필요 없어요…… (울음)

전 따라가질 못해요…… 뒤처지는 무리 중 하나예요. 사회주의를 향해 질주했던 기차에서 모두가 자본주의로 향하는 기차로 환승하고 있는데, 저만 지각하고 있어요…… 사람들이 '소보크'를 많이들 비웃죠. 소보크는 가축만도 못한 등신이라며. 저도 많이 놀림을 당해요…… '붉은 인간'들은 짐승들이고, '하얀 인간'들은 기사들이라네요. 제 심장과 이성이 이러한 말들에 반기를 들고 있어요. 전 생리적으로 받아들이질 못해요. 제 안으로 들여보내질 않고 있죠. 못 하는 거예요. 할 수 없는 거예요…… 전 고르바초프를 비난하면서도 환영했어요. 이제는 명백하게 밝혀졌잖아요. 그는 우리 모두와 마찬가지로 몽상가였을 뿐이에요. 설계자였다고 부를 수 있을 것 같아요. 하지만 옐친은…… 받아들일 준비가 되어 있지 않았어요. 가이다르의 개혁도 마찬가지였고요. 하루아침에 돈이 사라졌어요. 돈도 사라지고 우리의 삶도 사라졌어요. 모든 것이 한순간에 무가치한 것으로 전락했어요. 밝은 미래를 외치던 소리 대신 "부자 되세요, 돈을 사랑하세요, 돈이라는 짐승을 섬기세요!"라며 외쳐 댔어요. 민중은 준비가 되어 있지 않았어요. 아무도 자본주의에 대해 꿈꾸지 않았거든요. 적어도 저는 한 번도 꿈꿔본 적이 없다고 장담할 수 있어요…… 전 사회주의가 좋았어요. 제가 살았던 시절은 브레즈네프 시절, 사회주의가 채식기에 접어들었을 때죠. 전 사람을 잡아먹는 육식기의 사회주의는 보지 못한 세대예요. 저는 파흐무토바의 노래를 부르곤 했어요. "비행기 날개 아래 펼쳐진 타이가의 초록 바다가 무엇인가 노래하고 있네……" '푸른 도시'를 세우고 끈끈한 우정을 만들 준비를 하고 있었다고요. 꿈꿀 준비를 하고 있었어요! 전 마야콥스키도 좋아했어요. "나는 알아요. 우리 도시는……" "여기에는 도시 정원이 생길 거예요……" 그의 시와 가사들은 애국적이었거든요. 그때는 그것이 그렇게나 중요했어요. 우리에겐 정말이지 중요한 의미를 갖고 있었다고요. 우리의 인생이 맛있는 것을 먹고 잠을 자기 위해서 주어진 것이라고 아무리 저를 설득해도 어림도 없어요. 한 곳에서 어떤 물건을 산 뒤 다른 곳에서 3코페이카 더 비싸게 파는 사람이 영웅이라고 아무리 설득한들 소용없다고요. 지금 사람들에게 그런 생각들을 세뇌시키고 있잖아요…… 저게 사실이라면 다른 사람을 위해, 숭고한 이상을 위해 인생을 바친 사람들은 모두들 모자란 사람들이었단 소리밖에 안 되잖아요. 아니에요! 아니에요! 어제 상점 계산대 앞에서 줄을 서고 있었어요. 앞쪽에 서 있던 어떤 노파가 지갑에서 코페이카를 세고 또 세어보더니, 결국 개나 먹는 값싼 햄 100그램과 계란 두 개를 사더군요. 그런데 그 노파는 제가 아는 분이었어요. 평생 교단을 지켰던 교사였어요……

전 이렇게 주어진 새로운 삶에 기뻐할 수가 없네요! 저는 절대로 이 삶이 편하지 않을 거예요. 절대 혼자서만 좋아하는 일은 없을 거예요. 혼자서는요. 그런데 삶은 저를 잡아당기고 그 진흙구덩이로 자꾸 저를 끌어당겨요. 흙속으로요. 우리 아이들은 지금의 법도대로 살아가겠죠. 아이들에게 저는 필요 없어요. 나란 사람이, 그리고 내 인생 전부가 아이들에게는 웃길 뿐이에요…… 얼마 전에 서류를 정리했는데, 아가씨 때 쓴 일기장을 발견했지 뭐예요. 첫사랑, 첫 키스 그리고 한 면 가득히 빼곡하게 제가 스탈린을 얼마나 사랑하는지, 스탈린을 볼 수만 있다면 죽어도 여한이 없다는 내용들이 쓰여 있더군요. 미친 사람의 글이었어요…… 일기장을 버리려고 했는데 버릴 수가 없더군요. 그래서 숨겼어요. 아무도 그 일기장을 발견하지 말아야 할 텐데, 라는 불안감이 엄습하더군요. 발견하게 되면 또 저를 놀리고 비웃을 테니까요. 아무에게도 보여주지 않았어요…… (침묵) 저는 상식적으로는 절대로 설명할 수 없는 많은 일들을 기억하고 있어요. 이런 걸 보고 희귀 케이스라고 하죠, 맞아요! 정신과 의사들이 저를 보면 좋아라 했을 거예요! 그렇죠? 선생님은 저를 만나셨으니 재수가 엄청 좋으신 거예요…… (울다가 웃는다.)

물어보세요…… 선생님은 물어보셔야죠. 어떻게 우리의 행복이 밤마다 사람들이 끌려가는 일과 조화를 이루었는지에 대해서 물으셔야죠? 누군가는 그렇게 사라졌고, 누군가는 문 뒤에서 울었어요. 그런데 저는 그 일들이 기억나질 않아요. 기억이 나질 않아요! 전 봄이면 라일락이 피고, 수많은 사람들이 축제를 즐기는 모습들, 따뜻한 햇살에 달궈진 나무로 된 보도, 태양의 향기가 기억나요. 체육인들의 눈부신 행진, 살아 있는 사람들과 꽃이 한데 어우러져 붉은광장에 수놓인 레닌과 스탈린의 이름들이 생각난다고요. 전 엄마에게도 똑같은 질문을 한 적이 있어요……

베리야에 대해서 우리는 뭘 기억하고 있나요? 루뱐카에 대해서는요? 엄마는 아무 말씀도 안 하셨어요…… 한번은 부모님이 여름휴가로 크림에 가셨다가 돌아오셨을 때였어요. 부모님이 우크라이나 여행을 하셨거든요. 그때가 1930년대 집단농장화가 한창이었을 때였어요. 그때 우크라이나는 대기근, 우크라이나어로 '홀로도모르'라고 불리는 시기를 겪고 있었어요. 기근으로 인해 수백만 명이 죽었어요. 온 마을 사람들이 거의 다 죽어서 장례 치를 사람조차 없었다더군요. 집단농장을 반대한다는 이유 하나만으로 우크라이나인들은 몰살을 당했던 거예요. 그것도 기아로요. 지금은 저도 그걸 알죠…… 우크라이나인들은 '자포로지아 시치'*라는 역사가 있었기 때문에 자유를 기억하는 민족이었어요. 우크라이나는 나무를 꺾어다가 꽂아만 놓아도 나무가 무럭무럭 자라는 비옥한 토양을 갖고 있는 나라예요. 그런데도 사람들이 기아로 죽어갔다니까요! 가축떼처럼 죽어갔어요. 그들에게서 모든 것을, 심지어 종자씨까지 모두 빼앗아가버렸거든요. 그들은 수용소에서처럼 군인들에게 포위당했죠. 지금은 저도 다 안답니다…… 직장 동료 중에 우크라이나인이 한 명 있는데, 그 친구가 할머니에게서 들은 이야기를 해주었어요. 그 마을에서 어떤 여자가 자신의 아이 중 한 명을 도끼로 찍어 죽였대요. 오로지 다른 식구들을 먹여 살리기 위해서 자기 자식을…… 그런 일들이 실제 있었다는 거예요. 아이들을 마당 밖으로 내보내질 않았대요. 사람들이 아이들을 고양이나 개처럼 잡아갔기 때문이죠. 텃밭에서 지렁이를 파내서 먹기도

---

* 자포로지아 카자크들이 세운 방어기지. 시치의 내부에는 카자크들의 숙소, 광장, 교회, 학교, 카자크 게트만(대장)의 숙소가 있었다. 시치 안에 거주하는 카자크인들과 농민들은 자율적인 시스템에 따라 살았기 때문에 누구의 지배나 명령에 따르지 않았다. 시치는 1775년 예카테리나 여제가 시치를 파괴하고 카자크인들은 자포로지아에서 추방할 때까지 존속되었다. 여기서는 자유를 가장 중시하는 카자크인들의 정신을 상징하는 단어로 쓰였다.

했고, 힘이 남은 사람들은 시내나 기차로 기어갔대요. 거기에서 누군가 빵 부스러기라도 던져주길 기다렸던 거죠. 그런 그들을 군인들은 발로 밟고 총부리로 내리쳤대요. 기차들은 전속력으로 그들을 지나쳐 갔고요. 기차 승무원들은 창문을 닫는 것으로도 모자라 커튼으로 꼼꼼하게 막아 원천봉쇄를 했다더군요. 중요한 건 모두가 그 누구에게도 아무것도 묻지 않았다는 거예요. 여행을 마치고 모스크바로 돌아오시면서 부모님은 포도주와 과일을 가져다주셨고, 일광욕으로 검게 그을린 피부를 자랑하며 바다를 회상하곤 하셨어요. (침묵) 전 스탈린을 사랑했어요…… 아주 오랫동안 사랑했어요. 스탈린의 작은 키, 붉은 머리, 굳어버린 손에 대한 기사가 나올 때도 저는 스탈린을 사랑했어요. 스탈린이 자기 부인을 총으로 쏴 죽였다는 등 온갖 모욕을 하며 그의 명예를 실추시키고 영광의 자리에서 밀어내버렸을 때도…… 전 스탈린을 사랑했어요.

전 오랫동안 스탈린의 추종자였어요. 아주 오랫동안요. 오랫동안…… 맞아요, 전 정말 그랬어요! 절 포함한 모두가 그랬어요…… 그 삶을 부정한다면 전 빈손으로 남게 된다고요. 아무것도 가진 게 없는 거지나 다름없을 거예요! 전 이웃집 바냐 아저씨를 자랑스러워했어요. 아저씨는 영웅이었어요! 전쟁에서 두 발을 잃었고, 그 이후로 직접 만든 나무 휠체어를 타고 마당을 돌아다녔어요. 바냐 아저씨는 '나의 귀여운 마르가리타'라고 불러주었고 사람들의 펠트부츠나 장화를 수선해주곤 했어요. 술에 취했을 땐 노래를 불렀죠. "사랑하는 동생들아/난 영웅처럼 전투를 했단다……" 스탈린이 죽고 나서 며칠 후에 바냐 아저씨를 찾아간 적이 있어요. "귀여운 마르가리타 왔구나, 나의 귀여운 마르가리타! 글쎄, 죽어버렸다는구나, 그 썩을 놈이……" 그놈이란 바로 나의 스탈린을 가리키는 것이었어요! 전 맡겼던 제 부츠를 아저씨에게서 낚아채고는 "아저씨! 어떻게 그런 말을 하실 수가 있어요? 아저씨는 영웅이잖아요! 훈장도 받았잖아요!"라고 고함을 쳤죠. 그후로 전 이틀 동안 혼자 고민했어요. '나는 피오네르 단원이야. 그러니까 나는 내무인민위원회에 가서 바냐 아저씨가 한 일을 얘기해야 해. 가서 신고서를 제출해야 해.' 굉장히 진지하게 고민했어요…… 정말로 그랬어요! 파블리크 모로조프*처럼, 전 제 친아버지도 친어머니도 고발할 수 있었어요. 네, 할 수 있었어요! 전 준비가 되어 있었어요! 학교를 마치고 집에 돌아가는데 아파트 현관에 바냐 아저씨가 술 취한 채 바닥에 쓰러져 있는 거예요. 휠체어가 넘어져서 일어나실 수가 없었던 거예요. 아저씨가 불쌍해지더군요.

그래요, 그 모습도 저였어요…… 저는 라디오에 귀를 갖다대고 매시간 전해주는 스탈린의 건강 소식에 촉각을 곤두세우곤 했어요. 온 마음을 다해 울면서요. 그랬다고요, 제가! 정말로요! 그게 바로 스탈린의 시대였고, 우린 스탈린의 사람들이었어요. 우리 어머니는 귀족 집안 출신이었어요. 혁명이 일어나기 불과 며칠 전 어머니는 장교와 결혼했고, 결과적으로 그 장교는 '백군'으로 전쟁에 참전했어요. 오데사에서 어머니와 그 장교는 헤어지고 말았대요. 그 장교가 전쟁에서 대패한 백군 데니킨 부대의 잔존 세력과 망명하게 되었는데, 우리 어머니는 중풍에 걸린 어머니를 홀로 둘 수 없어서 같이 가지 못한 거죠. 어머니는 백군의 부인이었다는 이유로 체카에 끌려갔어요. 그때 우리 어머니를 맡았던 담당수사관이 그만 어머니에게 한눈에 반해버렸고 그는 모든 방법을 동원해서 어머니를 빼냈어요. 그리고 강제로 결혼했어요. 그 남자는 일이 끝나고 돌아오면 늘 술에 취해 있었고, 리볼버로 어머니 머리를 때리곤 했대요. 그런데 어느 날 그 남자가 갑자기 사라지고 말았다더군요. 그런 삶을 겪어온 우리 어머니도, 음악을 사랑하고 몇 개 국어를 구사하셨던 우리 어머니도 이성을 잃은 사람처럼 스탈린을 사모했어요. 어머니는 아버지가 뭔가

---

* 파블리크 모로조프(1918~1932). 소련 시절 부농을 격퇴하는 데 일조하여 피오네르-영웅으로 칭송받았던 소년이다. 본인의 친아버지가 부농을 숨겨주고 재산을 빼돌리고 있다며 밀고한 것으로 알려져 있다.

1부 아포칼립스의 위로

불만을 얘기하려고 하면 아버지를 협박했죠. "지금 당장 지역위원회에 가서 당신이 형편없는 공산주의자라는 걸 밝히겠어요!"라고 말이죠. 아버지는…… 아버지는 혁명 전사였고, 1937년에는 숙청을 당했어요. 하지만 아버지와 개인적으로 친분이 있는 어떤 영향력 있는 볼셰비키가 아버지 편을 들어준 덕분에 금방 풀려날 수 있었어요. 그 볼셰비키가 직접 지시했다고 해요. 그래도 아버지의 당원 자격만은 끝내 회복되지 않았어요. 그건 아버지에게는 극복할 수 없는 큰 충격이었어요. 아버지는 감옥에 갇혔을 때 어찌나 매질을 당했는지 이는 하나도 없었고 머리도 다쳤죠. 그럼에도 불구하고 아버지는 변함없는 공산주의자였어요. 선생님, 대체 왜 그런 걸까요? 제게 설명을 한번 해보세요…… 우리 부모님이 명청이라서요? 순진한 바보들이라서요? 아니요, 부모님은 많이 배운 똑똑한 분들이었어요. 어머니는 셰익스피어와 괴테를 원서로 읽으셨고, 아버지는 티미랴쳅스키 아카데미를 졸업하셨다고요. 우리 부모님뿐만 아니라 블로크*, 마야콥스키, 이네사 아르망**…… 그 사람들도 그랬잖아요? 그들은 내 우상이었고, 내 이상이었어요. 전 그들과 함께 자랐다고요……
(생각에 잠긴다.)

저는 한때 비행클럽에서 비행을 배웠어요. 우리가 그때 뭘 타고 비행했는지를 생각하면 아찔해요. 죽지 않고 살아남은 게 용하죠! 그건 비행기라 할 수 없었어요. 나무판자들을 거즈로 돌돌 말아 우리가 만든 수제 비행기였으니까요. 조종하는 도구라곤 운전대와 페달밖에 없었어요. 그런데도 그걸 타고 하늘을 날아올라 바로 옆에 새들이 날아가는 모습을 보았지요. 높은 곳에서 땅을 내려다보는 재미도 쏠쏠했고요. 마치 날개가 달린 것 같은 기분이 들었죠! 마치 하늘이 나를 바꾸고…… 고도가 나를 다른 존재로 변화시키는 것 같았

---

* 알렉산드르 블로크(1880~1921). 러시아 상징주의를 대표하는 시인.
** 이네사 아르망(1874~1920). 여성 혁명가. 프랑스 태생의 러시아인이며 레닌과 함께 볼셰비키혁명을 주도했다. 사회주의혁명을 위해 망명 생활과 지하활동을 전개할 때 레닌의 연인이었다.

어요…… 제가 지금 무슨 얘기를 하는지 아시겠어요? 전 지금 우리의 그때 그 삶에 대해서 말하는 거예요…… 전 저 자신이 불쌍한 것이 아니라, 우리가 사랑했던 그 모든 것들이 불쌍해요……

전 지금 솔직하게 기억을 풀어놓고 있어요. 그런데 잘 모르겠어요…… 왠지 모르게 누군가에게 이런 이야기를 하는 것이 이제는 부끄럽네요……

가가린이 처음으로 우주로 날아갔어요…… 사람들이 거리로 뛰쳐나와 함께 웃고 껴안고 울었어요. 서로를 잘 모르는 사람들이었어요. 작업복을 입고 공장에서 방금 뛰어나온 것 같은 노동자와 하얀 모자를 쓴 의사들이 하늘을 가리키며 외쳤어요. "우리가 최초다! 우리 나라 사람이 저기 우주에 있다!" 그 순간은 잊어서는 안 돼요! 수많은 감정이 흘러넘쳤어요, 그건 경이로움 그 이상의 것이었어요. 지금도 저는 그 노래를 들을 때마다 가슴이 두근거려요. "우리가 꿈속에서 보는 건 우주기지에서 들려오는 로켓 발사 소리도/저 차가운 남색 공간도 아니라네/우리의 꿈에는 집 주위를 둘러싼 풀들/파릇파릇 초록빛깔의 그 풀들이 나온다네." 쿠바혁명과 젊은 카스트로도 빼놓을 수 없죠…… "엄마, 아빠! 그들이 이겼어요! 비바 쿠바!"라고 소리를 질렀어요. "쿠바, 나의 사랑아!/붉은 노을의 섬!/이 노래가 하늘 위로 울려퍼지네/쿠바, 나의 사랑아!" 우리 학교에는 스페인전쟁 참전용사들이 오기도 했어요. 우리는 그들과 함께 〈그레나다〉라는 노래를 불렀어요. "난 내 집을 버리고, 전쟁을 하러 갑니다!/그레나다의 땅을 농민들에게 돌려주고자……" 제 책상 위에는 돌로레스 이바루리*의 사진이 걸려 있었어요. 맞아요, 그때 우리는 그레나다를 꿈꾸고, 그다음에는 쿠바를 꿈꿨어요. 그로부터 수십 년 뒤, 다른 소년들이 그때의 우리와 똑같이 아프가니스탄이란 꿈을 좇게 되죠. 우리는 참 쉽게 속았어요. 하지만 그래도! 그래도! 저는 절대로 잊지 않을 거예요! 저는 우

---

* 돌로레스 이바루리(1895~1989). 스페인 공산당을 이끈 여성 공산주의자이자 노동운동가.

　　　　　　　　　　　　　　　　　　　1부 아포칼립스의 위로

리 학교 10학년 학생 전체가 미개척지에 갔던 일을 절대로 잊지 않을 거예요. 그들은 배낭을 메고 깃발을 흔들면서 나란히 줄을 맞춰 행진했어요. 몇몇 사람들은 등뒤에 기타를 메고 있었죠. 전 그때 그 모습을 보면서 '진정한 영웅들이야!'라고 생각했죠. 하지만 그곳에서 되돌아온 학생들 대부분은 병에 걸려 있었어요. 미개척지는 밟아보지도 못하고 타이가 지역 어딘가에서 철도를 깔고, 허리까지 차오르는 얼음물을 제치며 레일을 운반하기도 했대요. 장비가 부족했던 거예요. 그들은 썩은 감자를 먹었고 모두 괴혈병을 앓고 있었어요. 하지만 분명한 건 그 학생들, 그 소년들이 존재했다는 사실이에요! 환희에 휩싸여 그들을 배웅했던 여자아이도 분명 있었다고요. 바로 저요! 내 기억……이 기억은 아무에게도 주지 않을 겁니다. 공산주의자들에게도, 민주주의자들에게도, 브로커들에게도요! 이 기억은 제 것이에요! 온전히 제 것이에요! 저는 돈도 많이 필요 없고, 산해진미도 필요 없고, 유행하는 옷도 필요 없고, 삐까뻔쩍한 자동차도 필요 없어요. 그런 것들 없이도 저는 살 수 있어요. 우린 '지굴리' 소형차를 타고도 소련 전역을 돌아다닐 수 있었다고요. 전 카렐리야에도 가봤고, 세반 호수, 파미르고원도 가봤어요. 그 모든 곳이 나의 조국이었어요. 내 조국, 소비에트연방이었다고요. 살기 위해서 제겐 많은 것이 필요치 않아요. 하지만 과거를 상실한 채로는 살아갈 수 없어요. (오랫동안 침묵한다. 한동안 말이 없어서 내가 그녀를 불렀다.)

괜찮아요…… 걱정 마세요. 전 괜찮아요…… 이젠 괜찮아졌어요…… 요샌 집에만 있어요. 고양이를 쓰다듬으면서 손모아장갑을 뜨죠. 뜨개질 같은 단순노동이 제일 도움이 많이 되는 것 같아요. 뭐 때문에 말을 멈췄더라…… 끝까지 얘기를 못 한 것 같은데…… 못 했는데…… 저는 의사였기 때문에 모든 일을…… 사소한 부분까지도 다 상상하곤 해요. 하지만 죽음은 형상이 없어요. 아름다운 죽음이란 존재하지 않아요. 저는 교살로 죽은 사람을 본 적이 있어요…… 목을 맨 사람들은 숨을 거두는 마지막 순간에 사정하거나 오줌이나 똥을 싸요. 가스에 중독되어 죽은 사람은 몸이 시퍼렇다못해 보라색으로 변하죠…… 이 모습 하나만으로도 여자들은 끔찍해할 겁니다. 당연히 전 아름다운 죽음에 대해선 그 어떤 환상도 갖고 있지 않았어요. 하지만…… 뭔가가 나를 확 덮치고 장악하고 폭주하도록 강요했어요…… 그럴 때면 난 젖 먹던 힘까지 쥐어짜내 마지막 발악으로 맞섰어요. 그런 상태에서는 호흡과 리듬…… 그리고 몸부림만 존재하죠…… 그런 순간에는 멈춰 서기가 몹시 힘들어요. 긴급 차단기를 내리기가 쉽지 않다고요! 정지가 안 돼요! 하지만 저는 용케 멈출 수가 있었어요. 침대보로 만든 올가미를 던져버리고는 길거리로 뛰쳐나갔어요. 비에 쫄딱 젖었죠. 그래도 상관없었어요. 그 모든 일을 겪고 난 뒤에 비를 맞는 기분이란! 얼마나 상쾌하던지! (말을 멈춘다.) 저는 오랫동안 말을 하지 않았어요. 8개월 동안 우울증에 시달렸어요. 걷는 법도 잊어버렸어요. 하지만 결국에는 일어났어요. 다시 걷는 방법도 배웠고요. 저는 다시 존재하게 됐고, 다시 강한 정신력을 갖게 되었어요…… 하지만…… 전 아팠어요…… 저는 바늘에 찔린 풍선이었거든요…… 제가 지금 무슨 얘길하는 거죠? 그만해야겠어요! 이제, 그만합시다…… (앉아서 운다.) 그만하자고요……

1990년대…… 민스크에 있던 방 세 칸짜리 우리 아파트에서 열다섯 명이 살았어요. 거기다 젖먹이 어린애까지 있었죠. 처음에는 바쿠*에서 남편의 친척들이 왔어요. 시누이가 가족과 함께 왔고, 그다음에는 남편의 사촌형제들이 왔어요. 그들은 잠시 다니러 온 손님들이 아니었어요. 그들은 우리집에 오면서 '전쟁'이라는 단어도 함께 가지고 왔어요. 총기를 잃은 눈빛 그리고 고함소리와 함께 우리집에 발을 들여놓았어요…… 그게 아마 가을이나 겨울쯤이었을 거예요…… 이미 추웠을 때였으니까요. 맞아요, 가을쯤에 왔던 거 같아요. 왜냐하면 겨울에는 객식구들이 더 늘어나 있었거든요. 겨울에는 타지키스탄

---

* 아제르바이잔의 수도.

의 수도 두샨베에서 제 친언니가 가족과 시부모님을 데리고 왔어요. 맞아요, 그랬어요. 그랬어요…… 우리는 되는대로 아무데서나 잤어요. 여름에는 베란다에서도 잤지요. 우리는 말을 한 게 아니라 소리를 질렀어요. 그들은 도망을 다녔고, 전쟁은 그들의 발뒤꿈치를 집어삼킬 듯이 무서운 기세로 추격했어요. 그런데도, 그런데도 그들은 여전히 저와 같은 소련 사람이었어요. 온전한 소련 사람, 백 퍼센트 소련 사람들이었어요! 소련인이라는 사실만으로도 자부심을 느끼는 사람들이었어요! 그런데 갑자기 하루아침에 모든 것이 사라져버렸어요. 그냥, 없어진 거예요! 아침에 일어나서 창문을 내려다보니 어느새 다른 국가의 국기가 걸려 있었던 거예요. 다른 나라에서 살게 된 거죠. 남의 나라에서요.

전 들었어요. 들었다고요. 우리집 손님들이 하는 말들을요……

"……그동안은 정말 좋았다고! 그 총싸움들은 고르바초프가 등장하면서부터 갑자기 시작된 거야! 오, 신이시여! 다른 곳도 아닌 타지키스탄의 수도 두샨베에서…… 우리 모두는 텔레비전 앞에 앉아서 최신 뉴스를 놓칠세라 주시하고들 있었어. 우리 공장에 여성으로만 이뤄진 작업반이 있었는데, 대다수가 러시아인들이었거든. '이봐요, 뭐가 어떻게 돌아가는 거예요?' '전쟁이 시작된대요, 러시아인들을 도륙하고 있대요.' 며칠 뒤에는 어떤 상점이 털리고 그후 줄줄이 또다른 상점들이……"

"……처음 몇 달 동안은 울기만 했어요. 그다음엔 눈물이 메말랐죠. 금방 마르더라고요. 특히 나는 남자들, 아는 남자건 모르는 남자건 남자들이 그렇게 무섭더라고요. 그놈들이 집으로, 차로 끌고 들어갈 수도 있었으니까요…… '흐흐, 아가씨 맛 좀 보자고……' 옆집 여자애가 동급생들에게 성폭행을 당한 일이 있었어요. 가해자는 우리가 아는 타지크인 남자애들이었어요. 피해자 엄마가 성폭행한 남자애들 중 한 명의 집을 찾아갔죠. 그런데 그애의 엄마가 도리어 악다구니를 부리며 소리를 치더래요. '여긴 뭐하러 왔어? 너희 러시아로 꺼지란 말이야. 조금 있으면 우리 땅에서 너희 러시아놈들의 씨가 마를 거야. 팬티 바람으로 꽁무니를 내빼게 될 거라고!'"

"……애초에 왜 그 나라엘 간 거냐고? '콤소몰 여행권' 때문이지, 뭘. 콤소몰들이 동원되어 그 나라에 누레크 수력발전소를 짓고, 알루미늄 공장을 세운 거잖아…… 나는 타지크어까지 배웠다고. '차이하나, 피알라, 아륵, 아르차, 치나라……' 그들은 우리를 '슈라비'라고 불렀어. '러시아 형제들'이라는 뜻이지."

"……분홍색 언덕, 예쁘게 꽃핀 아몬드 나무가 꿈에 보여. 그런데 꿈에서 깨보면 눈가에 눈물이 가득 고여 있어……"

"……바쿠에서는…… 9층짜리 아파트에서 살았어. 어느 날 아침, 아르메니아인들을 모두 마당으로 끌어내지 뭐야. 모두들 그들 주변을 둘러싸더니 모인 사람 모두가 아르메니아인들에게 다가가 각자 들고 있던 것으로 그들을 때리기 시작하더군. 한 다섯 살쯤 되어 보이는 꼬마 남자아이가 있었는데, 그 아이도 다가가더니 장난감 삽으로 그들을 내리치더라고. 그러자 늙은 아제르바이잔 여자가 그 아이의 머리를 쓰다듬으며 잘했다 하더군……"

"……우리 친구들 중에 아제르바이잔인 친구들이 있었어요. 하지만 그 친구들은 우리를 지하실에 숨겨주었어요. 잡동사니와 박스들로 우리를 가렸지요. 그리고 밤이 되면 음식도 가져다주었어요……"

"……아침에 서둘러 출근하는데 길거리에 시체가 나뒹구는 거예요. 바닥에 널브러져 있거나 마치 살아 있는 사람들처럼 벽에 기대고 앉아 있었죠. 어떤 시체들은 천으로 덮여 있었고, 어떤 시체들은 그조차 없었어요. 미처 덮지도 못한 거죠. 남자고 여자고 대부분 나체였는데, 앉아 있던 사람들만은 옷을 입은 채였죠. 딱딱하게 굳은 시체에서 옷을 벗겨내긴 쉽지 않았을 테니까요……"

"……그때까지 난 타지크인들은 아이들 같아서 아무에게도 해를 가하지 못하는 사람들이라고 생각했어. 하지만 그 반년 동안, 어쩌면 그보다도 더 짧은 시간 동안 두샨베 사람들은 알아보지 못할 정도로 바뀌어 있었어. 전혀 다른 사람들이었어. 영안실에 더이상 빈자리가 없었어. 아침에는 아스팔트 길 위에 남아 있던 피가 식어서 젤리처럼 덩어리지곤 했었지, 그건 마치 홀로제츠 같았어…… 오고가는 사람들의 발길에 조금씩 묻어 사라지기 전까지 그 덩어리들이 계속 길 위에 있었지……"

"……하루종일 그들은 '아르메니아인들에게 죽음을! 죽음을!'이라고 쓰인 손팻말을 들고 우리 동 근처를 배회했어. 남녀노소 골고루 있었지. 성난 군중의 모습에서 인간의 모습은 전혀 찾아볼 수 없었어. 신문 광고란에는 '바쿠에 위치한 방 세 칸짜리 아파트를 교환하고 싶습니다. 러시아에만 있다면 어떤 도시에 있든 어떤 집이든 바꿀 의사가 있습니다'라는 광고가 빽빽하게 실려 있었어. 우리는 아파트를 300불에 팔았어. 냉장고 팔듯이 말이야. 그렇게라도 집을 팔지 않으면 우린 이미 산목숨이 아니었을걸……"

"……집 판 돈으로 내가 입을 중국산 패딩 한 벌, 남편이 신을 겨울용 구두 한 켤레를 살 수 있었어요. 가구, 그릇, 카펫 등등…… 모두 다 남겨두고 왔죠, 뭐……"

"……전기도 없고, 가스도 없고…… 심지어 물도 없이 살았어요…… 시장 물가는 고공행진을 하고 있었고요. 우리집 근처에 가판대가 하나 들어섰는데, 꽃과 장례용 화환만을 취급하는 곳이었어요. 꽃과 장례 화환만을요……"

"……밤에 이웃집 담벼락에 누군가 페인트로 '러시아 개자식들아! 공포에 떨어라! 이젠 러시아 탱크들도 너희를 살려주진 못할 거야!'라고 휘갈겨놓았어요. 러시아인들은 경영직에서 해고되었어요. 소리 없는 총성으로 죽인 거죠…… 도시가 순식간에 촌마을처럼 더러워졌어요. 낯선 도시였어요. 더이상 소련의 도시가 아니었어요……"

"……갖가지 핑계로 사람들을 죽였어요…… 태어날 장소를 잘 골랐어야지, 어떤 언어를 사용할지 생각했어야지 등등…… 그저 총을 쥐고 있는 누군가의 마음에 들지 않으면 죽는 거였어요. 예전에 우리는 어떻게 살았던가요? 명절이 되면 제일 처음 하는 건배사가 '우정을 위하여'였어요. '예스 케스 시룸 엠(난 너를 사랑해 _ 아르메니아어).' '만 사니 세비람(난 너를 사랑해 _ 아제르바이잔어).' 우린 그렇게 더불어 살았는데……"

"……평범한 시민들…… 우리가 잘 알던 타지크 사람들은 아들들을 집안에 가두고 열쇠로 문을 잠갔어. 밖으로 못 나가게 하려고. 아들들이 살인을 배우고 살인을 강요받지 않도록 하기 위해서……"

"……떠날 때였어…… 우리는 이미 기차에 올라탔고, 기차바퀴에서는 연기가 피어오르고 있었지. 그 마지막 찰나에 누군가 바퀴를 향해 총을 쏜 거야. 군인들이 일렬로 벽을 만들고 우리를 가려주지 않았다면 우리는 아마 기차까지 달려가지도 못했을걸. 요즘도 텔레비전에서 전쟁하는 장면이 나오면 난 그 소리들이 들려, 그 냄새도 느껴지고. 구워진 인간 고기 냄새가. 그 토할 것같이 메스꺼우면서도…… 달큰했던 그 냄새가……"

반년 뒤에 남편은 심장마비를 겪었고 그로부터 반년 뒤에는 두번째 심장마비로…… 시누이는 뇌졸중이 있었고요. 벌어지는 일들 때문에…… 저는 미쳐갔어요. 미치면 머리카락이 어떻게 되는지 아세요? 낚싯줄처럼 거칠어져요. 제일 먼저 미치는 건 머리털이더라고요. 누가 그 상황을 견뎌낼 수 있었겠어요? 작디작은 우리 딸 카리나마저도…… 카리나는 낮에는 다른 아이들과 다를 바 없는 평범한 아이였어요. 그런데 뉘엿뉘엿 해가 지고 창밖이 어두워지기 시작하면 벌벌 떨었어요. "엄마, 가지 마! 내가 잠들면 엄마랑 아빠를 사람들이 죽일 거야!"라며 소리를 쳤어요. 저는 아침에 출근할 때면 제발 자동차가 날 치고 가게 해달라며 기도했어요. 전 한 번도 성당에 가본 적이 없어요. 그런데도 무릎 꿇고 앉아서 "거룩하신 성모시여! 제 기도 소리가 들리시나요?"라며 몇 시간씩 기도를 했다니까요. 잠도 잘 수가 없었고, 먹을 수도 없었어요. 전 정치가가 아니에요, 정치의 '정' 자도 몰라요. 전 그냥 무서울 뿐이에요. 저한테 뭘 더 물어보시려고요? 전 다 이야기했어요······ 다 했어요!

고독했던 '붉은' 원수와 3일간의 잊힌 혁명에 대하여

세르게이 표도로비치 아흐로메예프(1923~1991)

소비에트연방군 원수·소비에트연방 영웅(1982)·소비에트연방군 합참의장
(1984~1988)·레닌상 수상자(1980)·1990년부터 소련 대통령 군사고문

붉은광장에서의 인터뷰 중(1991년 12월):

"전 그때 대학생이었어요······

모든 일이 일사천리로 진행되었어요······ 3일 뒤에 혁명은 끝났어요······ 국가비상사태위원회 위원들이 체포되었고, 푸고 내무부 장관이 권총으로 자살했고, 아흐로메예프 원수가 목을 매달았다는 소식들이 뉴스 속보를 통해 들려왔어요. 우리 가족은 오랫동안 이 사태에 대해 많은 이야기를 했어요. 아버지가 '그놈들은 모두 전범들이야. 알베르트 슈페어*나 루돌프 헤스** 같은 나치 전범들처럼 운명의 심판대에 올려야 해'라고 말했죠. 모두가 뉘른베르크 재판이 열리기만을 기다렸어요······

전 그때 젊었어요. 혁명! 사람들이 탱크에 맞서 길거리로 나서는 걸 보면

---

* 알베르트 슈페어(1905~1981). 히틀러의 주임 건축가이자 군수장관으로 활동한 인물로, 1946년 뉘른베르크 재판에서 20년의 금고형에 처해졌다.
** 루돌프 헤스(1894~1987). 독일의 정치가로 히틀러 전권 수립 후 총통 대리가 되어 국무장관으로 활약했다. 이후 괴링 다음가는 총통 후계자로 임명되었다.

서 처음으로 우리 나라에 대한 자부심을 가졌어요. 그 사건이 일어나기 전에
이미 리투아니아의 빌뉴스, 라트비아의 리가, 그루지야의 트빌리시에서 이
러한 사태가 발생했죠. 빌뉴스에서는 리투아니아 사람들이 방송국을 사수했
는데, 우리는 그 모습을 텔레비전을 통해 보았어요. 그걸 보면서 '저 사람들
도 하는데, 우리는 뭐하는 거야? 우린 뭐 등신들인가?' 하고 생각했죠. 그런
데 우리 나라 사람들이 드디어 집밖으로 나온 거예요. 그전까지 부엌에 둘러
앉아 불평만 쏟아내면서 아무데도 나서지 않던 그 사람들이 거리로 나선 거
예요…… 전 친구와 함께 우산을 들고 나갔어요. 비가 와도 쓰고, 싸울 때도
쓰려고요. (웃음) 전 탱크에 올라선 옐친이 자랑스러웠어요. 그때 생각했죠.
'저분은 나의 대통령이야! 나의! 진정한!' 그 자리에는 수많은 젊은이들, 대학
생들이 있었어요. 우리 모두는 코로티치가 발행한 〈오고뇨크〉를 읽으며 자랐
고, '1960년대 사람들'에게서 배우며 자란 세대였어요. 그때는 흡사 전시 상황
을 방불케 했어요. 누군가 메가폰을 들고 사정하듯 외쳤어요. 남자 목소리였
어요. '여성분들은 제발 돌아가십시오. 이제 곧 총격전이 시작되면 시체들이
쌓여갈 겁니다.' 제 옆에 서 있던 젊은 남자는 임신한 자기 부인을 집으로 돌
려보내려고 설득하고 있었어요. 그 부인은 울면서 물었어요. '당신은 왜 남는
건데요?' '그래야만 하니까.'

　전 가장 중요한 순간을 놓쳤어요. 그날이 시작된 순간을요. 아침에 엄마가
엉엉 우는 소리에 눈을 떴거든요. 엄마는 목놓아 울고 있었어요. 그러면서 아
빠에게 묻더군요. '여보, 비상사태가 뭐예요? 저들이 고르바초프를 어떻게 한
것 같아요?' 할머니는 텔레비전을 보시다가 부엌에 있는 라디오를 켜시더군
요. '아직 체포 소식은 안 들리니? 아직 총살당한 사람은 없다니?' 할머니는
1922년에 태어나셨거든요. 할머니는 평생 동안 총격전, 총살형, 체포를 보면
서 사신 분이었어요. 할머니 인생이 그렇게 흘러가버린 거예요…… 할머니가
돌아가셨을 때, 엄마가 우리 가족의 비밀을 말씀해주셨어요. 닫혀 있던 커튼

을 열어 보이셨죠…… 무겁게 드리워진 그 장막을. 1956년에 수용소로 끌려 갔던 할아버지가 가족의 품으로 돌아왔대요. 그런데 사람이 아니라 뼛자루가 돌아온 것 같았다더군요. 카자흐스탄에 계셨는데, 병색이 짙어서 수행원이 집 까지 동행했더래요. 할아버지가 왔는데도 엄마와 할머니는 사람들에게 그분 이 아버지라고, 남편이라고 말하지 않았어요. 무서웠던 거죠…… 사람들이 물으면 별 사람 아니다, 먼 친척뻘 되는 사람이라고 둘러댔다더군요. 할아버 지는 몇 개월 정도 같이 사시다가 결국 병원에 입원했고, 거기서 목을 매달아 세상을 떠나셨어요. 이제는 제가…… 제가 이 사실을 가지고 어떻게든 살아 야 해요. 이제는 제가 그걸 이해해야만 해요…… (반복한다.) 어떻게든 이것과 함께 살아야 해요…… 우리 할머니는 새로운 스탈린의 등장 그리고 전쟁을 무엇보다 두려워하셨어요. 할머니는 평생 동안 체포될까 벌벌 떠셨고, 배를 곯을까봐 걱정하셨어요. 창틀에 상자를 놓고 양파를 키웠고 양배추절임은 항 상 큰 솥에다가 만드셨어요. 비상식량으로 늘 설탕과 기름을 사두시기도 했고 요. 천장 수납장에는 다양한 곡물류가 준비되어 있었어요. 굵게 빻은 보릿가 루도요. 할머니는 항상 입버릇처럼 '입 조심해! 쓸데없는 소린 하지 마라!'라 고 가르치셨어요. 학교에서도 입을 다물고, 대학교에서도 입을 다물라고요. 전 그렇게, 그런 사람들 속에서 자랐어요. 그러니 제가 소련을 좋아할 이유가 전혀 없지요. 우리 모두는 그래서 옐친의 편이었어요! 그런데 제 친구는 엄마 가 집에서 내보내주질 않았어요. '가려거든 내 시체를 밟고 가거라! 모르겠 니? 이제 모든 것이 예전으로 돌아왔다는 걸?' 우리는 파트리스 루뭄바 민족 우호대학교*에 다녔어요. 전 세계에서 모인 다양한 학생들이 다니는 학교였죠. 그런데 그들 대부분은 소련 하면 발랄라이카**와 원자폭탄의 나라라는 인식을

---

* 현재의 러시아 민족우호대학교.
** 러시아의 대표적인 민속악기로 삼각형의 나무 몸통에 3현으로 된 현악기.

가지고 있었어요. 우리는 그런 현실에 화가 났어요. 다른 나라에서 살고 싶었
어요……"

"난 공장에서 금속공으로 일했습니다……

쿠데타가 일어났다는 소식은 보로네시에서 들었습니다…… 고모님 댁에
놀러갔거든요. 러시아가 위대하다는 둥 뭐 그딴 잡소리는 개나 줘버려야 해
요. 겉만 번지르르한 애국자들 같으니라고! 바보상자만 쳐다보고 있는 인간들
이 뭘 안다고. 모스크바에서 50킬로미터 밖으로만 나가보라고 해요…… 거긴
집이 어떻게 생겼는지, 사람들이 어떻게 사는지, 명절 때 어떤 술판이 벌어지
는지…… 시골에는 남자들이 거의 없어요. 모두 씨가 말랐어요. 있어도 지적
수준이 가축만도 못해요. 죽자고 술을 퍼마시거든요. 바닥에 쓰러질 때까지.
가연성 물질은 뭐든지 닥치는 대로 마셔요. 오이향 로션부터 휘발유까지. 술을
퍼마시고는 한다는 일이 싸우는 거죠. 집집마다 전과자가 있거나 현재 수감중
인 사람이 꼭 한 명씩은 있다니까요. 경찰도 손을 놓고 있죠. 여자들만 버티고
살면서 텃밭을 일구고 있어요. 마을에 한두 명 정도 술 안 마시는 남자들이 있
긴 있어요. 그럼, 뭘 하나요. 진즉에 돈 벌러 모스크바에 갔는걸요. 제가 다니
는 그 시골에서 유일하게 남아 있는 농부네 집에 사람들이 세 번이나 불을 질
렀어요. 그 사람이 그 마을에서 꺼지기 전까지! 눈앞에서 사라지기 전까지. 사
람들이 그 사람을 무작정 미워했어요…… 물리적으로 미워했다니까요……

모스크바에는 탱크가 쳐들어오고 바리케이드가 쳐졌다는데, 시골에서는 이
소식에 특별히 긴장하는 사람들은 아무도 없었어요. 골머리를 앓는 사람도 없
었고요. 그보다는 콜로라도감자잎벌레나 배추좀나방 때문에 걱정들을 했죠.
그 콜로라도 그놈이 생존력이 강했거든요…… 아, 젊은 남자들이야 해바라기
씨나 까먹으면서 여자 생각뿐이었고요. 저녁에는 어디서 술배 좀 채워볼 수
있나, 뭐 그런 생각들밖에 없었죠. 하지만 시골 사람들은 대부분 비상사태위

원회 편을 들더군요. 내가 이해한 바로는 그래요. 그 사람들이 모두 공산주의자들이었던 것은 아니지만 그들이 '위대한 나라'의 편인 건 확실했어요. 시골 사람들은 뭔가 바뀌는 것을 두려워해요. 왜냐하면 뭔가 바뀌고 나면 항상 남자들이 병신이 되어 돌아왔거든…… 우리 할아버지가 이런 말씀을 하셨어요. '예전에 우린 지옥 같은 곳에서 정말 끔찍하게 살았어. 그런데 나중에는 더 지랄맞아지더군, 제기랄.' 전쟁 전에도 전쟁 후에도 시골 사람들은 여권이 없었어요. 촌사람들한테는 여권을 내주질 않았고, 여권 없이는 도시로 들여보내주지도 않았지요. 촌사람들은 노예나 수감자 취급을 받았던 거예요. 전쟁에 나가서 공도 세우고 훈장도 받아온 사람들이었는데도! 유럽의 반을 정복한 사람들이었는데도! 그런데도 여권도 없이 살았다고요!

모스크바에 돌아간 후에 난 내 친구들이 모두 바리케이드에 동참했다는 걸 알게 됐어요. 동네 패싸움에 참전한 거죠. (웃음) 아아, 나도 메달 하나 받을 수 있는 기회였는데……"

"나는 엔지니어였습니다……

아흐로메예프 원수, 그는 어떤 사람인가? 그는 광신적인 '소보크'지요. 난 '소보크' 속에서 살아본 사람입니다. 난 다시는 '소보크'로 되돌아가고 싶지 않아요. 하지만 그 사람은 광신도였어요. 진심으로 공산주의적 사상에 헌신했던 사람. 그러니 그는 내 적일 수밖에. 그가 연설하는 걸 들을 때면 내 안에서는 증오가 일어났습니다. 그 인간은 끝장을 볼 때까지 투쟁할 인간이라는 걸 직감했으니까요. 그의 자살 말입니까? 분명 범상치 않은 행동이었지만, 존중받아야 하는 행동이었습니다. 모든 죽음은 존중받아야 합니다. 하지만 전 이런 생각을 하곤 합니다. '만약 그들이 승리했다면 달랐을까?' 아무 교과서나 한번 들춰보세요. 모든 쿠데타는 테러를 동반했고, 반드시 피로써 종료되었다는 것을 쉽게 알 수 있습니다. 혀를 뽑아내고, 눈알을 파내고. 마치 중세 시대를 연상케 하는 행위들로요. 역사학자가 아니라도 그 결과는 쉽게 알 수 있습니다……

아침에 텔레비전을 보다가 '고르바초프가 중병에 걸려 더이상 국정을 운영할 수 없는 상태'라는 소식을 들었고, 창밖으로 지나가는 탱크도 보았습니다. 친구들에게 전화를 넣으니 모두들 옐친 편이더군요. 쿠데타 정부를 반대하고 있었습니다. '우리가 옐친을 지키자!' 난 냉장고 문을 열고 치즈 한 조각을 주머니 속에 찔러넣었습니다. 부블리크*가 식탁에 놓여 있길래 그것도 다 쓸어 담았습니다. '그런데 무기는 뭘로 하지? 뭔가 들고 가긴 해야 하는데……' 식탁에 놓인 부엌칼이 눈에 띄더군요…… 칼을 한참 동안 손에 쥐고 있다가 그냥 다시 가만히 내려놓았습니다. (생각에 잠긴다.) 그런데 만약, 만약 그들이 승리했다면요?

요즘 텔레비전에서 그런 장면들이 자주 방영되더군요. 거장 로스트로포비치가 파리에서 돌아와 자동소총을 들고 앉아 있고, 아가씨들이 군인들에게 아이스크림을 나눠주고 있는 모습이요…… 탱크 위에는 꽃다발이 놓여 있고요…… 하지만 제 머릿속 장면들은 다르답니다. 모스크바 할머니들이 군인들에게 샌드위치를 나눠주고 집으로 데려가 볼일도 보게 해주었습니다. 한 국가의 수도에 탱크부대를 투입한 겁니다. 전투식량도 없이, 화장실도 없이요. 탱크문 밖으로 가느다란 목이 휘청거리던 어린 소년들이었어요. 눈이 얼마나 겁에 질려 있던지! 그 아이들은 아무것도 이해하지 못한 듯했습니다. 그리고 3일째 되어서는 성나고 배고픈 모습으로 탱크 밖에 앉아 있었습니다. 잠이 부족한 모습으로요. 아줌마들이 군인들을 에워싸고는 '얘들아, 너희들 정말 우리를 쏠 거니?'라고 물었어요. 군인들은 대꾸하지 않았고 대신 장교가 소

---

* 러시아, 우크라이나, 벨라루스 등에서 생산되는 빵. 베이글과 비슷하지만 크기가 더 크고, 가운데에 큰 구멍이 있다.

리를 빽 질렀어요. '지시가 내려오면 쏠 겁니다!' 그러면 바람이 쓸어버린 것처럼 군인들이 다시 탱크 속으로 쏙 들어가버렸지요. 그랬다고요! 내 머릿속의 장면들과 당신들의 장면은 다릅니다…… 우린 인간 저지선을 만들고는 저들의 공격을 기다리고 있었습니다. 얼마 뒤 가스 공격을 한다느니, 지붕 위에 저격수가 대기중이라느니 여러 소문이 떠돌기 시작했죠…… 훈장을 주렁주렁 매단 어떤 여자가 다가와서는 우리에게 물었어요. '당신들 누구를 보호하려는 거야? 자본주의자들을 보호하는 거야?' '할머니, 무슨 소리를 하는 거예요? 우리는 자유를 사수하는 겁니다!' '난 소련을 위해서 전쟁을 했어. 노동자와 농민들을 위해서. 저런 상점들이나 기업들을 위해서가 아니라고. 아, 지금 누가 나한테 총을 줬으면……'

일촉즉발의 상황이었습니다. 비릿한 피냄새가 풍겼어요. 축제의 모습 같은 건 내 기억에 없습니다……"

"난 애국자입니다……

나도 말 좀 합시다. (가슴팍에 큰 십자가를 매달고 무스탕을 풀어헤친 채 어떤 남자가 다가온다.) 우린 역사상 가장 수치스러운 시기에 살고 있소. 우리는 겁쟁이와 배신자들의 세대요. 아마 우리 자녀들도 분명 우리에게 저런 수식어를 붙일게요. '위대한 우리 나라를 우리의 부모님들이 청바지, 말보로, 껌 따위에 팔아버렸다'고 비난할 거요. 우리는 우리의 조국, 소비에트연방을 지켜내지 못했소. 끔찍한 범죄를 저지르고 말았소. 모든 걸 다 팔아버렸다고! 난 절대로 러시아의 삼색기에 익숙해지지 못할 거요. 내 눈앞에는 항상 붉은 깃발이 아른거릴 테니까. 위대한 국가! 위대한 승리의 깃발이! 대체 우리들에게…… 우리 소련 사람들에게 무슨 짓을 했기에…… 우리가 모든 것을 묵과하고 저 염병할 자본주의 천국으로 달리고 있는 거요? 캔디, 햄, 화려한 포장지 따위에 우린 매수당했소. 눈이 멀어버렸고, 그들의 세 치 혀에 현혹되고 말았소. 우리는 그렇게 자동차와 옷가지들을 받고 모든 걸 다 팔아버렸소. 더이상 그런 동화 같은 이야기는 필요 없소. 무슨 CIA가 소련을 무너뜨렸다는 둥, 브레진스키*의 음모라는 둥 그런 얘기들 말이오. 그게 사실이라면, KGB는 대체 왜 미국을 안 무너뜨린 거요? 아둔한 볼셰비키들이 나라를 말아먹은 것이 아니오! 저 인텔리 개자식들이 해외여행을 하고 싶어서, 『수용소군도』를 읽기 위해서 나라를 파멸시킨 게 아니란 말이오! 유대인 음모설, 프리메이슨 음모설…… 온갖 음모설도 그만둬야 하오. 우리가 스스로를 파멸시킨 거란 말이오! 우리의 손으로 직접! 우린 따끈따끈한 햄버거를 먹을 수 있는 '맥도날드'가 들어오길 바랐고, 모두가 '벤츠'나 '비디오'를 살 수 있게 되기를 늘 꿈꿔왔소. 가판대에서 포르노를 구입할 수 있기를 말이오…… 러시아에는 강한 손이 필요하오. 철의 손. 몽둥이를 들고 감독할 사람 말이오. 그런 의미에서…… 위대한 스탈린이여! 만세! 만세! 아흐로메예프가 우리의 피노체트**, 야루젤스키 장군이 될 수 있었는데…… 훌륭한 인재를 잃었어요……"

"난 공산주의자입니다……

난 국가비상사태위원회, 아니 정확히 말해서 소비에트연방의 편이었습니다. 전 열렬한 비상사태위원회파였어요. 왜냐하면 제국에서 사는 것이 좋았거든요. '내 나라, 광활한 내 나라……' 1989년에 빌뉴스에 출장을 간 적이 있어요. 길을 떠나기 전에 공장의 수석 엔지니어가 날 호출하더니(그 사람은 이미 빌뉴스에 갔다온 적이 있었어요.) 이렇게 일러주더군요. '그곳에 가서는 현지인

---

* 즈비그뉴 브레진스키(1928~2017). 폴란드계 미국인 정치학자. 1977~1981년 백악관 안보보좌담당관을 지냈다. 하버드 대학교에서 정치학 강의를 했으며, 소련의 공산주의에 대항하는 글을 쓰기도 했다.
** 아우구스토 피노체트(1915~2006). 칠레의 군인이자 정치가. 쿠데타를 일으켜 정부를 장악한 뒤 독재를 펼친 인물이다.

들과 러시아어로 대화하면 안 돼. 러시아어로 말하면 가게에서 성냥도 내주지 않아. 자네, 모국어가 우크라이나어지? 기억은 하고 있겠지? 우크라이나어로 대화하는 게 좋을 거야.' 말도 안 된다고 생각했죠. '저게 대체 뭔 헛소리야?' 그런데도 그는 계속해서 '식당에 들어가서도 조심해. 독을 탈 수도 있고 두꺼운 유리 가루를 넣을 수도 있으니까. 그곳에서 이제 자네는 침략자야, 알겠어?'라며 덧붙이더군요. 그런 말을 들으면서도 제 머릿속에는 민족우호, 소련의 형제애, 뭐 그런 단어들만 떠오르더군요. 빌뉴스 기차역에 도착하기 전까지는 그런 말을 믿지 않았어요. 그런데 승강장에 발을 디딘 첫 순간부터 내 러시아어를 들은 사람들이 넌 남의 나라에 온 거라는 사실을 뼈저리게 느끼게 해주더군요. 난 침략자였어요. 더럽고 낙후된 러시아에서 온 침략자. 러시아에서 온 이반, 야만인.

그날, 그 작은 백조들의 춤…… 비상사태위원회에 대해서는 그날 아침에 들른 가게에서 들었어요. 난 곧장 집으로 뛰어가서 텔레비전을 켰지요. '옐친을 죽였을까, 아닐까? 누가 방송국을 장악했을까? 누가 군을 지휘할까?' 아는 사람이 전화를 했어요. '아, 저 쌍놈들이! 다시 나사를 조이기 시작할 거야. 우리는 다시 그들의 나사나 못으로 전락해버릴 거라고.' 그 소리에 분노가 치밀어오르더군요. '난 쌍수 들고 환영이야! 난 소련 편이라고!' 그러자 그 친구가 순식간에 180도 입장을 바꾸더군요. '점박이 미하일*은 이제 끝이야! 시베리아에서 죽도록 땅이나 파라고 해!' 아시겠어요? 사람들과 이야기해야 했어요. 사람들을 설득해야 했어요. 밑작업을 해놓아야 했다고요. 먼저 했어야 하는 행동 중 하나가 바로 오스탄키노 방송국을 장악한 뒤에 24시간 내내 쉬지 않고 '우리가 나라를 구할 겁니다! 우리의 조국 소련이 위험에 처했습니다! 어서

---

* 원어로는 '표식이 있는 미하일'이라는 뜻이다. 여기서는 미하일 고르바초프를 낮잡아 부르는 말로 사용되었다. 고르바초프의 머리에 있는 지도 모양의 점 때문에 붙은 별명이다.

빨리 숍차크파, 아파나시예프*파 그리고 모든 배신자들을 처리합시다!'라고 방송했어야 해요. 민중은 그들 편이었으니까요.

아흐로메예프가 자살했다는 건 못 믿겠어요. 전장을 누비던 관록 있는 장교가 노끈에 목을 매달다니요…… 케이크 상자를 묶었던 포장끈으로…… 죄수처럼. 감옥에서나 그렇게 목을 매단다고요. 혼자서, 다리를 쪼그리고 앉은 채로요. 그건 군인들의 방식이 아니에요. 장교들은 매듭을 싫어한다고요. 그건 자살이 아니라 타살이에요. 소련을 죽인 그자들이 아흐로메예프 원수도 죽인 거예요. 그자들은 두려웠겠죠. 아흐로메예프는 군내에서도 명망이 높았으니까요. 반대 세력을 충분히 조직할 수 있었을 거예요. 사람들은 아직 갈피를 잡지 못하고 있었고, 지금처럼 사회계층이 뚜렷하게 갈려 있지도 않았으니까요. 그때까지만 해도 아직 모두들 똑같이 살았고, 똑같은 신문을 읽었죠. 한쪽에선 건더기도 없는 멀건 수프만 먹고 다른 쪽에선 진주알이 작다고 푸념하는 지금 같지는 않았어요.

아, 그리고 이건 제가 직접 본 거예요. 젊은 청년들이 구 광장 소련공산당 중앙위원회 건물에 사다리를 놓았어요. 이미 아무도 그 건물을 지키지 않았거든요. 소방용 사다리였고 굉장히 길었어요. 그 청년들이 사다리를 타고 올라가더니 망치와 톱을 가지고는 소련공산당 중앙위원회가 새겨진 황금색 글자들을 떼어내기 시작했어요. 밑에서는 다른 청년들이 떨어진 글자를 톱질해서 조각낸 뒤 기념으로 사람들에게 한 조각씩 나눠주고 있었어요. 바리케이드도 해체해서 나눠 가졌고, 뾰족한 철조망도 기념품으로 만들어버렸어요.

이게 내가 기억하는 공산주의의 몰락입니다……"

---

* 유리 아파나시예프(1934~2015). 소련과 러시아의 정치가이자 러시아국립인문학대학교 전직 총장. 페레스트로이카맨 중 하나다.

수사 기록 중에서:

"1991년 8월 24일, 21시 50분. 모스크바 크렘린 1관 19a호 집무실에서 당직을 서던 코로체예프 경호병에 의해 소련 대통령 고문직을 맡고 있던 세르게이 표도로비치 아흐로메예프(1923년생) 소련군 원수의 시체가 발견됨.

시체는 집무실 창턱 아래에 앉아 있는 상태로 발견됨. 증기식 난방 라디에이터를 덮고 있던 격자형 나무덮개에 시체의 등이 기대어져 있었음. 시체는 소련군 원수의 복장 차림이었음. 입고 있던 옷이 손상된 징후는 보이지 않음. 시체의 목 부위에는 목 전체를 두를 만한 크기의 올가미가 걸려 있었고, 올가미는 미끄러운 합성비닐노끈 두 겹으로 만들어졌음. 올가미 위쪽 끝부분은 창틀 손잡이에 '스카치테이프' 유형의 접착성 테이프로 고정되어 있었음. 교살로 인한 흔적 외에는 시체에서 그 어떤 물리적 상흔도 발견되지 않음……"

"책상 위 물건을 조사하는 과정에서 쉽게 눈에 띄는 장소에서 다섯 개의 메모가 발견됨. 모든 메모는 손글씨로 작성되었고, 정갈하게 정리되어 차곡차곡 쌓여 있었음. 이하 메모의 설명 순서는 메모가 놓인 순서를 따른 것임……

첫번째 메모는 가족 앞으로 되어 있었고 자살을 결심했다는 내용임. '나의 가장 중요한 사명은 군인과 국민으로서의 사명이었소. 가족은 항상 그다음이었지. 오늘은 처음으로 가족에 대한 의무를 일순위에 놓았소. 앞으로 닥칠 일들을 용감하게 헤쳐나가기를 당부하오. 서로가 서로를 지지해주시오. 적들이 기뻐할 만한 빌미를 제공하지 마시오……'

두번째 메모는 S. 소콜로프 소련군 원수에게 쓴 것으로, 소콜로프 원수와 로보브 장군에게 본인의 가족을 힘든 시기에 외면하지 말고 장례 절차 등에 도움을 주길 바란다는 부탁이 주내용임.

세번째 메모는 크렘린 구내식당에 외상값을 갚는다는 내용으로, 메모와 함께 50루블짜리 화폐가 꽂혀 있었음.

네번째 메모는 수신인이 없음. '나는 내 조국이 죽어가고, 내 인생의 의미라고 생각했던 모든 것이 무너져가는 것을 보면서 살 수는 없다. 내 나이와 내가 지나온 삶이 내게 떠날 수 있는 자격을 주었다. 나는 끝까지 싸웠다.'

마지막 메모는 따로 놓여 있었음. '나는 자살 도구를 만드는 데 영 재능이 없다. 첫번째 시도는(9:40) 실패했다. 줄이 끊어지고 말았다. 다시 한번 힘을 내어 되풀이하려 한다……'

필적감정 결과 모든 메모는 아흐로메예프의 필체로 판명됨……"

"……아흐로메예프는 그의 생애 마지막날 밤을 막내딸 나탈리아 양의 가족과 함께 보냄. 다음은 막내딸의 증언임. '8월 전에도 우리는 여러 차례 아버지에게 물어보았어요. 〈아버지, 쿠데타가 일어날 가능성이 있지 않아요?〉 수많은 사람들이 고르바초프식 페레스트로이카에 불만을 가지고 있었거든요. 그의 수다스러움, 우유부단함, 무기감축 관련 미소 협상에서의 일방적인 양보, 악화일로를 걷고 있는 국내 경제 상황 때문이었지요. 하지만 아버지는 이런 유의 대화를 좋아하지 않으셨어요. 〈쿠데타 같은 건 절대로 일어나지 않는다. 만약 군대가 정변을 일으키길 원했다면 두 시간이면 충분했을 게다. 하지만 러시아는 무력으로 뭔가를 이룰 수 있는 나라가 아니야. 탐탁지 않은 지도자를 끌어내리는 일은 별로 그렇게 중요한 문제가 아니란다. 가장 중요한 문제는 그런 다음에는 대체 뭘 할 것이냐이다.〉"

8월 23일 아흐로메예프는 이른 시간에 퇴근함. 온 가족이 함께 저녁식사를 함. 그날 큰 수박을 구입했고, 저녁식사 시간이 상당히 길었음. 딸의 증언에 따르면 아버지는 솔직한 대화를 했음. 그를 분명 체포하러 올 것이라고 고백했음. 크렘린에서 아무도 그에게 다가오지도 말을 건네지도 않는다고 말함. 〈앞으로 가족들이 힘들어지리라는 걸 나도 알아. 이제부터 우리 가족이 몹시 더러운 일을 당하게 되겠지. 하지만 나는 다른 방식으로 행동할 수는 없었어〉라는 아버지의 말에 딸이 질문함. 〈모스크바로 돌아온 걸 후회하지는 않으세요?〉 그러자 아흐로메예프는 〈만약 내가 그렇게 하지 않았다면, 난 평생 동안 나 자신을 저주했을 게다〉라고 대답함.

잠들기 전 아흐로메예프는 손녀딸에게 내일 공원에 데리고 가서 회전목마를 태워주겠다고 약속함. 아침에 소치에서 돌아올 부인을 맞으러 누가 마중 나갈지 걱정함. 비행기가 도착하면 곧바로 그에게 알려달라고 당부함. 부인을 위해 크렘린에 공무차량을 신청함……

딸은 오전 9시 35분경 아버지에게 전화함. 평상시 목소리와 같았음…… 아버지의 성정을 아는 딸은 아버지의 자살을 믿지 않음……"

그의 마지막 기록들 중에서:

"……전 소비에트사회주의공화국연방을 위해 임관서약을 했습니다. 그리고 평생을 소련을 위해 봉사했습니다. 그런데 이제는 제가 무엇을 해야 합니까? 누구에게 봉사해야 합니까? 그러니, 아직 살아 숨쉬는 동안은 소련을 위해서 투쟁할 겁니다……"

TV 프로그램 <브즈글랴드(시선)>(1990)

"이제는 모든 것을 흑색으로 덮어버리려 합니다…… 10월혁명 이후 우리 나라에서 벌어졌던 모든 일이 부정되고 있습니다. 네, 맞습니다. 그때는 스탈린이, 스탈린주의가 있었습니다. 네, 맞습니다. 숙청도 있었고, 민중에 대한 폭력도 있었습니다. 전 이러한 사실을 부정하진 않습니다. 그 일들은 있었습니다. 그러나, 그럼에도 불구하고…… 이 모든 것을 연구해서 객관적으로, 그리고 공정하게 평가할 필요가 있습니다. 저에게는 객관적이고 공정한 사실을 확인시켜줄 필요가 없습니다. 왜냐하면 제가 그쪽 출신이니까요, 그 시절을 지나온 사람이니까요. 전 사람들이 어떤 신념을 가지고 어떻게 일하는지 직접 본 사람입니다. 우리의 과제는 뭔가를 숨기고 덮어두는 것이 아닙니다. 숨기고 가릴 필요가 없습니다. 우리 나라에서 일어났던 일들, 이제 모든 사람들이 알고 있는 사실을 배경으로 그 어떤 숨바꼭질이 통하겠습니까? 하지만 분명한 건 우리가 파시즘과의 전쟁에서 패배한 것이 아니라 승리했다는 것입니다. 우리에겐 '승리'가 있습니다.

전 1930년대를 기억합니다. 저와 같은 사람들이 자라난 시절입니다. 그런 사람들이 수천만 명이나 됩니다. 우리는 의식적으로 사회주의를 건설했습니다. 우리는 그 목표를 위해서 무슨 희생이든 할 각오가 되어 있었습니다. 전 볼코고노프 장군이 쓴 내용, 즉 전쟁 전에는 스탈린주의밖에 없었다는 그 주장에 동의하지 않습니다. 그는 반공주의자입니다. 하지만 오늘날 '반공주의자'라는 단어는 더이상 욕이 되지 않죠. 저는 공산주의자이고, 그는 반공주의자입니다. 저는 반자본주의자이고, 그는 글쎄요, 잘 모르겠습니다. 자본주의의 수호자인지 아닌지. 이런 말들은 이제 평범한 사실을 언급하는 것에 그치지 않게 되었습니다. 사상적 언쟁 정도에 불과하죠. 제가 그를 '변절자'라고 부른다는 이유로 많은 이들이 저를 비난할 뿐 아니라 공개적으로 욕을 합니다. 얼마 전까지 볼코고노프 장군은 사회주의 체제를 수호했던 사람입니다. 저와 함께 공산주의 사상을 지켰던 사람입니다. 그런데 이렇게 갑자기 손바닥을 뒤집어버리다니요. 볼코고노프 장군에게 왜 임관서약을 배반했는지 그 이유를 직접 밝히라고 하십시오……

오늘날 많은 사람들이 신념을 잃었습니다. 그중 제일 먼저 저는 보리스 니콜라예비치 옐친을 언급하고 싶습니다. 러시아 대통령인 그는 원래는 소련공산당 중앙위원회 서기장이었고, 정치국 위원 후보였습니다. 그런데 지금은 본인의 입으로 자신은 사회주의와 공산주의를 믿지 않으며, 공산주의자들이 한 행동은 잘못된 것이라고 생각한다고 공개적으로 말하고 다닙니다. 그는 이제 투쟁적인 반공주의자가 되었습니다. 그런 사람들은 많습니다. 그리고 결코 그 숫자가 적지 않습니다. 하지만 여러분은 제게 물어보고 있지 않습니까…… 저는 원칙적으로 동의하지 않습니다. 전 우리 나라의 존속이 위협을 받고 있으며, 그 위협은 실제로 존재한다고 생각합니다. 그 위협은 마치 1941년과 같습니다……"

N. 젠코비치, 『20세기: 격변의 시기 최고사령부』, 모스크바, 올마-프레스(2005)

"1970년대에 소련은 미국보다 20배 이상 많은 탱크를 생산했습니다. G. 샤흐나자로프, 고르바초프 소련공산당 총서기장 보좌관이 (1980년대) 이렇게 질문했습니다. '그토록 많은 무기를 대체 왜 생산해야 하는 겁니까?'

이 질문에 대해 S. 아흐로메예프 합참의장은 이렇게 답변했습니다. '왜냐하면 어마어마한 희생을 대가로 미국인들에 결코 뒤처지지 않는 일류 공장을 만들었기 때문입니다. 그러면 당신은, 그들에게 당장 그 일을 그만두고 냄비나 만들라고 할 겁니까?'"

예고르 가이다르, 『제국의 멸망』, 모스크바, 러시아정치백과사전(2007)

"제1차 소련 인민대표대회 개회 후 아홉째 날 대회의실에 전단지가 뿌려지고 있었다. 그 전단지 내용은 사하로프가 어떤 캐나다 신문과의 인터뷰에서 '아프간 전쟁 때 포위망에 갇힌 아군이 포로로 잡혀가지 않도록 소련 헬기가 아군을 쏴 죽였다'고 밝혔다는 것이었다.

연단에 S. 체르보노피스키, 체르카스 콤소몰 시위원회 1등 서기장이자 아프가니스탄 참전용사가 연단에 섰다. 그는 두 다리를 잃었기 때문에 다른 사람들의 도움을 받아 연단에 섰다. 연단에 선 그는 아프가니스탄 참전용사들의 의견을 읽어내려갔다. '사하로프 씨는 소련 헬기가 자국 군인들을 총으로 쏴 죽였다고 주장하고 있습니다. 우리는 대중언론 매체에서 소련군을 전례없이 공격하고 있다는 점이 상당히 우려됩니다. 또한 유명한 학자가 이와 같이 무책임하고 도발적인 행동을 한다는 데 대해 가슴속 깊은 곳에서 화가 치밀어오릅니다. 이

것은 악의적으로 소련군을 모독하는 것이고, 소련군의 명예와 긍지를 무시하는 것이며, 군과 인민 그리고 당의 성스러운 단합을 분열시키고자 하는 또하나의 시도입니다…… (열렬한 박수 소리) 대회의실에 모인 의원의 약 80퍼센트 이상이 공산주의자들입니다. 하지만 그 누구의 입에서도, 하다못해 고르바초프 동지의 연설에서도 공산주의라는 단어는 언급되지 않았습니다. 하지만 전 세계가 함께 투쟁해야 할 세 가지 단어를 오늘 이 자리에서 거론하겠습니다. 그 건 바로 강대국, 조국, 공산주의입니다……'

박수 소리. 민주당원들과 알렉시 대주교를 제외한 모든 의원들이 기립박수를 보냈다."

우즈베키스탄에서 온 교사:

"박사 동지! 당신은 그 한마디로 그간 당신의 모든 활동을 무효화시켰습니다. 당신은 전 군과 수많은 희생자들에게 크나큰 모욕을 안겨주었습니다. 저는 우리 모두의 증오심을 모아 당신에게 보냅니다……"

아흐로메예프 원수:

"사하로프 박사의 말은 새빨간 거짓말입니다. 아프가니스탄에서 그와 유사한 사건이 벌어진 적은 없습니다. 제가 전적으로 책임지고 장담합니다. 첫째, 저는 2년 반 동안 아프가니스탄에서 복무했습니다. 둘째, 전 소련군 제1합참부의장으로서, 그리고 그 이후 소련군 합참의장으로서 매일 아프가니스탄 관련 상황을 다뤘습니다. 그렇기 때문에 모든 지시사항, 매일매일의 전투상황을 익히 잘 알고 있습니다. 그런 일은 없었습니다!"

V. 콜레소프, 『페레스트로이카: 연대기 1985~1991』, Lib.ru. 현대문학

"—원수 동지, '소비에트연방 영웅' 칭호를 아프가니스탄전 덕분에 받으셨

는데요, 어떤 감정을 느끼시나요? 아카데미 회원 사하로프 박사는 그 전쟁으로 인해 죽어나간 아프간 국민의 수가 100만 명이라는 수치를 언급했는데요……

　—제가 '영웅 별' 훈장을 받아서 행복한 것 같습니까? 전 명령에 따랐습니다. 하지만 거기에는 피와 추악함밖에 없었습니다…… 이미 여러 차례 언급했지만, 군부 쪽에서는 아프간 전쟁을 계속 반대했습니다. 열악하고 익숙지 않은 환경에서 전투를 펼쳐야 한다는 걸 알았기 때문이죠. 소련을 상대로 동방 이슬람주의자 전체가 들고일어날 수 있는 일이었습니다. 유럽에서 체면도 깎이고요. 하지만 그 말을 한 대가로 매서운 지적을 받아야 했습니다. '언제부터 우리나라에서 장성들이 정치에 끼어들었던가?' 우리는 아프간 민족을 위한 투쟁에서는 패배했습니다…… 하지만 그건 우리 군의 잘못이 아닙니다……"

TV 뉴스 프로그램 인터뷰 중(1990)

"……소위 '국가비상사태위원회 사건'이라 불리는 범죄행위에 대한 제 관여도에 대하여 보고합니다……

　올해 8월 6일 대통령님의 명령에 따라 저는 소치에 위치한 군인휴양림에서 휴가를 보내기 위해 떠났고, 그곳에서 8월 19일까지 있었습니다. 휴양림으로 출발하기 전 그리고 8월 19일 아침까지 휴양림에서 거주하는 동안 저는 반란 준비에 대하여 아무것도 아는 바가 없었습니다. 아무도 반란 모의 및 모의자들에 대해 그 어떤 말도 하지 않았고, 그런 낌새조차 제게 내비친 바가 없습니다. 다시 말해, 반란의 준비 및 실행 과정에서 저는 그 어떤 참여도 하지 않았습니다. 8월 19일 아침, 텔레비전을 통해 상기 명시된 '비상사태위'의 성명을 듣고 저는 자발적으로 모스크바로 돌아갈 것을 결정했습니다. 그날 저녁 8시 저는 G. I. 야나예프와 면담을 했습니다. 저는 그가 대국민 담화에서 발표한 '비상사태위'의 계획에 동의하며, 소련 대통령 임시 대행의 고문 자격으로 그와 함께 일할 준비가 되었다고 제안했습니다. 야나예프도 이에 동의했지만, 바쁘다는 이유로 다음 만남을 8월 20일 12시경으로 기약했습니다. 그는 '비상사태위'가 현상황에 대한 정보를 파악하지 못하고 있다며 제가 그 일을 맡아준다면 좋을 것 같다고 했습니다……

8월 20일 아침, 저는 똑같은 지시를 받은 O. D. 바클라노프와 만났습니다. 해당 과제를 함께 수행하기로 했습니다…… 각 부처별 대표를 선발하여 실무 그룹을 구성하였고 현상황에 대한 정보 수집 및 분석을 시작했습니다. 사실상 해당 실무그룹은 두 편의 보고서를 작성했습니다. 한 편의 보고서는 8월 20일 저녁 9시, 또다른 보고서는 8월 21일 아침에 준비되어 '비상사태위' 회의에서 검토되었습니다.

그 밖에도 8월 21일 저는 소련 최고회의 국무회의에서 G. I. 야나예프가 발표할 보고서를 준비했습니다. 8월 20일 저녁과 8월 21일 아침에 저는 '비상사태위' 회의에 동석하였습니다. 정확하게는 외부 초청인들이 동석할 수 있는 회의에만 참석하였습니다. 이것이 제가 올해 8월 20일과 8월 21일에 참여했던 업무 내용입니다. 게다가 8월 20일 약 15시경 저는 D. T. 야조프의 요청에 따라 국방부에서 그와 만났습니다. 그는 상황이 어려워지고 있으며 계획했던 일이 성공하지 못할 수도 있다며 우려하고 있었습니다. 대화 후 그는 제게 V. A. 아찰로프 국방부 차관에게로 함께 가자고 제안했습니다. 그곳에서는 러시아사회주의공화국 최고회의 건물 장악 계획이 수립되고 있었습니다. D. T. 야조프는 V. A. 아찰로프가 약 삼 분 동안 부대 구성 및 작전 기간에 대해 보고하는 내용을 들었습니다. 저는 아무에게도 그 어떤 질문도 하지 않았습니다……

아무도 소치에 있는 저를 불러들이지 않았는데, 왜 제가 자의로 모스크바로 돌아와 '비상사태위'에서 일했는 줄 아십니까? 왜냐하면 이 모험이 실패할 것을 알았기 때문입니다. 모스크바로 되돌아와 그들과 합류한 뒤에는 제 예상에 더더욱 확신을 갖게 되었습니다. 문제는 1990년부터 저는 우리 나라가 파멸의 길을 걷고 있다고 확신했고, 오늘까지도 그 확신에는 변함이 없습니다. 얼마 안 있어 우리 나라는 분열할 것입니다. 저는 제 확신을 더 많은 이들에게 알릴 수 있는 방법을 찾고 있었습니다. 저는 '비상사태위'에 합류하고 그 이후 그와 관련된 조사가 시작되면 이 사실에 대해 직접적으로 언급할 수 있는 기회가 있을 것이라고 계산했습니다. 어쩌면 이런 제 말이 설득력이 없고 순진하게 들릴 수도 있지만, 사실이 그렇습니다. 제 결정에는 사리사욕에서 비롯된 동기가 전혀 없었습니다……"

M. S. 고르바초프 소련 대통령에게 쓴 편지 중(1991년 8월 22일)

"……고르바초프는 소중하다. 하지만 내 조국이 더 소중하다! 이토록 위대한 나라의 파국에 맞서 내가 싸웠다는 흔적이라도 역사에 남길! 누가 옳았고, 누가 잘못했는지는 후에 역사가 판단할 것이다……"

그의 수첩 내용 중(1991년 8월)

N의 이야기 중에서:

크렘린 행정실 소속인 그는 인터뷰 내용에 자신의 성과 직함을 밝히지 말아 달라고 요청했다.

그는 매우 만나기 힘든 증인이었다. 성지 중의 성지, 공산주의의 최고 요새인 크렘린에서 온 증인이었기에. 우리에게는 가려져만 있었던 삶의 목격자. 중국 황제들의 삶처럼 또는 지상의 신들처럼 보호되어왔던 그 삶의 산증인. 난 그를 설득하는 데 많은 공을 들였다.

N과의 전화 인터뷰 중에서:

……여기서 역사가 무슨 상관인가요? 사람들에겐 그저 '잘 볶아진' 팩트를 던져주면 되는 겁니다. 약간은 맵고 향도 강한 팩트를. 피와 고기라면 모

두들 사족을 못 쓰고 달려들 테니까요. 죽음은 이미 상품화되었습니다. 모두가 시장에 내가지요. 그런 사건에 평민들은 희열을 느낄 겁니다. 아드레날린이 뿜어져나오겠죠…… 제국이 붕괴하는 건 다반사로 일어나는 일이 아니니까요. 제국의 얼굴이 진창에, 피에 처박히는 일들 말이에요! 그리고 한 제국 군대의 원수가 자살로 생을 마감하는 것도…… 크렘린 증기식 라디에이터에 목을 매달아 죽는 것도…… 매일 볼 수 있는 흔한 구경거리가 아니란 말입니다……

……왜 그는 그렇게 떠났을까요? 그의 나라가 떠났기 때문에 그도 그 나라와 함께 간 겁니다. 더이상 이곳에서 자신의 나라를 찾을 수 없기 때문에. 제 생각에 그는 앞으로 어떤 일들이 벌어질지 알고 있었던 것 같습니다. 사회주의가 어떻게 붕괴될 것인지. 그 수많은 말들이 결국 피로, 약탈로 종결될 것임을, 수많은 동상들이 철거되어서 결국 소비에트의 신들이 고철 쓰레기, 재활용 쓰레기로 전락할 것임을, 공산주의자들이 뉘른베르크 심판으로 위협받을 것임을 알았을 거란 말입니다…… 설사 재판하더라도 누가 재판장을 할 수 있었을까요? 한 무리의 공산주의자들이 다른 공산주의자들을 심판했을 겁니다. 수요일에 당에서 탈당한 사람이 목요일에 당에서 탈당한 사람을 심판했을 거란 말입니다. 이뿐만 아니라 레닌그라드, 혁명의 요람이었던 그 도시의 이름이 바뀌고, 소련공산당이라는 단어가 욕으로 전락하여 모두가 그 욕을 사용하게 되리라는 것을, 수많은 사람들이 '소련공산당에게 죽음을!' '옐친이여! 통치하라!' 등의 문구가 쓰인 손팻말을 들고 다니리라는 것을 알았을 거예요. 수천 번의 시위…… 사람들의 얼굴에는 환희가 서려 있었어요! 나라가 죽어가는데도 그들은 행복해했어요. 무너뜨리고 파괴하는 것! 러시아인들에게 그런 일은 항상 축제와도 같은 일이었어요…… 작은 축제! 누군가 '물어!'라는 지시를 내렸다면 아마도 대학살이 시작되었을 겁니다…… '유대인들과 코미사르*들을 모두 벽에 세워라!' 민중은 그 명령이 떨어지기만을 기다렸습니다.

아마도 그랬다면 기뻐했을 겁니다. 그랬다면 퇴직한 늙은 영감님들을 사냥하러 나섰을 거예요. 전 길거리에서 중앙위원회 지도부의 주소가 적힌 전단지를 직접 주운 적이 있습니다. 그들의 성과 아파트 동호수 등이 적혀 있더군요. 온 사방에 붙일 만한 곳에는 죄다 그들의 초상화를 붙였습니다. 사람들이 언제라도 그들을 알아볼 수 있도록요. 공산당 노멘클라투라들은 저마다 비닐봉지나 장바구니를 바리바리 싸들고 사무실에서 꽁무니를 내뺐지요. 많은 당원들이 집에서 자는 것을 두려워해서 친척집에 피신해 있었어요. 우리는 모든 정보를 가지고 있었어요…… 루마니아에서 벌어진 일들도 잘 알고 있었습니다. 차우셰스쿠**와 그의 부인이 총살당했고, 수많은 체카 요원과 당간부들이 끌려가 사격장 벽 앞에 세워졌어요. 그들을 구덩이에 파묻기도 했죠…… (오랜 침묵이 이어진다.) 그런데 그는…… 그분은 이상적이고 낭만적인 공산주의를 믿는 사람이었습니다. '찬란하게 빛나는 공산주의의 정점'을 문자 그대로 믿었던 사람이었어요. 공산주의는 영원하리라는 신념이 가득한 사람이었죠. 지금 기준으로는 정말이지 몰상식하고 바보 같은 고백이 아닐 수 없지만요…… (잠깐 쉰다.) 나라 안에서 시작되는 일들을 그는 받아들이지 않았어요. 그는 젊은 맹수들, 자본주의의 선구자들이 움직이기 시작하는 것을 보았어요. 머릿속에 마르크스도 레닌도 아닌, 달러만 꽉 차 있는 그 사람들의 움직임을요……

……총성 한 번 울리지 않았는데, 그걸 어떻게 쿠데타라고 할 수 있습니까? 군은 꼬리 내린 강아지처럼 모스크바에서 줄행랑을 놓았어요. 비상사태 위원회 위원들이 체포되었을 때 그는 이제 곧 사람들이 들이닥쳐서 그에게

수갑을 채울 것이라고 각오하고 있었어요. 왜냐하면 대통령의 모든 보좌관 및 고문들 중에서 오직 그만 쿠데타 세력을 지지했으니까요. 그것도 공개적으로. 그 밖의 다른 사람들은 참고 기다렸어요. 너무 기다리기만 했죠. 관료 집단은 기동성이 좋은 자동차와 같습니다. 관료 집단은 탁월한 생존능력을 갖췄죠. 원칙? 관료들은 신념, 원칙 등 모호한 형이상학적 개념들을 갖고 있지 않습니다. 그들에게 가장 중요한 것은 자신이 앉아 있는 그 자리를 끝까지 지켜내는 것입니다. 그래서 입던 대로 입고, '0'이 많이 붙은 종이를 더 챙기고, 보르조이종 강아지를 키울 수 있기를 원한답니다. 관료주의는 우리의 약점이에요. 레닌도 관료주의가 '데니킨'보다 더 무섭다고 했어요. 그 집단에서 가장 가치 있게 여겨지는 것은 특정인에 대한 충성심, 즉 누가 그의 주인인지, 그에게 밥을 주는 자가 누군지 기억하는 것뿐입니다. (침묵) 아무도 비상사태위원회에 대한 진실을 모릅니다. 모두가 거짓말을 하고 있어요. 사실은, 거대한 게임이 계획되어 있었던 겁니다. 숨겨진 스프링들, 그 가담자 전부를 우리가 파악하지 못할 뿐이지요. 고르바초프의 암묵적 역할도…… 그가 포로스에서 돌아왔을 때 기자들에게 뭐라고 했던가요? "전 어차피 여러분에게 절대로 모든 것을 다 말하지는 않을 겁니다." 그는 정말 말하지 않을 거예요! (침묵) 어쩌면 그것이 그가 대통령직에서 물러난 또하나의 이유가 될 수도 있을 겁니다. (침묵) 수십만 명이 시위에 나섰고…… 그 시위의 영향력이 결정적이었습니다. 정상적인 상태를 유지하기 힘든 시기였습니다. 아흐로메예프는 일신의 안위를 걱정했던 것이 아닙니다. 소련 체제, 위대한 공업화, 위대한 승리가 무참히 짓밟히고 콘크리트로 덮일 그 현실을 받아들일 수 없었던 겁니다. 순양함 '오로라'호가 울린 포성도, '겨울궁전 점령'*도 없었던 일이 된다는

---

* 순양함 오로라호가 전제군주의 상징이었던 '겨울궁전'을 향해 포문을 열었고, 이 신호포를 기점으로 혁명군은 겨울궁전으로 쳐들어갔다. 이로써 전제군주제가 무너지고 인류 최초의 공산주의 국가가 출현하게 되었다.

것을 인정할 수 없었던 거라고요……

　……사람들은 시기를 탓하지요. 비열하고 공허한 시기가 문제라고들 해요. 모든 것이 천쪼가리들과 비디오 따위로 뒤덮였습니다. 도대체 그 위대하던 나라는 어디에 있나요? 지금 같아선 무슨 일이 일어나도 우리는 절대로 승리할 수 없을 겁니다. 가가린도 우주 구경은 꿈도 못 꿨을 거라고요.

　너무나 뜻밖에도 전화통화가 끝나갈 무렵 나는 마침내 "좋습니다. 오세요"라는 대답을 받아냈다. 우리는 그다음날 그의 집에서 만났다. 그는 더운 날씨에도 불구하고 검은 양복과 넥타이 차림이었다. 크렘린 유니폼 차림.

　─그런데 선생님 혹시 그분들에게는 가셨나요? (몇몇 유명인사의 이름을 언급한다.) 그러면 그분에게는……? (모두의 귀에 익은 또 한 사람의 이름을 언급한다.) 그분들은 타살설을 주장하지만, 나는 그렇게 생각하지 않습니다. 듣자 하니, 목격자니 증거니…… 여러 소문이 떠돌고 있나보더군요. 이를테면 노끈이 너무 얇아서 누군가 목을 조르는 용도로만 사용할 수 있을 정도다, 또는 사무실 키가 밖에서 꽂혀 있었다 등등이요. 온갖 소문들이 있더군요…… 사람들은 궁정의 비밀을 좋아하니까요. 그렇다면 저는 좀 다른 각도에서 말씀드리겠습니다. 증인들도 조작이 가능하답니다. 그들은 로봇이 아니거든요. 텔레비전이 그들을 조작할 수 있습니다. 신문도 그렇고요. 친구들, 기업의 이해관계로도 조작이 가능합니다. 진실은 누가 갖고 있는 걸까요? 전 진실은 진실을 찾기 위해 특별히 교육받은 사람들, 즉 판사, 학자, 성직자 들이 찾아야 하는 거라고 봅니다. 그 밖의 사람들은 모두 다 자신의 야욕이나 감정의 지배하에 놓여 있기 마련이니까. (침묵) 선생께서 쓰신 책을 저도 읽어보았습니다. 선생께선 사람을, 사람의 진심을 지나치게 신뢰하시는 것 같더군요. 괜한 짓을 하시는 겁니다. 역사는 사상의 인생입니다. 사람들이 역사

를 기록하는 것이 아니라, 시간이 역사를 기록하는 겁니다. 그 가운데서 인간의 진심은 못 같은 역할을 합니다. 사람들이 저마다 모자를 걸어두는 그런 못이요……

　……고르바초프의 이야기부터 시작해야 할 것 같습니다…… 왜냐하면 그가 없었다면 우리 모두가 아직도 소비에트연방에서 살고 있었을 테니까요. 그랬다면 옐친은 스베르들롭스크 공산당 주위원회 1등 서기관이었을 테고, 예고르 가이다르는 〈프라우다〉 경제섹션 기사나 쓰면서 여전히 사회주의를 믿고 있었을 테니까요. 그리고 솝차크는 레닌그라드 대학교에서 여전히 강의하고 있었을 겁니다…… (침묵) 그랬다면 소련은 그 이후로도 꽤 오랫동안 존재했을 겁니다. '진흙으로 된 다리를 가진 거인'? 새빨간 거짓말입니다! 우린 막강한 강대국이었습니다. 많은 국가들이 우리의 뜻대로 움직였습니다. 저 미국이란 나라도 우리를 두려워했습니다. 그래요, 여성용 스타킹과 청바지가 부족하긴 했어요. 왜냐하면 핵전쟁에서 이기기 위해서는 스타킹이 아니라 현대식 로켓과 폭격기가 필요했으니까요. 소련에는 그 무기들이 모두 있었습니다. 그것도 일등급으로. 그 어떤 전쟁에서도 소련은 승리할 수 있었습니다. 러시아 군인들도 죽음을 두려워하지 않았고요. 그런 점에서는 러시아인이 다분히 동양적이지요…… (침묵) 스탈린이 만든 국가는 밑에서는 결코 뚫고 올라올 수 없는 국가였습니다. 그렇게는 결코 관통할 수 없었어요. 하지만 위에서부터라면 얘기는 달라지지요, 나약하고 무방비 상태였던 국가였습니다. 소련이 위에서부터 무너지리라고는, 소련이라는 나라를 최고지도부에서 먼저 배신할 것이라고는 아무도 생각지 않았습니다. 부르주아 편에 선 박쥐들! 크렘린을 장악한 총서기장이 혁명의 주체가 됩니다. 소련이라는 나라는 위에서부터 공격하면 무너뜨리기 쉬운 나라였습니다. 엄격한 위계질서와 법도가 오히려 소련에 해가 되었습니다. 역사에서도 전례를 찾아볼 수 없는 독특한 경우입니다. 예를 들자면 로마제국을 시저가 스스로 무너뜨리기 시작했다라든가…… 뭐, 그

런 경우가 없었다는 말입니다. 고르바초프는 찌질이가 아니에요. 돌아가는 상황에 놀아난 노리개도 아니고요. CIA 요원이란 말은 정말이지 터무니없습니다…… 그렇다면 그는 누구일까요?

'공산주의의 무덤을 판 자' '조국의 배신자' '노벨상을 거머쥔 개선장군' '소련을 파산시킨 장본인' '대표적인 1960년대 사람들 중 한 명' '최고의 독일인' '선지자' '가롯 유다' '위대한 개혁가' '위대한 배우' '위대한 고르비' '고르바치' '세기의 사람' '헤로스트라투스' 등등 이 모든 것이 한 사람을 지칭하는 이름입니다.

……아흐로메예프 원수는 며칠 동안 자살을 준비했어요. 생을 마감하기 전 작성했던 메모들은 8월 22일 두 개, 23일 한 개였고, 24일에 나머지 메모들을 쓴 거예요. 그러면 24일에는 대체 무슨 일이 일어났던 걸까요? 8월 24일에 고르바초프가 소련공산당 중앙위원회 총서기장의 권한을 모두 내려놓겠다는 성명이 텔레비전과 라디오 전파를 탔고, 고르바초프가 공산당 해산을 촉구했어요. "어렵지만 올곧은 결정을 내려야 합니다." 총서기장이 싸움조차 해보지 않고 물러났습니다. 민중에게, 수백만의 공산주의자들에게 호소조차 해보지 않고…… 그는 배신했습니다. 모두에게 등을 돌렸습니다. 그 소식을 접한 아흐로메예프의 심정을 충분히 헤아릴 수가 있습니다. 고르바초프의 방송 이후 출근하던 그가 공공기관에 달려 있던 국기가 내려지는 것을 목격했을 가능성도 다분합니다. 크렘린탑에서 깃발을 내리는 모습을요…… 그때 그 사람이 어떤 감정을 느꼈겠습니까? 공산주의자였고 최전선에서 전쟁을 이끌었던 군인이었습니다…… 그 인생의 의미가 전부 사라진 겁니다. 전 지금 우리가 살듯 오늘날의 현실에서 살아갈 그 사람의 모습을 상상하기가 힘듭니다. 소련의 삶이 아닌 삶을 사는 그를, 붉은 기가 아닌 러시아 삼색기가 걸린 국무회의에 앉아 있는 그의 모습을 떠올리기가 쉽지 않습니다. 레닌 초상화가 아닌 쌍독수리 문양 아래 앉아 있는 그를요. 새로운 인테리어에 그는 결코 어울리지 않

습니다. 그는 소련군의 원수였습니다. 아시겠어요? 소-비-에-트-요! 그에게 다른 방식은 없었습니다. 암요……

크렘린에 있을 때도 그는 어색해했습니다. '고고한 학' '영락없는 군인'…… 그는 크렘린의 삶에 길들여지지 않았어요. "사욕 없는 진정한 동지애는 군대에만 있다"라고 말했죠. 그는 평생을, 말 그대로 평생을 군대에서 보냈습니다. 군대 사람들과 함께요. 자그마치 반세기 동안이나요. 그는 17년 동안 군복을 입고 있었습니다. 결코 짧지 않은 기간이었고, 그의 삶이었습니다! 아흐로메예프는 소련군 합참의장직을 사임한 후 크렘린 사무실에서 일하게 되었습니다. 사임은 스스로 청한 일이었습니다. 한편으로 아흐로메예프는 사람은 떠날 때를 알아야 하며(이미 영구차를 질리도록 봐왔기 때문에) 젊은이들에게 길을 열어주어야 할 책임이 있다고 생각했고, 다른 한편으로는 고르바초프와 그즈음 갈등이 시작됐기 때문이었습니다. 고르바초프는 장군들은 밥이나 축내는 식충이로밖에 취급하지 않았던 흐루쇼프처럼 군대를 좋아하지 않았습니다. 소련은 군사국가였고, 경제의 70퍼센트가 군대와 관련된 분야로 구성되어 있었습니다. 또한 최고의 두뇌들, 물리학자, 수학자 등이 군에 집결되어 있었습니다. 그들 모두가 탱크와 폭탄을 연구했습니다. 소련 사상 자체도 군사적 사상입니다. 하지만 고르바초프는 철저하게 '문관' 타입이었습니다. 이전 총서기장들의 전력을 보면 전쟁과 연관되어 있었지만, 고르바초프는 모스크바 국립대 철학과 출신이었습니다. 고르바초프는 군인들에게 "당신들은 전쟁을 할 작정입니까? 난 안 할 겁니다. 우리 나라에는 장성의 수가 너무 많습니다. 모스크바에 있는 장성들 수만 해도 전 세계 장성들의 수를 웃돌고 있습니다"라고 말했죠. 예전에는 그 누구도 군인을 그렇게 대하지 않았습니다. 군인들은 가장 중요한 사람들이었습니다. 정치국 회의에서 경제장관이 첫 타자로 보고하지 않았고, 국방부 장관이 했습니다. 비디오 생산량이 아니라 무기 생산량에 대해서 먼저 보고했단 말입니다. 그렇기 때문에 우리 나라에서는 비디오

가격이 아파트 한 채 값과 맞먹었던 거겠죠. 그런데 모든 것이 바뀐 겁니다…… 그러니, 군인들이 들고일어날 수밖에요! 우린 크고 강한 군대가 필요합니다. 보세요, 우리 나라 영토가 얼마나 넓은지! 세계 지도의 반이 우리 나라 땅입니다. 아직은 우리가 강하기 때문에 우리의 의견을 들어주는 것이지, 우리가 약해지면 '신사고정책'*은 그 누구도 설득하지 못할 겁니다. 아흐로메예프는 여러 차례 직접 이 부분을 지적했습니다. 바로 그 부분에서 고르바초프와 아흐로메예프 사이에 분명한 시각차가 발생한 것이죠…… 기타 다른 여러 사소한 갈등에 대해서 지금 일일이 거론하지는 않겠습니다. 고르바초프의 연설에서 소련인들에게 익숙한 표현들이 점차 사라져갔습니다. '세계 제국주의자들의 흉계' '반격' '대양 너머의 큰손' 등…… 고르바초프는 그런 표현들을 모두 삭제했습니다. 고르바초프의 연설에는 '글라스노스트의 적'과 '페레스트로이카의 적'밖에 없었습니다. 고르바초프가 입이 상당히 걸었거든요, 그는 집무실에서 저들을 가리켜 등신들이라고 부르곤 했습니다. (침묵) '딜레탕트' '러시아의 간디'…… 크렘린 복도에서 들려오던 말 중에 가장 무난한 말들이었어요. '늙은 호랑이'들은 물론 충격에 휩싸였죠. 고르바초프가 자신들은 물론 모두를 물에 빠져 죽게 하리라는 걸, 그 비극이 곧 오리란 걸 직감하고 있었으니까요. 미국이 우리를 '악의 제국'이라고 부르고, 십자군전쟁, '우주전쟁' 등등을 운운하며 위협하고 있는데도, 우리 총사령관이었던 그 양반은 스님처럼 "세계는 모두의 집입니다" "폭력과 피가 없는 개혁이 필요합니다" "전쟁은 더이상 정치의 연장선이 되어선 안 됩니다" 등의 말만 늘어놓고 있었던 겁니다. 아흐로메예프는 오랫동안 투쟁하다 결국 지쳤습니다. 아흐로메예프는 처음에는 보좌진들이 고르바초프에게 잘못된 보고를 하면서 그의 눈을 속이고 있다고 생각했어요. 하지만 시간이 지나면서 그게 아니라 배

---

* 고르바초프가 도입한 신외교정책.

신이라는 걸 알게 된 거죠. 그래서 사직서를 제출한 겁니다. 고르바초프는 그의 사직을 수리했지만, 끝내 자기 곁에서 놓아주지는 않았습니다. 군사고문으로 임명했죠.

　……그 시스템은 차라리 건드리지 말았어야 했습니다. 그걸 스탈린 체제라 부르든 소비에트 체제라 부르든 부르고 싶은 대로 부르세요…… 우리 나라는 항상 전시동원 체제였습니다. 국가가 탄생하던 순간부터요. 우리 나라는 평화로운 삶을 위해 설계된 나라가 아닙니다. 또다시 번복하자면, 우리가 정말로 최신 유행의 여성용 부츠와 예쁜 브래지어를 못 찍어냈을 것 같으십니까? 플라스틱 '비디오'를 못 만들었을 것 같냐고요? 그런 건 누워서 떡 먹기였어요. 하지만 우리에겐 다른 목표가 있었다고요…… 하지만 민중은요? (침묵) 민중은 일상적인 물건들을 바라죠. 달콤한 파이가 차고 넘치길 바라고, 차르를 원합니다! 하지만 고르바초프는 차르가 되고 싶어하지 않았고 그걸 거부했어요. 그런데 옐친을 한번 보세요…… 1993년에 대통령직을 거머쥘 수 있을 것 같자 그는 머뭇거리지 않고 의회를 공격하라는 지시를 내렸습니다. 반면 1991년에 공산주의자들은 총성을 울리는 걸 두려워했어요. 고르바초프는 피 한 방울 흘리지 않고 권력을 내주었어요. 그런데 옐친은 탱크를 돌진시키고 살육을 시작했죠. 그래요, 그랬어요…… 그런데도 그는 사람들의 지지를 얻었습니다. 우리 나라 사람들의 사고방식 또는 잠재의식 속에는 차르의 나라가 내재되어 있어요. 유전자 코드에 기록돼 있어요. 모두가 차르를 필요로 해요. 유럽에서는 폭군으로 평가되는 이반 뇌제, 러시아 도시들을 피바다로 만들고 리보니아 전쟁에서 패배했던 그 왕을 러시아인들은 공포와 경외심을 갖고 회상합니다. 표트르대제, 스탈린도 마찬가지고요. 하지만 농노제를 폐지했던 해방자 알렉산드르 2세는 어떻게 되었나요? 러시아에 자유라는 것을 선사했던 그 왕을 러시아인들은 살해했어요. 체코 사람들이나 바츨라프 하벨*을 필요로 하지 러시아 사람들은 아니에요. 러시아인들에게는 사하

로프가 필요한 것이 아니라 차르가 필요합니다. 만백성의 아버지인 차르가! 우리 나라에서는 총서기장이건 대통령이건 직함에 상관없이 그냥 차르인 겁니다. (오랜 침묵)

그는 마르크스 고전집을 읽으며 발췌한 내용을 적어둔 자신의 수첩을 내게 보여주었다. 그중 나는 레닌의 말을 옮겨 적었다. "소비에트 정권이 있는 곳이라면, 나는 그곳이 돼지우리여도 살 용의가 있다." 인정한다. 나도 레닌을 읽지 않았다.

……그럼, 다른 부분, 다른 이야기 좀 해볼까요. 긴장을 좀 풀기 위해서…… 우리들은 주로 식탁에 둘러앉아 소수정예로 대화를 자주 나눴습니다. 크렘린에는 요리사가 따로 있었어요. 정치국 사람들은 모두 청어절임, 돼지비계 소금절임, 캐비아를 주문하는 반면, 고르바초프는 죽이나 샐러드를 더 선호했어요. 캐비아를 서빙하지 말라고도 했죠. "캐비아는 보드카와 궁합이 잘 맞는데, 나는 술을 마시지 않으니까." 그는 부인 라이사 막시모브나와 함께 다이어트를 하거나 날을 정해 단식하곤 했어요. 그는 역대 총서기장들과 달랐어요. 전혀 소련식이 아니었습니다. 부인을 정말 다정하게 대했죠. 산책할 때도 꼭 손을 잡고 다녔습니다. 옐친 같은 경우에는 눈을 뜨면서부터 술 한잔에 오이절임 안주를 요청했어요. 그게 진정한 러시아식이죠. (침묵) 크렘린은 테라리엄이에요. 제가 말씀드리죠…… 다만 책을 내실 때 제 이름은 밝히지 마세요…… 무명으로 해주세요…… 전 이미 퇴직했어요…… 옐친은 자기만의 팀을 꾸려 '고르바초프파'를 싹 쓸어냈어요. 결국에는 모두 다 치워버렸어요. 그

---

* 바츨라프 하벨(1936~2011). 체코의 극작가이자 인권운동가로 공산독재 체제를 무너뜨리고 대통령이 되었다.

러니까 내가 이렇게 선생과 함께 연금수령자로서 이런 대화를 나누고 있는 거지, 그렇지 않으면 빨치산처럼 입을 꾹 다물고 있었을 겁니다. 녹음기가 두려운 건 아니지만, 제겐 방해가 되는군요. 아시잖아요, 습관이라는 걸. 우리는 엑스레이 촬영을 하듯 그렇게 도청당해왔으니까…… (침묵) 사실 사소하긴 한데 그 사람의 성격을 엿볼 수 있는 일이 있었어요. 아흐로메예프가 크렘린으로 거처를 옮긴 직후, 몇 배나 많아진 봉급을 거절했어요. 그때까지 받아왔던 봉급이면 충분하다고 하면서요. 이쯤 되면 누가 돈키호테인가요? 그리고 도대체 누가 돈키호테를 정상인으로 보나요? 500루블 이상의 외국 선물을 받은 경우 의무적으로 국가에 제출해야 한다는 소련공산당 중앙위원회 법령이 발표되었을 때(그때부터 특권과의 전쟁이 선포되었거든요), 아흐로메예프 원수는 제일 처음 그 명령을 수행한 사람이자, 그 명령을 수행했던 몇 안 되는 사람들 중 하나였습니다. 크렘린의 도덕이란…… 크렘린 사람들은 봉사하고 고개 숙이면서 억압해야 할 대상과 적시에 장단을 맞춰야 할 대상이 누구인지 파악합니다. 그들은 누구와는 격식을 갖춰 인사하고, 누구에게는 살짝 고갯짓으로 인사치레만 해야 하는지 사전에 모든 것을 치밀하게 계산합니다. "당신이 배정받은 사무실이 어디에요? 대통령 집무실 옆인가요? 같은 층인가요?" 그렇지 않을 경우에는 인간 취급도 못 받았습니다. 정말 사소한 일들이죠…… "사무실에 어떤 전화기가 놓여 있나요? '베르투시카'*는 있어요? 대통령과 직접 연결되는 '대통령'이란 글씨가 적힌 전화기는요? 특수목적 차량으로 배정을 받았나요?" 등등.

　　……요즘 트로츠키가 쓴 『나의 인생』이라는 책을 읽고 있습니다. 그 책에는 어떻게 혁명이 만들어졌는지 잘 나와 있습니다. 지금은 모두가 부하린을 읽더군요. 부하린의 구호였던 "부자 되세요, 부를 축적하세요!"가 모두의 입맛에

---

* 소련공산당 및 정부 내선 통신 시스템을 가리키는 구어.

맞았던 거지요. 시의적절했던 겁니다. '부하르치크(스탈린이 하사한 별명이었어요)'*는 '사회주의 속에 뿌리내릴 것'을 제안했습니다. 그는 스탈린을 칭기즈칸이라고 불렀어요. 그런데 그도 마찬가지로 일관성 있는 인물은 아니었어요. 다른 이들과 마찬가지로 계산 없이 사람들을 세계 혁명의 불길 속으로 집어넣을 수 있었던 인물이었습니다. 총살로 사람들을 길들일 수 있는 사람 말이에요. 총살은 스탈린이 최초로 만들어낸 것이 아닙니다. 그들 모두는 혁명을 거치고 내전을 거친 피의 전사들이었습니다…… (침묵) 레닌이 이런 말을 했습니다. 혁명은 혁명이 원할 때 스스로 다가오는 것이지, 누군가 원해서 할 수 있는 것이 아니라고요. 맞아요, 그런 겁니다. 페레스트로이카, 글라스노스트를 우리 손아귀에서 놓쳤어요. 왜일까요? 최고지도층에는 뛰어난 지략가들이 한둘이 아니었습니다. 브레진스키를 읽는 사람들이었어요. 하지만 그들의 머릿속에는 기존의 것을 약간 수리하고 기름칠한 뒤에 다시 타고 가겠다는 생각이 있었어요. 러시아인들이 소련이라면 넌더리를 내고 있다는 걸 인식하지 못했던 겁니다. 그들 자신조차 '밝은 미래'를 믿지 않으면서 인민들은 믿고 있다고 믿었던 겁니다…… (침묵) 아니요…… 아흐로몌예프는 살해당하지 않았습니다. 그런 음모설은 이제 그만두자고요…… 자살은 그의 마지막 논거였어요. 그는 이승을 떠나면서 가장 중요한 자신의 생각, 즉 우리 모두는 지옥으로 향하고 있다는 것을 전달하려고 했던 겁니다. 거대한 국가가 있었고, 그 거대한 국가가 무서운 전쟁을 이겼습니다. 그런데 지금 그 거대한 국가가 무너지고 있습니다. 중국도 무너지지 않았고, 기아로 사람들이 죽어나는 북한도 무너지지 않았고, 작은 사회주의 국가인 쿠바도 제자리를 굳건히 지키고 있는데, 우리만 사라져가고 있는 겁니다. 우리는 탱크와 미사일에 의해 정복당한

---

* '부하린'이라는 성에 지소형 어미를 결합하여 만든 별명. 일반적으로 지소형 어미가 붙으면 '작은' '귀여운' 등을 의미하며 친근감과 애정 등을 표현할 수도 있고, 과소평가하는 의미도 가질 수 있다.

것이 아닙니다. 우리가 제일 강하다고 자부했던 것, 바로 우리의 영혼으로부터 공격받아 무너진 것입니다. 체제가 썩었고 당이 부패했던 겁니다. 어쩌면 이것도 아흐로메예프가 삶을 포기한 또하나의 이유가 될 수 있겠군요⋯⋯

⋯⋯아흐로메예프는 몰도바의 어느 시골 벽촌에서 태어나 일찍 부모님을 여의었습니다. 그는 해군 사관생도로 자원하여 전쟁에 참가했습니다. 그는 승리의 날을 병원에서 맞이했습니다. 신경이 쇠약해지고 기력이 다해 38킬로그램밖에 나가지 않았다더군요. (침묵) 전쟁에 시달려 병들고 기력이 고갈되었던 군대가, 기침을 해대고 신경통, 관절염, 위염에 걸려 있던 군대가 그 전쟁에서 승리했던 겁니다. 전 그 군대의 모습을 그렇게 기억합니다. 제가 바로 그 세대거든요. 전쟁 세대. (침묵) 그는 사관생도에서 시작해 군의 최고봉까지 올랐습니다. 소비에트 정권은 그에게 모든 것을 주었습니다. 최고 칭호인 소련군 원수, '영웅 별' 훈장, 레닌상⋯⋯ 부유한 상속자가 아닌 어느 지방 벽촌, 평범한 농부의 집안에서 태어난 남자아이에게 말입니다. 소련은 수천 명의 그와 같은 사람들에게 기회를 주었습니다. 가난하고 작은 사람들에게요. 그리고 그들은 소련을 사랑했습니다.

누군가 현관벨을 울렸다. 아는 사람이 찾아온 것 같다. 현관에서 뭔가 오랫동안 논의한다. N이 돌아왔을 때, 그의 기분이 가라앉아 있고 인터뷰를 귀찮아하는 것 같다는 느낌을 받았다. 하지만 얼마 뒤 다행히도 다시 관심이 생긴 듯 대화에 임했다.

─함께 일했던 사람이에요⋯⋯ 같이 동석하자고 권했는데⋯⋯ 거절하네요. 당의 비밀을 떠벌리고 다녀서는 안 된다며, 무엇 때문에 그 비밀에 남을 끌어들이려고 하냐면서요⋯⋯ (침묵) 전 아흐로메예프의 친구는 아니었지만 수년 동안 그와 알고 지낸 사람입니다. 아무도 국가를 구하기 위해 십자가를

지지 않았는데, 그는 혼자 짊어지고 갔습니다. 우리가 개인연금을 지급받고 배정받은 정부 다차를 유지하기 위해서 동분서주하는 동안 말입니다. 이건 꼭 말하지 않을 수 없군요……

　……고르바초프 이전까지 인민들은 우리 지도자들을 레닌묘 위 연단에서만 볼 수 있었습니다. 사향쥐털 모자를 쓰고 딱딱하게 굳은 얼굴을 한 그들의 모습만을 보았습니다. 왜, 이런 유머도 있었죠. "왜 사향쥐털 모자가 자취를 감춘 거죠?" "왜냐하면 노멘클라투라가 사향쥐보다 빠른 속도로 번식하니까요."(웃음) 크렘린만큼 유머를 즐긴 곳은 없을 겁니다. 정치풍자 유머, 반소련 유머…… (침묵) 페레스트로이카…… 정확히 기억나지는 않지만, 제일 처음 이 단어를 들은 건 해외에서 외국 기자들의 입을 통해서였던 것 같습니다. 우리 나라에서는 '가속화'나 '레닌의 길'에 대해서 더 자주 언급했지요. 그런데 해외에서는 고르바초프 붐이 일었어요. 모두가 '고르바초프병'에 걸렸지요. 해외에서는 우리 나라 안에서 일어나는 모든 일은 페레스트로이카라고 불렀습니다. 모든 변화를요. 고르바초프의 차량이 거리를 통과할 때면 수천 명의 사람들이 길가에 서서 눈물과 미소로 그를 환영했습니다. 그래요, 전 다 기억이 납니다. 사람들이 우리를 좋아했다니까요. KGB에 대한 공포도 잊었고요. 무엇보다 중요한 건 광적인 핵 경쟁의 종식이 선언됐다는 겁니다. 바로 이 이유로 인해 세계가 우리에게 감사해했어요. 수십 년 동안 모두가, 아이들까지도 핵전쟁 공포에 시달렸습니다. 서로가 서로를 참호 속에서 아니면 조준경을 통해 견제하는 것에 익숙해져 있었습니다…… (침묵) 그런데 유럽에서 러시아어를 가르치기 시작하고, 식당에서는 보르시*, 펠메니** 같은 러시아 음식을 내놓기 시작했습니다. (침묵) 전 미국과 캐나다에서 10년을 일했습니다. 그

---

* 비트, 토마토, 고기, 감자와 기타 채소를 넣고 걸죽하게 끓인 러시아 전통 수프.
** 러시아식 물만두로 크기가 매우 작다.

리고 고르바초프 때 귀국했어요…… 돌아와보니 모든 일을 함께하고자 하는 진실하고 정직한 사람들이 많이 있더군요. 난 예전에도 그런 사람들을 본 적이 있었습니다. 바로 가가린이 처음 우주에 갔을 때였죠…… 고르바초프 때 사람들은 그때 그 사람들처럼 기쁨에 들뜬 얼굴을 하고 있었습니다…… 고르바초프는 같은 꿈을 꾸는 동지들이 참 많았습니다. 다만, 노멘클라투라 사이에 그런 사람들이 없었다는 게 문제였죠. 중앙위원회에도 주위원회에도 없었고요…… '휴양림의 서기장'이라는 별명은 그를 스타브로폴에서 모스크바로 불러들였기 때문에 생긴 거였어요. 스타브로폴은 주로 총서기장이나 정치국 위원들이 휴가지로 애용했던 장소였죠. '물먹는 서기장' '주스의 자식'*이라는 별명은 그가 금주 운동을 벌였기 때문에 생긴 것이고요. 고르바초프에 대한 흑색선전이 쌓여가기 시작했습니다. 런던에 있으면서도 마르크스의 묘지를 참배하지 않았다부터 시작해서…… 상상을 초월할 정도로 많았습니다. 고르바초프가 캐나다에서 돌아온 뒤 거기가 얼마나 좋은지, 이것도 좋고 저것도 좋은데 우리는 그렇지 않다면서 캐나다 칭찬을 늘어놓은 적이 있었습니다. 우리 나라가 어떤지는 우리가 누구보다 잘 알고 있었죠…… 누군가 참지 못하고 "총서기장 동지, 우리도 100년 뒤에는 그렇게 될 겁니다"라고 대꾸했어요. 그러자 그가 "오, 자네, 굉장히 낙관적이구먼"이라고 대답했지요. 아, 참! 고르바초프는 대화할 때 모두를 하대했어요. (침묵) 어떤 '민주주의자' 칼럼니스트가 쓴 글을 읽은 적이 있어요. 전쟁세대, 그게 바로 우리를 가리키는 거죠, 그 전쟁세대가 너무 오랫동안 권력을 잡고 있었다는 거예요. 전쟁에서 승리한 뒤 나라를 세웠으면 그 자리를 떠났어야 한다는 거죠. 전쟁의 잣대가 아닌 다른 잣대로 삶의 방식을 그릴 수 없는 사람들이었기 때문이라는 겁니다. 바로

* 원어로는 'Сокин сын'으로 'son of bitch(개자식)'의 의미를 가진 'Сукин сын'을 변형하여 만든 것이다. '주스의 자식'과 동시에 풍자적인 의미도 표현하고 있다.

1부 아포칼립스의 위로

그것 때문에 우리가 세계에 비해 뒤처졌다는 겁니다. (공격적으로) '시카고의 소년들' '핑크색 바지를 입은 개혁가'…… 그래서, 도대체 위대한 나라는 어디에 있습니까? 만약 이것이 전쟁이었다면 우리가 승리했을 겁니다. 전쟁이었다면…… (진정하기까지 시간이 걸린다.)

    ……그런데 가면 갈수록 고르바초프는 총서기장이 아닌 설교자의 모습을 연상시키기 시작했습니다. TV 스타가 되었죠. 하지만 '다시 레닌에게로 돌아가자!' '선진적 사회주의로 도약하자!' 등의 설교가 계속되자 머지않아 사람들은 진저리를 치기 시작했습니다. 그런 소리를 들을 때면, '그럼, 뭐야? 우리는 후진적인 사회주의라는 거야?'라는 질문이 반사적으로 들기 마련이었으니까요. '그동안 우리가 한 건 뭐라는 거야……?' (침묵) 해외에 있는 고르바초프는 우리가 알던 고르바초프가 아니었습니다. 홈그라운드에서 보던 고르바초프의 모습은 찾아보기 힘들었습니다. 고르바초프는 외국에 있을 때 물 만난 고기처럼 자유를 느꼈나봅니다. 재치 있게 농담도 하고 자기 생각을 조리 있게 말했습니다. 집에서는 에둘러 말하고 말을 바꾸기 십상이었거든요. 그런 모습 때문에 더욱 약해 보이고 수다쟁이 같아 보인 겁니다. 하지만 그는 결코 약한 사람이 아니었습니다. 겁쟁이는 더더욱 아니었고요. 그건 잘 몰라서들 하는 말입니다. 고르바초프는 냉정하고 경험 많은 정치가였습니다. 그렇다면 왜 고르바초프는 두 얼굴을 갖고 있었을까요? 그가 해외에서처럼 국내에서도 솔직했다면 아마도 '크렘린 영감님'들이 순식간에 그를 물어뜯고 먹어치웠을 겁니다. 그리고 또하나의 이유가 있지요. 이건 제 생각입니다만, 고르바초프는 아마 오래전부터 공산주의자가 아니었을 겁니다. 그는 더이상 공산주의를 믿지 않았던 거예요. 은밀하게 또는 잠재의식 속에서 그는 사회주의-민주주의자였을 겁니다. 크게 언급된 바는 없지만, 모두들 고르바초프가 젊은 시절 모스크바 국립대학교에서 '프라하의 봄'을 주도했던 알렉산드르 둡체크와 그의 동지 즈데네크 플리나르시와 함께 수학했다는 것을 우리 모두는 알

고 있었습니다. 그들은 동무였습니다. 믈리나르시는 자신의 회고록에서 밝히기를, 대학교 내 비공개 당원회의에서 제20차 당대회 당시 흐루쇼프가 발표했던 연설문을 처음 들었을 때 너무나도 큰 충격을 받은 나머지 그들은 밤새도록 모스크바 거리를 헤매 다녔다고 했습니다. 그리고 여명이 밝을 즈음, 그들은 레닌산에 올라가 그 언젠가 게르첸과 오가료프가 맹세했던 것처럼 스탈린주의와 평생 맞서 싸울 것을 맹세했다고도 기록했더군요. (침묵) 페레스트로이카의 시발점이 바로 거기였던 겁니다. 흐루쇼프의 해빙기에서 탄생한 거예요……

……이미 이 주제로 대화를 나눴던 것 같은데요. 스탈린부터 브레즈네프까지는 전쟁을 치렀던 인물들이 국가 지도자 자리에 있었습니다. 테러의 시기를 겪었던 사람들이었어요. 그들의 심리는 폭력적인 환경, 지속적인 공포 속에서 형성된 것입니다. 그들은 1941년을 잊을 수 없는 사람들이었습니다. 소련군이 모스크바까지 퇴군했던 그 모욕적인 해를. 전선에 군인들을 내보내면서 무기는 전장에서 구하라고 했던 일들을 잊을 수 없었을 거예요. 사람 수는 세지 않으면서 총알 수는 셌지요. 그런 기억을 가지고 있는 사람들이 적들을 무찌르기 위해서는 탱크와 비행기를 열심히 만들어야 한다고 생각하는 건 지극히 정상적이고 이치에 맞는 일입니다. 탱크와 비행기가 많으면 많을수록 좋은 거라고 생각하는 거죠. 결과적으로 전 세계에 정말 많은 무기가 쌓였습니다. 미국과 소련이 서로를 천 번도 더 죽일 수 있을 만큼이나요. 그런데도 계속 무기를 찍어냈습니다. 그리고 지금, 새로운 세대가 나타났습니다. 고르바초프파는 전쟁 시기에 아이들이었습니다. 그들의 인식 속에는 평화의 기쁨이 각인되어 있었습니다. 백마를 타고 승리의 행진을 하는 주코프 원수의 모습도요. 그들은 이미 전혀 다른 세대였고 다른 세계에 속한 사람들이었습니다. 이전 세대는 서방을 믿지 않았고 적으로 생각했지만, 그다음 세대는 서방국가들처럼 살고 싶어했습니다. 물론 고르바초프의 행적이 '영감

님'들에게 적잖이 겁을 주긴 했습니다. 고르바초프가 '핵 없는 세상을 건설하자'라고 했을 때, 포스트 전쟁 시대의 독트린이었던 '공포의 균형'과 이별해야 한다고 했을 때, '핵전쟁에서는 그 누구도 승자가 될 수 없다'는 얘기를 했을 때 그들은 소스라치게 놀랐습니다. 왜냐하면 결국 무기 생산을 줄이고 군을 축소한다는 얘기였으니까요. 일류 무기를 생산하던 방산공장들이 냄비와 주스기를 찍어낸다는…… 뭐 그런 뜻이 되는 거겠지요? 한때는 군 최고 사령부가 정치지도부에 맞서 전쟁도 불사하겠다는 상황이 발생하기도 했습니다. 총서기국을 상대로요. 총서기국이 동부블록을 내주고 유럽에서 퇴군한 것을 용서할 수 없었던 겁니다. 특히 동독에서의 퇴군을요. 고르바초프의 계산적이지 않은 행동은 헬무트 콜 수상마저 경악하게 했습니다. 우리에게 유럽에서 퇴군하는 대가로 많은 돈을 주겠다고 약속했지만 고르바초프는 그걸 거절했습니다. 고르바초프의 순수함, 러시아인의 단순함에 놀란 것이죠. 그는 그토록 사랑받기를 원했습니다. 프랑스 히피족들이 그의 얼굴이 그려진 티셔츠를 입고 다니기를 바랐다고요…… 얻는 것 하나 없이 수치스럽게, 그렇게 한 국가의 국익이 양보되고 있었습니다. 군대는 숲이나 들판으로 철수시켰습니다. 장교들도 병사들도 천막이나 땅을 판 움막에서 살았습니다. 페레스트로이카는 르네상스가 아니었어요…… 전쟁이었습니다…… 군축 관련 소미 회담에서 미국인들은 그들이 원하는 바를 정확히 관철했습니다. 아흐로메예프는 『소련군 원수 그리고 외교관이 바라본 시각』이라는 책에서 '오카(서방에서는 CC-23이라고 명명했습니다)' 미사일 관련 협상이 어떻게 진행되었는지 묘사하고 있습니다. 최신 미사일이었기 때문에 누구도 그런 미사일을 보유하고 있지 못했고, 미국은 당연히 그 미사일을 무력화하려고 했습니다. 하지만 협상 조건에 미사일 '오카'의 사양은 해당되지 않았습니다. 감축 대상이었던 미사일들은 사정거리 1000~5500킬로미터의 중거리 미사일과 사정거리 500~1000킬로미터급의 미사일이었습니다. 그런데 오카의 사정거리는

400킬로미터였습니다. 소련군 총사령부는 미국측에 이렇게 제안했습니다. "그렇다면 우리 서로 공평하게 합시다. 500이 아니라 400~1000킬로미터급의 모든 미사일을 감축합시다." 하지만 그렇게 되면 미국측은 사정거리 450~470킬로미터급 최신식 미사일 '랜스-2'를 포기해야만 했습니다. 지난한 막후 협상이 지속되었습니다…… 그 와중에 고르바초프가 군부를 제외하고 비밀리에 '오카'를 폐기하겠다는 결정을 독자적으로 내렸습니다. 바로 그때 아흐로메예프가 그 유명한 말을 남겼죠. "우리 아예 집으로 돌아가지 말고 중립국인 스위스로 정치망명을 신청하는 게 어떻겠습니까?" 그는 자신이 평생을 바쳐 만들어놓은 것들이 무너지는 과정에 참여할 수 없었던 겁니다. (침묵) 결국 세계는 일극 체제가 되었고 미국의 손아귀에 넘어갔습니다. 우리는 약해졌고 주변부로 밀려나게 되었습니다. 우리 나라를 제3세계로, 패배한 국가로 전락시켰습니다. 제2차세계대전에서 우리는 승리했지만 제3차세계대전에서는 패배했습니다…… (침묵) 아흐로메예프는 이 모든 것을 견딜 수 없었던 겁니다……

1989년 12월 14일은 사하로프의 장례식이었습니다. 모스크바 거리에 수천 명의 인파가 몰렸습니다. 경찰청 집계에 따르면, 약 7만에서 10만 명의 사람들이 모였습니다. 관 옆에는 옐친, 솝차크, 스타로보이토바*가 서 있었습니다. 미국 대사였던 잭 매틀록은 자신의 회고록에서 밝히기를, 사하로프의 장례식장에서 '러시아혁명의 상징' '국가의 주요 반체제 인사'들의 얼굴이 보이는 건 지극히 상식적인 일이라고 생각했지만, '한쪽에서 아흐로메예프 원수의 모습을 발견했을 때'는 그만 깜짝 놀라고 말았다고 합니다. 사하로프가 살아 있을 때 그 둘은 서로의 적이었고 결코 타협할 수 없는 앙숙이었습니다. (침묵) 하

---

* 갈리나 스타로보이토바(1946~1998). 러시아의 민주주의 개혁을 지지한 정치인이자 민속학자. 옐친 정권 시절 자택을 나서다가 암살당했다.

지만 아흐로메예프는 이별을 고하기 위해 장례식에 참여했습니다. 아흐로메예프 외에는 총서기국을 포함하여 크렘린에서 아무도 장례식에 참여하지 않았습니다……

……약간의 자유가 허락되자 곳곳에서 속물적인 인간들이 스멀스멀 기어 나왔습니다. 금욕적이었고 사리사욕으로부터 자유로웠던 아흐로메예프에겐 그런 상황이 충격적이었을 겁니다. 그는 가슴속 깊이 큰 충격을 받았겠죠. 그는 소련에 자본주의가 들어설 것이라고는 믿을 수 없었습니다. 소련인들이 소련의 역사를 가지고 그렇게 하리라고는…… (침묵) 전 아직도 눈을 감으면 생생하게 그 장면들이 떠오릅니다. 아흐로메예프가 여덟 명의 식구들과 함께 살았던 정부 다차를 금발의 아가씨가 이리저리 휘젓고 다니면서 "자, 여기 좀 보세요! 냉장고도 두 대고, TV도 두 대예요! 도대체 그가 뭐라고요! 아흐로메예프 원수가 뭐라고 텔레비전과 냉장고가 두 대씩 있는 건가요?"라고 소리치는 장면이요. 지금은 어떤가요?…… 입도 뻥긋하지 않아요…… 다차, 아파트, 자동차 등 기타 지도층의 특권에 대한 예전 기록들이 이미 모두 갱신되었는데도 말이에요. 사치스러운 자동차, 집무실을 꾸미고 있는 서양 가구들, 크림이 아닌 이탈리아에서의 휴가 등…… 우리 때는 사무실에 소련제 가구가 있었고, 우리는 소련 자동차를 타고 다녔습니다. 소련 양복과 구두를 신고 다녔어요. 흐루쇼프는 광부의 아들이었고, 코시긴*은 농부의 아들이었습니다. 제가 이미 말씀드렸지만 우리는 모두가 전쟁을 지나왔어요. 그러니 삶의 경험이 당연히 제한적일 수밖에 없었습니다. 인민들뿐만 아니라 지도자들도 '철의장막' 속에서 살았던 겁니다. 모두가 수족관 안에서 살았습니다…… (침묵) 다시 언급하자면, 어쩌면 이건 개인적인 일일 수도 있지만, 전쟁이 끝난 후 주코프 원

---

* 알렉세이 코시긴(1904~1980). 소련의 정치인으로 국가계획위원회 의장과 총리 등을 역임했다. 건설경제에 이윤 개념을 도입하는 등 혁신적인 경제정책을 수립했다.

수는 스탈린으로부터 냉대를 받았는데 그건 스탈린이 주코프의 명예를 질투했을 뿐 아니라 그가 독일에서 돌아오면서 카펫, 가구, 사냥총 상당량을 가지고 와 자신의 다차에 보관했기 때문이기도 했습니다. 물론 그 물건들은 다 합쳐도 승용차 두 대 분량밖에 안 되는 양이었지만 말이에요. 하지만 볼셰비키는 그렇게 많은 물건을 가져서는 안 되었습니다. 지금의 잣대로 본다며 웃기는 일이지요…… (침묵) 고르바초프는 사치스러웠어요. 포로스에 그를 위한 별장을 지을 때도 이탈리아에서 대리석을, 독일에서 벽돌을, 불가리아에서는 백사장을 위한 모래를 공수했습니다. 그 어떤 서방의 지도자들도 이와 유사한 사치를 누리지 않았습니다. 고르바초프의 다차와 비교했을 때 스탈린의 다차는 기숙사와도 같았어요. 총서기국이 변화하고 있었어요…… 특히 그들의 부인들이……

누가 공산주의를 수호했나요? 교수들도 아니고 중앙위원회 서기장들도 아니었습니다. 그건 바로 레닌그라드 국립대 화학과의 나나 안드레예바 강사였어요. 그녀가 공산주의를 수호하기 위해 나섰습니다. 그녀의 투고문 「난 내 원칙을 양보할 수 없다」는 센세이션을 일으켰어요. 아흐로메예프도 글을 쓰고, 연설했습니다. 그는 "나도 반격을 해야지"라고 제게 말했습니다. 많은 이들이 그에게 전화를 걸어 '전범'이라며 협박했습니다. 물론 아프가니스탄 전쟁 때문이었죠. 하지만 그가 아프간 전쟁을 반대했던 사람들 중 한 명이었다는 것을 아는 사람은 드뭅니다. 또한 그가 다른 장군들과 달리 카불에서 다이아몬드와 보석들을 훔치지 않았고, 국립박물관에 있는 그림들에 손대지 않았다는 것도 아는 사람이 거의 없습니다. 언론에서는 계속해서 그를 공격했습니다…… 왜냐하면 아흐로메예프는 '신新역사학자'들에게 방해가 되었기 때문입니다. 소련의 과거는 아무것도 없는 사막이었으며 승전은 없었다는 것을 증명해내야 하는 '신역사학자'들에게 방해가 됐단 말입니다. 그자들은 소련의 과거에는 오로지 후퇴 차단부대와 형벌부대*밖에 없었다고 주장했고, 죄수들이 전쟁에 나가 승리했고 총알받이가 되어서 베를린까지 진군했다고 우겼습니다. 승리는 무슨 승리냐며, 유럽을 시체로 뒤덮었을 뿐이라고 말했죠……(침묵) 군대는 그렇게 모욕을 받았고 상처를 입었습니다. 그런 군대가 어떻게 1991년에 승리할 수 있었겠습니까? (침묵) 생각해보세요, 그런 현실을 소련군 원수가 극복할 수 있었겠습니까?

아흐로메예프의 장례식…… 무덤가에 그의 가족과 친지 그리고 몇 명의 친구들이 있었습니다. 예포도 그 무엇도 없었습니다. 〈프라우다〉는 400만 소련군의 합참의장이었던 사람의 죽음을 부고란에 실지도 않았습니다. 아마도 신임 국방부 장관이었던 샤포시니코프는(전임 야조프 장관은 다른 '쿠데타' 가담자들과 함께 감옥에 수감되어 있었죠) 야조프의 아파트로 이사해야 해서 꽤나 분주했던 것 같습니다. 아직 거기에 살고 있던 야조프의 부인은 황망하게 내쫓김을 당했죠. 육신의 탐욕을 채우려는 자들…… 하지만…… 이건 제가 말씀드려야겠네요…… 이건 중요합니다. 비상위가 어떤 욕을 먹어도 상관없지만, 한 가지 분명한 건 그들이 자신들의 이익을 위해 그와 같은 일을 벌인 것은 아니라는 것입니다. 사욕을 위한 것이 아니었습니다…… (침묵) 크렘린 복도에서는 아흐로메예프에 대해 수군거리는 소리들이 들리더군요. "줄을 잘못 섰어"라며…… 많은 관료들이 옐친에게 쪼르르 달려갔습니다. (되묻는다.) 뭐라고요? 명예의 개념? 그런 순진한 질문은 그만하시죠…… '정상적인 사람들'은 이미 유행이 아니에요…… 아흐로메예프의 부고는 미국의 〈타임〉에 실렸습니다. 레이건 대통령 시절 미국 총사령관위원회 위원장직(우리로 치자면 합참의장에 해당됩니다)을 역임한 윌리엄 크로 제독이 부고를 낸 것이었습니다. 그 둘은 군사협상과 관련하여 여러 차례 만난 적이 있었습니다. 비록 아흐

---

* 스탈린의 지시에 따라 죄지은 병사들을 모아 편성한 부대. 이들은 승산이 전혀 없는 전투에 투입되어 정규군의 희생을 최대한 줄이는 데 이용되었다. 형벌부대원들은 전투에서 중상을 입어야만 죄를 사면받을 수 있었다.

로메예프의 신념이 그에게는 낯선 것이었지만, 그래도 그는 그런 신념을 가진 그를 존중했습니다. 적이 경의를 표했다고요······ (침묵)

소련인은 소련인만이 이해할 수 있습니다. 당신이 다른 이였다면 이런 얘기는 시작도 안 했을 겁니다······

그의 죽음 이후의 사건들:

"9월 1일 '모스크바 트로예쿠롭스코예 고위관료 전용 묘지(모스크바 노보제비치에 묘지의 분소)'에 S. F. 아흐로메예프 소련군 원수가 묻혔다.

9월 1일에서 2일로 넘어가는 밤, 신원불명인들에 의해 아흐로메예프의 묘와 그의 옆에 일주일 전에 묻혔던 스레드네프 중장의 묘가 파헤쳐져 있었다. 수사 당국의 발표에 따르면 스레드네프의 묘가 먼저 파헤쳐진 것으로 보아, 범인의 오인으로 인한 것이라고 판단했다. 범인들은 아흐로메예프 원수의 금장 계급장과 제복 그리고 군인의 전통에 따라 관에 붙여놓는 군모까지 모두 훔쳐갔다. 그 밖에도 수많은 훈장과 메달이 사라졌다.

수사관들은 범죄 동기는 정치적인 것이 아니라 명백히 영리적인 목적이라고 자신 있게 밝혔다. 고위급 장성의 군복은 골동품 수집가들 사이에서 인기 있는 품목 중 하나이기 때문이다. 소련군 원수의 군복은 두말할 것도 없이 인기가 많다. 파는 사람의 손까지 뜯어갈 정도로······"

<콤메르산트>(1991년 9월 9일)

붉은광장에서의 인터뷰(1997년 12월):

"전 설계사입니다······

1991년 8월까지 우리는 한 나라에서 살았지만, 8월 이후에는 전혀 다른 나라에서 살게 되었습니다. 8월 전까지 제 조국의 이름은 소비에트연방이었습니다······

제가 누구냐고요? 저는 옐친의 편에 섰던 미친놈 중 하나였습니다. 전 의회 건물 앞을 사수하며 탱크 밑에 깔릴 각오까지 되어 있었습니다. 사람들은 인파에 떠밀려, 고조된 분위기에 휩쓸려 길거리로 나왔습니다. 그들은 자유를 위해서 죽을 각오가 되어 있던 사람들이었지 자본주의를 위해서 모였던 사람들은 아니었습니다. 저는 제가 사기당했다고 생각합니다. 전 자본주의가 필요 없습니다. 지금 우리가 마주한…… 우리에게 밀어넣은…… 미국식도 스웨덴식도 아닌 형식도 갖추지 않은 저런 자본주의는 필요 없습니다. 전 누군가의 '돈'을 위해서 혁명에 동참한 것이 아닙니다. 우리는 '소련' 대신 '러시아'라고 소리쳤습니다. 왜 그때 우리를 물대포로 쫓아버리지 않았는지…… 기관총을 발사해서 겁을 주지 않았는지…… 지금은 그것이 아쉽습니다. 200~300명 정도를 체포해버렸어야 했습니다. 그러면 나머지 사람들은 알아서들 집구석에 처박혀 있었을 텐데요. (침묵) 그때 광장에서 우리를 끌어모았던 그 사람들은 대체 어디에 있답니까. '크렘린 마피아들을 몰아내자!' '내일은 자유의 날이다!' 그놈들도 우리에게 할말이 없겠지요. 지금은 서방으로 건너가 거기서 사회주의를 비방하고 있을 겁니다. 시카고 실험소에서 한자리씩 차지하고 있겠죠…… 그런데 우리는…… 여기서……

러시아…… 사람들이 러시아에 발을 닦고 있어요. 누구든 원하기만 하면 러시아의 면상에 주먹을 날릴 수 있게 되었습니다. 러시아가 유럽 사람들이 입던 헌옷들과 유효기간이 지난 약품들을 갖다버리는 쓰레기장이 되었다고요! 잡동사니들! (욕설을 내뱉는다.) 자원 공급처, 가스를 공급하는 호스로 전락했어요…… 소련 정권이요? 소련은 이상적이지는 않았지만 지금 이 나라보다는 훨씬 좋았습니다. 자긍심이 있었어요. 한마디로 사회주의는 제 마음에 맞았습니다. 지나친 부자도 가난뱅이도 없었고…… 노숙자도 부랑아들도 없었으니까요. 노인들은 연금을 받는 것만으로도 살 수 있었고 골목을 기웃거리며 빈병이나 음식찌꺼기를 모으지 않아도 됐지요. 사람들의 눈을 물끄러미 바라보며 손을 벌릴 필요도 없었다고요…… 페레스트로이카가 얼마나 많은 사람들을 죽였는지 통계를 내봐야 합니다. (침묵) 과거 우리의 삶은 흔적도 없이 싹 사라졌습니다. 돌멩이 하나 남지 않았어요. 조금 있으면 아들과 할 얘기도 없을 겁니다. '아빠, 파블리크 모로조프는 건달이었고, 마라트 카제이*는 괴짜예요. 아빠가 나한테 잘못 가르쳐줬어요……'라며 학교에서 돌아온 아들이 제게 말하더군요. 전 제가 배운 대로 아들을 가르쳤습니다. 올바르게요. '그건 끔찍한 소련식 교육이야'라고들 말하지만, '그 끔찍한 소련식 교육'이 바로 나 자신만을 생각하지 않고 다른 사람을 생각하는 법을 알려줬습니다. 보다 더 약하고, 보다 더 힘든 사람들에 대해 생각하는 법을요. 저의 영웅은 가스텔로**였지 산딸기색 재킷을 입은 '신러시아인'들이 아닙니다. 개인의 안녕이 더 중요하고 자기 살찌우는 일이, 자기 부를 축적하는 일이 제일 중요하다는 개똥 철학을 표방하는 그치들 말입니다. '아빠, 하나 마나 한 말 좀 그만하세요……' '그건 인문학의 감옥이라고요……' 도대체 아들이 그런 말들은 어디서 배우는 걸까요? 지금 사람들은 달라요. 자본주의적인 사람들이라고요. 아시겠어요? 고작 열두 살짜리 제 아들도 그걸 흡수하고 있는 거예요. 저는 더이상 아들에게조차 좋은 모범이 될 수 없다고요.

제가 왜 옐친의 편에 섰냐고요? 노멘클라투라의 특권을 회수해야 한다는 단 한 번의 연설로 그는 수백만의 지지자들을 확보했어요. 전 기관총을 들고 공산주의자들을 쏠 준비가 되어 있었습니다. 저는 설득을 당했던 거예요…… 우리는 그들이 공산주의 대신에 뭘 준비하고 있는지, 뭘 끼워넣으려는지 알지 못했습니다. 희대의 사기예요! 옐친은 '적군'을 상대했고 자신을 '백군'에 편승시켰어요. 그건 큰 재앙이었던 겁니다…… 그렇다면 대체 우리가 원했던

---

* 마라트 카제이(1929~1944). 피오네르 단원, 빨치산 첩보원. 사후 소련 영웅 칭호를 받았다.
** 니콜라이 가스텔로(1907~1941). 소련군 전투조종사로 세 번의 전쟁에 참여했다. 전투 임무 수행중 전사했다. 사후 소련 영웅 칭호를 받았다.

1부 아포칼립스의 위로

것은 무엇일까? 우리는 부드러운 사회주의, 인간적인 사회주의를 원했습니다. 그런데 무엇을 얻게 되었죠? 길거리에는 잔인한 자본주의만이 팽배합니다. 총싸움, 말다툼. 누가 가게 주인이고 누가 공장 주인인지 시시비비를 가리는 일뿐입니다. 저 위쪽 지도층에는 강도들이 자리를 잡았습니다. 암거래상들과 환전상들이 정권을 잡았지요. 사방에 적과 맹수들뿐입니다. 자칼들이요! (침묵) 전 잊을 수가 없어요. 우리가 어떻게 의회 건물 앞에 서 있었는지…… 우리는 대체 누구를 위해 재주 부리는 곰이 되어 그 개고생을 한 겁니까? (심한 욕설을 내뱉는다.) 제 아버지는 진정한 공산주의자였습니다. 의로운 분이었어요. 대형 공장에서 당 책임자로 일했고, 전쟁에도 참전하셨습니다. 저는 그때 아버지에게 '자유예요! 이제는 제대로 된 문명 국가가 될 거예요……'라고 했습니다. 그러자 아버지는 제게 '네 자식들이 귀족을 주인으로 모시고 종 노릇을 하게 될 거야. 넌 그걸 원하니?'라고 물으시더군요. 전 그때 어렸어요. 멍청했죠. 아버지의 그 말을 비웃었어요. 우리는 지나치게 순진했던 겁니다. 왜 이렇게 되었는지 전 잘 모르겠습니다. 모르겠어요. 우리가 원했던 바는 이것이 아니었습니다. 우리 머릿속에 있었던 그림은 전혀 다른 것이었어요. 페레스트로이카…… 그 안에는 뭔가 위대한 것이 있었단 말입니다…… (침묵) 그로부터 1년 뒤 설계국이 폐업했고, 저는 부인과 길거리에 나앉았습니다. 어떻게 살았냐고요? 돈이 될 만한 귀한 물건들을 모두 시장에 내다팔았습니다. 크리스털, 소련제 금, 그리고 우리에게 가장 소중했던 책들을 내다팔았습니다. 몇 날 며칠씩 으갠 감자만 먹었습니다. 그러다 저는 '사업'을 시작했습니다. 시장에 나가서 피우다 만 꽁초를 팔았습니다. 1리터짜리 꽁초병, 3리터짜리 꽁초병…… 대학교 교수였던 장인과 장모가 거리를 돌아다니며 꽁초를 주웠고 저는 그걸 팔았습니다. 그런데 그걸 사는 사람들이 있었어요. 그걸 사서 피웠다고요. 저도 그걸 피웠고요. 아내는 사무실 청소를 했습니다. 한동안은 어느 타지크인들에게 만두를 팔기도 했고요. 우리의 순진함 때문에 우리는 값비싼 대가를 치러야만 했습니다. 우리 모두가요. 지금은 부인과 함께 닭을 키우고 있어요. 아내는 여전히 울고 있습니다. 모든 걸 되돌릴 수만 있다면…… 그렇다고 저한테 신발짝을 던지지는 마세요…… 전 2루블 20코페이카에 팔았던 그 회색 햄에 대해 향수를 느낀다고 말하는 게 아니니까요……"

"저는 사업가입니다……

저주받을 공산주의자들, 보안요원들…… 저는 공산주의자들을 혐오합니다. 소련의 역사는 NKVD, 굴라크, 스메르시*의 역사예요. 전 붉은색만 봐도 욕지기가 납니다. 붉은 카네이션만 봐도요…… 제 아내가 빨간 블라우스를 샀을 때 '당신 미친 거 아니야!'라고 소리지를 정도였으니까요. 전 스탈린과 히틀러가 동급이라고 생각합니다. 그리고 저 빨갱이 개자식들을 뉘른베르크 심판대에 올려야 한다고 주장합니다. 모든 빨갱이 개자식들에게 죽음을!

어디를 봐도 오각형의 별들이 우리를 둘러싸고 있습니다. 볼셰비키들의 우상이 예전 그대로 여전히 광장마다 자리를 차지하고 있단 말입니다. 제가 아이를 데리고 산책하는데 아이가 제게 '저건 누구야?'라고 묻더군요. 그건 크림을 피바다로 만들었던 로제 제플랴치카의 동상이었어요. 그녀는 젊은 백군을 총으로 쏴 죽이는 걸 좋아했다지요…… 전 누군지 묻는 아이에게 뭐라고 대답해야 할지 몰랐습니다.

붉은광장 지하 성소에 저 미라가, 소비에트의 파라오가 묻혀 있는 한 우리는 고통받을 겁니다. 계속 저주에 걸린 채로……"

"전 제과공장에서 일해요……

---

* 독소전쟁 당시 소련군의 방첩부서였다. 전쟁중 간첩과 반역자를 식별하고 처벌하는 임무를 맡아 군대 내 테러를 자행했다. '스파이에게 죽음을!'을 뜻하는 러시아어의 약자다.

남편이 아마 이야기해드릴 수 있을 것 같은데요…… 어디에 있지? (주변을 두리번거린다.) 전, 제가 뭘 아나요, 저는 파이를 만드는 사람인데요……

1991년이요? 그때 우리는 좋은 사람들이었어요. 아름다웠지요. 우리는 무리 지어 다니지 않았어요. 전 그때 어떤 사람이 춤추는 것을 보았어요. 춤추면서 소리를 질렀지요. '쿠데타놈들! X 같은 놈들! 너흰 뒈졌어!' (두 손으로 얼굴을 가린다.) 어머, 녹음하지 마세요. 어머, 어떡해! 노래에서 가사를 빼버릴 수는 없잖아요. 하지만 이런 욕은 책에서 사용하면 안 되잖아요. 그 남자는 그렇게 젊은 사람은 아니었어요. 그는 춤을 췄어요…… 우리는 그들을 이겼고 그 승리를 기뻐했어요. 그놈들은 벌써 총살시킬 명단을 쫙 뽑아놓고 있었다 하더라고요. 그 목록의 제일 처음에 옐친이 있었고요. 얼마 전에 텔레비전에서 그 쿠데타를 일으켰던 놈들을 봤어요. 늙고 멍청하더군요. 하지만 그때, 그 3일 동안 우리는 섬찟한 좌절감에 젖어 있었어요. '정말 끝인가?' 물리적인 공포심을 느꼈어요. 왜냐하면 우리는 이미 자유로운 공기를 맛본 사람들이었거든요. 그러니 그걸 잃어버릴 수도 있다는 공포가 그만큼 컸던 거예요. 고르바초프는 위대한 사람이에요…… 자유를 향한 문을 열어주었으니까…… 우리는 그를 사랑했지만 그 사랑은 오래가지 않았죠. 머지않아 모두가 그의 모습에 치를 떨었으니까요. 그의 말투, 말하는 내용, 그의 제스처, 그의 부인까지도요. (웃음) '러시아 길 위로 삼두마차가 달린다: 라이카, 미시카, 페레스트로이카'*라는 유머도 있었죠. 옐친의 부인 나이나 여사를 한번 보세요. 사람들은 오히려 그녀를 더 좋아해요. 그녀는 항상 남편의 등뒤에 서 있었어요. 그런데 라이사 여사는 항상 건방지게 고르바초프의 옆이나 앞에 서 있었다니까요. 그런데 우리 나라 인식이 그렇잖아요. 스스로가 여왕이 되든지, 그러지 못할 바

---

* 러시아어에서는 지소형 어미 '-ка(-카)'를 붙여서 동물의 이름을 짓기도 한다. 여기서는 고르바초프의 부인 '라이사', 고르바초르의 이름 '미하일'에 어미 '-카'를 붙여서 페레스트로이카와 라임을 맞추는 것과 동시에 이들을 말에 비유함으로써 풍자하는 효과를 낸 것이다.

에는 왕을 방해하면 안 되는 법이거든요.

공산주의는 사문화된 법이나 마찬가지예요. 생각은 좋았는데 작동을 하지 않는 거죠. 그렇게 제 남편이 말하더라고요…… 성인 같은 공산주의자들도 있었지요. 분명 있었어요. 니콜라이 오스트롭스키가 그 예죠. 성인이었다고요! 하지만 너무 많은 피를 봤어요. 러시아는 흘릴 수 있는 피의 한계치를 넘어섰던 거예요. 전쟁과 혁명의 한계치도요…… 새로운 피를 보기에는 더이상 기력도 없었고 광기도 부족했던 거죠. 사람들은 이미 충분히 고통받았어요. 지금은 사람들이 시장을 다니면서 속커튼도 사고, 레이스 커튼도 고르고, 도배지, 프라이팬 등 모든 걸 고를 수가 있어요. 사람들은 이제 화려한 것을 좋아해요. 왜냐하면 예전에 우리가 쓰던 것들은 모두 회색에 촌스러운 물건들이었거든요. 열일곱 개의 다양한 기능을 탑재한 세탁기를 보면서 애들처럼 손뼉을 치며 좋아하고 있어요. 저희 부모님은 이미 돌아가셨어요. 어머니는 7년 전, 아버지는 8년 전에 돌아가셨어요. 하지만 전 아직도 엄마가 쟁여놓은 성냥을 다 못 썼고요, 빻은 곡물과 소금도 아직 남아 있어요. 엄마는 항상 뭐든지 많이 사서(그때는 '산다'는 말 대신 '구한다'는 말을 썼지요) 만일을 대비해서 창고에 쌓아두셨어요. 지금 우리는 전시회를 다니듯 시장과 가게를 다녀요. 물건이 넘쳐나지요. 사치도 부려보고 싶고 스스로를 위로해주고도 싶어하죠. 이건 정신과 치료나 다를 바 없어요. 우리 모두는 아프거든요…… (생각에 잠긴다.) 도대체 어떤 고통을 겪어왔길래 그렇게나 많은 성냥을 모아둘 수 있었을까요? 전 지금 사람들이 하고 있는 행동을 속물적인 행동이라고 표현하고 싶지 않아요. 물질만능주의라고 부르지도 못하겠어요. 이건 그냥 치료예요…… (말을 멈춘다.) 가면 갈수록 쿠데타에 대해서 점점 더 생각하지 않는 것 같아요. 이제는 부끄러워하기 시작했어요. 승리감은 이미 없어요. 왜냐하면…… 사실 저도 소련이라는 나라가 붕괴하길 바랐던 것은 아니니까요. 우리가 소련을 어떻게 무너뜨렸던가요! 기쁨으로 했어요! 하지만 사실 저도 소련에서 제 인생의 반을 보냈잖아요…… 그 사실을 두 줄로 쫙 그어버리고 없던 일로 만들 수는 없는 거예요…… 그렇게 생각지 않으세요? 제 머릿속은 소련식으로 채워져 있어요. 다른 방식으로 채우려면 아직도 한참 더 가야만 해요. 지금 사람들은 안 좋았던 일보다는 위대한 승리라든가 최초의 우주여행 등을 떠올리며 자부심을 느끼고 있어요. 상점 진열대가 텅 비어 있었다는 건 잊고들 있다고요…… 정말 그랬었나 싶어요……

전 쿠데타가 일어나자마자 시골 할아버지댁으로 갔어요. 가면서도 라디오를 손에서 놓지 않았죠. 그곳에서 아침에 텃밭을 매러 나갔어요. 한 오 분에서 십 분 정도 일하다가 저는 삽을 내던지면서 '할아버지 이것 좀 들어보세요. 옐친이 연설을 해요……'라며 할아버지를 불렀어요. 그런 뒤에도 얼마 지나지 않아 또 '할아버지, 이리 와보세요……' 할아버지가 참다 참다 마침내 폭발하고 마셨죠. '이놈아, 더 깊게 파야지. 그놈들이 떠드는 건 듣지 말어. 우리가 살길은 여기 흙에 있어. 감자가 맺히는지 안 맺히는지에 달려 있다고.' 할아버지는 참 현명했어요. 저녁쯤 이웃이 놀러왔어요. 저는 스탈린에 대한 주제를 꺼냈죠. 그 이웃 남자는 '그 사람은 좋은 사람이었어요. 다만 너무 오래 살았을 뿐이죠'라고 말하더군요. 우리 할아버지는 '난 그 비열한 자식을 견디며 살아야 했다고'라고 대꾸했고요. 그 와중에도 저는 계속 라디오를 들고 있었어요. 환희에 몸이 부르르 떨릴 정도였어요. 그때는 인민의원들이 점심을 먹으러 갈 때가 제일 슬픈 일이었어요. 중계가 중단되었으니까요.

……전 이제 뭘 가지고 있죠? 제게 남은 것이 무엇인가요? 저한테는 상당한 양의 책과 레코드판이 있어요! 그뿐이에요. 화학 박사인 우리 엄마가 가진 것도 마찬가지로 책과 희귀 광물 콜렉션밖에 없어요. 한번은 엄마네 집에 도둑이 들었어요…… 어느 날 밤 잠에서 깼는데 방 한가운데(단칸방이었어요) 젊은 도둑놈이 서 있더래요. 도둑은 책장을 열고 그 안에 들어 있던 걸 모조리 꺼냈어요. 그러더니 물건들을 바닥에 내던지면서 '저주받을 인텔리겐치아놈

들…… 쓸 만한 털코트 하나 없네……'라고 하더래요. 그러고는 문을 쾅 닫고 가버렸다고 하더군요. 가져갈 게 아무것도 없었던 거죠. 우리 인텔리겐치아들이 그랬다고요. 우리가 물려받은 거라곤 그것밖에 없어요. 그런데 주변을 둘러보면 누군가는 빌라를 짓고 누군가는 비싼 자동차를 사고 있어요. 저는 지금까지 다이아몬드는 구경도 못 해봤어요……

러시아에서의 삶은 삼류소설과도 같아요. 그래도 전 여기에서…… 소련 사람들과 살고 싶어요…… 소련 영화도 보고 싶고요. 그 영화가 새빨간 거짓말일지라도, 지령에 따라 제작된 것일지라도 저는 소련 영화를 사랑해요. (웃음) 제발 남편이 제가 방송에 나오는 걸 못 보면 좋겠네요……"

"전 장교입니다……

이젠 제 차례예요…… 저도 말할 기회를 좀 주세요. (스물다섯 살 정도 돼 보이는 청년이었다.) 적으세요. 전 러시아정교회 신자이자 애국자입니다. 전 주님을 위해 봉사하고 있습니다. 열성을 다해 봉사하고 있습니다…… 기도를 하면서요…… 누가 러시아를 팔아버렸습니까? 뿌리도 없는 유대인들입니다. 그 유대인들 때문에 하느님도 여러 차례 눈물을 흘리셨습니다.

국제적인 음모…… 우리는 러시아를 짓밟기 위해 짜여진 음모를 마주하고 있단 말입니다. CIA의 계획…… 전 듣고 싶지 않습니다. 제 생각이 틀렸다고 말씀하지 마십시오! 조용히 하시라고요! 그건 앨런 덜레스 CIA 국장의 계획이었습니다…… '혼란을 심어준 뒤에 아무도 모르게 그들의 소중한 가치를 가짜로 바꿔치기하자. 우리는 러시아 한가운데서 우리의 동지들과 우리 편을 찾을 수 있을 것이다…… 우리가 러시아 젊은이들을 냉소적이고 천박한 사람들로, 세계주의자들로 만들자. 우리가 그렇게 할 것이다……' 아시겠어요? 유대인들과 양키놈들이 우리의 적이란 말입니다. 멍청한 양키놈들! 비공개 최고정치회의에서 빌 클린턴이 그랬습니다. '우리는 트루먼 대통령이 핵무기를 가지고 하려던 일을 해냈습니다…… 우리는 피 한 방울 흘리지 않고 세계 지배권을 놓고 쟁탈전을 벌였던 미국의 가장 큰 경쟁자를 밀어내는 데 성공했습니다……' 도대체 언제까지 우리의 적들이 높아지는 것을 보아야만 합니까? 예수께서 가라사대 '두려워하지 말라, 괴로워하지 말라, 강하고 담대하라! 우리 주님께서 러시아를 긍휼히 여기시어 고난의 길을 통해 위대한 광영으로 이끌어가시리니……'

난 그를 멈추는 데 실패했다.

……1991년에 전 사관학교를 졸업하고 별 두 개를 달았습니다. 소위였지요. 자긍심이 있었고 어딜 가나 군복을 고수했죠. 소련군 장교라니! 수호자라니! 그런데 비상사태위원회가 실패한 뒤에는 출근할 때면 평상복 차림을 했고 직장에 가서야 군복으로 갈아입었습니다. 왜냐하면 버스정류장에 서 있으면 아무 노인이나 다가와서 '이 썩을 놈아! 우리 조국을 왜 지켜내지 못한 거야! 조국을 지키겠다고 서약하지 않았어!'라고 호통치곤 했거든. 장교들은 배를 곯았습니다. 장교 월급으로는 가장 싼 햄 1킬로그램밖에 못 샀으니까요. 결국 전 군복을 벗었습니다. 그뒤로 한동안은 밤마다 매춘부들을 보호해주는 일을 했습니다. 지금은 회사에서 경비를 서고 있습니다. 유대인 자식들! 그놈들 때문에 모든 비극이 시작된 겁니다. 러시아인들에게 다른 길은 없습니다. 그들은 그리스도를 못박았습니다…… (그가 내게 어떤 전단물을 건넨다.) 읽어보세요. 경찰도, 솝차크나 추바이스의 군대도, 독일군도…… 공의로운 민중의 진노로부터 당신을 보호해주지는 못할 겁니다. '하임, 조금 있으면 대학살이 있을 거란 소식 들었어?' '난 무섭지 않아. 난 여권상으로 러시아인이니까.' '멍청한 자식아, 면상을 보고 죽이지 여권을 확인하고 죽이겠냐.' (성호를 긋는다.)

러시아의 땅에 러시아의 질서가 세워지기를! 아흐로메예프, 마카쇼프*, 그리고 다른 영웅들의 이름이 우리의 깃발에 새겨지기를! 주님께선 우리를 버려두지 않으실 겁니다……"

"전 대학생인데요……

아흐로메예프요? 그 사람이 누군데요? 뭐하는 사람인가요?

—국가비상사태위원회…… 8월혁명……

—죄송한데, 전 그 일들을 몰라서요……

—몇 살이신가요?

—만 19세입니다. 그런데 제가 정치에는 관심이 없어서요. 그런 쇼와는 거리가 멀어요. 하지만 스탈린은 좋아요. 흥미롭거든요. 지금의 지도자들과 군인 외투를 두르고 있는 수령 동지를 한번 비교해보세요. 어느 쪽이 더 믿지나요? 그런 거죠…… 저는요, 위대한 러시아는 필요 없습니다. 전 저 구린 군화도 싫고 목에 기관총을 걸고 싶지도 않습니다. 죽기는 더더욱 싫고요! (말을 멈춘다.) 지금 러시아가 꿈꾸는 건 말이죠, 손에 여행가방을 들고 이 거지같은 러시아를 떠나는 겁니다. 미국으로요! 그렇지만 그곳에 가서 평생 서빙만 하면서 살기는 또 싫거든요. 그래서 고민중입니다."

추억의 자비로움과 의미를 향한 갈망에 대하여
이고리 포글라조프(8학년, 14세)

이고리의 엄마가 들려준 이야기 중에서:

---

* 알베르트 마카쇼프(1938~). 소련의 군인이자 민족주의적 성향의 공산주의 정치인이다.

—있잖아요, 이렇게 얘기하는 것 자체가 배신이라고 생각합니다…… 내 감정을 배신하고, 우리의 삶을 배신하고, 우리의 말을 배신하는 일인 것 같아요…… 그 말들은 우리에게만 해당되는 거였는지도 모르는데, 제가 우리 세계로 외부인을 들인 건 아닌지. 그 외부인이 좋은 사람인지 나쁜 사람인지 여부는 별로 중요하지 않아요. 그 사람이 나를 이해할 수 있는지 이해 못 하는지 여부도 마찬가지고요…… 언젠가 시장에서 사과를 파는 어떤 여자를 본 적이 있는데, 그 여자는 보는 사람마다 붙잡고 아들을 어떻게 묻었는지 하소연하더군요. 그때 그 모습을 보면서 저는 절대로 그렇게 살지는 않을 거라고 스스로에게 다짐했어요. 남편과 저는 그 일에 대해서 일절 이야기하지 않아요. 물론, 우린 울어요. 하지만 각자 알아서, 서로 보지 못하도록 하죠. 그 일과 관련된 말 한마디면 제가 통곡하기에 충분하거든요. 첫해에는 스스로를 전혀 추스를 수가 없었어요. '도대체 왜? 뭣 때문에 걔는 그렇게 한 거야?' 끊임없이 생각했어요…… 스스로를 위로하기도 했죠. '그 아이가 우리를 떠나려고 한 건 아닐 거야, 그냥 한번 해보고 싶었던 거야, 그 세계를 들여다보고 싶었던 거야.' 사춘기 아이들은 항상 '저기에는 뭐가 있을까?'라는 생각에 들뜨기 마련이니까. 특히 남자아이들은 더더욱 그렇고요…… 아이가 세상을 떠난 뒤에는 아이가 쓰던 공책, 끼적거리던 시구를 샅샅이 파헤쳤어요. 수색견처럼 헤집고 다녔어요. (울음) 그 일이 있었던 일요일에서 정확히 일주일 전 저는 거울 앞에 서서 머리를 빗고 있었어요. 아이가 제게 다가와 어깨를 감싸안았어요. 우리 둘은 그렇게 서서 거울을 보면서 웃었죠. 저는 아이를 바짝 끌어안으며 "우리 아들, 이고리야. 예쁜 내 새끼. 네가 왜 이렇게 예쁜 사람인지 아니? 사랑으로 태어난 사람이라 그렇단다. 넌 아주 큰 사랑 속에서 태어났어"라고 말했어요. 그러자 아들이 더욱 세차게 저를 끌어안으며 "엄마, 엄마는 늘 그렇지만 정말 최고예요!"라고 말하는 거예요. 지금은 그때 그 거울 앞에 섰을 때 아들이 이미 그런 마음을 품고 있었던 건 아닌지…… 그 생각을 하면 몸이 오들오

들 떨려요. '정말 이미 생각하고 있었던 걸까, 아닐까? 정말 그랬을까?'

사랑…… 사랑이란 단어를 내뱉을 때면 이상해요. 사랑이 있다는 걸 기억해내는 것도 어색하고요. 분명히 사랑이 죽음보다 크고…… 그 무엇보다 강하다고 믿던 때도 있었는데 말이죠. 전 남편과 10학년 때 만났어요. 이웃학교 남자애들이 우리 학교 축제 댄스파티에 놀러왔거든요. 우리가 처음 만났던 그 파티는 별로 잘 생각나지 않아요. 왜냐하면 발리크(우리 남편 이름이에요)를 보지 못했거든요. 발리크도 어디선가 절 눈여겨보기만 했지 제게 다가오지 않았고요. 그래서 남편도 그때 내 얼굴은 제대로 보지 못했다더군요. 실루엣만 봤다고 했어요. 그런데 마치 어디선가 '저 여자가 바로 너의 아내가 될 사람이야'라는 목소리가 들리는 것 같았대요. 이건 나중에 남편이 제게 고백한 이야기예요…… (빙긋 웃는다.) 어쩌면, 남편이 지어낸 것일 수도 있겠죠? 우리 남편은 공상가거든요. 우리는 항상 기적 같은 일을 체험하며 살았고 그 기적 덕분에 하늘을 날아다니는 것 같았어요. 저는 아주 명랑했어요. 미친 사람처럼 즐거워했어요. 한곳에 잡아둘 수 없는 사람이었죠. 저는 내 남편을 사랑했고 동시에 다른 남자들 앞에서 예쁜 척하는 것도 좋아했어요. 일종의 게임 같은 거였어요. 길을 걸을 때 남자들이 쳐다보는 시선이 좋은 거죠. 조금은 사랑에 빠진 듯한 눈으로 쳐다보는 눈빛을 즐겼던 거예요. 그때는 제가 좋아했던 가수 마야 크리스탈린스카야의 노래를 흥얼거리면서 다녔지요. "나란 여자 한 명에게 이렇게 많이 주시면 어떡하나요?" 전 인생의 대로를 전력질주했어요. 지금은 그때 차근차근 모든 걸 기억해두지 못했다는 것이 아쉬워요. 이제는 절대로 그때처럼 밝은 사람이 될 수는 없을 테니까요. 사랑을 하기 위해서는 힘이 넘쳐야 해요. 그런데 전 이제 전혀 다른 사람이 되었거든요. 전 평범해졌어요. (침묵) 가끔은 예전을 떠올리고 싶을 때가 있어요…… 하지만 그보다는 예전의 나를 기억해내는 일이 괴로울 때가 더 많죠……

이고리가 만 서너 살 정도 되었을 때였어요. 목욕을 시키는데, "엄마, 나는 엄마를 공주님처럼 따랑해요"라고 하는 거예요. 우리 이고리가 'ㅅ' 발음이 안 돼서 한동안 애를 먹었죠······ (빙긋 웃는다.) 이걸로 살아요, 이제는 이걸로 살아가고 있어요. 추억이 내리는 자비 덕분에요······ 모든 기억 조각들을 주워담고 있어요······ 저는 학교에서 러시아어와 러시아 문학을 가르치는 선생님이었어요. 전 책을 보고 아들은 부엌장을 뒤집고······ 그게 우리집에서 흔히 보는 일상의 장면이었죠. 아들이 부엌장에 있는 냄비, 프라이팬, 숟가락, 포크 등을 몽땅 끄집어낼 때쯤이면 저는 내일 있을 수업 준비를 마치곤 했어요. 아이가 조금 자란 뒤에는 제가 책상 앞에서 뭔가를 쓰고 있으면 아들도 책상 앞에 앉아 뭔가를 썼죠. 덕분에 아들은 쓰기와 읽기를 빨리 깨우쳤어요. 세 살이 되었을 때 이미 미하일 스베틀로프*의 시를 완벽하게 외웠으니까요. "카홉카**, 카홉카. 내 고향 같은 소총아!/뜨거운 총알아, 날아가라!" 이건 시간을 할애해서 부연 설명을 좀 해드려야겠죠? 전 아들이 용감하고 강한 사람으로 자라길 바랐어요. 그래서 영웅들이 등장하고 전쟁 이야기가 펼쳐지는 동시로만 골라서 가르쳤어요. 조국에 대한 시들요. 하루는 친정엄마가 깜짝 놀랄 만한 이야기를 하더군요. "베라, 이고리에게 전쟁동시 좀 그만 읽어줘. 하도 그러니까 애가 전쟁놀이만 하잖니!" "엄마, 남자애들은 원래 전쟁놀이를 좋아해요." "그래, 좋아하지. 그런데 이고리는 총에 맞아서 쓰러지는 걸 좋아하니까 문제란 말이야. 죽는 걸 좋아한다고. 이고리가 기꺼이 감격에 겨워서 땅에 쓰러지는 모습을 볼 때마다 내가 소름이 다 돋는다. 다른 친구들에게 '너희가 나를 쏴. 나는 쓰러질 테니까'라고 말한다니까. 그 반대로 하는 경우는 없다고." (한참 동안 침묵한 뒤에) 왜 그때 제가 엄마 말을 듣지 않았을까요?

---

* 미하일 스베틀로프(1903~1964). 시인 및 극작가. 레닌상 수상자이다.
** 우크라이나의 도시명.

저는 아들에게 탱크, 주석으로 만든 장난감 병정, 스나이퍼 총 등 전쟁과 관련된 장난감을 선물하곤 했어요. 사내아이니까 전사로 키워야 한다고 생각했어요. 스나이퍼 장난감 총 설명서에는 이런 글이 있어요. "스나이퍼는 차분하게 선별적으로 타깃을 사살해야 한다. 그러기 위해서는 타깃과 '잘 아는' 사이여야 한다……" 이런 내용이 당시에는 정상적인 것으로 받아들여졌어요. 아무도 이런 내용을 읽고 놀라지 않았죠. 왜 그랬을까요? 우리 모두의 심리 상태가 전쟁중이었기 때문이에요. '내일 전쟁이 일어난다면, 만약 내일 행군을 시작한다면……' 다른 이유로는 그 상황들이 설명되지 않아요. 전 다른 이유를 찾지 못하겠어요. 지금이야 아이들에게 검이라든지 권총…… 탕탕 쏴대는 장난감들을 잘 선물하지 않죠. 그런데 우리는…… 그 기억이 나네요. 학교 선생님 중 누군가가 스웨덴에서는 전쟁 장난감 판매가 금지되었다는 이야기를 했는데 제가 깜짝 놀랐던 것 같아요. '아니, 그러면 어떻게 남자아이를 키운단 말이야? 어떻게 나라를 지키는 수호자로 교육시키지?'라고 생각했죠. (갈라지는 목소리로 말한다.) "죽기 위해, 죽기 위해 행렬을 지켜라/그대 가여운 기사여, 노래하는 자여." 모인 동기가 무엇이든 간에 사람들은 삼삼오오 모여 오분만 지나면 어김없이 전쟁을 떠올렸어요. 전쟁 노래도 자주 불렀고요. 우리 같은 사람들이 다른 나라에도 있나요? 폴란드인들도 사회주의를 겪었고, 체코인, 루마니아인들도 그 길을 걸어왔지만, 그래도 어딘가 우리와는 좀 달라요…… (침묵) 이제는 어떻게 살아남아야 할지 모르겠어요. 뭘 붙들고 매달려야 하죠? 무엇을요……

속삭이는 것 같지만 격앙된 목소리다. 그녀가 소리를 지르고 있는 것 같은 기분이 들었다.

……눈만 감으면 그 아이가 관에 누워 있는 모습이 보여요…… 우리는 그

렇게나 행복했는데, 도대체 왜 죽음 속에 더 많은 아름다움이 있다고 생각했던 걸까요……

……친구가 저를 재봉사에게 데려가더니, "새로운 원피스를 하나 맞춰야 해. 나도 우울할 때면 새로운 원피스를 맞춘다고……"라고 말했어요……

……잠결에 누군가 머리를 계속 쓰다듬는 손길이 느껴졌어요…… 그 일이 벌어진 첫해에는 공원으로 뛰쳐나가 고래고래 악을 썼어요. 새들이 놀라서 날아갈 정도로요……

이고리가 열 살 때인가, 아니 아마도 열한 살 때인 것 같아요…… 제가 짐가방을 두 개나 들고 겨우겨우 집에 돌아왔던 날이었어요. 온종일 학교에서 일했죠. 남편과 아들이 소파에 앉아 있었는데, 한 명은 신문을 들고 있었고 다른 한 명은 책을 들고 있었어요. 집은 엉망진창이어서 뭐가 뭔지 알아볼 수도 없을 지경이었고, 설거지 거리는 산더미처럼 쌓여 있었어요! 그 지경을 만들어놓고 제가 온 것이 반가워서 어서 오라고들 하더군요! 저는 빗자루를 손에 쥐고 달려갔어요. 그러자 우리집 남자들이 의자로 바리케이드를 치더군요. "이리로 안 나와!" "절대로 안 나가!" "손에 잡히기만 해봐라, 아주! 누구부터 혼나볼 테야!" "엄마, 귀여운 소녀 같은 엄마! 화내지 말아요!"라며 이고리가 먼저 두 손을 들고 나왔죠. 키는 아버지만큼 큰 아이가 말이에요. '귀여운 소녀 같은 엄마'는 아들이 저를 부르는 애칭 같은 것이었어요. 아이가 직접 지었죠…… 여름이 되면 우리 가족은 보통 남쪽으로 휴가를 갔어요. '태양과 가장 가깝게 사는 야자나무'가 있는 곳으로요. (기쁜 듯 말한다.) 그때 그 시절의 단어들이 떠올라요, 우리가 사용했던 단어들…… 뜨거운 태양 아래서 축농증에 시달렸던 아들의 코를 따뜻하게 덮었어요. 그렇게 휴가를 보내고 나면 3월까지 빚더미에 눌려서 긴축재정에 돌입했죠. 식사할 때도 1코스로 만두, 2코스도 만두, 홍차를 마실 때도 만두만 먹었어요. (침묵) 갑자기 굉장히 화려했던 광고 포스터가 떠오르네요. 뜨거운 태양 아래 있는 구르주프*의 모습이 담겨 있었어요. 바다, 돌, 모래, 하얗게 부서지는 파도, 태양…… 우리는 사진도 정말 많이 찍었는데, 지금은 모든 사진을 제가 볼 수 없도록 꼭꼭 숨겨놓았어요. 무서워요…… 갑자기 가슴속에서 뭔가가 폭발해요…… 불시에 쾅하고요! 언젠가 아들 없이 휴가를 간 적이 있었어요. 가다가 반도 못 가서 되돌아왔지요. 집으로 뛰어들어가 "이고리, 우리 같이 가자꾸나. 널 놔두고는 발이 안 떨어진다!"라고 말했고, 이고리는 "만-세!!!"를 외치면서 내 목에 매달리곤 했어요. (한참 동안 침묵한 뒤에) 우리는 아들 없이는 안 돼요……

왜 우리의 사랑이 그 아이를 멈추지 못했을까요? 전 한때는 사랑은 모든 걸 다 할 수 있다고 믿었어요. 어휴…… 제가 또 시작이네요……

이미 벌어진 일이에요. 아들은 이미 우리 곁에 없어요…… 저는 오랫동안 정신이 나간 상태였어요. "여보!"라고 남편이 불러도 저는 듣지 못했어요. "여보! 여보!" 그래도 전 안 들리는 거예요. 갑자기 히스테리를 부리기도 했어요! 고함을 치고, 다리를 구르고. 제가 그토록 사랑하는 엄마에게도 몹쓸 말들을 퍼부었어요. "엄마는 괴물이야, 괴물이라고! 뒤룩뒤룩 살찐 괴물! 그러니 엄마랑 똑같이 닮은 괴물 같은 애들만 키워낸 거야! 엄마가 평생 우리에게 다른 사람을 위해서 살라고, 숭고한 목적을 위해 살라고 귀에 못이 박이도록 말했잖아! 탱크 밑에 깔려 죽으라고, 조국을 위해서 전투기를 몰고 몸을 불사르라고! 위대한 혁명, 영웅적인 죽음…… 죽음이 항상 삶보다 아름다운 것 같았다고. 우리는 그렇게 병신으로 머저리로 키워진 거야. 나도 그렇게 이고리에게 가르쳤다고. 엄마 때문이야! 엄마가 우리를 그렇게 키웠기 때문이야! 엄마 때문이라고!" 그러면 엄마는 몸을 잔뜩 웅크리고는 갑자기 작디작은 사람이 되곤 했어요. 왜소한 노인네 같았어요. 그 모습에 내 심장이 따끔따끔했어요.

---

* 크림반도의 남부 해변가에 위치한 휴양지.

그때 처음으로 수일 동안 못 느꼈던 아픔을 다시 느꼈어요. 그전에는 트롤리버스에서 누군가 내 발 위에 무거운 가방을 무심코 올려놔도 아무 통증을 느끼지 못했거든요. 저녁에 집에 돌아와서 퉁퉁 부은 발가락을 발견하고서야 가방이 발 위에 얹혀 있었다는 것을 깨닫곤 했어요. (눈물을 흘리면서) 우리 엄마에 대해서 말할 수밖에 없겠네요…… 우리 엄마는 전쟁 전, 즉 인텔리겐치아가 있던 시대의 사람이에요. 〈인터내셔널가〉*가 들리면 감동의 눈물을 흘렸던 사람들 중 하나였지요. 엄마는 전쟁을 겪었어요. 엄마는 소련 군인이 독일 국회의사당에 붉은 깃발을 꽂는 장면을 늘 기억했죠. "우리 나라가 그 힘든 전쟁에서 승리했단다!" 10년, 20년, 40년 동안 우리 엄마는 이런 이야기를 주문처럼 되풀이하곤 했어요. 기도문처럼요. 맞아요, 그건 엄마의 기도였어요…… "우리는 아무것도 가진 것이 없었지만 그래도 행복했단다." 엄마의 이런 확신은 절대적이어서 감히 논쟁할 수가 없었지요. 엄마는 레프 톨스토이를 '러시아혁명의 거울'이라 불렀어요. 톨스토이가 『전쟁과 평화』를 썼다는 이유로, 그리고 그 주인공 공작이 영혼을 구원하기 위해서 가난한 사람들에게 모든 것을 나눠줬다는 이유로 엄마는 톨스토이를 좋아했어요. 우리 엄마만 그랬던 것이 아니라 엄마의 친구분들, 즉 초기 소비에트의 인텔리겐치아들이 그랬어요. 체르니솁스키**, 도브롤류보프***, 네크라소프****를 읽고 마르크스주의를 들으며 자란 그 세대 전체가 그랬어요. 엄마가 앉아서 수를 놓는다든가 도자기 화병

---

* 원가사는 프랑스어로, 노동자 해방과 사회적 평등을 담고 있는 민중가요다. 한때 소련의 국가로 채택되었다.
** 니콜라이 체르니솁스키(1828~1889). 러시아의 비평가, 사회정치 평론가이자 작가. 소설 『무엇을 할 것인가』를 썼다. 러시아의 농노제, 토지 소유에 관해 일찍이 경제적 해방을 주장했던 나로드니키주의 이론가 중 한 사람이다. 농민개혁이 일어났던 1860년대에 혁명적 민주주의의 지도자로 부상했고, 그후 러시아의 혁명가들은 그의 저작을 통하여 성장했다.
*** 니콜라이 도브롤류보프(1836~1861). 러시아의 문학 비평가, 시인, 언론인, 혁명 민주주의자.
**** 니콜라이 네크라소프(1821~1878). 러시아의 시인, 평론가. 농노에 대한 시를 주로 썼다.

이나 상아로 집을 특별하게 꾸민다거나 하는 일들은 상상조차 할 수 없었어요! 말도 안 되지요! 그건 쓸데없이 시간을 낭비하는 것이고, 속물들이나 하는 짓이었어요! 가장 중요한 일은 정신적 노동과 독서였어요. 양복 한 벌로 20년을 날 수 있었고 코트 두 벌이면 평생 입고도 남았지만, 푸시킨이나 고리키 전집을 모으지 않고는 절대로 숨을 쉴 수가 없는 사람들이었어요. 위대한 사상에 참여하고자 했고 위대한 사상이 존재한다고 믿었던 사람들이었어요……엄마 세대는 그렇게 살았어요……

……시내 한가운데 낡은 공동묘지가 있어요. 나무도 많고 라일락도 무성하죠. 사람들은 묘지를 마치 식물원을 산책하듯 돌아다녀요. 산책하는 사람들 중에 노인들은 별로 없고 젊은이들이 많아요. 그들은 웃고 떠들고 키스를 나누죠. 오디오를 틀기도 하고요. 하루는 이고리가 늦게 집에 돌아왔어요. "어디 갔다 왔니?" "공동묘지예요." "갑자기 왜 공동묘지에 갈 생각을 했어?" "거긴 재밌거든요. 이미 세상에 없는 사람들의 눈을 들여다보는 재미가 있어요."

……아들 방문을 열었어요…… 근데 그 아이가 창 바깥쪽 창턱 위에 똑바로 서 있는 거예요. 우리집 창턱이 헐거웠고 기울어져 있었거든요. 게다가 우리집은 6층이었고요! 전 그 자리에서 꼼짝도 할 수 없었어요. 아이가 어렸을 때처럼 소리칠 수도 없었어요. 아이가 나무 꼭대기에 기어올라가거나 다 무너져가는 성당의 높은 담벼락에 올라서곤 할 때 전 "더이상 못 버티고 떨어질 것 같으면 엄마한테 떨어져야 한다"라고 말하곤 했어요. 그런데 이제는 그때처럼 말할 수도 없었어요. 전 아이가 놀랄까봐 침착하게 소리치지도 울지도 않았어요. 전 벽을 따라 게걸음으로 조심조심 방에서 나갔어요. 그리고 오 분 뒤에, 마치 영원한 시간처럼 느껴졌던 그 오 분 뒤에 다시 방에 들어가보니 아이는 이미 창턱에서 내려와 방안을 돌아다니고 있었어요. 그제야 저는 달려가 아이를 끌어안고 뽀뽀하고 때리고 흔들었어요. "왜 그랬니! 도대체 왜 그랬어. 어서 말해. 왜 그런 거야?" "몰라요. 그냥 한번 해봤어."

1부 아포칼립스의 위로

……한번은 아파트 옆 라인 현관에 장례 화환이 놓여 있는 것을 보았어요. 누군가 죽은 거죠. 누가 죽었구나 하고 말았는데, 집에 돌아와보니 이고리가 그 집 장례식에 다녀왔다는 얘기를 남편이 전하더군요. "거긴 왜 갔다 왔니? 잘 모르는 사람들인데." "젊은 아가씨였어요. 관에 누워 있는데 얼마나 예쁘던지. 난 죽음이 무섭기만 한 줄 알았거든요." (침묵) 아이는 빙빙 돌았어요…… 마치 저세상 어딘가에서 그 아이를 잡아당기는 것 같았어요. (침묵) 하지만 저세상으로 가는 문은 닫혀 있어요…… 우리는 그곳으로 갈 수가 없어요.

……아이가 무릎에 얼굴을 괴고는 물었어요. "엄마, 난 어렸을 때 어땠어요?" 그러면 저는 이야기보따리를 풀었죠…… 산타 할아버지를 만나겠다고 문을 지키고 섰던 이야기, 옛날 옛적 머나먼 왕국으로는 어떤 버스를 타고 갈 수 있냐며 물었던 이야기, 시골에서 러시아식 페치카를 처음 보고는 동화에서처럼 페치카가 일어나서 여기저기 돌아다니는 순간을 밤새도록 기다렸다는 이야기들을 해주었지요. 어떤 이야기든 잘 믿는 아이였어요……

……창밖에는 눈이 쌓여 있었던 것 같아요…… 아이가 뛰어와서 말했어요. "엄마, 나 오늘 키스했어요!" "뭐, 키스?" "네! 오늘 첫 데이트를 했거든요!" "근데 나한테 아무 얘기도 하지 않았단 말이야?" "얘기할 새가 없었지. 지마랑 안드레이를 불러서 셋이 같이 갔어요." "무슨 데이트를 셋이 같이해?" "그게, 혼자 가기는 좀 머쓱해서." "그래서, 셋이서 한 데이트는 어땠니?" "아주 좋았어요! 여자친구랑 손을 잡고 언덕 주변을 산책하고 뽀뽀를 했죠. 안드레이랑 지마는 보초를 서고." 오, 세상에! "엄마, 근데 5학년이 9학년짜리랑 결혼할 수 있어요? 물론, 사랑한다는 전제하예요……"

……이건…… 이건…… (오랫동안 운다.) 이건 말할 수가 없네요……

……우리가 제일 좋아하는 달은 8월이에요. 시외로 나가서 거미줄 구경도 하고요. 계속 웃고, 또 웃고, 또 웃었죠…… (침묵) 왜 자꾸 이렇게 저는 눈물

만 흘릴까요? 그래도 아들과 14년씩이나 함께 살았는데…… (울음)

　하루는 부엌에서 지지고 볶으면서 요리를 하고 있었어요. 창문은 열어둔 채로요. 부자가 베란다에서 대화하는 소리가 들리더군요. 이고리가 물었어요. "아빠, 기적이 뭘까요? 전 기적이 뭔지 알 것 같아요. 한번 들어보세요…… 옛날 옛적에 할아버지와 할머니 그리고 랴바라는 암탉이 살았대요. 하루는 랴바가 알을 낳았는데, 그 알이 글쎄 황금알이었던 거예요. 할아버지가 알을 내리치고 또 내리쳐도 깨지지 않았어요. 할머니도 내리치고 또 내리쳤는데 깨지지 않았죠. 그런데 지나가던 생쥐가 꼬리로 달걀을 툭 치자 바닥으로 굴러떨어져서 깨지고 말았대요. 할아버지도 울고, 할머니도 울고……" 그러자 아이 아빠가 말했어요. "논리적인 잣대로 본다면 완벽하게 말이 안 되는 이야기지. 내리치고 또 내리쳤는데도 안 깨졌는데, 갑자기 울다니! 그렇게 말이 안 되는데도 수십 년, 아니 수십 년이 아니라 수 세기 동안 아이들이 그런 이야기들을 동시처럼 듣고 자라는구나." 이고리가 말했죠. "그런데 아빠, 저는 예전에는 모든 걸 이성적으로 이해할 수 있다고 생각했어요." "사실 이성적으로 이해할 수 있는 건 그다지 많지가 않아. 예를 들어, 사랑 같은 것도 그렇고." "죽음도 그래요."

　이고리는 어렸을 때부터 시를 썼어요. 책상 위에서, 주머니 속에서, 소파 밑에서 글귀를 끼적거려놓은 종이를 많이도 찾아냈지요. 아들은 쓰고는 잃어버리고, 버리고, 잊곤 했어요. 전 그 모든 시들을 아들이 직접 지었다는 걸 때론 믿지 않았어요. "정말 이게 네가 쓴 시라고?" "뭐라고 쓰여 있는데요?" "서로의 집에 놀러 다니는 사람들/서로의 집에 놀러 다니는 짐승들" "아아, 그건 옛날에 쓴 거예요. 벌써 잊었는걸요." "그럼, 이건?" "어떤 거요?" "해져서 너덜너덜한 나뭇가지 위에만 별빛 방울들이 맺히는구나……" 아이는 이미 열두 살 때 죽고 싶다는 글을 썼던 거예요. "내 두 가지 소원은 사랑을 하는 것, 죽는 것." "나와 너는 하늘색 물로 부부의 연을 맺었네……" 또, 이런 것도 있었어요! "은빛 찬란한 구름들아, 나는 너희 것이 아니다!/연푸른색의 눈들아, 나는 너희 것이 아니다……" 이고리는 이 시들을 저에게 읽어주었어요. 읽어주었다고요! 하지만 젊고 어릴 때는 죽음에 대한 동경을 자주 쓰곤 하잖아요……

우리집에는 일상적인 대화처럼 항상 시를 읊는 소리가 들렸어요. 마야콥스키, 스베틀로프…… 그리고 내가 가장 좋아하는 시인, 세멘 구드젠코.* "죽으러 갈 때는 노래를 부른다/하지만 죽기 위해 떠나기 전에는 울 수도 있다/전투 중 가장 두려운 시간은/바로 공격명령을 기다리는 순간이다" 눈치채셨어요? 당연하죠, 두말할 것 있나요. 물어볼 필요도 없죠. 우리 모두가 그렇게 자랐으니까요…… 예술은 죽음을 사모하기 마련인데, 러시아 예술은 더더욱 그러니까요. 희생과 죽음을 숭배하는 정신은 우리 핏속에 흐르고 있어요. 우리는 대동맥이 터지는 순간의 삶을 동경하죠. "어휴, 러시아 민족이란! 정해진 자기 명줄대로 죽으려 하지 않는다니까"라고 고골이 썼죠. 비소츠키도 이런 노래를 불렀잖아요. "조금만 더 벼랑 끝에 서 있을게……" 벼랑 끝이라니요! 예술은 죽음을 좋아하지만 프랑스에는 희극도 있잖아요? 그런데 왜 우리에겐 희극이 없는 건가요? '조국을 위해 전진!' '조국이 아니면 죽음을!' 전 학생들에게 타인을 빛내기 위해서 스스로 불탈 줄 알아야 한다고 가르쳤어요. 다른 사람들의 길을 비추기 위해서 심장을 떼어낸 단코**의 영웅적 행동을 본받으라고요. 우리는 사는 것에 대해서는 별로 얘기하지 않았어요. 거의 하지 않았죠. 영웅! 영웅! 영웅! 우리의 삶은 영웅으로…… 희생자와 망나니로…… 이뤄져 있었어요. 다른 인물들은 등장하지 않는다고요! (소리지르며 운다.) 요즘에는 학교 가는 일이 고문이네요. 아이들이 기다리는 그곳에 가는 일이요. 아

---

* 세멘 구드젠코(1922~1953). 소련의 시인이자 제2차세계대전 참전용사.
** 막심 고리키의 소설 「이제르길 노파」의 3부에 등장하는 이야기의 주인공이다. 단코는 '불타는 용맹한 심장'을 자기에게서 떼어내 민족을 구원한 뒤 죽는다.

이들은 많은 대화를 원하고 감정을 나누길 원해요. 그 아이들에게 뭘 얘기해야 하나요? 제가 그들에게 뭘 얘기할 수 있죠?

암시가 있었어요…… 그날은 이렇게 된 거예요…… 늦은 저녁, 저는 잠자리에 누워서 『거장과 마르가리타』*를 읽고 있었어요. (그때까지도 그 책은 아직 '반체제 도서'로 여겨졌기 때문에 제 손에 들린 책은 타자기로 타이핑한 사본이었어요.) 마지막 장을 넘겼을 때였죠. 혹시 기억나세요? 마르가리타가 거장을 놓아달라며 악마의 영혼인 볼란드에게 사정하는 장면이요. 볼란드는 이렇게 말하죠. "산속에서 그렇게 소리지르면 안 되지요. 어차피 그는 산사태에도 적응된 사람이라 이 정도로는 놀라지도 않을 겁니다. 마르가리타, 당신은 그를 위해 사정할 필요가 없어요. 왜냐하면 그가 그토록 이야기를 나누고 싶어하는 그자가 그를 위해 이미 내게 사정했기 때문이지요……" 그 부분을 읽는데 어떤 형용할 수 없는 힘이 저를 아들이 자고 있는 방 소파로 끌고 갔어요. 저는 무릎을 꿇고 기도문을 외듯이 속삭였지요. "이고리, 그러면 안 된다. 사랑하는 아들아, 그러지 마. 하지 마!" 그러고는 아들이 크면서부터 해서는 안 되었던 행동들을 하기 시작했죠. 아들의 손과 발에 뽀뽀를 했어요. 아들이 눈을 뜨더군요. "엄마, 왜 그래?" 그제야 저는 정신이 번쩍 들었어요. "아니, 이불을 차냈길래. 다시 덮어주는 중이야." 아들은 다시 잠들었죠. 하지만 저는…… 그때 제게 무슨 일이 일어났던 건지 잘 모르겠어요. 아이는 명랑한 아이였어요. 저를 '오그네부시카-포스카쿠시카'**라고 놀렸지요. 저는 인생을 참 가뿐하게 달렸던 것 같아요.

아들의 생일이 다가올 무렵이었어요. 신년 명절과 겹치는 때였어요. 한 친

---

* 미하일 불가코프의 장편소설.
** 직역하면 '불꽃소녀-콩콩소녀'. 금을 수호하는 요정에 대한 옛날이야기를 모티브로 만든 소련 만화에 등장하는 꼬마 여자 요정이다. 요정이 땅을 밟으며 콩콩 뛰어다니는 곳마다 사람들이 쉽게 금을 찾을 수 있었다.

1부 아포칼립스의 위로

구가 샴페인 한 병을 공수해오겠다고 했죠. 그 시절에는 상점에 가서 바로 살 수 있는 것들이 많지 않았잖아요. 모두가 어디선가 물건을 구하던 시절이었죠. 온갖 혈연과 지연을 이용해서요. 아는 사람을 통해서, 그리고 그 아는 사람의 아는 사람을 통해서요. 훈제햄, 초콜릿 캔디 등을 그렇게 구했어요. 신년 명절에 귤 1킬로그램을 구하기라도 하면 그건 정말 큰 행운이었죠! 귤은 단순한 과일 그 이상의 신비로운 것이었으니까요. 신년 명절에나 귤 향기를 맡을 수 있었어요. 우리들은 신년 명절을 위한 진귀한 먹거리들을 한 달 전부터 모았던 것 같아요. 올해 저는 대구 간 병조림 하나랑 붉은 살 생선 한 조각을 챙겨두었어요. 그러고는 아들의 제사상에 올렸지요…… (침묵) 아니에요, 제 이야기를 여기서 이렇게 빨리 마무리하고 싶지는 않아요. 우리가 함께 보낸 시간이 자그마치 14년이에요. 열흘이 모자란 14년이요……

한번은 천장 수납장을 청소하다가 편지 뭉치를 발견했어요. 조산원에서 몸을 풀고 누워 있을 때 남편과 매일 주고받았던 편지나 메모 같은 것들이었어요. 어떨 때는 하루에 몇 편씩 주고받았더라고요. 그 편지들을 읽으면서 웃었지요. 이고리가 그때 일곱 살이었는데, 어떻게 자신이 없는데 엄마 아빠는 있었냐며 도저히 이해가 안 된다는 표정을 지었어요. 사실, 없는 건 아니었죠. 편지 속에도 늘 아이에 대한 이야기를 썼는걸요. "오늘 애기가 꼼지락거렸어, 나를 밀었어, 움직였어" 등등. "아, 내가 한 번 죽었다가 다시 엄마 아빠한테 돌아온 거죠? 그렇죠?" 아이가 내뱉은 말에 저는 섬찟했어요. 하지만 아이들이란 때로는 그렇게 철학자나 시인들처럼 말할 때가 있잖아요. 그때 쫓아다니면서 아이의 말을 받아 적어두는 거였는데…… "엄마, 할아버지가 돌아가셨잖아요. 그건 땅속에 묻었다는 뜻이에요. 그래서 이제부터 할아버지가 쑥쑥 자랄 거예요……"

아이가 7학년이 되었을 때 여자친구가 처음 생겼어요. 단단히 사랑에 빠졌죠. "너, 첫사랑하고 결혼하는 건 안 돼! 판매원과 결혼해서도 안 되고!"라며 저는 아들에게 경고했어요. 저는 누군가와 제 아들을 나눠야 한다는 생각을 어느 정도 받아들이고 있었어요. 어느 정도 준비가 되어 있었죠. 제 친구에게도 이고리와 동갑내기인 아들이 있었는데, 하루는 그 친구가 제게 이렇게 고백하더군요. "난 아직 내 며느리가 누가 될지 알지도 못하는데 벌써부터 그애가 밉지 뭐야." 그 친구는 그만큼 아들을 사랑했던 거예요. 그래서 다른 여자에게 아들을 내줘야 한다는 사실을 상상조차 할 수 없었던 거죠. 우리는 어땠을까요? 저는요? 잘 모르겠어요. 저는 미친듯이…… 미친듯이…… 아들을 사랑했어요. 아무리 고단한 하루였더라도 집에 들어가 문을 열면 어디선가 빛줄기가 쏟아지는 거예요. 물론 어디선가가 아니라 제 사랑에서 비롯된 것이었겠죠.

저는 늘 두 가지 악몽을 꿔요. 첫번째 악몽은 제가 아들과 물에 빠지는 꿈이에요. 아들은 수영을 잘했어요. 꿈속에서 저는 아들과 함께 먼바다로 과감히 나가요. 그러다 되돌아가려고 방향을 트는데 힘이 쭉 빠지는 게 느껴지는 거죠. 전 아들을 꼭 붙잡고는 물귀신처럼 매달려요. "엄마, 놔요!" "못 해!" 아이에게 꼭 달라붙어서는 바닥으로 같이 떨어지는 거예요. 그런데 아들이 어찌해서 저를 떼어내는 데 성공했고, 절 붙잡고는 해변 쪽으로 밀어올려요. 이끌어주면서 밀어주었죠. 그렇게 물위로 나와요. 꿈속에서는 계속 이 장면이 반복돼요. 하지만 저는 아들을 놓아주지는 않아요. 우리는 물에 빠져 죽지도 않고 물을 벗어나지도 못해요. 그러고는 그렇게 물속에서 엎치락뒤치락 몸싸움을 하는 거예요. 두번째 꿈은 비가 내리는 꿈인데요, 제 느낌에는 비가 아니라 땅이 무너져내리는 듯한 느낌이에요. 모래가 되어서요. 눈이 오기 시작하는데 그건 눈 내리는 소리가 아니라 흙이 쏟아지는 소리인 거예요. 삽질하는 소리가 마치 심장 소리처럼 들려요. 서걱서걱! 서걱서걱!

물…… 아들은 물이라면 환장을 했어요. 호수, 강, 우물…… 그중에서도 바다를 제일 좋아했어요. 그래서 이고리는 물과 관련된 시를 많이 썼어요. "조용한 별님만이 물처럼 새하얗게 빛난다. 어둠." 또 있어요. "물은 홀로 흐르네⋯⋯ 고요하다." (말을 멈춘다.) 우리는 이제 바다에 가지 않아요.

이고리와의 마지막 해⋯⋯ 우리는 자주 같이 저녁식사를 했고 어김없이 책에 대한 이야기를 제일 많이 나눴죠. 우리는 함께 사미즈다트를 읽었거든요⋯⋯ 『닥터 지바고』, 만델시탐의 시들⋯⋯ 한번은 시인이 누구인지, 러시아에서 시인은 어떤 운명을 지녔는지에 대해서 열띤 토론을 했던 기억이 나요. 그때 이고리는 "시인은 요절해야 해요. 늙은 시인은 비웃음의 대상이 될 뿐이에요"라고 했죠. 보세요, 이것도 제가 놓친 부분이에요. 별 의미 없는 말이라고 생각했어요⋯⋯ 안 그랬으면, 산타 할아버지의 선물자루에서 끊임없이 선물이 나오듯 전 잔소리를 늘어놓고 또 늘어놓았을 텐데⋯⋯ 거의 모든 러시아 시인들이 조국에 대한 시를 썼어요. 저는 그 시들을 외우고 있어요. 제가 좋아하는 레르몬토프*의 "나는 조국을 사랑하오. 하지만 이상한 사랑이라오"라는 시나 예세닌의 "나는 그대를 사랑하오. 온화한 나의 조국이여⋯⋯"를 읽었어요. 블로크**의 서간문들을 구입했을 때는 또 얼마나 행복했다고요. 한 권이나 되는 분량이었으니까요! 해외에서 돌아온 블로크가 어머니에게 보내는 편지도 있었어요. 그는 "조국이 내게 돼지의 주둥이와 신의 얼굴을 동시에 보여주었어요"라고 썼죠. 물론 저는 그 글을 읽으면서도 '신의 얼굴' 쪽에만 관심을 두고 있었죠⋯⋯ (남편이 방에 들어온다. 아내를 껴안은 후 옆에 앉는다.) 또 뭐가 있을까요? 이고리가 모스크바에 있는 비소츠키의 묘지에 다녀왔어요. 그런 뒤 머리를 빡빡 대머리처럼 밀어버렸죠. 마야콥스키와 많이 비슷했어요. (남편에게 물어본다.) 여보, 그때 기억나요? 내가 얼마나 걔를 나무랐는지? 이고리의 머리칼은 정말 남달랐거든요.

---

* 미하일 레르몬토프(1814~1841). 19세기 러시아의 대표적인 낭만주의 시인이자 작가.
** 알렉산드르 블로크(1880~1921). 러시아의 대표적인 상징주의 시인. 러시아혁명 때부터 자본주의 도시를 살아가는 인간의 비극을 응시하고, 유미주의를 넘어 사실주의를 탐구했다.

아이와의 마지막 여름⋯⋯ 그해 여름에 이고리는 새까맣게 그을렸고, 몸집도 크고 힘도 셌지요. 겉모습만으로는 사람들이 열여덟 살 정도로 봤으니까요. 여름방학에 아이와 함께 탈린*에 갔어요. 이고리는 두번째 방문이라 저를 데리고 다니면서 여기저기 골목마다 구경시켜줬어요. 우리는 3일 동안 돈을 물쓰듯 썼죠. 기숙사 같은 곳에서 머물렀는데, 하루는 밤 산책을 하고 시내에서 돌아오면서 손을 잡은 채로 웃고 떠들면서 문을 열었어요. 그런데 경비실에서 우리를 위로 안 보내주는 거예요. "아주머니, 11시 이후에는 남자와 못 들어가요." 저는 이고리에게 "먼저 올라가 있어, 좀 뒤에 따라갈게"라고 귓속말을 했어요. 아들이 올라간 후에 작은 목소리로 그 여자에게 말했죠. "그런 망측한 얘기를 하세요! 제 아들이라고요!" 모든 것이 다 기쁘고 좋았어요! 그런데 갑자기 밤이 되자 두려움이 엄습하더라고요. 다시는 아들을 못 보게 되면 어떡하지 싶은 공포가 있었어요. 뭔가 새로운 것을 앞두고 느껴지는 공포요. 아직 아무 일도 일어나지 않았는데 말이에요.

마지막 달⋯⋯ 같은 달에 친오빠가 죽었어요. 우리 집안에는 워낙 남자가 귀한지라, 저는 혹시 도울 일이 있을까 싶어 이고리를 장례식에 데리고 갔지요. 만약 제가 미리 알았더라면⋯⋯ 이고리가 보게 됐잖아요, 죽음을요⋯⋯ "이고리, 꽃을 좀 옮겨놓아라. 의자도 가져오고, 빵도 좀 사와." 죽음을 곁에 두고 펼쳐지는 이런 일상들⋯⋯ 그게 위험한 거였어요⋯⋯ 죽음을 삶과 헷갈릴 수도 있거든요. 그걸 저는 이제야 깨달았답니다⋯⋯ 장례 버스가 도착했고 모든 친척들이 버스에 올라탔는데 제 아들이 없는 거예요. "이고리! 어디에 있니? 이리 오렴." 이고리가 차에 올라탔는데 버스에 빈자리가 없었어요. 이 모든 것이 뭔가를 의미했던 거예요⋯⋯ 버스가 덜컹거려서 그랬는지 아닌지⋯⋯ 아무튼 버스가 출발한 뒤 머지않아 오빠가 잠깐 동안 눈을 떴어요. 왜

---

* 에스토니아의 수도이자 가장 큰 도시로, 발트해 연안에 있는 항만도시.

1부 아포칼립스의 위로

그런 미신이 있잖아요. 죽은 사람이 눈을 다시 뜨면 가족 중 누군가가 더 죽게 된다는. 덜컥 엄마가 걱정됐어요. 엄마는 심장이 안 좋았거든요. 땅을 파고 관을 내릴 때도 뭔가가 그 속으로 먼저 떨어졌어요. 그것도 안 좋은 징조였어요……

　마지막날 아침이었어요. 전 세수를 하고 있었어요. 그런데 누군가의 시선이 느껴지는 거예요. 아들이 문틀을 두 손으로 잡고는 틈새로 저를 쳐다보고 있었어요. 계속 보고 있더라고요. "왜? 무슨 일 있니? 어서 가서 숙제나 하렴. 엄마 금방 다녀올게." 그 말에 아이는 몸을 돌려 제 방으로 돌아갔어요. 그날 퇴근 후에 친구와 만났어요. 당시 유행하던 풀오버를 친구가 짜줬거든요. 제가 아이 생일 선물로 준비한 거였어요. 집에 풀오버를 가져왔는데, 남편이 저를 나무랐어요. "아직 이런 비싼 옷을 입고 다니기에는 이고리 나이가 어리다고. 당신은 정말 그걸 모르겠어?" 점심에는 이고리가 좋아하는 닭고기 커틀릿을 만들어주었어요. 보통은 먹고 더 달라고 하는데 그날은 새가 모이 쪼듯 시원찮게 먹더니 결국 남기더라고요. "학교에서 무슨 일이 있었니?" 아무 말도 하지 않더군요. 그 순간 제가 갑자기 울음을 터뜨렸어요. 마치 우박이 떨어지듯 눈물이 후드득 쏟아지는 거예요. 상당히 오랜만에 그렇게 목놓아 울었던 것 같아요. 오빠 장례식 때도 그렇게 울지는 않았거든요. 아들이 깜짝 놀라더군요. 아들이 너무 놀란 것 같아서 되레 제가 아이를 달래기 시작했어요. "풀오버나 한번 입어보렴." "입었어요." "마음에 드니?" "아주 마음에 들어요." 얼마쯤 시간이 지난 뒤에 아이 방을 들여다보니 누워서 책을 읽고 있었어요. 다른 방에서는 남편이 타이핑을 하고 있었고요. 저는 두통이 와서 누워 있다 잠들었어요. 불이 날 때 사람들은 평소보다 더 깊이 잠든다고들 하잖아요…… 제가 이고리를 혼자 뒀어요…… 이고리는 푸시킨을 읽고 있었어요. 우리집 강아지 '팀카'는 현관 근처에 누워 있었고요. 팀카는 짖지도 울지도 않았어요. 잘 기억나진 않지만 얼마 정도 시간이 흐른 뒤에 눈을 떠보니 남편이 제 옆에 앉아 있는 거예요. "이고리는? 어디에 있어?" "화장실에. 문을 잠그고 들어앉아 있네. 아마 시구를 중얼거리고 있겠지." 그 순간 본능적이고 소리 없는 공포로 머릿속이 송연해지더군요. 저는 화장실로 뛰어가서 노크하다가 문을 쾅쾅 두드리기 시작했어요. 주먹으로도 치고 발로도 찼어요. 그런데도 조용한 거예요. 이름을 부르고 소리지르고 사정을 했어요. 아무 소리도 나지 않았어요. 남편이 망치와 도끼를 찾아왔어요. 문을 부쉈지요…… 낡은 바지에 스웨터를 입고 발에는 실내화를 신은 채로…… 무슨 허리띠 같은 걸로…… 얼른 아이를 잡아채서 끌어안았어요. 아직 따뜻했고 몸도 부드러웠어요. 우린 인공호흡을 하기 시작했어요. 그리고 구급대를 불렀지요……

'내가 어떻게 세상모르고 잠을 잘 수가 있었던 거지? 왜 팀카가 아무런 낌새도 못 챈 걸까? 개는 아주 민감해서 사람보다 몇십 배 소리를 더 잘 듣는다던데. 도대체 왜……' 전 가만히 앉아서 한 점만 응시하고 있었어요. 사람들이 제게 주사를 놓았고, 그후로는 어디론가 제가 사라졌던 것 같아요. 아침에 누군가 절 깨우더군요. "베라, 어서 일어나. 그러지 않으면 나중에 당신 자신을 용서하지 못하게 된다고." 저는 속으로 생각했어요. '아니, 이놈이, 버르장머리 없이 말을 저따위로 해? 아주 본때를 보여줘야지. 혼쭐을 내줘야지.' 그러다 문득 혼쭐을 낼 사람이 없다는 사실을 새삼 깨달은 거예요.

아들이 관에 누워 있었어요…… 내가 생일 선물로 준 그 풀오버 차림으로……

전 그때 악을 쓰지 않았어요…… 그 이후로 몇 개월 뒤에나 시작됐죠…… 그래도 눈물은 안 나오더군요. 악을 쓰고 소리는 질렀지만 울지는 않았어요. 나중에 어쩌다가 보드카 한 잔을 마셨는데 그때야 비로소 눈물이 쏟아지더라고요. 그래서 전 울기 위해서 술을 마시기 시작했어요…… 사람들에게 시비도 걸었죠. 어떤 친구네 집에서는 이틀 동안 집밖으로 나오지 않고 계속 술만 마셨던 것 같아요. 지금은 제가 가까운 사람들을 얼마나 괴롭혔는지, 그 사람

1부 아포칼립스의 위로

들이 얼마나 힘들었을지 잘 알아요. 남편과 저는 우리집에서 도망을 치곤 했어요······ 아들이 늘 앉아 있던 식탁 의자가 부러진 적이 있어요. 전 손도 대지 않았죠. 그 의자는 한동안 그렇게 부서진 채로 그 자리에 있었어요. 아들이 좋아했던 물건을 버렸다고 싫어할까봐 걱정되더라고요. 저도 남편도 아들 방문을 열어볼 엄두가 나지 않았어요. 두 번이나 이사를 가려고 서류도 준비하고 사람들에게도 알리고 짐까지 쌌어요. 그런데 막상 나가려니 발이 안 떨어지더라고요. 내 눈에 안 보이는 것뿐이지 아들이 집안 어디엔가 있을 것만 같더라고요······ 어디엔가요······ 저는 쇼핑을 다니면서 아들에게 입힐 옷을 샀어요. '이 바지 색이 참 잘 어울리겠네, 이 셔츠도 잘 맞겠고······' 그후로 몇번째 돌아오는 봄이었는지 기억은 안 나지만······ 어쨌든 봄이었어요. 한번은 집으로 돌아와서 남편에게 이렇게 말했어요. "여보, 오늘 어떤 남자가 나한테 반한 거 있지. 나보고 데이트하자고 하는 거야." 그러자 제 남편이 "여보, 드디어 당신 같구려. 당신 모습을 찾는 것 같아, 난 너무 좋아······"라고 말하더군요. 전 남편이 그런 말을 해주어서 한없이 감사했어요. 이쯤에서 제 남편 얘기를 좀 해야겠어요. 우리 남편은 물리학을 전공했어요. 친구들은 "너희 부부는 천생연분이야. 같은 집안에 물리학자도 있고 서정시인도 있으니까"라고 말했죠. 전 남편을 사랑했어요······ 왜 '사랑하고 있어요'가 아니라 '사랑했어요'냐고요? 왜냐하면 저는 그 사건 이후에 살아남은 제 자신을 아직 잘 모르기 때문이에요. 두려워요······ 전 준비가 되어 있지 않아요. 전 앞으로 행복할 수는 없을 거예요······

어느 밤이었어요. 눈을 말똥말똥 뜬 채로 누워 있었죠. 누군가 벨을 울리더군요. 분명히 누군가 초인종을 울리는 소리를 들었어요. 아침에 남편에게 그 이야기를 했죠. 남편은 "난 아무 소리도 못 들었는데"라고 하더군요. 그다음 날 밤에 또 벨소리가 들리는 거예요. 전 자지 않고 있었어요. 남편을 보았지요. 남편도 잠에서 깼더라고요. "당신도 들었지?" "응." 우리 부부는 아파트에 우리만이 아닌 다른 누군가가 있는 것만 같은 기분에 휩싸였어요. 팀카도 침대 주변을 빙글빙글 돌면서 원을 그리며 뛰어다니는 거예요. 마치 누군가를 쫓아다니는 것처럼요. 그리고 저는 어디론가, 굉장히 따뜻한 곳으로 빠져드는 것 같았어요. 꿈을 꿨어요. 장소는 어딘지 모르겠고, 이고리가 장례를 치렀던 바로 그 풀오버를 입고 제게 다가오는 거예요. "엄마, 엄마가 자꾸 저를 불러요. 엄마에게 오는 게 얼마나 힘든 일인지 모르실 거예요. 그러니 그만 우세요." 아이를 만져봤더니 부드러운 거예요. "이고리, 우리와 살 때 좋았니?" "아주 좋았어요." "거기는?" 아들은 미처 대답도 못 한 채 사라지고 말았어요. 꿈을 꾼 그날 밤부터 저는 울음을 그쳤어요. 그 이후로는 꼬마 이고리만이 제 꿈속을 찾아오더라고요. 저는 조금은 더 자란 모습의 이고리를 기다리고 있었어요. 이야기를 나누고 싶었거든요……

지금 얘기하는 건 꿈이 아니에요. 전 눈만 감고 있었거든요…… 어느 날 방문이 활짝 열리더니 제가 한 번도 본 적 없는 어른의 모습을 한 이고리가 방안으로 쑥 들어오더군요. 아들의 얼굴을 보고 저는 깨달았어요. '아, 이고리는 이제 이곳에서 일어나는 일에 전혀 관심이 없구나.' 아들에 대한 우리의 대화에도 추억에도…… 아들은 이미 우리와 멀리 떨어진 곳에 있었어요. 반면 저는 아들과의 관계를 끊을 준비가 되어 있지 않았어요. 전 할 수가 없었어요. 그래서 오랜 고민 끝에 아이를 낳기로 결정했죠. 사실 아이를 낳기에는 너무 늦은 나이였고 의사들조차 만류했지만 저는 임신을 했고 이번엔 딸을 낳았죠. 우리는 딸아이를 대할 때 우리 딸이 아니라 이고리의 딸인 것처럼 대하고 있어요. 전 이고리를 사랑했던 만큼 딸아이를 사랑하는 게 두려워요. 그만큼의 사랑으로 딸아이를 사랑하지도 못하고요. 제정신이 아니에요, 전 미쳤어요! 전 많이 울어요. 묘지를 찾아가고 또 찾아가요. 딸이 항상 저와 함께 있어요. 그런데도 저는 죽음에 대해서 계속해서 생각해요. 그러면 안 되잖아요. 남편은 우리가 이곳을 떠나야 한다고 말해요. 다른 나라로 가야 한다고요. 모든 걸

다 바꾸기 위해서죠. 풍경도 사람도 사용하는 글자까지. 친구들이 이스라엘로 오라고 해요. 우리에게 자주 전화를 하죠. "아니, 도대체 뭐가 너희 발목을 그렇게 잡고 못 떠나게 하는 거야?"(소리치는 것에 가깝게 말한다.) 뭘까요? 뭘까요?

지금 아주 섬찟한 생각이 떠오르네요. 만약 이고리가 선생님을 만나서 직접 얘기했다면, 혹시 전혀 다른 이야기를 하지는 않았을까요? 전혀 다른 이야기를요……

친구들과의 대화에서:
"……바로 그 강력한 접착제로 모든 것이 지탱되고 있었어요"

그 시절 우리는 너무 어렸어요…… 청소년기는 악몽 같은 시기예요. 도대체 그 시절이 가장 아름다운 시기라는 발상은 누가 한 건지 이해가 안 돼요. 청소년은 철도 없고, 실수투성이고, 어떻게든 벗어나려고 발버둥치고, 외부로부터 안전하게 보호되어 있지도 않단 말이죠. 부모님들은 어린애 취급을 하질 않나 뭔가로 만들려고들 하질 않나. 마치 항상 어떤 덮개가 씌워 있어서 아무도 나에게 다가오지 못하는 그런 느낌이에요. 그 느낌…… 그 시절의 느낌을 저는 또렷이 기억해요. 병원에 있는 것 같은 느낌이요. 제가 어떤 전염병에 걸려서 유리관 속에 누워 있었거든요. 부모님이 유리창 밖에서 마치 너와 함께 있고 싶다는 듯한 표정을 지어내며(제가 그렇게 생각하는 거죠)서 계셨죠. 하지만 실제로 부모님은 나와는 전혀 다른 세상에서 살고 있어요. 부모님은 저멀리 어딘가에 있어요…… 가까이에 있는 것 같은데도 먼 느낌…… 부모님들은 자녀들이 얼마나 진지한 생각을 하는지 전혀 눈치조차 채지 못해요. 첫사랑은 공포예요. 극도로 위험하다고요. 제 친구는 이고리가 첫사랑 때문에 자살했다고 생각했어요. 참 어리석은 주장이죠. 소녀의 어리석은 감상일 뿐이죠…… 주변 여자애들 모두가 이고리에게 빠져 있었어요.

오오! 정말 대단했죠! 이고리는 아주 잘생긴데다가 늘 동갑인 우리들보다 자신이 더 어른인 것처럼 행동했거든요. 하지만 이고리는 항상 외로워 보였어요. 이고리는 시도 썼어요. 시인은 원래 우울하고 외로운 사람들이잖아요. 결투에서 죽어야 할 운명이고요. 그때 우리들의 머릿속은 젊음의 객기로 충만했죠.

그 시절은 소비에트 시절, 공산주의 시절이었어요. 우리는 레닌을 배우며 자랐고 뜨겁고 열정적인 혁명가들, 불꽃같은 그들을 보면서 자랐어요. 우리는 혁명을 실수나 범죄라고 생각하진 않았지만 그렇다고 마르크스나 레닌에게 푹 빠져 있지도 않았지요. 우리에게 혁명은 이미 추상적인 것이었어요…… 가장 기억에 남는 건 명절과 축제, 그리고 그 축제를 기다리던 설렘이에요. 모든 것이 생생하게 기억나요. 길거리에는 사람들이 많았죠. 스피커에서는 끊임없이 말이 쏟아져나왔고요. 어떤 사람들은 그 말을 전적으로 신봉했고, 어떤 사람들은 일부만 믿었고, 어떤 사람들은 아예 믿지 않았어요. 하지만 제 생각엔 모두들 행복했던 것 같아요. 음악 소리도 풍성했고요. 엄마도 젊고 아름다우셨죠. 그 모든 풍경이 한데 어우러져 '행복했다'는 기억으로 남아 있어요. 그 냄새, 그 소리들…… 타자기 자판 소리, 아침이면 시골에서 올라온 우유 장수들이 "우유 왔어요! 우유가 왔어요!"라며 외치는 소리들. 그때는 냉장고가 흔하지 않았기 때문에 집집마다 우유가 든 유리병을 베란다에 보관하곤 했어요. 그리고 닭이 들어 있는 그물망은 창가에 대롱대롱 매달려 있었죠. 이중창의 창틀 사이에는 솜을 껴넣고 예쁘라고 반짝이도 부린 뒤 안토놉카종 사과를 두었어요. 지하실에서는 고양이 냄새가 났지요. 맞다, 그건 또 어떻고요? 소련 식당마다 진동했던 락스가 묻은 걸레 냄새요! 열거한 것들이 서로 연관성이 없어 보이지만 지금 제 안에서는 마치 하나의 느낌으로 남아 있어요. 하나의 감정으로요. 그런데 말이죠, 자유의 냄새는 전혀 달라요…… 자유가 그리는 장면들도 다르고…… 자유는 모든 게 다 달라요…… 고르바초프가 집권했을

1부 아포칼립스의 위로

때 처음으로 외국여행을 다녀온 후 제 친구가 이렇게 말하더군요. "자유는 말이지, 맛있는 소스 냄새야." 저도 베를린에서 처음으로 보았던 슈퍼마켓의 광경을 똑똑히 기억하는걸요. 100여 가지 종류의 햄과 치즈들. 사실 그 광경이이해가 되질 않았죠. 페레스트로이카 이후 신세계가, 새로운 감정이, 새로운생각들이 우리를 기다리고 있었어요. 그때의 그 생각과 감정들은 아직 그 어디에도 설명되어 있지 않아요. 역사책에 미처 기록되지도 않았다고요. 아직그것을 정의할 공식도 없어요…… 하지만 저는 서두르고 있죠. 한 시대에서다른 시대로 훌쩍 뛰어넘기 위해서요…… 나중에 거대한 세계가 우리에게 열리겠죠. 그런데 그때 우리는 그 거대한 세계에 대해 꿈만 꾸고 있었고, 우리에게 없는 것과 갖고 싶은 것에 대해서 상상만 했어요. 우리가 모르는 다른 세계에 대해서 꿈꾸는 건 기분좋은 일이었어요. 그런 꿈을 꾸면서 실제로는 소비에트식 삶을 살고 있었죠. 하나의 게임의 법칙이 존재하는 삶을. 우리 모두는그 법칙대로만 게임을 했어요. 누군가 연단에 서서 거짓을 말하면 모두가 박수를 치죠. 연단에 선 그가 거짓말하고 있다는 사실은 거짓을 말하는 그 자신은 물론 듣는 우리들도 이미 알고 있었어요. 그래도 그 연사는 계속해서 거짓을 말하고 우리가 보내는 박수 소리에 기뻐하죠. 우리는 추호의 의심도 없이우리도 저렇게 살게 될 것이라고 생각했어요. 그래서 각자 자신만의 도피처가필요했어요. 우리 엄마는 금지되었던 갈리치의 음악을 들었고…… 저도 갈리치를 들었어요……

아, 또 한 가지가 생각났어요…… 모스크바에서 열리는 비소츠키의 장례식에 참여하러 가는 길이었는데, 경찰이 전차에 탄 우리를 내리게 했어요. 우리는 빽빽 소리를 질렀죠. "우리의 영혼을 구해주세요! / 우리는 목 졸린 상태로사경을 헤매고 있어요……"* "사거리 미달. 사거리 초과. 또 미달. 우리 포대

---

* 음유시인 비소츠키의 노래가사.

는 아군에게 포를 쏘아대네……"* 그야말로 스캔들이었죠! 교장선생님은 부모님들을 학교로 모시고 오라 했어요. 저는 엄마를 모시고 갔고, 엄마는 훌륭하게 대처했어요. (생각에 잠긴다.) 우리는 부엌에서 살았어요. 온 나라가 부엌에서 살았지요…… 우리는 누군가의 집에 모여서 포도주를 마시고 노래를 들으면서 시에 대해 얘기했어요. 통조림병을 따놓고 흑빵을 썰어놓았지요. 모두가 만족했어요. 우리만의 의식도 있었지요. 카누, 텐트, 모험, 모닥불 가에서의 노래. 우리만이 알아볼 수 있는 표식도 있었어요. 우리만의 패션이, 우리만의 유머가 있었어요. 이미 오래전에 비밀스러웠던 부엌 공동체는 사라졌지요. 우리가 영원한 우정이라고 불렀던 그 우정도 이젠 없어요. 그땐 그랬죠…… 영원을 지향했죠…… 우정보다 상위에 있는 것은 없었어요. 바로 그 우정이라는 강력한 접착체로 모든 것이 지탱되고 있었어요……

실제로 우리 중에 소비에트사회주의공화국연방에서 살았던 사람은 없었어요. 우리는 우리만의 세상에서 살았어요. 관광을 좋아하는 사람들의 모임에서, 등산을 좋아하는 사람들의 모임에서…… 우리는 방과후에 동네 공공설비 관리사무소 같은 데서 모였어요. 우리가 쓸 수 있는 방을 하나 내줬거든요. 그곳에서 연극 공연도 했어요. 제가 배우였죠. 문학동아리 같은 거였어요. 그곳에서 이고리가 우리에게 시를 읽어주던 모습이 기억나요. 이고리는 마야콥스키를 심하게 모방했어요. 이고리에겐 거부할 수 없는 매력이 있었어요. 이고리의 별명은 '대학생'이었어요. 우리 모임에 어른 시인들도 왔고 우리와 허심탄회하게 얘기도 했지요. 그들을 통해 프라하 사건의 진실을 알게 되었어요. 아프가니스탄 전쟁에 대해서도요. 그리고…… 그리고 또 어떤 이야기를 할까요? 우리는 기타를 배웠어요. 그건 필수였죠! 그 당시에는 기타가 필수품 제1호였어요. 무릎을 쪼그리고 앉아 좋아하는 시인과 음유시인들의 노래를 들

---

* 메지로프의 시에 아그라놉스키가 곡을 붙인 노래.

1부 아포칼립스의 위로

었어요. 당시에는 시인들이 경기장 한가득 사람들을 모을 수 있었어요. 그럴 때면 기마경찰들이 보초를 서곤 했어요. 말은 곧 결의에 찬 행동이었어요. 모임에 서서 진실을 말하는 건 결의에 찬 행동이었어요. 왜냐하면 위험한 일이었으니까요. 광장으로 나가는 건…… 그건 황홀한 쾌감, 아드레날린, 숨구멍을 갖게 되는 것이었어요. 말속에 모든 것이 담겨 있었어요…… 물론 지금은 불가능한 일이죠. 지금은 뭔가를 말하는 것이 아니라 뭔가를 해야 하는 시기니까요. 지금은 하고 싶은 말을 다 할 수 있지만, 이제 그 말은 아무런 위력도 발휘하지 못하죠. 그 말을 믿고는 싶지만 믿을 수 없는 거예요. 모두들 무관심 일색이에요. 미래는 똥만도 못하다고 생각하죠. 우리 때는 그러지 않았어요……! 아아! 그 시들, 시들…… 그 말들, 그 말들……

(웃음) 제가 10학년이 되었을 때 로맨스가 있었어요. 남자친구는 모스크바에서 살았어요. 한번은 제가 사흘간 남자친구에게로 가 있었죠. 우리는 아침에 남자친구의 친구들에게서 오프셋 인쇄기로 제작한 나데즈다 만델시탐의 수기를 건네받았어요. 당시에는 모두가 그녀의 글을 읽었지요. 그다음날 새벽 4시까지 그 책을 돌려줘야만 했죠. 경유하는 기차에 탄 사람에게 책을 전달해야 했거든요. 우유와 바게트 빵을 사러 나갔다 온 때를 제외하고는 우리는 하루종일 한시도 눈을 떼지 않고 책을 읽었어요. 우리는 키스하는 것도 제쳐두고 읽은 책장을 서로에게 넘겨주기 바빴죠. 그때 우리의 상태는 망상을 보고 오한을 느끼는 듯한 그런 상태였어요…… 그 책을 손에 들고 있다는 이유로, 그 책을 읽고 있다는 이유만으로 그렇게 느꼈던 것 같아요…… 다음날 우리는 텅 빈 시내 기차역으로 달려갔어요. 대중교통도 다니지 않는 시간이었어요. 전 그 밤에 보았던 도시의 풍경을, 우리가 어떻게 걸어갔는지를, 그리고 가방에 들어 있던 그 책을 아주 잘 기억해요. 우리는 그 책이 마치 비밀무기라도 되는 것처럼 들고 갔어요. 우리는 그때 '말'이 세계를 흔들 수 있다고 믿었으니까요……

고르바초프 시절…… 자유와 배급쿠폰, 배급표…… 배급쿠폰…… 빵과 곡물부터 양말에 이르기까지 모든 물건에는 배급쿠폰이 필요했어요. 줄은 섰다하면 대여섯 시간은 기다려야 했어요…… 대신 예전에는 살 수 없었던 책을 손에 쥘 수 있었고 저녁이면 예전에는 금지되었던, 10년 동안 캐비닛에 처박혀 있었던 영화를 볼 수 있다는 걸 알았죠. 신이 났어요! 하루종일 10시에 하는 〈브즈글랴드〉 프로그램만 생각할 때도 있었고요…… 그 프로그램의 진행자였던 알렉산드르 류비모프와 블라디슬라브 리스티예프는 그야말로 국민영웅이었죠. 우리는 진실을 알아갔어요. 우리에겐 가가린만이 아니라 베리야도 있었다는 걸 알게 됐어요…… 사실 저 같은 사람, 저 같은 바보에게는 말의 자유만 주어졌어도 충분했을 거예요. 왜냐하면 알고 보니 제가 소비에트 소녀였다는 걸, 우리는 사실 생각했던 것보다 훨씬 더 깊이 소련의 모든 것을 흡수하고 있었다는 것을 머지않아 깨닫게 되었으니까요. 도블라토프*, 네크라소프를 읽게만 해줬어도, 갈리치를 듣게만 해줬어도…… 저는 그걸로 충분했을 거예요. 전 파리 여행을 꿈꾸지 않았고, 몽마르트르 언덕을 걷고 싶은 생각도 없었어요. 가우디가 세웠다는 사그라다 파밀리아 성당을 보고 싶어하지도 않았고요…… 제발 읽게만 해주길, 말할 수만 있게 해주길 원했던 거예요. 읽게만 해줬어도! 한번은 우리 딸 올랴가 심하게 아팠어요. 그때 딸은 고작 4개월밖에 되지 않았고, 기관지 기형을 갖고 있었어요. 전 두려워서 미쳐버리는 줄만 알았어요! 아이와 함께 병원으로 갔어요. 하지만 아이는 한시도 누워 있으려고 하지 않았어요. 제가 세워 안아야만 진정되곤 했어요. 이렇게 세워 안아야만 했어요. 아이를 안고 복도를 왔다갔다했죠. 아이가 한 삼십 분 정도 잠을 자면 제가 뭘 했을까요? 잠도 부족하고 지친 상태에서 제가 뭘 했을까요? 전 겨드

---

* 세르게이 도블라토프(1941~1990). 러시아 현대문학을 대표하는 작가. '소비에트의 체호프'라 불릴 정도로 뛰어난 단편소설들을 써왔지만, 소비에트 사회에서는 단 한 편의 출판물도 낼 수 없었던 반체제 작가였던 그는 1970년대 미국으로 이민을 간 후 비로소 모든 작품을 발표할 수 있었다.

1부 아포칼립스의 위로

랑이 사이에 『수용소군도』라는 책을 꼭 끼고 있었어요. 아이가 잠들면 저는 곧장 책을 폈어요. 한 손에서는 아이가 다 죽어가고 있는데, 다른 손으로는 솔제니친을 들고 있었던 거예요. 책은 우리의 삶을 대신하는 것이었고 우리의 세상이었어요.

그런데 그후에 어떤 일들이 일어났고…… 결국 우리는 지상으로 내려왔어요. 행복과 환희의 감정이 한순간 무너졌어요. 완전하게, 완벽하게. 새로운 세계는 나의 세계가 아니라는 것을 깨닫고 말았죠. 새로운 세계는 다른 사람들을 필요로 했어요. 약자들의 눈을 구둣발로 후려치는 사람들이요! 바닥에 있던 것들이 위로 올라왔어요…… 뭐, 어쨌든 또하나의 혁명이라고 할 수 있었죠. 하지만 이 혁명의 목적은 숭고한 무언가가 아니었어요. 번듯한 별장과 자동차를 갖기 위한 혁명이었어요. 그건 너무 보잘것없지 않아요? 길거리는 트레이닝복의 '물결'로 가득했어요. 늑대 같은 놈들! 그들이 모두를 짓밟았어요. 우리 엄마는 방직공장에서 일했어요. 급하게…… 상당히 급하게 공장이 문을 닫았어요. 엄마는 집에서 팬티를 만들었죠. 엄마의 친구들도 마찬가지고요. 어느 집에서나 모두 팬티를 만들고 있었어요. 우리는 공장에서 직원들을 위해 지은 아파트에서 살았거든요. 그렇게 모두들 팬티와 브래지어를 만들었어요. 수영복도 만들고요. 자기들이 입던 옷이나 지인들에게 부탁한 옷에서 대량으로 라벨이나 로고를 떼어냈어요. 수입 라벨이면 더 좋았지요. 그렇게 떼어낸 라벨들을 수영복에 매달았어요. 그런 뒤 아주머니들이 무리 지어서 러시아 전역에 자루를 들고 다녔어요. 이걸 '트루숍카'라고 불렀어요. 그때 저는 대학원을 다니고 있었어요. (명랑한 톤으로 말한다.) 코미디 같았던 한 장면이 떠오르네요…… 대학교 도서관과 학과장 연구실에 토마토와 오이, 버섯과 양배추를 절인 통이 놓여 있었어요. 대학교에서 채소절임을 판매했고, 판매한 돈으로 교강사 월급을 마련했어요. 때로는 과 전체에 오렌지 냄새가 진동을 하는가 하면 남성용 셔츠가 쌓여 있기도 했어요…… 위대한 러시아의 인텔리겐치아가 어떻게든 살아남으려고 발버둥치고 있었던 거예요. 사람들은 전쟁 때나 써먹었던 케케묵은 요리 레시피를 떠올리곤 했죠…… 공원 외진 곳이나 철도 근처 외딴곳에 감자를 심기도 했고요…… 일주일 내내 줄곧 감자만 먹는 걸 가리켜 기아라고 부를 수 있을까요, 없을까요? 아니면 양배추절임만 먹는 건요? 전 죽을 때까지 그 음식들은 쳐다도 보기 싫을 거예요. 사람들은 감자 껍질을 이용해서 감자칩을 만드는 방법도 알아냈지요. 이 환상적인 레시피를 서로서로 전달하곤 했어요. 달군 해바라기유에 감자 껍질을 던져넣고 소금을 많이 뿌리는 거죠. 우유는 없었지만 아이스크림은 있었어요. 그래서 세몰리나* 죽을 끓일 때 우유 대신 아이스크림을 넣었지요. 지금이라면 제가 그걸 먹을까요?

제일 먼저 무너지기 시작한 건 우리들의 우정이었어요. 모두들 정체불명의 바쁜 일들이 생겨났어요. 돈을 벌어야 했으니까요. 예전에는 돈이 우리에게 그 어떠한 지배력도 행사하지 못한다고 생각했어요. 그랬던 우리가 녹색종이의 매력을 높이 평가하기 시작했지요. 그건 소련의 루블, '쓸모없는 종잇조각'이 아니었거든요. 책벌레였던 소년 소녀들, 온실 속 화초였던 우리들…… 알고 보니, 우리는 그토록 염원했던 새로운 삶을 살기에는 적합한 사람들이 아니었어요. 우리가 고대했던 건 뭔가 다른 것이었어요. 이것이 아니었어요. 우리는 낭만주의 책들을 한 트럭은 읽었어요! 그런데 정작 삶이란 놈은 우리를 발로 차고 뒤통수를 때리면서 전혀 다른 방향으로 우리를 몰고 가버렸어요. 비소츠키 대신 키르코로프**라니! 팝이라니! 그것만 봐도 얘긴 다 끝난 거죠…… 얼마 전 저희 집 부엌에 사람들이 모였어요. 요즘에는 매우 드물게 있는 일이지요. 부엌에서 우리는 논쟁을 벌였어요. 비소츠키가 아브

---

* 입자가 거친 밀가루. 파스타나 시리얼 등을 만드는 데 사용한다. 고운 세몰리나는 우유를 넣고 끓여 죽처럼 먹을 수 있다.
** 필리프 키르코로프(1967~). 불가리아 태생의 유명한 러시아 대중가수.

라모비치*를 위해서 노래를 불렀는지에 대해서요. 의견이 갈렸지요. 다수는 그가 당연히 노래를 불렀을 것이라고 확신하고 있었어요. 그러자 자연스럽게 그다음 질문이 나오더군요. '과연 얼마에?'

이고리요? 제 기억 속 이고리는 마야콥스키를 닮은 친구로 각인되어 있어요. 잘생기고 외로웠던 아이. (침묵) 제가 선생님에게 필요한 설명을 하긴 한 건가요? 괜찮게 설명한 건지……

"……시장이 우리의 대학교가 되었어요"

몇 해가 지나갔어요…… 지금까지도 저는 의문이 남아요. '왜? 도대체 왜 이고리는 그런 결정을 한 걸까?' 우리는 친구였는데, 그럼에도 이고리는 혼자서 모든 걸 결정했어요. 지붕 위에 서 있는 사람에게 선생님은 뭐라고 하실 건가요? 뭐라고요? 젊었을 땐 저도 자살에 대해서 줄곧 생각했어요. 왜 그랬는지는 모르겠어요. 엄마, 아빠, 형제들을 다 사랑하고 가정도 화목한데 뭔가가 나를 잡아끄는 거죠. 저기 어딘가에…… 어딘가에 뭔가 있을 것 같은 거예요. 뭘까요? 뭔가가 저기 있는 거예요. 그곳에는 지금 내가 살고 있는 이 세상보다 훨씬 더 화려하고 의미 있는 완전한 세계가 있는 거예요. 그곳에서는 보다 더 중요한 일이 벌어지고 있어요. 바로 그곳에서만 어떤 비밀에 닿을 수 있는 거예요. 다른 방법으로는 그 비밀을 알아낼 수 없어요. 이성적으로는 그 비밀에 접속할 수가 없는 거예요…… 그래서 원하게 되고 한번 해볼까라는 생각을 하게 되는 거죠. 창턱에 서볼까…… 베란다에서 뛰어내려볼까…… 하지만 결코 죽기 위해서 그 행동을 하는 건 아니에요. 그냥 높은 곳으로 올라가보고 싶은 거죠. 날고 싶은 거예요. 날아오를 수 있을 것만 같거든요. 마치 꿈속이

---

* 로만 아브라모비치(1966~). 소련 붕괴 이후 등장한 신흥 재벌 '올리가르히' 중 한 명. 석유사업 재벌. 영국 축구클럽 '첼시'의 구단주이기도 했으며, 푸틴의 측근으로 꼽힌다.

나 기절한 상태에서 행동하는 것처럼 움직이는 거예요. 그러다가 제정신을 차려보면 어떤 빛과 소리가 어렴풋이 기억나요. 그리고 그 상태에서 좋았다는 느낌이 아련하게 피어오르는 거예요…… 여기보다 그곳이 훨씬 더 좋았다는 느낌……

우리 패거리…… 레시카도 우리와 함께 다녔죠…… 얼마 전에 약물 과다 복용으로 죽었어요. 바딤은 1990년대에 사라졌고요. 바딤은 도서 사업을 했어요. 처음에는 반 장난처럼 시작했어요…… 망상에 가까운 구상이었는데…… 그 친구가 돈을 만지기 시작하니까 이놈 저놈 사기꾼이 들러붙고 리볼버를 든 남자들이 꼬이고 그랬어요. 바딤은 돈을 써서 빠져나오기도 하고 그놈들에게서 도망도 다녔어요. 숲속에 들어가 나무 위에서 자기도 했어요. 그 시절에는 싸우지도 않고 그냥 죽였거든요. 바딤이 어디 있냐고요? 흔적도 없이 사라졌어요. 경찰이 아직도 못 찾았어요. 어딘가에서 암매장이라도 당한 것 같아요. 아르카디는 미국으로 날랐어요. "난 차라리 다리 밑에서 살더라도 뉴욕에서 살 거야"라면서…… 여기엔 저와 일류샤밖에 남지 않았어요. 일류샤는 대단한 사랑을 했고 결혼에 골인했죠. 시인과 예술인들이 유행하던 시절에는 일류샤의 부인도 괴짜스러운 그의 행동을 잘 받아줬어요. 하지만 그 시절이 가고 브로커와 회계사들이 유행하는 시절이 오자 부인이 그를 떠나더군요. 그후로 일류샤는 지독한 우울증에 시달렸어요. 일류샤는 길거리에 나서기만 하면 패닉성 발작이 시작됐어요. 공포로 인해 바들바들 떨었어요. 결국 집에만 틀어박혀 있게 되었죠. 일류샤의 큰애는 부모님이 키우고 계세요. 일류샤는 시를 써요. 영혼의 절규를 글로 쓰죠…… 청소년 시절에 우리는 똑같은 카세트를 듣고 똑같은 소비에트 책을 읽으면서 컸어요. 자전거도 똑같았죠. 그 시절에는 모든 것이 단순했어요. 사계절을 한 켤레의 구두로 때웠고 점퍼와 바지도 각각 한 벌씩만 있었어요. 우리는 고대 스파르타 군인들처럼 교육받고 자랐어요. 조국이 부르면 고슴도치 위에라도 털썩 앉을 수 있었어요.

　　　　　　　　　　　　　　　　　1부 아포칼립스의 위로

……무슨 전쟁기념일 중 하나였던 것 같아요…… 제가 다니던 유치원에서 마라트 카제이라는 피오네르 영웅의 동상을 보러 갔어요. "친구들! 이 작은 영웅은 수류탄을 자기에게 던져서 스스로의 목숨을 희생했어요. 그렇게 수많은 파시스트를 무찔렀답니다. 여러분도 이다음에 크면 이런 영웅이 되어야 해요!"라고 선생님이 말씀하셨어요. '이다음에 크면 수류탄을 자기에게 던져서 죽어야 한다고?' 전 잘 기억이 안 나는데 어머니가 그러시더군요. 그날 밤 제가 "난 죽어야 한대요!"를 계속 말하면서 엉엉 울었다고요. 어딘가에, 엄마도 아빠도 없는 곳에서 혼자 외로이 누워 있어야 한다며…… 이렇게 자기처럼 우는 사람은 눈곱만큼도 영웅이 아니라며…… 그후 저는 심하게 앓았어요.

……학교에 다닐 때는 한 가지 소원이 있었어요. 시내 중심에 있던 '영원한 불'을 교대로 지키는 경비단에 들어가는 것이었죠. 경비단은 최고의 학생들만 받아줬어요. 경비단에게는 군인 코트와 귀덮개가 있는 털군모 그리고 군인용 장갑이 지급됐어요. 경비단에 입단하는 것은 의무적인 것이 아니라 최고로 자랑스러운 일이었어요. 우리는 서양음악을 들었고 그때 이미 들어오기 시작한 청바지에 열광했죠…… 그건 칼라시니코프 총과 맞먹는 20세기의 상징물이었어요…… 제 생애 첫 청바지는 '몬타나' 브랜드에서 나온 것이었어요. 정말 끝내줬죠! 그런데도 저는 밤마다 수류탄을 품고 적신을 향해 돌진하는 꿈을 꿨어요……

……할머니가 돌아가시고 할아버지가 저희와 함께 살게 되었어요. 할아버지는 직업군인이었고 중령이었죠. 할아버지에겐 훈장과 메달이 많았어요. 저는 매일 할아버지를 귀찮게 했죠. "할아버지, 이 훈장은 뭣 때문에 받으신 거예요?" "오데사 방어전으로 받았지." "할아버지가 위대한 일을 하신 거예요?" "오데사를 지켰지." 그게 끝이었어요. 할아버지가 더 얘기해주질 않아서 저는 매번 삐치곤 했어요. "할아버지, 좀더 위대하고 숭고한 뭔가가 있었

을 것 아니에요. 기억해내보세요.""그건 나한테 물어보지 말고 도서관에서 찾아보렴. 책을 찾아서 읽어봐." 우리 할아버지는 끝내주는 분이었어요. 우리는 그냥 화학적으로 서로에게 끌릴 수밖에 없는 사람들이었어요. 할아버지는 4월에 돌아가셨어요. 그런데 할아버진 5월까지 살고 싶어하셨죠. 전승기념일이 있는 5월까지요.

……열여섯 살이 되었을 때 예정대로 병무위원회에서 저를 불러들였죠. "어떤 군대에 지원하고 싶나?" 저는 학교를 졸업한 뒤에 아프가니스탄으로 지원하겠다고 대답했어요. 병무위원회 위원장이 "모자란 놈"이라고 하더군요. 하지만 저는 오랫동안 준비했어요. 낙하산에서 뛰어내리고 총 다루는 법을 배웠죠…… '우리는 소비에트의 마지막 피오네르다. 준비 태세를 갖춰라!'

……우리 반에서 남자애 한 명이 이스라엘로 이민을 갔어요. 전교학생위원회 회의가 열렸고 모두가 그 친구를 설득했어요. "만약 너희 부모님이 떠나고 싶어하신다면 그분들만 가시도록 해라. 우리 나라 고아원은 매우 훌륭하다. 그곳에 들어가 공부를 마저 마치고 너는 소련에 남아 살면 된다." 우리에게 그 친구는 배신자였어요. 그 친구는 콤소몰에서도 제명되었죠. 그다음 날 반 전체가 감자를 캐러 집단농장으로 가야 했어요. 그 친구도 왔지만 버스에서 쫓겨났죠. 교장선생님은 조회 시간에 우리에게 으름장을 놓았어요. 그 친구와 편지를 주고받는 날에는 학교를 졸업하기 힘들 거라면서요. 그런데 막상 그 친구가 떠나자 우리 모두 너나없이 사이좋게 그 친구에게 편지를 썼어요……

……페레스트로이카 때는…… 선생님들은 옛날 그대로였죠. 똑같은 선생님들이 이제는 그동안 우리가 배웠던 것을 다 잊고 신문을 읽어야 한다고 했어요. 우리는 신문을 교과서 삼았지요. 졸업시험 과목에서 역사가 완전히 제외되었어요. 더이상 온갖 소련공산당대회를 달달 외울 필요가 없어진 거예요. 마지막 10월혁명 행진에서는 예전처럼 현수막과 당 지도자들의 초상화를 나

뉘췄지만, 우리는 이미 그 행진을 브라질 사람들의 카니발처럼 생각했어요.

……사람들이 소련 돈이 가득 담긴 자루들을 들고 다니면서 텅 빈 가게들을 들락날락하던 모습이 기억이 나요……

대학생이 되었어요…… 당시 추바이스는 바우처를 열심히 선전하고 있었어요. 바우처 한 장이 '볼가' 자동차 두 대가 될 것이라면서요. 지금 그 바우처가 고작 2코페이카도 하지 않는데 말이에요. 걷잡을 수 없이 역동적인 시절이었으니까요! 저도 지하철에서 선전물을 나눠줬죠…… 우리 모두는 새로운 삶을 꿈꿨어요…… 꿈을 꿨다고요…… 상점 매대마다 햄들이 빼곡하게 쌓여 있는 모습을 꿈꿨죠. 그 햄들이 소련의 가격으로 팔리고 정치국 위원들도 그 햄을 사기 위해서 모두와 똑같이 줄 서는 모습들을 상상했어요. 햄은 모든 것의 기준점이었어요. 러시아인들은 햄에 대해 실존적 사랑을 느끼거든요. '신들에게는 죽음을! 공장을 노동자에게! 땅은 농부에게! 강은 수달들에게! 땅굴은 곰들에게!' 가두시위나 인민대표대회 중계는 멕시코 드라마를 훌륭하게 대체했죠…… 저는 2학년을 수료한 뒤 대학교를 떠났어요. 부모님이 가여웠어요. 부모님은 공개적으로 비난을 받아야 했죠. "이 가련한 소보크들아! 당신들의 인생은 수포로 돌아갔어. 당신들은 모든 일에 대해 책임져야 해. 노아의 방주부터 시작해서 다 당신들 책임이야. 당신들은 이제 아무짝에도 쓸모없는 존재들이야." 평생을 뼈빠지게 일했는데 결과적으로 빈손으로 남은 거죠. 그 모든 상황이 부모님을 흔들어댔고 그분들의 세계를 무너뜨렸어요. 결국 부모님은 그 상황에서 헤어나오질 못했고, 급변한 사회에 적응하지 못했어요. 제 남동생이 방과후에 자동차 세차를 하거나 지하철에서 껌이나 잡동사니를 팔았는데, 아버지보다 훨씬 더 많은 돈을 벌었지요. 아버지는 학자였어요. 박사요! 소비에트의 엘리트였다고요! 개인상점에서 햄을 팔기 시작했다고 해서 우리 모두는 햄을 구경하러 갔어요. 그때 가격표를 본 거죠!! 그렇게 우리 인생에 자본주의가 들어왔어요……

저는 짐꾼이 되었어요. 정말 행복했죠! 친구와 함께 설탕을 가득 채운 트럭에서 짐을 다 내리면 품삯도 받고 설탕 한 자루도 받았거든요. 1990년대에 설탕 한 자루가 어떤 의미인지 아세요? 그건 재산이었어요! 돈! 돈이었다고요! 그것이 자본주의의 시작이었어요…… 하루아침에 백만장자가 될 수도 있었고 순식간에 이마에 총알이 박힐 수도 있었어요. 지금에 와서야 그 시절을 떠올리며 서로 겁을 주죠. 그때 내전이 일어날 수도 있었다면서요…… 우리가 벼랑 끝에 서 있었다면서요! 하지만 당시에 저는 그런 건 못 느꼈어요. 길거리가 휑했고 바리케이드에 아무도 없었다는 건 기억이 나요. 사람들은 신문을 구독하거나 읽는 걸 그만뒀어요. 단지 마당에 모이면 남자들은 처음에는 고르바초프를 욕하다가 나중에는 옐친을 욕했죠. 보드카가 비싸졌다는 이유로요. '신성한' 영역을 침범했다는 거죠. 형용할 수 없는 거친 격정이 모두를 사로잡았어요. 공기 중에 돈냄새가 배어 있었다니까요. 큰돈의 냄새요. 그리고 또 한 가지, 절대적인 자유가 있었죠. 당도 없었고 정부도 없었어요. 모두가 '쩐'을 만들고 싶어했고, '쩐'을 만들 줄 모르는 사람은 만들 줄 아는 사람을 부러워했어요. 장사를 하는 사람이 있는가 하면 물건을 사는 사람들이 있었고…… 뭔가를 숨기는 사람이 있는가 하면 그런 사람의 뒤를 봐주는 사람들도 있었죠…… 제가 처음으로 돈이라는 걸 번 날, 친구들과 함께 레스토랑에 갔어요. '마티니'와 보드카 '로얄'을 주문했죠. 그땐 그걸 제일 높이 쳐줬거든요! 손에 술잔을 들고 뽐내보고 싶었어요. 우리는 '말보로'도 태웠어요. 레마르크의 책에 묘사되어 있던 모든 걸 다 해봤죠. 우리는 참 오랫동안 그림 속에서 보던 걸 하며 살았어요. 새로운 가게…… 레스토랑들…… 그건 마치 남의 인생에서 가져온 장식품 같았어요……

……구운 소시지도 팔았어요. 순식간에 돈방석에 앉게 되었지요……

……투르크메니스탄까지 보드카를 운반하기도 했죠…… 일주일을 꼬박 파트너와 함께 폐쇄된 화물열차를 탔어요. 손에는 만일을 대비해 도끼를 쥐고

있었어요. 쇠꼬챙이도 쥐고 있었죠. 우리가 뭘 운반하는지 들키는 날에는 꼼짝없이 죽은 목숨이었으니까요! 되돌아올 때는 보풀보풀한 타월을 가득 싣고 왔어요.

……아동용 장난감도 팔았어요…… 해다놓은 물건을 어떤 사람이 도매로 한 번에 다 가져간 적이 있어요. 물건값은 탄산음료 트럭 한 대로 받았죠. 저는 탄산음료 트럭을 해바라기씨 트럭과 교환한 뒤 식용유 공장에 해바라기씨를 납품하고 식용유를 받았어요. 식용유의 일부는 팔았고, 일부는 테플론 프라이팬 그리고 다리미와 바꿨어요……

……지금은 화훼 사업을 해요…… 장미에 '소금 치는 법'을 배웠거든요. 두꺼운 박스에 불에 달군 소금을 뿌려둬요. 한 1센티미터 정도 두께가 되도록 소금을 뿌려둔 다음에 꽃봉오리가 반쯤 열린 꽃들을 그 위에 깔아요. 그리고 또 꽃 위로 소금을 뿌려요. 그런 뒤 뚜껑을 덮고 큰 비닐봉지에 담은 뒤 꽁꽁 싸매는 거예요. 한 달 뒤나 1년 뒤에 꺼내서 물로 씻어내면 되죠…… 언제든 아무때나 한번 오세요. 여기 명함이요……

시장이 우리의 대학교가 되었어요…… 물론 대학교는 좀 많이 간 거고요…… 아마 초등학교 정도는 분명히 될 거예요. 사람들은 박물관 다니듯 시장을 다녔어요. 도서관 다니듯이요. 남자와 여자들이 시장 매대를 좀비처럼 헤매고 다녔어요…… 혼이 빠진 얼굴로…… 커플 한 쌍이 중국제 제모제를 파는 매대에서 멈춰 서죠. 여자는 남자에게 제모가 얼마나 중요한지 설명해요. "당신도 원하잖아, 그치? 내가 ○○처럼 되길 원하잖아……" 그 여자가 어떤 여배우를 닮고 싶어했는데, 배우 이름이 기억이 안 나네요. 마리나 블라디나 또는 카트린 드뇌브 같은 이름이었던 듯해요. 그전에는 못 보던 수백만 개의 포장박스와 병들이 출현했어요. 사람들은 물건을 산 뒤 무슨 신줏단지를 모셔오듯 고이 집으로 가져와 내용물을 다 소진한 뒤에도 병을 버리지 않았어요. 책꽂이 가장 잘 보이는 곳이나 거실 유리장 너머에 진열해놓았지요. 매끈

한 코팅용지로 제작된 폼나는 첫 잡지들을 무슨 고전문학처럼 읽었어요. 잡지 표지를 열면, 사르륵 책장을 넘기면 멋진 삶이 기다리고 있을 것이라는 깊은 신앙심을 가지고 말이에요. 최초의 맥도날드가 생겼을 때는 몇 킬로미터씩 줄이 늘어서 있었어요…… 텔레비전으로 중계까지 했어요. 교양 있는 어른들도 맥도날드 포장박스나 냅킨을 소중히 모아두었어요. 그러고는 자랑스럽게 집을 찾는 손님들에게 보여줬죠.

제가 잘 아는 지인의 경우에는…… 부인이 투잡을 뛰고 있는데도 그걸 자랑스럽게 생각해요. "나는 시인이야. 냄비 따위를 팔지는 않을 거라고. 난 그런 일은 가리는 편이거든." 그 친구와 저는 한때 다른 사람들처럼 거리를 누비며 "민주주의! 민주주의!"를 외쳐대곤 했어요. 정작 그 단어 뒤에 어떤 일들이 기다리고 있는지 감히 상상조차 하지 못하면서요. 그 누구도 냄비를 팔 생각으로 그런 일을 하진 않았죠. 그런데 지금은…… 선택의 여지가 없어요. 가족을 먹여 살리든가 소보크의 이상을 지켜내든가, 둘 중 하나를 골라야 해요. 이도 저도 아니면…… 더이상 수가 없어요. 계속 시를 쓰고 기타를 치는 거죠. 사람들이 어깨를 두드리며 "더 해봐요! 더요!"라고 호응은 해주겠지만 주머니에는 한푼도 없게 되는 거예요. 그때 이 나라를 떠났던 사람들이요? 그 사람들도 마찬가지로 냄비도 팔고 피자도 만들고…… 제지공장에서 박스를 붙이죠…… 하지만 거기선 그게 부끄러운 일이 아니에요.

제 말을 이해하시겠어요? 전 이고리에 대해서 말씀드린 거예요…… 우리의 잃어버린 세대에 대해서요. 우리의 공산주의적 유년기와 자본주의적 삶에 대해서요. 전 기타는 쳐다보기도 싫어요! 선생님께 선물로 드릴 수도 있습니다.

다른 성경과 다른 신도들에 대하여

바실리 페트로비치 N.(1922년부터 공산당원, 87세)

─그래, 그랬지…… 그러려고 했지…… 근데 의사들이 거기서 날 다시 데려왔어…… 의사 양반들은 날 어디서 다시 데려온 건지 알기나 할까? 난 당연히 무신론자야. 하지만 다 늙은 이 나이에 나는 상당히 불안정한 무신론자라고 볼 수 있어. 내 자신과 독대하면서…… 이제는 가야 한다는…… 어디론가 떠나야 한다는 생각을 자주 하게 돼. 그래…… 다른 관점이 생긴 거지…… 그런 거지…… 땅으로 흙으로 돌아가야 한다는…… 난 말이야, 평범한 흙을 평온한 마음으로 쳐다볼 수가 없어. 난 늙은이가 된 지 꽤 오래됐어. 고양이랑 나랑 창가에 줄곧 앉아 있지. (무릎 위에 누워 있는 고양이를 쓰다듬는다.) 그러고는 텔레비전을 켜는 거지, 뭐……

물론…… 난 내가 백군 장군들에게 동상을 세우는 이런 시대까지 살아 있으리라고는 전혀 생각지 못했어. 옛날에는 영웅들이라고 하면 누구였어? 붉은 군대의 수장들…… 프룬제, 쇼르스…… 그런데 지금은 데니킨, 콜차크를 영웅이라고 하니…… 콜차크놈들이 우리를 가로등에 매달았던 걸 기억하는 사람들이 아직도 버젓이 살아 있는데 말이야. '백군'이 승리했다는…… 뭐 그런 얘기들을 하고 싶은 건가, 지금? 그럼 난 대체 뭘 위해서 전쟁을 하고 또 한 거지? 건물을 세우고 또 세우고…… 난 대체 뭣 때문에 그 짓을 한 거냐고? 내가 작가였다면 직접 수기를 썼을 거야. 얼마 전에 내가 다니던 공장 소식을 라디오를 통해 들었어. 내가 최초의 공장장이었거든. 나에 대한 이야기를 하는데…… 없는 사람 취급을 하더군. 난 이미 죽었더라고…… 그런데 보라고, 난…… 난 이렇게 살아 있잖아. 아마 그들은 내가 여기에 이렇게 살아 있다는 걸 상상조차 못 할 거야. 암, 그렇고말고……! 그럴 테지……! (우리는 셋이 함께 웃는다. 우리와 함께 손자도 동석하고 있었다. 그는 이야기를 듣고 있었다.) 난 내가 마치 박물관 창고에 보관된 잊혀버린 전시품이 되었다는 느낌을 받아. 먼지가 뿌옇게 쌓인 해골이 된 것 같다니까. 예전에는 위대한 제국이 있었어. 한쪽 대양에서 다른 쪽 대양까지, 극지방부터 아열대 지방까지 아우르는 거대한 제국이 있었는데, 그 제국은 대체 어디로 사라진 거야? 폭격 하나 없이…… 히로시마 같은 일을 겪지도 않고…… 패배해버렸어…… '위대하신 햄의 제국'에 패했다고! 때깔 좋은 먹거리들이 승리했다고! 메르세데스 벤츠가 우릴 이겼다고…… 사람들에게는 그 밖에 다른 건 전혀 필요 없어. 그 사람들에게 다른 건 권할 생각도 말아야 돼. 필요성을 못 느껴. 사람들은 빵과 구경거리만 있으면 된다고! 겨우 이것이 20세기의 가장 위대한 발견이라니. 이것이 모든 위대한 인문학자들과 크렘린 몽상가들에게 주어진 해답이라니…… 하지만 우리에게는…… 우리 세대에게는 원대한 계획이 있었어. 우린 세계혁명을 꿈꿨다고. "우리는 모든 부르주아들이 쓴맛을 보도록/전 세계에 불을 놓을 것이라네!" 신세계를 건설하고 모두를 행복하게 하겠다는 꿈! 우리는 그것이 가능한 일이라고 진심으로 믿었어! 진심으로! (기침 때문에 숨을 몰아쉰다.) 천식이 얼마나 괴롭히는지. 잠깐만…… (잠시 멈춘다.) 난 이렇게 살아남았어…… 우리가 꿈꿔왔던 그 미래까지 살아남았다고. 우리는 미래를 위해서 죽음도 불사했고 서로의 생명을 서슴없이 빼앗았어. 얼마나 많은 피를 흘렸는지…… 내 피도 흘리고 다른 사람의 피도 흘리고…… "가라! 가서 장렬하게 죽어라! 너의 죽음은 헛된 것이 아니리/피 흘림으로 만들어진 일은 굳건하리니." "미워하는 걸 그만둔 가슴은 사랑하는 법도 배우지 못하리……" (의아하다는 듯) 세상에, 아직도 기억하다니…… 잊지 않았어! 아직 치매가 내 머릿속 기억을 모두 독살시키진 못한 모양이야. 끝까지 먹어치우진 못했어. 이 시들은 정치 입문 시간에 배운 거야…… 몇 년이나 된 거지? 헤아려보기가 무섭구먼……

내가 뭣 때문에 충격을 받았냐고? 뭣 때문에 죽을 것 같았냐고? 사상이 짓밟혔다고! 공산주의가 저주를 받았다고! 모든 게 산산조각이 나서 뿔뿔이 흩어졌어! 난 이제 정신줄을 놓은 영감탱이, 피에 열광하는 미치광이…… 연쇄 살인범…… 뭐, 그런 놈이 되어버린 거잖아? 난 너무 오래 살았어. 이렇게 오래 살 필요가 없어. 오래 살면 안 돼…… 안 돼…… 안 되고말고…… 장수는 위험한 일이야. 내 시대는 내 삶보다 훨씬 전에 끝나버렸어. 사람은 자기 시대와 함께 죽어야 해. 내 동지들처럼…… 내 동지들은 이삼십대에 떠났어…… 요절했지. 그 친구들은 신념을 간직한 채로…… 행복하게 죽을 수 있었어! 가슴에 혁명을 품고서 말이야…… 그때는 이런 표현을 많이 썼지. 난 먼저 간 그 친구들이 부러워. 아마 선생은 날 이해 못 할 거야…… 하지만 난 그 친구들이 참 부러워…… "북을 울리던 젊은 고수가 목숨을 잃었네……" 명예롭게 죽은 거잖아! 위대한 사명을 위해서! (생각에 잠긴다.) 난 항상 죽음과 가깝게 살았지만 죽음에 대해서 많이 생각하지는 않았어. 그런데 올여름 다차에 내려갔는데, 거기서 흙을 보고 또 보면서 생각했어. 흙은 살아 있더라고……

—죽음과 살인, 이 두 가지가 같을 수 있을까요? 할아버님은 살인에 둘러싸여 사셨잖아요.

—(흥분해서) 그런 질문을 한 대가로…… 선생은 수용소 티끌로 살아야 했을 거야. 북쪽으로 내몰리든가 총살을 당하든가…… 그때는 선택의 폭이 좁았거든. 우리 때는 그런 질문 따위는 하지 않았어! 그런 질문은 우리에게 가당치도 않았다고! 우리는…… 우리는 가난한 자도 부자도 없는 공평한 삶을 꿈꿨어. 우리는 혁명을 위해 죽었고…… 이상주의자로 죽었고…… 아무런 사욕 없이 그렇게 죽었어…… 내 친구들은 이미 오래전에 떠났고 나 혼자만 남았지. 난 말동무가 없어. 밤마다 죽은 사람들과 대화해…… 선생은 어떨 것 같소? 선생도 우리의 감정과 우리의 말을 모르긴 매한가지이지. '농산품 공납 할당표, 식량부대, 무권리자, 빈곤퇴치위원회…… 패배주의자, 재심자……' 아마 선생한테는 이런 단어들이나 산스크리트어나 다를 바가 없을 테지. 상형문자 같겠지! 늙는다는 건 외로워진다는 뜻이야. 옆집 영감이 내가 알고 지내던

마지막 영감이었는데, 한 5년 전에, 아니 어쩌면 더 된 것 같기도 하고, 한 7년 전에 죽었어. 이제 주변에는 모르는 사람들투성이야. 이제 날 찾아오는 사람들은 박물관이나 기록물보관소 사람들…… 백과사전 편찬자들이야. 난 일종의 안내서…… 살아 있는 기록보관소 같은 거지. 난 말상대가 없어…… 내가 이야기하고 싶은 사람이 누구냐고? 할 수만 있다면 라자르 카가노비치*와 대화하고 싶어…… 이제 우리들 중 남아 있는 사람들은 몇 안 돼. 남은 사람들 중에서도 치매에 안 걸린 사람들은 손에 꼽을 정도이지. 라자르 그 사람은 나보다 나이가 많아, 한 아흔 살쯤 됐으려나…… 신문에서 읽었거든…… (웃음) 그 신문기사에 뭐라고 쓰여 있냐면, 동네 영감들이 라자르와 도미노게임이나 카드게임을 하는 걸 꺼린다는 거야. 사람들이 그를 '살인귀'라고 놀리면 그만 상처를 받고 운다지 뭐야. 왕년에 철의 인간으로 호령했던 그 코미사르가 말이야. 총살 대상자 목록을 결재하고 수십만 명의 목숨을 앗아간 그 인간이 말이야. 스탈린과 30년을 함께했던 그 사람이 그런다는 거야. 노년에 카드 한판 칠 사람도, 도미노게임을 할 상대도 없이 일개 노동자들이었던 자들에게 눈총이나 받으며 산다는 거야…… (여기부터는 작은 목소리로 말한다. 무슨 말인지 알아듣기가 힘들다. 몇 단어만 겨우 들린다.) 무서워…… 오래 사는 건 무서운 일이야.

　……난 역사학자도 아니고 인문학과는 더 거리가 멀지. 사실 한때 우리 시 극장장으로 일했던 적도 있지만 말이야. 그때는 당이 정해주는 곳에서 일했으니까. 난 당을 위해 충성했어. 삶에 대한 기억은 거의 없고 일했던 기억만 나. 그때는 온 나라가 건설현장이었고 용광로였고…… 대장간이었어! 지금은 그렇게들 일하지 않아. 난 하루에 세 시간밖에 안 잤어. 세 시간. 우리

---

* 라자르 카가노비치(1893~1991). 혁명가이자 소련공산당 활동가. 스탈린의 측근으로 소련 사회의 집단화와 숙청을 주도했다.

나라는 앞선 나라들에 비해 한 50~100년 정도 뒤처져 있었어. 자그마치 한 세기나 뒤처져 있었다고. 스탈린은 그걸 15~20년 사이에 따라잡겠다는 목표를 세운 거야. 그게 바로 그 이름도 유명한 스탈린주의의 도약이란 거야. 그런데 우리는 따라잡을 수 있을 것이라고 믿었어! 요새 사람들은 아무것도 믿지 않지만 우리는 그때 믿었다고. 우린 쉽게 믿었어. '혁명의 꿈으로 무너진 공업을 일으키자!' '볼셰비키들이 기계를 장악해야 한다!' '자본주의를 추격하자!' 이게 우리 구호였지. 난 거의 집에서 지내지 않았어. 대부분 공장이나 건설현장에서 살았지. 그랬어…… 새벽 2~3시에도 전화벨 소리가 울리곤 했어. 스탈린은 잠도 없었고 늦게 잠들었기 때문에 우리도 당연히 그렇게 할 수밖에 없었지. 위에서부터 아래까지 지도부는 그럴 수밖에 없었어. 난 두 개의 훈장과 세 번의 심장마비라는 기록을 갖고 있지. 난 타이어 공장장도 했어. 그다음에는 건설회사 부서장이었다가 육류 가공공장으로 전출됐지. 그후에 당 기록물보관소장으로 있었고. 세번째 심장마비가 온 뒤로는 극장을 배정해주더군. 우리 시대…… 나의…… 위대한 시대! 그때는 아무도 자기를 위해 살지 않았어. 그래서 더 화가 나는 거야…… 얼마 전 사랑스러운 한 중년 여성이 나와 인터뷰를 했어. 우리가 얼마나 끔찍한 시절에 살았는지에 대해 '설교'하기 시작하더군. 그 여자는 책에서 읽었지만 난 그 시대를 살았던 사람이야. 난 그 시대에 태어난 사람이라고. 그 시간에 속한 사람이란 말이야. 그런 나에게 그 여자가 그러더군. "당신들은 노예였어요. 스탈린의 노예요." 개소리야! 난 노예가 아니었어! 아니었다고! 나도 그런 의심을 하지 않는 건 아니야…… 하지만 난 절대 노예가 아니었어! 사람들 머릿속이 뒤죽박죽이야. 모든 것이 엉켜버렸어. 콜차크와 차파예프, 데니킨과 프룬제, 레닌과 차르…… 흰색과 빨간색이 섞인 샐러드가 되어버렸어. 오크로시카*처럼. 묘 위에서 탭댄스를 추고 있는 지경이라고! 그 시절은 위대한 시절이었어! 우리는 아마 더이상 절대로 그토록 강하고 거대한 나라에서 살지는 못할 거야. 소련이 무너졌을 때 나는 울었어…… 무너짐과 동시에 곧바로 우리들을 저주하고 음해하더군. 속물들이 승리했어. 머릿니, 지렁이 같은 놈들이.

내 조국은 10월이고 레닌이고 사회주의야…… 나는 혁명을 사랑했어! 당은 내게 가장 소중한 것이었지. 나는 70년 동안 당원이었고 당원증은 내 성경과도 같아. (선언하듯 말한다.) "우리는 폭력에 물든 세계를 파괴하고/뿌리까지 뽑아낸 뒤에/우리만의 신세계를 건설하리/아무것도 아니었던 자들이 모든 것이 되는 날이 오리니……" 우리는 지상천국을 건설하려고 했던 거야. 그건 아름다웠지만 실현 불가능한 꿈이었어. 그 꿈을 이루기에는 인간이 아직 준비되어 있지 않았지. 인간은 불완전하니까. 그래, 그런 거야…… 하지만 푸가초프**와 데카브리스트 그리고 레닌에 이르기까지 우리 모두는 평등과 형제애에 대해 꿈꿔왔어. 정의에 대한 사상 없이는 러시아는 러시아일 수 없고, 러시아인은 러시아인일 수 없는 거야. 그건 전혀 다른 나라일 거야. 우리는 아직 공산주의라는 병을 충분히 앓지 못했어. 끝났을 거라고는 기대도 하지 마. 전 세계가 아직 그것을 이겨내지 못했어. 인간은 항상 태양의 도시를 꿈꾸기 마련이야. 동물 가죽을 걸치고 다니던 원시인들도 동굴에 살면서도 정의를 추구했다고. 소비에트의 노래와 영화를 한번 떠올려보아…… 어떤 꿈들이 그 속에 담겨 있는지! 어떤 신념이 들어 있는지…… '메르세데스 벤츠'는 꿈이 아니야……

손자는 대화 내내 아무 얘기도 안 할 거야. 내 질문에 대해서만 유머 몇 편 정도 이야기해줄 거야.

---

* 러시아 전통 수프. 고기, 생선, 녹색 채소, 뿌리채소 등을 모두 넣고 요거트 같은 유제품이나 곡류를 발효시킨 효모를 섞어 먹는 음식이다.
** 에멜리안 푸가초프(1742?~1775). 1773~1775년 러시아 농민 봉기의 지도자.

　　　　　　　　　　　　　　1부 아포칼립스의 위로

손자가 얘기해준 유머 중에서:

1937년. 두 명의 늙은 볼셰비키들이 감옥에 있다. 한 명이 말한다. "아니야, 아무래도 우리는 공산주의가 실현되는 날까지 살 수 없을 거야. 하지만 우리 자손들은 그날을 보겠지." 그러자 다른 한 명이 말했다. "불쌍한 우리 아이들!"

늙은이가 된 지 오래됐어…… 하지만 늙는 것도 나름대로 괜찮아. 인간이 동물이라는 것을 깨닫게 되거든…… 갑자기 동물적인 모습들을 무더기로 발견하게 돼…… 라넵스카야*가 말했듯이, 늙는다는 건 생일케이크보다 케이크 위에 꽂는 초 값이 더 들어가는 걸 뜻하고, 소변의 반 이상이 검사를 위해 사용된다는 걸 뜻하지. (웃음) 훈장이고 메달이고, 노화를 멈출 수 있는 건 아무것도 없어. 아무럼, 없고말고…… 웅웅대는 냉장고 소리, 째깍째깍 시계 소리 밖에 안 들려. 그 밖에는 아무 일도 일어나지 않아. (손자에 대한 이야기가 이어졌다. 손자는 부엌에서 차를 준비하고 있었다.) 요즘 아이들은 머릿속에 컴퓨터밖에 없어…… 저 녀석이 막냇손자인데, 9학년이었을 때 나한테 선언하더군. "이반 뇌제에 대해서는 읽을 거예요. 하지만 스탈린에 대해서는 읽기 싫어요. 할아버지의 스탈린은 이제 지겹다고요!" 아무것도 모르면서 벌써 지겹다지 뭐야. 그냥 넘어가버렸어! 모두가 1917년도를 저주해. "멍청한 인간들! 도대체 혁명 따위는 왜 한 거야?"라며 우리를 비난하지…… 그런데 내 기억 속에는 말이야, 불꽃같은 눈빛을 한 사람들이 들어 있어. 그때 우리들의 가슴은 활활 타오르고 있었어! 아무도 내 말을 믿지 않지만, 난 분명 제정신이라고! 기억이 나…… 난다고…… 그 사람들은 자신을 위해서 혁명을 하지 않았어. 지

---

* 파이나 라넵스카야(1896~1984). 강인한 성격과 자신의 생각을 솔직하게 표현하는 것으로 유명했던 러시아의 여배우. 그가 한 말 중 일부는 두루 회자되어 격언처럼 쓰이기도 했다.

금처럼 일순위에 '나'를 올려놓지 않았다고. 보르시 한 냄비, 작은 집, 작은 정원…… 그때는 '우리'가 있었어. 우리! 우리! 내 아들놈의 친구 녀석이 대학교수인데 가끔 우리집에 들르곤 해. 해외에서도 자주 강의하고 그런다더라고. 하여간 그 녀석만 만나면 우리 둘이 목이 쉴 때까지 서로 으르렁거린다니까. 내가 그 녀석에게 투하쳅스키* 장군에 대해서 이야기하면 그 녀석은 붉은 군대의 수장이라는 사람이 탐보프 농민들을 가스로 독살하고 크론시타드에서는 해군들을 교수형시켰다며 받아치는 거야. 그놈 말이 "아버님, 1917년에는 귀족과 사제들을 죽였겠지요…… 하지만 1937년에는 그 총구가 아버님들을 향해 있었다니까요……" 세상에, 이제 하다 하다 레닌까지 어떻게든 깎아내리려고. 안 될 말이야, 레닌은 절대로 못 건드리게 할 거야! 레닌은 내 가슴에 간직한 채 죽을 거야! 잠깐만…… 잠깐만 기다려봐…… (기침이 심하다. 기침 소리 때문에 이후 단어들이 명확하게 들리지 않는다.) 예전에는 군함을 건조하고 우주를 정복했는데, 지금은 저택을 짓고 요트를 사들이지…… 솔직히 말하자면 요즘은 정말 아무 생각도 안 할 때가 많아. 아침에 눈떴을 때 내가 제일 궁금한 건 내장의 안부라고…… 제대로 기능하는지 못 하는지…… 이러다가 어느 날 죽는 거지……

……우리는 그때 열여덟 살에서 스무 살 정도였어…… 우리가 무슨 얘기를 했을까? 우리는 혁명과 사랑에 대해서 이야기했어. 우리는 혁명의 광신자들이었거든. 그래도 당시 인기 있었던 알렉산드라 콜론타이**의 『일벌들의 사랑』이라는 책에 대해서는 많은 토론을 했지. 작가는 자유로운 사랑, 다시 말해 불필요한 것이 없는 사랑…… '물 한잔 마시는 것과 같은 사랑'에 대해 썼어.

---

* 미하일 투하쳅스키(1893~1937). 제1차세계대전 당시 차르의 군대에 복무했으며 1918년 볼셰비키에 합류한 군인이다. 1935년 소련에서 숙청 대상자가 되어 1937년 처형당했다.
** 알렉산드라 콜론타이(1872~1952). 러시아의 혁명가이자 세계 최초의 여성 외교관. 여성들에게 경제적 독립과 혁명적 연애관을 주창했다.

한숨도 꽃도 필요 없는, 질투도 눈물도 없는 그런 사랑 말이야. 키스를 하는 사랑, 연애편지를 주고받는 사랑은 부르주아식 편견이라고 생각했거든. 진정한 혁명가는 자신과의 싸움을 통해 이 모든 걸 이겨내야만 했어. 이 주제로 아마 회의까지 했던 것 같아. 의견이 분분했지. 어떤 사람들은 자유로운 사랑을 지지하지만 '벚나무'를 동반하는 사랑이어야 한다고 했어. 여기서 '벚나무'는 감정을 말하는 거야. 다른 사람들은 그 '벚나무'마저도 배제한 사랑이어야 한다고 했지. 난 그때 벚나무 사랑의 편이었어. 키스는 해야 할 거 아니야…… 맞아, 그런 일도 있었어…… (웃음) 마침 그때 내가 사랑에 빠져 있었거든. 내 아내가 될 사람을 열심히 쫓아다니는 중이었어. 어떻게 꼬셨냐고? 같이 막심 고리키의 작품을 읽었지. "폭풍! 조금 있으면 폭풍이 도래할 것이다! (…) 어리석은 펭귄은 겁에 질려 뒤룩뒤룩 살찐 몸뚱이를 절벽 어딘가에 숨겨보려 애쓴다……" 순진하다고? 하지만 그것도 꽤 멋지잖아. 그것도 멋지다고, 제기랄! (젊은이처럼 호탕하게 웃는다. 문득, 나는 그가 여전히 준수한 외모를 갖고 있다는 걸 깨달았다.) 춤…… 평범한 춤조차 우리는 저급하다고 생각했어. 춤을 춘 사람들을 심판하기 위해서 재판도 열었고, 춤추고 여자친구에게 꽃을 선물한 콤소몰들에게 벌도 줬어. 심지어 난 춤 관련 재판위원회 위원장도 했다니까. 난 내가 가졌던 그 '마르크스적' 신념 때문에 결국 지금까지도 춤을 못 춰. 나중에는 후회했지. 아름다운 여성과 한 번도 춤을 추질 못했다니까. 미련 곰탱이! 우린 콤소몰식으로 결혼했어. 초도 없고 화관도 없어. 신부님도 없었지. 이콘 성화 대신 레닌과 마르크스의 초상화를 걸어두었어. 내 신부는 머리가 길었는데, 결혼식을 위해 짧게 잘랐지. 우리는 아름다움을 혐오했어. 물론 그건 잘못된 거였어. 흔히들 말하듯이, 그건 도가 지나친 거였어…… (다시 기침한다. 녹음기를 끄지 말라는 듯 내게 손짓한다.) 괜찮아, 괜찮아…… 난 더이상 미룰 시간이 없어…… 조금 있으면 난 인, 칼슘 등등의 물질로 분해되고 만다고. 그렇게 되면 선생이 어디 가서 또 이런 진실을 들을 수 있겠어? 기록물보관소에나 가겠지. 종잇조각들. 그렇지, 뭐…… 내가 기록물보관소에서 일해서 아는데, 종이들도 사람 못지않게 거짓말 선수들이야……

내가 무슨 얘기를 했더라……? 아, 사랑에 대해서…… 내 첫번째 부인에 대해서 얘기하고 있었지…… 첫아들이 태어났을 때 '옥탸브리(10월)'라고 이름을 지었어. 위대한 10월혁명의 10주년을 기념하기 위해서지. 난 딸도 욕심이 나더라고. 아내는 웃으면서 "내가 당신의 두번째 아이를 낳아주길 원한다는 건 날 사랑한다는 뜻이에요. 그런데 우리 딸의 이름은 뭐라고 하죠?"라고 말했지. 내 마음에 들었던 이름은 류블레나였어. '류블류 레니나(레닌을 사랑한다)' 이 두 단어를 축약해서 만든 이름이었지. 아내는 종이에 자기 마음에 들었던 모든 여자 이름을 적어나가기 시작했어. 마르크사나, 스탈리나, 엥겔시나, 이스크라* 등등. 당시에는 가장 유행했던 이름들이었어. 그 종이는 그 상태로 책상 위에 계속 놓여만 있었지……

내가 볼셰비키를 처음 본 건 우리 시골에서였어. 군인 코트를 걸친 젊은 대학생이 성당 근처 광장에서 연설했지. "지금은 부츠를 신는 사람들이 있는가 하면 짚신을 신는 사람들도 있죠? 하지만 볼셰비키들이 정권을 잡으면 모두가 동등해질 겁니다." 남자들이 소리쳤지. "그게 무슨 말이요?" "여러분의 부인들이 비단 원피스와 하이힐을 신고 다닐 수 있는 멋진 시기가 도래한다는 뜻입니다. 더이상 가난뱅이도 부자도 없는, 모두가 잘살 수 있는 세상이 올 겁니다." 우리 엄마가 비단 원피스를 입고, 내 여동생이 하이힐을 신고 다닌다니. 내가 공부를 할 수 있다니…… 모든 사람들이 형제가 되어 평등하게 살 수 있다는 얘기. 어떻게 그런 꿈을 사랑하지 않을 수 있었겠어! 주로 가난한 사람들, 가진 것 없는 사람들이 볼셰비키들의 말을 믿었지. 젊은이들도 볼셰비키

---

* 마르크스, 스탈린, 엥겔스에 여성형 어미를 붙여서 만든 이름들이다. 이스크라는 '불꽃'을 뜻하는 여성형 단어다.

1부 아포칼립스의 위로

를 따랐어. 우리는 길거리를 돌아다니면서 외쳐댔어. "종소리는 물러가고 트랙터여 어서 오라!" 신에 대해서 아는 것이라고는 딱 한 가지, 신이 없다는 것뿐이었어. 신부들을 괴롭히고 이콘 성화를 훼손했지. 십자가 대신에 붉은 깃발을 들고 행진했어…… (말을 멈춘다.) 이 얘기는 왠지 한 것 같은데? 치매야…… 난 늙은이가 된 지 오래됐다니까…… 아무튼 마르크스주의가 우리의 종교나 다름없었어. 난 레닌과 동시대에 살고 있다는 사실에 마냥 행복했지. 사람들은 함께 모일 때면 〈인터내셔널가〉를 불렀어. 열다섯, 열여섯 나이에 벌써 콤소몰이었지. 공산당원. 혁명군인. (침묵) 난 죽음이 두렵지 않아…… 내 나이에는 다 그렇지. 다만 찝찝할 뿐이야…… 찝찝한 이유는 딱 하나야. 누군가 내 몸뚱이를 처리해야 한다는 것. 시체를 치워야 하니까…… 한번은 성당에 들어간 적이 있어. 신부님께 인사를 드렸지. 신부님이 그러시는 거야. "회개하십시오." 난 이미 늙었어…… 신이 있는지 없는지는 곧 알게 되겠지……
(웃음)

배고프고 헐벗은 사람들…… 하지만 토요 노동*은 1년 내내 쉬지 않고 했어. 겨울에도, 혹한에도 했어! 내 아내가 임신했을 때였는데, 아내의 외투가 얇았어. 우리는 기차역에서 석탄과 땔감을 자동차로 옮기고 있었지. 우리와 함께 일하던 낯선 아가씨가 아내에게 묻는 거야. "외투가 여름용 같아요. 더 따뜻한 옷은 없어요?" "없어요." "저기, 전 외투가 두 벌 있어요. 좋은 코트가 한 벌 있었는데, 적십자에서 새로 코트를 또 줬거든요. 주소를 알려주면 내가 저녁에 한 벌 가져다줄게요." 저녁에 정말 그녀가 코트를 가져다주었는데, 자기가 가지고 있던 낡은 코트가 아니라 새 코트였어. 그 여자는 우리를 잘 몰랐는데도, 우리가 공산당원이고 그녀도 공산당원이라는 이유만으로 그렇게 행

---

* 토요일이나 일요일, 근무일이 아닌 휴일에 콤소몰이나 공산당원들이 주축이 되어 공동체의 이익을 위해 주민들이 자발적으로 참여하는 노동을 일컫는다. 주로 기념일이나 명절 전에 거리 청소 등의 작업에 동원되었기 때문에 나중에는 '대청소, 환경미화작업'을 일컫는 의미로 널리 쓰이게 된다.

동할 이유가 충분했던 거야. 우리는 형제자매 같았어. 우리 아파트에는 눈먼 아가씨가 살고 있었어. 어렸을 때부터 앞을 못 봤어. 그 아가씨는 우리가 그녀를 토요대청소에 데리고 가지 않으면 울음을 터뜨리곤 했어. 그 아가씨는 작업에 도움이 되진 못했지만 우리와 함께 노래라도 부를 수 있었어. 혁명 노래를!

내 동지들…… 내 동지들은 돌판 아래 묻혀 있어. 묘비에는 "1920년부터…… 1924년부터…… 1927년부터 볼셰비키 당원이었던……"이라고 새겨져 있지. 죽음 이후에도 어떤 신앙을 가지고 있었는지는 굉장히 중요했어. 당원들의 묘지는 따로 있었고, 붉은 천으로 둘러싼 관에 안치했거든. 난 레닌이 세상을 떠난 날을 기억하고 있어. '어떻게? 레닌이 죽다니? 있을 수 없는 일이야! 레닌은 성인인데……' (손자에게 부탁한다. 손자는 진열장에서 작은 레닌 흉상들을 꺼내 내게 보여준다. 동, 무쇠, 도자기로 만든 것들이었다.) 내 수집품들이지. 모두 선물로 받은 거야. 그런데 어제 라디오에서 들었는데, 시내에 있는 레닌 동상의 팔을 밤사이에 누군가 잘라버렸다더군. 고철 때문에 그런 거야…… 돈 몇 푼 때문에…… 레닌 동상은 이콘 성화였고 신상神像이었는데! 이제는 비철금속에 불과해. 몇 킬로그램씩 사고팔지…… 그런데 나는 아직도 살아 있단 말이야…… 공산주의가 저주받고, 사회주의가 쓰레기 취급을 받고 있어! 사람들은 내게 이렇게들 말하지. "요즘 누가 마르크스주의를 그렇게 진지하게 생각하는데요? 마르크스가 설 자리는 역사 교과서뿐이라고요." 그렇다면 도대체 당신들 중 누가 레닌이 말년에 쓴 글들을 읽었지? 마르크스의 저서를 모두 읽은 사람은? 마르크스가 젊었을 때 쓴 글들도 있고, 말년에 쓴 글들도 있어…… 오늘날 사회주의를 향해 쏟아지는 비난을 들어보면 전혀 사회주의적 이상과 관계가 없는 것들뿐이야. 사상은 죄가 없어. (기침 때문에 다시 말을 알아듣기가 힘들다.) 사람들은 역사를 잃어버렸고…… 신념 없이 남겨졌어…… 어떤 질문을 해봐도 그들의 눈은 공허하기만 해. 지도

자들이 성호를 그으면서 초는 보드카 술잔을 잡듯 오른손으로 잡고 있다니까.*
나프탈렌 냄새가 풀풀 나는 쌍독수리도 다시 꺼냈고, 이콘 성화가 그려진 깃
발도 다시 부활시켰어…… (갑자기 또박또박 정확히 발음한다.)

내 마지막 소원이야. 제발, 진실만을 써줘. 선생의 진실이 아닌 내 진실을.
내 목소리가 남아 있도록 해줘……

자기 사진을 보여주면서 때때로 사진을 설명하기도 한다.

……지휘관에게 날 데려갔어. 사령관이 나이를 묻더군. "몇 살이니?" "열
일곱이요." 거짓말이었어. 난 아직 만 열여섯 살도 채 되지 않았으니까. 그렇
게 난 '붉은 군대'에 들어갔어. 각반과 군모용 붉은 별이 지급되었지. 부조놉
카**는 없었는데 붉은 별은 지급하더라고. 붉은 별이 없는 붉은 군대는 말이
안 되잖아? 소총도 지급받았어. 우린 마치 혁명의 수호자가 된 듯한 기분을 느
꼈어. 사방에 기아가 만연하고 전염병이 창궐했어. 재귀열, 장티푸스, 발진티
푸스…… 그런데도 우리는 행복했어……

……무너진 한 지주의 집에서 누군가 피아노를 꺼냈어. 마당에 놓인 피아
노가 비에 젖고 있었어. 목동들이 근처로 소떼를 몰고 가 지팡이로 피아노를
딩동거렸지. 술 취한 이들이 지주의 저택을 불태웠고, 물건들을 훔쳤거든. 그
런데 시골 남자들 중 피아노가 필요한 사람이 있었겠냐고?

……성당을 폭파했어…… 아직도 한 노파의 외침이 들려. "얘들아, 그런
짓은 제발 하지 마라!" 사정을 했지. 우리 바짓가랑이를 붙들고. 200년 역사
를 가진 성당이었어. 소위 기도발이 쌓인 곳이었지. 성당이 있던 자리에 도시

---

* 성호는 보통 오른손으로 긋는 것이 정교회 법도이다.
** 붉은 군대가 쓰고 다니던 군모. 정수리 부분이 뾰족한 형태다.

공동화장실을 만들었어. 그곳을 청소하는 건 성직자들의 몫이었지. 신부님들이 똥도 치웠어. 지금은…… 물론…… 지금은 나도 알아…… 하지만 그때는…… 즐거웠어……

……들판 위에 우리 동지들이 널브러져 있었어. 이마와 가슴팍에 별들이 새겨져 있었지. 붉은 별이. 배는 갈라져 있고 그 속은 흙으로 채워져 있었어. '그렇게들 흙을 원했으니, 옜다! 실컷들 처먹어라!' 그걸 본 우리의 감정은 '죽음 아니면 승리뿐이다'였지. 우리는 죽을지언정 무엇을 위해 죽는지는 알고 있었어.

……강가에서 꼬챙이에 꽂혀 있는 백군 장교를 보았어. 햇볕에 그들의 '신성한' 그 거시기가 까맣게 탔지 뭐야. 뱃속에서는 견장이 대롱거리고 있었어. 뱃속에 견장이 가득 채워져 있었지…… 하나도 불쌍하지 않았어! 죽은 사람들을 살아 있는 사람만큼 많이 본 것 같아……

—지금은 모두가 불쌍해요. '백군'도 '적군'도. 저는 다 가여워요.

—가엾다고? 가여워? (여기서 우리의 대화가 중단될 것이라는 느낌을 받았다.) 그렇겠지…… 물론 그렇겠지…… '인류의 보편적 가치'…… '추상적인 휴머니즘'…… 나도 텔레비전을 보고 신문을 읽는 사람이야. 하지만 그때는 '자비'라는 단어가 성직자들의 언어일 뿐이었어. '백색 괴물들을 무찔러라!' '혁명적 질서를 옹립하라!' 혁명 초기 구호가 어땠는 줄 알아? '철의 손으로 인류를 행복으로 인도하자!'였어. 당이 말한 것이었으니 나는 믿었어. 난 믿었다고.

오렌부르크 밑에 오르스크라는 도시가 있어. 부농 가족들을 실어나르는 화물열차가 밤낮으로 운행되고 있었지. 그들을 시베리아로 보내는 거였어. 우리는 기차역 경비를 섰어. 한 화물칸을 열었더니 구석에 반라의 남자가 허리띠로 목을 매단 채 있었고, 엄마는 어린 아기를 안고 달래고 있었어. 조금 더 큰 남자아이가 그 옆에 앉아 있었는데, 그 아이는 자기가 싼 똥을 죽 먹듯 먹고 있었어. "문 닫아! 저 새끼들은 부농 개자식들이야! 저 새끼들은 새로운 세상에 적합하지 않아!"라며 코미사르가 내게 소리를 질렀지. 미래…… 그 미래는 아름다운 것이었어야 했어…… 나중에 아름다울 것이라고 했다고. 그래서 난 그걸 믿었어! (절규에 가까웠다.) 우리는 정체 모를 아름다운 삶을 믿었어. 유토피아…… 그건 유토피아였어. 당신들은 다를 것 같아? 당신들도 유토피아를 믿잖아. 시장이라는 유토피아를. 시장 천국을. 시장이 모두를 행복하게 한다며! 키메라들! 산딸기색 재킷을 입고 배꼽까지 금목걸이를 주렁주렁 매단 깡패놈들이 길거리를 활보하고 있다고. 소련 잡지 〈크로코딜(악어)〉에 실렸던 풍자만화와 똑같은 자본주의가 펼쳐지고 있어. 패러디! 프롤레타리아의 독재 대신에 정글의 법칙이 들어왔어. '너보다 약한 자를 물어뜯고 너보다 강한 자에게는 무릎을 꿇어라.' 지상에서 가장 오래된 그 법칙이…… (기침이 시작됐다. 숨을 돌린 후) 내 아들도 붉은 별을 단 부조놉카를 쓰고 다녔어. 그때는 아이들 생일 선물로는 그게 최고였거든. 난 상점에 안 다닌 지가 꽤 오래됐는데…… 아직도 부조놉카를 팔고 있나? 부조놉카는 그 이후로도 한참 동안 쓰고들 다녔거든. 흐루쇼프 때도 쓰고 다녔고. 지금은 뭐가 유행하는지 모르겠네? (미소를 지어보려고 한다.) 맞아…… 나는 많이 뒤처졌어. 난 이미 고대 사람이니까…… 내 유일한 아들은 죽었어. 이제 며느리와 손자들과 남은 생을 보내고 있지. 아들은 역사학자였고 신념이 투철한 공산주의자였어. 그런데 손자들은 어떤 줄 알아? (콧방귀를 뀌면서) 손자들은 달라이 라마를 읽는다니까. 『자본』 대신 『마하바라타』*를 읽는다고. 『카발라』**를 보질 않나…… 지금은 신앙이 너무도 다양해졌어. 그래…… 지금은 그렇지…… 인간은 항상 무언가를 믿고 싶어하지. 그것이 신이든 기술적 진보이든. 화학이든, 고분자이든, 우주의식이든. 그리고 이제는 시장을 믿어. 그래, 배가 터지도록 먹는다 치자고,

* 인도 고대의 산스크리트 대서사시.
** 유대교 신비주의 교리를 적은 책.

그런 뒤에는 뭘 할 거지? 내가 손자들 방에 들어가보면 남의 물건들투성이야. 남방, 청바지, 책, 음악, 칫솔까지 러시아의 것이 아니야. 찬장에는 펩시콜라, 코카콜라를 먹고 남은 빈병들이 들어 있어. 원시인들! 슈퍼마켓을 무슨 박물관인 줄 알고 간다니까. 맥도날드에서 생일잔치를 열면 있어 보이는 줄 알아! "할아버지, 우리 피자헛에 다녀왔어요!" 메카가 따로 없어! 나한테 이렇게 물어. "할아버지는 정말 공산주의를 믿었어요? 왜 휴머노이드가 아니라 공산주의를 믿었어요?" 난 꿈이 있었어. 움막에는 평화를, 궁전에는 전쟁을 선사하겠다는 꿈. 그런데 저애들은 고작 백만장자가 되고 싶어해. 손자들의 친구들이 놀러올 때면 그 아이들의 대화를 듣게 돼. "난 차라리 약소국에서 살런다. 대신 맛있는 요거트와 맥주는 있어야 해." "공산주의는 후졌어!" "러시아가 갈 길은 군주제야. 신이시여, 차르를 보호하소서!"…… 이런 노래도 틀더군. "모든 것이 잘될 거라네, 골리친 중위! 코미사르들은 모든 대가를 톡톡히 치를 거야……" 그런데 난…… 버젓이 살아 있어, 아직 여기에 있어. 실제로 존재하고 있어…… 난 미치지 않았어…… (손자를 쳐다본다. 손자는 아무 말이 없다.) 가게마다 햄이 넘쳐나지만 행복한 사람들은 안 보여. 불꽃처럼 활활 타오르는 눈동자를 가진 사람들은 보질 못했어.

손자가 얘기해준 유머 중에서:

한 강령회장. 교수와 늙은 볼셰비키가 대화를 나눈다. 교수 왈 "공산주의 사상에는 처음부터 한 가지 실수가 자리잡고 있었어요. 혹시 이 노래 기억나세요? "우리의 증기기관차야, 앞을 향해 날아가라/우리가 정차할 곳은 코뮌이라네……" 늙은 볼셰비키 왈 "당연히 기억하고 있소. 그런데 그 실수란 게 대체 뭐요?" 교수 왈 "증기기관차는 못 날거든요."

제일 처음에는 아내가 체포됐어. 극장에 다녀온다던 사람이 집으로 돌아오질 않는 거야. 퇴근하고 집에 돌아오니 아들이 현관 매트 위에서 고양이를 껴 안고 자고 있더군. 엄마를 기다리다가 지쳐 잠든 거였어. 아내는 신발 공장에 서 일했어. '붉은' 엔지니어였지. "알 수 없는 일들이 일어나고 있어요. 내 친 구들이 모두 끌려갔어. 배신의 냄새가 나요……"라고 아내가 말했지. "우리 는 잘못한 것이 없으니 이렇게 끌려가지 않고 있잖소." 난 확신이 있었어. 확 고했어. 정말 확신했다고! 처음에 난 레닌파였고, 그후에는 스탈린파가 되었 지. 1937년까지 난 스탈린교의 신도였다고. 스탈린이 하는 말, 하는 행동은 뭐 든지 믿었어. 위대하고도 위대한…… 천재적인…… 모든 시대와 민족들의 수령! 스탈린이 부하린, 투하쳅스키, 블류헤르*를 인민의 적이라고 선포했을 때도 난 스탈린을 믿었어. 스스로를 합리화했던 어리석은 생각들. 난 '스탈린 은 속고 있는 것이다. 저 위에까지 배신자들이 스며들었구나. 당이 곧 해결하 겠지'라고 생각했어. 그런데 내 아내를, 그 정직하고 충실했던 당의 용사를 그 들이 체포해간 거야.

3일 뒤에는 날 체포하러 왔더군…… 제일 먼저 오븐을 열고 냄새를 맡더라 고. 탄내가 나지는 않는지 내가 뭘 태우지는 않았는지. 총 세 명이 왔는데, 각 자가 돌아다니면서 챙길 만한 물건을 고르는 거야. "이건 이제 당신에게 더이 상 필요하지 않아요." 그러면서 벽시계를 떼어냈어. 난 충격에 휩싸였어. 그런 건 예상치 못했거든…… 하지만 동시에 그들의 행동에서 뭔가 인간적인 면을 보았어. 거기에서 난 희망을 봤어. 그런 흉물스러운 행동은 분명 인간만의 것 이었으니까…… 그랬어…… 그렇다는 건 저 인간들에게도 감정이 있다는 걸 의미했거든…… 새벽 2시부터 아침까지 집안 수색은 계속됐어. 집안에는 책 이 굉장히 많았는데 그 책들을 한장 한장 넘겨보더군. 옷도 다 뒤졌어. 베개도

---

* 바실리 블류헤르(1889~1938). 붉은 군대의 고위 장교였으며 소련군 원수였다. 1938년 스탈린의 대숙청 시기에 체포되어 처형당했다.

뜯고. 덕분에 난 생각할 시간이 충분했지. 그래서 기억을 되짚어봤어…… 극도로 흥분한 상태에서…… 그때는 이미 대대적으로 사람들이 끌려가고 있을 때였어. 매일 누군가가 체포되었지. 상황이 무섭게 돌아가고 있었어. 사람이 끌려가는데 주변에서는 모두 입을 꾹 다물고 있었지. 그들에게 물어보는 건 부질없는 짓이었어. 수사관이 첫 심문에서 나한테 설명해주더군. "당신의 죄는 부인을 신고하지 않았다는 거야." 그마저도 이미 감옥에 갇혔을 때 들은 말이지…… 그들이 집안을 수색하고 있을 당시에는 그저 머릿속에서 있었던 일을 떠올려보는 것밖에 할 수가 없었어. 모든 일을…… 그런데 딱 한 가지 일이 떠오르더군. 그건 마지막 시 공산당대표자대회였어…… 스탈린 동지에 대한 환영사가 발표되었고 홀에 있던 모두가 기립했어. 환호성이 홀을 메웠지. "우리의 승리를 계획하고 승리의 영감을 불어넣어준 스탈린 동지에게 영광을!" "스탈린에게 영광을!" "지도자 수령님께 영광을!" 한 십오 분에서 삼십 분 정도는 계속됐을 거야…… 사람들은 서로가 서로를 돌아보며 눈치만 보고 있었지, 아무도 먼저 자리에 앉지는 않았어. 모두들 서 있었어. 그런데 왜 그랬는지 모르겠지만 내가 앉아버렸어. 그냥 기계적으로. 정치국 복장을 한 사람 두 명이 내게 다가와서 "동무, 왜 앉아 계십니까?"라고 하더군. 그 소리에 난 벌떡 일어났어! 혼이 빠진 것처럼 벌떡. 휴식 시간에 난 주변을 계속 두리번거렸어. 꼭 누군가 다가와서 나를 체포해가버릴 것만 같았거든…… (잠시 멈춘다.)

집안 수색은 다음날 아침이 되어서야 끝났지. 명령이 떨어지더군. "채비하십시오." 유모가 아들을 깨웠어. 난 집에서 나가기 전에 겨우 아들 귀에 대고 이 말을 해줄 수 있었어. "아무에게도 아버지 어머니에 대해서 얘기하지 마라." 덕분에 아들은 살아남았어. (녹음기를 자신 쪽으로 더 가까이 끌어당긴다.) 내가 아직 살아 있을 때 녹음해둬…… 난 축하카드를 쓸 때 늘 'П. ж.'라고 적어…… '내가 아직 살아 있는 동안'이라는 뜻의 약자이지…… 이젠 정말 카드를 보낼 사람도 없네…… 사람들이 자주 내게 이런 질문을 해. "왜 그동안 입을 닫고 계셨어요?" "시기가 그런 시기였으니까." 난 모든 것의 원흉은 야고다, 예조프* 같은 배신자들이라고 생각했지, 결코 당에 문제가 있다고 생각하지는 않았어. 50년이 지난 지금이야 쉽게 잘잘못을 가릴 수 있지. 늙은 멍청이들을 뒤에서 놀려댈 수도 있고…… 그래도 그때 나는 모두와 함께 걷고 있었는데…… 지금은 아무도 없어……

……독방에서 한 달이나 있었어. 석관이 따로 없었지…… 머리 쪽은 좀 넓고 다리 쪽은 좁은…… 죽에 섞인 보릿가루로 까마귀를 꼬드겨서 내 방 창가에 날아오도록 길들였지. 그때부터 까마귀는 내가 가장 좋아하는 새가 됐어. 전쟁터에서 말이야…… 전투가 끝나고 나면 고요해져. 부상자들을 추려서 데려가면 시체만 남아 있거든. 다른 새들은 찾아볼 수 없는데, 까마귀는 날아다녔어.

……수감된 지 2주 뒤에 심문이 시작됐어. 아내에게 외국에서 사는 자매가 있다는 걸 내가 알았는지 묻더군. "내 아내는 정직한 공산당원입니다." 수사관의 책상 위에는 서명된 고발장이 놓여 있었어. 보고도 내 눈을 믿을 수가 없었지. 밀고자가 우리 이웃이었어. 글씨체와 사인을 보고 알아봤지. 그는 내전 때부터 내 동지였던 사람이라고 할 수 있었어. 군인이었고…… 직급도 높았어…… 그 사람이 내 아내를 좋아하는 것 같은 눈치여서 내가 질투를 다 했지. 그래, 질투도 했어…… 난 아내를 깊이 사랑했거든. 내 첫번째 아내를. 수사관은 아내와 내가 나눴던 얘기를 세세한 부분까지 읊어주더군. 그때 내 생각이 맞았다는 걸 다시 한번 확신했지. 그 남자가 맞았어, 우리 이웃 사람…… 그 얘기들은 모두 그가 동석한 자리에서 했던 이야기들이었으니까…… 내 아내

---

* 겐리흐 야고다(1891~1938)와 니콜라이 예조프(1895~1940)는 둘 다 소련의 공안기관인 내무인민위원회NKVD 수장 출신으로 향후 숙청을 당한다.

의 이야기를 해줄게. 아내는 민스크 근처에서 태어났어. 벨라루스인이었고. 브레스트―리톱스크 조약 이후 벨라루스 영토의 일부가 폴란드로 귀속되었어. 그래서 그곳에 장인과 장모 그리고 언니가 남게 된 거야. 부모님들은 곧 돌아가셨고, 처형이 우리에게 편지를 썼어. "난 폴란드에 남아 사느니 차라리 시베리아로 갈래." 처형은 소비에트연방에서 살고 싶어했어. 그때는 공산주의가 유럽에서 인기였거든. 전 세계적으로 그랬지. 많은 사람들이 공산주의를 믿었어. 보통 사람들뿐만 아니라 서방의 엘리트들도 공산주의를 믿었어. 아라공*, 바르뷔스** 같은 작가들도 개중에 있었고…… 10월혁명은 '지식인들의 아편'과도 같았지. 어디선가 저런 말을 읽었던 것 같아. 요샌 정말 많이 읽거든. (숨을 돌리고) 내 아내는 '적'이었어. 그렇기 때문에 '반혁명적 활동'을 했다는 증거가 필요했고, 연계된 '조직'과 '반체제 지하 테러조직'을 밝혀내려고 했지. "당신의 부인은 누구와 만났습니까? 누구에게 설계도면을 넘겼습니까?" 설계도면이라니! 난 모두 부정했어. 때리더군. 군화로 마구 밟고. 우리는 모두 한식구였는데 말이야. 나도 당원증이 있었고 저들도 똑같은 당원증이 있었다고. 내 아내도 당원증이 있었고 말이야.

　……공동감옥…… 한 방에 50명 정도가 있었어. 하루에 두 번 밖으로 데려가서 볼일을 보게 했어. 그럼, 나머지 시간에는 어떻게 했을까? 이걸 숙녀한테 어떻게 설명해야 하나……? 입구 쪽에 큰 들통이 있었어…… (분노) 모두가 보는 앞에서, 그 위에 앉아서 어디 한번 똥을 싸보라고, 나오나! 청어가 배식됐고 물은 주질 않았어. 50명…… 영국 스파이…… 일본 스파이들…… 가방끈이 짧았던 어떤 시골 영감은 마구간에 방화를 했다는 이유로 잡혀 들어왔고, 어떤 대학생은 잘못된 유머를 말해서 잡혀왔지…… 그 유머라는 게 이래.

---

* 루이 아라공(1887~1982). 프랑스의 좌파 작가. 남프랑스의 레지스탕스 문화 운동을 지도했다.
** 앙리 바르뷔스(1873~1935). 프랑스의 소설가로 레닌의 사회주의 혁명을 지지했다.

　　　　　　　　　　　　　　　　　　　1부 아포칼립스의 위로

"벽에 스탈린의 초상화가 걸려 있다. 발표자는 스탈린에 대한 보고서를 읽고 있다. 합창단은 스탈린에 대한 노래를 부른다. 배우는 스탈린에 대한 시를 낭송한다. 이게 무슨 행사일까요? 푸시킨 사후 100주년 기념 파티요."(나는 웃었다. 그런데 그는 웃지 않았다.) 그 유머 때문에 학생은 '외부 연락이 일절 불가한 10년형'을 선고받았어. 스탈린과 닮았다는 이유로 체포된 운전기사도 있었어. 정말 닮았더군. 그 밖에도 세탁방 관리인, 당원이 아니었던 미용사, 바닥 광택을 내는 사람…… 대부분이 평범한 사람들이었지만 구전문학을 연구하는 학자도 있었어. 밤이 되면 우리에게 전래동화…… 아이들을 위한 동화를 들려주곤 했어. 그러면 우리는 모두 귀를 기울였지. 구전문학 연구자는 그의 친엄마가 직접 밀고했다더군. 늙은 볼셰비키. 그녀는 아들이 유배지로 이송되기 전에 딱 한 번 담배를 넣어줬어. 그래, 그런 일도 있었어…… 같이 수감되어 있던 늙은 사회혁명당원*은 대놓고 기뻐했어. "나와 함께 갇혀 있는 당신들조차, 공산당원들조차 왜 여기 갇혀 있는지 모른다는 사실에 내가 얼마나 행복한지 모를 거요." 반동분자! 난 소비에트 정권도 사라지고, 스탈린도 없어진 줄 알았어.

손자가 얘기해준 유머 중에서:

기차역. 다수의 인파가 모여 있다. 가죽점퍼를 입은 사람이 정신없이 누군가를 찾더니 드디어 찾아낸 모양이다! 그는 마찬가지로 가죽점퍼를 입은 사람에게 다가간다. "동무, 당원입니까? 아닙니까?" "당원이오." "잘됐소, 그렇다

---

* 사회혁명당은 20세기 초 러시아의 농민정당이다. 농민운동이 고조된 1901년 말에 나로드니키의 전통을 이어받아 결성되었다. 1917년 3월혁명 뒤 멘셰비키와 결탁하여 소비에트를 한때 지배하고 정권을 잡았지만, 독일혁명(11월혁명)에서 두 파로 분열되어, 좌파는 볼셰비키와 결탁하여 소비에트 정부에 입각했다. 이후 농업정책에서 정부와 대립하고 독일대사 밀바하 암살사건을 신호탄으로 반소 쿠데타를 일으켜 내전의 발단이 되었다.

면 화장실이 어딘지 알려주시겠소?"

  모든 것을 다 빼앗아갔어. 허리띠, 목도리, 구두끈까지…… 그래도 죽으려
고 마음먹으면 얼마든지 스스로 목숨을 끊을 수 있었지. 그럴 생각도 실제 있
었고. 그래, 그랬어…… 바지나 팬티 고무줄로 목을 졸라 죽을 수도 있었
지…… 모래자루로 배를 내리쳤어. 지렁이를 밟으면 내장이 튀어나오듯, 그
렇게 내 안의 모든 것이 밖으로 튀어나오는 것 같았어. 고리에 우리를 걸어놓
기도 했지. 중세 시대처럼! 그러면 내 몸에서 모든 게 줄줄 흘러내려. 난 더이
상 내 몸을 제어하지 못한다니까. 여기저기서 다 흘러내려. 그 아픔을 견뎌낸
다는 건…… 수치스러웠어! 죽는 것이 훨씬 나았다고…… (숨을 돌린 후) 감
옥에서 내 옛 동료도 만났지. 니콜라이 베르홉체프라고 1924년부터 당원이었
던 친구야. 그 친구는 노동자 양성학교에서 강의했어. 결국엔 모두 아는 사람
들이…… 가까운 주변 사람들이 그러는 거였어…… 누군가가 〈프라우다〉를
소리내서 읽은 거야. "공산당 중앙위원회 정치국에서 암말 수태에 대한 보고
가 진행되었다." 그 소리를 듣고 그 친구가 농담을 한 거지. 중앙위원회는 암
말 수태 말고는 할일이 없냐는 등의 흰소리를 한 거지. 낮에 그 소리를 했는데
그날 밤에 바로 끌려왔대. 그놈들이 그 친구의 손을 문틈에 껴넣고 문을 쾅쾅
닫았어. 그러면 연필처럼 손가락이 뚝 부러지거든. 하루종일 방독면을 씌워놓
기도 하고…… (침묵) 그나저나 지금 시대에 이런 얘기를 어떻게 하려는 거
요, 알 수가 없네…… 한마디로 그건 만행이었어. 굴욕적이었지. 마치 나 자신
이 오줌통에 빠진 고깃조각이 되어버린 느낌…… 베르홉체프는 그만 사디스
트적인 수사관을 만났지 뭐야. 수사관이라고 모두가 사디스트였던 건 아니었
거든. 위쪽에서 월별 할당량, 연별 할당량을 정해서 지시를 내리는 거였
어…… 그 스케줄에 따라 수사관들은 바뀌기도 하고, 차도 마셨고, 집에 전화
도 했지. 간호사들과 치근덕대며 놀기도 했고. 고문받던 수감자가 의식을 잃

으면 간호사들을 호출했거든. 그들은 당직도 있었고 교대근무도 했지…… 내 인생만 완전히 뒤집힌 거야. 세상사가 그렇지 뭐…… 내 사건을 담당했던 수사관은 전직 학교장이었어. 그는 "당신은 너무 순진해. 우리는 당신을 죽이고 사건보고서를 작성할 수도 있어. '탈옥시도중 사살됨.' 그거 알아? 고리키가 이렇게 말했다지. '만약 적이 항복하지 않으면 그를 파괴하라.'" "나는 적이 아니오." "이봐, 아직도 모르겠어? 우리는 후회하는 사람이나 무너진 사람들만 예의주시하는 게 아니라고." 그와 이 주제로 토론도 했던 것 같아…… 두 번째 담당수사관은 직업군인이었는데, 서류 작성을 귀찮아하는 눈치였어. 그들은 항상 뭔가를 쓰고 있었단 말이지. 한번은 그가 나한테 종이로 만 담배를 건네주더군. 수감자들은 대부분 오랫동안 그곳에 있었어. 몇 개월씩도 있었지. 그사이 망나니들과 희생자들 사이에서는 뭔가 인간적인…… 아니, 인간적이라고 하기엔 무리가 있지만, 어쨌든 모종의 관계가 형성되곤 했어. 그렇다고 뭐가 달라지는 건 없었지만…… "사인하세요." 그러고는 죄목을 읽어주지. "난 그런 말을 한 적이 없습니다." 그러면 맞는 거야. 그 사람들은 아주 성심껏 때려. 제대로 안 하면 수사관들도 총살당하거나 수용소로 보내질 수 있었거든.

어느 날 아침이었어. 유치장 문이 열렸지. "나와!" 난 홑남방 하나만 걸치고 있었어. 그래서 옷을 챙겨 입으려고 했지. "됐어!" 나를 어떤 지하실로 데려갔어. 그곳에서 수사관이 이미 종이를 들고 기다리고 있더군. "사인할 거요, 말 거요?" 도리질을 쳤지. "그럼, 벽에 붙여!" 탕! 머리 바로 위로 총을 쐈어…… "자, 그럼, 이제는 서명할 거요?" 또 탕! 그렇게 세 번을 하더군. 그러고는 미로 같은 길을 따라 다시 감방으로 데려갔어…… 알고 보니 교도소에 지하실이 그렇게 많더라고. 누가 생각이나 했겠어. 일부러 수감자가 길을 기억하지 못하도록, 혹시 마주치는 수감자들을 알아보지 못하도록 요리조리 끌고 다녔지. 만약 누군가 맞은편에서 오면 교도관이 지시를 내렸어. "얼굴을 벽으로 돌려!" 하지만 나도 짬밥이 꽤 됐잖아. 그럴 때마다 곁눈질로 쳐다보곤 했어. 그렇게 '적군' 간부 훈련 때 지휘관이었던 분도 알아봤고, 소비에트공산당학교에서 뵀던 교수님과도 만났지…… (침묵) 베르홉체프와 나는 허심탄회한 사이였어. "범죄자들! 소련을 파멸시키고 있어. 저들은 분명 그 대가를 치를 거야." 그 친구는 여성 수사관에게 걸려서 몇 번 심문을 받았어. "나를 고문하고 있는데 말이야, 그래도 그 여자가 예뻐 보이는 거야. 그 순간 그 여자가 예쁘더라니까, 이게 이해가 돼?" 참 인상에 남는 친구였어. 그 친구가 스탈린이 젊었을 때 시를 썼다는 걸 알려줬지…… (눈을 감는다.) 난 요즘도 가끔 식은땀을 흘리면서 잠에서 깰 때가 있어. 꿈속에서 나를 새로운 근무지로 배정했는데, 그게 내무인민위원회였던 거야. 정말 그런 일이 있었어도, 난 아마 갔을 거야. 내 주머니 속에는 아직도 당원증이 있어. 빨간색 당원증이.

초인종이 울린다. 간호사가 들어온다. 그의 혈압을 잰다. 주사도 놓는다. 그 시간 동안 중간중간 끊기긴 했지만 그래도 대화는 계속됐다.

……한번은 이런 생각을 했어. 사회주의가 죽음이나 노화의 문제를 해결해주지 못한다는 생각. 인생의 형이상학적인 의미도. 모든 것이 스쳐지나가기 마련이야. 종교에만 이 문제들에 대한 답이 있더라고. 아이고…… 1937년에는 이런 얘기를 했다는 것만으로도……

……혹시 알렉산드르 벨랴예프의 『양서류 인간』이라는 책을 읽었소? 그 책에서는 천재 학자가 자기 아들을 행복하게 만들고 싶어서 아들을 양서류 인간으로 만들어버리지. 하지만 혼자 대양에서 살고 있는 아들은 곧 고독을 느껴. 그는 다른 사람들처럼 살고 싶어하지. 뭍에서 살면서 평범한 아가씨와 사랑에 빠지길 원해. 하지만 이미 일은 돌이킬 수 없었지. 그 아들은 점점 죽어가. 그런데 아버지는 그가 어떤 비밀에 도달하게 되었다는 착각에 빠지게 돼. 자신

이 신이 되었다고 생각하지! 바로 이거야, 이게 모든 위대한 유토피아주의자들에게 들려줄 해답이라고!

⋯⋯사상 자체는 훌륭했지! 하지만 인간을 도대체 어떻게 바꾸겠다는 거야? 고대 로마 시대부터 쭉 인간은 변하지 않았어⋯⋯

간호사가 떠났다. 눈을 감는다.

잠깐만⋯⋯ 그래도 마무리는 해야지⋯⋯ 한 시간 정도는 더 버틸 수 있을 것 같아. 계속하자고⋯⋯ 감옥에서 난 1년을 조금 못 채웠어. 재판이 준비되고 유배지로 보내기 일보 직전에 그 일이 일어난 거야. 사실 왜 이렇게 내 사건을 질질 끄는지 나도 의아해하고 있었지. 왜냐하면 그래야 할 이유가 전혀 없었거든. 다뤄야 할 사건 수가 수천 건에 달했어⋯⋯ 난리들이었다고⋯⋯ 그런데 1년이나 지난 그 시점에 새로운 수사관이 나를 다시 부르는 거야⋯⋯ 내 사건을 재심의 한다더군. 그러더니 모든 죄목이 사라졌으니 풀어준다는 거야. 즉, 뭔가 실수가 있었던 거고, 당은 나를 믿는다는 뜻이었어! 스탈린은 위대한 감독이었어⋯⋯ 마침 그때 스탈린이 '피투성이 난쟁이', 바로 내무인민위원회의 수장이었던 예조프를 숙청했거든. 그 예조프도 재판을 받고 총살당했지. 명예회복이 시작되었어. 인민들은 그제야 안도의 한숨을 내쉬었어. '아, 스탈린 동지에게 드디어 진실이 도달했구나.' 하지만 그건 새로운 피바람이 일기 전 주어졌던 일시적인 고요함일 뿐이었어⋯⋯ 일종의 게임! 하지만 모두가 믿었어. 나도 믿었지. 베르홉체프와 작별인사를 했어. 그 친구가 자기의 부러진 손가락을 보여주더군. "난 이곳에 19개월 하고도 7일째 수감되어 있어. 아무도 나를 여기서 꺼내주지 않을 거야. 다들 몸을 사릴 테니까." 니콜라이 베르홉체프, 1924년부터 당원이었던 그 친구는⋯⋯ 1941년에 총살당했어. 독일놈들이 도시 코앞까지 치고 올라오자 미처 대피시키지 못한 수감자들을 내무인민위원회 놈들이 모두 쏴 죽인 거야. 형사범들은 모두 풀어주었는데 정치범들은 배신죄로 제거되었어. 독일군이 시내를 장악하고 옥문을 개방했을 때, 시체가 산을 이루고 있었다더군. 시체가 모조리 부패되기 전에 독일군이 시민들을 모두 감옥으로 끌고 와 소련의 만행을 지켜보도록 했지.

난 낯선 사람들에게서 내 아들을 찾아냈어. 유모가 아들을 시골로 데려갔던 거야. 아들은 말도 더듬었고 어두운 걸 못 견뎌했지. 난 아들과 함께 둘이 살기 시작했어. 틈틈이 집사람에 대한 소식을 알아내기 위해서 혼자 안간힘을 썼지. 그리고 동시에 당원 자격을 회복하려고 부단히도 노력했어. 내 당원증을 다시 돌려받기 위해서였지. 신년 명절 때였어…… 집안에 화려한 트리를 세워두었지. 아들과 함께 손님들을 기다리는 중이었어. 이윽고 초인종 소리가 울렸어. 난 문을 열었지. 그런데 문 앞에는 초라한 차림의 여자가 서 있지 않겠어? "저는 당신 부인의 부탁으로 안부를 전하기 위해서 왔어요." "살아 있군요!" "1년 전에는 살아 있었어요. 한때 저와 그 댁 부인이 돼지우리에서 함께 일했거든요. 돼지사료에서 얼린 감자를 몰래 빼돌려 연명했어요. 덕분에 죽지는 않았죠. 하지만 지금까지 살아 있을지는 잘 모르겠네요." 그 여자는 그 말을 뒤로한 채 재빠르게 사라졌어. 난 그녀를 잡지 않았어. 손님들이 올 때가 다 되었거든…… (침묵) 시계 종소리가 들렸고, 우리는 샴페인을 땄어. 첫번째 건배사가 "스탈린을 위하여!"였어. 그랬어, 그랬다고……

1941년……

모두가 울었던 그때, 난 행복한 탄성을 내질렀지. '전쟁이다! 내가 전쟁에 나간다! 전쟁에는 나가게 해주겠지. 내보내주겠지.' 난 전선에 보내달라고 사정하기 시작했어. 꽤 오랫동안 날 받아주지 않았지. 병무위원장은 내가 아는 사람이었어. "보내줄 수가 없어. 내 손에 이렇게 지령이 들려 있다고. '적'들은 받아주지 말 것." "누가 적이라는 거야? 내가 적이라는 거야!" "자네 부인이 제58항 반혁명적 활동을 한 대가로 수용소에서 형을 살고 있잖아." 키예프가 넘어가고…… 스탈린그라드전투를 앞두고 있을 때였어. 난 군복 입은 사람이라면 무조건 부러웠어. '저 사람은 조국을 지키는 사람이다!' 아가씨들도 전장에 나가는 판국이었어…… '난? 나는?' 난 공산당 지역위원회에 편지를 썼어. "총살을 시키든지 전장에 내보내주세요!" 이틀 뒤에 연락을 받았어. 24시까지 군인 소집 장소로 나올 것. 전쟁은 내게 구원의 길이었어. 명예로운 내 이름을 회복할 수 있는 유일한 기회였지. 난 기뻤어.

……내가 혁명은 아주 잘 기억하는데…… 그 이후의 사건들은 점점 더 희미하게 떠올라. 전쟁도 잘 기억이 나질 않아. 시기적으로는 전쟁이 더 최근의 일인데도 말이야. 아무것도 변하지 않았다는 것만 기억해. 다만 전쟁이 끝나갈 무렵에 우리가 사용하는 무기만 바뀌었을 뿐이야. 샤시카라는 장검과 소총 대신 '카튜샤 로켓'이 등장했거든. 군 생활은 어땠냐고? 예전과 마찬가지로 우리는 몇 년씩 보릿가루 수프와 밀죽을 먹을 수 있었어. 수개월씩 더러운 속옷을 입을 수 있었고 씻지 않을 수도 있었어. 맨땅에서 잠을 잘 수도 있었지. 우리가 달라졌다면, 전쟁에서 이길 수 있었겠어?

……전투가 시작됐어…… 적들이 기관총을 쏴댔어. 우리는 포복 자세를 취했지. 그러자 박격포까지 등장해서 사람들을 조각내는 거야. 내 옆으로 쓰러진 코미사르가 소리쳤어. "왜 엎드려 있는 거야, 이 반동분자야! 전진해! 안 그럼 쏴 죽이겠어."

……쿠르스크 근처에서 내 수사관을 만났어. 그 전직 학교장이었던…… 순간 든 생각은 '이 개자식, 어디 내 손에 한번 죽어봐라. 전투만 시작되면 조용히 쏴 죽여주지'였어. 그랬어…… 그랬지…… 그렇게 하고 싶었지만 미처 실행에 옮길 새가 없었어. 심지어 그 수사관과 대화도 한 번 했는걸. "우리의 조국은 하나다"라고 그가 말하더군. 용감한 사람이었어. 영웅적인. 그 사람은 쾨니히스베르크에서 전사했어. 뭐랄까…… 이렇게 말할 수 있을 것 같아…… 난 그때 신이 내가 할 일을 대신해줬다고 생각했어. 거짓을 말하고 싶지는 않

아······

두 번의 부상을 당한 뒤 난 집으로 돌아왔어. 세 개의 훈장과 메달을 받았지. 공산당 지역위원회에서 날 부르더니 말했어. "안타깝지만, 동지의 아내를 데려올 수 없었습니다. 이미 고인이 되셨습니다. 하지만 명예는 회복시켜드리겠습니다." 난 내 당원증을 되돌려받았어. 행복했어! 난 행복했다고······

난 절대로 그 감정을 이해할 수는 없을 것이라고 그에게 말했다. 그러자 그가 폭발하고 말았다.

우리를 논리의 법칙으로 평가해서는 안 돼. 회계사들 같으니라고! 제발, 제발 이해하려고 해봐. 우리를 심판하려면 종교의 법칙을 갖다대야 해. 신앙심! 당신들은 곧 우리를 부러워하게 될 거야! 당신들이 가졌던 것 중 위대한 게 대체 뭐였나? 아무것도 없어. 안락한 삶뿐이지. 위를 위하는 것······ 십이지장을 위하는 것밖에는 없잖아······ 배를 채우고 온갖 장신구로 꾸며대는 것밖에 없다고······ 하지만 나는······ 우리 세대는······ 당신들이 가진 모든 것은 우리가 세웠어. 공장도 댐도 발전소도······ 당신들은 뭘 세웠나? 히틀러도 우리가 무찔렀어. 전쟁 후에는······ 어느 집에 아이가 태어나기라도 하면 얼마나 기뻤는지! 그 기쁨은 전쟁 전에 느끼던 것과는 차원이 다른 기쁨이었어. 기뻐서 울 수도 있었으니까······ (눈을 감는다. 기운이 빠진 것 같다.) 아아! 그때는 믿었는데······ 이제는 우리에게 판결문을 들이대고 있어. '당신들은 유토피아를 믿었던 겁니다.' 우리는 믿었어! 내가 제일 좋아하는 소설, 체르니솁스키의 『무엇을 할 것인가』······ 요새 사람들은 그 책을 거들떠보지도 않아. 재미가 없다나. 대신 책 제목은 읽지. 러시아인들의 영원히 풀리지 않는 숙제, '무엇을 할 것인가?'. 우리에게 그 소설은 교리서였어. 혁명의 교과서. 몇 장씩 달달 외우곤 했지. 베라 파블로브나의 네번째 꿈······ (시처럼 읊는다.) "크리스털과 알루미늄으로 만든 집들…… 크리스털 궁전들! 시내 한가운데서 자라는 레몬 나무와 오렌지나무들. 노인들을 찾아보기 힘들다. 살기가 너무 좋아진 나머지 사람들은 천천히 늙어갔으니까. 모두가 기계를 만들고, 사람들은 차를 타고 다니거나 장비를 조작하는 일만 한다…… 기계들이 즙을 짜고 뜨개질을 한다. 논밭은 풍성하고 넘쳐난다. 꽃들은 나무만하다. 모두가 행복하다. 모두가 기뻐한다. 남자와 여자들이 예쁜 옷을 입고 다닌다. 자유로운 노동과 만족의 삶을 영유한다. 모두가 설 자리가 있고 일감이 충분하다. 이게 정말 우리의 모습인가? 이게 정말 우리의 땅인가? 모두가 정말 이렇게 살게 될까? 미래는 밝고 찬란하다……" 쟤 좀 봐요…… (고갯짓으로 손자를 가리킨다.) 날 비웃고 있어…… 쟤는 나를 바보로 알아. 우리는 그렇게 살고 있어.

　—도스토옙스키가 체르니솁스키에게 이렇게 답했죠. "지으시오. 지으시오. 당신들의 크리스털 궁전을. 그런데 나는 돌멩이를 집어다가 그 궁전에 던질 겁니다…… 그건 내가 배를 곯아서도 아니고 지하에서 살기 때문도 아니라오. 그냥 그렇게 할 것이오. 내 자유의지에 따라……"

　—(분노) 선생은 공산주의를, 오늘날 언론이 기생충이라고 부르는 그것을, 봉인된 화차에 실어 독일에서 공수해온 줄 아는 게요? 대체 무슨 헛소리요! 인민들이 들고일어났다고. 차르가 치리治理하던 시절에는 지금 사람들이 갑자기 떠올리며 떠들어대는 그 '황금시대'라는 것이 없었어. 그건 그저 옛날이야기일 뿐이야! 미국인들도 우리가 빵으로 먹여 살렸다 하고 우리가 유럽의 운명을 쥐고 있었다고도 하지. 러시아 군인이 모두를 위해 죽었다는 말도. 그래, 그것만은 진실이지…… 하지만 그 밖에는…… 우리가 어떻게 살았는데…… 우리집에는 애가 다섯인데 장화는 딱 한 켤레밖에 없었어. 감자와 빵을 함께 먹었고 겨울에는 빵도 없이 감자만 먹었다고. 맨감자만…… 그런데도 당신들은 저 공산주의자들이 대체 어디에서 나타났는지 묻는 거냐고?

　내가 이렇게나 많은 걸 기억하고 있는데…… 무엇 때문에 기억하는 거야?

왜? 이 기억들을 이제 난 어떻게 해야 하는 거지? 우리는 미래를 사랑했어. 미래인들까지도 사랑했지. 그 미래라는 것이 언제 도래할지 늘 논쟁했다고. 100년 뒤에는 반드시 올 것이라 생각했지. 하지만 우리에게 100년은 너무나 먼 미래였어…… (숨을 돌린다.)

나는 녹음기를 껐다.

녹음기 없이…… 좋소…… 난 어차피 누군가에게 이 모든 걸 털어놓아야만 해……

내가 열다섯 살 때였어. 우리 시골 마을에 '붉은 군대'가 들어왔지. 말을 타고. 술에 취한 채. 그들은 식량공수부대였어. 그들은 저녁까지 잠만 자더니 저녁이 되자 모든 콤소몰들을 한데 모았어. 대장이 나서서 연설을 시작했지. "붉은 군대가 배를 곯고 있다. 레닌이 배를 곯고 있다. 그런데도 부농들은 빵을 숨겨두고 있다. 빵을 태우고 있다." 난 엄마의 친오빠, 그러니까 세멘 외삼촌이 숲속으로 곡식 자루들을 들고 들어가 땅에 묻어둔 걸 알고 있었지. 나는 콤소몰이었어. 서약도 한 사람이었지. 그래서 밤에 그들에게 갔고, 곡식을 묻어둔 장소로 그들을 데려다주었어. 마차 한가득 곡물을 실었지. 대장은 내 손을 꽉 잡으면서 "형제여, 어서 빨리 자라다오!"라고 했어. 다음날 아침, 난 엄마의 비명소리에 잠에서 깼어. "오빠네 집이 불타고 있어!" 그들이 외삼촌을 숲속에서 찾아냈어…… 붉은 군대가 장검으로 삼촌을 갈기갈기 찢어놓았어…… 그때 나는 열다섯 살이었어. 붉은 군대가 배를 곯고 있다고들 했단 말이야…… 레닌이 배를 곯고 있다고…… 난 밖으로 나가기가 무서웠어. 집안에 틀어박혀 울었지. 엄마는 상황이 어떻게 된 것인지 알아차렸어. 밤이 되자 엄마가 내 손에 보따리를 들려주며, "아들아, 가거라! 불쌍한 너를 부디 신이 용서해주시기를." (손으로 눈을 가린다. 하지만 난 그가 울고 있는 걸 알 수 있었다.)

난 공산주의자로 죽고 싶어. 그게 내 마지막 소원이야……

1990년대에는 늙은 공산당원의 고백을 일부만 출판했다. 내 주인공이 누군가에게 자신의 이야기를 읽어보라고 건네면서 그에게 조언을 구했다. 그 사람은 이대로 모든 내용을 출판하면 '공산당의 명예에 그림자를 드리우게 될 것'이라며 내 주인공을 만류했다. 그건 그가 가장 두려워하는 일이었다. 그가 세상을 떠난 뒤 유서가 발견되었다. 시내에 위치한 그의 방 세 칸짜리 아파트는 손주들이 아니라 '그가 의무를 지닌 유일한 대상인 사랑하는 공산당의 필요를 위해' 남겨둔다고 했다. 도시의 석간신문은 이 사건에 대한 기사를 지면에 실었다. 그의 행동은 불가해한 것이었다. 모두가 미친 영감이라며 그를 비웃었다. 그의 무덤에는 결국 아무도 묘비를 세우지 않았다.

이제야 나는 그의 이야기 전부를 공개하기로 마음먹었다. 이 이야기는 이제 한 사람이 아니라 시대에 속한 것이기에.

불꽃의 잔인함과 천상의 구원에 대하여
티메랸 지나토프(최전방 참전용사, 77세)

공산당 신문에서:

지나토프 티메랸 하불로비치는 1941년 6월 22일 아침 히틀러군의 공격을 처음으로 막아섰던 브레스트 요새 방어전에서 탄생한 영웅적 수호자 중 한 명이다.

그는 타타르 출신이다. 전쟁 발발 전 그는 연대사관학교(44소총사단 42소총연대) 생도였다. 지나토프는 방어전 첫날에 부상을 당해 포로로 잡혔다. 독일 수용소에서 두 번 탈출을 시도했고, 두번째 시도는 성공적이었다. 전쟁이 종식될 때까지 소속 부대에서 전쟁 초기와 같은 직급인 일반 사병으로 복무했다. 브레스트 요새 방어전에 참여한 공훈을 인정받아 '대조국전쟁 2등급 훈장'을 수여받았다. 종전 후에는 전국을 떠돌아다녔다. 북쪽 지방 건설현장에서도 일했고, BAM* 건설에도 참여했다. 퇴직 후 시베리아, 우스트쿠트 시에 정착했다.

우스트쿠트에서 브레스트까지 수천 킬로미터나 떨어져 있음에도 불구하고, 티메랸 지나토프는 매년 브레스트 요새를 방문하여 박물관 직원들에게 케이크를 선물했다. 그곳에선 모두가 그를 알고 있었다. 왜 그는 요새를 그토록 자주 방문했던 것일까? 지나토프뿐만 아니라 브레스트 요새에 가면 만날 수 있었던 그와 같은 부대 출신의 퇴역군인들은 그 요새 안에서만 자신을 안전하다고 느낄 수 있었다. 브레스트 요새 안에서는 그들이 만들어진 영웅이 아니라 진정한 영웅이라는 것을 아무도 의심하지 않았던 것이다. 요새 안에서만은 아무도 그들에게 "당신들이 승리하지만 않았어도 우리는 지금쯤 바바리아 맥주를 마셨을 거야. 유럽에서 살 수도 있었어!"라며 면박을 주진 못했다. 안타깝도다! 페레스트로이카 세대여! 만약 그대들의 할아버지가 그 전쟁에서 승리하지 못했다면 우리 나라가 청소부와 돼지치기의 나라로 전락했을 것임을 왜 모르는가! 히틀러는 슬라브 아이들에게 셈을 가르칠 때 100까지만 가르쳐야 한다고 했었다……

지나토프 씨가 마지막으로 브레스트를 방문한 건 1992년 9월이었다. 그때도 예년과 다를 바 없었다. 그는 늘 하던 대로 전장 동지들과 만나고 요새 안을 둘러보았다. 물론 방문객들의 수가 눈에 띄게 줄어들었다는 것을 그는 눈치챘을 것이다. 과거의 소련과 소련의 영웅들에게 먹칠하는 일이 유행하는 시절이었기에……

---

* 바이칼–아무르 철도. 시베리아 횡단철도를 보조하는 철도다.

떠나는 날짜가 다가왔다…… 그는 금요일에 모두와 작별인사를 하며 주말에 집으로 돌아간다고 했다. 아무도 그가 이번 방문을 마지막으로 영원히 그곳에 남게 되리라고는 생각지 못했다.

월요일에 직원들이 출근했을 때 교통경찰로부터 전화가 왔다. 1941년 피바다에서도 살아남았던 브레스트 요새의 수호자가 기차에 몸을 던졌노라고……

얼마 뒤 단정한 차림을 한 노인이 여행가방을 들고 승강장에서 오랫동안 서 있었다는 사실을 기억해낸 목격자도 나타났다. 지나토프는 자신의 장례비용으로 집에서 들고 온 7천 루블을 지니고 있었다. 그리고 옐친-가이다르 정부가 그들의 삶을 비참하고 가난하게 만들었고, '위대한 승리'를 배신했다며 저주를 퍼붓는 내용의 유서도 발견되었다. 그는 또한 자신을 요새에 묻어주기를 청했다.

다음은 유서의 발췌 내용이다.

"……만약 그때 그 전쟁에서 내가 부상으로 전사했다면 나는 내가 무엇을 위해 죽는지 알았을 것이다. 난 조국을 위해 죽었을 것이다. 그런데 지금은 개 같은 인생 때문에 죽는다. 내 무덤에 그대로 써도 좋다…… 나를 미친 사람으로 생각하지 말기를……

……나는 내 노년을 지속시키기 위해서 쥐꼬리만한 보조금을 무릎 꿇고 사정하거나, 관에 들어갈 때까지 남에게 손을 벌리며 사는 것보다는 차라리 이렇게 서서 죽음을 맞이하는 편을 택하겠다. 그러니 존경하는 여러분! 나를 너무 비난하지 마시고 내 입장이 되어보시기를 바란다. 돈을 남기고 간다. 만약 누군가 훔치지 않았다면, 그런 일은 없을 것이라고 기대한다, 내가 남긴 돈이 나를 땅속에 묻기에 부족하지 않았으면 좋겠다…… 관은 필요 없다…… 내가 입는 이 옷 그대로도 충분하다. 다만 후손들을 위해서 주머니 속에 브레스트 요새 수호병 신분증을 꼭 넣어주길 바란다. 우리는 영웅이었는데, 이렇게 가난 속에서 죽는구나! 모두 건강하시고, 모두에 맞서 홀로 반기를 든 어느 타타르인 때문에

너무 슬퍼하지 마시길. '나는 죽는다. 하지만 항복하지는 않는다. 안녕, 내 조국이여!'"

전쟁 후 브레스트 요새 지하에서 단도로 벽에 새겨넣은 글귀가 발견됐다. "나는 죽는다. 하지만 항복하지는 않는다. 안녕, 내 조국이여! 22. Ⅶ – 41년." 중앙위원회의 결정에 따라 이 글귀는 소련 인민의 용맹함의 상징이자 소련공산당에 대한 충성심의 표상이 되었다. 브레스트 요새 방어전 생존자들은 그 글귀의 저자가 연대사관학교 생도이자 비당원 출신인 티메란 지나토프의 것이라고 주장했다. 하지만 '목숨을 잃은 무명용사'가 그 글귀의 주인이 되는 편이 공산주의 사상가들의 구미에 훨씬 더 맞는 일이었다.

브레스트 시 정부는 모든 장례비용을 부담하겠다고 밝혔다. '사회복지시설 현상유지'라는 항목으로 영웅의 장례비가 지출되었다……

러시아연방 공산당, <체계적인 시선> 5호

……도대체 왜 늙은 군인인 티메란 지나토프가 기차에 몸을 던졌을까요? 조금 먼 곳에서부터 짚어볼까 합니다…… 크라스노다르스크 변강주 레닌그라드스카야 마을에 사는 빅토르 야코블레비치 야코블레프 씨가 <프라우다>에 보낸 편지부터 시작하죠. 그는 '대조국전쟁'에 참전했고, 1941년 모스크바 방어전에 참전한 군인이었습니다. 또한 승전 55주년 기념 모스크바 행진에도 참여했습니다. 그가 편지를 쓰게 된 이유는 아주 큰 모욕감 때문이었습니다……

얼마 전 그는 친구(전직 대령, 참전용사)와 함께 모스크바를 다녀왔습니다. 파티용 재킷을 걸치고 훈장띠를 둘러멨지요. 하루종일 시끌벅적한 수도를 돌아다니다가 지친 두 사람은 레닌그라드스카야 역에서 기차가 들어오기 전에 어디라도 잠깐 엉덩이 붙일 곳이 필요했어요. 그런데 빈자리가 없었고, 그래서 결국 기차역 안에 있는 어느 텅 빈 홀로 들어갔습니다. 그곳에는 카페도 있었고 푹신푹신한 소파가 있었습니다. 그들이 들어서자 홀에서 음료수를 나르던 아

1부 아포칼립스의 위로

가씨가 쪼르르 달려와 출구를 가리키며 무례하게 말했습니다. "여기에 들어오시면 안 돼요. 여기는 비즈니스 라운지라고요!" 지금부터는 편지 내용을 인용하겠습니다. "나는 열이 올라서 그 아가씨에게 대답했어요. '즉, 여긴 도둑놈, 투기꾼들을 위한 곳이라는 건데, 그놈들은 되고 우리들은 안 된다는 거요? 언젠가 미국에서도 이런 일이 있었지. 흑인과 개는 출입금지라고 했던 것과 똑같은 짓이잖아.' 상황이 뻔한데 더이상 뭘 더 말하겠어요. 우리는 곧장 뒤돌아서서 나갔어요. 하지만 나가는 길에 나는 그 비즈니스맨들이라고 불리는 사람들, 실제로는 좀도둑에 불과한 그놈들이 그곳에서 깔깔대고, 처먹고, 마셔대는 모습을 볼 수 있었어요…… 우리가 이곳에서 피를 흘렸다는 건 이미 잊힌 지 오래입니다. 저 나쁜 추바이스, 벡셀베르크*, 그레프** 같은 놈들이 우리에게서 모든 것을 빼앗아갔어요. 돈도 명예도. 과거도 현재도. 모든 것을요! 그러고는 우리 손자들에게 군대 입영을 장려하면서 그들의 수억 루블을 지키도록 하고 있어요. 저는 이렇게 묻고 싶습니다. 우리가 무엇을 위해 전쟁을 한 겁니까? 우리는 가을에는 무릎까지 물이 차고, 겨울에는 무릎까지 눈이 덮인 참호 속에서 혹한과 싸우면서 대기했습니다. 우리는 몇 개월씩 옷도 못 갈아입었고, 인간답게 잔 적도 없었습니다. 그렇게 칼리닌(지금의 트베리), 야흐로마, 모스크바까지 거쳤다고요…… 그곳에서 우리는 부자와 가난뱅이로 나뉘지 않았습니다……

물론 우리의 참전용사가 틀렸을 수도 있습니다. 모든 사업가들이 다 '도둑놈, 투기꾼'은 아니니까요. 하지만 그의 눈으로 우리의 포스트 공산주의 국가를 한 번 바라봅시다. 새로운 삶의 주인이 된 자들의 거만함과 오늘날 최신 유행 잡지들이 묘사하듯 소위 '빈곤의 냄새'를 풍기는 '어제에 속한 사람'들에 대한 그들의 기피증이 사회에 만연합니다. 그런 잡지의 필자들은 1년에 한 번 참전용사

---

* 빅토르 벡셀베르크(1958~). 우크라이나 태생의 러시아 억만장자이다.
** 헤르만 그레프(1964~). 러시아 경제통상부 장관을 역임했으며 러시아 최대 국영은행인 스베르방크의 최고경영자이다.

들을 초청해서 위선적인 칭송을 읊어대는 전승기념일 축하 장소에 가면 어김없이 '그 냄새'가 난다고 합니다. 사실 그들은 이제 아무에게도 필요치 않은 존재들입니다. 정의에 대한 그들의 생각과 소련의 생활방식에 대한 그들의 충직함은 그저 순진하게만 보일 따름입니다……

옐친은 집권 초기 인민의 생활수준이 낮아지는 걸 허용한다면 본인이 철도 레일 위에 눕겠다고 맹세했습니다. 그런데 생활수준이 단순히 낮아진 게 아니라 바닥을 치고 있다고 봐도 무방한 지금, 옐친은 레일 위에 눕지 않았습니다. 대신 1992년 가을, 노장 티메랸 지나토프가 반기의 표시로 기찻길 위에 눕고 말았습니다……

<프라우다> 사이트(1997)

추모식에서:

죽은 자는 흙속으로 가고, 산 자들은 식탁에 둘러앉는 것이 우리의 관습이다. 많은 사람들이 모였다. 모스크바, 키예프, 스몰렌스크 등 먼 곳에서 온 사람들도 있었다. 모두 전승기념일 때처럼 훈장과 메달을 매달고 왔다. 그들은 삶에 대해 이야기하듯 죽음에 대해 이야기했다.

—저세상 사람이 된 우리의 동지를 위하여! 모두 쓴잔을 듭시다! (모두들 자리에서 일어난다.)

—흙이불이 솜털처럼 따뜻하기를……

—어휴, 티메랸…… 티메랸 이 사람아…… 그 사람 마음속에 울분이 있었어. 우리 모두가 다 그런 울분을 갖고 있지. 우리는 사회주의에 익숙한 사람들이잖아. 우리의 조국, 소비에트연방에! 그런데 지금은 다른 체제를 가진 서로 다른 나라에서 살고 있어. 다른 국기 아래서. 그건 우리에겐 승리의 붉은 깃발이 아니야…… 난 열일곱 살에 집을 뛰쳐나와 전쟁에 나갔다고……

—우리 손자들은 말이야, 아마 '대조국전쟁'에서 패했을 거야. 요즘 애들에 겐 사상도 원대한 포부도 없어.

　—걔들은 다른 책을 읽고 다른 영화를 보잖아.

　—난 아이들에게 얘기해주곤 해…… 그러면 애들은 옛날이야기 취급을 해 버리지…… 그러곤 이런 질문들을 해. "왜 군인들이 연대 깃발을 사수하기 위 해 죽었던 거예요? 다시 새로운 깃발을 만들면 됐잖아요." 날보고 대체 누굴 위해 전쟁을 하고 사람을 죽였냐고들 묻는다니까…… "스탈린을 위해서 하셨 어요?" 어이구, 이 철없는 것들아! 너희들을 위해서다! 너희들!

　—항복하고 독일놈들의 군화를 핥았어야 했나봐……

　—아버지의 사망통지서를 받자마자 나는 바로 전선으로 자원했어.

　—우리의 조국 소련을…… 약탈하고 있어…… 팔아버리고 있다고…… 이 렇게 될 줄 그때 알았다면, 아마 우리도 다시 한번 생각했겠지……

　—엄마는 전쟁 때 돌아가셨고 아빠는 훨씬 먼저 결핵으로 세상을 떠나셨 어. 열다섯 살부터 나는 일하기 시작했지. 공장에서 일했는데 하루에 빵 반 덩 이를 줬어. 펄프도 섞고 풀죽도 섞어서 만든 빵 한 덩이…… 한번은 배가 고파 서 기절을 다 했지…… 그런 뒤에도 또 한번 쓰러졌어…… 그래서 난 병무위 원회를 찾아갔어. "이렇게 죽고 싶지 않아요. 차라리 전쟁터에 보내주세요." 내 요청은 받아들여졌지. 떠나는 사람도 배웅하는 사람도 광기 어린 눈빛을 하고 있었어! 나 같은 어린 아가씨들로 전쟁물자 수송용 화물차 한 칸이 가득 찼지. 아가씨들은 노래를 불렀어. "아가씨들, 전쟁이 우랄까지 다다랐대요/아 아! 아가씨들! 청춘은 어디로 사라졌나요?" 기차역 근처에는 라일락이 활짝 펴 있었어…… 어떤 여자애들은 웃고 있었고, 어떤 여자애들은 울고 있었 어……

　—우리 모두는 페레스트로이카를, 고르바초프를 지지했던 거지, 결코 페레 스트로이카가 만들어낸 이 결과를 지지한 게 아니라고……

—고르바치, 그놈은 첩자라니까……

—난 고르바초프가 하는 말은 도통 알아들을 수가 없었어…… 이해할 수 없는 말들이었어. 그전까지 들어보지도 못한 말들이었어…… 그래서 결국 그 사람이 우리에게 주겠다고 약속한 그 사탕이 대체 뭐라는 거야? 하지만 그의 연설을 듣는 건 좋아했어…… 문제는 그 사람이 약골이었다는 게 문제야. 싸워보지도 않고 핵가방을 넘겨주다니. 우리 공산당을 넘겨주다니……

—러시아인에게는 피부에 한기가 돌아서 등줄기를 따라 소름이 쫙 돋을 만한 그런 사상이 필요해.

—우리 나라는 위대한 나라였어……

—우리의 조국을 위해! 우리의 승리를 위해! 오늘 잔들 터는 거야! 건배!
(건배한다.)

—지금은 영웅들이 기념비에 새겨져 있지…… 하지만 난 우리가 전우들을 어떻게 묻었는지 기억해…… 구덩이를 파서 묻은 뒤 대충 잡히는 대로 흙을 뿌리기 바빴어! 왜냐하면 바로 명령이 떨어지곤 했거든. "앞으로! 전진!" 그러면 우리는 또 앞으로 달려갔어. 새로운 전투가 기다리고 있었지. 그 전투가 끝나면 또 구덩이 한가득 파묻고. 한 구덩이에서 또다른 구덩이로 후퇴하거나 전진하거나 했지. 지원병들을 보내줘도 이삼일 뒤면 그들은 까마귀밥이 되고 말았어. 살아남은 사람들은 극소수였어. 행운아들이었지! 1943년이 끝나갈 무렵, 우리는 전쟁하는 법을 터득하고 있었어. 그제야 정석으로 전쟁을 했어. 죽어나가는 사람들도 점차 줄어들었고…… 그제야 비로소 난 동료들이 생겼어……

—전쟁 내내 선봉이었는데 몸에 긁힌 자국 하나 없다니까! 중요한 건 나는 무신론자란 거야. 난 베를린까지 갔어…… 내 눈으로 그 짐승들의 소굴을 보았지……

—전투에 나가면서 네 명당 소총 하나를 들고 갔어. 한 명이 죽으면 그다음

사람이 소총을 부여잡았고, 그 사람도 죽으면 그다음 사람이 잡았지…… 그런데 독일놈들은 반짝반짝한 새 자동소총을 들고 있었어.

　—초반에는 독일놈들의 콧대가 하늘을 찌를 듯했지. 유럽 전체를 굴복시켰으니까. 파리에도 입성했거든. 독일놈들은 두 달 안에 소련을 후딱 해치우려고 계획했지. 부상당한 독일놈들이 포로로 잡혀오면 우리 간호병 동지들 얼굴에 침을 뱉곤 했어. 붕대를 풀어젖히고는 "하이, 히틀러!"라며 소리를 질러댔지. 그랬던 놈들이 전쟁이 끝나갈 무렵에는 "루스키(러시아인)! 쏘지 마! 히틀러에게 죽음을!"이라고 떠들어댔다니까.

　—내가 제일 두려웠던 건 치욕스러운 죽음을 맞이하는 것이었어. 누군가 겁에 휘둘려 도망가면 대장이 현장에서 즉결 사살했어…… 그런 일이 다반사였지……

　—뭐라고 해야 하나…… 우리는 스탈린식으로 교육받은 사람들이야. '타국 땅에서 전쟁을 하자!' '타이가에서 영국해까지/붉은 군대보다 강한 자는 없다……' '적에게 베풀 관용은 없다!' 등등. 전쟁이 막 시작되었을 때…… 지금 떠올려도 끔찍한 악몽 같아…… 아무튼 우리는 포위되고 말았지…… 그때 우리 모두는 같은 생각을 했어. '어떻게 된 거야? 스탈린은 어디서 뭘 하는 거지?' 하늘에는 아군 전투기가 단 한 대도 없더군…… 우리는 당원증, 콤소몰 가입증을 모두 땅에 파묻고는 숲길을 따라 헤맸어…… 에이, 그만해야겠다…… 선생! 이런 얘기는 쓰지 마쇼…… (녹음기를 멀찌감치 밀어낸다.) 독일놈들은 계속 선전방송을 했어. 스피커를 24시간 내내 틀어댔지. "러시아에서 온 이반들아! 투항하라! 독일군은 너희에게 삶과 빵을 보장한다." 난 스스로를 쏠 준비가 되어 있었어. 그런데, 없는 거야! 죽을 만한 도구가 아무것도 없었다고! 총알도 없었고…… 소년병들…… 우린 모두 열여덟 살에서 열아홉 살 정도였어…… 지휘관들은 줄줄이 목을 매달았지. 어떤 사람은 허리띠로 목을 졸라매고…… 어떤 사람들은…… 아무튼 되는대로…… 온갖 방법

으로 죽어갔지…… 소나무마다 사람들이 매달려 있었어…… 젠장할, 세상의 종말이 따로 없었다니까!

　―조국 아니면 죽음을!

　―스탈린은 투항한 군인들의 가족들을 시베리아로 추방한다는 계획을 세웠어. 350만 명에 달하는 포로들을 어디로 다 보내겠냐고! 콧수염 달린 살인 귀 자식!

　―저주받은 1941년……

　―이 사람아, 다 말해…… 이제는 말해도 돼……

　―말하는 것도 해버릇해야 되는 거지, 원……

　―우리는 전장에서도 서로에게 솔직하게 말하길 꺼렸어. 전쟁 전에도 사람들이 잡혀갔고 전쟁중에도 여전히 잡혀갔으니까…… 우리 어머니는 빵공장에서 일했는데, 그곳에서 불심검문을 한 거야. 그런데 장갑에 빵조각이 묻어 있었어. 그건 큰 범죄였어. 그래서 어머니는 10년 동안 옥살이를 했어. 나와 아버지는 전장에 나가 있었고, 결국 어린 남동생과 여동생은 할머니와 남게 된 거야. 동생들이 할머니를 붙잡고는 "할머니, 아빠랑 사샤 형(그게 나야)이 전쟁에서 돌아오기 전에는 절대 돌아가시면 안 돼요"라며 사정했대. 우리 아버지는 결국 행방불명됐어.

　―우리가 무슨 영웅이야? 한 번도 우리를 영웅처럼 대접해준 적도 없으면서. 아내와 나는 아이들을 막사에서 길렀어. 공동주택은 나중에야 배정받았지. 지금은 푼돈이나 받으며 살아…… 이건 연금이라고 할 수 없어…… 눈물이지…… 독일놈들이 어떻게 살고 있는지 텔레비전에서 보여주더군. 잘살더라고! 전쟁에서 패배한 인간들이 승자들보다 백배는 더 잘살더라니까.

　―신은 아무것도 아닌 '작은 사람'이 된다는 게 뭔지 잘 모르시는 것 같아.

　―난 공산주의자였고, 지금도 공산주의자고 앞으로도 그럴 거야! 스탈린이 없었다면, 아니 스탈린의 당이 없었다면 우리는 승리할 수 없었을 거야. 젠장

할 민주주의 따위 개나 줘버려! 요즘은 전투훈장을 달고 다니는 것도 무서울 지경이야. "치매 걸린 영감탱이! 어디서 복무했수? 전선에서? 아니면 감옥이 나 수용소에서?" 요즘 젊은 애들이 내게 하는 말이야. 맥주를 빨면서 그렇게 들 비아냥거리더라고.

—우리의 위대한 수령, 스탈린의 동상을 제자리로 다시 되돌려놓을 것을 촉구한다! 쓰레기처럼 문 뒤에 숨겨놓지 말고.

—자네 다차에나 세워놓거나……

—전쟁의 역사를 새로 쓰려고들 하는 거야. 그들은 우리가 다 죽을 때만을 기다리고 있는 거라고.

—한마디로, 지금 우리는 '소비에티쿠스-돌대가리우스' 취급을 받고 있 어……

—러시아가 살아남은 건 컸기 때문이야. 우랄…… 시베리아……

—가장 무서운 순간이 바로 공격이 개시되는 순간이지. 그 첫 십 분…… 오 분…… 처음으로 일어나는 사람은 살아남을 가능성이 거의 없다고 보면 돼. 총알이 자기가 박힐 구멍을 기가 막히게 잘 찾아내거든. 공산주의자들이 여, 전진하라!

—우리 조국의 강력한 군대를 위하여! (술잔을 부딪친다.)

—한마디로…… 죽이고 싶어하는 사람은 아무도 없어. 찝찝하거든. 하지 만 그것도 익숙해진다니까…… 배우는 거지……

—스탈린그라드 인근에서 나는 당에 가입했어. 신청서에 이렇게 썼지. "저 는 조국 수호부대 최전선에 서 있길 희망합니다…… 이를 위해서라면 제 청 춘도 아낌없이 바치겠습니다……" 보병이 상을 타는 일은 드물었지. 난 딱 한 개의 메달, '용맹메달'을 갖고 있어.

—난 전쟁 후 증후군에 시달렸어…… 이제 나는 장애인이야. 하지만 아직 까지는 버티고 있어.

—독일 편에 섰던 배신자 둘을 포로로 잡아온 기억이 나네…… 그중 한 명은 "나는 내 아버지의 복수를 했다……"라고 말했어. 내무인민위원회가 아버지를 총살했다는 거야. 다른 놈은 "난 독일군 수용소에서 죽고 싶지는 않았다"라고 하더군. 우리와 동년배였어. 우리와 다를 바 없는 머리에 피도 안 마른 어린 소년들이었어. 사람과 말을 트고 그 사람의 눈을 쳐다본 후에는 그 사람을 죽이기가 힘들어…… 그다음날 공안부서에서 우리를 심문하더군. "왜 배신자들과 대화를 시도했습니까? 왜 즉시 사살하지 않았습니까?" 나는 변명을 하기 시작했어…… 공안요원이 리볼버를 책상 위에 척 올려놓더군. "이 개자식, 씨발 새끼…… 아직도 권리 따위를 주장하는 거야?! 어디 한마디만 더 지껄여봐, 아주 그냥……" 아무도 배신자들을 용서하지 않았어. 탱크병들은 그들을 탱크에 묶은 뒤 시동을 켜고 이리저리 끌고 다녔어…… 갈기갈기 찢어발겼지. 배신자들이라며! 그런데, 그 사람들이 정말 모두 다 배신자들이었을까?

　—우리는 공안요원들을 독일놈들보다 더 두려워했던 것 같아. 장군들도 그들을 두려워했다니까……

　—공포…… 전쟁 내내 극심한 공포에 사로잡혀 있었어……

　—하지만 스탈린이 아니었다면…… '철의 손'이 없었다면 러시아는 살아남지 못했을 거야.

　—난 스탈린이 아니라 조국을 위해 전쟁을 했어. 내 자식들 그리고 손주들의 이름을 걸고 맹세하는데, 난 단 한 번도 '스탈린을 위해서!'라고 외치는 소리는 들어보지 못했어.

　—군인 없이 전쟁에서 승리할 수는 없는 법이지.

　—씨발……!

　—하느님만을 두려워해야 해. 하느님이 곧 심판이야.

　—그 신이라는 작자가 정말 있다면……

(불협화음으로 합창한다.) "우리에게 필요한 건 딱 한 번의 승리!/모든 것을 대신할 단 하나의 승리. 우리는 승리를 위해 아낌없이 바치리……"

한 남자의 이야기:

—평생을 복종만 하며 살았어요! 찍소리도 못 냈습니다. 하지만 이제는 얘기할 수 있습니다……

어릴 적 난…… 나는 아빠를 잃게 될까봐 무서웠어요…… 밤마다 아버지들이 어디론가 끌려갔고, 그렇게 끌려가서는 영영 사라져버렸으니까요. 엄마의 친오빠, 펠릭스 외삼촌도 그렇게 사라졌습니다. 삼촌은 음악가였어요. 외삼촌은 말도 안 되는…… 사소한 일로 끌려갔어요. 어떤 가게에서 외삼촌이 외숙모에게 큰 소리로 이렇게 말했다나봐요. "소비에트가 권력을 잡은 지 20년이나 지났는데, 아직도 입을 만한 바지 한 벌이 없다니." 지금에 와서는 모두가 그걸 반대했다고 쓰고들 있지요…… 하지만 나는 인민들이 그런 체포를 지지했다고 말하고 싶습니다. 우리 엄마를 예로 들어볼까요…… 친오빠가 감옥에 갇혀 있는데도 우리 엄마는 이렇게 말했어요. "우리 오빠 건은 실수였을 거야. 분명 밝혀질 거라고. 하지만 감옥에 보내는 건 계속해야 해. 사방에 무질서가 얼마나 만연한지, 원." 인민들이 그걸 지지했던 겁니다…… 전쟁! 전쟁 후에 나는 전쟁을 떠올리기가 무서웠습니다. 내가 겪은 전쟁…… 나는 당에 가입하고 싶었지만 내 청원은 받아들여지지 않았어요. "이봐, 당신이 어떻게 공산주의자가 된다는 거야, 게토에서 살았던 주제에?" 난 침묵하고…… 또 침묵했어요…… 우리 빨치산 부대에 '로자'라고 예쁜 유대인 여자아이가 있었어요. 항상 책을 끼고 사는 아이였어요. 고작 열여섯 살이었어요. 대장들은 순서대로 그 아이와 뒹굴었어요…… "고년 거기 털이 아직도 솜털이야…… 하하하……" 결국 로자가 임신을 하고 말았어요. 그러자 그들이 숲속 먼 곳으로 끌고 가서 그녀를 개처럼 쏴 죽였어요. 숲속에서는 아이들이 계속 태어났어요. 숲 전체가 건강한 남자들로 득실거렸으니 당연지사였죠. 보통 아이가 태어나면 그 아이는 곧장 촌락으로 보내졌어요. 작은 시골 마을로. 하지만 유대인 아이를 데려갈 사람들은 없었어요. 유대인들은 아이 낳을 권리도 없었거든요. 내가 임무를 수행하고 돌아와서 "로자는 어디에 있어?"라고 물었습니다. "네가 뭔 상관이야? 그년이 없으면 다른 년들을 찾아올 텐데." 게토에서 도망친 수백 명의 유대인들이 숲속을 헤매고 다녔어요. 농부들은 그들을 잡아다가 독일군에게 갖다 바치고는 밀가루 1푸드*나 설탕 1킬로그램을 받아오곤 했어요. 그래요, 다 적으세요…… 난 너무 오랫동안 입을 다물고 있었어요. 유대인은 평생 뭔가를 두려워하며 살아요. 무심코 던진 돌에도 유대인은 반드시 맞게 되어 있거든요.

불바다가 된 민스크에서 미처 도망 나오지 못한 건 우리 할머니 때문이었습니다…… 할머니는 1918년에 독일인을 겪어보신 분이었죠. 할머니는 독일 민족은 교양 있고 평화를 사랑하는 민족이기 때문에 절대로 우리를 건드리지 않을 것이라며 모두를 설득했어요. 할머니 집에 독일군 장교가 하숙을 했는데, 매일 저녁 피아노를 연주했다더군요. 어머니는 갈등하기 시작했어요. '가야 하나, 가지 말아야 하나?' 물론, 그 피아노 얘기 때문이었지요…… 그렇게 우리는 많은 시간을 허비해버렸어요. 결국 독일군 오토바이가 시내로 입성했어요. 자수를 놓은 블라우스를 입은 사람들이 빵과 소금**을 건네며 그들을 환영했어요. 기뻐하면서요. '이제 독일군이 왔으니 정상적인 삶이 시작되겠지'라는 생각을 한 사람들이 의외로 많았던 겁니다. 많은 사람들이 스탈린을 증오했고, 더이상 그 증오심을 숨기지도 않았어요. 전쟁 초에는 예기치 못한 새

---

* 푸드는 러시아에서 사용되던 무게 측량 단위로, 1푸드는 16.38킬로그램이다.
** 러시아에서는 먼 곳에서 온 손님들을 진심으로 환영한다는 뜻으로 '빵과 소금'을 대접한다.

1부 아포칼립스의 위로

로운 상황들이, 이해할 수 없는 일들이 정말 많았답니다……

전쟁이 시작된 지 얼마 안 되어서 '지드'*라는 단어를 처음으로 들었어요. 이웃들이 우리집 문을 두드리면서 소리를 질렀거든요. "이 유대인 놈들아! 이제 너희는 끝장이야! 그리스도를 배신한 대가를 톡톡히 치르게 될 거야!" 난 소련 사람이었어요. 막 5학년을 마친 열두 살짜리 소년이었어요. 난 그들이 하는 말을 이해할 수가 없었어요. '도대체 왜 저런 말들을 하는 거지?' 난 사실 지금도 이해가 안 돼요…… 우리 가족은 혼혈이었어요. 아버지는 유대인, 어머니는 러시아인이었거든요. 우리는 부활절을 기념했는데, 독특하게 했죠. 어머니가 오늘은 착한 사람이 태어난 날이라고 말했어요. 파이도 구웠지요. 유월절 기간에는 할머니가 주신 무교병無酵餠을 아버지가 들고 오곤 했어요. 하지만 그 시절에는 이 모든 걸 드러내놓고 할 수 없었어요. 입을 다물고 있어야 했지요……

엄마가 우리 모두에게 '노란 별'을 달아주셨어요…… 며칠 동안은 집밖으로 나가지도 못했어요. 부끄러워서요…… 다 늙은 지금도 그때의 그 감정을 기억해요. 얼마나 수치스러웠는지를…… 도시 곳곳에 전단물이 뒹굴고 있었어요. '코미사르들과 유대인들을 제거하라!' '러시아를 유대인 볼셰비키들로부터 구원하자!' 심지어 전단물을 우리집 문틈으로 밀어넣은 경우도 있었어요. 머지않아…… 그래요…… 머지않아 소문이 돌기 시작했습니다. 미국에 사는 유대인들이 금을 모아서 모든 유대인들의 몸값을 지불하고 미국으로 데려갈 것이라는 소문, 독일인들은 질서를 좋아하고 유대인들을 싫어하기 때문에 모든 유대인들은 전쟁 내내 게토에서 살 수밖에 없다는 소문들이…… 사람들은 벌어지고 있는 일들에서 어떤 의미를 찾으려고 했어요…… 어떤 연결점을…… 인간은 지옥마저도 이해하고 싶어하잖아요. 기억나요…… 아주 똑

---

* 유대인을 낮잡아 부르는 말.

똑히 기억해요. 우리가 게토로 이사하던 날을요. 수천 명의 유대인들이 시내를 걸어갔어요…… 아이들을 데리고 베개를 들고서…… 나는, 좀 우습게 들리겠지만, 내가 수집한 나비 콜렉션을 들고 갔어요. 지금이야 이렇게 웃으면 얘기하지요…… 민스크 시민들이 우르르 거리로 몰려나왔어요. 어떤 사람들은 호기심 어린 눈빛으로 쳐다보았고, 어떤 사람들은 악의적으로 바라보았어요. 하지만 울어서 눈이 퉁퉁 부은 사람들도 있었어요. 난 주변을 최대한 보지 않으려고 했어요. 아는 남자애들이라도 보게 될까봐요. 수치스러웠어요…… 항상 따라다녔던 그 수치스러운 기분이 아직도 기억납니다……

엄마가 결혼반지를 빼서 손수건에 돌돌 말아 건네며 내가 가야 할 곳을 말해주었어요. 난 그날 밤, 철조망 밑으로 빠져나갔어요. 약속된 장소에서 어떤 여자가 기다리고 있었고, 나는 그녀에게 반지를 내주고 밀가루를 받아왔어요. 그런데 아침에 보니 밀가루가 아니라 석횟가루인 거예요…… 회칠용 가루. 그렇게 우리 엄마의 결혼반지가 사라졌어요. 우리 수중에 더이상 값진 물건은 없었어요…… 우리는 그때부터 기아로 퉁퉁 붓기 시작했어요. 게토 근처에서 큰 자루를 들고 농부들이 당번을 섰어요. 밤낮으로요. 정기적으로 실시되는 학살을 기다리고 있었던 거예요. 유대인들이 총살되면 농부들을 죽은 사람들의 집에 들여보내 마음껏 훔치도록 했거든요. 경찰 앞잡이들은 값나가는 물건을 찾았고, 농부들은 잡히는 건 모두 자루에 담았어요. "당신들에겐 어차피 더이상 필요 없을 테니"라고 말하면서요.

한번은 게토가 잠잠한 거예요. 학살의 전야처럼. 하지만 그날은 단 한 발의 총성도 들리지 않았어요. 그날은 아무도 총을 쏘지 않았어요. 대신 자동차…… 수많은 자동차들이 도착했어요…… 차에서는 좋은 양복과 구두를 신은 아이들이 내렸고, 하얀색 앞치마를 두른 여인들, 비싸 보이는 여행가방을 든 남자들이 내렸어요. 삐까뻔쩍한 가방이었어요! 모두가 독일어를 사용했어요. 교도관도 경비병들도 당황했고 특히 독일 경찰 앞잡이들이 심하게 당황하

　　　　　　　　　　　　　　　　　　1부 아포칼립스의 위로

더군요. 그들은 고함치지도, 방망이로 내리치지도 않았고, 으르렁거리는 개들의 목줄을 풀어놓는 것도 잊고 있었죠. 연극 같았어요…… 극장…… 그건 한 편의 연극이었어요…… 바로 그날 우리는 그들이 유럽에서 끌려온 유대인들이라는 것을 알게 되었어요. 그후로 사람들은 그들을 '함부르크' 유대인이라고 불렀어요. 왜냐하면 그들 대부분이 함부르크에서 왔거든요. 그들은 질서정연했고 순종적이었어요. 잔머리를 굴리지도 않았고, 경비병들을 속이지도 않았고, 비밀장소에 숨지도 않았어요…… 그들의 운명은 이미 정해져 있었어요…… 그들은 우리를 도도하게 내려다보았어요. 우리는 가난했고 누더기를 입고 있었죠. 우리는 그들과 다른 사람들이었어요…… 우리는 독일어로 말할 줄 몰랐어요……

그들 모두가 총살당했어요. 수만 명의 '함부르크' 유대인들이……

그날은…… 마치 모든 것이 안개에 갇힌 것 같았어요…… 우리를 어떻게 집에서 쫓아냈는지, 어떻게 끌고 갔는지는 기억이 안 나네요…… 대신 숲 근처에 있던 넓은 들판이 기억나요…… 그들은 힘센 남자 두 명을 골라 구덩이 두 개를 파라고 지시했어요. 깊은 구덩이요. 그동안 우리는 서서 기다렸어요. 제일 먼저 어린아이들을 한쪽 구덩이에 집어던졌어요…… 그러고는 흙을 덮었어요…… 부모들은 울지도, 사정하며 매달리지도 않았어요. 고요했어요. "왜 그랬나요?"라고 물으실 테지요. 저도 한번 생각해봤어요. 만약 사람이 늑대에게 공격당하고 있다면 그 사람이 과연 늑대에게 사정하며 살려달라고 빌까요? 아니면 야생 멧돼지가 공격했다든가…… 독일놈들이 구덩이를 들여다보면서 실실 웃었고 사탕을 던져줬어요. 고주망태가 된 독일군 끄나풀들의 주머니에는 시계가 가득했어요…… 그들이 아이들을 파묻었어요…… 그러고는 모두에게 다른 구덩이로 뛰어들라고 명령했어요. 엄마, 아빠, 나 그리고 여동생이 서 있었어요. 우리 차례가 되었지요…… 지시를 내리던 독일놈이 우리 가족을 보더니 엄마가 러시아인이라는 것을 눈치채고는 손짓으로 "너는 저쪽으로 가"라고 했어요. 아빠는 엄마에게 "어서 가!"라고 소리쳤어요. 하지만 엄마는 아빠와 나를 꼭 붙들었어요. "난 같이 있을 거예요." 우리는 모두 엄마를 밀어냈어요…… 제발 가라고 애원했어요…… 그런데 엄마가 제일 먼저 구덩이 속으로 뛰어들었어요……

이게 내가 기억하는 전부예요…… 내가 정신이 든 건 누군가 날카로운 것으로 나를 세게 내리치는 느낌을 받았기 때문이에요. 난 통증 때문에 소리를 내질렀어요. 수군대는 소리가 들리더군요. "여기 한 놈이 살아 있는데." 삽을 든 남자들이 구덩이 속 죽은 사람들의 장화, 구두 등…… 벗길 수 있는 모든 걸 벗겨내고 있었던 거예요. 그들이 날 위로 끌어올려줬어요. 나는 구덩이 근처에 주저앉아 기다리고…… 또 기다렸어요…… 비가 내렸어요. 흙은 아주 따뜻했어요. 그들이 나에게 빵조각을 주면서 말했어요. "꼬마 지드야. 어서 도망가렴. 어쩌면 살아남을지도 모르잖니."

마을 전체가 텅 비어 있었어요…… 사람은 한 명도 없는데 집들은 멀쩡하게 서 있더군요. 뭐라도 먹고 싶었지만 도움을 청할 사람이 아무도 없었어요. 그렇게 난 혼자 돌아다녔어요. 길바닥에 고무장화가 뒹굴거리고, 고무신이나 머릿수건이 굴러다녔어요…… 성당 뒤편에서는 불에 탄 사람들을 보았어요. 시커먼 시체들. 휘발유와 고기 타는 냄새가 진동했어요…… 난 다시 숲으로 도망쳤어요. 버섯과 열매를 따 먹으며 연명했어요. 한번은 나무하던 노인과 마주친 적이 있어요. 그 노인이 내게 달걀 두 개를 주더군요. 그는 "마을로는 들어가지 마라. 남자들이 작당해서 널 독일군에 넘길 거야. 얼마 전에 그렇게 유대인 꼬마 두 명이 잡혀갔단다"라며 경고해줬어요.

한번은 깜빡 잠이 들었는데, 머리 위에서 들리는 총소리에 화들짝 놀라 벌떡 일어났어요. "독일군?" 젊은 청년들이 말을 타고 있었어요. 그들은 빨치산이었어요! 그들은 한참을 낄낄거리다가 티격태격하기 시작했어요. "저 꼬맹이 지드가 우리한테 필요한가? 차라리 그냥……" "대장이 결정하게 하자."

그들은 나를 부대로 끌고 가서 별도의 움막에 집어넣었어요. 보초병도 세웠어요. 잠시 뒤 심문이 시작됐어요. "우리 진영으로 어떻게 들어온 거지? 누가 보낸 거야?" "아무도 보내지 않았어요. 저는 구덩이에 매장당해 죽을 뻔했다가 살아 나왔어요." "첩자는 아니고?" 그러더니 두 차례 얼굴을 갈기고는 다시 움막으로 처넣더군요. 저녁 무렵 내가 있던 움막에 유대인 청년 두 명이 더 끌려왔어요. 그 사람들은 좋은 가죽점퍼를 입고 있었죠. 난 그들을 통해 무기 없는 유대인은 부대에서 받아주지 않는다는 걸 알게 되었어요. 무기가 없으면 금 아니면 금붙이라도 가져와야 한다는 것을요. 그들은 금시계와 금제 담뱃갑을 가지고 있었어요. 내게 보여주기도 했어요. 그들은 대장과의 면담을 요청하더군요. 그들은 곧 끌려나갔죠. 그 이후로 난 더이상 그들을 보지 못했어요…… 그런데 금제 담뱃갑은 우리 부대 대장에게서 나중에 발견했어요…… 그 가죽점퍼도요…… 난 아버지의 지인이었던 야샤 아저씨 덕분에 살 수 있었어요. 아저씨는 신발수선공이었고, 부대에서 신발수선공은 의사와 동급으로 귀한 대접을 받았거든요. 나는 아저씨를 돕기 시작했어요……

야샤 아저씨가 내게 해준 첫번째 조언은 "성을 바꿔라"였어요. 내 성은 프리드만인데…… 그 이후로 로메이코가 되었죠…… 두번째 조언은 이랬어요. "입을 다물어라. 안 그러면 등짝에 총알이 박힐 거야. 아무도 유대인을 위해 나서주지 않는단다." 정말로 그랬어요…… 전쟁은 늪이에요. 빠지기는 쉬워도 빠져나오기는 힘들죠. 유대 속담에 이런 말이 있어요. "강한 바람이 불 때 가장 높이 떠오르는 건 쓰레기다." 나치주의는 모두를 감염시켰고 빨치산조차 반유대 정서를 갖게 되었죠. 처음 우리 부대에는 열한 명의 유대인들이 있었지만 나중에는 다섯 명만 남게 되었어요…… 사람들은 일부러 우리 앞에서 그런 대화를 했어요. "너희가 무슨 전사야? 양들처럼 도살장에 끌려가는 주제에……" "유대인놈들은 겁쟁이야……" 난 가만히 있었어요. 내 친구 중에 호전적인 놈이 하나 있었어요. 대담무쌍한 놈이었죠…… 다비드 그린베르크…… 그 친구는 그들의 말을 받아치고 말다툼도 했어요. 그러다 결국 등짝에 총알이 박혀 죽었어요. 난 누가 그를 죽였는지 알고 있어요. 지금 그는 영웅 대접을 받으면서 훈장을 달고 다녀요. 영웅 행세라니! 두 명의 유대인들은 보초를 서며 잠을 잤다는 명분으로 사살되었고…… 다른 유대인은 신형 파라벨룸* 때문에 죽임을 당했고요…… 시기했던 거죠…… 내가 어디로 도망을 가겠어요? 게토로요? 난 조국을 지키고 싶었어요…… 내 가족의 복수를 하고 싶었어요…… 그런데 조국은 그런 나에게 어떻게 했죠? 빨치산 지휘관들은 모스크바에서 내려온 비밀지령을 갖고 있었어요. '유대인들을 신뢰하지 말 것, 부대원으로 받지 말 것, 죽일 것.' 조국은 우리를 배신자 취급했어요. 우리는 이 사실조차도 페레스트로이카 덕분에 알게 됐습니다.

물론 사람들이 불쌍했죠…… 그런데 말들은 어떻게 죽는지 아세요? 말은 다른 동물들처럼 숨지 않아요. 개, 고양이, 소마저도 도망가는데 말은 제자리에 서서 죽여줄 때까지 기다려요. 보기 드문 광경이에요…… 영화에서나 기병들이 함성과 함께 장검을 휘두르면서 달리지요. 그건 망상이에요! 상상일 뿐이라고요! 우리 부대에도 처음에는 기병대가 있었지만 삽시간에 해체되고 말았어요. 말들은 눈더미를 지나다니지조차 못했고 달리는 건 두말할 것도 없었지요. 눈 속으로 다리가 푹푹 빠지곤 했으니까요. 반면 독일군은 이륜, 삼륜 오토바이를 타고 다녔어요. 겨울이면 오토바이에 스키도 장착했고요. 독일군은 낄낄거리며 오토바이를 타고 다녔고, 우리 말들과 기마대원들을 쏴 죽였어요. 그래도 아름다운 말들은 죽이지 않더군요. 독일군에도 시골 청년들이 꽤 있었던 같아요……

명령이 떨어졌어요. 독일군 앞잡이의 집을 불태워라. 일가족을 몰살해라…… 그 앞잡이의 가족은 대가족이었어요. 부인과 세 아이 그리고 연로하

---

* 자동 장전 권총의 일종.

신 부모님들도 있었죠. 우리는 밤에 그 집을 포위하고 문에 못질을 했어요…… 그런 뒤 등유를 고루 뿌리고 불을 붙였어요. 집안에 갇힌 그들이 비명을 지르고 악을 썼어요. 남자아이가 창문으로 빠져나오려고 했죠…… 우리 대원이 아이를 총으로 쏘려 했지만 다른 사람이 말리더군요. 그냥 다시 불속으로 아이를 밀어넣었어요. 그때 난 열네 살이었어요…… 난 아무것도 이해할 수 없었어요…… 내가 할 수 있는 일이라고는 그 모든 걸 기억하는 것뿐이었어요. 그런데 오늘에서야 이렇게 이야기하네요…… 난 '영웅'이라는 단어를 싫어합니다. 전쟁에서 영웅이란 있을 수 없거든요…… 인간이 손에 무기를 들었다는 건 이미 그는 착한 사람이 될 수 없다는 걸 뜻해요. 절대 그렇게 될 수가 없어요.

봉쇄가 기억납니다…… 독일군이 자신들의 후방을 뒤처리하기 위해서 SS사단을 보내 빨치산들을 타진하도록 했어요. 그들은 낙하산에 등을 달아 밤낮으로 폭탄을 퍼부었어요. 공중폭격 이후에는 박격탄 공격이 이어졌어요. 우리 부대는 소그룹으로 움직였고 부상당한 사람들도 함께 데려갔어요. 부상자들의 입을 막았고 말들에게도 특수 재갈을 물렸어요. 모든 것을 다 버렸어요, 가축도요. 그런데 그 동물들이 사람들을 쫓아오더군요. 소, 양…… 결국 총으로 쏴 죽일 수밖에 없었어요…… 독일군들이 점점 가까워졌고, 심지어 그들의 목소리가 들릴 정도였어요. "오 무테르, 오 무테르."* 시가 냄새도 났어요. 우리는 각자 마지막 총알을 가지고 있었어요…… 하지만 일부러 서둘러 죽을 필요는 없으니까요…… 엄호그룹에서 남은 사람은 총 세 명이었어요. 어두워지자 우리는 죽은 말의 배를 가르고 거기에서 내장을 꺼낸 다음 그 속으로 들어갔어요. 그렇게 이틀 동안 그 안에 숨어 있었어요. 독일군들이 여기저기 돌아다니는 소리, 총 쏘는 소리를 들으면서요. 마침내 완전한 정적이 감돌았고

---

* 독일어로 '오, 어머니! 오, 어머니!'라는 뜻.

그제야 우리는 그 속에서 기어나왔어요. 온몸이 피투성이가 되었고…… 내장과 똥을 뒤집어쓴 채였어요…… 반쯤 정신이 나간 상태였죠. 밤이었고…… 달이 빛나고 있었어요……

선생님, 새들도 우리를 돕더라니까요…… 까치는 외부인을 발견하면 반드시 큰 소리로 울어대요. 그게 신호를 주게 되는 거예요. 그런데 그 까치들은 우리에게 익숙해져 있었어요. 독일군들의 냄새는 달랐지요. 향수, 향기 좋은 비누, 담배, 질 좋은 군용 모직으로 만든 외투, 반질반질하게 구두약이 발린 군화…… 반면 우리는 우리가 직접 만 담배, 각반, 수소의 가죽을 덧댄 뒤 가죽띠로 둘둘 만 짚신을 신고 있었어요. 독일군은 털내복을 입고 있었어요…… 우리는 죽은 시체라도 발견하면 팬티까지 싹 벗겨냈어요! 개들이 시체의 얼굴과 팔을 뜯어먹었어요. 동물들마저 전쟁에 휩싸였던 거예요.

그후로 많은 세월이 흘렀어요…… 반세기…… 그런데 저는 그녀를, 그 여자를 잊지 않고 있어요…… 그 여자에게는 두 명의 어린아이가 있었어요. 그 여자가 지하창고에 부상당한 빨치산을 숨겨주었죠. 그런데 누가 그걸 밀고한 거예요…… 마을 한가운데서 그 여자의 가족을 전부 교살했어요. 아이들을 제일 먼저 매달았어요…… 그걸 보며 그 여자가 어찌나 괴성을 지르던지! 인간은 그런 소리를 내지 않아요…… 그건 짐승의 울부짖음이었어요…… 인간이 그런 희생을 감수해야만 하는 건가요? 난 잘 모르겠습니다. (침묵) 요즘은 전쟁에 가보지도 않은 사람들이 전쟁에 대한 글을 씁니다. 난 그런 글을 읽지 않아요…… 선생님께선 상처받으실지 모르겠지만, 난 읽지 않아요……

민스크가 해방되었어요…… 나의 전쟁은 이미 끝난 것이나 다름없었어요. 어린 나이 때문에 군대에서는 받아주지 않았어요. 고작 열다섯이었으니까요. '어디에서 살아야 하지?' 예전 살던 집에는 낯선 사람들이 정착했더군요. 그들은 나를 쫓아냈어요. "썩을 놈의 지드 자식!" 그들은 내게 아무것도 돌려주려 하지 않았어요. 집도 물건들도. 사람들은 당연히 유대인들은 절대로 돌아오지 않을 거라고 생각했던 거예요……

(불협화음의 합창) "좁디좁은 작은 페치카에 불이 피어오르네/땔감나무에 묻은 나뭇진이 눈물 같구나/아코디언이 움막에 있는 내게 노래를 불러주네/ 너의 미소와 너의 눈에 대한 노래를……"

―전쟁을 겪은 사람들은 이미 예전과 같은 사람들이 아니었어. 나조차도 난폭해진 채로 집으로 돌아왔으니까.

―스탈린은 우리 세대를 좋아하지 않았어. 우리를 증오했지. 그건 우리가 자유를 맛보았기 때문이야. 전쟁이 우리에겐 자유와도 같았어! 우리는 유럽에도 가보았고 그곳에서 사람들이 어떻게 사는지도 보았어. 난 출근길에 스탈린 동상을 지나칠 때 식은땀을 줄줄 흘렸어. '혹시 스탈린이 내가 뭘 생각하고 있는지 알고 있는 거 아니야?'라는 생각을 했거든.

―우리에게 그러더군. "이제 돌아가! 마구간으로!" 그래서 우리는 돌아갔지.

―머리에 똥만 든 민주주의자들! 모든 걸 무너뜨렸어…… 우린 똥 위에서 나뒹굴고 있다고……

―지금은 다 잊었어…… 사랑조차 기억하지 못해…… 그런데 전쟁은 기억해……

―빨치산 부대에서 2년을 보냈어. 숲속에서. 전쟁 후에 7년…… 8년…… 정도는 남자들을 쳐다도 볼 수 없었어. 지겹도록 봤거든! 정나미가 뚝 떨어졌지. 한번은 언니와 함께 휴양림에 갔어…… 남자들이 언니에게 대시하고 언니는 그 남자들과 춤도 추러 다녔는데, 나는 그냥 조용히 있고 싶었어. 그래서 결혼도 늦게 했어. 남편은 나보다 다섯 살 아래였지. 소녀 같은 사람이었어.

―나는 전선으로 갔어. 〈프라우다〉가 말하는 모든 것을 믿었기 때문이야.

사격도 했어. 난 열정적으로 원했어. 사람을 죽이는 걸 말이야! 살생을! 예전에는 그렇게 잊으려 해도 안 잊히더니, 지금은 저절로 잊혀…… 한 가지 기억하는 건, 전쟁에서는 죽음의 냄새가 다르다는 거야…… 살인의 냄새가 독특해…… 많은 시체가 아니라 딱 한 구의 시체가 땅에 누워 있으면 갑자기 생각하게 돼. '그는 누굴까? 어디서 왔을까? 저 사람을 기다리고 있는 사람이 있을 텐데……'

—바르샤바 근처였을 거야…… 한 폴란드 노파가 내게 남자 옷을 가져다주고는 "이봐요, 옷을 다 벗어요. 내가 빨아줄 터이니. 당신들은 왜 이렇게 더럽고 삐쩍 마른 거요? 그런 꼴로 어떻게 승리한 거요?" 나도 궁금해…… 대체 우리가 어떻게 승리했지?!

—야, 그만 됐어…… 감상적인 얘기는 빼고 하라고……

—우리는 승리했어. 사실이야. 하지만 우리의 위대한 승리가 우리 나라를 위대한 나라로 만들지는 못했어.

—난 공산주의자로 죽을 거야…… 페레스트로이카는 소비에트연방을 파괴하려는 CIA의 작전이었어.

—내가 기억하는 건 뭘까? 내가 가장 화가 난 건 독일놈들이 우리를 멸시했다는 거야. 우리가 사는 방식…… 우리의 관습을…… 히틀러는 슬라브인들을 토끼라고 불렀다더군……

—독일군이 우리 마을에 들어왔을 때가 봄이었어. 마을을 장악한 뒤 바로 다음날 그들은 화단을 만들고 화장실을 지었어. 노인들은 독일군이 꽃을 심던 모습을 아직도 기억해……

—독일에서는…… 독일 가정집에 들어갔지. 장롱에는 좋은 옷, 속옷, 장식품들이 가득했어. 접시는 산처럼 쌓여 있었어. 전쟁 전까지만 해도 우리는 그들이 자본주의로 인해 고통받고 있다고 교육받았어. 그런데 보고 만 거야. 우리는 바로 입을 닫아버렸지. 독일제 라이터나 자전거가 좋다고 칭찬이라도 하

1부 아포칼립스의 위로

는 날에는 제58조 '반소비에트적 선동죄'로 끌려가기 십상이었거든. 눈 깜짝할 사이에 잡혀갔지…… 집으로 소포를 보내도 된다는 허가가 떨어졌어. 장군은 15킬로그램, 장교는 10킬로그램, 사병은 5킬로그램. 우체국이 소포에 파묻힐 정도였지. 그런데 어머니가 편지를 보내신 거야. "더이상 소포를 보내지 마라. 네가 보낸 소포 때문에 우리가 죽게 생겼다." 내가 어머니에게 라이터, 시계, 비단천을 보냈거든…… 큰 초콜릿 캔디도…… 그 캔디를 보고 집에서는 비누인 줄 알았다고 하더군……

　—열 살부터 여든 살까지 몸이 더럽혀지지 않은 독일 여자는 없었어! 그러니까 1946년도에 그곳에서 태어난 아이들은 모두 '러시아 민족'이야.

　—전쟁이 모든 죄를 감면해줄 거야…… 이미 그랬는걸……

　—자, 여기 승리가 있다! 우리의 승리다! 전쟁 내내 사람들은 전쟁만 끝나면 잘살게 될 거라는 꿈에 부풀어 살았어. 한 이삼일 정도는 축제가 벌어졌지. 그런데 나중에는 뭔가가 먹고 싶어졌고, 몸에 걸칠 것도 필요했어. 삶을 살고 싶어진 거야. 그런데 아무것도 없었어. 모두가 독일군복을 입고 다녔어. 어른부터 아이들까지. 그걸 꿰매고 또 꿰매서 입었어. 빵은 배급표대로만 지급했고, 배급줄은 몇 킬로미터씩 늘어서 있었지. 분노가 공기 중에 떠 다니고 있었어. 그땐 아무 이유 없이 사람도 죽일 수 있을 정도였지.

　—그래, 기억나…… 하루종일 드르륵드르륵 요란한 소리가 들렸어. 장애인들이 직접 만든 조악한 나무판에 볼베어링만 단 채로 온 거리를 누비고 다녔어. 도로는 돌길이었거든, 그러니 얼마나 시끄러웠겠어…… 그 사람들은 모두 지하나 반지하에서 살았어. 술을 퍼마셨고, 운하 근처에 널브러져 있었지. 구걸도 했어. 훈장을 보드카와 바꾸기도 하고. 빵 배급줄에 다가가 "빵 살 돈 좀 조금만 주세요" 하고 사정했지. 그 줄에 서 있던 여자들은 삶에 지쳐 있는 사람들이었어. "당신은 살아 있잖아. 내 남편은 무덤 속에 누워 있다고." 여자들은 그들을 쫓아냈지. 나중에는 좀 살 만해졌는데도, 사람들은 오히려

장애인들을 더 혐오하기 시작했어. 아무도 전쟁에 대해서 기억하고 싶지 않았거든. 모두가 이미 전쟁이 아닌 삶으로 충분히 바빴어. 그러던 어느 날 도시에서 그들을 싹 쓸어버리더군. 경찰들이 돼지 잡듯 그들을 잡아다가 차에 처넣었지. 욕…… 비명소리…… 신음 소리……

—우리 도시에는 '장애인의 집'이 있었는데, 그곳에는 팔다리가 없는 청년들이 모여 있었어. 모두 훈장을 갖고 있었지. 나중에 원하는 사람들에 한해 그들을 집으로 데려갈 수 있게 했어…… 공식적으로 허가된 일이었어…… 남자들의 손길이 그리웠던 여인네들이 너나없이 그들을 데려가기 시작했어. 어떤 사람들은 리어카에 싣고 가고, 어떤 사람들은 유모차에 태워 가고. 그 여인네들은 집안에서 남자 냄새가 났으면 했고 마당 빨랫줄에 남자 남방도 한번 널어보고 싶었던 거야. 하지만 머지않아 그 남자들은 되돌려 보내졌어…… 그 남자들은 장난감이 아니잖아…… 그건 영화가 아니잖아. 반토막이 난 채 시늉만 남자인 그들을 사랑하는 게 어디 보통 일이었겠어. 그 남자들은 분노에 차 있었고 상처받은 사람들이었어. 그 남자들은 자신들이 배신당했다는 걸 알고 있는 사람들이었지.

—그 '승리'의 날에……

한 여자의 이야기:

—난 내 사랑에 대해 이야기하리다…… 독일군이 큰 자동차를 타고 우리 마을에 들어왔어요. 머리에 쓴 군모가 반짝반짝 빛나더군요. 젊고 유쾌한 사람들이었어요. 여자아이들이 귀여워 꼬집기도 했어요. 처음에는 가져가는 것마다 값을 치르더군요. 닭을 가져가고, 계란을 가져가고, 돈을 쳤어요. 아, 글쎄, 내가 이 얘기를 하면 아무도 안 믿는다니까. 하지만 이건 틀림없는 사실이에요! 물건값은 독일 마르크로 계산했어요…… 난 전쟁은 관심도 없었어요! 난 사랑에 빠졌거든! 머릿속에 든 생각이라고는 '언제쯤 그를 보게 될까?'였

어요. 그는 오면 벤치에 앉아 나를 하염없이 쳐다보고 또 쳐다봤어요. 미소를 지으면서. "왜 자꾸만 웃어?" "아, 그냥……" 전쟁 전까지 우리는 학교에서 같이 공부했어요. 그의 아버지는 결핵으로 돌아가셨고, 부농이었던 그의 할아버지는 재산을 몰수당하고 가족과 함께 시베리아로 추방되었죠. 그가 가끔 기억을 떠올리곤 했는데, 그의 엄마가 어릴 적에 자기를 여자애처럼 입혀놓고는 만약 누군가 그를 끌고 가려고 하면 기차역으로 뛰어가서 무조건 기차에 올라탄 뒤 도망가라고 가르쳤다고 하더군요. 그의 이름은 이반이었어요…… 이반은 나를 '내 사랑 류바'라고 불렀어요. 다르게 불러본 적이 없어요…… 그렇다고 우리 앞에 꽃길만 있었던 건 아니에요. 행복도 없었어요. 왜냐하면 독일군이 쳐들어온 후 얼마 지나지 않아 그의 할아버지가 씩씩거리며 집으로 돌아왔거든요. 혼자 돌아왔어요. 나머지 가족 모두를 타지에 묻었다고 했어요. 할아버지는 시베리아 강을 따라 어떻게 끌려갔는지 모두 얘기해줬어요. 어두컴컴한 타이가에 그들을 내려주고는 30명당 한 자루의 톱과 도끼만 지급했대요. 그들은 나뭇잎도 먹고, 나무껍질도 씹어 먹으면서 살았대요…… 할아버지는 공산주의자들을 증오했어요! 레닌도! 스탈린도! 할아버지는 돌아온 첫날부터 복수하기 시작했어요. 독일군들에게 밀고한 거죠. "이자도 공산주의자고…… 저자도……" 밀고당한 그 남자들은 어디론가 끌려갔어요…… 저는 오랫동안 전쟁이 뭔지 이해할 수 없었어요……

이반과 나는 강가에서 함께 말을 씻기곤 했어요. 햇볕 아래서요! 함께 건초를 말렸는데, 그 향내가 얼마나 좋던지! 난 그전까지 그런 느낌을 가져본 적이 없었어요. 사랑 없는 나는, 사랑에 빠지지 않았던 나는 평범한 보통의 여자애였어요. 한번은 내가 예지몽을 꾼 적이 있어요…… 우리 동네 강은 깊지도 않은데 내가 강에 빠져 허우적대는 거예요. 강 아래 물살이 나를 끌어당기더니, 어느새 내가 물밑으로 가라앉고 있었어요. 어떻게 된 것인지, 어떤 방법을 썼는지는 모르겠지만 누군가 나를 일으켜세우더니 위로 올려주더군요. 그런데 내 몸에 실오라기 하나 걸쳐져 있지 않았어요. 강가로 헤엄을 쳐서 나왔더니 벌써 밤이 되었더군요. 분명 아침이었는데 벌써 밤이 된 거예요. 강가에는 사람들이, 온 마을 사람들이 죄다 몰려와 있었어요. 난 벌거벗은 채로 물속에서 나갔어요…… 홀딱 벗은 채로요……

어떤 사람 집에 축음기가 있었어요. 그 집에 젊은이들이 모이곤 했어요. 춤도 췄죠. '운명의 반쪽 찾기' 점도 치고, '시편 점'도 치고, 송진이나 콩으로도 점을 쳤어요…… 송진 같은 경우에는 반드시 아가씨가 직접 숲으로 들어가 늙은 소나무를 찾아서 구해와야 했어요. 어린 나무는 기억하는 게 별로 없으니 적합하지가 않았죠. 어린 나무는 힘이 없거든요. 이건 모두 진짜예요…… 전 이제는 그걸 믿어요…… 콩으로 점을 칠 때는 콩을 한 움큼씩 쌓아놓고는 '홀짝'을 셌죠. 그때가 내가 열여덟 살이었을 때예요…… 본론으로 돌아가서…… 이런 얘기를 책에서 본 적은 없어요…… 독일군의 점령이 시작되자 소련 치하보다 훨씬 살기가 좋아졌다는 이야기들 말이에요. 독일군들은 성당도 열었어요. 집단농장을 해체하고 땅을 나눠주었어요. 한 사람당 2헥타르씩, 두 집당 말 한 필을 나눠줬어요. 세금은 철저히 거뒀어요. 가을이 되면 우리는 곡식, 콩, 감자 그리고 한 집당 돼지 한 마리씩 납품해야 했어요. 하지만 그만큼을 갖다 바쳐도 우리에게 남는 것이 있었어요. 모두가 만족했지요. 소련 치하에서는 모두가 가난했으니까요. 그때는 작업반장이 공책에 '막대기'를 그렸어요. 막대기는 노동 일수였죠. 하지만 가을이 되어 그 노동 일수에 대한 대가를 받아야 할 때가 와도 쥐뿔도 얻는 게 없었어요! 그랬던 우리에게 고기도 있고 기름도 있는 거예요. 그런 다른 삶이었어요! 사람들은 자유를 누리게 되었다며 기뻐했어요. 마을에 독일식 질서가 세워졌어요. 말을 먹이지 않으면 가죽채찍으로 호되게 맞았어요. 마당을 쓸지 않아도 그랬고요…… 기억이 나네요, 사람들은 공산주의자들에게도 적응했으니 독일놈들에게도 적응할 수 있다는 말을 했어요. '독일식으로 사는 방법을 배우면 되지……' 그래요, 그랬어요…… 모든 기억이 생생하네요…… 밤이 되면 모두 '숲사람'들을 두려워했어요. 그들은 예고도 없이 별안간 들이닥치곤 했으니까요. 한번은 그 숲사람들, 빨치산들이 우리집에도 쳐들어왔죠. 한 명은 도끼를, 다른 한 명은 쇠스랑을 들고 있었어요. "아줌마, 돼지비계 좀 줘봐. 밀주도. 소리 안 나게 조심하고." 내가 지금 선생한테 이야기하는 일들은 실제 있었던 일들이지, 책에 쓰여 있는 이야기들이 아니에요. 처음에는 빨치산들이 전혀 반갑지 않은 손님들이었어요……

우리 결혼식 날이 잡혔어요. 도진키*가 끝난 후로요. 추수가 끝나고 여인네들이 마지막 짚단을 꽃으로 묶는 그날이 오면 하기로 했어요…… (침묵) 기억력은 점점 더 약해지는데 이 가슴이 모든 걸 기억하고 있네요…… 오후에 비가 내리기 시작하자 모두가 논에서 되돌아왔죠. 우리 엄마도 집으로 돌아왔어요. 울면서요. "세상에! 세상에! 얘야, 글쎄 이반이 독일 경찰에 자원했다. 네가 독일 경찰 앞잡이의 부인이 될 판이라고." "아악! 안 돼! 안 돼!" 난 엄마와 함께 울었어요. 저녁에 이반이 왔어요. 자리에 앉더니 눈도 들지 못하더군요. "이반! 자기야! 도대체 왜 우리 생각은 하지 않은 거야?" "류바…… 사랑하는 나의 류바……" 그의 할아버지가 강요한 거였어요. 늙은 악마! "만약 경찰에 자원하지 않으면 그들이 널 독일로 보낼 거다. 그러면 너의 그 '사랑하는 류바'는 다시는 구경도 못 하게 될 거야! 암, 못 보고말고!" 할아버지가 협박했던 거예요. 할아버지에겐 꿈이 있었어요…… 독일 여자를 손자며느리로 들이는 꿈…… 독일군은 독일에 대한 영화를 상영했고, 그 영화 속 삶은 정말 아름다웠어요. 많은 처녀 총각들이 그걸 믿었어요. 그리고 나라를 떠났지요. 떠나기 전에는 늘 송별회가 열렸어요. 관악대가 오기도 했고요. 떠나는 사람들

---

* 기독교의 추수감사절과 같은 명절로, 추수가 끝난 뒤 이를 기념하고 축하하는 슬라브 농촌 고유의 민족행사를 일컫는다.

은 구두를 신고 기차에 올라탔어요…… (가방에서 알약을 꺼낸다.) 난 몸이 안 좋아요…… 의사들이 현대의학으로는 어찌할 수 없다고 하더이다…… 곧 죽는대요…… (침묵) 내 사랑은 남아 있었으면 좋겠어요. 나는 사라져도 내 사랑에 대한 이야기는 사람들이 읽으면 좋겠어요……

사방이 전쟁터였지만 우리는 행복했어요. 남편과 아내로서 1년을 살았어요. 임신도 했죠. 우리집에서 기차역까지 엎어지면 코 닿을 거리였어요. 예전에는 독일 군대가 전선으로 향하는 모습을 볼 수 있었어요. 모두 젊고 발랄한 젊은이들이었어요. 고래고래 군가도 불러댔지요. 우리와 마주치면 "메드헨! 클라이네 메드헨!"* 그러며 깔깔거렸어요. 그런데 가면 갈수록 점점 더 젊은 사람이 줄어들고 나이 많은 사람들이 늘어나기 시작했어요. 예전에는 모두 명랑했는데, 이제는 음울한 얼굴로 돌아오더군요. 즐거움이라고는 찾아볼 수 없었어요. 소련군이 승승장구하기 시작한 거예요. 난 이반에게 묻곤 했어요. "이반, 이제 우리는 어떻게 되는 거야?" "내 손에 피를 묻힌 적은 없어. 난 한 번도 사람을 쏘지 않았어." (침묵) 우리 애들은 이런 얘기는 전혀 몰라요. 고백한 적이 없거든요. 어쩌면 마지막 순간이 다가오면…… 어쩌면 죽기 바로 직전에 말할 수도 있겠네요…… 한 가지 분명한 건 사랑은 독이라는 거예요……

우리집에서 두 집 건너에 어떤 청년이 살았어요. 그 사람도 나를 좋아했어요. 춤추러 갈 때면 늘 나를 초대하곤 했죠. 그 사람은 꼭 나하고만 춤을 췄어요. "내가 바래다줄게." "아니야, 바래다줄 사람이 있어." 그는 잘생긴 남자였어요…… 그 남자는 '숲'으로 들어갔어요. 빨치산에 합류한 거죠. 그가 붉은 띠를 두른 쿠반카**를 쓰고 돌아다니는 걸 본 사람들도 있었어요. 어느 날 밤 우리집 문을 두드리는 소리가 들렸어요. "누구세요?" "빨치산이요." 그 남자

---

* 독일어로 '아가씨, 귀여운 아가씨'라는 뜻.
** 쿠반카자크인들이 쓰던 모피 모자로, 주로 양털로 만들었다. 이후 소련 내무인민위원회나 경찰들이 겨울에 쿠반카를 착용했다.

와 그 남자보다 조금 나이가 많은 또다른 남자가 들어왔어요. 나를 쫓아다니던 그 남자가 말문을 열었지요. "요새 앞잡이 부인께서는 어떻게 사시나? 진작부터 네 얼굴이 보고 싶었지. 남편은 어디 갔나봐?" "내가 어떻게 알아? 오늘은 아직 안 들어왔어. 경비대에 있겠지. 아마 오늘은 그곳에 남는 모양이야." 그러자 그가 내 손을 잡아채서 벽 쪽으로 몰아붙였어요. 그러고는…… 독일놈들의 노리개부터 시작해서 걸레라느니…… 온갖 육두문자를 사용해가며 상스러운 욕설을 퍼부었어요…… 더러운 부농의 핏줄에게, 독일놈의 하수한테 몸을 내준 주제에 고상하고 순진한 척은 혼자 다 한다는 말도 했죠…… 그러더니 주머니에서 권총 비슷한 것을 꺼내들었던 것 같아요. 그때 엄마가 무릎을 꿇고는 "얘들아! 그래, 쏴라! 총을 쏴! 내가 아가씨 때부터 너희들 엄마랑 동무를 하던 사이였다. 그래, 걔들도 나중에 한번 울어보라고 해." 웬일인지 엄마의 말이 효과가 있었어요. 둘이 쑥덕거리더니 곧 우리집을 떠났어요. (침묵) 사랑은 쓰디쓴 거예요…… 써……

전선이 점점 더 가까워졌어요. 이제 밤이면 포격 소리가 들릴 정도의 거리였어요. 밤이 되자 우리집에 또 손님들이 왔어요. "누구세요?" "빨치산이요." 날 쫓아다니던 그 남자가 또다른 남자와 함께 또 온 거예요…… 날 쫓아다니던 그 남자가 내게 권총을 꺼내 보였어요. "잘 봐, 내가 이 권총으로 네 남편을 죽였어." "거짓말! 거짓말!" "그러니 이제 넌 과부야." 난 내가 그를 죽일 줄 알았어요…… 그 인간의 눈알을 다 뽑아낼 줄 알았다고요…… (침묵) 그다음날 아침, 사람들이 썰매에 태워 내 남편 이반을 데리고 왔더군요. 군인 외투를 입고 있었어요…… 눈은 감겨 있었고, 얼굴은 아이의 얼굴 같았어요. 내 남편은 아무도 죽이지 않았다고요…… 나는 그이의 말을 믿었어요! 지금도 믿는다고요! 난 바닥에 쓰러져 몸부림을 치며 울부짖었어요. 엄마는 내가 미쳐버릴까봐, 뱃속 아이가 사산되거나 기형으로 태어날까봐 속을 끓였어요. 그래서 어느 점쟁이를 찾아갔죠. 스타샤 할머니에게. 할머니는 우리 엄마에게 말했어요. "자네가 처한 상황이 어떤지는 잘 알지만, 자네 딸에게 내가 해줄 수 있는 일은 없다네. 자네 딸아이가 직접 신께 기도를 올려야 해." 스타샤 할머니가 기도하는 법을 가르쳐줬다고 했어요…… 이반을 묻으러 갈 때 나는 다른 사람들과 함께 관 뒤를 따르는 것이 아니라 행렬 앞에서 가야 했어요. 묘지까지 그렇게 가야 했어요. 묘지까지 가려면 마을을 관통해야 했어요…… 전쟁이 끝나갈 무렵에는 이미 대부분의 남자들이 숲으로 들어가 빨치산으로 활동하고 있었어요. 그래서 집집마다 죽은 사람이 없는 집이 없었죠. (울음) 저는 걸어갔어요…… 독일 앞잡이의 관 앞에 서서…… 저는 앞에서 가고 엄마는 뒤에서 따라왔어요. 모든 사람들이 집밖으로 나왔어요. 어떤 사람들은 대문 옆에 서 있었어요. 하지만 아무도 악담을 퍼붓지는 않았어요. 모두들 보면서 울었어요.

소비에트가 복권되었어요…… 그 남자가 다시 나를 찾아냈어요…… 말을 타고 왔더군요. "그들이 이미 널 주시하고 있어." "그들이 누구야?" "누구긴 누구야. 당기관이지." "어찌되든 상관없어. 어디서 죽든 매한가지야. 시베리아로 쫓아내라고 해." "네가 그러고도 엄마야? 넌 아이가 있잖아." "그 아이가 누구의 자식인지 너도 알잖아……" "난 그런 너도 받아줄 수 있어." 그래서 난 그와 결혼했어요. 남편을 죽인 살인자에게요. 그리고 그의 딸도 낳았어요…… (울음) 그는 내 아들도 자신의 딸도 똑같이 사랑했어요. 그건 사실이니까, 사실은 사실대로 말해야죠. 하지만 난…… 나는…… 온몸이 시퍼렇게 됐죠. 울긋불긋 피멍이 든 채로 살았어요. 그는 밤이면 때렸고, 아침이 되면 무릎 꿇고 용서를 구했어요. 그는 어떤 욕정에 들끓고 있었어요…… 그는 죽은 그이를 질투했어요…… 새벽에 아직 모두가 한밤중일 때 난 일어났어요. 그가 깨어나기 전에…… 그래서 나를 껴안기 전에 일어나야만 했거든요. 바깥 불빛 하나 비치지 않는 깜깜한 밤중까지 난 부엌에 서 있었어요. 덕분에 우리집 냄비가 반짝반짝했지요. 그가 잠들 때까지 기다려야 했거든요. 그렇게 우리는 함께 15년을 살았어요. 그는 중병을 앓았고, 가을에 아프기 시작해서 그 가을에 죽었어요. (울음) 난 잘못이 없어요…… 난 그의 죽음을 바라지는 않았어요. 그 순간…… 마지막 순간이 왔을 때였어요. 항상 벽 쪽을 바라보고 누워 있었던 그가 뒤돌아 눕더니 나한테 물었어요. "넌 날 사랑했니?" 난 아무 말도 하지 않았어요. 그는 웃었어요. 그날 밤처럼, 나한테 총을 보여줬던 그날 밤처럼요…… "그런데 난 말이야, 평생을 너만 사랑했어. 널 너무 사랑해서 내가 죽을병에 걸렸다는 걸 알았을 때 너를 죽이려고 했어. 야시카(우리 이웃 이었는데, 동물 가죽 벗겨내는 일을 했어요)에게 독을 구해달라고도 했어. 나는 죽는데, 네 곁에 나 아닌 다른 놈이 있을 거라는 생각을 하면 견디질 못하겠 어. 넌 참 예뻐."

관에 누워 있는데도…… 웃는 것 같았어요…… 그의 곁에 다가가기가 무서웠어요. 입맞춤해야만 했는데도 말이에요.

(합창) "일어나라, 거대한 나라여!/일어나라, 목숨 건 전투를 위해……/선 한 분노여, 파도처럼 일어나라/민족의 사활이 걸린 전쟁이 시작됐다/거룩한 전쟁이……"

—상처를 가지고 떠나가는 거지……

—난 딸들에게 일러뒀어. 내가 죽으면 음악만 흐르면 좋겠다고, 사람들은 아무 말도 안 했으면 좋겠다고.

—전쟁이 끝난 후에 독일군 포로들이 돌을 옮기고 도시를 복구하는 일을 했어. 그들도 배가 고팠을 거야. 우리에게 빵을 구걸했지. 나는 그들에게 빵한 조각도 줄 수가 없었어. 이따금 그때 그 순간이 자꾸 떠올라…… 바로 그 순간이…… 참 이상하지, 그런 일이 기억에 남아 있다는 게……

상 위에는 꽃들과 함께 티메랸 지나토프의 큰 영정사진이 놓여 있었다. 나는 합창 소리에서 내내 그의 목소리가 들리는 듯한 느낌을 받았다. 마치 그가 우리와 함께 있는 것처럼.

미망인의 이야기 중에서:

—전 떠올릴 만한 일이 별로 없어요…… 남편은 집과 가족을 신경써본 적이 없는 사람이에요. 그저 요새, 요새밖에 몰랐던 사람이에요. 남편은 전쟁만은 잊지 않았어요…… 아이들에게 레닌은 좋은 사람이다, 우리는 공산주의 국가를 건설하고 있다고 가르쳤어요. 한번은 손에 신문을 꼭 쥔 채로 퇴근했어요. "위대한 건설현장으로 가야겠어. 조국이 우리를 부르고 있어." 그때는 우리 아이들이 아직 많이 어릴 때였어요. 그런데도 '가자!', 그 한마디로 끝이었어요. 조국의 명령이라면서…… 그렇게 우리 가족은 남편과 함께 BAM 건설현장에 갔어요…… 공산주의를 세우는 현장에요…… 건설을 했어요. 우리에겐 미래가 있다고 생각했어요! 소비에트 정권을 맹신했었죠. 진심으로. 우리는 이제 늙었어요. 글라스노스트, 페레스트로이카…… 이젠 앉아서 라디오를 들어요. 공산주의는 이미 없어요…… 도대체 그 공산주의는 어디에 있나요? 공산주의자들도 없고요…… 이제는 누가 저 위에 앉아 있는지도 모르겠어요…… 가이다르가 사기를 쳐서 모든 걸 빼앗아갔고…… 사람들은 집도 없이 떠돌아다녀요. 어떤 사람들은 공장이나 집단농장에서 뭔가를 훔쳐내고…… 어떤 사람은 거짓말하며 살아요. 어떻게든 살겠다고 발버둥치는 거예요…… 그런데 제 남편은…… 구름 위에서 사는 사람 같았어요. 항상 저멀리, 높은 곳 어딘가에서 살았어요…… 딸이 약국에서 일하는데, 하루는 구하기 어려운 약들을 집으로 가져왔어요. 그걸 되팔아서 몇 푼 더 벌어보겠다고요. 남편이 어떻게 알았을까요? 냄새라도 맡은 걸까요? 아무튼, 고함을 쳤어요. "부끄러운 줄 알아! 이게 무슨 수치란 말이냐!" 집에서 딸애를 쫓아냈어요. 전 도저히 남편을 진정시킬 수가 없었어요. 다른 참전용사들은 특권을 사용했어

　　　　　　　　　　　　　　　　　1부 아포칼립스의 위로

요…… 그들에게는 그 특권이 허용됐다고요…… 한번은 제가 부탁했어요. "여보, 한번 가봐요. 어쩌면 당신한테 뭐라도 줄지 모르잖아." 그랬더니 노발대발하면서 "난 조국을 위해서 전쟁을 했지, 특권을 위해서 한 게 아니야!"라며 소리를 질렀어요. 밤이면 눈을 뜬 채로 입을 꾹 닫고 누워 있었어요. 남편을 불러봐도 대답이 없었지요. 어느 순간 식구들과 대화도 끊어버리더군요. 남편은 지나치게 걱정했어요. 우리들, 가족을 걱정한 게 아니라 나라를 걱정했어요. 남편은 그런 사람이었어요. 전 남편에게 질렸어요…… 작가 선생님께 드리는 말이 아니라 같은 여자로서 솔직히 드리는 말씀인데요, 전 남편을 이해할 수가 없었어요……

남편은 감자를 캔 뒤 좋은 옷을 갖춰 입고 자신만의 요새로 떠났어요. 우리에게 몇 마디만이라도 남겼더라면. 마지막 글도 국가에, 생면부지인 남들한테 쓴 것이었어요. 우리에겐 아무것도…… 단 한마디도 남기지 않았어요……

고통의 달콤함과 러시아 정신의 핵심에 대하여

올가 카리모바(음악가, 49세)

어떤 사랑에 대한 이야기:

—아니…… 아니요, 전 못 해요…… 전 정말 못 해요. 언젠가는…… 누군가에게는 얘기할 거라 생각했지만, 그게 지금은 아니에요…… 지금은 아니에요. 저는 모든 것을 마음속에 잠가두었고, 벽 안에 가둔 뒤 회칠까지 해두었어요. 여기…… 석관 속에…… 모든 걸 석관으로 덮어버렸어요. 여긴 이제 불꽃도 일지 않아요. 하지만 아직도 반응은 일어나요. 여기에 어떤 결정 같은 것들이 맺히고 있어요. 그래서 건드리기조차 두려워요. 무서워요……

첫사랑…… 그걸 이렇게 불러도 되는지 모르겠어요. 나의 첫 남편…… 이건 아름다운 이야기예요. 그는 2년 동안이나 저에게 대시했어요. 저도 너무나 그와 결혼하고 싶었어요. 왜냐하면 전 그의 전부가 필요했거든요. 그가 아무 데도 가지 못하도록 해야 했어요. 온전히 나의 것이어야 했어요! 대체 왜 그렇게 그의 전부가 제게 필요했는지 모르겠어요. 그에게 딱 달라붙어서 늘 같이 있어야 했어요. 매번 말다툼을 했죠. 그리고 계속 그와 관계하고 또 하고, 끊임없이 뒹굴 수 있어야만 했어요. 그는 제 인생의 첫번째 남자였어요. 처음 관계를 맺을 때는…… 음…… 그건 정말…… 그냥 단순한 호기심이었던 것 같아요. '내게 무슨 일이 벌어지고 있는 거지?' 그다음에 관계할 때도…… 마찬가지였어요. 전반적으로…… 그건 그냥 테크닉 같은 거였어요…… 테크닉과 몸이 있으면 되는…… 몸과 몸, 몸과 몸…… 그게 다였어요! 그런 상태가 반년이나 지속됐어요. 물론 그에겐 여자가 반드시 나였을 필요는 없었을 거예요. 얼마든지 다른 여자를 구할 수 있었으니까요. 하지만 그런데도 우리는 결혼하고 말았어요…… 제 나이 스물두 살이었을 때예요. 우리는 음악학교에서 같이 공부했고, 모든 것을 함께했어요. 그 느낌은…… 나중에야 저를 찾아왔어요…… 제 안에서 뭔가 열린 느낌…… 하지만 전 그 순간을 깜빡 놓치고 말았어요…… 제가 남자의 몸을 사랑하게 된 그 순간을…… 그 몸이 완전하게 나에게 소속되어 있는 느낌…… 그건 환상적인 이야기였어요…… 그 이야기는 끊임없이 계속될 수도 있었고, 삼십 분 만에 끝날 수도 있었지요…… 그런데…… 제가 떠났어요. 스스로. 그는 남아달라며 사정했어요. 왜 그랬는지는 모르겠지만 전 떠나겠다고 결심했어요. 저는 그에게 너무 지쳐 있었어요…… 세상에, 내가 얼마나 그 사람 때문에 지쳤는지! 전 임신한 상태였고 배도 제법 불렀죠…… '저 남자가 내게 왜 필요하지?' 잠자리에서 뒹굴고 나면 싸웠고, 싸우고 나면 저는 울었어요. 저는 참는 게 뭔지 몰랐어요. 용서할 줄도 몰랐고요.

집에서 나와 문을 닫았는데 문득 내가 떠난다는 사실이 그렇게 기쁠 수 없

1부 아포칼립스의 위로

는 거예요. 영원히 떠난다는 생각에. 전 곧장 엄마에게 갔는데 그 사람이 그날 밤에 바로 쫓아왔죠. 그 사람은 상황을 전혀 이해하지 못하고 있었어요. '임신한 여자가, 무엇 때문인지 항상 불만이 가득했던 저 여자가, 도대체 뭐가 더 필요해서 저러는 걸까? 도대체 당신은 뭐가 아직도 부족하냐고?' 그런데 저는 그냥 책장을 넘긴 것뿐이었어요…… 저는 그가 나와 함께 있었기 때문에 아주 기뻤고, 나중에는 그가 내게 없다는 이유로 마찬가지로 매우 기뻤어요. 제 인생은 항상 저금통 같았어요. 가득 모아두면 없어지고, 또 모아두면 없어지는.

세상에, 제가 우리 아냐를 얼마나 우아하게 낳았는지 아세요? 전 출산이 정말 마음에 들었어요…… 우선 양수가 모두 빠져나간 뒤였어요…… 전 몇 킬로미터씩 걸어다녔거든요. 그런데 얼마나 걸었는지 모를 때쯤 어느 숲 부근에서 양수가 모두 쏟아져버린 거예요. 사실 전 참 무지했어요. '이제 뭘 해야 하지? 당장 병원에 갈 준비를 해야 하는 건가?' 저녁까지 그렇게 기다렸어요. 그때가 겨울이었는데, 지금은 믿기조차 어렵지만, 당시 영하 40도였어요. 나무껍질도 추위에 갈라질 정도였지요. 결국 저는 병원에 가기로 결심했어요. 의사가 진찰하더니 "이틀은 고생하겠네요"라고 말했어요. 집으로 전화했죠. "엄마, 초콜릿 좀 가져다줘. 나 오래 누워 있어야 한대." 아침 회진 시간 전에 간호사가 잠깐 들여다봤어요. 그러더니 "어머, 산모님, 벌써 머리가 비치고 있어요. 의사를 부를게요"라고 하더군요. 그래서 결국 저는 그 의자에 앉게 되었죠…… 모두들 하나같이 "자, 자. 조금만, 조금만 더"라고 말하더군요. 얼마나 시간이 흘렀는지 기억이 나질 않네요. 하지만 잠시 뒤에…… 정말 얼마 되지 않았는데…… 제게 어떤 덩어리 하나를 보여줬어요. "딸이네요." 몸무게를 재보니 4킬로그램이었어요. "어머, 산모님, 회음부 파열이 한 군데도 없어요. 아기가 엄마를 봐줬나봐요." 아아, 그다음날 아기를 데려왔는데, 눈 안에 새까만 눈동자가 가득해서 둥둥 떠다니는 것 같았어요. 그 순간부터 저는 아이 외에는 아무것도 뵈는 것이 없었어요……

저는 새로운 인생, 전혀 다른 인생을 살기 시작했어요. 바뀐 제 외모도 마음에 들었어요. 글쎄…… 애를 낳자마자 바로 예뻐졌다니까요…… 아나는 곧바로 자기 자리를 꿰찼고, 저는 아이를 끔찍이 사랑했어요. 그런데 우리 딸은 남자와는 전혀 관계 없이 태어난 아이처럼 행동했어요. 자기 자신과 아버지를 연관 지을 생각이 없었죠. 하늘에서 뚝 떨어진 것처럼. 말을 배우기 시작하자 주변 사람들이 딸에게 묻더군요. "아냐야, 아빠는 어디 있니?" "난 아빠 말고 할머니가 있어." "개는 없니?" "난 개 대신 햄스터가 있어." 저와 딸은 그런 사람들이에요…… 저는 어느 날 갑자기 내가 나 자신이 아니게 될까봐 평생을 걱정하며 살았어요. 치과 치료를 받을 때도 "마취주사는 놓지 마세요. 통증을 없애지 말아주세요"라고 부탁할 정도였죠. 내 감정들, 그것이 좋은 감정이든 아픈 감정이든 그 감정들로부터 나를 단절시키길 원치 않았으니까요. 저와 제 딸은 서로를 마음에 들어했어요. 그런 우리가 그를…… 글레브를 만난 거예요……

그가 그런 사람이 아니었다면 저는 절대로 재혼하지 않았을 거예요. 저는 부족한 게 없었거든요. 아이, 직장, 자유. 그런데 갑자기 그가…… 어설프고 서투른, 거의 장님에 가까운 그가…… 숨을 헐떡거리며 내쉬었던 그가 제 앞에 나타난 거예요. 저만의 세계로 그런 버거운 과거의 짐을 가진 사람을 들여보냈어요. 스탈린 수용소에서 12년을 보낸 그를…… 그가 수용소로 끌려간 건 열여섯 소년이었을 때였어요. 그의 아버지는 고위급 당간부였는데…… 총살당했고, 어머니는 물을 가득 담은 통에 갇혀 얼어죽었대요. 저 먼 곳 어딘가에서, 저 눈더미들 사이에서. 그이를 만나기 전까지 저는 그런 것들에 대해 생각해본 적이 없었어요…… 전 피오네르, 콤소몰 수순을 밟으며 평탄하게 살았으니까요…… 제게 인생은 그저 아름다운 것이었어요! 환상적이었다고요! 그런데 제가 어떻게 그런 결정을 했을까요? 어떻게? 세월은 아픔도 지식으로 승화시켜요. 지식으로요. 그이가 떠난 지 벌써 5년이 되었어요…… 5년……
그가 지금의 나를 보지 못했다는 것이 너무나 안타까워요. 지금 저는 그이를
더 잘 이해하고 그이의 수준까지 충분히 성장했는데, 이제는 그이가 제 곁에
없네요. 전 홀로 사는 법을 참 오랫동안 배웠어요. 아예 살고 싶지가 않았어
요. 저는 고독이 두려웠던 것이 아니라 사랑 없이 사는 법을 몰랐거든요. 전
그 아픔이…… 그 연민이…… 필요해요. 그것 없이는…… 전 무서워요. 제가
바다에 있을 때 느끼는 것과 같은 두려움이에요. 먼바다로 헤엄쳐나갈 때의
두려움. 난 혼자이고…… 물아래에는 흑암만이 펼쳐져 있죠…… 거기에 뭐가
있는지 알 수가 없는 거예요……

우리는 테라스에 앉아 있다. 나뭇잎들이 소란을 피운다. 비가 내린다.

아아, 해변에서의 로맨스란…… 오래가지 않아요. 짧지요. 거기에는 삶의
작은 모형만이 있어요. 아름답게 시작해서 아름답게 떠날 수 있죠. 그건 우리
가 인생을 살면서 잘 안 되는 일 중 하나이고, 하고 싶은 일 중 하나이기도 하
잖아요. 그래서 우리는 어디로든 여행 떠나길 좋아하는 거예요…… 누군가를
만나기 위해서…… 그렇게 된 거예요…… 그때 전 머리를 양 갈래로 따고 파
란 물방울무늬 원피스를 입고 있었어요. 여행을 떠나기 하루 전 '네츠키 미르
(아이들의 세상)'라는 어린이용품점에서 구입한 원피스죠. 바다가 있었어
요…… 저는 멀리멀리 헤엄쳐나갔어요. 전 세상에서 수영을 제일 좋아하거든
요. 어느 날 아침, 저는 하얀 아카시아 나무 아래서 준비체조를 하고 있었어
요. 그때 한 남자가, 남자의 형상을 한 그 사람이 제게 오는 거예요. 매우 평범
한 외모에 젊지도 않은 그 남자가 저를 보며 아무 이유 없이 반색을 하더군요.
그러곤 서서 절 보는 거예요. "제가 저녁에 시를 읽어드릴까요?" "글쎄요. 어
쩌면 그러실 수도 있겠네요. 하지만 지금은 멀리멀리 헤엄쳐나갈 거예요!"

"그럼, 저는 당신을 기다릴게요." 정말 기다렸어요. 몇 시간을 기다렸어요. 하지만 시 낭송은 정말 못했어요. 계속 안경을 고쳐 쓰기도 했고요. 그래도 감동적이었어요. 전 깨달았어요⋯⋯ 그가 어떤 감정을 느끼는지 깨닫고 말았어요. 그 제스처, 그 안경 그리고 그 긴장감을 보면서 깨달았어요. 하지만 그가 뭘 낭송했는지는 새까맣게 기억이 안 나요. 사실 뭐, 그게 그렇게 중요한 가요? 그때도 비가 내렸어요. 비가 왔어요. 전 그걸 기억해요⋯⋯ 아무것도 잊지 않았어요⋯⋯ 감정⋯⋯ 우리의 감정은⋯⋯ 그건 어떤 별개의 존재들 같아요. 고통, 사랑, 다정함. 그 감정들은 우리와 관계없이 자생하다가 아무 이유 없이 어느 날 갑자기 한 사람을 선택해요. 다른 사람이 더 나을 수도 있는데, 굳이 그 한 사람을 선택하고 마는 거예요. 또는 어느 순간 낯선 인생의 일부가 되어버리기도 해요. 당사자는 그런 일이 벌어지는 줄 전혀 눈치도 못 채죠. 바로 그 감정들이 벌써 제게 와서 신호를 보내고 있었어요⋯⋯ "내가 널 얼마나 기다렸는데⋯⋯" 그다음날 아침 그가 저를 맞이하며 하는 말이었어요. 그 말을 내뱉는 그의 목소리 때문에 저는 그냥 그의 말을 믿고 말았어요. 사실은 전혀 준비되어 있지 않았는데도 말이에요. 오히려 그 반대였죠. 주변이 뭔가 달라지기 시작했어요⋯⋯ 그건 아직 사랑은 아니었지만, 어느 날 갑자기 뭔가를 많이, 아주 많이 받은 것 같은 그런 느낌이었어요. 사람이 다른 사람을 들게 되었다고나 할까요. 마음의 문을 두드리는 바람에 문이 열려버린 거예요. 저는 멀리멀리 헤엄쳤어요. 돌아오면 어김없이 그가 기다리고 있었고 또다시 말했어요. "너와 난 모든 게 잘될 거야." 그러면 아무 이유 없이 전 또 그 말을 그냥 믿어버리는 거예요. 저녁에 그와 함께 샴페인을 마셨어요. "이건 비록 붉은 샴페인이지만, 가격만은 정상적인 샴페인과 다를 바 없어." 전 이 표현도 마음에 들었어요. 스크램블을 만들 때도 "난 계란과는 해프닝이 벌어지곤 해. 나는 늘 계란을 열 개 단위로 사고 계란을 부칠 때는 꼭 두 개씩 하거든? 그런데 항상 마지막에는 계란 하나가 남는다니까"라고 말했어요. 그의 이야기들은 뭔가 아기자기하고 사랑스러웠어요.

　모두가 우리를 보면서 물었죠. "할아버지야? 아니면 아버지야?" 저는 이렇게나 짧은 원피스 차림이었고…… 스물여덟 살이었으니까요…… 그이는 나중에야 좀 멋있어졌어요. 저와 함께하면서부터. 제 생각엔 제가 그 비밀을 알고 있는 것 같아요…… 그 비밀의 문은 오직 사랑만으로…… 오로지 사랑만으로 열 수 있어요. "난 계속 네 생각만 했어." "내 생각을 어떻게 했는데요?" "너와 함께 어디론가 멀리멀리 가고 싶다는 생각. 다른 건 다 필요 없고 네가 내 옆에 있다는 것만 느낄 수 있으면 되는 거야. 내가 당신에게 줄 수 있는 다정함은 바로 이거야. 그냥 바라보면서 옆에서 가만히 걸어가는 것." 우리는 행복한 시간들을 보냈어요. 완벽하게 유치해지곤 했죠. "우리 같이 아무도 없는 섬에 갈까? 가서 그냥 백사장 위에 마냥 누워 있는 거야." 행복한 사람들은 항상 아이 같은 법이에요. 그래서 그들은 보호받아야 해요. 그들은 연약하고 우스꽝스럽고 무방비한 사람들이니까요. 우리가 딱 그랬어요. 사실 전 원래 어때야 하는지 잘 몰라요. 이 사람과는 이렇고, 저 사람과는 저렇고…… 관계는 어떻게 만들어가느냐에 따라 다른걸요…… 우리 엄마는 "불행은 가장 좋은 스승이다"라고 하셨어요. 하지만 그래도 행복하고 싶잖아요. 자다가도 '내가 뭘 하고 있는 거지?'라는 생각에 잠이 깨곤 했어요. 저는 뭔가가 불편했어요. 항상 그 긴장감 때문에…… 저는…… 제게는…… "넌 항상 뒤통수가 긴장되어 있어." 그이도 그걸 눈치채고는 했어요. '나는 뭘 하고 있는 거지? 나는 어디로 떨어지는 거지? 저기에는 분명 낭떠러지가 있는데.'

　……그이는 빵 흡입기였어요…… 빵이 눈에 띄기만 하면 규칙적으로 빵을 먹어치우곤 했어요. 빵이 얼마나 있든지 간에 몽땅 먹어치웠어요. '빵은 남기면 안 된다. 이건 내 몫으로 주어진 거다.' 그이는 그렇게 먹고 또 먹고, 빵이 있는 만큼 모두 먹어치웠어요. 저도 처음부터 그 행동을 이해할 수 있었던 건 아니에요……

……학교에 대해 이야기했어요…… 역사 시간에 교과서를 펼치고 투하솁스키, 블류헤르 장군들의 초상화에 감옥 창살을 그리곤 했대요. 학교 교장이 직접 지시했다고 해요. 그림을 그리면서 노래 부르며 웃었대요. 일종의 놀이처럼요. 수업이 끝나고 나면 그이는 동급생들에게 맞았고, 그이의 등에 분필로 '인민의 적의 아들'이라고 쓰며 괴롭혔다더군요.

……옆으로 한 발자국만 벗어나도 즉시 사살되었고, 숲속으로 도망쳐봤자 야생 짐승들에게 물어뜯겨 죽었다고 해요. 밤이 되면 한 막사 안의 사람들끼리 서로를 베어버릴 수도 있었대요. 그런 짓을 해도 누가 뭐라 하는 사람도 없었다더군요…… 거긴 수용소였으니까…… 각자가 스스로 살아남아야 하는 곳이었으니까요…… 전 그걸 이해해야만 했어요……

……레닌그라드 봉쇄가 뚫린 후 그이가 있었던 수용소로 봉쇄에 참여했던 군인들 한 무리가 당도했대요. 해골…… 앙상한 뼈…… 인간의 모습과는 거리가 멀었다더군요…… 그들은 죽은 엄마와 아이가 갖고 있던 빵 50그램짜리(낮에 배급되던 기준치) 배급표를 숨긴 죄로 수용소에 갇혔던 거예요…… 그들은 6년형을 선고받았어요. 그들이 온 이후로 이틀 동안은 수용소가 잠잠했다고 해요. 공안요원들조차도 말이 없었대요……

……그이는 한때 보일러실에서 일했어요…… 다 죽게 생긴 그이를 구해준 사람이 있었던 거죠. 보일러실 책임자는 모스크바 출신 어문학 교수였고, 우리 그이는 리어카에 땔감을 실어 운반했대요. 그 둘이 자주 토론을 했다네요. '푸시킨의 글을 인용하는 사람이 무기도 없는 사람을 쏠 수 있을까? 아니면 바흐를 듣는 사람이라든가……'

전 왜 그 사람을 택했을까요? 왜 그 사람이어야만 했을까요? 러시아 여자들이 그런 불행한 남자들을 좋아하는 것 같아요. 우리 할머니도 사랑하는 사람이 따로 있었는데, 부모님이 다른 사람과 결혼시켰다고 했어요. 할머니는 부모님이 정해준 그 사람이 정말 마음에 안 들었대요. 할머니가 그 사람을 얼마나 싫어했는지 몰라요! 어휴! 결국 할머니는 성당에서 성혼식을 올릴 때 신부님이 "너의 의지에 따라 가는 것이냐?"라고 물으면 바로 부정하겠다고 작정했지요. 그런데 신부님이 당일 술에 취한 나머지 법도대로 물어야 할 질문 대신에 "남편에게 상처 주지 마시게나. 전쟁터에서 두 다리가 동상에 걸렸던 사람이라오……"라고 하셨다는 거예요. 그런 얘기까지 들었으니 결혼을 안 할 수 없었던 거죠. 그렇게 해서 우리 할머니는 한순간도 사랑하지 않았지만 평생을 함께해야 할 우리 할아버지를 얻었어요. 우리네 인생에 정말 딱 어울리는 머리글이 아닌가요? "상처 주지 마시게나. 전쟁터에서 두 다리가 동상에 걸렸던 사람이라오……" 그럼, 우리 엄마는 과연 행복했을까요? 우리 엄마…… 우리 아빠는 1945년에 전쟁터에서 돌아왔어요. 무참히 짓밟힌 채로, 기진맥진한 모습으로. 부상으로 인해 병도 앓고 있었어요. 승리자들이라니! 승리자들과 산다는 게 무슨 뜻인지 오로지 그들의 부인들만이 알고 있을 거예요. 아빠가 돌아온 후 엄마는 자주 울었어요. 승리자들이 정상적인 삶으로 돌아오기까지는 수년씩 걸렸거든요. 적응이 필요했던 거죠. 아버지의 이야기가 기억나네요. 돌아온 지 얼마 되지 않았을 때는 '목욕물을 데우자' '낚시하러 가자'라는 말들 때문에 머리가 돌 지경이었다고 했어요. 러시아 남자들은 고행자들이에요. 러시아 남자들은 모두 트라우마를 가지고 있어요. 전쟁 때문이든 감옥이나 수용소 생활 때문이든. 전쟁과 감옥, 이 두 단어는 러시아어에서 가장 중요한 단어들이에요. 러시아어 전체를 통틀어서요! 러시아 여인들은 한 번도 정상적인 남자들과 살아본 적이 없어요. 러시아 여인들은 치유자들이에요. 남자를 영웅처럼 대하기도 하고 아이처럼 대하기도 하면서, 그렇게 그들을 구원하는 사람들이라고요. 오늘날까지도 그래요. 러시아 여인의 역할은 늘 같았어요. 이젠 소련이 무너졌죠…… 이제 우리에겐 제국의 붕괴, 제국의 참패로 인한 희생자들이 있어요. 차라리 우리 그이가, 굴라크에서 돌아온 그이가 지금 사람들보다는 훨씬 더 당당했어요. 그이에겐 자부심이 있었거든요. '자, 보라고, 난 이렇게 살아남았어! 난 이렇게 견뎌냈어! 내가 무슨 일들을 겪었는지 알아! 그럼에도 불구하고 나는 책도 쓰고, 여자들에게 키스도 한다고……' 글 레브는 자존심이 있었어요. 그런데 지금 저들의 눈에는 공포가 서려 있어요. 오로지 공포만이…… 군대가 축소되고 공장이 가동을 멈췄어요…… 엔지니어와 의사들이, 박사님들이 시장에서 장사를 해요. 소련이라는 배에서 버려진 사람들이 주위에 널려 있어요. 모두 길가에 앉아 뭔가를 기다리고 있어요…… 제 친구의 남편이 조종사였어요. 비행대대의 대장이요. 그런데 해고되었고, 예비군 신세가 되었지요. 제 친구마저 일자리를 잃게 되었는데, 그 친구는 재빠르게 전업을 하더군요. 원래는 엔지니어였는데 미용사로 전업했어요. 친구가 아등바등하는 동안에도 그 남편은 집구석에 들어앉아 치욕스러움에 치를 떨며 술만 마셨어요. 그가, 전투조종사인 그가, 아프가니스탄을 뒤로하고 아이들 먹일 밥을 지어야 한다는 것이 술을 마시는 이유였어요. 그랬어요…… 그는 모두를 상대로 성을 내고 분노했어요. 그는 병무위원회를 찾아가 아무 전쟁터나 내보내달라고, 특수임무라도 좋으니 보내만 달라고 청원했지만 결국 거절당했어요. 지원자가 넘쳤거든요. 우리 나라에는 놀고 있는 군인들이 수천 명에 달해요. 자동소총과 탱크만 아는 사람들이 그렇게나 많다고요. 그 사람들은 다른 곳에는 쓸모가 없어요. 그래서 러시아 여인들이 남자들보다 더 강해질 수밖에 없었던 거예요. 러시아 여자들은 체크무늬 비닐가방을 들고는 전 세계를 누비고 다녀요. 폴란드부터 중국까지 돌아다니며 사고팔죠. 자신들의 가녀린 두 어깨에 집, 아이들, 노부모까지 모두 짊어지고 살아요. 물론 남편과 나라마저도. 다른 누군가에게 이런 일을 설명한다는 건 참 힘들어요. 불가능해요. 제 딸은 이탈리아 사람과 결혼했어요. 사위 이름이 세르조예요. 기자고요. 딸 내외가 우리집에 오면 우리는 부엌에서 토론회를 열죠. 러시아식으로…… 아침부터요. 세르조는 러시아인들이 고통을 사랑한다고 생각해요. 그것이 러시아 정신의 핵심이라고 말하죠. 러시아인에게 고통이란 '자신과의 사투' '구원에 이르는 길'이라고 하더군요. 그런데 그들은, 이탈리아인들은 그런 사람들이 아니라는 거죠. 그들은 고통받고 싶어하지 않고, 고통받기 위해서가 아닌 기뻐하기 위해서 주어진 삶을 사랑한다고요. 그런데 러시아인들은 그게 없다는 거예요. 우리는 기쁨에 대해서는 거의 말하지 않아요…… 행복은 하나의 완전한 세계라는 것에 대해서, 그것도 환상적인 세계라는 것에 대해서 말하지 않아요! 그 세계에도 알아가야 할 부분이 많고 창문과 문들이 많아서 각 문에 알맞은 열쇠들이 필요해요. 그런데 러시아인들은 항상 부닌의 '어두운 가로수길'*에 끌리는 거예요. 어쨌든…… 사위랑 딸이 슈퍼마켓에 갈 때면 사위가 장바구니를 들어요. 저녁에 딸이 피아노를 치면 그가 저녁 준비를 하죠. 하지만 전 전혀 다르게 살았어요. 그이가 장바구니를 들면 제가 빼앗으면서 "내가 할게. 당신은 들면 안 되잖아"라고 했어요. 그이가 부엌에 들어오면 "당신이 들어올 곳이 아니야. 당장 책상에 가서 앉아"라고 했다고요. 전 항상 반사되는 빛으로만 비춰진 사람이었어요.

1년이 지났어요. 어쩌면 더 되었을 수도 있고요…… 그이가 우리집에 오기로 되어 있었어요…… 그러니까 식구들과 인사를 나누기 위해서요. 저는 그에게 미리 일러두었어요. 우리 엄마는 착한 분이지만 딸은 좀 다르다고…… 일반적인 아이와 다르다고…… 딸이 당신을 기꺼이 환영해줄지는 장담 못 한다고. 아아, 우리 딸 아냐는…… 뭐든지 귀에 갖다댔어요. 장난감이든 돌멩이든 숟가락이든…… 아이들은 보통 다 입에 넣는데 우리 딸은 귀에 갖다댔어요. 어떤 소리가 나는지! 전 사실 일찍부터 딸에게 음악을 가르쳤어요. 그런데 아냐는 좀 특이했어요. 레코드판을 틀어놓으면 휙 뒤돌아서서 가버리기 일쑤였죠. 딸은 다른 사람의 음악은 모두 마음에 들어하지 않았어요. 오로지 그 아이의 마음속 소리에만 흥미를 느꼈어요. 어쨌든…… 그이가 집에 도착했어

---

* '어두운 가로수길'은 러시아 소설가 이반 부닌이 1943년 발표한 단편소설집의 제목이다.

요. 무척 당황한 모습이었어요. 마침 머리도 안 어울리게 짧게 잘라서 외모가 특별히 잘나 보이지도 않았어요. 레코드판을 선물로 들고 왔죠. 그러고는 뭔가 주절주절 이야기를 하기 시작했어요. 어떻게 걸어가서…… 어떻게 레코드판을 샀는지 등에 대해서요…… 우리 아냐는 귀가 좋아요. 아냐는 말을 듣지 않고 다른 걸 들어요…… 억양을 듣죠…… 아냐가 곧장 다가가서 레코드판을 받아들었어요. 그러고는 "우와, 레코드판이 멋있쪄요!"라고 하는 거예요. 그랬어요…… 그후로 얼마간의 시간이 흐른 뒤, 아이가 무척 당황스러운 질문을 제게 하더군요. "나도 모르게 아빠라고 부르면 어떡하지?" 그이는 아이 마음에 들려고 특별히 노력하지는 않았어요. 그냥 아이와 함께 있는 걸 재미있어했죠. 아이와 그이는 서로를 금방 사랑하게 되었어요…… 그 둘이 나보다 서로를 더 사랑한다고 제가 질투까지 했는걸요. 난 나만의 역할이 있다며 스스로를 다독이기까지 했죠…… (침묵) 그이가 아이에게 이렇게 묻곤 했어요. "아냐, 너 딸꾹질은 잘하니?" "아니, 이제는 잘 못해요. 옛날에는 딸꾹질을 진짜 잘했는데." 지루할 틈이 없었죠. 아이가 하는 말들은 다 받아 적어도 될 말들이었어요. 다시 그 주제로 돌아가서…… "나도 모르게 아빠라고 부르면 어떡하지?"라고 물었어요…… 그때가 우리가 공원에 앉아 있을 때였어요. 글레브가 잠시 담배를 사러 갔다가 돌아왔죠. "아가씨들, 무슨 얘기들을 그렇게 하시나요?" 저는 얼른 아이에게 눈짓을 했어요. '절대로 말하지 마라.' 바보 같아 보이잖아요. 그런데도 딸이 "그럼, 아저씨가 말해줘요"라고 하는 거예요. 그러니 어쩌겠어요? 어쩔 수 없잖아요? 결국 그에게 고백했어요. 아이가 우연히라도 당신을 아빠라고 부르게 될까 걱정한다고. 그러자 그이가 말했어요. "물론 이건 단순한 일은 아니야. 하지만 만약 너무 하고 싶다면 그렇게 부르도록 해." 그 말에 딸이 심각한 얼굴로 말하더군요. "아저씨, 근데 아저씨도 알아야 해요. 난 아빠가 한 명 더 있어요. 하지만 난 그 아빠를 별로 안 좋아해요. 그리고 엄마도 그 아빠를 좋아하지 않아요." 나와 딸은 항상 그런 식이었지요.

1부 아포칼립스의 위로

우리는 과거는 과감히 접고 앞만 보는 사람들이었어요. 집으로 되돌아오는 길에 그이는 이미 아냐의 아빠가 되어 있었어요. 아냐는 뛰면서 소리를 질렀어요. "아빠! 아빠!" 그다음날 유치원에 가서 모두에게 말했더군요. "난 아빠가 글 읽는 법을 가르쳐주셔." "아빠가 누군데?" "아빠의 이름은 글레브야." 그 다음날 아냐의 친구가 집에서 들은 새로운 소식을 아냐에게 알려주죠. "아냐, 왜 거짓말을 해? 넌 아빠가 없잖아. 그 사람은 진짜 아빠가 아니잖아." "아니야, 그전 아빠가 진짜 아빠가 아니야. 이번 아빠가 진짜지." 아냐와 논쟁하는 것 자체가 부질없는 짓이었죠. 그이는 그냥 '아빠'가 되었어요. '난? 나는?' 저는 아직 그의 부인이 아니었어요…… 아니었어요……

　전 휴가를 받았고 또다시 길을 떠났어요. 그이가 기차를 따라 뛰어오면서 한참 동안 손을 흔들고 또 흔들었어요. 하지만 기차에서는 이미 저의 새로운 로맨스가 펼쳐지고 있었죠. 하리코프에서 온 두 명의 젊은 엔지니어들이 저와 마찬가지로 소치로 향하고 있었거든요. 세상에! 전 너무 젊었어요! 바다. 태양. 수영하고 키스하고 춤을 췄어요. 제겐 쉽고 간단한 일이었어요. 저한테는 세상이 단순했으니까요. '차-차-차!' 춤을 추기만 하면 나만의 세상이 열리는 거죠. 저는 사랑받고 있었어요…… 그들이 저를 안고 다녔어요…… 등산하는 두 시간 동안 저를 안고 올라갔다고요…… 팔팔한 근육. 젊은 웃음. 아침까지 피어 있는 모닥불…… 전 꿈을 꿨어요. 천장이 열리더니 푸른 하늘이 펼쳐졌어요…… 글레브가 보이더군요. 우리는 어디론가 가고 있었어요. 해변을 따라 걷고 있는데, 해변가 자갈이 파도에 잘 다듬어진 상태가 아니라 못처럼 뾰족뾰족 모가 나 있었어요. 저는 신을 신고 있었지만 그는 맨발이었어요. 그가 제게 말해요. "맨발로 있으면 더 잘 들려." 하지만 그가 아프다는 걸 저는 알고 있잖아요. 그 아픔 때문에 그이가 점점 더 위로 올라가서…… 공중에 떠 있게 돼요. 날고 있는 그가 보였어요. 그런데 두 팔이 마치 죽은 사람처럼 포개져 있었어요…… (멈춘다.) 세상에! 제가 미쳤나봐요…… 이런 고백은 아무에게도 하면 안 되는데…… 제가 살면서 주로 느끼는 감정은 '행복하다'예요…… 전 행복을 느껴요! 한번은 그이의 묘지에 간 적이 있어요…… 묘지에 가면서도 그가 어딘가에 살아 있는 것만 같은 느낌이 들었어요. 기억나요. 그 생각만으로도 전 행복의 절정을 느낄 수가 있었어요. 그 행복감 때문에 눈물이 날 지경이었어요. 울고 싶었어요. 죽은 사람들이 우리를 찾아오는 법은 없다고들 하잖아요. 그 말 믿지 마세요.

휴가가 끝난 뒤 집으로 돌아갔어요. 그 엔지니어가 모스크바까지 저를 배웅하죠. 저는 모든 걸 글레브에게 이야기하기로 다짐했어요…… 글레브에게 갔죠…… 그의 책상 위에 주간 스케줄표가 있었는데 칸칸마다, 서재 도배지에도, 그가 읽던 신문에도, 모든 곳에 세 글자만 빼곡하게 쓰여 있지 뭐예요. "아…… 이…… 끝……" 대문자로 소문자로 인쇄문자로 필기체로 다양하게도 끼적여놓았더군요. 그리고 이어지는 말줄임표…… 말줄임표…… 제가 물었죠. "이게 뭐예요?" 그가 해석해주었어요. "아마도 이게 끝이겠지?" 그렇게 우리는 이별을 결정했고 이걸 어떻게든 아냐에게 설명해야 했어요. 아냐를 데리러 갔죠. 그런데 우리 아냐는 집에서 나가기 전에는 꼭 그림을 그려야 했어요! 그때는 미처 그림을 그리지 못해서 차 안에 앉아 통곡하고 있었어요. 그이는 이미 그런 상황에, 딸아이가 미친 짓을 하는 그 상황에 익숙했어요. 그이는 그걸 재능이라고 불렀어요. 아냐는 울고, 그이는 그런 딸을 달래고 저는 그들 사이에서 멀뚱멀뚱 있었죠. 그 그림은 이미 엄연한 가족의 모습이었어요…… 그이가 어쩌나 나를 물끄러미 바라보던지, 어쩌나 우수에 젖은 눈빛으로 바라보던지…… 일 분 아니 일 초에 불과한 그 짧은 순간에 전 깨닫고 말았어요. 그가 지독히도 외로운 사람이라는 것을요. 지독히도요! 그래서…… 전 그 사람과 결혼해야겠다고 마음먹었어요…… 나는 그래야 한다고…… (울음을 터뜨린다.) 우리가 그때 서로를 외면하지 않아서 얼마나 다행인지! 제가 그이를 지나치지 않아서 얼마나 다행인지! 그이는 제게 삶 전체를 선물해주었어요!

(울음) 전 결혼을 했어요…… 그이는 무서워했고 불안해했어요. 왜냐하면 벌써 두 번이나 결혼을 했던 사람이니까요. 여자들이 그를 배신했거든요. 그 여자들도 너무 지쳤던 거죠…… 그들을 탓할 수도 없는 일이었어요…… 사랑은 고된 노동이에요. 적어도 저한테 사랑은 일이에요. 우리는 결혼식도 하지 않았고 전 하얀 드레스도 입지 않았어요. 검소하게 치렀어요. 물론 전 항상 결혼식을 꿈꿔왔죠. 흰 드레스를 입고 다리 위로 올라가 하얀 장미꽃 다발을 물위에 뿌리는 장면을 상상하곤 했어요. 저도 그런 꿈이 있었어요.

그이는 과거를 캐묻는 걸 별로 좋아하지 않았어요…… 항상 허세 같은 걸 부렸고 우스갯소리로 얼버무리려고 했어요. 감옥에서나 쓸 법한 말을 쓰면서 뭔가 그 뒤에 진심을 숨기려 했던 것 같아요…… 사고 자체가 좀 달랐어요. 예를 들어 절대로 '자유'라 말하지 않고, 항상 '바깥공기'라고 말했어요. "내가 이렇게 바깥공기를 마시는구면!" 그래도 드문드문 옛날이야기를 할 때가 있었죠…… 그럴 때면 맛깔스럽고 흥미진진하게 이야기했어요…… 전 그가 그곳에서 겪었던 기쁨을 느낄 수 있었어요. 그가 어렵게 차바퀴 조각을 구해서 그걸 털신에다가 묶었는데, 때마침 유배지로 이동하기 시작했다는 이야기. 그래서 그는 바퀴 조각을 구한 것이 더할 나위 없이 기뻤다고 했죠. 한번은 감자 반 자루를 구했대요. 그런데 마침 작업 때문에 '바깥공기'를 쐴 일이 있었는데, 어떤 사람이 큼직한 고기 한 덩이를 줬다는 거예요. 그걸로 보일러실에서 수프를 끓였다고 했어요. "그거 알아? 그 수프가 얼마나 맛났는지! 끝내줬다고!" 수용소에서 풀려났을 때 그이는 아버지 일과 관련하여 보상금을 지급받았어요. 보상금을 주면서 그러더래요. "우리는 당신에게 집과 가구 등을 돌려드려야 할 책임이 있습니다……" 보상금액이 꽤 컸다고 했어요. 그이는 새 양복, 새 셔츠, 새 구두 그리고 사진기를 산 뒤에 최고급 모스크바 레스토랑 '나치오날'에 가서 가장 비싼 메뉴를 주문하고 코냑을 마시고 고급 케이크와 커피를 마셨다더군요. 그리고 그 만찬이 끝날 즈음, 배가 두둑이 찼을 즈음, 그이는 그의 인생에서 가장 행복한 순간을 찍어달라고 누군가에게 부탁했대요. "그러고는 내가 살던 아파트로 돌아왔어. 그런데 말이야, 순간 내가 행복하지 않다는 걸 깨닫고 만 거야. 양복도 있고 사진기도 있는데 말이야…… 왜 행복하지가 않지? 그 질문에 도달하자, 문득 그때의 그 차바퀴 조각, 보일러실에서 끓인 수프가 기억 속에서 스멀스멀 피어올랐어…… 그때 그곳에는 행복이 있었거든." 우리는 함께 왜 그런지 이해해보려고 했죠…… 그 행복이란 것은 대체 어디에 살고 있을까요? 그이는 절대로 수용소를 양보하지 않았을 거예요…… 절대로 그 무엇과도 바꾸지 않을 거예요…… 수용소는 그의 비밀창고였고 그의 재산이었어요. 열여섯 살부터 서른 살 가까이 되도록 그는 수용소에서 살았어요…… 몇 년인지 한번 세어보세요…… 제가 그에게 물었죠. "그런데 만약 처음부터 수용소로 보내지지 않았다면요?" 그러면 농담으로 대꾸했죠. "그랬다면 나는 얼간이로 살았겠지. 빨간 스포츠카를 몰면서 말이야. 최신 모델로." 그이는 최후에야…… 마지막 순간에…… 병원에 누워 있을 때 비로소 처음으로 저와 진지한 대화를 했어요. "이건 마치 극장과도 같아. 관중석에 앉아 아름다운 이야기만 보게 되지. 정돈된 무대, 눈부신 배우들, 신비로운 조명들…… 하지만 무대 뒤로 들어가면, 막이 내린 후에는…… 나무판 조각, 걸레들, 완성되지 않은 채 버려진 캔버스…… 빈 보드카병…… 먹다 남은 음식들만 가득한 거야. 아름다운 이야기는 찾아볼 수 없는 거지. 그저 더럽고 어두울 뿐이라고…… 난 그런 무대 뒤에 있었던 거야…… 이해가 돼?"

……그이를 범죄자들의 방에 처넣었대요. 어린 소년이었는데…… 거기에서 무슨 일이 있어났는지 알 수 있는 사람은 절대로 없을 거예요……

……형용할 수 없는 북쪽의 아름다움! 말 한마디 없는 눈…… 그리고 밤기운에도 기죽지 않는 눈의 광채…… 그런 곳에서 가축처럼 일해야만 했대요. 그들을 자연 속에 파묻고 먼 과거의 어딘가로 되돌려보낸 거죠. 그이는 그걸

'아름다움으로 하는 고문'이라고 부르더군요. 그가 제일 좋아하는 말이 있었어요. "신은 인간보다 꽃과 나무를 더 잘 만들었어."

……사랑에 대해서…… 첫사랑이 어떻게 왔는지에 대해서도 이야기했어요…… 그들이 숲속에서 일하고 있을 때였어요. 작업장 근처로 노역을 나가는 여자들의 행렬이 지나갔어요. 여자들은 남자들을 발견하고는 그대로 멈춰서서 꼼짝도 하지 않았대요. 행렬을 지휘하는 군인이 "어서 앞으로 가! 앞으로!"라고 소리치는데도 여자들이 미동도 하지 않았다는 거예요. "빌어먹을, 앞으로 가지 못해!" "부장님, 우리를 남자들에게로 보내주세요. 더이상 참을 수 없어요. 짐승처럼 울부짖게 생겼다고요!" "너희들 뭐야? 악마에 씌우기라도 한 거야? 귀신 들렸냐고!" 그런데도 요지부동으로 "우리는 아무데도 가지 않을 거예요"라고 했다는 거예요. 이윽고 명령이 떨어졌죠. "삼십 분만 주겠어. 해산!" 순식간에 행렬이 흩어졌죠. 하지만 모두가 제시간에 돌아왔대요. 정확하게. 모두가 행복한 모습이었다더군요. (침묵) 대체 행복은 어디에 살고 있는 걸까요?

……그이는 그곳에서 시를 썼어요. 누군가 수용소 소장에게 그이를 밀고했죠. "글을 써요." 소장이 그이를 호출했어요. "시 형태로 내 연애편지를 좀 써봐." 소장이 그런 부탁을 하면서 민망해하더래요. 우랄 지역 어딘가에 그가 사랑하는 사람이 살았다나봐요.

……집으로 돌아올 때는 위쪽 침대를 썼다고 했어요. 기차여행은 2주 동안 계속됐고, 러시아 전역을 거쳐 지나갔죠. 그이는 항상 위에 있었고 무서워서 아래로 내려오지 않았대요. 밤이 되면 담배만 잠깐 피우러 나간 게 전부였죠. 그이는 두려웠던 거예요. 동승객들이 먹을 것이라도 나눠주면 울음을 터뜨릴까봐 무서웠고, 말을 터서 대화하고 나면 그가 수용소에서 온 사람이란 것을 사람들이 알게 될까봐 무서웠다더라고요. 그를 마중나온 건 아버지 쪽 먼 친척이었어요. 그 친척에게는 어린 여자아이가 있었대요. 그이가 아이를 안았는

데 아이가 울음을 터뜨렸다더군요. 그이에겐 뭔가 그런 것이 있었어요……
그는 지독히도 외로운 사람이었거든요…… 저와 함께할 때도 마찬가지였어
요…… 전 알아요…… 저와 함께여도 그랬다는 걸……

그이는 으스대며 자랑하고 다녔어요. "나도 이제 가족이 있습니다." 그이는
매일 정상적인 가족의 삶에 놀라워했고, 그 자체를 굉장히 자랑스러워했어요.
하지만 그 공포…… 그럼에도 불구하고 그에겐 그 공포가 있었어요…… 그는
공포 없이 살 수 없었어요. 공포. 남편은 식은땀에 온몸이 젖을 정도로 악몽
에 시달리며 잠에서 깨기도 했어요. 책을 완성 못 하면(아버지에 대한 책을 썼
어요) 어떡하지, 번역(독일어에서 러시아어로 기술 번역을 했어요) 일거리가
들어오지 않으면 어떡하지, 식구들을 굶기면 어떡하지. 제가 갑자기 없어질
까봐도 두려워했어요…… 처음에는 두려워하다가, 나중에는 그런 걸 두려워
했다는 것 때문에 또 부끄러워했어요. 제가 말하곤 했어요. "여보, 난 당신을
사랑해요. 만약 내가 당신만을 위해 발레를 추길 원한다면 난 그렇게도 할 수
있어요. 난 당신을 위해서라면 뭐든 할 수 있어요." 수용소에서도 살아남았던
그가 평범한 일상에서는…… 젊은 교통경찰관이 차를 세우기라도 하면 심장
마비에 걸릴 정도였어요…… 관리사무소에서 걸려오는 전화에도 소스라치게
놀라곤 했죠…… "아니, 당신은 어떻게 그곳에서 살아남을 수 있었던 거예
요?" "난 어린 시절에 사랑을 많이 받았거든." 우리를 살리는 건 우리가 받은
사랑이에요. 그 사랑이 강인함의 비축분이 되는 거예요. 아무튼…… 사랑만
이 우리를 구원합니다. 사랑은 비타민과도 같은 거예요. 사랑이 없으면 사람은
살 수가 없어요. 피가 굳어버리고 심장이 마비되어버리거든요. 전 그에게 간
호사였고…… 유모였고…… 배우였어요…… 전 모든 역할을 다 했어요……

우리는 재수가 좋았다고 생각해요…… 역사적으로 중요한 시기였어요……
페레스트로이카! 명절 같은 느낌이 들잖아요. 이제 조금만 있으면 어디론가
날아오를 것 같았죠. 자유를 공기 속에 쏟아부어놓은 것 같았어요. "여보, 이

1부 아포칼립스의 위로

제 당신의 시대가 왔어요! 이젠 모든 걸 다 쓸 수 있어요. 출판도 할 수 있다고요!" 우선적으로 그 시기는 그들의 시대였어요…… '1960년대 사람들의 시대'…… 그들의 축제. 전 남편이 행복해하는 모습을 보았어요. "반공산주의가 완전히 승리하는 날까지 내가 살아남았어." 가장 중요한 사건이 일어난 거예요. 그이가 꿈꿔왔던 사건. 공산주의가 무너진 거예요. 이제 곧 볼셰비키의 동상과 붉은광장에 있는 레닌의 석관이 철거되고, 시내 거리명이 살인자와 망나니들의 이름으로 불리지 않게 되리라고 기대했어요…… 희망의 시기였다고요! '1960년대 사람들'…… 지금 사람들이 그들에 대해 뭐라고 말하든 저는 그들을 사랑해요. 순진하다고요? 낭만주의자들이라고요? 그래요! 그이는 하루종일 신문을 읽었어요. 아침이면 우리집 근처에 있던 '소유즈페차티' 신문가게에 들르는 게 일이었죠. 아주 큰 짐가방을 들고요. 남편은 라디오를 듣고 텔레비전을 시청했어요. 쉬지 않고. 그때는 모두가 그렇게 미쳐 있었어요. 자-유! 이 단어가 사람들을 취하게 했어요. 우리 모두가 '사미즈다트'와 '타미즈다트'*를 보며 자란 세대였어요. 우리는 '말'을 먹고 자랐다고요. 문학 속에서 자랐다고요. 우리가 얼마나 말을 잘했는데요! 우리가 얼마나 유창하게 말했는데요! 제가 점심이나 저녁을 준비할 때면 그이는 신문을 들고 제 옆에 앉아서 제게 읽어주곤 했어요. "수전 손택: 공산주의는 인간의 얼굴을 한 파시즘이다…… 또 있어…… 들어봐봐……" 그이와 함께 베르댜예프…… 하이에크를 읽었어요…… 그동안 책과 신문 없이 어떻게 살았을까 의문이 들 정도였어요. 만약 우리가 예전에 모든 걸 알았다면…… 그랬다면 모든 것이 달라졌겠죠…… 잭 런던이 이 주제로 쓴 소설이 있어요. '구속복을 입고도 살 수는 있다. 다만 몸을 줄이고 압축시키고 적응해야 할 뿐이다. 그러면 그걸 입고 꿈

---

* 사미즈다트에서 파생된 단어로, 해외에서 출판된 도서나 출판물을 가리키는 것이다. 사미즈다트와 마찬가지로 검열을 통과하지 못해 금서로 간주되는 출판물들이었다.

도 꿀 수 있게 된다.' 우리가 그렇게 살았던 거예요. 전 앞으로 어떻게 살아야 할지 몰랐어요. 어떻게 살아야 할지는 몰랐지만, 우리가 잘살게 되리라고 기대했어요. 일말의 의심도 없이…… 그이가 죽은 뒤에 그의 일기에 이런 글이 적혀 있는 걸 발견했어요. '체호프를 다시 읽고 있다…… 「구두장이와 악마」라는 소설에서 인간은 행복을 취하는 대가로 악마에게 영혼을 판다. 구두장이가 생각하는 행복이란 대체 어떤 것일까? 새 롱코트를 입고 송아지 가죽으로 만든 부츠를 신은 채 마차를 타고 가면서, 옆자리에는 뚱뚱하고 가슴이 큰 여자를 앉혀놓고 한 손에는 돼지 뒷다리살로 만든 햄을 들고 다른 한 손에는 빵·술(보드카) 4분의 1잔을 들고 있는 것이 그가 생각하는 행복이겠지. 그 이상은 그에게 필요치 않을 거야……' (생각에 잠긴다.) 아마도 그이는 회의가 들었나 봐요…… 하지만 그래도 새로운 것을 원했어요. 선하고 밝고 그리고 아주 정의로운 것을요. 사람들은 행복한 표정으로 시위와 집회를 쫓아다녔어요. 그전까지 저는 군중을 무서워했어요. 군중주의. 저는 항상 군중을 멀리하려 했고, 축제 행렬로부터 떨어져 있으려 했어요. 그런 깃발들로부터. 그런데 그때는 모든 것이 다 마음에 들었어요. 주위에는 온통 익숙한 얼굴들뿐이었요. 그때 그 시절이 그리워요. 제가 알기로는 많은 사람들이 그리워하고 있어요. 그이와 제가 처음으로 해외여행을 갔을 때였어요. 베를린으로 갔죠. 러시아 말을 쓴다는 걸 눈치챈 두 명의 젊은 독일 여자들이 우리 관광단체 사람들이 모여 있는 곳으로 다가오더니 물었어요. "러시아인이에요?" "네." "페레스트로이카! 고르비!" 그러고는 우리들을 껴안기 시작했어요. 요즘은 그런 생각을 해요. '그때 그 사람들은 다 어디에 있지? 1990년대 길거리에서 보았던 그 아름다운 사람들은 다 어디에 있는 거야? 모두 나라를 떠난 거야?'

　　……남편이 암에 걸렸다는 걸 알았을 때 저는 눈물로 밤을 지새웠어요. 그리고 아침에 곧장 병원으로 달려갔지요. 그이는 창가에 앉아 있었어요. 얼굴은 누렇게 떴는데 표정은 행복해 보였어요. 그이는 자신의 인생이 뭔가 바뀌

려 할 때마다 항상 행복해했어요. 수용소로 갈 때도, 추방당할 때도, 자유로운 삶이 시작되었을 때도, 그리고 이제 그런 일이 오려 해도…… 죽음은 또하나의 전환점일 뿐이었던 거예요…… "내가 죽을까봐 무서워?" "응, 무서워요." "자, 우선 첫째, 나는 당신에게 아무것도 약속하지 않았어. 둘째, 금방 닥칠 일이 아니야." "정말이죠?" 전 그의 말을 굳게 믿어버렸어요. 전 곧바로 눈물을 훔쳐내고는 그를 도와야 한다며 스스로를 설득했어요. 그리고 더이상 울지 않았어요…… 마지막 순간까지 울지 않았어요…… 제가 아침에 병실에 들어가는 순간 우리의 일상이 시작되었어요. 예전에는 집에서 살았지만 이제는 병원에서 사는 것뿐이었지요. 그렇게 반년을 암센터에서 지냈어요……

그이는 많이 읽지 않았어요. 이야기를 많이 했지요……

남편은 누가 자신을 밀고했는지 알고 있었어요. 어떤 소년이었어요. '피오네르의 집'에서 열리는 동아리에서 그와 함께 공부했던 친구였대요…… 그 소년이 직접 했는지, 누군가 그 소년에게 강제로 편지를 쓰게 했는지는 모르겠어요. 아무튼 그 소년은 우리 그이가 스탈린 동지를 욕하고 '인민의 적'인 자신의 아버지를 변호했다고 썼어요. 수사관이 심문할 때 남편에게 그 고발장을 보여줬대요. 남편은 평생 동안 두려움에 떨어야 했어요. 자신이 밀고자를 알고 있다는 사실을 밀고자가 알게 될까봐 두려워했어요…… 그 밀고자가 기형아를 낳았다는 말을 누군가에게 전해들었을 때, 그이는 화들짝 놀랐어요. '만약 그게 복수이면 어떡하지?' 어찌어찌하다가 한때 그 밀고자와 같은 동네에서 살게 되었어요. 골목에서도 마주치고 가게에서도 마주쳤죠. 우리는 인사도 했어요. 남편이 죽은 뒤에 저는 이 얘기를 남편과 제가 같이 알고 지내던 여자 친구에게 말해줬어요…… 그 친구는 제 얘길 믿지 못했어요. "N이? 말도 안 돼, 걔는 항상 글레브에 대해서 좋게 말했단 말이야. 어렸을 때 친했다면서." 그때 깨달았죠, '아, 말하지 말아야겠구나.' 어쨌든…… 사람이 그런 지식을 갖고 있는 건 위험한 거예요…… 그이도 그걸 알았어요. 수용소 동기들이 가끔 우리집에 들르곤 했어요. 남편은 굳이 그 사람들을 먼저 찾고 그러진 않았거든요. 그들이 우리집에 놀러올 때면 저는 이방인이 된 것만 같았어요. 그들은 남편 곁에 제가 없었던 그 시절의 사람들이었으니까요. 제가 아는 것보다 그이에 대해서 더 많은 것을 알고 있었어요. 저는 그에게 또하나의 삶이 존재한다는 것을 알게 됐죠. 여자들은 자신이 무시당한 일에 대해서 떠벌리고 다니지만 남자들은 아니라는 것을 그때 깨달았어요. 여자들이 훨씬 쉽게 마음을 고백해요. 왜냐하면 여자들의 내면 깊은 곳에는 폭력에 대한 수용이 내재되어 있거든요 …… 성행위만 보더라도 그래요…… 여자는 매달 새로운 삶을 시작해요…… 일정한 주기대로…… 자연의 순리 자체가 여자들을 돕는 거죠. 수용소에 수감되었던 여성들은 대부분 혼자 지내고 있어요. 저는 수용소 출신의 남자와 여자가 함께 사는 커플은 본 적이 없어요. 어떤 비밀이 그들을 연결하지 않고 갈라놓았던 거예요. 남편의 수용소 친구들은 저를 '꼬마야'라고 불렀어요……

　"우리와 함께 있는 거 심심하지 않아?" 손님들이 돌아가자 남편이 제게 물었어요. "무슨 질문이 그래요?" 저는 토라지곤 했어요. "당신은 내가 뭘 제일 두려워하는지 알아? 사람들이 우리들의 이야기를 재미있어할 때는 우리 입에 재갈이 물려 있어서 할 수가 없었어. 지금은 이제 이야기할 수 있게 되었는데, 너무 늦어버린 거야. 이제는 아무도 듣지 않아. 읽지도 않고. 출판사에 수용소에 대한 새로운 원고를 들고 가면 읽어보지도 않고 되돌려보내지. '또 스탈린, 베리야예요? 상업성이 떨어져요. 독자들도 진력이 났어요.'"

　……죽는 것에 익숙해져 있었어요…… 작은 죽음 따윈 두려워하지 않았어요…… 범죄자들이 작업반장을 했는데, 그들은 자기 몫의 빵을 팔아서 도박을 했어요. 그리고 역청을 먹었대요. 시꺼먼 역청을. 결국 위벽이 들러붙어서 많이들 죽었다더군요. 그이는 그냥 먹는 건 중단하고 마시기만 했대요.

　……어린 소년 한 명이 뛰어갔대요…… 일부러요…… 총으로 쏴주길 바란

거죠…… 눈 위를, 밝은 태양 아래에서 달렸으니…… 너무나 눈에 잘 띄었겠죠. 소년의 머리에 총알이 박혔고, 죽은 소년을 줄에다가 묶어서 막사 근처에 걸어두었대요. 모두들 보라고요! 그 소년은 그 자리에 오랫동안 있었다더군요…… 봄이 올 때까지……

……선거일이었대요…… 투표소에서 콘서트가 열렸고 수용소 합창단이 공연을 했죠. 정치범, 매국노, 창녀, 소매치기 들이 나란히 서서 스탈린에 대한 노래를 불렀어요. "스탈린은 우리의 깃발! 스탈린은 우리의 행복!"

……유배지로 가던 중 한 여자애를 만났다고 했어요. 그 여자애는 수사관에게 설득당해 조서에 사인하게 된 이야기를 들려줬대요. "네가 갈 곳은 지옥이야…… 하지만 너는 예쁘장하니까 부서장 중 누군가의 마음에 들 거야. 그럼, 넌 살 수 있어."

……봄에는 특히나 더 무서웠대요. 만물이 모습을 바꾸고…… 새롭게 탄생하는 봄…… 복역 기간이 얼마나 남았는지 물어보는 건 금지였다더군요. 봄에는 형을 얼마나 선고받았든지 간에 무기징역처럼 느껴졌으니까요……! 새들이 날아가도 아무도 고개를 들지 않았대요. 사람들이 봄에는 아예 하늘을 쳐다보지 않았다고 했어요……

병실 문 앞에서 뒤를 돌아보았어요. 그이가 손을 흔들어주더군요. 몇 시간쯤 뒤에 제가 돌아왔을 땐 남편은 이미 의식불명이었어요. 처음에는 누군가에게 애원하듯 "기다려. 기다려"라고 외치기도 했어요. 그런데 어느 순간 그마저도 하지 않고 그냥 누워만 있기 시작했죠. 3일이 지나자 전 그 상태에 익숙해졌어요. 그는 병실에 누워 있고 저는 평소대로 살아가는 그 상태에 적응한 거죠. 그이의 침대 옆으로 제 침대를 놓아주더군요. 그렇게 3일이 지나자 정맥주사를 놓기도 힘들어졌어요…… 혈전 때문에…… 저는 치료 중단을 결심해야만 했어요. 어차피 그이는 아픔도 못 느끼고 소리도 듣지 못했으니까요. 결국 나와 남편은 그렇게 단둘이 남게 되었어요. 의료장비도 의사도 곁에 없었어요. 아무도 더이상 그를 찾아오지 않았죠. 전 남편 곁에 누웠어요. 추웠어요. 전 그이의 이불 속으로 파고든 다음 까무룩 잠이 들었어요. 잠에서 깼을 때 전 아주 잠깐 동안 우리집에서 자고 있다는 착각을 했던 것 같아요. 베란다 문이 열려 있고…… 남편은 아직 자고 있는 것만 같았어요. 전 눈뜨기가 무서웠어요…… 하지만 결국 눈을 떴고, 그러자 모든 것이 다시 생각났어요…… 그때부터 전 안절부절못했어요…… 전 일어나서 그이의 얼굴에 두 손을 올려놓았어요. "으…… 으윽……" 그이가 제 소리를 들은 것 같았어요. 그때부터 단말마의 고통이 시작되었어요…… 전 그냥 앉아 있었어요. 그이의 손을 잡은 채로. 남편의 마지막 심장 소리도 들었어요. 그런 후에도 하염없이 계속 앉아 있었어요…… 한참 뒤에 전 간호사를 불렀어요. 간호사가 그이에게 셔츠 입히는 걸 도와줬죠. 그이가 제일 좋아했던 하늘색 셔츠. 제가 물었어요. "좀더 앉아 있어도 될까요?" "네, 그럼요. 무섭지 않으세요?" 제가 무서울 게 뭐 있었겠어요? 전 그를 알고 있었는걸요…… 마치 엄마가 아이에 대해 모르는 게 없는 것처럼…… 아침이 되자 그이의 얼굴이 훨씬 멋있어지더군요. 남편의 얼굴에 서려 있던 공포와 긴장감 그리고 인생의 모든 번뇌가 말끔히 사라지더니 얼굴의 섬세한 선들이 살아나기 시작하는 거예요. 동양 왕자의 얼굴. 알고 보니 그는 그런 사람이었어요! 그것이 그이의 진정한 모습이었다고요! 전 그런 그이의 모습을 몰랐던 거예요.

그이가 제게 한 유일한 부탁이 있었어요. "내가 누워 있는 곳을 덮어줄 돌판에는 내가 행복한 사람이었다고 새겨줘. 나는 사랑받는 사람이었다고. 사랑받지 못하는 것보다 더 끔찍한 고통은 없거든." (침묵) 우리의 인생이 그렇게 짧아요…… 찰나에 불과해요! 연로한 우리 엄마가 땅거미가 질 무렵 정원을 바라보는 모습이 눈에 밟혀요…… 엄마의 그 눈빛이……

말없이 한참을 앉아 있었다.

1부 아포칼립스의 위로

못 하겠어요…… 전 그이 없이 사는 법을 몰라요…… 그런데 벌써 제게 고백하는 사람들이 생겼어요. 꽃다발을 선물하기도 하고요.

그다음날, 예기치 않은 전화를 받았다.

—밤새도록 펑펑 울었어요…… 아파서 끙끙 앓았어요…… 전 항상 다른 곳으로 가려고 노력했어요…… 떠나려고 노력했어요…… 늘 다른 쪽으로 도피하려고 했어요. 전 그렇게 겨우 살아남았다고요…… 그런데 어제 다시 제자리로 돌아와버렸어요. 다시 제자리로 저를 돌려놓았다고요…… 온몸에 붕대를 꽁꽁 싸매고 다녔거든요. 근데 붕대를 풀어보니 상처가 전혀 아물지 않았더라고요. 전 붕대 속에서 이미 새로운 피부가 자랐을 줄 알았는데, 보니까 전혀 아닌 거예요. 새살이 전혀 돋아나지 않았어요. 붕대로 감겨져 있던 모든 상처들이 하나도 사라지지 않았어요…… 이걸 어떻게 다른 사람에게 넘길 수 있겠어요. 아무도 견뎌내지 못할 거예요. 보통 사람은 버틸 수 없을 거예요……

어느 어린 시절에 대한 이야기:

마리야 보이테쇼노크(작가, 57세)

—전 '오사드니차'예요. '오사드니크' 출신으로 차후에 추방되고 마는 폴란드 장교의 집안에서 태어났거든요. (오사드니크는 폴란드어로 '정착민'이라는 뜻인데, 1921년 소련-폴란드 전쟁이 종료된 후 폴란드가 점령하게 된 '보스토치니 크레시'* 지역에 정착지를 배정받은 폴란드인들을 일컫는 말이에요.) 그런데

---

* '보스토치니'는 러시아어로 '동쪽'을 뜻하고, '크레시'는 폴란드어로 '국경'을 뜻한다. 현재의 우크라이나 서부와 벨라루스 서부, 리투아니아 동부에 해당한다.

1939년에 (몰로토프-리벤트로프 조약*의 비밀약정서가 체결되고) 서부 벨라루스가 소비에트연방에 귀속됩니다. 그 결과 식민 지배자였던 수천 명의 오사드니크들이 가족과 함께 시베리아로 추방당했어요. '정치적 위험요소(베리야가 스탈린에게 보낸 편지에 사용된 표현이에요)'로 분류되어서요. 물론 지금 말씀드린 건 역사의 큰 흐름이고요…… 제게는 저만의…… 작은 사연이 있어요……

전 제가 태어난 날도 모르고…… 태어난 해조차 몰라요…… 모두 대략적으로만 알고 있어요. 저의 출생과 관련된 서류는 결국 한 장도 찾지 못했어요. 저는 존재하지만 동시에 존재하지 않아요. 아무것도 기억 못 하지만 동시에 모든 걸 기억해요. 제 생각에는 엄마가 저를 임신한 상태에서 추방당한 것 같아요. 그렇게 생각하는 이유가 뭐냐고요? 증기기관차의 기적 소리…… 철도 침목 냄새…… 기차역에서 들리는 사람들의 울음소리만 들어도 전 불안감에 휩싸이거든요. 시설 좋은 특급열차를 타는 건 괜찮은데 옆 레일을 달리는 요란한 화물열차의 소리만 들어도 저도 모르게 벌써 눈물이 뚝뚝 떨어져요. 게다가 가축용 화물칸을 들여다보거나 동물들의 울음소리를 듣는 건 더 힘든 일이고요…… 우리를 그런 화물열차에 이송했잖아요…… 그때 전 아직 태어나지도 않았지만, 분명 거기에 있었어요. 제 꿈속에는 사람들의 얼굴이 등장하지 않아요. 스토리가 없었어요. 다만, 소리와 냄새만이 나와요……

알타이 변강, 즈메이노고르스크 시, 즈메옙카 강…… 시외에 다다르자 추방자들을 하차시켰어요. 호수 인근에요. 사람들은 땅속에서 살기 시작했어요. 움막에서요. 저는 땅속에서 나고 자랐어요. 제겐 어렸을 때부터 흙냄새가 곧 집냄새였어요. 천장에서 쪼르르 물이 새면 흙 한 덩이가 톡 하고 떨어진 뒤 저

---

* '소련-독일 불가침 조약'. 당시 소련의 외무장관이었던 몰로토프와 독일의 외무장관이었던 리벤트로프가 사인했다 하여 '몰로토프-리벤트로프 조약'이라고도 한다. 이 조약과 함께 소련과 독일 간에 폴란드와 동유럽을 분할한다는 내용의 추가 비밀약정서가 채택되었다.

를 향해 폴짝폴짝 뛰어왔어요. 개구리였던 거예요. 그때 전 아직 어려서 무엇을, 누구를 무서워해야 하는지도 잘 몰랐어요. 전 염소 두 마리와 함께 따뜻한 깔개 위에서, 다름 아닌 염소 똥 위에서 잠을 잤어요. 제가 내뱉은 첫 단어가 "음메-에!"였대요. 그게 처음 말한 소리였어요…… '마'나 '엄마'가 아니라요…… 저의 큰언니, 블라댜 언니가 말해줬는데, 제가 어렸을 때 염소들이 우리처럼 말을 할 줄 모른다는 사실을 깨닫고는 깜짝 놀랐다더군요. 저만의 착각이었죠. 전 염소들이 우리와 똑같다고 생각했던 거예요. 제게 세상은 하나였고 분리되지 않는 것이었어요. 전 지금도 그 차이점을 잘 모르겠어요. 인간과 동물 간의 차이를요. 전 항상 동물들과 대화하고…… 동물들은 제 말을 알아들어요. 딱정벌레와 거미들…… 모두 제 옆에 있었어요. 알록달록 화려한 색깔의 딱정벌레들은 제 장난감이었어요. 봄이 되면 우리는 함께 햇볕을 쪼이기 위해 땅 위로 올라갔고, 함께 땅 위를 기어다니면서 먹을 것을 찾곤 했어요. 몸도 녹이고요. 겨울이면 나무처럼 시들해져서는 배고픔 때문에 겨울잠에 빠져들곤 했어요. 제겐 저만의 학교가 있었어요. 사람들만이 저를 가르친 게 아니에요. 전 나무와 풀의 말이 들려요. 제가 세상에서 제일 흥미로워하는 건 바로 동물이죠. 굉장히 흥미로워요. 그 세계, 그때의 냄새들과 제가 어떻게 헤어질 수 있겠어요? 전 못 해요…… 드디어 해가 보인다! 여름이다! 그제야 저는 땅 위로 올라갔어요…… 온 세상이 눈부시게 아름다웠죠. 그리고 그곳에선 아무도 누군가에게 주기 위해 음식을 준비하지 않았어요. 그리고 또 주변의 모든 것이 저만의 소리와 색채를 띠고 있었어요. 전 잡초 하나하나, 잎사귀, 꽃, 껍데기란 껍데기는 죄다 맛보았어요. 한번은 사리풀을 너무 많이 먹은 나머지 자칫 목숨을 잃을 뻔도 했지요. 그 장면들 전부가 기억 속에 남아 있어요…… '파란 턱수염'이라고 불렀던 산도 기억나요. 산에서는 푸른빛이 났어요…… 그 광채…… 빛은 왼쪽부터, 경사면부터 시작해서 위에서 아래로 떨어졌어요…… 얼마나 대단한 풍경이었는지! 그 풍경을 묘사하거나 재생시키기에는 제 능력이 부족해서 염려가 되네요. 말은 어떤 상태나 우리의 감정을 보충하는 역할밖에 못 해요. 새빨간 양귀비, 백합, 산작약…… 이 모든 것이 제 눈앞에서 자랐어요. 제 발밑에서요. 또다른 장면들도 있죠. 이를테면 이런 장면이요. 제가 어느 집 앞에 앉아 있어요. 벽을 따라 한 점의 햇살이 꼼지락거리고 있었죠…… 그 점은 여러 색깔을 가지고 있었어요. 계속 색이 바뀌었죠. 전 그걸 보면서 그 자리에 오랫동안 앉아 있었어요. 만약 그 색들이 없었다면, 저는 아마도 죽었을 거예요. 살아남지 못했을 거예요…… 전 우리가 뭘 먹었는지 생각이 안 나요…… 애초에 우리에게 인간이 먹는 음식 같은 것이 있기는 했는지……

저녁이 되면 한 무리의 검은 사람들이 나타났어요. 모두가 검은 옷을 입고 있었고 얼굴도 새까맸어요. 추방자들이 광산에서 돌아오는 모습이었어요…… 그 사람들 모두가 우리 아버지와 닮은 것 같았어요. 아버지가 절 사랑하기는 했는지 잘 모르겠어요. 절 사랑한 사람이 있기는 한 걸까요?

전 추억이 별로 없어요…… 전 추억거리가 부족해요. 그래서 암흑 속에서 뭔가를 건져보겠다고 찾아 헤매고 있어요. 드물게…… 아주 가끔씩 제가 몰랐던 기억이 불현듯 떠오를 때가 있어요. 그럴 때마다 쓸쓸하지만 그래도 행복해요. 그럴 때마다 소름 끼치도록 행복을 느껴요.

전 겨울에 있었던 일들은 전혀 기억이 안 나요…… 겨울에 저는 하루종일 움막에 틀어박혀 있었거든요. 낮이 밤과 비슷했죠. 땅거미가 내려앉은 모습. 색채를 띤 것이라고는 눈곱만큼도 찾아볼 수 없었어요. 우리에게 공기와 숟가락 빼고는 물건이라고 부를 만한 것이 있었을까요? 옷도 없었는걸요…… 그러니까 옷으로 된 그 무엇도 없었어요. 우리는 헝겊으로 몸을 둘둘 말고 다녔으니까요. 색깔이라고는 눈을 씻고 찾아봐도 없었어요…… 신발…… 신발은 뭐였을까요? 고무신…… 고무신이 기억나요. 저도 고무신을 신고 다녔어요. 엄마들이 신는 크고 낡은 고무신을…… 아마 그 고무신은 실제로 엄마 것이

　　　　　　　　　　　　　　　1부 아포칼립스의 위로

었을 거예요…… 첫 코트는 고아원에서 받았어요. 첫 손모아장갑도, 모자도 요. 또 기억나는 건, 어둠 속에서 간신히 비치던 블라댜 언니의 창백한 얼굴이에요…… 언니는 하루종일 자리에 누워서 기침을 했어요. 언니는 광산 일로 병을 얻었죠. 결핵이었어요. 그게 결핵이었다는 걸 이제는 알지요…… 엄마는 울지 않았어요…… 엄마가 우는 모습이 기억나지 않아요. 워낙 말수가 적었고, 그러다가 나중에는 아예 입을 닫았던 것 같아요. 기침이 좀 잦아들면 블라댜 언니가 저를 불렀어요. "나를 따라 해봐…… 이건 푸시킨이야." 저는 언니를 따라 했어요. "혹한과 태양, 환상적인 날이라네! 내 어여쁜 친구여, 아직도 잠자고 있는가!" 그러면서 머릿속으로 겨울을 상상했어요. 푸시킨의 겨울을 그리며.

저는 말의 노예랍니다…… 저는 말을 절대적으로 신봉해요. 항상 사람의 말을 기대하죠. 모르는 사람에게서도요. 모르는 사람에게서는 더 많은 말을 기대하는 것 같아요. 모르는 사람은 아직 기대해볼 만하거든요. 저도 말이 하고 싶을 때가 있어요…… 그럴 때면 결심하죠…… 준비가 되어야만 하죠. 제가 누군가에게 이야기하기 시작하면 제가 꺼내놓은 이야기가 있던 지점에서는 더이상 아무것도 찾을 수 없게 돼요. 그곳엔 빈 공간이 생겨요. 전 꺼내놓은 그 추억을 잃게 돼요. 그 지점에는 일시적으로 구멍이 생겨요. 한참을 기다린 후에야 그 추억이 되돌아오죠. 그래서 저는 침묵을 고수하는 편이에요. 모든 걸 제 속에서 다듬고 있어요. 통로나 미로, 그리고 굴을 만들어가면서요……

작은 천조각들…… 그 천쪼가리들, 자투리천들이 어디에서 났을까요? 형형색색의 천조각들, 산딸기색 천이 가장 많았어요. 누군가 제게 그 천조각들을 줬어요. 전 자투리천을 이용해 꼬마인간을 만들었어요. 제 머리털을 잘라 꼬마인간에게 머리털도 만들어줬죠. 그 아이들이 제 친구들이었어요. 저는 인형을 본 적이 없었고, 인형에 대해서는 아무것도 몰랐어요. 그때쯤 우리는 시내에 살고 있었어요. 하지만 집이 아니라 지하실에서 살았어요. 뿌연 창문 하나 달랑 있는. 그래도 우리집에는 이제 주소가 있었어요. '스탈린로, 17' 다른 사람들과 마찬가지로…… 모두와 마찬가지로…… 우리에게도 주소가 있었어요. 거기에서 저는 여자애 한 명과 같이 놀았어요…… 그 여자애는 지하실이 아닌 '집'에서 살았던 아이였죠. 원피스도 입고 다녔고 구두도 신고 다녔어요. 반면 전 엄마의 고무신을 신고 다녔죠…… 저는 친구에게 제 자투리천들을 보여주기 위해 가지고 갔어요. 바깥에서 보는 천조각들은 지하실에서 보던 것보다 훨씬 예뻐 보였어요. 여자애가 제게 천들을 달라고 졸랐고 뭔가를 내밀면서 천과 바꾸자고 제안했어요. 저는 절대로 그럴 생각이 없었어요! 결국 여자아이의 아빠가 와서는 "저런 거지랑은 친구하지 마라"라고 했어요. 저를 밀어내고 있다는 걸 깨달았죠. 그럴 때는 조용히 가야 했어요. 재빨리 그 자리를 떠야 했어요. 물론 이건 그때의 어린 제가 아니라 어른이 된 제가 설명하는 말이에요. 하지만 그 감정만은…… 그때 그 감정만은 생생하게 기억해요…… 너무나 아파서 더이상 상처받지도 않고 자기 연민을 느끼지도 않게 돼요. 갑자기 방대한 양의 자유가 생겨버려요…… 더이상 자기 자신을 불쌍하게 여기지 않게 되죠. 만약 어떤 사람에게 자기 연민이 남아 있다면 그건 그 사람이 아직 내면의 깊은 곳까지 도달하지 않았다는 의미예요. 그 사람은 아직 사람들로부터 떠나지 않은 거예요. 사람들을 떠나면, 그 사람에게 더이상 '사람'이 필요치 않게 되거든요. 그런 사람은 자기 자신 속에 있는 것만으로도 충분하니까요. 저는 지나치게 깊은 곳까지 들여다보고 말았어요. 그래서 제게 상처를 주는 건 쉬운 일이 아니죠. 제가 우는 것도 보기 드문 일이에요. 전 보통 사람들의 슬픔이, 여자들의 토라짐이 그저 우스워요. 저한테 그건 쇼예요…… 인생의 쇼…… 하지만 아이가 우는 소리는 결코 지나치지 못해요…… 절대로 가난한 자를 그냥 지나치지는 않을 거예요…… 절대로 지나치지 않을 거예요. 전 그 냄새를 기억해요, 불행의 냄새를…… 거기에서 흘러나오는 주파수가 있어요. 저는 아직까지도 그 주파수에 맞춰져 있어요. 그건 제 어린 시절의 냄새예요. 저의 속싸개 냄새.

하루는 블라댜 언니와 함께 길을 가는 중이었어요…… 털로 짠 숄을 들고 가고 있었어요. 전혀 다른 세계에 속해 있는 아름다운 물건을요. 그건 완성된 주문품이었어요. 블라댜 언니는 뜨개질 솜씨가 좋았고, 우리는 그렇게 번 돈으로 살았어요. 여자 고객이 우리에게 돈을 지불한 뒤 말했어요. "내가 꽃을 좀 잘라 드릴게요." 꽃? 우리에게 꽃을? 마대를 둘러입은…… 배고프고 추운 두 명의 거지소녀들에게…… 꽃이라니! 우리는 항상 '빵'에 대해서만 생각했어요. 그런데 그 여자는 우리가 다른 것에 대해서도 생각할 수 있다는 걸 깨닫게 해줬어요. 전 그때까지 갇혀 있었고 꽁꽁 싸매져 있었는데, 불현듯 누군가 작은 창을 열어준 거예요…… 그것도 활짝…… 알고 보니, 우리도 빵…… 그러니까 먹거리만 받을 수 있는 사람들이 아니었어요. 우리도 꽃을 받을 수 있는 거였어요! 그렇다는 건 우리가 남들과 전혀 다를 바가 없다는 뜻이었어요. 우리도…… 그들과 똑같다는…… "내가 꽃을 좀 잘라드릴게요"는 규칙에 어긋나는 행동이었어요. 숲이나 들판에서 자라는 꽃을 줍거나 따준다는 게 아니라 자신의 정원에서 기른 꽃을 직접 잘라준다는 거였어요. 그 순간부터…… 아마도 그것이 저의 열쇠였던 것 같아요…… 제가 열쇠를 받은 거였어요…… 그 사건은 저를 완전히 뒤바꿔놓았어요…… 저는 그 꽃다발을 기억해요…… 아주 큰 코스모스 한 다발…… 전 지금까지 항상 제 다차에 코스모스를 심어요. (마침 우리가 앉아 있는 곳도 그녀의 다차였다. 그녀의 다차에는 꽃과 나무들이 무성했다.) 전 얼마 전에 시베리아에 다녀왔어요. 즈메이노고르스크 시에요…… 다시 그곳으로 돌아갔던 거죠. 우리가 살던 골목을 찾았고, 우리 집…… 우리 지하실…… 그런데 집이 철거되어서 없더라고요. 전 사람들에게 묻고 다녔어요. "혹시 기억하세요?" 한 노인은 기억한다고 말했어요. 지하실에 예쁜 아가씨가 살았는데 아팠다고요. 사람들은 고통보다 아름다움을 더 많이 기억해요. 그 꽃다발도 블라댜 언니가 예뻤기 때문에 받을 수 있었던 거고요.

저는 묘지에 갔어요…… 묘지 입구에 수위실이 있었는데, 창문을 나무판으로 막아놨더군요. 꽤 한참 동안 문을 두드렸어요. 수위가 나왔는데, 장님이었어요. 그건 무슨 신호였을까요? "추방자들을 어디에 묻었는지 알려주시겠어요?" "아…… 저-어-기……" 손짓으로 보여줬는데 아래를 가리킨 건지 위를 가리킨 건지 모르겠더군요. 어떤 사람들이 저를 가장 구석진 곳으로 데리고 갔어요…… 거기엔 잡초만…… 잡초만 무성했어요…… 밤에 잠을 못 잤어요. 왜냐하면 숨이 막혔거든요. 발작…… 마치 누군가 목을 조르는 것만 같은 느낌이었어요…… 호텔에서 뛰쳐나와 기차역으로 갔어요. 텅 빈 시내를 지나서 갔어요. 역사가 닫혀 있었죠. 전 레일 위에 앉아서 아침이 오길 기다렸어요. 경사진 곳에는 커플이 앉아 있었어요. 키스를 하더군요. 날이 밝았어요. 기차가 왔죠. 텅 빈 기차간…… 안으로 들어갔어요. 저와 함께 네 명의 남자들이 있었어요. 가죽점퍼를 입고 머리를 빡빡 민, 흡사 범죄자들 같은 모습이었어요. 그들이 제게 오이와 빵을 건네줬어요. "카드게임 한판 하실래요?" 전 그들이 무섭지 않았어요.

얼마 전에 생각난 게 있어요. 어딜 가는 중이었는데 뜬금없이 생각났어요…… 트롤리버스를 타고 가는 중에 생각난 거예요…… 블라댜 언니가 불렀던 노래가 있었어요. "사랑하는 그대의 무덤을 찾았어요/하지만 찾기가 쉽지가 않네요……" 나중에 알고 보니, 스탈린이 가장 좋아하는 노래였다네요. 그 노래를 부를 때마다 스탈린이 울었대요…… 그 사실을 알게 되자마자 그 노래에 정나미가 뚝 떨어지더군요. 블라댜 언니에게 친구들이 찾아와서 춤을 추러 가자고 했죠. 저는 모든 걸 기억해요…… 그때 제 나이가 여섯 살이나 일곱 살이었을 거예요…… 저는 팬티에 고무줄을 넣는 대신 철사를 집어넣는 것을 봤어요. 속옷을 찢을 수 없도록 하는 거였어요…… 그곳에는 추방자들이나 범죄자들뿐이었잖아요…… 살인도 비일비재했고요. 전 사랑이 뭔지도 알고 있었어요. 블라댜 언니가 누더기 천으로 휘감고 기침하면서 한참 아플 때 잘생긴 오빠가 왔거든요. 어떤 눈빛으로 그 오빠가 우리 언니를 쳐다보는지 전 봤어요……

아프죠. 하지만 이 아픔도 제 것이에요. 제 것으로부터 아무데도 도망가지 않을 거예요…… 모든 걸 다 받아들였다고는 말할 수 없지만, 전 이 아픔에 감사하고 있어요. 어쩌면 이걸 표현하기 위해 다른 말이 필요할 것 같아요. 지금은 딱히 다른 말이 떠오르지 않네요. 제가 이러는 것이 저를 모두에게서 멀어지게 한다는 걸 잘 알고 있어요. 저는 혼자예요. 제 고통을 손안에 넣고 그 고통을 완전하게 장악하고 그 고통에서 벗어나는 것, 그리고 그 속에서 뭔가를 끄집어내는 일을 저는 해야만 해요. 그게 승리예요. 그래야만 의미가 있어요. 그래야 제가 빈손이 아닌 게 되잖아요…… 그마저도 없다면 제가 무엇 때문에 지옥에 갔다 왔겠어요?

누군가 저를 창가로 데려갔어요. "저기 봐. 너의 아버지를 데려오고 있어……" 낯선 여자가 썰매에 뭔가를 끌고 오고 있었어요. 사람인지 물건인지 모르겠는 것을…… 이불에 돌돌 말아서 끈으로 묶은 것을…… 그 일 후에…… 저와 언니는 엄마마저 묻게 되었죠. 우리는 둘이 남게 되었어요. 블라댜 언니는 걸음도 잘 못 걸었어요. 다리가 말을 듣지 않았어요. 피부는 종잇장처럼 벗겨졌죠. 언니가 아는 사람들이 이상한 병을 가져다주었어요. 저는 그 병에 약이 든 줄 알았는데, 알고 보니 무슨 산酸이었어요. 독이요. "무서워하지 마……" 언니는 저를 부르더니 그 병을 제게 주었어요. 언니는 그걸 같이 먹고 죽을 생각이었던 거예요. 저는 그 병을 받아든 뒤에 뛰어가서 페치카에 집어던졌어요. 유리가 산산조각 났죠…… 페치카는 차가웠어요. 요리를 안한 지 꽤 오래되었으니까. 언니가 울었어요. "넌 아빠랑 너무 똑같아." 누군가 우리를 발견했어요…… 어쩌면 언니의 친구들이었을까요? 언니는 이미 의식이 없는 상태였어요. 언니는 병원으로 옮겨졌고 저는 고아원에 보내졌어요. 아버지는…… 아버지를 떠올리고 싶지만 아무리 노력해도 아버지의 얼굴이 보이질 않아요. 제 기억 속에는 아버지의 얼굴이 없어요. 전 나중에야 아버지의 얼굴을 보게 되었어요. 고모네 집에 있던 사진 속 젊은 아버지를…… 정말이었어요…… 전 아버지를 쏙 빼다박았더군요…… 그게 아빠와 저의 연결고리였어요. 아버지는 예쁜 농부의 딸과 결혼했어요. 가난한 집안의 딸이었죠. 아빠는 엄마를 귀부인으로 만들어주고 싶어했어요. 그런데 엄마는 항상 머릿수건을 쓰고 다녔어요. 눈썹까지 푹 눌러썼죠. 귀부인이 아니었으니까요. 시베리아에서 아버지는 우리와 오래 살지 않았어요…… 다른 여자에게 갔거든요…… 그땐 이미 제가 태어났을 때였어요…… 나란 존재는 형벌이었던 거예요! 저주요! 그래서 저를 사랑해줄 힘은 아무에게도 없었어요. 엄마에게조차. 저의 세포 하나하나에 엄마의 낙담이, 엄마의 상처가…… 반감이 프로그래밍 되어 있었어요. 전 늘 사랑이 부족해요. 때로는 사랑을 받고 있는데도 그 사랑을 믿지 못해서 항상 증거를 바라죠. 어떤 표식들이요. 그것도 매일, 매순간 필요로 해요. 그래서 절 사랑하는 일은 쉬운 일이 아니에요…… 저도 알아요…… (오랫동안 말을 하지 않는다.) 전 제 추억들이 좋아요. 제 추억 속에서는 모두가 살아 있기 때문에 그 추억이 좋아요. 그 추억 속에는 엄마도 아빠도 블라댜 언니도 있거든요…… 전 집에 반드시 긴 식탁을 놓아요. 하얀 식탁보가 덮인 식탁. 그래서 혼자 사는 지금도 부엌에 들어가면 커다란 식탁이 놓여 있어요. 어쩌면 식구들 모두가 저와 함께할 수도 있으니까요…… 전 길을 걷다가도 갑자기 누군가의 제스처를 따라 하곤 해요. 그건 저의 제스처가 아니라 블라댜 언니나 엄마의 것이에요. 제 생각엔 우리의 손이 닿아 있는 것 같아요……

제가 고아원에 있을 때는…… 오사드니크의 고아들은 고아원에서 열네 살까지 보육을 받았고, 그뒤에는 광산에 보내졌어요. 그리고 열여덟 살이 되면 결핵에 걸렸지요…… 블라댜 언니처럼…… 그게 운명이었어요. 언니는 저멀리 어딘가에 우리에게도 집이 있다고 했어요. 하지만 아주 멀다고요. 그곳에는 엄마의 언니인 마릴랴 이모가 남아 있다고도 했어요…… 못 배우고 무식한 촌사람이었던 이모가 여기저기 수소문해가며 사람들에게 부탁했어요. 낯선 사람들이 이모를 대신해 편지를 써주었죠. 지금도 이해가 안 돼요. 대체 어떻게? 이모는 어떻게 해낸 걸까요? 어느 날 고아원에 저와 언니를 어떤 주소지로 보내라는 지시가 내려졌어요. 그곳은 벨라루스였어요. 첫 시도에서는 민스크까지 가지 못했죠. 모스크바에 도착했을 때 우리를 기차에서 하차시켰거든요. 그리고 이런 일이 여러 번 반복되었어요. 언니가 열이 오르기 시작했던 거죠. 언니는 병원에 보내졌고 저는 '격리기관'으로 보내졌어요. 격리기관에서는 '아동 임시 수용 배정소'로 보내졌지요. 거긴 지하실이었고 락스 냄새가 심했어요. 낯선 사람들…… 저는 항상 낯선 사람들 사이에서 살았어요…… 평생을 그렇게 살았어요. 그러는 동안에도 이모는 계속해서 여기저기 편지를 보내고 또 보냈어요…… 그리고 반년 뒤에 '아동 임시 수용 배정소'에 있는 저를 찾아내신 거죠. 전 비로소 다시 '집' '이모'라는 말들을 들을 수 있게 되었어요…… 저를 기차로 데려다주더군요…… 어두컴컴한 기차간이었고 침침한 조명이 통로만 겨우 비추고 있었어요. 사람들의 그림자. 저와 함께 보육 선생님이 동행했죠. 우리는 함께 민스크에 갔고, 그곳에서 포스타비*행 표를 끊었어요. 전 지명을 모두 알고 있었어요…… 언니가 당부했거든요. "꼭 기억해야 해. 기억해. 우리의 영지는 소브치노야." 포스타비에서부터는 이모가 사시는 그리디키 마을까지 걸어서 갔어요. 다리 근처에서 숨 좀 돌리려고 걸터앉았을 때였어요. 이웃 사람이 야간 교대를 마치고 자전거를 타고 지나가고 있었어요. 우리더러 누구냐고 묻더군요. 우리는 마릴랴 이모에게 간

---

* 벨라루스의 도시.

다고 대답했어요. "아, 맞아요. 이 길이에요"라고 그가 말했어요. 그리고 그 사람이 우리를 봤다고 이모에게 전한 것 같아요…… 이모가 우리를 맞이하기 위해 뛰어나왔거든요. 저는 이모의 얼굴을 보고는 "이 아줌마, 우리 엄마를 닮았어요"라고 말했어요. 그게 끝이었어요.

삭발을 하고 있었던 제가 스타하 외삼촌 댁 긴 벤치에 앉아 있었던 거죠. 문이 열려 있었는데, 문틈으로 사람들이 끊임없이 오는 모습이 보이더군요…… 사람들은 와서 멈춰 선 뒤 아무 말 없이 물끄러미 저를 바라보곤 했어요. 제가 무슨 그림이 된 것 같았어요! 사람들은 서로 아무런 말도 하지 않았어요. 다만 서서 눈물만 흘렸어요. 완벽한 정적이 감돌았어요. 마을 사람들 모두가 찾아왔어요…… 그분들이 제 눈물샘을 메워주었고, 모두가 저와 함께 울어주었어요. 그들 모두가 아버지를 알았고, 어떤 사람들은 아버지 밑에서 일도 했었어요. 나중에 이런 말을 참 많이 들었어요. "집단농장에서도 품삯 대신 '막대기'만 그려넣었는데, 안테크(아버지)는 항상 정산을 해줬어." 이게 제가 물려받은 유산이었어요. 촌락에 있던 우리집을 고스란히 집단농장 중앙건물로 '옮겨'버렸더군요. 그곳엔 아직도 농촌위원회가 있어요. 저는 사람들에 대해서 제가 알고 싶은 것보다 훨씬 더 많은 것을 알고 있어요. 붉은 군대가 우리 가족을 수레에 싣고 기차역으로 이송해갔던 바로 그날, 아즈베타 아줌마, 유제파 아줌마, 마테이 아저씨 등 절 보러 온 저 사람들이, 같은 사람들이 우리집에 있던 살림살이들을 자신들의 집으로 챙겨갔어요. 작은 건물들은 모두 해체해서 나눠 가졌어요. 마지막 통나무까지 싹 쓸어갔어요. 일군 지 얼마 안 되는 정원도 다 파냈어요. 사과나무도요. 이모가 헐레벌떡 우리집으로 왔어요…… 이모는 창가에 있던 큰 화분만 기념으로 챙겨갔다고 했어요…… 전 그 일들을 기억하고 싶지 않아요. 머릿속에서 떨쳐내려고 노력해요. 전 온 마을이 저를 돌보며 안아 키운 걸 기억하고 있어요. "마리야, 우리집에 가자. 오늘 버섯 요리를 잔뜩 해놓았단다……" "이리 오렴, 우유 한잔 따라줄게……" 마을에 도착한 그다음날 제 얼굴 전체가 수포로 뒤덮였어요. 눈도 따가웠지요. 눈꺼풀을 들 수가 없을 정도였어요. 사람들이 제 손을 붙잡고 다니면서 얼굴을 씻겨줬지요. 내 안의 모든 것이 흐릿해지고 불타버려서 나는 세상을 다른 시선으로 바라볼 수 있었어요. 그건 저쪽의 삶에서 이쪽의 삶으로 전환되는 것을 의미했어요…… 이제는 제가 거리를 돌아다니면 다들 저를 멈춰 세우며 "아, 정말 멋진 여자야! 어쩜 저리 멋질까?"라고 칭찬해요. 만약 그런 말들이 없었다면 제 눈은 차가운 얼음물에서 구조된 개의 눈 같았을 거예요. 만약 그랬다면 제가 다른 사람들을 어떤 눈빛으로 쳐다보게 되었을지…… 잘 모르겠네요……

이모와 이모부는 창고에서 살았어요. 전쟁으로 집이 불타버렸거든요. 임시방편으로 창고를 만들고는 잠깐 동안만 살게 될 거라 생각했는데 결국 그냥 그곳에 눌러앉게 된 거죠. 짚으로 만든 지붕, 작은 창문. 한쪽 구석에는 '불보치카(이모가 사용하는 말이었어요)', '불바'도 아닌 '불보치카'*를 두었고, 다른쪽 구석에는 시끄럽게 울어대는 새끼 돼지들이 있었어요. 바닥에 나무판자는 당연히 없었고 맨땅 위에 좀새풀과 짚을 깔고 살았어요. 얼마 후 블라댜 언니를 우리 '창고'로 데려왔죠. 언니는 얼마 같이 살지도 못하고 세상을 떠나고 말았어요. 언니는 집에서 죽게 되었다며 기뻐했어요. 언니의 마지막 말은 "우리 마리야는 이제 어떡하죠?"였어요.

제가 사랑에 대해 알고 있는 모든 건 전부 이모의 창고에서 비롯된 것이에요……

"귀여운 나의 작은 새야…… 우리 윙윙이…… 꼬마 꿀벌아……" 저는 항상 횡설수설 알 수 없는 말들을 늘어놓기도 하고 이모에게 떼를 쓰기도 했어

---

* 불바는 벨라루스어로 '감자'를 뜻한다. '불보치카'는 '불바'라는 단어에 여성형 지소형 어미 '-치카'를 결합한 형태다.

요. 전 좀처럼 믿기지가 않았거든요…… 내가 사랑을 받다니! 나를 사랑해주
다니! 자라고 있는 날 흐뭇하게 봐주는 사람이 있다는 건 정말이지 최고의 사
치였어요. 그건 모든 뼈 마디마디와 모든 근육이 쭉쭉 펴지는 느낌이었어요.
저는 이모 앞에서 '러시아 전통 춤'과 '야블로치코 춤'*을 추곤 했어요. 유배지
에서 배운 춤이었죠…… 노래도 불렀어요…… "추이스크 지역에는 길이 나
있다네/많은 운전사들이 그 길 위를 달리고 있지……" "내가 죽으면 타지에
나를 묻겠지/우리 어머니는 우실 테고/부인은 다른 남자를 찾아가겠지/하지
만 어머니는 아들을 절대로……" 하루종일 빨빨거리고 뛰어다니다보면 발이
시퍼렇게 멍들고 찢어져 있었어요. 신발 같은 건 아예 없었으니까요. 밤에 잠
자리에 누우면 이모가 자기 잠옷의 밑단으로 내 발을 돌돌 말아서 녹여줬어
요. 이모가 자기 옷으로 절 꽁꽁 싸매줬어요. 이모에게 배를 맞대고 안겨 있으
면 마치 엄마의 자궁 속에 있는 것만 같았어요…… 덕분에 저는 악을 기억하
지 못해요…… 악은 잊어버렸어요…… 악은 저의 내면 깊은 곳 어딘가에 숨
겨져 있어요…… 아침마다 이모의 목소리에 눈을 떴어요. "드라니키를 부쳐
놓았어. 어서 먹어보렴." "이모, 나 더 잘래." "일어나서 먹고, 다시 가서 자면
되잖아." 이모는 음식이…… 팬케이크 등등의 먹거리가 제겐 약과도 같다는
걸 아셨어요. 팬케이크와 사랑. 비탈리크 이모부는 목동이었어요. 어깨에 채
찍과 자작나무로 만든 긴 뿔나팔을 가지고 다녔어요. 군인용 튜닉과 승마바지
차림이었죠. 이모부는 목초지에서 '토르부'**를 가져다주곤 했어요. 토르부에
는 주인집에서 나눠준 먹거리들, 치즈나 돼지비계 조각이 들어 있었어요. 신
성한 가난! 이모와 이모부에게 가난은 그렇게 특별한 의미를 지니지 않았어
요. 가난은 두 분에게 상처를 주지도 않았고 모욕이 되지도 않았어요. 제게 이

---

* '러시아 선원들의 춤'으로 알려져 있다.

** 옆으로 메는 가방.

　　　　　　　　　　　　　　　1부 아포칼립스의 위로

사실이 얼마나 중요한지…… 얼마나 귀한지…… 제 친구 하나는 항상 불평을 늘어놓아요. "새 차를 살 돈이 없어……" 다른 친구는 "평생을 바랐는데, 결국에는 밍크코트 한 벌 못 사잖아……" 하고 푸념하죠. 꼭 유리 너머에서 들리는 소리 같아요. 제가 안타까워하는 단 한 가지는 이제 더이상 미니스커트를 입지 못한다는 것뿐이에요…… (우리는 같이 웃는다.)

　이모의 목소리는 범상치 않았어요. 에디트 피아프처럼 떨리는 목소리를 가지고 있었죠. 이모는 결혼 잔치나 장례식에 초대받아 노래를 부르곤 했어요. 저는 항상 이모와 함께였어요…… 이모 옆에 찰싹 붙어서 뛰어갔지요. 기억나는 게 있어요…… 이모가 어떤 관 옆에 서 있었어요. 꽤 오랫동안…… 그러다 어느 순간 무리에서 떨어져서 점점 더 관 쪽으로 가까이 다가가는 거예요. 천천히…… 아무도 고인에게 작별인사를 하지 못하고 있다는 걸 이모가 느꼈던 거예요. 원하는 사람들은 많지만 그렇다고 모두가 다 할 수 있는 건 아니니까요. 이모가 운을 뗐어요. "아냐, 우리를 떠나서 어디로 간 거야…… 밝은 낮도, 밤도 뒤로하고…… 이제 누가 당신 집 마당을 거닐겠어…… 누가 당신 아이들에게 뽀뽀해주겠어…… 누가 저녁에 돌아오는 소를 맞이하겠어……" 이모는 차분히 할말을 이어갔어요…… 가장 일상적이고 단순하지만 가장 고귀한 말들이었어요. 가장 가슴 아픈 말들. 그 단순한 말 속에 가장 중요한 최후의 진실이 들어 있는 것 같았어요. 궁극의 진실이. 목소리가 떨리기 시작했죠…… 그리고 모두가 이모를 따라 울기 시작했어요. 소젖 짜는 일도 잊고, 술에 취한 남편이 집에 있다는 것도 잊은 채로요…… 사람들의 표정이 바뀌고 얼굴에서 번뇌가 사라지더니 광채가 감돌기 시작했어요. 모두가 울고 있었어요. 전 부끄러웠어요…… 이모가 안쓰럽기도 했고요. 그리고 집에 돌아가면 이모가 아팠거든요. "아이고, 예쁜 조카야! 머릿속이 시끌시끌하구나……" 그래도 어쩌겠어요, 이모는 그런 가슴을 지닌 사람이었는걸요…… 학교에서 돌아오면…… 작은 창가에 앉아 바늘 쥔 손을 바삐 움직이면서 우리의 누더기를 꿰매고 있는 이모를 볼 수 있었어요. 이모는 노래를 부르고 있었죠. "불은 물로 끈다지만/사랑은 무엇으로도 안 돼요……" 저를 비추고 있는 건 그때의 그 추억들이에요……

우리 집안의 예전 영지에서…… 예전의 우리집에서 남은 것이라고는 돌밖에 없어요. 그런데도 전 거기에서 온기가 느껴져서 계속 그곳에 끌리는 것 같아요. 전 마치 묘지를 찾아가듯 그곳을 방문하곤 해요. 전 그 들판에서 하룻밤을 보내기도 해요. 그럴 때면 항상 노심초사하면서 사뿐히 땅을 지르밟으려고 노력하죠. 그곳에 사람들이 살고 있지는 않아도 살아 있는 생명들이 분명 있으니까요. 생명의 울림…… 다양한 생물들의 울림…… 누군가의 집을 짓밟을까봐 걱정되는 거예요. 저는 개미처럼 어디에서든 정착해서 살 수 있어요. 저의 이상향은 집이에요. 집에는 꽃이 자라야 하고…… 집은 예뻐야 해요…… 기억나는 게 있어요…… 고아원에 있을 때 누군가 제가 살게 될 방으로 저를 데려갔어요. 하얀 침대들…… 전 재빨리 눈으로 방을 훑었어요. 창가 옆 침대는 누가 쓰는지, 나만 사용할 수 있는 서랍장이 있는지 찾았던 거예요. 전 저만의 보금자리를 만들 수 있는 곳을 찾고 있었어요.

잠시만요…… 우리가 얼마나 이야기하고 있는 거죠? 이야기를 나누는 동안 천둥도 쳤고, 이웃 여자도 왔다 갔고, 전화벨도 울렸고…… 이 모든 상황들이 제게 영향을 끼쳤어요. 전 모든 상황에 다 반응했죠. 하지만 종이에는 말만 남아 있겠죠…… 다른 건 전혀 남지 않을 거예요. 이웃집 여자, 전화벨 소리 등 제가 말하지는 않았지만 제 기억 속에서 깜빡거렸고 분명 존재했던 그 일들은 남지 않겠죠. 내일은 어쩌면 모든 것에 대해 전혀 다르게 이야기할 수도 있을 거예요. 말들은 남겠지만 저는 일어나서 다시 앞으로 나아갈 거예요. 저는 그렇게 살아가는 법을 배웠어요. 할 수 있어요. 전 계속 걸어가고 있어요.

누가 제게 이것을 주었을까요? 이 모든 것을……? 신일까요, 사람일까요? 만약 신이 주신 거라면 그분은 정말 필요한 사람에게 적절하게 주신 거예요.

고통이 저를 자라게 했으니까요…… 고통은 저의 창작물이고…… 제 기도예요. 전 몇 번이나 얘기를 털어놓고 싶어서 일부러 언질을 주기도 했는데, 단한 명도 제게 이렇게 묻는 사람이 없었어요. "그다음에는 어떻게 돼요? 그다음에는요……" 전 항상 사람을 기다렸어요. 그 사람이 좋은 사람이든 나쁜 사람이든. 누군가 날 찾아주기를 평생 동안 기다렸어요. 그 사람을 만나게 되면 모든 걸 다 얘기해줄 것이고, 그런 뒤에는 그 사람이 제게 "그래서? 그래서 그다음은 어떻게 되는데?"라고 물어봐주길 기다렸어요…… 요즘은 사회주의가 잘못이다…… 스탈린이 잘못이라고 말들을 해요. 마치 스탈린에게 신과 같은 능력이라도 있었던 것처럼. 우리는 모두 각자만의 신이 있어요. 그런데 왜 그 신이 침묵을 지켰을까요? 이모…… 우리 마을…… 그 밖에도 전 마리야 페트로브나 아리스토바 공훈 선생님을 잘 기억해요. 그 선생님은 블라댜 언니가 모스크바 병원에 입원해 있을 때 병문안을 가주셨어요. 그 선생님은 생판 남이었는데…… 그 선생님이 블라댜 언니를 시골에 있는 우리들에게 데려다주셨어요…… 두 손에 안은 채로…… 블라댜 언니가 그때는 아예 못 걸었거든요…… 그 선생님은 제게도 연필과 사탕을 보내주곤 하셨어요. 편지도 보내셨죠. 또 있어요. '아동 임시 수용 배정소'에 있을 때죠. 그곳에서는 몸을 씻기고 소독해주곤 했어요. 저는 온몸에 비누거품을 묻힌 상태로 높은 턱에 서 있었고 행여나 미끄러지기라도 하면 시멘트 바닥에 머리가 깨질 수도 있었죠. 미끄러져서…… 떨어지려는 찰나에…… 역시나 남이었던 여자가, 그곳에서 근무하던 보육 선생님이 저를 낚아채 품으로 끌어당기면서 이렇게 말했어요. "아이고, 내 작은 새야."

　전 신을 보았어요.

살인자들이 신을 위해
일한다고 믿고 있는 시대에 대하여

올가 V.(병원 진단영상 촬영사, 24세)

—아침이 되면 전 무릎을 꿇고 앉아요…… 기도하죠. "주여! 전 지금도 할 수 있어요! 전 지금 죽고 싶어요!" 아침인데도 불구하고…… 하루가 시작되는 시간임에도 불구하고 말이에요……

죽음……! 그건 매우 강렬한 염원이에요…… 그래서 저는 바다로 갔어요. 모래 위에 앉았죠. 죽음을 두려워할 필요가 없다고 제 자신을 안심시켰어요. 죽음은 곧 자유라고…… 파도가 해변가에서 부서지고 또 부서졌어요…… 그러다 밤이 되었고, 얼마 지나 또다시 아침이 왔어요. 첫 시도에서 저는 아무것도 결정하지 못했어요. 걷고 또 걷기만 했어요. 나 자신의 목소리를 들으면서요. "주여, 나는 당신을 사랑합니다! 주님……" 사라 바라 브지야 브조이……* 이건 압하스어예요…… 주변에는 수많은 색과 소리가 있었어요…… 그런데도 저는 죽고 싶었어요.

저는 러시아인이에요. 압하스**에서 태어났고 그곳에서 오래 살았어요. 수도 수후미에서요. 그곳에서 스물두 살까지 살았어요. 1992년까지요. 전쟁이 시작되기 전까지. 압하스인들은 전쟁에 대해 이야기할 때면 이렇게 말해요. '만약 물에 불이 붙으면 대체 뭘로 그 불을 끄지?'…… 같은 버스를 타고 다니던 사람들, 같은 학교에 다니고, 같은 책을 읽고, 같은 나라에 살면서 같은 언어, 러시아어를 같이 배웠던 사람들이…… 서로를 죽였어요. 이웃끼리, 동급생들끼리. 오빠가 여동생을요! 바로 코앞에서, 집 근처에서 전쟁을 했어

---

* 압하스어로 '난 너를 사랑해'라는 뜻.

** 흑해 연안 동쪽에 위치하고 있는 조지아의 자치공화국.

1부 아포칼립스의 위로

요…… 불과 1년, 아니 2년 전까지만 해도 형제처럼 살았고, 모두 콤소몰이었고 공산주의자들이었던 그 사람들이요. 저는 학교 작문 숙제에 '영원한 형제들……' '무너지지 않는 연방……'이라고 썼다고요. 사람을 죽이다니! 그건 영웅 행위도 아니고 범죄도 아니에요…… 그건 끔찍한 공포예요…… 전 그걸 봤어요…… 전 이해할 수 없어요…… 이해가 안 돼요…… 압하스에 대해서 말씀드릴게요…… 저는 압하스를 매우 사랑했어요…… (말을 멈춘다.) 그리고 지금도 사랑해요…… 아무리 그랬어도 사랑해요…… 압하스에서는 집집마다 벽에 단도가 걸려 있어요. 남자아이가 태어나면 친척들이 단도와 금을 선물하죠. 그리고 그 단도 옆에는 포도주를 위한 뿔이 걸려 있어요. 압하스인들은 뿔을 컵처럼 사용해서 술을 마시거든요. 끝까지 다 마시지 않은 채로 상위에 뿔을 내려놓으면 안 돼죠. 압하스인들은 식탁에 둘러앉아 손님들과 함께 보낸 시간은 수명에 포함되지 않는 시간이라고 믿어요. 왜냐하면 그 시간 동안 술을 마시면서 기뻐했으니까요. 그렇다면 살인하는 시간은 어떨까요? 다른 사람에게 총을 쏘는 시간은요……? 그건 어떻게 포함될까요? 저는 이제 죽음에 대해서 참 많이 생각해요.

(소곤거리며 말한다.) 두번째 시도에서는…… 주저하지 않았어요…… 욕실에 들어가 문을 잠갔어요…… 손톱이 피가 철철 흐를 정도로 벗겨졌죠. 살려고 버둥대면서 벽을 긁어대고 몸으로 벽, 흙벽, 석회벽에 파고들었거든요. 마지막 순간에 다시 살고 싶어지더라고요. 그래서 결국 올가미가 끊어지고 말았어요…… 결국 전 살았어요. 제 몸을 만져볼 수 있었어요…… 다만…… 그 생각만은…… 죽음에 대한 생각만은 그만둘 수가 없었죠.

제가 열여섯 살 때 아버지가 돌아가셨어요. 그때부터였을 거예요, 저는 장례식을 싫어해요…… 장례 음악조차도요…… 저는 이해가 안 돼요, 대체 왜 사람들은 그런 연극을 하는 걸까요? 저는 관 옆에 앉아 있었을 때부터 관에 있는 사람은 이미 내 아빠가 아니라는 걸, 아빠는 이미 여기에 없다는 걸 깨달았죠. 관 속에는 누군가의 차디찬 육신만이 있을 뿐이었어요. 껍데기. 9일 내내 저는 꿈을 꿨어요…… 누군가 계속 저를 불렀어요…… 자기에게로 오라며 계속 불렀어요…… 그런데 저는 어디로 가야 할지, 누구한테 가야 하는 건지 모르겠더라고요. 저는 가족들을 떠올리기 시작했어요…… 그중 대다수가 한 번도 본 적도 없고 알고 지내지도 않던 사람들이었어요…… 그분들은 제가 태어나기도 전에 돌아가셨으니까요. 갑자기 할머니가 나타났어요…… 할머니는 아주 오래전에 돌아가셨어요. 우리에겐 남은 사진조차 없었죠. 그런데 꿈속에서 제가 할머니를 알아본 거예요. 그쪽 세상은 전혀 다른 곳이었어요…… 그들이 있는 것도 같고 없는 것도 같았어요. 우리는 육신으로 감싸여 있었지만 그들을 감싸고 있는 건 없었어요. 그들을 보호하는 것이 전혀 없었어요. 할머니 다음에는 아버지를 보았어요…… 아버지는 아직까지는 즐거워 보였어요. 아직은 지상에 속한 존재 같았고 제게 익숙한 아버지의 모습이었어요. 그다음에 본 나머지 사람들은 뭐라고 해야 할까 좀 이상했어요…… 이상했어요…… 제가 알았던 사람들인데 지금은 잊어버린 것 같은 그런 느낌이었어요…… 죽음은 시작이에요…… 무언가의 시작일 뿐이에요…… 우리는 그 무언가가 무엇인지 모를 뿐이에요…… 전 계속 생각했어요. 저는 이 포로 생활에서 벗어나서 어디론가 숨어버리고 싶어요. 그런데도 얼마 전에는요…… 아침에 거울 앞에 서서 춤을 췄다니까요. "난 예뻐! 난 젊어! 난 기뻐할 거야! 나는 사랑을 할 거야!" 이러면서요……

처음으로 본 건…… 그는 잘생긴 러시아 남자였어요…… 보기 드문 외모의 소유자였죠! 압하스인들은 그런 유의 사람을 보면 '좋은 씨를 가진 남자'라고 불러요. 그는 흙으로 살짝 덮여 있었어요. 운동화를 신고 군복을 입은 채로. 그런데 그다음날에는 누군가 운동화를 벗겨 갔더군요. 그 사람은 살해당한 거였어요…… 죽은 다음에, 그다음에 그곳에선 어떤 일이 일어날까요? 흙속에서 말이에요? 우리의 발밑에서…… 발바닥 밑에서 말이에요…… 저기

저 아래 아니면 저 하늘 위에…… 저 하늘 위에서는 대체 무슨 일이 일어나나요? 때는 여름이었고 바닷소리가 들려왔죠. 매미 우는 소리도 들렸고요. 그때 전 엄마의 심부름을 하는 중이었어요. 그런데 그 사람은 죽임을 당한 거예요. 길거리마다 무기를 실은 트럭이 오가고 있었고, 트럭에서는 빵을 나눠주듯 기관총을 나눠주고 있었어요. 전 피난민들도 보았어요. 사람들이 피난민을 제게 보여줬고, 저는 잊고 있던 그 단어를 기억해내야만 했어요. 책에서 본 기억을 떠올렸죠. 피난 행렬이 어마어마했어요. 어떤 사람들은 자동차에, 어떤 사람들은 트랙터에, 어떤 사람들은 걸어서 도망가는 중이었어요. (침묵) 우리 그냥 다른 얘길 하는 게 어떨까요? 예를 들자면 영화에 대해서…… 저는 영화를 좋아해요. 하지만 서양 영화를 좋아해요. 왜냐고요? 그 영화 속에는 우리네 인생을 연상시킬 만한 것이 전혀 없거든요. 그런 영화를 볼 때면 생각하고 싶은 대로 생각하고 마음껏 상상할 수 있어요. 지겨운 이 얼굴 대신에, 이 몸, 하다못해 이 손마저도 다른 것으로 싹 바꿔볼 수가 있잖아요. 전 제 몸이 마음에 들지 않아요. 저는 이 모든 것에 지나치게 제약을 받고 있어요. 제가 갖고 있는 몸은 항상 똑같은데 저는 매번 다르거든요. 저는 바뀌거든요…… 지금 제가 하는 말을 스스로 들으면서도 내가 이런 말을 하는 게 참 신기하다는 생각을 해요. 왜냐하면 난 이런 말을 할 수 없는 사람이거든요. 이런 말들을 모를뿐더러 멍청하기도 하고, 맨빵에 버터만 발라도 좋아라 하는 평범한 사람인걸요…… 전 아직 사랑도 못 해봤고 아이를 낳아본 적도 없거든요…… 그런데도 제가 이런 말들을 하고 있네요…… 왜일까요? 잘 모르겠어요. 대체 이 모든 말들이 어떻게 제 안에 있는 걸까요? 두번째로 본 건…… 젊은 그루지야인이었어요…… 그는 공원에 누워 있었어요. 그 공원에는 모래가 쌓인 곳이 있었는데, 바로 그 위에 그 사람이 누워 있었어요. 누워서 위를 쳐다보고 있었죠…… 그런데 한참이 지나도 아무도 그를 데려가지 않았고 아무도 뒤처리를 하지 않았어요. 그 사람을 보았을 때…… 전 어디론가 도망쳐야 한다고 생각했어요. 도망가야 한다고…… 그런데 도망갈 곳이 어디 있었겠어요? 그래서 저는 성당으로 뛰어갔어요…… 아무도 없더군요. 저는 무릎을 꿇고 앉아 모두를 위해서 기도했어요. 그때 저는 아직 기도할 줄도 몰랐어요. 아직 그분과 대화하는 법을 배우지 못했을 때였거든요…… (가방을 뒤진다.) 약이 어디에 있지…… 안 되거든요! 전 흥분하면 안 돼요…… 전 그 일들 때문에 병을 얻고 말았어요. 정신과 진료를 받았죠. 그냥 길을 걷다가도…… 갑자기 소리를 빽 지르고 싶다거나 그랬거든요……

제가 어디서 살고 싶은지 아세요? 전 어린 시절 속에서 살고 싶어요…… 어렸을 때는 엄마와 함께였고 안전한 둥지 속에 있는 것 같았거든요. 구원하소서……! 하느님, 믿는 자들을, 앞 못 보는 소경들을 구원하소서! 학교 다닐 때 전 전쟁 관련 책을 좋아했어요. 영화도 전쟁영화를 좋아했어요. 그리고 전쟁을 아름답다고 생각했어요. 전쟁은 화려하다고…… 전쟁 속에는 화려한 삶이 있다고…… 저는 제가 남자가 아니라 여자라는 것을 후회하기도 했다니까요. 전쟁이 일어나도 나를 전쟁에 데려가지 않았을 테니까요. 이제 저는 전쟁소설은 읽지 않아요. 아무리 훌륭한 책이라 해도요…… 전쟁소설은…… 우리를 기만해요. 현실 속의 전쟁은 더럽고 무서운 것이에요. 그런 이야기를 써도 되는 건가요? 난 이제 확신이 안 서네요…… 진실을 쓰느냐 안 쓰느냐의 얘길 하는 게 아니라요, 전쟁 얘기 자체를 써도 되는 건가요? 그런 이야기를 해도 되는 건지…… 그런 짓을 하고 어떻게 행복해질 수 있겠어요? 잘 모르겠어요…… 순간 당황스럽네요…… 우리 엄마는 절 안으시며 "딸아, 뭘 읽고 있니?"라고 묻곤 했어요. "숄로호프의 『그들은 조국을 위하여 싸웠다』요. 전쟁소설이요……" "그런 건 뭐하러 읽어? 그건 삶에 대한 책이 아니란다, 딸아. 삶은 그것과는 달라……" 엄마는 로맨스 소설을 좋아했어요…… 우리 엄마! 전 지금 엄마의 생사조차 몰라요. (말이 없다.) 예전에는 그곳에서…… 수후미에서는 도저히 못 살겠다고 생각했는데, 지금은 아예 살 수가 없다는 생각이

들어요…… 사랑에 대한 책마저도 제게 전혀 도움이 안 돼요. 하지만 사랑은 있어요. 전 알아요, 사랑은 있어요. 저는 안다고요…… (처음으로 미소를 짓는다.)

　1992년 봄이었어요…… 우리 이웃에는 바흐탄크와 구날라라는 사람들이 살았어요. 바흐탄크는 그루지야 남자였고, 구날라는 압하스 여자였어요. 두 사람은 집이며 가구며 모든 걸 다 팔았고, 그곳을 막 떠나려던 참이었어요. 우리집에 와서 작별인사도 했죠. "전쟁이 시작될 거예요. 러시아에 아는 사람이 있으면 러시아로 가요." 우리는 믿지 않았어요. 늘 그랬으니까요, 그루지야인들은 압하스인들을 비웃었고, 압하스인들은 그루지야인들을 좋아하지 않았거든요. 오, 그건 정말 대단했죠……! (웃음) "그루지야인이 우주로 날아갈 수 있을까?" "아니." "왜?" "그렇게 되면 그루지야인들은 넘쳐나는 자부심을 감당 못 해 죽을 거고, 압하스인들은 그들에 대한 질투심 때문에 죽게 될 테니까." "왜 그루지야인들은 다 작은 거야?" "그건 그루지야인들이 작은 게 아니라 압하스 산이 너무 높은 거야." 비록 서로가 서로를 비웃었지만 그래도 같이 살았어요. 같이 포도밭도 가꾸고…… 포도주도 만들고. 압하스인들에게 와인 양조는 종교와도 같았어요. 각 양조장마다 각자만의 술 담그는 비법이 있었어요…… 5월이 가고, 6월이 지나갔어요. 그리고 해변의 계절이 돌아왔죠. 첫 열매들도 맺혔고요…… 전쟁은 무슨 전쟁! 저와 엄마는 전쟁은 생각지도 않고 과일주스를 끓여서 병조림을 만들고, 과일잼을 졸이면서 지냈어요. 토요일마다 시장에도 갔고요. 압하스의 시장! 그 냄새…… 그 소리들…… 와인 통에서 향이 스며 나오고, 옥수수빵, 양젖으로 만든 치즈, 군밤 냄새가 가득했어요…… 향긋한 체리자두 향, 담배와 눌린 담뱃잎의 짙은 향, 걸려 있는 치즈들…… 제가 제일 좋아하는 마초니 치즈*…… 상인들은 압하스어, 그루지야

---

* 산양이나 염소의 젖을 발효시켜 만든 치즈.

어, 러시아어로 손님들을 끌어모았죠. 모든 언어로 똑같은 말을 했어요. "자자, 예쁜 엄마, 잘생긴 아저씨! 일단 잡숴봐요. 마음에 안 들면 안 사도 돼요!"

벌써 6월부터 시내에서 빵을 팔지 않더군요. 토요일에 엄마는 시장에 나가 밀가루를 잔뜩 사기로 마음먹었죠. 버스를 타고 가는데 바로 옆자리에 아는 여자가 아이를 안고 타더군요. 아이가 처음에는 잘 놀았는데 나중에는 계속 울었어요. 꼭 누가 아이에게 겁을 준 것만 같았죠. 아이 엄마가 갑자기 물어보더군요. "지금 총을 쏘는 거죠? 들려요? 총소리죠?" 정신 나간 소리라고 생각했어요! 시장에 다다랐을 때 맞은편에서 한 무리의 사람들이 질겁한 얼굴로 뛰어오고 있었어요. 닭 깃털이 공중에 휘날리고 있었고, 토끼나 오리들이 사람들의 발에 툭툭 걸렸어요…… 동물들에 대해서 떠올리는 사람들은 없어요…… 동물들이 어떤 고통을 당하는지 말이에요…… 하지만 저는 다친 고양이가 기억나요. 그리고 수탉이 내지르던 비명소리도 기억나요. 날개 아래 파편이 박혀 있었죠. 이런 걸 기억하는 제가 비정상인 거죠, 그렇죠? 전 죽음에 대해서 너무나 많은 생각을 해요…… 지금은 그 생각에 사로잡혀 있어요…… 그리고…… 그 비명! 그 절규들! 한 사람의 소리가 아니었어요. 수많은 사람들의 소리였어요. 그 뒤로 군복 차림도 아닌데 무장한 사람들이 자동소총을 들고 여자들을 추격하면서 가방과 물건들을 빼앗는 모습이 이어졌어요. "이것도 내놔…… 그거 벗어……" "범죄자들인가?" 엄마가 제게 속삭였어요. 버스에서 내리자 러시아 군인들이 보였어요. "무슨 일이에요?" 엄마가 그들에게 물었어요. 중위가 엄마에게 대답했어요. "보고도 이해가 안 되세요? 전쟁이 났어요." 우리 엄마는 정말 겁이 많았어요. 그 소리를 듣고 엄마는 기절하고 말았죠. 저는 어느 주택단지로 엄마를 끌고 갔어요. 어떤 집에서 물 한 잔을 내주더군요…… 어딘가에서 폭격이 이뤄지는지…… 폭발음이 들려왔어요. "아줌마! 아줌마! 밀가루 필요해요?" 젊은 청년이 밀가루 포대를 들고 서 있었어요. 파란색 가운을 입고 있었는데, 우리 나라에서는 짐꾼들이 그런 복장

1부 아포칼립스의 위로

을 했거든요. 온몸에 밀가루를 얼마나 뒤집어썼는지 파란색 옷이 하얗게 보일 정도였죠. 전 웃음이 터지고 말았어요. 그런데 엄마가 "그래, 저 밀가루를 사자. 정말 전쟁이 난 것일 수도 있잖아"라고 했어요. 우리는 그 밀가루를 샀어요. 값도 치렀어요. 그런 뒤에야 우리는 도둑놈에게서 밀가루를 샀다는 걸 깨달았어요. 좀도둑한테 물건을 샀다는 걸요.

우리는 함께 살던 사람들이었어요…… 전 그곳 사람들의 관습도 알았고 언어도 알았어요…… 제가 사랑하는 사람들이었다고요. 그런데 어디서 갑자기 그런 인간들이 나타난 걸까요? 그것도 별안간에? 인간의 속도라고 볼 수 없을 정도로 짧은 시간에 말이에요? 그동안 그런 면이 어디에 감춰져 있었던 걸까요? 어디에…… 누가 이 질문에 대답해줄 수 있을까요? 전 걸고 있던 십자가 목걸이를 잽싸게 벗어서 밀가루 속에 숨기고 지갑도 숨겨두었어요. 산전수전 다 겪은 할머니처럼요…… 전 이미 그래야 한다는 걸 느끼고 있었어요…… 어떻게 그런 걸 알았을까요? 밀가루 10킬로그램을 우리집까지, 약 5킬로미터나 되는 거리를 제가 직접 메고 갔어요. 저는 차분하게 걸었어요…… 만약 그때 누군가 나를 죽였다면 전 아마 놀라지도 않았을 거예요…… 그런데 다른 사람들은…… 대부분 해변가에 있던 사람들이었어요, 놀러온 사람들…… 그 사람들은 이성을 잃은 채 울고불고했어요. 하지만 저는 침착했어요…… 아마도, 제가 충격을 받아서 그런 거였겠죠? 그때 차라리 소리를 질렀더라면…… 다른 사람들처럼 소리를 질렀더라면…… 지금은 그런 생각이 들어요…… 철로 근처에서 잠시 쉬어 가려고 멈춰 섰는데 철로 위에 젊은 청년들이 앉아 있더군요. 한 무리는 머리에 검은 띠를 두르고 있었고, 다른 무리는 하얀 띠를 두르고 있었어요. 그리고 사람들 모두 무기를 들고 있었어요. 그들이 저를 놀리기도 하고 깔깔거리기도 했어요. 그 사람들에게서 얼마 떨어지지 않은 곳에 연기가 피어오르는 화물트럭이 있었어요. 운전석에 앉아 있던 기사는 죽어 있었어요…… 하얀 셔츠를 입은 채로…… 그 장면을 보자마자 엄마와 저는 남의 집 귤밭으로 뛰어들어 달리기 시작했어요…… 저는 온통 밀가루를 뒤집어 쓰고 있었죠. "버려! 버리고 가!" 엄마가 사정했어요. "아니야, 엄마. 안 버려. 전쟁이 났는데 우리집에는 아무것도 없잖아." 그 장면이 떠올라요…… 맞은 편에서 '지굴리'차가 오더군요…… 우리는 소리지르면서 차를 세우려고 했어요. 그런데 자동차가 그냥 스쳐지나가더군요. 아주 천천히, 영구차처럼 천천히. 그 차 앞좌석에는 어떤 청년과 아가씨가 타고 있었고, 뒷좌석에는 어떤 여자의 시체가 있었어요. 무섭네요…… 그래도 왠지는 모르겠지만 예전만큼 무섭지는 않네요…… (침묵) 전 쉬지 않고 이런 생각들을 떠올리고 싶어해요. 계속 생각하고 또 생각해요…… 바닷가까지 갔을 때 '지굴리' 한 대를 더 발견했어요. 앞유리는 산산조각 나 있었고…… 피웅덩이가 고여 있었어요…… 여자들의 구두도 나뒹굴고 있었고…… (침묵) 제가 병에 걸리긴 걸렸어요…… 병이 있는 게 맞아요…… 왜 저는 아무것도 잊지 못하는 걸까요? (침묵) 어서 빨리, 어서 빨리 집으로, 익숙한 장소로 가고 싶었어요. 어디론가 도망가고 싶었어요. 그런데 갑자기 위쪽에서 요란한 기계음이 들리더군요…… 그건 전쟁의 소리였어요. 국방색 전투헬기들이있었어요…… 지상에서의 상황도 다를 바 없었어요…… 전 탱크도 보았어요. 탱크들이 행렬에 맞춰 움직이는 게 아니라 한 대씩 따로따로 다녔어요. 탱크 위에는 자동소총을 든 군인들이 앉아 있었고 그루지야 국기가 달려 있었어요. 탱크들은 무질서하게 움직였어요. 어떤 탱크들은 앞으로 빠르게 전진하고, 어떤 탱크들은 상점마다 멈춰 서고 있었죠. 탱크에서 군인들이 내려서는 가게 자물쇠를 개머리판으로 부수고는 샴페인, 사탕, 콜라, 담배 등을 가져갔어요. 탱크 뒤로는 '이카루스' 버스가 뒤따르고 있었는데, 매트리스와 의자들로 꽉꽉 채워져 있었어요. 도대체 의자는 왜 가져갔던 걸까요?

집에 도착하자마자 바로 텔레비전을 틀었어요…… 심포니 오케스트라의 공연이 방영되더군요…… 전쟁 소식은? 텔레비전에서는 전쟁을 보여주지 않

1부 아포칼립스의 위로

았어요…… 시장에 가기 전에 병조림을 하기 위해서 토마토와 오이를 준비해 놓고 갔거든요. 유리병들도 싹 끓여서 소독해뒀고요. 겨우 집에 돌아와서 우리는 결국 다시 병조림을 하기 시작했어요. 정신이 딴 데 쏠리도록 저는 뭐라도 해야만 했어요. 저녁에는 〈부자들도 눈물을 흘린다〉라는 멕시코 드라마를 봤어요. 사랑에 대한 드라마를.

다음날 새벽녘에 들려온 굉음에 깜짝 놀라 잠에서 깼어요. 우리집 앞 골목 길로 군장비들이 이동중이었어요. 사람들이 밖으로 나가 구경했죠. 어떤 차가 우리집 바로 옆에 멈춰 섰어요. 러시아인들이 탑승하고 있었어요. 그들이 용병이라는 걸 깨달았죠. 그들은 엄마를 불러내더니, "아줌마 물 좀 줘요" 했고 엄마는 물과 사과를 내줬어요. 그들은 물만 벌컥 들이켜고는 사과는 가져가지 않았어요. "어제 우리 중 한 명이 사과를 먹고 독살당했거든요"라고 말하더군요. 골목에서 아는 동생을 만났어요. "별일 없지? 식구들도?" 그런데 걔가 우리를 모르는 사람 대하듯 그냥 지나쳐버리더라고요. 저는 그 동생을 뒤쫓아가 어깨를 붙잡았어요. "왜 그래? 무슨 일이야?" "언니, 아직도 모르겠어? 나랑 말하면 위험해져. 내 남편이…… 내 남편이…… 그루지야인이라고." 그런데 저는 말이에요…… 한 번도, 단 한 번도 그녀의 남편이 압하스인인지 그루지야인인지 관심 가져본 적이 없어요. 그게 대체 무슨 상관이냐고요? 그 동생의 남편은 정말 훌륭한 친구였거든요. 저는 동생을 있는 힘껏 끌어안았어요! 밤에 그녀의 친오빠가 집에 와서 남편을 죽이려고 했대요. 그래서 그녀는 "자, 그럼 나도 죽여"라고 말했다더군요. 전 그녀의 오빠와 같은 학교에서 공부했어요. 친하게 지냈어요. 친구의 동생에게서 그 말을 듣고 이런 생각을 했어요. '이제 그 친구 얼굴을 어떻게 보지? 만나면 무슨 이야기를 해야 하지?'

며칠 뒤 온 동네가 아흐리크의 장례를 치렀어요. 아흐리크…… 잘 알던 압하스 청년이었어요. 아흐리크는 열아홉 살이었어요…… 저녁에 여자친구를 만나러 가는 길에 등에 칼을 맞았어요. 그의 엄마는 관을 쫓아가면서 울기도 하고 뒤돌아보며 웃기도 했어요. 정신줄을 놓고 말았던 거죠. 한 달 전만 해도 모두가 소련인이었는데, 느닷없이 갑자기 그루지야인-압하스인, 압하스인-그루지야인…… 그리고 러시아인으로 나뉘어버린 거예요……

옆 골목에도 한 청년이 살았어요…… 얼굴은 알았지만 통성명하고 지내던 사이는 아니었어요. 인사만 겨우 하는 정도였어요. 겉보기에는 정상적인 청년이었어요. 키도 크고 잘생겼고. 그런데 그 청년이 그루지야인인 자신의 연로한 은사님을 죽였어요. 학교 다닐 때 자신에게 그루지야어를 가르쳤기 때문에 죽였다더군요. 게다가 그 과목으로 '2점'*을 받았다나봐요. 이게 말이나 되나요? 선생님은 이해가 되세요? 모두가 함께 소련 학교에서 공부했어요. 서로가 친구…… 친구이자 동지이자 형제자매였는데…… 이 얘기를 들은 우리 엄마는 처음에는 눈이 작아졌다가…… 점점 더 눈이 동그랗게 커지더라고요…… 주여, 믿는 자들과 앞 못 보는 소경들을 구원하소서! 전 몇 시간씩 성당에서 무릎을 꿇고 있었어요. 그곳엔 정적이 흘렀어요…… 이미 많은 사람들이 그곳에 모여 저와 같은 기도를 올리고 있었지만…… 그래도 그곳은 조용했어요. (침묵) 선생님은 이 일을 해내실 수 있을 거라고 생각하세요? 이런 얘기를 써도 될 거라고 기대하시는 거예요? 그렇다고요? 아, 그렇군요…… 네…… 그러세요…… 그렇게 기대하세요…… 하지만 제 생각은 달라요……

밤중에 잠에서 깨면 엄마를 불렀어요…… 엄마도 뜬눈으로 누워 있었죠. "난 지금처럼, 이 노년만큼 행복한 적이 없었는데, 갑자기 전쟁이라니." 남자들이야 항상 전쟁에 대한 이야기를 하고 늙은 남자건 젊은 남자건 할 것 없이 모두 무기를 좋아하죠…… 하지만 여자들은 사랑을 회상하곤 해요…… 늙은 여인들은 젊었을 때 자신이 얼마나 예뻤는지를 이야기하죠. 여자들은 절대로

---

* 구소련 국가들이나 러시아 학교에서는 5점제를 사용했다. 점수 '5점'부터 시작해서 내림차순으로 평가된다. '2점'은 낙제점수 중 하나로 간주되었다.

1부 아포칼립스의 위로

전쟁에 대한 이야기는 하지 않아요…… 다만 자신의 남자들을 위해 기도할 뿐이죠. 엄마는 이웃집에만 다녀오시면 겁에 질린 상태로 돌아왔어요. "가그라에서는 운동장 한가득 그루지야인들을 불살랐다는구나." "엄마!" "그루지야인들이 압하스인들을 잡아다가 거세한다는 얘기들도 하더라고." "엄마!" "원숭이 군락지 위에 폭격을 퍼부었나봐…… 밤에 그루지야인들이 추격전을 벌였대…… 그들은 압하스인이 도망가는 거라고 생각했나봐. 따라잡아서 패는데 소리만 꽥꽥 지르더래. 반대쪽에서는 압하스인들도 도망가는 사람을 추격했대. 그루지야인 줄 알고 따라잡아서 총을 쐈다는 거야. 그런데 다음날 날이 밝자 그게 원숭이였다는 게 밝혀진 거야. 그래서 그루지야인과 압하스인이 잠시 휴전하고 원숭이를 살리려고 애를 썼다는 거야. 그게 만약 사람이었으면…… 그대로 죽였을 거면서……" 전 엄마에게 뭐라고 대꾸해야 할지 몰랐어요. 전 모두를 위해서 기도하고 신께 애원했어요. "사람들이 좀비처럼 다니고 있어요. 그러면서 자신들이 선을 행하고 있다고 믿어요. 총과 칼을 들고 다니면서 선을 행한다는 것이 말이 되나요? 집에 쳐들어가서 아무도 없으면 가축이나 가구에 총질을 하고 나와요. 시내를 나가보면 암소가 젖통에 총을 맞아 쓰러져 있고…… 잼병조차 총에 맞아 산산조각 나 있어요. 저쪽에서는 이쪽으로, 이쪽에서는 저쪽으로 총을 쏴대고 있어요. 주여, 제발 그들을 깨우쳐주세요!" (침묵) 텔레비전은 이미 오래전부터 나오지 않았어요. 소리는 나오지만 영상이 없었죠. 모스크바는 까마득하게 먼 곳 어딘가에 있었어요.

저는 성당을 다녔어요…… 그곳에서 말하고 또 말했어요…… 길거리에서 사람을 만나면 멈춰 세워서 또 말을 했어요. 그러다가 나중에는 혼자서 저 자신과 이야기하기 시작했죠. 엄마가 제 옆에 앉아서 제가 하는 얘길 들었는데, 엄마는 듣다가 그냥 잠들곤 했어요. 엄마는 얼마나 지쳤는지 그냥 그렇게 까무룩 잠들곤 했어요. 살구를 씻다가도 졸곤 했죠. 그런데 저는 태엽을 감아놓은 것처럼 계속 말하고 이야기했어요. 다른 사람에게서 들은 이야기도 하고 제가 직접 본 일들도 이야기하고…… 어떤 젊은 그루지야인의 얘기…… 그 사람은 총을 집어던지고 소리를 질렀어요. "우리가 대체 어딜 온 거야! 나는 조국을 위해 죽으러 온 거지, 남의 집 냉장고를 털려고 온 게 아니라고! 도대체 왜 남의 집에 들어가서 남의 집 냉장고나 터는 겁니까! 나는 그루지야를 위해서 죽으러 왔단 말입니다!" 사람들이 그의 팔짱을 끼고는 어디론가 끌고 가서 머리를 쓰다듬어주더군요. 어떤 다른 그루지야인은 몸을 완전히 일으켜세우더니 자신을 향해 총을 쏴대는 사람들을 바라보고 나아갔어요. "압하스 형제들이여! 난 당신들을 죽이고 싶지 않아요. 그러니 당신들도 총을 쏘지 마시오." 그 사람의 등에는 같은 편이 쏜 총알이 박혔죠. 그리고 또 있어요…… 그가 누구인지, 러시아인인지 그루지야인인지는 모르겠어요. 아무튼 그가 수류탄을 들고 군용차에 몸을 던졌어요. 뭐라고 소리를 질렀는데 아무도 그가 무슨 말을 했는지 듣지 못했어요. 그 차에 있던 압하스인들도…… 뭐라고 소리를 질렀어요…… (침묵) 엄마…… 엄마…… 엄마는 집안 창가마다 화분을 쭉 놓으셨어요. 저를 구하려고요…… 저를 붙잡고 "딸아, 꽃을 보아라! 바다를 보아라!" 하며 애원했어요. 우리 엄마는 정말 보기 드문 엄마예요. 엄마의 가슴이 얼마나…… 한번은 엄마가 제게 고백했어요. "아주 이른 새벽에 잠에서 깰 때면 나뭇잎 사이로 내리쬐는 햇살이 보여…… 그럴 때 나는 이런 생각을 한단다. '지금 일어나서 거울을 보면, 나는 몇 살쯤 되어 있을까?'" 엄마는 불면증에 시달렸고 다리도 아팠어요. 엄마는 거의 30년 동안 시멘트 공장에서 숙련공으로 일했죠. 그런데 아침에 자신이 몇 살인지도 모르는 거예요. 아침이 되면 자리에서 일어나 이를 닦은 후 거울 속 자신의 모습을 보죠. 그 거울에 비친 늙은 여자의 모습을…… 그런 뒤 아침을 준비하면서 그새 그 모습을 잊어버리는 거예요. 그러면 저는 엄마의 노랫소리를 들을 수 있게 되고요…… (미소를 머금는다.) 우리 엄마…… 내 친구…… 얼마 전에 꿈을 꿨는데, 제가 저의 육신을 빠져나가서 높이높이 떠오르고 있었어요…… 얼마나 좋던지.

어떤 일이 먼저 일어났고, 어떤 일이 후에 일어난 것인지…… 이제는 기억이 가물가물해요. 기억이 잘 안 나요…… 처음에는 약탈을 일삼던 자들이 복면을 하고 다녔어요…… 검은색 스타킹을 얼굴에 뒤집어쓰고 다녔죠. 그런데 머지않아 그마저도 벗어버리더라고요. 한 손에 크리스털 화병, 다른 손에는 총, 등에는 카펫을 짊어지고 유유자적 걸어가는 거예요. 텔레비전도 훔치고, 세탁기, 여성용 모피코트, 그릇 등등 가리는 것 없이 모두 훔쳤어요. 무너진 집에서 아이들 장난감까지 주워 갔다니까요…… (소곤거리기 시작한다.) 전 이제 가게에서 평범한 식칼만 봐도…… 미쳐버릴 것 같아요…… 예전에 저는 단 한 번도 죽음에 대해서 생각해본 적이 없어요. 전 학교를 다녔고, 졸업한 뒤에는 간호전문대를 다녔어요. 공부도 하고 연애도 했어요. 밤에 잠이 깰 때면 상상의 나래를 펼치곤 했죠. 그게 언제 적 일인지? 정말 오래된 일이네요…… 그때의 삶에 대한 기억은 이제 거의 없어요. 전 다른 기억을 갖게 되었으니까요…… 압하스 노래를 듣지 말라고 남자아이의 귀를 자른 장면…… 젊은 남자의 그곳을…… 선생님도 아시잖아요…… 그곳을…… 그의 부인이 아이를 낳지 못하도록 그곳을 잘랐던 장면들을 기억하게 됐어요…… 어딘가에 원자폭탄도 있다던데, 비행기도 탱크도 있다던데, 거기선 사람을 칼로 찔러 죽였어요. 쇠스랑으로 찌르고, 도끼로 베어버리고…… 차라리 제가 완전히 미쳐버렸으면 좋겠어요. 아무것도 기억 못 하게요…… 우리 골목에 살던 아가씨 한 명은…… 스스로 목숨을 끊었어요. 어떤 남자를 사랑했는데 그 남자가 다른 여자와 결혼했거든요. 장례식에서 그녀는 흰 원피스를 입고 있었어요. 그런 시국에 사랑 때문에 죽음을 택하다니…… 아무도 그걸 믿지 않았어요. 그녀가 성폭행당해서 죽었다고 하면 차라리 이해가 될 만한 시기였으니까요…… 우리 엄마의 친구였던 소냐 아줌마도 기억나요. 하룻밤 사이에 아줌마의 이웃집에 살던 그루지야 가족 전체가 난도질을 당했어요. 아줌마는 그 사람들과 친하게 지냈죠. 그 집의 두 꼬맹이까지도 죽임을 당했어요. 소냐 아줌마는 하루종일 눈을 감은 채로 침대에 누워서 꼼짝도 하지 않았어요. 밖으로 나가지도 않았고요. "얘야, 이 모든 걸 본 뒤에 내가 살아 뭐하겠니?" 아줌마가 제게 말씀하셨죠. 전 수프를 끓인 후 한 숟갈 떠서 아줌마에게 권했지만 아줌마는 한 모금도 넘기질 못하셨어요.

학교에서는 우리에게 무기 든 사람을 사랑하는 법을 가르쳤어요…… 조국의 수호자들이라며! 그런데 그놈들은…… 그들은 아니었어요. 그 전쟁은…… 그런 전쟁이 아니었어요. 그들은 모두 소년이었어요, 총을 든 어린 소년들. 살아서 돌아다니는 그들은 공포의 대상이었고, 죽어 있는 그들은 나약한 존재들이었어요. 불쌍했죠. 제가 어떻게 살아남았을까요? 저는…… 저는…… 저는 엄마에 대한 생각을 하는 게 제일 좋아요. 엄마가 저녁마다 오랫동안 제 머리를 빗질해주던 모습들…… 엄마는 저와 약속했어요. "언젠가는, 언젠가는 네게 사랑에 대한 이야기를 해줄게. 내가 겪은 일처럼 얘기하지 않고 다른 여자의 경험담처럼 얘기해줄 거란다." 엄마 아빠는 사랑했어요. 대단한 사랑이었죠. 원래 우리 엄마에게는 다른 남편이 있었어요. 엄마가 남편의 셔츠를 다리고 있었고, 그 남편은 저녁을 먹고 있었대요. 그런데 엄마가 뜬금없이(이런 건 우리 엄마한테만 일어날 수 있는 일이에요) 소리 내서 이렇게 말했대요. "난 당신의 아이를 낳지 않을 거야." 그러고는 그길로 짐을 싸들고 그 집을 떠났다는 거예요. 그후에 나타난 사람이 우리 아빠였던 거죠…… 우리 아빠는 엄마의 꽁무니만 졸졸 쫓아다녔고, 몇 시간씩 밖에서 기다려주기도 했대요. 겨울에는 귀가 동상에 걸릴 정도로요. 엄마를 쫓아다니면서 물끄러미 바라보곤 했대요. 그러던 어느 날 아빠가 엄마에게 키스한 거죠……

전쟁 바로 직전에 아빠가 세상을 떠나셨어요…… 심파열로 돌아가셨어요. 저녁에 텔레비전을 보다가 그대로 숨을 거두셨어요. 마치 잠시 외출하듯 떠나셨어요…… "봐봐, 딸아. 네가 이다음에 컸을 때……" 우리 아빠는 저와 관련해서 원대한 계획을 갖고 있었어요. 그리고…… 그리고…… 그리고…… (울기 시작한다.) 엄마와 저는 그렇게 단둘이 남게 되었어요. 생쥐도 무서워하고 밤에 혼자서는 잠도 못 자는 그런 우리 엄마와 함께요. 전쟁을 피한답시고 엄마가 하는 일은 겨우 베개로 머리를 덮는 거였어요…… 우리는 값이 나갈 만한 것은 모두 팔아버렸어요. 텔레비전도 팔았고 오랫동안 신성한 물건처럼 아껴왔던 아버지의 금제 담배케이스도, 제 십자가 금목걸이도 다 팔았어요. 우리는 그곳을 떠나기로 결심했고, 수후미를 떠나기 위해서는 뇌물이 필요했으니까요. 군인과 경찰이 뇌물을 받았기 때문에 큰돈이 필요했어요! 이미 기차는 운행되지 않고 있었거든요. 마지막 배도 이미 오래전에 떠나버렸고요. 갑판 위에도 짐칸에도 피난민들을 꽉꽉 채워넣고는 떠나버렸어요. 그 모습이 통속에 빽빽하게 담겨 있는 청어들 같았어요. 우리가 갖고 있는 돈으로는 비행기표 한 장…… 편도표 한 장밖에 살 수가 없었어요. 모스크바까지 가려면 그랬어요. 전 엄마를 두고 가고 싶지 않았어요. 엄마가 절 한 달이나 설득했어요. "딸아, 떠나야 해! 떠나라고!" 하지만 저는 병원에 가서…… 부상자들을 돌보는 일을 하고 싶었어요…… (침묵) 비행기에는 서류가 든 가방 이외에 아무것도 들고 타지 못하게 했어요. 물건은 물론이고 엄마가 구워주신 파이까지도요. "양해해주세요. 지금은 전시 상태라서요." 그런데 바로 제 옆으로 행정장교복을 입은 어떤 군인이 통관소를 통과하고 있었어요. 군인들이 그를 '소령 동지'라고 부르면서 그의 여행가방과 큰 박스들을 싣고 있었어요. 와인 박스, 귤 박스도요. 저는 울었어요…… 비행기를 타고 가는 내내 울었어요. 어떤 여자분이 저를 위로했어요. 그분은 두 명의 남자아이와 비행기에 탔는데, 한 명은 자기 아들이었고 다른 한 명은 이웃집 아들이라고 하더군요. 아이들이 하도 굶어서 퉁퉁 부었더라고요. 전 싫었어요…… 절대로 떠나고 싶지 않았어요…… 엄마가 저를 억지로 떼어내서 비행기 안으로 밀어넣었어요. "엄마, 그런데 내가 어디로 가는 거야?" "넌 집으로 가는 거야. 러시아로."

모스크바! 모스크바…… 전 2주 동안 기차역에서 살았어요. 저 같은 사람들이…… 수천 명이나 됐어요…… 모든 기차역마다 그랬어요. 벨라루스키 역, 사벨로롭스키 역, 키옙스키 역…… 가족과 함께, 아이들과 노인들과 함께 아르메니아, 타지키스탄, 바쿠에서 온 사람들이었어요…… 그들은 벤치에서 도 자고 바닥에서도 잤어요. 잠을 자는 그곳에서 밥도 짓고, 빨래도 했죠. 화 장실에 콘센트가 있었고 에스컬레이터 옆에도 있었어요. 대야에 물을 받은 다 음 온수 전열기에 다 넣고 끓이는 거죠. 고기도 넣고, 면도 넣고. 그러면 스튜 가 완성되는 거예요! 아이들이 좋아하는 세몰리나 죽도 그렇게 끓였어요! 제 생각엔 그때 모스크바 내 모든 기차 역사마다 통조림 냄새와 하르초* 냄새가 진동했을 거예요. 플로프** 냄새, 아이들의 오줌내, 더러운 기저귀 냄새…… 왜냐하면 역사 라디에이터나 창가에 기저귀를 널어 말리곤 했거든요. "엄마, 그런데 내가 어디로 가는 거야?" "넌 집으로 가는 거야. 러시아로." 그래요, 저는 그렇게 집에 왔어요. 그런데 집에서는 아무도 우리를 기다리지 않았어 요. 마중도 나오지 않았고요. 아무도 우리에게 관심이 없었고, 우리의 사연을 묻지 않았어요. 오늘날에는 모스크바 전체가 기차역이에요. 하나의 대형 기차 역. 카라반사라이***. 집에서 가지고 온 돈은 금세 바닥났어요. 전 두 번이나 성폭행당할 뻔했죠. 한 번은 어떤 군인이, 두번째는 경찰이 시도했죠. 경찰이 바닥에서 자고 있던 저를 밤중에 일으키더니, "신분증은 어디 있어?"라면서 '경찰'이라고 쓰인 사무실로 저를 끌고 갔어요. 그 사람의 눈에서 광기가 엿보 였어요…… 저는 소리를 질렀어요! 그랬더니 그도 놀랐는지 도망치더군요. "멍청한 년!"이라면서. 낮에는 시내를 돌아다녔어요. 붉은광장에도 서 있어보 고…… 그리고 저녁이 되면 식료품 가게를 돌아다녔어요. 정말 배가 고팠는

---

* 그루지야의 대표적인 수프 요리 중 하나로, 스튜에 가깝게 걸쭉한 것이 특징이다.
** 주로 중앙아시아 국가에서 쌀을 이용해 만드는 전통음식을 일컫는다. 양고기나 소고기, 당근이 주재료로 들어가며, 기름을 많이 붓고 볶다가 그 위에 쌀을 넣는 일종의 '기름밥'이다.
*** 실크로드 오아시스 주변에 있던 카라반(거상)들의 숙소.

1부 아포칼립스의 위로

데, 어떤 할머니가 제게 고기 파이를 사줬어요. 제가 구걸도 하지 않았는데 말이에요…… 전 할머니가 드시고 계신 모습을 그냥 가만히 보고만 있었거든요…… 제가 안돼 보였나봐요. 그런 일도 딱 한 번뿐이었지만…… 그래도 저는 그 '딱 한 번'의 일을 평생토록 기억할 거예요. 그 할머니는 아주 나이가 많으셨고 여유롭진 않은 분이셨어요…… 전 어디론가 가야만 했어요…… 기차역에 주저앉아 있지 않으려면…… 음식에 대해서, 엄마에 대해서 생각하지 않으려면 걸어야 했어요. 전 그렇게 2주를 보냈어요. (울음) 기차역 쓰레기통에서 빵 한 조각이랑 발라 먹은 닭뼈를 찾아낼 수 있었어요. 전 고모가 오기 전까지 그렇게 살았어요. 오랫동안 왕래도 없었고 생사조차 몰랐던 그 고모가 오기 전까지 말이에요. 고모는 여든 살이셨어요. 제가 갖고 있는 건 고모의 전화번호뿐이었죠. 매일 전화를 걸었지만 아무도 받지 않았어요. 알고 보니 고모가 병원에 입원해 있었던 거죠. 하지만 전 고모가 돌아가신 줄 알았어요.

그런 줄 알았는데, 기적이 일어난 거예요! 얼마나 기다렸는지…… 그리고 드디어 기적이 일어난 거예요. 고모가 저를 데리러 왔어요. "올가 양, 경찰서로 가세요. 보로네시에서 온 고모가 기다리고 계십니다." 그 소리를 들은 모두가 꼼지락거리며 동요하기 시작했어요. 기차역 전체가. 누구라고요? 누구를 데리러 왔다고요? 성이 뭔가요? 결국 두 명이 사무실로 뛰어갔어요. 알고 보니 그곳에 이름은 다르지만 성이 같은 여자아이가 한 명 더 있었거든요. 그녀는 두샨베에서 온 사람이었어요. 자신의 고모가 아니라는 사실을 확인하고는, 그녀를 데려가는 것이 아니라는 걸 알고는 그 여자가 어찌나 서럽게 울던지……

이제 전 보로네시에서 살아요…… 닥치는 대로 일을 하고 있어요. 써주기만 하면요. 식당에서 설거지도 하고, 건설현장에서 수위 노릇도 하고, 어떤 아제르바이잔인의 가게에서 물건을 팔기도 했어요. 물론 그 가게 주인이 제게 추근대기 전까지였지만. 지금은 병원에서 영상촬영사로 일하고 있어요. 물론 임시로 고용된 거죠. 참 재미있는 일인데, 아까워요. 간호전문대 졸업증명서를 모스크바 기차역에서 도둑맞았거든요. 엄마의 사진들과 함께. 요즘은 고모와 함께 성당에 다녀요. 전 무릎 꿇고 기도해요. "주여! 전 지금 준비되었습니다! 전 지금 죽고 싶습니다!" 신께 매번 묻곤 해요. "우리 엄마는 살아 계신가요? 돌아가셨나요?" 감사해요…… 선생님께선 저를 두려워하지 않으셔서 감사해요. 다른 사람들처럼 눈을 피하지 않으셔서요. 제 말을 들어주셔서. 전 이곳에 친구가 한 명도 없어요. 제게 관심을 보이는 남자도 없고요. 저는 계속 이야기해요…… 말을 해요…… 그들이 어떻게 쓰러져 있었는지…… 젊고 잘생겼던 그들이…… (정신이 나간 사람처럼 미소를 짓는다.) 눈은 뜨고 있었죠…… 눈을 아주 크게 치켜뜨고 있었어요……

반년 뒤, 난 그녀에게서 편지를 받았다. "수도원에 들어가요. 살고 싶어요. 모두를 위해 기도할 거예요."

자그마한 붉은 깃발과 도끼의 미소에 대하여

안나 M.(건축가, 59세)

어머니:

―음, 아아…… 난…… 난 더이상 이렇게는 못 해요…… 내가 마지막으로 기억하는 건 비명이었어요. 누구의 비명이었냐고요? 모르겠어요. 내 것이었을까요? 아니면 이웃집 여자의 비명이었을까요? 왜냐하면 이웃집 여자가 계단 쪽에서 올라오는 가스 냄새를 느끼고 경찰에 신고를 했거든요. (일어나서 창가로 다가간다.) 가을이네요. 얼마 전까지만 해도 노란색이었는데…… 지금은 비 때문에 거무튀튀하네요. 낮에도 빛이 아득하게만 느껴져요. 난 빛이 부

족해요······ (되돌아 와서 맞은편에 앉는다.)

　처음에는 내가 죽는 꿈을 꿨어요. 어렸을 때 사람들이 죽는 모습을 많이 봤거든요. 하지만 그뒤로는 줄곧 잊고 있었는데······ (눈물을 훔친다.) 잘 모르겠어요. 대체 왜 눈물이 나오죠? 이미 다 알고 겪은 일인데······ 내 인생에 대해서 이미 다 알고 있는데······ 꿈속에서 내 머리 위로 수많은 새들이 빙빙 돌고 있었어요. 새들이 창문에 부딪히기도 했어요······ 그 꿈에서 깼을 때 누군가 내 머리 위에 앉아 있다는 느낌을 받았어요. 누군가 아직도 남아 있는 듯한 느낌이요. 거기에 누가 있는지 몸을 돌려서 보고 싶었지만 어떤 공포가, 어떤 직감이 그러지 말라고 말하고 있었어요. 안 돼, 하고! (침묵) 난 다른 이야기······ 다른 이야기로 시작하려고 했는데······ 이 이야기로 시작하려던 게 아니었는데······ 선생님께선 내 어린 시절에 대해 물으셨죠······ (두 손으로 얼굴을 가린다.) 보세요, 벌써 들리네요······ 관동화의 달콤한 향내가 들려와요······ 산도 보이고, 나무로 만든 망루도 보이고, 그 망루 위에 있는 군인도 보여요. 그 군인은 겨울에는 기장이 길고 옷깃이 넓은 양털 무스탕을 입었고, 봄에는 군인 모직코트를 입었어요. 그리고 철제 침대들, 아주 많은 철제 침대들이 있었어요. 다닥다닥 붙어 있었던 침대들이요······ 나란히 붙어 있었죠······ 예전에는 내가 누군가에게 이런 얘기를 하게 되면 난 그 사람에게서 도망갈 것이라고 생각했어요. 내가 해준 얘기를 들은 그 사람을 다시는 안 보기 위해서요. 이런 나의 모습들은······ 아주아주 깊은 곳에 숨겨져 있어요······ 난 혼자서 살아본 적이 없어요. 카자흐스탄에 있는 수용소에서 살았거든요. 그 수용소를 '카를라크'*라고 불렀어요. 수용소 이후에는 유배지에서 살았고요. 그다음에는 고아원, 기숙사, 공동주택 순이었죠······ 내 주변에는 항상 다른 사람들이, 보는 눈이 많았어요. 우리집은······ 마흔이 되어서야 생

---

* 카라간다 교정노동수용소의 약칭. 1930~1950년대 최대 규모 수용소 중 하나였다.

겼죠. 우리 부부에게 방 두 칸짜리 아파트가 배정되었거든요. 그런데 그때는 이미 아이들이 다 장성했을 때였어요. 난 마치 기숙사에서 살던 습관대로 이웃집으로 쪼르르 달려가 빵이나 소금, 성냥 등을 빌리곤 했어요. 그래서 이웃들이 날 안 좋아했죠. 난 혼자서 살아본 적이 없었기 때문에 익숙해지기가 힘들었어요…… 그리고 나는 항상 편지를 받고 싶어해요. 봉투, 편지봉투를 늘 기다렸어요! 지금도 기다려요…… 이스라엘로 간 내 친구 하나가 편지를 쓰곤 해요. 친구는 "거긴 어때?"라고 내게 물어요. 사회주의가 사라지고 난 뒤의 삶이 어떠냐고 묻는 거죠…… 그런데 우리 삶이 어떤가요? 익숙한 거리를 걷다보면, 프랑스, 독일, 폴란드 상점들이 즐비해요. 모르는 언어로 된 간판들투성이예요. 다른 나라의 양말, 스웨터, 부츠…… 과자 그리고 햄까지. 어디에도 우리의 것, 소련의 것은 없어요. 그저 주변에서 들리는 거라고는 '삶은 투쟁이다' '약육강식' '이건 자연의 순리다'라는 말들밖에 없어요. 이제는 뿔도 키우고, 발굽도 달고, 철로 된 등껍질도 장착해야 해요. 약한 사람은 쓸모가 없거든요. 온 사방에 서로를 팔꿈치로 밀어내는 사람들뿐이에요. 이건 파시즘이고 나치의 스와스티카*예요! 난 충격을 받고…… 낙담한 상태예요! 이건 나의 것이 아니에요! 내 것이 아니라고요! (침묵) 누구라도 내 곁에 있었다면…… 남편이요? 남편은 나를 떠났어요. 하지만 저는 그를 사랑해요…… (갑자기 미소를 짓는다.) 우리는 봄에, 체리꽃이 만개하고 라일락이 꽃봉오리를 틔우려고 할 때쯤 결혼했어요. 남편이 날 떠났을 때도 봄이었고요. 남편이 찾아오긴 해요…… 꿈속에서 나를 만나러 오죠. 나랑 헤어질 생각도 안 하고 계속 뭔가를 말하고 또 말해요. 하지만 낮에는…… 적막해서 귀가 막힐 지경이에요. 눈도 멀 것 같아요. 난 과거를 돌아볼 때 사람을 대하는 것처럼, 살아 있는 무언가

---

* 네 개의 팔이 있는 십자 모양의 기호. 수천 년 동안 다양한 문화권에서 사용했으나 나치의 문장으로 사용되며 불길한 상징이 되었다.

를 대할 때처럼 봐요. 〈노비미르(신세계)〉 잡지에 처음으로 솔제니친의 『이반 데니소비치의 하루』라는 소설이 게재되었을 때가 기억나네요. 그땐 모두가 충격에 휩싸였죠! 말들이 얼마나 많았는지! 하지만 난 이해가 안 됐죠…… 왜 그것이 그토록 관심과 놀라움의 대상이 되는지 이해할 수 없었어요. 내게는 굉장히 익숙하고 지극히 평범한 이야기였거든요. 범죄자들, 수용소, 똥통…… 그리고 '구역'에 대한 이야기들까지도요.

1937년에 아버지가 체포되었어요. 아버지는 철도와 관련된 일을 했죠. 엄마는 동분서주하면서 아버지의 잘못이 아니라는 걸, 뭔가 착오가 있다는 걸 증명하려고 부단히도 애썼어요. 물론 그러는 동안 나란 존재는 잊었고요. 날 잊어버렸어요. 나중에 생각났을 때는 어떻게든 나에게서 벗어나려고만 했죠. 하지만 그땐 이미 늦었어요. 엄마는 나에게 해가 될 만한 건 다 마셨어요…… 뜨거운 욕조에도 들어갔대요. 결국…… 난 미숙아로 태어나고 말았어요. 하지만 난 살아남았어요. 난 참 쓸데없이 여러 번 죽을 고비에도 계속 살아남았어요. 몇 번씩이나요! 얼마 뒤 엄마도 체포당했고, 나도 엄마와 함께 잡혀갔어요. 왜냐하면 갓난아기를 혼자 내버려둘 수는 없었으니까요. 그때 난 고작 생후 4개월이었거든요. 엄마가 다행히 손을 써서 내 위의 두 언니들을 시골에 살던 고모에게 보낼 수 있었어요. 하지만 내무인민위원회에서 통보가 왔대요. 아이들을 스몰렌스크로 복귀시키라고. 언니들은 기차역에 도착하자마자 그대로 끌려갔어요. "아이들은 고아원에 보내질 겁니다. 운이 좋으면, 콤소몰이 될 수도 있겠죠." 그러고는 주소조차 가르쳐주지 않았대요. 언니들을 찾은 건 언니들이 결혼해서 아이들까지 낳고 살 때였어요. 아주, 아주 많은 시간이 흐른 뒤였던 거죠…… 난 세 살까지 엄마와 함께 수용소에서 살았어요. 엄마는 어린아이들이 참 많이도 죽어나갔다고 말하곤 했어요. 겨울에는 죽은 아이들을 큰 통에 담아두었는데, 그렇게 봄까지 그 통에 두었대요. 들쥐들이 갉아먹곤 했다더군요. 봄이 되어서야 장례를 치를 수 있었대요. 그나마 남은 걸 모아서 장례를 치렀던 거죠…… 아이들이 세 살이 되면 엄마들에게서 떼어내 아이들만의 막사로 보냈어요. 네 살 때부터는…… 아니다, 한 다섯 살 때부터의 기억은 드문드문 떠올라요…… 단편적으로 기억이 나요…… 아침이 되면 철조망 사이로 엄마들을 볼 수 있었어요. 엄마들이 줄을 서면 몇 명인지 센 뒤에 일터로 보냈거든요. 엄마들을 우리는 갈 수 없는 출입금지 구역으로 데려가는 거였어요. 사람들이 "애야, 넌 어디에서 왔니?"라고 물어보면 난 "구역에서 왔어요"라고 대답하곤 했어요. '구역 밖'은 우리에겐 다른 세계였고, 이해할 수 없고 두려운, 우리에게는 마치 존재하지 않는 듯한 그런 세계였어요. 그곳은 사막이었고 모래 깔린 허허벌판에 메마른 나래새만 자라는 곳이라고 생각했어요. 난 세상 끝까지 사막이 펼쳐져 있고 우리 외에 살아 있는 존재는 없다고 생각했어요. 우리를 늘 군인들이 지켰고, 우리는 군인들이 자랑스러웠어요. 군모에는 별도 달려 있었죠. 루비크 치린스키라는 친구가 있었어요. 그 친구가 철조망 밑에 난 개구멍으로 날 빼내서 엄마들이 있는 곳으로 데려다주곤 했어요. 모두들 식당에 가기 위해서 줄을 설 때 우리는 문 뒤에 숨는 거죠. "너 어차피 죽 안 좋아하잖아?"라고 루비크가 말했어요. 늘 죽이 먹고 싶었고 좋아했지만 난 엄마를 보기 위해서라면 모든 것을 감수할 준비가 되어 있었어요. 그렇게 우리 둘은 엄마들의 막사까지 기어들어갔어요. 가보면 막사는 텅텅 비어 있었죠. 엄마들은 일하러 나갔으니까요. 우리도 그 사실을 알고 있었지만, 그래도 기어갔어요. 난 그곳에 있는 냄새들을 모조리 맡았어요. 철제 침대, 철제 식수통, 사슬에 달린 컵. 모든 물건에 엄마 냄새가 배어 있었거든요. 흙냄새와 함께 엄마 냄새…… 엄마 냄새가 났어요. 가끔 그곳에서 어떤 엄마들을 볼 수 있었어요. 그 엄마들은 누워 있었고 기침을 했죠. 어떤 엄마는 피를 토하기도 했어요. 루비크의 말로는 그 사람이 꼬마 토모치카의 엄마라고 했어요. 토모치카는 우리들 중 막내였어요. 그 엄마는 곧 죽고 말았죠. 그리고 뒤이어 우리 꼬마 토모치카도 죽었어요. 난 오랫동안 고민했어요. '토모치카

가 죽었다는 걸 누구에게 알려야 하지? 그애의 엄마도 이미 죽었잖아……'
(잠시 말을 멈춘다.) 수많은 세월이 흐른 뒤에 난 그 일을 떠올렸어요…… 엄마는 내 말을 믿지 않았어요. "넌 그때 겨우 네 살이었어." 그래서 난 엄마가 나무 밑창을 댄 군화를 신고 다녔고, 자투리천으로 만든 큰 깔깔이를 입고 있었다고 설명했죠. 그러자 엄마는 다시 한번 깜짝 놀라더니 울음을 터뜨렸어요. 기억이 나요…… 엄마가 나한테 가져다주었던 참외 한 조각의 향이 떠올라요. 어떤 헝겊에 싸여 있었던 단추 크기만한 참외 한 조각이. 남자애들이 고양이와 같이 놀자며 날 불렀던 기억도 나요. 그런데 난 고양이가 뭔지 몰랐어요. 고양이는 '구역' 밖에서 가져온 것이었으니까요. 구역 안에는 고양이가 없었거든요. 고양이가 들어와도 살아남질 못했어요. 왜냐하면 음식찌꺼기라는 게 없었으니까요. 우리가 마지막 한 톨까지 알뜰하게 주워먹었으니까요. 우린요, 항상 발아래를 쳐다보면서 다녔어요. 어디 먹을 게 떨어져 있지는 않나 하고. 우리는 잡초도 먹고, 나무껍질도 먹고, 돌멩이도 핥아먹었어요. 정말 고양이에게 먹이를 주고 싶었지만 아무것도 줄 게 없었어요. 그래서 점심을 먹고 난 후 우리의 침을 고양이에게 주곤 했어요. 중요한 건 그 고양이가 그걸 받아먹었다는 거예요! 고양이가 그걸 먹었다고요! 한번은 엄마가 나한테 사탕을 주려고 했던 것도 생각나요. "아가, 아냐! 어서 사탕을 받으렴!" 엄마가 철조망 사이로 날 불렀어요. 보초병들이 엄마를 쫓아냈고…… 도망가다 엄마가 넘어졌고…… 그놈들이 엄마의 길고 검은 머리채를 휘어잡고 땅 위로 질질 끌고 갔어요…… 난 무서웠어요. 난 사탕이라는 게 뭔지 몰랐거든요. 아이들 중 아무도 사탕이 뭔지 아는 아이가 없었어요. 모두들 깜짝 놀랐고, 모두들 날 숨겨야 한다는 것을 직감했어요. 그래서 가운데로 날 몰아넣었어요. 아이들은 항상 나를 가운데에 세웠어요. "왜냐하면 우리 귀여운 아냐는 툭하면 넘어지니까." (울음) 잘 모르겠어요, 대체 내가 왜 자꾸 우는 거죠? 난 모든 걸…… 난 내 인생에 대해 모든 걸 다 아는데…… 아무튼…… 어디까지 얘기했죠? 마저

다 얘길 못 한 것 같은데…… 그렇죠? 끝까지 못 한 거죠?

공포는 한둘이 아니었어요…… 크고 작은 공포가 곳곳에 도사리고 있었어요. 우리는 자라는 게 두려웠어요. 우리가 다섯 살이 되는 게 두려웠어요. 다섯 살이 되면 우리를 고아원으로 데려갔으니까요. 어린 우리들도 고아원이라는 게 우리를 엄마들로부터 멀리멀리 떨어뜨려놓는 것이라는 걸 알고 있었거든요…… 지금도 기억나요. 난 제5호 마을에 있던 제9호 고아원에 보내졌어요. 모든 것에는 번호가 붙어 있었어요. 그리고 거리명 대신 열이 있었어요. 1열, 2열…… 우리를 트럭에 태워서 데려갔어요. 엄마들이 뛰어나와서 트럭 난간에 매달렸고 소리지르며 울부짖었어요. 기억나는 건 엄마들은 항상 울었는데 아이들은 별로 울지 않았다는 거예요. 우리는 까탈스럽지도 않았고 장난도 칠 줄 몰랐어요. 웃지도 않았고요. 난 고아원에서야 우는 법을 알게 되었어요. 고아원에서 우리는 정말 많이 맞았거든요. 그곳에선 늘 이런 소리를 들었어요. "우리는 너희들을 때려도 되고 죽여도 돼. 왜냐하면 너희 엄마들이 인민의 적이니까." 우리는 아버지가 누군지 몰랐어요. "네 엄마는 나쁜 사람이야." 나한테 계속 그 말을 하고 또 했던 그 여자의 얼굴은 기억나지 않아요. "우리 엄마는 좋은 사람이에요. 우리 엄마는 예뻐요." "네 엄마는 나쁜 사람이야. 네 엄마는 우리의 적이야." 그 여자가 '죽인다'는 말을 직접적으로 했는지 안 했는지는 기억이 안 나지만, 뭔가 그런 유의…… 그 비슷한 의미의 말을 했던 것 같아요. 뭔가 무서웠던 단어가…… 그런 말이 분명 있었어요…… 어찌나 무서웠던지 그 말을 기억하는 것조차 두려웠으니까요. 우리에겐 보육사나 교사가 없었어요. 그런 단어는 들어보지도 못했죠. 우리에게는 대장이 있었어요. 대장이요! 그들의 손에는 항상 긴 자가 들려 있었어요. 이유가 있어도 맞았고, 그냥 아무 이유 없이 맞기도 했어요…… 그냥 우리를 때렸어요. 오죽하면 내 몸에 구멍이 날 때까지 때리면 좋겠다, 그러면 더 때리진 못하겠지라는 생각까지 했겠어요. 생기라는 구멍은 안 생겼지만 대신 고름이 고여서 누공瘻孔이 온몸을 덮어버렸지요. 난 기뻤어요…… 올랴라는 친구가 있었는데 척추에 철심이 박혀 있어서 맞질 않았어요. 때릴 수 없었거든요. 그래서 모두가 그 친구를 부러워 했어요…… (오랫동안 창문을 바라본다.) 난 아무에게도 이런 이야기를 하지 않았어요. 무서웠거든요…… 그런데 뭘 그렇게 무서워했던 걸까요? 잘 모르 겠어요…… (생각에 잠긴다.) 우리들은 밤을 좋아했어요…… 빨리 밤이 되기 만을 목을 빼고 기다렸어요. 칠흑 같은 어둠이 내려앉는 밤. 밤이 되면 프로샤 아주머니, 밤에 보초를 섰던 프로샤 아주머니가 우리에게로 왔거든요. 프로샤 아주머니는 착한 사람이었어요. 우리에게 '알료누시카'*나 '빨간 모자'에 대한 옛날이야기를 들려주곤 했어요. 아주머니는 주머니 속에 밀알을 담아 왔어요. 우는 아이에게 몇 알씩 주곤 했죠. 우리 중에 제일 많이 우는 아이는 릴랴였어 요. 아침에도 울고 저녁에도 울고 우리 모두는 옴을 앓고 있었어요. 굵고 큰 종기가 배에도 나 있었죠. 릴랴는 겨드랑이 부근에 난 염증이 낫질 않고 터져 서 고름이 흐르고 있었죠. 지금도 기억하는 건, 아이들이 서로에 대해 고자질 하기 시작했다는 거예요. 가면 갈수록 고자질이 심해졌죠. 그중에서도 릴랴가 제일 많이 일러바치곤 했어요…… 카자흐스탄은 아주 추워요. 겨울에는 영하 40도까지 내려가죠. 여름에는 영상 40도까지 올라가고요. 릴랴는 겨울에 죽었 어요. 풀이 날 때까지만이라도 버텼다면…… 여름이었다면 죽지 않았을 거예 요…… 안…… (말을 하다 말고 멈춘다.)

우리는 교육을 받았어요…… 스탈린 동지를 사랑해야 한다는 걸 배우는 게 대부분이었지만. 태어나서 처음 쓴 편지를 크렘린에 있는 그 사람에게 보냈어 요. 그랬어요…… 우리가 글자를 다 배우자 하얀 종이를 나눠주더군요. 우리 는 불러주는 대로 세상에서 가장 선한 우리의 지도자, 가장 사랑하는 지도자 수령님께 편지를 썼어요. 우리는 스탈린을 정말 사랑했고 믿었어요. 그로부

---

* 러시아 전래동화에 등장하는 소녀의 이름.

터 답장도 받고 그가 우리에게 선물도 줄 것이라고 믿었어요. 많은 선물을 줄 거라고! 스탈린의 초상화를 볼 때마다 정말 잘생겼다고 생각했어요. 세상에서 가장 잘생긴 사람이라고! 우리는 스탈린의 삶을 하루 더 늘릴 수 있다면 우리의 수명 중 며칠을 바칠 수 있는지를 가지고 내기를 걸기도 했다니까요. 5월 1일이 되면 붉은 깃발을 나눠줬고 우리는 걸어다니면서 기쁜 마음으로 깃발을 흔들었어요. 제가 키가 제일 작았거든요. 그래서 항상 끝에 서 있었는데, 깃발을 나눠줄 때면 저한테까지 차례가 오지 않을까봐 마음을 졸이곤 했어요. '모자라면 어떡하지!' "조국은 여러분의 어머니예요! 조국이 여러분의 엄마라고요!" 우리는 이렇게 말하도록 교육받았어요. 하지만 우리는 만나는 어른들마다 묻곤 했어요. "우리 엄마는 어디에 있어요? 누가 우리 엄마라고요?" 우리 엄마들을 아는 사람은 아무도 없었어요…… 첫번째로 찾아온 엄마는 리타 멜니코바의 엄마였어요. 그녀의 목소리는 천상의 목소리였어요. 그 엄마가 우리에게 자장가도 불러줬어요. "잘 자라, 우리 아가/앞뜰과 뒷동산에/새들도 아가 양도/다들 자는데……" 우리는 그런 노래를 들어본 적이 없었어요. 그래서 그 노래를 기억하게 됐죠. "또 불러주세요, 또 불러주세요." 우리는 계속 그 엄마를 졸랐어요. 그 엄마가 언제 노래를 끝냈는지는 기억나지 않아요. 우리는 잠들었으니까요. 그 엄마는 우리들의 엄마가 좋은 사람이라고 했어요. 예쁘다고도 했어요. 모든 엄마들이 예쁘다고. 모든 엄마들이 그 노래를 부른다고요. 그래서 우리는 기다렸어요…… 하지만 우리는 나중에 무서운 실망감을 느껴야만 했죠. 그 엄마가 우리에게 거짓말을 한 거예요. 그뒤로 오는 엄마들은 예쁘지도 않았고, 병들어 있었고, 노래도 부를 줄 몰랐어요. 그래서 우리는 울었어요…… 목놓아 서럽게 울었어요…… 만남의 기쁨으로 인한 눈물이 아니라 속상해서 흘리는 눈물이었어요. 그때부터 난 거짓을 싫어해요…… 상상하는 것도 별로 좋아하지 않아요. 거짓으로 우리를 달래서는 안 되는 거였어요. 우리를 그렇게 속여서는 안 되는 거였어요. "너희 엄마는 살아 계셔, 죽지 않으셨어." 그런데 나중에 알고 보면 엄마가 있긴 있는데 예쁜 엄마가 아니거나 아예 엄마가 없거나 둘 중에 하나였다고요…… 엄마가 없었다고요! 우리 모두는 말수가 적었어요. 우리가 무슨 대화를 했는지는 기억나지 않아요. 하지만 서로에게 닿았던 그 촉감은 기억나요. 내 친구였던 발랴 크노리나가 날 건드리면 그 친구가 무슨 생각을 하고 있는지 난 알 수 있었어요. 왜냐하면 우리 모두가 같은 생각을 했으니까요. 우리는 서로의 비밀을 다 알 수 있었어요. 어떤 애는 밤에 오줌을 쌌고, 어떤 애는 잠꼬대하며 소리쳤고, 어떤 애는 쉭쉭 소리를 냈어요. 난 항상 숟가락으로 치아를 똑바로 교정하려는 버릇이 있었죠. 한 방에 40개의 철제 침대가 있었어요…… 저녁이면 명령이 떨어져요. '모두들 두 손 모아 턱 밑에 받치고 오른쪽으로 몸을 접고 누워.' 우리 모두는 함께 이 명령을 따라야 했어요. 모두가요! 그것이 우리의 공통점이었어요. 이건 짐승이나 바퀴벌레들이나 할 법한 일들이었어도 어쨌든 우리는 그렇게 자랐어요. 그리고 지금도 그렇게 살아요…… (자신의 얼굴을 나한테 보이지 않으려고 창문 쪽으로 얼굴을 돌린다.) 밤에 한참을 그렇게 누워 있다가 우리는 훌쩍거리기 시작했어요…… 모두 이구동성으로 "좋은 엄마들은 이미 다 왔다 갔어……"라고 말했죠. 어떤 여자애가 "난 엄마를 사랑하지 않아! 엄마는 왜 이렇게 나한테 안 오는 거야?"라고 말하기도 했어요. 나도 엄마에게 삐쳐 있었어요. 하지만 아침이 되면 우린 모두 함께 노래를 불렀어요…… (곧바로 노래를 부르기 시작한다.) "아침은 부드러운 햇살로/예부터 서 있는 크렘린 벽을 물들이네./밝아오는 여명과 함께/소비에트의 모든 땅이 잠에서 깨어난다네." 아름다운 노래예요. 전 지금도 이 노래가 아름답다고 생각해요.

5월 1일! 우리는 모든 명절 중에서도 5월 1일 전승기념일을 제일 사랑했어요. 이날이 되면 새 외투와 새 원피스를 받았거든요. 물론 외투와 원피스는 똑같은 사이즈였죠. 옷을 받으면 각자 옷을 제 몸에 맞추기 시작했어요. 그리고 자기만의 표시를 했죠. 하다못해 매듭이나 주름이라도 약간 달라 보이게 했죠…… '이건 내 거다, 나의 일부다' 영역표시를 한 거예요. 우리는 조국이 우리의 가족이고, 조국만이 우리를 위해준다고 배웠어요. 5월 1일 전체조회를 위해서 마당으로 크고 붉은 깃발을 꺼내왔어요. 북도 울렸고요. 한번은 기적 같은 일이 있었어요! 우리 고아원에 장군님이 직접 오셔서 축하해주신 거예요. 우리는 모든 남자들을 사병과 장교로 분류했는데, 그 사람은 자그마치 장군님이잖아요. 바지 옆선이 빨간색 줄무늬로 장식되어 있었다고요! 장군님이 차를 타고 우리에게 손 흔드는 모습을 보려고 우리는 높은 창턱도 마다하지 않고 기어올라갔어요. "넌 아빠가 뭔지 알아?" 저녁에 발랴 크노리나가 나한테 묻더군요. 난 몰랐어요. 발랴도 몰랐지요. (침묵) 우리 고아원에 스테판이라는 남자아이가 있었어요…… 마치 누군가와 둘이 있는 것처럼 손을 맞붙잡는 흉내를 내면서 복도를 빙글빙글 돌던 아이였죠. 혼자서 춤을 췄던 거예요. 우리가 웃는데도 그 아이는 신경도 안 썼어요. 그런데 어느 날 아침 스테판이 죽어 있는 거예요. 아픈데도 없었는데 죽은 거예요. 갑자기 죽어버렸어요. 우리는 오랫동안 그 친구를 잊지 못했어요…… 우리는 스테판의 아빠가 고위급 군장교라는 둥, 아주 높은 사람이라 장군급이라는 둥 그런 얘기들을 했죠. 나중에는…… 내 겨드랑이에도 고름이 줄줄 흘렀어요. 얼마나 아프던지, 나도 울었죠. 이고리 코롤레프라는 아이는 장롱 속에서 나에게 뽀뽀를 했었어요. 그때 우리는 5학년이었죠. 난 다시 건강을 회복하기 시작했고, 살아났어요…… 또다시! (고함을 친다.) 요즘 시대에 누가 이런 이야기를 재미있어하나요? 대체 누가요? 말씀 좀 해보세요? 흥미롭지도 않을뿐더러 이미 오래전부터 아무에게도 쓸모없게 되었는걸요. 우리 나라는 없어졌고, 이제 다시는 돌아오지 않을 텐데…… 우리는 이렇게 남아 있어요! 고약한 늙은이들만이…… 끔찍한 기억과 고통이 밴 눈빛을 한 채로 남아 있다고요…… 우리는 존재하고 있어요! 그런데 오늘날 우리의 과거에서 남은 게 뭔가요? 스탈린이 러시아 땅을 피바다로 만들었고, 흐루쇼프는 그 피바다 위에 옥수수를 심었

　　　　　　　　　　　　　　　1부 아포칼립스의 위로

고, 브레즈네프는 모두의 비웃음을 샀다는 것만이 우리에게 남은 전부예요. 우리의 영웅들은 또 어떻고요? 조야 코스모데미얀스카야*에 대해서 신문 기사가 나오더군요. 그녀는 어린 시절 앓았던 뇌수막염의 후유증으로 정신분열증을 얻게 되었고 집을 불태우고 싶어하는 욕구를 갖게 되었다고요. 정신병에 걸린 거죠. 알렉산드르 마트로소프**는 술에 취한 채 동료들은 구하지 않고 독일군의 따발총에 몸을 던졌죠. 꼬마 영웅 파벨 코르차긴은 더이상 영웅이 아닌 걸로 판명됐고요…… 소비에트의 좀비들! (약간 진정된 듯하다.) 그런데도 난 지금까지 수용소 시절 꿈을 꿔요…… 아직도 셰퍼드 개만 봐도 심장이 쿵쿵거려요. 어떤 사람이건 간에 군복만 입고 있어도 가슴이 철렁해요…… (눈물을 흘리면서) 난 더이상 이렇게는 살 수가 없었어요…… 가스밸브를 열었죠…… 가스레인지의 4구를 모두 열었어요. 창문을 다 닫고 커튼도 꼼꼼히 닫았어요. 선뜻 죽지 못할 만큼 두려운 것도 없었어요…… (침묵) 내 발목을 붙잡고 있는 건 없었어요…… 예를 들자면 갓난쟁이의 살내음이라든가…… 뭐 그런 것들이요…… 하다못해 창 아래 나무 한 그루 자라고 있지 않았어요…… 지붕들…… 지붕들만 있었죠…… (침묵) 상 위에 꽃 한 다발을 놓아두고…… 라디오를 켰어요. 그리고 마지막으로…… 누워 있었어요…… 난 이미 바닥에 누워 있었어요. 그런데도 그 순간 드는 생각들은 다 그때의 것이었어요…… 그 순간마저도 그랬어요…… 내가 수용소 문밖으로 나갈 때였어요…… 철문이었는데, 내 등뒤에서 끼이익 소리를 내면서 쿵 하고 닫히더군요. 내가 자유의 몸이 된 거예요. 날 풀어준 거예요. 걸어가면서 난 스스로에게 당부했어요. '제발 뒤돌아보지 마!' 누군가 지금 나를 추격해서 다시 저곳으로 돌려보낼지도 모른다는 공포 때문에 죽을 것만 같았어요. 돌아가야 할지

---

* 조야 코스모데미얀스카야(1923~1941). 제2차세계대전에서 탄생한 최초의 소련 여성 영웅. 붉은 군대의 정찰부대 소속으로 나치군에 체포되어 처형당했다.
** 알렉산드르 마트로소프(1924~1943). 붉은 군대의 자동소총 부대 소속의 소련의 영웅이다.

도 모른다는 생각 때문에. 조금 더 걸어가다가 길가에 서 있는 자작나무를 보았어요······ 평범하고 작은 자작나무를······ 자작나무한테 달려가서 온몸으로 꼭 끌어안았어요. 그 옆에 어떤 꽃나무가 있었는데 그것도 꼭 껴안았어요. 첫해에는 모든 것이 행복하기만 했어요······ 모든 것이요! (오랫동안 침묵한다.) 이웃집 여자가 가스 냄새를 맡은 거예요······ 경찰이 문을 부쉈어요······ 정신을 차려보니 병원이었어요. 처음 든 생각은 '내가 어디에 있는 거지? 설마 또다시 수용소야?'였어요. 마치 나에게 다른 인생은 없었던 것처럼······ 그 외에는 아무것도 없었던 것처럼······ 처음에는 소리가 들리더니······ 그다음에는 아픔이 밀려왔어요······ 모든 행동이 통증을 유발했어요. 모든 동작들이 아팠어요. 숨을 머금으려 해도, 손을 움직이려 해도, 눈을 뜨려 해도. 온 세상이 내 몸인 것만 같았어요. 그런데 시간이 지나자 세상이 움직이더니 조금 더 높아지더군요. 그제야 하얀 가운을 입은 간호사가 보이기 시작하더군요······ 하얀 천장도 봤어요······ 난 느릿느릿 돌아가고 있었어요. 그런데 내 옆에 누워 있던 아가씨는 죽어가고 있었어요. 며칠째 죽어가고 있었죠. 온통 호스에 둘러싸인 채로 죽어가고 있었어요. 입안에도 관이 삽입되어서 소리조차 지르지 못했어요. 무슨 이유에서인지 그녀는 구할 수 없었나봐요. 난 그 관들을 보면서 세세한 것까지 상상하기 시작했어요. '저건 내가 누워 있는 거다······ 난 죽었다······ 다만 난 아직 내가 죽은 것을 모르고 있다······ 내가 더이상 존재하지 않는다는 걸 모르고 있다.' 난 이미 그곳에 가봤어요······ (멈춘다.) 얘기 듣는 게 지겹지 않으세요? 아니에요? 말씀해주세요······ 언제든 그만할 수 있어요······

엄마······ 내가 6학년이 되었을 때 엄마가 저를 데리러 왔어요. 엄마는 수용소에서 12년 동안 형을 살았어요. 우리는 3년을 같이 살았고, 9년을 떨어져서 산 거예요. 우리는 정착지로 보내졌고 둘이 함께 가도 된다는 허가를 받았던 거죠. 그때가 아침이었어요······ 난 마당을 걷고 있었어요······ 누군가 내 이름을 부르더군요. "아냐! 내 아가! 아냐!" 아무도 그렇게 날 부르지 않았거든요. 아무도 내 이름을 부르지 않았어요. 난 검은 머리의 여자를 발견했고 소리쳤어요. "엄마!" 엄마는 마찬가지로 탄성을 내지르며 날 꼭 껴안았어요. "어쩜, 아빠 딸이네!" 난 어렸을 때 정말 아빠를 많이 닮았거든요. 행복했어요! 만감이 교차했어요. 얼마나 기뻤던지! 며칠 동안 나는 행복감 때문에 제정신이 아니었어요. 그런 행복감은 그후로 다시는 느끼지 못했어요. 얼마나 많은 감정들이 오갔는지…… 하지만 머지않아…… 얼마 되지 않아…… 엄마와 난 서로를 잘 이해하지 못한다는 것이 밝혀졌어요. 우리는 서로에게 타인이었어요. 난 콤소몰에 가입하고 싶었어요. 최상이었던 우리의 삶을 파괴하려는 보이지 않는 악의 무리들과 싸우기 위해서였죠. 엄마는 그런 나를 보면서 울었고…… 아무 말도 하지 않았어요. 엄마는 항상 뭔가를 두려워했어요. 카라간다에서 우리는 서류를 발급받고 벨로보라는 도시로 추방당했어요. 벨로보는 옴스크 너머에 있는 먼 도시예요. 시베리아에서도 가장 궁벽한 땅이었어요…… 그곳에 가는 데만 한 달이 걸렸던 것 같아요. 기차를 계속 타다가, 대기했다가, 다시 갈아타곤 했어요. 가는 곳마다 내무인민위원회에 신고했고, 그럴 때마다 더 가라는 지시를 받았어요. 접경지대에 정착해서도 안 되고, 방산기업 근처에 가도 안 되고, 대도시도 안 되고. 그런 식으로 우리가 가서는 안 되는 곳이 나열된 길고 긴 목록을 받았죠. 난 지금도 저녁 무렵 집집마다 켜지는 불빛을 덤덤하게 바라볼 수가 없어요. 우리는 한밤중에도 기차역에서 길거리로 쫓겨나곤 했거든요. 눈보라 치는 혹한에 말이죠. 가정집에서는 불빛이 밝게 빛나고 있었어요. 그 사람들은 온기 속에서 살아가고 있었고, 마실 차를 데우고 있었어요. 우리는 문을 두드려야만 했어요…… 그건 가장 두려운 일 중 하나였어요…… 아무도 우리에게 하룻밤 묵어갈 곳을 내어주려 하지 않았거든요…… "우리한테서 범죄자 냄새가 나는 거야……"라고 엄마가 말하곤 했죠. (운다. 자기가 우는 것을 느끼지 못한다.) 벨로보에서는 집을 빌려서 살았어요. 다름 아닌 움막을 빌려서요. 그 이후에도 우린 움막에서 살았지만 그래도 나중에 살았던 움막은 우리의 것이었어요. 난 결핵에 걸렸고, 몸이 약해져서 두 다리로 서 있기조차 힘들었어요. 끔찍한 기침에도 시달렸고요. 9월이었죠…… 모든 아이들이 학교 갈 준비로 분주할 때 난 걸을 수가 없었어요. 결국 병원에 입원했죠. 기억나는 건 그 병원에 있을 때 항상 누군가 죽어나갔다는 거예요. 소냐도, 바냐도, 슬라바도…… 모두 죽었어요. 난 죽은 사람들이 두렵지는 않았지만, 제가 죽기는 싫었어요. 난 자수도 참 잘 놓았고 그림도 잘 그려서 모두가 칭찬했어요. "넌 정말 재능이 많은 아이구나. 넌 꼭 공부를 해야 한다." 그런 생각이 들었죠, '그렇다면 내가 죽을 이유가 없잖아?' 그리고 난 기적적으로 다시 살아났어요…… 한번은 눈을 떴는데 서랍장 위에 체리꽃 다발이 놓여 있었어요. 누가 놓고 간 걸까요? 어쨌든, 난 그때 살게 되리라는 걸 느꼈어요. 난 살 거야! 집으로, 그 움막으로 다시 돌아왔어요. 엄마는 그동안 몇 차례 뇌졸중을 겪었다더군요. 난 엄마를 알아보지 못했어요…… 눈앞에 늙은 여자가 있었어요. 내가 돌아온 그날 엄마는 병원에 입원했어요. 집안에서 음식의 흔적을 찾아볼 수 없었어요. 심지어 냄새도 맡을 수 없었어요. 그렇다고 누군가에게 이런 얘기를 한다는 건 창피했어요. 사람들이 바닥에 쓰러져 겨우겨우 숨만 쉬고 있는 날 발견했지요. 누군가 나에게 따뜻한 염소 우유를 가져다주었어요…… 모든…… 모든…… 모든 기억이…… 내가 나에 대해 기억하는 모든 것이…… 내가 어떻게 죽어갔고, 어떻게 살아남았고…… 또다시 어떻게 죽어갔는지에 대한 것뿐이네요…… (또다시 창문 쪽으로 얼굴을 돌린다.) 그후로 건강을 조금 회복했어요…… 적십자에서 기차표를 사줬고, 날 기차에 태워 보냈어요. 나의 고향…… 스몰렌스크, 스몰렌스크의 고아원으로 가게 되었어요. 그렇게 난 집으로 돌아왔어요…… (울음) 잘 모르겠어요, 왜…… 대체 왜 제가 우는 거죠? 저는 이미 모든 걸…… 모든 걸…… 제 인생에 대한 모든 것을 다 알고 있는데…… 난 고아원에서 열여섯 살을 맞이했어요. 친구들도 생겼고, 내가 좋다는 남자들도 생겼지요…… (미소를 짓는다.) 멋진 남자들이 나에게 관심을 보였어요. 어른 남자들이. 하지만 난 좀 유별났어요. 누군가의 마음에 들게 되면 난 덜커덕 겁이 나는 거예요. 누군가 나에게 관심을 보였다는 사실이, 누군가의 눈에 띄었다는 사실이 무서웠으니까요. 그래서 나와 연애를 하는 건 보통 일이 아니었어요. 왜냐하면 난 항상 데이트에 내 여자 친구를 데려갔으니까요. 영화를 같이 보자는 초대를 받아도 절대 혼자 가는 법이 없었죠. 하물며 내 남편이 될 사람과의 첫 데이트에는 여자 친구를 두 명씩이나 데려갔을 정도였어요. 나중에 남편이 두고두고 그 일을 우려먹곤 했죠……

스탈린이 서거한 날…… 고아원 원생 전체가 모였고, 조회가 열렸어요. 어김없이 붉은 깃발도 꺼내놓았죠. 얼마나 오랫동안 장례를 치렀는지…… '차렷' 자세로 참 오래도 서 있었어요. 여섯 시간에서 여덟 시간 정도였던 것 같아요. 어떤 사람은 혼절하기도 했어요…… 난 울었어요…… 난 엄마 없이 사는 법은 이미 터득하고 있었어요. 하지만 스탈린 없이 사는 법은 몰랐어요…… 스탈린 없이 어떻게 살지? 어떻게? 난 생뚱맞게 전쟁이 일어날 것만 같아 걱정했어요. (울음) 엄마…… 4년 뒤…… 내가 건축전문대학교에서 공부할 때쯤 엄마가 추방지에서 돌아왔어요. 완전히 돌아온 거였어요. 엄마는 나무로 만든 여행가방을 들고 왔죠. 가방 속에는 아연제 찜냄비(아직도 이 냄비가 우리집에 있어요, 버릴 수가 있어야지요), 알루미늄 숟가락 두 개, 구멍투성이 스타킹 한 무더기가 들어 있었어요. "넌 정말 살림에 소질이 없구나, 구멍 하나 못 꿰매니"라며 엄마가 늘 핀잔을 주곤 했어요. 왜 꿰맬 줄 몰랐겠어요. 다만 엄마가 가져온 스타킹의 구멍들은 절대로 꿰매지지 않는다는 걸 알고 있었을 뿐이에요. 그 어떤 솜씨 좋은 장인도 못했을 거예요! 내가 받는 장학금이 18루블이었고, 엄마의 연금이 14루블이었어요. 우리는 마치 천국에서 사는 것 같았어요. 빵은 먹고 싶은 만큼 먹을 수 있었고, 거기에다 차도 곁들일 수 있었어요. 내 옷은 트레이닝복 세트 한 벌에 내가 직접 만든 날염 원피스 한 벌밖에 없었어요. 가을에도 겨울에도 트레이닝복 단벌만 입고 학교에 다녔어요. 그래도 난…… 모든 것을 다 가진 것만 같았어요. 정상적인 집, 정상적인 가정을 방문하고 난 뒤에는 쪼그리고 앉아서 이런 생각을 했어요. '저렇게 많은 물건이 왜 필요한 거야?' 숟가락, 포크, 공기 등등 물건이 얼마나 많던지…… 특히 가장 평범한 물건들이 항상 날 당황스럽게 만들었어요. 가장 평범한 물건들이요…… 예를 들어서 왜 구두가 두 켤레나 필요할까, 뭐 이런 것들이요. 난 지금까지도 물건이나 살림살이에 무심한 편이에요. 어제 며느리가 전화를 했어요. "갈색 가스레인지를 찾는 중이에요." 아파트 수리를 마치고 부엌을 갈색으로 바꾸는 중이었던 거예요. 가구, 커튼, 그릇들을 모두 갈색으로 맞춰서 수입 잡지에 나오는 것처럼 만드는 중이었죠. 며느리는 몇 시간씩 전화통을 붙들고 있어요. 광고나 신문에 나오는 아파트를 유심히 보고, '매매'란에 나오는 모든 걸 읽고 있어요. "이것도 사고 싶어! 저것도……" 예전에는 모든 집들이 단순한 구조를 가지고 있었고, 그때는 모두가 단순하게 살았던 것 같아요. 그런데 지금은 어떤가요? 인간이 위로 변했어요…… 동물들의 위통으로요…… 이것도 원해! 저것도 원해! 원해! (손을 휘휘 젓는다.) 난 아들 집에 가끔씩 가요…… 아들 집에 있는 모든 것이 새것이고 비싼 거예요. 사무실 같아요. (침묵) 우리는 남이에요…… 남 같은 가족…… (침묵) 우리 엄마의 젊었을 적 모습을 떠올리고 싶어도 기억이 안 나요…… 엄마의 병든 모습만 떠올라요. 우리는 한 번도 서로를 꼭 끌어안은 적도 없었고 뽀뽀한 적도 없어요. 서로에게 다정한 말 한마디 건네보질 못했어요. 그랬던 기억이 없어요. 우리의 엄마들은 우리를 두 번씩이나 잃었죠. 처음에는 우리가 아주 어렸을 때, 두번째는 이미 어른이 된 우리들에게 다 늙어서 돌아오셨을 때였죠. 아이들은 이미 엄마들에게 낯선 존재들이었어요…… 그들의 아이들을 바꿔치기해놓았으니까요…… 그들의 아이들을 다른 엄마들이 키웠으니까요. "조

1부 아포칼립스의 위로

국은 너희들의 어머니다…… 너희들의 어머니다……""꼬마야, 너희 아빠는 어디 계시니?""아직 감옥에 계세요.""너희 엄마는 어디 계시니?""이젠 감옥에 계세요." 우리는 부모님들을 떠올릴 때 항상 감옥과 함께 연상했어요. 어딘가 멀리멀리 계신 분들…… 늘 우리 옆에는 없는 분들…… 한때는 엄마로부터 도망가서 다시 고아원으로 되돌아가고 싶었던 적도 있었어요. 어떻게 그럴 수가 있었을까요! 어떻게…… 엄마는 신문도 읽지 않았고, 시위에도 나가지 않았고, 라디오도 듣지 않았어요. 저는 듣기만 해도 가슴이 벅차오르는 그런 노래들조차 엄마는 듣지 않았어요…… (조용히 흥얼거린다.) "그 어떤 적들도/너의 고개를 숙이게 하진 못하리/나의 소중한 수도여/금쪽같은 나의 모스크바여……" 반면 난 늘 거리로 나서고 싶었어요. 군대 행진을 보러도 나가고, 스포츠 대회도 좋아했죠. 난 그때의 그 열정을 아직도 기억해요! 모두와 함께 걷다보면 마치 내가 큰 무언가의…… 거대한 무언가의 일부가 된 것 같은 느낌을 받죠…… 난 그곳에 있을 때 행복했지만, 엄마는 그렇지 않았어요. 그리고 아마 평생 그런 관계는 바뀌지 않을 거예요. 엄마는 머지않아 돌아가셨어요. 엄마가 돌아가셨을 때 비로소 난 엄마를 안고 쓰다듬었어요. 엄마는 이제 관에 누워 계시는데, 내 안에서 갑자기 그런 다정함이 깨어나버린 거예요! 그런 사랑이! 엄마는 낡은 펠트부츠를 신고 누워 있었어요…… 엄마는 구두도, 샌들도 없었어요. 내 신발은 퉁퉁 부어버린 엄마의 발에 맞지 않았죠. 관 속에 누워 있는 엄마에게 난 수많은 다정한 말들을 했고, 수많은 고백을 했어요. 엄마가 그 말들을 들었을까요? 아니면 못 들었을까요? 엄마에게 계속 입을 맞췄어요. 엄마를 많이 사랑한다고 말했어요…… (울음) 난 엄마가 아직 그곳에 계신 걸 느꼈어요. 난 그렇게 믿었어요……

부엌으로 간다. 조금 뒤 나를 부른다. "점심을 차렸어요. 난 항상 혼자이지만 누군가와 함께 이렇게 둘이서 점심 한끼라도 먹고픈 마음은 늘 있어요."

절대로 되돌아가서는 안 돼요…… 왜냐하면…… 그런데 저는 그곳으로 달려갔죠! 얼마나 간절했던지! 쉰이 되었을 때…… 쉰이 되었을 때 난 그곳으로 돌아가고 있었어요…… 의식 속에서는 낮이고 밤이고 그곳에 갔지만 말이에요……

겨울…… 자주 겨울이 꿈에 나타났어요…… 어쩌나 혹독하게 추운지 길거리에 개 한 마리, 새 한 마리 보이지 않았어요. 공기는 유리 같았고 굴뚝에서 나오는 연기도 하늘을 향해 곧게 뻗어 있는 기둥 같았어요. 겨울이 아니면 여름의 끝자락이 꿈에 보이곤 했어요. 잡초들도 더이상 자라기를 멈추고 두꺼운 먼지로 뒤덮인 여름의 모습이요. 그래서 난…… 나는 그곳에 가기로 결심했어요. 그때는 이미 페레스트로이카 시절이었어요. 고르바초프…… 집회들…… 모두가 거리에서 살았을 때였죠. 모두가 기뻐하던 때. 쓰고 싶은 대로 쓰고, 소리를 지르고 싶으면 어디서든 소리를 지를 수 있던 시절이요. 자-유-다! 자-유-다! 우리 앞에 어떤 미래가 기다리고 있든지 간에 이미 과거는 그때 끝나버린 거예요. 뭔가 다른 것을 기대하는 마음…… 설레는 마음이 있었어요. 그리고 동시에 또다시 공포를 느끼기도 했어요. 한동안 난 아침에 라디오를 켜질 못했어요. 갑자기 모든 것이 끝나 있을까봐, 모든 것이 철회되었을까봐서요. 난 오랫동안 믿지 않았어요. 밤에 들이닥쳐서 우리를 운동장으로 끌고 갈 것이라고 생각했어요. 칠레에서 그랬던 것처럼요…… '아는 체하는 사람'들로 운동장 하나 정도만 없애면 다른 사람들은 알아서 입을 닫을 테니까요. 하지만 아무도 오지 않았어요…… 아무도 우리를 끌고 가지 않았어요…… 신문마다 수용소 출신 사람들의 수기가 실리기 시작했어요. 그들의 사진과 함께요. 그 사람들의 눈빛! 사진 속 그 사람들의 눈빛! 그건 저세상 사람들의 눈빛 같았어요…… (침묵) 난 결심했어요. 가고 싶다…… 난 그곳에 가야만 한다! 뭣 때문일까요? 나도 잘 모르겠어요. 하지만 난 그래야만 했어요…… 휴가를 받았어요. 일주일이 지나고…… 또 한 주가 지나가도…… 도무지 결심이 서질 않더군요. 스스로 별의별 핑곗거리를 다 찾고 있었어요. 치과에도 가봐야 하고, 베란다 문에 페인트칠도 마저 해야 하고…… 하나같이 사소한 일들이었어요…… 그러던 어느 날 아침이었어요…… 네, 그건 분명 아침에 일어난 일이에요…… 베란다 문에 페인트칠을 하면서 내가 나에게 말했어요. "내일 난 카라간다에 간다." 분명 소리를 내서 그렇게 얘기한 기억이 나요. 그 말 이후 난 내가 가리라는 걸 직감했죠. 이제 가는 거야, 끝! 카라간다가 어디인가요? 수백 킬로미터에 달하는 텅 비고 헐벗은 광야, 여름의 불볕에 뜨겁게 달궈진 땅이죠. 스탈린 시절 그곳에 수십 개의 수용소가 세워졌어요. 스텝라크,* 카를라크, 알지르**…… 페스찬라크*** 등등. 그곳으로 수십만 명에 달하는 죄수들이 끌려왔지요…… 소비에트의 노예들이. 스탈린의 죽음 이후, 막사를 부수고 철조망을 걷어버리니 도시가 됐지 뭐예요. 카라간다 시…… 내가 간다……! 간다! 아주 긴 여정이었어요…… 가는 동안 기차에서 어떤 여자를 알게 되었는데, 그녀는 우크라이나에서 온 교사였어요. 그 여자는 자기 아버지의 무덤을 찾아나서는 길이었고, 카라간다에 두번째 간다고 했어요. 그녀가 알려주더군요. "걱정 말아요. 그곳 사람들은 이상한 사람들이 세계 곳곳에서 그곳을 찾아와 돌들과 얘기를 나누는 모습에 익숙해져 있으니까요." 그녀는 아버지가 수용소에서 보낸 유일한 편지를 가지고 있었어요. "……그래도 붉은 깃발보다 더 나은 것은 없단다……" 편지의 끝문장이었어요…… 그 편지는 그런 말로 끝나고 있었어요…… (생각에 잠긴다.) 그 여자는…… 그녀는 자신의 아버지가 스스로 폴란드 첩자라고 자백하는 내용이 적

---

* 제4호 특별수용소. 주로 정치범이 수감되었다.
** 제17호 여성수용소의 속칭. 정치범 아내의 강제수용소였다. 1938년부터 1953년까지 1만 7천여 명의 여성이 수용되었다.
*** 제8호 특별수용소.

힌 서류에 서명하게 된 과정을 나에게 얘기해주었어요. 수사관이 등받이가 없는 의자를 뒤집어서 다리 중 하나에 못을 박고는 그 못 위에 그녀의 아버지를 앉힌 뒤 그 못을 축 삼아 계속 빙글빙글 돌렸대요. 수사관은 그렇게 해서 원하는 바를 달성했죠. "그래요. 난 스파이예요." 그러면 수사관이 또 물었대요. "누구의 스파이야?" "어떤 스파이들이 있는데요?" 그러면 그들이 아버지에게 선택지를 주었다는 거예요. "독일 스파이 아니면 폴란드 스파이." "폴란드 스파이라고 쓰세요." 그녀의 아버지는 폴란드어로 딱 두 표현밖에 몰랐대요. '젠쿠에 바르드조(대단히 감사합니다)'와 '프쉬스트코 예드노(상관없습니다)'. 딱 두 표현…… 반면 난…… 나는 내 아버지에 대해 아무것도 몰라요…… 한번은 엄마가 스치듯 말했는데, 감옥에서 받은 고문으로 미쳤다고 한 것 같아요. 그곳에서 계속 노래만 불렀다고 했어요…… 같은 기차간 안에 젊은 청년도 타고 있었어요. 그 여교사와 난 밤새도록 이야기를 나누고 울었죠. 그런데 아침에 그 청년이 우리를 쳐다보고는 "우, 끔찍해요! 무슨 스릴러도 아니고!" 그러는 거예요. 아마 그 청년의 나이가 열여덟이나 스물쯤 됐을 거예요. 세상에! 우린 그토록 많은 일을 겪었는데 아무에게도 이 얘기들을 풀어놓을 수가 없어요. 그저 우리끼리 서로에게 이야기할 따름이죠……

그렇게 카라간다에 도착했어요…… 누군가 농담했죠. "하-차-해-라! 각자 물건을 챙겨서 하차해라!" 누군가는 그 소리에 웃었고, 누군가는 울었어요. 기차역에서…… 제일 처음으로 들린 말들은 '걸레…… 갈보…… 짭새……' 익숙한 범죄자들의 은어였어요. 그 말들을 듣자마자 바로 머릿속에서 떠오르더군요…… 반사적으로! 갑자기 몸이 오들오들 떨리기 시작했어요. 속에서부터 올라오는 그 떨림을 멈추질 못하겠더라고요. 그곳에 있는 내내 내 안의 모든 것이 계속 떨리고 있었어요. 도시 자체는 물론 알아볼 수 없었지만 주거지가 끝나는 지점부터는 익숙한 풍경이 펼쳐졌어요. 단번에 알아보겠더군요…… 메마른 나래새와 뿌연 먼지조차 그대로였어요…… 독수리도 하늘

높이 날고 있었고요. 마을 이름도 익숙하더군요. 볼니, 산고로도크…… 다 예전에 수용소가 있던 지점들이었어요. 난 내가 기억 못 하는 줄 알았는데, 다 기억하고 있더라고요. 버스에 올라타자 옆자리에 노인이 한 명 앉더니 내가 외지 사람인 줄 알아보고는 "누굴 찾으러 왔소?"라고 묻더군요. "아, 그게…… 여기 수용소가 있었어요……"라며 말문을 열었죠. "아, 막사들요? 2년 전에 마지막 막사들까지 다 철거해버렸다오. 막사를 해체하고 남은 벽돌로 사람들이 창고도 만들고 목욕탕도 만들었소. 그 땅들을 모두 다차 부지로 내주었지. 사람들이 철조망으로는 텃밭 울타리를 쳤다오. 우리 아들도 거기에 밭이 있어…… 그거 아시오, 얼마나 기분이 안 좋은지…… 봄이 되면 눈이나 비가 온 뒤 감자밭에서 뼈들이 숭숭 올라올 때가 있소. 그런데 아무도 기겁하질 않는다오. 왜냐하면 이미 익숙하거든. 여긴 땅 전체에 돌만큼이나 뼈가 많으니까. 뼈가 나오면 고랑에 다시 던져넣고는 장화로 툭툭 밟는다오. 다시 묻는 거지. 그만큼 다들 익숙한 거요. 흑토를 슬쩍 들추기만 해도…… 조금 움직이기만 해도……" 난 기절할 것처럼 숨이 막혀버렸어요. 그런데 노인은 창문 쪽으로 얼굴을 돌리더니 뭔가를 보여줬어요. "저기 봐봐요, 저기 저 가게 뒤에…… 거기도 공동묘지를 메워버린 곳이고, 저기 저 목욕탕 뒤도 마찬가지라오." 숨도 못 쉬고 가만히 앉아 있었어요. 그런데 난 대체 뭘 기대했던 걸까요? 피라미드가 세워져 있을 것이라고? 영광스럽게 고분들이 늘어서 있을 것이라고? "1열…… 이제는 거리 이름이 됐소…… 2열 거리 등등……" 창문을 보고 있었지만, 눈물이 앞을 가려 아무것도 볼 수 없었어요. 버스정류장에서 카자흐 여인들이 오이와 토마토, 건포도를 양동이째 담아 팔고 있었어요…… "직접 텃밭에서 기른 거예요. 우리 텃밭에서 직접 따온 거예요." 세상에! 세상에, 신이시여! 한마디로…… 난…… 난 물리적으로 숨쉬기가 힘들었어요. 내 안에서 이상한 일들이 벌어지고 있었어요. 그곳에 머무는 며칠 동안 피부가 푸석푸석해지고, 손톱이 부러지기 시작했어요. 내 몸 안에서 이상한 일들이 벌어지고 있었어요. 그대로 흙 위에 쓰러져서 마냥 누워만 있고 싶었어요. 다시는 일어나고 싶지 않았어요. 황량한 초원은 마치 바다와도 같아요…… 전 걷고 또 걷다가 결국 쓰러지고 말았어요…… 어떤 작은 철십자가 근처에서요…… 십자가는 교차지점까지 흙속에 파묻혀 있었어요. 난 소리를 지르며 발작했어요. 주변에는 아무도 없었고, 새들만 날아다니고 있었어요…… (잠깐 한숨 돌리고) 그곳에서 난 호텔에 머물고 있었어요. 저녁이면 레스토랑이 어수선하고 시끌벅적했죠…… 술판도 벌어졌고…… 한번은 그 레스토랑에서 저녁을 먹었어요. 내 테이블 뒤에서 남자 두 명이 목소리가 쉴 때까지 언쟁하고 있었어요. 첫번째 남자가 그랬어요. "난 여전히 공산주의자야. 우리는 사회주의 국가를 건설해야만 했어. 마그니트카*와 보르쿠타**가 없었다면 어떻게 히틀러군을 격퇴할 수 있었겠어?" 그러자 두번째 남자가 말했어요. "난 이곳에 사는 노인들과 얘기했어요…… 그 사람들 모두가 여기서 군복무를 하거나 일을 했다더군요…… 어떤 말로 표현해야 할지 모르겠지만…… 아무튼 요리사, 교도관, 공안요원 들…… 이 지역에 다른 직업은 없었대요. 하지만 배불리 먹을 순 있는 직업이었다더군요. 봉급과 배급식량이 나왔고 제복도 제공됐으니까. 다들 그렇게 말하더군요. 그건 '일'이었다고. 수용소가 그들에겐 직장이었던 거예요! 군복무였다고요! 그런데 무슨 범죄를 운운하냐고요. 무슨 영혼과 죄를 들먹이냐고요. 수용소에 수감되어 있던 사람들은 아무개가 아니라, 바로 인민들이었고요. 그 사람들을 수감하고 감시한 것도 바로 인민들이었어요. 그 일을 위해서 다른 곳에서 따로 부른 사람들이 아니라 같은 마을 사람들, 가까운 사람들이 그 일들을 했던 거라고요. 그랬으면서, 지금은 모두가 줄무늬 죄수복을 입고는 희생자였다고 말하는 거라고요. 스탈린 혼자에게만 죄가 있다고

---

* 마그니토고르스크 시를 구어에서 줄여 부르는 말. 철강산업의 중심지다.
** 대표적인 탄광촌.

　　　　　　　　　　　　　　　1부 아포칼립스의 위로

하죠. 하지만 한번 생각해보세요…… 이건 단순한 수학 문제라고요. 수백만 명에 달하는 죄수들을 감시하고, 체포하고, 심문하고, 추방하고, 한 발자국만 옆으로 벗어나도 총으로 다스려야 했어요. 누군가는 그런 일들을 해야만 했어요…… 그렇다는 건 수백만 명에 달하는 수행원들이 있었다는 걸 뜻한다고요……" 종업원이 그 두 남자에게 술병을 가져다줬고, 연이어 두번째 병도 갖다줬어요. 난 계속 듣고 있었어요…… 듣고 있었다고요! 그 남자들은 술을 그렇게 마셔대도 취하지 않더군요. 난 온몸이 마비된 사람처럼 나가지도 못하고 꼼짝없이 앉아 있었어요. 첫번째 남자가 "나도 전해 들었는데, 이미 막사가 텅 비었을 때, 그러니까 폐쇄된 뒤에도 밤마다 그곳에서 비명과 신음 소리가 바람에 실려왔다더군……" 그러자 두번째 남자가 "판타지예요. 신화를 쓰기 시작하는 거라고요. 우리의 비극은 우리 모두가 희생자이면서 동시에 망나니였다는 거예요. 그 사람이 그 사람이었던 거라고요"라고 말했어요. 그리고 또다시 첫번째 남자가 "스탈린은 쟁기를 쓰는 러시아를 맡아서 원자폭탄을 남겼다고……"라고 말했어요. 난 그곳에 머무는 세 번의 낮과 세 번의 밤 동안 한 번도 눈을 붙이지 못했어요. 낮에는 초원을 걷고 또 걸었어요. 기어다녔어요. 어둠이 질 때까지, 불빛이 켜질 때까지.

한번은 어떤 남자가 시내를 구경시켜줬어요. 쉰 살 정도 돼 보였어요. 어쩌면 더 됐을 수도 있고요. 저랑 동년배쯤. 한잔 걸친 모양이었어요, 수다스러웠거든요. "무덤을 찾고 있어요? 이해해요. 우리는 묘지에 살고 있는 거나 다름없어요. 우리는…… 한마디로 우리는 과거에 대해서 이야기하는 걸 좋아하지 않아요. 과거가 터부시되고 있죠! 노인들, 우리 부모님들은 다 돌아가셨고, 그나마 살아 계신 분들은 입을 굳게 닫아버렸어요. 그분들은 스탈린식 교육을 받은 사람들이잖아요. 고르바초프, 옐친…… 그건 지금이나 그렇고요. 내일 무슨 일이 일어날지 누가 알겠어요? 어떻게 뒤바뀔지……" 말에 말이 꼬리를 물고 수다가 이어졌어요. 난 그의 아버지가 '학살'에 참여했던 군 장교였다는 것을 알게 되었어요. 흐루쇼프 때 그곳을 떠나려고 했지만 허가가 떨어지질 않았대요. 모두가…… 감옥에 수감되었던 죄수들, 그 죄수들을 수감시켰던 사람들, 그리고 죄수들을 감시했던 사람들조차 국가기밀보장에 대해 서약했다더라고요. 그들이 너무나 많은 걸 알고 있었기 때문에 그곳에서 내보낼 수 없었던 거예요. 그가 들은 바로는 죄수들을 이송했던 사람들조차 그 지역에서 떠나지 못하게 했다더군요. 어떻게 보면 전쟁에서 살아남은 자들이었는데, 전쟁에서는 돌아올 수 있었지만 그곳에서는 절대로 벗어날 수 없었던 거예요. 구역…… 그리고 시스템이 그들을 되돌아가지 못하도록 붙잡고 있었던 거죠. 복역 기간이 끝나고 그 저주받은 곳을 떠날 수 있었던 사람들은 사기꾼과 범죄자, 강도 들뿐이었어요. 나머지 사람들은…… 결국 시간이 흐른 뒤 같이 살게 됐어요. 심지어는 같은 집, 한마당을 끼고 살게 되는 경우도 있었대요. "어휴, 인생이 뭔지, 고달픈 우리네 인생아!" 그는 이 말을 계속 반복하더니 자기 어린 시절의 에피소드를 이야기해줬어요. '죄수 출신'들이 한번은 작당해서 전직 교도관을 목 졸라 죽였다는 이야기였어요…… 그 교도관이 짐승이었다는 이유로…… 술판이 벌어지면 싸움이 일어나고 서로가 서로를 못 잡아먹어 안달이었다더군요. 그의 아버지도 술고래였어요. 술만 먹으면 울었다고 했어요. "씨발! 평생을 입에 지퍼를 달고 살았어. 우리는 작은 모래알이야……" 밤, 우리는 함께 차를 타고 초원에 갔어요. 희생자의 딸과…… 아들이…… 누구의 아들이라고 해야 하나요…… 망나니의 아들? 망나니 졸개쯤으로 해두죠. 망나니 두목들은 졸개 없인 아무 일도 못 하니까요…… 더러운 일을 처리해줄 사람이 많이 필요했죠…… 어쨌든 우리는 그렇게 만나서 같이 갔어요…… 어떤 얘기를 했냐고요? 우리는 우리의 부모님들에 대해 아무것도 모른다는 얘기를 했어요. 부모님들은 죽을 때까지도 아무 말씀도 안 하셨다, 자신들만의 비밀을 오롯이 간직한 채 떠나셨다는 등의 이야기를 했어요. 하지만 대화 도중 제가 그 남자의 어떤 부분을 건드렸는지,

　　　　　　　　　　　　　　1부 아포칼립스의 위로

무엇 때문인지는 모르겠지만 그는 기분이 많이 상한 듯했어요. 그는 아버지가 생선을 절대로 입에 대지 않았다고 하더군요. 그 이유는 물고기가 사람을 먹을 수 있기 때문이었대요. 발가벗은 사람을 바다에 던져버리면 몇 개월 뒤에 깨끗하게 뼈만 남는다고 했대요. 희디흰 뼈만. 그의 아버지는 그걸 알았어요…… 어떻게 알았을까요? 그의 아버지는 말짱한 정신이었을 때는 아무 말도 하지 않다가 술만 들어가면 자신은 사무직에서만 일했다고 맹세하고 다녔대요. 자신의 손은 깨끗하다고…… 아들이었던 그 사람은 아버지의 말을 믿고 싶어했어요. 그런데, 만약 정말 그랬다면…… 그의 아버지는 왜 생선을 먹지 않았을까요? 게다가 그의 아버지는 생선만 보면 메스꺼워했대요…… 아버지가 돌아가신 뒤에 그는 아버지가 오호츠크해 부근에서 군복무를 했다는 내용의 서류를 찾았다고 했어요. 맞아요, 그곳에도 수용소가 있었어요…… (침묵) 술에 취해서…… 얼마나 수다를 떨던지…… 그 남자는 저를 뚫어지게 쳐다봤어요. 그렇게 보다가 술이 확 깼는지 갑자기 화들짝 놀라더군요. 난 그가 놀랐다는 것을 느꼈어요. 그러더니 갑자기 성을 내면서 무슨 말을 내뱉었어요…… 허공에 대고…… 대충…… 죽은 사람들을 그만 좀 파내라…… 그만 좀 해…… 뭐 그렇게 소리지르는 것 같았어요. 그때 나는 깨달았어요…… 그들에게…… 그러니까 '자식'들에게는…… 아무도 기밀유지 서약 같은 것을 요구하지 않았지만, 그 자식들은 절대 말을 내뱉어서는 안 된다는 걸 본능적으로 느끼면서, 스스로가 알아서 이를 악물고 살았던 거예요…… 난 그걸 깨닫고 말았어요. 헤어질 때 그가 악수를 청했지만 나는 손을 내밀지 않았어요…… (울음)

나는 떠나기 전날까지도 찾고 또 찾았어요…… 그리고 마지막날에 누군가 알려주더군요. "카테리나 뎀추크 씨에게 한번 가보세요. 아흔 살 가까이 되신 할머니인데, 아마 기억하실 거예요." 함께 동행하며 길을 잡아주더니, 어떤 집을 가리키더군요. 울타리가 높게 둘러진 벽돌집이 보였어요. 난 현관문을 두드렸죠. 그리고 그녀가…… 아주 늙은 호호할머니가…… 반 장님이 된 할머니가 나왔어요. "사람들이 고아원에서 일하셨다고 하더라고요?" "난 선생이었소." "우리한텐 지휘관들이나 있었지 선생님은 없었는데요." 돌아오는 대답이 없었어요. 할머니가 나에게서 떨어지더니 호스를 들고 고랑에 물을 대더군요. 난 가만히 서 있었어요…… 그 자리를 떠나지 않았어요…… 꼼짝 않고 서 있었어요! 그러자 그녀가 나를 못마땅해하면서 어쩔 수 없이 집에 들이더군요. 현관에는 예수 그리스도가 못박힌 십자가가 있었고, 한구석에는 이콘 성화가 있었어요. 문득 그 할머니의 목소리가 누구의 것이었는지 생각나고 말았어요…… 얼굴은 생각나지 않는데, 그 목소리가…… "우리는 너희들을 때려도 되고 죽여도 돼. 왜냐하면 너희 엄마들이 인민의 적이니까." 내가 그 여자를 알아보았다고요! 아니면 너무나 간절하게 알아보고 싶었던 걸까요? 물어보지 않아도 그만이었지만, 난 굳이 물어보았어요. "혹시 저를 기억하시나요? 어쩌면……" "아니, 아니. 아무도 기억나지 않아. 너희들은 작았고, 모두들 잘 크지도 않았어. 우리는 그저 지시대로 움직였을 뿐이야." 찻물을 올려놓고 쇼트케이크를 내왔어요. 나는 앉아서 그 여자의 불평을 들었어요. 아들은 알코올중독자였고 손자들까지 그걸 대물림했다는 이야기. 남편은 오래전에 여의었고 연금은 쥐꼬리만하다는 이야기. 허리가 아프다는 이야기. 늙은이로 사는 건 너무 지루하다는 이야기. '이것 보라고!' 저는 생각했어요. '이봐. 이것 좀 보라고! 결국 50년이 지나서 만났잖아……' 난 그 여자가 분명하다고 생각했어요…… 그렇게 상상했어요…… 그래요, 그렇게 우리는 만났어요. 그런데 뭐가 바뀌었나요? 나도 남편이 없고, 쥐꼬리만한 연금을 받고 있고, 허리도 아프고, 늙은 건 매한가지인데요…… 그 이상 아무것도 없다고요. (오랫동안 침묵한다.)

그다음날 난 그곳을 떠났어요…… 무엇이 남았을까요? 오해……그리고 상처…… 하지만 누구에게 받은 상처인지 모르겠어요. 그런데도 그 초원은 계

1부 아포칼립스의 위로

속 꿈에 나와요. 눈 덮인 초원이, 빨간 양귀비로 덮인 그 초원이. 막사가 있던 곳에 카페가 들어서고 또다른 막사가 있던 곳에는 다차가 있었어요. 소떼가 풀을 뜯어먹는 곳도 있었어요. 가지 말았어야 했어요! 가지 말았어야 했다고요! 이렇게 가슴이 아리도록 울고 고통받는데, 대체 무엇 때문인가요? 무엇 때문에 이 모든 일이 일어난 걸까요? 이제 20년…… 또 50년만 지나면 모든 것이 다 티끌로 사라지겠지요. 마치 우리는 원래 없었던 것처럼요. 역사 교과서에 두 줄 정도 남겠죠. 어쩌면 한 단락 정도. 솔제니친은 물론, 솔제니친이 썼던 역사도 이미 관심 밖으로 밀려났어요. 예전에는 『수용소군도』를 읽으면 감옥에 갇혔어요. 그래서 비밀리에 읽고 타이핑하거나 손으로 필사해서 사본을 만들곤 했어요. 난요, 믿었어요…… 수천 명의 사람들이 그 책을 읽는다면 모든 것이 바뀔 것이라고 믿었어요. 모두가 회개하고 참회의 눈물을 흘릴 거라고요. 그런데 결과는 어땠나요? 사람들은 책상 서랍에 봉인되었던 원고를 출판하고, 은밀하게 생각했던 모든 것을 입 밖으로 털어놓았어요. 그래서 어떻게 됐죠? 그 책들은 책더미 속에 파묻혀 먼지만 쌓여가고 있어요. 그리고 사람들은 그 옆을 스쳐지나가버리죠…… (침묵) 우리는 있지만…… 동시에 우리는 없어요…… 제가 예전에 살던 그 거리마저 사라졌어요. 레닌 거리가 있었죠. 하지만 지금은 모든 것이 달라졌어요. 물건도, 사람도, 돈도. 신조어도 생겨났지요. 예전에는 '동지들'이 있었지만 이제는 '젠틀맨'들이 있어요. 하지만 '젠틀맨'이라는 단어는 왠지 어색해요. 모두들 자신들의 귀족적 뿌리를 찾으려고 해요. 유행이 됐죠! 어디선가 또다시 공작과 백작들이 나타났어요. 예전에는 노동자와 농부 출신이라는 것에 자부심을 가졌는데 말이에요. 모두가 세례를 받고 모두가 금식을 해요. 군주제가 러시아를 구원할 것인가 아닌가에 대해서 진지하게 토론도 하죠. 1917년에는 모든 여대생들이 비웃던 그 '차르'를 이제는 모두가 사랑해요. 난 이 나라가 낯설어요. 낯설어요! 예전에는 사람들이 모이면 책을 두고 토론하고 연극을 평했어요…… 하지만 지금은 누가 무엇을 샀는지 환율은 어떻게 되는지를 논하고, 그도 아니면 우스개 유머나 떠들고 있죠. 모든 것을 다 웃음거리로 만들어버려요. 그 어느 것에도 연민을 느끼지 않아요. 그저 비웃기 바쁘죠. "아빠, 스탈린이 누구예요?" "스 탈린은 우리의 우두머리였단다." "아빠, 나는 우두머리가 짐승들한테만 있는 건 줄 알았어요." 아르메니아 라디오에 질문이 들어옵니다. "스탈린이 남긴 것은 무엇인가요?" 아르메니아 라디오가 대답합니다. "스탈린이 남긴 것은 속 옷 두 벌, 부츠 한 켤레, 명절용 제복을 포함해 군복 상의 몇 벌, 소련 돈 4루블 40코페이카. 그리고 거대한 제국이 남았습니다." 두번째 질문. "어떻게 러시 아 군인이 베를린까지 갈 수 있었을까요?" "러시아 군인은 퇴각할 정도로 용 감하지 않기 때문입니다." 나는 더이상 다른 집에 놀러 다니지 않아요. 집밖으 로도 잘 안 나가요. 나가면 뭐가 보이는 줄 아세요? 마몬*들의 축제! 돈주머니 외에는 그 어떤 가치도 남아 있지 않아요. 그런데 저는요? 난 가난한 사람이에 요, 우리 모두는…… 우리 세대는…… 옛 소비에트의 사람들은…… 모두 다 가난뱅이예요. 은행계좌도 없고 부동산도 없어요. 우리가 가진 물건들은 소 련 물건들이에요. 내다팔아도 몇 푼도 건지지 못하는 것들뿐이라고요. 우리 의 자본은 어디에 있나요? 우리가 가진 전부라고는 우리가 겪어낸 고통밖에 없어요. 난 학생노트 같은 종잇장에 쓰인 증명서 두 장을 가지고 있어요. "……그의 명예가 회복되었다." 그리고 "범죄행위가 존재하지 않으므로 그녀 의 명예는 회복되었다……" 엄마와 아빠에 대한 것이죠. 한때는…… 한때 는…… 내 아들을 자랑스러워했던 적도 있었어요…… 아들은 전투조종사로 아프가니스탄에서 복무했어요. 그런데 지금은 시장에서 장사를 해요…… 소 령인데 말이에요. 전투 훈장도 두 개나 받았는데! 장사치가 됐다고요! 예전에 는 그런 행위를 투기라고 불렀는데, 지금은 비즈니스라고 부르더군요. 폴란드

---

* 기독교 전승에 언급되는 악마로 7대 죄악 중 탐욕을 상징한다.

로 보드카, 담배, 스키 등을 가져가 팔고 되돌아올 때는 천쪼가리들을, 잡동사니들을 들고 와요! 이탈리아로는 호박 보석을 가져가고 그곳에서는 욕실 자재를 들여와요. 변기, 수도관, 세면대. 나 원 참! 우리 집안에는 상인이라고는 없었어요! 우리는 그런 사람들을 경멸했다고요! 내가 '소보크'의 한 조각일지언정, 차라리 그게 사고파는 일보다는…… 백배 나아요……

자, 이렇게…… 이렇게 선생님께 고백했네요…… 난 예전 사람들이 훨씬 더 마음에 들었어요…… 그때 그 사람들…… 그들이 '우리' 사람들이었어요…… 난 그 나라의 역사를 고스란히 지나온 사람이에요. 난 지금의 이 나라에는 관심이 없어요. 이 나라는 내 나라가 아니에요. (피곤한 기색이 역력했다. 녹음기를 껐다. 그녀는 아들의 전화번호가 적힌 메모지를 내게 건넨다.) 부탁하셨잖아요…… 아들도 얘기해줄 거예요…… 그 아이에게도 자신의…… 자신만의 이야기가 있겠죠…… 나와 아들 사이에는 깊은 골이 나 있다는 걸 나도 잘 알아요. 나도 알아요…… (눈물을 흘리면서) 이제 날 좀 놓아주세요. 혼자 있고 싶네요.

아들 :

그는 오랫동안 녹음하는 걸 허락하지 않았다. 그러더니 대화가 어느 정도 진행됐을 때 뜻밖에 먼저 제안해왔다. "이건 녹음하세요…… 이건 역사니까. 이건 '아버지와 아이들' 간의 갈등, 가족의 갈등에 대한 이야기가 아니니까요. 성은 밝히지 말아주세요. 두려운 것이 아니라 썩 내키지 않아서요."

……선생님도 잘 아실 겁니다…… 하지만…… 우리가 죽음에 대해 무엇을 말할 수 있을까요? 명료하게 밝힐 수 있는 건 아무것도 없어요…… 으음…… 아아…… 오오……! 그건 전혀 알지 못하는 느낌이니까요……

……전 지금도 소비에트 영화를 좋아합니다. 그 영화 속에는 특별한 무언

가가 있어요. 현대 영화에서는 찾아볼 수 없는 무언가가. 저도 그 '무언가'를 좋아했습니다. 어렸을 때부터요. 그런데 그 '무언가'를 정의하기는 어려워요. 저는 역사에 심취해 있었고 책도 많이 읽었어요. 그때는 모두가 책을 많이 읽었으니까요. 저는 '첼류스킨'호* 선원들과 치칼로프**에 대한 이야기를 주로 읽었어요. 가가린이나 코롤료프***에 대해서도요. 하지만 저는 1937년에 일어났던 일들에 대해서 꽤 오랫동안 아무것도 몰랐습니다. 한번은 어머니에게 물어보았어요. "우리 할아버지는 어떻게 돌아가셨어요?" 그 질문에 어머니는 기절했어요. 아버지는 "엄마한테 다시는 그런 질문은 하지 마"라고 했고요. 저는 옥타브랴타 단원이었고, 그후에는 피오네르 단원이었어요. 제가 그 신념을 믿었는지 아닌지는 중요치 않아요. 어쩌면 믿었을 수도 있겠죠? 하지만 사실 거의 고민하지 않았다고 보는 게 맞아요…… 피오네르 이후에는 콤소몰이 되었어요. 모닥불 가에서의 노래…… "만약 친구가 어느 날 갑자기/친구도 아니고 적도 아닌 그런……" 그렇게 정해진 수순대로 이어졌죠…… (담배를 한 모금 들이마신다.) 꿈이요? 저는 군인이 되고 싶었습니다. 하늘을 날고 싶었어요! 폼나고 멋있잖아요. 모든 아가씨들이 군인과 결혼하길 꿈꾸던 때였습니다. 가장 좋아하는 작가는 쿠프린이었어요! 장교니까요! 잘 빠진 제복…… 영웅적인 죽음! 사나이들의 술판 그리고 우정! 그건 정말이지 매력적이었고, 청춘의 환희로 받아들여졌어요. 게다가 부모님도 절 지지해주었고요. 저는 소련 교과서로 교육받은 사람입니다. '인간은 우월하다.' '인간은 지지 않는다.' '인간이란 말에서 존엄성이 느껴진다.' 실제로는 없는…… 자연 상태에는 없

---

* 북극항로를 따라 화물운송로를 개척하던 중 좌초한 배의 이름. 총 112명의 선원들 중 104명이 구조되었다.

** 발레리 치칼로프(1904~1938). 소련의 조종사이자 영웅. 1937년 최초로 북극을 지나 모스크바에서 밴쿠버까지 63시간 무경유 비행에 성공했다.

*** 세르게이 코롤료프(1907~1966). 소련의 항공우주학자. 로켓우주선 기술을 고안해 소련을 우주강국의 반열에 올려놓았다.

1부 아포칼립스의 위로

는…… 그런 인간에 대해서 듣고 자랐습니다. 전 지금까지도 이해가 되지 않는 게, 왜 그 시절에는 그렇게 이상주의자들이 많았을까 하는 점이에요. 그렇게 많았던 그들이 지금은 모두 씨가 말랐잖아요. 펩시콜라 세대에게 이상주의가 가당키나 합니까? 이젠 실리주의자들의 시대예요. 저는 사관학교를 졸업하고 캄차트카에서 복무했습니다. 접경지대 부근에서요. 그곳에는 눈과 언덕뿐이었어요. 우리 나라가 가진 것 중 늘 제 마음에 들었던 것은 자연뿐이었습니다. 그 풍광, 그건 대단하죠! 2년 뒤 저는 군사아카데미로 보내졌고, 그곳에서 훌륭한 성적으로 졸업했습니다. 당연히 계속 별을 달았고, 승승가도를 달렸어요! 그 길로 계속 갔다면 포가砲架 위에서 예포를 받으며 장례도 치를 수 있었겠죠…… (도전적으로) 그런데 지금은요? 인테리어가 바뀌었어요…… 소련군 소령이 비즈니스맨이 되었습니다. 이탈리아에서 욕실자재를 들여와 장사를 합니다. 10년 전에 만약 누군가 제게 이런 미래를 예언했다면 전 어이가 없어서 그 '노스트라다무스'에게 주먹을 날리지도 않았을 겁니다. 그런 재미있는 농담을 한다며 웃고 말았을 거예요. 전 뼛속까지 소련인이었으니까요. 돈을 사랑하는 걸 부끄럽게 생각하고 꿈을 사랑해야 한다고 배운 소련 사람이었다고요. (담배를 한 모금 물고는 침묵한다.) 안타깝죠…… 많은 것이 잊히고 있으니까…… 모든 것이 너무나 급격하게 진행되고 있어서 잊히고 마는 겁니다. 요지경 세상. 처음에 저는 고르바초프에게 푹 빠져 있었습니다. 그러다 나중에는 크게 실망했죠. 집회에도 다니고 모두와 함께 외치곤 했습니다. "옐친은 YES! 고르바초프는 NO!" 또 이렇게도 외쳤어요. "제6조를 없애라!" 그리고 선전물도 여기저기 붙이고 다녔던 것 같아요. 말하고 읽고, 읽고 말하고. 그때 우리가 원한 건 뭐였을까요? 우리 부모님들은 항상 모든 걸 말하고 모든 걸 읽고 싶어하셨어요. 부모님들에겐 인간적인 사회주의 국가에서 살고 싶다는 꿈이 있었어요. 인간의 얼굴을 한 국가에서…… 그렇다면 젊은 사람들은 뭘 원했을까요? 우리는…… 우리도 마찬가지로 자유를 꿈꿨어요. 그런데 그게 뭔가요? 하나같이 이론들뿐이죠…… 우리는 서방 국가들처럼 살고 싶었어요. 그들처럼 음악도 듣고 똑같은 옷을 입고 전 세계를 여행하며 살고 싶었어요. "우리는 변화를 원한다…… 변화를……" 빅토르 최가 부른 노래가사예요. 정작 우리가 어디로 떠밀려가는지는 아무도 알지 못했죠. 모두들 꿈만 꿨어요. 식료품점에서 찾아볼 수 있는 거라고는 3리터짜리 유리병에 든 자작나무즙, 양배추절임, 올리브잎 봉지들뿐이었어요. 마카로니, 식용유, 곡물, 담배를 살 수 있는 배급쿠폰이 있었죠…… 보드카를 사려고 늘어선 줄에서는 서로를 죽일 수도 있었어요! 하지만 대신 금기시되었던 플라토노프, 그로스만의 책들이 출판되기 시작했어요. 아프가니스탄에서는 소련군이 철수했고 전 살아남았어요. 그리고 전 살아남은 우리 모두가 영웅이라고 생각했습니다. 그런데 살아서 조국으로 돌아와보니 더이상 내 조국이 아니지 뭡니까! 조국 대신에 전혀 새로운 나라, 우리에겐 관심도 없는 그런 나라가 있더군요! 군이 와해되었고, 군인들은 욕을 먹었고 똥칠을 당했어요. 살인자라고! 조국의 수호자들을 살인자들로 둔갑시켰어요! 아프가니스탄도, 빌뉴스도, 바쿠 사태까지도 모조리 다 군대의 책임이 되어버리더군요. 모든 피에 대한 책임을 군에게 물었어요. 군복을 입고 저녁에 시내를 돌아다니는 건 위험천만한 일이었어요. 몰매를 맞을 수도 있었거든요. 음식도 물건도 부족했기 때문에 사람들은 성이 나 있었어요. 아무도 아무것도 이해하지 못하는 상황이었죠. 우리 부대에서도 전투기를 띄우지 않았어요. 연료가 없었으니까요. 조종사들은 모두 지상에 앉아서 카드를 치거나 보드카를 마셔댔지요. 장교 봉급으로는 빵 열 개밖에 살수 없었어요. 친구 한 명은 총으로 자살하고…… 다른 친구도 그렇게 떠나고…… 사람들은 군대를 떠났고, 다들 어디론가 흩어져버렸어요. 모두들 부양해야 할 가족이 있었으니까요. 저도 아이가 둘 있었고, 개와 고양이도 있었죠…… 뭘 먹고 살지? 고기를 먹던 우리집 개에게 커드*를 주었고, 우리들도 일주일 내내 죽만 먹었어요. 그때 그 기억들이 점점 지워져가고 있네요……

1부 아포칼립스의 위로

그래요, 맞아요. 아직 사람들이 뭐라도 기억하고 있을 때 모두 기록해놓아야 해요. 장교들이 밤마다 기차 화물을 하역하는 일을 하거나 수위로 일했어요. 아스팔트도 깔고요. 저와 함께 박사, 의사들, 외과 인턴들이 땀을 뻘뻘 흘리며 일했어요. 필하모닉 오케스트라 소속 피아니스트도 함께 일했던 기억이 나요. 저는 세라믹 타일 붙이는 법도 배우고 방범문도 설치할 줄 알게 되었고 기타 등등의 일들을 배우게 되었어요. 비즈니스라는 것이 시작되었어요. 어떤 사람은 컴퓨터를 들여오고, 어떤 사람은 청바지를 '요리했죠'…… (웃음) "두 명이 협상한다. 한 명은 와인 탱크를 사고 다른 한 명은 그걸 팔기로 했다. 협상이 타결되었다! 한 사람은 돈을 찾으러 갔는데, 다른 한 사람은 고민에 빠진다. '와인 탱크를 어디서 구하지?'" 이건 유머 중 하나지만, 사실 실제 벌어졌던 일이기도 해요. 저한테도 그런 사람들이 왔어요. 찢어진 운동화를 신고 다니면서 헬리콥터를 팔았던 사람들이요…… (잠시 멈춘다.)

하지만 우리는 살아남았어요! 살아남았어요…… 온 나라가 살아남았어요! 살아남긴 했는데, 정작 우리는 우리의 영혼에 대해 뭘 알고 있을까요? 영혼이 있다는 것만 알고 있을 뿐이에요. 저도…… 제 친구들도…… 모두 다 자리를 잡았어요…… 한 명은 건설회사를 갖고 있고, 다른 한 명은 식료품점을 하면서 치즈, 고기, 햄을 팔고, 세번째 친구는 가구를 팔아요. 어떤 친구는 해외에 자산이 있고, 어떤 친구는 키프로스에 집이 있어요. 한 명은 전직 박사고, 또 다른 한 명은 엔지니어였어요. 똑똑하고 공부도 많이 한 사람들이죠. 신문에서나 '신러시아인'들을 10킬로그램 정도 되어 보이는 금목걸이를 무식하게 두르고 금범퍼에 은바퀴를 단 자동차를 타고 다니는 사람들로 묘사하는 거죠. 무슨 옛날이야기도 아니고! 누구라도 성공적인 사업가가 될 수 있어요. 하지만 바보들은 결코 될 수 없어요. 아무튼 우리가 한 번 모이면…… 서로 값비싼

---

* 우유가 산이나 응유효소에 의하여 응고된 것. 치즈를 만들 때 쓴다.

코냑을 가져오지만, 결국 마시는 건 보드카예요. 보드카를 마시고 술에 취해 아침을 맞이할 때면 서로를 부둥켜안고 콤소몰들의 노래를 부르며 고성방가를 하죠. "콤소몰들-자원자들!/우리는 우리의 신실한 우정으로 똘똘 뭉쳤다네." 우리는 대학 시절 감자 캐기 작업에 투입되었던 일들을 회상하거나 군대에서 있었던 재미있는 에피소드를 떠올리곤 하죠. 한마디로 소비에트 시절을 떠올리는 거예요. 이해하시겠어요? 우리의 대화는 항상 이렇게 끝나요. "지금은 엉망진창이야. 스탈린이 필요한 시점이라고." 선생님, 우리는 모두 잘살고 있어요, 그런데도 그렇게 말하죠. 이건 뭘까요? 저를 예로 한번 들어볼게요. 저한테 11월 7일*은 축제날이에요. 저는 그날 뭔가 위대한 것을 기념하죠. 저는 그 '위대한 것'이 아쉬운 거예요. 너무 아쉽다고요. 사실대로 말씀드리면…… 한편으로는 향수를 느끼고 다른 한편으로는 공포를 느껴요. 모두가 이 나라에서 벗어나 떠나고 싶어해요. 모두가 어떻게든 돈을 벌어서 떠나고 싶어 안달이라고요. 우리의 아이들은 또 어떤가요? 우리의 아이들은 하나같이 회계사가 되고 싶어해요. 아이들에게 스탈린에 대해서 한번 물어보세요…… 아무것도 모를 겁니다. 완전한 백지상태! 대략적인 상상만 할 뿐이죠…… 한번은 제가 아들에게 솔제니친을 읽어보라고 권했어요. 그런데 아이가 계속 웃는 거예요. 그 웃음소리가 들리는 거예요! 계속 웃더라고요! 아들은 '세 번의 첩보활동에 투입된 첩자'라는 죄목부터 그렇게 웃겼나봐요. "아빠, 제대로 배운 수사관이 어떻게 한 명도 없어요? 매 단어마다 철자 실수가 있어요. '총살하다'라는 말조차 제대로 쓰지도 못한다고요……" 제 아들은 절대로 저나 제 어머니를 이해하지 못할 겁니다. 왜냐하면 소비에트연방에서 단 하루도 살아보지 않았기 때문이죠. 저와 제 아들…… 그리고 제 어머니는…… 모두 다 각

---

* 1918~1991년까지 '위대한 사회주의 10월혁명의 날'을 기념했고, 1996년 이후부터는 '화합과 화해의 날'로 지정하여 이날을 기념하고 있다.

　　　　　　　　　　　　　　　　　　　　　　1부 아포칼립스의 위로

기 다른 나라에서 살고 있어요. 그 나라들이 모두 러시아라고 불리는데도 말이죠. 단, 우리는 기괴하게 서로서로 연결되어 있어요. 기괴하게요! 게다가 모두가 기만당했다고 느끼며 살아요……

……사회주의는 연금술이에요. 연금술적인 사상이에요. 앞을 향해 날아갔는데, 결국 어디에 도착한 건지 알 수가 없어요. "공산당에 입당하기 위해서는 어디에 가야 합니까?" "정신과 의사에게로요." 그런데 그분들…… 우리들의 부모님들…… 우리 어머니는…… 그분들이 살아온 삶이 위대한 인생이었고 결코 헛되지 않았다는 소리를 듣고 싶어하지요. 그분들은 믿을 만한 가치가 있는 것을 믿었다는 걸 인정받고 싶어해요. 하지만 지금 그분들이 어떤 대접을 받고 있나요? 여기저기서 들리는 소리라고는 그들의 인생 전체가 배설물에 불과하고 그들에게는 그 끔찍한 로켓과 탱크 외에는 아무것도 없었다는 얘기들밖에 없어요. 그 어떤 적도 다 막아낼 준비가 되어 있었던 분들이죠. 그리고 분명 막아냈을 겁니다! 그런데 전쟁 한번 치르지 않고 모든 것이 무너져버린 거예요. 왜 그런 일이 일어난 건지 아무도 이해하지 못하고 있어요. 이 시점에서 우리는 한번 생각이란 걸 해봐야 해요. 그런데 아무도 생각하는 법을 배우지 못했어요. 모두들 기억하는 거라고는 공포뿐이었고…… 얘기하는 것도 공포에 대한 것뿐이었어요. 어디선가 읽은 적이 있는데, 공포는 사랑의 또다른 형태라고 하더군요. 아마도 이 말은 스탈린에게 해당되는 말일 것 같아요…… 요즘은 박물관이 한산하죠. 그런데 성당은 인산인해를 이루고 있어요. 왜냐하면 우리 모두에게 심리치료사가 필요하기 때문이죠. 심리치료가 필요해요. 추마크 같은 심령술사나 카시피롭스키 같은 정신과 의사가 몸을 치료한다고 생각하세요? 아니에요. 그 둘은 마음을 치료해요. 수십만 명의 사람들이 텔레비전 앞에 앉아서 최면에 걸린 것처럼 그들의 말에 집중하죠. 마약이나 다름없어요! 몸서리칠 정도로 무서운 외로움과 외면으로부터 오는 감정들…… 지금은 모두가 아파요. 택시기사나 일반 회사원부터 국민배우나 아카데미 회원까

지. 모두들 지독한 외로움에 시달리고 있어요. 그렇게 계속 이어지고 있어요…… 그렇게…… 우리의 삶은 완전히 바뀌었어요. 이제 세상은 다른 방식으로 구분되죠. '백군'과 '적군', '갇힌 자'와 '가둔 자' '솔제니친을 읽은 자'와 '읽지 않은 자'로 구분되는 게 아니라 '구매할 수 있는 사람'과 '구매하지 못하는 사람'으로 갈린다고요. 선생님은 이런 구분이 마음에 드세요? 안 드시겠죠…… 당연하죠…… 저도 마음에 들지 않아요…… 선생님도 그렇고 저조차도, 우리 모두는 낭만주의자들이었어요. 그 순진했던 '1960년대 사람들'은 또 어떻고요? 정직한 사람들의 집단…… 우리는 공산주의만 무너지면 러시아인들이 곧장 자유를 배우는 데 돌입할 것이라고 믿었어요. 그런데 그 러시아인들이 사는 법을 배우기 위해 달려들지 뭡니까! 사는 법을요! 모든 것을 다 해보고, 핥아보고, 먹어보기 시작했어요. 맛있는 음식도 먹어보고 유행하는 옷도 입어보고 여행도 해보고…… 그들은 야자수와 사막, 낙타들을 보고 싶어했어요…… 사람들은 불타거나 잿더미가 되어서 항상 횃불과 도끼를 들고 늘 어딘가를 향해 달려가던 삶을 그만두고 싶었던 겁니다. 사람들은 그냥 살아보고 싶었던 거라고요. 다른 사람들처럼요…… 프랑스나 모나코에 사는 사람들처럼…… 왜냐하면 미처 다 못 해볼 수도 있었기 때문이죠! 지금은 땅을 주었지만 또 언제 가져갈지도 몰라, 지금은 장사해도 된다지만 또 언제 감옥에 처넣을지도 몰라, 공장도 언제 빼앗길지 모르는 일이고 가게도 언제까지 할 수 있을지 모를 일이야…… 그런 공포심이 우리의 뇌 속에서 맴돌고 있는 거예요. 요동치고 있는 거라고요. 이 와중에 역사를 논하라니요? 그럴 시간이 어디 있나요, 어서 빨리 서둘러 돈을 벌어야죠. 아무도 위대하고 원대한 것에 대해서 고민하지 않아요. 위대함은 이미 배가 터지도록 먹어봤으니까요! 사람들은 이제 인간적인 것을 원해요. 정상적인 것…… 평범한 것이요, 아시겠어요? 위대한 일은…… 보드카 한잔 기울일 때나 생각하면 그만이라고요…… 최초의 우주인…… 세계 최고의 탱크를 자력으로 생산한 나라…… 하지만 세탁비누

1부 아포칼립스의 위로

가, 화장지가 없었다고요. 그 빌어먹을 변기는 항상 어딘가 샜다고요! 비닐봉지는 깨끗이 빨아서 베란다에서 말렸고요. 집에 모셔놓은 비디오는 개인용 헬리콥터 같은 대우를 받았다고요! 청바지 입은 젊은이를 보면 부러운 게 아니라 눈이 즐거웠어요…… 우와, 이색적이다! 보세요, 이게 그 대가예요. 로켓과 우주선을 만든 대가. 위대한 역사를 이뤄낸 대가! (잠시 멈춘다.) 제가 너무 많은 말을 한 것 같네요…… 지금은 모두가 말하고 싶어하지만 아무도 서로의 말을 듣지 않으니까요……

……병원에서 있었던 일이에요…… 어머니 옆에 어떤 여자가 입원해 있었어요…… 제가 병실에 들어갈 때마다 먼저 그 여자를 보게 됐죠. 한번은 그 여자를 지켜봤어요. 그 여자가 자신의 딸에게 뭔가를 말하고 싶어하는데 말을 못 하는 게 보이더라고요. "음-마…… 음-무……" 그녀의 남편이 왔을 때도 그 여자는 뭔가를 말하려고 시도했지만, 결국 실패했어요. 그러더니 저한테까지 "음-마……" 그러더군요. 아무리 해도 안 되니까 그 여자가 지팡이로 손을 뻗더니 링거병을 막 두드리기 시작하는 거예요. 침대도 내리치고…… 그 여자는 자신이 내리치고…… 찢고 있다는 걸 자각하지 못했어요. 그 여자는 말이 하고 싶었던 거예요…… 그런데, 요즘 세상에 대화할 사람 구하기가 어디 그렇게 쉽나요? 말씀해보세요, 도대체 누구랑 대화를 할 수 있죠? 그런데 문제는 사람이 그런 공허함 속에서 살지 못한다는 거예요……

……저는 평생 제 아버지를 사랑했어요. 아버지는 어머니보다 열다섯 연상이었고, 참전도 했어요. 하지만 전쟁은 다른 사람들에게 그랬듯 아버지를 짓누르지 못했어요. 아버지는 전쟁이 인생의 가장 중요한 사건이라도 되는 것처럼 집착하지 않으려 했어요. 아버지는 지금도 사냥을 다니고 낚시를 해요. 춤꾼이죠. 두 번 결혼했고, 두 번 다 아름다운 부인을 맞이했어요. 어린 시절을 회상하면…… 영화를 보러 갈 때면 아버지가 저를 잡아 세우고는 "봐라, 너희 엄마가 얼마나 아름다운지!"라고 했어요. 아버지는 참전했던 다른 남자들과

달리 그 야만적인 자부심을 갖고 있지 않았어요. "총을 쏴 쓰러뜨렸다. 마치 고기분쇄기에서 고기가 갈려나오듯 죽은 몸에서 살이 흘러나왔다"는 식의 짐 승 같은 자부심이요. 아버지는 무고한 일들, 어리석어 보이는 사소한 일들을 떠올리곤 했어요. 한번은 전승기념일에 아버지가 친구와 함께 시골 마을에 아 가씨들을 만나러 갔는데, 그곳에서 독일군 두 명을 포로로 사로잡았대요. 그 독일군들이 시골 변소로 숨어들었고 똥이 그 사람들의 목까지 차올랐다는 거 예요. 그렇다고 그 독일군들을 총으로 쏴 죽이기는 불쌍했대요. 전쟁은 이미 끝났으니까. 총질은 이미 신물이 나도록 해봤으니까. 하지만 그렇다고 가까이 다가갈 수도 없었대요…… 아버지는 참 재수가 좋았어요. 전쟁터에서 목숨을 잃을 수도 있었지만 죽지 않았고, 전쟁 전에는 수감될 뻔했지만 수감되지 않 았으니까요. 아버지에겐 형이 있었어요. 큰아버지 바냐. 큰아버지는 우리 아 버지와는 달리 정반대의 운명을 겪었거든요. 예조프 시대…… 1930년대였어 요…… 큰아버지는 보르쿠타 탄광으로 추방당했고요. 결국 '외부 연락이 일 절 불가한 10년형'을 살았어요. 직장 동료들에게 괴롭힘을 당하던 큰어머니는 5층에서 뛰어내렸고요. 큰아버지의 아들은 할머니가 키우셨지요. 그런데 글 쎄, 큰아버지가 돌아온 거예요. 쪼그라들어 굳어버린 팔, 퉁퉁 부어버린 간, 이는 하나도 남아 있는 게 없었어요. 큰아버지는 원래 일하던 공장으로 돌아 가 맡았던 직책 그대로 복귀했고, 예전에 사용했던 사무실의 같은 책상에서 다시 일하기 시작했어요…… (다시 담배를 피운다.) 그런데 큰아버지의 반대 편 책상에는 큰아버지를 밀고했던 그 인간이 앉아 있었지요. 그 사실을 모두 가 알고 있었어요…… 큰아버지도 누가 밀고했는지 알고 있었죠…… 예전과 다를 바 없이 그들은 모임에도 나가고 집회에도 다녔어요. 〈프라우다〉를 읽었 고 공산당과 정부의 정책을 논하기도 했죠. 명절 때마다 한 식탁에 둘러앉아 보드카도 같이 마셨어요. 계속 그런 식으로 이어졌어요…… 그게 우리예요! 우리네 인생이요! 우리는 그런 사람들이에요…… 한번 생각해보세요, 아우슈

1부 아포칼립스의 위로

비츠의 희생자와 망나니들이 한 사무실에서 근무하고 똑같은 경리부에서 월급을 받는 거예요. 전쟁 후 똑같은 훈장을 받고요. 그리고 지금은 똑같은 연금을 수령해요…… (침묵) 저는 큰아버지의 아들과 친하게 지내요. 사촌은 솔제니친을 읽지 않아요. 수용소에 대한 책이 집에 단 한 권도 없어요. 아들은 아버지를 기다렸는데 누군지 모르겠는 다른 사람이 돌아온 거예요…… 인간의 파편이 돌아온 거예요. 구겨지고 구부러진 파편이. 큰아버지는 금방 돌아가셨어요. 큰아버지는 아들에게 이런 말을 종종 했대요. "넌 모를 거다. 인간이 어디까지 두려워할 수 있는지를. 넌 모를 거다……" 큰아버지가 보는 앞에서 수사관이…… 건장한 남자가…… 다른 사람의 머리를 똥통에 박아넣고 숨이 막혀 죽을 때까지 붙잡고 있었대요. 그들이 큰아버지의 옷을 벗긴 후 천장에 거꾸로 매달아놓고 코, 입…… 인체에 있는 구멍이란 모든 구멍에 암모니아수를 들이부었어요. 수사관은 큰아버지 귀에 대고 오줌을 갈기면서 소리쳤어요. "똑똑한 놈들…… 똑똑한 놈들을 기억해내란 말이야!" 큰아버지는 기억해냈어요…… 그리고 그들이 들이미는 모든 종이에 사인했어요. 만약 기억해내지 못하고 사인하지 않았다면 큰아버지의 머리도 똥통에 박혔을 테지요. 나중에 수용소 막사에서 큰아버지는 자신이 떠올려낸 그 '똑똑한' 사람들 중 몇 명을 만나고 알았대요…… "누가 밀고했을까?" 그 사람들이 궁금해하더래요. '누가 밀고했을까? 누가……' 저는 심판장이 아니에요. 선생님도 마찬가지고요. 큰아버지는 들것에 실려 감방으로 되돌아왔어요. 피와 오줌에 온몸이 젖은 채로. 자기 똥을 덕지덕지 바른 채로. 전 모르겠어요. 인간이 아니게 되는 시점이 어디부터인지…… 혹시 선생님은 아시나요?

　……물론 우리 어르신들이 불쌍하긴 하죠…… 운동장을 돌면서 빈병을 수거하고 밤이면 지하철에 서서 담배를 팔아요. 음식물쓰레기통을 뒤지기도 하고요. 문제는 그 어르신들이 죄가 없는 무고한 사람들이 아니란 말이죠…… 소름끼치는 생각이에요! 해서는 안 되는 생각이에요! 저조차도 무서워지네

요…… (침묵) 하지만 저는 이런 얘기를 어머니와는 절대로 할 수 없어요. 한 번 시도했는데…… 발작을 일으키더군요!

대화를 그만 끝내고 싶어했지만 무슨 이유에서인지 생각을 바꿨다.

……만약 이걸 어디에서 읽었거나 누군가에게 들었다면 아마 저는 믿지 않았을 겁니다. 하지만 인생을 살다보면 별의별 일을 다 겪잖아요…… 삼류 추리소설에서나 나올 법한 일들도 많죠…… 이반 D.와의 만남은…… 혹시 성을 다 밝혀야 하나요? 그럴 필요가 있을까요? 이미 이 세상 사람이 아닌데…… 그 사람 자녀들은 또 어떡하고요? 옛 속담에도 있잖아요. '아들은 아버지의 죗값을 치르지 않는다……' 게다가 그 아들들도 이미 다 늙은이들인 걸요. 손자들, 증손자들이요? 손자들에 대해서는 얘기하지 않을 거고요, 증손자들은…… 그들은 레닌이 누군지도 모르는 세대예요…… 레닌 할아버지는 잊혔다고요. 레닌은 이제 동상으로만 남겨져 있어요. (침묵) 아무튼 그 만남에 대해서 말씀드리죠…… 제가 막 중위를 달았을 때 결혼을 준비하고 있었어요. 그 이반 D.의 손녀딸과요. 우리는 이미 결혼반지도 구입했고, 신부의 드레스도 준비해놓았죠. 그녀의 이름은 안나였어요…… 정말 아름다운 이름이지 않아요? (또다시 담배를 태운다.) 안나는 그 영감의 손녀딸이었어요. 그 영감이 금이야 옥이야 키우던 손녀딸이었지요…… 안나의 가족들은 안나를 '아보자마'라는 애칭으로 불렀어요. 물론 그 영감이 만들어낸 말이었죠. 애지중지 사랑을 받는다는 단어에서 비롯된 것이었어요. 안나는 외모도 할아버지를 참 많이 닮았어요. 저는 일반적인 소련 가정에서 태어난 사람이에요. 다시 말해, 직전 월급일부터 다음 월급일까지 버티면서 살았던 집안의 출신이었던 반면, 안나의 집안은 크리스털 샹들리에, 중국 도자기, 카펫, 신형 '지굴리' 자동차까지 모든 것이 화려했어요! 오래된 '볼가' 차도 있었지만, 영감이 절대로 팔지

않으려 했죠. 아무튼, 그런 식이었어요…… 전 이미 그 집에 들어가 살고 있었어요. 아침마다 식당에 들어가 은제 컵받침으로 차를 마셨지요. 안나의 식구는 대가족이었어요. 사위들, 며느리들…… 사위 중 한 명은 교수였어요. 영감이 그 사위에게 화를 낼 때면 입버릇처럼 똑같은 말을 되풀이했어요. "내가 저런 놈들을…… 저런 놈들이 내 앞에서 똥을 먹었다고……" 그래요, 맞아요, 그건 단초였죠…… 하지만 그때는 그걸 알아차리지 못했어요…… 알아차리지 못했다고요! 나중에야…… 시간이 흐른 뒤에야 생각나더군요…… 피오네르들이 영감을 찾아와서 그의 회고를 적어가고 박물관에 두기 위해 사진을 찍어 가곤 했어요. 제가 있을 때 그는 이미 아팠고 집에만 있었어요. 그런데 예전에는 학교에서 연설도 잘하고 성적이 우수한 학생들에게는 직접 붉은 넥타이를 매주기도 했다더군요. 명예 참전용사. 명절 때마다 우편함에는 아주 큰 축하카드가 들어 있었고, 매달 특별배급이 주어졌죠. 한번은 제가 그 영감과 함께 특별배급을 받기 위해 간 적이 있어요. 어떤 지하실에서 세르블라* 막대 하나, 불가리아식으로 절인 오이 및 토마토 병조림 하나, 수입 생선통조림들, 헝가리 돼지앞다리살 훈제햄 하나, 완두콩, 대구 간…… 그 시절에는 어딜 가나 물자가 적자였거든요! 그건 엄청난 특혜였죠! 그 영감은 저를 처음부터 받아들였어요. "군인이 좋아, '양복쟁이'들은 꼴도 보기 싫어." 제게 자신의 비싼 사냥총을 보여주기도 했죠. "네게 물려주마." 어마어마하게 넓은 아파트의 벽마다 순록의 뿔이 매달려 있었고, 책장 위에는 박제품들이 놓여 있었어요. 사냥꾼의 전유물. 그는 열정적인 사냥꾼이었어요. 한 10년 정도 '시市 사냥꾼 및 낚시꾼 협회'의 장을 맡기도 했어요. 우리가 또 뭘 했을까요? 전쟁에 대한 이야기를 참 많이도 했어요…… "전장에서 멀리 있는 목표물을 사격하는 것과는 차원이 다른 일이지…… 왜냐하면 전장에서는 모두가 총을 쏘니까……

---

* 훈제한 살라미 소시지의 일종.

붉은색으로 장식된 열 편의 이야기

그런데 이렇게 말이야…… 사람을 총살대에 올려놓고 쏘는 건, 사람이 3미터 쯤 앞에 서 있는 건 전혀 달라……"그는 항상 그렇게 조금씩 단서를 흘렸어요…… 그 영감과 함께 있으면 지루하진 않았어요. 저도 그 영감이 마음에 들었거든요.

휴가를 받아서 놀러갔어요…… 결혼식 바로 직전이었죠. 여름의 중반. 우리는 모두 아주 큰 다차에서 살았어요. 옛날식 다차…… 400제곱미터짜리 정부 다차가 아니었어요. 지금은 정확히 면적이 얼마인지 기억은 안 나지만, 기억나는 건 작은 숲, 오래된 소나무숲까지 딸린 어마어마한 다차였다는 거예요. 고위급 관리들에게만 그런 다차가 지급되었거든요. 아니면 특별 유공자나 아카데미 회원들 또는 작가들 그리고 그 영감 같은 사람들에게…… 아침에 일어나 보면, 영감은 항상 텃밭에 있었어요. "내 영혼은 농부의 영혼이야. 트베리에서 모스크바로 상경할 때도 짚신을 신고 왔지." 저녁 무렵 그는 혼자 테라스에 앉아 담배를 태우곤 했어요. 그는 제게 말 못 하는 비밀이 없었어요. 그때 그는 병원에서도 포기하고 퇴원을 시킨 상태였어요. 진행성 폐암이었거든요. 그래도 담배는 끊지 않더군요. 그는 퇴원하면서 성경책을 들고 왔어요. "나는 평생 물질주의자로 살았는데, 죽기 직전에 이렇게 하느님께로 돌아오게 되었어." 병원에서 중환자들을 돌보는 수녀들이 그에게 준 성경책이었어요. 영감은 돋보기로 성경책을 읽었어요. 점심때까지는 신문을 읽었고 낮잠을 잔 후에는 전쟁수기들을 읽었어요. 엄청나게 많은 양의 전쟁수기를 수집했어요. 주코프, 로코솝스키* 등이 쓴 수기들이었죠…… 그뿐만 아니라 영감은 자신의 과거를 회상하길 좋아했어요…… 고리키와 마야콥스키가 살아 있을 때 그들을 만난 이야기…… 첼류스킨 호 선원들을 만난 이야기…… 자주 이런 말을 했어요. "민중은 스탈린을 사랑하고 싶어하고 5월 9일을 기리고 싶어해." 저

---

* 둘 다 전직 소련군 원수다.

　　　　　　　　　　　　　　　1부 아포칼립스의 위로

는 영감과 자주 논쟁을 벌였어요. 페레스트로이카가 시작되었고…… 러시아 민주주의의 봄이 시작될 무렵이었거든요. 제가 아직 햇병아리였을 때니까요! 한번은 식구들이 모두 시내로 나가고 저와 영감만 남게 되었어요. 텅 빈 다차 안에 남자 둘, 그리고 보드카 한 병이 있었던 거예요. "의사들이 뭐라 하든 다 필요 없어! 난 살 만큼 살았다고!" "따라드려요?" "그래." 그렇게 시작됐 죠…… 처음에는 눈치를 못 챘어요…… 그 자리에 성직자가 있어야 했다는 걸 전 알아차리지 못했어요. 죽음에 대해서 고민하는 사람이 눈앞에 있었는 데…… 그런데도 첫 순간에 알아차리지 못했어요…… 처음에는 그 시절에 했 을 법한 평범한 얘기들을 했어요. 사회주의, 스탈린, 부하린…… 스탈린이 당 에 숨긴 레닌의 정치적 유언에 대해서…… 신문에 실렸거나 소문이 돌고 있 던 여러 이야기들을 했어요. 술을 마셨죠. 거나하게 먹었어요! 뭣 때문인지 뜬 금없이 그 영감이 이런 말을 하더군요. "코흘리개! 머리에 피도 안 마른 놈 이…… 어디 내 얘기 한번 들어볼 테냐! 우리 러시아인들한테는 자유를 주면 안 된다고. 러시아 사람들은 자유를 주면 쓰레기통에 처넣을 거라고!" 그런 뒤 욕을 했어요. 러시아인들은 다른 사람을 설득할 때 욕 없이는 못하잖아요. 욕 은 다 뺄게요. "집중해서 들어봐……" 전…… 물론…… 전…… 전 충격을 받았어요! 충격이요! 그런데도 그 영감은 자기 얘기에 심취해서 신나게 떠들 더군요. "그 꽥꽥거리는 놈들에게 수갑을 채워서 벌목장으로 끌고 갔지. 난 곡 괭이를 쥐고 있었어. 공포를 조장할 필요가 있었거든. 우리 나라는 공포가 없 으면 한순간에 무너져." (오랫동안 말을 멈춘다.) 우리는 괴물을 떠올릴 때 뿔 달리고 발굽이 있는 그런 존재들을 떠올리잖아요. 그런데 그때 내 앞에 있던 그 사람은 사람 같았다고요…… 정상적인 사람…… 코도 풀고…… 아프 고…… 보드카도 마시는 사람…… 요즘도 그런 생각을 해요…… 이 생각을 처음 하기 시작한 게 바로 그때였던 것 같아요. 다름이 아니라 항상 살아남아 서 증언하는 사람들은 희생자들이지 망나니들이 아니라는 생각이요. 망나니들의 증언은 들어본 적이 없어요. 그 망나니들은 하늘로 솟았는지 땅으로 꺼졌는지, 어떤 보이지 않는 구멍에 흡수된 것처럼 한순간에 사라졌어요. 망나니들에게는 이름도 없고 목소리도 없어요. 흔적도 남기지 않고 홀연히 사라져버려서 우리는 정작 그들에 대해서 아무것도 모르는 거예요.

1990년대…… 그때는 아직 망나니들이 살아 있을 때였어요…… 그래서 그들은 겁에 질려 있었죠…… 신문에서 아카데미 회원이었던 바빌로프를 고문했던 수사관의 성이 잠깐 언급되었거든요. 지금도 기억해요, 알렉산드르 흐바트. 더불어 몇몇 수사관들의 이름이 거론되었어요. 그러자 그들이 동요하기 시작한 거죠. 기록보관소를 열고 '기밀' 도장이 찍힌 문서를 공개할지도 모른다는 두려움에 휩싸였던 거예요. 모두들 자취를 감췄죠. 아무도 그들을 감시하지 않았고, 집계된 통계가 있는 것도 아니지만 그때 수십 명이 자살했어요. 전국적으로요. 당시에는 주로 제국의 붕괴나 빈곤 등의 이유가 대표적인 자살 이유로 거론됐지만, 제가 들은 건 공적도 많은 부유한 노인들도 자살했다는 소식이었어요. 이렇다 할 명분 없이. 단 하나 그 자살자들의 공통점은 모두 공안기관에 근무했던 사람들이라는 거예요. 어떤 사람은 양심의 가책을 받았을 것이고, 어떤 사람들은 가족들이 알게 될지도 모른다는 두려움 때문에 겁먹은 거겠죠. 그들에게도 그런 혼란스러운 순간들이 있었어요. 그들은 주변에서 일어나고 있는 일들을 이해할 수 없었고…… 대체 왜 그들 주변으로 진공 상태가 형성되고 있는지 이해할 수 없었어요…… 충실한 개들! 하수들! 물론 그들 모두가 다 그렇게 움찔했던 건 아니었죠…… 〈프라우다〉였던가 아니면 〈오고뇨크〉였던가 제가 기억이 지금 잘 안 나서 정확하지 않을 수도 있겠지만, 어떤 전직 공안요원이 보낸 편지가 실린 적이 있었어요. 그 공안요원은 전혀 겁먹지 않았던 거죠! 그 사람은 편지에 자신이 시베리아에서 근무하는 동안 얻은 질병들을 열거했어요. 시베리아에서 15년 동안 '인민의 적'들을 감시하며 얻은 병들을요. 몸을 아끼지 않고 일했다라든가 그곳에서의 일은 고되었다라든가…… 불평도 늘어놓았어요. 여름에는 모기들에게 뜯기며 더위와 싸웠고, 겨울에는 혹한과 싸웠다는 이야기. 누더기 코트, 그가 '누더기 코트'라고 했던 게 똑똑히 기억나요. 군인들에게 지급되었던 그 '누더기 코트'는 빈약하기 그지없었고, 윗분들만 털안감이 들어간 긴 무스탕 코트에 털부츠를 신고 다녔다는 이야기도 했어요. 그때 숨통을 끊어놓지 못한 그 적들이 고개를 들고 다시 일어나고 있다는 둥…… 반혁명이라는 둥! 그건 악의적인 편지였어요…… (잠시 멈춘다.) 그 편지가 실리자 전직 수감자들이 곧바로 그에게 응수했어요…… 수감자들은 이제 그들을 두려워하지 않았어요. 침묵하지 않았죠. 그들도 편지를 썼어요. '수용소에서는 수감자를 벌거벗겨서 나무기둥에 매달아놓았다. 그러면 하루 만에 등에모기들이 얼마나 물어뜯었는지, 뼈다귀만 남을 정도였다. 영하 40도에 육박하는 혹한에도 주간노동 할당량을 채우지 못한 미달자들에게 물을 끼얹었다. 봄이 올 때까지 수십 개의 인간 얼음기둥들이 본보기로 세워져 있었다……'라는 등의 이야기들을 했어요. (잠시 멈춘다.) 그들 중 심판을 받은 사람은 아무도 없었어요! 아무도요! 그 망나니들은 존경받는 연금수령자들로 살다가 제 명대로 죽었다고요…… 제가 뭐라고 내지르고 싶은 줄 아세요? 사람들에게 회개하라고 호소하지 마세요. 인민들이, 우리 국민들이 선한 민족이라는 생각을 만들어내지 마세요. 아무도 죄를 뉘우칠 준비가 되어 있지 않아요. 회개하는 일은 막대한 노력이 필요한 일이에요. 저조차도 성당에는 가지만 고해성사할 결심은 못 해요. 전 그게 어렵거든요…… 더 솔직히 말하자면, 인간은 자기 자신만 불쌍히 여겨요. 그 밖에는 아무도 가여워하지 않는다고요. 아무튼…… 그렇게 그 영감은 테라스를 뛰어다니면서…… 소리쳤어요…… 저는 머리카락이 곤두섰어요. 소름이 끼쳤다고요! 그의 그 이야기들 때문에. 그때쯤에는 저도 이미 알 만큼 알고 있었거든요…… 샬라모프의 책도 읽었고요…… 그런데 그 분위기는…… 식탁 위에는 사탕이 가득 담긴 화병이 있었고 꽃다발도 놓여 있었어요. 지나치게 평화로운 모습이었다고요. 그 영감의 이야기와 분위기가 극단적으로 대비되었어요. 무섭기도 하고 호기심도 일었어요. 솔직히 말씀드리면 공포심보다는 호기심이 더 많이 일었던 것 같아요…… 그 구멍 속을 들여다보고 싶었어요…… 항상…… 왜일까요? 우린 그렇게 생겨먹었나봐요……

"……내무인민위원회에 취직했을 때, 난 무서울 정도로 자부심을 느꼈지. 첫 월급을 타자마자 좋은 양복을 한 벌 샀어……

……우리 일은 어땠냐면…… 어떤 일과 비교할 수 있을까? 아마 전쟁과 비교할 수 있을 거야. 하지만 전쟁터에서는 차라리 쉴 수나 있었지. 독일놈을 총으로 쏴 죽이면 뭔가 독일 말을 외쳐대고 죽어. 그런데 그놈들은…… 그놈들은 러시아어로 소리를 지른단 말이야…… 우리 편인 것도 같은 것이…… 영…… 차라리 라트비아놈들이나 폴란드놈들을 쏴 죽이는 게 훨씬 편했어. 그런데 그놈들은 러시아어로 말을 한단 말이야. "이 개새끼들아! 등신들아! 죽이려면 빨리 죽여!" 씨발놈들……! 우리들도 피를 뒤집어쓰곤 했어…… 피 묻은 손을 우리 머리에다 쓱쓱 닦아내곤 했지. 가끔 우리에게 가죽 앞치마를 지급하기도 했어…… 우리 일이 그런 일이었어. 그건 공무였다고. 이 새파랗게 어린 놈아……! 페레스트로이카! 페레스트로이카! 수다쟁이들의 말을 믿다니…… 자유다! 자유다! 얼마든지 소리쳐보라고 해. 광장마다 우르르 몰려다녀보라고 해…… 도끼는 아직 남아 있어…… 도끼는 주인보다 오래 사는 법이야…… 난 기억한다고! 썩을 놈들……! 나는 군인이야! 가라고 하면 가는 거야. 쏘라고 하면 쏘는 거야. 너에게 가라고 했다면 너도 갔을 거야. 갔! 을!거!야!! 난 적들을 죽였어. 해충들을! 공문도 있었어. '사회를 보호하기 위해 극형을 선고한다.' 정부의 판결문도 있었어. 그건 일이었다고! 힘든 일! 행여나 목숨이 한 번에 끊어지지 않기라도 하면 그놈이 바닥에 쓰러져서 괴성을 지르는데…… 돼지 멱 따는 소리를 낸다고…… 피를 토해내고…… 특히 가

장 기분 나쁜 경우는 웃는 사람을 쏘는 거야. 미쳐서 웃는 건지, 나를 증오해서 웃는 건지…… 둘 중 하나인 거지. 울음소리, 욕소리가 사방에서 들려. 그런 일을 앞두고는 음식을 못 먹어…… 난 못 먹었어…… 그저 늘 목이 마르지. 물! 물! 마치 술을 많이 마신 다음날 아침처럼…… 씨발……! 교대 시간이 다가오면 양동이를 두 개 가져다줘. 보드카 한 통과 오데코롱 한 통. 보드카를 근무가 끝날 때나 줬다니까, 근무 시작 전이 아니라. 이런 얘기 어디서 읽어는 봤어? 아, 왜…… 요새는…… 오만 이야기를 다 쓰더구먼…… 지어내는 이야기들도 많고…… 허리까지 오데코롱으로 닦아냈어. 피냄새가 코를 찌를 정도로 지독하거든…… 특유의 냄새가 있어…… 정자 냄새 비슷한 것도 같고…… 내가 셰퍼드 개 한 마리를 키웠는데, 일을 마치고 집에 가면 그놈이 내 근처에는 얼씬도 하지 않았어. 씨발……! 왜 아무 말도 안 하는 거야? 아직도 새파랗게 어린 놈이…… 총도 안 맞아본 놈이…… 자, 들어보라고! 드물지만…… 전사 같은 놈들도 더러 들어오곤 했어…… 죽이는 걸 즐기는 놈들…… 그런 사람들은 총살부서에서 다른 부서로 보내버리곤 했어. 그런 놈들은 우리들도 싫어했으니까. 대부분 나 같은 시골 사람들이 많았어. 시골 사람들이 도시 사람들보다 강하거든. 참을성도 강하고. 죽음에도 더 익숙하니까. 집에서 돼지를 잡아본 사람도 있고, 송아지를 잡아본 사람도 있잖아…… 시골에서 닭은 거의 모든 사람이 다 잡아본 경험이 있으니까. 죽음은 말이야…… 죽음에는 익숙해져야 해…… 처음 부서에 배정받은 사람은 그냥 현장에서 지켜보게 해…… 전사 같은 놈들은 형장을 지키거나 죄수들을 이송하는 일만 했어. 현장에 오자마자 미쳐버리는 신참들도 있었어. 견디질 못하는 거지. 그건 만만한 일이 아니었거든…… 토끼 한 마리를 죽이려고 해도 그 일에 익숙해져야 하고, 그마저도 모두가 다 할 수 있는 건 아니야. 씨발……! 죄수를 무릎 꿇린 뒤, 뒤통수 왼쪽…… 왼쪽 귀 부근에 가까이 갖다댄 채로 권총을 쏘는 거야…… 교대가 끝날 무렵이면 손이 채찍처럼 덜렁거렸다니까.

특히 검지 손가락이 아팠지. 우리들에게도 업무계획이 있었어…… 다른 직장처럼…… 공장에서처럼. 처음에는 그 계획에 정해진 대로 할당량을 채우질 못했어. 물리적으로 이행 불가능했거든. 그러자 의사들을 소집해서 진료회의를 열더군. 그리고 결정이 내려졌어. 모든 요원들에게 마사지를 할 것. 오른손과 오른손 검지를 마사지할 것. 검지는 반드시 마사지해서 풀어줘야 했어. 왜냐하면 총을 쏠 때 가장 무리가 가는 곳이니까. 난 오른쪽 귀가 먹었어. 왜냐하면 오른손으로 총을 쏘았으니까……

……'당과 정부의 특수임무를 이행한 공로' '레닌과 스탈린의 당에 대한 충성심'을 인정받아 표창장을 받았지. 훌륭한 종이로 만든 그 상장들로 내 책장이 가득차 있어. 1년에 한 번 가족과 함께 좋은 휴양림에서 쉴 수 있도록 해줬지. 음식도 훌륭했고…… 고기도 많았고…… 치료도 받고…… 아내는 내가 무슨 일을 하는지 전혀 몰랐어. 비밀업무, 중책을 맡고 있다는 것밖에는 몰랐어. 난 아내와 연애결혼을 했어.

……전시 상황에서는 총알을 아껴야 했지. 근처에 바다가 있었을 때는…… 청어를 통에 채워넣듯이 거룻배 가득히 죄수들을 채웠지. 선창에서는 비명소리가 아니라 짐승들의 울부짖음이 들렸어. "우리의 자랑스러운 '바랴그 호'는 적들에게 항복하지 않았네/그 누구도 관용을 바라지 않네……" 죄수들의 손을 철사로 묶고 다리에는 돌을 묶었지. 날씨가 평온하고 파도가 잔잔할 때면 그들이 바닥에 가라앉는 모습이 한참 동안 보였어…… 아니, 이놈이! 뭘 그렇게 쳐다봐, 이놈아! 젖먹이 어린애 같으니라고! 뭘 그렇게 쳐다보냐고! 씨발……! 어서 잔이나 채워. 일이 그랬다고…… 공무였다고…… 내가 이런 얘길 너에게 하는 건 네가 알았으면 해서야. 우리가 소비에트 국가를 세우려고 얼마나 값비싼 대가를 치렀는지. 그래서 이 나라를 지켜야 한다는 걸. 보존해야 한다는 걸…… 저녁 무렵 바닷가에 가보면 배들이 텅텅 비어 있었지. 죽음이 감도는 적막감. 모두들 그런 생각을 했어…… 지금 우리가 해변가로 가

1부 아포칼립스의 위로

면 저 밑에서 우리를…… 씨발……! 수년 동안 내 침대 밑에는 나무로 된 여행가방이 준비되어 있었어. 갈아입을 속옷, 칫솔, 면도기가 들어 있었지. 그리고 베개 밑에 권총이 있었어…… 난 항상 내 이마에 총을 쏠 준비가 되어 있었어. 그때는 모두가 그렇게 살았어! 병사도 소련군 원수님도! 그거야말로 평등했지.

……전쟁이 시작되었어…… 난 주저 없이 전장에 자원했어. 전투에서 죽는 건 그렇게 무섭지 않았거든. 조국을 위해서 버리는 목숨이란 걸 알고 있으니까. 간단하고 이해하기 쉽지. 폴란드, 체코슬로바키아를 해방시켰어…… 씨발……! 베를린에서 내 전투 인생의 막이 내렸지. 두 개의 훈장과 메달들을 받았어. 승리였지! 그런데…… 그후로는 일이 이렇게 된 거야…… 승리의 날 이후 나는 체포당했어. 공안들은 이미 목록을 작성해두었던 거야. 우리 같은 비밀경찰들의 운명은 딱 두 부류로 나뉘어 있어. 적들의 손에 죽든가 아니면 같은 내무인민위원회 손에 죽든가. 7년형을 선고받았지. 7년 동안 복역했어. 그거 알아? 나는 지금까지도 수용소 시간에 맞춰서 기상을 한다니까. 아침 6시. 난 왜 수감되어 있었을까? 뭣 때문에 수감되어 있었는지 아무도 말해주지 않았어. 도대체 뭣 때문에? 씨발……!"

신경질적으로 텅 빈 담뱃갑을 구긴다.

어쩌면 거짓말했을 수도 있죠. 아니, 아닐 거예요…… 거짓이 아닐 거예요…… 그래 보이지 않았어요…… 거짓을 말했다는 생각은 안 들어요…… 다음날 아침 저는 핑곗거리를 찾아냈어요, 말도 안 되는 핑계였던 것 같아요. 그리고 전 그곳을 떠났어요. 도망갔어요! 결혼식은 무산되었어요. 그랬어요…… 그랬죠…… 그 상황에 무슨 결혼을 할 수 있었겠어요? 저는 다시 그 집으로 되돌아갈 수 없었어요. 할 수 없었어요! 전 부대로 돌아갔어요. 신부는…… 신부는 무슨 상황이 벌어진 건지 당연히 감도 못 잡았죠. 제게 편지도 쓰고…… 괴로워했어요. 그건 저도 마찬가지였고요…… 하지만 지금은 그 얘기를 하고픈 게 아니에요…… 사랑에 대한 이야기가 아니에요. 그건 별개의 이야기이고요. 저는 이해하고 싶어요…… 선생님도 이해하고 싶어하시죠…… 도대체 그 사람들은 어떤 사람들이었을까? 그렇죠, 제 말이 맞죠? 아무리 그래도…… 살인자는 흥미로워요. 어떤 말로 포장해도 살인자는 평범할 수 없어요. 살인자들은 매력이 있어요…… 흥미로워요. 악이 최면을 거나봐요. 히틀러와 스탈린에 대한 수백 권의 책이 있어요. 그들의 어린 시절, 가정사, 그들이 사랑했던 여자들…… 와인과 담배 취향 등등에 대한 무수한 이야기들이 쓰여 있어요. 그런 사소한 것 하나하나까지 우리는 궁금해하면서 이해하고 싶어해요. 티무르, 칭기즈칸 도대체 그들이 누구인지. 그들은 누구인가요? 그리고 수백만 명에 달하는 그들의 복제품들이 있어요…… 작은 복제품들…… 그들도 끔찍한 일들을 자행했지만 그중 미쳐버린 사람은 극소수예요. 그 밖의 나머지 살인자들은 평범하게 살았어요. 여자들과 키스하고 체스를 두면서…… 아이들에게 장난감을 사주면서…… 그들은 저마다 '그건 내가 아니야'라고 생각했던 거예요. 내가 그들의 손을 형틀에 매달았던 게 아니야, 내가 그들의 머리통을 천장에 찍어댔던 게 아니야. 내가 날카로운 연필로 여자들의 젖꼭지를 찔러댔던 게 아니야. 그건 내가 아니라 시스템이 그랬던 거야…… 스탈린도…… 스탈린조차도 그렇게 말했잖아요. 내가 결정하는 것이 아니라 당이 결정한다…… 스탈린도 아들을 그렇게 가르쳤겠죠. "아들아 넌 내가 스탈린이라고 생각하니? 아니란다! 스탈린은 저기 저 사람이야!" 그러면서 벽에 걸려 있는 자신의 초상화를 가리켰겠죠. 자기 자신이 아니라 자기를 그린 그 초상화를요! 살인기계…… 그 기계가 쉬지 않고 돌아갔던 거예요. 수십 년 동안…… 이 논법은 정말 기발하지 않나요? 희생자는 망나니다. 그리고 마지막에는 그 망나니도 희생자가 된다. 마치 인간이 고안해낸 게 아닌 것 같아요…… 이렇게 완벽한 논리는 자연에나 있을 법한 거라고요. 살인기계의 플라이휠은 계속 돌아가는데 잘못한 사람은 없어요! 없다고요! 모두가 자신들을 긍휼히 여겨주기를 바라고 있어요! 모두가 희생자예요. 먹이사슬의 끝에서 결국 모두가 희생자가 되어버렸다고요! 결론이 그렇게 나와요! 전 그때는 어려서 겁을 집어먹고 말았어요. 할말을 잃었죠. 지금 그 얘기를 들었다면 더 많은 것을 캐물었을 거예요…… 전 그걸 알아야 해요…… 왜냐고요? 저는 무서워요…… 인간에 대해서 모든 것을 알아버린 지금 저는 스스로가 두려워요. 두려워요. 전 평범하고 나약한 인간이에요. 제 안에는 검은색도 있고, 하얀색도 있고, 노란색도 있고, 가지각색이 다 들어 있어요. 소련 학교에서는 인간 자체는 선한 존재다, 아름다운 존재라고 가르쳤어요. 우리 어머니는 지금까지도 끔찍한 환경이 사람을 끔찍하게 만드는 거라고 믿고 계세요. 인간 자체는 선하다고 믿으신다고요! 그런데 그건…… 그렇지가 않잖아요! 그렇지가 않잖아요! 인간은 평생 선과 악 사이에서 갈팡질팡해요. 뾰족한 연필로 남의 젖꼭지를 찌르든가 아니면 네가 그 일을 당하든가…… 선택해! 선택하라고! 여러 해가 지났는데도…… 잊을 수가 없어요. 그 영감이 소리치면서 하던 말들을요. "나는 텔레비전을 보고 라디오를 들어. 또다시 부자와 가난한 사람들이 생겨버렸어. 어떤 사람은 연어알을 먹고 섬을 통째로 사고 비행기도 갖고 있는데, 어떤 사람은 돈이 부족해서 속이 하얀 바게트빵조차 사 먹지 못한다고. 우리나라에선 이런 상황이 오래가지 않을 거야! 스탈린이 위대하다고 부르짖게들될 거라고…… 도끼는 아직 그대로 있어…… 도끼는 주인보다 오래 사는 법이야…… 내 말이 생각날 때가 있을 게다. 언젠가 네가 물었지…… (제가 물었어요.) 인간이 죽는 데 얼마나 걸리는지, 얼마나 버티는지? 내가 대답해주마. 똥구멍에 헝가리산 의자 다리를 박아넣거나 음낭에 송곳을 찔러넣으면 목숨이 끝나. 하하하…… 그러면 그 인간은 끝이야…… 찌꺼기만 남을 뿐이지! 하하하!……"

(작별인사를 하면서 말한다.) 둘이서 역사 전체를 탈탈 털었네요…… 수천 개의 폭로와 수십 톤의 진실들. 어떤 이들에게는 과거가 살점 한 궤짝과 피 한 통이었고 어떤 이들에게는 위대한 세기였죠. 부엌에서는 매일 전쟁을 해요. 하지만 곧이어 어린 세대가 자라나겠죠…… 스탈린은 어린 세대를 늑대 새끼 라고 불렀다지요…… 조금 있으면 그들이 자라날 거예요……

다시 한번 인사를 하다가 곧바로 또 이야기를 시작한다.

얼마 전 인터넷에서 취미로 사진을 찍은 아마추어 사진가들의 작품들을 보 았어요. 만약 그 사진에 나온 사람들이 누구인지 몰랐다면 굉장히 평범한 사 진이라고 생각했을 거예요. 사진 속 주인공들은 아우슈비츠 수용소 SS대원들 이었어요. 장교들과 사병들. 아가씨들도 많았고요. 저녁 파티 중 거리 산책길 에서 찍은 사진들이었어요. 그들은 젊고 즐거워 보였죠. (잠시 멈춘다.) 그런데 박물관에 있는 러시아 비밀경찰들의 사진은 어떤가요? 언젠가 한번 자세히 들 여다보세요. 잘생긴 사람들도 있고…… 열정이 넘치는 얼굴들도 있어요. 우 리는 오랫동안 그들을 성인聖人으로 알고 배워왔어요……

전 이 나라에서 떠나고 싶어요. 안 되면 아이들만이라도 이 나라에서 밀어 내고 싶어요. 우리는 떠날 거예요. 도끼는 주인보다 오래 산다…… 전 그 말 을 기억하고 있어요.

며칠 뒤 그가 내게 전화해서 인터뷰 내용의 출판을 허락하지 않겠다고 말한 다. 왜요? 그는 이유를 설명하는 것도 거부한다. 나중에 알게 되었지만, 그는 가족과 함께 캐나다로 이민을 갔다. 두번째로 그를 찾게 된 건 10년이 지난 후 였다. 두번째 만남에서는 출판을 승낙했다. 그리고 그는 이렇게 말했다. "전 제때 떠난 것 같아 너무 기쁩니다. 어디서든 러시아인을 환영하던 때가 있었는데, 지금은 또다시 러시아인을 다들 두려워하고 있어요. 선생님은 안 두려우세요?"

2부

허무의
마력

길거리에서 나눈 잡담과 부엌에서 나눈 대화
(2002~2012)

과거에 대하여

—옐친의 1990년대…… 우리는 어떻게 기억하고 있을까요? 그 시절이 행복한 시절이었는지, 광란의 10년이었는지, 끔찍한 10년이었는지, 꿈꾸는 민주주의의 시대였는지, 치명적인 1990년대였는지 아니면 그냥 황금기였는지, 자기 폭로의 시대였는지, 악하고 비열한 시대였는지, 화려한 시대였는지, 공격적인 시대였는지, 격동의 시기였는지…… 그때가 나의 시대였는지 나의 시대가 아니었는지……!

—우리는 1990년대를 허송으로 보냈어요! 그때 우리에게 있었던 기회는 가까운 미래에는 다시없을 기회였어요. 1991년, 시작할 때만 하더라도 정말 좋았다고요! 의사당 앞에서 보았던 사람들의 얼굴은 절대로 잊지 못할 거예요. 우리가 승리했고, 강하다는 걸 보여줬어요. 우리는 살고 싶었어요. 우리는 자유를 만끽했다고요. 그런데 지금은…… 지금은 좀 생각이 달라졌어요. 우

리는 그때 가증스러울 정도로 순진했어요! 용감하고, 정직하고, 순진했어요. 자유 위에서 햄이 쑥쑥 자라날 거라고 생각했다니까요. 그렇기 때문에 그후에 일어난 일들에 대한 책임은 전적으로 우리에게 있어요…… 일차적으로 옐친에게 책임이 있지만 우리에게도 있어요……

전 모든 것이 10월부터 시작됐다고 생각해요. 1993년 10월부터…… '피의 10월' '검은 10월' '국가비상사태위원회-2'*…… 사람들은 그 시기를 그렇게 불러요. 그때 러시아의 반이 앞을 향해 돌진한 반면, 러시아의 나머지 반은 뒤로, 회색빛의 사회주의로, 그 저주받을 소비에트로 회귀하려고 했어요. 소비에트 정권은 포기를 몰랐어요. '붉은' 의회는 대통령에 대한 불복을 선언했어요. 제가 이해한 바로는 그랬어요…… 우리 단지에 트베리 어딘가에서 상경한 수위 아줌마가 있었어요. 저와 제 아내는 여러 번 물질적으로도 도움을 드리고 우리집을 수리할 때 나온 가구들을 드리기도 했어요. 그런데 그날 아침, 그 모든 일이 일어나던 날 아침 제가 옐친 배지를 달고 있는 것을 보더니 "좋은 아침이에요!"라는 인사 대신에 "이제 조금 있으면 당신들, 부르주아들은 끝이야"라며 비소를 흘리더니 뒤도 안 돌아보고 가는 거예요. 생각지도 못한 일이었어요. 왜 그 아주머니는 저한테 그런 증오심을 갖게 된 걸까요? 무엇 때문일까요? 상황은 1991년 사태와 비슷하게 돌아갔어요. 텔레비전에서는 의회 건물이 불타오르고 탱크들이 포를 쏘는 장면들이 방송되었어요. 허공을 가르는 총알들…… '오스탄키노' 방송국 점령…… 검은 베레모를 쓰고 있던 마카쇼프 장군이 소리를 질렀어요. "이제 더이상 mayor도 sir도 없을 것이다. 그 쓰레기 자식들은 사라질 것이다!" 증오심…… 증오심이 만연했어요…… 내

---

* 소비에트 의회 해산 명령에 대한 대응책으로 일부 보수 의원들은 옐친을 해임하고 임시 대통령으로 루츠코이 장군을 앉혔다. 옐친은 1993년 10월 3일 비상사태를 선포하고 다음날 크렘린궁전을 습격하라고 명령했다. 이 과정에서 수백 명이 사망했다. 10월 18일 긴급사태가 해제됐다. 11월 5일 옐친은 대통령 권한을 강화하는 헌법 개정안을 제출했고, 이는 12월 12일 채택되었다.

2부 허무의 마력

전의 냄새가 풍기기 시작했어요. 피의 냄새가. 의사당 앞에서는 루츠코이 장군이 대놓고 참전을 촉구했어요. "조종사들이여! 형제들이여! 비행기를 띄우십시오! 크렘린을 폭격하십시오! 그곳은 강도의 소굴입니다!" 순식간에 도시는 군장비들과 정체를 알 수 없는 위장복 차림의 군인들로 가득찼어요. 바로 그때 예고르 가이다르가 연설을 했어요. "민주주의와 자유를 소중히 여기는 모든 모스크바 시민들이여, 모든 러시아인들이여……" 모든 것이 1991년과 흡사했어요. 모두가 그곳으로 갔어요…… 저도 갔어요…… 그곳에는 수천 명의 사람들이 모여 있었어요. 전 다른 사람들과 함께 어디론가 뛰어갔던 기억이 나요. 그러다 어딘가에 걸려 넘어졌어요. "부르주아 없는 러시아를 위하여!"라고 쓰인 현수막 위로 넘어졌어요. 그 글귀를 본 순간, 마카쇼프 장군이 승리한다면 어떤 미래가 우리를 기다리고 있을지 금방 상상이 가더군요…… 부상당한 젊은 청년이 보였어요. 혼자서 걸어갈 수 없을 정도였죠. 그래서 제가 그 청년을 업었는데, 그 청년이 묻더군요. "당신은 누구 편이에요? 옐친 편이에요? 마카쇼프 편이에요?" 알고 보니 그 청년은 마카쇼프의 편이었어요. 그렇다는 건 적이라는 뜻이었죠. 전 "쓸데없는 소리 말고 입 닥쳐" 하고 그에게 욕을 퍼부어버렸어요. 그리고 또 어떤 일이 있었더라……? 우리는 순식간에 '적군'과 '백군'으로 갈라졌어요. 구급차 옆에는 수십 명의 부상자들이 누워 있었죠…… 그 부상자들 모두가, 왠지 모르겠지만 그 장면이 또렷히 기억에 남네요, 모두가 닳아빠진 낡은 구두를 신고 있었어요. 즉, 모두 평범한 사람들이었다는 뜻이죠. 가난한 사람들. 누군가 그곳에서 제게 한번 더 똑같은 질문을 하더군요. "데려온 사람이 우리 편이에요, 아니에요?" '우리 편'이 아닌 사람들을 제일 마지막으로 진료했어요. '우리 편'이 아닌 사람들은 아스팔트 위에 팽개쳐진 채로 피를 흘리고 있었죠…… "당신들 이게 무슨 짓이에요? 미쳤어요?" "저 사람들은 우리 적이거든요?" 불과 이틀 만에 사람들에게 이상한 일이 벌어지고 있었어요…… 아니, 아예 공기 자체가 달랐어요. 제 옆에는 전혀 다른 사람들이 있었어요. 2년 전 의사당 건물 앞에서 함께했던 그 사람들과는 사뭇 다른 사람들이었어요. 강화철로 만든 칼을 들고 있었고…… 진짜 자동소총도 있었어요. 트럭에서 총을 나눠주고 있었어요. 전쟁! 상황이 심각하게 돌아갔어요. 공중전화부스 옆에는 시체들이 쌓여 있었죠…… 그 시체들도 마찬가지로 낡은 구두를 신고 있었어요…… 그런데…… 의사당에서 얼마 떨어져 있지 않은 곳에서는 카페가 정상영업을 하고 있었고, 그곳에선 사람들이 맥주로 목을 축이고 있었어요. 구경꾼들은 베란다로 나와 돌아가는 상황을 구경했어요. 극장에서 관람하듯이. 동시에…… 의사당 건물 안에서 텔레비전을 낑낑거리며 들고 나오는 두 명의 남자들이 보였어요. 그 두 사람의 주머니에서 수화기가 달랑거리고 있더군요…… 그 좀도둑놈들을 향해 누군가 위쪽에서 신나게 총질을 했어요. 아마도 스나이퍼들이었을 거예요. 사람을 맞히기도 하고 텔레비전을 쏘기도 했어요…… 밖에서는 항상 총성이 들렸어요…… (말을 멈춘다.) 모든 상황이 종료되고 집으로 돌아왔을 때 저는 우리 이웃집 아들이 죽었다는 것을 알게 되었어요. 그 아이는 고작 스무 살이었거든요. 그 아이는 반대편 바리케이드에 서 있었죠. 그 아이와 부엌에 둘러앉아서 의견 차로 논쟁을 벌이는 일과 서로를 향해 총부리를 겨누는 건 전혀 다른 별개의 이야기예요. 어떻게 그런 일들이 벌어졌을까요? 저는 그런 상황을 원했던 게 아니에요…… 하지만 군중 속에 있었기 때문에…… 군중은 괴물이에요. 군중 속에 있는 사람들은 더이상 부엌에 둘러앉아 대화를 나누고, 보드카를 마시고, 차를 나누던 그런 사람들이 아니랍니다. 전 이제 더이상 아무데도 가지 않을 겁니다. 저는 물론이거니와 아들들도 보내지 않을 거예요…… (침묵) 그게 대체 뭐였는지 전 지금도 잘 모르겠어요. 우리는 자유를 수호한 건가요? 아니면 군사 쿠데타에 동참한 건가요? 지금은 확신이 없네요…… 수백 명의 사람들이 목숨을 잃었어요…… 그런데 그들의 가족 말고 그들을 기억하는 사람들은 없어요. "피로 성읍을 건설하는 자에게 화 있을진

　　　　　　　　　　　　　　　　　　　　2부 허무의 마력

저……"* (침묵) 만약 마카쇼프 장군이 승리했더라면? 그랬다면 더 많은 피를 봐야만 했겠죠. 그랬다면 러시아는 무너졌겠죠. 저는 정답을 몰라요…… 전 1993년까지는 옐친을 믿었어요……

그때 꼬마들이었던 우리 아들들은 이미 오래전에 다 커서 어른이 되었죠. 한 명은 결혼까지 했고요. 전 몇 번이고…… 그래요…… 몇 번이나 시도했어요. 아들들에게 1991년 사태와 1993년 사태에 대해 이야기해보려고 시도했어요…… 하지만 아이들은 이미 그런 일에는 관심이 없었어요. 공허한 눈빛을 하고 있어요. 아이들이 궁금해하는 건 단 하나예요. "아빠, 왜 1990년대에 아버지는 부자가 되지 못하셨어요? 그때는 그게 그렇게 쉬웠다면서요?" 그때 부자가 못 된 사람들은 죄다 팔다리 없는 불구이거나 멍청한 인간들뿐이었다는 것처럼 말하더군요. 돌대가리 조상들…… 부엌 출신의 불구들…… 우리는 시위하느라 바빴어요. 똑똑한 사람들이 석유와 가스를 서로 나눠 갖느라 바쁠 때 우리는 자유라는 공기만 열심히 맡고 다녔던 거예요……

─러시아인은 쉽게 심취하는 사람들입니다. 한때는 공산주의라는 사상에 심취해 있었죠. 맹렬하게. 종교적 판타지까지 가미해서 그 사상을 실현하려 애쓰다가 결국 지치고 낙담하게 됩니다. 그러고는 옛 세계를 거부하기로 결심하고 제 발에 붙은 먼지를 털어내듯 훌훌 털어버렸습니다. 이게 바로 러시아식입니다. 부서진 구유에서부터 다시 시작하는 것. 그리고 지금은 우리가 새롭다고 느끼는 또다른 사상이 우리를 현혹하고 있습니다. 앞으로! 자본주의의 승리를 향하여! 이제 조금 있으면 서방국들처럼 살게 될 것이다! 장밋빛 꿈들……

─살기는 좋아졌어요.

---

* 성경 하박국 2장 12절.

―하지만 몇천 배 더 살기 좋아진 인간들도 있답니다.

―제 나이가 쉰입니다. 전 소보크가 되지 않으려고 부단히 노력해요. 하지만 노력 대비 결과가 좋진 않네요. 개인사업가 밑에서 일하는데, 전 그 사장이 그렇게 미워요. 전 소비에트연방이라는 '커다란 파이'를 잘못 분배했다고 생각합니다. 그 '민영화'라는 이름의 도둑질에 동의하지 않습니다. 전 부자가 싫습니다. 텔레비전에 나와서 자신들의 궁전, 와인 창고를 자랑질하고 있는 저들이…… 황금 욕조에 모유를 가득 담아 목욕을 하든 말든, 그걸 대체 왜 저한테까지 보여주는 건가요? 전 그들과 더불어 사는 법을 모르겠습니다. 화가 나고 수치스럽습니다. 전 이제 바뀌기는 힘들어요. 너무 오랫동안 사회주의 체제 하에 살았으니까요. 맞아요, 살기는 더 좋아졌지만, 더 끔찍해지기도 했어요.

―아직까지도 소련을 애타게 그리워하는 사람들이 이토록 많다는 사실이 놀라울 따름입니다.

―소보크들과 뭘 토론하라는 건가요? 소보크들이 모두 다 죽을때까지 기다렸다가 그후에 모든 걸 우리들 방식대로 하면 되는 겁니다. 제일 처음 할 일은 묘지에 있는 레닌의 미라를 갖다 버리는 거예요! 이게 도대체 무슨 동양적인 짓거리인지! 미라가 우리들 위에 걸린 저주처럼 떡하니 누워 있단 말입니다…… 우리는 저주에 걸렸어요……

―워워, 진정하시죠, 동지. 그거 아세요? 요즘은 20년 전과 비교했을 때 소비에트연방에 대해서 훨씬 더 좋게 말하고 있다는 것을요? 전 얼마 전에 스탈린 무덤에 갔다 왔어요. 조문객들이 가져다놓은 꽃다발이 산더미처럼 쌓여 있더군요. 빨간색 카네이션이요.

―많은 사람들이 목숨을 잃은 건 사실이지만 우리에겐 분명 위대한 시대가 있었어요.

―전 지금 벌어지는 일들이 마음에 들지 않아요. 하나도 감격스럽지 않거든요. 그렇다고 해서 소보크가 되고 싶은 건 아니에요. 과거로 애쓰며 돌아가

고 싶지도 않아요. 안타깝게도, 그 시절에 대한 좋은 기억은 하나도 떠올릴 수가 없거든요.

—전 과거로 돌아가고 싶어요. 소련 햄이 먹고 싶어서가 아니에요. 전 인간이 인간다울 수 있는 그런 나라가 필요해요. 예전에는 '일반 인민'이라고 불렀는데, 지금은 '서민층'이라고 불러요. 차이가 느껴지세요?

—전 반역자의 집안에서 자랐습니다…… 반동분자들의 부엌에서…… 부모님은 사하로프 박사와 잘 알고 지내셨고 사미즈다트를 찍어 배포했어요. 부모님들과 함께 저는 바실리 그로스만, 예브게니 긴즈부르크, 도블라토프 등이 쓴 책을 읽었습니다. 〈자유〉 방송도 들었어요. 그리고 1991년에 저는 당연히 의사당 건물을 에워싼 바리케이드에 서 있었습니다. 공산주의의 회귀를 막을 수 있다면 목숨도 불사할 각오로 말입니다. 제 친구들 중에 공산주의자는 없었습니다. 우리에게 공산주의란 테러, 굴라크 수용소, 철창과 함께 연상되는 것이었으니까. 우리는 공산주의가 죽은 줄로만 알았습니다. 영원히 죽은 줄로. 그후로 20년이 지났습니다…… 어느 날 아들 방에 들어갔더니 책상 위에 마르크스의 『자본』이, 책장에는 트로츠키의 『나의 생애』가 꽂혀 있더군요. 제 눈을 믿을 수 없었습니다! '마르크스가 돌아온 거야? 이게 뭐지, 악몽을 꾸고 있나? 이게 꿈이야 생시야?' 아들은 대학생인데 친구들이 참 많습니다. 저는 아이들이 하는 대화를 주의깊게 듣기 시작했어요. 부엌에 앉아 차를 마시면서 '공산당 마니페스토'에 대해서 논쟁하고 있더군요…… 마르크스주의가 또다시 법이 되고, 트렌드가 되고, 브랜드가 되고 있습니다. 그 아이들은 체 게바라나 레닌의 얼굴이 박힌 티셔츠를 입고 다녀요. (낙담한 듯) 새살은 돋아나지 않았어요. 모든 게 헛수고였던 겁니다.

—분위기도 풀 겸 유머 하나 얘기해드릴게요…… 혁명. 성당 한쪽 구석에서 붉은 군대가 술을 마시며 놀고 있고, 다른 쪽에서는 붉은 군대의 말들이 여

물을 먹으면서 오줌을 싸고 있다. 일꾼이 대수도원장에게 헐레벌떡 뛰어와 말한다. "신부님, 도대체 저들이 이 거룩한 성전에서 무슨 짓들을 하고 있는 겁니까?" "저런 건 하나도 문제될 것이 없다네. 잠시 있다가 갈 사람들이니. 저들의 손자들이 자라나면 그때가 더 무서울 게야." 보세요, 그 손자들이 이제 다 컸습니다⋯⋯

　—우리에게 남은 출구는 단 하나입니다. 사회주의로 돌아가는 것. 단 정교회식 사회주의로 돌아가야 합니다. 러시아는 그리스도 없이는 살 수가 없어요. 러시아인의 행복은 단 한 번도 큰돈과 연결되어 있었던 적이 없습니다. 바로 이 점에서 '러시아의 사상'과 '아메리칸드림' 간의 차이점이 극명해지는 겁니다.

　—러시아는 민주제가 아니라 군주제가 필요한 나라예요. 강하고 공의로운 왕이 필요해요. 왕좌에 오를 첫번째 정통 후계자는 러시아 황실의 수장인 위대한 마리야 블라디미로브나 여대공이에요. 그 이후로는 그녀의 자손들이 이어야 합니다.

　—베레좁스키는 해리 왕자를 제안했죠⋯⋯

　—군주제는 망상이에요! 고리타분한 옛날 옛적의 이야기란 말입니다!

　—믿지 않는 자는 죄 앞에서 약해져 휘둘리는 법입니다. 러시아 민족은 하느님의 진실을 지향할 때 거듭나게 될 겁니다.

　—페레스트로이카는⋯⋯ 페레스트로이카가 시작될 무렵, 딱 그때만 제 마음에 들었습니다. 만약 그때 누군가가 앞으로 대통령이 될 사람은 전직 KGB 중령 출신이라고 말만 해줬어도⋯⋯

　—우리는 자유를 맞이할 준비가 되어 있지 않았어요.

　—자유, 평등, 박애⋯⋯ 이 단어들 때문에 흘린 피가 대양을 이루고도 남습니다.

―민주주의! 러시아에서는 참 웃긴 말입니다. "푸틴은 민주주의자다!"가 장 짧은 유머랍니다.

―지난 20년 동안 우리는 스스로에 대해 참 많은 것을 깨닫고 발견했어요. 스탈린이 우리의 비밀스러운 영웅이었다는 것도 알게 되었지요. 스탈린에 대한 수많은 저서와 영화가 세상에 나왔어요. 사람들은 그걸 읽고 봅니다. 그런 뒤 토론하죠. 나라의 반이 스탈린을 꿈꾸고 있습니다…… 만약 나라의 반 이상이 스탈린을 꿈꾸고 있다면, 그건 반드시 그런 인물이 탄생하리라는 뜻입니다. 의심할 여지가 없어요. 악인들 중에서도 가장 극악무도한 영혼들을 지옥에서 소환하고 있어요. 베리야…… 예조프…… 급기야 베리야가 탁월한 행정가였다고 쓰기 시작했고, 그의 명예를 회복시켜주려고 합니다. 그의 진두지휘하에 러시아가 원자폭탄을 만들었다는 이유 때문에 말이죠……

―체카놈들은 썩 꺼져라!

―다음 차례는 누굴까요? 새로운 고르바초프? 아니면 새로운 스탈린? 그도 아니면 나치의 스와스티카가 시작될까요? '지크 하일!*' 러시아가 굽혔던 무릎을 펴고 일어났습니다. 매우 위험한 순간이에요. 러시아를 그렇게 오래도록 멸시해서는 안 되는 거였어요.

현재에 대하여

―푸틴과의 2000년대…… 어땠나요? 안개가 낀 것 같았나요, 회색빛이었나요, 잔인했나요, '체카'스러웠나요, 세련되고 화려했나요, 안정적이었나요, 강대국스러웠나요, 정교회적이었나요……?

---

* 독일어로 '승리 만세'라는 뜻.

—러시아는 항상 그래왔고 지금도 그렇고 앞으로도 계속 제국일 겁니다. 우리는 단순히 거대한 나라가 아니에요. 우리는 개별적인 문명입니다. 러시아 문명. 우리만의 고유한 노선이 있습니다.

—서방은 지금도 러시아를 두려워합니다……

—보세요, 모두가 우리가 가진 천연자원을 필요로 하죠. 특히 유럽이요. 백과사전을 한번 펼쳐보세요. 러시아가 석유매장량으로 세계 7위, 가스로는 유럽 1위를 차지해요. 철광석, 우라늄, 주석, 구리, 니켈, 코발트 등등의 유용광물 매장량으로도 선두자리를 차지하죠. 그 밖에도 금강석, 금, 은, 백금 등 등…… 멘델레예프 원소 주기율표에 나오는 모든 광물이 있어요. 어떤 프랑스인이 제게 대놓고 말하더군요. '왜 그 모든 것이 당신들의 소유입니까? 땅은 인류 전체의 것이잖아요?'

—아무리 그래도 저는 제국주의자인가봅니다. 그런 것 같아요. 저는 제국에서 살고 싶습니다. 푸틴은 나의 대통령입니다! 이제는 자유주의자라고 스스로를 소개하는 것이 부끄럽습니다. 마치 얼마 전까지 공산주의자라고 하는 것이 부끄러웠던 것처럼요. 그런 소리를 하면 맥주바에 모인 남자들에게 흠씬 두들겨 맞을 수도 있어요.

—옐친을 증오해요! 우리는 그를 믿었는데, 그는 우리를 전혀 알 수 없는 방향으로 끌고 왔어요. 민주주의라는 천국엔 들어가보지도 못했어요. 예전보다 훨씬 더 무서운 곳에 당도했을 뿐이라고요.

—문제는 옐친이나 푸틴에게 있는 게 아닙니다. 우리가 노예라는 게 문제예요. 노예 근성! 노예의 피! '신러시아인'들을 한번 보세요. '벤틀리'에서 내리고 주머니에서는 돈이 우수수 떨어지는데, 그럼에도 불구하고 그들은 여전히 노예예요. 위에 앉아 있는 두목이 "모두 마구간으로 들어가!" 하면 모두 쪼르르 들어갈 거예요.

2부 허무의 마력

─텔레비전에서 봤어요…… 폴론스키 씨가 묻죠. "너 10억은 있어? 없어?! 그럼, 당장 꺼져!" 내가…… 저 존경해 마지않는 올리가르히 폴론스키에게서 꺼지라는 소리를 들은 사람 중 하나란 말입니다. 난 아주 평범한 집안 출신이에요. 아버지는 알코올중독이고, 어머니는 유치원에서 한푼이라도 더 벌어보려고 몸을 사리지 않죠. 저들은 우리를 똥이나 거름 취급한다고요. 저는 다양한 모임에 참여해요…… 애국주의자들의 모임, 민족주의자들의 모임…… 그들의 말을 들어요. 때가 되어서 누군가 나에게 소총을 내준다면 전 그 총을 꼭 잡을 겁니다.

─자본주의는 우리 땅에서 뿌리내리지 못하고 있어요. 우리에게는 자본주의 정신이 낯설기만 해요. 자본주의는 모스크바 밖으로 퍼지지 못하고 있어요. 우리 나라는 기후도 다르고 사람들도 달라요. 러시아인은 합리적이지 않고 돈을 밝히질 않아요. 어떤 때는 마지막 남은 셔츠까지 다 벗어줄 수 있지만, 때로는 그걸 빼앗을 수도 있는 사람들이에요. 러시아인은 즉흥적이고, 행동가이기보다는 명상가에 가깝죠. 그리고 작은 것에도 만족할 수 있는 사람들이에요. 부를 축적하는 건 러시아인의 이상이 아니에요. 러시아인은 그걸 지루해하죠. 러시아인은 정의감이 매우 예민하게 발달되어 있어요. 민중은 볼셰비키고요. 이 밖에도 러시아인들은 그냥 살고 싶어하지 않고, 무언가를 위해 살고 싶어해요. 러시아인들은 위대한 일에 참여하고 싶어해요. 러시아인들 사이에서 성인聖人을 찾는 일이 정직하게 성공한 사람을 찾는 것보다 훨씬 빠를 겁니다. 러시아 고전을 한번 읽어보세요……

─왜 우리 나라 사람들은 해외로 나가면 정상적으로 자본주의 생활에 적응하는 걸까요? 정작 집에서는 '주권적 민주주의'라든가 러시아 고유의 문명 또는 '러시아인의 삶에는 자본주의를 위한 기틀이 없다'라는 등의 이야기를 즐겨 하면서 말이죠?

―우리에게 있는 자본주의는 잘못된 거야……

―다른 자본주의가 있을 거라는 희망은 그만 버리시죠……

―러시아에 자본주의는 있는 것 같아요. 그런데 자본주의자들은 없어요. 새로운 '제미도프' 가나 '모로조프' 가*가 나타나지 않는다고요…… 러시아 올리가르히들은 자본주의자들이 아니라 도둑놈들이에요. 공산주의자였고 콤소몰이었던 사람들에게서 대체 무슨 자본주의자들을 기대할 수 있겠어요? 저는 호도르콥스키**가 불쌍하지 않아요. 어디 한번 판때기 위에서 자보라고 해요. 다만 한 가지 아쉬운 건 그 사람 하나만 거기 앉아 있다는 거예요. 제가 1990년대에 겪은 일에 대해서 누군가는 책임을 져야 할 것 아니에요? 실밥까지 다 착취해갔어요. 직장도 앗아가버렸어요. 가이다르가, 철로 만든 곰돌이 푸 같은 그 자식이 말이에요. 빨간 머리의 추바이스가…… 그 자본주의 혁명가들이 앗아갔어요…… 그놈들이 살아 있는 사람들을 대상으로 실험을 했어요…… 자연과학자들이 하듯 말이에요……

―어머니가 계신 시골에 다녀왔어요. 이웃분들 말씀이 누군가 밤중에 대농장주의 저택을 불태워버렸대요. 사람들은 다행히 살았는데 동물들이 다 타버렸다더군요. 온 시골 마을이 기쁨에 들떠 이틀 동안 먹고 마시며 잔치를 벌였대요. 이 판국에 선생님은 무슨 자본주의를 논하시나요…… 우리 나라는요, 자본주의 체제하에서 사회주의의 사람들이 살고 있는 나라랍니다……

―사회주의는 따뜻한 양지가 모두에게 돌아갈 것이라고 제게 약속했어요. 지금은 전혀 다른 말들을 하죠. 다윈의 법칙대로 살아야 한다, 그러면 우리에게 풍요가 도래할 것이다. 그건 강자들을 위한 풍요인 거죠. 전 약자 쪽에 해

---

* 제미도프 가와 모로조프 가는 러시아가 전제군주제였던 시절 대대로 상업을 하며 부를 창출했던 부유한 상인의 집안을 가리킨다.

** 미하일 호도르콥스키(1963~). 올리가르히 중 하나였으나, 푸틴 대통령과 갈등을 빚으며 '유코스' 사태로 인해 탈세혐의를 받고 투옥된 후 지난 2013년 석방되었다. 현재 망명 생활을 하고 있다.

　　　　　　　　　　　　　　　　　　　　　　2부 허무의 마력

당되거든요. 저는 투사가 아니에요. 저에겐 저만의 궤도가 있었고 그 궤도를 따라 살아가는 데 익숙해져 있었어요. 초중고등학교-대학교-가족. 협동조합 아파트를 분양받기 위해서 남편과 돈을 모았고 아파트를 구입한 다음에는 차를 사려고 모았어요…… 그런데 그 궤도가 망가져버린 거예요. 우리는 궤도를 이탈해서 자본주의 속으로 던져졌어요. 전 엔지니어였고 설계연구소에서 일했어요. 대부분 여자들이 일했기 때문에 '여성연구소'라고도 불렸죠. 전 하루종일 앉아서 종이 뭉치들을 정리했어요. 저는 서류들이 차곡차곡 정돈되어 있는 걸 좋아했어요. 그렇게 평생을 일하라고 해도 할 수 있었을 거예요. 그런데 갑자기 인원 감축이 시작되었어요. 남자들은 어차피 적었기 때문에 거의 건드리지 않았고, 남편 없이 혼자 사는 여자들도 감축되지 않았고, 퇴직까지 1~2년 남은 사람들도 대상에서 제외되었어요. 구조조정 명단이 발표되었고 전 그 명단에서 제 이름을 볼 수 있었어요. '앞으로 어떻게 살지?' 참 당황스럽더군요. 전 다윈의 법칙대로 사는 방법을 배운 적이 없단 말이죠.

그후로 한동안 제 전공을 살릴 수 있는 직장을 구할 수 있을 거라고 기대했어요. 바로 그런 점에서, 즉 내 자리가 어디인지, 내 가치가 어느 정도인지 파악하지 못했다는 점에서 저는 이상주의자였지요. 전 아직도 같은 부서에 있던 여직원들의, 여자들만의 그 수다가 사무치게 그리워요. 우리는 일은 항상 뒷전이었고 제일 중시했던 게 소통이었어요. 속내를 내보이는 그 수다들이요. 하루에 세 번은 차를 같이 마셨고, 그때마다 각자의 이야기보따리를 풀어놓았죠. 명절이란 명절, 생일이란 생일은 모두 함께 보냈어요…… 그런데 지금은…… 직업소개소를 찾아가도 별 소득이 없어요. 미장이, 도장공들이나 필요하대요…… 저와 함께 대학교에서 공부했던 한 동기는 어떤 여성 사업가의 집을 청소하고 그 집 개를 산책시키는 일을 하고 있어요…… 하녀인 거죠. 처음에는 모욕감 때문에 매일 눈물바람이었는데, 지금은 적응되었다네요. 하지만 전 그렇게 못 하겠어요.

―공산주의자들에게 투표해. 폼나잖아.

―정상적인 사람은 스탈린주의자들을 이해할 수 없어요. 러시아의 100년이 부질없이 허비되었는데, 그 사람들은 소비에트 식인종들에게 영광을 외치고 있다니까요!

―러시아 공산주의자들은 이미 오래전부터 공산주의자들이 아니에요. 그들이 인정한 사유재산과 공산주의의 이념은 절대로 부합하지 않거든요. 저는 마르크스가 자신의 추종자들에게 한 말을 그대로 그들에게 전하고 싶어요. "내가 알고 있는 단 한 가지는 내가 마르크스주의자가 아니라는 것이다." 그보다 더 정확하게 표현한 사람은 시인 하인리히 하이네예요. "나는 용을 심었는데, 거둬들인 건 벼룩이었네."

―공산주의는 인류의 미래예요. 대체재는 없어요.

―솔로베츠키 수용소 정문에 볼셰비키 슬로건이 걸려 있었어요. "철의 손으로 인류를 행복으로 인도하자." 그것이 인류 구원의 레시피 중 하나였던 거죠.

―길거리로 나가 뭔가를 하고픈 의욕이 전혀 없어요. 차라리 아무것도 안하는 것이 나아요. 악행도, 선행도. 오늘 선행이었던 일이 내일은 악행이 될 테니까요.

―가장 무서운 사람들은 바로 이상주의자들이에요⋯⋯

―나는 조국을 사랑하지만 이곳에서 살지는 않을 겁니다. 이곳에서는 내가 원하는 만큼 행복할 수 없기 때문이에요.

―어쩌면 제가 멍청한 것일 수도 있어요⋯⋯ 하지만 저는 떠나고 싶지 않아요. 떠날 수 있는데도 말이에요⋯⋯

―저도 떠나지 않을 거예요. 러시아에서 사는 게 더 즐거워요. 유럽에서는 이런 스릴을 느낄 수 없어요.

—차라리 멀리서 우리 나라를 사랑하는 게 나을지도 몰라요……

—지금은 러시아인인 것이 부끄러워요……

—우리 부모님들은 승전국에서 살았는데, 우리는 냉전에서 패배한 나라에서 살고 있습니다. 자부심을 가질 만한 것이 없어요!

—떠날 생각은 없습니다…… 이곳에 제 사업이 있는걸요. 제가 확실히 말씀드릴 수 있는 건, 러시아에서도 정상적으로 살 수 있다는 거예요. 다만 그러려면 정치에 개입하지 말아야 해요. 언론 자유를 위한 시위, 동성애 반대 시위…… 등등. 전 전혀 관심 없습니다……

—모두가 혁명에 대해서 말해요. 보세요. 루블룝카*가 텅 비었어요. 부자들이 도망을 가요, 돈을 들고 해외로 가요. 자신들의 궁전을 열쇠로 잠그고는 광고를 내죠. '급매.' 민중의 단호한 결의가 느껴지는 거겠죠. 하지만 아무도 자발적으로 제 것을 내놓으려 하지 않을 거예요. 필요한 때에 칼라시니코프**가 입을 열기 시작할 겁니다……

—한쪽에서는 "러시아는 푸틴의 편!"이라고 외쳐대고, 다른 쪽에서는 "푸틴 없는 러시아!"를 외치고 있어요.

—석유가 완전히 똥값이 되거나 전혀 필요 없는 자원이라도 되는 날에는, 그때는 어떻게 될까요?

—2012년 5월 7일. 텔레비전으로 방영되더군요. 취임식을 위해 크렘린으로 입성하고 있는 푸틴의 축하 행진을 보여줬어요. 도시가 완전히 텅텅 비어 있었어요. 사람도 차도 안 보였어요. 보여주기 위해서 싹 쓸어버린 거죠. 수천

---

* 모스크바를 중심으로 서쪽에 위치한 대표적인 부촌 지역으로 소련 엘리트의 별장촌이었고, 고위급 정부관리들의 저택이 위치한 지역이었다.

** 자동소총 AK-47.

명의 경찰들, 군인들, 오몬* 요원들이 지하철 출입구나 건물 출입구를 지키고 있었어요. 모스크바 시민들과 만성적인 교통체증에서 벗어난 깨끗한 수도. 그건 죽은 도시였어요.

저 차르는⋯⋯ 진짜 차르가 아니잖아요!

미래에 대하여

120년 전 도스토옙스키는 『카라마조프 가의 형제들』이라는 소설을 완성했다. 소설에서 도스토옙스키는 영원한 '러시아 소년'들에 대해서 썼다. 그들은 항상 "신은 있는가 없는가, 영생은 있는가 없는가라는 세계적인 문제를 논한다. 신을 믿지 않는 자들은 사회주의니 무정부주의니 혹은 인류를 바꿀 수 있는 새로운 방식에 대해서 토론할 것이다. 하지만 뭘 하든 결과는 같을 것이다. 단지 반대쪽 끝에서 시작했을 뿐 결국 모두 똑같은 문제를 논하게 될 것이다".

혁명이라는 유령이 또다시 러시아에서 활개치고 있다. 2011년 12월 10일 볼로트나야 광장에서 수십만 명이 집회를 열었다. 그 이후로도 반대시위가 끊이지 않고 있다. 그렇다면 요즘은 저 '러시아 소년'들이 어떤 생각을 하고 있을까? 이번에는 어떤 주제로 토론하고 있을까?

—제가 시위에 다니는 이유는 우리를 더이상 병신 취급하지 말라고 말하기 위해서예요. 이 독사들아, 선거를 되돌려놓으라고! 처음에 볼로트나야 광장에 10만 명의 사람들이 운집했어요. 아무도 그 정도의 사람들이 모일 것이라고는

---

* 우리나라 경찰특공대에 해당되는 내무부 산하 특수부대.

기대하지 않았어요. 참고 또 참았는데, 어느 순간 거짓과 무질서에 숨이 막힌 거죠. 끝, 이제 그만! 모두들 신문을 읽거나 인터넷 기사를 접하면서 정치를 논하고 있어요. 야당의 편에 서는 일이 유행이 되었다니까요. 하지만 저는 걱정돼요. 우리 모두가 실제로는 허풍쟁이일까봐 두려워요. 얼마간 광장에 모여서 소리를 좀 질러대다가 각자 집으로 돌아가서 컴퓨터 앞에 앉은 뒤 인터넷을 검색하면서 결과적으로는 "와, 우리 정말 끝내주게 놀았는걸!" 이거 하나만 남기면 되는 사람들이 될까봐 두렵다고요. 이미 저는 그런 일을 겪었거든요. 후속 시위가 열릴 예정이어서 현수막도 제작하고 선전물도 배포해야 했는데…… 그 많던 사람들이 코빼기도 안 보이더라고요……

―예전엔 정치에는 문외한이었어요. 저는 직장과 가정만으로도 충분했어요. 시위를 쫓아다녀봤자 부질없다고 생각했지요. 저는 차라리 '작은 일 이론'* 에 더 매력을 느꼈어요. 호스피스 활동도 했고…… 여름에 모스크바 근처에 산불이 났을 때 식품과 구호물품을 가지고 들어가 피해자들을 돕기도 했어요. 다양한 경험을 했지요…… 그런데 우리 엄마는 항상 텔레비전 앞에 붙어 있었어요. 비밀경찰이 있던 그 과거에 대해 거짓말을 하고 도둑질이 자행되던 그 현실에 신물이 난 우리 엄마가 제게 과거의 모든 이야기를 해주더군요. 우리는 첫번째 집회에 엄마와 함께 갔어요. 우리 엄마는 일흔다섯이었어요. 엄마는 배우였죠. 우리는 만약을 대비해서 꽃도 샀어요. 꽃을 든 사람들에게 총을 쏘지는 않겠지 하면서요!

―제가 태어났을 때는 이미 소련이 아니었어요. 만약 뭔가 제 마음에 들지

---

* 나로드니키(인민주의자)들이 1860년대 말부터 1870년대 초까지 '브나로드(인민 속으로) 운동'을 전개했다. 지식인들이 농민들의 옷을 입고 농촌 지역을 누비며 반체제 봉기를 선동했으나 경찰로부터 숱한 박해를 받고, 무지한 농민들이 기대했던 반응을 보이지 않자 아래로부터의 계몽이 필요하다는 인식하에 '작은 일 이론'을 주창하고, 지식인 청년들이 직접 농촌에 들어가 농민들과 하나가 되고자 했다.

않으면 전 거리로 나가 반대시위를 하죠. 저는 제 불만들을 잠들기 전 부엌에 둘러앉아 수다로 풀지는 않는다고요.

─저는 혁명이 두렵습니다. 잘 알거든요. 러시아인들의 폭동은 무의미하고 잔인하다는 걸. 그런데 이제는 더이상 집에만 틀어박혀 있을 수가 없네요. 이제는 부끄러워요. 저는 '새로운 소련' '업데이트된 소련' '진정한 소련' 따윈 필요 없어요. 저는 용납할 수 없어요. 두 사람이 마주앉아서 '자, 오늘은 네가 대통령을 해라. 내일은 내가 할게'…… 이러는 건 용인할 수 없다고요. 국민이 그들을 잡아먹을 거예요. 우리는 소나 말이 아니라고요, 우리는 국민이라고요. 시위에 나가면 예전에는 보지 못했던 사람들을 보게 되죠. 투쟁으로 몸이 단련된 '1960년대 사람들, 1970년대 사람들', 대학생들…… 그들은 분명 얼마 전까지만 해도 그 '바보상자'가 우리 머릿속에 뭘 집어넣든지 간에 신경도 안 썼던 사람들이거든요. 또 있어요. 밍크코트를 입은 부인들, 벤츠를 타고 집회장에 나타나는 젊은이들. 얼마 전까지만 해도 그들의 관심사는 돈, 옷, 안락함 등이었는데, 알고 보니 그것만으로는 부족하다는 것이 밝혀진 거예요. 그들은 이제 그것만으로는 부족함을 느껴요. 저도 마찬가지고요. 배고픈 자들이 시위에 참여하는 것이 아니라 배부른 사람들이 온다고요. 현수막은…… 민족예술을 방불케 해요. "푸틴, 사퇴하라!" "난 이 개자식들에게 투표하지 않았다! 난 다른 개자식들에게 표를 던졌다!" 제 마음에 든 현수막 중 하나는 "당신들은 심지어 국민을 대표하지도 않습니다"였어요. 우리는 폭동을 일으켜서 크렘린을 장악하려던 것이 아니었어요. 우리는 우리가 누구인지 말하고 싶었던 겁니다. 시위를 끝내고 돌아가는 길에도 구호를 외쳤어요. "우리는 다시 돌아온다!"

─전 소비에트 사람입니다. 그래서 모든 게 두렵습니다. 10년 전이었다면 이렇게 광장에 나오는 건 꿈도 못 꿨겠죠. 그런데 지금은 한 번도 시위를 빠진 적이 없습니다. 사하로프 대로에도 갔고, 신아르바트 거리에도 갔고, 벨리 로

2부 허무의 마력

터리에도 갔어요. 전 자유인이 되는 법을 배우고 있습니다. 저는 제 모습 이대로, 소련인인 채로 죽고 싶지는 않습니다. 전 제 몸에 남아 있는 소련이란 때를 열심히 밀어내고 있습니다······

　―저는 그냥 남편이 시위에 가니까······ 따라가는 거예요······

　―전 이제 이팔청춘이 아닙니다. 푸틴 없는 러시아에서 여생을 좀더 보내고 싶을 뿐입니다.

　―유대인, 비밀경찰, 동성애자 들 때문에 열받아요······

　―저는 좌파예요. 평화적인 방법으로 뭔가를 관철시키는 건 불가능하다고 확신합니다. 저는 피에 굶주려 있어요! 우리 나라에서는 피 없이 위대한 일들이 일어나지 않아요. 대체 왜 거리로 나섰나요? 저는 우리가 크렘린을 향해 진군할 때만을 기다리고 있습니다. 이건 더이상 장난이 아니에요. 이렇게 돌아다니면서 소리만 질러댈 게 아니라 진작에 크렘린을 장악했어야 해요. 지금이라도 쇠스랑과 쇠지렛대를 집어들라는 명령만 있다면! 저는 기다리고 있어요.

　―저는 친구들과 함께 왔어요······ 전 열일곱 살이에요. 제가 푸틴에 대해 뭘 아냐고요? 그가 유도 선수였고, 유도 8단이라는 걸 알아요. 그리고······ 아마 이게 제가 아는 전부인 것 같은데요······

　―저는 체 게바라가 아니에요. 저는 겁쟁이예요. 하지만 단 한 번도 빠지지 않고 시위에 참석하고 있어요. 저는 부끄럽지 않은 나라에서 살고 싶어요.

　―전 성격상 바리케이드가 쳐지면 거기에 있어야 해요. 저는 그렇게 교육받았거든요. 저희 아버지는 아르메니아 스피타크 대지진 후 복구작업에 자원해서 떠나셨어요. 그로 인해 일찍 돌아가셨죠. 심장마비로. 저는 어렸을 때부터 아빠가 아니라 아빠 사진과 함께 자랐어요. 갈 것인지 가지 않을 것인지는 모두 각자가 알아서 결정하는 거예요. 우리 아버지도 스스로 가셨어요, 가지 않을 수도 있었는데 말이죠······ 제 친구도 볼로트나야 광장에 저와 함께 가

려고 했어요. 그런데 나중에 전화를 하더군요. "알잖아, 난 아이가 아직 어려." 저에겐 연로하신 어머니가 있었어요. 제가 나가려는데 어머니가 두통약을 물고 계시더군요. 그래도 저는 갔어요……

—저는 제 아이들이 저를 자랑스러워했으면 좋겠어요……

—이건 제 자존감을 위해서라도 꼭 필요한 일이에요……

—뭔가를 하려고 시도라도 해봐야지 않겠어요……

—저는 혁명을 믿어요. 혁명은 길고도 집요한 작업이에요. 1905년 첫번째 러시아혁명이 실패했고 파괴되었어요. 하지만 그로부터 12년 뒤인 1917년에는 혁명이 폭발적으로 일어나서 결국 군주제가 산산조각나버렸잖아요. 우리도 우리만의 혁명을 일으킬 거예요!

—난 집회에 가는 길인데요, 당신은요?

—저는 사실 1991년과 1993년만으로도 지쳤어요. 더이상의 혁명은 싫어요! 우선 혁명이 융단 깔리듯 진행되는 경우는 매우 드물고요. 둘째, 저는 경험이 있어요. 우리가 승리한다 하더라도 결국에는 1991년처럼 될 거예요. 승리의 감흥은 금세 식을 거고, 좀도둑들이 전장을 누비고 다니리라는 걸 알아요. 그리고 구신스키*, 베레좁스키, 아브라모비치 같은 놈들이 권력을 잡게 되겠지요……

—저는 반푸틴 시위에 반대해요. 반푸틴 시위는 대부분 수도권에서 일어나죠. 모스크바나 상트페테르부르크는 야당의 편이지만 지방은 푸틴의 편이에요. 우리가 더 못살게 되었나요? 아니잖아요, 예전보다는 훨씬 잘살잖아요. 지금의 것을 잃어버릴까 두려워요. 1990년대에 얼마나 고통스러웠는지 모두가 기억할 거예요. 설마 지금의 이 모든 것을 다 부숴버리고 그 위에 피를 뿌리려

---

* 블라디미르 구신스키(1952~). 러시아의 언론 재벌.

는 사람들이 있을까요.

—저는 푸틴 정권의 추종자가 아닙니다. 전 '작은 차르들'이 이제 지겹습니다. 지도자들이 바뀌었으면 좋겠습니다. 변화가 필요한 것이지 혁명이 필요한게 아닙니다. 그렇다고 경찰들에게 아스팔트를 던지는 짓도 썩 마음에 들진 않습니다……

—미국 국무부 자식들이 돈줄이었어요. 서방의 인형술사들. 이미 우리는 그들의 각본에 따라 페레스트로이카를 해본 경험이 있다고요! 그래서 그 결과가 어땠나요? 우리를 이런 구렁텅이로 밀어넣다니! 난 이런 시위가 아니라 푸틴 지지 시위에 참여해요! 난 강한 러시아의 편입니다!

—지난 20년 동안 상황이 여러 차례 갈아엎어졌죠…… 그런데 결과는 어떤가요? "푸틴 물러가라! 푸틴 물러가라!" 어김없이 또 만트라가 들려오고 있어요. 전 그런 연극 따위를 보기 위해 가지 않습니다. 푸틴이 사라진다고 칩시다. 어차피 새로운 군주가 왕좌에 오르게 될 겁니다. 이제까지처럼 계속 도둑질이 성행할 거라고요. 아파트 현관은 계속 가래침투성이일 것이고, 노인네들은 무관심 속에 버려져 있을 것이고, 정부 관리들은 파렴치할 것이고, 교통경찰들은 뻔뻔할 거라고요…… 뇌물을 주고받는 일은 여전히 지극히 정상적인 행동으로 여겨질 거란 말입니다. 우리가 바뀌지 않는데 정부를 바꾸면 뭘 하나요? 우리 나라에 민주주의가 있다는 말은 털끝만큼도 믿지 않습니다. 우리 나라는 동방국가예요…… 봉건주의가 아직도 있다고요…… 지식인들 대신에 신부들이 있는 나라입니다……

—전 군중을 싫어해요…… 사람떼…… 군중은 절대로 뭔가를 결정하지 못해요. 한 인물이 결정적 역할을 하는 겁니다. 정부는 눈에 띌 만한 인재들이 위쪽에 자리를 차지하지 못하도록 부단히도 노력했어요. 그래서 야권의 지도자 중에는 사하로프 같은 사람도 옐친 같은 사람도 없습니다. '눈의 혁명'은 영웅들을 탄생시키지 못했어요. 계획이 있긴 한가요? 도대체 뭘 한다는 건가

요? 떼로 몰려다니면서 소리나 지르고…… 넴초프*도 마찬가지고…… 나발니**도 마찬가지예요…… 몰디브나 태국에서 휴가를 보냈다며 트위터질을 한다니까요. 파리를 구경했다고 올려요. 1917년 레닌이 그런 시위를 주도한 이후 이탈리아로 여행을 갔다거나 알프스로 스키를 타러 갔다고 한번 생각해보세요, 말이 되는지……

─저는 시위에 다니지 않아요. 투표도 안 해요. 저는 환상을 먹고살지 않습니다……

─그건 혹시 알고 계세요? 당신들 말고도 또하나의 러시아가 있다는 걸 아냐고요? 여기부터 사할린까지 또다른 러시아가 있어요…… 그 러시아는 그 어떤 혁명도 원하지 않아요. '오렌지 혁명'도, '장미 혁명'도, '눈의 혁명'도. 혁명은 이제 충분해요! 내 조국을 이제 좀 가만히 내버려두란 말이에요!

─내일 무슨 일이 일어날지에 대해서는 관심 없어요……

─저는 공산주의자들, 민족주의자들, 나치주의자들과 함께 같은 행렬에 끼어 걷고 싶진 않습니다. 선생님께서는 흰옷을 뒤집어쓰고 십자가를 든 채 행진하는 KKK단들과 함께 걷고 싶으십니까? 그 행진이 아무리 훌륭한 목적을 갖고 있다 할지라도 싫습니다. 우리는 러시아에 대해 서로 다른 꿈을 꾸고 있습니다.

─전 다니지 않아요. 몽둥이로 머리를 얻어맞을까 무섭거든요……

─시위에 다닐 시간이 있으면 기도해야 해요. 주님이 우리에게 푸틴을 보내셨어요……

---

* 보리스 넴초프(1959~2015). 러시아의 정치인. 무릎 꿇고 사느니 선 채로 죽겠다를 몸소 실천한 인물로, 정부에게 죽임을 당할 줄 알았으면서도 끝까지 맞서다가 모스크바 한복판에서 테러로 사망했다.
** 알렉세이 나발니(1976~2024). 러시아의 정치인. 푸틴 대통령에 대한 과감한 비판으로 주목을 끈 러시아 내 반푸틴 세력의 상징적 인물이다. 이로 인해 독살 미수 사건 등 러시아 정부 세력으로부터 숱한 암살 위협을 받다가 2024년 시베리아 감옥에서 의문사했다.

—전 다니지 않아요. 정치적 쇼에 참여하지 않는다는 걸 굳이 해명하고 싶지도 않고요. 시위는 가장 값싼 허세예요. 솔제니친의 가르침대로 우리부터 먼저 거짓 위에서 살지 않는 법을 배워야 해요. 그것 없이 우리는 1밀리미터도 더 전진할 수 없을 겁니다. 그것 없이는 그저 원을 빙빙 돌게 될 거예요.

—지금 모습의 조국도 사랑하는걸요……

—제 관심영역에는 국가가 없습니다. 제 우선순위는 가족, 친구 그리고 사업입니다. 명쾌한 설명이 되었는지요?

—이봐요, 당신은 인민의 적이 아니었던가?

—분명 무슨 사달이 날 거예요. 그것도 머지않아서. 아직까지 혁명은 아니지만, 곧 번개가 번쩍일 겁니다. 모두가 기다리고 있어요. 누가, 어디에서, 언제 할 것인지를……

—아니, 이제야 허리 좀 펴고 살게 됐구먼! 나도 좀 살아봅시다!

—러시아는 잠들어 있어요. 꿈도 꾸지 마세요.

붉은색으로 장식되지 않은 열 편의 이야기

로미오와 줄리엣에 대하여……
다만 그들의 이름은 마르가리타와 아불파스였다

마르가리타 K.(아르메니아 난민, 41세)

─어머나! 전 이 얘기가 아니라…… 이 얘기를 하고 싶은 게 아니라……
전 다른 이야기를 알고 있어요……

저는 아직도 두 손을 머리 뒤에 받치고 잠을 자요. 행복했던 시절의 버릇이
남은 거지요. 저는 참 사는 게 좋았어요! 저는 아르메니아인이었지만 바쿠에
서 태어나고 자랐어요. 해변가에서요. 바다……나의 바다! 저는 그곳을 떠났
지만 여전히 바다를 사랑해요. 모든 것에…… 하다못해 사람에게조차 실망했
지만, 바다만은 여전히 사랑해요. 잿빛, 흑빛, 보랏빛이 섞인 바다가 자주 꿈
에 보여요. 번개도요! 번개가 파도와 함께 춤추는 모습이요. 저녁 무렵이면 먼
곳을 응시하며 해가 지는 모습을 즐겨 보았어요. 저녁 무렵이 되면 빨갛던 해
가 지지직 소리를 내면서 물속으로 쏙 들어가는 것 같았지요. 낮 동안 뜨겁게

달궈진 돌들은, 그 따뜻한 돌들은 마치 살아 숨쉬는 것 같았다니까요. 저는 아침에도, 낮에도, 저녁에도, 밤에도 바다 보는 걸 좋아했어요. 밤이 되면 박쥐가 나타나곤 했는데, 그럴 때는 기겁했죠. 매미들도 노래를 불렀어요. 하늘 가득 별들이 반짝였어요. 전 다른 곳에서 그렇게 많은 별들을 본 적이 없어요. 바쿠는 제가 제일 사랑하는 도시예요. 그런 일이 있었어도…… 여전히 제가 제일 사랑하는 도시임에는 틀림없어요! 전 꿈속에서 구베르나토르스키 공원이나 나고르니 공원을 산책해요. 요새 위에도 올라가지요. 그러면 탁 트인 바다가 보이고, 그 위를 떠다니는 배와 유정탑도 보여요…… 전 엄마와 찻집에 들어가 홍차를 자주 마시곤 했어요. (눈물이 맺힌다.) 엄마는 미국에 계세요. 제가 보고 싶어서 늘 우시죠. 저는 이렇게 모스크바에 있고요……

바쿠에 있는 우리집은 꽤 컸어요. 마당도 넓었고…… 마당에서 뽕나무가 자라고 있었어요. 노란색 뽕나무. 오디 열매가 얼마나 맛있었는지! 우리는 모두 함께 살았어요. 아제르바이잔인, 러시아인, 아르메니아인, 우크라이나인, 타타르인…… 모두가 한 가족처럼 살았어요. 클라라 아줌마, 사라 아줌마…… 압둘라, 루벤…… 그리고 가장 예뻤던 실바까지. 실바는 국제선 스튜어디스였어요. 이스탄불 노선을 탔죠. 실바의 남편 엘미르는 택시를 몰았어요. 실바는 아르메니아인이었고, 엘미르는 아제르바이잔인이었어요. 하지만 아무도 그걸 이상하게 생각하지 않았고, 그런 주제로 대화를 나눈 기억도 없어요. 세상을 구분하는 기준이 달랐거든요. 선인과 악인, 욕심쟁이와 베풀기를 좋아하는 사람, 이웃과 손님. 한 마을…… 한 도시에서…… 모두의 국적이 같았어요. 모두 소련 국민이었고, 모두가 러시아어를 할 줄 알았어요.

우리 모두가 사랑해 마지않았던 가장 아름다운 명절은 '나브루즈'였어요. '나브루즈 바이람'*, 봄을 맞이하는 날이었어요. 1년 내내 이날만을 손꼽아 기다렸고, 자그마치 일주일 동안 명절을 쇠었어요. 일주일 동안 현관문이나 집안의 문들을 잠그지 않았고 밤에도 열쇠나 자물쇠를 걸지 않았어요. 모닥불도 피웠고요. 지붕 위나 마당에서 모닥불을 피웠어요. 온 도시가 모닥불로 반짝거렸지요! 향기로운 후회들을 불에 던져넣고 태우면서 행복을 기원하고 주문을 외곤 했죠. "사를리긴 세네, 그르므즈리긴 메네", 내 모든 불행은 너에게로, 내 기쁨은 내게로…… "그르므즈리긴 메네", 내 기쁨은 내게로…… 명절 동안에는 어느 집에 들어가든 어디서든 손님 대접을 받을 수 있었고, 우유로 만든 필라프와 계피나 소두구 기름이 들어간 홍차를 먹을 수 있었어요. 그리고 마지막 일곱째 날은 명절의 정점이었는데, 그날에는 모두가 한 상에 둘러앉아요. 모두가 마당으로 상을 들고 나와서 긴 하나의 상으로 연결하는 거죠. 그렇게 만든 명절상 위에는 그루지야식 만두 '힌칼리', 아르메니아식 만두 '보라키'와 쇠고기 등심을 양념해 말린 육포 '바스티르마', 러시아식 팬케이크 '블리니', 타타르식 고기파이 '에치포치마크', 우크라이나식 만두 '바레니키', 아제르바이잔식으로 밤을 넣고 볶은 고기 요리 등이 올랐지요. 클라바 아줌마는 모피코트 속에 자신의 시그니처 청어 요리를 감싸 오셨고, 사라 아줌마는 곱게 간 생선요리를 가져오셨어요. 와인도 마시고, 아르메니아 코냑도, 아제르바이잔 코냑도 마셨어요. 아르메니아 노래도 부르고 아제르바이잔 노래도 불렀어요. 그리고 러시아 노래 〈카튜샤〉도 불렀지요. "사과꽃과 배꽃이 만개하고…… 강물 위에 안개가 내려앉으면……" 만찬이 끝나면 마지막 디저트가 남지요. 밀가루를 얇게 민 뒤 겹겹이 쌓고 사이사이에 견과류를 넣은 달콤한 '파흘라바', 달달한 쿠키 '셰케르-추레크'…… 전 그 음식들보다 더 맛있는 건 먹어본 적이 없어요! 물론 그중에서도 우리 엄마의 디저트가 단연 최고였죠! "크나리크, 당신 손은 정말 뭘로 만들어진 거야? 어쩜 이렇게 폭신폭신한

---

* 중동 및 중앙아시아 사람들이 5천여 년 전부터 기념해온 명절이다. '나브'는 페르시아어로 '새로운', '루즈'는 '날'이라는 뜻이고, '바이람'은 '명절'이라는 의미이다. 봄이 시작될 무렵 새해의 새날을 맞이하는 한국의 설날과도 같은 대명절이다.

2부 허무의 마력

반죽이 나올 수가 있지?" 항상 이웃분들이 입에 침이 마르도록 우리 엄마를 칭찬하곤 했지요.

엄마는 제이나브 아줌마와 친하게 지냈는데, 제이나브 아줌마에게는 딸 둘에 아나르라는 아들이 한 명 있었어요. 아나르와 저는 한 반에서 공부했죠. "네 딸 우리 아나르와 결혼시켜라. 그럼 우리도 친척이 되잖아"라며 제이나브 아줌마가 농담하곤 했어요. (자신을 설득하듯이 말한다.) 난 안 울 거야…… 울 필요 없어…… 아르메니아인 학살이 시작되었어요. 그 착했던 제이나브 아줌마까지 아들 아나르와 함께 합세해서…… 우리는 도망갔어요. 착한 사람들 집에 숨어 있었어요. 어둠이 깔리자 사람들이 우리집에서 냉장고와 텔레비전을 꺼내 가고, 가스레인지와 새로 들인 유고슬라비아제 붙박이장까지 들고 갔어요…… 아나르가 자신의 친구들과 함께 우리 남편을 만나서 철 채찍을 무자비하게 휘두르기도 했죠. "네가 그러고도 아제르바이잔인이야? 이 배신자! 넌 우리의 적인 아르메니아년이랑 산다고!" 제 친구가 저를 자기집으로 데리고 가서 숨겨줬어요. 저는 친구네 집 다락방에서 살았어요. 매일 밤 다락방 문이 열리면 내려가서 밥을 먹었고, 다 먹은 후에는 다시 다락방에 올라갔어요. 그러면 친구가 다락방 문을 못으로 박았어요. 꼼꼼히 못으로 박았어요. 발각되기라도 하는 날에는 죽음뿐이었으니까요! 그곳에서 나올 때쯤 제 앞머리가 하얗게 셌더라고요…… (아주 작은 목소리로 말한다.) 다른 사람들에게는 "날 위해서 울지 마라" 그러면서 정작 저는 계속 주책없이 눈물이 나네요…… 학교 다닐 때 전 아나르를 좋아했어요. 잘생긴 소년이었거든요. 우리는 키스한 적도 있어요…… "여왕님, 안녕!" 아나르는 학교 정문 앞에서 저를 기다려주곤 했어요. 여왕님, 안녕!

저는 그 봄을 기억해요…… 물론 그때를 회상하곤 하지만…… 이제는 이따금 떠올릴 뿐이죠. 자주 떠올리진 않아요. 봄이다!! 저는 전문대를 졸업하고 전신국 연락원으로 취직했어요. 중앙통신국에요. 창구에는 사람들이 서 있었어요. 엄마가 돌아가셨다며 우는 사람들, 결혼한다며 웃고 있는 사람들을 만날 수 있었죠. "생일 축하해요! 50세 생일을 축하해요!" 전 전보를 보내고 또 보내고. 블라디보스토크, 우스트 쿠트, 아시하바드…… 어디든 전보를 보냈어요. 즐거운 일이었어요. 지루하지도 않았고요. 전 사랑이 오길 기다렸어요. 열여덟 살에는 누구든 사랑을 기다리기 마련이잖아요. 저는 사랑은 한 번만 찾아오는 것이고, 그 사랑을 한눈에 알아볼 수 있을 거라고 믿었어요. 그런데 사랑은 굉장히 웃기게 찾아왔어요. 정말 웃겼어요. 남편과의 첫 만남은 정말이지 마음에 들지 않았어요. 아침에 제가 경비실을 지나가고 있을 때였어요. 모두가 저를 알았기 때문에 아무도 출입증을 요구하지 않았거든요. "안녕하세요! 안녕하세요!" 그러면 끝이었어요. 그런데 그날은 "출입증을 보여주십시오"라고 하지 않겠어요? 저는 그 자리에서 굳어버렸지요. 키가 크고 멋있게 생긴 어떤 청년이 제 앞을 가로막고는 저를 보내주지 않는 거예요. "매일 저를 보시잖아요……" "출입증을 보여주십시오." 그런데 그날 제가 마침 출입증을 가지고 가지 않았던 거예요. 가방을 아무리 뒤져도 신분증이 될 만한 건 없었어요. 결국 제 부서장이 호출됐고…… 저는 사유서를 쓰게 되었죠…… 그 사람 때문에 얼마나 열받았는지! 그런데 그는…… 제가 야간근무를 할 때였는데, 그가 친구와 함께 차를 마시러 들어오는 거예요. 세상에! 게다가 과일잼이 꽉 찬 파이를 가져왔죠. 지금은 그런 파이를 찾아보기가 힘들어요. 맛이 기가 막히지만 한입 베어 물 때마다 정말 긴장되죠. 어디에서 잼이 흘러나올지 모르니까요. 안으로 들어와서는 어찌나 박장대소하며 떠들던지! 전 그와 말도 섞지 않았어요. 삐친 상태였으니까요. 며칠 뒤 퇴근 후 그가 저를 찾아오더군요. "영화표 샀는데, 나랑 같이 갈래?" 제가 제일 좋아하는 바흐탕이 주연으로 출연하는 〈미미노〉라는 코미디 영화였어요. 전 그 영화를 열 번이나 봐서 내용을 다 외고 있을 정도였죠. 알고 보니 그도 마찬가지더라고요. 우리는 같이 가면서 진정한 영화의 팬인지 서로를 검증했어요. "내가 한 가지 비밀을 얘기해줄

게. 제발 삐치지만 말아줘." "사람들이 다 알고 있는 암소를 팔려면 내가 어떻게 해야 했을까?"* 그렇게…… 우리의 사랑이 시작되었어요. 그의 사촌형이 대형 비닐하우스를 가지고 있었어요. 꽃 장사를 했죠. 저와 만나러 올 때마다 아불파스는 항상 빨간 장미나 하얀 장미를 가져다주었어요. 마치 색칠한 것 같은 보라색 장미도 있었죠. 진짜 장미였어요. 저는 꿈을 꾸곤 했어요…… 사랑을 꿈꾸곤 했어요. 하지만 사랑을 하면 심장이 미친듯이 뛰어대다가 가슴 밖으로 튀어나갈 것 같은 느낌이라는 건 전혀 몰랐어요. 촉촉이 젖은 백사장 위에다 우리는 서로에게 편지를 썼어요…… 큰 글씨로 "나는 너를 사랑해!", 그런 뒤 10미터 더 앞으로 가서 또 "나는 너를 사랑해!!"라고 썼죠. 그 시절에는 시내 곳곳에 탄산수 자동판매기가 있었어. 단, 그 자판기에는 공용으로 사용하는 컵이 달랑 하나 있었어요. 그 컵을 닦아서 다시 그 컵에 따라 마시는 거죠. 하루는 자판기에 갔더니 컵이 없는 거예요. 그다음 자판기에도 역시나 컵이 없었어요. 그런데 저는 목이 심하게 탔거든요! 바닷가에서 노래 부르고 소리지르고 미친듯이 웃어댔으니 갈증이 난 거죠. 한동안 우리들에게는 마법 같은 일들이 참 많았는데, 나중에는 그 마법이 온데간데없이 사라져버리고 말았어요. 전 그걸 알아요…… 정말이에요! "아불파스, 나 목말라! 어떻게 좀 해봐!" 아불파스가 물끄러미 절 바라보더니 갑자기 하늘을 향해 두 팔을 뻗으면서 한참 동안 뭔가를 중얼거렸어요. 그런데 갑자기 어디서 나타났는지…… 잡초가 무성하게 자란 울타리와 닫혀 있던 노점상 사이에서 술 취한 사람이 불쑥 튀어나왔어요. 그러고는 컵을 우리에게 주는 거예요. 혀 꼬부라진 소리로 "예-뿐 아-가-씨에겐 아-무것도 아깝지 않아, 그럼, 그렇고말고"라고 말하면서요.

그와 함께 본 해돋이는 또 어떻고요…… 우리 빼고는 아무도 없었어요. 우

---

* 〈미미노〉라는 영화의 유명한 대사다.

리와 바다 안개만 있었죠. 저는 맨발로 걸어다녔는데, 아스팔트길 위로 안개가 피어오르는 모습이 마치 수증기 같았어요. 그러다 또다시 기적을 보고 말았죠! 갑자기 쑥 해가 솟는 거예요! 빛…… 광명…… 마치 한여름의 따사로운 햇살 같은…… 아침이슬에 젖어버린 제 여름 원피스가 바싹 마를 정도였죠. "너 지금 정말 예쁘다!" 그런데 당신은…… 당신은…… (눈가에 눈물이 고인다.) 다른 사람들에게는 울지 말라고 하면서 정작 저는…… 모든 것이 생각나요…… 생각이 나네요…… 그런데 매번 떠올릴 때마다 점점 등장하는 목소리들도 줄어들고, 이제는 꿈도 가끔씩 꾸게 돼요…… 전 그때는 꿈속에서 살았어요…… 날아다녔어요! 다만 우리에게는…… 그게 없었죠! 해피엔딩이…… 순백의 웨딩드레스, 결혼행진곡, 신혼여행…… 얼마 뒤, 정말 얼마 지나지 않아서…… (말을 멈춘다.) 뭔가를 얘기하려고 했는데…… 뭐였더라…… 가장 일상적인 단어를 잊어버려요…… 잊어버리기 시작했어요. 제가 드리려고 했던 말은…… 머지않아, 정말 머지않아서 사람들이 저를 지하실에 숨기고, 저는 다락방에 숨어 살게 되었다는 거예요…… 저는 고양이, 박쥐처럼 살게 되었어요. 선생님께서는 이해하실 수 없을 거예요…… 이해 못 하실 거예요…… 밤에 누군가 내지르는 소리가 얼마나 두려운지 선생님께서는 모르실 거예요…… 그건 고독한 비명이에요. 외로운 새 한 마리가 한밤중에 소리를 지르면 소름이 돋아요. 저거 혹시 사람의 비명 아니야? 저는 한 가지 생각만으로 살았어요. 나는 사랑한다, 사랑한다, 사랑한다. 다른 방법으로는 살 수 없었을 거예요, 견디지 못했을 거예요. 그런 끔찍한 일을 어떻게 견딜 수 있겠어요! 다락방에서 기어나올 수 있는 건 한밤중뿐이었어요. 이불처럼 두꺼운 커튼이 드리워져 있을 때만 나올 수 있었어요. 어느 날 아침에 다락방 문이 열리더군요. "이제 나와도 돼! 이제 살았어!" 러시아 군인들이 도시에 입성한 거예요……

늘 그 생각을 해요…… 꿈속에서도 그런 생각을 해요. '그 일들이 대체 언

　　　　　　　　　　　　　　　2부 허무의 마력

제부터 시작된 거지?' 1988년…… 광장에 한 무리의 사람들이 모여들었어요. 그들은 검은 옷을 입고 춤추면서 노래를 불렀어요. 칼과 단도를 들고 춤을 췄어요. 전신국 건물은 광장 바로 옆에 있었기 때문에 이 모든 일이 우리 눈앞에서 벌어졌어요. 우리는 베란다에 모여 서서 그 광경을 구경했어요. "저 사람들이 뭐라고 소리치는 거예요?"라고 제가 물었죠. "불신자들에게 죽음을! 죽음을!" 그 사람들은 오랫동안 아주 오랫동안 몇 개월 동안 계속해서 그 일을 했어요. 가면 갈수록 사무실 사람들은 우리들이 창가에 서질 못하게 했어요. "아가씨들, 위험해요. 이제 제자리에 앉아서 일에 집중하세요." 점심시간이면 보통 우리는 함께 차를 마시곤 했어요. 그런데 어느 날 갑자기 아제르바이잔인 테이블과 아르메니아인 테이블로 나눠서 앉기 시작했어요. 갑자기요, 이해가 되세요? 전 이해해보려 해도 도저히 이해할 수가 없었어요. 전 아무것도 인식하지 못했어요. 전 사랑에 빠졌고, 그 감정만으로도 벅차서 주변 상황을 알아차리지 못했어요. "언니들! 도대체 무슨 일이에요?" "아직 못 들은 거야? 부장님이 그러는데, 이제 곧 순수 혈통의 이슬람교도만 이곳에서 일하게 될 거래." 우리 할머니는 1915년에 있었던 아르메니아 학살을 겪으셨어요. 저는 기억해요…… 제가 어렸을 적 할머니가 자주 이야기해주셨거든요. "내가 너처럼 어린아이였을 때, 그 사람들이 우리 아빠를 칼로 찔러 죽였단다. 우리 엄마도 우리 고모도 우리 양들도……" 할머니의 눈은 항상 슬퍼 보였어요. "다름 아닌 이웃들이 죽였단다…… 그 일이 벌어지기 전까지만 해도 정상적이었던, 착했다고 말할 수 있었던 그 사람들이 말이다…… 한 상에 둘러앉아 명절마다 먹고 마셨던 그 사람들이……" 저는 그건 옛날 옛적의 일이라고만 생각했어요. 지금 시대에 어떻게 그런 일이 일어날 수 있겠어요? 저는 엄마에게 물었어요. "엄마도 봤어요? 남자애들이 마당에서 전쟁놀이를 하는 게 아니라 아르메니아인 죽이기 놀이를 하고 있는 걸요? 도대체 누가 아이들에게 그걸 가르쳤을까요?" "딸아, 조용히 해. 이웃들이 듣는다." 엄마는 항상 울었어요. 앉아서 울기만 했어요. 아이들은 마당에 이상한 허수아비를 세워놓고 막대기나 장난감 단도로 허수아비를 찌르며 놀았어요. "그 허수아비가 누구니?" 저는 엄마 친구였던 제이나브 아줌마의 손자, 꼬마 오르한을 불러서 물었어요. "저건 아르메니아 할머니예요. 우리는 할머니를 죽이고 있는 거예요. 아줌마, 근데 아줌마는 누구예요? 왜 아줌마 이름은 러시아식이에요?" 제 이름은 엄마가 지어주셨어요. 엄마는 러시아 이름을 좋아했고 평생 모스크바에 한번 가보는 게 소원이라고 했어요. 아빠는 우리를 버리고 떠난 뒤 다른 여자와 살림을 차렸어요. 하지만 그래도 아버지는 아버지잖아요. 저는 아빠에게 소식을 전하러 갔어요. "아빠, 저 결혼해요!" "괜찮은 놈이냐?" "네, 아주요. 근데 이름이 아불파스예요……" 아빠는 아무 말도 하지 않았어요. 딸이 행복했으면 하는데, 그 딸이 그만 무슬림과 사랑에 빠지고 만 거예요. 다른 신을 믿는 사람과…… 하지만 아빠는 침묵했어요. 어쨌든…… 그렇게 해서 아불파스가 우리집에 오게 되었어요. "너에게 청혼하러 왔어." "그런데 왜 혼자 온 거야? 중매쟁이도 없고? 친척들도 없고?" "모두가 반대했어. 하지만 난 너 외에는 아무도 필요 없어." 나도 그랬어요…… 나도 아무도 필요 없었어요. 우리의 사랑을 우리가 어찌할 수 있었겠어요?

하지만 주변에서 일어나는 일들은 우리 마음속 세상과는 달랐어요…… 달랐어요. 전혀 달랐어요…… 밤이면 음산한 정적이 도시를 에워쌌어요. 어떻게 그럴 수가 있을까요? 전 그렇게 살 수 없었어요. 도대체 그게 뭔가요, 정말 끔찍했어요! 낮에도 사람들은 웃지도 않고 농담도 하지 않았어요. 더이상 꽃도 사지 않았어요. 예전에는 밖을 돌아다니다보면 누군가는 반드시 꽃다발을 들고 갔거든요. 여기서도 키스를 나누고, 저기서도 키스를 나누고 있었다고요. 그런데 이제는…… 예전과 똑같은 사람들인데도…… 서로의 얼굴을 쳐다보지 않아요. 사람들의 머리 위에 뭔가 앉아 있는 것 같았어요. 그리고 모두가 막연한 기대감 같은 걸 갖고 있는 것 같았어요……

지금은 모든 상황을 정확하게 떠올리기가 힘들어요…… 하루가 다르게 상황은 변해갔어요. 지금이야 모두가 '숨가이트'에 대해서 알고 있죠. 바쿠에서 숨가이트까지는 30킬로미터 정도밖에 안 돼요…… 그곳에서 첫번째 학살이 시작되었어요. 우리 사무실에 숨가이트에서 온 아가씨가 한 명 있었는데, 교대할 시간이 되었는데도 가지 않고 전신국에 남아 있는 거예요. 보니까 전신국 창고에서 잠을 자고, 울어서 눈이 퉁퉁 부은 채로 다니는 거예요. 밖으로는 아예 눈길조차 주지 않았고 아무하고도 얘기하지 않더라고요. 그녀에게 왜 그러냐고 물어봐도 아무 대답이 없었죠. 그런데 막상 그녀가 얘기를 시작했을 때는…… 그때는…… 전 더이상 그녀의 말을 듣고 싶지 않았어요. 듣고 싶지 않았다고요! 아무것도요! 대체 그게 무슨 일인가요? 대체 이게 다 웬일이죠? 어떻게 그럴 수가 있나요? "집안에 무슨 일이 있는 거예요?" "강도를 당했어요." "부모님은요?" "그 사람들이 엄마를 마당으로 끌고 나가서 벌거벗긴 후에 모닥불에 던져넣었어요. 임신한 언니에게는 그 모닥불 주위를 돌면서 춤추게 했어요…… 그리고 언니를 죽인 뒤에 철채찍으로 언니의 뱃속에 있던 태아를 파냈어요……" "그만! 그만해요!" "아빠는 도끼에 목이 잘렸어요…… 친척들도 구두를 보고서야 아버지인 줄 알았대요." "그만! 제발 그만해!" "늙은 남자건 젊은 남자건 20~30명씩 무리를 지어서 아르메니아인들이 살고 있는 집에 쳐들어갔고, 사람들을 죽이고 여자들을 범했어요. 아버지가 보는 앞에서 딸을, 남편이 보는 앞에서 아내를……" "그만해! 말하지 말고 차라리 울어!" 그녀는 울지 않았어요…… 그녀는 그토록 겁에 질려 있었던 거예요. "자동차를 불태웠어요. 묘지에 있는 아르메니아인들의 묘비를 뽑아냈어요. 죽은 사람들조차 미워했어요. "그만 좀 하라고! 인간이 그런 일을 한다는 게 말이나 돼?" 우리 모두는 그녀를 두려워하기 시작했어요. 텔레비전, 라디오, 신문에서는 숨가이트에 대해서 한마디 언급조차 없었어요. 소문만 돌았을 뿐이죠. 나중에 사람들이 제게 묻더군요. "어떻게 살았어? 그 모든 일을 겪고도 어떻게 살 수 있었어?" 봄이 왔어요. 여자들은 하늘하늘한 원피스를 꺼내 입기 시작했지요…… 그런 끔찍한 일이 벌어지는데도 자연은 너무나도 아름다웠어요! 이해가 되세요? 바다도 아름다웠다고요.

저는 결혼 준비를 했어요. 엄마가 애원했죠. "딸아, 다시 한번 생각해봐라." 아빠는 아무 말도 하지 않았고요. 한번은 아불파스와 함께 길을 걷다가 그의 누이들을 만나게 되었어요. "뭐야, 호박이라며? 봐봐, 너무 예쁘잖아." 자기들끼리 소곤거리는 소리를 들었어요. 아불파스! 아불파스! 제가 아불파스에게 부탁했죠. "우리 결혼식은 올리지 말고 혼인신고만 하자. 결혼식은 나중에 해." "그게 무슨 말이야? 너도 알잖아, 그건 우리 전통이야. 인간의 삶에는 딱 3일이 있어. 태어난 날, 결혼한 날, 죽는 날." 아불파스는 반드시 결혼식을 하자고 고집했어요. 결혼식 없이는 행복하지 않을 것이라고 생각했죠. 하지만 아불파스의 부모님은 완강하게 반대하고 있었어요. 매우 완강하게요! 결혼비용도 대주지 않았고, 그가 벌어서 갖다드린 돈도 그에게 돌려주지 않았어요. 하지만 모든 일이 관습에 따라…… 옛 전통에 따라 이뤄져야 했죠…… 아제르바이잔의 전통은 아름다워요, 저는 그 전통을 참 좋아했어요. 신부의 집에 먼저 매파가 찾아오죠. 신부의 집에서는 그들의 말을 가만히 듣기만 해요. 두번째 날에 그들이 다시 찾아오면 허락하거나 거절하는 거죠. 그다음 와인을 마셔요. 웨딩드레스와 결혼반지는 신랑이 사야 하고, 준비가 되면 반드시 아침에 신부의 집으로 가져가야 해요. 그리고 반드시 그날은 화창한 날이어야 해요. 왜냐하면 행복은 같이 데려와야 하고, 어두운 기운은 쫓아내야 하니까요. 신부는 신랑의 선물을 받은 뒤 감사를 표시하고, 모두의 앞에서 둘은 키스를 나눠요. 신부의 어깨에 하얀색 스카프가 드리워지는데, 그건 순결의 표시죠. 결혼식 당일…… 신랑과 신부 양가에서 많은 선물을 가져와요. 선물이 산더미처럼 쌓여 있죠. 그 선물들을 빨간색 리본으로 묶은 커다란 쟁반 위에 놓아요. 그리고 수백 개의 알록달록한 풍선을 불어 장식을 하죠. 그 풍선들이 며칠 동안 신부의 집 위에 떠워져 있어요. 그 풍선들이 오래 떠 있으면 떠 있을 수록 신랑과 신부가 서로를 강하게 사랑하고 있다고 믿었어요.

하지만 내 결혼식…… 우리의 결혼식은…… 신랑집에서 보내는 선물도 신부집에서 보내는 선물도 모두 우리 엄마가 장만했어요. 순백의 웨딩드레스도 금반지도 모두…… 잔칫상에 둘러앉아 첫번째 잔을 들기 전 신부의 친척 중 한 명이 일어나서 신부의 장점을 칭찬하고, 신랑 쪽에서도 마찬가지로 한 명이 일어나 신랑의 장점을 칭찬해야 하는 전통이 있었죠. 신부측에서는 저의 할아버지가 말씀하셨어요. 말씀이 끝난 후에 아불파스에게 할아버지가 물었어요. "너를 위해서는 누가 말씀해주실 거니?" "저는 제가 직접 얘기할게요. 저는 할아버님의 손녀딸을 사랑합니다. 제 목숨보다 더 사랑합니다." 얼마나 멋있게 말했는지 모두의 마음에 들었죠. 사람들은 우리가 넘어야 하는 문턱에 작은 동전이나 쌀알을 던지면서 행복과 부를 빌어주었어요. 그리고 결혼식에는…… 그 순서가 있잖아요…… 한쪽 친지들이 자리에서 일어나 다른 쪽 친지들께 인사하고, 거꾸로도 인사해야 하는 그 순서 말이에요. 그런데 아불파스는 혼자 일어났어요…… 고아처럼요…… '내가 당신의 아이를 낳아줄게요. 당신은 절대로 혼자이지 않을 거예요.' 그때 저는 그렇게 생각했어요. 맹세하듯이요. 하지만 아불파스는 이미 알고 있었어요. 제가 청소년기에 심한 병을 앓은 뒤로 의사들이 아이를 출산해서는 안 된다고 말했고, 저는 그 얘기를 아불파스에게 고백했거든요. 하지만 아불파스는 우리가 함께 있을 수만 있다면 그조차 상관없다고 했어요. 하지만 저는…… 저는 아이를 낳겠다고 결심했죠. 제가 죽더라도 제 아이만은 남을 테니까요.

나의 바쿠……

……바다…… 바다…… 바다……

……태양…… 태양…… 태양…… 그런데 그건 더이상 나의 바쿠가 아니었어요……

……아파트 현관에는 문이 떨어져나가고, 문에 난 구멍들은 비닐 조각으로 메워져 있어요……

……남자들 또는 청소년들…… 너무나 끔찍해서 기억하지 않으려 했어요. 여자를 때리고, 말뚝으로 쑤시고…… (도대체 그 많은 말뚝을 도시에서 어떻게 구했을까요?) 그 여자는 신음 소리도 내지 않고 땅바닥에 쓰러져 있었어요. 사람들은 그 모습을 보고도 뒤돌아 다른 길로 갔어요. 경찰은 대체 어디에 있었을까요? 경찰들이 사라지고 없었어요. 며칠씩 경찰은 코빼기도 보이지 않았어요. 아불파스는 자기 집에 있으면 욕지기가 난다고 했어요. 아불파스는 정말 착한 사람이었거든요. 그런데 대체 그 사람들은……밤을 누비고 다니는 그 사람들은 대체 어디서 온 걸까요? 한번은 길을 가고 있는데, 맞은편에서 온몸에 피를 뒤집어쓴 사람이 뛰어오는 거예요. 그의 외투와 손은 피투성이였어요. 그의 손에는 채소를 썰 때 사용하는 긴 식칼이 들려 있었어요. 그리고 그의 얼굴은 환희에 젖은…… 어쩌면 행복하다고도 할 수 있는 그런 얼굴이었어요. 제가 알던 여자애가 같이 버스정류장에 서 있었는데, "나 저 사람 알아"라고 하더군요.

……그때 제 안에서 뭔가가 사라졌어요…… 무엇인가가 더이상 제게는 없어요……

……엄마는 일을 그만두었어요…… 길을 다니면 이제는 사람들이 금세 알아보았기 때문에 더이상 밖을 돌아다니는 건 위험했거든요. 하지만 저는 알아보질 못하더군요. 단! 절대로 신분을 증명할 수 있는 서류를 가지고 다녀서는 안 되었어요. 절대로요! 아불파스는 일이 끝나면 저를 마중나왔고, 우리는 같이 걸어갔어요. 아무도 제가 아르메니아 여자라는 걸 눈치채지 못했어요. 하지만 아무나 다가와서 신분증을 요구할 수는 있었죠. "숨거나 떠나요." 이웃에 살던 러시아 할머니들이 우리를 걱정해주셨어요. 젊은 러시아인들은 좋은 가구와 아파트를 모두 버리고 그곳을 떠났어요. 할머니들만…… 착한 러시아

할머니들만 그곳에 남아 있었지요.

……그때 저는 이미 홀몸이 아니었어요. 제 심장 아래 아이를 담고 있었어요……

……바쿠 대학살은 몇 주 동안 계속되었어요. 어떤 사람들은 몇 주라고 말하기도 하고 또다른 사람들은 더 오랫동안 계속되었다고 해요. 아르메니아인들만 죽인 것이 아니라 아르메니아인들을 숨겨준 사람들까지도 죽였어요. 저는 아제르바이잔 친구의 집에서 숨어 있었어요. 그 친구에게는 이미 남편과 두 명의 아이들이, 가정이 있었어요. 전 맹세코…… 언젠가는…… 언젠가는 우리 딸과 바쿠에 가서 그 집에 꼭 들를 거예요. 그러고는 이렇게 말할 거예요. "딸아, 인사해라. 이분이 너의 두번째 어머니이시다"라고요. 코트 같은 두꺼운 커튼…… 그런 커튼을 일부러 저를 위해서 만들었어요. 밤이면 다락방에서 내려와 한두 시간 정도 있었어요. 우리는 소곤거리며 대화해야 했어요. 모두가 잘 알고 있었어요. 제가 벙어리가 되지 않도록, 정신줄을 놓지 않도록 하기 위해서는 계속 말을 걸어야 한다는 걸요. 뱃속 아이를 흘리지 않고, 한밤중에 짐승처럼 목놓아 울부짖지 않게 하려면 말을 시켜야 한다는 것을요.

전 그때의 대화를 또렷이 기억해요. 저는 하루종일 다락방에 앉아서 그 대화들을 머릿속에서 정리하곤 했으니까요. 저는 혼자였고…… 틈 사이로 아주 가는 한줄기의 하늘만 보였어요……

"……길 가던 나이 많은 라자르 씨를 그들이 멈춰 세우고는 때리기 시작했대…… '나는 유대인이야!' 라자르 씨가 항거했지만, 여권을 확인했을 때는 이미 불구가 되어 있었던 거야……"

"……돈 때문에도 죽이고 그냥도 죽이고 있어…… 특히, 아르메니아 부잣집만 혈안이 되어서 찾는 것 같아……"

"……어떤 집에는 들어가서 그 집안 사람 모두를 살해했대. 그런데 막내 여자애가 나무 위로 도망을 간 거야. 그놈들이 글쎄, 그 아이를 새를 쏘듯이······ 하지만 밤이어서 시야가 안 보였고 계속 빗맞았던 거야. 엄청 악이 올랐던 거지······ 그놈들은 계속 조준했고······ 결국 그 아이가 그놈들의 발치에 떨어지고 말았어······"

제 친구의 남편은 화가였어요. 저는 그의 그림을 좋아했어요. 그가 그리는 그림은 대부분 여성의 초상화 또는 정물화였어요. 그가 책장으로 가서 책 겉표지들을 툭툭 치면서 화를 내던 모습이 눈에 선해요. "이건 다 태워버려야 해! 태워버려야 해! 난 더이상 책 따위를 믿지 않아! 우리는 항상 선이 승리한다고 생각했어. 말도 안 되는 헛소리였던 거야! 도스토옙스키에 대해 논쟁했지······ 봐봐, 그때 그 책 속의 인물들이 모두 이곳에 있어! 우리들 가운데, 우리와 함께!" 저는 그가 무슨 이야기를 하고 있는지 이해할 수가 없었어요. 저는 단순하고 평범한 여자였으니까요. 대학교도 다니지 않았고요. 전 우는 것밖에 할 줄 아는 게 없었어요······ 눈물을 훔치는 것밖에······ 저는요, 우리가 세상에서 가장 좋은 나라, 세상에서 가장 좋은 사람들 사이에서 살고 있다고 믿었어요. 아주 오랫동안 그렇게 믿었어요. 우리는 학교에서 그렇게 배웠거든요. 그런데 제 친구의 남편은 그 상황을 아주 힘겹게 심히 괴로워하면서 견뎌내고 있었어요. 결국 친구의 남편은 뇌졸중으로 몸이 마비되고 말았지요······ (말을 멈춘다.) 잠깐만 멈출게요······ 갑자기 몸이 덜덜 떨리네요······ (몇 분 뒤 말을 이어간다.) 러시아 군대가 바쿠에 입성했어요. 그래서 전 드디어 집으로 돌아갈 수 있게 되었지요. 친구의 남편은 자리보전하고 있었고, 한 손만 그것도 겨우 움직일 수 있었어요. 그런데도 그 한 손으로 저를 안아주었어요. "마르가리타, 난 밤새도록 너에 대한 생각, 내 인생에 대한 생각을 했어. 수년 동안······ 아니, 평생 동안 나는 공산주의자들에 맞서 싸웠어. 그런데 지금은 회의가 생겨. 차라리 옛 미라들이 다시 돌아와서 통치하는 게 더 낫겠다는 생각이 들어. 그들이 다시금 서로서로 별 모양의 영웅 훈장을 달아주고, 우리는 또다시 해외에 나갈 수 없게 되고, 금서들을 읽지 못하게 되고, 신들의 음식이라 불리는 피자를 못 먹게 된다 해도…… 차라리 그게 더 나을 것 같다는 생각을 했어. 그랬다면 그 어린 소녀가…… 지금까지 살아 있을 테고…… 아무도 그 소녀에게 총을 겨누지 못했을 테니까…… 그렇게 새를 사냥하듯 말이야…… 그리고 너도 생쥐처럼 다락방에 숨어 지낼 필요가 없었을 테니까……" 얼마 뒤 친구의 남편은 세상을 떠났어요…… 아주 짧은 기간 동안에…… 그렇게나 많은 사람들이, 착한 사람들이 죽어갔어요. 그 사람들은 그 상황을 받아들일 수가 없었던 거예요.

거리 곳곳마다 러시아 군인들이 깔려 있었어요. 군장비들도요. 러시아 군인들은 어린 소년들이었어요. 그곳에서 그 광경을 보다가 기절하는 군인들도 있었어요……

어느덧 임신 8개월째에 접어들고 있었어요. 출산이 머지않은 때였죠. 밤중에 제가 몸이 안 좋아졌고, 구급차를 부르기 위해서 전화했어요. 그런데 아르메니아 성을 듣자마자 그쪽에서 수화기를 내려놓더군요. 거주지 관할 조산원을 비롯해 그 어디에서도 저를 받아주지 않았어요. 여권을 펼치자마자 자리가 없다는 거예요. 자리가 없다니요! 아무리 해봐도 병원을 찾을 수가 없었어요. 엄마가 어디서 나이 많은 산파를 구했어요. 러시아 여자였는데, 옛날에 엄마의 출산을 도왔던 분이었어요. 옛날 옛날에요…… 그 산파는 시외 어느 시골 마을에서 살고 있었어요. 산파의 이름은 안나였어요. 부칭은 기억이 안 나네요. 일주일에 한 번 산파가 우리집에 와서 저를 살피고 있었어요. 그러고는 난산이 될 것 같다고 말했죠. 진통은 밤에 시작되었어요. 남편은 택시회사가 전화를 받지 않아서 직접 택시를 잡으러 뛰어나갔어요. 택시가 도착했고 저를 본 기사가 대뜸 "뭐예요, 아르메니아 여자예요?"라고 묻더군요. "내 아내예요." "싫어요, 못 태웁니다." 남편이 울음을 터뜨렸어요. 지갑을 꺼내서 돈을 보여줬어요. 한 달 치 월급이 들어 있었어요. "여기…… 받으세요. 다 드릴게요…… 제발 내 아내와 아이만은 살려주세요." 우여곡절 끝에 우리는 모두 차에 올라탔어요. 엄마도 저희와 함께 가셨죠. 산파가 살았던 시골 마을로. 그곳 병원에서 그 산파가 월급의 반만 받고 일하고 있었거든요. 산파는 연금에 조금이나마 보태보려고 일을 하고 있었어요. 산파는 이미 우리를 기다리고 있었고 저를 바로 산모침대에 눕혔어요. 저는 진통을 오래했어요…… 일곱 시간 정도. 그때 저와 아제르바이잔 여자, 이렇게 딱 두 명만 출산을 하고 있었어요. 그곳에는 베개가 하나밖에 없었는데, 그 베개를 아제르바이잔 여자에게 주었기 때문에 저는 머리를 낮게 둘 수밖에 없었어요. 불편하고, 아팠죠…… 엄마는 문 옆에 서 있었어요. 병원 사람들이 쫓아내도 계속 서 있었어요. 만약 아이를 누가 훔쳐가기라도 하면…… 만약에 그러기라도 하면 어떡하나 싶었던 거예요. 그때는 무슨 일이든 일어날 수 있었으니까요…… 그때는 모든 게 가능했으니까요…… 저는 딸을 낳았어요. 딱 한 번 아이를 데려와서 보여주더니 더이상 데려오질 않았어요. 다른 산모들(아제르바이잔 여자들)에게는 아이들을 데려다주고 수유하게 했는데, 제게는 데려오질 않는 거예요. 전 이틀이나 기다렸어요. 그러다가…… 벽을 붙잡고…… 벽에 의지해서…… 신생아실까지 겨우 갔지요. 신생아실에는 아기들이 단 한 명도 없었고, 우리 딸만 덩그러니 누워 있었어요. 그런데 문이란 문은 창문까지 활짝 열려 있었고요. 아이를 만져보니 불덩이처럼 뜨거웠어요. 그때 마침 엄마가 도착했고…… 저는 엄마에게 말했어요. "엄마, 아이를 데리고 여길 떠나요. 아이가 벌써 병에 걸렸어요."

딸은 오랫동안 앓았어요. 이미 퇴직한 지 오래된 늙은 의사가 딸아이를 진료했어요. 유대인이었죠. 하지만 그는 아르메니아인들을 찾아다니며 도움을 주곤 했어요. 그는 말했죠. "아르메니아인이라는 이유로 아르메니아인들을 죽이고 있어요. 마치 유대인이기 때문에 유대인을 죽였던 것처럼요." 그는 매우 나이가 많았어요. 우리는 딸의 이름을 이린카라고 지었어요. 사랑스러운 내 딸 이린카…… 차라리 러시아식 이름을 붙이는 것이 낫다고 생각했거든요. 그 이름이 훨씬 안전할 거라고 생각했어요. 남편은 처음으로 아이를 안아보았고 울음을 터뜨렸어요. 꺼이꺼이 울더군요…… 행복에 겨워서…… 그런 상황에도 행복이란 것이 있었다고요…… 우리만의 행복! 그즈음에 시어머니가 병에 걸리셨어요…… 그래서 남편은 친척들에게 점점 더 자주 다녀오곤 했어요. 그런데 친척들에게만 다녀오면…… 뭐라고 해야 할까…… 어떤 모습으로 돌아왔는지 뭐라 설명하기가 힘드네요…… 전혀 낯선 사람의 모습, 우리가 알지 못하는 모습으로 되돌아오곤 했어요. 물론 저는 겁이 나기도 했죠. 이미 바쿠는 아르메니아에서 피난을 온 아제르바이잔인들로 가득했어요. 아르메니아인들이 바쿠에서 도망칠 때와 똑같이 아제르바이잔인들도 빈손으로 아무것도 없이 도망을 왔더군요. 그리고 이곳에서 벌어진 일들과 똑같은 일들에 대해서 말했어요. 세상에! 정말 똑같은 일이 벌어지고 있었어요. 피난민들은 아제르바이잔인 학살이 일어난 '호잘리'에 대해서 이야기했어요…… 그곳에서 아르메니아인들이 아제르바이잔 사람들을 어떻게 죽였는지…… 여자들을 창밖으로 집어던지고…… 참수하고…… 죽은 사람들에게 오줌을 갈기고…… 참혹한 이야기들이 어찌나 많던지! 저는 며칠 밤을 뜬눈으로 지새우며 생각하고 또 생각했어요. '떠나야 한다! 떠나야 한다!' 그래서는 안 되는 거잖아요. 전 그렇게 살 수는 없었어요. 도망가자…… 이 모든 것을 잊기 위해 도망가자. 만약 그곳에서 꾹 참고 있었다면 전 아마 죽었을 거예요…… 전 알아요, 죽었을 거예요……

먼저 엄마가 떠났어요. 그다음에는 아빠가 살림을 차린 그 가족들과 함께 떠났고요. 뒤이어 저와 딸이 그곳을 떠났죠. 위조서류를 가지고…… 아제르바이잔 성이 적힌 여권을 가지고 말이에요. 자그마치 석 달 동안이나 표를 구했어요. 줄이 얼마나 길었던지! 비행기에 올라타자 과일상자에, 꽃이 담긴 종이박스에…… 물건들이 여객들보다 훨씬 많았어요. 비즈니스! 비즈니스가 번창하고 있었던 거죠. 우리 앞줄에는 젊은 아제르바이잔 청년들이 앉아 있었는데, 가는 내내 와인을 마시면서 사람을 죽이기 싫어서 떠난다는 이야기를 하고 있었어요. 전쟁하기도 싫고 죽기도 싫다면서요. 1991년…… 나고르노-카라바흐 전쟁이 정점으로 치달을 때였지요…… 그 청년들은 솔직했어요. "우린 탱크 바퀴에 깔릴 생각은 추호도 없어요. 그럴 준비가 되어 있지 않다고요." 모스크바에 도착한 우리를 사촌오빠가 마중나왔어요…… "아불파스는 어디 있어?" "한 달 뒤에 올 거예요." 저녁에 친지들이 한자리에 모였어요…… 모두가 제게 부탁했죠. "말을 해. 말을 해라. 무서워하지 말고. 말하지 않고 입 꾹 다물고 있으면 병난다." 한 달 뒤에야 저는 다시 말하기 시작했어요. 저는 제가 다시는 말을 하지 않을 줄 알았어요. 끝까지 입을 꾹 다물고 있을 줄 알았어요.

저는 기다렸어요…… 기다리고 또 기다렸어요…… 남편은 한 달도 반년도 아닌 7년 뒤에나 우리 곁으로 돌아왔어요. 7년이나 걸려서 말이에요…… 7년이요…… 아아! 만약 딸아이가 아니었다면 저는 살 수 없었을 거예요…… 딸이 저를 살린 거죠. 딸을 위해서 젖 먹던 힘까지 내서 버텼어요. 살아남기 위해서는 지푸라기라도 잡아야 했어요. 살기 위해서, 그리고 기다리기 위해서 말이에요…… 아침이었어요…… 한 번의 아침이 또 밝았을 때였죠…… 남편이 우리집으로 들어와 저와 딸을 안아주었어요. 그러고는 서 있었어요…… 계속 문 앞에 서 있었어요…… 그러다가 남편이 천천히 아주 천천히 제 눈앞에서 쓰러지는 거예요. 외투와 모자를 쓴 채로 남편이 바닥에 쓰러져 있었어요. 딸과 제가 남편을 소파로 겨우 끌고 가서 눕혔어요. 심장이 쿵 내려앉았죠. 의사를 불러야 하나? 어떻게 해야 하지? 우리는 아직 모스크바에 거주 등록이 되어 있지 않았고 의료보험도 없었거든요. 우리는 난민이었으니까요. 우리가 상황을 파악하는 동안 엄마는 울었고, 딸은 토끼눈을 하고서는 구석에 앉아 있었어요. 아빠가 오기만을 기다렸는데, 그 기다리던 아빠가 집에 돌아와서 죽어가고 있었던 거예요. 그러는 사이 남편이 눈을 떴어요. "의사는 필요 없어. 걱정하지 마. 다 끝났어. 이제 내가 집에 왔어." 지금은 좀 울게요…… 울게요…… (우리가 대화를 시작한 이후로 처음으로 울음을 터뜨렸다.) 어떻게 이 얘길 눈물 없이 하겠어요…… 한 달 동안 남편은 무릎을 꿇고 저를 졸졸 따라다녔어요. 키스를 퍼붓고 손에도 뽀뽀했어요. "무슨 말이 하고 싶은 거예요?" "당신을 사랑해." "그 긴 세월 동안 도대체 어디에 있었던 거예요?"

……사람들이 여권을 훔쳐갔대요…… 그다음에 다시 만든 여권까지도…… 그건 모두 남편 친척들의 소행이었어요……

……바쿠에 그의 사촌형제들이 왔대요. 그들은 조상 대대로 살던 예레반에서 쫓겨나고 만 거예요. 매일 저녁 그들은 이야기했고, 그럴 때면 꼭 남편이 들도록 했대요…… 남자아이의 피부를 벗겨서 나무에 매달았다는 이야기, 이웃 사람에게는 불에 달군 인두로 이마에 화인을 찍었다는 이야기…… 이런저런 얘기들을…… "근데 넌 지금 어딜 가려고 하는 거야?" "아내에게요." "우리의 적에게로 간다는 거냐. 넌 우리의 형제도 아니고 아들도 아니다."

……전 남편에게 전화했어요…… 하지만 들려오는 대답은 "집에 없다"였어요. 그런데 남편에게는 제가 전화를 걸어서 결혼한다 말했다고 전했다더군요. 저는 전화를 하고 또 했어요. 한번은 남편의 친누나가 전화를 받았어요. "이 번호는 이제 잊어라. 아불파스에겐 이제 다른 여자가 있다. 무슬림 여자가."

……우리 아빠는…… 저의 행복을 원했어요…… 제 여권을 가져다가 어떤 남자들에게 건네주고 이혼도장을 찍어달라고 했어요. 위조해달라고 한 거죠. 그 남자들이 뭔가를 색칠하고 지우고 수정했는데, 결과적으로는 제 여권에 구멍이 나고 말았어요. "아빠! 무엇 때문에 그런 일을 하신 거예요? 내가 그이를 얼마나 사랑하는지 누구보다 잘 아시잖아요?" "넌 우리의 적을 사랑하고 있

어." 제 여권은 무용지물이 되어버렸어요…… 더이상 유효한 신분증이 아니에요……

…… 셰익스피어의 『로미오와 줄리엣』을 읽었어요…… 몬터규 가와 캐퓰릿 가. 이 두 집안의 반목에 관한 이야기. 그건 저의 이야기였어요…… 그 책에 적힌 단어 하나하나가 가슴에 와닿았어요.

우리 딸이 못 알아보게 변했어요. 딸이 웃기 시작하는 거예요. 아빠를 본 그 순간부터 "아빠! 아빠-아!" 그 어린애가…… 딸이 여행가방에서 아빠의 사진을 꺼내들고 뽀뽀하곤 했어요. 하지만 제가 보지 못하도록 숨어서 했어요…… 제가 울지 않도록요……

그런데 이걸로 끝이 아니었어요…… 선생님은 이게 끝인 것 같으시죠? 끝이요? 아휴, 끝은 아직도 멀었어요……

……이곳에서도 전쟁터에서처럼 살고 있어요. 사방에 낯선 이들뿐이죠. 저를 치료할 수 있는 건 바다예요. 나의 바다! 근데 여긴 바다가 가까이에 없어요……

……전 지하철 청소를 하고 화장실을 치웠어요. 건설현장에서 벽돌도 나르고 시멘트 자루도 날랐죠. 지금은 레스토랑에서 청소를 하고 있어요. 남편은 부자 아파트에서 유럽식 인테리어 공사를 하고 있어요. 착한 사람들은 돈을 주지만 나쁜 사람들은 우리를 속여요. "당장 꺼져, 이 촌뜨기야! 안 그럼 경찰에 바로 신고할 거야." 우리는 거주 등록이 없어요. 그래서 그 어떤 권리도 주장할 수 없어요. 이곳엔 우리 같은 사람들이 무수히 많아요. 사막의 모래알만큼요. 수십만 명의 사람들이 고향을 떠나 이곳으로 도망 왔어요. 타지크인, 아르메니아인, 아제르바이잔인, 그루지야인, 체첸인 들이…… 모두 소련의 수도인 모스크바로 도망을 왔어요. 그런데 이제는 다른 국가의 수도가 되어버렸지 뭐예요. 이제 우리 나라는 지도에서도 찾아볼 수 없어요……

……1년 전에 딸이 고등학교를 졸업했어요…… "엄마, 아빠……! 저 계속

공부하고 싶어요!" 그렇지만 딸아이는 여권이 없어요…… 우리는 나그네 인생을 살고 있어요. 지금은 어떤 할머니 집에서 살아요. 할머니는 자기 아들 집으로 들어가셨고 우리에게 자신의 방 한 칸짜리 아파트를 임대한 거죠. 경찰이 거주 등록 확인을 위해 문을 두드릴 때면…… 우리는 다시 생쥐처럼 숨을 죽이고 있어요. 또다시 생쥐들처럼요. 들키는 날엔 다시 우리를 쫓아버리겠죠…… 그런데 우리가 어디로 되돌아간단 말이에요? 어디로 가야 하나요? 들키는 날엔 24시간 내에 우리를 쫓아버릴 거라고요! 그 사람들에게 건넬 뇌물도 우리에겐 없어요…… 다른 집을 찾는 것도 이젠 불가능하고요. 여기저기 광고문이 붙어 있죠. "임대. 슬라브인 임차인만 받음." "임대. 정교회 신자인 러시아 가족에게만 임대함. 이에 해당되지 않을 경우 문의 사절."

……저녁에 밖에 나가는 건 언감생심 꿈도 못 꿔요! 남편이나 딸이 조금 늦는다 싶으면 저는 벌써 진정제를 먹어요. 딸에게는 애원하죠. 눈썹을 칠하지 마라, 화려한 원피스를 입고 다니지 마라…… 아르메니아 소년이 살해됐다는 소리도 들리고, 타지크 아가씨가 도륙됐다는 소문도 들리고…… 또 어디에선 아제르바이잔인이 칼침을 맞았다고도 해요. 예전에 우리는 모두 소련인이었지만 지금은 새로운 국적이 추가되었어요 '캅카스 민족 출신.' 저는 아침 출근길에 절대로 젊은 청년들의 얼굴을 똑바로 보지 않아요. 제 눈은 까만색이고 머리색도 까맣거든요. 일요일에 가족끼리 산보를 나갈 때도 우리 동네, 우리집 근처만 돌아다녀요. "엄마, 난 아르바트 거리에도 가고 싶어. 붉은광장도 걸어보고 싶다고." "딸아, 못 간단다. 거긴 스킨헤드들이 있어. 나치 문장을 달고 다니는 스킨헤드들 말이야. 그들의 러시아는 우리를 배제한 러시아인들만의 러시아야." (침묵) 제가 몇 번이나 죽으려고 했다는 건 아무도 몰라요……

……우리 딸은 어렸을 때부터 '촌뜨기' '촌년' 소리를 듣고 살았어요. 어렸을 때는 물론 아무것도 이해하지 못했죠. 딸이 학교에서 돌아오면 저는 뽀뽀 세례를 퍼부어요. 혹여 그렇게라도 딸이 그 말들을 잊을 수 있을까 해서요.

바쿠에 살던 아르메니아인들 대부분이 미국으로 갔어요…… 남의 나라가 그들을 받아주었어요. 우리 엄마도, 아빠도, 친지들 대부분이 미국으로 갔어요. 저도 미국 대사관에 갔죠. "당신의 이야기를 우리에게 들려주세요"라고 하더군요. 저는 그들에게 저의 사랑 이야기를 들려주었어요. 그들은 아무 말도 없었어요. 한참 동안. 모두 젊은 미국인들이었거든요, 아주 젊은. 한참 뒤 그들끼리 대화를 주고받았어요. 여권이 사용 불가능한 상태라는 등, 남편이 7년 동안이나 오지 않았다는 것도 수상하다는 등, 그 사람이 남편이 맞는지 아닌지 의심스럽다는 등, 그리고 믿기에는 너무 아름답고도 끔찍한 이야기라는 등의 말을 주고받더군요. 그 사람들이 그렇게 말했어요. 제가 영어를 조금 알거든요. 전 그들이 제 이야기를 믿지 않는다는 걸 눈치챘어요. 저한테는 보여줄 만한 다른 증거가 없어요. 제가 사랑한다는 사실 외에는 아무것도 없어요…… 선생님은 제 이야기를 믿으시나요?

내가 대답했다.

—전 믿어요. 전 당신과 같은 나라에서 나고 자란 사람이에요. 전 믿어요!

(그리고 우리 둘은 함께 울었다.)

공산주의가 사라짐과 동시에 돌변한 사람들에 대하여

류드밀라 말리코바(기술자, 47세)

딸의 이야기 중에서:
모두가 동등하게 살았던 시절에 대하여

—선생님은 모스크바를 잘 아시나요? 쿠즈넵스키 구…… 우리는 그곳 5층짜리 아파트에서 살았어요. 그곳에 방 세 칸짜리 우리집이 있었어요. 우리는 할머니와 살림을 합치면서부터 그 아파트에서 살았지요. 할아버지가 돌아가

신 후 할머니는 오랫동안 혼자 계시다가 점점 허약해지셨어요. 그래서 우리와 함께 살기로 결정하신 거죠. 전 할머니를 좋아했기 때문에 정말 기뻤어요. 할머니와 함께 스키도 타고 체스도 두었어요. 우리 할머니는 정말 멋진 분이셨어요! 아빠는…… 물론 아빠도 같이 살았지만 그건 얼마 되지도 않아요. 잘못된 길로 빠져서 친구들과 술에 절어 살더니 결국에는 엄마가 아빠보고 나가달라고 했거든요. 아빠는 비밀군수공장에서 일했어요. 어렸을 적 아빠가 주말마다 집에 올 때면 항상 선물, 사탕, 과일을 가져다주곤 했어요. 아빠는 늘 가장 큰 배, 가장 큰 사과를 가지고 오려고 노력했어요. 늘 저에게 서프라이즈를 해주었죠. "우리 이쁜 율리야, 눈을 한번 감아보렴! 자, 이제 떠!" 아빠는 정말 멋진 미소를 짓는 분이었어요. 그랬던 아빠가 어느 날 갑자기 어디론가 사라졌어요. 아빠가 엄마와 절 떠난 뒤 새로 살림을 차린 그 여자마저(그 여잔 우리 엄마의 친구였어요) 아빠가 매일 벌이는 술판에 넌더리를 내면서 결국 아빠를 쫓아낸 거예요. 그래서 전 아버지의 생사를 몰라요. 그런데 만약 살아 있다면 저를 찾았겠죠……

제가 열네 살이 될 때까지 우리는 구름 한 점 없는 평탄한 나날을 보냈어요. 페레스트로이카 이전까지는 말이죠…… 자본주의가 시작되기 전까지는, 방송마다 '시장'이라는 단어를 사용하기 전까지는 평범하게 살았어요. '시장'이 뭔지 이해하는 사람도 별로 없었고 아무도 그것을 제대로 설명하지도 못했어요. 모든 건 레닌과 스탈린을 마음껏 욕해도 된다는 것에서 시작되었죠. 그래서 젊은이들은 욕을 하기 시작했고, 어르신들은 침묵으로 일관했어요. 누군가 공산주의자들을 욕하기 시작하면 어르신들은 타고 있던 트롤리버스에서 내리곤 하셨어요. 우리 학교의 젊은 수학 선생님도 반공산주의자였어요. 그런데 나이 지긋하셨던 역사 선생님은 공산주의자들의 편이었죠. 집에서는 할머니가 이렇게 말씀하셨어요. "공산주의자들 대신에 이제는 투기꾼들이 집권하는구나." 엄마는 그런 할머니와 논쟁했어요. "엄마, 아니에요. 이제 아름답고 정의로운 삶이 도래할 거예요"라면서요. 엄마는 집회마다 쫓아다녔고, 옐친의 연설을 그대로 재현하곤 했어요. 하지만 우리 할머니의 생각을 바꾸는 건 쉽지 않은 일이었죠. "사회주의를 고작 바나나와 바꾸다니, 껌 따위와 바꾸다니…… 쯧쯧." 엄마와 할머니의 이런 말다툼은 아침부터 시작되어서 엄마가 출근했다가 저녁에 퇴근해서 돌아오면 다시 이어졌어요. 옐친이 텔레비전에 나오기라도 하면 엄마는 잽싸게 소파에 자리를 잡았죠. "위대한 사람이야!"라면서요. 그럴 때면 할머니는 성호를 그으셨어요. "저건 범죄자야. 주여, 용서하소서!" 할머니는 뼛속까지 공산주의자이셨어요. 투표할 때도 주가노프*를 찍으셨어요. 우리는 함께 성당을 다니기 시작했고, 할머니도 우리와 함께 다니시면서 성호도 긋고 금식도 하셨지만, 결국 할머니가 믿는 건 공산주의뿐이었어요…… (침묵) 할머니는 제게 전쟁 이야기를 들려주는 걸 참 좋아하셨어요. 할머니는 열일곱에 자원해서 전장에 투입되었어요. 그리고 그곳에서 우리 할아버지가 할머니에게 반해버리고 만 거죠. 할머니는 전화교환병이 되고 싶었지만 할머니가 투입된 전선에서는 취사병이 필요했고, 그래서 취사병이 되었다고 해요. 할아버지도 취사병이었고, 그렇게 두 분은 병원에서 부상병들의 먹거리를 만들었죠. 부상병들은 열에 들떠 헛소리할 때조차 "가자! 가자! 앞으로!"라며 소리를 질렀대요. 할머니가 정말 많은 얘기들을 해주셨는데, 드문 드문…… 단편적으로 생각나서 안타깝네요. 간호사들은 항상 분필가루가 가득차 있는 통을 준비하고 있었대요. 알약이나 가루약이 떨어지고 나면 그 분필가루로 알약을 만들었던 거예요. 부상병들에게 욕을 먹지 않기 위해서, 성난 그들이 내리치는 목발에 맞지 않기 위해서요. 그때 당시에는 텔레비전이 없었고 스탈린을 본 사람은 없었어요. 하지만 모두가 그를 보고 싶어했지요. 우리 할머니도 마지막 숨을 거두시기 전까지 스탈린을 숭배했어요. "만약 스

---

* 겐나디 주가노프(1944~). 러시아의 정치인이자 러시아 공산당 당수.

2부 허무의 마력

탈린이 아니었다면 우리는 독일놈들의 엉덩이나 핥고 있었을 게다." 거기에 거친 욕설까지 내뱉곤 하셨죠. 우리 엄마는 스탈린을 좋아하지 않았어요. 엄마는 스탈린을 가리켜 '악인' '살인귀'라고 불렀어요…… 제가 그런 일들을 깊이 고민했다고 말한다면 그건 거짓말이 되겠지요…… 전 그냥 기뻐하며 살았으니까요. 첫사랑도 겪으면서……

엄마는 지구물리학연구소에서 기술자로 일했어요. 엄마와 저는 각별했죠. 엄마에게는 말 못 할 비밀이 없었어요. 보통 아이들이 엄마에게 하지 못하는 얘기들도 전 모두 다 할 수 있었지요. 엄마와는 그런 관계가 가능했어요. 엄마는 전혀 어른 같지 않았고, 마치 큰언니 같았거든요. 엄마는 책과 음악을 좋아했어요. 그게 엄마의 사는 낙이었죠. 우리집에서 목소리가 제일 큰 사람은 우리 할머니였죠…… 엄마는 제가 어렸을 때 아주 기특한 아이였다고 했어요. 저를 설득하거나, 제게 사정해야 할 일이 전혀 없었다고요. 물론 저는 엄마를 끔찍이 좋아했어요…… 전 가면 갈수록 제가 점점 더 엄마를 닮아가고 있다는 게 좋아요. 얼굴이 거의 똑같아요. 전 이게 참 마음에 들어요…… (침묵) 우리는 아주 궁핍하게 살았지만 그래도 어떻게든 살았어요. 주변 사람들 모두가 우리와 비슷하게 살았죠. 그래도 즐거웠던 것 같아요. 엄마의 친구들이 자주 놀러왔고 같이 대화도 나누고 노래도 불렀어요. 저는 어렸을 때 들었던 오쿠드자바의 노래가 아직도 기억나요. "한 명의 군인이 이 세상에 살고 있다네/멋지고 용감한 군인이. 하지만 그는 어린이들의 장난감이었다네/왜냐하면 종이군인이었으니까." 할머니는 양푼 가득 팬케이크를 구워 상을 차렸고 맛있는 파이도 잘 구우셨어요. 엄마는 남자들에게 인기가 많았어요. 남자들이 엄마에게 꽃을 선물하고 제게는 아이스크림을 선물하곤 했죠. 한번은 엄마가 저에게 "엄마가 결혼해도 되겠니?"라고 묻는 거예요. 저는 반대하지 않았어요. 왜냐하면 엄마는 아름다운 사람이었으니까요. 엄마가 외롭게 홀로 지내는 건 싫었거든요. 저는 엄마가 행복하길 바랐어요. 엄마는 길에서 항상 뭇 남성들의 시선을 한몸에 받곤 했죠. 한 남자가 길을 가다 말고 뒤를 돌아보고 또다른 남자도 가다 말고 돌아보고 그랬어요. "저 아저씨들 왜 그래?" 어린 제가 묻곤 했죠. "아저씨들 저리 가요. 저리 가라고요!" 그러면 엄마가 웃었어요. 엄마의 웃음소리는 유별났어요. 익숙한 웃음이 아니었죠. 하지만 우린 정말 좋았어요. 나중에 제가 혼자 남게 되었을 때 우리가 살던 그 거리를 찾아가 옛 우리집 창문을 올려다보곤 했어요. 한번은 결국 못 참고 옛날 살던 그 집의 초인종을 눌렀죠. 그곳에는 이제 그루지야 가족이 살고 있더군요. 아마도 그들은 제가 구걸하러 온 사람인 줄 알았나봐요. 제게 돈과 약간의 음식을 주려고 하더군요. 저는 눈물을 흘리면서 그 자리를 떠났죠……

머지않아 할머니가 병에 걸리셨어요. 할머니가 걸린 병의 증상은 항상 드시고 싶어하신다는 것이었어요. 오 분마다 뭔가를 먹고 싶어하셨어요. 계단으로 달려나가서 우리가 자기를 굶겨 죽이려 한다고 소리지르기도 하셨고요. 접시도 깨부수고…… 엄마는 요양원에 할머니를 보낼 수도 있었지만 결국에는 직접 수발을 들기로 결심했어요. 엄마도 할머니를 많이 사랑했으니까요. 엄마는 거실장에서 자주 할머니의 전쟁 시절 사진들을 꺼내 보면서 울곤 했어요. 사진에는 할머니와 닮지 않은 젊은 아가씨가 있었지만, 그건 우리 할머니가 분명했죠. 그런데 마치 다른 사람 같았어요. 다 그런 거죠, 뭐…… 그런 거죠…… 돌아가시기 전까지 할머니는 신문을 읽었고 정치에 관심을 가지고 있었어요. 병에 막 걸렸을 때 할머니의 협탁 위에는 딱 한 권의 책만 놓여 있었어요. 성경책이요…… 할머니는 저를 불러 성경책을 읽어주셨어요. "흙은 여전히 땅으로 돌아가고 영은 그것을 주신 하느님께로 돌아가기 전에……"* 할머니는 항상 죽음에 대해 생각하셨어요. "손녀야, 난 너무나 힘이 드는구나. 사는 게 지루해."

---

* 전도서 12장 7절.

2부 허무의 마력

어느 주말이었어요. 우리는 모두 집에 있었죠. 제가 할머니 방을 들여다보았어요. 이미 잘 걷지도 못하실 때라서 누워 계시는 시간이 더 많았거든요. 할머니는 가만히 앉아서 물끄러미 창문을 바라보고 계셨죠. 할머니에게 물을 조금 드렸어요. 그뒤로 시간이 얼마 흐르지도 않았을 거예요. 제가 다시 할머니 방에 들어가서 할머니를 불렀어요. 그런데 아무 말씀도 없으신 거예요. 다가가 할머니의 손을 잡았는데 손이 얼음장처럼 차가웠어요. 눈은 뜨고 있는 상태였고 그때까지도 계속 창문을 보고 계셨어요. 전 한 번도 죽음을 본 적이 없었기 때문에 질겁을 하고 소리를 질렀어요. 엄마가 한걸음에 달려왔고 바로 울음을 터뜨렸어요. 그러더니 할머니의 두 눈을 감겨드리더군요. 구급차를 불러야 했어요…… 구급차는 정말 빨리 당도했지만 의사는 사망진단서를 발급받고 할머니를 안치소로 모시기 위해서는 돈을 내야 한다고 했어요. "뭘 기대한 건가요? 이건 시장이에요!" 우리집에는 돈이 전혀 없었어요…… 마침 그즈음 엄마가 인원 감축으로 직장에서 해고됐고 두 달째 일자리를 구하고 있을 때였거든요. 하지만 공고가 나서 가는 곳마다 대기줄이 어마어마했어요. 엄마는 공과대학을 우수한 성적으로 졸업해서 '붉은 졸업장'*을 받았어요. 하지만 전공을 살릴 수 있는 일을 찾는 건 더이상 불가능한 일이었어요. 대학 졸업장을 가지고서도 판매원으로 취직하거나 설거지를 할 때니까요. 아니면 사무실 청소를 하든가요. 모든 것이 달라졌어요. 저는 길을 지나다니는 사람들을 알아볼 수가 없었어요. 마치 모두가 잿빛으로 갈아입은 느낌이었어요. 색깔이라고는 찾아볼 수 없는 모습이었어요. 저는 그때의 광경을 그렇게 기억하고 있어요. 살아 계셨을 때 할머니가 울면서 말씀하시곤 했어요. "이게 다 너의 그옐친 때문인 게야…… 네가 좋아 죽던 그 가이다르 때문이라고. 도대체 그놈들이 우리에게 무슨 짓을 한 거냐? 조금 더 있으면 전쟁 때처럼 살겠구나." 놀

---

* 붉은 졸업장은 최우수 성적으로 졸업한 학생들에게 주어졌다.

랍게도 엄마는 아무런 대꾸도 하지 않았어요. 엄마는 한마디도 하지 않았어요. 우리가 집안에 있는 물건을 바라보면서 하는 생각은 딱 한 가지였어요. '저걸 팔 수 있을까?' 하지만 팔 집기조차 동나버렸죠…… 우리는 할머니의 연금으로 겨우 살았어요. 끼니때마다 거무튀튀한 마카로니만 먹었어요. 할머니가 평생 동안 모은 돈은 5천 루블이었어요. 할머니는 저축통장에 그 돈을 넣어두셨지요. 할머니는 돌아가시지 전까지 "그 돈이면 될 게야. 혹시 비상사태가 발생해도 그 돈이면 될 게야, 장례식 때 쓸 만큼은 될 게야"라고 말씀하셨어요. 그랬던 그 5천 루블이 전차표 한 장과 성냥 한 갑으로 둔갑해버렸어요…… 돈이 하루아침에 한낱 종잇장이 돼버린 거예요. 국가가 국민의 돈을 그렇게 뜯어갔어요…… 할머니가 가장 염려했던 건 우리가 할머니를 비닐봉지나 신문에 돌돌 말아 장례를 치르게 될지도 모른다는 것이었어요. 관의 가격이 천정부지로 치솟아 모두들 형편 닿는 대로 장례를 치르던 때였거든요. 할머니의 친구분 중 폐냐 할머니라고 계셨어요. 그분은 전쟁 때 간호사로 일하셨죠. 폐냐 할머니가 돌아가시자 할머니의 딸이 할머니를 신문지에 돌돌 말아서…… 아주 낡은 신문지에 돌돌 말아서 장례를 치렀어요. 할머니가 받은 메달들은 그냥 흙구덩이에 같이 던져넣었고요. 그 딸이 장애인이라 음식물쓰레기를 뒤지며 사는 처지였거든요…… 모든 것이 너무나 불공평했어요! 저는 친구들과 함께 민영상점에 들어가서 햄을 구경하곤 했어요. 반짝반짝 빛나는 멋진 포장지에 싸여 있던 햄을요. 학교에서는 레깅스를 입고 다니던 아이들이 부모들의 형편이 안 되어 레깅스를 입지 못하는 다른 아이들을 놀려댔어요. 저도 놀림을 받았죠…… (침묵) 물론 엄마는 할머니를 관에 잘 모시겠다고 약속했어요. 맹세도 했고요.

의사가 우리에게 돈이 없다는 걸 눈치챘는지 그대로 등을 돌려 떠나버렸어요. 할머니를 우리에게 남긴 채로요……

우리는 그렇게 일주일 동안 할머니와 살았어요…… 엄마는 하루에도 몇 번씩 할머니를 빨간약으로 닦아냈고 젖은 이불보로 할머니를 덮어두었어요. 모든 창문과 구멍을 꼼꼼히 막고 젖은 이불로 문틈을 막았어요. 이 모든 걸 엄마 혼자 하셨어요. 저는 할머니 방에 들어가는 게 무서웠거든요. 부엌에 갈 때도 후다닥 뛰어갔다가 후다닥 뛰어오곤 했죠…… 냄새가 나기 시작했어요…… 벌써부터 나기 시작했죠…… 하지만…… 이런 말을 하면 천벌을 받겠지만…… 우리는 그나마 운이 좋았어요. 할머니가 아프셔서 살이 많이 빠진 상태였거든요. 돌아가셨을 때 뼈밖에 없었어요…… 우리는 친척들에게 전화를 돌리기 시작했어요. 우리는 친척들이 모스크바의 반은 차지할 정도로 많았는데, 그때는 아무도 없는 거예요. 친척들이 우리를 외면하지는 않았어요. 3리터짜리 병에 담긴 애호박절임, 오이절임, 과일잼 등을 들고 우리집에 왔지만 아무도 돈을 주진 않았어요. 같이 앉아서 울어주다가 되돌아가곤 했지요. '살아 있는 돈'을 가진 사람이 아무도 없었던 거예요. 전 그렇게 생각해요…… 엄마의 사촌오빠가 공장에서 일했는데 월급을 통조림으로 받은 거예요. 그래서 우리에게 그 통조림을 가져다주었어요. 모두들 형편대로 할 수 있는 만큼 한 거예요…… 그 당시에는 생일날 비누 한 조각, 치약 한 개를 선물하는 게 일반적이었거든요. 우리 이웃들도 정말 좋은 분들이었어요. 아냐 아줌마와 그분의 남편…… 그분들은 짐을 싸서 시골에 사는 부모님께 내려갔죠. 아이들은 이미 훨씬 전에 먼저 내려보냈고요. 그분들에게 우리까지 신경쓸 겨를이 없었던 거예요. 발랴 아줌마도…… 남편이고 아들이고 모두 술독에 빠져 사는데 우리를 어떻게 도울 수 있었겠어요. 엄마는 친구들도 정말 많았어요. 하지만 친구들도 책밖에 가진 게 없었어요. 반 이상이 직장을 잃었거든요…… 전화도 끊겼어요. 공산주의가 끝나자 사람들이 순식간에 돌변했어요. 모두가 문을 굳게 닫은 채 살아가기 시작했어요…… (침묵) 전 그런 상상을 했어요. 자고 나서 아침이 오면 할머니가 살아 계실 거라는 상상을……

폭력배들이 길거리를 활보하고
심지어 총을 숨기지도 않고 다니던 시절에 대하여

그들은 뭐하는 사람들이었을까요? 그들은 정체를 알 수 없는 사람들이었어요. 그들은 무엇이든 알고 있었어요. "우리는 당신이 처한 어려움을 알고 있습니다. 우리가 도움을 드리겠습니다." 그러더니 어디론가 전화를 걸어서 의사를 불렀고 사망진단서를 발급받았어요. 경찰도 왔어요. 비싼 관을 구입했고 영구차도 불렀고 꽃도 많았어요. 없는 꽃이 없었죠. 필요한 모든 것이 갖춰졌어요. 할머니는 우리에게 호반스키 묘지에 묻어달라고 부탁하셨죠. 하지만 뒷돈 없이 그 묘지에는 발도 들여놓을 수 없었어요. 오래되고 유명한 묘지였으니까요. 그런데 그 묘지에 할머니를 묻어드릴 수 있게 된 거예요. 신부님도 모셔와서 기도도 올렸어요. 모든 것이 아름다웠어요. 엄마와 제가 한 것이라고는 서서 우는 것밖에 없었어요. 모든 일을 이리나 아줌마가 지휘했어요. 아줌마는 그 무리의 두목이었어요. 아줌마 곁에는 늘 근육질의 청년들, 경호원들이 있었죠. 그중 어떤 경호원은 아프가니스탄 전쟁에도 참전했던 사람이라고 했어요. 그런데 그 사실에 엄마는 오히려 안도하더군요. 엄마는 전쟁을 겪은 사람이나 스탈린 때 수용소에 수감되었던 사람들은 절대로 나쁜 사람들이 아니라고 생각했거든요. "어떻게 그럴 수 있겠니, 그 많은 고통을 견뎌낸 사람들인데!" 엄마는 그런 사람들이 곤경에 처한 사람을 내버려두지 않을 거란 확신을 갖고 있었어요. 우리는 전쟁 때 사람들이 서로를 구했다는 할머니의 이야기를 상기했죠. 소련 사람들에 대한 이야기들을…… (침묵) 그런데 그때는 어딘가 다른 사람들이었어요. 전혀 소련 사람 같지 않은 사람들…… 제가 지금 말씀드리는 건 지금 하게 된 생각들이에요…… 그때 갖고 있던 생각이 아니라…… 우리는 그렇게 범죄조직에 휘말리게 되었어요. 하지만 그 당시에 그 사람들은 제게 전부 삼촌이고 이모였어요. 그들은 우리와 함께 부엌에서 차를 마셨고, 사탕을 권하기도 했어요. 이리나 아줌마는 텅텅 빈 냉장고를 보더니 식료품을 가져다주었고 제게는 청치마도 선물했죠. 그때는 모두가 청제품에 환장했을 때니까요! 거의 한 달 가까이 그 사람들이 우리집을 왕래했어요. 우리가 그들에게 익숙해질 즈음 그들이 엄마에게 제안해온 거죠. "지금 이 방 세 칸짜리 아파트를 팔아서 방 한 칸짜리 아파트를 사는 게 좋겠습니다. 그러면 돈이 생길 거예요." 엄마는 그 제안에 동의했어요. 엄마는 그때 이미 카페에서 일하고 있었어요. 그릇을 닦고 테이블을 정리하는 일을 했죠. 그래도 여전히 우리는 돈에 허덕였거든요. 우리는 어디로 이사를 갈지, 어떤 지역으로 가야 할지 고민까지 했어요. 전 전학 가기가 싫었고, 그래서 근처에 있는 집을 알아보기도 했죠.

그런데 그때 다른 범죄조직이 나타난 거예요. 그 조직의 우두머리는 남자였어요…… 블라디미르 아저씨. 블라디미르 아저씨와 이리나 아줌마는 우리 아파트를 두고 전쟁을 하기 시작했어요…… 아저씨가 엄마에게 소리쳤죠. "이보슈, 당신한테 방 한 칸짜리 아파트가 왜 필요합니까? 아, 내가 모스크바 근교에 주택을 사드린다니까." 이리나 아줌마는 구형 폭스바겐을 타고 다녔고, 블라디미르 아저씨는 삐까삔쩍한 벤츠를 타고 다녔어요. 아저씨는 진짜 총도 갖고 있었죠. 1990년대…… 폭력배들이 길거리를 활보하면서 총을 숨기지조차 않던 시절이었어요. 형편되는 사람들은 집에 철문을 달았죠. 우리 라인에 살던 어떤 장사꾼에게는 그들이 수류탄을 들고 왔다더군요. 그는 나무판과 합판에 페인트칠을 한 작은 노점상을 갖고 있었고, 잡다한 물건을 취급하는 사람이었어요. 식료품, 화장품, 옷, 보드카 등등. 폭력배들이 그에게 와서 달러를 요구했대요. 부인이 내주려 하지 않자 부인의 배에 뜨거운 다리미를 올려놓았다는 거예요. 그 부인은 임신중이었어요…… 하지만 아무도 경찰에 신고하지 않았어요. 왜냐하면 그놈들에게는 돈이 많았기 때문에 모두를 자기편으로 매수할 수 있었거든요. 그걸 모두가 알고 있었죠. 어떤 이유에서인지 폭력배들이 존경을 받기 시작했어요…… 억울함을 호소할 곳은 그 어디에도 없었어요. 블라디미르 아저씨는 우리와 차를 마시는 일 따윈 하지 않았어요. 곧바로 우리 엄마를 위협했죠. "이 아파트를 내게 주지 않으면 내가 네 딸을 데려갈 거야. 그럼 당연히 두 번 다시 딸을 볼 수 없을 테고, 딸에게 무슨 일이 일어나는지도 알 수 없을 거야." 엄마는 절 지인의 집에 숨겨두었고 전 며칠씩 학교에 가지 않았어요. 전 밤낮으로 울면서 엄마를 걱정했어요. 이웃 사람들 말이, 그 사람들이 두 번씩이나 와서 절 찾더라는 거예요. 입에 못 담을 욕설을 내뱉으면서요. 결국 그 사태는 엄마가 항복하는 것으로 일단락되었지요⋯⋯

바로 그다음날 우리는 집에서 쫓겨났어요. 그놈들이 밤에 찾아왔어요. "빨리! 빨리! 우리가 당신들이 살 곳을 찾는 동안 다른 곳에서 묵고 있으라고." 페인트와 도배지를 들고 온 것으로 보아 수리를 시작하려는 듯 보였어요. "가라고! 어서 가!" 엄마는 겁에 질려 경황이 없었고, 서류와 생일선물로 받은 엄마의 애용품인 폴란드 향수 '어쩌면'과 좋아하는 책 몇 권 정도만 챙겼어요. 저는 교과서와 원피스 한 벌만 챙겼죠. 우리는 어떤 차에 태워졌어요. 텅 빈 집이라고 말해도 지나치지 않을 어떤 집으로 우리를 데려갔어요. 아파트에는 두 개의 큰 침대와 책상 그리고 의자가 있었어요. 아무데도 나가지 말고, 창문도 열지 말고, 큰 소리로 얘기도 나누지 말라며 엄격하게 지시하더군요. 이웃이 절대로 들어서는 안 된다나! 그 집을 거쳐간 사람들이 여러 명이었던 것 같았어요⋯⋯ 얼마나 더럽던지! 우리는 며칠씩 쓸고 닦았어요. 그후로 생각나는 건 그들이 우리를 어떤 공적인 자리에 데리고 가서 타이핑된 서류를 내밀었다는 거예요. 모든 게 합법적인 것처럼 보였어요⋯⋯ 그들이 말했죠. "자, 여기에 사인하쇼." 엄마는 사인했고 저는 울기 시작했어요. 그전까지는 상황이 전혀 이해되지 않다가 그때야 비로소 모든 걸 알겠더라고요. '아, 이제 우리는 시골로 보내지는구나.' 저는 학교에 다니지 못하게 되는 것이, 다시는 친구들을 못 만나게 되는 것이 너무나 속상했어요. 그때 블라디미르 아저씨가 다가왔어요. "빨리 사인해라. 안 그러면 너는 고아원에 갈 거고, 엄마는 어차피 시골로 보내질 거다. 그러면 넌 혼자 남는 거야." 그곳에 다른 사람들도…… 분명 다른 사람들도 있었고, 경찰도 있었던 기억이 나요…… 하지만 모두가 침묵으로 일관했어요. 블라디미르 아저씨가 모두에게 뇌물을 먹인 거죠. 저는 아이였어요…… 제가 뭘 할 수 있었겠어요…… (침묵)

저는 오랫동안 말을 하지 않았어요. 이 모든 은밀하고 악한 일들을, 악하지만 은밀했던 이 일들을 아무에게도 내보이고 싶지 않았으니까요…… 시간이 많이 흘러 엄마도 없이 저 혼자 남게 되었을 때 사람들이 저를 고아원에 데려갔어요. 그리고 방을 보여줬지요. "자, 여긴 네 침대고, 네가 쓸 장롱 서랍은 여기다……" 저는 돌처럼 굳어버렸어요…… 저녁에는 열이 올라 쓰러지고 말았죠. 그 광경이 옛날 우리 아파트를 생각나게 했거든요…… (침묵) 신년 명절이었어요…… 화려한 트리가 불을 밝히고 있었어요. 모두가 가면을 만들고 있었죠…… 무도회가 예정되어 있었으니까요…… 무도회? 춤이라니? 전 그 모든 걸 잊은 지 오래였어요…… (침묵) 한 방에 저를 제외하고 네 명의 여자아이들이 더 있었어요. 두 명은 저보다 어렸는데, 여덟 살짜리와 아홉 살짜리로 아주 어린 아이들이었고 두 명은 저보다 언니들이었어요. 언니들 중 한 명은 모스크바 출신인데 매독을 심하게 앓고 있었고, 다른 한 명은 알고 보니 손버릇이 안 좋았어요. 제 구두를 훔쳐갔거든요. 그 언니는 늘 거리의 생활로 돌아가고 싶어했어요. 제가 무슨 말을 하고 싶냐고요? 우리는 밤이고 낮이고 늘 함께였지만 서로에 대한 이야기는 입도 뻥긋하지 않았단 말을 하고 있는 거예요…… 우리는 피차 서로 말하고 싶어하지 않았어요. 저도 오랫동안 침묵했어요. 제가 말하기 시작한 건 예브게니를 만났을 때였으니까요. 하지만 그건 한참 뒤에 있을 일이고요…… (침묵)

엄마와 저의 대서사시는 그때 막 시작된 거였어요…… 그들이 내민 서류에 사인하자 그들이 우리를 야로슬라브스키 주로 데려갔어요. "좀 멀지만 괜찮을 거요. 대신 좋은 집에서 살게 될 테니까." 우리는 사기당한 거였어요…… 그건 주택이 아니라 낡은 통나무집이었는데, 그 안에는 방이 하나 있었고 아주 큰 러시아식 페치카가 있었어요. 우리가 그때까지 한 번도 본 적 없는 페치카였죠. 우리는 불을 지필 줄도 몰랐어요. 통나무집은 거의 무너져가고 있었어요. 어딜 봐도 틈이 벌어져 있었죠. 엄마는 충격을 받았어요. 엄마는 통나무집에 들어가서 제 앞에 무릎을 꿇고 이런 삶을 살게 해서 미안하다며 용서를 빌었어요. 머리를 벽에 쿵쿵 찧으면서요…… (눈물이 맺힌다.) 우리에겐 돈이 조금밖에 없었고 그 돈은 금세 동이 났죠. 다른 집 밭일을 해주고 일당으로 감자 한 바구니를 받아오기도 하고 계란 열 개를 받아오기도 했어요. 전 그렇게 해서 '물물교환'이라는 아름다운 말을 배우게 되었죠…… 엄마가 제일 아끼던 향수 '어쩌면'은 제가 심한 감기로 고생할 때 엄마가 맛 좋은 버터 한 조각과 바꿨어요. 저는 제발 바꾸지 말라며 엄마를 말렸어요. 왜냐하면 우리집을 생각나게 하는 물건들이 거의 남지 않은 상태였거든요. 또 기억나는 게 있네요…… 한번은 농장관리인이 저를 불쌍히 여겼는지 우유 한 통을 제게 줬어요. 착한 여자였어요. 저는 덜컥 겁이 나서 텃밭 사이로 몰래몰래 우유를 들고 가는 중이었어요. 젖을 짜던 어떤 여자가 저를 보고 웃었어요. "뭣하러 그렇게 숨어서 다니니? 길로 가거라. 여기선 모두가 뭐든 집으로 가져간단다. 근데 넌 허락받고 가져가는 거잖니." 정말 말뚝으로 박아놓지 않은 건 사람들이 모조리 쓸어갔어요. 집단농장 회장은 그중에서도 단연 으뜸이었죠. 그 사람은 자동차로 실어나르곤 했으니까요. 회장이란 사람이 우리집에도 왔어요. 우리를 꼬드겼죠. "자자, 내 농장으로 가자고들! 안 그러면 배를 곯다 죽게 생겼구면." 갈까 말까? 배고픔 때문에 갈 수밖에 없었어요. 소젖을 짜려면 새벽 4시에 일어나야 했어요. 아직 모두가 꿈나라에 있을 때 말이에요. 저는 젖을 짜고 엄마는 우유통을 닦았어요. 엄마는 소를 무서워했지만 저는 소가 마음에 들었거든요. 소마다 이름도 있었어요. '딤카' '체레무하'…… 제가 관리하는 어른 암소가 30마리였고 어린 암소도 두 마리나 있었죠. 손수레에 톱밥을 실어날랐고 무릎까지 쌓인 배설물도 치웠어요. 장화보다 더 높이 쌓이곤 했어요. 철제 우유통을 손수레에 싣기도 했고요. 그 철통들이 대체 몇 킬로그램 정도 됐을까요? (침묵) 노동의 대가로 우유나 고기를 받았어요. 젖소가 죽거나 똥물에 빠져 죽으면 고기가 나왔죠. 젖소 짜는 여자들은 남자들만큼이나 술고래였고, 엄마도 결국 술맛을 들이게 됐어요. 엄마와 저는 예전처럼 친하게 지내긴 했지만 그때와는 조금 달라졌어요. 제가 엄마에게 소리치는 날이 더 많았고 엄마는 그런 제게 화를 내곤 했어요. 엄마가 기분좋은 날은 보기 힘들 정도였어요. 엄마는 기분좋을 때면 제게 시를 읽어주곤 했어요. 엄마가 제일 좋아하는 츠베타예바의 시를요. "빨간 붓끝에/마가목이 빨갛게 타오르고/나뭇잎이 떨어질 때/나는 태어났다……" 그럴 때만 저는 예전 엄마의 모습을 볼 수 있었어요. 아주 드문 일이었죠.

겨울이 오고 한파가 몰아쳤어요. 그 통나무집에서 우리는 겨울을 날 수 없었어요. 우리를 측은하게 여겼던 이웃집 남자가 모스크바까지 공짜로 우리를 데려다줬어요……

'인간'이라는 단어에서 존엄성이 느껴지지 않고
여러 다른 의미로 해석되던 시절에 대하여

선생님과의 대화에 심취하다보니 제가 기억을 떠올리는 걸 무서워했다는 걸 잊게 되네요…… (침묵) 제가 사람들을 어떻게 생각하냐고요? 사람은 나쁘지도 좋지도 않아요. 사람은 그냥 사람인 거예요. 전 학교에서 소련 교과서로 공부했고 다른 책은 없었어요. 선생님들은 '인간이란 단어는 존엄성을 느끼게 한다'고 가르치셨어요. 하지만 '인간'이란 단어는 참 많은 의미를 갖고 있어요…… 저 또한 만 가지 모습을 갖고 있는걸요. 각각 한 조각씩 여러 모습을 갖고 있어요…… 전 타지크인을 만나면 시간이 허락되는 한 반드시 멈춰서서 그들과 대화를 나눠요. 우리 나라에서 요즘 타지크인들을 노예나 하찮은 인간으로 대하고 있잖아요. 저는 돈은 없지만 그들과 대화를 나눌 수는 있어요. 그 사람들은…… 저 같은 사람들이에요. 그런 사람들은 저와 같은 처지에 있는 사람들이에요. 저는 모두에게 낯선 사람이 되는 기분, 그래서 철저하게 혼자가 되는 기분을 누구보다 잘 알아요. 저도 아파트 현관이나 지하실에서 살아봤으니까요……

처음에는 엄마의 친구가 우리를 받아줬어요. 잘해주셨죠. 저는 그곳이 마음에 들었어요. 익숙한 환경이었거든요. 책과 레코드판들이 있었고 벽에는 체 게바라의 초상화가 걸려 있었죠. 언젠가 우리집에 있던 것과 똑같은 책, 똑같은 레코드판들이었어요…… 올가 아줌마의 아들은 대학원을 다녔는데, 낮에는 도서관에 박혀 있었고 밤이면 기차역에서 화차 하역 작업을 했어요. 먹을 건 없었어요. 부엌에 있던 감자 한 자루가 전부였어요. 감자를 다 먹은 뒤에는 하루에 빵 한 덩이로 연명했어요. 하루종일 차를 마셨고요. 그게 끝이었어요. 고기 1킬로그램은 320루블이었고 올가 아줌마의 월급은 100루블이었으니까요. 올가 아줌마는 초등학교 교사였어요. 그때는 모두가 미친 사람들처럼 여기저기 돌아다니면서 어떻게 하면 돈을 조금이라도 더 벌 수 있을까 고민하던 시기였지요. 모두가 안간힘을 쓰던 시절이었어요…… 부엌의 낡은 수도관이 고장나서 배관공을 불렀는데, 글쎄 배관공들이 박사학위를 갖고 있더군요. 그 얘기에 모두가 박장대소했죠. 우리 할머니가 그런 말씀을 하신 적이 있어요…… 슬픔으로는 배를 채울 수 없는 법이라고요…… 그 시절에 휴가는 사치였어요. 그런 사치를 누릴 수 있는 사람들은 몇 안 되었죠. 올가 아주머니는 휴가철이 되면 민스크로 갔어요. 아줌마의 언니가 그곳의 대학교에서 강의하고 있었거든요. 아줌마는 그곳에서 언니와 인공털로 베개를 만들었어요. 베개 속에 폴리에스터 충전재를 채웠죠. 단, 꽉 채우지 않고 반 정도만 채웠어요. 그리고 그곳을 떠나기 바로 직전에 베개 속에 수면제를 놓은 강아지를 집어넣었어요. 그리고 폴란드로 향했죠. 셰퍼드 종 강아지들을 그렇게 운반했던 거

　　　　　　　　　　　　2부 허무의 마력

예요. 토끼들도 그랬고요…… 벼룩시장에 가면 여기저기서 러시아어만 들렸어요. 보온병에 차가 아닌 보드카를 따라 마셨고 여행가방의 속옷 사이에 못이나 자물쇠를 감췄어요. 올가 아줌마는 폴란드산 햄을 가득 채운 가방과 함께 집으로 돌아오곤 했죠. 그 햄냄새가 기가 막혔어요!

모스크바에서는 밤에도 총성이 들렸고 간혹 폭발음도 들렸어요. 상점, 상점…… 어딜 가도 상점들뿐이었어요. 엄마는 어떤 아제르바이잔 사람의 가게에 취직했어요. 가게 주인은 점포를 두 개 갖고 있었는데, 하나는 과일가게였고 다른 하나는 생선가게였어요. "일자리는 있지만 쉬는 날은 없소. 휴일이 없다고요." 그런데 뜻밖에도 새로운 사실이 밝혀졌지 뭐예요. 엄마가 부끄러워서 장사를 못 하는 거예요. 글쎄, 창피하다는 거예요! 아무리 해봐도 안 되는 거죠! 첫날에는 과일을 정리해서 진열해놓고는 아예 나무 뒤에 숨어서 고개만 빼꼼히 내밀고 있었대요. 아무도 알아볼 수 없게 귀까지 모자를 푹 눌러쓴 채로 말이에요. 그다음날에는 구걸하는 집시에게 자두를 주었고요. 주인이 이를 눈치채고는 호통을 쳤지요. 돈은 동정이나 부끄러움을 싫어하는 법이니까요. 그곳에서 엄마는 얼마 버티질 못했어요. 장사는 엄마의 적성이 아니었어요. 어느 날 제가 울타리에 붙은 광고문을 보았어요. "고학력자 청소부가 필요합니다." 엄마는 광고문에 적힌 주소를 찾아갔고 취직에 성공했어요. 월급도 괜찮게 받았어요. 무슨 미국의 재단 같은 곳이었나봐요. 그제야 우리는 먹을 것을 자급할 수 있게 되었고 방도 구할 수 있었죠. 우리가 구한 방은 방 세 칸짜리 아파트 중 하나였어요. 두번째 방에는 아제르바이잔인들이 살았어요. 젊은 청년들이었지요. 항상 뭔가를 사고팔았어요. 그중 한 명이 제게 결혼하자고 했어요. 터키로 데려가겠다고 장담했죠. "내가 널 훔쳐갈 거야. 우리는 신부를 보쌈해가는 전통이 있거든." 엄마 없이 혼자 집에 있기가 무서웠어요. 그런데 그 남자는 제게 과일도 주고 살구도 가져다주었어요. 집주인은 날이면 날마다 술을 퍼마셨고 술 때문에 가끔 개로 변하곤 했어요. "아, 씨발! 이 재수없는 개

년아!" 집주인은 부인을 발로 찼어요. 결국 부인이 구급차에 실려가고 말았
죠. 그러자 그 인간이 한밤중에 우리 엄마에게 덤벼드는 거예요. 우리 방문을
부수고 말이에요……

결국 우리는 다시 길거리로 나앉게 되었어요……

집도 없고 돈도 없이 말이에요…… 엄마가 다니던 재단의 문이 닫혔고, 엄
마는 우연히 얻어걸리는 일을 하면서 겨우겨우 돈을 벌었어요. 우린 그걸로
살았어요. 아파트 현관에서도 살고…… 계단에서도 살고…… 그런 우리를 보
면서 어떤 사람들은 그냥 스쳐지나갔고, 어떤 사람들은 우리를 다시 길거리로
내쫓기도 했지요. 밤이든 낮이든 언제든 그런 일을 당할 수 있었죠. 비가 오는
날에도, 눈이 오는 날에도요…… 아무도 우리에게 도움의 손길을 내밀지 않
았고, 무슨 일이냐고 사연을 묻는 사람도 없었어요…… (침묵) 아침이 되면
우리는 걸어서 기차역으로 갔어요. (지하철을 탈 돈이 없었으니까요.) 그리고
역사 화장실에서 세수하고 빨래도 했어요. 그곳이 우리의 빨래터였어요……
여름에는 따뜻하니까 그나마 괜찮았어요, 살 만했지요. 공원 벤치에서도 잘
수 있었고요. 가을에도 낙엽을 잔뜩 모아다가 이불 삼아 덮고 자면 따뜻했어
요. 침낭 속에서 자는 것 같았죠. 벨라루스키 역에서…… 이건 정말 똑똑히 기
억해요…… 우리는 아주아주 늙은 할머니를 자주 마주치곤 했어요. 할머니는
매표소 주변에 앉아서 혼잣말로 중얼거리고 있었죠. 같은 이야기를 매번 하고
또 하고…… 전쟁이 일어났을 때 시골 마을에 늑대들이 들어왔다는 이야기,
그 늑대들이 남자들이 없는 걸 눈치채고 온 거라는 이야기, 남자들은 모두 전
쟁에 나가고 없었다는 이야기들을 계속 했어요. 우리는 수중에 돈이 조금이라
도 있으면 그 할머니에게 드리곤 했어요. "주님이 당신들은 지켜주시길." 그
할머니는 우리를 위해 성호를 긋곤 했어요. 그럴 때마다 우리 할머니가 생각
났지요……

하루는 엄마를 벤치에 혼자 두고 자리를 비웠다 돌아와 보니 엄마 옆에 어

떤 남자가 앉아 있는 거예요. 호감이 가는 남자였어요. 엄마가 말했죠. "이분은 비탈리 씨란다. 인사하렴. 이분도 브로드스키*를 좋아한다지 뭐니." 어떻게 된 상황인지 단번에 이해가 됐죠. 브로드스키를 좋아하는 사람…… 그건 우리 엄마에게 일종의 암호나 마찬가지였어요. 저 사람은 내 편이다. 뭐 그렇게 해석되는 거죠. "어떻게 『아르바트의 아이들』을 안 읽을 수가 있다니?" 우리 엄마에게 그런 사람은 야만인이나 다름없었어요. 산속에서 튀어나온! 그런 사람은 남이었고 절대 우리 쪽 사람이 될 수 없다고 생각했죠. 엄마는 항상 사람들을 그렇게 구분했고 그건 일종의 습관이었어요. 하지만 저는 엄마와 함께 떠돌이 생활을 하게 된 그 2년 동안 많이 달라져 있었죠. 나이에 맞지 않게 철이 들고 말았다고나 할까요. 전 이제 엄마는 제게 아무런 도움을 주지 못한다는 걸, 오히려 제가 엄마를 돌봐야 하는 보호자가 되었다는 걸 깨닫고 있었거든요. 그냥 그렇게 느끼게 된 거예요. 비탈리 아저씨는 똑똑한 사람이었어요. 엄마가 아닌 제게 물어보았으니까요. "자, 그럼. 여성분들 같이 가실까요?" 비탈리 아저씨는 방 두 칸짜리 자신의 아파트로 우리를 데려갔어요. 우리는 항상 짐을 들고 다녔어요. 구멍이 숭숭 난 체크무늬 비닐가방을 바리바리 싸들고…… 우린 천국으로 들어갔어요…… 그야말로 박물관이 따로 없었죠! 벽에는 그림이 걸려 있었고, 훌륭한 서재에 책들이 가득했고, 배가 불뚝 튀어나온 앤티크 서랍장도 있었어요…… 키가 천장까지 닿아 있는 괘종시계도 있었어요…… 우리는 제자리에서 굳어버렸죠. "자자, 아가씨들. 용감하게 들어와요. 외투도 벗고." 우린 부끄러웠어요…… 옷은 너무 헐었고…… 우리한테는 기차역과 아파트 현관 등의 냄새가 배어 있었거든요…… "어서요! 아가씨들! 자신 있게들!" 우리는 차를 마셨어요. 비탈리 아저씨는 자신의 이야기를 들려

---

* 조지프 브로드스키(1940~1996). 러시아계 미국인 시인이자 에세이 작가다. 1987년 노벨문학상을 수상했다. 1972년 소비에트연방에서 추방되어 1977년 미국 시민권을 취득했다.

줬어요. 아저씨는 세공업자였고 작업실도 따로 갖고 있었대요. 세공에 필요한 도구가 든 가방도 보여줬고, 인조보석이 든 자루나 은제 부품도 보여주더군요. 모두 예뻤고, 매력적이었고, 비싼 것들이었어요. 우리는 그곳에서 살게 된다는 것이 믿기지 않았어요. 기적이 한꺼번에 하늘에서 쏟아진 느낌이었어요……

우리는 가족다운 가족이 되었어요. 저는 다시 학교에 다니기 시작했어요. 비탈리 아저씨는 아주 착한 사람이었고, 보석이 박힌 반지도 제게 선물해주었어요. 하지만 안타깝게도…… 그 아저씨도 술을 먹었어요. 증기기관차처럼 담배 연기도 뿜어댔고요.

처음에는 아저씨를 핀잔하던 엄마가 얼마 뒤 아저씨와 같이 술을 마시기 시작했어요. 우리는 헌책방에 책들을 내다팔았어요. 오래된 책들의 가죽 표지 냄새가 지금도 기억나네요…… 비탈리 아저씨는 희귀한 주화도 많이 갖고 있었어요…… 그렇게 술을 마시면서 텔레비전을 보았어요. 정치 프로그램들을요. 비탈리 아저씨는 철학적인 얘기를 좋아했어요. 저와는 마치 어른을 대하듯 대화했죠, 질문도 했고요. "율리야, 공산주의가 끝난 뒤에 학교에선 대체 뭘 가르치니? 소비에트 문학과 소비에트 역사는 이제 어떻게 해야 한다고들 하니? 잊으라고 하니?" 사실 아저씨의 말 중 알아들을 수 있는 건 얼마 되지 않았어요…… 그 얘기들을 듣고 싶으세요? 사실…… 전 제가 그 얘기들과 거리가 멀다고 생각했는데…… 의외로 이렇게 생각나네요……

……러시아의 삶은 악하고 하찮아야 해. 그래야 영혼이 깨어나거든. 그래야 자신들이 이 세계에 속하지 않는다는 걸 깨닫게 되는 거야. 삶이 더러워지고 피투성이가 되면 될수록 영혼이 움직일 공간이 넓어지는 거야……

……우리 나라에서 현대화를 가능케 하려면 샤라시카*와 총살만이 답이야……

……공산주의자들…… 그들이 뭘 할 수 있는데? 또다시 배급쿠폰을 발급하고 마가단에 있는 막사를 보수하는 일뿐이지……

……지금은 정상인이 미친놈처럼 보이는 때야…… 지금의 이 새로운 삶은 나나 너희 엄마 같은 사람들을 불량품이라고 낙인찍어버린단 말이야……

……서방에 있는 건 낡은 자본주의야. 우리 나라에는 있는 건 아주 신선한 자본주의지. 어린 송곳니들이 무성한…… 그리고 지금의 정부는 완벽한 비잔틴제국이란다……

어느 날 밤 비탈리 아저씨의 심장이 안 좋아졌어요. 우리는 구급차를 불렀지만 병원까지 가지도 못했죠. 급성 심장마비였던 거예요. 아저씨의 친척들이 왔지요. "당신들 뭐야? 어디서 굴러들어온 거야? 여기서 당신들이 할 일은 없어." 어떤 남자가 소리를 질렀어요. "저 거지들을 빨리 내쫓아버려요! 썩 꺼져들!" 우리가 그 집을 떠날 때 그 사람들이 우리 가방을 검사하기도 했어요……

우리는 다시 길거리로 나왔어요……

엄마가 사촌오빠에게 전화를 걸었어요. 그의 부인이 전화를 받았죠. "오세요." 엄마의 사촌오빠는 레치노이 역에서 멀지 않은 방 두 칸짜리 '흐루숍카'에서 살고 있었어요. 결혼한 아들 내외와 함께요. 며느리는 임신한 상태였고요. "며느리가 아이를 낳기 전까지만 우리집에 계세요." 탕탕! 결정이 내려졌죠. 엄마에겐 복도에 접이식 침대를 놓아주었고, 저는 부엌에 있는 낡은 소파에서 잠을 잤어요. 알렉세이 아저씨 집에는 공장에서 같이 일하는 동료들이 자주 놀러왔고, 저는 그들의 대화를 뒤로한 채 잠을 청하곤 했어요. 항상 똑같

---

* 굴라크에 수감된 사람들 중 과학자들과 엔지니어들을 따로 선별해 비밀실험연구소를 만들었고, 이를 가리켜 '샤라시카'라고 불렀다. 군용기술과 장비들이 개발되곤 했다. 지금은 '유령회사' 또는 유명무실한 기관들을 가리킬 때 사용되기도 한다.

앉어요. 식탁 위에는 보드카 한 병과 카드가 놓여 있었죠. 하지만 그들의 대화
는 매번 달랐어요……

……그냥 다 날려버린 거야…… 자유…… 씨발, 그 빌어먹을 자유는 대체
어디에 있는 거야? 버터는 구경도 못 하고 시리얼만 씹어 먹으며 산다고……

……유대인 자식들……! 그놈들이 차르를 죽이더니, 스탈린도 안드로포프
도 다 죽였어…… 그놈들이 자유주의니 뭐니, 그걸 다 퍼뜨렸다고! 다시 나사
를 팍팍 조여야 돼. 우리 러시아인들은 믿음을 지켜야 한다고……

……옐친은 미국놈들 앞에서 배를 땅에 대고 설설 기고 있어…… 전쟁은
우리가 이겼는데도 말이야……

……성당에 가보면 모두가 세례받은 자들이야. 그런데 모두들 망부석처럼
서 있기만 한단 말이지……

……조금 있으면 뜨거워질 거고 재밌어질 거야…… 제일 먼저 해야 할 일
은 자유주의자놈들을 가로등에 매다는 일이야. 우리에게 1990년대를 살게 한
대가로 말이야. 러시아를 구해야 해……

두 달 뒤 며느리는 아이를 낳았고, 우리가 있을 곳은 없었어요.
우리는 또다시 길거리로 나갔어요……
……기차역……
……아파트 현관……
……기차역……
……아파트 현관……
기차역에서는…… 당직을 서던 경찰들이, 늙은 놈이건 젊은 놈이건, 우리
에게 요구하는 건 딱 두 가지였어요. 썩 꺼져(그때는 겨울이었어요) 아니면 같
이 창고로 들어가든가. 창고에는 파티션이 있었고 그 안에 특별히 마련된 장

소가 있었죠…… 소파도 있었고…… 한번은 저를 그곳으로 끌고 간 경찰에게 엄마가 마구 달려들었어요…… 엄마는 흠씬 두들겨맞은 뒤에 며칠 동안 감금 되어 있었죠…… (침묵) 전…… 어쩌다가…… 아주 심한 감기에 걸리고 말았어요. 고민하고 또 고민하다가 제 상태가 점점 악화되자 엄마가 절 친척집 으로 보냈고, 엄마는 기차역에 남아 있기로 결정했죠. 며칠 뒤 엄마가 전화했 어요. "우리 좀 만나야겠구나." 제가 엄마에게로 갔죠. 엄마가 말하더군요. "여기서 어떤 여자를 알게 됐는데…… 자기 집에서 같이 살자고 하는구나. 그 집에 방이 있대. 알라비노에 있는 자기 집이래." "엄마, 나도 같이 갈게." "아 니야, 넌 좀더 몸을 추스르고 나중에 와." 전 엄마를 전차에 태웠고 엄마는 창 가 자리에 앉아서 하염없이 저를 바라보았어요. 마치 오랫동안 보지 못했다는 눈빛으로요. 저는 참지 못하고 기차 안으로 들어갔어요. "엄마 왜 그래?" "신 경 안 써도 돼." 전 엄마에게 손을 흔들었고 엄마는 그렇게 떠났어요. 그리고 그날 저녁에 전화를 받았어요. "말리코바 양 되십니까?" "네, 제가 말리코바 입니다." "여긴 경찰서입니다. 류드밀라 말리코바 씨와는 관계가 어떻게 되시 는지요?" "엄마예요." "당신의 어머니가 기차에 치여 돌아가셨습니다. 알라비 노에서요……"

엄마는 기차가 오면 늘 조심했거든요…… 엄마는 기차를 무서워했어 요…… 그 기차에 깔리는 게 제일 무서웠던 사람이에요. 몇 번씩이고 두리번 거리면서 오는지 안 오는지 확인했던 사람이었어요. 그런데 그런 일이…… 그건 결코 우연히 아니에요…… 불의의 사고가 아니라고요…… 너무 무섭고 아프지 않도록 보드카 한 병을 산 뒤에…… 몸을 던진 거예요. 엄마는 지쳤어 요…… 그냥 지쳤던 거예요…… 그런 삶에…… '자기 자신에게'…… 이건 제가 생각해낸 말이 아니라 엄마가 한 얘기들이에요. 전 나중에 엄마가 한 말 들을 곰곰이 되새겨보았거든요…… (울음) 엄마는 기차에 오랫동안 끌려갔대 요…… 병원에 후송되었고 한 시간 정도 중환자실에 누워 있었지만 결국 살리질 못했대요. 전 그렇게 전해 들었어요…… 제가 만약 어렸다면 엄마는 저를 그렇게 혼자 남겨두진 않았을 거예요. 절대로요…… 절대로 그런 일은 일어나지 않았을 거예요…… 가시기 전에 엄마는 그런 말을 많이 했어요. "넌 이제 다 컸다. 넌 이제 어른이야." 왜 저는 어른이 되었을까요? (울음) 전 혼자 남게 되었어요…… 그렇게 혼자 살았어요…… (이 말을 끝으로 오랫동안 말을 하지 않는다.) 만약 제게 아이가 생긴다면 저는 반드시 행복해야 해요. 제 아이가 행복한 엄마를 기억할 수 있도록요.

내 사랑 예브게니…… 예브게니가 절 구했어요…… 저는 항상 그를 기다렸어요…… 고아원에 있을 때 우리들은 늘 꿈을 꿨어요. 지금은 고아원에 살지만 그래 봤자 잠깐일 것이고, 우리도 다른 사람들처럼 살면서 남편과 아이가 있는 가족을 갖게 될 것이라고 생각했어요. 그리고 명절 때만이 아니라 먹고 싶을 때면 언제든지 카스텔라를 사 먹을 수도 있을 거라 생각했어요. 정말 그렇게 살고 싶었어요…… 열일곱 살…… 제가 열일곱 살이 되었을 때였어요. 고아원 원장이 저를 부르더군요. "이제 급식에서 너는 배제되었다." 그러고는 말이 없었어요. 열일곱 살이 되면 고아원을 떠나 사회로 나가야 했어요. 가! 그런데 어디로 간단 말이에요? 일자리도 없고…… 그냥 전 가진 게 아무것도 없는걸요. 엄마도 없고요…… 저는 나데즈다 숙모한테 전화했어요. "저, 숙모한테 가야 할 것 같아요. 고아원에서 저를 내보낸대요." 나데즈다 숙모…… 숙모가 아니었다면…… 숙모는 저의 수호천사예요…… 나데즈다 숙모는 제 친숙모가 아니에요. 지금이야 가장 가까운 가족이 되어서 숙모가 제게 공동주택의 방도 남기셨지만요. 지금이야…… 그렇죠…… 숙모는 우리 삼촌과 한때 같이 살았어요. 하지만 삼촌은 돌아가신 지 오래되셨고요. 삼촌과 숙모는 동거하고 있었기 때문에 법적 부부도 아니었어요. 하지만 두 분이 서로 사랑해서 같이 살았다는 걸 저는 잘 알고 있었어요. 그런 사람에게는 신세를 질 수 있어요. 사랑을 아는 사람에게는 갈 수 있어요.

　　　　　　　　　　　　　　2부 허무의 마력

숙모에겐 아이가 없어요. 혼자 사는 것이 익숙한 분이었기 때문에 누군가와 함께 산다는 건 여간 불편한 일이 아니었을 거예요. 어둠! 방은 16제곱미터였어요. 저는 간이침대에서 잤어요. 숙모의 이웃은 당연히 불평을 늘어놓기 시작했지요. "개보고 나가라고 해요." 경찰까지 불렀어요. 하지만 숙모는 방패가 되어주셨어요. "얘가 어디로 간단 말이에요?" 1년쯤 지났을 때였던 것 같아요…… 숙모가 제게 직접 물으시더군요. "두 달 동안만 있는다더니 벌써 내 집에서 산 지 1년이 넘어가는구나." 저는 아무 말도 못 하고 울기만 했어요. 숙모도 아무 말 없이 울기만 하시더군요…… (침묵) 1년이 더 흘렀어요. 모두들 저한테 익숙해진 것 같았어요. 저도 잘하려고 노력했고요. 그 이웃도 제게 익숙해졌어요. 이웃이었던 마리나 아줌마는 나쁜 사람이 아니에요, 다만 아줌마의 삶이 좋지 않았던 것뿐이죠. 아줌마는 남편이 둘 있었는데, 둘 다 술에 찌들어 살더니 아줌마의 말을 그대로 빌리자면 숨통이 끊어졌다더군요. 아줌마 집에는 자주 조카가 놀러오곤 했고, 저는 그 사람과 인사하며 지냈어요. 멋진 남자였어요. 그건…… 그 만남은 이렇게 된 거예요. 저는 방에 앉아서 책을 읽고 있었어요. 마리나 아줌마가 방에 들어와서 다짜고짜 제 손을 잡고 부엌으로 데려갔어요. "자, 소개해주마. 여긴 율리야고, 얘는 예브게니다. 자, 이제 둘이 냉큼 나가서 산책하고 오너라!" 그렇게 해서 저는 예브게니와 사귀기 시작했어요. 키스도 했죠. 하지만 진지한 건 아무것도 없었어요. 그는 운전기사로 일했기 때문에 출장을 자주 갔어요. 한번은 그가 출장에서 돌아왔는데 제가 안 보였던 거죠. '어디에 있지? 무슨 일이지?' 그때 저는 발작을 자주 했어요. 숨을 못 쉬어서 헐떡거리기도 하고 힘이 빠져서 쓰러지기도 했어요. 숙모는 억지로 의사에게 보이도록 했고, 의사들은 다발성경화증을 찾아냈어요. 선생님도 물론 이게 무슨 병인지 아시겠죠…… 불치병이잖아요…… 제 생각엔 그리움 때문에, 그리움 때문에 이 병을 얻은 거예요. 저는 엄마를 많이 그리워했어요. 아주 많이요. (침묵) 의사들이 그렇게 진단을 내리더니 저를 입원시켜버렸죠. 예브게니가 병원으로 찾아왔고, 그렇게 문병을 오기 시작했어요. 매일 왔어요. 탐스러운 사과를 가져오기도 하고 오렌지를 가져오기도 하고⋯⋯ 그 언젠가 아빠가 그랬던 것처럼요. 한번은 5월이 되었을 때였어요. 예브게니가 장미꽃 다발을 들고 들어왔어요. 저는 "엄마야!" 하고 소리쳤어요. 그 꽃다발의 값이 그의 월급의 반이나 됐으니까요. 그는 명절 때나 입는 옷을 차려입고 왔어요. "나와 결혼해줄래?" 저는 굳어버렸어요. "싫어?" '뭐라고 대답해야 하지?' 전 거짓말은 하지도 못했지만, 그를 속이고 싶은 마음도 없었어요. 저는 이미 오래전부터 그를 사랑했으니까요⋯⋯ "당신과 결혼하고 싶어요. 하지만 당신도 사실대로 알아야 해. 나는 3등급 장애인이야. 난 조금 있으면 햄스터처럼 될 거야. 날 안고 다녀야 할 거라고." 예브게니는 제대로 이해하지 못했고 실망한 듯했어요. 다음날 또다시 찾아온 그가 말했어요. "괜찮아. 헤쳐나갈 수 있어." 전 퇴원했고 우리는 혼인신고를 했어요. 그가 저를 자신의 엄마에게로 데려갔어요. 그의 엄마는 평범한 시골 사람이었어요. 평생을 논밭에서 보내셨지요. 집에는 책 한 권도 없었어요. 하지만 저는 그 집이 좋았어요. 평온했어요. 저는 시어머니에게도 모든 걸 다 말씀드렸어요. 그러자 시어머니는 저를 끌어안으면서 말씀하셨어요. "아가, 괜찮다. 사랑이 있는 곳에 하느님이 계신 법이란다." (침묵)

이제 저는 남아 있는 모든 힘을 다해서 살고 싶어요. 왜냐하면 이제 그이가 저와 함께하니까요. 이제 아이를 갖고 싶다는 생각까지 해요. 의사들은 반대하지만 저는 소망해요. 그리고 우리집도 있었으면 좋겠어요. 저는 평생을 우리집에 대해 꿈꾸었으니까요. 얼마 전 법이 채택되었는데, 그 법에 따라 우리의 옛 아파트를 되찾을 수 있다는 걸 알아냈어요. 저도 신청서를 제출했어요. 그 사람들 말로는 저와 같은 일을 당한 사람들이 수천 명이나 된다더군요. 그들이 돕고는 있지만 제 경우는 아파트가 세 번이나 매매된 적이 있어서 더욱 힘들다고 했어요. 우리의 것을 훔쳤던 그 폭력배들은 이미 오래전에 무덤 속

　　　　　　　　　　　　　　　　　　2부 허무의 마력

으로 들어갔다더군요. 서로가 서로를 쏴 죽였대요.

 ……우리는 엄마에게로 갔어요. 묘비에 엄마의 초상화가 있는데…… 마치 엄마가 살아 있는 것 같았어요. 우리는 깨끗하게 청소하고 치웠어요. 그리고 오랫동안 그 자리에 서 있었어요. 발걸음이 떨어지지 않아서요…… 어느 순간 엄마가 제게 미소를 짓고 있는 것 같았어요. 엄마는 행복해 보였어요. 어쩌면 내리쬐는 햇볕에 그렇게 보인 걸 수도 있겠지만요……

행복과 매우 닮은 외로움에 대하여

알리사 Z.(광고 매니저, 35세)

 다른 인터뷰를 위해 상트페테르부르크로 향하던 길이었지만 결국 다른 이야기를 안고 되돌아왔다. 같은 기차에 동승했던 한 여자와 많은 이야기를 나누게 된 것이다……

 ─제 친구 중에 자살한 친구가 있어요…… 그 친구는 강했고 성공한 친구였어요. 쫓아다니는 남자도 많았고, 남자친구도 많았죠. 그래서 우리는 모두 충격을 받았어요. 자살은 뭘까요? 겁에 질린 행동일까요? 아니면 강한 의지의 결과일까요? 극단적인 계획일까요 혹은 도움을 요청하는 절규일까요? 그것도 아니면 자기 헌신일까요? 출구…… 덫…… 형벌…… 전 말하고 싶어요…… 전 왜 제가 자살은 절대 하지 않을지에 대해 선생님께 말씀드릴 수 있어요.

 사랑 때문이냐고요? 전 그 버전은 아예 논하고 싶지도 않네요…… 물론 전 아름답고 눈부시고 청명한 모든 것을 반대하지는 않아요. 하지만 지난 10여 년 동안 제 앞에서 그 단어를 언급한 사람은 선생님이 처음인 것 같아요. 21세기는 돈, 섹스 그리고 총의 세기인데, 선생님은 무슨 그런 감정에 대해서 말씀하세요⋯⋯ 앞서가는 사람들은 모두 돈을 거머쥐고 있다고요. 전 서둘러 결혼해서 새끼들을 줄줄이 낳고 살 생각은 애초에 하지도 않았어요. 저는 항상 출세하고 싶었고, 그것이 제 우선순위였어요. 전 제 자신을, 제 시간을 그리고 제 인생을 소중히 여기는 사람이에요. 남자가 사랑을 찾는 존재라는 건 또 어디에서 비롯된 발상인가요? 사랑이라⋯⋯ 남자는 여자를 사냥감, 전리품, 제물쯤으로 생각하고 그 자신들은 사냥꾼이라고 믿는 족속이에요. 이런 법칙은 수 세기에 걸쳐 고착된 거라고요. 여자는 백마 탄 왕자님이 아니라 황금자루를 타고 오는 왕자님을 기다린다고요. 불특정 연령대의 그 왕자를 요⋯⋯ 그 왕자가 '아빠뻘'이어도 상관없어요⋯⋯ 그게 뭐 어때서요? 어차피 이 세상은 돈이 지배하는 세상인데! 하지만 전 제물이 아니에요, 전 사냥꾼이에요⋯⋯

전 10년 전에 모스크바에 왔어요. 전 광기에 사로잡혀 있었고 저돌적이었어요. 전 늘 자신을 세뇌했죠. '난 행복하기 위해서 태어났다. 고통받는 건 약한 사람들의 몫이다. 겸손은 약자들의 장식품일 뿐이다.' 전 로스토프에서 상경했거든요. 부모님은 학교에서 근무했는데 아버지는 화학 선생님이었고, 엄마는 러시아어와 문학을 가르쳤어요. 부모님은 대학교 때 만나 결혼했어요. 그때 아빠는 달랑 괜찮은 양복 한 벌만 갖고 있었지만 대신 머릿속에 무궁무진한 생각들을 갖고 있었던 거죠. 그 시절만 해도 그것만 있으면 아가씨의 마음을 사로잡기에는 충분했거든요. 부모님은 요즘도 예전 일을 회상하길 즐겨요. 침구세트 하나로 꽤 오래 버텨야 했다는 이야기며, 베개도 하나밖에 없었고 실내화도 한 켤레밖에 없었다는 그런 이야기들을 한다니까요. 어둠이 내려앉으면 밤새도록 앞다투어 서로에게 파스테르나크를 읽어줬다는 이야기들. 그것도 달달 외워서 말이에요! 사랑하는 사람과 함께라면 천막도 천국이라나요! "그렇겠죠. 딱 첫 한파가 몰아치기 전까지만 그렇겠죠"라며 제가 비웃곤 했어요. 그러면 엄마는 입을 삐죽거리며 "넌 어쩜 애가 낭만이 없니"라고 핀잔을 주었죠. 우리 가족은 평범한 소비에트 가족이었어요. 아침에는 메밀볶음밥 또는 마카로니를 버터와 함께 먹었고요. 오렌지는 1년에 딱 한 번 신년 명절 때나 구경할 수 있었죠. 그 오렌지의 향기가 아직도 기억에 남아요. 지금의 것이 아니라 그때 그 시절의 오렌지 향…… 뭔가 다른 향이었어요…… 아름다운 삶의 향기…… 여름휴가는 흑해에서 보냈어요. 소치에 갈 때면 문명과 동떨어진 사람들처럼 촌스러웠고, 9제곱미터짜리 방 한 칸에서 모두가 함께 살았어요. 그럼에도 불구하고 우리는 정체 모를 자부심을 갖고 있었어요. 무언가를 매우 자랑스러워했어요. 지하창고 어딘가에서 그 대단한 혈연 지연을 동원해 구한 사모해 마지않는 책들에 대해 자부심을 느꼈고, 무료시사회 티켓(엄마의 친구분이 극장에서 일하셨거든요)은 큰 기쁨 중에 하나였죠! 극장! 점잖은 사람들의 대화에서 빠지지 않고 등장하는 영원한 주제죠…… 지금은 소비에트 수용소, 공산주의 게토, 식인사회 등의 표현이 언론에 등장하지만 전 사실 그런 무시무시한 것들은 잘 기억이 안 나요. 제가 기억하는 건 소비에트 사회가 순진했다는 것, 아주 순진하고 서툰 사회였다는 거예요. 게다가 전 제가 그렇게는 살지 않으리라는 걸 잘 알고 있었어요. 전 원하지 않았어요! 이런 불순한 생각을 한다는 이유로 한번은 학교에서 퇴출당할 뻔한 적도 있었죠. 어휴! 소련 출신…… 이건 일종의 진단명이에요…… 낙인이죠! 학교 과목 중에 '가정'이란 과목이 있었는데, 왜 그런지는 모르겠지만 그 시간에 남자애들은 자동차 운전을 배웠고, 여자애들은 커틀릿 튀기는 법을 배웠어요. 그리고 전 항상 그놈의 커틀릿을 태워 먹었어요. 가정 선생님은 우리 반 담임이었고, 그래서 항상 저에게 잔소리를 하셨죠. "넌 어째 할 줄 아는 게 하나도 없니! 결혼해서 남편에게 대체 뭘 먹일 거니?" 그런 말을 들으면 저는 즉각적으로 반응했어요. "전 커틀릿을 튀기며 살 생각은 전혀 없어요. 우리집에는 가사도우미가 있을 거라고요." 그때가 1987년이었고 저는 열세 살이었어요. 그때 무슨 자본주의가 있었고 가사도우미가 있었겠어요? 그때까지만 해도 완연한 사회주의 사회였는걸요! 결국 부모님은 교장선생님의 호출을 받았고, 저는 반 전체 모임과 학생총회에서 대대적인 비난을 받게 됐죠. 심지어 피오네르단에서 퇴출될 뻔도 했어요. 피오네르, 콤소몰 이건 정말 중요했거든요. 그래서 제가 울었던 기억이 나요…… 전 '시의 운율'보다는 '수학 공식'이 더 중요한 사람이었는데도 불구하고…… 울었던 기억이 나요…… 집에 혼자라도 있게 되면 저는 엄마 원피스를 입고 구두를 신고 소파에 앉아서 『안나 카레니나』를 읽었어요. 사교계 무도회, 하인들, 장교들의 어깨장식…… 은밀한 연애…… 주인공 안나가 기차에 몸을 던지기 전까지는 모든 것이 다 마음에 들었어요. '대체 왜? 예쁘고 부자였잖아……? 겨우 사랑 때문에?' 톨스토이조차 제 생각을 바꾸지는 못했어요…… 전 서양 소설들이 훨씬 좋았어요. 서양 소설에 등장하는 악녀들, 예쁜 악녀들이 좋았거든요. 그 악녀 때문에 남자들이 서로 총을 쏘고 괴로워했어요. 그녀의 발 앞에 엎드려 사정도 했고요. 제가 사랑 때문에 마지막으로 운 건 열일곱 살 때였어요. 짝사랑을 했거든요. 밤새도록 욕실에 들어앉아서 수도꼭지를 틀어놓고 통곡했어요. 엄마는 파스테르나크의 시를 읊어주면서 저를 위로했죠. 그중에 기억에 남는 게 있어요. "여자가 된다는 것은 위대한 걸음이다/당신을 미치게 하는 것은 영웅적 행위이다." 전 제 유년기도 싫고 청소년기도 싫어요. 언제면 그 시기가 끝날까 늘 고대했거든요. 죽어라 책을 파고들면서 땀을 뻘뻘 흘리며 체육관에서 운동하면서 그 시기가 끝나기만을 기다렸어요. 더 빨리, 더 높이, 더 강하게! 집에서는 오쿠드자바의 카세트테이프가 늘 돌아가고 있었어요. "벗이여, 손에 손을 잡아요……" 아니요! 그건 제 이상이 아니었어요.

모스크바로…… 모스크바! 모스크바라는 단어를 들을 때의 느낌은 경쟁자의 이름을 들을 때와 같아요. 듣는 순간부터 제 마음속에 체육인의 투지가 끓어오르죠. 나의 도시! 미칠 듯한 리듬, 그 흥! 모스크바의 크기는 제 날갯짓에 꼭 들어맞았어요! 그때 제 주머니 속에는 200달러와 약간의 루블이 들어 있었어요. 그게 다였어요! 쪼들리던 1990년대였으니까요. 부모님은 이미 오래전부터 월급을 못 받고 있었죠. 가난! 아버지는 자기 자신을, 그리고 엄마와 나를 매일 설득했어요. "참아야 해. 기다려야 해. 난 가이다르를 믿어." 우리 부모님 같은 사람들은 자본주의가 시작되었다는 것을 자각하지 못했어요. 러시아식 자본주의…… 젊고 낯 두꺼운 그 자본주의가…… 1917년에 패배했던 그 자본주의가 도래했다는 걸 인식하지 못했어요…… (생각에 잠긴다.) 글쎄요, 지금이라고 사람들이 그걸 이해하고 있을까요? 아마 그렇지 않을 거예요…… 한 가지 제가 확실하게 아는 건 우리 부모님들이 그 자본주의를 주문한 건 아니라는 거예요. 그건 확실해요. 왜냐하면 그건 제가 주문한 거니까요. 저와 같이 새장 안에 갇혀 지내고 싶어하지 않았던 사람들이 주문한 거라고요. 젊고 강한 사람들이. 우리 같은 사람들에게 자본주의는 상당히 흥미로워요. 짜릿한 모험이고 스릴이죠. 비단 돈 때문만은 아니에요. 미스터 '달러' 때문만은 아니라고요! 선생님, 제가 비밀을 하나 밝힐게요. 전 자본주의, 현대식 자본주의요(드라이저의 그 소설들 말고요)…… 바로 그 현대식 자본주의에 대한 책을 읽는 게 굴라크나 소련의 적자, 밀고자들에 대한 책을 읽는 것보다 훨씬 즐겁답니다! 짜잔! 어머나, 어떡하죠! 제가 신성한 영역을 건드리고 말았네요! 부모님과는 절대로 이런 얘기를 할 수 없어요. 찍소리도 하지 않아요. 한마디도요. 그러면 큰일나게요? 우리 아버지는 여전히 소비에트 낭만주의자이셔요. 1991년 8월…… 쿠데타! 아침부터 텔레비전에서는 〈백조의 호수〉를 방영하고 있었는데…… 모스크바에는 탱크가 쳐들어왔던 거예요, 마치 아프리카처럼요…… 그러자 아버지는 한 일곱 명 정도 되는 친구들과 함께 직장에서 곧장 모스크바로 달려갔어요. 혁명을 지지하기 위해서요! 저는 텔레비전 앞에 앉아 있었어요. 그리고 탱크에 오른 옐친의 모습을 기억해두었죠. 제국이 무너지고 있었어요…… '그래, 무너지라지……' 우리는 전쟁에 나간 아버지를 기다리는 마음으로 아버지를 기다렸고, 아버지는 영웅이 되어서 돌아왔죠! 제 생각에 아버지는 지금도 그 기억으로 살아가는 것 같아요. 수많은 세월이 흐른 뒤에야 저는 그 사건이 아버지 인생에서 가장 중요한 사건이었다는 걸 이해하게 되었어요. 마치 우리 할아버지처럼요. 할아버지는 평생 동안 스탈린그라드전투에서 독일군을 격파한 얘기만 하셨거든요. 그런데 막상 제국이 없어지자 아버지는 지루해했어요. 그리고 무미건조하게 삶을 살았어요. 살아갈 목적을 잃어버린 거예요. 아버지 세대 대부분이 실망했어요. 그분들은 두 배로 패배감을 느꼈어요. 첫째, 공산주의 사상 자체가 패배했고, 둘째, 공산주의 이후에 만들어진 그 세상도 이해할 수 없었고 받아들일 수 없었던 거예요. 그분들은 다른 세상을 원했어요. 다른 세상이 자본주의가 될 수밖에 없다면 그 자본주의는 인간의 얼굴을 하고 매력적인 미소를 짓는 것이길 바란 거예요. 이건 그들의 세상이 아니었어요. 낯선 세상이었어요. 대신 이건 제 세상이에요! 나의 세상! 전 소비에트인들을 이제 5월 9일 전승기념일에만 볼 수 있어서 얼마나 행복한지 몰라요…… (침묵)

모스크바까지 히치하이킹해서 차를 얻어 타고 갔어요. 돈을 아낄 수 있었으니까요. 창문을 내다보면 볼수록 제 안에 오기가 점점 더 끓어오르더군요. 전 다시는 모스크바에서 집으로 되돌아가는 일은 없으리라는 걸 이미 알고 있었어요. 억만금을 줘도 되돌아가지 않으리라는 걸요! 양쪽 길가에 시장이 들어서 있었어요…… 찻잔세트, 못, 인형 등을 팔고 있었어요. 월급 대신 물건을 받았던 시절이니까요. 다리미나 프라이팬을 햄과 바꿀 수 있었어요(육류 가공 공장에서는 월급으로 햄을 주었으니까요). 사탕이나 설탕으로 바꿀 수도 있었고요. 버스정류장 근처에는 뚱뚱한 아줌마가 앉아 있었는데, 마치 탄띠를 두른 것처럼 아동용 장난감을 온몸에 주렁주렁 매달고 있었어요. 만화 같은 이야기죠! 모스크바엔 비가 내리고 있었지만 저는 그래도 붉은광장에 갔어요. 성바실리대성당도 보고 싶었고 크렘린 성벽도 보고 싶었거든요. 그 강인함, 그 힘! 내가 여기에 왔도다! 심장부 한가운데에! 고향을 떠나기 직전 체육관에서 새끼발가락이 부러지는 바람에 저는 절뚝거리며 걸었어요. 하지만 그래도 전 하이힐을 신고 있었고 가장 좋은 원피스를 입고 있었어요. 물론 운명이란 건 그야말로 운이고 도박이라지만, 저에겐 저만의 직감이 있었어요. 전 제가 뭘 원하는지 알아요. 하늘도 그냥 아무렇게나 막 주지 않아요…… 공짜는 없어요…… '자, 옜다! 받아라! 자, 너도 받아라! 너도!' 이런 건 없다고요. 간절히 원해야 해요. 그리고 전 간절했어요! 엄마는 집에서 만든 파이만 갖고 올라오곤 했어요. 그러고는 아버지와 함께 민주 시위에 다닌다는 얘기를 했죠. 당시에 배급쿠폰으로는 한 사람당 한 달에 곡물 2킬로그램, 고기 1킬로그램, 버터 200그램을 배급받을 수 있었어요. 어딜 가나 줄, 줄 그리고 또 줄. 손바닥에는 대기번호도 받았죠. 전 '소보크'라는 단어가 마음에 들지 않아요! 우리 부모님들은 소보크가 아니라 낭만주의자들이에요! 정상적인 삶 속에 있는 미취학 아동들이요. 전 부모님을 이해는 못 하지만 그래도 사랑해요! 전 제 인생을 스스로 개척했어요…… 혼자서요…… 전 달콤한 여유 따위는 스스로에게 허락하지 않았어요. 그렇기 때문에 전 자신을 사랑할 만한 이유를 충분히 갖고 있어요! 과외 한 번 받지 않고 돈도 뒷배도 없이 저는 모스크바 국립대에 당당히 입학했어요. 언론학부에요. 대학 1학년 때 같은 반 동기 남학생이 저에게 반해서 묻더군요. "혹시 사랑하는 사람이 있니?" 그 물음에 제가 대답했어요. "난 나 자신과 사랑에 빠졌어." 전 혼자서 모든 것을 얻어냈어요. 혼자서요! 동기 남학생들은 시시했고 강의는 지루했어요. 소련 교수들이 소련 교과서로 가르쳤으니까요. 그런데 대학 밖에서는 이미 소련의 삶이 아닌 야생적이고 광기 어린 삶이 들끓고 있었다고요. 처음으로 중고 외제차가 등장했어요. 그건 감격이었어요! 푸시킨 거리에 최초의 '맥도날드'가 들어섰어요…… 폴란드 화장품도 수입되기 시작했죠…… 그와 함께 무서운 소문도 함께 돌았어요…… 시신용 화장품이라는 둥…… 텔레비전에서는 첫번째 광고가 방영되기 시작했어요. 터키산 차를 홍보하는 광고였어요. 그전까지는 모든 것이 잿빛이었는데, 화려한 색감과 눈에 확 띄는 간판들이 등장하기 시작했죠. 갖고 싶은 게 너무 많았어요! 그리고 모든 걸 얻을 수 있었어요! 원하기만 한다면 어떤 사람이고 될 수 있었어요. 브로커도 될 수 있고 킬러도 될 수 있고 게이도 될 수 있었죠. 1990년대…… 그 시절은 제겐 축복이었고 잊히지 않는 시절이었어요. '연구소' 출신의 실전 경험 없는 개혁가들, 폭력배들, 모험가들의 시대! 소비에트로부터 남은 건 물건뿐이었고 사람들은 이미 머릿속에 다른 프로그램을 갖고 있었어요. 부지런을 떨고 뛰어다니다보면 원하는 모든 걸 얻을 수 있었다고요. 레닌이라뇨? 스탈린이라뇨? 그건 이미 오래된 과거였고, 이제는 끝내주는 환상의 세계가 펼쳐지고 있었다고요. 세계 어디든 직접 가볼 수 있고, 고급 아파트에서 살 수 있고, 고급 차를 타고 돌아다닐 수도 있고, 점심식사로 코끼리 고기라도 원하면 먹을 수 있는 세상이 된 거예요…… 러시아는 눈이 돌아갈 지경이었어요. 대학보다 길거리와 사람들의 모임에서 훨씬 더 빨리 배울 수 있었어요. 그래서 저는 야간학부로 갈아탔죠. 신문사에 취직도 했고요. 전 아침에 눈을 뜨는 순간부터 사는 게 그렇게 좋을 수 없었어요.

저는 위만 바라보았어요. 인생의 높은 계단만을…… 전 현관이나 사우나에서 남자들과 뒹굴고 그 대가로 그들이 절 고급 레스토랑에 데려가는 걸 원한 적이 없어요. 저를 쫓아다니는 남자들은 많았어요. 동갑내기에게는 아예 눈길도 주지 않고 그들과는 도서관에나 같이 다니는 친구 정도로 지냈어요. 그게 가볍고 위험하지도 않으니까요. 제 마음에 드는 남자들은 나이 많은 남자들, 이미 성공해서 부를 축적한 사람들이었죠. 그들은 흥미로웠고, 재미있었고, 쓸모가 있었어요. 저에게는…… (웃음) 한동안 저에겐 그런 딱지가 늘 붙어다녔어요. 책이 많은 유복한 가정에서 자란 아가씨, 집에서 가장 중요한 게 책장이었다더라. 그래서인지 작가나 화가들이 제게 관심을 많이 보였어요. 아직 가치를 드러내지 않은 천재들이요. 하지만 전 그 천재들에게 제 인생을 헌납할 생각은 추호도 없었어요. 죽고 난 뒤에나 인정받고 후손들에게 후한 사랑을 받는 그런 천재들에게 말이에요. 게다가 이미 집에서부터 귀에 못이 박이도록 들었던 그 대화들…… 공산주의, 인생의 의미, 타인을 위한 행복, 솔제니친과 사하로프…… 등등은 이미 들을 만큼 들었으니까요. 그들은 제 소설의 주인공이 아니라 우리 엄마의 주인공들이었어요. 책을 읽으며 비상을 꿈꿨던 체호프의 '갈매기'들을, 책은 읽지도 않지만 이미 날아오를 줄 알았던 다른 사람들이 대체하기 시작한 거죠. 신사라면 갖춰야 할 모든 요소들, 사미즈다트를 읽고 부엌에서 소곤거리며 토론했던 그 일들이 한순간에 무가치한 것으로 전락했어요. 프라하에 우리 탱크들이 있었다니, 얼마나 수치스러워요! 그 탱크들이 우리 모스크바에도 있었다니까요! 누가 이 얘기에 놀라기나 할까요? 사미즈다트로 출판되던 시들을 다이아몬드 반지와 명품옷이 대신하고 있어요. 소원의 혁명! 욕구의 혁명! 전 공무원이나 사업가들이 마음에 들었어요, 좋아했어요. 그들이 사용하는 어휘에 감동하곤 했죠. 오프쇼어, 뒷돈, 바터거래, 네트워크 마케팅, 창의적 접근 등등…… 편집부 기획회의에서 편집장이 말했어요. "자본주의자들이 필요해. 옐친과 가이다르 정부가 자본주의자를 배출할 수 있도록 지원해야 해. 급해!" 저는 젊었고…… 예뻤어요…… 그래서 제가 그 자본주의자들을 인터뷰하게 되었죠. '그들은 어떻게 부자가 되었는가? 첫 백만 루블은 어떻게 얻을 수 있었는가? 사회주의자들이 어떻게 자본주의자들로 전환된 것인가?' 이런 것들을 취재해야 했어요. 이상하게도 항상 사람들의 머릿속에는 '백만'이라는 숫자가 각인되어 있어요. '백만 루블을 벌어들이다!' 우리는 일반적으로 러시아인은 부자가 되고 싶어하지도 않고 심지어 부자가 되는 걸 두려워한다고 생각해요. 그렇다면 도대체 러시아인은 뭘 원하는 걸까요? 생각해보면 간단해요. 러시아인은 항상 한 가지만을 원해요. 다른 사람이 부자가 되지 않으면 되는 거예요. 다른 사람이 나보다 더 잘살지만 않으면 된다고요. 산딸기색 재킷과 금목걸이…… 그건 영화나 드라마에서 나오는 얘기고요…… 제가 만난 사람들은 철의 논리와 철의 방식, 체계적인 사고를 갖춘 사람들이었어요. 모두가 영어와 경영을 배웠죠. 아카데미 회원들이나 박사들은 모두 국외로 빠져나갔어요…… 물리학도들이건 서정시인들이건…… 그런데 그 새로운 영웅들은요…… 아무데도 가고 싶어하지 않았어요. 러시아에서 사는 걸 좋아했어요. 그건 그들의 시대였고 기회였으니까요! 그들은 부자가 되고 싶어했고, 모든 것을 다 원했어요. 모든 것을요.

그때 저는 그 사람을 만났어요…… 전 그 사람을 사랑했다고 생각해요. 마치 고백처럼 들리네요…… 그렇죠? (웃음) 그는 저보다 스무 살이나 더 많았고, 유부남이었어요. 아들 둘에 질투심 많은 부인이 있었죠. 현미경으로 낱낱이 감시당하는 인생…… 하지만 우린 서로에게 미쳐 있었어요. 격정과 욕망이 얼마나 컸던지, 그가 제게 이런 고백도 했어요. 아침이면 직장에서 울지 않기 위해서 안정제 두 알을 먹는다고요. 저도 낙하산을 메고 뛰지만 않았을 뿐이지 정신 나간 행동을 서슴없이 했어요. 그런 때가 있었어요…… 그럴 때도 있는 거예요…… 일명 사탕과 꽃다발의 시기가 있는 거예요…… 그때는 누가 누굴 속이는지, 누가 누굴 사냥하는 건지, 누가 무엇을 원하는지는 그렇게 중요하지 않아요. 저는 어렸고 고작 스물두 살이었어요…… 사랑에 빠졌던 거예요…… 사랑에요…… 저도 이젠 알아요, 사랑이란 일종의 사업이라는 것을. 그래서 각자가 리스크를 부담하게 된다는 것을요. 언제든 새로운 조합을 만들 준비를 하고 있어야 해요……! 언제든! 지금은 사랑에 도취된 사람들을 찾아보기 힘들어요. 있는 힘을 다해 도약하자! 출세하자! 젊은 아가씨들이 흡연실에서 수다를 떨다가 누군가 진정한 사랑을 느꼈다고 하면 가엾게 여기는 시대라고요. '멍청한 년, 걸렸구먼 걸렸어.' (웃음) 멍청이! 네, 제가 바로 그 행복한 멍청이였어요. 그 사람은 자기 차를 돌려보낸 뒤에 택시를 잡았어요. 그리고 우리는 휘발유 냄새가 밴 '모스크비치'를 타고 밤이 내려앉은 시내를 돌아다녔어요. 끊임없이 키스를 나누면서. 그가 말했어요. "고마워. 자기가 날 100년 전으로 데려다놓았어." 짧고 굵은 에피소드들…… 짧은…… 전 그의 리듬에…… 박력에…… 매료되어 있었어요. 저녁에 전화가 와요. "아침에 파리로 가자." "카나리아제도로 훌쩍 떠나자. 나 사흘 정도 스케줄이 돼." 비행기 일등석을 타고 가서 가장 비싼 호텔에서 묵었어요. 유리로 된 바닥 아래로 살아 있는 물고기들이 유영하고 있었죠. 진짜 상어가요! 하지만 평생 기억에 남는 건 그런 게 아니에요…… 오래 기억되는 건 휘발유 냄새가 밴 그 '모스크비치'예요. 그리고…… 우리가 나눈 키스들…… 정신이 마비되는 것 같았던 그 키스들도요. 그는 저를 위해서 분수에 걸린 무지개도 따다줬다고요…… 전 사랑을 했어요…… (침묵) 반면 그는 잠깐의 축제 기간을 갖기로 했나봐요 자신을 위해서…… 자기를 위해서…… 그랬던 거예요! 제 나이가 마흔이 되면 어쩌면 그를 이해할 수 있을지도 모르겠어요. 언젠가는 이해할 수 있겠죠. 예를 들어서 그는 시계가 잘 갈 때는 그 시계를 좋아하지 않았고요, 시계가 멈춰 서버리면 그제야 그 시계를 좋아했어요. 그는 그 자신만의 독특한 시간 개념을 갖고 있었어요…… 뭐 그런 것들을 이해할 수 있게 되겠죠…… 아무튼 그런 일도 있었어요…… 전 고양이를 엄청 좋아해요. 좋아하는 이유는 고양이가 울지 않기 때문이에요. 아무도 고양이의 눈물을 본 적이 없어요. 저를 밖에서 보는 사람들은 아마 절 행복한 부자라고 생각할 거예요. 전 모든 걸 가졌어요. 큰 집, 비싼 차, 이탈리아 가구도 있어요. 저를 늘 감동시키는 딸도 있어요. 우리집에는 가사도우미도 있고 저는 커틀릿을 직접 튀기거나 손에 물을 묻혀가며 세탁을 하지 않아요. 전 원하는 모든 것을 살 수 있어요. 집에는 액세서리가 산더미처럼 쌓여 있죠…… 하지만 전 혼자 살아요. 그리고 계속 혼자 살고 싶어요! 누군가와 함께 있을 때보다 저 혼자 있을 때가 가장 좋아요. 전 저 자신과 대화하는 것도 좋아해요. 그리고 그 어떤 얘기보다도 자신에 대한 이야기를 좋아해요. 훌륭한 말동무죠! 제가 뭘 생각하는지, 무엇을 느끼는지…… 어제 본 것과 오늘 본 것에 대해 어떻게 생각하는지. 예전에는 파란색이 좋았는데 지금은 연보라색이 좋아졌다든지…… 사람의 마음속에서는 별

붉은색으로 장식되지 않은 열 편의 이야기

의별 일들이 다 벌어져요. 그 사람의 안에서 일어나는 일들, 그 사람이 자신과 하는 일들…… 사람의 내면은 완전한 하나의 우주공간이에요. 하지만 사람들은 그 내면에 아무런 관심도 갖지 않죠. 모두가 외양이나 겉모습에 치중하고 있어요…… (웃음) 외로움은 자유예요. 이젠 제가 자유롭다는 사실에 매일 기뻐하고 있죠. 전화를 할까? 하지 않을까? 올까? 오지 않을까? 나를 버릴까? 버리지 않을까? 아, 됐다 그래요! 그건 이제 제가 알 바가 아니에요. 아니라고요. 전 외로움을 두려워하지 않아요. 제가 무서워하는 건…… 제가 뭘 무서워할까요? 전 치과 의사가 무서워요…… (갑자기 흥분한다.) 사람들은 사랑을 말할 때 항상 거짓말을 해요. 돈에 대해서도요. 항상 거짓말을 하고…… 그것도 다양한 방법으로 해요. 전 거짓말을 하고 싶지 않아요. 그냥 하고 싶지 않다고요! (진정한다.) 죄송해요. 정말 죄송해요. 너무 오랫동안 생각하지 않던 일들이라……

테마라고요? 네, 영원한 테마죠…… 전 그의 아이를 낳고 싶었고, 아이를 가졌어요. 어쩌면 그래서 그가 겁을 먹은 걸까요? 남자들은 겁쟁이들이에요! 노숙자건 올리가르히건 하등 차이가 없어요. 남자들이 전쟁에 나가고 혁명을 만들지는 몰라도…… 사랑은 늘 배신해요. 여자들이 더 강한 법이죠. '뛰는 말도 멈춰 세우고, 불타는 통나무집에도 들어가니까요'. 그리고 장르의 법칙에 따라…… '말들은 계속 달리기만 하고 통나무집은 계속 불타기만 하는 거예요'.* "남자들은 다 열네 살이야." 엄마가 처음으로 제게 해준 조언이었어요. 정말 그랬던 것 같아요…… 기억나요…… 저는 출장을 떠나기 직전에 임신 소식을 그에게 전했어요. 돈바스로 출장을 가야 했죠. 전 출장이 정말 좋았어요. 기차역과 공항 냄새도 좋았고요. 출장에서 되돌아와서 그에게 있었던 일들을 얘기하면서 함께 토론하는 것도 재미있었어요. 그는 제게 신세계를 열어

---

* 나움 코르자빈의 시구를 인용한 말이다. 여기서 말은 '남자'를 통나무집은 '여자'를 뜻한다.

　　　　　　　　　　　　　　　　　2부 허무의 마력

주었고, 혀를 내두를 정도의 고급 부티크에 데리고 다니면서 온갖 선물로 절 놀라게 했죠. 그런데 지금에서야 깨달았지만, 그는 그것 말고도 제게 생각하는 법을 가르쳐줬어요. 그건 그가 의도했던 일이 아니라 그냥 자연스럽게 그렇게 된 거예요. 전 그를 보면서 그의 말을 들었어요. 그와 함께하겠다는 꿈을 꿀 때조차 저는 영원히 어떤 한 사람의 품에 안겨 생각 없이 사치를 부리며 치장만 하고 살겠다는 생각은 추호도 없었어요. 빈둥거릴 생각을 한 적이 없다고요! 제겐 저만의 인생 계획이 있었어요. 제가 하는 일이 좋았고 저만의 커리어를 차곡차곡 쌓고 있었어요. 여기저기 참 많이도 다녔고요. 한번은 탄광촌에 간 적이 있었어요. 정말 끔찍한 이야기들을 들었죠. 그 시대에 전형적인 이야기라고 볼 수 있어요. 실적이 좋은 광부들은 명절 때 오디오를 받았고, 그날 밤 그 가족 전체가 도륙을 당했다는 이야기요. 다른 건 하나도 가져가지 않고 오직 오디오만을 가져갔다는 거예요. '파나소닉' 플라스틱 제품! 한낱 상자 따위를! 모스크바에는 입이 떡 벌어지는 자동차들이 다니고 슈퍼마켓이 들어섰는데, 사도비 로터리만 지나도 오디오가 신비로운 물건이었던 거예요. 편집장이 관심을 두던 현지 '자본가'들은 기관총을 든 보디가드의 엄중한 경호 속에 밖을 돌아다니고 있었어요. 심지어 화장실에도 경호원을 대동했죠. 여기도 카지노, 저기도 카지노, 카지노 천국이었어요…… 그리고 민간 레스토랑이 출현하기 시작했죠. 그때 그 1990년대…… 그들은 그랬어요. 그들은…… 사흘 간의 출장을 마치고 저는 돌아갔고, 우리는 만났어요. 처음에 그는 기뻐했어요. 머지않아 우리의 아이가 탄생한다는 사실에요! 그에겐 두 명의 아들이 있었기 때문에 그는 딸을 원했어요. 하지만 말은…… 말이라는 건…… 정말 부질없어요…… 말 뒤에 숨을 수도 있고, 말로써 자신을 방어할 수도 있는 거예요. 하지만 눈은! 그의 눈은…… 그의 눈에는 두려움이 서려 있었어요. 뭔가를 결정하고 자신의 인생을 바꿔야 했으니까요. 바로 그 순간, 그 순간에 머뭇하는 거죠…… 그리고 관계가 끝나는 거죠. 아아! 끝나자마자 즉시 떠나는 남자들이 있죠. 그런 남자들은 아직 덜 마른 축축한 양말과 셔츠를 그대로 여행가방에 쓸어담은 뒤 휙 떠나버리죠. 하지만 그 사람과 같은 남자도 있답니다. 우쭈쭈, 아이 예뻐라…… 뭐든 말만 해, 다 해줄게…… 그가 말했어요. "어떻게 하고 싶어? 내가 어떻게 해야 하는지 말해줘. 네 말 한마디면 이혼도 할 수 있어. 말만 해." 저는 물끄러미 그를 쳐다보았어요……

그를 바라보는데 제 손끝이 차가워졌어요. 그때 깨달았어요, 아, 저 사람과는 행복할 수 없겠구나! 전 어렸고 어리석었어요…… 지금 같았으면 사냥터에서 만난 늑대를 대하듯 손아귀에 잡아넣었을 텐데요. 전 맹수가 되는 법을, 표범이 되는 법을 알아요. 강철로 만든 철사가 되는 법을! 하지만 그때는 괴로워하기만 했어요. 고통은 춤과 같아요. 그 속엔 동작도 있고 눈물도 있고 순응도 있어요. 발레처럼요…… 여기엔 한 가지 비밀, 아주 단순한 비밀이 있어요. 불행한 여자가 되는 건 기분 나쁘고…… 모욕적이라는 거예요. 전 계속해서 안정을 취하기 위해서 병원에 입원해야 했어요. 아침에 그에게 전화해서 오후에 퇴원해야 하니 데리러 오라고 했죠. 그러자 그가 잠이 덜 깬 목소리로 말했어요. "못 가. 오늘은 못 가." 그러고는 다시 전화하지도 않는 거예요. 그날 그는 아들들과 함께 이탈리아로 스키 여행을 떠났어요. 12월 31일…… 그다음 날이 새해 첫날이었어요. 저는 택시를 불렀어요. 도시가 온통 눈으로 덮여 있어서 저는 배를 움켜잡고 눈밭을 헤치며 걸어야 했어요. 혼자서요. 아, 제가 거짓말을 하네요! 이미 둘이었죠, 우리는 그때 이미 둘이었어요. 제 딸과 함께. 작고 사랑스러운 제 딸과 함께요. 내 딸! 눈에 넣어도 안 아픈 내 딸! 전 이미 딸을 세상에서 제일 사랑하고 있었어요! 제가 그 남자를 사랑했던 걸까요? 옛날이야기에 등장하는 그 대사처럼 말이에요. "그들은 오래오래 행복하게 살다가 한날 한시에 세상을 떠났습니다." 제가 그런 사랑을 했던 걸까요? 그때 전 고통스럽긴 했지만 그렇다고 죽진 않았어요. "난 그 사람 없이는 살 수 없어요. 그가 없으면 난 죽고 말 거예요!" 아마도 전 아직 이렇게 말할 수 있는

　　　　　　　　　　　　　2부 허무의 마력

상대를 만나지 못한 것 같아요. 그런 것 같아요! 맞아요, 맞다고요! 하지만 전 지는 법을 그때 체득했고, 덕분에 이제 지는 걸 두려워하지 않게 되었어요. (창문을 바라본다.) 그때 이후로 제 인생에서 굵직한 로맨스는 더이상 없었어요. 소소한 애정행각들은 있었지요. 전 가볍게 섹스를 해요. 하지만 그건 좀 다르죠. 전 남자들의 냄새가 싫어요. 사랑의 냄새가 아니라 남자들의 냄새가요. 욕실에 들어가면 이곳에 남자가 있었다는 걸 느낄 수 있어요. 아무리 그 남자가 값비싼 향수를 뿌리고 고급 시가를 태워도요. 가끔 이런 생각을 해요. '내 옆에 누군가 있는 걸 받아들이려면 도대체 얼마나 많이 노력해야 할까?' 그런 생각에 몸서리를 치기도 해요. 그건 중노동이에요! 자신을 잊고 자신을 거부하고 자신을 탈피해야 하는 일이에요. 사랑에는 자유가 없어요. 아무리 자신의 이상형을 찾아냈다 할지라도 그 사람이 쓰는 향수가 마음에 들지 않을 것이고, 그 사람은 붉은 고기를 좋아해서 내가 만든 샐러드를 비웃을 거예요. 양말이나 바지도 아무렇게나 벗어놓을 거고요. 그럴 때마다 나는 고통당해야 하는 거라고요. 고통이요! 사랑 때문에…… 그 조합 때문에…… 전 그 작업을 다신 하고 싶지 않아요. 차라리 나 자신을 의지하는 게 훨씬 나아요. 남자들과는 우정을 나누고 사업을 하는 게 좋아요. 심지어 전 이제 애교도 부리고 싶지 않아요. 그런 가면을 쓰고 그런 놀이를 하는 게 이젠 귀찮아요. 스파 살롱, 프렌치 매니큐어, 이탈리아식 속눈썹, 메이크업, 전투를 위한 위장…… 오, 신이시여! 오, 신이시여! 티무타라칸스크에서도 아가씨들이 올라와요. 러시아 전역에서 모스크바로! 모스크바로 모여들어요! 모스크바엔 부자 왕자님이 그들을 기다리고 있다면서요! 자신을 신데렐라로 만들어줄 왕자님을 꿈꾸는 거예요. 동화 속에서나 있을 법한 소원! 기적! 전 이미 그걸 다 겪었어요. 신데렐라들이 이해는 돼요. 하지만 저는 그들이 불쌍해요. 지옥이 없으면 천국도 없는 법이거든요. 천국만 있지는 않아요…… 하지만 그들은 아직 그런 걸 몰라요…… 무지하죠……

우리가 헤어진 지 7년이 흘렀어요…… 어느 날 그가 제게 전화를 했어요. 이상하죠, 그는 항상 밤에 전화를 해요. 상황이 너무 안 좋다더군요. 돈도 많이 잃었대요. 불행하다고 했어요. 젊은 애인이 있었는데 지금은 다른 애인이 있대요. 그러면서 '우리 만날까?' 제안해오더군요. 내가 왜? (침묵) 상당히 오랜 시간 동안 그의 빈자리가 힘들었어요. 불을 끄고 몇 시간씩 어둠 속에 앉아 있곤 했죠. 시간을 허비했어요…… (침묵) 그후로는…… 그 이후로는 소소한 로맨스밖에 없었어요. 하지만 전…… 전 빈민가 출신의 돈 없는 남자와는 절대로 사랑에 빠질 수 없어요. 게토 판자촌, 할렘 출신들과는요. 저는 가난 속에서 자란 사람들, '가난뱅이'의 사고방식을 가진 사람들, 돈이 그 무엇보다 가장 귀한 사람들, 그래서 믿을 수 없는 그 사람들을 증오해요. 가난한 사람, 멸시받고 상처받은 사람들을 싫어해요. 전 바시마치킨*류, 오피스킨**류의 인간들…… 러시아 문학의 위대한 주인공들을 경멸해요. 그들은 믿을 수가 없어요! 뭘까요? 대체 전 왜 이럴까요? 왜 정해진 틀에 맞지 않는 걸까요? 잠시만요…… 아무도 이 세계가 어떻게 구성되었는지 몰라요. 전 돈 때문에 남자가 마음에 드는 게 아니에요. 돈 때문만은 아니에요. 전 성공한 남자의 모든 형상이 좋아요. 그의 걸음걸이, 그의 운전방식, 그의 말투, 여자를 대하는 태도까지…… 그런 남자들은 뭔가 달라요. 모든 것이 달라요! 전 그런 남자를 선택하는 거예요. 그런 이유로요…… (침묵) 그가 전화를 해요. 불행하다면서요. 대체 그가 아직 보지 못하고 사지 못한 게 뭘까요? 그 남자…… 그리고 그의 친구들은 이미 돈은 충분히 벌어놓았어요. 아주 큰 돈이죠. 어마어마한 돈이에요! 하지만 그만한 돈을 가지고도 행복 하나를 사지 못하는 거예요. 그 사랑이란 걸 못 사요. 진정한 사랑을. 가난한 대학생에게는 있는데 그들에겐 없

---

* 고골의 소설 『외투』의 주인공.
** 도스토옙스키의 단편소설 「스테판치코보 마을과 그 주민들」의 주인공.

어요. 얼마나 불공평한가요! 그런데도 그들은 모든 걸 할 수 있다고 생각하죠. 축구 경기를 보기 위해서 전용기를 타고 어느 나라든 갈 수 있고, 뮤지컬 개막 공연을 보기 위해서 뉴욕에도 날아가죠. 주머니 사정이 허락하는 거예요! 최고 미녀 모델을 침대에 쓰러뜨릴 수도 있고, 비행기 한가득 그런 미녀들을 태우고 쿠르슈벨 스키장으로 데려갈 수도 있어요! 우리 모두는 고리키를 배워서 상인들의 악취미를 익히 잘 알고 있어요. 거울을 깨부수고, 캐비어에 얼굴을 파묻고, 샴페인으로 아가씨들을 목욕시키기도 해요…… 그런데 그 모든 것이 지겨워진 거예요. 지루한 거예요. 모스크바 여행사들은 그런 고객들에게 독특한 유흥거리를 제안하죠. 예를 들어 이틀 동안 감옥에 갇혀보는 거예요. 광고 카피에 그대로 나와 있어요. "호도르콥스키와 함께 이틀을 즐겨보실래요?" 창살이 쳐진 경찰차에 그들을 태우고 블라디미르 시에 있는 가장 무시무시한 감옥 '블라디미르스키 센트럴'로 그들을 데려가요. 그곳에서 죄수복으로 갈아입히고 개들을 풀어 그들을 쫓고 고무방망이로 때려요. 진짜로요! 오물통이 놓인 더럽고 냄새나는 감방에 통조림 속 청어들처럼 그 사람들을 가득 채워넣어요. 그런데 그들은 행복해해요. 새로운 감각이니까요! 3천 달러에서 5천 달러만 있으면 '노숙자' 놀이도 할 수 있어요. 원하는 사람들을 받아 옷을 갈아입히고 분장한 뒤 모스크바 거리에 풀어놓고 구걸을 시키죠. 물론 코너마다 그 사람들의 경호원들과 여행사의 경호원들이 돌아가며 지키긴 하지만요. 가족 단위 관광객들을 위한 조금 더 파격적인 제안도 있어요. 부인은 매춘부 역할이고 남편은 기둥서방 역할을 해요. 이건 어디서 들은 얘기인데요. 모스크바 최고 부자 중 하나였던 제과회사 사장의 얌전한 부인이, 전형적인 소비에트 여인의 모습을 한 그 부인이 하룻저녁에 가장 많은 손님을 받았다고 하더군요. 중요한 건, 그 남편이 행복해하더라는 거예요! 그 밖에도 관광 에이전시 광고에는 나오지 않는 유흥상품도 많아요. 지극히 비밀스럽게 진행되는…… 한밤중에 살아 있는 사람을 사냥하는 상품이죠. 불쌍한 노숙자에게 1천 달러를 주는 거예요. "자, 이 초록색 종이들이 다 당신 거야!" 노숙자는 난생처음 만져보는 액수죠. "이 돈을 받는 대신 짐승 역할 좀 해! 살아남으면 재수 좋은 거고 총에 맞아도 손해배상 따윈 없어. 공평하지?" 여자아이를 하룻밤 고용할 수도 있어요. 그 여자애가 고용주의 얽매였던 성적 판타지를 자유롭게 풀어주고 아랫배 이하를 내주는 거죠. 단, 마르키 드 사드*가 꿈에 나오지 않을 정도로만요! 피, 눈물 그리고 정액! 그걸 행복이라고 불러요. 러시아식 행복이란 감옥에 이틀 동안 감금되었다가 그곳에서 나온 뒤 내가 얼마나 잘살고 있는지를 새삼 깨닫는 것을 일컬어요. 환상적이죠! 차, 집, 요트, 의원석만 돈으로 사는 것이 아니라 사람의 목숨도 사는 거예요. 위대한 신이 될 수 없다면, 잡신 흉내라도 내는 것…… 초인적 존재가 되는 것! 그거예요…… 그게 다예요! 소련에서 태어난 사람들은 아직까진 모두 소련 출신인 거예요. 소련 출신이라는 진단을 받은 사람들. 하지만 그 세계는…… 그 세계는 정말 순수했어요. 모두를 좋은 사람으로 만들려고 했던 세계였어요. 그들이 뭐라고 약속했던가요. '철의 손으로 인류를 행복으로 이끈다……' 지상의 천국으로.

한번은 엄마와 대화를 나눴어요. 엄마가 학교를 그만두고 싶어했죠. "탈의실에서 옷이나 지키든가 수위를 하든가 할 테야." 엄마는 학교에서 아이들에게 솔제니친의 작품을 설명하죠. 주인공과 의인들에 대해서. 이야기하는 엄마의 눈은 열정으로 불타오르지만 아이들은 아니었던 거예요. 엄마는 그 이야기를 들으면 말똥말똥 호기심 어린 눈으로 쳐다보던 예전 아이들에게 익숙했어요. 그런데 요즘 아이들은 이렇게 대답한대요. "선생님이 살아오신 얘기는 굉장히 재미있어요. 하지만 우리는 그렇게 살고 싶지 않아요. 우리는 영웅이 되고 싶지 않아요. 우리는 정상적으로 살고 싶어요." 또 고골의 『죽은 혼』을 배울 차례가 되었대요. 비열한 인간에 대한 이야기…… 전 학교에서 그렇다고

---

* 사디즘의 어원이 된 인물이다.

배웠거든요. 그런데 지금은 전혀 다른 아이들이 반에 모여 있는 거예요. "왜 그 사람이 사기꾼인가요? 치치코프는 마브로디와 마찬가지로 무에서 유를 창조한 사람이에요. 맨땅 위에 피라미드를 세운 사람이에요. 그건 정말 기가 막힌 사업 아이템이었다고요!" 요즘 아이들에게 치치코프는 긍정적인 인물인거예요…… (침묵) 제 딸을 우리 엄마가 키우도록 두지 않을 거예요. 제가 그렇게 내버려두지 않겠어요. 엄마의 말을 듣다보면 아이는 소련 만화만 보면서 커야 해요. 소련 만화가 '인간적'이라는 이유로 말이죠. 하지만 그 만화를 끄고 밖으로 나가보면 전혀 다른 세상이 있어요. 엄마가 제게 이런 고백을 한 적이 있어요. "내가 늙은이라는 게 이렇게 좋구나. 집에만 있을 수 있으니까. 내 성 안에서만." 예전에 우리 엄마는 항상 젊어지고 싶어했던 분이셨든요. 토마토즙으로 팩도 하고 국화꽃을 우린 물로 머리를 헹구기도 했죠.

젊은 객기로 충만했을 때는 내 운명을 바꾸는 걸 좋아했어요. 주어진 운명을 조롱하곤 했죠. 지금은 아니에요, 이젠 충분해요. 딸이 자라나고 있거든요. 이젠 딸의 미래에 대해 생각해요. 그 미래란 곧 돈이죠! 그 돈들은 제가 직접 벌고 싶어요. 아무에게도 부탁하고 싶지 않고 아무에게도 손 벌리고 싶지 않아요. 그러고 싶지 않아요! 신문사를 떠나 광고에이전시로 자리를 옮겼어요. 월급을 더 많이 주기 때문이죠. 제법 괜찮은 수준이에요. 사람들은 아름답게 살고 싶어해요. 이게 오늘날 우리 가운데 일어나고 있는 일이에요. 그리고 이것이 사람들을 불안하게 하는 거예요. 텔레비전을 한번 켜보세요. 시위에 많은 사람들이 모여요. 그래요, 그곳에 수십만 명이 운집했다고 쳐요. 하지만 예쁜 이탈리아식 욕실을 원하는 사람은 자그마치 수백만 명이나 된다고요. 아무나 붙잡고 물어봐도 모두들 뭔가를 바꾸고 있고 아파트나 주택을 수리하고 있어요. 여행도 하고요. 지금까지 러시아에서 볼 수 없었던 현상이죠. 우리는 제품뿐 아니라 욕구를 홍보하는 일도 해요. '아름답게 살고 싶다'라는 새로운 욕구를 생산하는 거예요. 우리는 시간을 움직이고 있어요. 광고는 러시아혁명의 거울이에요…… 제 인생은 목숨이 다하는 날까지 빽빽하게 짜여 있어요. 결혼은 하지 않을 생각이에요. 전 남자 친구들이 많아요, 모두 부자들이죠. 한 명은 석유로 '살을 찌웠고', 다른 친구는 미네랄 비료로 돈을 긁어모았죠. 우리는 대화하기 위해서 만나요. 항상 비싼 고급 레스토랑에서 만나죠. 대리석 홀, 앤티크 가구, 비싼 그림이 걸려 있는 벽들…… 러시아 지주를 떠올리게 하는 문지기들…… 전 아름다운 인테리어가 있는 곳을 좋아해요. 제 친한 친구도 혼자 살지만 장가갈 생각을 안 해요. 그 친구는 자신의 3층짜리 대저택에서 혼자 사는 게 좋대요. "밤에는 둘이 같이 자고, 사는 건 혼자서." 그 친구는 낮에는 런던거래소 비철금속 시가 추이를 지켜보느라 뇌가 퉁퉁 부을 정도죠. 구리, 납, 니켈…… 손에는 핸드폰을 세 대나 쥐고 있고 그 핸드폰들은 30초마다 앞다투어 울려대요. 하루에 30, 아니 50시간은 일하는 것 같아요. 주말도 휴가도 없어요. 행복이요? 행복이 대체 뭔가요? 세상이 바뀌었어요. 지금 솔로로 사는 사람들은 성공한 사람들, 행복한 사람들이에요. 약하고 실패한 사람들이 아니라고요. 그들은 뭐든 갖고 있어요. 돈도 커리어도. 저도 제가 직접 선택하는 거예요. 외로움은 행복과 매우 닮았어요. 이것도 마치 고백 같죠, 그렇죠? (침묵) 전 선생님이 아니라 저 자신한테 이 이야기들을 하고 싶었던 것 같아요……

모두를 죽이고 싶다는 마음과 그 마음을 품었다는
생각만으로도 몸서리치는 사람들에 대하여
크세니야 졸로토바(대학생, 22세)

우리의 첫 만남에 그녀의 엄마가 나왔다. "우리 딸은 저와 함께 오고 싶어하지 않았어요. 딸아이가 저를 만류하던걸요. '엄마, 우리한테 누가 관심이 있다고? 그들에게 필요한 건 우리의 감정, 우리의 말들이지 우리 자체가 필요한 게 아니라고. 왜냐하면 그들은 우리가 겪은 걸 겪지 않았으니까.'" 엄마는 매우 긴장하고 있었고 자리를 뜨려고 일어서기까지 했다. "전 그 일에 대해 생각하지 않으려고 애썼어요. 반복해서 얘기하는 건 아픈 일이거든요." 엄마는 멈출 수 없을 정도로 말을 쏟아내기도 했지만, 그보다는 대체로 말을 많이 하지 않았다. 내가 어떻게 감히 그녀를 위로할 수 있겠나? 한편으로는 "걱정하지 마세요. 진정하세요"라고 말하면서, 다른 한편으로는 그녀가 그 무서운 날을 떠올리기를 바라기도 했다. 2004년 2월 6일, 모스크바 지하철 자모스크보레츠카야 선, 압토자보드스카야 역과 파벨레츠카야 역 사이에서 테러가 자행되었던 그날을. 당시 테러로 인해 39명이 사망했고, 122명이 부상당했다.

난 아픔의 원을 계속 빙빙 돌고 있다. 그 아픔에서 헤어나올 수가 없다. 아픔 속에는 어둠도 있고 환희도 있다. 때때로 나는 아픔이야말로 사람과 사람을 이어주는 다리이자 숨겨진 연결고리라고 생각한다. 그러다가도 또 어떨 때는 절망하며 아픔은 낭떠러지라고 치부해버리기도 한다.

두 시간 동안 이어진 그 만남에서 내 수첩에 남은 건 몇 단락의 이야기였다.

"……희생양이 되는 건 심히 모욕적이에요. 그냥 수치스러워요. 난 그 누구와도 이런 얘길 하고 싶지 않아요. 다른 사람들과 똑같고 싶지만, 결국에는 저 혼자예요, 혼자요. 어디서든 울음이 터져요. 때로는 시내를 돌아다니다가 펑펑 울기도 해요. 한번은 알지도 못하는 남자가 제게 그랬어요. "왜 울고 있어요? 당신은 이렇게 예쁜데 왜 울어요." 우선, 아름다움은 내 인생에 아무런 도움이 되질 않았어요. 두번째로 전 이 아름다움에 배신감을 느껴요. 왜냐하면 내 안에 있는 것과 전혀 부합하지 않으니까요.

……전 딸이 둘 있어요. 크세니야와 다니야. 살림이 넉넉하지는 않았지만 우리는 박물관이나 극장도 많이 다녔고 책도 많이 읽었어요. 아이들이 어렸을 때

는 애들 아빠가 아이들을 위해서 동화를 직접 쓰기도 했고요. 남편과 저는 아이들을 이 거친 세상에서 구해주고 싶었어요. 전 예술이 아이들을 살릴 수 있다고 생각했어요. 하지만 살리지 못하더군요……

……같은 아파트에 혼자 사는 할머니가 계세요. 성당도 다니시죠. 하루는 그분이 저를 멈춰 세우셨어요. 전 혼자 속으로 '위로하시려나보다' 생각했어요. 그런데 그 할머니가 얼마나 못되게 구시던지. '왜 그 일이 당신들에게 일어났는지 한번 생각해보구려. 왜 당신 아이들에게 그 일이 일어났을지?' 왜…… 무엇 때문에 저한테 그런 악담을 하는 거죠? 그분도 나중에는 회개하셨겠죠, 나중에 회개하셨을 거라 생각해요. 전 아무도 속이지 않았고 아무도 배신하지 않았어요. 제가 지은 두 가지 죄라고는 두 번 낙태를 한 것뿐이에요…… 전 알아요…… 길에서 구걸하는 사람들을 만나면 많이는 못 주더라도 꼭 그들에게 몇 푼이라도 쥐여주곤 했어요. 겨울에는 새들에게 먹이도 줬다고요……"

두번째 만남엔 모녀가 같이 나왔다.

엄마:

―어쩌면 누군가에겐 그들이 영웅일 수도 있겠죠? 그들에겐 사상이 있고, 그들은 스스로를 행복한 사람이라고 생각하고, 죽어가면서도 천국에 들어갈 거라고 믿지요. 그들은 죽음도 두려워하지 않아요. 전 그들에 대해서 아무것도 몰라요. "테러 용의자의 몽타주가 완성되었습니다……" 제가 아는 건 그게 다예요. 우리는 그들에게 한낱 표적에 불과했어요. 우리 딸은 그들의 표적이 아니라 엄마가 있는 아이라는 걸, 그 딸 없이는 숨을 쉴 수조차 없는 엄마가 버젓이 있는 아이라는 걸, 어떤 청년에게 사랑받고 있는 여자라는 걸…… 아무도 그놈들에게 설명해주지 않았겠죠. 사랑받고 있는 사람을 죽여도 되는 건가요? 제 생각엔 그건 이중 범죄예요. 전쟁을 하든 산속에서 서로가 서로를

쏘든 말든 알아서들 하라고 해요. 도대체 왜 우리인가요? 왜 내 딸인가요? 평화로운 삶을 사는 우리를 죽이고 있어요. (침묵) 전 이제 저 자신이 제 생각들이 두려워지기 시작했어요. 때로는 그들을 모두 다 죽여버리고 싶다가도 좀 지나면 내가 그런 생각을 했다는 것 자체가 너무 두려워요.

한때 저는 모스크바 지하철을 좋아했어요. 세계에서 가장 아름답거든요! 박물관이나 다름없어요! (침묵) 그 폭발 이후…… 사람들이 지하철로 들어갈 때 손을 꼭 붙잡고 들어가는 모습을 보았어요. 공포란 감각은 꽤 오랫동안 둔해지지 않더군요. 시내에 나가기가 두려웠어요. 바로 혈압이 오르곤 했어요. 지하철을 타고 가면서도 수상한 승객을 예의주시했어요. 직장에서는 모두 그 얘기만 했어요. 세상에, 주여! 도대체 우리에게 무슨 일이 일어나고 있는 건가요! 한번은 승강장에 서 있는데 제 옆에 유모차를 끌고 있는 젊은 여자가 서 있었어요. 검은 머리에 검은 눈동자, 분명 러시아인이 아니었어요. 그 여자가 체첸인인지, 오세티아인인지 어느 민족인지 저는 잘 몰라요. '누굴까?' 저는 참지 못하고 유모차 안을 들여다보았어요. '아이가 있긴 한 건가? 아이 대신 다른 게 들어 있는 건 아닌가?' 그 여자와 함께 같은 기차간을 타고 가야 한다는 사실에 기분이 안 좋아졌어요. '아니야, 그냥 저 여자 먼저 가게 두자. 난 다음 기차를 기다렸다 타야겠어.' 그때 어떤 남자가 제게 다가왔어요. "저…… 왜 유모차 안을 들여다보셨어요?" 저는 그에게 사실대로 말했어요. "아, 아주머니도 저와 같은 생각이셨군요."

……잔뜩 웅크리고 있는 불쌍한 여자아이가 보였어요. 내 딸이었어요. 왜 여기에 아이 혼자 있는 거지? 우리도 없이? 아니야, 이건 있을 수 없는 일이야, 이게 사실일 리가 없어. 베개에 피가 흥건히 배어 있었어요……" 크세니야, 딸아! 크세니야!" 아이는 제 목소리를 듣지 못했어요. 제가 보지 못하도록, 놀라지 않도록 자기 머리에 이상한 모자를 푹 눌러쓰고 있었어요. 내 새끼가! 크세니야는 소아과 의사가 꿈이었어요. 그런데 이제 소리를 들을 수 없게

되었어요. 반에서 가장 예쁜 아이였어요. 그런데 이젠…… 딸의 작디작은 얼굴이…… 뭣 때문에요? 뭔가 찐득찐득하고 끈적끈적한 무언가가 저를 가로막았고, 제 의식은 작은 조각들로 쪼개지고 갈라졌어요. 두 다리는 솜으로 만들어진 것처럼 말을 듣지 않았어요. 사람들이 저를 병실 밖으로 끌고 나갔어요. 의사들이 저를 나무랐죠. "어머니, 정신 똑바로 차리세요. 안 그러면 다시는 딸에게 못 보내드려요." 그래서 전 정신줄을 꼭 붙들어 매고 다시 병실에 들어갔어요. 딸아이는 저를 보는 게 아니라 마치 저를 못 알아보는 것처럼 제 옆을 바라보고 있었어요. 그런 말이 있어요. 고통받는 짐승의 눈빛은 견뎌내기가 힘들다…… 그 눈빛은 받아낼 수 없는 것이었어요. 그걸 보게 되면 더이상 살 수가 없게 돼요. 지금은…… 딸아이가 그 눈빛을 어딘가에 감춰두었어요. 자신에게 등껍질을 씌우고는 그 껍데기 안에 모든 걸 숨기고 있어요. 그 고통이 딸 안에 봉인되어 있어요. 딸아이는 우리가 없는 그곳에 항상 머물고 있어요……

병동 전체에 우리 딸 같은 소녀들이 가득했어요. 기차간에 탔던 그대로 그렇게 누워 있었어요. 대학생도 있었고 그보다 어린 학생들도 있었어요. 그때 저는 모든 엄마들이 거리로 나설 거라고 생각했어요. 모든 엄마들이 자신의 아이들과 함께 나서줄 것이라고 믿었어요. 그래서 수천 명이 운집할 거라고요. 하지만 이젠 알아요. 내 아이는 내게만 필요한 존재라는 걸. 우리집에서만 우리 식구에게만. 다른 사람들은 우리의 이야기를 들어주고 공감해주지만 그 공감에는 아픔이 없어요! 아픔이 없다고요!

병원에서 집으로 돌아온 뒤에도 전 아무런 감정 없이 누워 있었어요. 다니야가 휴가를 받아서 함께 있어주었어요. 어린아이를 달래듯 제 머리를 쓰다듬어주었어요. 남편은 소리를 지르지도 동요하지도 않았어요…… 대신 심장마비가 왔죠…… 우리는 다시금 지옥을 맛보았어요…… 그리고 또다시…… '대체 왜? 왜 우리야?' 저는 평생 동안 딸들에게 좋은 책을 건네면서 선이 악보다 강하다, 선이 항상 이기는 법이라고 가르쳤어요. 하지만 인생은 책이 아니었어요. 엄마의 기도는 바다 밑바닥에서도 아이를 꺼내올린다고요? 거짓이에요! 전 아이들을 배신했어요. 아이들은 엄마인 나를 의지하고 있었는데, 전 어렸을 때처럼 아이들을 지켜주질 못했어요. 제 사랑이 아이들을 보호하고 있었다면 그런 끔찍한 비극이, 극심한 좌절이 우리 아이들에게 마수를 뻗치지 못했을 테니까요.

첫번째 수술, 두번째 수술…… 그리고 세번째 수술! 그렇게 크세니야는 한쪽 귀로 소리를 들을 수 있게 되었어요. 손가락도 움직일 수 있게 되었고요. 우리는 삶과 죽음의 경계, 기적에 대한 믿음과 불공평함 사이를 오가며 살았어요. 전 간호사였음에도 불구하고 죽음의 실상에 대해서 지극히 무지했다는 걸 깨달았어요. 죽음을 한두 번 본 것도 아니고 바로 옆으로 죽음이 지나가는 것도 봤어요. 링거주사를 놓고 맥박을 재고…… 사람들은 의료인들이 다른 사람들보다 죽음에 대해서 훨씬 많은 것을 안다고 생각하지만, 턱도 없는 일이죠. 우리 병원에 병리해부학자가 있었는데, 그는 이미 퇴직한 상태였죠. 그런데 그가 제게 묻더군요. "죽음이 뭔가요?" (침묵) 이전의 삶은 햐얀 얼룩으로 남아 있어요. 우리 크세니야에 대한 기억만 나요…… 세세한 것들까지 모두 다 생각나요. 얼마나 작았고, 씩씩했고, 장난기가 많은 아이였는지. 큰 개도 무서워하지 않았던 아이, 항상 여름만 있으면 좋겠다고 말하던 아이의 모습이 떠올라요. 집에 돌아와 의과대학에 입학했다고 당당하게 발표하던 딸아이의 초롱초롱한 눈빛. 크세니야는 뇌물도 없이, 과외 선생도 없이 스스로 해냈어요. 우리 형편으로는 그 돈을 다 댈 수가 없었거든요. 테러가 발생하기 하루인가 이틀 전에 크세니야가 오래된 신문을 집어들고는 어떤 기사를 읽어줬어요. 만약 여러분이 지하철을 타고 가다 긴급한 상황에 처하게 되면 뭐를 해야 하고…… 뭐를 해야 하고…… 그 기사를 읽던 딸아이의 모습이 기억나요. 내용이 정확하게 생각나진 않지만 대처 요령이 나와 있었어요. 그 사태가 벌어진 뒤 의식이 아직 붙어 있을 때 크세니야는 그 기사를 떠올렸대요. 그날 아침은 이랬어요. 크세니야가 수선을 맡겼던 부츠를 찾아온 뒤 외투를 입고 찾아온 그 부츠를 신으려고 했는데 들어가지가 않았어요. "엄마, 엄마 부츠 신고 나가도 돼요?" "응, 그래." 크세니야와 저는 발사이즈가 똑같거든요. 엄마라는 사람의 심장이 그때까지도 제게 아무런 신호를 보내지 않았어요. 그때 딸아이를 붙잡을 수도 있었는데…… 그 사건이 일어나기 전 저는 꿈에서 큰 별을 보았어요, 어떤 별자리였던 것 같아요. 전 아무런 불안감도 느끼지 못했어요. 그건 제 잘못이에요. 이 죄책감에 저는 짓눌려 있어요……

병원측에서 허락만 해줬어도 병원에서 같이 자면서 모든 아이들의 엄마 노릇을 했을 거예요. 누군가는 계단에서 목놓아 울고 있었고…… 누군가는 안아줘야 했고…… 누군가와는 함께 앉아 있어줘야 했어요. 페름에서 온 어떤 여자애는 엄마가 멀리 있어서 울고 있었어요. 다른 여자아이는 발이 깔리고 말았어요. 발은 세상에서 제일 소중하다고요! 내 아이의 발이 세상에서 제일 중요한 거라고요! 이렇게 말한다고 누가 저를 비난할 수 있겠어요?

처음엔 신문과 방송이 테러 사건을 보도하느라 떠들썩했어요. 기사도 많고 특집보도도 많았어요. 크세니야는 자기 얼굴이 신문에 난 걸 보고는 신문을 내던졌어요……

딸:

……전 별로 기억나는 게 없어요…… 기억 속에 붙잡아두지 않아요! 그러고 싶지 않아요! (엄마가 그녀를 꼭 안아 진정시킨다.)

……지하에 있으면 두려움이 가중돼요. 이제 전 가방 속에 항상 손전등을 들고 다녀요……

……울음소리도 비명 소리도 전혀 들리지 않았어요. 고요했어요. 그리고 모두가 한 덩어리로 엉켜 있었죠. ……아니요, 안 무서웠어요. 나중에야 사람들이 움직이기 시작했어요. 그리고 어느 순간 그곳을 벗어나야 한다, 다 화학

　　　　　　　　　　　　　　2부 허무의 마력

물질이라 불이 붙을 거란 생각이 제 뇌리를 스치고 지나갔어요. 그 와중에도 저는 제 필기노트와 지갑 등이 들어 있는 백팩을 찾기까지 했다니까요. 충격…… 충격은 받았지만…… 아픔은 느끼질 못했어요……

……여자 목소리가 누군가를 부르고 있었어요. "세르게이! 세르게이!" 세르게이의 대답은 들리지 않았어요. 몇몇 사람들은 부자연스러운 자세로 기차 간에 남아 있더군요. 어떤 남자는 지렁이처럼 손잡이에 걸려 있었어요. 전 그쪽을 바라보기가 무서웠어요……

……걷고 있는데 머리가 핑 돌았어요. 여기저기서 절규가 들렸어요. "도와주세요! 도와주세요!" 제 앞에 가던 사람은 몽유병 환자처럼 느릿느릿 앞으로 갔다가 다시 뒤로 가기를 계속 반복했어요. 다른 사람들이 그 사람과 저를 앞서갔어요……

……위쪽에서 두 명의 아가씨들이 제게로 뛰어오더니 이상한 수건을 제 이마에 붙였어요. 전 왠지 모르게 굉장히 추웠어요. 제게 의자를 건넸고 저는 그 의자에 앉았어요. 저는 그 사람들이 승객들에게 허리띠와 넥타이를 내달라고 소리지르는 모습을 보았어요. 그걸로 사람들의 상처를 지혈하고 있었어요. 전철역 당직 경찰은 전화로 누군가에게 소리를 지르고 있었어요. "지금 뭘 어쩌라고요? 사람들이 터널에서 빠져나오고 있어요. 나오자마자 죽어간다고요. 승강장에 올라와서 그대로 죽고 있다고요……" (침묵) 대체 왜 우리를 괴롭히세요? 전 엄마가 불쌍해요. (침묵) 모두가 이제 그 일에 익숙해졌다고요. 텔레비전을 틀고 보도를 좀 보다가 커피를 마시러 간다고요……

엄마:

―저는 소련이 한창인 시절에 자랐어요. 소련이 한창 무르익을 때요. 소련에서 태어났죠. 하지만 새로운 러시아는…… 아직 잘 모르겠어요. 지금이 더 나쁜지 소련 공산당의 역사가 더 나쁜지는 지금도 판가름하기가 어려워요. 제

머릿속에는 아직도 소련의 모습이 각인되어 있어요. 그때의 틀이 자리잡고 있어요. 제 인생의 반을 사회주의와 함께 보냈으니까요. 사회주의가 제 안 깊숙이 박혀 있어요. 빼낼 수가 없어요. 그걸 정말 빼내고 싶은지도 사실 잘 모르겠고요. 그때는 참 살기 힘들었는데, 지금은 참 살기 무서워졌어요. 아침이 되면 우리 식구들은 각자의 일터로 흩어졌죠. 저는 출근하고 두 딸들은 학교로 향해요. 그리고 하루종일 서로의 안부를 묻는 데 매진하죠. "아무 일 없니? 집에는 언제 오니? 뭘 타고 오니?" 저녁에 식구들이 모두 한자리에 모이면 저는 그제야 안심했어요. 아니, 적어도 숨을 돌릴 수가 있게 돼요. 전 모든 게 두려워요. 덜덜 떨릴 정도로요. 딸들이 제게 잔소리를 하죠. "엄마, 엄마는 뭐든지 그렇게 크게 부풀린다고요." 전 정상이에요. 하지만 제게는 그런 보호가 필요해요. 내 집이라는 보호막이 필요하다고요. 어쩌면 제가 아버지를 일찍 여의어서, 그래서 더 상처를 쉽게 받는 사람이 됐는지도 모르겠어요. 게다가 우리 아버지는 저를 정말 끔찍이도 예뻐했거든요. (침묵) 우리 아버지는 전쟁에 참전했고 두 번씩이나 불타는 탱크 속에 있었어요…… 그래도 아버지는 전쟁을 지나서 결국 살아 돌아왔어요. 그런데 집에 돌아와서 살해당했어요. 아파트 건물 사이 통로에서요.

저는 소련 교과서로 공부한 사람이에요. 전혀 다른 방식으로 공부한 사람이죠. 그냥 한번 비교해보시라고 드리는 말씀이에요…… 제가 배운 교과서에는 러시아 최초의 테러리스트들이 영웅으로 기술되어 있어요. 순교자들이라고 쓰여 있어요. 소피아 페롭스카야*, 키발치치**…… 그들은 민중을 위한 신성한

---

* 소피아 페롭스카야(1853~1881). 제정 러시아의 혁명가. 비밀혁명조직 '인민의 의지' 일원으로서, 1881년 알렉산드르 2세 암살에 성공했고, 러시아 여성으로서는 최초로 정치범으로 교수형에 처해졌다. 그는 러시아혁명을 앞당긴 것으로 평가받는다.
** 니콜라이 키발치치(1853~1881). 역시 '인민의 의지' 일원이었다. 차르를 죽인 폭탄을 제조한 것으로 알려져 있다.

과업을 수행하다 목숨을 잃었다고 되어 있어요. 차르에게 수류탄을 던졌죠. 그 젊은 영웅들은 귀족 집안의 자제들, 소위 말하는 좋은 집안의 자제들이었어요…… 그런데 왜 우리는 오늘날에도 그런 사람들이 있다는 것에 대해 경악을 금치 못할까요? (침묵) 역사 시간에 '대조국전쟁'을 공부하면서 벨라루스에서 활동하던 빨치산 대원, 옐레나 마자니크에 대한 영웅 실화를 배웠어요. 마자니크는 벨라루스의 귀족이었던 쿠베가 임신한 아내와 함께 쓰는 침대에 폭탄을 심어서 그들을 죽인 영웅이었어요. 부부 침실 바로 옆방에서는 어린아이들이 자고 있었어요…… 마자니크에게 스탈린이 직접 영웅별 훈장을 달아주었어요. 마자니크는 죽는 날까지 학교를 돌아다니면서 자신의 영웅적 행위와 용기 있는 행동에 대해서 강연을 하고 다녔죠. 아무도, 선생님조차도 그 옆방에서 아이들이 자고 있었다는 얘기를 우리에게 해주지 않았어요. 심지어 마자니크는 그 아이들의 보모였어요…… (침묵) 전쟁이 끝나고 나면 양심이 있는 사람들은 전쟁터에서 그들이 해야만 했던 일들을 부끄러워해요. 우리 아버지도 고통스러워하셨고요……

압토자보드스카야 역에서 소년이 자폭했어요. 자살테러범이었어요. 체첸에서 온 소년. 그의 부모님들은 아이가 책을 많이 읽었다고 증언했어요. 톨스토이를 좋아했대요. 그 아이는 전쟁을 보며 자랐어요. 수많은 폭격, 총격들…… 사촌형제들이 죽어가는 모습도 지켜보아야 했대요. 그리고 열네 살이 되었을 때 알카타브*가 은둔해 있는 산으로 들어간 거예요. 복수를 꿈꿨던 거죠. 아마도 뜨거운 가슴을 가진 순수한 아이였을 거예요. 모두 그 아이를 비웃었겠죠. '하하하! 엄마 젖이나 더 먹고 와라!' 하지만 그 아이는 최고의 사수가 되었고 수류탄도 던지게 되었어요. 아이의 엄마가 아이를 다시 마을로 데려왔대요. 아이가 정상적으로 학교를 마친 뒤 타일공으로 일하기를 바랐지만 그

---

* 이븐 알카타브(1963~2002). 사우디 태생으로 체첸 독립을 위해 싸운 체첸 반군 사령관이다.

아이는 1년 뒤에 다시 산속으로 들어갔어요. 그곳에서 아이는 폭파하는 방법을 배웠고 결국 모스크바로 온 거예요…… (침묵) 돈 때문에 사람을 죽인 것이라면 차라리 이해하기 쉽죠. 하지만 그 아이는 돈 때문에 그런 일을 한 게 아니에요. 그 아이는 탱크 밑에 스스로 깔릴 수도 있었고, 조산원을 주저 없이 터뜨릴 수도 있는 아이였어요.

　저는 누구일까요? 전 군중 속 한 사람이에요. 전 항상 군중 속에 묻혀 있었어요. 우리의 삶은 일상적이고 특별한 것 하나 없는 보통의 삶이에요. 우리가 열심히 살려고 노력하고 있음에도 불구하고 현실은 그래요. 우리는 사랑하고 고통스러워해요. 하지만 우리의 이런 얘기엔 아무도 관심을 갖지 않고, 아무도 우리에 대한 이야기를 책으로 펴내지 않아요. 군중…… 대중…… 아무도 제 인생에 대해서 알고 싶어하지 않았고, 아마도 그렇기 때문에 선생님께 이렇게 많은 이야기를 하고 있는 것 같아요. 딸들이 늘 제게 잔소리하죠. "엄마, 속에 있는 걸 좀 숨기세요." 아이들이 늘 저를 가르치려고 해요. 요즘 젊은 사람들은 소련보다는 훨씬 더 치열한 사회에서 살고 있으니까요…… (침묵) 마치 삶은 이제 더이상 우리를 위한 것이 아닌 것 같다는 느낌이 들어요. 우리 같은 사람들을 위해 존재하지 않고 어딘가 다른 곳에 있는 것만 같아요. 저멀리 어딘가에요…… 뭔가가 끊임없이 벌어지고 있지만 우리에게 일어나는 일이 아니에요…… 전 고급 상점에는 들어가지 않아요. 창피하거든요. 그런 상점은 경비원들이 지키고 있는데, 그들은 저를 혐오스럽다는 듯 쳐다봐요. 제가 시장 옷만 사다 입으니까요. 중국산 생활용품. 전 지하철을 타고 다녀요. 미치도록 무섭지만 그래도 타고 다녀요. 돈이 좀 있는 사람들은 지하철을 타고 다니지 않아요. 지하철은 모두를 위한 것이 아니라 가난한 사람들을 위한 것이에요. 우리 나라에 또다시 공작이며 귀족들이 등장했고, 부역을 위해 태어난 평민들이 등장했죠. 카페에 가본 지가 언제인지도 까마득해요. 이미 오래전부터 주머니 사정이 여유롭지 않았거든요. 극장에 다니는 일은 이제 사치예요. 하지만 옛날에는 개막 공연은 절대 놓치지 않고 꼬박꼬박 챙겨봤죠…… 모욕적이에요…… 아주 모욕적이에요…… 새로운 세계에 발을 들여놓을 수 없다는 것 때문에 우리는 이상한 잿빛을 띠게 되었어요. 남편은 여전히 도서관에서 가방 한가득 책들을 빌려와요. 이게 우리가 유일하게 예전처럼 할 수 있는 일이에요. 한 가지 더 예전처럼 할 수 있는 건, 유서 깊은 모스크바를 산책하는 거죠. 우리가 즐겨 찾던 야키만카, 키타이-고로드, 바르바르카 지역을 거닐곤 하죠. 이게 바로 우리가 쓰고 있는 등껍질이에요. 이제는 너도나도 자기만의 등껍질로 무장하기 바쁘죠…… (침묵) 우리는 그렇게 배웠어요…… 마르크스의 글 중에 이런 말이 있어요. "자본은 도둑질이다." 전 이 말에 동의해요.

전 사랑을 알았어요…… 어떤 사람이 날 사랑하는지 안 하는지를 전 항상 느꼈어요. 절 사랑하는 사람과는 직감적인 고리로 연결되어 있었어요. 아무 말이 필요 없었죠. 첫번째 남편이 문득 떠오르네요……

—그를 사랑했을까요?

—네!

—많이?

—미치도록요. 그때 저는 스무 살이었어요. 머릿속이 꿈으로 가득했던 나이였죠. 우리는 남편의 어머니와 함께 살았어요. 시어머니는 나이가 많았지만 여전히 아름다우셨죠. 시어머니는 질 질투했어요. "넌 꼭 내가 젊었을 때처럼 예쁘구나." 시어머니는 남편이 제게 선물한 꽃들을 자기 방으로 가져갔어요. 전 나중에야 시어머니를 이해하게 되었어요. 어쩌면 지금 막 이해하게 된 걸지도 모르겠어요. 내 딸들을 얼마나 사랑하는지 아는 지금, 아이와 엄마가 얼마나 강하게 연결될 수 있는지 아는 지금 이 순간 말이에요. 심리치료사가 어떻게든 저를 설득하려고 해요. "환자분은 아이들에게 초과잉적인 사랑을 느끼고 있어요. 그렇게 사랑해서는 안 돼요." 제 사랑에는 아무 문제가 없는데 다들 난리들이에요…… 사랑! 내 인생…… 나의…… 나의…… 아무도 정확한

레시피를 몰라요…… (침묵) 남편은 절 사랑했지만 그에겐 그만의 철학이 있었어요. 한 여자와 평생을 살 수는 없다. 여러 여자들과 살아봐야 한다. 전 많이 생각했고…… 울었어요…… 결국엔 할 수 있었고 그를 보내줬어요. 전 그렇게 어린 크세니야와 단둘이 남게 되었죠. 두번째 남편은 제게 오빠 같은 사람이었어요. 전 항상 큰오빠가 있었으면 했죠. 그래서 당황했어요. 그가 제게 청혼했을 때 우리가 어떻게 부부로 살 수 있을지 상상이 안 됐거든요. 아이를 낳기 위해서는 집안에 사랑의 향기가 진동해야 한다고요. 그런데 그가 크세니야와 절 자신의 집으로 데리고 갔어요. "우리 한번 해보자. 정 안 되겠으면 내가 다시 데려다줄게." 다행히도 어찌어찌해서 그와 함께 가정을 꾸릴 수 있게 되었죠. 사랑은 참 다양해요. 미친 사랑도 있고 우정과 닮은 사랑도 있어요. 우정 동맹 같은 사랑이요. 전 이렇게 생각하는 게 편해요. 왜냐하면 제 남편은 정말 좋은 사람이니까요. 순탄치만은 않은 삶이었지만 그래도 그건 사실이니까요……

그와의 사이에서 예쁜 딸 다니야를 낳았어요…… 우리 부부는 아이들과 절대로 떨어져본 적이 없어요. 여름에 칼루가 주 시골에 계신 할머니에게 내려갈 때도 모두 함께 내려갔어요. 거기엔 강이 있었고 목초지와 숲이 있었어요. 할머니는 사워체리가 들어간 파이를 구워주셨는데, 아이들이 지금까지도 그 맛을 기억해요. 우리 가족은 한 번도 바다에 가본 적이 없어요. 그게 늘 소원이었거든요. 그렇잖아요, 정직하게 일해서는 큰돈을 벌 수 없잖아요. 저는 간호사였고 남편은 방사능기계연구소 연구원이었어요. 그래도 우리 딸들은 엄마 아빠가 자기들을 사랑한다는 것을 알고 있었어요.

많은 사람들이 페레스트로이카를 신성시했어요. 그만큼 기대하고 있었던 거죠. 저한테는 고르바초프를 좋아해야 할 이유가 없어요. 병원 진료실에서 나눈 대화가 기억나요. "사회주의가 끝나면 그다음에는 뭐가 오는 거야?" "나쁜 사회주의가 끝나는 거고, 좋은 사회주의가 오는 거지." 우리는 기다렸어

2부 허무의 마력

요…… 신문을 읽으면서요. 그런데 얼마 지나지 않아 남편이 직장을 잃었어요. 연구소가 문을 닫았거든요. 실직자들이 바다를 이룰 정도로 많아요. 모두가 고학력자들이었죠. 가판대가 하나둘 생겨나더니 동화 속에 나오는 것처럼 없는 것이 없었던 슈퍼마켓들이 들어서기 시작했어요. 문제는 돈이 없었다는 거죠. 슈퍼마켓에 들어갔다가도 빈손으로 나오는 거죠. 아이들이 아플 때 사과 두 개와 오렌지 하나를 사본 적이 있어요. 이러니 그 상황을 어떻게 받아들이냐고요? 이제 앞으로 쭉 이렇게 살아야 한다는 것을 어떻게 납득해야 하냐고요? 계산대 앞에서 줄을 섰는데, 제 앞에 있던 남자의 카트에는 파인애플도 있고 바나나도 들어 있더군요. 자존심이 무참하게 짓밟혔죠. 그래서 요새 사람들은 모두 어딘가 지쳐 보이나봐요. 소련에서 태어나서 러시아에서 사는 그런 일은 정말 없어야 해요. (침묵) 제 인생의 소원은 그 어느 것 하나 이뤄진 것이 없어요.

딸이 다른 방으로 가자 엄마가 소곤거리기 시작한다.

몇 년이 지났죠? 테러가 일어난 지 3년은 지난 것 같아요…… 아니, 더 됐어요…… 제겐 비밀이 있어요…… 전 남편과 함께 침대에 누워서 남편의 손길이 제 몸에 닿는 걸 상상만 해도 소름이 돋아요. 남편과 저는 요 몇 년간 관계를 갖고 있지 않아요. 전 그의 아내이지만 동시에 아내가 아니에요. 남편이 늘 저를 설득하죠. "마음이 훨씬 편해질 거야"라며. 우리 사정을 다 아는 제 친구마저 저를 이해하지 못해요. "넌 정말 예뻐, 섹시하다고. 거울을 한번 들여다봐, 얼마나 네가 예쁜지. 머릿결이 얼마나 고운지……" 전 태어날 때부터 머릿결이 좋았어요. 하지만 전 제 아름다움에 대해 잊은 지 오래예요. 사람이 물에 빠져 죽으면 온몸이 물에 퉁퉁 불어버린다고 하더군요. 그것처럼 제 몸에 아픔이 스며들었어요. 전 제 몸을 부정하는 것 같아요…… 영혼만 남았어요……

딸:

……죽은 사람들이 누워 있었고, 그들의 주머니 속에선 집요하게 전화벨이 울리고 있었어요. 아무도 가까이 다가가서 그 전화를 받을 엄두를 내지 못했어요.

……바닥에 피투성이가 된 아가씨가 앉아 있었는데, 어떤 청년이 그녀에게 초콜릿을 건네더군요……

……입고 입던 점퍼는 불에 타진 않았지만 눌어붙어 있었어요. 의사가 저를 살펴보더니 곧바로 말했어요. "들것에 가서 누우세요." 전 그 상황에서도 사양했어요. "제가 일어나서 응급차까지 걸어갈게요." 그 소리에 의사가 제게 고함을 쳤던 것 같아요. "누우라니까요!" 차에 올라탄 뒤 전 의식을 잃었고 중환자실에서야 눈을 떴어요……

……왜 제가 침묵을 지키고 있냐고요? 전 만나던 남자가 있었어요…… 반지까지 선물 받았죠…… 전 제게 일어났던 일을 남자친구에게 모두 얘기해주었어요. 어쩌면 그것과는 전혀 무관한 것일 수도 있지만…… 결국 우리는 헤어졌어요…… 그 일이 제 마음에 콕 박혀 있어요. 진실한 고백 따윈 할 필요가 없다는 걸 깨달았어요. 전 폭발을 겪었고 거기에서 살아나기까지 했는데, 오히려 더 쉽게 상처받는 여린 사람이 되고 말았어요. 저한테는 피해자라는 낙인이 찍혀 있어요. 제게 있는 그 주홍글씨를 누구에게도 꺼내 보이고 싶지 않아요……

……우리 엄마는 극장을 참 좋아해요. 가끔 싼 극장표를 운좋게 구할 때가 있죠. "딸, 우리 극장에 가자." 전 거절해요. 그러면 엄마와 아빠, 두 분이서 가죠. 전 이제 극장에 가도 감흥을 느끼지 못해요……

엄마:

　—사람은 왜 자신에게 그런 일이 일어났는지 모르기 때문에 모두와 똑같아지고 싶은 거예요. 숨고 싶은 거예요. 그건 한꺼번에 끌 수 있는 일이 아니에요……

　그 자살테러범 소년 그리고 그 무리들…… 그들은 산에서 내려와 우리에게로 왔어요. "우리가 어떻게 죽임을 당하는지 당신들은 모를 테니, 당신들에게 똑같은 짓을 우리가 한번 해 보이지." (침묵)

　종종 생각해요……'내가 언제 마지막으로 행복했더라?'기억해내야 해요…… 저는 인생에 단 한 번, 아이들이 어렸을 때 행복했던 것 같아요……

　초인종이 울려요. 문을 열면 크세니야의 친구들이 있지요…… 전 아이들을 곧장 부엌에 앉혀요. 제가 엄마에게 물려받은 것 중 하나가 바로 손님들을 배불리 먹이는 일이거든요. 한동안 젊은 애들은 정치에 대해서 얘기하지 않았어요. 그런데 요즘 들어 다시 얘기하기 시작하더군요. 푸틴에 대해서 논쟁하기 시작했어요…… "푸틴은 스탈린의 복제품이야……" "아마 오래갈 거야……" "온 나라에 재앙이 닥칠 거야……" "그건 가스야, 석유야……" 질문은 그거였어요. '스탈린을 누가 스탈린으로 만들었을까요?' 책임 추궁의 문제……

　총을 쏘거나 고문했던 사람들만 심판해야 하는지 아니면……

　밀고했던 사람도……

　친척들에게서 '인민의 적'의 아이를 빼앗아가서 그 아이를 고아원에 보낸 사람도……

　체포당한 사람들을 태우고 갔던 운전기사도……

　고문 후 바닥을 닦던 청소부도……

　정치범들을 태운 화물열차를 북쪽으로 보냈던 철도 부서장도……

　수용소 경비병들이 입을 털코트를 만들었던 재봉사도, 그들이 근무를 잘 설

수 있도록 그들의 치아를 치료하고 심전도검사를 했던 의사들도……

다른 사람들이 집회에서 "개들에게는 개죽음을!"이라고 외쳐댈 때 가만히 침묵을 지키고 있던 사람들도……

심판대에 올려야 하는지?

스탈린에 대한 얘기에서 체첸 얘기로 넘어가더군요…… 그런데 똑같은 레퍼토리를 반복하는 거예요. 사람을 죽이고 폭파시키는 사람들은 확실히 죄가 있는데, 그 폭탄을 만드는 사람, 공장에서 수류탄을 생산하는 사람, 군복을 만드는 사람, 군인들에게 총 쏘는 방법을 가르치는 사람, 그들에게 상을 주는 사람…… 그들도 죄가 있나요? (침묵) 저는 크세니야를 제 몸으로 가린 뒤 그 대화로부터 멀리멀리 떼어내고 싶었어요. 크세니야는 공포로 인해 커진 눈을 동그랗게 뜨고 있었어요. 저를 보고 있었죠…… (딸을 돌아본다.) 크세니야, 엄마는 죄가 없다. 그리고 아빠도 죄가 없는 사람이야. 남편은 지금 수학을 가르치고 있어요. 전 간호사로 일하고요. 제가 일하는 병원에 체첸에서 부상당한 러시아 장교들이 이송된 적이 있어요. 우리는 그들을 치료했고, 그들은 치료가 다 끝난 뒤에 당연히 다시 돌아갔지요. 전쟁터로요. 그 사람들 중 되돌아가고 싶어하는 사람들은 드물었어요. 많은 군인들이 "전쟁을 하고 싶지 않다"고 솔직히 고백하더군요. 저는 간호사예요, 저는 모두를 살린다고요……

치통이나 두통을 가라앉히는 알약은 있지만 제 고통에 쓸 약은 없어요. 심리치료사가 치료 계획을 세워줬어요. 아침 공복에 성요한초 농축액 반 컵을 마신 뒤 산사나무 농축액을 스무 방울 복용하고 그런 다음 작약 서른 방울…… 하루종일 먹어야 할 것을 모두 짜줬어요. 전 모든 지시에 다 따랐죠. 이상한 중국인에게도 갔고요…… 그런데 아무 효과도 없었어요…… (침묵) 매일의 일상이 생각을 분산시키기 때문에 다행히 아직 미치진 않았어요. 반복되는 일상이 치료를 해주고 있어요. 빨래하고, 다리고, 바느질하는 일들이……

우리 단지 마당에 피나무 고목이 자라고 있어요…… 그때가 아마 한 2년 정도 지났을 때였던 것 같아요. 저는 길을 걷다가 피나무가 꽃을 피우고 있다는 걸 깨달았어요. 그 향기…… 그전까지는 별로 그렇게 눈에 띄지 않았거든요…… 색도 흐려진 것 같았고 소리도…… (침묵)

병원에서 어떤 여자와 친해졌어요. 그 여자는 우리 딸이 탔던 두번째 기차 간이 아니라 세번째 칸에 타고 있었어요. 그 여자는 다시 출근도 하고 있었고 모든 걸 다 이겨낸 것처럼 보였어요. 그런데 무슨 심경의 변화가 있었는지 베란다에서 뛰어내리려 하고 창문에서도 뛰어내리려고 했던 거예요. 그녀의 부모님들은 집 전체에 창살을 치고 새장 안에 가두다시피 했어요. 그러자 그 여자는 가스를 마시고 죽으려 했어요…… 그 여자의 남편은 결국 그녀를 떠나고 말았어요…… 지금 그녀가 어디에 있는지 모르겠어요. 어떤 사람이 압토자보드스카야 역에서 그녀를 봤다고 했어요. 그녀가 승강장을 서성이며 소리를 질렀다고 해요. "오른손으로 흙 세 줌을 집어 관 위에 뿌립니다. 흙을 집어서…… 뿌립니다." 보건당국에서 그녀를 데려가기 전까지 계속 그렇게 소리를 질렀대요.

전 크세니야가 해준 이야기인 줄 알았어요…… 전철 안에서 어떤 남자가 크세니야의 옆에 서 있었는데, 너무 가까이 서 있어서 딸이 한소리 하려고 했대요. 그런데 미처 하지 못한 모양이에요. 하지만 결과적으로 나중에 일이 터졌을 때는 그 남자가 우리 딸의 방패막이가 되어준 셈이었어요. 많은 파편들이 그에게 박혔던 거죠. 그 사람의 생사는 몰라요. 전 그 사람에 대해서 자주 생각하죠…… 계속 서 있는 그 사람이 제 눈앞에서 어른거려요. 그런데 크세니야는 이 이야기를 기억 못 하더군요…… 대체 전 어디에서 이 이야기를 들었을까요? 아마 제가 스스로 지어낸 이야기일지도 몰라요. 하지만 누군가 우리 딸아이를 구해준 사람이 있었을 거 아니에요……

저는 어떤 약이 필요한지 알아요…… 크세니야는 행복해져야만 해요. 행복만이 딸아이를 고칠 수 있어요. 그런 무언가가 필요하다고요…… 한번은 우리 가족 모두가 좋아하는 가수 알라 푸가체바의 콘서트에 간 적이 있어요. 전 가수에게 다가가서 말하거나 메모를 전하고 싶었어요. "우리 딸을 위해서 노래를 불러주세요. 그리고 이 노래는 딸아이만을 위한 것이라고 해주세요." 딸이 자신을 여왕처럼 느낄 수 있도록…… 딸아이를 높이 더 높이 올려줄 수 있도록…… 크세니야는 지옥을 보았기 때문에 천국을 보아야만 해요. 그래야 딸이 균형 잡힌 세상을 다시 마주하게 되죠. 나의 환상들…… 소원들…… (침묵) 제 사랑으로 할 수 있는 건 아무것도 없었어요.

제가 누구에게 편지를 쓰면 될까요? 누구한테 부탁하면 될까요? 당신은 체첸에서 난 석유로 돈을 벌었고 러시아가 빌려준 돈으로 살았으니 이제 우리 딸을 어디론가 데려갈 수 있도록 나에게 돈을 주세요. 내 딸이 야자나무 그늘 밑에 앉아 거북이 구경을 할 수 있도록, 그렇게라도 그 지옥을 잊을 수 있도록. 우리 딸의 눈앞에는 항상 지옥이 펼쳐져 있어요. 딸의 눈에는 빛이 없어요, 그 속에서 전 빛을 볼 수가 없어요.

전 성당에 다니기 시작했어요. 제게 신앙이 있을까요? 잘 모르겠어요. 다만, 누군가와 얘기를 하고 싶었어요. 한번은 신부님이 설교하시는데, 인간은 큰 고통을 만나면 신에게 가까워지든지 아니면 오히려 멀어지든지 둘 중에 하나를 택한다고 하셨어요. 그런데 인간이 만약 하느님으로부터 멀어지는 길을 선택한다 할지라도 그를 비난해서는 안 된다고, 그건 슬픔과 아픔 때문에 그런 것이라고요. 그건 저에 대한 얘기였어요.

전 항상 멀리서 사람들을 바라보아요. 인간에게 그 어떤 혈연적 유대감을 느끼지 못하겠어요…… 마치 나 자신은 인간이 아닌 것처럼 그렇게 그들을 바라보는 거죠. 선생님은 작가시잖아요. 아마 저를 이해하실 거예요. 말이라는 건 사람의 내면에서 일어나고 있는 일들과 별로 접점이 없어요. 예전에 저는 제 안에 있는 것과 좀처럼 대화를 나누지 않았죠. 그런데 전 지금 광산에 사는 것처럼 살아요…… 걱정하고 고민하고 늘 새로운 잡생각으로 저 자신을

　　　　　　　　　　　　　　　2부 허무의 마력

괴롭히죠…… "엄마, 마음을 좀 감춰요!" 아니, 사랑하는 내 딸들아, 난 말이지, 내 감정들이 내 눈물들이 그냥 이렇게 사라지는 건 원하지 않는단다. 흔적도 없이, 표시도 없이…… 전 그게 제일 큰 걱정거리예요. 제가 겪은 모든 일을 내 아이들에게만 남기고 싶지 않아요. 다른 사람에게도 이것을 전해서 이 일들이 어딘가에 저장되면 좋겠고, 그래서 원하는 사람들이 가져갈 수 있게끔 하고 싶어요.

9월 3일 테러 희생자 추모일. 온 모스크바가 애도에 잠긴다. 장애인들과 검은 머릿수건을 쓴 젊은 여자들로 거리가 웅성거린다. 솔랸카에도, 두브롭카에 있는 극장센터 앞 광장에도 '문화공원 역' '루반카 역' '압토자보드스카야 역' '리시스키 역' 근처에도 추모의 촛불이 타오른다……

나도 그 군중 속에 있었다. 질문을 하고 대답을 들었다. 우리는 이 기억을 가지고 어떻게 살아갈까?

러시아의 수도에서는 2000년, 2001년, 2002년, 2003년, 2004년, 2006년, 2010년, 2011년에 테러가 발생했다.

—출근길이었어요. 전철칸은 늘 그랬듯 붐볐어요. 폭발음은 듣지 못했지만 갑자기 사방이 오렌지색으로 물들어가고 있었고 몸이 점점 굳어가는 걸 느꼈어요. 손을 움직여보려 했지만 소용없었어요. 전 뇌졸중이 왔다고 생각했고 그 생각과 함께 의식을 잃고 말았어요. 정신을 차렸을 땐 어떤 사람들이 아무 거리낌 없이 저를 밟고 지나가고 있더라고요. 마치 제가 죽기라도 한 것처럼요. 계속 가만있다간 깔려 죽을지도 모른다는 생각에 손을 들었어요. 누군가가 저를 일으켜세웠어요. 피와 살점, 그때 보았던 광경의 전부였어요……

—제 아들은 이제 네 살이에요. 그런데 아이에게 아빠가 죽었다는 걸 어떻게 설명해야 하나요? 아이는 죽음이 뭔지도 모르잖아요? 아빠가 우리를 버렸

다고 생각할까봐 걱정이에요. 그래서 아직까지는 아빠가 출장중인 걸로 하고 있어요……

—자주 떠올리곤 합니다…… 병원 근처에는 오렌지를 담은 장바구니를 들고 헌혈하겠다고 자원한 사람들로 줄이 길게 늘어서 있었지요. 피로에 찌든 간호사들을 붙잡고 사람들이 간곡히 부탁하기도 했습니다. "여기 과일 받으세요. 아무에게나 이걸 주세요. 그 사람들에게 뭐가 더 필요할까요?"

—같은 사무실 여자 동료들이 문병을 왔어요. 부서장이 동료들에게 차를 내주었다더군요. 하지만 전 아무와도 마주하고 싶지 않았어요……

—전쟁이 필요하다고 봐요. 어쩌면 인간다운 인간들이 나타날지도 모르니까요. 우리 할아버지는 전쟁터에서만 '인간'을 보았다고 하셨어요. 요즘은 '선'이 부족해요.

—그전까지 서로를 전혀 모르던 두 여자가 에스컬레이터 근처에서 서로를 부둥켜안고 평펑 울고 있었어요. 얼굴은 피범벅이었어요. 처음에는 그게 피라는 걸 인식하지 못했어요. 눈물 때문에 화장이 지워진 걸로만 생각했죠. 저녁에 방송을 통해 현장의 광경을 다시 한번 보게 되었을 때, 그제야 그게 피였다는 걸 깨달았어요. 현장에 서 있었을 때는 피를 보고 있으면서도 피인지도 몰랐고, 보면서도 믿기지 않았어요.

—처음에는 내가 다시 지하로 내려가 용감하게 다시 전철에 오를 수 있을 거라고 생각했어요. 하지만 한두 정거장 만에 식은땀을 흘리며 그곳을 뛰쳐나갔죠. 특히 전철이 터널에서 몇 분 정도 정차하기라도 하면 정말 오금이 저려요. 매분이 슬로모션처럼 길게만 느껴지고 심장이 가는 실에 매달려 달랑거리는 것만 같거든요……

—모든 캅카스인들의 얼굴에서 테러리스트가 보여요……

—어떻게 생각하십니까? 체첸에 있던 러시아 군인들은 범죄를 저지르지 않았을까요? 제 친형이 체첸에서 군복무를 했습니다. 그 명예롭다는 러시아군에

2부 허무의 마력

대해 많은 이야기를 해주더군요. 체첸 남자들을 구덩이 속에 짐승처럼 밀어넣고 친척이나 가족들에게 몸값을 요구했다더군요. 고문하고 시체를 훼손하기도 하고…… 지금 우리 형은 술에 절어 삽니다.

—미 국무부에서 돈이라도 먹었어요? 선동꾼 같으니라고! 누가 체첸을 러시아인을 가둔 게토로 바꾸어놓았던가요? 체첸놈들이 러시아인들을 직장에서 해고하고, 러시아인의 아파트와 자동차를 몰수했어요. 저항하는 사람들은 도륙했다고요. 러시아 아가씨들의 몸을 러시아인이라는 이유만으로 더럽혔다고요.

—체첸놈들을 증오합니다! 우리, 러시아인들이 아니었다면 그놈들은 지금까지도 깊은 산속 동굴에서 살고 있었을 겁니다. 체첸놈들을 싸고도는 기자들도 꼴보기 싫어요! 자유주의자들! (극도의 혐오감이 실린 눈빛으로 내가 있는 쪽을 쳐다본다. 난 대화를 기록하고 있었다.)

—대조국전쟁 당시에 독일군을 죽였다고 해서 러시아 군인을 비판했던가요? 그때는 죽이는 방법도 가지가지였어요. 포로로 잡힌 독일 경찰 앞잡이들을 빨치산들이 조각조각냈다고요…… 참전용사들의 이야기를 한번 들어보세요……

—옐친 때 제1차 체첸전쟁이 있었는데, 모든 상황을 있는 그대로 방송에 내보냈죠. 체첸 여자들이 우는 모습을 우리는 보았어요. 러시아 엄마들이 체첸 마을을 돌아다니면서 실종되어 소식이 끊긴 아들을 찾기 위해 헤매고 다니는 모습도요. 아무도 그 러시아 엄마들을 건드리지 않았어요. 지금과 같은 증오심이 그때는 없었다고요. 그들에게도, 우리에게도.

—한때는 체첸만 열심이더니 이제는 북캅카스 전체가 들끓고 있어요. 곳곳에 회교 사원을 세우고들 있어요.

—지정학이란 학문이 우리 나라에도 유입되었습니다. 러시아가 붕괴되고 있어요…… 머지않아 제국이었던 나라에서 남는 거라곤 모스크바 공국밖에

없을 겁니다……

―증오해요!

―누구를?

―모두를!

―내 아들은 그 이후로도 일곱 시간은 더 살아 있었어요. 그런데 내 아들을 비닐자루에 담아 시체들이 쌓여 있는 버스에 방치한 거예요…… 우리는 정부가 지급한 관과 화환 두 개를 받았어요. 무슨 톱밥을 모아 만들었는지 종이박스를 연상케 하는 관이었어요. 관을 들어올리자 바로 부서져내렸죠. 화환도 빈약하고 왜소해 보였어요. 그래서 모든 걸 직접 살 수밖에 없었어요. 정부는 우리 같은 희생자들에게 침을 뱉었어요. 어디 내 침도 한번 맞아보라지요. 이 빌어먹을 쓰레기 같은 나라에서 떠나고 싶어요. 남편과 저는 이미 캐나다 이민서류를 제출했어요.

―예전엔 스탈린이 사람들을 죽이더니 지금은 폭력배들이 죽이고 있어요. 자유요?

―전 검은색 머리칼과 검은 눈동자를 갖고 있어요. 하지만 전 러시아인이고 정교회 신자예요. 한번은 친구와 함께 전철을 탔어요. 경찰이 우리를 멈춰 세우더니 저만 다른 쪽으로 데려가더군요. "웃옷을 벗고 신분증을 보여주십시오." 금발이었던 제 친구에게는 전혀 관심도 없었지요. 엄마는 머리를 염색하라고 했어요. 하지만 전 부끄러워요.

―러시아 사람은 '혹시' '아마도' '어떻게든 되겠지', 이 세 가지 기둥에 기대어 삽니다. 처음에는 물론 모두가 공포심에 벌벌 떨었지요. 하지만 불과 한 달 뒤 제가 지하철 벤치 밑에서 의심스러운 봉투를 발견했을 때는 경찰에 신고해야 한다며 당직 직원을 겨우겨우 설득했을 정도였답니다.

―도모데도보 공항에서 운행하는 택시기사들, 그 개자식들이 테러 이후에 택시비를 확 올리더군요. 천정부지로 치솟았어요. 모든 걸 다 돈 버는 데 이용

　　　　　　　　　　　　　　　　　　2부 허무의 마력

한다니까요. 씨발놈들! 차에서 끌어내서 그 면상을 보닛에 처박아버렸으면!

　―사람들이 피웅덩이에 쓰러져 있는데, 다른 한편에서는 사람들이 그 모습을 핸드폰으로 찍고 있었어요. 찰칵찰칵! 그러곤 즉시 '라이브저널'에 올리는 거예요. 사무실에 사는 플랑크톤들에겐 자극이 필요했나봅니다.

　―오늘은 그들이, 내일은 우리가. 우리 모두는 침묵하고 있어요. 침묵으로 동조하고 있습니다.

　―할 수 있는 만큼 노력해봐야죠. 희생된 그 영혼들을 우리의 기도로 도와야 해요. 신께 자비를 베풀어달라고 기도해야 해요……

인터뷰하던 장소에 설치된 야외무대에서 학생들이 버스킹을 한다. 학생들을 싣고 여러 대의 버스가 도착했다. 난 학생들에게 좀더 가까이 다가가보았다.

　―난 빈라덴이 참 흥미로워…… 알카에다는 글로벌 프로젝트야……

　―난 표적테러에 찬성이야. 선별적 테러. 그러니까 경찰을 대상으로 한다든지, 공무원을 대상으로 한다든지…… 뭐 그런 거.

　―테러가 좋은 거야, 나쁜 거야?

　―테러는 이제 선이야.

　―아이씨, 지겨워 죽겠네. 우리 언제 보내준대?

　―짱 웃긴 얘기 하나 해줄까? "테러리스트들이 이탈리아의 유적지를 돌아보다 피사의 사탑까지 가게 되었다. 그리고 웃기 시작한다. '딜레탕트 수준이군!'"

　―테러는 비즈니스야……

고대처럼 제물을 바치는 제사의식이야……

메인스트림이야……

본격적인 혁명 전에 하는 몸풀기야……

낫을 든 노파와 아리따운 아가씨에 대하여

알렉산드르 라스코비치(군인, 사업가, 이민자, 21~30세 추정)

죽음은 사랑과 닮았다

—제가 어렸을 때 우리집 마당에 나무 한 그루가 있었어요. 오래된 단풍나무…… 단풍나무는 내 친구였어요. 단풍나무와 얘기도 했죠. 할아버지가 돌아가셨을 때 전 오랫동안 울었어요. 하루종일 목놓아 울었어요. 그때 전 다섯 살이었지만, 나도 곧 죽을 것이고 모두가 죽는다는 것을 깨닫고 말았어요. 그 생각에 다다르자 공포가 전신을 휘감았죠. 모두가 나보다 먼저 죽어버리고 나만 혼자 남게 되면 어떡하지? 참혹한 고독. 엄마는 절 가여워했고, 아버지는 제게 다가와 말했어요. "당장 눈물 닦아라. 어디서 사내녀석이. 남자는 눈물을 흘리지 않아." 하지만 전 그때까지 내가 누군지도 몰랐어요. 전 남자인 것이 마음에 들지 않았고, '전쟁놀이'도 별로 좋아하지 않았어요. 하지만 제 의사를 묻지도 않은 채…… 저를 빼고 그런 결정들을 내린 거예요…… 엄마는 딸을 원했고, 아버지는 늘 그랬듯 낙태를 원했죠.

일곱 살 때, 전 처음으로 목을 매려고 했어요…… 그 망할 중국산 양푼 때문이었죠…… 엄마가 양푼 한가득 과일잼을 끓인 뒤 등받이 없는 의자에 올려놓았어요. 그때 저와 형은 우리집 고양이 '무시카'를 잡기 위해 뛰어다니는 중이었어요. 무시카는 그림자처럼 날렵하게 양푼 위를 건너뛰었지만 우리는 그러지 못한 거죠. 엄마가 젊을 때였고 아버지는 군사훈련에 가고 없었어요. 결국 바닥에는 과일잼 웅덩이가 만들어졌죠…… 엄마는 군장교 아내의 삶을 한탄하면서, 세상의 끝자락에 붙은 낙도에서…… 사할린 섬에서 살아야 하는 운명을 저주했어요. 겨울이면 눈이 10미터 가까이 쌓이고 우엉이 엄마 키만큼 자라던 곳…… 엄마는 아버지의 허리띠를 꽉 움켜쥐더니 우리를 밖으로 쫓아내버렸죠. "엄마, 지금 비 와요. 창고는 개미들이 문단 말이에요." "당장 나가! 나가들! 썩 나가!" 형은 이웃집으로 도망갔고, 저는 정말 진지하게 목을 매달겠다고 결심했어요. 창고에 들어가 바구니 속에 든 줄을 찾아냈어요. 아침에 창고문을 열면 줄에 매달려 죽어 있는 제 모습을 상상했죠. '나쁜 놈들! 어디 맛 좀 봐라!' 그런데 그 순간 무시카가 문을 비집고 들어왔어요…… 야옹…… 야옹…… '예쁜 내 고양이! 내가 불쌍해서 왔구나.' 전 고양이를 들어 가슴에 꼭 품었어요. 고양이와 함께 아침까지 창고에 있었죠.

아버지는…… 아버지란 대체 무엇이었느냐 하면…… 아버지는 신문을 읽고 담배를 피웠어요. 공군연대 정치교육부 부부장이었죠. 우리는 한 군사도시에서 다른 도시로 늘 이사를 다녔고 기숙사에서 살아야 했어요. 어딜 가나 똑같이 생긴 긴 벽돌식 막사에서 살았죠. 모든 막사에서는 구두약과 싸구려 '시프레' 향수 냄새가 났어요. 그건 우리 아버지 냄새이기도 했죠. 제가 여덟 살, 형이 아홉 살 때였어요. 아버지가 집으로 돌아오시면, 그때부터 군인용 허리띠가 철커덕철커덕, 송아지 가죽으로 만든 군화가 쿵쿵거렸죠. 그 순간 저와 형은 투명인간이 되어서 아버지의 눈앞에서 사라졌으면 했어요! 아버지는 책꽂이에서 보리스 폴레보이*가 쓴 『진실한 인간의 이야기』를 꺼내들곤 했어요. 그 책은 우리집에서는 주기도문과 다름없었어요. "자, 그럼 그다음에는 어떻게 됐니?" 아버지는 형부터 시작하게 했죠. "그러니까, 비행기가 추락했고, 알렉세이 메레시예프는 기어서 나왔어요. 다친 상태로요. 고슴도치도 잡아먹고…… 도랑으로 쓰러졌어요……" "도랑? 대체 무슨 도랑?" 저는 냉큼

---

* 보리스 폴레보이(1908~1981). 소설가이자 기자. '대조국전쟁' 당시 종군기자로 활약했고, 향후 전쟁 경험을 바탕으로 다양한 전쟁소설을 집필했다.

"5톤짜리 폭탄이 터지면서 생긴 웅덩이요"라며 끼어들었죠. "뭐라고? 그건 어제 했던 부분이고!" 형과 저는 아버지의 엄한 대장님 톤에 온몸을 부르르 떨었어요. "그럼 오늘은 안 읽었다는 소리가 되겠구나?" 그뒤로 펼쳐지는 그림은 세 명의 광대가 책상 주변을 빙글빙글 돌고 있는 모습이죠. 어른 광대 한 명과 두 명의 꼬마 광대. 아버지는 허리띠를 손에 들고 우리는 바지를 내린 상태로 도망 다녔어요. (잠시 멈춘다.) 아무리 봐도 우리 모두는 영화 속에나 나올 법한 방식으로 자랐어요, 그렇죠? 그림으로 보는 세상…… 우리는 책이 아니라 영화 필름 속에서 자랐어요. 음악도 있었고요…… 아버지가 집으로 가져오셨던 그 책들만 보면 전 아직도 두드러기가 날 지경이에요. 다른 사람들 집에서 책장에 꽂힌 『진실한 인간의 이야기』나 『젊은 친위대』*라는 책만 보아도 열이 올랐어요. 오! 우리 아버지는 우리들을 탱크 바퀴에 던져넣는 게 소원이었죠! 아버지는 저와 형이 하루빨리 어른이 되어서 전쟁에 자원하길 고대했어요. 전쟁이 없는 세상은 아버지에겐 있을 수 없는 세상이었어요. 영웅이 필요했어요! 그런데 영웅은 전쟁 속에서 태어나는 거잖아요. 그 전쟁 속에서 형과 저 둘 중에 누군가가 그 책의 주인공, 알렉세이 메레시예프처럼 두 다리를 잃게 된다면 아버지는 행복했을 거예요. 결코 삶이 헛되지 않았다며…… 모든 것이 완벽하다며…… 성공적인 삶이라며! 그리고 아버지는…… 제 생각이지만 만약 제가 임관서약을 어기거나 전투에서 벌벌 떨었다면 아마 당신 손으로 직접 제게 사형을 집행했을 분이세요. 타라스 불바! "내가 너를 낳았으니, 내가 너의 목숨을 끊으마."** 아버지는 사상에 종속되어 있던 분이었고 인간이 아니었어요. 아버지에게 조국은 무조건적으로 사랑해야만 하는 존재였어요. 맹목적으로! 그리고 저는 그런 얘기를 어린 시절 내내 들

---

* 알렉산드르 파제예프의 소설.
** 고골의 중편소설 「타라스 불바」에 나오는 구절.

2부 허무의 마력

어왔어요. 우리에게 삶이 주어진 이유는 오로지 조국을 수호하기 위함이다…… 하지만 전 아무리 용을 써도 전쟁용으로 프로그래밍되질 않았어요. 순종적인 강아지처럼 댐에 난 구멍을 제 몸으로 막아내거나 지뢰 위에 배를 깔고 눕는 등의 행동을 하도록 프로그래밍되질 않았어요…… 전 죽음을 싫어했어요…… 사할린 섬에는 여름이면 무당벌레가 백사장 모래알처럼 많은데, 전 그 무당벌레들을 죽였어요. 다른 아이들과 마찬가지로 눌러 죽였지요. 어느 날 갑자기 문득 이런 생각이 들어 깜짝 놀라기 전까지 말이에요. '난 무엇 때문에 이렇게 많은 빨간색 시체들을 잔뜩 만들어놓은 걸까?' 무시카가 미숙아 고양이들을 낳았을 때도 저는 먹이고 돌보았어요. 그런데 엄마가 나타나서 "어머, 새끼들이 죽은 거니?"라고 말했죠. 엄마의 말이 떨어지자마자 고양이 새끼들이 다 죽고 말았어요. 전 눈물은 절대로 흘리지 않았어요! "남자는 울지 않는다." 아버지는 우리에게 군모를 선물로 주었고 주말이면 군가가 담긴 레코드판을 틀어주셨어요. 저와 형은 앉아서 가만히 들었는데, 아버지의 뺨 위로는 좀처럼 보기 힘들다는 남자의 눈물이 흘러내리고 있었어요. 아버지는 술에 취하면 우리에게 항상 똑같은 이야기를 했어요. 어떻게 적들이 '영웅'을 포위했는지, 그리고 그 영웅은 마지막 총알이 다할 때까지 어떻게 방어했는지에 대해서…… 결국 그 마지막 총알을 자신의 가슴에 대고 쏘았다는 등의 이야기를 계속했어요. 이 부분에 이르면 아버지는 꼭 영화 속 한 장면처럼 바닥에 쓰러졌고, 그럴 때마다 항상 의자를 발로 건드려서 의자도 함께 쓰러지곤 했어요. 그 장면은 정말 웃겼죠. 그러면 아버지는 정신을 차리고 화를 냈죠. "영웅이 죽어가는 장면보다 더 웃긴 장면은 없다는 듯 웃어들 대는구나!"

전 죽고 싶지 않았어요. 어렸을 때는 죽음에 대해서 생각하는 게 무서웠지요. "남자는 항상 준비되어 있어야 한다." "조국 앞에서의 신성한 의무다."…… "뭐라고? 칼라시니코프를 분해하고 조립하는 방법을 너는 모르게 될 거라고?" 아버지에게 이런 얘기는 가당치도 않은 것이었어요. 수치 그 자체였죠! 으악! 제가 얼마나 제 작은 젖니로 아버지의 소가죽 군화를 갉아먹고 때리고 물어뜯고 싶었는지! 대체 무엇 때문에 옆집 비탈리가 보는 앞에서 내 엉덩이를 까고 때렸는지?! 무슨 권한으로 '계집애'라며 날 비웃었는지…… 하지만 저는 죽음의 댄스를 위해서 태어난 사람이 아니었어요. 제 속엔 고전적인 아킬레우스가 들어 있었어요…… 전 발레 춤을 추고 싶었다고요…… 아버지는 위대한 사상을 섬겼어요. 마치 뇌를 개조당한 것처럼 바지는 없어도 소총은 가지고 산다는 걸 자랑스러워했어요…… (멈춘다.) 우리는 어른이 되었어요, 이미 오래전에 어른이 되었지요. 불쌍한 아버지! 삶은 세월이 흐르는 동안 장르를 바꿨어요…… 낙관적 비극*이었던 영화를 이제 코미디와 액션물로 바꾼 거죠. 영화 속 인물이 기어가고 또 기어가요, 그리고 솔방울을 까먹죠…… 누군지 알아맞혀보세요! 바로 그 알렉세이 메레시예프예요. 우리 아버지가 사랑하는 영웅…… "아이들은 지하실에서 게슈타포 놀이를 하고/배관공 포타포프 씨는 참혹한 고통을 당했네……" 아버지의 그 사상에서 남은 건 이것뿐이에요. 아버지 자신은 어떻게 되었을까요? 아버지는 이미 늙으셨어요, 하지만 전혀 늙어갈 준비가 되지 않았죠. 남겨진 매 순간을 즐기면서 하늘도 바라보고 나무도 구경하면 좋으련만. 체스를 두거나 우표를 수집하거나, 성냥갑을 모으기라도 한다면 좋으련만…… 아버지는 텔레비전 앞에 앉아 있죠. 텔레비전에서는 의회가 열리고 있어요. 좌파, 우파, 집회, 붉은 깃발이 휘날리는 시위. 그리고 아버지는 그곳에 서 있어요! 아버지는 공산당의 편에 서 있죠. 저녁식사 자리에 모두 모이면…… "우리에겐 위대한 시대가 있었어!"라며 아버지는 제게 선제공격을 하고 제 대답을 기다리곤 하죠. 아버지는 전투가 필요한 사람이에요, 그러지 않으면 삶의 의미가 유실되니까요. 오로지 바리케이드

---

* 1965년 소련 블록버스터 중 하나였던 영화의 제목이기도 하다. 여기서는 은유로 사용되었다.

2부 허무의 마력

와 깃발만이 필요한 사람이에요! 하루는 아버지와 제가 함께 텔레비전을 보았어요. 일본에서 만든 로봇이 모래 속에서 녹슨 지뢰를 꺼내는 중이었어요…… 한 개…… 두 개…… 그건 과학기술의 승리였죠! 인간 이성의 승리! 하지만 아버지는 그 로봇이 위대한 우리 나라의 것이 아니라는 것에 모욕감을 느끼더군요. 그런데 그 순간…… 예상치 못하게 프로그램 말미에 우리가 보는 앞에서 로봇이 실수를 했고 폭파되고 있었어요. '도망가는 공병이 보이면 무조건 그 뒤를 쫓아 달려라'라는 말이 있잖아요. 하지만 로봇에게 그런 프로그램이 탑재되어 있을 리 만무하죠. 하지만 아버지는 그 장면을 전혀 이해하지 못하겠다는 듯 말했어요. "아니, 비싼 수입 기계를 저렇게 폭파시켜버린단 말이냐? 우리 나라에 사병이 그렇게나 모자란 거냐?" 아버지는 죽음에 대해서 아버지만의 시각을 견지하고 있었어요. 아버지는 당과 정부가 명하는 모든 과제를 수행하기 위해서 살아온 분이죠. 인간의 생명은 고철덩어리보다 훨씬 더 값싼 것이었다고요.

사할린에서…… 우리는 묘지 근처에 살았어요. 하루가 멀다 하고 장례 음악을 들었던 것 같아요. 노란색 관이면 마을 사람이 죽었다는 걸, 붉은 천으로 휘감아진 관이면 조종사가 죽었다는 걸 알 수 있었죠. 붉은 관이 훨씬 많았어요. 붉은 관이 묻힐 때마다 아버지는 집으로 카세트테이프를 가져왔고…… 집에는 조종사들이 찾아왔어요. 식탁 위에는 종이에 돌돌 말린 꽁초들이 여전히 연기를 내뿜고 있었고, 습기 찬 보드카 잔이 반짝거리고 있었어요. 그리고 테이프가 계속 돌아갔죠. "전 몇 대대 소속…… 기체 움직임이……" "두번째를 작동하십시오." "두번째도 멈췄습니다." "그러면 왼쪽 엔진을 가동해보십시오." "가동이 안 됩니다." "오른쪽은……" "오른쪽도……" "비상탈출하십시오!" "기체 뚜껑이 열리지 않습니다…… 이런 씨발! 에-에-에…… 으-으-으……" 전 꽤 오랫동안 죽음을 떠올릴 때마다 가늠할 수 없는 높은 고도에서 추락하는 장면을 연상하곤 했어요. '에-에-에…… 으-으-으……' 한

번은 어떤 젊은 조종사가 제게 이런 질문을 했어요. "꼬마야, 죽음에 대해서 뭘 알고는 있는 거냐?" 저는 깜짝 놀랐죠. 왜냐하면 전 죽음에 대해서 항상 알고 있다고 생각했거든요. 우리 반 남자아이의 장례를 치른 적이 있어요…… 글쎄, 모닥불을 피우고 그 안에 총알을 잔뜩 집어던졌던 거예요…… 얼마나 큰 폭발이었는지! 그렇게 된 거죠…… 그 남자애가 관에 누워 있었는데 꼭 죽은 척을 하고 있는 것만 같았어요…… 모두가 그 아이를 보고 있었지만 그 아이는 이미 아무도 접근할 수 없는 존재가 되어 있었죠…… 저는 눈을 뗄 수가 없었어요…… 마치 제가 그 죽음을 항상 알고 있었던 것 같았어요. 그 지식을 가지고 태어난 것 같았어요. 어쩌면 제가 이미 언젠가 한 번 죽었던 건 아닐까요? 아니면 제가 엄마 뱃속에 있을 때 엄마가 창가에 앉아 묘지로 향하는 운구 행렬을 본 건 아닐까요? 붉은 관, 노란 관…… 전 그 죽음으로 인해 최면에 걸리고 말았어요. 하루종일 수십 번도 더 죽음에 대한 생각을 했어요. 정말 많이 생각했어요. 제게 죽음의 냄새는 종이로 만 꽁초 냄새였고, 먹다 남은 청어절임과 보드카 냄새였어요. 죽음은 반드시 이가 몽땅 빠진 늙은 할멈이 낫을 들고 찾아오는 것이 아닐 수도 있었어요, 어쩌면 그 사신이 아름다운 아가씨일 수도 있지 않겠어요? 전 그녀를 보게 되겠지요.

열여덟 살…… 모든 것을 다 갖고 싶은 때죠. 여자, 포도주, 여행…… 수수께끼와 비밀들. 전 다양한 인생을 상상하고 꿈꿨어요. 그럴 때 사람은 쉽게 유혹에 빠지는 거예요…… 제기랄! 전 지금까지도 제가 공중분해되어서 사라져버렸으면 해요. 아무도 저를 찾지 못하도록요. 저에 대한 아무런 흔적이 남지 않도록요. 어디론가 가서 산사람으로 살거나 신분 증명이 안 되는 노숙자로 살든가요. 전 항상 똑같은 꿈을 꿔요. 저를 다시 군대로 징집해가는 꿈. 서류가 잘못되어서 또다시 군대에 가야 하는 꿈이요. 꿈속에서도 소리를 지르고 저항하죠. "야, 이 개자식들아! 난 이미 갔다 왔다고! 놔! 놓으란 말이야." 미쳐버리는 거예요. 정말 끔찍한 꿈이에요…… (멈춘다.) 전 남자이고 싶지 않았어요. 군인이고 싶지도 않았고요. 전 전쟁에 눈곱만큼도 관심이 없었어요. 아버지가 말씀하셨죠. "넌 이제 진정한 남자가 되어야 한다. 그러지 않으면 여자들이 널 쪼다 취급할 게다. 군대는 인생을 배우는 학교야." 군대에 가서 사람 죽이는 것을 배워야 했어요…… 제 생각 속 군대는 이런 모습이었어요. 둥둥 북소리, 전투부대, 잘 만든 살인무기들, 뜨거운 납덩이가 바람을 가르는 소리, 그리고…… 깨진 머리통, 튀어나온 눈알, 잘려나간 손과 발…… 울부짖음과 부상병들의 신음 소리…… 그리고 승리자들, 누구보다도 살인기술이 탁월한 그자들의 포효…… 죽이는 것! 죽이는 것! 활로, 총알로, 수류탄이든 핵폭탄으로든 무엇을 사용해서라도 죽여야 하는 것…… 다른 사람을 죽여야 하는 것…… 저는 그 일을 원하지 않았어요. 군대에 가면 똑같은 남자들이 절 남자로 만들려 들 거란 것도 알고 있었어요. 그들의 손에 죽임을 당하든가 아니면 내가 내 손으로 누군가를 죽이든가. 형은 뇌 대신 분홍색 솜을 박아넣은 낭만주의자로 군대에 갔어요. 그리고 제대해서 돌아왔을 때는 잔뜩 겁에 질린 모습이었죠. 매일 아침 형의 얼굴을 발로 찼다고 하더군요. 형은 아래쪽 침상에서 잤고 고참은 위쪽 침상을 썼대요. 1년 내내 발꿈치로 얼굴을 얻어맞다니! 그런 일을 당하고 어떻게 본연의 내 모습을 지킬 수 있겠어요. 사람을 발가벗겨놓으면 얼마나 많은 일들을 생각해낼 수 있는지 아세요? 예를 들어 자기 거시기를 스스로 빨게 하고 다른 사람들은 그걸 보며 웃는 거죠. 모두 웃어야 해요, 만약 웃지 않으면 그 사람도 빨아야 하니까요…… 칫솔이나 면도칼로 군대 화장실을 반짝반짝하게 청소해야 하는 건 또 어떻고요? "고양이 불알처럼 반질반질하게 광을 내도록." 개자식들! 절대로 고깃덩이가 될 수 없는 사람이 있는가 하면 원래부터 고깃덩이였던 사람들도 있어요. 인간 빵. 전 살아남기 위해 내가 가진 모든 힘을 다 끌어모아야만 한다는 사실을 깨달았죠. 그래서 체육관에 등록했어요. 하타 요가도 하고 가라테도 배웠어요. 얼굴과 다리 사이를 가격하는 방법을 배웠어요. 척추를 부러뜨리는 방법도 배웠고요······ 성냥에 불을 붙인 뒤 손바닥 위에 내려놓고는 성냥개비가 다 탈 때까지 참았어요. 물론 끝까지 참아본 적은 없어요······ 울었죠. 전 기억해요······ 기억한다고요······ (말을 멈춘다.) "용 한 마리가 숲속을 산책하다 곰을 만났다. 용이 말한다. '곰아, 난 8시에 저녁을 먹어. 그러니 그때 와, 내가 먹어줄게.' 그런 뒤 계속 길을 가는데 뛰어오는 여우가 보인다. 용이 말한다. '여우야, 난 7시에 아침을 먹어. 그러니 그때 와, 내가 먹어줄게.' 용이 또다시 가던 길을 가는데, 이번에는 토끼 한 마리가 깡충거리며 다가온다. 용이 말한다. '토끼야, 잠깐 서봐. 난 2시에 점심을 먹어. 그러니 그때 오렴, 내가 먹어줄게.' 그때 토끼가 앞발을 들고 서서 묻는다. '저, 질문이 있는데요.' '해보렴.' '안 가도 될까요?' '그럼, 안 와도 돼. 그럼 명단에서 너의 이름을 지울게.'" 하지만 실제로 그런 질문을 할 수 있는 사람은 별로 없어요······ 제기랄!

송별회······ 이틀 동안 집에서는 볶고 끓이고 삶고 빚고 구웠어요. 보드카도 두 상자나 샀죠. 친척들이 모두 모였어요. "집안 망신은 시키지 마라, 아들아!" 이 말과 함께 아버지가 첫번째 잔을 드셨어요. 그러고는 줄줄이 이어졌죠······ 제기랄! 익숙한 말들이 들렸어요. "시험을 극복해라"······ "명예롭게 견뎌내라"······ "용기를 발휘해라"······ 아침에 병무위원회 근처에서는 아코디언과 노랫소리가 들렸고 플라스틱컵에 담긴 보드카도 있었어요. 하지만 전 술을 마시지 않아요······ "병이라도 걸린 건가?" 기차역에 들여보내기 전 개인소지품 검사가 있었어요. 가방에 있는 모든 물건을 꺼내도록 했고, 칼과 포크 그리고 음식을 모두 압수해갔어요. 집에서 챙겨준 돈은 양말 속이나 팬티 속에 최대한 깊숙이 숨겨두었죠. 젠장! 그게 미래의 조국 수호자들의 모습이라고요······ 그런 뒤 우리는 버스에 올라탔어요. 아가씨들은 손을 흔들어주고 엄마들은 눈물을 흘렸죠. 출발! 기차간에 남자들만 가득했어요. 하지만 전 그 사람들의 얼굴을 하나도 기억하지 못해요. 모두 빡빡머리를 하고 있었고 찢어진 누더기 같은 옷들을 입고 있었으니까요. 모두 죄수들 같았어요. 목소리만 들렸죠. "알약 40알…… 자살 시도…… 흰색 통지서*. 똑똑한 사람으로 남으려면 먼저 바보가 되어야 해……" "그래, 쳐! 치려면 쳐라, 이 자식아! 그래, 난 쓰레기 같은 놈이다. 그래서 뭐? 난 상관없어. 내가 집에서 계집들 맛 실컷 볼 때 넌 소총 들고 전쟁놀이나 하겠지." "자자! 다들, 신발이나 갈아 신고 나라 지키러 갑시다들!" "돈 좀 있는 놈들은 군대도 안 간다고……" 우리는 기차를 3일 동안 타고 갔어요. 사람들은 가는 내내 술을 마셨죠. 하지만 전 술을 마시지 않아요…… "불쌍한 자식! 너 군대 가면 고생 좀 하겠다?" 잠옷은 무슨 잠옷이요…… 입고 있던 옷과 양말 차림으로 자는 거죠. 밤에 신발을 벗었는데…… 윽, 젠장할! 냄새가! 100명의 남자들이 모두 신을 벗었다고요…… 양말을 이틀 동안 신은 사람도 있었고 심지어 3일이나 갈아 신지 않은 사람도 있었으니까요…… 정말 목을 매달아 죽든지 총을 쏴 죽고 싶은 심정이었어요. 화장실은 장교들과 함께 갔어요, 하루에 세 번. 더 가고 싶어도 참아야 했어요. 화장실 문을 닫아놓았거든요. 이제 막 집을 떠난 사람들이니…… 별의별 일이 다 있을 수 있잖아요. 그렇게 했어도 결국 한 사람은 밤에 목을 매달아 죽었어요…… 젠장!

사람을 프로그래밍하는 건 얼마든지 가능해요…… 사람들이 그걸 원한다니까요. 하나, 둘! 하나, 둘! 발 맞춰서! 군대에서는 많이 걷고 많이 뛰어야만 해요. 빨리 그리고 멀리 뛰어야 하는데, 만약 못 뛰는 경우에는 기어서라도 가야 하는 겁니다! 수백 명의 남자들이 한곳에 있다는 건? 짐승우리나 다름없어요! 어린 늑대 무리! 감옥이나 군대나 적용되는 규칙은 똑같습니다. 무법천지죠. 첫번째 규칙, 절대로 약자를 도와줘서는 안 된다. 약자는 맞아야 한다! 약

---

* 군 면제자나 대체복무 대상자에게는 '빨간색' 입영통지서 대신 '흰색' 입영통지서가 발송되었다.

자는 알아서 떨어져나간다…… 두번째 규칙, 친구는 없다. 모두가 혼자이다. 밤이면 꿀꿀거리는 사람, 개굴거리는 사람, 엄마를 부르는 사람, 방귀 뀌는 사람…… 정말 온갖 사람들이 다 있었어요…… 하지만 모두에게 적용되는 규칙은 동일했어요. "네가 굽히든가 아니면 남을 굽히게 하든가." 아주 간단하죠. 1 더하기 1처럼…… 대체 전 왜 그토록 많은 책을 읽은 걸까요? 전 체호프를 믿었습니다…… 체호프가 쓴 글 중에 이런 말이 있어요. 매일 자신의 몸속에서 노예의 피를 한 방울씩 짜내야 한다고, 그러면 그 사람의 마음도, 옷도, 생각도 모두 아름다워질 것이라고요. 하지만 정반대의 경우도 있어요! 정반대요! 때때로 사람은 노예가 되고 싶어해요. 그걸 좋아하기도 하죠. 사람의 몸속에서 사람 한 방울을 짜내는 거죠. 첫날, 하사가 우리에게 알려준 건 우리가 가축, 미물이라는 사실이었어요. "누워! 일어나!" 명령에 따라 모두가 일어났는데 한 사람만 누워 있었어요. "누워! 일어나!" 그 사람이 또 누워 있는 거예요. 하사의 얼굴이 처음에는 누렇게 변하더니 나중에는 보라색이 되었어요. "너, 뭐야?" "번잡하고 번잡하구나……" "너, 뭐냐고?" "주님은 우리에게 사람을 죽이지도 말고 심지어 노하지도 말라 하셨습니다." 하사는 중대장에게 그리고 중대장은 KGB 요원에게 보고했어요. 사건을 조사해보니 그는 침례교 신자였어요. 도대체 그런 사람이 어떻게 군대에 오게 되었을까요? 그는 격리되었고, 나중에는 어디론가 끌려가버렸어요. 그는 치명적으로 위험한 존재였으니까요! 전쟁을 하기 싫어했으니까요……

신참의 훈련 내용은 폼나게 행군하기, 행동강령 모조리 외우기, 눈을 감고도…… 심지어 물속에서도 칼라시니코프 소총 분해 및 조립하기였어요…… 신은 없었어요! 하사가 신이고 왕이고 군장이었어요. 하사가 말하죠. "물고기들도 훈련이 된다고, 알겠나?" "대열을 갖춰 군가를 부를 때는 엉덩이 근육이 부르르 떨릴 정도로 소리를 질러야 한다." "땅을 깊이 파면 팔수록 너희들의 목숨이 구제될 가능성이 높아진다." 구전문학이 따로 없죠! 끔찍한 것 중 단연 최고는 바로 키르자 부츠*예요. 러시아군은 얼마 전에야 군화로 바꿨어요. 제가 복무했을 땐 아직 부츠였어요. 키르자에 광을 내기 위해서는 부츠용 구두약을 바른 뒤 털헝겊을 팽팽하게 늘려잡고 닦아내야 했어요. 키르자를 신고 10킬로미터 구보를 해요. 그러면 30도 정도 되는 더위가 느껴졌죠…… 그야말로 지옥이었어요! 그다음으로 끔찍한 건 발싸개…… 발싸개는 겨울용과 여름용, 이렇게 두 종류가 있었어요. 러시아 군대는 가장 마지막으로 발싸개 사용을 중단한 군대예요…… 그것도 21세기에…… 그 발싸개 때문에 물집이 잡혀 피투성이가 된 사람이 한둘이 아니었죠. 발싸개는 발바닥 앞부분부터 감싼 뒤 안쪽이 아닌 바깥쪽으로 계속 말아주는 거예요. 군인들이 도열하죠. "이병, 왜 꼼지락거리고 있나? 작은 부츠란 존재하지 않는다. 잘못된 발이 있을 뿐이다." 군대에서는 모두들 욕으로 말했어요. 욕하며 화내는 게 아니라 욕을 사용해 말을 했다고요. 대령부터 일반 사병까지. 다른 식으로 대화하는 법은 들어본 적이 없습니다.

생존의 기본 법칙, '군인은 모든 것을 할 수 있는 동물이다'…… 군대는 헌법에 따라 복무 기간이 정해진 감옥입니다. 으악, 정말 끔찍하죠! 신참은 '햇병아리' '미물' '지렁이'였어요. "야, 이 새끼야! 차 좀 가져와." "야, 부츠 좀 닦아봐." 야! 야! "근데, 씨발. 넌 뭐가 그렇게 콧대가 높냐?" 그러면서 탄압이 시작되는 거예요…… 밤이면 네 명이 붙잡고 두 명이 때려요. 멍들지 않도록, 흔적이 남지 않도록 때리는 기술도 고도로 발달해 있죠. 예를 들어 젖은 수건이나 숟가락으로 때리는 거예요…… 한번은 얼마나 얻어터졌는지 이틀 동안 말도 할 수 없었어요. 병원에 가면 어디가 아프든지 간에 빨간약을 발라줍니다. 때리다 지치면 마른 수건이나 라이터로 '면도'를 하기 시작하죠. 그것도

---

* 피혁 대용으로 여러 겹으로 짠 질긴 공업용 면포인 키르자로 만든 부츠. 가죽 외피에다 천을 댄 긴 부츠를 말한다.

지겨우면 똥이나 오줌, 음식물쓰레기를 배불리 먹게 해줍니다. "손으로! 두 손으로 잡고 먹어!" 짐승 새끼들! 벌거벗고 생활관을 뛰어다니게도 하고…… 춤도 추게 했어요. 신참에게는 아무런 권리가 없습니다…… 그런데도 아버지는 말했어요. "소비에트 군은 세계 최고다."

그러다가…… 그런 순간이 다가오죠. 생각이 떠올라요, 아주 사악한 생각이. '내가 저 자식들의 팬티, 발싸개를 빨다보면 나중에 나도 저 자식들처럼 짐승이 되겠지. 그때쯤이면 내 팬티를 빨아주는 놈들이 나타날 거야.' 내가 하얗고 순결한 인간이라는 생각은 집에서나 했던 생각인 거예요. '절대로 날 무너뜨리지 못할 거야, 내 안의 '나'를 절대로 죽이지 못할 거야.' 하지만 그건 어디까지나 군대에 가기 전의 생각입니다…… (말을 멈춘다.) 전 항상 뭔가 먹고 싶었습니다. 특히 단것이 정말 당겼죠. 군대에서는 모두가 도둑질을 해요. 군인에게 배식되어야 하는 70그램 대신에 항상 30그램 정도만 배식되었거든요. 한번은 일주일 내내 죽이 배식되지 않은 적도 있었어요. 누군가가 기차역에서 보리가 실린 화차를 훔쳐갔던 거예요. 달콤한 빵, 건포도가 든 카스텔라가 눈앞에 선했어요…… 전 감자 깎기의 달인이 되었어요. 고수가 따로 없었죠! 한 시간 만에 감자 세 양동이를 깎을 수 있었으니까요. 군에 공급되는 감자는 표준 사이즈의 감자들이 아니었어요. 감자껍질 무덤 위에 앉아 있으면…… 아, 젠장할! 하사가 부엌에 들어와 사병에게 과업을 전달하죠. "감자 세 양동이를 깎아라." 사병이 묻습니다. "아니, 우주에도 벌써 오래전에 다녀왔는데 감자 깎는 기계는 아직도 못 만들었답니까?" 하사가 말하죠. "이봐, 이병. 군대에는 모든 것이 다 있어. 감자 깎는 기계도 있어, 바로 자네야. 가장 최신 모델의 감자 깎는 기계." 군 식당은 신비한 세상이에요…… 2년 내내 죽, 절인 양배추, 마카로니, 고깃국을 먹었는데 유사시를 대비해 모두 군용 식량창고에 보관되어 있던 것들이죠. 도대체 그 창고에 있던 음식들은 몇 년째 보관되어 있던 걸까요? 5년? 10년? 모든 음식에는 조제 돼지기름을 넣어 사용했어요. 5리터짜리 주황색 유리병에 담겨 있던 돼지기름. 신년 명절 때가 되면 마카로니에 연유를 부었어요. 특식이었죠! 하사가 말했어요. "과자는 집에나 가서 먹어라. 너희 주변에 있는 병신들과 함께……" 포크도 없고 찻숟가락도 없었어요. 군인 행동강령에 위배되는 일이었으니까요. 숟가락이 유일한 도구였어요. 가끔 집에서 찻숟가락을 보내주는 사람들도 있었죠. 오, 신이시여! 찻숟가락으로 차를 저으면서 우리가 얼마나 만족감을 느꼈는지. 민간인이 된 듯한 쾌감! 돼지 취급을 받으며 사는데 갑자기 찻숟가락을 잡게 되었으니 그럴 수밖에요. '아, 맞다! 우리도 어딘가에 집이 있었지……' 당직 대위가 생활관으로 들어와 그 광경을 보는 날에는…… "뭐야? 뭐하는 짓들이야! 누가 허락했어? 생활관에서 당장 저 쓰레기들을 치운다!" 찻숟가락은 무슨! 군인은 인간이 아니라 물건…… 도구…… 살인기계예요. (침묵) 전역 대상자. 모두 스무 명 남짓이었어요. 우리를 차에 태우더니 기차역에 내려주더군요. "자, 그럼. 모두 잘들 가도록! 행복한 민간인 생활을 기원한다!" 우리는 계속 서 있었어요. 한 삼십 분 정도가 지나도록 계속 서 있었어요. 한 시간이 지나도록 서 있었어요! 주변을 두리번거리며 지시를 기다렸어요. 누군가 우리에게 "뛰어가! 매표소에 가서 표를 가져온다!"라며 지시를 내려야만 했어요. 하지만 아무도 지시를 내리지 않았어요. 더이상 지시는 없다는 걸 우리가 깨닫기까지 얼마나 시간이 흘렀는지는 잘 모르겠습니다. 스스로 결정해야 한다는 걸 깨닫기까지 말입니다. 빌어먹을! 2년 동안 뇌가 돌로 변했어요……

전 아마 다섯 번쯤 자살하려고 했던 것 같아요…… 어떻게 죽어야 하지? 목을 매달아야 하나? 그러면 전 똥을 지린 채로 혀를 쑥 내밀고 매달려 있어야 하겠죠. 그렇게 되면 혀는 다시 입안으로 집어넣을 수가 없어요. 우리가 부대로 향할 때 기차 안에서 목을 매달았던 그 친구처럼요. 죽어서도 같은 부대원들에게 욕을 얻어먹을 일이었습니다…… 높은 곳에서 뛰어내리면 제 몸이 간 고기처럼 되고 말겠죠! 총을 들고 보초를 설 때 머리를 향해 탕…… 그러면 수박처럼 머리통이 산산조각나요. 그렇게 되면 어머니가 너무 불쌍할 것 같았습니다. 대장님이 그러셨죠. "제발 총으로만 죽지 마라. 사람 하나 삭제하는 게 줄어든 총알 수 기재하는 것보다 훨씬 쉽다." 군인의 생명이 등록된 무기보다 훨씬 값싼 것으로 치부되었어요. 애인에게서 온 편지…… 군대에서 연애편지가 갖는 의미는 엄청나요. 손이 덜덜 떨리죠. 하지만 편지는 보관하면 안 돼요. 사물함 검사가 있거든요. "너희의 계집년들은 다 우리 것이 될 거야. 너희는 아직 남은 군생활이 구만리야. 쓸모없는 폐지는 변기에 가져다 버리도록." 면도기, 볼펜, 수첩을 들고는 변기 위에 쭈그리고 앉아 마지막으로 편지를 읽어요. "사랑해…… 키스를 보내요……" 젠장! 그게 조국 수호자들의 모습이라니까요! 아버지에게서 편지가 왔어요. "체첸에선 전쟁이 벌어졌다는구나…… 아비가 뭘 원하는지 넌 잘 알 게다!" 아버지는 영웅이 집에 돌아오길 바랐어요. 우리 부대에는 아프가니스탄전에 참전했던 원사가 딱 한 명 있었어요. 그 원사는 자원병이었어요. 전쟁이 그 사람의 머리에 상당한 타격을 준 것 같았어요. 돌아와서는 아무것도 얘기하지 않았죠. 다만 아프가니스탄 유머만 잔뜩 늘어놓았어요. 젠장할! 모두가 웃었어요…… "군인이 부상당한 동료를 부축하고 있다. 부상당한 동료에게서는 피가 철철 흐르고 있다. 그는 죽어가고 있었다. 그 부상당한 동료가 사정했다. '제발, 총으로 날 죽여줘! 더이상은 버틸 수가 없어!' '총알이 다 떨어졌어.' '그럼, 사면 되잖아.' '내가 총알을 어디에서 사? 사방이 산이라 사람은 구경도 못 하는데.' '나한테서 사면 돼.'" (웃음) "원사님! 왜 아프가니스탄전에 자원하신 겁니까?" "소령으로 진급하려고." "장군님은 되고 싶지 않으십니까?" "아니, 난 장군이 될 수 없어. 장군님한테는 친아들이 있거든." (말을 멈춘다.) 체첸전쟁에 자원하는 사람은 아무도 없었어요. 단 한 명의 자원병도 없었던 걸로 기억해요…… 아버지가 꿈속에 나타나곤 했어요. "너 임관식은 한 게냐? 붉은 깃발 아래서 맹세를 했느냔 말이야. '신성한 의무를 다하고…… 철저하게 수행하고…… 용감하게 수호할 것을 맹세합니다. 만약 이 신성한 서약을 지키지 못한다면 혹독한 벌을 받을 것이고…… 모두의 증오와 멸시를 달게 받을 것입니다……'" 전 꿈속에서도 어디론가 도망을 쳤어요. 아버지가 저에게 총을 겨누고 있었어요…… 총을……

초소 근무를 할 때는 손에 무기를 들고 있어요. 그럴 때마다 드는 생각은 단 한 가지예요. '2초 정도면 넌 자유의 몸이 될 수 있어. 아무도 널 보지 않고 있어. 야, 개자식들아! 너네도 어쩌지 못할 거다……' 아무도…… 아무도……! 군이 명분을 찾는다면 엄마가 딸을 바랐고 아빠는 늘 그랬듯 낙태를 원했던 그 순간에서부터 찾기 시작해야 할 거예요. 또는 하사가 네 머릿속에는 똥자루가 들어 있다는 둥 넌 구멍이라는 둥의 이야기를 하며 모욕했다는 것도 이유가 될 수 있겠죠…… (말을 멈춘다.) 장교들도 천차만별이었어요. 어떤 장교는 술에 전 인텔리겐치아였어요. 영어도 할 줄 알았죠. 하지만 대부분의 장교들은 회색빛의 술주정뱅이들이었어요. 환각 상태가 될 때까지 술을 처마셨죠…… 밤에 생활관 전체를 깨워서 연병장을 돌게 할 수도 있었어요. 군인들이 지쳐 쓰러질 때까지. 우린 장교들을 자칼이라고 불렀어요. 나쁜 자칼…… 좋은 자칼…… (멈춘다.) 누가 선생님께 열 명이 한 사람을 강간한 이야기를 하겠어요? (사악하게 웃는다.) 이건 장난이 아니에요, 문학도 아니고요…… (멈춘다.) 가축을 실어나르듯 덤프트럭에 우리들을 싣고 대장님의 다차로 끌고 갔어요. 거기서 콘크리트판을 옮겼죠…… (소름 끼치게 웃는다.) 이봐, 고수! 어디 북 좀 울려봐. 소비에트연방의 국가를 울려봐!

전 한 번도 영웅이고 싶었던 적이 없습니다. 전 영웅들이 싫어요! 영웅은 사람들을 많이 죽이거나 아름답게 죽음을 맞이하는 것, 둘 중에 하나를 해야 하니까요…… 적을 사살하기 위해서 모든 것을 다 동원해야만 했어요. 처음에는 무기를 사용하고 총알이나 수류탄이 바닥나면 칼로 죽이고, 개머리판으로 내려치고, 야전삽으로 찌르고, 정 안 되면 이로 물어뜯기라도 해야 했어요. 하사가 그랬어요. "칼 쓰는 법을 배우도록 한다. 사람의 손목은 공격하기 딱 좋

은 부분이야. 손목은 자르는 것보다 찌르는 게 훨씬 효율적이지…… 거꾸로
잡고…… 이렇게…… 이렇게. 손을 잘 조정해, 등뒤로 뺄 때도…… 복잡하게
움직일 필요 없어…… 그렇지! 훌륭해! 이제 적에게 꽂힌 칼을 돌려서 꺼
내…… 그렇지…… 그렇지…… 됐어, 네가 죽인 거야. 잘했어! 죽였어! 자,
이제 이렇게 소릴 질러봐. '개자식아, 죽어라!' 왜 안 따라 하나?"(말을 멈춘
다.) 늘 세뇌를 받았어요. 무기는 아름다운 것이다, 총을 쏘는 건 진정한 남자
들만의 전유물이다…… 동물들을 상대로 살생을 연습했어요. 떠돌이 개들,
고양이들을 일부러 연습용으로 잡아왔어요. 그래야 나중에 인간의 피를 보았
을 때 손이 떨리지 않으니까요. 백정들! 전 견디질 못했고…… 밤이면 울었어
요. (잠시 멈춘다.) 어렸을 때 사무라이 놀이를 하곤 했어요. 사무라이는 일본
식으로 죽어야만 했어요. 얼굴을 아래로 하고 쓰러져서도 안 됐고 소리를 질
러서도 안 됐죠. 그런데 전 항상 소리를 질렀어요…… 그래서 친구들이 그 놀
이에 절 안 껴주려고 했죠…… (잠시 멈춘다.) 하사가 말했어요. "자, 잘 기억
해둬야 한다. 기관총은 이렇게 작동한다. 하나, 둘, 셋. 이걸로 넌 이미 끝난거
야……" 당신들이나 다 꺼져버려! 하나, 둘……

죽음은 사랑과 흡사해요. 마지막 순간에는 암흑…… 무섭고 추악하게 오한
이 나죠…… 죽음에서는 되돌아올 수 없지만 사랑에서는 되돌아올 수 있어
요. 어땠는지 생각해볼 수도 있죠…… 선생님은 혹시 물에 빠져본 적이 있으
신가요? 전 있어요…… 허우적대면 허우적댈수록 힘이 점점 빠져요. 차라리
상황을 받아들이고 바닥까지 가라앉는 편이 나아요. 그러다가…… 살고 싶어
지면 높이 떠 있는 수면까지 헤엄쳐 올라가면 되는 거예요. 하지만 그러기 위
해선 먼저 바닥까지 가라앉아봐야 해요.

그곳엔 뭐가 있을까요? 그곳, 터널 끝에는 빛 한줄기 들어오지 않아요……
전 천사들도 보지 못했어요. 붉은 관 옆에 아버지만이 앉아 있더군요. 관은 비
어 있었죠.

우리는 사랑을 너무 모른다:

몇 해가 지난 뒤 나는 다시 N 도시를 찾게 되었다. (도시명을 밝히지 않는 이유는 이 인터뷰의 주인공이 부탁했기 때문이다.) 난 그에게 전화했고, 우리는 만났다. 그는 사랑에 빠져 있었고, 행복해 보였다. 그리고 사랑을 이야기하고 있었다. 난 처음에는 미처 녹음기를 켜야 한다는 생각을 하지 못했다. 삶이, 그냥 삶이었던 것이 문학의 경계를 넘어서는 순간을 놓치지 않기 위해서 켰어야 했는데 말이다. 난 사적인 대화든 여러 명이 함께하는 대화든 항상 그 순간을 놓칠세라 촉각을 곤두세우곤 한다. 하지만 가끔은 이처럼 경각심을 잃을 때가 있다. '문학의 작은 조각'은 어디에서나, 때때로 전혀 예기치 못한 곳에서 툭하고 튀어나온다. 지금의 이 대화에서처럼. 그냥 만나서 커피나 한잔하려고 했는데, 우리의 삶은 이야기를 이어가라고 종용하고 있었다. 자, 그나마 서둘러 기록한 이야기를 적는다……

―사랑하는 여자를 만났습니다…… 전 그녀를 이해하고 있어요…… 그녀를 만나기 전까지 저는 사랑은 열이 오른 두 명의 바보들이 만들어내는 것이라고 생각했습니다. 그건 그냥 망상에 불과하다고요…… 우리는 사랑에 대해서 너무 모르고 있는 것 같아요…… 그런데 그 사랑의 실타래에서 한 가닥의 실을 뽑아보면…… 결국 전쟁과 사랑은 한 모닥불에서 태어난 것이란 걸 알 수 있습니다. 다시 말해서 하나의 조직, 하나의 물질로 만들어진 거예요. 기관총을 든 사람이나 엘부르스 산에 올라간 사람이나 승리를 위해 전쟁을 하고 사회주의 천국을 건설하려던 사람이나 결국에는 똑같은 이야기를 갖고 있고, 똑같은 자석과 똑같은 전기를 가지고 있어요. 이해가 되세요? 인간이 할 수 없는 일이 있고 인간이 살 수 없는 것도 있습니다. 원하는 대로 복권에 당첨되는 것도 인간이 할 수 있는 게 아니라는 겁니다…… 하지만 인간은 그런 것이 존재한다는 걸 알고 있고 그걸 원합니다. 다만 어찌해야 할지 갈피를 못 잡는 거

예요. 어디서 찾아야 하지?

그건 새롭게 태어나는 것과도 흡사해요…… 그 일은 충격으로부터 시작돼요…… (잠시 멈춘다.) 어쩌면 그런 비밀은 밝힐 필요가 없는 것 아닐까요? 선생님은 두렵지 않으세요?

첫날은……

하루는 회사를 운영하는 지인의 집을 찾아갔어요. 현관 옆 옷걸이에 외투를 걸고 있는데 누군가 부엌 쪽에서 걸어나오더군요. 그냥 지나쳐버렸어야 했는데 저는 돌아보았고 그곳에 그녀가 있었어요! 저는 아주 잠깐 동안 방전된 것 같았어요. 마치 집안에 있는 모든 불이 잠깐 꺼진 것 같은 느낌이 들었어요. 그리고 그게 다였어요. 보통은 재치 있게 자연스럽게 대화에 끼는 편인데, 그날 그곳에서는 자리에 앉은 뒤로 계속 앉아만 있었어요. 그녀의 얼굴조차 보질 않았어요. 다시 말해서 그녀를 보지 않았던 것이 아니라 눈빛으로는 그녀를 통과해서 계속 보고 있었던 거죠. 마치 타르콥스키의 영화에서처럼요. 물병에서 물을 따르고 있는 장면인데, 물은 정작 컵 옆으로 쏟아지고 있는 거죠. 그것도 모르고 물을 다 따랐다고 생각한 사람이 찻잔과 함께 아주 천천히 뒤로 돌아요. 실제 일어난 일보다 훨씬 더 길게 설명하고 있네요. 번개가 번쩍한 정도로 짧은 순간이었는데! 전 그날 알게 된 무언가 때문에 그 밖에 모든 것이 별로 중요치 않게 되었어요. 심지어 그게 무엇인지조차 딱히 알아보려고 하지도 않았어요. 사실 그걸 따져볼 필요가 있나요? 이미 일어난 일이고 그것이면 충분하죠. 그건 너무나도 확실했어요. 그녀의 예비신랑이 그녀를 배웅하러 나가더군요. 전 그 둘이 곧 결혼할 사이라는 걸 알았어요. 그래도 전 상관없었어요. 그 집에서 나와 집으로 돌아갈 땐 전 이미 혼자가 아니었어요. 그녀와 함께였지요. 그녀는 이미 내 안에 들어와 있었어요. 사랑이 시작된 거였어요…… 갑자기 모든 것이 다른 색을 띠었고 주변으로 목소리와 소리가 점점 더 풍부해지는 걸 느꼈어요…… 그 상태를 어떻게 설명해야 할지 잘 모르겠어요…… (멈춘다.) 전 그냥 대략적인 느낌을 말씀드리는 거예요……

다음날 아침 그녀를 찾아야 한다는 생각에 잠에서 깼어요. 그녀의 이름도, 집주소도, 전화번호도 몰랐지만 이미 그건 벌어진 일이었어요. 이미 내 인생에서 가장 중요한 사건이 시작되고 만 거예요. 사람이 제게 온 거예요. 그동안 잊어버렸던 뭔가를 다시 기억해낸 느낌이라고나 할까요…… 선생님, 제가 무슨 말을 하는지 이해하시겠어요? 못 하세요? 그 어떤 공식도 성립되지 않는 현상이에요…… 그걸 만든다면 인위적인 것이 되겠죠…… 우리는 미래란 숨겨져 있는 미지의 세계이고 과거는 충분히 설명할 수 있는 것이라고 생각하기 일쑤예요. 있었던 일인지 아닌지…… 저에게 그건 여전히 의문으로 남아 있어요…… 어쩌면, 아무 일도 일어나지 않았던 것은 아닐까요? 그냥 영화필름이 돌아가다가 지금에서야 다 돌아간 건 아닐까 하는 생각…… 실제로는 있었지만 마치 없었던 것 같은 순간들이 제 인생에는 있었거든요. 예를 들어서 저는 몇 번이나 사랑에 빠졌어요. 아니, 사랑했다고 생각했죠. 사진도 많이 남겨두었어요. 하지만 그 일들은 기억에 남아 있지 않고 싹 사라졌어요. 물론 기억 중에는 사라지지 않는 기억, 반드시 가져가야 하는 그런 기억들도 있기 마련이죠. 그 밖의 모든 것은…… 자신에게 일어났던 일들을 사람이 다 떠올릴 수 있을까요?

두번째 날……

저는 장미를 샀어요. 돈이 별로 없었는데도 시장에 가서 그곳에서 가장 큰 장미 꽃다발을 샀어요. 이 행동은 또 어떻게 설명해야 할까요……? 제게 집시가 다가오더군요. "잘생긴 오빠, 내가 운명을 한번 봐드릴게…… 오빠 눈만 봐도 알 수 있을 것 같거든……" 전 도망갔어요. 왜 그랬을까요? 전 이미 그 비밀이 문 앞에 서 있다는 걸 알고 있었으니까요. 비밀, 신비로움, 가려져 있던 것이…… 처음에는 집을 잘못 찾아갔어요. 늘어난 러닝을 입은 남자가 문을 열고 위에서 절 내려다보았어요. 제 손에 들린 장미를 보더니 그대로 굳어버리더군요. "미친……!" 전 그다음 층으로 올라갔어요. 걸쇠가 걸린 문틈 사이로 이상한 할머니가 뜨개모자를 쓰고 내다보더군요. "옐레나야, 너를 찾아온 사람이다." 나중에 그 할머니는 우리에게 피아노도 쳐주시고, 극장에 대한 이야기도 해주셨어요. 나이 많은 여배우였어요. 그 집에는 크고 검은 수고양이가 있었는데, 굉장한 폭군이었어요. 무슨 연유에서인지 고양이가 처음부터 절 싫어하더군요. 전 또 그 고양이 마음에 들어보겠다고 애를 썼죠…… 크고 검은 수고양이…… 비밀이 열리는 순간에는 나 자신이 없어지는 것만 같아요…… 제가 무슨 말을 하고 있는지 감이 오세요? 굳이 우주인이나 올리가르히, 영웅이 될 필요가 없어요. 그러지 않아도 행복한 사람이 될 수 있고, 평범한 방 두 칸짜리 아파트에서도 충분히 많은 것을 경험할 수 있으니까요. 58제곱미터 면적에 공동 수도관을 사용하고 낡은 소련 물건들이 놓여 있는 그 집에서도 말이에요. 자정을 지나 새벽 2시가 되었고 저는 가야 했어요. 그런데 내가 왜 집으로 가야 하는지 스스로가 전혀 납득이 되지 않는 거예요. 그 상태는 뭔가를 회상할 때의 느낌과 제일 비슷한 것 같아요…… 표현할 말을 찾게 되네요…… 마치 모든 것이 생각나는 느낌, 그러니까 오랫동안 아무것도 기억하지 못하다가 어느 순간 모든 기억이 되돌아온 것 같은 느낌이 드는 거예요. 그 기억에 맞닿아 있는 느낌. 아마 제 생각에는 수도원에서 오랜 세월을 보낸 사람이 느끼는 것과 비슷한 상태일 것 같아요…… 그 사람이 어느 날 셀 수 없이 많은 요소와 선을 가진 세상을 발견하게 되는 거죠. 다시 말해 비밀이란 것이 물리적인 물체, 예를 들어 화병처럼 만져질 수도 있다는 거예요. 다만 그걸 이해하기 위해서는 반드시 아픔이 있어야 해요. 아프지 않은데 어떻게 알아차릴 수 있겠어요? 아파야 해요, 아파야만 하는 거예요……

……처음 여자에 대한 설명을 들었을 때가 일곱 살 때였어요. 제 친구들이 설명해줬죠…… 물론 제 친구들도 일곱 살이었어요. 나는 모르는 사실을 자기들은 알고 있다는 것에 대해 정말 뿌듯해하던 모습들이 기억나네요. '자, 들

어봐. 우리가 너에게 설명해줄게.' 그러면서 모래 위에 작대기로 그림을 그리기 시작했어요……

……여자가 뭔가 다르다는 걸 깨달은 건 열일곱 살 때였어요. 책을 통해 알게 된 것이 아니라 피부를 통해 체험했어요. 제 가까운 곳에서 무한히 다른 무언가를 느끼고 만 거예요. 그 어마어마한 차이를요. 그리고 그것이 다른 존재라는 걸 깨닫고는 한동안 충격에 휩싸여 있었죠. 여자라는 그릇 속에는 내가 범접할 수 없는 무언가가 담겨 있다는 걸 깨달았어요.

……군대 생활관을 한번 떠올려보세요…… 일요일. 할일이 없죠. 200명의 남자들이 숨을 죽여가며 텔레비전에 앞에 모여 앉아 에어로빅을 시청하고 있어요. 화면에는 몸에 딱 달라붙는 운동복을 입은 여자들이 있었죠…… 남자들은 마야 섬에서나 볼 법한 석상처럼 미동도 하지 않고 앉아 있어요. 텔레비전이 고장이라도 나면 그건 천재지변이나 다름없었어요. 텔레비전을 고장낸 사람을 죽일 수도 있을 정도였죠. 아시겠어요? 이건 모두 사랑에 대한 이야기예요……

셋째 날……

아침에 일어났어요. 다급히 뛰어가야 할 필요가 없다는 걸 깨닫죠. 그녀가 어디에 있는지 아니까요. 그녀를 찾았으니까요. 더이상 우울하지 않았어요…… 전 이제 혼자가 아니었으니까요…… 갑자기 그동안 보이지 않던 내 몸, 내 손, 내 입술을 발견하게 돼요…… 창문 너머에 하늘과 나무가 있다는 걸 깨닫게 되고 왠지 모르게 그 모든 것이 제게 아주 가까워진 기분이 들었어요. 매우 가깝게 다가온 느낌. 꿈속에서나 느낄 수 있었던 일들이었어요…… (잠시 멈춘다.) 우리는 석간신문 광고란에서 생각지도 않았던 지역에 있는 생각지도 않았던 집을 구했어요. 도시 외곽에 들어선 신축 건물이었어요. 주말이면 마당에서 남자들이 아침부터 저녁까지 욕을 하면서 도미노 게임을 하거나 보드카 한 병을 걸고 카드 게임을 하기도 했어요. 1년 뒤에 우리는 딸을 낳았어요…… (잠시 멈춘다.) 이제는 죽음에 대해서 말씀드릴게요…… 어제 도시 전체가 제 학교 동창의 장례를 치렀어요. 경찰 경위였어요…… 체첸에서 관을 가지고 왔는데, 관을 열어보지도 않았고 그의 어머니에게조차 보여주지 않았어요. 그 안에 대체 뭘 가져왔길래? 예포가 발사되었고 기타 등등의 예우가 갖춰졌죠. 영웅들에게 영광을! 전 그곳에 있었어요. 아버지도 저와 함께 있었죠…… 아버지의 눈이 반짝거렸어요. 제가 무슨 말을 하는지 아시겠어요? 사람은 행복하기 위한 준비가 되어 있지 않아요. 사람은 전쟁, 추위, 우박 등을 대비해 준비를 한단 말입니다. 3개월짜리 제 딸을 빼고는 전 행복한 사람을 본 적이 없어요…… 한 번도 본 적이 없어요…… 러시아 사람은 행복하기 위한 준비를 하지 않아요. (잠시 멈춘다.) 생각이 제대로 박힌 사람들은 모두 자녀들을 해외로 데려가요. 제 친구들도 많이들 떠났어요…… 이스라엘이나 캐나다에서 친구들이 전화하죠…… 저는 예전에는 떠나야겠다는 생각을 해본 적이 없어요. 떠난다…… 떠난다…… 떠나겠다는 생각을 하게 된 건 우리 딸이 태어났을 때부터였어요. 저는 제가 사랑하는 이들을 지키고 싶어요. 아버지는 저의 이런 생각을 절대로 용서하지 않으실 겁니다. 전 알아요.

시카고에서 나눈 러시아식 대화:

우리는 시카고에서 다시 한번 만났다. 이 가정은 새로운 곳에 어느 정도 정착한 상태였다. 러시아인들의 모임이 열렸다. 러시아식으로 상을 차리고 러시아식으로 대화했다. 대화의 주제는 러시아인들의 영원한 질문인 '무엇을 할 것인가? 누구의 잘못인가?'였고, 그날은 이와 더불어 '떠나야 하는가? 떠나지 말아야 하는가?'라는 질문이 하나 더 추가되어 있었다.

"……내가 떠난 이유는 겁이 났기 때문이야…… 우리 나라에서 일어난 모든 혁명은 결국 서로가 서로의 것을 훔치고 유대인들의 면상을 갈기는 것으로

　　　　　　　　　　　　　　　　2부 허무의 마력

끝났거든. 모스크바에서는 진짜 전쟁이 일어나고 있었어. 매일 뭔가가 폭발했고 매일 누군가가 살해당했지. 저녁에는 투견 종류의 개가 없으면 밖을 돌아다닐 수도 없었다고. 난 일부러 불테리어를 키웠다니까……"

"……고르바초프가 새장을 열어줬고 그 틈을 타 우리는 헐레벌떡 도망쳐나왔어요. 그곳에는 뭘 남겨두었냐고요? 다 쓰러져가는 방 두 칸짜리 '흐루숍카'밖에 없어요. 차라리 좋은 월급을 받고 파출부로 일하는 것이 노숙자가 받을 법한 월급을 받고 의사로 사는 것보다 나아요…… 우리 모두는 소련에서 자랐어요. 학교에 고철을 모아서 제출하고 〈승리의 날〉이라는 노래를 좋아하면서 컸지요. 우리는 정의에 대한 위대한 동화를 들으며 자랐고 선과 악이 명백하게 구분되는 소련의 만화를 보며 컸어요. 올바른 세상에 대한 만화를. 우리 할아버지는 조국 소련을 위해서, 공산주의를 위해서 스탈린그라드전투에서 전사하셨어요. 하지만 나는 정상적인 나라에서 살고 싶었어요. 커튼도 걸려 있고 베개도 있는 집에서 살고 싶었고 남편이 집에 돌아오면 갈아입을 가운이 있는 그런 나라에서 살고 싶었어요. 내 안에는 러시아인의 영혼이 조금밖에 없는 것 같아요. 아주 조금 있어요. 난 바로 미국으로 왔어요. 그리고 이젠 겨울에도 딸기를 먹어요. 여기에는 햄이 산더미처럼 쌓여 있어요. 여기선 햄이 어디와 달리 그 어떤 상징물도 아니라고요……"

"……1990년대에는 모든 것이 동화 같고 즐거웠어요…… 창밖을 보면 곳곳에서 시위가 벌어지고 있었죠. 하지만 그것도 얼마 가지 않았어요. 더이상 동화 같지도 않았고, 더이상 즐겁지도 않았어요. 자유시장을 원하십니까? 자, 원했던 대로 받으십시오! 저와 남편은 엔지니어였어요. 아시다시피 우리 나라는 반 이상이 엔지니어였잖아요. 우리를 대우해주는 곳은 없었어요. "가서 설거지를 하세요!" 페레스트로이카는 우리가 이뤄낸 거였어요. 우리가 우리 손으로 공산주의를 묻었다고요. 그런데 우리는 아무에게도 필요 없는 존재로 전락해버리고 말았어요. 떠올리고 싶지도 않네요…… 어린 딸이 배가 고프다는

데 집에는 먹을 것이 하나 없는 거예요. 시내 곳곳에 광고가 걸려 있었어요. 삽니다…… 삽니다…… 심지어 '음식 1킬로그램을 삽니다'도 있었다니까요! '고기를 삽니다'도 아니고, '치즈를 삽니다'도 아니고 그냥 아무 음식이나 다 사겠다는 거였어요. 우리는 감자 1킬로그램에도 기뻐했어요. 시장에서는 전쟁 때처럼 기름을 짜고 남은 씨앗 찌꺼기를 팔았어요. 옆집 남편은 아파트 현관에서 총에 맞아 죽었어요. 매점을 운영하던 사람이었거든요. 반나절 동안이나 신문에 덮인 채로 바닥에 누워 있었어요. 피웅덩이가 고여 있었죠. 텔레비전을 켜면 하루는 은행장이 숨진 채 발견되고, 또다른 날은 사업가가 살해당하고…… 결국 그 사태는 한 '도둑 패거리'가 모든 것을 장악하는 것으로 막을 내렸어요. 이제 조금 있으면 국민들이 루블룝카로 모여들 거예요…… 손에 도끼를 들고서……"

"……루블룝카를 부수러 가는 게 아니라 시장에 널려 있는 종이박스들을 부수러 갈 거야. 불법노동자들이 사는 박스들을. 타지크인, 몰도바인들부터 죽이기 시작할걸……"

"…… 아, 씨발! 난 다 상관없어! 모두 뒈져버리라고. 난 나를 위해서만 살 거야……"

"고르바초프가 포로스에서 돌아와 우리는 사회주의를 버리는 것이 아니라고 말했을 때, 나는 떠나겠다고 결심했어요. '정 그렇게 하겠다면 나는 빼고 하란 말이야! 난 사회주의 체제에서는 살고 싶지 않아!' 사회주의는 정말 지루한 삶이었어요. 어렸을 때부터 모든 게 정해져 있었어요. 우리는 자라서 옥탸브랴타, 피오네르, 콤소몰이 되리라는 걸 미리 알고 있었죠. 내 첫 월급은 60루블일 것이고, 그다음엔 80루블…… 죽을 때쯤 120루블이 된다는 것도 너무 잘 알고 있었어요…… (웃음) 학교 담임선생님은 늘 겁을 주곤 했어요. '〈자유〉라는 라디오방송을 들으면 여러분은 평생 콤소몰이 될 수 없어요. 게다가 여러분이 라디오를 듣는다는 사실을 우리의 적들이 알게 되면 어떻게 되겠어요?'

2부 허무의 마력

가장 웃긴 건 그 선생님도 지금 이스라엘에서 살고 있다는 거예요……"

"……저도 한때는 그 사상이라는 것에 열의를 불태웠죠. 전 그냥 평범한 국민이 아니었어요. 눈물이 나오려고 하네요…… 국가비상사태위원회! 모스크바 시내 중심가에 선 탱크들은 정말이지 생경했어요. 다차에서 돌아오신 부모님은 내전을 대비해서 비상식량을 확보하기 시작했죠. 저건 폭력배들이야! 저건 쿠데타야! 그놈들은 탱크를 투입해놓고 그걸로 충분하다고 생각했겠죠. 사람들은 음식만 생긴다면 더 바랄 것이 없었기 때문에 어떤 일이든 수용할 거라고 생각했던 거예요. 그런데 민중이 거리로 나섰고…… 온 나라가 잠에서 깨어났어요. 불과 한순간에, 몇 초 만에 일어난 일이었어요. (웃음) 우리 엄마는 생각이 없는 사람이에요. 무슨 일이든 진지하게 고민하는 법이 없죠. 정치와는 아주 거리가 먼 분이고요. '세월은 흘러가기 마련이니 살 수 있는 모든 건 지금 사야 한다'는 원칙대로 사는 분이죠. 그 예쁘고 젊었던 우리 엄마조차도 우산을 집어들고 질세라 의회 건물로 달려갔다고요……"

"……하하…… 자유 대신 우리에게 바우처를 나눠주더군요. 그 위대했던 나라를 그런 식으로 나눠 가진 거죠. 석유와 가스도…… 어떻게 표현해야 할지 잘 모르겠군요…… 그러니까 어떤 사람은 '0'이 잔뜩 붙은 도넛을 받았고, 어떤 사람은 도넛에 난 구멍만 받았다고나 할까요…… 바우처로 회사 주식에 투자해야 했는데, 그걸 아는 사람들이 별로 없었어요. 사회주의에서는 돈 만드는 법을 가르치지 않았으니까요. 아버지가 집에 이상한 광고지들을 가져왔어요. '모스크바 부동산' '석유-다이아몬드-투자' '노릴스크 니켈'…… 부모님은 부엌에서 오랫동안 열띤 논쟁을 했고 결국 모든 바우처를 지하철에서 만난 어떤 인간에게 몽땅 팔아버리는 것으로 사건은 일단락되었죠. 덕분에 전 유행하는 가죽점퍼를 갖게 되었어요. 그게 그 거래로 얻은 수익의 전부였죠. 저는 그 점퍼를 입고 미국으로 날아왔어요……"

"……우리집엔 그 바우처들이 아직도 있다니까. 한 30년쯤 뒤에 박물관에 한번 팔아보려고……"

"……내가 얼마나 그 나라를 싫어하는지, 아마 선생은 상상도 못 할 거요. 난 승전 축하 행진을 혐오한다오! 회색 패널로 만든 집들이나 베란다만 보아도, 토마토나 오이 절임이 담긴 유리병만 보아도…… 그 낡은 가구들만 보아도 속이 메스꺼워진다고……"

"……체첸전쟁이 시작되었어요…… 아들은 1년 뒤면 입대해야 할 나이였고요. 배고픈 광부들이 모스크바로 몰려와 안전모로 바닥을 내리치며 붉은광장에서 시위를 했어요. 크렘린 근처에서요. 뭐가 어떻게 돌아가는지 전혀 알 수가 없었어요. 그 나라에 사는 사람들은 훌륭하고 멋있는 사람들이에요. 하지만 그곳에서는 살 수가 없었어요. 아이들을 위해서 떠났어요. 우리는 여기서 아이들을 위한 활주로가 되기로 작정했죠. 아이들은 다 자랐어요…… 그런데 우리와는 너무나 달라요……"

"……음…… 음…… 러시아어로 그게 뭐더라……? 점점 잊어버리네요…… 이민은 정상적인 선택이에요. 러시아인은 이제 살고 싶은 곳에서 살 수 있고, 흥미를 느끼는 곳에서 살 수 있어요. 어떤 사람들은 이르쿠츠크에서 모스크바로 가고 어떤 사람들은 모스크바에서 런던으로 가요. 전 세계가 카라반사라이로 변모했답니다……"

"……진정한 애국자가 러시아를 위해 바랄 수 있는 건 바로 점령이에요. 누군가 러시아를 점령해주기를 바라는 것……"

"……전 해외에서 일을 좀 하다가 다시 모스크바로 돌아갔어요. 제 안에서 두 가지 감정이 치열하게 싸웠죠. 한편으로는 익숙한 곳에서 살고 싶었어요. 마치 내 집에서처럼 눈감고도 책장에서 책을 찾아낼 수 있는 그런 익숙한 곳에서요. 그런데 다른 한편으로는 넓은 세상으로 날아가고 싶은 마음이 있었어요. 떠나야 하나, 남아야 하나? 쉽게 결정하지 못하겠더군요. 아마 1995년이었을 거예요…… 얼마 전 있었던 일처럼 생생하게 기억나네요. 고리키 거리를 따라 걷고 있는데 제 앞에서 여자 두 명이 큰 소리로 대화하고 있었어요…… 그런데 그들이 무슨 얘기를 하고 있는지 못 알아듣겠더군요…… 그 여자들이 러시아어로 얘기하고 있는데도 모르겠는 거예요. 기절초풍할 노릇이었죠! 이렇게…… 온몸이 뻣뻣해졌어요…… 처음 듣는 단어들 때문이기도 했지만 문제는 억양이 달랐다는 거예요. 남부 쪽 억양이 많이 섞여 있었어요. 그리고 사람들의 외양도 달랐고요…… 우리 나라를 떠난 지 불과 몇 년밖에 지나지 않았는데 저는 이미 이방인이 되어 있었어요. 그때는 시간이 정말 빨리 흘러갈 때였어요. 그야말로 쏜살같이 흘러갔죠. 모스크바는 더러웠어요. 수도의 광영은 사라진 지 오래였죠! 어딜 가도 쓰레기 더미만 보였어요. 자유가 유입되며 생긴 쓰레기들이었죠. 맥주병, 화려한 포장지, 오렌지 껍질…… 모두들 바나나를 먹었어요. 물론 지금은 그렇지 않아요. 모두들 질리도록 먹은 거죠. 전 그때 깨달았어요. 제가 예전에 그토록 사랑했던 도시, 그렇게 살기 좋았고 안락했던 그 도시는 이제는 없다는 것을요. 순수 모스크바 출신들은 겁에 질린 채 집안에 처박혀 있든가 이미 모스크바를 떠났어요. 예전의 모스크바는 사라진 거예요. 이제는 새로운 인구가 유입되었어요. 전 당장 가방을 싸서 도망을 가고 싶었어요. 8월 쿠데타가 일어났을 때조차 느껴본 적 없는 공포심이었어요. 오히려 그때는 환희로 가슴이 벅차올랐죠! 그때 전 친구와 함께 저의 낡은 '지굴리'를 끌고는 의사당까지 선전물을 운반하기도 하고 우리 대학교에서 그 선전물을 만들기도 했어요. 학교에 복사기가 있었거든요. 그곳을 왔다갔다하면서 탱크 옆을 지나치기도 했어요. 그때 전 탱크 위에 덧댄 헝겊 조각을 보고는 놀랐던 기억이 나요. 나사로 고정되어 있던 그 사각형의 헝겊 조각……

　제가 자리를 비운 그 세월 동안 제 친구들은 완벽한 행복감에 도취되어 있었어요. '혁명이 이뤄졌다! 공산주의가 무너졌다!' 모두들 모든 것이 다 잘될 것이라는 확신에 차 있었어요. 왜냐하면 러시아에는 고학력자들이 많았으니까요. 자원이 가장 많은 부자 나라였으니까요. 하지만 멕시코도 부자 나라예요…… 석유와 가스로는 민주주의를 살 수도 없고, 바나나나 스위스 초콜릿을 들여오듯이 민주주의를 들여올 수는 없어요. 대통령령으로 선포할 수도 없고요…… 구속이 없는 자유로운 사람들이 필요했는데, 그런 사람들이 없었어요. 지금도 없고요. 유럽에서는 200여 년 동안 잔디를 돌보듯 정성껏 민주주의를 가꾸고 있어요. 집에서는 엄마가 울었어요. '너는 스탈린이 나쁜 놈이라고 하지만 우리는 스탈린과 함께 승리를 거머쥐었다. 그런데도 왜 넌 조국을 배신하려고 하는 거냐?' 하루는 오랜 지인이 우리집에 놀러왔죠. 함께 부엌에서 차를 마셨어요. '앞으로 어떻게 될 것 같냐고? 모든 공산주의자들을 다 총살시키기 전에는 절대로 좋아지지 않을 거야.' 또다시 피바다? 그로부터 며칠 뒤 저는 이민 신청 서류를 제출했어요……"

"……전 남편과 이혼했어요. 양육비를 신청했지만 그 사람은 계속 주지 않았어요. 딸이 사립대학교에 입학하는 바람에 돈이 턱없이 부족했어요. 제 친구가 러시아에서 개인 사업을 시작한 어떤 미국인과 잘 아는 사이였어요. 마침 그 미국인이 비서를 찾고 있었죠. 몸매 좋은 모델 같은 여자가 아니라 신뢰할 수 있는 사람을 찾는다고 했어요. 그래서 친구가 저를 추천했죠. 그 미국인은 우리들의 삶에 대해서 참 관심이 많았고 이해하지 못하는 부분도 많았어요. '왜 러시아 사업가들은 광택이 나는 구두만 신고 다니나요?' '〈앞발을 내민 대가를 준다〉는 게 무슨 뜻인가요?' '〈여긴 모든 것이 선점되었고 지불이 완료되었다〉는 무슨 뜻인가요?' 주로 이런 질문들이었어요. 하지만 그 미국인이 가진 계획은 원대했어요. '러시아는 엄청난 시장이야!' 하지만 그는 가장 평범한 방법으로 파산하고 말았어요. 아주 간단한 방법으로요. 그에게 말이 가지는 의미는 매우 컸어요. 사람들이 그에게 말했고, 그는 그 말들을 신뢰했던 거예요. 그는 많은 돈을 잃은 뒤에 집으로 돌아가기로 결심했어요. 떠나기 전 레스토랑에 저를 초대했고, 저는 마지막 이별 인사를 나누면 이제 끝이라고 생각했죠. 그런데 그가 잔을 들고 건배하면서 그러는 거예요. '자, 건배합시다. 무엇을 위해서 건배하려는지 아세요? 난 여기서 돈은 벌지 못했지만, 대신 좋은 러시아 부인을 만났거든요. 이걸 위해 건배합시다!' 그렇게 해서 우리는 벌써 7년째 함께 살고 있어요⋯⋯"

"⋯⋯예전에 우리는 브루클린에서 살았어요⋯⋯ 가는 곳마다 러시아 말이 들렸고 러시아 상점들이 즐비했죠. 미국에서도 러시아인 산파를 불러서 출산할 수 있었고, 러시아 학교에서 공부할 수 있었고, 러시아인 주인 밑에서 일할 수 있었고, 러시아 성직자에게 고해성사를 할 수도 있었어요. 상점에는 '옐친 햄' '스탈린 햄' '미코얀놉스키 햄' 등 없는 게 없었고, 심지어 초콜릿을 묻힌 돼지비계까지 살 수 있었어요. 노인들은 평상에 앉아 도미노나 카드 게임을 했어요. 그리고 끊임없이 고르바초프와 옐친에 대해서 열띤 토론을 했죠. 친스탈린파도 있었고 반스탈린파도 있었어요. 어르신들을 지나쳐갈 때면 귀를 스치는 말들이 있었어요. '우리에게 스탈린이 필요했느냐 말이야?' '그럼, 필요했지.' 전 아주 어렸을 때부터 스탈린이 누구인지 알고 있었어요. 자그마치 다섯 살 때부터요. 한번은 엄마와 버스정류장에 서 있었는데, 지금 와서 생각해보면 그 정류장이 KGB 지역본부 건물에서 그리 멀지 않은 곳이었던 같아요. 제가 짜증을 부리면서 크게 울었어요. 엄마가 저를 달래면서. '딸아, 울지 마라. 안 그럼 우리 할아버지도 끌고 가고 여러 좋은 사람들을 끌고 갔던 나쁜 사람들이 우리 목소리를 듣고 찾아온단 말이야'라며 겁을 주곤 했어요. 그러면서 엄마는 할아버지에 대해서 이야기했죠⋯⋯ 엄마는 누군가와 대화해야만 했어요⋯⋯ 스탈린이 죽었을 때, 우리 유치원에서는 우리를 앉혀놓고 울라고 했어요. 제가 울지 않았던 유일한 아이였죠. 할아버지가 수용소에서 돌아온 뒤 할머니 앞에 무릎을 꿇으셨고, 할머니는 항상 할아버지를 돌보느라 분주하셨던 기억이 나요⋯⋯"

"⋯⋯요즘 미국에서는 스탈린 초상화가 그려진 티셔츠를 입고 다니는 러시

붉은색으로 장식되지 않은 열 편의 이야기

아 청년들이 많아졌어. 차 보닛에는 낫과 망치를 그려넣기도 한다니까. 그리고 흑인들을 혐오해……"

"……우리는 하리코프에서 왔어요. 그곳에서 바라본 미국은 천국 같았어요. 행복의 나라. 처음 이곳에 도착했을 때 전 그런 생각을 했어요. '공산주의를 세우려 했던 건 우리인데 정작 공산주의는 저들이 달성했구나.' 잘 알고 지내던 아가씨가 우리를 세일행사에 데려갔어요. 남편은 청바지 한 벌만 가져왔고, 저도 옷이 변변찮아서 갈아입을 옷이 필요했거든요. 행사장에 가보니 치마는 3달러, 청바지는 5달러였어요…… 터무니없는 가격이었죠! 피자 냄새, 좋은 커피 향기…… 저녁에는 남편과 '마티니' 한 병을 땄고 '말보로'를 피웠어요. '꿈이 이뤄졌다!' 하지만 마흔 살이 된 그 시점에서 전 모든 것을 맨손으로 다시 일궈야 했어요. 그러려면 한두 계단 정도 내려가서 내가 전직 감독이었고, 전직 여배우였다는 걸, 모스크바 국립대를 졸업했다는 걸 잊어야만 했죠. 처음에 저는 병원에 취직해서 간병인으로 일했어요. 소변통을 갈고 바닥을 닦았지요. 하지만 못 견디겠더군요. 그다음에는 두 노인들의 개를 산책시키기 시작했어요. 슈퍼마켓 계산원으로 일하기도 했고요…… 5월 9일이 되었어요…… 저의 가장 소중한 기념일이죠. 우리 아버지가 베를린까지 진군하신 날이니까요. 전 그 사실을 다시 한번 상기했죠. 그런데 그날 나이 많은 계산원이 말하더군요. '우리가 승리했어. 하지만 너희 러시아인들도 아주 잘한 거야. 우리를 도왔으니까.' 그들은 학교에서 그렇게 배우더군요. 전 충격을 받아서 의자에서 떨어질 뻔했어요! 저들이 러시아에 대해서 뭘 알고 있는 걸까요? 러시아인들은 큰 컵으로 보드카를 마시고, 러시아엔 눈이 정말 많다는 것 말고요……"

"……햄을 사러 왔는데, 막상 와보니 우리가 꿈꿔왔던 것처럼 그렇게 햄이 싸진 않더라고……"

"……'두뇌'들이 러시아를 떠나고 대신 '손'들이 러시아로 들어가요. 불법

노동자들이요…… 엄마가 편지에 쓰길 마당을 청소하는 타지크인이 벌써 모스크바에 자기 친지들을 모두 불러들였대요. 이제 그 타지크인이 주인이 되었고, 친척들은 그 사람 밑에서 일한다더군요. 그가 지시를 내린다는 거죠. 그의 부인은 항상 배가 불러 있대요. 타지크 명절이 다가오면 단지 마당에서 양을 잡기도 한다더군요. 모스크바 토박이들이 사는 집 밖에서요. 그리고 샤실리크*를 굽는다네요……"

"……전 이성적인 사람입니다. 할아버지와 할머니가 사용했던 언어와 관련된 그 감성적인 얘기들은 모두 다 감정적인 것에 불과해요. 저는 스스로에게 러시아 책을 금지시켰습니다. 러시아 사이트에도 들어가지 않아요. 저는 제 안에 있는 모든 러시아적인 모습을 박멸하고 싶어요. 더이상 러시아인이고 싶지 않아요……"

"……남편이 간절하게 떠나고 싶어했어요. 이곳에 올 때 러시아 책만 열 박스를 가져왔어요. 아이들이 모국어를 잊지 않도록 하기 위해서죠. 모스크바에서 세관을 통과할 때 모든 상자를 다 열어보더군요. 그 사람들은 골동품 같은 걸 건지려고 했겠죠. 그런데 나오는 건 죄다 푸시킨, 고골 등이었던 거예요. 세관 공무원들이 한참을 웃더군요. 지금도 라디오 〈마야크〉를 청취하면서 러시아 노래를 듣곤 해요……"

"……러시아, 나의 러시아…… 내 사랑하는 상트페테르부르크! 전 정말 돌아가고 싶어요! 잠시만요, 눈물이 날 것 같아요…… 공산주의여 영원하라! 집으로 돌아가자! 여긴 감자조차도 상상을 초월하는 끔찍한 맛이에요. 러시아 초콜릿은 또 어떻고요, 끝내주게 맛있다고요!"

"……흥, 그러면 배급표에 따라 지급되던 팬티도 여전히 좋아하시겠네요? 전 '과학적 공산주의'라는 과목을 배우고 시험을 쳤던 기억이 나요……"

---

* 고기와 내장, 채소 등을 꼬치에 끼워 구운 요리.

"……러시아 자작나무…… 자작나무…… 그리고……"

"……제 누이의 아들…… 그러니까 제 조카는 영어를 기가 막히게 잘합니다. 컴퓨터를 전공했어요. 조카는 미국에서 1년 정도 살더니 집으로 돌아왔어요. 지금은 러시아가 더 재미있다나요……"

"……저도 얘기할래요…… 러시아에서 사는 사람들도 이제는 대부분 잘살아요. 번듯한 직장에 집도 있고 차도 있고…… 없는 게 없어요. 그런데도 여전히 두려워하면서 그곳을 떠나고 싶어하더군요. 사업장이 별안간 몰수당할 수도 있고, 아무 죄 없이 감옥에 갇힐 수도 있고, 저녁이면 아파트 현관에서 쥐도 새도 모르게 공격받을 수도 있다면서요…… 아무도 법대로 살지 않는다는 거죠. 윗분들부터 아랫것들까지 모두가요……"

"……아브라모비치와 데리파스카*, 루시코프**와 함께 있는 러시아…… 그걸 어떻게 러시아라고 할 수 있나요? 그 배는 가라앉고 있어요……"

"……여러분, 사는 건 고아Goa에서 살고, 돈은 러시아에서 벌어야 하는 겁니다……"

베란다로 나갔다. 베란다에서는 사람들이 담배를 태우며 똑같은 이야기들을 나누고 있다. "똑똑한 사람들이 러시아를 떠나는지 아니면 멍청한 사람들이 떠나는지?" 식탁에 둘러앉아 있던 사람 중 누군가가 〈모스크바의 밤〉, 우리가 제일 사랑하는 그 소련 노래를 부르기 시작했다. 처음에는 정말 그 노래인가 싶어 내 귀를 의심했다. "정원에서는 바스락 소리조차 들리지 않고/아침까지 모든 것이 잠을 자겠지요./이것이 얼마나 소중한지 만약 당신이 알았다면/모스크바 근처에서 맞는 밤이 내게 얼마나 소중한지를." 방으로 돌아가니

---

* 올레크 데리파스카(1968~). 러시아의 사업가이자 세계 최대 알루미늄 회사의 소유주이다.

** 유리 루시코프(1936~2019). 1992년부터 2010년까지 모스크바 시장을 역임했으며 러시아의 실질적인 집권여당인 통합러시아를 창당했다.

2부 허무의 마력

이미 모두가 한목소리로 노래를 부르고 있었다. 나도 불렀다.

신이 당신의 집 앞에 놓고 간 타인의 슬픔에 대하여
라프샨(불법노동자, 27세)

가프하르 드주라예바(모스크바 '타지키스탄' 재단 대표):
"……조국이 없는 사람은 자기만의 동산이 없는 종달새와 같다"

—전 죽음에 대해서 많은 걸 알아요. 제가 갖고 있는 이 지식 때문에 언젠가는 미쳐버릴지도 몰라요……

육신은 영혼을 담는 그릇이에요. 영혼의 집이죠. 무슬림의 전통에 따르면 육신은 최대한 빨리 묻어야 해요. 알라신이 영혼을 데려간 당일에 묻는 것이 가장 좋죠. 초상집은 하얀 천을 40일 동안 걸어둬요. 영혼이 밤에 날아와서 그 천조각 위에 앉은 뒤 가족들의 목소리를 들으면서 기뻐한다는 거예요. 그런 뒤 다시 되돌아간다고 해요.

라프샨…… 전 그를 또렷이 기억해요. 똑같은 레퍼토리였어요. 반년이나 월급이 지불되지 않았어요. 그에겐 파미르에 남겨둔 네 명의 아이들과 중병에 걸린 아버지가 있었죠. 그래서 그는 건축사무소에 가서 선금을 부탁했지만 거절당했어요. 마지막 희망이 짓밟히고 만 거예요. 그는 현관으로 나가 칼로 목을 그었습니다. 전 전화를 받고…… 시체안치소로 갔어요. 놀랍도록 아름답던 그의 얼굴을 잊을 수가 없어요. 그의 얼굴을…… 우린 십시일반으로 돈을 모았어요. 전 지금까지도 이 수수께끼를 풀지 못하겠어요. 도대체 내부적으로 그 메커니즘이 어떻게 작동하는 건지. 땡전 한푼도 없다고 하던 사람들이 사람이 죽으면 순식간에 필요한 액수를 모금해 와요. 고인이 집에서 장례를 치를 수 있도록, 고국 땅에 묻힐 수 있도록, 타지에서 떠돌이로 남지 않도록 사람들은 마지막 한푼까지 탈탈 털어서 돈을 내놓곤 해요. 주머니 속에 있던 들어 있는 마지막 100루블까지도 내준다니까요. 집에 돌아가야 한다고 하거나 아이가 아프다고 하면 아무도 돈을 빌려주지 않는데, 죽었다고 하면 "자, 여기 이것도 가져가"라고 한단 말이죠. 사람들이 비닐봉지에 담긴 꼬깃꼬깃한 100루블짜리 지폐 뭉치를 제게 가져왔어요. 저는 그 돈을 가지고 아에로플로트 항공사 사무소를 찾아갔어요. 대표에게 바로 갔지요. 영혼이야 알아서 집으로 날아가겠지만 비행기로 관을 운반하는 일은 돈이 꽤 많이 들거든요.

책상에서 종이를 집어든다. 그리고 읽는다.

……경찰들이 불법 체류 노동자들이 살던 집으로 쳐들어왔어요. 남편과 임신한 부인이 있었어요. 그들에겐 거주등록증이 없었고 경찰들이 부인이 보는 앞에서 남편을 개 패듯이 패기 시작했어요. 부인에게서 출혈이 시작되었고, 그렇게 그녀도 그녀의 태어나지 못한 아이도 모두 죽었어요……

……모스크바 근교에서 세 명의 사람들, 형제와 여동생이 실종되었어요. 우리를 찾아 도움을 청하러 온 건 타지키스탄에서 온 그들의 친척들이었어요. 우리는 그들이 마지막까지 일하던 제빵소에 전화했어요. 처음에는 "우리는 그런 사람들 모릅니다"라며 모르쇠로 일관하더군요. 두번째로 전화했을 때는 주인이 직접 전화를 받았지요. "네, 타지크인들이 일을 하긴 했어요. 3개월 치 월급을 지불했더니 그날 바로 떠났어요. 어디로 갔는지는 알 수가 없죠." 그 얘길 듣고 우리는 경찰에 신고했어요. 세 명 모두 삽으로 살해당한 뒤 숲속에 암매장당한 채로 발견되었어요. 제빵소 주인은 우리 재단에 전화해서 협박하기 시작했어요. "난 어디든 연줄이 있어. 당신들도 묻어버릴 수 있다고."

……건설 현장에서 두 명의 젊은 타지크인들을 구급차에 실어 병원으로 이송했어요. 하지만 밤새도록 그들은 차가운 응급실 바닥에 누워 있었고, 아무도

그들에게 다가가지 않았어요. 의사들은 자신들의 감정을 굳이 숨기지 않았어요. "이 검은 엉덩이들아! 우리 나라에는 왜 기를 쓰고들 몰려오는 거야?"

……오몬 요원들이 밤사이에 지하실에 살던 열다섯 명의 타지크인 청소부들을 끌어낸 뒤 눈밭에 던져넣고는 때리기 시작했어요. 금속 밑창이 박힌 구두를 신고 그들 위로 뛰어다녔어요. 열다섯 살짜리 소년이 결국 죽었어요……

……어떤 엄마는 러시아에서 죽은 아들의 시신을 받았어요. 장기가 없는 시신을요…… 모스크바 암시장에서는 인간의 모든 장기를 다 살 수 있어요. 신장, 폐, 간, 눈동자, 심장판막, 피부까지……

이 사람들은 모두 내 형제자매들입니다. 저도 파미르 지역에서 태어난 산사람이에요. 땅은 금만큼이나 귀한 것이었고, 밀을 잴 때는 자루로 재는 것이 아니라 튜베테이카*로 재곤 했죠. 사방에 웅장한 산이 뻗어 있었어요. 자연에 비하면 인간이 이룩한 모든 기적들은 유치한 아이들의 장난으로밖에 보이지 않았어요. 장난감 같았죠. 그곳에 살면 발은 땅 위에, 머리는 구름 사이에 있어요. 너무 높은 곳에 있어서 마치 이 세상에서 살지 않는 것 같은 느낌이 들죠. 바다는 전혀 다른 느낌이에요. 바다는 자기 쪽으로 끌어당기며 유혹하는데 산들은 보호막이란 느낌을 주거든요. 산은 우리를 보호해줘요. 집의 두번째 벽인 셈이죠. 타지크인들은 전사들이 아니에요. 적들이 침범하면 우리는 산으로 피신했어요…… (침묵) 제가 좋아하는 타지크 노래는 두고 온 고향땅에 대한 비가예요. 그 노래를 들을 때마다 항상 울죠. 타지크인들에게 가장 두려운 것은 조국을 떠나는 일이에요. 조국에서 멀리 떨어진 곳에서 사는 것이요. 조국이 없는 사람은 자신만의 동산이 없는 종달새와도 같은 거예요. 모스크바에

---

* 투르크계 민족이 쓰는 남성용 모자. 무슬림들이 쓰고 다닌다. 원형부터 사각 모양까지 다양하며, 정수리 부분에 쓰는 모자이기 때문에 크기가 작은 것이 특징이다.

이미 수년째 살고 있지만 전 제 주변을 고향의 모습으로 채우려고 노력해요. 잡지에서 산을 보게 되면 반드시 그 사진을 오려서 벽에 붙이고 꽃이 핀 살구나무나 하얀 목화를 보아도 그렇게 하죠. 전 꿈속에서 자주 목화를 따곤 해요. 끝이 뾰족한 목화꽃 씨방을 열면 그 속에 솜 같은 하얀 뭉치가 들어 있어요. 하얀 솜뭉치는 무게감이 전혀 없어요. 단, 솜을 빼낼 때는 손이 긁히지 않도록 조심해야 해요. 전 아침이 되면 항상 피로감을 느껴요…… 모스크바 시장에서는 타지크산 사과를 찾죠. 타지크 사과는 가장 달콤하고 타지크 포도는 각설탕보다도 달아요. 어린 시절에는 언젠가는 러시아의 숲, 러시아의 버섯을 눈으로 직접 보게 될 것이라며 꿈에 부풀곤 했는데…… 러시아에 가서 러시아인들을 보게 될 거라며…… 그건 제 마음속 나머지 반을 채우고 있는 것이었거든요. 통나무집, 페치카, 파이들…… (침묵) 전 우리 인생에 대해서, 우리 형제들의 삶에 대해서 이야기하고 있는 겁니다. 러시아인들은 타지크인들의 얼굴이 다 똑같아 보이겠죠. 검은색 머리, 꼬질꼬질한 외모, 적대감. 정체를 알 수 없는 세계에서 흘러들어온 자들. 당신들의 집 앞에 하느님이 던져놓은 타인의 슬픔일 뿐이겠죠. 하지만 정작 타지크인들은 타국에 왔다고 생각하지 않아요. 왜냐하면 그들의 부모들이 소련에서 살았고 모스크바는 우리 모두의 수도였기 때문이죠. 타지크인들에겐 그런 곳에서 일자리를 찾고 보금자리를 찾을 수 있게 된 것뿐이라고요. 동양에서는 그런 말을 해요. '마실 물을 주는 우물에는 침을 뱉지 않는다.' 학교에 다니는 모든 타지크 소년들이 러시아에 돈을 벌러 가길 꿈꾼답니다. 러시아행 티켓을 사기 위해서 다른 시골 마을 사람들에게 돈을 꾸기도 해요. 러시아 여권 심사대에서 그들에게 묻죠. "누구에게 가는 겁니까?" 그들은 하나같이 이렇게 대답해요. "니나한테요." 그들에게 모든 러시아 여자들은 '니나'로 통해요. 타지크 학교에서는 러시아어를 더이상 가르치지 않아요. 러시아에 오는 타지크인들은 모두가 기도용 매트를 가지고 와요……

2부 허무의 마력

우리는 재단 사무실에서 대화를 나누고 있다. 작은 방 몇 개가 사무실의 전부였다. 하지만 전화벨 소리는 끊임없이 울리고 있다.

바로 어제 저는 한 소녀를 살릴 수 있었어요. 경찰들에게 잡혀 숲으로 끌려가던 차 안에서 그 아이가 용케 전화할 생각을 했던 거예요. 전화해서 소곤거리며 말했어요. "길에서 잡아 태우더니 시외로 빠져나가고 있어요. 모두들 취했어요." 자동차 번호도 알려줬어요. 술에 취한 나머지 그 경찰들이 몸수색을 하지 않았고 다행히 핸드폰을 빼앗지 않았던 모양이에요. 그 아이는 이제 막 두샨베에서 온 아이였어요…… 아주 예쁜 소녀였어요. 저는 아시아인이잖아요. 어렸을 때부터 할머니와 엄마가 남자들과 어떻게 대화해야 하는지 가르쳐주셨어요. "불은 불로 끌 수 없는 법이다. 오직 지혜만으로 끌 수 있어"라고 할머니께서 말씀하셨어요. 저는 경찰서에 전화했어요. "존경하는 경찰관님, 수고가 참 많으십니다. 제 얘길 한번 들어주실래요. 뭔가 이상한 일이 벌어지고 있어요. 그쪽 지구대 사람들이 우리 아이를 어디론가 데려간다고 하는데 모두 술에 취한 상태예요. 그들에게 전화를 넣어서 범죄로 이어지지 않도록 조치를 취해주세요. 순찰차 번호는 우리가 알고 있어요." 수화기 너머에서 입에 담지 못할 욕설이 이어졌어요. 그 촌년들, 검은 원숭이들은 어제 나무에서 내려와 땅을 밟은 야만인들인데, 무엇 때문에 그놈들한테 당신의 아까운 시간을 쓰냐는 거였어요. "존경하는 경찰관님, 제 말 좀 들어보세요. 저도 그 아이와 똑같은 '검은 원숭이'랍니다…… 난 당신 엄마 같은 엄마예요……" 침묵이 이어졌어요! 수화기 저편에 있는 사람도 결국 사람이에요. 그게 제가 믿는 구석이지요. 말에 말이 꼬리를 물었고 우리는 대화했어요. 그리고 십오 분 뒤에 그 순찰차는 방향을 돌렸어요. 아이를 되돌려보냈더군요. 강간하고 죽일 수도 있었어요. 한두 번 있는 일이 아니니까요. 전 숲속을 헤매고 다니며 그런 여자아이들의 조각난 몸을 모으기도 했어요. 제가 누구인지 아세요? 저는 연금술사예요…… 우리는 비영리단체이고 그러다보니 돈도 없고 힘도 없어요. 그저 좋은 뜻을 가진 사람들만 있어요. 우리의 조력자들이죠. 우리는 보호받지 못하는 약자들을 돕고 구조합니다. 우리가 원하는 결과는 결국 아무것도 아닌 것에서 얻게 돼요. 쏟아부은 걱정에서, 직감에서, 동양적인 아부에서, 러시아인들의 동정심에서, 그리고 '친애하는' '선하신 분' '당신이 진정한 남자라는 걸 전 알아왔어요. 당신은 여자를 반드시 도우실 분이라는 걸요' 같은 단순한 말들에서 그 결과들을 얻게 되더라고요. 학살을 자행하는 사디스트들에게 저는 이렇게 말해요. "여러분, 전 당신들을 믿습니다. 당신들도 사람이라는 것을 믿습니다." 한번은 한 고위급 경찰과 오랫동안 대화했어요. 그는 바보도 아니고 융통성 없는 군인도 아니었고 지성인처럼 보이는 남자였어요. 제가 그에게 말했어요. "혹시 아시나요, 이곳 관할하에 게슈타포 같은 경찰이 있습니다. 고문의 달인이죠. 그래서 모두가 그를 두려워해요. 노숙인이나 불법노동자들이 그에게 잡히면 반드시 불구가 되고 맙니다." 저는 그가 경악하거나 깜짝 놀랄 거라고 생각했어요. 군인의 명예를 수호할 것이라고 믿었어요. 그런데 그가 미소를 지으며 저를 바라보지 뭐예요. "그럼, 그 사람의 성함을 좀 알려주시지요. 얼마나 훌륭합니까! 그 사람을 승진시키고 포상도 내려야겠습니다. 그런 인재는 아껴야 해요. 특전도 내려야겠습니다." 저는 할말을 잃었어요. 그런데 그는 계속 말을 이어갔어요. "솔직히 말씀드리겠습니다. 우리는 일부러 그런 견딜 수 없는 환경을 만드는 겁니다. 당신들이 빨리 떠나도록요. 모스크바에 유입된 불법노동자들의 수가 200만 명이나 됩니다. 모스크바는 갑자기 몰려온 그 사람들을 다 수용할 수가 없어요. 당신들은 너무 많습니다."
(침묵)

아름다운 모스크바…… 선생님과 제가 시내를 걸을 때 선생님은 계속 감탄사를 연발하셨죠. "모스크바가 어쩜 이렇게 아름다워졌을까! 유럽의 수도 같은 느낌이야!" 하지만 저는 그 아름다움을 느끼지 못해요. 전 걷다가 신축건물을 보면서 생각했어요. 이곳에서 타지크인 두 명이 죽었지…… 목재 사이에서 추락했지…… 한 사람은 사람들이 시멘트 반죽에 밀어넣어서 죽었지…… 그 사람들이 얼마를 받고 여기서 개처럼 고생했는지를 생각하게 돼요. 공무원, 경찰, 공공서비스 기관들까지 모두가 그들의 피를 빨아먹고 살아요. 타지크인 청소부는 3만 루블을 받았다고 영수증에 사인하지만 실제로는 7천 루블만 받아요. 나머지는 그들이 착취한 뒤 각 부서장들끼리 서로 나눠 가져요. 상사의 상사가, 그 상사의 상사가. 법은 이미 제대로 효력을 발휘하지 못하고 있고 법 대신 돈과 권력이 지배하고 있어요. 작은 사람은 가장 힘 없는 약자예요. 숲속에서 사는 짐승들도 그들보다는 훨씬 더 안전할 겁니다. 러시아에서는 숲이 짐승을 보호하지만 우리 나라에서는 산이 보호해요…… (침묵) 저는 제 인생의 대부분을 사회주의와 함께 보냈고 요즘은 우리가 그때 인간을 얼마나 이상적인 존재로 생각했는지 떠올려보게 돼요. 그 당시 저는 사람에 대해서 정말 좋은 생각만 했어요. 저는 두샨베의 과학아카데미에서 일했어요. 미술사를 공부했죠. 저는 책들이…… 사람이 자신에 대해 써놓은 글들은 진실이라고 생각했어요. 그런데 아니었어요. 그건 보잘것없이 작은 비중의 진실만을 다뤄놓은 것이었어요. 전 이미 오래전부터 이상주의자가 아니에요. 저는 이제 너무나 많은 것을 알아버렸어요. 절 자주 찾아오는 아가씨가 있는데, 그 아가씨는 병에 걸렸어요. 그 아가씨는 유명한 타지크 바이올리니스트였어요. 그런데 그런 사람이 왜 미쳐버린 걸까요? 어쩌면 사람들이 그녀에게 계속 이렇게 말해서가 아닐까요? "바이올린을 켜시는데 그건 해서 뭐 합니까? 2개 국어를 구사할 줄 아시는데, 그게 다 무슨 소용인가요? 어차피 당신들이 하는 일은 청소하고 빗자루질하는 일인데. 여기서 당신들은 노예예요." 그 아가씨는 이제 더이상 바이올린을 켜지 않아요. 다 잊어버렸어요.

또 젊은 청년도 한 명 있었어요. 모스크바 근교에서 경찰들이 그를 붙잡은 뒤 돈을 갈취했어요. 그런데 돈이 얼마 없었던 모양이에요. 그래서 경찰들이 약이 바짝 올랐던 거예요. 그 청년을 숲으로 끌고 들어가 흠씬 두들겨팼어요. 겨울이었고, 혹한이 몰아칠 때였죠. 팬티까지 모두 벗겨냈어요. "하하하!" 그가 가진 신분증도 모두 찢어버렸어요. 그 얘길 그 청년이 제게 와서 하는 거예요. 제가 물었죠. "어떻게 살아서 온 거야?" "이제는 죽는구나 생각하면서 눈 위를 맨발로 뛰는 중이었어요. 그런데 갑자기 동화 속처럼 작은 통나무집 한 채가 보이는 거예요. 창문을 두드렸더니 노인이 나오더군요. 그 노인은 제가 몸을 녹일 수 있도록 가죽담요를 덮어준 뒤 차와 과일잼을 내줬어요. 옷도 줬어요. 그다음날 큰 마을로 나가서 저를 모스크바까지 데려다줄 화물트럭까지 찾아줬어요."

그 노인…… 그것 또한 러시아예요……

옆방에서 그녀를 부른다. "대표님, 여기 손님 오셨습니다." 난 그녀가 돌아오기를 기다리고 있었다. 내겐 시간이 있었고, 그래서 나는 모스크바 아파트에서 들었던 이야기들을 회상하기로 했다.

모스크바 아파트에서:
　―얼마나 많이들 왔는지…… 러시아인들은 너무 마음이 좋아……
　―러시아 민족은 전혀 착하지 않아. 그건 정말 오산이야. 동정할 줄 알고 감상적이긴 하지만 착하진 않아. 누군가 똥개를 죽여서 그 장면을 영상으로 찍었어. 그것 때문에 인터넷이 발칵 뒤집힌 적이 있어. 린치로 심판하겠다는 사람들도 있었지. 그런데 시장에서 열일곱 명의 불법노동자들이 불에 타 죽은 사건이 있었어. 하룻밤 동안 제품과 함께 그 사람들을 금속창고 안에 가둔 뒤 문을 잠갔던 거지. 그들의 편을 들어준 건 치안 당국밖에 없었어. 원래 모두를 지켜야만 하는 일에 종사하는 그 사람들만 말이야. 전반적인 분위기는, 그 사

람들이 죽었으니 이제 또다른 사람들이 오겠네, 였어. 얼굴도 없고 말도 모르는 낯선 외부인들……

―그들은 노예들이야. 현대판 노예. 그들이 가진 거라곤 불알 두 쪽과 캔버스화가 다야. 썩은 모스크바의 지하실보다 그들의 조국이 훨씬 더 열악해.

―모스크바에 곰이 나타났는데 어찌어찌 겨울을 날 수 있었대. 불법노동자들을 먹이로 삼았다는 거야. 누가 그들이 몇 명인지 세고 있겠어…… 하하하!

―소련이 붕괴되기 전까지 모두 다 한 가족이었는데…… 정치 수업 때 우리는 그렇게 배웠잖아. 그때는 그들이 '수도를 찾아온 손님'들이었는데, 지금은 촌놈, 얼뜨기 취급을 당하고 있어…… 할아버지가 스탈린그라드에서 우즈베크인들과 함께 전투했던 이야기를 해주셨어. 그분들은 모두가 영원한 형제라고 믿었다고!

―난 지금 당신들의 말을 들으면서 깜짝 놀랐어요. 그들은 그들 스스로가 분리를 자청한 거예요. 그들 스스로가 자유를 원한 거라고요. 다들 잊었어요? 1990년대에 그들이 러시아인들을 어떻게 도륙했는지 떠올려보라고요. 러시아인들의 것을 훔치고 강간했어요. 사방에서 러시아인들을 몰아냈다고요. 한밤중에 문 두드리는 소리가 들리면 어김없이 그들이 우르르 몰려들어왔어요. 어떤 사람은 칼을 들고 어떤 사람은 기관총을 든 채로. "우리 땅에서 당장 꺼져, 이 러시아 미물들아!" 그러면 오 분 만에 짐을 챙겨 떠나야 했다고요. 물론 가까운 기차역까지 '공짜로' 타고 가긴 한 셈이죠. 사람들은 실내화를 신은 채로 집에서 쫓겨났어요…… 그런 일도 있었다고요……

―우린 우리의 형제자매들이 당한 모욕을 잘 기억하고 있어! 촌놈들에게 죽음을! 러시아 곰돌이를 깨우긴 정말 힘들지만, 그 곰돌이가 한 번 움직이기 시작하면 주변을 삽시간에 피바다로 만들어버린다고.

―러시아인들이 개머리판으로 캅카스인들의 면상을 갈겨버렸어. 그다음 차례는 또 누굴까?

—난 대머리 집단을 혐오해! 그놈들은 자기들에게 아무런 해도 가하지 않은 타지크인 청소부를 야구방망이나 망치로 죽도록 패는 것밖에 할 줄 모른다고. 시위가 열리면 고래고래 소리도 지르지. "러시아는 러시아인의 것, 모스크바는 모스크바인들의 것." 우리 엄마는 우크라이나 사람이고, 아빠는 몰도바 사람이야. 외할머니는 러시아인이고. 그럼, 대체 나는 누구야? 도대체 어떤 원칙을 적용해서 비러시아인으로부터 러시아를 '정화'하려는 거냐고?

　—타지크인 세 명이면 덤프트럭 한 대를 대신할 수 있어. 하하하……

　—난 두샨베가 그리워. 난 그곳에서 자랐거든. 그곳에서 시인들의 언어라는 페르시아어를 배웠어.

　—"타지크인들을 사랑합니다"라는 문구가 적힌 현수막을 들고 한번 시내를 돌아봐. 눈 깜짝할 사이에 얻어터지고 말 거야.

　—우리집 근처에서는 건축이 한창이야. 불법노동자놈들이 들쥐처럼 드글거린다니까. 그놈들 때문에 저녁에 밖으로 나가기가 무서워. 그놈들은 값싼 핸드폰을 얻겠다고 사람을 죽일 수도 있으니까……

　—푸하하, 난 말이야. 두 번이나 강도를 당했는데, 모두 러시아인들이었어. 우리 아파트 현관에서 죽을 뻔한 적도 있는데, 그것도 러시아인들이었고. '신의 백성'이라고 주장하는 이 민족에게 난 치가 떨려.

　—그런데 선생님은 선생님 딸이 이주노동자와 결혼하면 좋겠어요?

　—여기는 내 고향이고, 내 수도야. 그런데 그 사람들은 이슬람 법전 '샤리아트'를 들고 이곳에 왔어. '이드 알아드하'* 기간이 되면 우리집 창 밑에서 양을 잡고들 있다고. 아니, 왜 붉은광장에서 안 하는가 몰라? 불쌍한 동물들의 괴성과 철철 흐르는 피…… 시내로 나가보아도 여기저기 아스팔트 길 위에

---

* 이슬람력 제12월 10일에 지내는 이슬람의 축제. 메카 연례 성지순례가 끝나고 열리는 이슬람 최대 명절이다.

붉은색 웅덩이들이 고여 있어. 아이와 함께 갈 때면 "엄마, 저게 뭐야?"라고 아이가 묻곤 하지. 그 명절이 되면 도시가 검붉은색으로 변해. 이 도시는 이미 나의 도시가 아니야. 그들이 수십만 명씩 지하실에서 쏟아져나오고 있어. 경찰들도 무서워서 벽에 바짝 붙어 있다고……

─난 타지크 남자를 만나고 있어요. 이름이 '사이드'예요. 정말 멋진 사람이죠, 마치 신의 한 조각을 보는 느낌이에요! 타지키스탄에서는 의사였지만 여기서는 건설 현장에서 막노동을 하고 있어요. 난 그 사람한테 푹 빠져서 입이 귀에 걸릴 지경이에요. 그러니 별수 있겠어요? 우리는 만날 때면 공원을 산책하거나 시외로 나가서 놀아요. 내가 아는 지인들을 행여나 마주칠까봐요. 부모님도 무섭고요. 아버지가 으름장을 놓으셨거든요. "그 검둥이들이랑 놀아나는 날에는 아주 둘 다 내 손에 죽을 줄 알아." 우리 아버지가 누구냐고요? 음악가시지요…… 음대도 졸업하셨죠……

─만약 '검둥이'들이 러시아 아가씨와 걷고 있다면! 그런 놈들은 거세해버려야 해.

─무엇 때문에 그들을 미워하냐고? 짙은 눈동자 때문에도 미워하고 코 모양 때문에도 미워하고. 그냥 아무 이유 없이 그들을 미워하는 거야. 우리 나라 사람들은 항상 누군가를 증오해. 이웃 사람, 경찰, 올리가르히, 멍청한 양키들…… 그게 누가 됐든 말이야! 공기 중에 증오심이 흘러넘쳐. 사람에게 다가가기도 어렵다고……

**"……제가 보았던 민중 폭동은
제가 평생 동안 겁에 질리기에 충분했어요……"**

점심시간. 재단 대표와 타지크 찻잔 속의 차를 마시면서 대화를 이어갔다.

─전 이 기억들 때문에 언젠가는 정말 미쳐버릴 거예요……

1992년…… 우리가 염원했던 자유 대신에 내전이 발발했어요. 쿨랴프족이 파미르족을 죽였고, 파미르족이 쿨랴프족을 죽였어요. 카라테긴족, 기사르족, 가름족 모두들 제각기 분열되고 말았어요. 벽마다 현수막이 내걸렸죠. "러시아인들은 타지키스탄에서 이제 그만 손떼라!" "공산주의자들아, 너희 모스크바로 썩 꺼져버려!" 그건 이미 제가 사랑하는 두샨베의 모습이 아니었어요. 쇠파이프와 돌을 든 무리들이 시내를 휘젓고 다녔어요. 온순하고 평화를 사랑했던 사람들이 한순간에 살인자들로 변했어요. 어제만 해도 평온하게 카페에서 차를 마셨던 사람들이었는데 오늘은 철채찍을 휘두르면서 여자들의 배를 가격하고 있었어요. 그뿐만 아니라 가게와 매점을 털기도 했어요. 전 시장에 갔어요…… 아카시아나무에는 모자와 원피스들이 걸려 있었고 바닥에는 죽은 시체가 여기저기 널려 있었어요. 사람 시체, 동물 시체들이…… (침묵) 기억나네요…… 그날은 정말 아름다운 아침이었어요. 한순간 전쟁에 대한 생각을 잊을 정도로요. 마치 모든 것이 예전으로 돌아갈 것만 같은 느낌이 들 정도였어요. 사과나무도 살구나무도 꽃을 피우고 있었어요…… 전쟁 같은 건 애초에 일어나지도 않은 것 같았죠. 그런데 창문을 열자마자 검은 무리들이 눈에 띄었어요. 그들은 모두 입을 굳게 닫은 채 이동하고 있었어요. 그러다 갑자기 한 사람이 뒤를 돌아보았고, 전 그 사람과 눈이 마주쳤어요. 딱 보니 가난한 사람이었어요. 그 청년의 눈빛이 제게 이렇게 말하는 것 같았어요. '난 당장에라도 너의 으리으리한 집에 쳐들어가서 내가 하고 싶은 일을 다 할 수 있어. 지금은 나의 시대야……' 그의 눈이 제게 그런 이야기를 하고 있었어요. 전 경악했어요…… 창문에서 떨어진 뒤 문을 닫고 커튼을 내렸어요. 집안의 모든 커튼을 치고 문을 굳게 걸어잠근 뒤 가장 깊숙한 방에 숨어 있었어요. 그 사람은 신이 나 있었어요…… 그 무리들은 악마에 사로잡힌 것만 같았어요. 저는 그 순간을 떠올리는 것조차 무서워요…… (울음)

전 마당에서 러시아 남자아이를 죽이는 모습을 목격했어요. 모두들 창문을

2부 허무의 마력

굳게 닫은 채 아무도 나가지 않았어요. 전 목욕가운 차림으로 뛰어나가서 소리쳤어요. "그만들 좀 해요! 이미 당신들이 죽였잖아!" 그 아이는 미동도 없이 누워 있었어요. 그들이 갔어요. 하지만 잠시 뒤 다시 돌아와서 또다시 죽은 아이를 때리기 시작했어요. 죽은 아이와 같은 또래들이었어요. 소년들이었어요…… 소년들이었다고요…… 전 경찰에 신고했지만 피해자가 누구인지 확 보더니 그냥 가버리더군요. (침묵) 얼마 전 모스크바의 한 회사에서 전 이런 소리를 들었어요. "전 두샨베를 사랑해요. 얼마나 매력적인 도시인데요! 두샨베가 그리워요." 전 그 러시아인에게 얼마나 감사했는지 몰라요. 사랑만이 우리를 구원할 수 있어요. 알라신은 악을 구하는 자의 기도는 들어주지 않아요. 알라신은 다시는 닫지 못할 문은 열지 말아야 한다고 가르치셨어요. (침묵) 제 친구 중 한 명이 살해되었어요…… 그는 시인이었어요. 타지크인들은 시를 좋아해서 집집마다 시집이 한두 권 정도는 반드시 있어요. 우리 나라에서는 시인은 성인으로 추앙받아요. 그래서 시인은 건드리면 안 되는 존재였어요. 그런 그를 죽인 거예요! 그를 죽이기 전에 그의 손을 못 쓰게 해놨더군요. 그가 글을 썼다는 이유로…… 얼마 뒤 두번째 친구도 살해당했어요. 몸에는 멍자국 하나 없이 깨끗했는데 입을 박살냈더라고요…… 그가 말을 했다는 이유로요…… 봄이었어요. 맑고 따뜻한 나날이 이어지고 있었는데 사람들은 서로를 죽이고 죽였어요…… 전 그때 산으로 들어가고 싶었어요.

모두들 어디론가 떠나버렸어요. 각자 살길을 도모했던 거죠. 미국 샌프란시스코에서 살고 있는 친구들도 있었어요. 놀러오라고 하더군요. 그곳에서 작은 아파트를 빌려 산다고요. 정말 아름다웠어요! 태평양…… 어딜 가나 태평양 바다가 보였어요. 그곳에서 전 하루종일 해변가에 앉아서 울었어요. 아무것도 할 수가 없었어요. 전 우유 한 봉지 때문에 사람을 죽일 수도 있는 전쟁터에서 온 사람이었으니까요. 해변가를 따라 한 노인이 다가오더군요. 단을 접은 바지에 화려한 티셔츠를 입고 있었죠. 그가 제 곁에서 멈춰 서더니 묻더군요.

"무슨 일이 있어요?" "우리 나라에서 전쟁이 일어나고 있어요. 형제들끼리 서로를 죽이고 있어요." "여기에 그냥 남아요." 그가 그랬어요, 대양이…… 아름다움이 상처를 치유한다고…… 그 사람은 오랫동안 저를 위로했고 저는 계속 울었어요. 따뜻한 말을 들으면 제가 할 수 있는 반응은 딱 한 가지였거든요. 눈물이 세 가닥이 되어서 제 뺨을 타고 흘러내렸어요. 고향땅에서 총성이나 피를 보았을 때도 그렇게는 울지 않았는데, 거기서 들은 따뜻한 말에 저는 대성통곡을 하고 말았어요.

  하지만 저는 미국에서 못 살겠더군요. 어떻게든 두샨베로 가고 싶었어요. 그래도 집으로 돌아가는 건 너무 위험했고 그래서 집 가까이에서라도 살아야겠다는 생각에 모스크바로 이사를 갔어요…… 어느 여성 시인의 집에 놀러 갔을 때였어요. 그곳에서 끊임없는 불평과 불만을 듣고 있었어요. 고르바초프는 머저리고, 옐친은 술고래고, 민중은 멍청한 가축떼고…… 그런 이야기를 얼마나 많이 들었을까요? 아마 수천 번도 더 들었을 거예요. 안주인이 제 접시를 가져다가 닦고 싶어했지만 저는 접시를 내주지 않았어요. 저는 한 접시로 모든 걸 다 먹을 수 있거든요. 생선도, 파이도. 전 전쟁터에서 온 사람이었으니까요…… 어떤 작가분의 냉장고에는 치즈와 햄이 가득 들어 있었어요. 타지크인들은 이미 그게 뭔지도 다 잊었어요…… 그 작가분의 집에서도 저녁 내내 그 지겨운 불평들을 들어야만 했어요. 정부는 무능하고, 민주주의자들은 공산주의자들과 다를 바 없고, 러시아 자본주의는 식인주의라는 등의 이야기들을 들었어요…… 말들을 늘어놓을 뿐 그 누구도 행동에 나서지는 않았어요. 모두가 곧 있으면 시작될 혁명을 기다리고 있었어요. 전 부엌에 모인 그 낙담자들을 별로 좋아하지 않아요. 저는 그런 사람이 아니에요. 제가 목격했던 민중들의 폭동은 제가 평생 동안 겁에 질려 살기에 충분했어요. 경험이 미천한 자들의 손에서 놀아나는 자유를 저는 똑똑히 보았어요. 그런 유의 수다는 항상 피로 종결되기 마련이에요. 전쟁은 늑대예요. 선생님의 집에도 찾아

올 수 있는 늑대······ (침묵)

선생님은 인터넷상에 돌고 있는 그 영상들을 보셨어요? 저는 그 영상들 때문에 완전히 힘이 빠져버렸어요. 한 일주일쯤 침대에서 꼼짝도 하지 않았어요. 그 영상들······ 그건 사람을 죽이면서 찍은 영상이에요. 그들에겐 시나리오도 있었고 배역도 있었어요. 진짜 영화처럼요. 그들에겐 관객이 필요했죠. 그래서 우리가 그걸 보게 된 거예요. 그들이 억지로 그걸 보도록 강요한 거예요······ 한 타지크인 청년이 길을 걷고 있었어요······ 그들이 그 청년을 부르자 그가 다가오죠. 그들이 청년을 쓰러뜨려요. 야구방망이로 내리쳤는데 타지크 청년이 처음에는 땅 위를 데굴데굴 구르다가 잠시 뒤 잠잠해졌어요. 그러자 그들이 타지크 청년을 묶은 뒤에 차 트렁크에 실었어요. 청년을 숲으로 끌고 가서 나무에 매달아두죠. 중요한 건 그 영상을 찍는 사람이 좋은 장면이 잡히도록 열심히 포커스를 맞추고 있었다는 게 느껴진다는 거예요. 잠시 뒤 그 청년의 머리를 참수해요. 도대체 그건 어디서 배운 걸까요? 참수······ 그건 동양적인 의식이잖아요. 러시아의 것이 아니에요. 아마도 체첸에서 온 게 아닐까 싶어요. 처음에는 드라이버로 죽이더니 그다음엔 삼지창이 나타났고, 그뒤를 파이프와 망치가 이어가더군요. 항상 둔탁한 무기로 인한 타격으로 사람들이 죽어갔죠······ 그런데 지금은 새로운 방법이 유행하고 있어요······ (침묵) 다행히 이번에는 살인자들을 검거했어요. 그들은 재판을 받겠죠. 그 소년들은 모두 좋은 가정에서 태어난 아이들이었어요. 오늘은 타지크인들이 도륙되었지만, 내일은 부자들이나 이방의 신에게 기도하는 다른 누군가가 그 대상이 될 거예요. 전쟁은 늑대예요······ 그리고 그 늑대는 이미 여기에 있어요······

모스크바 지하에서:

모스크바 중심지에 위치한 '스탈린카' 중 하나를 선택했다. 스탈린카란 스탈린 시절에 볼셰비키 엘리트층을 위해 지어진 저택을 일컫는다. 그래서 스탈

붉은색으로 장식되지 않은 열 편의 이야기

린카라고 부른다. 스탈린카는 지금도 값어치가 높다. 스탈린 양식의 건물들은 외벽을 장식하는 소조, 양각 문양, 기둥, 3~4미터에 달하는 높은 천장 등의 특징을 가지고 있다. 허나 옛 수령들의 후손들은 빈곤해졌고 이제 이 건물에는 '신러시아인'들이 살고 있다. 마당에는 '벤틀리' '페라리' 등이 주차되어 있다. 1층에는 고급 부티크의 쇼윈도가 화려한 조명을 밝히고 있다.

한 건물의 위층과 지하층에서는 전혀 다른 삶이 펼쳐진다. 난 안면이 있는 기자들과 함께 지하실로 내려갔다…… 녹슨 파이프와 곰팡이가 생긴 벽 사이를 한참 동안 헤매고 다녔다. 드문드문 페인트칠된 철문들이 우리 앞을 막아서곤 했다. 철문에는 자물쇠가 달려 있고 땜질도 되어 있었다. 하지만 이건 모두 눈속임이었다. 암호대로 노크를 하니 통과시켜준다. 지하실은 삶의 열기로 가득했다. 불이 켜진 긴 복도 양측을 따라 방들이 늘어서 있었다. 벽은 합판으로 되어 있었고 문이 있어야 할 곳에는 형형색색의 두꺼운 커튼이 달려 있었다. 모스크바의 지하는 타지크인들과 우즈베크인들이 나눠 쓰고 있었는데, 우리가 간 곳은 타지크인들의 거처였다. 각방에는 17명에서 20명 정도가 살고 있었다. 공동주택이었다. 그들 중 누군가 나의 '가이드(그는 이곳에 여러 차례 왔었다)'를 알아보고는 자신의 집으로 우리를 초대한다. 그의 방으로 들어가보니 방 입구에는 신발이 산더미처럼 쌓여 있었고 유아차도 다수 있었다. 구석에는 가스레인지, 가스통이 있었고 그 옆에는 식탁과 의자들이 다닥다닥 붙어 있었다. 아마도 가까운 쓰레기장에서 주워온 것 같았다. 나머지 공간은 그들이 직접 만든 이층침대들이 차지하고 있었다.

저녁식사 시간. 한 10명 정도가 이미 식탁에 둘러앉아 있었다. 우리는 서로 인사를 나눴다. 아미르, 후르시드, 알리…… 나이가 좀 있는 사람들은 소련 학교를 다녔던 사람들이기에 억양도 섞이지 않은 깔끔한 러시아어를 구사하고 있었다. 젊은 사람들은 러시아어를 몰랐다. 그저 웃기만 했다.

그들은 손님을 반가워했다.

─이제 조금 있으면 밥을 먹을 거예요. (전직 선생님이었던 아미르가 그곳에서 반장 역할을 하고 있었는데, 우리를 식탁 주변에 앉히면서 말했다.) 타지크식 필라프도 한번 맛보세요. 얼마나 맛있는지, 둘이 먹다 하나 죽어나가도 모른다니까요! 타지크인들은 그래요. 집 근처에서 사람을 만나면 반드시 그 사람을 자기집으로 초대해서 차 한잔이라도 대접하죠.

녹음기는 틀 수 없었다. 모두들 무서워했으니까. 볼펜을 꺼냈다. 그러자 글 쓰는 사람에 대한 농부 특유의 존경심이 그들에게서 발현되면서 나에게 많은 도움이 되었다. 어떤 사람들은 벽촌에서 왔고, 어떤 사람들은 두메산골에서 내려왔다고 했다. 그런 곳에서 곧장 거대한 대도시에 발을 들여놓게 된 것이다.

─모스크바는 좋아요, 일이 많잖아요. 근데 살기는 너무 무서워요. 나 혼자 길을 걸어갈 때면…… 한낮이라도…… 난 젊은 사람들의 눈을 안 보려고 노력해요. 날 죽일지도 모르니까요. 매일 기도하며 살아요……
─전차를 타고 가는데 세 명이 제 앞으로 다가왔어요…… 전 퇴근하는 중이었죠. "넌 여기서 뭘 하는 거야?" "집에 가고 있어요." "너희 집이 어딘데? 누가 너희를 여기로 불렀는데?" 그러고는 때리기 시작했어요. 때리면서 소리 질렀어요. "러시아는 러시아인의 것! 러시아에게 영광을!" "이봐요, 뭣 때문에 이러는 거예요? 알라신이 모든 걸 보고 있어요." "너희 알라는 여기선 널 보지도 못해. 우리에겐 우리의 하느님이 있거든." 이가 나갔어요…… 갈비뼈도 부러졌죠. 기차 안에는 사람들이 가득했지만 어떤 아가씨 한 명만이 제 편을 들어줬어요. "그만들 둬요! 그 사람이 당신들을 건드리지도 않았잖아요!" "네가 뭔 상관인데? 불법노동자 하나 손봐주는 것뿐이야."
─라시드는 살해당했어…… 30번이나 칼에 찔렸다고. 당신이 말해봐, 대

체 30번을 찌를 이유가 뭐냐고?

―모든 것이 알라의 뜻이에요…… 재수없는 사람은 낙타에 앉아 있어도 개가 무는 법이거든.

―우리 아빠는 모스크바에서 공부했어요. 지금도 아빠는 밤이고 낮이고 소련을 그리워하면서 울어요. 아빠는 나도 모스크바에서 공부하길 바랐어요. 그런데 여기선 경찰도 나를 때리고 주인도 나를 때려요…… 지금은 지하실에서 고양이처럼 살고 있어요.

―전 소련이 아쉽지 않아요…… 우리 이웃이었던 니콜라이 아저씨는 러시아인이었어요. 우리 엄마가 타지크어로 대답하면 아저씨는 우리 엄마에게 빽 소리를 지르곤 했어요. "정상적인 언어로 말하란 말이오. 땅은 당신들 땅이지만 권력은 우리에게 있잖소." 그러면 엄마는 울음을 터뜨렸어요.

―전 오늘 꿈을 꿨어요. 우리 동네를 걷고 있는데 이웃 사람들이 인사를 하는 거예요. "살람 알레이쿰."*…… "살람 알레이쿰."…… 우리 시골에는 여자, 노인 그리고 아이들만 남았어요.

―우리 나라에서는 한 달에 5달러 정도의 월급을 받았어요. 난 부인도 있고 자식은 세 명이나 되는데…… 시골에서는 벌써 몇 년째 설탕은 구경도 못 하고 있어요……

―붉은광장에 가보지도 못했어요. 레닌도 보지 못했어요. 일! 일! 삽, 곡괭이, 손수레. 하루종일 수박을 짜놓은 것처럼 제 몸에서 물이 뚝뚝 떨어져요.

―신분증을 만들기 위해서 어떤 소령에게 돈을 냈어요. "알라신께서 당신에게 건강을 주시기를. 당신은 정말 좋은 사람이에요!" 그런데 알고 보니 신분증이 가짜였던 거예요. 저를 유치장에 가두더군요. 그리고 발로 차고 몽둥이로 때렸어요.

---

* 타지크어로 '안녕하세요'라는 뜻.

―신분증이 없으면 사람도 아닌 거예요……

―조국이 없는 사람은 집 없는 똥개예요…… 너도나도 다 건드린다고요. 하루 동안 경찰들이 열 번은 검문하는 것 같아요. "신분증 내봐." 그러고는 오늘은 또다른 서류가 없다고 트집을 잡죠. 그들에게 돈을 쥐여주지 않으면 바로 맞아요.

―우리가 누군가요? 건설노동자, 짐꾼, 청소부, 설거지 담당…… 우리는 여기서 매니저로 일하는 게 아니에요……

―내가 돈을 보내드리니까 엄마가 좋아하세요. 예쁜 신붓감도 물색해두셨대요. 난 아직 신부를 보지도 못했어요. 엄마가 고른 사람이죠. 집으로 돌아가면 결혼할 거예요.

―여름 내내 모스크바 근교에 있는 부잣집에서 일했어요. 그런데 그놈들이 결국 월급을 주지 않았어요. "꺼져! 꺼지라고! 내가 밥 먹여줬으면 됐지."

―양이 100마리 있는 사람의 말은 곧 법인 거예요. 언제든지 그 사람이 진리라고요.

―내 친구도 주인에게 일한 대가를 달라고 요구했어요…… 경찰이 내 친구를 오랫동안 수색했어요…… 결국 숲속에서 파냈지요. 친구 어머니는 러시아에서 온 관을 건네받으셨어요……

―우리를 쫓아내면…… 누가 모스크바에서 건축일을 하나요? 마당 청소는 누가 하고요? 러시아인들은 우리가 받는 돈 정도로는 그런 일을 맡으려 하지 않을 거예요.

―눈을 감으면 보여요. 도랑이 흐르고 목화꽃이 피어나는 광경이. 목화꽃은 연한 분홍빛인데 꽃동산을 보는 것만 같죠.

―그거 알아, 우리 나라에 엄청나게 큰 전쟁이 있었다는 걸? 소련이 붕괴된 이후에 곧바로 총질이 시작됐지. 기관총을 갖고 있는 사람만이 잘살 수 있었어. 내가 학교에 다닐 때였어. 매일 시체 두세 구는 꼭 봤다니까. 엄마가 결국

날 학교에 보내주질 않았어. 그래서 난 집에서 하이얌*의 책을 읽곤 했어. 우리 나라에선 모두가 하이얌의 작품을 읽어. 당신도 혹시 알아? 만약 그 작품을 당신이 안다면 당신은 나의 누이가 될 자격이 있어.

— 불의한 자들이 살해된 거예요······

— 누가 의인이고 누가 악인지는 알라신이 직접 판단하실 거야. 알라신이 직접 심판할 거라고.

— 난 어렸어요······ 그래서 난 총을 쏘지 않았어요. 엄마가 들려주신 얘기로는 전쟁이 발생하기 전까지는 결혼식에 참석한 사람들이 타지크어, 우즈베크어, 러시아어로 대화했다고 해요. 원하는 사람은 기도하고 원하지 않는 사람은 기도하지 않았대요. 선생님, 한번 말씀해보세요. 도대체 사람들은 서로를 죽이는 방법을 어떻게 그렇게 빨리 터득했을까요? 그 사람들 모두가 학교에서 하이얌의 작품을 읽은 사람들이란 말이에요. 푸시킨도 읽고요.

— 민중은 낙타 카라반이에요. 그래서 채찍으로 몰아야 해요······

— 러시아어를 배우고 있어요······ 자, 들어보세요. "예쁜 아가띠(예쁜 아가씨), 팡(빵), 톤(돈)······ 사장님, 나빠요."

— 전 모스크바에 온 지 5년이 넘었어요. 그런데도 아무도 저와 인사하지 않아요. 러시아 사람들에게는 자신들이 '백인'이라고 느끼게 해줄 '흑인'들이 필요해요. 위에서 내려다보기 위해서 우리가 필요한 거예요.

— 모든 밤의 끝에는 아침이 밝아오듯, 모든 슬픔에도 끝은 있는 법이에요.

— 우리 나라 아가씨들이 훨씬 예뻐요. 우리 나라 미인들을 석류에 비교한다니까요······

— 모든 것은 알라신의 뜻이야······

---

* 오마르 하이얌(1048?~1131). 페르시아의 수학자, 철학자, 작가, 시인.

지하에서 지상으로 올라간다. 이제 나는 모스크바를 다른 눈으로 바라본다. 모스크바의 아름다움이 차갑고 불안정하게 느껴진다. 모스크바여, 당신을 사랑하든 말든 당신은 아무 상관도 없단 말이오?

개 같은 인생과 흰 도기에 담긴 100그램의 가루에 대하여

타마라 수호베이(식당 종업원, 29세)

—인생은 개 같아요! 내가 얘기해주죠…… 인생은 선물을 선사하지 않아요. 난 내 인생을 살면서 단 한 번도 좋은 것, 아름다운 것을 본 적이 없어요. 기억에도 없어요. 아무리 떠올리려 해도 생각이 나질 않아요! 난 독도 마셔보고 목도 매달아봤어요. 한 세 번 정도 자살을 시도했어요…… 지금은 손목을 그은 상태고요…… (붕대를 칭칭 감아놓은 손목을 보여준다.) 바로 여기…… 이 부분이요…… 그런데 사람들이 나를 구해줬고, 난 일주일 동안 잠만 잤어요. 자고 또 자고. 내 몸이 그런 상태였던 거예요. 정신과 의사가 들어와서는 지금 당신이 내게 하듯 나에게 부탁했어요. '말해라, 말을 해라.' 그런데 뭘 말해야 하는 거죠? 난 죽음이 무섭지 않아요…… 그러니 당신은 괜히 여기 와서 앉아 있는 거예요. 헛걸음했어요! (벽 쪽으로 돌아서더니 말을 하지 않는다. 그런데 내가 나가려고 하자 그녀가 나를 멈춰 세운다.) 알았어요, 들어봐요…… 모든 건 진짜 있었던 일이에요……

……내가 어렸을 때였어요…… 학교에서 돌아와 잠이 들었는데 다음날 아침 침대에서 일어나질 못했어요. 의사에게 갔지만 의사는 진단을 내리지 못했어요. 그후엔 그 할망구들을 찾기 시작했죠. 점쟁이들이요. 그리고 주소를 알아냈어요. 그 할멈이 카드를 펼치더니 엄마에게 말했어요. "집에 가서 딸이 베고 자는 베개를 뜯어내면 그 속에 든 넥타이와 닭뼈를 찾아낼 수 있을 거야.

넥타이는 십자가 위에 걸어서 길가에 세워두고 닭뼈들은 검은 개에게 줘. 그러면 딸이 일어나서 걷게 될 거야. 저주술에 걸렸어." 난 이제까지 살면서 좋고 아름다운 걸 본 적이 없어요…… 정맥을 긋는 건 누워서 떡 먹기예요. 난 싸우는 데 지쳤어요. 어렸을 때부터 난 그렇게 살았어요. 냉장고를 열어보면 보드카밖에 없었어요. 우리 시골에서는 열두 살 때부터 술을 마시기 시작해요. 좋은 보드카는 비싸기 때문에 밀주를 만들어서 먹고, 향수를 마시고, 유리 세정제나 아세톤을 마시기도 해요. 구두약으로 술을 만들고 풀로도 만들어요. 젊은 남자들은 당연히 술 때문에 죽어요. 당연하죠, 독을 마시니까요. 이웃 사람은 술에 취하면 사과나무를 막대기로 내려치곤 했어요. 온 집안 사람들을 바짝 긴장하게 만들었죠…… 우리 할아버지도 호호할아버지가 될 때까지 술을 마셨어요. 일흔 살에도 하룻저녁에 술 두 병은 거뜬히 마실 수 있었어요. 그걸 또 자랑하고 다니셨죠. 할아버지는 전쟁에서 메달과 함께 돌아오셨어요. 영웅! 한동안 군인 코트를 입고 다녔고, 술 마시고 거리를 활보하며 승리를 자축하셨죠. 그러는 동안 할머니는 내내 일을 하셨어요. 할아버지가 영웅인데 말이에요…… 할아버지는 할머니를 죽도록 팼어요. 난 무릎 꿇고 할머니를 때리지 말라며 할아버지에게 매달렸어요. 할아버지는 도끼를 들고 우리를 쫓아다녔어요…… 우린 도망가서 이웃집에서 묵기도 했고 창고에서도 잤어요. 할아버지는 개도 결국 죽여버렸죠. 할아버지 때문에 전 남자를 혐오하게 되었어요. 평생 혼자 살기로 결심했죠.

도시로 갔어요…… 자동차도 사람도 모두 다 무섭더군요. 그런데도 사람들은 도시로 가죠. 저도 그랬고요. 도시에서 살던 큰언니가 저를 데려갔어요. "전문대도 들어가고 종업원으로 일도 하게 될 거야. 타마라, 넌 정말 예쁜 아이야. 그러니 군인 남편을 만날 수 있을 거야. 조종사와 결혼할 수도 있겠지." 조종사는 무슨…… 내 첫번째 남편은 절름발이에 키도 작았어요. 친구들이 말렸죠. "저런 사람을 어디다 쓰게? 널 쫓아다니는 남자들이 줄을 섰어." 하지만 난 항

2부 허무의 마력

상 전쟁영화를 좋아했고, 여자들이 전장에서 돌아오는 남편을 기다리던 장면들을 보았어요. 손발이 없어도 좋으니 살아서만 돌아오라고 염원했던 부인들이 있었어요. 할머니가 그러는데, 우리 시골에 전쟁에서 두 다리를 잃은 채 집으로 돌아온 남자가 있었대요. 그의 아내가 그를 두 팔로 안고 다녔다는 거예요. 그런데도 그 남자는 술만 퍼마시고 형편없이 굴었대요. 도랑에 빠지면 부인이 그를 안아올리고 휠체어에 앉힌 뒤 목욕도 시켜주고 깨끗한 이불을 깔고 앉혔다는 거예요. 난 그게 사랑인 줄 알았어요. 난 사랑이 뭔지 잘 몰라요. 난 그 사람이 불쌍해서 그에게 다정하게 대했어요. 나와 그이 사이에는 세 명의 아이가 있었어요. 그런데 그도 술에 손을 대기 시작하더니 칼을 들이대며 협박하더군요. 침대에서 잠도 못 자게 해서 맨바닥에서 자곤 했어요…… 파블로프의 개처럼 내겐 반사작용이 생겼어요. 남편이 집에 들어오면 난 아이들을 데리고 집 밖으로 나갔어요. 과거를 떠올리면 눈물이 나요…… 이 기억들을 다 지옥불에 던져버렸으면! 이제까지 살면서 한 번도 아름다운 순간을 본 적이 없어요. 영화나 텔레비전에서만 봤죠. 그러니까…… 누군가와 이렇게 마주앉아서 함께 꿈을 꾸고…… 함께 기뻐하고…… 그런 건 내 인생에 없었어요……

두번째 아이를 임신했을 때였어요…… 시골에서 전보가 날아왔어요. "장례식에 오너라. 엄마가." 한 집시가 그 전보를 받기 얼마 전에 기차역에서 점을 쳐줬어요. "먼길을 떠날 거예요. 아버지 장례를 치를 거예요. 많이 울 거예요." 믿지 않았어요. 아버지는 건강했고 차분한 사람이었거든요. 엄마는 아침부터 술을 마셔댔지만, 아버지는 소젖도 짜고 감자도 삶고 모든 일을 혼자 다 하셨죠. 아버지는 엄마를 많이 사랑했고, 엄마는 아빠를 유혹할 줄 알았어요. 전 친정에 내려갔고 관 옆에 앉아 울었어요. 그때 옆집 여자아이가 내 귀에 대고 소곤거리며 말하더군요. "할머니가 할아버지를 무쇠솥으로 죽였어요. 나보고 아무 말도 안 하면 초콜릿 캔디를 사준다고 약속했어요……" 미칠 것 같았어요. 공포로 인해서 속이 메스꺼웠어요…… 끔찍해서요…… 집에 아무도 없을 때, 모두가 나갔을 때 난 아버지의 옷을 벗긴 뒤 멍자국을 찾았어요. 몸에는 멍자국이 없었지만 머리에는 크게 움푹 파인 자리가 있었어요. 엄마에게 그 자국을 보여주자 아버지가 장작을 패다가 장작이 잘못 튀어서 머리에 맞았다고 대답했어요. 밤새도록 울었어요…… 마치 아버지가 내게 뭔가를 얘기하고 싶어하는 것 같았어요. 그런데 엄마는 밤새도록 술도 마시지 않고 제 곁을 떠나지 않았어요. 날 혼자 두지 않더군요. 아침에 일어나보니 아버지의 눈에서, 속눈썹 아래로 피눈물이 흐르는 것이 보였어요. 한 방울, 두 방울…… 마치 살아 있는 사람의 눈에서 흐르듯 눈물 방울이 뚝뚝 떨어졌어요. 아악! 무서웠어요! 그때가 겨울이었어요. 관을 묻을 구덩이를 파기 위해서 자작나무로 모닥불을 피워 땅을 녹이고 자동차 커버로 덮어두었어요. 일꾼들은 보드카 한 박스를 대가로 요구했지요. 아버지를 땅에 묻자마자 엄마가 술에 취했어요. 즐거워 보였어요. 하지만 난 울었어요…… 모든 일을 겪은 지금도 우박처럼 눈물을 흘려요. 친엄마…… 나를 낳아주신 엄마…… 원래는 가장 가까운 사람이어야 맞는 거잖아요. 내가 떠나자마자 엄마는 집을 팔았고 창고는 불태웠어요. 그래야 보험금을 더 탈 수 있다면서. 그런 뒤 엄마는 내가 있는 도시로 상경했어요. 그리고 곧바로 다른 남자를 만났어요…… 번개 같은 속도로. 그 남자는 자기 아들과 며느리 내외를 내쫓고는 엄마 앞으로 아파트를 해줬어요. 엄마는 남자들을 유혹할 줄 알았어요, 눈을 멀게 하는 법을 알았어요…… (아픈 손을 아이를 안고 달래듯 한다.) 그런데 내 남편은 망치를 들고 날 쫓아다니고…… 실제로 두 번이나 머리를 내리친 적도 있었어요. 주머니에 보드카 한 병과 오이 하나를 쑤셔넣고는 밖으로 나가기 일쑤였죠. 도대체 어딜 싸돌아다녔던 걸까요? 아이들은 항상 굶주렸어요…… 우리는 늘 감자만 먹었고, 명절 때만 감자와 우유를 함께 먹었어요. 남편이 집에 들어왔을 때 바가지라도 긁으려 하면 곧바로 컵이 얼굴로 날아오고 의자를 벽에 내리치고…… 그리고 밤에는 짐승처럼 내 몸을 올라탔어요. 내 인생엔 아무것도 좋았던 것이 없어

　　　　　　　　　　　　　　　　2부 허무의 마력

요. 사소한 것조차요. 출근하면 항상 얻어맞은 상태, 울어서 눈이 퉁퉁 부은 상태였어요. 그런데도 직장에서는 웃으면서 인사해야 했지요. 한번은 레스토랑 사장님이 저를 사무실로 호출했어요. "내 가게에서 당신 눈물은 필요 없어. 내 코가 석 자라고. 내 아내도 중풍에 걸려서 2년째 자리보전하고 있어." 그러고는 내 치마 속으로 손을 집어넣었어요……

엄마는 새아버지와 2년을 채 같이 못 살았어요. 엄마한테 전화가 왔어요. "여기로 와, 장례 치르는 것 좀 도와줘. 화장터에 데려가야 해." 그 소리에 깜짝 놀라 기절할 뻔했어요. 하지만 정신을 차린 뒤에 난 가야만 했죠. 가면서도 머릿속에는 계속 한 가지 생각밖에 들지 않았어요. '만약, 이번에도 엄마가 죽인 거면? 그 사람의 아파트를 혼자 독차지하기 위해서 그런 거면? 술 마시고 놀고 싶어서 그런 거면? 어떡하지? 그러니 서둘러서 화장을 시키려고 하는 거 아니야? 불태워 없애려고. 그 남자의 아이들이 다 모이기 전에……' 그 남자의 큰아들은 소령이었거든요. 독일에서 들어오는 중이었어요…… 돌아왔는데 그의 아버지는 한 줌의 재로 변해 있는 거죠. 흰 도기에 담긴 100그램밖에 되지 않는 가루로…… 그때 받은 충격과 스트레스로 생리가 끊겼어요. 한 2년 동안 생리를 하지 않았던 것 같아요. 생리가 다시 시작되었을 때 난 의사를 찾아가 사정했어요. "제발, 여자가 가지고 있는 모든 것을 다 없애주세요. 수술을 하든 뭘 하든 난 더이상 여자이고 싶지 않아요! 누군가의 애인이 되고 싶지 않아요! 아내도 싫고! 엄마도 싫어요!" 친엄마…… 나를 낳아주신 분…… 난 엄마를 사랑하고 싶었어요…… 어린 시절 난 엄마에게 부탁했어요. "엄마야, 나 뽀뽀해줘." 그런데 엄마는 항상 술에 취해 있었어요…… 아버지가 출근하면 집안에는 술 취한 남정네들이 바글바글했어요. 그중 한 명이 날 침대로 끌고 갔어요…… 그때 난 열한 살이었어요…… 그 얘길 엄마한테 하자 엄마는 나에게 소리만 빽 지르고 말았어요. 엄마는 술을 마시고 또 마시고 계속 마시면서 평생을 즐기기만 했어요. 그런데 갑자기 죽어야 한다니! 당연히 엄마는 죽고 싶지 않았겠죠. 어떤 대가를 지불해서라도 죽음을 피하고 싶어했죠. 엄마의 나이가 쉰아홉이었어요. 엄마는 한쪽 가슴을 절제했고, 그로부터 한 달반 뒤에 나머지 한쪽도 절제했어요. 그런데도 엄마한테는 젊은 애인이 있었어요. 엄마보다 열다섯 살이나 어린 애인을 만든 거예요. "날 점쟁이들한테 데려가! 나를 살려내란 말이야!" 엄마는 소리를 질렀어요. 그런데 점점 더 안 좋아지기만 했죠…… 그 젊은 애인은 엄마를 돌보면서 똥오줌을 다 받아내고 목욕도 시켰어요. 그런데도 엄마는 죽을 생각이 없었어요…… 엄마가 말했죠. "하지만 만약, 만약에 죽는다면 모든 걸 그이에게 남길 거야. 아파트도 텔레비전도." 엄마는 나와 언니에게 상처를 주고 싶어했어요. 화가 난 모습이었어요. 엄마는 삶을 사랑했어요. 인생에 대한 욕심이 많았어요. 우리는 엄마를 점쟁이에게로 데려갔고 차에서 안아서 엄마를 내렸어요. 그 점쟁이 할멈은 주문을 외는가 싶더니 카드를 펼치기 시작했어요. 점쟁이 할멈은 "그래요?"라고 말하더니 자리에서 벌떡 일어났어요. "데려가. 난 저 여자는 안 고쳐……" 엄마는 우리에게 소리를 질렀어요. "다들 가. 나 혼자 남아 있고 싶어……" 그런데 그 할멈이 다급하게 외쳤어요. "기다려!" 그러고는 우리를 보내주질 않았죠…… 카드를 보면서 말했어요. "난 저 여자는 고치지 않을 거야. 왜냐하면 저 여자가 흙으로 돌려 보낸 사람이 한둘이 아니거든. 그런데도 병에 걸리자마자 성당에 가서 초 두 개를 부러뜨렸어……" 엄마가 말했어요. "우리 두 딸들의 건강을 빌기 위해서였어요……" 그러자 할멈이 말했어요. "딸들의 죽음을 위해서 그런 거잖아. 아이들의 죽음을 빌었잖아. 하느님께 딸들을 바치면 네년이 살아남을 거라 계산한 거잖아." 그 말을 들은 이후로 난 단 한 번도 엄마와 단둘이 남아본 적이 없어요. 오들오들 떨었어요. 난 약하기 때문에 엄마가 날 이길 수 있다는 걸 알았어요…… 난 항상 큰딸을 데리고 다녔는데 딸아이가 먹을 것을 찾으면 엄마는 그 모습에 길길이 날뛰었어요. 당신은 죽어가는데 누군가는 음식을 먹고, 누군가는 계속 산다면서. 엄마는 가위로 새 침대시트와 식탁보를 조각조각 잘라버렸어요. 당신이 죽은 뒤에 아무도 가져가지 못하도록요. 접시도 깨고, 할 수 있는 모든 걸 부수고 박살냈어요. 엄마를 화장실에 데리고 가는 건 불가능한 일이었어요. 엄마는 일부러 바닥이나 침구에……나한테 뒤처리를 시키려고요. 우리가 이 세상에 남는다는 것에 대해서, 우리가 걷고 대화하며 살게 된다는 것에 대해서 엄마는 그렇게 복수했어요. 엄마는 모두를 다 증오했어요! 만약 새가 창가에 내려앉았다면 아마 엄마 손에 죽고 말았을 거예요. 그때가 봄이었고 엄마의 집은 1층에 있었어요. 라일락 향내가 그득했죠…… 엄마는 그 향을 계속 들이마시면서도 더 느끼고 싶어했어요. 엄마가 내게 부탁했어요. "마당에서 작고 얇은 나뭇가지를 가져와." 가져다드렸죠. 엄마가 나뭇가지를 손에 쥐자 눈 깜짝할 사이에 잎사귀들이 마르기 시작했어요. 그러자 엄마가 내게 말했어요. "네 손도 한번 만져보자꾸나……" 그 점쟁이 할멈이 내게 일러준 말이 있었어요. 악행을 많이 저지른 사람은 오랫동안 고통 속에서 죽어가는 법이라고요. 천장을 뜯어내든지 모든 창문을 다 열어놓든지 방법을 취해야지 그러지 않으면 영혼이 육신을 벗어나지 않을 거라고요. 그리고 절대로 손을 내어주어서는 안 된다고 했어요. 그러면 그 사람의 병이 옮겨온다고요. "내 손은 왜요?" 그러면 엄마는 말없이 풀이 죽곤 했어요. 이제 거의 막바지에 다다랐던 거예요…… 그런데도 엄마는 장례를 치를 때 입을 옷이 어디에 있는지 그때까지도 우리에게 말해주지도 보여주지도 않았어요. 엄마는 장례를 치르려고 모아둔 돈이 어디에 있는지도 말해주지 않았어요. 엄마가 행여나 밤중에 내 딸과 나를 목 졸라 죽이지는 않을까 늘 노심초사했어요. 별의별 일이 다 일어날 수 있으니까요…… 눈을 살짝 감은 채 곁눈질로 지켜보고 있었어요. '엄마에게서 혼이 어떻게 나갈까……? 그 혼이라는 것이 어떻게 생겼을까? 갑자기 하늘이 열리고 빛이 내려오거나 구름이 나타나진 않을까?' 사람들은 영혼에 대해서 많은 말을 하고 글로 쓰지만 정작 영혼을 본 사람은 한 사람도 없잖아요. 다음날 아침, 가게에 가야 해서 이웃 사람에게 잠깐만 돌봐달라고 부탁했어요. 그 이웃분이 엄마의 손을 잡아주었고 그때 엄마가 돌아가셨어요. 마지막 숨이 떨어지는 순간에 뭔가 이해할 수 없는 말을 외쳤대요. 누군가를 부르듯이…… 누군가의 이름을 불렀대요. 누구였을까요? 이웃분은 그 이름을 기억하지 못했어요. 익숙지 않은 이름이었대요. 내가 직접 엄마를 닦아내고 수의를 입혔어요. 일말의 감정 없이 물건을 다루듯, 냄비를 닦듯이. 아무런 감정이 없었어요, 감정들이 꽁꽁 숨어버렸거든요. 정말이에요…… 엄마의 친구들이 조문을 와서는 전화기를 훔쳐갔어요…… 친척들도 왔고 시골에 살던 둘째언니도 올라왔어요. 엄마는 누워 있었어요…… 둘째언니가 엄마의 눈을 열어보더군요. "언니, 왜 죽은 사람은 건드리고 그래?" "너 기억나니? 우리가 어렸을 때 엄마가 얼마나 우리를 괴롭혔는지? 우리가 우는 걸 그렇게 좋아했잖아. 난 엄마를 증오해."

친척들이 모두 모였고 말다툼이 시작되었어요. 엄마가 아직 관에 누워 있었을 때, 그러니까 밤부터 엄마의 유품들을 나누기 시작했어요. 어떤 사람은 텔레비전을, 어떤 사람은 재봉틀을…… 죽은 엄마의 몸에서 금귀고리도 벗겨냈어요. 사람들은 돈도 찾으려 했지만 결국 찾지 못했어요. 난 가만히 앉아서 울고만 있었어요. 심지어 엄마가 가엽기까지 했어요. 그다음날에 화장하기로 되어 있었어요…… 화장한 뒤 시골로 재를 들고 내려가, 엄마가 원하지는 않았지만, 아빠 옆에 함께 묻기로 했어요. 엄마는 아버지 옆에는 묻지 말라고 지시했거든요. 엄마도 두려웠던 거죠. 저세상이 정말 있을까요? 있다면 저기 어딘가에서 엄마와 아빠가 만났겠죠…… (멈춘다.) 이제는 더 흘릴 눈물도 별로 없어요…… 스스로도 놀라요, 어쩜 이렇게 모든 것에 무관심해졌을까. 죽음에도 삶에도. 악인들에게도 선인들에게도. 난 전혀 관심 없어요. 운명이 날 사랑하지 않는 이상 어차피 구원받을 길은 없으니까요. 이미 정해진 길에서 도망칠 수가 없다고요. 아, 참…… 내가 얹혀 살았던 큰언니는 재가해서 카자흐스탄으로 갔어요. 난 큰언니를 사랑했어요…… 난 직감했어요…… 내 심장이 그러더군요. "언니, 그 사람과 결혼하지 마." 왠지 언니의 두번째 신랑감은 내 마음에 들지 않았거든요. "얘, 그 사람 좋은 사람이야. 난 그 사람이 불쌍해." 그 사람은 열여덟 살이 되던 해에 감옥에 들어갔어요. 술 취한 사람들끼리 싸움이 났고 그 과정에서 어떤 청년을 칼로 찔러 죽인 거죠. 그래서 5년형을 언도받았지만 3년 만에 집으로 돌아왔어요. 그 남자는 출소하면서부터 우리집을 들락거리며 선물을 열심히 날랐어요. 그의 엄마가 우리 언니를 찾아와서 설득하기도 했어요. 사정에 가까웠죠. "남자는 항상 보모가 필요한 법이야. 남편에게 잘하는 아내는 어느 정도 엄마 같은 존재인 거야. 남자는 혼자 있으면 늑대가 된단다…… 바닥에 떨어진 음식도 주워먹게 돼……" 언니는 그 말들을 믿었어요! 언니도 나처럼 동정심이 많았던 거예요. "내가 그 남자를 사람으로 만들 거야." 난 언니와 새 형붓감과 함께 장례식을 치르며 밤새도록 엄마의 관 옆을 지켰어요. 그 남자도 언니에게 다정하게 잘 대해줘서 내가 질투가 날 정도였어요. 그런데 그로부터 열흘 뒤에 전보를 받았어요. "타마라 이모, 와주세요. 엄마가 죽었어요. 아냐가." 열한 살짜리 조카가 나한테 전보를 보낸 거예요. 관 하나를 묻고 돌아서기 바쁘게 또하나의 관이 기다리고 있었어요…… (울음) 그 남자가 술에 취해서 질투를 했대요. 발로 밟고 포크로 찔러댄 거예요. 그리고 죽은 사람을 강간했어요…… 그다음엔 술을 더 마셨는지, 담배를 피웠는지…… 뭘 했는지는 모르겠지만…… 그다음날 아침에 버젓이 출근해서 아내가 죽었다고 말하고 장례비용까지 받아왔다는 거예요. 그 돈을 딸에게 건넨 뒤 자기는 경찰서를 찾아가 자백했어요. 조카는 지금 우리집에서 살아요. 조카는 공부를 싫어해요. 머리에 문제가 있는지 아무것도 외우질 못해요. 겁도 많고…… 집 밖으로 나가는 것도 꺼려요. 그리고 그 남자…… 그 남자는 10년형을 선고받았어요. 그 남자는 자기 딸을 또 찾아오겠죠. 아빠랍시고!

난 첫번째 남편과 이혼했고 이제 남은 생애 동안 내 집에 더이상 남자는 없을 거라고 생각했어요. '절대로 들이지 않을 거야!' 우는 것도 멍든 채로 다니는 것에도 지쳤으니까요. 경찰이요? 첫번째 신고전화를 받고 건성으로 와본 뒤로 그다음부터는 "가정문제는 직접 해결하세요"라고 하더군요. 그런데 같은 아파트 한 층 위에 사는 집에서 남편이 아내를 죽였을 때는 요란한 사이렌을 울리며 우르르 경찰들이 몰려오더니 조서도 작성하고 수갑을 채운 뒤 그 남편을 끌고 갔어요. 그 짐승 같은 놈이 10년 동안 아내를 괴롭혔는데도 말이에요…… (가슴을 쾅쾅 내리친다.) 난 남자가 싫어요. 무서워요. 어떻게 내가 한번 더 결혼했는지 나도 이해가 안 돼요. 두번째 남편은 아프가니스탄에서 돌아온 사람이었어요. 온몸이 타박상에 중상도 두 번이나 당했다더군요. 공수부대! 군용 내복은 아직도 입고 다녀요. 그 사람은 자기 엄마와 함께 맞은편 집에서 살고 있었어요. 우리는 마당을 같이 썼죠. 그 사람은 마당에 나와서 아코디언을 연주하거나 라디오를 듣곤 했어요. 아프가니스탄 노래들, 구슬픈 노래들을요. 난 전쟁에 대해서 자주 생각했어요…… 항상 그 저주받은 버섯구름…… 원자폭탄…… 그런 것들이 무서웠어요. 내가 좋아했던 건, 신랑과 신부가 혼인서약을 한 뒤 꽃다발을 들고 '영원한 불꽃' 앞에 서는 모습이었어요. 난 그런 장면을 좋아했어요! 뭔가 성대해 보이잖아요! 한번은 벤치로 다가가 그 남자 곁에 앉았어요. "전쟁이 뭔가요?" "전쟁은 살고 싶은 거예요." 그 한마디에 그 사람이 불쌍해졌어요. 그 사람은 아빠는 본 적도 없었고 엄마는 어렸을 때부터 장애를 가지고 있었어요. 아빠가 있었다면 그 사람도 아프가니스탄까지 가진 않았겠죠. 아빠가 그 사람을 보호하려고 다른 아빠들처럼 돈을 써서라도 빼냈을 테니까요. 그런데 그 사람과 그 엄마에겐…… 그 남자의 집에 가보았어요. 침대, 의자 몇 개, 벽에 걸린 아프가니스탄전 참전 메달. 난 그 사람이 불쌍했던 나머지 정작 나 자신에 대해 생각하는 걸 깜빡하고 말았어요. 그래서 결국 우리는 같이 살게 되었어요. 그 사람은 숟가락과 수건만 들고 내 집으로 들어왔어요. 참, 메달도 가지고 왔죠. 그 아코디언도.

난 내 나름대로 상상의 나래를 펼치기 시작했어요. 몽상을 한 거죠. 그이는 영웅이다…… 조국의 수호자다…… 내가 직접 그 사람에게 왕관을 씌어주었고 아이들에게는 그가 왕이라고 세뇌시킨 거예요. 영웅과 함께 산다! 그이는 군인의 의무를 다했고 많은 고통을 받은 사람이다. 내가 그를 따뜻하게 보듬어주고…… 구원해줄 것이다…… 마더 테레사가 따로 없었죠! 난 신앙심이 깊은 사람은 아니에요. 항상 한 가지 기도만 해요. "주여, 우리를 용서하소서." 사랑은 염증이에요…… 동정심이 들어요…… 사랑을 하게 되면 불쌍하게 여겨져요…… 우선, 제일 처음 일어난 일은…… 그이는 꿈속에서 '뛰어다녔어요'. 다리가 바로 움직인 것은 아니지만 다리근육이 뛰는 것처럼 긴장되곤 했어요. 어떤 때는 밤새도록 뛰어다녔어요. 밤마다 자면서 소리쳤어요. "적들이다! 적들이다!(아프가니스탄 무자히드 반군을 말하는 거였어요.)" 부대장이나 동료 부대원들을 부르기도 했어요. "측면으로 돌아가!" "수류탄 투하!" "연막 엄호를 해!" 한번은 자기를 흔들어 깨우는 나를 죽일 뻔한 적도 있었어요. "여보! 여보! 일어나요!" 난…… 난 심지어 그 사람을 정말 사랑하게 되었어요…… 아프가니스탄 단어도 많이 배웠어요. '진단' '보차타' '두발' '바르부하이카'…… 등 '호다 하페즈!'* 아프가니스탄이여, 안녕! 1년은 무탈하게 잘살았어요. 정말이에요! 돈도 들어오기 시작했고 그 사람이 스튜도 자주 사오곤 했어요. 아프가니스탄에서 자주 먹곤 했대요. 산에 올라갈 때면 고기를 넣고 끓인 스튜와 보드카를 가지고 갔다고 하더군요. 그이는 우리에게 응급조치하는 법도 전수해줬어요. 어떤 식물들을 먹을 수 있고, 동물들은 어떻게 잡아야 하는지도 알려줬어요. 거북이 그렇게 달다고 하더라고요. "당신도 사람들을 쐈어요?" "거기선 선택의 여지가 없어. 내가 죽든가 그놈이 죽든가 둘 중

---

* '진단'은 중동 및 중앙아시아 감옥의 일종이다. '보차타'는 그들과 함께 걷는 아프가니스탄의 어린 소년들을 가리키는 러시아 군인들의 용어이다. '두발'은 크고 두꺼운 점토울타리이다. 바르부하이카는 아프가니스탄의 대형 트럭이다. 호다 하페즈는 주로 이별하면서 쓰는 말로 '신의 가호가 있기를'이라는 뜻의 페르시아어이다.

하나야." 그가 겪은 고통의 대가라 생각하고 모든 걸 용서했어요. 결국 스스로 내 무덤을 파고 있었던 거예요……

자, 그럼 이제 본론으로 들어가서…… 밤이면 친구들이 그 사람을 꼬셔냈고, 술에 취한 그이를 문 앞에 갖다놓았어요. 시계는 온데간데없고 셔츠도 없고…… 허리까지 맨살을 드러내놓고 있었죠. 이웃 사람들이 전화를 해요. "타마라! 네 남편 데리고 들어가! 추워서 신한테 혼까지 쏙 빼줄 참이야." 그러면 난 그 사람을 집으로 끌고 들어와요. 엉엉 울기도 하고 악다구니를 치다가 방바닥을 데굴데굴 구르기도 했죠. 일도 한곳에서 오래 붙어 있질 못했어요. 경호원도 했다가 수위도 했다가…… 남편은 술 없이는 못 살았고 취해야만 했어요. 결국 돈을 다 술로 마셔버렸죠. 집에 먹을 건 있는지 없는지 남편은 관심조차 없었어요. 항상 술을 퍼마시거나 텔레비전 앞에 앉아 있거나. 옆집에 사는 세입자가 아르메니아인이었는데 그 사람이 무슨 말을 했는지 남편의 마음에 들지 않았나봐요. 그 아르메니아인의 이와 코뼈를 부러뜨려서 그 사람이 피투성이가 된 채 바닥에 쓰러져 있었어요. 남편은 동양인들을 싫어했어요. 남편과 시장에 가는 것도 무서웠어요. 시장 상인들은 대부분 우즈베크인이나 아제르바이잔인이었으니까요. 자칫하다간, 어휴…… 남편이 입버릇처럼 하던 말이 있어요. "저런 자식들은 똥구멍에 못을 처박아야 돼." 상인들이 저마다 가격을 알아서 깎아줬어요, 엮이지 않으려고요. "에잇…… '아프간' 그놈이야…… 미친놈…… 재수 옴 붙었네!" 남편은 아이들도 때렸어요. 아들이 남편을 좋아해서 따르고 들러붙으면 그 사람은 아이를 베개로 눌러서 숨막히게 했어요. 이제 남편이 문을 열고 들어오면 아들은 얼른 침대로 뛰어가서 누워요. 자는 척 눈을 감죠. 그래야 맞지 않으니까요. 모든 베개는 소파 밑에 숨기고요. 난 매일 울든가…… 아니면 이렇게…… (나에게 붕대를 칭칭 감은 손을 들어 보인다.) '공수부대의 날'이 오면 동료들이 모여요…… 모두 군복 차림이죠…… 그러고는 인사불성이 될 때까지 마셔대죠! 화장실은 오줌 천지를 만들어놓고요. 그 사람들은 머리에 문제가 있는 것 같아요. 위대함에 중독된 환자들. '우리가 전쟁을 했다! 우리는 대단하다!' 첫번째 건배사가 "전 세계는 죄다 똥이다! 사람들은 죄다 매춘부들이다! 태양은 좆같은 전구다!"였어요. 그리고 그렇게 새벽 동이 틀 때까지 건배는 계속되었어요. '안식을 위하여' '건강을 위하여' '훈장을 위하여' '모두가 뒈지는 그날을 위하여' 등등. 그 사람들은 삶에 적응하지 못했어요. 왜인지는 나도 몰라요, 그게 보드카 때문이었을까요? 아니면 전쟁 때문이었을까요? 그들은 배고픈 늑대처럼 성이 나 있었어요! 그리고 캅카스 출신들과 유대인들을 싫어했어요. 유대인들을 싫어한 이유는 그리스도를 못박았다는 것과 레닌의 일을 그르쳤다는 것 때문이었어요. 그 사람들은 가정의 일상이 하나도 재미있지 않은 거예요. 아침에 일어나서 세수하고 밥을 먹고 나면 어김없이 무료함이 찾아오죠. 그들은 지금도 불러만 주면 한걸음에 체첸까지 갈 사람들이에요. 영웅 놀음을 하려고요! 그 사람들에게는 울분이 남아 있었어요. 모두를 향한 울분. 정치인, 장군 기타 등등. 그 분노는 우선적으로 전쟁터에 없었던 사람들을 향한 것이었어요. 남편을 포함해서 그의 동료들 모두는 할 줄 아는 일이 없었어요. 그들이 할 수 있는 일이라고는 권총을 들고 다니는 것뿐이었죠. 그 사람들은 화가 나서 술을 마신다고 했어요…… 어이구, 어이구! 전쟁터에서도 술을 마셨대요. 그 사실을 숨기려 하지도 않더군요. "러시아 군인은 100그램 없이는 승리의 날까지 살아남을 수가 없다고." "러시아 군인을 두 시간쯤 사막에 버려두면 물도 없는 그곳에서도 술에 취해 있을 거야." 메틸알코올도 마시고, 브레이크오일도 마시고…… 그 사람들은 어리석어서 술에 취해 나락으로 떨어지곤 했어요…… 전쟁에서 돌아와서는 어떤 사람은 목을 매달고, 어떤 사람은 싸움에 휘말려 총 맞아 죽고, 어떤 사람은 불구가 되도록 얻어맞고, 어떤 사람은 머리를 다쳐서 정신병원에 들어갔어요…… 여기까지가 내가 아는 내용이고요…… 어떤 쓰레기 같은 일들이 더 있을지 누가 알겠어요…… 자본주의자들…… 그러니까 그 '신러시아인'들이 우리 남편 같은 사람들을 고용해서 자기들끼리 빚을 받아내는 데 투입하고 그 대가로 돈을 지불해요. 우리 남편 같은 사람들은 총을 쉽게 쏴요. 동정심도 없어요. 스무 살짜리 어린 놈에게는 어마어마하게 돈이 많고, 우리 남편 같은 사람들에겐 전쟁 메달, 말라리아, 간염 등이 있었어요…… 그러니 그 작자들이 그 어린 사람을 불쌍하게 여기겠어요? 그들은 어디에서도 동정 한번 못 받아보고 산 사람들이라고요…… 그들은 총을 쏘고 싶어해요…… 이건 녹음하지 마요…… 무서워요. 그 사람들은 말도 길게 안 해요. 보자마자 벽에 갖다 세울 거예요. 그들은 체첸에 가고 싶어해요. 왜냐하면 거기엔 자유가 있고, 거기엔 핍박받는 러시아인들이 있으니까요. 그리고 그들은 자기 부인들에게 모피코트를 선물하고 싶어해요. 금반지도요. 내 남편도 체첸에 가려고 애를 썼지만 술주정뱅이들은 받아주지 않았어요. 건강한 자원병들이 넘쳐났던 거죠. 매일 반복되고 있어요. "돈 줘." "못 줘." "이 쌍년이, 꿇어!" 그러고는 때려요. 그런 뒤에는 앉아서 또 훌쩍거려요. 내 목에 매달려서는 "나를 버리지 말아줘!". 난 정말이지 오랫동안 그 사람을 가여워했어요…… (울음)

동정심…… 이 사악한 사기꾼! 더이상 이 사기꾼에게 당하지 않을 거예요. 동정심을 빌미로 날 휘두르지 말라고! 네가 뱉은 가래침은 네가 숟가락으로 떠 먹으라고! 네가 직접 치우란 말이야! 주여, 나를 용서하소서. 만약 당신이 정말로 존재한다면, 나를 용서하소서!

퇴근해서 집에 왔는데…… 남편의 목소리가 들렸어요. 아들에게 뭔가를 가르치고 있었어요. 이젠 나도 다 외울 정도예요. "스톱! 자, 기억해둬. 넌 창문으로 수류탄을 던진 후에 이쪽으로 굴러와야 해. 그리고 바닥에 바짝. 그리고 다른 수류탄을 기둥 뒤로……" 아, 빌어먹을! "4초 뒤에 너는 계단에 있어야 해. 그리고 발로 뻥 차서 문을 여는 거야. 이때 기관총을 왼쪽으로 조준하고. 자, 첫번째 동료가 쓰러지면 두번째 동료가 옆을 지나쳐서 뛰어가고 세번째 동료는 엄호해주는 거야…… 잠깐! 그만!"그만해……! (소리지른다.) 난 무서워요! 어떻게 내 아들을 살리죠? 친구들에게 물어보면, 한 명은 "성당에 가야 해. 기도해야 해"라고만 하고 다른 친구는 날 점쟁이에게 데리고 가더군요. 이젠 누구에게 가야 하나요? 더이상은 갈 곳도 없어요. 동화 속 마귀할멈처럼 생긴 점쟁이가 그러더군요. 다음날 보드카 한 병을 가지고 다시 오라고요. 그러더니 우리집에 와서 그 보드카병을 들고 뭔가 주문을 외면서 방을 돌아다니며 휘젓더니 다시 내게 돌려줬어요. "이 술에는 주술이 걸려 있어. 이틀 동안 술잔에 따라줘. 셋째 날이 되면 술은 보기도 싫어질 거야."그후로 신기하게도 정말 한 달 동안 술을 안 마셨어요. 하지만 그뒤로 다시 시작되었죠. 밤만 되면 술에 취한 채 밖에서 콧물을 흘리고 부엌에서 냄비를 내동댕이치면서 먹을 걸 내놓으라고 소란을 피웠죠…… 그래서 다른 점쟁이를 찾아갔어요…… 그 점쟁이는 카드로 점을 쳤어. 점쟁이가 찻잔에 물과 함께 불에 달군 납을 따랐어요. 가장 쉬운 주술을 알려줬어요. 소금과 모래 한 줌을 이용하는 방법이요. 하지만 아무것도 도움이 되지 않았어요! 보드카와 전쟁이란 질병은 치료할 수가 없어요…… (아픈 손을 휘젓는다.) 아, 너무 지쳤어요! 이젠 아무도 불쌍하지 않아요! 나 자신도, 내 아이들도! 난 엄마를 찾은 적도 없는데 엄마가 내 꿈에 자주 나타나요. 젊고 즐거운 모습으로. 엄마는 항상 젊은 모습으로 웃고 있어요. 난 엄마를 쫓아버려요…… 하루는 큰언니가 꿈에 나왔어요. 언니는 항상 진지하게 나에게 같은 질문을 해요. "애, 넌 전구를 꺼버리듯이 그렇게 네 자신을 스스로 꺼버릴 수 있다고 생각하는 거니?" (말을 멈춘다.)

이건 모두 사실이에요…… 난 살면서 아름다운 것을 본 적이 없어요. 그리고 이젠 더이상 볼 기회도 없을 거예요. 어제 그 인간이 병원에 왔어요. "내가 카펫을 팔았어. 애들이 굶고 있어." 내가 제일 아끼던 카펫을. 우리집에 유일하게 남은 가장 값나가는 물건이었는데…… 1년을 꼬박 돈을 모아서 산 카펫이었어요. 한푼 두푼 그렇게 모아서요. 베트남산 그 카펫을 얼마나 갖고 싶었는데…… 그런데 그 인간이 아무렇지도 않게 술 마시는 데 써버린 거예요. 직장 동료들이 다급하게 몰려와서는 "아아, 타마라! 어서 집으로 가야 해. 네 남편이 아들이 지겹다고 매일 때리고 있어. 큰아이는(언니의 딸) 벌써 열두 살이잖아…… 네가 더 잘 알잖아…… 술에 취하면……"

밤이 되면 난 누워 있어요. 그런데 자진 않아요. 그러다가 순식간에 어떤 구멍 속으로 들어가서 어디론가 날아가요. 내일 아침에 난 어떤 모습으로 일어날지 알 수가 없어요. 난 무서운 생각을 해요……

작별인사를 하는데 불쑥 그녀가 나를 끌어안는다.

나를 기억해줘요……

1년 뒤 그녀는 또 한번의 자살을 시도했다. 그리고 실패하지 않았다. 알아보니 그녀의 남편에겐 벌써 다른 여자가 생겼다. 난 그 여자에게 전화를 했다. "그이가 불쌍해요. 사랑하지는 않지만 가여워요. 문제는 그이가 또 술을 먹기 시작했다는 거예요. 저한테는 끊는다고 약속했거든요."

그뒤로 그 여자에게서 내가 어떤 얘기를 들었는지…… 눈치챘는가?

말이 없는 죽은 자와 고요한 먼지에 대하여

올레샤 니콜라예바(순경, 28세)

어머니의 이야기 중에서:

—난 내가 하는 이야기들 때문에 곧 죽을 겁니다…… 대체 왜 난 이런 얘기를 할까요? 선생님이 내게 도움을 줄 순 없어요. 그래요, 쓰세요…… 출판

도 하세요…… 좋은 사람들이 그 책을 사서 한 번 읽고는 좀 울겠죠. 나쁜 사람들은…… 중요한 건 그 나쁜 사람들이 읽지 않을 거라는 거예요. 그 사람들이 뭣 때문에 읽겠어요?

난 이미 여러 번 이야기를 한걸요……

2006년 11월 23일……

TV에도 나왔고…… 그래서 이미 이웃 사람들도 다 알고 있었어요. 도시 전체가 웅성웅성했죠……

그때 난 우리 손녀딸 나스챠와 함께 집에 있었어요. 텔레비전은 너무 낡아서 이미 오래전에 고장나 있었기 때문에 작동하지 않았어요. 우리는 올레샤가 돌아오기만을 기다리고 있었어요. "네 엄마가 돌아오면 우리도 새 텔레비전을 사자." 대청소를 하고 묵은 빨래도 해치우기로 작정했죠. 우리는 무슨 연유에서인지 기분이 아주 좋았어요. 그래서 그날은 웃고 또 웃었어요. 텃밭에서 우리 엄마가…… 할머니가 들어오셨어요. "어머나, 얘들아. 너희 기분이 오늘따라 유독 좋구나. 조심들 해라, 그러면 꼭 울 일이 생긴다잖니." 그때 심장이 쿵 떨어지는 소리가 들렸어요…… '우리 올레샤는 괜찮은가?' 전 그 전날 올레샤와 통화했어요. '경찰의 날'이었거든요. 우리 딸이 '내무부 우수 경찰'로 선정되어서 배지를 받았다고 했어요. 우리는 전화로 딸을 축하해줬죠. 딸이 말했어요. "아아, 우리 가족 모두 많이 사랑해. 어서 우리 나라 땅을 밟으면 좋겠다." 내 연금의 반이 국제전화비로 나갔어요. 딸의 목소리를 들으면 이틀에서 사흘 정도는 어떻게든 버틸 수 있었거든요. 그다음 전화통화를 할 때까지…… 딸은 늘 나를 달랬어요. "엄마, 울지 마. 난 무기는 있지만 그걸 사용하지는 않아. 한편에서는 전쟁이 벌어지고 있지만 다른 한편에서는 아주 평온한 상황이라고. 아침에는 물라*가 부르는 노랫소리를 들었어. 여기 사람들은 기도

---

* 이란과 중앙아시아에서 이슬람 종교학자나 성직자에게 붙여주는 칭호.

붉은색으로 장식되지 않은 열 편의 이야기

를 그렇게 해. 이곳에선 산꼭대기까지 풀과 나무가 무성해서 산도 죽은 게 아니라 살아 움직이는 것만 같아." 또 한번은 이런 말도 했어요. "엄마, 체첸 땅 구석구석에 석유가 스며들어 있어. 집집마다 텃밭을 파보면 글쎄, 석유가 나와."

왜 그들을 그곳으로 보냈을까요? 아이들은 그곳에서 나라를 지키는 게 아니라 유정탑을 사수하기 위해 싸웠어요. 이젠 석유 한 방울이 피 한 방울의 값을 하는 시대니까요……

이웃집 여자가 우리집에 들렀더군요…… 그리고 한 시간 뒤에는 또다른 이웃 사람이…… "오늘따라 사람들이 왜 저러지?" 왜냐하면 그냥 아무 용건 없이 왔다 갔거든요. 와서 좀 앉아 있다가 그냥 가고. 알고 보니 텔레비전에서는 이미 몇 차례 보도가 되었더라고요……

다음날 아침까지 우리는 아무것도 몰랐어요. 아침에 아들이 전화했어요. "엄마, 엄마 집에 계실 거죠?" "아니, 왜? 무슨 일 있니? 나 이제 장 보러 가려고." "엄마, 내가 갈 때까지 기다려요. 엄마가 나스차를 학교에 보낼 때쯤 내가 도착할 거예요." "안 보내려고. 기침을 해." "열이 없으면 그냥 학교에 보내요." 그때부터 심장이 쿵쾅거리기 시작했어요. 갑자기 몸에 한기가 덮치더군요. 손녀딸은 어디론가 나가버렸고 나는 베란다로 나갔어요. 밖을 내다보니 아들은 혼자가 아니라 며느리와 함께 오고 있었어요. 난 더이상 기다리고 있을 수가 없었어요. 이 분만 더 있으면 황천길이 보일 것 같았거든요. 계단으로 나가서 아래를 내려다보며 소리를 질렀어요. "왜? 올레샤에게 무슨 일이 있는 거야?" 나도 모르게 뱃속 깊은 곳에서부터 소리가 터져나왔는지 아이들도 내 소리에 답하더군요. "엄마! 엄마!" 아들 내외가 엘리베이터에서 나와서는 그냥 서 있는 거예요. 아무 말도 하지 않고요. "올레샤가 병원에 있니?" "아니." 갑자기 눈앞이 핑 돌았어요. 세상이 빙글빙글 도는 것 같았어요. 그다음엔 상태가 안 좋아져서 별로 기억나는 부분이 없어요. 어디서 왔는지 갑자기 사람들이 많이 모여 있었어요. 이웃 사람들이 모두 문을 열어댔고, 사람들이 시멘트 바닥에서 나를 끌어올리면서 달래고 있었어요. 난 바닥을 기어다니면서 사람들의 다리에 매달려서는 신발에 입을 맞추면서 말했어요. "여러분…… 착하고 자상한 이웃 여러분…… 그 아이가 어떻게 자기 딸을 놔두고 갈 수 있겠어요…… 자기의 태양을, 창문에 비치는 한줄기 빛인 나스차를…… 들어보세요…… 동-네-사-람-들……" 바닥에 이마를 찧으면서도, 처음에는 그 사실을 믿을 수가 없었어요. 공기라도 잡고 싶은 심정이었어요. '아니야, 죽은 게 아니라 어디 한 군데 불구가 되어서 돌아올 거야. 다리가 없든지…… 눈이 멀었든지…… 그래도 괜찮아, 우리 나스차랑 같이 손잡고 데리고 다닐 거야. 살아만 있으면 돼!' 아무나 붙잡고 정말 사정하고 싶었어요…… 무릎이라도 꿇고 떼를 쓰고 싶었어요……

사람이 아주아주 많았어요. 집안에 낯선 사람들이 가득했죠. 주사를 맞으면 누워 있었고 정신을 차리면 다시 구급차를 불렀어요. 우리집이 삽시간에 전쟁터로 변했어요. 그런데도 다른 사람들은 저마다의 인생을 살고 있더군요. 아무도 타인의 슬픔을 이해하지 못해요. 자신들에게 닥친 슬픔을 이해하는 것만으로도 벅찬걸요. 아이고…… 아이고…… 모두들 내가 자고 있다고 생각했어요. 하지만 난 누워서 가만히 듣고 있었어요. 너무나 쓰라리고 아팠어요……

"……난 아들만 둘이야. 아직 학교를 다니고 있어. 지금부터 돈을 모아서 군대에서 빼내야지……"

"……우리 민족은 인내심이 정말 대단한 게 분명해. 사람은 고깃덩어리이고…… 전쟁터는 그냥 일터야……"

"……집을 유럽식으로 수리하는 중인데 얼마나 비싸졌는지. 그래도 이탈리아 가스레인지를 예전 가격으로 살 수 있었던 게 그나마 다행이야. 플라스틱 창도 달았고, 강화문도 달았고……"

"……애들은 계속 크고 있잖아…… 아직 어린아이일 때 많이 예뻐해줘야지……"

"……여기도 전쟁, 저기도 전쟁…… 매일 총을 쏘고, 폭파시키고. 버스를 타고 다녀도 무섭고 지하철을 타기도 무서운 세상이야……"

"……이웃집 아들이 백수였어. 술에 절어 살았지. 그런데 어떻게 용병으로 지원한 거야. 1년 뒤에 체첸에서 돈가방을 들고 돌아왔대. 차도 사고, 부인에게 모피코트와 금반지도 사주고, 가족들과 이집트 여행도 다녀오고…… 요즘은 돈이 없으면 아무것도 아닌 세상이라고. 그런데 그 돈을 대체 어디서 벌겠냐고?"

"……러시아가 약탈당하고 있어…… 러시아를 조각내서 나눠 가지려고 해…… 러시아가 꽤 큰 파이이긴 하지!"

그놈의 저주받을 전쟁! 그 전쟁은 저멀리 어딘가에서 벌어지고 있는 거였어요. 먼 곳에서…… 그런데 그 전쟁이 내 집에 발을 들여놓은 거예요. 딸에게 십자가를 걸어줬건만…… 우리 딸을 지켜주지 않았어요…… (울음)

하루가 지나서 우리에게 올레샤를 데려왔어요. 관에서는 물이 뚝뚝 떨어지고 있었어요. 이불보를 가져다 관을 닦았어요. 군 당국은 우리를 재촉했어요. 빨리, 빨리, 서둘러서 장례를 치러야 한다고…… "관을 열지 마세요. 부패가 시작됐어요." 하지만 우리는 관을 열었어요. 이건 실수일 거라며 계속 기대하고 있었거든요. 방송에서는 올레샤 니콜라예바…… 21세라고 했어요…… 나이가 맞지 않았어요. 그래서 '혹시, 저거 다른 올레샤랑 우리 올레샤를 헷갈린 거 아니야?'라고 기대했어요. 우리 딸이 아닐 거라고. "부패가 시작됐어요……" 사망증명서에는 이렇게 쓰여 있었어요. "……등록무기를 이용하여 두부 우측 지점에 무기 소지자가 스스로 의도성을 가지고 자기 자신에게 총상을 입힌 것으로 판단되며……" 그따위 종잇조각이 뭐라고! 난 내가 직접 보고 만져보고 싶었어요. 내 손으로 직접 딸아이를 쓰다듬어주고 싶었어요. 관을 열자 얼굴이 보이더군요. 생기 있고 좋아 보였어요. 그런데 왼쪽에 작은 구멍이 나 있는 거예요. 아주 작은 구멍…… 아주 작은. 연필이 들어갈 만한 구멍이요. 또 사실이 아니었어요. 연령도 맞지 않았고 왼쪽에 나 있는 구멍도 맞지 않았던 거예요. 증명서에는 우측이라고 되어 있었으니까요. 올레샤는 랴잔 시 전역에서 모집한 통합경찰부대와 함께 체첸으로 떠났어요. 딸이 근무했던 경찰서에서 딸의 장례를 돕고 있었어요. 딸아이의 동료들이요. 그리고 모두들 한목소리로 말했어요. "어떻게 이게 자살이야? 이건 자살이 아니야. 대략 2~3미터 떨어진 곳에서 누군가가 총을 쏜 거라고." 총을 쐈다고?! 그런데 군 당국은 재촉하기만 했어요. 도와주면서 계속 재촉했어요. 딸의 시신은 늦은 저녁에 당도했는데, 다음날 아침 정오쯤에는 이미 땅속에 묻혀 있었지요. 묘지에…… 으윽…… 윽……! 나도 모르는 힘이 샘솟더군요…… 인간의 힘이라고 말할 수 없는 힘이요…… 관뚜껑을 덮으면 그 뚜껑을 다시 뜯어버렸어요. 이로 못도 빼낼 판이었어요. 윗분들은 아무도 묘지에 오지 않았어요. 모두가 우리를 외면했어요…… 그중 제일 처음 외면한 건 국가였어요. 성당에서도 위로 성가를 불러주려고 하지 않았어요. 죄인이라며…… 이렇게 혼란한 영혼을 하느님이 받아주실 리 만무하다며…… 어떻게…… 어떻게 그럴 수가 있을까요? 난 이제 성당에 다녀요…… 초도 사서 꽂아놓지요…… 한번은 신부님을 찾아갔어요. "하느님은 원래 아름다운 영혼만을 사랑하시는 건가요? 만약 그렇다면 대체 하느님은 왜 존재하는 건가요?" 난 신부님께 모든 걸 말씀드렸어요…… 난 이 얘기를 이미 여러 번 했었다고요…… (침묵) 우리 성당 신부님은 젊으세요…… 내 얘기에 눈물을 흘리시더군요. "아니, 어떻게 지금까지 버텨오셨어요? 미쳐도 벌써 미쳤을 상황인데…… 주여, 당신의 어린 딸에게 하늘나라를 내려주시옵소서." 신부님은 올레샤를 위해서 기도해주셨어요. 그런데 사람들은 온갖 소문을 만들어내곤 했어요. 남자 때문에 자살했다는 둥, 술에 취해서 한 행동이었다는 둥. 전쟁터에서는 밤낮 가릴 것 없이 술을 마신다는 걸 모두가 잘 알고 있었거든요. 남자 여자 가릴 것 없이요. 전 그 고통을 온몸에 새기면서 버텨왔어요……

올레샤가 짐을 쌌어요…… 전 정말이지 그 여행가방을 밟고 찢고 싶었어요. 이를 꽉 물고 참았죠. 내 손을 묶어야 할 정도였어요. 하지만 잠을 잘 수가 없었어요. 뼈마디가 다 부러지는 것 같았고 온몸에 오한이 들었어요. 자지도 않으면서 꿈 같은 것을 보았어요. 만년설이 덮여 있고 겨울만 있는 곳이었어요. 사방이 하늘빛과 은색으로 덮여 있었어요. 그런데 올레샤가 나스챠와 같이 걷고 있는 것 같았어요. 둘이 물 위를 걷고 있는데 아무리 걸어도 물가까지 나오질 못하는 거예요. 사방에 물밖에 없었어요. 손녀딸은 계속 보이는데 올레샤가 조금 뒤 시야에서 사라졌어요. 그러고는 계속 보이질 않았어요. 난 꿈속에서도 놀랐어요. "올레샤! 올레샤!" 아이의 이름을 불렀어요. 그랬더니 다시 나타나는 거예요. 그런데 이번에는 살아 있는 모습이 아니라 초상화나 사진 속 모습을 하고 있었어요. 머리 왼쪽에 멍이 든 채로요. 총알이 박혀 있던 바로 그 자리예요…… (침묵) 그때는 아이가 이제 막 짐만 챙기고 있을 때였어요…… "엄마, 나 갈 거야. 나 벌써 사직서도 내고 왔어." "넌 혼자 아이를 키우고 있잖아. 어떻게 그 사람들은 너를 전장으로 내보낼 수 있는 거냐." "엄마, 내가 가지 않으면 난 직장에서 잘리고 말 거야. 알잖아, 자원이라고는 하지만 어차피 강제인 걸. 엄마, 울지 마. 거긴 이제 총격전 같은 건 없대. 이제는 건설을 하나봐. 난 그곳을 지키는 거고. 거기 가서 다른 사람들처럼 돈 벌어 올게." 딸이 근무했던 경찰서에서 이미 갔다 온 여경들이 있었는데, 모두 멀쩡하게 살아 돌아왔거든요. "내가 엄마 이집트도 데려갈 거야. 같이 피라미드도 구경하자." 딸의 소원이었어요. 엄마를 호강시켜주는 것. 우리는 가난하게 살았거든요. 동전 하나도 아껴가면서…… 시내에 나가보면 천지에 광고가 붙어 있어요. 차를 사세요…… 대출을 받으세요…… 사세요! 사기만 하세요! 모든 상점마다 중간 홀에 책상이 하나 있는데, 어떤 곳엔 두 개가 있기도 하고요, 대출을 신청하는 곳이죠. 그리고 그 책상 앞으로는 항상 긴 줄이 있어요. 사람들은 가난에 지쳐 있었고 모두가 허리 좀 펴고 살아보고 싶었던 거예요. 그런데 난 하루하루 끼니는 뭘로 때우나, 이제 감자도 마카로니도 떨어져가는데 뭘 먹고 살아야 하나 전전긍긍했어요…… 트롤리버스표를 살 돈도 없었어요. 전문대를 졸업하고 올레샤는 사범대학교 심리학과에 입학했지만 겨우 1년밖에 다니지 못했어요. 등록금을 낼 돈이 없어서요. 그래서 결국 제적되었죠. 친정엄마의 연금이 100달러, 내 연금이 100달러였어요. 위쪽에서는 석유와 가스를 생산한다는데…… 그 돈들은 우리의 주머니가 아닌 그들의 주머니로 다 들어가버리는 거예요. 우리같이 평범한 사람들은 가게를 다니면서 눈요기만 하는 거예요. 가게를 박물관 돌아다니듯 하는 거죠. 그런데 라디오에서는 일부러 작정한 듯, 우리 같은 사람들을 성나게 하려는 듯 "부자들을 사랑하세요! 부자들이 우리를 구원할 겁니다! 우리에게 일자리를 줄 겁니다!"라고 외쳐대고 있어요…… 그 부자들이 어디서 어떻게 휴가를 보내고 뭘 먹는지 방송해줘요. 수영장이 있는 집, 정원사와 요리사…… 마치 저 옛날 왕이 있던 시절 지주들의 모습을 보는 것만 같아요…… 저녁에 텔레비전을 보다가 '하나같이 다 쓰레기만 보여주네' 하고 잠을 자러 가버려요. 예전에는 많은 사람들이 야블린스키*와 넴초프에게 표를 던졌어요…… 난 적극적인 시민이었어요. 모든 선거에 다 참여했죠. 애국자였다고요! 난 넴초프가 좋았어요. 젊고 잘생겼으니까요. 그런데 나중에 보니까 결국 민주주의자들도 잘살고 싶어하는 건 매한가지더군요. 우리에 대해서는 잊어버렸어요. 사람은 먼지예요…… 티끌이에요…… 그래서 민중은 다시 공산주의로 돌아섰어요. 공산당이 있었

---

* 그리고리 야블린스키(1952~). 러시아의 경제학자이자 정치가. 소련을 자유시장경제로 전환하기 위한 계획인 '500일 프로그램'을 고안한 것으로 잘 알려져 있다. 1996년, 2000년 대통령 선거에 출마했으나 낙선했고, 2012년에는 출마를 시도했다가 정부의 제재를 받았다.

을 때는 적어도 아무도 억만장자가 아니었으니까요. 모두들 가진 게 별로 없었지만 그래도 그걸로 만족했죠. 대신 개개인이 자신을 사람으로 느꼈다고요. 나는 다른 사람과 똑같은 존재였어요.

난 소련 사람이에요. 우리 엄마도 소련 사람이에요. 우리는 사회주의와 공산주의를 함께 건설했어요. 아이들에게도 장사는 부끄러운 짓이고 돈이 행복을 가져다주는 게 아니라고…… 정직해야 하고 조국을 위해 헌신해야 한다며…… 조국이야말로 우리가 가진 가장 소중한 것이라고 가르쳤어요. 난 내가 소련 사람이라는 것에 평생 자부심을 느껴왔는데, 이제는 그 사실을 부끄럽게 여겨야 해요. 나 자신이 마치 어딘가 모자란 사람처럼 되어가는 거예요. 예전에는 공산주의 이상이 있었지만 이제는 자본주의 이상이 있어요. "아무도 용서하지 마라, 왜냐하면 아무도 너를 용서해주지 않으니까." 언젠가 딸이 말했어요. "엄마, 엄마는 아직도 이미 오래전에 사라진 나라에서 살고 있어. 엄마는 나한테 아무런 도움을 줄 수가 없다고." 대체 우리에게 무슨 짓을 한 거죠? 우리에게 무슨 일이…… (말을 멈춘다.) 선생님께 하고 싶은 얘기가 정말 많아요! 너무 많아요! 그런데 가장 중요한 게 뭔 줄 아세요? 올레샤가 죽은 뒤에…… 올레샤가 학교 다닐 때 썼던 작문공책을 찾았어요. 제목이 '삶이란 무엇일까?'였어요. "난 인간의 이상을 그려본다…… 인생의 목표란 나 자신을 위로 올라가게 만드는 그 무엇이다……" 제가 그렇게 딸에게 가르쳤어요…… (목놓아 운다.) 딸이 전쟁에 나갔어요. 그 아이는 생쥐도 죽이지 못하는 아이였다고요…… 뭔가 지켜져야 할 것들이 제대로 이행되지 않은 게 분명해요. 하지만 실제 무슨 일이 일어났는지 난 몰라요. 그들이 나한테 숨기고 있다고요! (소리친다.) 내 새끼가 흔적도 없이 사라졌어요! 그래선 안 되는 거잖아요! 우리 엄마가 대조국전쟁을 겪으셨을 때가 열두 살이었어요. 그때 엄마는 시베리아로 피난을 갔어요. 아이들이…… 그곳에선 아이들이 하루에 열여섯 시간씩 공장에서 일했어요. 어른들처럼요. 작은 그릇에 담긴 마카로니와

　　　　　　　　　　　　　　2부 허무의 마력

빵 한 조각을 받을 수 있는 배급식권을 타기 위해서 말이에요. 그깟 빵쪼가리 때문에! 그들은 전선에서 사용할 폭탄을 생산했대요. 너무나 어렸던 나머지 아이들은 작업대에서 그대로 죽어나갔대요. 엄마는 그때는 사람들이 왜 서로를 죽이는지 알 수 있었대요. 그런데 지금은 왜 서로를 죽이고 있는지 이해가 안 된다고 했어요. 그건 아무도 모르는 것 같아요. 저주받을 끔찍한 전쟁! 아르군…… 구데르메스…… 한칼라……* 텔레비전에 저 이름들이 나오면 난 그냥 텔레비전을 꺼버려요……

"의도적인…… 등록무기에서 발사된……" 등이 쓰인 사망증명서와 우리 손녀딸만이 내게 남아 있어요. 우리 나스차는 이제 겨우 아홉 살이에요…… 난 이제 그 아이의 할머니이자 엄마예요. 구석구석 안 아픈 데가 없고 외과수술들로 여기저기 수술자국이 나 있는 이 늙은이가 말이에요. 수술을 세 번이나 했어요. 건강하질 않아요. 조금도 건강하지 않아요. 어떻게 건강할 수 있겠어요? 전 하바롭스크 변강주에서 자랐어요. 타이가, 타이가. 우리는 막사에서 살았어요. 오렌지와 바나나는 그림으로만 봤죠. 마카로니…… 탈지분유와 마카로니를 먹고 살았어요. 드물게 소고기 스튜가 든 통조림도 먹었고요. 엄마는 전쟁이 끝난 후에 극동 지역으로 지원했어요. 그때는 북쪽 지역을 개간하기 위해서 젊은이들을 많이 모집했거든요. 마치 전장으로 부르는 것처럼 사람들을 모집했어요. '위대한 건설'을 위해서 북쪽으로 갔던 사람들은 우리처럼 무일푼인 사람들이었어요. 아무것도 가진 게 없는 사람들. 노래가사나 책을 보면 "안개를 지나 타이가의 향기를 따라……"라는 구절이 있었어요. 그런데 우리는 기아로 몸이 퉁퉁 부었어요. 배고픔이 우리를 영웅적인 행위로 이끈 거예요. 나도 막 유아기를 벗어났을 때부터 건설 현장에 가서 일했어요. 엄마와 함께 BAM을 건설했어요. 지금도 'BAM 건설에 참여한 공로'를 인정하는

---

* 체첸의 도시명.

메달과 수십 장의 표창장이 있어요. (침묵) 겨울이면 영하 50도까지 내려가는 혹한이었고, 땅도 1미터까지 얼어붙어 있었어요. 하얀색 민둥산들. 눈으로 뒤덮인 민둥산들이 얼마나 하얗던지 날씨가 화창해도 잘 보이지 않을 정도였죠. 구분이 되질 않았어요. 난 그 산들을 온 마음으로 좋아했어요. 사람은 저마다 조국이 있고 고향이 있죠. 그곳이 저의 고향이었어요. 막사 간 벽은 얇디얇았고 화장실은 밖에 있었어요. 하지만 청춘이 있었어요! 우리 모두는 미래에 대한 확신이 있었어요. 항상 그 믿음을 갖고 있었어요. 그리고 실제로도 매년 사는 형편이 점점 더 나아지기 시작했고요. 텔레비전을 가진 사람이 아무도 없었는데 어느 날 갑자기 모두가 텔레비전을 갖게 되었어요. 모두 막사에서 살았는데 어느 날 갑자기 각자의 아파트를 지급받은 거예요. 우리는 약속을 믿었어요. "소련의 현세대는 분명 공산주의 국가에서 살게 될 겁니다." 그 세대가 바로 나예요…… 내가 공산주의에서 살게 된다고요?! (웃음) 난 대학교 야간학부에 입학해서 경제학을 전공했어요. 그때는 지금처럼 등록금을 낼 필요가 없었거든요. 안 그랬으면 누가 날 대학에 보내줬겠어요? 그래서 나는 소련 정부에 감사하고 있어요. 졸업 후에는 지역행정위원회 재정부에서 일했어요. 전 양털코트도 사고 좋은 모피 스카프도 샀어요. 겨울에 그 스카프로 머리를 돌돌 말면 코만 삐죽 바깥으로 나와 있었죠. 업무상 집단농장을 시찰하곤 했어요. 집단농장에서는 검은담비, 북극여우, 밍크 등을 양식하고 있었죠. 그때쯤엔 모두가 어느 정도 살 만해졌어요. 난 엄마한테도 모피코트를 사드릴 수 있었어요. 그런데 느닷없이 자본주의가 선포된 거예요. 그들이 나타나서는 공산주의자들이 이제 곧 사라질 것이고 이제 모두에게 좋은 일이 있을 것이라고 했어요. 러시아 민족은 의심이 많아요. 힘들게 살았으니까요. 그래서 사람들은 모두 달려가 소금과 성냥을 사재기했어요. '페레스트로이카'라는 단어가 '전쟁'이라고 들렸으니까요. 우리가 보는 앞에서 집단농장과 공장들이 약탈당하기 시작했어요. 그다음에는 그걸 헐값에 모두 사들였어요. 우리가 평생 동안 건설한 것들이 헐값에 팔렸다고요. 인민들에게 바우처를 나눠주면서……
사기를 쳤어요. 그 바우처가 아직도 우리집 찬장에 들어 있어요. 올레샤의 사
망증명서와 그 쓸데없는 종이들이…… 이게 자본주의인가요? 아니면 뭔가
요? 러시아 자본주의자들은 질리도록 보았어요. 자본주의자 중에는 러시아인
뿐 아니라 아르메니아인도 있었고 우크라이나인도 있었어요. 그 사람들은 국
가로부터 상당한 돈을 대출받은 뒤에 다시 상환하지 않았어요. 그 사람들의
눈은 죄수들의 눈 같았어요. 난 그런 눈빛을 아주 잘 알고 있어요. 내가 살던
곳에서는 주변에 수용소와 철조망들이 넘쳐났으니까요. 누가 북쪽 지역을 개
발했나요? 죄수들, 우리들 그리고 가난이 한 거예요. 프롤레타리아. 하지만 그
땐 우리 스스로에 대해서 그렇게 생각하지 않았죠……

엄마가 드디어 결심했어요…… 출구는 하나, 랴잔으로 돌아가는 방법뿐이
었어요. 우리가 태어난 곳으로 가자. 밖에서는 벌써 소련을 나눠 갖느라 총격
이 벌어지고 있었어요. 너도나도 덤벼들어 손에 쥐고…… 찢고…… 폭력배들
이 주인이 되고 똑똑한 사람들이 바보로 전락했어요. 우리 모두가 합심해서
건설한 뒤 그냥 그 폭력배들에게 내준 꼴이 된 거죠…… 그렇죠, 그렇게 된 거
죠? 정작 우리들은 빈손으로, 집안에 있는 구질구질한 집기들만 가지고 되돌
아갔는데 말이에요. 그런데 우리는 그들에게 공장도 남겨두고…… 광산도 남
겨두었어요. 2주 동안 기차를 타고 갔어요. 냉장고, 책, 가구, 고기 다지는 기
계, 그릇 들을 모두 가지고 갔어요. 2주 내내 난 창밖을 바라보았어요. 러시아
땅은 정말 끝이 없구나라는 생각을 했죠. 우리의 '어머니-러시아'는 '너무 넓
고 풍요로운' 땅이라서 그 안에 질서를 확립하는 일이 쉽지 않은 거예요. 그때
가 1994년이었어요. 옐친이 있던 시절. 집으로 돌아간 우리를 뭐가 기다리고
있었을까요? 전직 교사들이 아제르바이잔 상인들 밑에서 아르바이트하면서
과일도 팔고 만두도 팔고 있었어요. 모스크바에 시장이 생겼는데 기차역에서
크렘린까지 그 시장이 이어졌어요. 거지들이 순식간에 불어났어요. 그런데 우

리는 소련인들이었다고요! 소련인! 오랫동안 사람들은 수치를 느꼈어요. 불편함을 느꼈어요.

　……시내 시장에서 난 체첸인 한 명과 대화했어요. 체첸에 전쟁이 발발한 지 15년이 지났고 그 사람은 여기로 피난을 왔다더군요. 그들이 러시아 전역으로 스며들어가고 있어요…… 방방곡곡으로…… 전쟁이라고 하더니…… 러시아가 그들과 전쟁하고 '특별작전'을 펼친다고 하더니…… 대체 무슨 전쟁이 이런가요? 그 체첸인은 젊었어요. "어머니, 난 싸우지 않아요. 내 와이프가 러시아인이라고요." 내가 들은 이야기가 있어요…… 선생님께 말씀드릴 수 있어요…… 체첸 아가씨가 러시아 조종사에게 반한 거예요. 잘생긴 청년이었어요. 그래서 사전에 둘이 협의한 대로 러시아 조종사가 그 아가씨를 그 집에서 훔쳐서 러시아로 데려간 거예요. 그리고 둘은 결혼했어요. 여기까지는 이상할 게 없죠. 그 부부는 사내아이도 낳았어요. 하지만 그 체첸 아가씨는 계속 울었어요, 불쌍한 부모님이 생각나서였죠. 그래서 그 둘이 부모님께 편지를 써서 보냈어요. 뭐, 용서하세요…… 우리는 서로를 사랑합니다 등등을 썼던 거죠. 그리고 시어머니가 전하는 안부도 적어넣었어요. 그런데 알고 보니 그동안 그 아가씨의 오빠들이 혈안이 되어서 여동생을 찾고 있었던 거예요. 집안을 망신시켰다는 이유로 여동생을 죽이려고요. 러시아인인 것도 모자라 체첸에 폭탄을 투하한 놈과 결혼했다는 것이 이유였죠. 봉투에 적힌 주소를 보고는 그 오빠들은 금방 여동생을 찾아내서 한 오빠가 그녀를 찔러 죽였고, 다른 오빠는 나중에 시신을 수습해 가져가려고 왔대요. (침묵) 이게 다 그 저주받을 전쟁 때문이에요…… 그 비극이 우리집에 들어온 거예요. 이제 나는 모든 걸 다 수집해요. 체첸이 보이기만 하면 모조리 찾아서 읽고 있어요. 아는 사람들에게 물어보기도 하고요. 난 체첸에 가고 싶어요. 그리고 거기서 나도 좀 죽여줬으면 좋겠어요. (울음) 그러면 난 행복할 거예요. 그게 내가 엄마로서 가지는 행복이니까요…… 난 어떤 여자를 알아요…… 아들의 것이라고는

아무것도, 군화 한 짝도 찾아내질 못했다고 했어요. 폭탄이 바로 아들에게 떨어졌대요. 그 여자가 나한테 고백하더군요. "아들이 고향땅에 누워만 있어도 난 행복할 것 같아요. 시신 한 조각이라도……" 그 여자에겐 그것이 행복의 조건이 될 수 있었던 거예요…… "어머니, 아들이 있어요?" 그 젊은 체첸인이 내게 묻더군요. "아들은 있어요. 하지만 우리 딸이 체첸에서 전사했어요." "러시아인들에게, 당신에게 묻고 싶어요. 이건 도대체 무슨 전쟁인가요? 당신들은 우리를 죽이고 불구로 만든 뒤에 자신들의 병원에서 치료해줘요. 우리집들을 폭파시키고 약탈한 뒤에 다시 집을 지어주고 있어요. 러시아가 우리들의 집이라고 세뇌하더니 이제는 체첸인의 모습을 하고 있다는 이유로 매일 경찰들에게 뇌물을 쥐여줘야 해요. 제발 죽도록 날 패지 말아달라고요. 내 것을 약탈하지 말라고요. 난 그들에게 계속 설명해요. 난 여기에 당신들을 죽이러 온 것이 아니다. 당신들의 집을 폭파하려고 온 것이 아니다. 난 그로즈니에서도 목숨이 위태로웠는데…… 여기서도 목숨이 안전하지 않아요……"

아직까진 심장이 뛰고 있어요…… (낙담한 듯) 난 알아낼 거예요. 내 딸이 어떻게 죽었는지 알고 싶어요. 난 아무도 믿지 않아요.

찬장의 문을 열자 크리스털 술잔 옆으로 서류들과 사진들이 놓여 있었다. 그녀는 그것을 집어 책상 위에 펼쳐놓았다.

올레샤는 예쁜 아이였어요…… 학교에서는 대장 노릇을 하며 일을 꾸미길 좋아하는 아이였어요. 스케이트 타는 것도 좋아했고요. 공부는 한 중간 정도는 했어요. 10학년이 되었을 때 '로만'이라는 남자에게 반하고 말았어요. 물론 난 반대했죠. 왜냐하면 딸보다 일곱 살이나 더 많았으니까요. "엄마, 만약 이게 사랑이면 어떡해?" 미친 사랑이었어요. 로만이 딸에게 전화하지 않으면 딸이 그에게 전화했어요…… "넌 왜 전화하는 거야?" "엄마, 만약 이게 사랑이면요?" 딸아이의 눈에는 로만밖에 보이질 않았어요. 엄마도 잊었어요. 졸업파티를 한 바로 다음날 혼인신고를 해버리고 말았어요. 이미 아이도 있었고요. 로만은 술을 마시고, 싸움질을 하고, 올레샤는 울었어요. 난 로만이 미웠어요. 둘은 한 1년쯤 같이 살았을 거예요. 로만은 질투가 심해서 올레샤의 예쁜 옷들을 다 찢어버리곤 했어요. 올레샤의 머리칼을 낚아챈 뒤 손에 휘어감고는 벽에다가 처박곤 했어요. 올레샤는 참고 또 참았어요…… 엄마 말을 듣지 않았어요. 그때까진요…… 하지만 결국…… 어떻게 그리 된 건지는 모르겠지만, 올레샤가 로만에게서 도망쳐나왔어요. 어디로 갔겠어요? 엄마한테 왔죠…… "엄마, 살려줘!" 그런데 그놈이 우리집으로 기어들어오지 뭐예요. 그래서 같이 살게 됐죠. 어느 날 밤에 이상한 신음 소리가 들려서 잠에서 깼어요. 욕실 문을 열어보니 그놈이 우리 딸 위에서 칼을 들고 서 있었어요. 난 그 칼을 손으로 잡아챘어요. 칼에 베이고 말았죠. 또 한번은 어디선가 가스총을 구해왔는데, 지금 생각해보면 진짜가 아니었던 것 같아요. 그놈에게서 올레샤를 떼어내려고 잡아당기는데 그놈이 나에게 총을 겨눴어요. "움직이면 너도 입 닥치게 해줄 거야!" 둘이 헤어지기 전까지 난 매일 울었어요. 결국 내가 그놈을 쫓아내버렸어요…… (침묵) 그뒤로 한 6개월이 지났나 그랬을 거예요. 퇴근해서 들어오던 딸이 말하더군요. "그 사람이 결혼했어." "넌 어떻게 알았어?" "오다가 시내에서 만났는데 태워다줬어." "그래서?" "그냥 그렇다고." 그놈은 재혼을 빨리 했어요. 하지만 우리 딸에게는 그게 첫사랑이었거든요. 잊을 수 없는. (서류 뭉치 중에서 종이 한 장을 꺼낸다.) 법의학자는 머리 오른쪽에 총상이 났다고 했는데 실제 구멍은 왼쪽에 있었어요. 아주 작은 구멍이…… 어쩌면 그 법의학자라는 양반이 우리 딸을 아예 보지도 못한 건 아닐까요? 그냥 그에게 그렇게 쓰라고 누군가 명령한 거죠. 그걸 써주고 두둑이 대가를 챙겼을 거예요.

난 기대했어요…… 언제쯤이면 딸의 부대가 돌아올까. 돌아오면 그들에게 물어보고 상황을 재구성해봐야지…… 구멍은 왼쪽에 있는데 증명서엔 우측이라고 하니까요. 난 알아야만 했어요…… 벌써 겨울이었어요. 눈이 내렸죠. 한때는 눈을 참 좋아했어요. 우리 올레샤도 좋아했죠. 일찌감치 스케이트를 꺼내서 기름칠해두곤 했어요. 그런 때도 있었어요…… 아주 옛날에요…… 쓰라려요, 참 쓰라리네요…… 밖을 내다보면 성탄절 준비로 선물상자와 장난감을 들고 분주하게 뛰어다니는 사람들이 보여요. 크리스마스트리도 들고 다니고. 그런데 우리집 부엌에는 항상 라디오가 켜져 있죠. 난 항상 라디오를 듣거든요. 우리 지역 라디오방송을 들어요. 지역 소식을 들으며 기다리는 거죠. 그리고 드디어 그날이 왔어요. "랴잔 경찰들이 체첸 파병 복무를 마치고 돌아왔습니다." "우리 고장의 영웅들은 명예롭게 군인의 의무를 마치고 돌아왔습니다" "명예를 욕되게 하지 않았습니다……" 기차역에서 귀국하는 파병단을 열렬하게 환영하더군요. 오케스트라도 있었고 꽃도 있었어요. 상을 수여했고 좋은 선물들도 주더군요. 어떤 사람들에게는 텔레비전, 어떤 사람들에게는 손목시계…… 영웅…… 영웅들이 돌아온 거예요! 그런데 올레샤에 대한 언급은 어디에서도 찾아볼 수 없었어요. 아무도 기억하지 못했어요…… 전 기다렸어요…… 라디오를 귀에 바짝 갖다대고는 계속 기다렸어요…… 기억해야 하는 거잖아요! 그런데 광고가 나오더군요…… 세탁비누 선전이…… (울기 시작한다.) 결국 아까운 제 딸만 흔적도 없이 사라진 거예요. 그러면 안 되는 거잖아요! 올레샤…… 올레샤가 처음이었어요. 우리 도시로 들어온 최초의 '체첸' 관…… 그로부터 한 달 뒤에 두 개의 관이 더 당도했어요. 한 명은 올레샤보다 나이가 많은 경찰이었고, 다른 한 명은 아주 어린 사람이었어요. 그 두 사람은 극장에서 주민들의 환송을 받았어요…… 예세닌 시립극장에서요. 의장대의 사열도 있었고요. 지역 유명인사들의 화환도 있었어요. 시장님의 화환도 있었고요…… 귀빈들의 추모사도 있었죠. 그리고 그 둘을 '영웅들의 가로수길'에 묻어주었어요. 그곳에는 주로 '아프간' 군인들을 묻었는데, 이젠 '체첸' 군인들도 묻히게 된 거죠. 공동묘지에는 가로수길이 두 곳 있는데, '영웅들의 가로수길'과 또하나의 가로수길이 있었어요. 사람들은 그 길을 '불한당들의 가로수길'이라고 부르죠. 폭력배들은 서로서로 총질하고 전쟁을 했어요. 페레스트로이카는 페레스트렐카*예요. 바로 그 폭력배들이 공동묘지의 가장 좋은 명당을 차지하고 있어요. 그놈들은 금테가 둘러지고 전기냉동시스템이 탑재된 붉은 목재로 짠 관 속에 누워 있어요. 그건 무덤이 아니라 영광의 왕릉이나 다름없어요. 영웅들에게는 국가가 묘비를 세워주죠. 일반 사병들의 묘비는 아주검소해요. 하지만 그마저도 모두에게 세워주는 건 아니죠. 용병들에게는 세워주지 않아요. 어떤 엄마가 병무위원회에 가서 요청했더니 그쪽에서 거절했다더군요. "당신의 아들은 돈을 받고 전쟁을 했잖아요." 그런데 우리 딸 올레샤는…… 모두로부터 동떨어진 곳에 혼자 누워 있었어요. 왜냐하면 올레샤는 아무것도 아닌 자살자였으니까요…… 으윽…… 윽…… 윽…… (말을 이어가지 못한다.) 우리 나스챠…… 자기 엄마의 연금을 그 딸이 받게 되었어요. 1500루블, 한 달에 약 50달러씩 지급받는 거예요. 진실은 어디에 있나요? 정의는요? 엄마가 영웅이 아니기 때문에 연금수령액도 적은 거예요. 만약 나스챠의 엄마가 누군가를 죽이고 수류탄을 던졌다면 상황은 달라졌겠죠…… 그런데 그 엄마는 아무도 죽이지 못한 채 자기 자신만 죽이고 말았어요…… 그래서 영웅이 아니라는 거예요! 이걸 대체 어떻게 아이에게 설명해줘야 하죠? 뭐라고 손녀딸에게 말하죠? 어떤 신문에서 마치 올레샤가 할 법한 말을 써놓은 글을 보았어요. "내 딸은 나를 부끄러워하지 않을 거예요……" 장례를 치르고 처음 며칠 동안 손녀딸은 그저 멍하니 앉아만 있었어요. 마치 자신은 그자리에 없는 사람처럼 아니면 자기가 어디에 있는지 모르는 사람처럼 앉아만

---

* 직역하면 '총격전'이라는 뜻으로, 페레스트로이카와 발음이 비슷해 언어유희를 사용해 풍자한 것이다.

있었어요. 아무도 선뜻 나서지 못했어요. 내가 또 총대를 멨죠. "엄마는……네 엄마는 이제 없단다……" 나스차는 내 목소리가 들리지 않는다는 듯한 표정으로 서 있었어요. 나는 울었지만 아이는 울지 않았어요. 그리고 나중에…… 내가 올레샤에 대해 뭔가를 떠올려도 손녀는 아무것도 못 들은 것처럼 행동했어요. 한동안 그랬어요. 그래서 내가 화가 날 정도였지요. 심리상담사에게도 데려가보았지만 아이는 정상이고 다만 큰 충격을 받은 상태라고만 했어요. 나스차의 아빠에게도 다녀왔지요. 내가 그놈에게 물었어요. "아이를 데려갈 거니?" "내가 어떻게 데려가요?" 그놈에겐 벌써 다른 가족이 있었고 아이도 있었어요. "그럼, 친권을 포기해." "그럴 순 없죠. 나중에 내가 늙어서 걔가 필요한 일이 생기면 어떡해요. 한푼이라도……" 아빠란 작자가 그런 놈이에요…… 그놈에게서 전혀 도움을 받지 않아요. 그래도 올레샤의 친구들은 찾아와주곤 해요…… 나스차의 생일이 되면 십시일반으로 돈을 모아 조금이라도 가져다줘. 컴퓨터를 사주기도 했고요. 친구들은 기억하고 있어요.

난 오랫동안 전화를 기다렸어요. 부대가 돌아왔다는 건 올레샤가 근무했던 부대의 부대장도 부대원들도 돌아왔다는 소리니까요. '전화가 올 거야……꼭 하겠지!' 하지만 전화는 울리지 않았어요. 그래서 제가 직접 부대원들의 이름을 알아내고 전화번호를 알아냈어요. 부대장의 이름은 클림킨이었어요. 신문에서 이름을 봤거든요. 모든 신문이 그들에 대한 기사를 썼어요. 러시아의 장군들! 랴잔 시의 전사들! 그리고 어떤 신문에는 그 부대장이 부대원들에게 고생했다며 감사하고 있다고 말한 내용도 있었죠. 모두 명예롭게 의무를 수행했다면서요…… 명예롭게 말이에요…… 그 부대장이 일한다는 경찰서에 전화했어요. "클림킨 경정님을 부탁드립니다." "전화 거시는 분은 누구신가요?" "류드밀라 니콜라예바입니다. 올레샤 니콜라예바의 엄마입니다." "지금은 부재중이십니다." "지금은 전화를 받으실 수 없습니다." "지금은 출장중이십니다." …… 부대장이면…… 직접 그 어미에게 와서 무슨 일이 있었는지 이야기하고 위로하고 감사해야 하는 게 도리잖아요. 적어도 난 그게 도리라고 생각했어요…… (울음) 이건 분노의 눈물이에요…… 난 올레샤를 보내지 않으려고 애원했어요. 하지만 우리 엄마가 그러셨죠. "가야 한다면, 가게 두려무나." 가야 한다면! 난 이제 이 단어가 세상에서 제일 싫어요! 예전의 나는 이미 없어요…… 내가 왜 조국을 사랑해야 하는데요? 민주주의란 모두가 잘살고 정의롭고 정직한 사회를 뜻한다고 약속하더니, 결국에는 다 거짓이었어요…… 사람은 먼지였어요…… 티끌이요…… 단, 하나 달라진 게 있다면 지금은 상점마다 물건이 차고 넘친다는 것뿐이죠. 사세요! 사세요! 사회주의에서는 볼 수 없었던 광경이긴 하죠. 난 평범한 소련 여자예요. 그래서 아무도 내 말에 귀기울이지 않아요. 왜냐하면 난 돈이 없기 때문이죠. 돈이 있었다면 상황은 판이하게 달랐겠죠. 그랬다면 그 높으신 분들이 되려 나를 무서워했겠죠. 지금은 돈이 지배하니까요……

올레샤가 떠날 때는…… 올레샤는 기뻐했어요. "코름차야와 함께 가게 되었어요." 그 부대에는 여자 부대원이 딱 두 명 있었는데, 우리 딸과 그 올가 코름차야라는 사람이었어요. 올레샤를 배웅할 때 터미널에서 그 여자를 본 적이 있어요. "자, 이분은 우리 엄마예요." 올레샤가 소개했죠. 환송식에서 잠깐 시간이 있었거든요. 어쩌면 상황이 이렇게 되었기 때문에…… 그런 사소한 것에까지 의미를 부여하는 건지도 모르겠어요. 이 모든 일을 겪었기 때문에 그러는 건 아닌지. 어쨌든 버스가 막 떠나려던 참이었어요. 국가가 울려퍼졌고 모두가 울기 시작했어요. 저는 한편에 서 있다가 왜 그랬는지 다른 편으로 달려갔어요. 그때 올레샤가 창문에 대고 뭐라고 소리쳤는데 버스가 방향을 돌릴 거라고 말하는 것처럼 들렸거든요. 그래서 다른 편으로 뛰어갔던 거예요. 다시 한번 올레샤를 보고 손을 흔들어주려고요. 그런데 그 버스가 그냥 앞으로 나가는 바람에 올레샤를 보지 못했어요. 가슴이 아렸어요. 마지막 순간에 올레샤의 가방끈도 끊어졌어요…… 어쩌면 이건 내가 막 이런저런 생각들을 만

2부 허무의 마력

들어내는 것일 수도 있어요…… 금쪽같은 내 새끼…… (울음) 전화번호부를 보고 코름차야 양의 전화번호를 알아냈어요. 전화를 걸었어요. "난 올레샤의 엄마예요. 꼭 만나고 싶어요." 상대방은 오랫동안 아무 말이 없더니 화가 난 듯한 목소리로 심지어 분노가 가득한 목소리로 고함을 쳤어요. "내가 얼마나 많은 일을 겪었는데…… 언제쯤이면 당신들 모두 나를 가만히 내버려둘 건가요!" 그러더니 전화를 툭 끊어버렸어요. 난 한번 더 전화했어요. "부탁이에요! 제발, 난 알아야만 해요. 제발요!" "더이상 날 괴롭히지 말아요!" 그리고 아마 한 달 뒤에 한번 더 전화한 것 같아요. 그랬더니 그녀의 엄마가 전화를 받더군요. "딸은 집에 없습니다. 체첸에 갔어요." 또! 또다시 체첸을! 어떤 사람들은 전쟁터에서도 자리를 잘 잡더군요. 그렇게 운좋은 사람들이 있어요…… 사람들은 죽음에 대해서 생각하지 않아요. 지금 죽는 건 두렵지만 언젠가 죽을 거라는 가정은 별로 두렵지 않아요. 그 부대원들은 체첸에 있던 6개월 동안 6만 루블을 받았어요. 그 정도면 중고차를 살 수도 있어요. 게다가 월급은 월급대로 계속 쌓여 있었고요. 올레샤는 떠나기 전에 대출을 받아서 세탁기와 핸드폰을 샀어요. "돌아와서 갚으면 되니까"라고 말했죠. 그런데 이제는 우리가 그 돈을 갚아야 해요. 뭘로 갚냐고요? 청구서들이 오면 그냥…… 쌓아두고 있어요. 손녀딸의 운동화가 낡았어요. 그리고 작아졌어요. 학교에서 돌아오면 발가락이 아프다며 울어요. 엄마와 난 연금을 모으고 또 모으고 땡전 한푼까지 다 세면서 아끼는데도 월말이 되면 아무것도 남질 않아요. 죽은 사람을 불러낼 수도 없고……

딸의 마지막 순간에 두 명이 함께 있었어요. 두 명의 목격자. 통과검문소…… 그 검문소 초소 크기가 2미터에 2.5미터였어요. 야간 근무였고 모두 세 명이 있었대요. 첫번째 목격자는 전화 통화에서 이렇게 말했어요. "음, 그러니까 올레샤가 왔고, 우리는 이삼 분 정도 대화했어요……" 그런 뒤 그 사람은 볼일 때문인지 누군가 불러서인지 어쨌든 잠시 자리를 비웠다고 하더군요. 문 뒤에서 쿵 소리가 나더래요. 처음에는 그게 총소리인지도 몰랐다고 해요. 다시 초소로 돌아와서 보니 올레샤가 이미 바닥에 누워 있었대요. "기분은요? 아이의 기분은 어땠나요?" "기분은 좋아 보였어요. 괜찮아 보였던 것 같아요……" '안녕.' '안녕.' 인사하고 같이 깔깔거리며 웃었다고 했어요. 두번째 목격자는 약속장소에 나오지 않았어요. 그래서 그 사람에게도 직장으로 전화를 했죠. 그런데 연결을 안 해주더군요. 두번째 목격자는 올레샤가 총을 쏜 순간 바로 옆에 있던 사람이었어요. 그런데 결정적인 순간에 등을 돌리고 있었다는 거예요. 그 결정적 1초에 말이에요…… 초소가 2미터에 2.5미터 크기인데도 그 사람은 아무것도 본 것이 없대요. 믿어지세요? 난 그 사람에게 사정했어요. 제발 말해달라고…… 난 알아야 한다고…… 난 이제 그 누구도 찾아가지 않을 거예요. 오, 그들을 저주해요! 뜨거운 물에 덴 사람들처럼 절 보고 도망갔어요. 그들은 침묵하라는 지시를 받았어요. 경찰의 명예를 지키라는 거죠. 그들에게 달러를 먹여서 입단속을 시킨 거예요…… (통곡한다.) 올레샤가 경찰이 된다고 할 때부터 난 마음에 들지 않았어요. '내 딸이 경찰이라니?' 그냥, 마음에 들지 않았어요! 이리 봐도 저리 봐도 탐탁지가 않더라고요. 올레샤가 경찰이 된 건…… 올레샤의 학력이 전문대와 대학교 1년 수료가 고작이었기 때문에 일자리를 구하는 데 애를 먹고 있었어요 그런데 경찰서에는 바로 취직이 된 거예요. 난 무서웠어요. 경찰은 비즈니스였고 마피아였으니까요. 사람들은 경찰을 무서워했어요. 모두들 집집마다 경찰 때문에 안 좋은 일 하나씩은 꼭 있었어요. 우리 나라 경찰서에서는 고문도 하고 사람을 불구로도 만들어요. 그래서 불량배를 만난 것처럼 우리는 경찰들을 무서워하죠! 경찰은 마주치면 안 돼요! 신문을 읽으면…… 부패경찰이 난무하고…… 경찰이 시민을 성폭행하고…… 경찰이 살인을 하고…… 소련 시절에는 상상도 못 할 일이었죠. 만약에 그런 일이 있었다 하더라도 지금처럼 이렇게 낱낱이 쓰고 떠들어대지는 않았으니까요. 그래서 우리는 우리가 보호받고 있다고 생각했었어요. (생각에 잠긴다.) 경찰 인력의 반이 전쟁에 나갔어요. 아프가니스탄이나 체첸에 갔죠. 그들은 거기서 사람을 죽였어요. 그러니 그들의 정신 상태가 불안정할 수밖에요. 거기서 그들은 양민들을 상대로 전쟁을 했으니까요. 요즘 전쟁이 다 그래요. 지금은요, 군인들이 군인들뿐 아니라 민간인과도 싸워요. 평범한 시민들과요. 그들에게는 남자와 여자 그리고 아이들까지 모두가 다 적이에요. 그들은 집에 돌아온 뒤에도 사람을 죽이고 왜 죽였는지 그걸 일일이 설명해야 한다는 사실에 오히려 의아해한다니까요. 체첸에서는 설명할 필요가 없었으니까요…… 올레샤는 나와 그 주제로 늘 티격태격했어요. "엄마, 엄마가 틀렸어. 무슨 일이든 다 사람에 따라 달라지는 거라고요. 여자 경찰, 얼마나 멋있어요. 하늘색 셔츠에 계급장……"

마지막날 저녁, 딸의 친구들이 딸과 작별인사를 나누려고 집에 왔어요. 지금에서야 모든 걸 떠올리고 있어요…… 모든 걸 지금에서야 떠올리고 있다고요…… 그날 밤 아이들의 수다는 끊어질 줄 몰랐어요……

"……러시아는 위대한 나라야. 그냥 밸브가 달린 가스 파이프가 아니라고……"

"……크림은 줘버렸으니 이제 없고…… 체첸은 전쟁중이고…… 타타르스탄도 움직임이 심상치 않고. 난 거대한 나라에서 살고 싶어…… '우리의 미그기가 리가에 착륙할 것이다!'*"

"……러시아의 얼굴을 책상 위에 처박고 체첸 강도들은 영웅 행세를 하고 있어……! 인권? 체첸 사람들이 러시아인의 집에 쳐들어가서 기관총을 들이밀며 협박했어. 여길 떠나든가 아니면 죽든가. 좋은 체첸인이 누군지 알아? 쳐들어와서 '나가!'라고 먼저 말한 뒤에 죽이는 놈이야. 나쁜 체첸인은 그냥 죽

---

* '미그기'는 러시아의 주력 전투기 이름이고, '리가'는 라트비아의 수도이다. 라트비아에서 SS친위대 나치주의자들이 시가행진을 감행하는 것에 반대하여 '조국을 위해'라는 청년운동단체가 내세운 구호다.

이니까. 여행가방-기차역-러시아. 울타리마다 이런 문구들이 적혀 있었어. '여러분, '마샤'*한테 집을 사지 마세요. 어차피 우리집이 될 겁니다.' '러시아 인들아, 떠나지 마! 우린 노예가 필요해!'"

"……두 명의 러시아군 사병과 장교가 체첸군의 포로로 잡혀갔어. 사병들은 참수하고 장교는 그냥 보내줬대. '가, 그리고 미쳐버려'라고 했대. 난 비디오로 봤어…… 귀도 잘라내고, 손가락도 잘라내고…… 지하실에는 러시아 포로들이 노예처럼 살고 있었어. 에잇, 짐승 같은 놈들!"

"……갈 거야. 난 결혼식 비용이 필요해. 결혼하고 싶어. 여자친구가 예뻐서 날 오래 기다려주지 않을 거라고……"

"……난 함께 군복무했던 친구가 한 명 있어. 그 친구는 그로즈니에서 살았어. 그 친구의 이웃이 체첸인이었는데, 어느 날 갑자기 그 친구에게 그러더라는 거야. '제발, 부탁이야! 이곳을 떠나!' '왜?' '왜냐하면 이제 조금 있으면 우리들이 너희들을 도륙하게 될 테니까.' 친구는 방 세 칸짜리 아파트를 뒤로한 채 그곳을 떠났고, 지금은 사라토프 기숙사에 살고 있어. 떠날 때 아무것도 못 가져가게 했다는 거야. '러시아가 당신들에게 다시 사주겠지! 여기 있는 건 다 우리 거라고!' 이렇게 소리쳤대."

"……러시아가 비록 무릎을 꿇고는 있지만 아직 완전히 무너지진 않았다고. 우리는 러시아 애국자들이야! 우리는 조국 앞에 우리의 의무를 다해야 해! 그 웃긴 얘기 혹시들 알아? '제군들! 제군들이 체첸에서 임무를 잘 수행해준다면 러시아는 제군들을 '휴가차' 유고슬라비아로 보낼 계획입니다. 유럽으로……' 빌어먹을!"

---

* 마샤는 '마리아'라는 이름의 애칭으로 우리나라의 '철수와 영희'처럼 가장 널리 알려진 여자 이름이다. 여기서는 러시아인을 가리킨다.

아들은 참고 또 참다가 드디어 폭발하고 말았어요. 그리고 날 훈계하기 시작했죠. "엄마, 엄마가 계속 그런다고 해서 아무것도 달라지는 건 없어요. 뇌졸중만 더 앞당길 거라고요!" 그러고는 한바탕 난리 친 후에 나를 강제로 휴양림으로 보냈어요. 휴양림에서 난 아주 착한 사람과 친해지게 되었어요. 그 여자의 딸은 임신중절수술을 받다가 요절하고 말았대요. 우리는 함께 울었고 친구가 되었어요. 얼마 전에 그 친구에게 전화했는데, 글쎄, 죽었다는 거예요. 잠자리에 들었는데, 그길로 숨을 거둔 거예요. 난 알아요, 그 친구는 그리움 때문에 죽은 거예요. 그런데 왜 나는 안 죽을까요? 난 죽으면 정말 행복할 것 같은데 죽질 않네요. (울음) 휴양림에서 돌아왔어요. "얘야, 어쩜 좋니. 너를 잡아가려나보다." 엄마가 내게 한 첫마디였어요. "네가 진실을 파헤치려고 하니까 가만히 둘 수가 없나봐." 내막은 그랬어요. 내가 떠나자마자 경찰서에서 전화가 왔대요. "24시에 몇 호 사무실로 출두하세요. 출두하지 않을 경우 벌금이 어쩌고, 5일 유치장 감금이 어쩌고……" 엄마는 겁에 질려 있는 사람이에요. 우리 나라 사람 중에 그렇지 않은 사람이 어디 있겠어요? 나이드신 분들 중에 겁에 질리지 않은 사람이 어디 있나 한번 찾아보세요. 그리고 그뿐만이 아니었어요. 경찰들이 찾아와서 이웃 사람들한테 탐문했대요. 우리가 어떤 사람들인지…… 평소 행동은 어땠는지…… 올레샤에 대해서도 꼬치꼬치 캐물었대요. 올레샤가 취한 모습을 본 사람이 있는지, 마약은 안 했는지…… 병원에는 우리 진료기록 카드를 요청했나봐요. 우리 식구 중 정신과 진료를 받고 있는 사람은 없는지를 조사했던 거예요. 정말이지 화가 끓어오르더군요! 분노가 부글부글 끓어올랐어요! 수화기를 들고 경찰서에 전화했어요. "당신들 중 누가 우리 엄마를 위협했습니까? 노인네 연세가 아흔이 넘어가고 있어요. 무엇 때문에 출두 요청을 한 겁니까?" 결국 하루쯤 뒤에 서면통지서를 받게 되었어요. '사무실 몇 호…… 수사관 이름……' 엄마는 눈물이 범벅이 되어서는 "널 체포하려는 거야!"라고 말씀하셨죠. 하지만 난 이제 무서울 것이 하나도 없었어요. '뭬! 어디 해볼 테면 해봐라!' 스탈린이 관에서 벌떡 일어나야 해요! 전 정말 스탈린이 관에서 걸어나오길 기도한다고요. 그게 내가 올리는 기도예요…… 저 부서장들을 너무 조금 잡아가고 너무 조금 죽였어요. 그걸로는 적다고요! 난 그 사람들이 하나도 불쌍하지 않아요. 난 그 사람들의 눈물이 보고 싶다고요! (울음) 통지서에 적힌 사무실로 갔어요. 수사관의 이름이 페진…… 문턱을 넘어가면서부터 난 다짜고짜 소리를 질렀죠. "원하는 게 뭐예요? 내 딸을 젖은 관에 데려온 걸로는 부족한 건가요!" "여보세요, 정말 무식하시군요. 어디에 있는지 파악이 안 되시나본데, 여기서는 우리가 질문합니다." 처음에는 그 수사관 혼자만 있더니 나중에는 올레샤의 지휘관이었던 그 클림킨 부대장이 왔더군요. 드디어, 드디어 그놈과 대면한 거예요! 그가 방에 들어왔어요. 난 그에게 따졌어요. "누가 우리 딸을 죽였나요? 나한테 진실을 말해주세요……" "당신 딸은 멍청한 년이야…… 미친년이라고!" 아아! 어떻게 그럴 수 있어요! 아, 어떻게 그러나요! 그 인간은 혈안이 되어서는 소리를 지르고 발을 굴렀어요! 아아! 저를 도발하려고 했던 거예요. 제가 거기서 정신 줄을 놓고 소리지르고 고양이처럼 할퀴며 덤비는 걸 노렸던 거라고요. 그렇게 되면 난 미친 여자가 되는 거고, 그럼 내 딸도 미친 여자가 되는 거니까요. 그 놈들의 목표는 내 입을 틀어막는 거였어요. 으윽…… 윽…… 윽……

심장이 뛰는 한…… 난 진실을 밝힐 거예요. 난 아무도 안 무서워요! 난 바닥을 닦는 걸레도 아니고 벌레도 아니에요. 이제 더이상 날 상자 안에 가두진 못할 거예요. 내 딸이 젖은 관에 실려왔다고요……

……시외 전차를 타고 가고 있었어요. 맞은편에 어떤 남자가 앉았어요. "아줌마, 어디 가시는 거요? 말동무나 합시다……" 그 남자가 먼저 자기를 소개하더군요. "전직 장교, 전직 자영업자, 옛 '사과당' 당원 그리고 지금은 백수요." 난 누가 물어보든 말든 항상 내 이야기를 하거든요. "내 딸은 체첸에서 죽었어요…… 경찰 순경이요……" 그 남자가 말하더군요. "한번 얘기해보

쇼……" 난 이미 여러 번 이 이야기를 했어요…… (침묵) 그 남자는 내 얘기를 들은 뒤에 그냥 자기 얘기를 시작하더군요……

"……나도 거기 있었어요. 거기서 돌아와보니 여기서 못 살겠습디다. 여기에 있는 틀에 날 맞출 수가 없었어요. 아무도 취직을 안 시켜줘요. "아, 아! 체첸에서 오셨어요?" 난 다른 사람들이 무서워요. 다른 사람들만 보면 속이 메스꺼워져요. 그런데 체첸전쟁에 나갔던 사람을 만나면 형제 같고 그러대요……

……늙은 체첸인이 서서 한참을 보더군요. 제대하는 군인들로 차 안이 꽉 차 있었거든요. 우리를 보면서 그런 생각을 했을 거요. 허우대 멀쩡한 러시아 청년들이라고…… 그런데 우리는 바로 직전까지 소총잡이, 따발총잡이, 저격수 들이었죠…… 아무튼 그 청년들이 새 점퍼에 청바지를 입고 있는 거요. '도대체 무슨 돈으로 샀을까? 여기서 번 돈으로 샀겠지. 그런데 여기에 무슨 일이 있지? 아, 전쟁…… 총을 쏘는 일……' 거기에는 아이들도 있었고 예쁜 여자들도 있었어요. 군인들에게서 무기만 가져가면 그리고 민간인 옷을 입혀놓으면…… 그건 이미 군인이 아니라 트랙터 운전기사, 버스 기사, 대학생이 되는 거예요……

……철조망 안에서 살았어요…… 주변에는 유정탑과 지뢰밭밖에 없었어요. 좁고 폐쇄된 세상이었어요. 감옥처럼. 거기서 나가면 죽음이 기다리고 있었어요. 점령군에게 죽음을! 모두가 짐승이 될 때까지 술을 퍼마셨어요. 매일매일 부서진 집들을 보았고 그 집에서 물건을 약탈하는 사람도 보았고 사람을 죽이는 것도 보았어요. 그렇게 보다보면 뭔가 갑자기 가슴 밑바닥에서 불끈하는 거요! 점점 더 많이…… 내가 할 수 있게 되는 일들이 점점 더 많아져요…… 점점 더 나 자신에게 관대해지는 거요…… 술 취한 짐승에게 무기까지 들려 있으니…… 게다가 그 짐승의 머릿속은 온통 정자 생각뿐이거든요……

……망나니들이나 할 법한 일들이었어요…… 마피아들을 위해 죽어갔어

요. 그런데 그놈들은 우리에게 아직 대가를 지불하지 않았죠. 마피아가 우릴 속였던 거요. 그렇다고 내가 이곳에서, 이렇게 길 한가운데서 사람들을 죽인 게 아니잖아요. 난 전쟁에서 죽였어요. 난 그 자칼 같은 놈들이 러시아 아가씨를 강간하는 걸 목격했어요…… 젖가슴에 담뱃불을 지지더군요. 더 크게 신음하라고……

…… 돈을 들고 돌아왔어요…… 친구들과 보드카를 마시며 탕진하고 중고 벤츠를 한 대 샀어요……"

(더이상 눈물을 닦아내지도 않는다.) 그런 곳에 올레샤가 있었던 거예요. 어디에 갔던 건지…… 저주받을 전쟁…… 그 전쟁이 어딘가 저 먼 곳에서 일어나고 있었는데 그게 우리집에까지 들어온 거예요. 자그마치 2년째 여기저기 문을 두드리고 다녀요. 여러 재판소를 찾아다니고, 검찰에도 편지를 쓰고…… 지역 검찰, 주 검찰에도 청원서를 넣었어요…… 검찰청장에게도 서한을 보내봤어요…… (편지 뭉치를 가리킨다.) 수많은 답신을 받았어요. 받은 편지만 해도 어마어마해요! "귀하의 딸이 사망한 사건과 관련하여 통보합니다……" 하나같이 거짓말뿐이에요. 11월 13일에 죽었다고 했지만 실제로는 11일에 사망했어요. 혈액형은 O형이라고 했지만 우리 올레샤는 B형이었어요. 어떤 곳에서는 올레샤가 군복을 입고 있었다고 했고, 다른 곳에서는 민간인 원피스를 입고 있었다고 했어요. 관자놀이 근처 좌측에 구멍이 있었는데 우측에 있다고 써놓았고요. 국가두마*에 있는 우리 지역 의원에게 민원을 넣었어요. 내가 그를 뽑았고 그에게 표를 줬어요. 난 우리 정부를 믿었다고요! 결국 그 의원과 면담을 성사시키고 말았죠. 국가두마 건물 1층에 서 있었어요. 그곳에 서 있는 동안 내 눈이 이 주먹만큼 커졌어요! 귀금속 가게가 보이는 거예요. 다이아몬드가 박힌 금반지, 금과 은으로 만든 부활절 계란…… 목걸이들…… 난 평생

---

* 러시아 연방의회의 하원.

2부 허무의 마력

을 벌었어도 거기서 가장 작은 다이아몬드 반지만큼의 돈도 못 벌었어요. 반지 한 개만큼도요…… 우리 의원들…… 국민의 대표…… 도대체 그 사람들은 그 돈들이 다 어디서 난 걸까요? 나도 우리 엄마도 정직한 노동에 대한 대가로 받은 표창장이 수십 장에 달해요…… 하지만 그 사람들에겐 가스프롬*사의 주식이 있는 거예요. 우리한테는 쓸모없는 종이만 있고 저들에게는 돈이 있었던 거라고요. (악에 받쳐 입술을 꾹 문다.) 괜히 거기에 갔어요…… 괜히 거기에서 울었어요. 스탈린을 돌려줘요. 민중은 스탈린을 기다리고 있어요! 저들이 내 딸을 데려가더니 대신 관을 가져다줬어요. 그것도 젖은 관을…… 그런데도 아무도 그 아이의 엄마인 나와 얘기하려 하지 않아요…… (울음) 나 이제 경찰도 할 수 있을 거예요…… 사건 조사, 범죄에 대한 조서…… 만약 그게 자살이었다면 권총에는 혈흔이 남아 있어야 하고 손가락 사이에 화약이 묻어 있어야 해요. 나도 이제 다 안다고요…… 텔레비전에 나오는 뉴스는 싫어해요. 거짓말뿐이니까요! 하지만 추리소설은…… 살인…… 그런 얘기들은 빼먹지 않고 챙겨봐요. 아침이면 몸이 무거워서 일어나질 못하겠어요. 손도 발도 내 것이 아닌 것만 같아요. 눕고만 싶어요…… 하지만 올레샤를 떠올리면…… 바로 일어나서 또 걸어가죠……

조각조각 모았어요…… 한 단어 한 단어를 모았어요…… 어떤 사람은 술에 취해 말실수를 했어요. 부대원들이 총 70명이었잖아요. 그중 몇 명은 지인들에게 비밀을 털어놓기도 했지요. 우리 도시가 크지 않잖아요…… 여긴 모스크바가 아니니까…… 이젠 어느 정도 그림이 그려져요…… 그곳에서 무슨 일이 있었는지에 대해서요…… 그곳에서 경찰의 날을 맞이하여 대대적인 술판이 벌어졌어요. 모두들 인사불성이 될 때까지 술을 퍼댔고 그곳은 아수라장이 되고 말았죠. 만약 올레샤가 자기 부대원들과 함께 갔다면…… 자기 부서

---

* 러시아 국영 천연가스 회사.

사람들과 함께였다면 좋았을 텐데…… 외부인들이 많았거든요. 통합부대였으니까요…… 그러다 결국 올레샤가 교통경찰들 쪽으로 흘러들어가게 되었나봐요. 교통경찰들은 황제잖아요. 그놈들 주머니 속에는 돈이 가득 들어 있어요. 스피드건을 들고 길가에 서서는 공물을 잘도 거둬들이죠. 그리고 모두가 그들에게 돈을 내요. 그곳은 남자들에겐 안성맞춤이었어요! 남자들은 노는 걸 좋아하잖아요…… 죽이고 술을 퍼마신 뒤 여자랑 뒹구는 것, 그게 전쟁에서 얻을 수 있는 세 가지 기쁨이었던 거예요. 그렇게 다들 고주망태가 되었고 서슬이 오르도록 취해버린 거예요…… 짐승으로 변한 거죠…… 그 자리에 있었던 모든 여자들을 다 강간했다고 해요. 자기편 여자들을. 그런데 올레샤가 반항했는지 아니면 "너희 모두 다 감옥에 처넣을 거야"라며 협박했는지 어쨌든 그놈들이 올레샤를 놔주지 않은 거예요.

다른 버전도 있어요…… 검문소에서 근무하면서 자동차를 통과시키고 있었던 거예요. 그곳에서는 모두가 미친 사람들처럼 아등바등 뛰어다니면서 돈을 한푼이라도 더 긁어모으려고 혈안이 되어 있었어요. 수단과 방법을 가리지 않았죠. 누군가 밀수품을 들여왔던 거예요. 뭘 어디서 가져왔는지는 말할 수가 없어요. 거짓말은 하지 않겠어요. 어쨌든 마약인 것 같았어요…… 모든 것이 사전에 다 약속된 거였고 이미 대가도 지불된 터였어요. 그 차가 '니바'였나봐요. 모두가 하나같이 어떤 '니바'를 기억해내더라고요…… 그런데 올레샤가 고집을 부렸대요. 무슨 이유에서인지 올레샤가 그 차를 통과시키지 않았던 거예요. 그래서 총을 맞았던 거고요. 올레샤가 누군가의 큰 사업을 망치고 있었고 누군가에게 방해가 되었던 거예요. 그 사건에 높으신 분이 개입되어 있다고 말하는 것 같았어요……

우리 엄마도 꿈속에서 '니바'를 봤다고 했어요…… 우리는 꿈을 해몽해주는 사람에게 갔어요…… 책상 위에 이 사진을 올려놓았어요. (내게도 보여준다.) 그 사람이 말했어요. "보여요. '니바' 같은 자동차가 보여요……"

……어떤 여자와 수다를 떨게 되었어요. 그 여자는 간호사였어요. 그 여자가 체첸에 가기 전에는 어땠는지 모르겠어요. 어쩌면 명랑한 사람이었을지도 모르겠어요. 하지만 지금은 나처럼 분노에 젖어 있더군요. 지금은 상처받은 사람들이 많아요. 그런데 모두들 입을 다물고 살아요. 하지만 분명 상처를 받은 사람들이죠. 새로운 삶이 도래하면 모두들 그 삶의 승자가 될 수 있으리라 생각했는데 실제로 행운권을 쥔 사람은 몇 명도 채 되지 않았던 거예요…… 아무도 바닥까지 추락할 준비가 되어 있지 않았어요…… 지금은 모두들 그 상처를 가지고 살아가고 있어요. 많은 사람들이 상처를 갖고 있어요. (침묵) 어쩌면 우리 올레샤도 다른 사람이 되어서 돌아왔을지도 모르죠…… 낯선 모습으로…… 으윽…… 윽…… 윽…… (침묵) 그 여자는 나에게 솔직했어요……

"……난 사랑을 찾으러 그곳에 갔어요! 사람들이 오랫동안 나를 비웃었죠. 더 솔직하게 말하자면 실패한 사랑 때문에 집에 있는 모든 걸 다 팽개쳐버리고 떠난 거예요. 체첸 사람 총에 맞아 죽는 거나 우울해서 죽는 거나 어차피 나한테는 매한가지였어요.

……시체를 접해보지 않은 사람은 시체는 아무 말이 없다고들 생각하죠. 아무 소리도 내지 않는다고요. 그런데 시체에서는 항상 이상한 소리들이 나요. 어느 부분에서는 공기가 빠져나오고, 어느 부분에서는 안에 있는 뼈에 금이 가거든요. 바스락거리는 소리가 들려요. 미쳐버릴 것 같지요……

……난 그곳에서 술을 안 먹고 총을 쏘지 않는 남자들은 본 적이 없어요. 술을 처먹고는 아무데나 총을 갈기죠. 왜 그러는지는 아무도 대답해주지 않을 거예요.

……그 남자는 외과 의사였어요. 난 우리가 사랑을 했다고 생각했어요. 그런데 집으로 돌아가기 전에 그 남자가 내게 선언하더군요. '전화도 하지 말고 편지도 쓰지 마. 집에서 바람피울 때는 예쁜 여자랑 피워야 되거든. 부인한테

걸려도 부끄럽지 않은 여자여야 해.' 난 예쁘지 않아요. 하지만 난 그 남자와 3일 밤낮으로 함께 수술대 앞을 지키곤 했어요. 그 감정은…… 그건 사랑보다 더 강한 거예요……

……난 이제 남자가 무서워요. 전쟁에서 돌아온 사람들과는 난 아무것도 할 수 없어요. 그 사람들은 인간이 아니에요! 모두가 다 짐승들이에요! 집으로 돌아갈 준비를 하면서 나는 이것도 저것도 다 가져가고 싶었어요…… 오디오 도 카펫도요…… 그런데 병원 상사가 '난 다 여기에 두고 갈 거야. 전쟁을 집 으로 가져가긴 싫어'라고 하더군요. 하지만 우리는 물건에 전쟁을 담아온 것 이 아니라 마음에 담아왔어요……"

올레샤의 유품을 건네받았어요. 방한용 피코트, 치마…… 금귀고리와 목걸 이도 돌려주었어요. 코트 주머니에는 견과류와 작은 초콜릿 두 개가 들어 있 었어요. 아마도 성탄절이 다가와서 모으고 있었던 것 같아요. 누군가를 통해 집으로 보내려고 했겠죠. 난 쓰라리고 아파요……

그래요, 진실을 써주세요…… 근데 누가 두려워나 하겠어요? 지금의 정부 는 넘지 못할 벽이에요…… 우리에게 남은 건 무기와 파업뿐이에요. 철로 위 에 드러눕는 일이요. 안타깝게도 시작하는 사람이 없네요…… 안 그랬음 사 람들이 진작에 들고일어났을 텐데요…… 푸가초프*가 없네요! 나한테 누군가 무기를 내준다면 난 누굴 쏴야 하는지 잘 알고 있어요……

(신문을 가리킨다.) 읽어보셨어요? 체첸으로 가는 관광투어 상품이 있어요. 군용 헬기에 태워서 폐허가 된 그로즈니 시나 불에 탄 마을들을 보여준대요. 거기에선 전쟁과 복구가 동시에 일어나고 있어요. 총을 쏘고 건물을 짓는 거 예요. 그리고 동시에 그걸 보여주기까지 하는 거예요. 우리는 아직도 울고 있

---

* 예멜리얀 푸가초프(1742~1775). 예카테리나 2세 치세 시기에 거대한 민중 봉기인 푸가초프의 난 을 이끌었다.

는데, 누군가는 벌써 우리의 눈물로 장사를 하고 있어요. 우리의 공포를 가지고요. 석유로 장사하듯 그렇게 사고팔고 있어요.

며칠 뒤에 우리는 다시 만났다.

예전에는 우리 인생을…… 우리가 사는 방식을 이해하고 있었어요. 그런데 지금은 이해를 못 하겠어요…… 못 하겠어요……

악마 같은 어둠과
'이생에서 만들어낼 수 있는 또다른 인생'에 대하여
옐레나 라즈두예바(노동자, 37세)

이 스토리를 얻기 위해 필요한 '안내자', 스토리텔러 또는 대화 상대를 난 오랫동안 찾을 수 없었다. 인간 세계를, 우리의 인생을 여행하는 데 도움을 주는 이분들을 어떤 용어로 불러야 할지 사실 잘 모르겠다. 모두가 거절했다. "그 사건은 정신과 의사가 필요한 케이스예요." "자신의 미친 공상 때문에 엄마가 세 명의 자녀를 버렸어요. 이건 작가가 다룰 게 아니라 재판에서 시비를 가려야 할 일이에요." "그러면 메데이아는요?"라고 내가 물었다. "사랑 때문에 자기 자식들을 죽인 메데이아는요?" "그건 신화예요. 하지만 선생님은 현실 속 인간을 다루시잖아요." 하지만 현실은 예술가에게 결코 '게토'가 될 수는 없다. 현실도 어디까지나 자유로운 세계니까.

내 여주인공에 대한 영화가 이미 제작되었다는 건 나중에 알게 된 일이었다. 다큐멘터리 영화 〈고통〉(〈피시카 필름 스튜디오〉)이었다. 난 이 영화를 만든 이리나 바실리예바 감독을 만났다. 그녀와 난 대화를 나누다가 영화 테이프를 돌려보다가 또다시 대화를 이어가곤 했다.

바실리예바 감독의 이야기 중에서:

—제게 이 얘기를 해주더군요⋯⋯ 하지만 전 그 이야기가 마음에 들지 않았어요. 깜짝 놀랐거든요. 하지만 사람들이 이건 사랑에 대한 파격적인 영화가 될 것이라며 저를 설득하기 시작했고 하루도 지체하지 말고 어서 가서 촬영해야 한다고 했어요. 그건 매우 러시아다운 스토리였어요! 남편도 있고 아이도 셋이나 있는 유부녀가 죄수를 그것도 무기징역범을 사랑하게 된 이야기죠. 매우 잔인한 수법으로 사람을 죽인 죄로 평생 감옥에서 살게 될 사람을 위해서 그 여자는 남편도 아이들도 집도 모든 걸 다 버렸어요. 하지만 그 스토리 속엔 절 잡아끄는 뭔가가 분명 있었어요⋯⋯

러시아인들은 옛날부터 유독 죄수들을 사랑했어요. 그들은 죄인이지만 동시에 고통받는 사람들이기도 하니까요. 그들에겐 격려와 위로가 필요해요. 그래서 동정하는 문화가 형성되었고 고이고이 간직되어왔어요. 특히 시골이나 소도시에서는 그런 문화가 두드러졌죠. 그런 곳에는 단순한 여자들이 살고 있으니까요. 그런 곳에는 인터넷도 없어요. 그 사람들은 여전히 우편을 이용하죠. 고전적인 방법을요. 시골 남자들은 술 마시고 싸움질을 하는데, 시골 여자들은 저녁이면 책상 앞에 앉아서 편지를 써요. 편지봉투 안에는 순수한 삶의 이야기도 있고 쓸데없는 얘기들도 있죠. 옷 스타일, 요리 레시피 등등의 사소한 것들. 그리고 항상 마지막에는 봉투에 수감자의 주소를 적어넣어요. 어떤 사람은 오빠가 형을 살고 있어서 친구들의 소식을 전해주고, 어떤 사람들은 이웃이나 동창생이 수감되어 있어서 편지를 쓰기도 해요. 입에서 입으로 소식들이 전해져요. 어떤 사람이 도둑질했고, 바람을 피웠고, 형을 살다 풀려났는데 다시 감옥에 갇혔다는 등의 이야기들이 돌죠. 그건 일상적인 이야기들이에요! 시골에서는 말을 듣다보면 남자들의 반 이상이 이미 감옥에 갔다 왔든지

　　　　　　　　　　　　　　2부 허무의 마력

아니면 현재 수감중에 있으니까요. 그런데 러시아인들은 정교회 신자들이잖아요. 불행한 자들을 도울 의무가 있는 사람들. 어떤 여자들은 여러 번 형을 살았던 전과자나 살인자와 결혼하기도 해요. 전 감히 그 현상을 선생님께 설명해 보일 정도로 교만한 사람은 아니랍니다…… 설명하기가 정말 어렵거든요…… 분명한 건 그 남자들이 그런 부류의 여자들을 기가 막히게 알아차린다는 거죠. 그 여자들은 대부분 불행한 운명을 살아왔던 여자들, 자존감이 높지 못한 여자들이에요. 외로운 여자들이요. 그렇게 살았던 여자들이 어느 순간 누군가에게 필요한 사람이 되고 누군가의 보호자가 될 수 있거든요. 그건 자신의 삶을 변화시킬 수 있는 방법 중 하나인 거예요. 일종의 치료제와도 같은 역할을 하죠……

결국 우리는 그 영화를 찍으러 갔어요. 전 실리만을 추구하는 이 시대에도 전혀 다른 존재의 논리를 가지고 있는 사람들이 있다는 걸 보여주고 싶었어요. 그리고 그 사람들이 얼마나 보호받지 못하고 있는지도요…… 우린 우리 민족에 대해 무수히 많은 말을 해요. 어떤 사람들은 러시아 민족을 이상화하고 어떤 사람들은 멍청한 가축떼로 전락시키죠. 소보크라고 낮잡아 부르면서요. 그런데 실제로 우리는 우리 민족을 잘 몰라요. 우리 사이에는 깊은 골이 나 있어요…… 전 항상 스토리를 찍어요. 스토리 속에는 모든 것이 다 들어 있거든요. 그 속에는 반드시 두 개의 중요한 요소가 있어요. 바로 사랑과 죽음이죠.

이 이야기의 배경은 칼루가 주, 아주 외진 벽촌이에요. 우리는 그곳으로 갔어요. 창밖으로는 끝이 없는 들판과 숲 그리고 하늘이 보였어요. 언덕 위에는 하얀 사원들이 빛을 발하고 있었어요. 힘과 고요함. 뭔가 고대 시대를 떠올리게 하는 장면이었어요. 우리는 계속 차를 타고 이동했어요…… 간선도로에서 일반도로로 진입했죠. 오! 오! 러시아의 도로란, 유일무이한 길들이에요! 그 길들은 탱크라도 아무 탱크나 지나갈 수는 없을 거예요. 3미터 간격으로 두

세 개의 웅덩이가 패어 있어요. 그 정도는 매우 양호한 편인 거죠. 길 양쪽으로는 시골 마을들이 있었어요. 삐뚤고 비스듬한 통나무집과 부러진 울타리. 골목길에는 닭과 개들이 활보하고 있었어요. 아직 문을 열지 않은 가게 앞에는 이른 아침부터 알코올중독자들이 줄을 서고 있었어요. 눈감고도 맞힐 수 있는 그런 익숙한 광경이었어요…… 마을 중심에는 여전히 레닌 석고상이 자리를 지키고 있더군요…… (침묵) 그런 시절이 있었죠…… 지금은 벌써 믿어지지가 않네요. 그 시절이 있었고 우리가 그랬다는 것이…… 고르바초프가 등장했을 때 우리는 기쁨에 도취된 채로 뛰어다녔어요. 환상과 꿈의 세계에서 살았죠. 부엌에 삼삼오오 모여 앉아 속을 풀기도 했고요. 우리는 새로운 러시아를 원했어요…… 20년이 지난 지금에서야 우리는 깨달았어요. 새로운 러시아를 대체 어디서 구하겠어요? 그런 건 애초에 없었고 지금도 없어요. 어떤 사람이 정확히 지적했더군요. 5년 안에는 러시아를 완전히 바꿀 수 있지만, 200년 안에는 아무것도 바꿀 수 없다고요. 땅은 측량할 수 없을 정도로 넓은데 사람들의 정신 속에는 뿌리깊은 노예근성이 있어요. 모스크바 부엌에 모여 앉아서는 러시아를 바꿀 수 없어요. 러시아 황실의 것을 도로 가져와 국가 인장으로 사용하고 있고, 국가는 스탈린 시절의 것을 부르고 있어요. 모스크바는 러시아의 도시가 되었고…… 자본주의적으로 변모했지만…… 러시아는 여전히 소비에트적인 것으로 남아 있어요. 소비에트적인 그 러시아에 사는 사람들은 민주주의자들을 직접 본 적도 없어요. 만약 봤다 해도 갈기갈기 찢어놓았을 거예요. 대다수의 러시아인들이 배급 할당량을 원하고 지도자 수령님을 원해요. 값싼 불법 보드카가 강처럼 흐르고 있어요…… (웃음) 선생님과 전 '부엌' 세대가 맞네요…… 사랑에 대한 이야기로 대화를 시작한 지 오 분밖에 지나지 않았는데, 벌써 러시아를 어떻게 해야 할지 고민하고 있잖아요. 하지만 러시아는 우리 같은 사람에게 신경을 쓰지 않아요. 러시아는 자기 인생을 계속 살아가고 있어요……

2부 허무의 마력

술에 취한 남자가 우리 이야기의 여주인공이 살고 있는 곳을 알려주었어요. 그녀가 통나무집에서 나왔어요…… 그녀의 첫인상은 정말 좋았어요. 파랗고 파란 눈동자에 아름다운 체형을 가진 사람이었어요. 한마디로 미인형이었어요. 러시아의 미인! 가난한 농부의 통나무집에서도, 화려한 모스크바의 아파트에서도 반짝반짝 빛날 미인이었어요. 그런 사람이 우리가 아직 얼굴도 보지 못한 그 남자, 무기징역형을 받고 결핵을 앓는 어떤 살인자의 신부라고 한번 생각해보세요. 우리가 그녀를 찾은 이유를 듣더니, 그녀가 웃더군요. "그건 나의 드라마예요." 저는 왔다갔다하면서 우리가 그녀를 촬영하려 한다는 걸 어떻게 설명해야 할지 고민했어요. '혹시 카메라 울렁증이라도 있으면 어떡하지?' 그런데 그녀가 입을 열었어요. "난요, 좀 멍청하고 단순해요. 그래서 아무에게나, 만나는 사람마다 내 이야기를 주저 없이 해요. 어떤 사람은 듣고 울고, 어떤 사람은 비난을 퍼붓지요. 만약 원하신다면, 내 이야기를 들려드릴 수 있어요……" 그러면서 이야기를 시작하더군요……

사랑에 대하여:

—난 결혼할 생각이 없었어요. 물론 꿈을 꾸긴 했죠. 내 나이가 열여덟이었으니까요! 그 남자! 그 남자! 내 신랑이 될 그 남자는 누굴까? 한번은 꿈을 꿨어요. 강둑을 따라 걷고 있었어요. 우리 마을 뒤편으로 강이 흐르거든요. 그런데 땅에서 솟아난 듯 불쑥 키 크고 잘생긴 청년이 내 앞에 나타난 거예요. 그가 내 손을 잡고 말했어요. "넌 내 신부야. 하느님께서 정해주신 내 신부야." 꿈에서 깬 뒤 난 생각에 잠겼어요. '그 사람의 얼굴을 잊으면 안 되는데…… 얼굴을 기억해야 되는데……' 마치 누가 프로그램을 심어놓은 것처럼 그렇게 내 기억 속에는 그 사람이 각인되었어요. 1년이 지나고…… 2년이 지나도 그런 남자는 나타나지 않았어요. 장화를 만들던 알렉세이라는 남자만 제게 관심을 보였죠. 청혼하기도 했어요. 난 알렉세이에게 솔직하게 대답했어요. 난 그

를 사랑하지 않고 꿈에서 본 남자를 사랑하기 때문에 기다리고 있다고요. 그리고 언젠가 난 그 남자를 만날 거라고요. 그 사람을 못 만난다는 건 있을 수 없다고요. 알렉세이가 비웃더군요. 그리고 내 부모님도 비웃으셨어요…… 부모님은 결혼은 무조건 해야 하는 것이고, 사랑은 그다음에 오는 것이라고 날 설득하셨어요.

　왜 웃으시는 거예요? 그래요, 알아요. 모두가 그렇게들 날 비웃어요…… 마음이 시키는 대로 사는 사람을 비정상적인 사람이라고 하죠. 진실을 말해도 사람들은 믿어주지 않아요. 그런데 거짓말을 하면 "우와, 대단하다!"라며 감탄해요. 한번은 알고 지내던 남자애가 지나가고 있었어요. 난 마침 텃밭일을 하고 있었거든요. "어머, 표트르! 글쎄, 얼마 전에 내가 꿈속에서 널 봤지 뭐야!" "으악, 참아줘! 그것만은 안 돼!" 그러더니 페스트 환자라도 본 것처럼 내게서 뒷걸음질쳤어요. 난 다른 사람과 달라요. 그래서 사람들이 나를 꺼려요. 난 누구의 마음에 들어보려고 애쓰지 않아요. 몸에 걸치는 헝겊 따위, 얼굴에 칠하는 화장품 따위에 신경쓰지 않아요. 난 여우짓도 할 줄 몰라요. 하지만 그냥 대화는 할 수 있어요. 한번은 수도원에 가려고까지 했어요. 그런데 반드시 수도원에 들어가야만 수녀가 되는 건 아니라고 쓰인 글을 봤어요. 집에서도 가능하다고요. 그건 그냥 삶의 방식일 뿐이라고요.

　난 결혼했어요. 세상에, 알렉세이는 정말 좋은 사람이었어요. 힘은 또 어찌나 센지 쇠꼬챙이를 엿가락 구부리듯 했다니까요. 난 알렉세이를 사랑했어요! 그리고 아들도 낳았죠. 그런데 출산 후 내게 뭔가 이상한 일이 벌어졌어요. 어쩌면 출산 후 쇼크 같은 거였을 수도 있지만, 어쨌든 난 남자를 멀리하게 되었어요. '난 아이도 있는데, 남편이 내게 무슨 소용이람?' 난 남편과 대화하고 빨래하고 밥을 짓고 침구도 깔아줄 수 있었지만, 남자로서의 그와는 함께 있을 수가 없었어요. 난 소리를 질렀어요! 그리고 이성을 잃고 저항했어요! 그렇게 우리는 2년 동안 서로를 괴롭게 하다가 결국 내가 그를 떠나버렸어요. 아이를

2부 허무의 마력

안고 그냥 떠나버렸어요. 그런데 난 갈 곳이 없었어요. 부모님도 돌아가시고 안 계셨거든요. 언니는 캄차카 어딘가에서 살고 있었고요…… 내 친구 중에 유리라는 친구가 있었어요. 그 친구는 학교 시절부터 내게 남다른 감정을 가지고 있었지만, 나한테 고백한 적은 한 번도 없었어요. 난 골격도 크고 키도 큰데 유리는 나보다 한참 작았거든요. 유리는 소뼤를 돌보고 책을 읽었어요. 그래서 많은 이야기를 알고 있었고, 십자말풀이도 후다닥 풀 수 있었죠. 난 유리를 찾아갔어요. "유리야, 우리는 친구잖아. 너네 집에서 내가 잠시 신세를 져도 될까? 내가 너네 집으로 들어갈게. 다만 내 근처에는 오면 안 돼. 부탁이야, 날 건드리지는 말아줘." 유리가 말했어요. "좋아."

우리는 그렇게 같이 살았어요…… 난 속으로 이런 생각을 했어요. '쟤는 날 사랑하는데, 그래서 저렇게 정중하게 날 대하는데, 나한테 아무런 요구도 하지 않는데. 난 왜 쟤를 괴롭게 하는 걸까?' 그래서 난 유리와 함께 혼인신고를 했어요. 유리는 성당에서 정식으로 성혼식을 갖고 싶어했지만 성당에서는 할 수 없다고 그에게 고백했어요…… 그러고는 내 꿈을 얘기했지요. 그래서 그 운명의 짝을 기다리고 있다고…… 유리도 모두와 마찬가지로 날 비웃었어요. "무슨 애도 아니고. 기적을 믿고 있는 거야? 하지만 아무도 내가 널 사랑하는 만큼 널 사랑하진 못할 거야." 그와의 사이에서 아들 둘을 낳았어요. 유리와 함께 15년을 살았어요. 15년 동안 우리는 길을 다닐 때도 손을 잡고 다녔어요. 사람들이 놀라곤 했죠…… 많은 사람들이 사랑 없이 살았고 사랑은 텔레비전에서만 봤으니까요. 사랑이 없는 사람이요? 그건 물이 없는 꽃과도 같아요……

우리는 그런 운명을 타고 났어요…… 이곳에선 소녀들도 아가씨들도 모두 감옥에 편지를 썼어요. 나도 내 친구들도 학교 다닐 때부터 편지를 썼어요. 수백 통의 편지를 썼고, 수백 통의 답장을 받았어요. 그리고 그때도…… 모든 것이 평소와 같았어요. 우편배달부가 외쳤어요. "옐레나, 감옥에서 편지가 왔어." 난 뛰어가서 편지를 건네받았어요. 교도소 도장이 찍혀 있었고, 주소는 가려져 있었어요. 갑자기 내 심장이 쿵쾅쿵쾅 요란을 떨기 시작했어요. 글씨체만 보았는데도 가족처럼 가깝게 느껴지는 거예요. 설렘이 너무나 커서 글을 읽을 수가 없었어요. 난 몽상가예요. 그렇지만 현실도 이해하고 있어요. 그리고 처음 그런 편지를 받아본 것도 아니었고요…… 내용은 단순했어요. "누이, 따뜻한 말들을 해주어서 고맙구나. 물론 넌 내 친누이는 아니지만, 난 네가 친누이처럼 느껴져……" 난 그날 저녁에 곧바로 답장을 적었어요. "사진을 보내줘요. 당신의 얼굴을 보고 싶어요."

사진과 함께 답장이 왔어요. 꺼내 보았더니, 바로 그 남자였어요. 내가 꿈속에서 봤던 그 사람…… 내 사랑. 난 그 사람을 20년 동안 오매불망 기다렸던 거예요. 그 누구에게도 그 어떤 설명도 할 수가 없었어요. 어떻게 말해도 동화가 돼버리니까요. 남편에게는 곧바로 솔직하게 말했어요. "내 사랑을 마침내 찾았어." 남편은 울면서 사정했어요. 그리고 나를 설득했어요. "여보, 우리에겐 아이가 셋이나 있어. 아이들을 키워야지." 그리고 나도 울었어요. "여보, 난 당신이 얼마나 좋은 사람인지 알아요. 당신과 함께한다면 아이들은 절대 잘못되지 않을 거예요." 이웃, 친구들, 친언니까지…… 모두가 날 비난했어요. 난 이제 혼자예요.

기차역에서 기차표를 샀어요…… 내 옆에 어떤 여자가 서 있었고, 우리는 자연스럽게 대화했어요. 그 여자가 묻더군요. "어디로 가세요?" "남편에게로요(물론 아직 내 남편은 아니었지만 난 그가 내 남편이 되리란 걸 알았으니까요)." "남편이 어디에 있는데요?" "감옥에요." "무슨 죄를 지었는데요?" "사람을 죽였어요." "어머, 어머! 오래 있어야 하나보죠?" "평생이요……" "어머, 어머! 아줌마 너무 불쌍하네요……" "그러실 필요 없어요. 난 그를 사랑하니까요."

사람은 다른 사람의 사랑을 받아야 마땅해요. 적어도 한 사람씩은 있어야 해요. 사랑은…… 그건…… 사랑이 무엇인지 내가 설명해드릴게요…… 그 남자는 결핵을 앓고 있었어요. 감옥에 있는 사람들은 모두가 결핵을 앓고 있더군요. 먹는 것도 시원찮고 우울증에도 시달리니까요. 사람들이 개기름이 효과가 좋다고 하더군요. 시골 마을을 돌아다니면서 수소문했고 그렇게 개기름을 구했죠. 그런데 나중에는 또 오소리의 기름이 좋다는 거예요. 그래서 약국에 가서 샀어요. 얼마나 비싼지! 그 사람에겐 담배도 필요했고, 고기 스튜도 필요했어요…… 난 제빵공장에 취직했어요. 농장에서 일하는 것보다 돈을 많이 주더라고요. 일은 힘들었어요. 낡은 화덕들이 얼마나 뜨겁게 달궈지는지, 일하다보면 모두들 브래지어와 팬티 차림으로 있을 정도였어요. 50킬로그램이나 되는 밀가루 포대를 날랐고, 100킬로그램까지 빵 수레도 끌고 다녔어요. 그리고 그에게 매일 편지를 썼어요.

"그녀는 그런 사람이었어요."(바실리예바 감독이 얘기를 계속 이어갔다.) "즉흥적이고 열성적인 사람…… 마음속에 소용돌이가 일어나 모든 것을 빨리 하고 싶어하는 것 같았어요. 모든 것이 극단적이고 과했어요. 그녀의 이웃 사람들이 이런 얘기를 해줬어요. 한번은 타지크 난민들이 시골 마을을 거쳐서 피난을 가고 있었대요. 타지크 사람들은 아이도 많고 몇 끼씩 굶은 상태에 헐벗고 있었어요. 그때 옐레나가 집에서 내올 수 있는 건 모두 꺼내서 그들에게 주었다는 거예요. 이불, 베개, 숟가락 등등. "우리는 너무 잘살고 있는데, 저 사람들에게는 아무것도 없잖아요"라면서. 정작 쓰러져가는 자기집에는 책상과 의자들뿐…… 한마디로 자기도 찢어지게 가난했는데 말이에요. 텃밭에서 기른 감자나 호박으로 끼니를 때우고 우유를 마시면서도 그녀는 남편과 아이들을 오히려 안심시켰대요. "괜찮아, 가을이면 다차에 머물렀던 사람들이 도시로 돌아갈 거고, 그러면 우리에게 뭔가 남겨줄 거야." 그 마을에서는 여름이면 모스크바 사람들이 내려와서 머물곤 했어요. 자연 풍광이 수려해서 예술가, 배우들이 너도나도 내려와 버려진 집들을 죄다 사들였던 거예요. 그렇게 다차꾼들이 머물다 돌아가면 마을 사람들이 비닐봉지까지 싹 쓸어모았어요.

시골이라 가난했고 노인네들에 술주정뱅이들만 살았으니까요. 또다른 얘기도 있어요. 옐레나의 친구가 몸을 풀었는데 그 집에 냉장고가 없었던 거예요. 그래서 옐레나가 자기 냉장고를 친구에게 줬어요. "우리 아이들은 다 컸어. 넌 갓난아이를 키워야 하잖아"라면서. 모두 다! 가져가! 아무것도 가진 게 없는 사람도 줄 수 있는 게 그렇게나 많았던 거예요. 그런 사람이 러시아인의 전형이죠…… 그런 러시아 사람을 가리켜 도스토옙스키는 러시아 땅만큼 넓은 사람이라고 썼던 거예요. 그런 사람은 사회주의도 바꾸지 못했고 자본주의도 바꿀 수 없어요. 그런 사람은 부나 가난 때문에 바뀌지 않아요. 가게 앞에 세 명의 남자들이 모여 있더군요. '무엇을 위해 건배할까?' "세바스토폴은 러시아의 도시야! 세바스토폴은 우리 것이 될 거야!" 러시아인은 보드카 1리터를 마시고도 다리에 힘이 풀리지 않는다며 자랑하더군요. 스탈린에 대해서 기억하는 건 단 하나 그들이 승리자였다는 것밖에 없어요……

전 그걸 카메라에 담고 싶었어요…… 하지만 전 어디론가 헤어나올 수 없는 곳으로 빨려들어갈까 두려워서 저 자신을 저지해야만 했어요…… 모든 운명은 그 자체로 할리우드급 이야기예요. 영화를 만들 수 있는 준비된 시나리오예요. 예를 들어, 옐레나의 친구 이리나에 대한 이야기만 봐도 그래요. 이리나는 전직 수학 선생님으로 쥐꼬리만한 월급을 참다못해 교단을 떠난 사람이었어요. 이리나에게는 아이들이 셋 있었는데, 아이들이 엄마에게 부탁하곤 했대요. "엄마, 우리 빵공장에 가자. 빵냄새를 실컷 맡고 싶어." 그래서 사람들이 보지 못하도록 저녁에 빵공장에 갔대요. 지금 이리나는 옐레나처럼 빵공장에서 일하고 있고, 애들이 빵을 배불리 먹게 되었다는 사실에 기뻐하고 있어요. 훔치는 거죠…… 거기선 모두가 도둑질을 했고 그 덕분에 모두가 살아남은 거예요. 삶은 괴물 같고 비인간적인데 영혼은 살아 있어요. 그 여자들이 어떤 얘기를 나누는지 선생님도 한번 들어보셨다면, 아마 믿지 못하실걸요! 그 여자들은 사랑에 대한 이야기를 해요. 빵 없이는 살 수 있지만 사랑 없이는 절대로 살 수 없어요. 그건 끝인 거예요. 이리나는 옐레나의 그 운명의 죄수가 보낸 편지들을 읽으면서 열의에 불타올랐어요. 그래서 가까운 감옥에서 소매치기범을 하나 찾아낸 거예요. 그 사람은 빨리 석방되었죠…… 그다음부터는 비극이라는 장르의 법칙에 따라 스토리가 전개되었지요. 죽을 때까지 사랑하겠다는 고백. 결혼식. 그리고 얼마 지나지 않아 아나톨리…… 바로 그 전과자가 술독에 빠져요. 이리나는 이미 아이가 셋이었는데 그 남자의 아이를 두 명이나 더 낳았어요. 아나톨리는 난동을 부리고 술에 취해 마을로 이리나를 내쫓고는 추격전을 벌이곤 했는데, 아침이 되어 술에서 깨면 주먹으로 가슴을 내리치면서 용서를 구했다고 해요. 이리나…… 그녀도 미인이었어요! 총명하기까지 했어요. 그럼에도 우리 나라 남자들은 생겨먹은 것 자체가 그 모양인가봐요…… 짐승의 왕……

그럼, 이제 유리, 그러니까 옐레나의 남편에 대해서 이야기해야겠어요…… 그 마을에서는 유리를 '책 읽는 목동'으로 불렀어요. 그는 소떼를 돌보면서 책을 읽었어요. 전 그의 집에서 러시아 철학자들의 책을 많이 봤어요. 유리와는 고르바초프, 니콜라이 표도로프, 페레스트로이카, 인간의 영생에 대해서 이야기를 나눌 수 있었어요. 다른 남자들은 술을 마시는데 유리는 책을 읽었어요. 유리는 몽상가이고 타고난 사색가예요. 옐레나는 유리가 십자말풀이를 눈 깜짝할 사이에 풀어버린다고 자랑스러워했어요. 하지만 유리는 키가 작았어요. 어렸을 때 급격하게 키가 컸나봐요. 그래서 유리가 6학년 때 그의 엄마가 그를 모스크바로 데려갔어요. 그곳에서 유리의 척추에 주사를 한 대 놓았는데, 그게 잘못된 거죠. 그 이후로 더이상 키가 크질 않았다고 해요. 150센티미터. 사실 정말 잘생긴 남자였거든요. 하지만 부인 옆에 서면 난쟁이 같았어요. 영화에서는 보는 사람들이 눈치채지 못하도록 공들여 찍었어요. 카메라 감독님께 제가 특별히 부탁했죠. "제발, 뭔가 수를 좀 내봐요!" 일반 관객들이 그녀가 난쟁이 같은 남편을 버리고 잘생기고 멋진 슈퍼맨에게 갔다고 생각할 만한 여지를 줘서는 안 되었거든요. 그러면 옐레나는 그냥 그렇고 그런 평범한 여자가 되어버리잖아요! 유리는…… 유리는 현명한 사람이에요. 그는 행복이 다양한 색채를 갖고 있다는 걸 알고 있었어요. 유리는 어떤 조건에서건, 옐레나가 더이상 부인이 아니라 친구로 남는다 할지라도 자기 옆에 있길 바랐어요. 감옥에 있는 그로부터 편지가 오면 옐레나가 누구한테 뛰어가는 줄 아세요? 유리에게 가요…… 그리고 그 둘은 같이 편지를 읽어요…… 유리의 가슴속에서는 피가 거꾸로 솟구치는데도 그는 가만히 듣고만 있어요…… 사랑은 오래 참고…… 사랑은 시기하지 않고…… 불평도 하지 않고…… 악행을 생각지도 않아요…… 물론 제가 지금 이야기하는 것처럼 그렇게 모든 것이 아름답기만 한 건 아니었어요. 그들의 삶이 장밋빛만은 아니었으니까요…… 유리는 권총으로 자살을 시도했어요…… 어디든 떠날 수 있는 곳으로 무작정 도망가려고도 했죠…… 그들에겐 피와 살이 등장하는 현실적인 삶의 장면들이 분명 있었어요…… 하지만 유리는 옐레나를 사랑해요……

사색에 대하여:

—전 그녀를 항상 사랑했습니다. 학창 시절부터요. 그녀가 결혼하고 도시로 떠나버렸을 때도 전 그녀를 사랑했어요.

어느 날 아침이었어요. 어머니와 함께 식탁에 앉아서 차를 마시고 있었어요. 창밖을 보니 옐레나가 어린아이를 안고서 걸어오는 것이 보였어요. 어머니께 말씀드렸죠. "엄마, 저기 나의 옐레나가 왔어요. 나한테 아주 온 것 같다는 생각이 들어요." 그날부터 전 즐겁고 행복한 사람…… 심지어 잘생긴 사람이 되었어요…… 우리가 결혼했을 땐 전 천국에 들어간 것만 같았습니다. 결혼반지에 입을 맞추기도 했어요. 그런데 그 반지를 그다음날 바로 잃어버리고 말았죠. 참, 이상해요. 그 반지가 손가락에 딱 맞았거든요. 제가 일하다가 윗도리를 벗어서 턴 뒤에 다시 입었는데 반지가 안 보이는 거예요. 찾아보았지만 결국 못 찾았어요. 그런데 옐레나는 결혼반지를 항상 끼고 다녔어요. 그녀의 손가락에 있는 그 반지는 참 아슬아슬해 보였는데, 오히려 한 번도 잃어버린 적이 없었어요. 그녀가 스스로 뺄 때까지는……

어딜 가든 우리 둘은 함께였어요. 우리는 그렇게 살았어요! 우리는 함께 약수터에 가는 걸 좋아했어요. 전 손에 양동이를 들고 있었고 옐레나는 제 옆에 있었죠. "내가 얘기해줄게." 그러면서 조잘조잘 열심히 얘기했어요…… 물론 형편이 넉넉하지는 않았지만, 돈은 돈이고 행복은 행복이잖아요. 이른봄부터 우리집에는 항상 꽃들이 있었어요. 처음에는 저 혼자서 열심히 꽃을 공수해 왔지만, 나중에 아이들이 조금 자랐을 때는 저와 아이들이 함께 꽃을 가져왔지요. 모두들 엄마를 사랑했어요. 아이들의 엄마는 발랄한 사람이에요. 피아노도 칠 줄 알았어요. (음악학교에 다녔거든요.) 노래도 부르고 동화도 직접 썼어요. 우리집에는 한때 선물받은 텔레비전이 있었어요. 아이들이 텔레비전 앞에서 붙박이가 되더니 나중에는 텔레비전에서 떼어낼 수가 없었어요. 아이들이 공격적으로 변하고 낯선 모습을 보이더군요. 그러자 애들 엄마가 어항에 물을 채워넣듯 그렇게 텔레비전에 물을 부어버렸어요. 텔레비전이 다 타버렸죠. "얘들아, 차라리 꽃을 보고 나무를 보렴. 그리고 엄마 아빠와 대화를 하자꾸나." 우리 아이들은 화를 내지도 않았어요. 엄마가 하는 말이었으니까요……

이혼…… 판사님이 물으시더군요. "이혼 사유가 뭡니까?" "인생관이 다릅니다." "남편이 술을 마시나요? 폭력을 휘두르나요?" "아니요, 술을 마시지도 않고 때리지도 않습니다. 그리고 우리 남편은 정말 훌륭한 사람입니다." "그런데 왜 이혼합니까?" "사랑이 없습니다." "그건 합당한 이유가 아닙니다." 우린 이혼 숙려 기간으로 1년을 받았어요. 재고하라고요……

남자들은 저를 비웃었어요. 조언도 해주더군요. 집에서 쫓아내라, 정신병원에 입원시켜라…… 도대체 옐레나는 뭐가 부족했던 걸까요? 누구에게나 그런 일은 있을 수 있어요. 우울함은 페스트처럼 사람들을 순식간에 덮쳐버리니까요. 기차를 타고 가면서 창밖을 내다보는데 우울한 거예요. 눈을 뗄 수 없을 만큼 아름다운 풍경이 펼쳐지고 있는데 눈물이 뚝뚝 떨어져서 갑자기 당황할 때가 있다고요. 그래요, 그건 러시아식 우울증이에요…… 모든 걸 다 갖고 있는 것처럼 보이는 사람도 항상 뭔가 부족한 것을 느끼는 법이지요. 그렇게 사는 거예요. 어떻게든 그걸 참고 사는 거죠. 그런데 옐레나는 달라요. "여보, 당신은 정말 좋은 사람이야. 내겐 가장 좋은 친구이기도 해. 그 사람은 반평생을 감옥에서 보냈대. 그런데도 난 그 사람이 필요해. 난 그 사람을 사랑해. 날 보내주지 않으면 난 죽고 말거야. 난 내가 해야 할 일은 꼬박꼬박 하겠지, 하지만 죽은 시체나 다름없을 거야." 운명이란 그런 거예요……

옐레나는 우리를 버리고 떠났어요. 아이들은 엄마를 보고 싶어했고 오랫동안 울었어요. 특히 막내놈이요. 우리 꼬마 마트베이가…… 아이들은 엄마를 기다렸고 지금도 기다리고 있어요. 그리고 저도 기다려요. 옐레나가 우리에게 편지를 썼어요. "피아노만은 팔지 말아요." 우리집에 있는 것 중 값나가는 유일한 물건이었어요…… 옐레나의 부모님이 그녀에게 남겨주신 거죠. 그녀가 제일 사랑하던 피아노. 저녁에 식구들이 모여 앉으면 옐레나는 피아노를 연주해줬어요…… 제가 어떻게 돈 때문에 그 피아노를 팔 수 있겠어요? 그리고 옐레나도 자신의 운명에서 나를 그냥 그렇게 내쳐버리지 못해요. 내가 있던 자리를 빈 공간으로 남기는 건 불가능한 일이잖아요. 우리가 함께 산 세월이 자그마치 15년이에요. 우리 사이엔 자식들도 있어요. 옐레나는 좋은 사람이지만 다른 사람이에요. 이 땅에 속한 것 같지 않은 사람. 그녀는 가벼워요…… 가벼워요…… 그런데 전 이 땅에 속한 사람이죠. 지상에 머물고 있는 사람들 중 하나……

우리 이야기를 지역신문에서 기사로 냈어요. 그런 후에는 모스크바 방송국에서 우리를 부르더군요. 그곳의 방식은 이랬어요. 무대 위에 오른 것처럼 가만히 앉아서 나에 대한 이야기를 하는 거예요. 홀에는 관객들이 앉아 있어요.

2부 허무의 마력

그리고 얘기가 끝나면 다같이 토론을 하죠. 사람들 모두가 옐레나를 욕했어요. 특히 여자들이 심했죠. "변태! 섹스중독자!" 모두들 그녀에게 돌을 던질 준비가 되어 있었어요. "그건 질병이에요, 옳지 않은 행동입니다." 그리고 저한테 질문해요. 한 번 녹아웃당하고 나면 또 녹아웃 펀치가 들어왔죠…… "당신과 아이들을 버리고 떠난 그 죄 많은 나쁜 년은 당신 새끼손가락만큼의 값어치도 없어요. 당신은 성인이에요. 모든 러시아 여인들을 대표하여 당신의 발 앞에 경의를 표합니다." 전 뭐라도 답하고 싶어서 말을 시작해요. 그러면 "당신에게 주어진 시간은 끝났습니다"라고 하더군요. 전 울음을 터뜨리고 말았어요. 그리고 모두들 그 눈물이 상처와 분노로 인한 것이라고 단정짓더군요. 그런데 전 그렇게 똑똑하고 많이 배운 사람들이, 수도에 사는 사람들이, 정작 아무것도 이해하지 못하고 있다는 사실 때문에 눈물 흘린 거예요.

전 필요하다면 얼마든지 그녀를 기다릴 거예요. 옐레나가 원할 때까지…… 제 옆에 다른 여자가 있다는 건 상상조차 할 수 없어요. 그러다가도 가끔은…… 욕망이 불쑥 찾아올 때도 있어요……

마을 사람들의 이야기 중에서:

—옐레나는 천사야……

—예전에는 그런 여자들을 창고에 가두거나 고삐를 물리곤 했다고……

—만약 옐레나가 부자놈에게 갔다면 그건 이해할 만해. 부자들의 삶은 훨씬 더 매력적이니까. 그런데 범죄자와 대체 뭘 어쩌자는 거야? 그것도 평생 감옥에서 썩어야 할 놈과 말이야. 1년에 두 번밖에 만나질 못한다고. 그게 끝이라고. 그게 사랑의 전부라고.

—천성이 낭만주의자인 걸 어째. 고생 좀 해봐야지.

—우리들의 핏속에는 동정심이 배어 있어. 불운아들, 살인자와 탕아들에 대한 동정심. 분명 사람을 죽인 놈인데 눈은 아기의 눈을 하고 있는 거야. 그

러니 그 사람이 가여워질 수밖에.

─난 남자를 절대로 믿지 않아요. 특히 전과자들은 더더욱. 그놈들은 감옥 생활이 심심한 거예요. 그래서 심심풀이로 장난을 치는 거라고요. "하얀 날개가 눈부신 나의 백조여, 난 당신을 생각해. 작은 창문으로 빛이 들어오고 있어……"라며 똑같은 글을 베끼고 있는 거라고요. 그런데 어떤 멍청한 여자들은 그걸 믿고 그 사람을 구원하겠다고 불나방처럼 불에 뛰어들어요. 들지도 못할 만큼 무거운 짐가방을 사식과 물품으로 꽉꽉 채워서 들고 다니고 돈도 보내요. 그 죄수를 기다리기도 하죠. 그놈이 석방되면 그녀를 찾아와 밥도 먹고, 술도 마시고, 돈도 빼가요. 그리고 어느 날 갑자기 어디론가 증발해버리는 거예요. 안녕! 안녕!

─아, 글쎄, 그건 사랑이라고! 영화에서 봤던 그 사랑!

─살인자와 결혼하려고 착한 남편을 이곳에 내팽개쳐뒀어. 게다가 애들도 있잖아…… 사내아이가 셋이나…… 아니, 그 표도 말이야. 지구 반대쪽으로 가려면 차표가 있어야 할 거 아니야. 근데 그 돈을 어떻게 구했겠냐고? 수시로 아이들의 입에 들어가는 걸 야금야금 감춰둔 거야. 가게에 들어가면 늘 고민했겠지. '애들에게 빵을 하나 더 사줘야 하나 말아야 하나?'

─부인은 남편을 경외하라…… 두 사람은 그리스도께 나아가는 중이니…… 그런데 그냥 간단히 끝나는 거야…… 별다른 이유도 없이. 대체 왜? 대체 아무런 이유가 없는데, 왜 그런 일을 하는 거냐고?

─주님이 그러셨지, 너희는 나 없이는 아무것도 할 수 없느니라. 그런데 옐레나는 자기 머릿속에서 뭔가를 창조하려고 하고 있어. 그건 교만이야. 겸손이 없는 곳에는 항상 다른 힘이 존재하는 법이지. 악마에게 조종당하는 거야.

─구원의 길을 찾기 위해서라면 수도원에 들어가야 했어. 인간은 고통 속에서 구원을 얻는다고 하지. 그 고통을 심지어 찾으려고 하는 거야……

2부 허무의 마력

바실리예바 감독과 계속 대화를 이어간다.

─저도 옐레나에게 물었어요. "1년에 두 번밖에 그 남자를 못 만난다는 건 알고 있어요?" "그러면 어때요? 난 충분해요. 난 생각 속에서 그와 함께 있을 테니까요. 감정 속에서요."

그에게 가려면 북쪽으로 먼 여정을 거쳐야 했어요. 오그넨니 섬. 14세기에 세르기 라도네시스키*의 제자들이 북쪽 지방의 숲을 개척하기 위해 떠났어요. 울창한 숲을 통과한 그들은 섬을 하나 발견했죠. 그 섬 한가운데에서 혀 모양의 불꽃을 발견한 거예요. 그들에게 신이 불꽃의 형상으로 임재한 거죠. 그들은 나룻배에 흙을 퍼 날랐어요…… 그렇게 섬 위에 흙을 쏟아붓고 수도원을 지었어요. 벽의 두께가 1.5미터나 되었지요. 오래된 그 수도원이 지금은 가장 끔찍한 살인자들을 투옥하는 감옥으로 사용되고 있어요. 사형수들을 위한 곳이었죠. 각 감방문 위에는 수감자의 악행이 쓰인 명패가 붙어 있어요. "칼로 6세 아냐를 찔러 죽임." "12세 나스챠를……" 그 명패를 읽고 나면 온몸에 털이 곤두섰지만 막상 감방 안으로 들어가면 평범한 사람이 인사를 건네는 거예요. 저에게 담배 한 개비를 부탁하기도 해요. 그럼 저는 또 담배를 건네죠. "바깥은 어떤가요? 여기서는 아무것도 알 수가 없어요. 심지어 바깥 날씨가 어떤지도요." 그들은 돌 속에서 살고 있어요. 사방이 숲과 늪지대로 둘러싸여 있고요. 탈출에 성공한 사람은 단 한 명도 없었다더군요……

옐레나는 면회가 안 될 거라는 생각은 추호도 하지 않고 교도소로 향했던 거예요. 신분증을 제출하는 창구에 노크했는데, 아무도 그녀의 말을 들으려고조차 하지 않았대요. "저기, 소장님이 오시네요. 직접 얘기해보세요." 옐레나는 소장님에게 달려갔어요. "면회를 허락해주세요." "누구와요?" "블라디미

---

* 세르기 라도네시스키(1314~1392). 러시아정교회 수도사이자 성인. 성삼위일체수도원의 창립자.

르 포드부츠키를 만나러 왔어요." "이곳에 수감된 사람들은 중범죄자들이라는 걸 모르시는 겁니까? 여기는 규칙이 엄격합니다. 1년에 두 번, 3일씩 면회가 허락됩니다. 그리고 짧은 면회는 1년에 세 번, 두 시간씩입니다. 그리고 가장 가까운 친인척에게만 허락됩니다. 엄마, 부인, 누이 등. 그런데 당신은 그 수감자와 관계가 어떻게 되십니까?" "전 그 사람을 사랑해요." 그다음은 안 들어봐도 뻔하죠. '환자다.' 소장이 자리를 뜨려고 하자 옐레나가 그를 멈춰 세웠어요. "제가 그 사람을 사랑한다고요." "당신은 그 사람과는 전혀 무관한 타인입니다." "그러면 잠깐 얼굴만이라도 보게 해주세요." "아니, 그러면 당신은 그 수감자를 한 번도 본 적이 없단 말입니까?" 이야기가 여기까지 전개되자 이제는 모두가 재미난 구경거리로 생각한 거죠. 보초병들도 모여들기 시작했어요. '뭐, 저런 미친 여자가 다 있어? 하하하!' 그런 상황에서 옐레나는 그들에게 열여덟 살의 꿈 이야기, 두고 온 남편과 세 명의 아이들에 대한 이야기, 평생을 그 수감자만 사랑한다는 이야기까지 모두 다 털어놓은 거예요. 그녀의 진실함과 순수함은 그 어떤 장벽도 뚫어내고 말아요. 그녀 옆에서 얘기를 듣다보면 사람들은 자기가 올바르다고 생각했던 삶에 뭔가 문제가 있다고 느끼게 되는 거예요. 자신이 너무 거칠고, 감정이 무뎌졌다고 생각하는 거죠. 교도소 소장은 이미 어느 정도 나이가 찬 사람이었고, 그 일을 하면서 볼꼴 못 볼 꼴 이미 많이 겪은 터라…… 아마도 옐레나의 입장을 이해할 수 있었나봐요. "그렇게 먼 곳에서 오셨다면 여섯 시간 정도 면회를 허락하겠습니다. 단, 보초병이 함께 있을 겁니다." "두 명을 보내셔도 좋아요! 어차피 전 그 사람 말고는 아무도 보지 않을 거니까……"

옐레나는 자기 안에 있는 그 극단적이고 과한 모든 것들을 블라디미르에게 쏟아부었어요. "내가 지금 얼마나 행복한지 당신은 알아요? 난 평생 당신만을 기다렸어요. 그런데 드디어 우리가 함께하게 되었네요." 물론 그 사람은 전혀 그런 만남에 준비가 되어 있지 않았어요. 그 사람은 자신을 자주 찾아오는 침례교 신자인 어떤 여자와 벌써 로맨스를 펼치는 중이었고요. 그런 로맨스는 뻔한 이야기죠. 불행한 삶을 사는 평범한 젊은 여자. 그런 여자에게는 남자가 필요하고, 여권에 찍히는 '기혼' 스탬프가 필요한 법이니까요. 하지만 옐레나가 뿜어내는 건 집요함과 폭풍처럼 몰아치는 열정이었다고요! 그런 상태의 사람이 자신을 붙잡으려고 한다면 아마 모두가 다 겁에 질릴 거예요. 그 블라디미르라는 사람도 예외가 아니었죠. 옐레나가 말했어요. "부탁이에요, 나와 결혼해줘요. 날 당신에게 들여보내줄 수 있도록, 그리고 내가 당신을 늘 볼 수 있도록. 그것 말고 나한테 필요한 건 아무것도 없어요." "당신은 이미 결혼했잖아?" "난 이혼할 거예요. 난 당신만을 사랑해요." 옐레나의 가방 속에는 그가 보낸 편지들이 가득했어요. 헬리콥터 그림, 꽃 그림들이 그려진 편지들. 레나는 잠시도 그 편지들과 떨어질 수 없었던 거예요. 그 편지들은 옐레나가 가진 행복의 정점이었어요. 왜냐하면 그녀는 항상 완벽한 이상을 추구했고, 그 이상이란 것은 서면으로만 존재하는 것이거든요. 종이 위에서만 그 이상이 온전하게 실현될 수 있어요. 지상이나 잠자리에는 그런 이상이 존재하지 않으니까요. 거기에서 행복의 절정을 찾을 수는 없어요. 다른 사람들과 연결된 모든 것은, 즉 가족, 아이들까지도…… 그건 타협이었어요……

누군가가 옐레나를 그 길로 인도한 것 같아요…… 그건 어떤 힘일까요? 그 꿈은 어느 세계에서 보낸 것일까요?

……우리 촬영팀도 오그넨니 섬에 다녀왔어요. 그걸 실현시키기 위해서 정말이지 많은 서류를 준비해야 했고 동그란 도장이 찍힌 허가서도 여러 번 받아야 했어요. 수십 번의 전화 통화는 당연지사였고요. 그렇게 그곳에 갔어요…… 블라디미르는 우리를 냉대했어요. "왜 그런 쇼를 해요?" 그는 오랜 세월 동안 혼자 살았기 때문에 사람들이 익숙지 않았어요. 의심도 많았고 아무도 믿질 못했어요. 옐레나가 우리와 함께 간 것이 천만다행이었어요. 옐레나가 그의 손을 붙잡고 "블라디미르, 내 사랑"이라고 불렀어요. 그러자 그가 순식간에

순한 양이 되더군요. 우리는 함께 그를 설득했어요. 아니, 어쩌면 그 사람 스스로 생각했을 수도 있죠. 머리가 잘 돌아가는 사람이었거든요. 25년이 지난 수감자들은 매우 드물게 특별사면이 되기도 하는데, 만약 영화를 찍어서 그가 지역 유명인사가 되면 어쩌면 그게 도움될지도 모르겠다, 뭐 그런 계산이요…… 감옥에서는 모두가 살고 싶어했어요. 그곳 사람들은 죽음에 대한 이야기를 싫어하더군요.

우리는 그 얘기부터 대화를 시작했어요……

신에 대하여:

—난 독방에서 사형을 기다리고 있었어요. 생각을 많이 했어요…… 사면이 벽인 이곳에서 누가 날 도와주겠어요? 그런 곳에 있으면 더이상 시간은 무의미해지고 뭔가 추상적인 개념이 되어버려요. 난 아주 큰 공허함을 느꼈어요…… 그러던 어느 날 갑자기 나도 모르게 내 속에서 소리가 터져나갔어요. "주님, 만약 계시다면 도와주세요! 날 버리지 마세요! 난 기적을 바라는 게 아니에요. 나한테 무슨 일이 일어났는지 이해할 수 있게 해주세요." 그러고는 무릎을 꿇고 기도했어요. 주님은 주님을 구하는 자들을 오래 기다리게 하지 않으세요……

내 사건을 한번 읽어보세요. 난 사람을 죽였어요. 그때 나이가 열여덟 살이었어요. 막 학교를 졸업했을 때였죠. 난 시도 썼어요. 시인이 되기 위해서 모스크바로 가서 공부를 더 하려고 했죠. 난 엄마와 둘이 살았어요. 집에는 공부를 계속할 돈이 없었기 때문에 내가 직접 돈을 벌어야만 했어요. 난 자동차 정비소에 취직했어요. 시골에서는 저녁마다 댄스 파티가 열려요…… 그 파티에 갔다가 난 아름다운 아가씨에게 반해버렸죠. 이성을 잃고는 쫓아다녔어요. 파티에서 집으로 함께 돌아가는 길이었어요. 겨울이었고…… 눈이 쌓여 있었죠…… 집집마다 벌써 크리스마스트리가 불을 밝히고 있었어요. 조금 있으면

2부 허무의 마력

신년 명절이었죠. 난 취한 상태가 아니었어요. 우리는 걸으면서 이야기했어요. '하하하, 호호호!' 그녀가 물었어요. "날 정말 사랑해?" "응, 내 목숨보다 더." "그럼, 날 위해서 뭘 할 수 있는데?" "널 위해서라면 날 죽일 수도 있어." "너를 죽일 수야 있겠지. 하지만 이렇게 길을 걷다가 처음 마주치는 사람을 나를 위해서 죽일 수 있겠니?" 그 여자가 농담을 했던 건지…… 내가 마녀한테 씌인 건지…… 난 이제 그 여자 얼굴도 기억이 안 나요. 그 여자는 한 번도 감옥으로 편지를 보낸 적이 없어요. "죽일 수 있어?" 그렇게 말하고는 웃었어요. 난 영웅이 되고 싶었어요! 그래서 내 사랑을 증명해야만 했다고요. 울타리에서 말뚝을 뽑았어요. 밤이었고…… 칠흑 같은 어둠이 깔려 있었어요. 난 서서 기다렸어요. 그리고 그녀도 기다렸죠. 한참을 기다렸지만 아무도 나타나지 않았어요. 그러다가 드디어 어떤 사람이 맞은편에서 다가왔어요. 그리고 난 그 사람의 머리를 쾅! 한 번, 두 번…… 그 사람이 쓰러졌어요. 난 쓰러진 그 사람을 말뚝으로 몇 차례 더 내려찍었어요…… 그런데 그 사람이 우리 선생님이었던 거예요……

처음에는 총살형을 선고받았어요…… 그런데 반년쯤 뒤에 총살형이 종신형으로 수정되었어요. 엄마는 나와 인연을 끊었어요. 누나는 한동안 편지를 보냈는데, 어느 순간 그것도 끊겼어요. 난 오래전부터 혼자예요…… 이 방, 자물쇠가 걸린 이 방에서 벌써 17년을 살고 있어요. 17년을요! 나무나 동물들은 시간에 대한 개념이 없어요. 그들을 대신해서 주님이 생각하시니까요. 그것처럼 저도 그래요…… 자고 먹고 산책을 나가고. 하늘은 창살 사이로만 구경하죠. 감방에는 침대, 의자, 컵, 숟가락뿐이에요. 다른 사람들은 추억으로 살더군요…… 그런데 난 뭘 추억하죠? 난 아무것도 없어요. 아직 제대로 살아보지도 못했다고요. 뒤를 돌아보면 거기엔 암흑밖에 없어요. 그런데 가끔 그 암흑 속에서 전구가 빛날 때도 있어요. 제일 자주 보는 건 엄마죠…… 가스레인지 앞에 서 있거나…… 부엌 창가에 서 있는 엄마…… 그 밖에는 다 암흑이에요……

성경책을 읽기 시작했어요…… 눈을 뗄 수가 없더군요. 난 사시나무 떨듯 벌벌 떨었어요. 난 그분과 대화했어요. "무엇 때문에 제게 이런 형벌을 내리신 겁니까?" 인간은 기쁜 일이 있으면 주님께 감사를 드리지만 곤경에 처했을 때는 따지며 외치죠. "무엇 때문에?" 아니에요, 그게 아니라…… 고통 속으로 보내신 그분의 뜻을 깨닫기 위한 외침인 거예요. 그리고 인생을 그분에게 바치기 위해서죠……

그러던 어느 날 옐레나가 갑자기 찾아왔어요. 찾아와서 다짜고짜 "난 당신을 사랑해요"라고 하는 거예요. 갑자기 눈앞에 신세계가 펼쳐졌어요…… 난 여기에 갇혀서 상상해보지 않은 것들이 없었어요…… 가족이나 아이들도 상상했죠…… 칠흑 같은 어둠 속에서 한줄기 빛을 찾은 거예요. 난 빛에 둘러싸여 있었어요…… 물론 결코 정상적인 상황이 아니었죠. 옐레나에게는 남편과 세 명의 아이들이 있었어요. 그런 그녀가 외간남자에게 사랑을 고백하고 편지를 썼던 거예요. 만약 내가 그녀의 남편이었다면…… 그랬다면! "당신은 성녀인가요?" "사랑은 자기 헌신 없이는 안 되는 거예요. 그게 어떻게 사랑일 수 있겠어요?" 난 몰랐어요…… 세상에 그런 여자가 있다는 걸 내가 어떻게 알 수 있었겠어요? 감옥에 있는데, 어떻게요? 난 인간 아니면 개, 이렇게 두 부류밖에 몰랐어요. 그런데 어느 날 갑자기 들이닥친 어떤 사람 때문에 뜬눈으로 밤을 지새우게 된 거예요…… 나를 찾아와서는 울기도 하고 웃기도 하고. 중요한 건 항상 아름다웠다는 거예요.

얼마 뒤 우리는 혼인신고를 했어요. 그리고 나중에 성혼식을 올리기로 했어요…… 여기 감옥에는 기도방이 있어요…… 어쩌면 수호천사님이 우리 쪽을 한 번 봐주실지도 모를 일이잖아요……

옐레나와 만나기 전까지 난 모든 여자를 혐오했어요. 난 사랑은 호르몬일 뿐이라고 생각했어요. 육신의 욕정이라고…… 그런데 옐레나는 그 단어를 아

2부 허무의 마력

무 거리낌 없이 자주 사용해요. "사랑해! 사랑해!" 그 말을 들을 때마다 몸이 굳어버려요. 그 모든 것이…… 뭐라고 표현해야 할지…… 난 행복에 익숙한 사람이 아니에요. 난 가끔 그녀를 믿어요. 나도 사랑받을 수 있는 존재라는 사실을 믿고 싶어요. 나와 다른 사람들 간의 차이는 다른 사람들은 자신을 착한 사람이라고 생각하는 것뿐이라고. 하지만 그 사람도 자기 자신을 알게 되면 깜짝 놀랄 거라고 믿고 싶어요. 나라고 내가 그런 일을 할 수 있을 거란 생각을 꿈에라도 해봤겠어요? 내 안에서 숨어 있던 짐승이 튀어나와서…… 그런 생각은 한 번도 해본 적이 없어요! 난 내가 착한 사람이라고 생각했어요. 엄마가 만약 내 공책들을 불태우지 않았다면 내가 썼던 시 노트가 있을 거예요. 그런데 또 어떤 때는…… 무서워요. 난 너무 오랫동안 혼자 살았어요. 이런 상태로 굳어버렸다고요. 정상적인 삶은 나와는 상당히 동떨어진 이야기예요. 난 악하고 거친 사람이 되었어요…… 내가 뭘 무서워하냐고요? 우리의 이야기가 영화일까봐 두려워요. 난 영화는 필요 없거든요. 어떻게 보면 난 이제야 인생을 살기 시작했는데…… 우리는 아이를 원해서…… 옐레나는 임신까지 했는데, 유산하고 말았어요. 주님이 나의 죄들을 그렇게 생각나게 하신 거죠……

　무서워요…… 너무 무서워서, 나 자신을 죽여버리고 싶어요…… 그녀도 그렇게 말해요. "난 당신이 무서워요." 그러면서도 날 떠나지 않아요. 자, 보세요. 이게 영화예요! 자요……!

교도소 대화 중에서:

　─망상! 망상! 그 숙녀분은 정신과 의사가 필요해……

　─난 그런 여자에 대해서는 책 속에서만 봤어. 데카브리스트의 부인들에 대한 책…… 문학! 하지만 실제 현실에서는 내가 만난 사람 중에서는 옐레나가 유일한 사람이야. 물론 나도 처음에는 믿지 않았지. "미친 여자 아닐까?" 그러다가 나중에는 머릿속 생각이 뒤집어지더군…… 사람들은 예수님도 미

친 사람이라고 했잖아. 그래, 옐레나는 정상 중에 정상이라고!

　—한번은 그 여자 때문에 밤새 잠을 못 이뤘어. 나를 많이 사랑해줬던 그런 여자가 나에게도 있었단 사실이 생각났거든……

　—그건 그녀의 십자가야. 그녀는 그 십자가를 메고 짊어지고 가는 거야. 그 여자는 진정한 러시아 여자야!

　—난 블라디미르를 알아…… 그 신랑놈을! 그놈은 나랑 똑같은 개자식이라고! 난 그 여자가 괜찮을지 걱정돼. 그 여자는 혼인신고만 해놓고는 '넌 거기서 살고 싶은 대로 살아라, 난 나대로 살 테다……' 그렇게 말할 여자가 아니라고. 그 여자는 부인의 역할을 하려고 노력할 거야. 그런데 그놈이 그녀에게 뭘 해줄 수 있는데? 우리는 뭔가를 줄 수 있는 여지가 없어. 우리는 손에 피를 묻힌 사람들이라고. 우리가 할 수 있는 유일한 일은 더이상 아무런 희생양을 만들지도 받지도 않는 거야. 우리 삶의 의미는 더이상 아무것도 받지 않는 거라고. 만약 누군가를 받았다면 그건 또 한번 누군가를 약탈하게 되는 거라고……

　—맞아, 그 여자는 행복한 사람이야. 그 여자는 행복해지는 걸 두려워하지 않아.

　—성경책에…… 하느님은 선이다, 하느님은 정의다. 이렇게 쓰여 있지 않아…… 하느님은 사랑이라고 나와 있어……

　—심지어는 신부님도…… 감방에 와서 창살 사이로 손을 내밀고는 최대한 빨리 손을 빼버려. 그 양반은 자각을 못 하겠지만, 나는 느낀다고. 그래, 이해는 되지, 내 손에는 피가 묻었으니까. 그런데 그 여자는 스스로 찾아와서 살인자의 부인이 되겠다고 자청했어. 그 살인자를 의지하고 그와 모든 것을 나누려고 해. 덕분에 여기에 있는 모두는 이제 생각이 달라졌어. '저런 사람도 있다는 건, 그렇다는 건 아직 모든 게 끝난 건 아니구나.' 만약 내가 그녀를 몰랐다면 여기에서 난 지금보다 몇 배는 더 힘들게 살았을 거야.

─그들을 기다리는 미래가 어떨 것 같아? 그걸 말하겠다는 점쟁이가 있어도 한푼도 주지 않을 테다……

─병신들! 기적이 있긴 어디에 있어? 인생은 하얀 돛을 달고 항해하는 하얀 배가 아니라고. 인생은 초콜릿 속에 파묻힌 똥무더기라고.

─그녀가 찾아 헤매는 그것, 그녀가 필요로 하는 그것은 이 땅에서 사는 그 어떤 인간도 줄 수 없는 거야. 그건 하느님만이 주실 수 있어.

옐레나와 블라디미르는 감옥에서 성혼식을 올렸다. 옐레나가 상상한 모습 그대로였다. 촛불의 은은한 불빛, 금반지…… 성당 성가대가 합창했다. "이사야여, 기뻐하라……"

성직자: 신랑 블라디미르 군은 자유롭고 선한 소원과 굳은 의지를 가지고 그대 앞에 서 있는 신부, 옐레나 양을 아내로 맞을 준비가 되어 있는가?

신랑: 주의 종이시여, 그렇습니다.

성직자: 이미 약속한 다른 신부는 없는가?

신랑: 주의 종이시여, 없습니다.

성직자: 신부 옐레나 양은 자유롭고 선한 소원과 굳은 의지를 가지고 그대 앞에 서 있는 신랑 블라디미르 군을 남편으로 맞을 준비가 되어 있는가?

신부: 주의 종이시여, 그렇습니다.

성직자: 이미 약속한 다른 신랑은 없는가?

신부: 주의 종이시여, 없습니다.

주여, 긍휼히 여기소서……

1년 뒤 나는 다시 이리나 바실리예바 감독을 만났다.

바실리예바의 이야기:

　—우리가 찍은 영화는 중앙방송 전파를 탔어요. 시청자들의 편지가 쇄도했죠. 전 기뻤어요. 하지만…… 우리가 살고 있는 세상은 뭔가 잘못되었어요. 마치 그 유머처럼요, "우리 나라 사람들은 착한데, 민중은 악하다". 기억에 남는 말들이 있어요. "난 사형을 시켜야 한다는 쪽에 찬성합니다. 인간 쓰레기들을 폐기처분해야 합니다." "당신 영화 속 주인공 같은 그런 쓰레기들, 슈퍼 살인자들은 붉은광장에서 공개적으로 사지를 찢어 죽여야 하고, 사형집행 방송 사이사이에 중간광고로 스니커즈 초콜릿 광고를 방송해야 합니다." "그런 사람들의 장기를 대상으로…… 신약이나 화학물질을 실험해야 해요……" 달이 쓴 러시아어 사전에 보면 선을 뜻하는 '도브로'라는 명사는 '도브로바치'라는 동사에서 파생된 것인데, 이 동사가 뜻하는 건 '풍요 속에서, 선함 속에서 살아가다'라는 뜻이랍니다. 그런데 이건 강인함과 자긍심이 있을 때나 가능한 얘기죠…… 우리에겐 그런 게 없어요. 악은 신이 주신 것이 아니에요. 위대한 성인 대 안토니우스는 이런 말을 했어요. "하느님은 악에 대한 책임이 없으시다. 하느님은 인간에게 지혜를 주셨고 악과 선을 구분할 수 있는 능력을 주셨다……" 물론 그 편지들 중에는 분명 아름다운 말들도 있었어요. 예를 들어 "감독님의 영화를 보고 나서 전 사랑을 믿게 되었어요. 아무래도 하느님은 계신 게 분명해요……"

　다큐멘터리는 음모이고 함정이에요…… 제 생각에는 다큐멘터리라는 장르에는 '선천적인 결함'이 있어요…… 영화는 이미 제작했는데 삶은 계속 진행형이니까요. 제 영화 속 주인공들은 가상의 인물이 아니에요. 모두 실존하는 실제 사람들이에요. 그리고 그들은 저에 의해 좌우되는 사람들이 아니에요. 제 의지, 제 생각 또는 저의 전문성과는 전혀 상관없는 사람들이에요. 그들의 인생에서 저는 우연히 그리고 일시적으로 잠깐 동안 나타난 존재일 뿐이라고요. 전 그들처럼 그렇게 자유롭지 못해요. 만약 그럴 수 있었다면…… 그랬다면 아마 저는 평생 한 사람만, 아니면 한 가족만 촬영했을 거예요. 매일매일의 그들의 삶을. 아이를 데리고 걸어가는 모습, 다차에 가는 모습, 차를 마시면서 대화하는 모습. 오늘은 이 얘기, 내일은 다른 얘기, 다툰 얘기들, 신문을 산 얘기, 자동차가 고장난 얘기, 여름이 지나가는 모습…… 누군가 우는 모습…… 그런 것들을 카메라에 담을 거예요. 우리는 그 일상 속에 존재하고 있지만, 사실 많은 일들이 우리 없이도 일어나고 있어요. 우리를 제외하고 일어난다고요. 어떤 순간이나 시간의 한 구간을 관찰하는 것만으로는 저는 부족하다고 생각해요. 부족해요! 전 못 해요…… 이별하는 법을 잘 몰라요…… 전 우리 주인공들과 편지도 주고받고 전화도 하죠. 만나기도 하고요. 전 앞으로도 오랫동안 그 장면들을 '마저 촬영할 거예요'. 제 눈앞에는 새로운 장면들이 펼쳐지고 있어요. 전 그렇게 수십 편의 영화를 '촬영'했어요.

그런 영화 중 하나가 바로 옐레나 라즈두예바에 대한 것이에요. 전 수첩이 있어요. 그 안에는 만들어질 리 없는 영화의 시나리오 비슷한 메모들이 수두룩하게 적혀 있어요……

.

……그녀는 자신이 그 일을 한다는 것 때문에 괴로워한다. 그렇다고 그 일을 하지 않을 수는 없다.

……그의 사건 기록을 가져다 읽어봐야겠다는 결심을 하기까지 여러 해가 지났다. 하지만 그녀는 놀라지 않았다. "그것으로 인해 달라질 것은 없어요. 난 그래도 그를 사랑할 거예요. 난 이제 하느님 앞에 서약한 그 사람의 아내예요. 그가 사람을 죽인 건 내가 그 사람 곁에 없었기 때문이에요. 난 그 사람의 손을 꼭 붙잡고 그곳에서 그 사람을 꺼내와야 해요……"

……오그녠니 섬에는 전직 지방검사가 수감되어 있다. 그는 형과 함께 두 여자를 도끼로 찍어 죽였는데, 그 두 여자는 각각 회계사와 계산원이었다. 그 검

사는 자신에 대한 책을 쓰고 있다. 시간이 아까워서 산책도 하지 않는다. 그들은 두 사람을 죽이고 아주 적은 돈을 훔쳤다. 왜 그랬을까? 그도 그 이유를 모른다…… 거기에는 또 자기 부인과 두 명의 아이를 죽인 금속공도 갇혀 있다. 그는 수감되기 전까지는 스패너 외에 아무것도 손에 잡아본 적이 없는 사람이었다. 그런데 지금은 감옥 전체에 그가 그린 그림들이 붙어 있다. 각자가 자신만의 악마에게 사로잡혀서 뭔가를 얘기하고 싶어한다. 살인이란 희생자들에게도 알 수 없는 비밀이지만 살인자들에게도 똑같이 알 수 없는 비밀이다……

……몰래 엿들은 이야기. "하느님이 있다고 생각해?" "만약 하느님이 있다면 죽음이 끝이 아니게 돼. 난 하느님이 없었으면 좋겠어."

……사랑은 무엇일까? 블라디미르는 키도 크고 잘생겼다. 유리는 난쟁이다. 옐레나는 남자로서는 유리가 훨씬 더 자기 마음에 든다고 했다. 다만 그녀는 가야만 했다…… 남편이 그런 사람이었고 그 사람에게 큰일이 났다. 그래서 그 사람의 손을 잡아줘야만 했다……

……처음에는 옐레나가 시골에서 아이들과 함께 살았다. 그리고 1년에 두 번씩 면회를 다녔다. 그러자 블라디미르가 모두를 버리고 그에게로 올 것을 요구했다. "난 느낀다고, 당신은 변심하고 있어, 당신은 날 배신하고 있다고." "사랑하는 여보, 내가 아이들을 어떻게 버려요? 우리 막내 마트베이는 아직 많이 어려서 물리적으로 내가 필요하다고요." "당신은 그리스도교인이잖아. 당신은 순종적이어야 한다고, 당신은 남편의 말에 복종해야 해." 결국 옐레나는 몹쓸 짓을 하고 검은 머릿수건을 쓴 채로 그렇게 교도소 옆에서 살고 있다. 일자리는 없지만 신부님이 현지 성당에서 청소하는 일을 주셨다. "블라디미르가 옆에 있어요…… 난 들려요, 들린다고요. 그가 옆에 있는 게 들려요." '걱정 마요. 난 여기 당신 옆에 있어요……' 벌써 7년째 그녀는 그에게 매일 편지를 쓴다……

……결혼하자마자 블라디미르는 옐레나에게 모든 재판소에 탄원서를 쓰라고 했다. 그는 아이가 많은 아버지이기 때문에 아이들을 돌봐야 한다고 쓰라는

것이었다. 그건 자유를 획득할 수 있는 기회였다. 하지만 옐레나는 맑은 영혼의 소유자였다. 편지를 쓰려고 앉았다가도 편지를 쓰지 못했다. "그이는 사람을 죽였잖아요. 그보다 더한 중죄는 없어요." 그럴 때마다 그는 야만적인 행동을 서슴지 않았다. 그에겐 다른 여자가 필요했다. 돈도 많고 배경도 좋은 여자가. 그는 이미 그 성녀에게 질린 것이다……

……그는 열여덟 살에 수감되었다…… 그때는 소비에트연방이었고 소비에트 사회였고 소비에트 사람들이 있었다. 사회주의가 있었다. 그는 지금의 나라가 어떤 나라인지 이해조차 못 하고 있다. 만약 그가 세상으로 나와 이 새로운 삶과 한번 부딪쳐본다면! 직업도 없고 가족도 다 연을 끊은 상황에서 얼마나 큰 충격을 받을지! 그리고 그는 악하다. 한번은 감옥에서 동료 수감자와 언쟁을 벌이다 상대방의 목을 다 물어뜯어놓을 뻔했다. 옐레나는 그를 사람들에게서 멀리 떨어진 어디론가 데려가야 한다는 걸 잘 알고 있다. 옐레나는 숲속 농장에서 둘이 함께 일하게 되길 바라고 있다. 숲속에서 살기를 희망한다. 그녀의 말을 빌리자면, "나무와 말없는 짐승들 사이에서……"

……옐레나는 여러 차례 내게 말했다. "그이의 눈이 얼음처럼 차가워지고 공허해졌어요. 그는 언젠가 날 죽이고 말 거예요. 난 그가 어떤 눈빛으로 날 죽일지 알고 있어요." 그런데도 그녀는 자꾸 그곳에 이끌리고 있다. 그녀는 구렁텅이로 계속 가고 있다. 왜일까? 하긴 나도 그런 현상이 내게 있었던 걸 기억한다. 어둠에 이끌렸던 나를……

……마지막으로 우리가 만났을 때 그녀가 이런 말을 했다. "난 살고 싶지 않아요! 더이상 못 하겠어요!" 옐레나는 코마 상태였다. 죽지도 살지도 못하는……

우리는 둘이 함께 옐레나를 만나보기로 했다. 하지만 그녀가 갑자기 사라졌다. 연락도 끊겼다. 그녀가 깊은 산속 수도원에서 살고 있다는 소문만 무성하다.

붉은색으로 장식되지 않은 열 편의 이야기

마약중독자, 에이즈 환자들과 함께 있단다…… 그 수도원에서는 많은 사람들이 묵언 서약을 한다고 했다.

용감한 행동과 그 결과에 대하여

타냐 쿨레쇼바(여대생, 21세)

사건 기록:

12월 19일 벨라루스에서 대통령 선거가 실시되었다. 공정한 선거가 되리라고는 아무도 기대하지 않았다. 결과는 이미 정해져 있었다. 루카셴코 대통령의 당선. 16년째 나라를 통치하고 있는 그자의 승리. 세계 언론에서는 '감자밭 독재자' '세계적인 퍼그'라며 그를 조롱한다. 그는 벨라루스 국민을 인질로 삼고 있는 자다. 유럽의 마지막 독재자. 그는 히틀러에 대한 애정을 숨기지 않고 드러낸다. 하지만 사람들은 그 히틀러조차도 '우리 하사님' '보헤미아 일병'이라고 부르면서 오랫동안 심각한 존재로 생각지 않았다.

그날 저녁 옥탸브리스카야 광장(민스크 중앙광장)에 수십만 명의 인파가 몰려들기 시작했다. 선거조작에 반대하여 시위하기 위함이었다. 시위대는 발표된 선거 결과를 무효화하고 루카셴코를 배제한 새로운 선거를 실시할 것을 촉구했다. 평화시위는 특수부대와 오몬 요원들에 의해 잔인하게 제압되었다. 수도 인근 숲에서는 군대가 출격 태세를 갖추고 대기중이었다……

총 700명의 시위자들이 체포되었고 그중에는 아직 면책권이 유효했던 일곱 명의 대통령 후보들도 포함되어 있었다.

선거 이후 벨라루스 보안국은 눈코 뜰 새 없이 바빠졌다. 전국적으로 정치 탄압이 시작된 것이다. 체포, 심문, 가택 수색, 야권 신문사 및 시민단체에 대한 수색, 컴퓨터 및 기타 사무기기 압수수색 등이 진행되었다. 오크레스치노 교도

소와 KGB 격리소에 수감된 사람들은 '집단 소요 조장' 및 '국가 반란 시도', 즉 현 벨라루스 정부가 평화시위에 참여했던 사람들을 분류하고 있는 이 두 죄목에 따라 4년에서 15년 징역형을 언도받게 될 것이다.

2010. 12~2011. 3 신문 기사를 바탕으로.

감정에 대한 기록:
"……우리는 기분좋게, 가벼운 마음으로 걸었어요"

―전 저의 성이 아니라 할머니의 성을 말해요. 전 사실 무서워요. 모두가 어떤 영웅을 기다리고 있지만 전 영웅이 아니거든요. 전 영웅이 될 준비가 되어 있지 않았어요. 감옥에 갇혀서 저는 엄마에 대한 생각만 했어요. 엄마가 심장이 안 좋은데 어쩌지라는 생각만 했어요. '엄마는 어떻게 될까?' 우리가 승리해서 역사 교과서에 우리에 대한 이야기가 등장한다고 쳐요…… 그렇다고 해도 우리들의 가족과 가까운 사람들이 흘린 눈물을 어떡하나요? 그들의 고통은? 사상은 가장 강력하고 무서운 것이에요. 사상은 비물질적인 힘이라서 무게를 가늠할 수가 없어요. 무게가 나가지 않아요. 사상은 전혀 다른 물질로 이뤄져 있어요…… 무언가가 엄마보다 훨씬 더 중요해지는 거예요. 그러다 어느 순간 제가 선택의 기로에 서 있는 거예요. 그런데 전 준비되어 있지 않았어요. 전 이제 알아요. KGB 요원들이 제 방에 들어와서…… 제 물건과 책들을 뒤지고…… 제 일기를 낱낱이 읽는 기분이 어떤지를요…… (침묵) 제가 오늘 선생님과의 약속에 나갈 준비를 할 때 마침 엄마가 전화를 했어요. 그래서 오늘 유명한 작가 선생님과 만날 거라고 엄마에게 말씀드렸죠. 그랬더니 엄마가 울먹거리면서 말하는 거예요. "조용히 해라. 아무것도 얘기하지 마." 잘 모르는 사람들은 저를 지지해주지만, 가족과 가까운 사람들은 그렇지 않아요. 하지만 그분들은 절 사랑해요……

시위가 있기 전…… 저녁에 우리는 기숙사에 모여서 토론을 하고 있었어요. 인생에 대한 얘기들과 더불어 시위 참여 여부에 대해서 이야기했어요. 그 때 일을 떠올리면 되는 거죠, 그렇죠? 우리가 무슨 얘기를 나눴는지? 대충 이랬던 것 같아요……

—갈 거야?

—아니, 난 안 가. 대학교에서도 제적당하고 군대로 징집될지도 몰라. 그러면 소총 들고 뛰어다녀야 해.

—만약에 내가 퇴학당하면 아버지는 바로 날 결혼시킬 거야..

—이젠 말은 그만하고 행동으로 보일 때야. 만약 모두가 무서워한다면……

—너는 그럼 내가 무슨 체 게바라라도 되어야 한다는 거야? (이건 전 남자 친구가 말한 거예요. 그 친구에 대해서도 나중에 말씀드릴게요.)

—자유 한 모금……

—난 갈 거야. 왜냐하면 독재 속에 사는 게 지겨워졌거든. 우리를 무슨 무뇌아들에 노비 정도로 취급하잖아.

—난 영웅이 아니야. 난 공부하고 싶고, 책도 읽고 싶어.

—소보크에 대한 유머가 있어. "개처럼 화가 났는데 물고기처럼 입을 다물고 있다."

—난 힘없는 사람이야. 나로 인해서 달라질 것은 아무것도 없어. 난 선거도 한 번도 안 했어.

—난 혁명가야. 난 갈 거야. 혁명은 쾌감이거든!

—네가 무슨 혁명적 이상을 가지고 있는데? '새로운 밝은 미래는 자본주의와 함께'? 라틴아메리카의 혁명이여, 영원하라!

—내가 열여섯이었을 때 난 부모님을 비난했어. 부모님은 항상 뭔가를 두려워했어. 왜냐하면 아버지의 승진이 달려 있었기 때문이지. 난 엄마 아빠는 멍청하고, 우리 세대는 끝내주게 멋있다고 생각했어! 나가자! 나가서 할말을

하자! 그런데 나도 이제 부모님처럼 편의주의자가 되어버렸어. 난 진정한 편의주의자야. 다윈의 이론에 따르면 강한 종이 살아남는 것이 아니라 서식 환경에 최대한 적응된 종이 살아남는 거래. 중간 정도가 살아남아서 종을 이어가는 거지.

　—시위에 참여하는 건 멍청한 짓이야. 그런데 참여하지 않는 건 더 멍청한 짓이야.

　—야, 이 아둔한 양들아! 누가 너희한테 혁명이 진보라는 생각을 심어놓은 거야. 난 진화의 편이야..

　—난 '적군'이든 '백군'이든 그게 그거인 것 같아…… 다 필요 없어!

　—나는 혁명가야……

　—소용없어! 머리를 빡빡 민 군인들이 군용차를 타고 올 거라고. 넌 머리통에 몽둥이 찜질을 당하게 되는 거야. 그걸로 끝이야. 정부는 철의 정부여야 해.

　—미스터 총 양반, 엿이나 처먹어! 난 아무에게도 혁명가가 되겠다고 약속한 적이 없어. 나는 학교를 마치고 내 사업을 하고 싶어.

　—두뇌들의 폭발!

　—공포는 병이야……

　우리는 기분좋게 가벼운 마음으로 걸었어요. 많이 웃고 노래도 불렀어요. 우리는 서로가 끔찍할 정도로 좋았어요. 굉장히 기분이 들뜬 상태였지요. 어떤 사람은 플래카드를, 어떤 사람은 기타를 들고 있었어요. 친구들이 핸드폰으로 전화해서 실시간으로 인터넷에 올라오는 글들을 업데이트해줬어요. 덕분에 우리는 돌아가는 상황을 알고 있었어요…… 뭘 알고 있었냐 하면, 시내 중심지에 군인과 경찰들을 태운 군용차와 군장비들이 잔뜩 깔려 있다는 것이었죠. 도시까지 군대를 동원하다니…… 이런 소식들이 믿어지기도 하고 믿어지지 않기도 했어요. 기분이 들쑥날쑥했지만 공포심은 전혀 없었어요. 갑자기 두려움이 싹 사라졌어요. 첫째, 사람들이 많았기 때문이었던 것 같아요. 수십만 명이었으니까요! 다양한 사람들이 운집해 있었어요. 우리는 한 번도 그렇게 많이 모인 적이 없었어요. 적어도 제 기억에는 그랬어요…… 둘째, 우리는 우리 동네에 있었어요. 어차피 거긴 우리 도시였고 우리 나라였으니까요! 헌법에는 우리의 권리가 명시되어 있잖아요. 결사, 집회, 시위, 행진의 자유, 말의 자유. 법이 있었다고요! 우리는 겁에 질리지 않은 최초의 세대였어요. 맞아본 적도, 총격을 겪어본 적도 없는 세대. '그런데 만약 15일 구금을 시키면 어떡하지? 아, 그러라지! '라이브 저널'에 올릴 스토리 하나가 더 늘 뿐이지, 뭐. 더이상 정부가 우리를 목동의 꽁무니만 졸졸 쫓아다니는 눈먼 양떼 취급 하도록 내버려둘 순 없어. 뇌 대신 텔레비전이 들어 있다고 생각하게 돼선 안 돼.' 전 만약을 대비해서 컵을 가지고 갔어요. 왜냐하면 감방에서는 컵 하나로 열 명이 사용해야 한다는 걸 알고 있었거든요. 그리고 또 배낭에 따뜻한 스웨터와 사과 두 개를 넣었어요. 우리는 걸어가면서 그날을 기억하기 위해서 서로서로 사진도 찍어줬어요. 크리스마스 마스크를 쓰고 반짝반짝 불이 들어오는 우스꽝스러운 토끼 귀를 달고서요…… 왜 그 중국산 장난감들 있잖아요…… 곧 있으면 크리스마스였거든요. 눈도 오고 있었어요. 얼마나 아름다웠는지! 술에 취한 사람은 단 한 명도 보지 못했어요. 간혹 맥주캔을 손에 들고 있는 사람이 보이면 사람들이 곧바로 빼앗아서 술을 따라버렸어요. 사람들이 어떤 집 지붕 위에 있는 사람을 발견했어요. "저격수들이에요! 스나이퍼라고요!" 모두가 한껏 흥에 취해 있었어요. 그 사람들에게 손까지 흔들었죠. "여기로 와요! 뛰어내려요!" 정말 웃겼어요. 그때까지 전 정치에 대해서 항상 반감을 가지고 있었어요. 그래서 제게 그런 감정이 있고 그런 감정을 느껴볼 수 있게 되리란 건 생각해본 적이 없어요. 그런 흥겨움은 음악을 들을 때나 느꼈던 거예요. 제게 음악은 전부예요. 대체 불가능한 것이요. 그날은 굉장히 재미있었어요. 제 옆에 어떤 여자분이 있었어요…… 왜 저는 그분의 이름을 묻지 않았을까요? 그러면 그분의 이름도 선생님이 써주셨을 텐데요. 전 그때 다른 것에 정신이 팔려 있었어요. 주변은 흥겨웠고, 전 모든 걸 처음 접하고 있었으니까요. 그 여자분은 아들과 함께 걷고 있었어요. 아들은 언뜻 보기에 열두 살 정도 돼 보였어요. 초등학생이었어요. 어떤 대령이 그 여자분을 보자마자 확성기에 대고 욕만 안 했다 뿐이지 거의 그 수준으로 '나쁜 엄마'라며 비난했어요. 미친 여자라며. 그런데 우리 모두는 그 여자분과 아들에게 갈채를 보냈어요. 즉흥적으로 이뤄진 일이었어요. 사전에 약속한 게 아니었어요. 그게 중요한 거예요…… 그게 정말 중요한 거예요. 왜냐하면 우리는 항상 부끄러웠거든요. 우크라이나인들은 유로마이단 혁명을 벌였고, 그루지야인들은 장미혁명을 일으켰잖아요. 그런데 우리들은 늘 비웃음의 대상이었어요. '민스크는 공산주의의 수도야. 유럽의 마지막 독재 국가.' 하지만 전 이제 다른 자부심을 느껴요. '우리도 나갔다.' 우리는 두렵지 않았어요. 그게 중요해요…… 그게 가장 중요해요……

그렇게 해서 대치가 시작되었어요. 우리도 그들도 서 있었어요. 한쪽에는 국민들이 있었고, 반대편에도 다른 국민들이 있었어요. 그 모습이 참 모순적으로 다가왔어요. 한쪽에서는 현수막과 초상화를 들고 있었고, 다른 쪽에서는 전투태세를 갖추고 완전무장한 채로 방패와 육각봉을 들고 있었죠. 한 어깨하는 청년들이었어요. 정말 잘생겼죠! '저 사람들이 우리를 어떻게 때려? 나를 때린다고? 나랑 동갑인 것 같은데. 날 쫓아다닐 법한 애들인데.' 진짜예요! 그들 중에는 같은 마을 출신으로 저와 알고 지내던 남자애들도 있었어요. 우리 마을에서는 민스크로 상경해 경찰로 근무하는 사람들이 많았거든요. 콜카, 라투시카, 알리크 카즈나초프…… 모두 괜찮은 애들이었어요. 우리와 같은 아이들이었는데, 다만 계급장을 차고 있었어요. 쟤들이 우리를 공격한다고? 믿을 수가 없었죠. 전혀요…… 우리는 웃으면서 그들을 놀려댔어요. 자극하기도 했지요. "애들아, 애들아! 민중을 상대로 전쟁이라도 하려는 거야?" 그 외중에도 눈은 하염없이 내리고 있었어요. 바로 그때였어요…… 행진할 때 지시를 내리듯이…… 그렇게 지휘관의 명령이 떨어졌어요. "군중을 해산시켜라! 대열을 유지하라!" 뇌가 현실을 즉각적으로 이해하지 못했어요. 왜냐하면 그럴 수는 없는 일이었으니까요. "군중을 해산시켜라……" 얼마간 쥐죽은듯이 고요했어요. 잠시 뒤 방패들이 부딪치는 소리가…… 박자에 맞춰 부딪치는 소리가 들리기 시작했어요. 그들이 움직이기 시작한 거예요. 사냥꾼이 짐승을, 사냥감을 몰이하듯 그렇게 육각봉으로 방패를 탕탕 치면서 대열을 갖춰 진군하고 있었어요. 앞으로, 앞으로, 앞으로 계속 진군했어요. 전 텔레비전이 아닌 실체로 그렇게 많은 수의 군인을 본 적이 없었어요. 전 나중에 같은 마을 출신 남자애들에게 들었어요. 그들을 교육할 때 이렇게 말한대요. "제군들은 시위자들을 사람으로 보게 되는 걸 가장 두려워해야 한다"라고요. 정말 개처럼 사람들을 끌고 다녔어요. (침묵) 비명소리, 울음소리들…… "이놈들이 때린다! 때린다!" 저도 때리는 걸 보았어요. 그거 아세요? 그들은 신이 나서 때리고 있었어요. 만족스럽다는 듯이요. 흡족한 표정으로 때리던 그들의 모습을 저는 기억해두었어요. 그들은 마치 훈련중인 것 같았어요…… 젊은 여자의 절규가 들렸어요. "나쁜 자식아, 뭘 하는 거야!" 아주아주 고음의 목소리였어요. 이성을 잃었던 거죠. 얼마나 무서웠던지 전 순간적으로 눈을 감았던 것 같아요. 전 하얀 점퍼에 하얀 모자를 쓰고 있었어요. 온통 하얀색을 입고 서 있었어요.

"눈에 얼굴을 묻어, 이 씨발놈들아!"

유치장버스…… 기적의 차. 전 실제로는 처음 그 차를 보았어요. 죄수들을 이송하기 위한 특수차량 말이에요. 전체가 강판으로 둘러져 있었어요. "눈에 얼굴을 묻어, 이 씨발놈들아! 손가락만 까딱해도 죽여버리겠어!" 전 아스팔트에 누워 있었어요. 혼자가 아니라 우리들 모두가 누워 있었어요…… 머릿속은 텅 빈 것 같았고 아무 생각도 나지 않았어요…… 현실적으로 느낄 수 있는 유일한 느낌은 '춥다'였어요. 발길질로 몽둥이로 툭툭 치면서 우리를 일으켜 세운 뒤 유치장버스에 집어넣었어요. 남자들은 훨씬 더 많이 맞았어요. 가랑이 사이를 때리려고 노력하더라고요. "야, 불알을 때려, 불알을! 거시기를 차버리던가!" "뼈를 내리쳐!" "오줌으로 갈겨버려!" 때리면서 동시에 철학적인 논쟁도 시도하더군요. "너희 혁명 따위 개나 줘버려!" "야, 이 새끼들아! 몇 달러나 처먹고 조국을 팔아먹었냐?" 유치장버스는 2미터에 5미터 크기로 짜여 있었어요. 한 유치장당 수용인원이 20명이라고 누군가 얘기해주더군요. 그런데 우리를 50명씩 쑤셔넣었어요. "심장질환자들, 천식환자들, 모두 조심하세요!" "창문은 보지 말 것! 모두 고개를 아래로 숙여!" 그리고 욕…… 또 욕…… '미국 코쟁이들에게 돈을 받아먹은' 우리 같은 '미숙아 병신들' 때문에 오늘 축구 경기를 놓쳤다며 화를 냈어요. 그 군인들도 사방이 막힌 차 안에서 하루종일 대기를 하고 있었대요. 덮개를 쓰고서요. 소변도 비닐봉지나 콘돔을 이용해 해결했다더군요. 차에서 그들을 풀어놓았을 때는 배고프고 악에 받친 상태였어요. 어쩌면 개개인으로 보았을 때 그들은 나쁜 사람들이 아니었을 수도 있지만, 어쨌든 그날 그들은 망나니 노릇을 하고 있었어요. 겉으로만 정상적으로 보이는 사람들. 시스템의 작은 나사들. 때릴지 말지는 그들의 결정이 아니었지만 결국 때리는 건 그들이었어요…… 먼저 때린 후에 생각을 했겠죠. 어쩌면 아예 생각하지 않을 수도 있고요. (침묵) 한참을 어디론가 끌고 갔어요. 앞으로 갔다, 뒤로 갔다, 돌았다를 반복하면서요. '어디로 가는 거지?' 아는 게 전혀 없었죠. 차문을 열어주었을 때, 누군가 질문했어요. "우리를 어디로 데려가는 거요?" 그리고 그 질문에 대한 답이 돌아왔죠. "'쿠로파트이'로." (스탈린의 탄압 시절 희생자들을 집단으로 매장했던 지역명이에요.) 그런 사디스트적인 농담을 하고 있었어요. 시내를 오랫동안 빙빙 돌았어요. 왜냐하면 모든 교도소가 만원이었거든요. 우리는 유치장버스 안에서 잠을 잤어요. 바깥 날씨가 영하 20도였는데, 우리는 철박스 안에 있었던 거예요. (침묵) 전 그들을 미워해야만 해요. 그런데 전 아무도 미워하고 싶지 않아요. 전 그럴 준비가 되어 있지 않아요.

하룻밤 사이에 보초가 몇 번씩 교체되었어요. 군복을 입어서 모두 다 똑같이 생긴 것 같았어요. 그래서 얼굴이 기억이 안 나요…… 그런데 한 사람만은…… 전 지금도 그 사람을 길거리에서 본다면 알아볼 수 있어요. 눈만 봐도 알아볼 수 있어요. 젊지도 늙지도 않은 누가 봐도 남자 같은 그냥 특별할 것 없는 남자였어요. 그가 무슨 짓을 했냐고요? 그 사람은 유치장버스 문을 활짝 열어놓고 오랫동안 열린 상태로 두었어요. 우리가 추위에 몸을 덜덜 떨기 시작하면 그걸 그렇게 좋아하는 거예요. 모두들 점퍼를 입고 있었고, 싼 부츠라 털도 인공털이었어요. 그는 우리를 보면서 씨익 웃었어요. 그는 지시를 받고 행동하는 게 아니었어요. 그 스스로가 그렇게 행동한 거예요. 자의로요. 반면 다른 군인은 제 주머니 속에 '스니커즈' 초콜릿을 살짝 넣어줬어요. "자, 챙겨 둬. 대체 무슨 생각으로 광장에는 쫓아온 거야?" 왜 그러는지, 그 이유를 알고 싶으면 솔제니친을 읽어야 한다고들 하잖아요. 전 학교 다닐 때 『수용소군도』를 도서관에서 빌린 적이 있었는데, 그때는 잘 읽히지가 않았어요. 두껍고 지루한 책이었죠. 한 50쪽 정도 읽다가 책을 덮어버렸어요…… 그 책 속 이야기는 뭔가 옛날 옛적에 있었던 이야기, 트로이전쟁 정도의 거리감이 느껴지는 이야기들이었어요. 우리에게 스탈린은 상당히 고리타분한 주제였거든요. 저와 제 친구들은 스탈린에 대해 그다지 관심이 없었어요……

감옥에 가면 가장 먼저 일어나는 일은…… 가방을 상 위에 모조리 쏟아붓는 것이었어요. 그때의 느낌이요? 마치 옷을 모두 벗겨내는 것 같았죠…… 그리고 실제로도 옷을 벗겼어요. "아래 속옷까지 다 벗고 다리를 어깨 넓이만큼 벌린 뒤 앉아." 도대체 그 사람들은 제 항문에서 뭘 찾았던 걸까요? 우리를 마

2부 허무의 마력

치 범죄자들 대하듯 했어요. "얼굴은 벽 쪽으로! 고개는 바닥으로!" 항상 바닥을 볼 것을 요구했어요. 그들은 자신들의 눈을 쳐다보는 게 그렇게도 싫었나봐요. "벽을 보라고! 내가 말-했-잖-아! 벽을 보라고!" 어디든 줄을 서서 움직였어요…… 화장실도 줄을 서서 갔어요. "앞사람의 뒤통수를 보고 줄을 맞춰라." 이 모든 걸 견뎌내기 위해서 저는 제 앞에 벽이 있다고 생각했어요. 여기에는 우리들, 벽 저쪽 편에는 그들이 있다고 생각했어요. 심문, 수사관, 증거물들…… 심문하면서 "넌 '본인의 죄를 명백히 인정합니다'라고 쓰면 돼"라고 말했어요. "내가 무슨 잘못을 했는데요?" "이봐! 그걸 몰라서 물어? 넌 집단 소요에 참여했다고……" "그건 평화적인 반대 시위였어요." 그때부터 다양한 위협과 압박이 시작되죠. 대학에서 제적당한다, 엄마가 해고된다, 딸이 이 모양인데 엄마가 어떻게 교사직을 유지할 수 있겠냐는 등의 협박을 했어요. 엄마! 전 계속 엄마를 생각했어요…… 그들도 그걸 알았는지 심문할 때마다 '엄마가 운다' '엄마가 입원하셨다' 등의 말로 시작했어요. 그리고 또다시 이름을 말해…… 누가 네 옆에서 걷고 있었지? 누가 선전물을 나눠줬지? 서명해…… 이름을 대…… 아무도 발설한 사실에 대해 알지 못할 거고 말하면 곧장 집으로 보내준다고도 했어요. 선택해야 했어요. "난 아무것도 당신들에게 서명해주지 않을 겁니다." 그리고 밤만 되면 전 울었어요. 엄마가 입원해있다니…… (침묵) 엄마를 사랑하기 때문에 쉽게 배신자가 될 수도 있었어요…… 제가 한 달을 더 버텨낼 수 있었을지 그건 잘 모르겠어요. 그들이 비아냥거렸어요. "자, 어디 보자. 우리 '조야 코스모데미얀스카야' 양은 잘 있나?" 젊은 사람들이었고 즐거워 보였어요. (침묵) 전 소름이 끼치더군요…… 전 그들과 같은 상점을 다니고 같은 카페에 가고 같은 지하철을 타고 다니잖아요. 어디든 같이 있는 거예요. 일상적인 삶 속에서는 '우리'와 '저들' 사이에 명확한 경계가 없어요. 어떻게 그들을 알아볼 수 있겠어요? (침묵) 예전에 저는 선한 세상에서 살았는데, 이제 제게 그런 세상은 사라졌고 더이상 오지도 않을 거예요.

한 달을 꼬박 감옥에 갇혀 있었어요…… 한 달 동안 단 한 번도 거울을 보지 못했어요. 제 가방에는 작은 손거울이 있었는데, 소지품 검사 이후에 가방에서 사라지고 말았어요. 그리고 돈이 든 지갑도 사라졌고요. 항상 갈증이 일었어요. 참을 수 없는 갈증이! 하지만 물은 밥을 먹을 때만 주었고, 나머지 시간에는 화장실에 가서 마시라고 했지요. 그렇게 낄낄거리며 자기들은 환타를 마셨죠. 전 그런 생각을 했어요. 이제는 아무리 마셔도 충분하지 않을 것 같다고. 풀려나기만 하면 냉장고 가득 생수를 채워놓을 거라고 다짐했어요. 사람들에게선 냄새가 풀풀 났어요. 씻을 데가 없었으니까요. 어떤 사람이 미니 향수를 가지고 있었고 우리는 그 향수를 전달해가며 냄새를 맡았어요. 제가 그렇게 사는 동안에도 우리 친구들은 강의 필기를 하거나 도서관에서 공부하고 있었겠죠. 시험을 보고 있거나요. 온갖 사소한 일들이 새록새록 떠오르더군요…… 예를 들어, 아직 한 번도 입어보지 못한 새 원피스에 대한 생각들이요…… (웃기 시작한다.) 설탕이나 비누 한 조각 같은 사소한 물건들이 큰 기쁨을 가져다준다는 것도 알게 되었어요. 감방은 32제곱미터 크기의 5인용 감방이었는데 실제로는 17명이 수감되어 있었어요. 2미터 내에서 사는 법을 배워야 했어요. 특히 밤이 되면 공기가 모자라 힘들었던 것 같아요. 그래서 우리는 쉽게 잠들지 못했어요. 우리는 대화를 했어요. 첫날은 정치에 대해서, 그다음부터는 사랑에 대한 이야기를 했어요.

"……그들이 이걸 원해서 한다고 생각하고 싶지 않아"

감방에서 나눈 대화:

"……똑같은 시나리오대로 진행되고 있어…… 세상은 빙글빙글 원을 따라 돌고 있다고. 민중은 짐승떼야. 영양 무리. 그리고 정부는 암사자지. 암사자는 영양 무리를 지켜보다가 희생양을 물색한 다음 죽여. 나머지 영양들은 희생양을 고르는 암사자의 눈치를 보면서 풀을 뜯다가 암사자가 그 희생양을 쓰러뜨리면 그제야 깊은 안도의 한숨을 내쉬지. '아휴, 내가 아니다! 내가 아니다! 아직은 더 살 수 있어.'"

"……난 박물관에 있는 혁명을 좋아했어요. 낭만주의에 사로잡혀 있었죠. 동화 속 역할 놀이에 빠져 있었던 거예요. 부르는 사람도 없는데 난 스스로 광장에 갔어요. 혁명이 어떻게 만들어지는지 구경하는 게 재미있을 것 같았거든요. 그 대가로 머리와 신장에 몽둥이 찜질을 당했죠. 그날 거리로 나온 건 젊은이들이었어요. 그건 '아이들의 혁명'이었어요. 이젠 그 사건을 그렇게 부르더군요. 우리 부모님들은 집에 있었으니까요. 부엌에 둘러앉아 우리가 시위에 갔다는 주제로 토론하고 있었어요. 걱정하면서. 부모님들은 두려워했지만, 우리 세대에겐 소련에 대한 기억이 없어요. 우리는 책으로 공산주의를 배웠기 때문에 공포심이 없었던 거예요. 민스크에는 200만 명의 사람들이 살고 있었지만, 그중 몇 명이 거리로 나왔을까요? 한 3만 명 정도예요. 우리가 행진하는 걸 보고만 있었던 사람들이 훨씬 더 많았어요. 어떤 사람은 집 베란다에서, 어떤 사람은 자동차 안에서 빵빵거리면서 '힘을 내, 얘들아! 파이팅!'을 외쳐주었어요. 원래 맥주캔을 손에 들고 텔레비전 앞에 앉아 있는 구경꾼들의 수가 더 많은 법이에요. 모두들 그런 식이죠…… 거리로 나서는 사람들이 우리들, 즉 낭만주의적 인텔리겐치아밖에 없다면, 그건 아직 혁명이라 부를 수 없어요……"

"……모든 것이 공포심 때문에 유지되는 것 같아? 군인들, 육각봉 때문에? 틀렸어. 망나니들은 얼마든지 희생자들과 합의를 볼 수 있어. 그건 공산주의 시절부터 대대로 우리에게 내려오는 전통이야. 암묵적 동의라는 것이 존재한다고. 계약. 큰 거래. 사람들은 모든 걸 알고 있지만 침묵으로 일관하고 있어. 그 대가로 괜찮은 월급을 받고 중고라도 좋으니 '아우디'를 사고 터키에서 휴가를 보내고 싶은 거라고. 그들과 민주주의나 인권에 대해서 한번 얘기해봐…… 중국 한자 보는 기분이 들걸! 소련 시절에 살았던 사람들은 즉각적으로 옛 시절을 떠올리지. '우리 아이들은 모스크바에서 바나나가 자라는 줄 알고 컸어. 그런데 요즘은 어때? 햄의 종류가 자그마치 100여 개야. 더 이상 무슨 자유가 필요하다는 거야?' 지금도 많은 사람들이 여전히 소련으로 돌아가고 싶어해. 단, 그 소련에 햄이 잔뜩 있길 바랄 뿐이지."

"……난 아주 우연히 광장에 합류하게 되었어요…… 친구들과 어울리다보니 광장에 가게 되었고 현수막과 풍선들이 있는 곳에 끼어서 놀아보고 싶었어요. 더 솔직하게 말하자면, 거기에 갔던 한 남자애가 마음에 들었어요. 사실 난 그 일들에 전혀 관심이 없던 구경꾼이었다고요. 머릿속에서 온갖 정치 얘기를 생각하지 않은 지가 꽤 되었어요. 에잇! 선 대 악의 대결은 이제 질색이라고요……"

"……우리를 이상한 막사 같은 곳에 몰아넣었어요. 하룻밤을 꼬박 벽을 쳐다보며 서 있었어요. 다음날 아침에는 무릎을 꿇으라고 하더군요. 그래서 무릎을 꿇었어요. 다음 지시가 떨어졌죠. '일어나! 손 들어!' 그 뒤로도 계속 두 손을 머리 뒤로 해, 100번 앉았다 일어나, 한 발로 서 있어…… 대체 왜 그런 걸까요? 무엇을 위해서? 그 사람들에게 물어봐도 대답해주지 않겠죠. 그들은 허락을 받은 거예요…… 자신들에게 주어진 권력의 맛을 느낀 거예요…… 젊은 여자애들은 속이 메스껍다고 했고 기절도 했어요. 처음 심문을 받았을 때 난 수사관의 면전에서 웃고 있었어요. 그 사람이 이런 말을 하기 전까지는요. '꼬마야, 내가 지금 네 몸에 난 구멍이란 구멍에 다 내 거시기를 박아넣고 재미 좀 본 다음에 널 중범죄자들이 있는 감방에 처넣을 수도 있단다.' 난 솔제니친을 읽지 않았어요. 그리고 그 수사관도 아마 안 읽었을 거예요. 하지만 우리는 모두 본능적으로 알았어요……"

"……날 담당했던 수사관은 교양 있는 사람이었어. 나랑 같은 대학교를 졸업했더라고. 알고 보니 우리는 좋아하는 작가까지 비슷했어. 아쿠닌, 움베르토 에코…… 수사관이 그랬어. '세상에, 어쩌다가 너 같은 사람이 내 담당이 된 거야? 난 부패공무원들을 수사하던 사람이었단 말이야. 그건 할 만했어! 그런 놈들은 죄가 뻔해. 근데 너희들은……' 그는 내켜하지 않으면서도, 창피해하면서도 자기가 맡은 일을 수행했어. 그런 사람이 수천 명에 달하는 거야. 공무원, 수사관, 판사 중에도 있지. 어떤 사람들은 때리고, 어떤 사람들은 신문에 거짓을 쓰고, 3분의 1은 체포하고 형을 선고해. 스탈린 기계를 돌리기 위해선 그렇게 많은 수의 사람이 필요한 게 아니거든."

"……우리집에는 오래된 공책 한 권이 보관되어 있어. 할아버지가 자손들을 위해 자신의 인생에 대한 이야기를 써놓으신 거야. 할아버지가 스탈린 시대를 어떻게 겪어내셨는지를 쓴 이야기야. 할아버지는 감옥에 갔고 고문도 받았어. 얼굴에 방독면을 씌운 다음 정화통 구멍을 막아버렸대. 옷을 다 벗기고 철채찍으로 때리고 문 손잡이를 항문에 박아넣기도 하고. 내가 10학년이 됐을 때 엄마가 그 공책을 보여주었어. '넌 이제 다 컸단다. 그러니 너도 알아야 해.' 난 이해할 수 없었지. '왜 내가 이걸 알아야 하지?'"

"……만약 다시 수용소가 세워진다면, 그곳에서 일할 교도관들도 다시 생기겠지. 아마 개미떼처럼 몰려올걸? 한 장면이 선명하게 떠오르네. 그 사람의 눈을 보면 정상적인 청년처럼 보였어. 그런데 입에 게거품을 물고 있는 거야. 그들은 몽유병 환자들처럼 움직이고 있었어. 무아지경에 빠진 사람들처럼. 왼쪽 오른쪽을 번갈아가며 휘둘렀어. 어떤 남자가 쓰러졌는데, 그들이 그 남자 위에 방패를 올려놓은 다음 그 위에서 춤을 췄어. 모두들 거구들이었는데…… 모두 키가 2미터는 되었는데…… 모두들 80에서 100킬로그램 정도는 됐을 거야. 전투력을 높이기 위해서 일부러 몸을 불리니까. 오몬 요원들이나 특수부대원들은 특별한 사람들이야. 마치 이반 뇌제의 비밀부대였던 '오프리치니키' 같은…… 난 그들이 이걸 원해서 한다고 생각하고 싶지 않아. 정말 있는 힘을 다해 그렇게 생각하고 싶지 않아. 젖 먹던 힘을 다 짜내서라도 그렇게 생각하고 싶지 않아. 그 사람들도 밥을 먹고 살아야 하잖아. 아직 풋내 나는 어린애들…… 이제 갓 학교를 졸업하고 군에 왔는데, 대학교 교수들보다 훨씬 돈을 많이 벌어. 나중에는…… 언제나 그랬듯이…… 나중에는 반드시 그러겠지. 나중에 분명 그렇게 말할 거야. 우리는 명령을 따랐을 뿐이라고, 우리는 아무것도 몰랐다고, 우리는 아무 잘못이 없다고…… 그들은 지금도 수천 개의 변명거리를 늘어놓고 있어. '아니, 그럼 누가 내 가족을 먹여 살린단 말입니까?' '난 군인서약을 한 사람입니다.' '난 그러고 싶었어도, 그때는 그 대열에서 빠져나올 수가 없었어요.' 어떤 사람을 데려다놓아도 그렇게 만들 수 있어. 적어도 대부분의 사람들을 그렇게 만들 수 있다고……"

"……전 겨우 스무 살이에요. 이제 앞으로 어떻게 살아야 하죠? 전 이제 다시 시내에 나가게 되면 무서워서 눈도 못 들고 다닐 것 같아요……"

"……수도에서나 혁명이지, 여긴 아직도 소련이 통한다고"

우리는 한밤중에 풀려났어요. 기자들과 친구들이 교도소 근처에서 우리를 기다리고 있었어요. 그런데 우리를 유치장버스에 다시 밀어넣고는 시외 지역에서 분산시켰어요. 전 샤바니 부근에서 풀어주더군요. 어떤 돌무더기 근처에서요. 신축 건설현장이 있는 곳이었어요. 정말 다리가 덜덜 떨렸어요. 당황해서 조금 서 있다가 불빛을 향해 걸어갔어요. 돈도 없고 핸드폰은 이미 오래전에 방전되었지요. 지갑에는 청구서만 들어 있었어요. 우리 모두는 그런 청구서를 받았어요. 교도소에서 지내는 동안 우리에게 들어간 비용을 청구한 거예요. 그 액수가 대학교에서 받는 제 한 달 치 장학금 수준이었어요. 어떻게 해야 할지…… 막막했어요…… 전 엄마와 둘이 살면서 겨우겨우 돈 문제를 해결하고 있었거든요. 아빠는 제가 6학년 때, 고작 열두 살이었을 때 돌아가셨어요. 새아빠는 월급으로 술을 마셔대고 바람도 대놓고 피워요. 알코올중독자. 전 그 사람이 싫어요. 그 사람이 엄마와 제 인생을 엉망으로 만들어놓았으니까요. 전 항상 아르바이트를 해요. 우편함에 다양한 광고전단지를 뿌리고 여름에는 과일을 떼어다가 팔고 아이스크림 장사를 하기도 해요. 이런저런 생각을 하면서 걷고 있었어요…… 개 몇 마리만 뛰어다닐 뿐…… 사람은 코빼기도 보이지 않았어요…… 제 앞에 택시가 멈춰 섰을 때, 정말이지 기뻐서 펄쩍 뛸 뻔했어요. 기숙사 주소를 불러드리고는 돈이 없다고 말했어요. 그런데 이상하게도 택시기사가 금방 눈치를 채더군요. "아아! 여자 데카브리스트로구먼! (우리를 12월에 체포했거든요.) 타요, 타! 벌써 학생 같은 사람 한 명을 집에 데려다주고 오는 길이야. 왜 대체 너희들을 밤에 풀어준 거야?" 택시를 타고 가는 동안 전 설교를 들어야 했어요. "다 멍청한 짓이야! 쓸모없다고! 나도 1991년에 모스크바에서 공부했어, 시위도 열심히 쫓아다녔고. 그때 우리들의 숫자가 지금의 너희들보다 훨씬 많았어. 우리는 승리했지. 모두가 회사를 열고 부자가 되는 꿈을 꿨다고. 그런데 어떻게 됐어? 공산당놈들이 있을 때는 엔지니어로 일했는데 지금은 아등바등 먹고살려고 별짓을 다하고 있잖아. 한 무리의 개자식들을 해치우니까 다른 나쁜 놈들이 들어서더라고. 검은색이건 회색이건 오렌지색이건 그놈들은 다 똑같아. 우리 나라는 말이야, 권력만 잡으면 사람들이 타락해. 난 현실주의자야. 난 나 자신과 내 가족만을 믿어. 우리 다음 세대의 멍청이들이 다음 혁명을 일으키려고 하는 동안 난 뼈빠지게 돈을 벌고 있다고. 이번 달에는 딸들에게 겨울외투도 사줘야 하고 다음달에는 아내에게 부츠를 사줘야 해. 학생은 아주 예쁘장하구먼. 그러니 좋은 남자 만나서 시집이나 가." 시내로 진입했어요. 음악이 흐르고 웃음소리가 들렸죠. 커플들이 키스하고 있었어요. 마치 우리들은 원래 없었다는 듯 도시는 여전히 활기가 넘쳤어요.

전 남자친구와 얘기하고 싶었어요. 기다릴 수가 없었죠. 우린 벌써 3년을 함께했거든요. 미래에 대한 계획도 있었고요. (침묵) 시위에 참여하겠다던 남자친구는 정작 당일에 오지 않았어요. 전 그 사람의 해명이 필요했어요. 남자친구가 왔어요. 사지가 멀쩡하더군요. 뛰어왔어요. 친구들이 그 사람과 저만 있도록 자리를 비켜줬어요. 해명은 무슨! 같잖은 일이죠! 알고 보니, 전 '단순한 바보' '전형적인 사례' '순진한 혁명가'였던 거예요. 자기는 제게 그렇게 경고했대요. "잊었어?" 그는 영향을 끼칠 수 없는 일에 힘을 쏟는 건 이성적이지 못한 행동이라며 절 가르쳤어요. 타인을 위한 삶이란 것이 있는데, 그는 그런 삶과는 거리가 먼 사람이었어요. 그는 바리케이드 앞에서 죽고 싶어하지 않았어요. 그건 그 사람이 받은 소명이 아니었어요. 그 사람에게 가장 중요한 건 '커리어'였어요. 그는 돈을 많이 벌고 싶어했죠. 수영장이 딸린 집이 그의 꿈이었어요. 그 사람에겐 웃으면서 사는 것이 무엇보다 중요했어요. 지금은 너무나 기회가 많잖아요…… 눈이 돌아갈 지경이라고요…… 지금은 세계 여행을 할 수도 있고 호화로운 크루즈선도 탈 수 있어요. 대신 비싸죠. 궁전을 사고 싶으면 살 수 있어요. 대신 비싸죠. 레스토랑에서 거북이 수프도 주문할 수 있어요. 대신 그 대가만 지불하면 돼요…… 돈! 돈! 물리학 교수님이 우리에게 하셨던 말씀이 생각나요. "친애하는 학생 여러분! 잘 기억해두세요. 돈은 모든 것을 해결합니다. 심지어 미분방정식도 풀어냅니다." 가혹한 삶의 진실이에요…… (침묵) 그렇다면 이상은요? 결국 이상 같은 건 없다는 결론이 나오나요? 어쩌면 선생님께서 무슨 말씀이라도 해주실 수 없을까요? 선생님은 책을 쓰시잖아요…… (침묵) 저는 전체회의 결과에 따라 제적당했어요. 제가 좋아하던 연로하신 교수님을 빼고는 모두가 '찬성'에 손을 들었어요. 바로 그날 그 교수님은 응급차에 끌려가셨어요. 기숙사 친구들은 아무도 보지 않을 때 절 위로했어요. "우리에게 화내지 마. 학장님이 협박했어. 안 그러면 기숙사에서 우리를 쫓아낸다고. 만약…… 어머! 어머!" 영웅 행세들은!

집으로 돌아가는 차표를 샀어요. 도시에 살면서 항상 시골이 그리웠어요. 사실 어떤 시골을 그리워하는지는 잘 모르겠지만요. 아마도 '어린 시절'을 보낸 시골을 그리워하는 것 같아요. 아빠가 절 양봉장에 데리고 가서 꿀을 꺼내주던 그 시골이요. 아빠는 먼저 벌집 주변에 연기를 잔뜩 피워서 꿀벌들을 날려 보냈어요. 벌들이 우리를 쏘지 못하도록요. 어렸을 때 전 엉뚱한 아이였어요…… 저는 꿀벌도 새라고 생각했어요. (침묵) 제가 지금도 시골을 사랑하냐고요? 시골은 예전과 마찬가지로 작년과 같은 올해를 살고 있어요. 삽으로 텃밭에 심은 감자를 캐면서 무릎으로 흙 위를 기어다니죠. 밀주를 만들기도 하고요. 저녁 무렵이면 말짱한 정신인 남자를 찾아보기가 힘들어요. 남자들은 매일 술을 먹어요. 루카셴코에게 투표하고 소련을 그리워해요. 천하무적이었던 소련군도 그리워하고요. 버스 안에서 제 옆자리에 이웃집 아저씨가 앉았어요. 역시나 취한 상태로. 아저씨는 정치에 대한 이야기를 했어요. "민주주의자놈들을 만나면 면상에 주먹 자국을 내줄 텐데. 너희한테 준 벌은 너무 가벼워. 정말이야, 민주주의자놈들은 총으로 쏴 죽여야 한다고! 난 눈 하나 깜빡이지 않고 그 명령을 수행했을 거야. 미국은 그 대가를 톡톡히 치를 거야…… 힐러리 클린턴…… 러시아 민족은 강한 민족이야. 우리는 페레스트로이카도 겪었어. 그러니 혁명도 이겨낼 거야. 내가 어떤 똑똑한 사람한테서 들었는데 말이야, 혁명은 유대인들이 고안한 거래." 버스 안에 탄 모든 사람들이 아저씨의 말을 거들었어요. "지금보다 더 형편없을 때는 없었어. 텔레비전을 켜면 여기저기 다 폭파시키고 총을 쏜다고."

집에 도착했어요. 문을 열었죠. 엄마는 부엌에 앉아서 달리아 덩이줄기를 털어내고 있었어요. 지하창고에서 얼었는지 살짝 썩었던 거죠. 예민한 식물이거든요. 추위에 약해요. 전 엄마를 돕기 시작했어요. 어렸을 때처럼요. "수도는 어떻니?" 엄마가 저에게 던진 첫 질문이었어요. "텔레비전을 보니까 수많은 사람들이 정부를 반대하는 시위를 하더구나. 하느님 세상에! 끔찍해라! 여기에 앉아서 우리는 전쟁이라도 시작하는 건 아닌지 걱정했어. 어떤 집에서는 아들들이 오몬에서 복무하고 있고, 어떤 집에서는 대학생인 아이들이 광장에 나가 시위를 했다는구나. 신문에서는 시위자들을 '테러리스트' '불한당'이라고 하더구나. 여기 사람들은 신문을 맹신하잖아. 수도에서나 혁명이지, 여긴 아직도 소련이 통한다고." 집안 전체에 진통제 냄새가 배어 있었어요.

저는 시골 마을 소식을 듣게 되었어요. 농부였던 유리 시베드는 한밤중에 출동한 보안요원들이 1937년에 우리 할아버지를 끌고 갔던 것처럼 데리고 갔다고 해요. 집안 전체를 뒤지고 컴퓨터를 압수해 갔다더군요. 간호사였던 아냐는 민스크 시위에 참여하고 야당에 가입했다는 이유로 해고를 당했어요. 아직 아이가 어린데 말이에요. 남편은 술을 퍼마시곤 '야당년!'이라며 아냐를 두들겨팼대요. 민스크 경찰로 일하고 있는 아들들을 둔 엄마들은 아들들이 특별 수당을 받았다면서 자랑을 하고 다녔어요. 그 아들들이 선물도 사왔다면서요. (침묵) 우리 민족을 반으로 갈라놓았어요…… 전 클럽에 춤을 추러 갔는데, 그날 저녁에는 단 한 명도 제게 춤을 권한 사람이 없었어요. 왜냐하면…… 전 테러리스트였으니까요…… 절 두려워했어요……

"……그 색깔이 붉은색으로 변할 수도 있어……"

우리는 1년 뒤 '모스크바-민스크' 간 기차 안에서 우연히 또 만났다. 다른 승객들은 이미 오래전에 잠들었지만 우리는 이야기했다.

—모스크바에서 공부하고 있어요. 친구들과 모스크바 시위를 쫓아다니고 있고요. 끝내줘요! 전 그곳에서 만나는 사람들의 표정이 참 마음에 들어요. 우리가 민스크 광장에 나갔을 때 사람들의 표정이 딱 그랬거든요. 전 그때 제가 살던 그 도시를, 민스크 사람들의 얼굴을 전혀 알아볼 수가 없었어요. 그 사람들은 다른 사람들이었어요. 지금은 집이 너무 그립네요. 많이 그리워요.

벨라루스행 기차를 타면 잠이 오질 않아요. 비몽사몽…… 꿈인지 생시인지 하는 상태가 되죠…… 감옥에 있는 것도 같고 기숙사에 있는 것도 같고…… 모든 일이 생생하게 기억나요. 남자들과 여자들의 목소리가요……

"……다리 찢기를 시키고 두 다리를 머리 뒤로 올리게 했어……"

"……자국이 남지 않도록 신장 부근에 종이 한 장을 대고는 물이 들어 있는 플라스틱병으로 때렸어……"

"……그 사람이 내 머리에 비닐봉지나 방독면을 씌웠어. 그다음엔…… 너희도 잘 알잖아, 어떻게 되었는지. 몇 분 뒤에 난 의식을 잃었어…… 그런데 그 수사관도 아내가 있고 자식이 있는 사람일 거 아니야. 좋은 남편. 좋은 아빠……"

"……때리고, 때리고, 때리고, 때리고…… 군홧발로, 구두로, 운동화로……"

"……당신은 그 사람들이 낙하산 타고 하강하는 법만 배우고 헬기에서 밧줄을 타고 내려오는 공수훈련만 받는다고 생각하는 거야? 그 사람들은 스탈린 때 만들어진 교과서로 공부해……"

"……학교에서 그렇게 배웠어. '부닌, 톨스토이를 읽어라. 이 책들이 사람들을 구원한단다.' 대체 누구를 붙잡고 물어봐야 하는 거야? 왜 그런 건 전해지지 않으면서 문 손잡이를 항문에 박아넣고 비닐봉지를 머리에 씌우는 건 대대로 전해져내려오느냔 말이야?"

"……그 사람들의 월급이 두세 배 오를 거야…… 그 사람들이 총을 쏠까 두려워……"

"……내가 군대에서 깨달은 건 무기를 좋아한다는 거였어. 난 책더미 사이에서 자란 전형적인 공부벌레형이었는데 말이야. 난 이제 권총을 갖고 싶어. 멋진 물건이야! 백 년이 흐르는 동안 손에 알맞게 맞춰졌어. 손에 쥐면 기분이 좋아진다니까. 난 총을 만지고 소제하고 기름칠하는 일을 분명 좋아했을 거야. 난 그 냄새가 좋아."

"……어떻게 생각해, 혁명이 시작될까?"

"……오렌지색은 눈 위에 개새끼가 지린 오줌색이야. 하지만 그 색깔이 붉은색으로 변할 수도 있어……"

"……우리는 갑니다……"

이름 없는 민초의 넋두리

　—떠올릴 것이 뭐 있을까 모르겠네요? 다른 사람들과 똑같이 사는 거죠, 뭐. 페레스트로이카도 있었고…… 고르바초프도…… 우편배달부가 대문을 열더니 말하더군요. "소식 들으셨어요? 공산주의자들이 더이상 없다는 소식이요?" "없다니, 그게 무슨 소리예요?" "공산당이 해산되었어요." 총을 쏘지도 않았고 별다른 일도 없었어요. 그런데 다들 위대한 나라가 있었는데 모든 것이 없어졌다고들 말하더군요. 그런데 난 없어진 게 없는걸요? 난 편의시설이 하나도 없는 집에서 살던 대로 살고 있어요. 물도 없고 하수시설도 없고 가스도 없는 집에서 그냥 계속 살고 있어요. 평생 성실하게 일했어요. 일하고 또 일하고. 이제는 일하는 게 익숙해요. 일한 대가로 항상 푼돈을 받았어요. 이제까지 먹던 대로 지금도 마카로니와 감자를 먹고 살아요. 소련 시절에 산 모피 코트를 지금까지 입고 있어요. 여긴 눈이 많아서 춥거든요!

　내가 가진 기억 중 가장 좋은 기억은 결혼할 때의 기억이에요. 사랑이 있었거든요. 혼인신고를 마치고 돌아오는 길에 보았던 만개한 라일락이 기억나요. 라일락이 폈다니까요! 그리고 라일락 나뭇가지에 앉아 종달새가 노래를 불렀어요, 믿어지세요? 난 그렇게 기억하고 있어요…… 남편과 난 한 2년 정도 잘 지냈을 거예요. 우리 사이엔 딸도 있었고…… 그런데 얼마 지나지 않아 남편이 술을 마시기 시작했고 결국 보드카 때문에 속을 다 태워서 죽고 말았어요. 마흔둘밖에 되지 않은 젊은 사람이었는데. 그 이후로 지금까지 혼자 살아요. 딸도 이제는 다 컸고, 지금은 결혼해서 이곳을 떠났어요.

겨울이면 눈이 펑펑 내려서 온 마을이 다 눈밭이 돼요. 집들도, 자동차들도 다 눈 속에 파묻히죠. 가끔은 몇 주씩 버스가 다니지 못할 때도 있어요. 수도는 어떤가요? 여기서 모스크바까지는 1천 킬로미터 거리예요. 모스크바 소식은 텔레비전을 통해서 영화를 보듯 봐요. 푸틴도 알고 알라 푸가체바도 알아요…… 그 밖에 다른 사람들은 몰라요…… 시위와 데모도 한다는데…… 여기 사는 우리들은 그냥 살던 대로 계속 살고 있어요. 사회주의가 와도 민주주의가 와도 우리가 사는 건 똑같아요. 우리에겐 '백군'이나 '적군'이나 그 나물에 그 밥이에요. 이제 봄이 올 때까지 기다려야 해요. 감자도 심어야 하고…… (오랫동안 침묵한다.) 내 나이가 예순이에요. 난 성당도 다니지 않아요. 하지만 누군가와 얘기는 하고 살아야 하잖아요. 뭔가 다른 주제의 얘기들…… 늙기가 싫다는 이야기들이요…… 정말이지 늙기 싫어요. 아직 죽기에는 아까워요. 우리집 라일락을 보셨어요? 밤에 나가도 빛이 난다니까요. 그럴 때면 잠깐 서서 물끄러미 쳐다보곤 해요. 아, 내가 꽃다발을 만들어드리리다……

옮긴이 **김하은**

우즈베키스탄 타슈겐트 예술고등학교를 수석 졸업하고 우즈베키스탄 타슈겐트 국립대학교, 고려대학교 노어노문학과, 한국외국어대학교 통번역대학원 한노과를 졸업했다. 현재 번역 에이전시 엔터스코리아에서 출판 기획 및 러시아어 전문 번역가로 활동하고 있다. 옮긴 책으로『처음 읽는 러시아역사』『가난한 사람들』『눈의 여왕 2: 트롤의 마법거울 무비 스토리북』『눈의 여왕 3: 눈과 불의 마법대결』『구석구석 명작 어드벤처: 걸리버 여행기』등이 있다.

붉은 인간의 최후
세컨드핸드 타임, 돈이 세계를 지배했을 때

1판 1쇄 2024년 5월 2일
1판 2쇄 2024년 11월 14일

지은이 스베틀라나 알렉시예비치
옮긴이 김하은

기획·책임편집 이연실
편집 고아라 염현숙
디자인 윤종윤 최미영
마케팅 김도윤 김예은
브랜딩 함유지 함근아 박민재 김희숙 이송이 박다솔 조다현 배진성
저작권 박지영 최은진 오서영
제작 강신은 김동욱 이순호
제작사 천광인쇄사

펴낸곳 ㈜이야기장수
펴낸이 이연실
출판등록 2024년 4월 9일 제2024-000061호
주소 10881 경기도 파주시 회동길 455-3 3층
문의전화 031)8071-8681(마케팅) 031)8071-8684(편집)
팩스 031)955-8855
전자우편 pro@munhak.com
인스타그램 @promunhak

ISBN 979-11-987444-1-8 03890

• 이야기장수는 ㈜문학동네의 계열사입니다.
• 잘못된 책은 구입하신 서점에서 교환해드립니다.
  기타 교환 문의: 031) 955-2661, 3580